Física

Salvador Serra i Estrada
Montserrat Armengol i Solé
Joan M. Mercadé i Capellades

Revisió tècnica
Miguel Lara

2
BATXILLERAT

Mc Graw Hill

MADRID · LONDRES · MILÀN · BOGOTÀ · CIUTAT DE MÈXIC · TORONTO · DUBAI · NOVA DELHI
SYDNEY · SINGAPUR · TAIPE · PEQUÍN · HONG KONG · SHANGHAI · KUALA LUMPUR
BANGKOK · NOVA YORK · CHICAGO · COLUMBUS · DUBUQUE · LOS ANGELES

Índex

Com s'utilitza aquest llibre

Presentació de la unitat

Cada unitat comença amb una imatge motivadora a doble pàgina. Hi trobaràs una **caixa de referències iconogràfiques**, amb el significat de les icones que trobareu a cada unitat, i els apartats **Hi estudiaràs**, que recull els continguts que es treballaran a la unitat, i **Seràs capaç de**, amb els objectius d'aprenentatge.

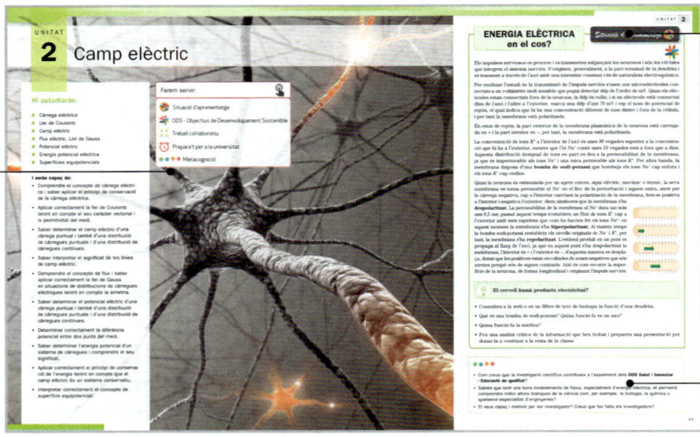

Per iniciar la unitat, es proposa als alumnes, en el marc d'una situació d'aprenentatge, la consecució d'un repte vinculat amb els continguts de la unitat i apuntant als **ODS** de l'agenda 2030.

Proposta de **metacognició** inicial per evocar coneixements previs, conscienciant als alumnes de la problemàtica presentada, incentivant la seva participació en l'assoliment de l'ODS i interessant-los per abordar els continguts de la unitat.

Desenvolupament dels continguts

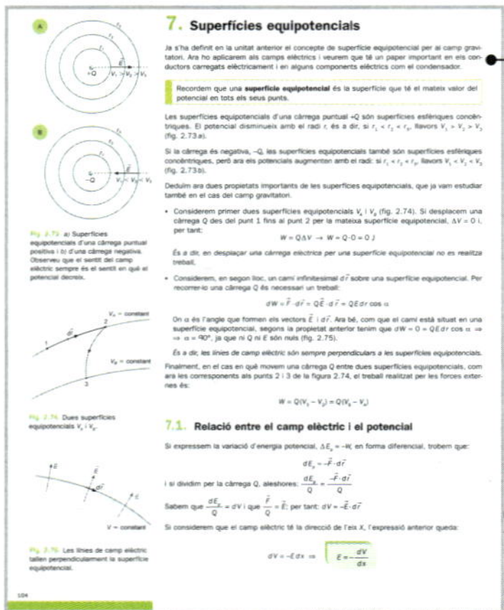

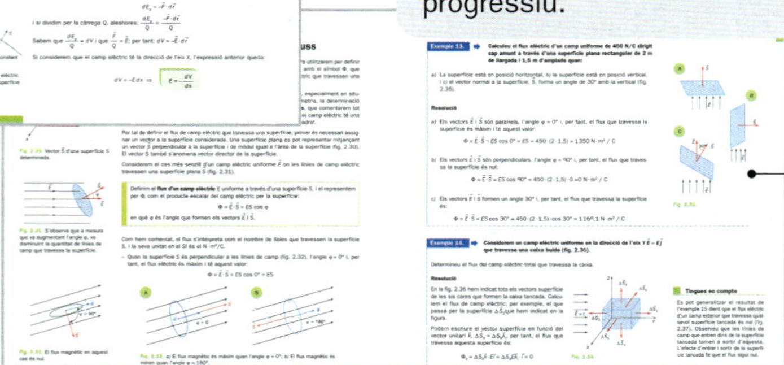

Exposició clara i estructurada dels continguts.

Exemples resolts que il·lustren tots els conceptes essencials.

Activitats al llarg de la unitat per treballar els continguts i consolidar un aprenentatge progressiu.

El desenvolupament de la unitat es complementa amb multitud d'imatges, esquemes, taules i **infografies** que ajuden a exemplificar i entendre la teoria d'una manera fàcil i molt visual.

A banda del llibre que teniu a les mans, McGraw-Hill Education us ofereix un seguit de material per complementar el vostre aprenentatge i per ajudar el professorat en la seva tasca docent.

InteractiveBook (llibre digital)

Un projecte basat en la metodologia d'objectes d'aprenentatge sobre els quals hem definit l'estructura dels objectius curriculars de la matèria, i als quals hem associat una gran varietat de recursos didàctics, com ara activitats interactives, vídeos, propostes de treball en línia i animacions.

El llibre digital de McGraw-Hill Education garanteix un rigorós tractament pedagògic i tècnic del cos teòric i pràctic de cadascuna de les matèries.

TeachingBook (recursos per al professorat)

La teoria i les activitats incloses en cada unitat estan vinculades directament amb recursos multimèdia, com ara vídeos, activitats interactives, presentacions i bancs d'imatges, pensats per ajudar a il·lustrar, assimilar i aprofundir en la matèria que s'està treballant.

Seccions finals

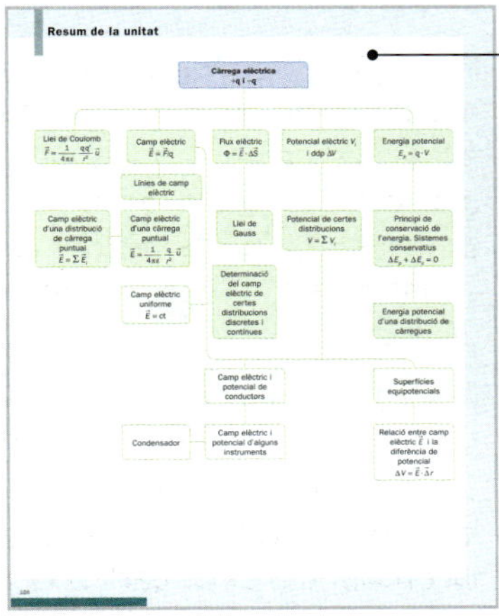

El **Resum de la unitat** presenta l'organització i la relació entre els diferents continguts de la unitat de forma molt visual.

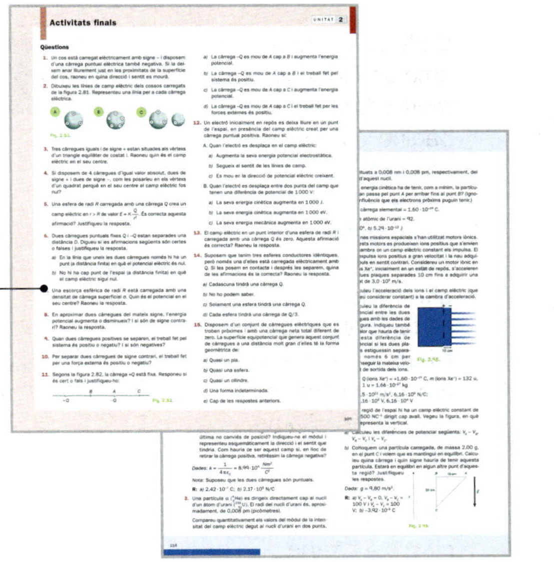

Activitats finals de diferent tipologia per **repassar**, **consolidar** i **aprofundir** els continguts assolits en la unitat.

Contempla l'apartat **Prepara't per a la universitat**, com a recull d'activitats aparegudes en proves recents d'accés a la universitat.

Proposta per fer **Pràctiques al laboratori** en el centre.

El **Desenvolupa les teves competències** és una proposta d'activitats competencials, en el marc d'una situació d'aprenentatge (treball col·laboratiu, producte final, desenvolupament de competències...).

Incorpora una proposta de **metacognició** final per promoure el procés de reflexió sobre el mateix aprenentatge: detecció de dificultats, transferència i aplicació dels continguts.

Annex: Prepara't

Proposta d'activitats d'**avaluació competencial**, que aniran configurant les proves d'accés a la universitat; estan resoltes amb les solucions i orientacions per als alumnes, i a continuació hi ha una proposta per resoldre.

Són tres propostes model que atenen tres components transversals de les competències clau del batxillerat:

- Pensament crític
- Gestió i comunicació de la informació
- (Aplicació integrada de coneixements en la) Resolució de problemes

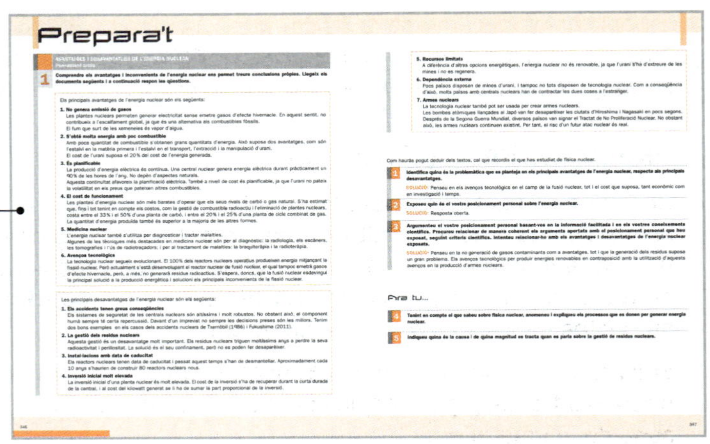

UNITAT

0 Càlcul vectorial: aplicació a la m

Farem servir:

- Situació d'aprenentatge
- ODS - Objectius de Desenvolupament Sostenible
- Treball col·laboratiu
- Metacognició

Hi estudiaràs:

- Concepte de vector: aplicacions i operacions
- Funcions vectorials
- Derivada d'una funció vectorial
- Integral d'una funció vectorial
- Camps físics

I seràs capaç de:

- Comprendre i aplicar correctament els conceptes matemàtics vectorials, per a la posterior aplicació en les noves magnituds físiques que s'estudiaran al llarg d'aquest curs.
- Aplicar els conceptes vectorials a les magnituds físiques vectorials que vam estudiar el curs anterior.
- Utilitzar els conceptes producte escalar per un vector i producte de dos vectors, i aplicar-los al camp de la física.
- Definir les funcions vectorials, obtenir la derivada d'una funció vectorial i obtenir la integral d'una funció vectorial.
- Aplicar els conceptes de derivada i d'integral d'una funció a les funcions vectorials conegudes en mecànica.
- Comprendre el concepte de camp físic, que ens serà molt útil per estudiar el camp gravitatori i els camps electromagnètics.

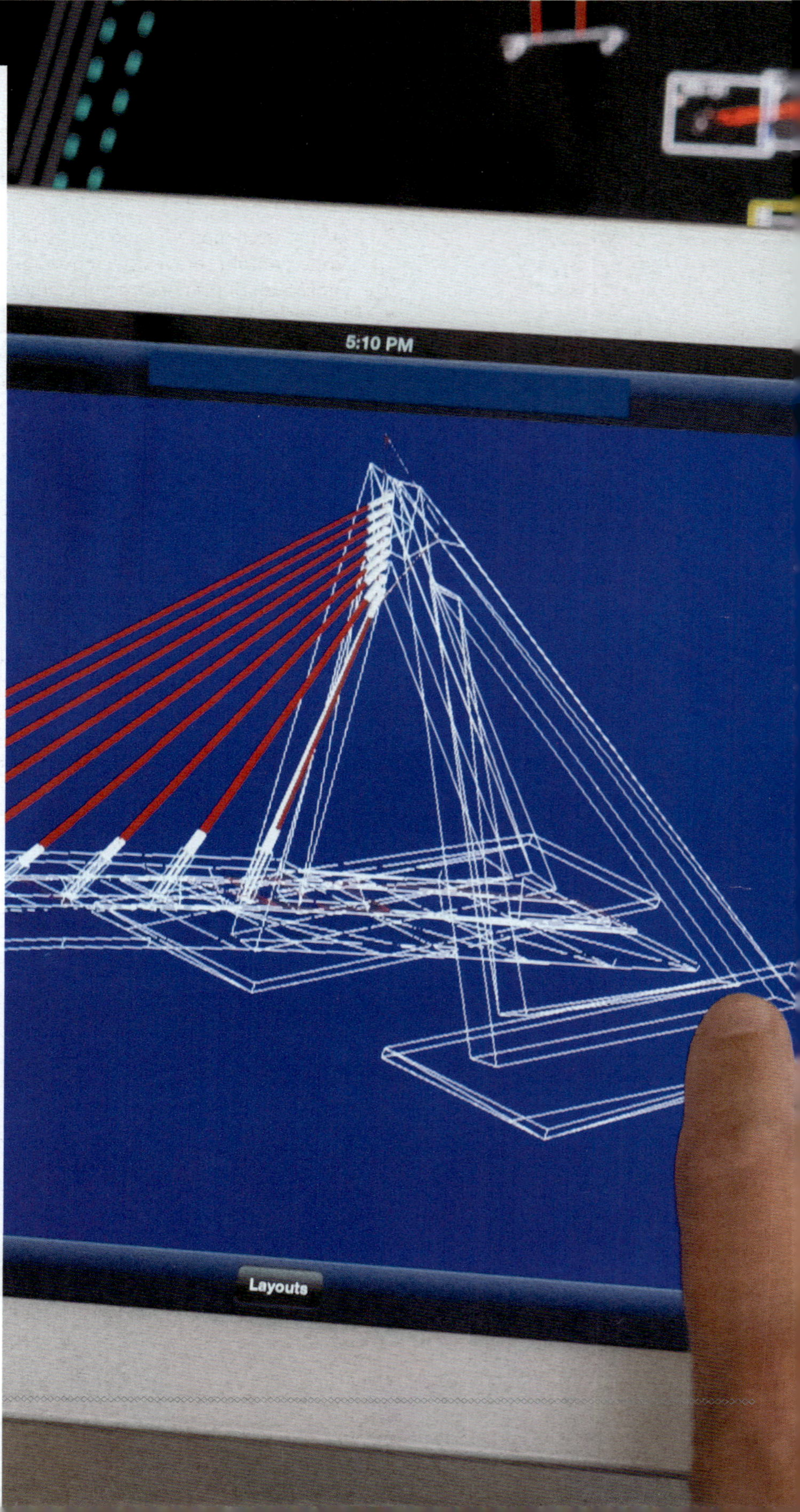

A LA RECERCA de noves magnituds vectorials

Situació d'aprenentatge

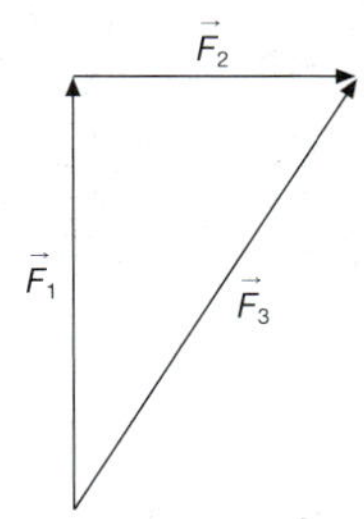

Representació de la suma vectorial de dos vectors per la regla del polígon.

El curs passat vam definir **magnitud física** com totes aquelles propietats dels cossos o fenòmens de l'univers que es poden mesurar, és a dir, aquelles a les quals podem assignar un nombre o valor numèric.

Vam veure que les **magnituds escalars** queden completament caracteritzades pel seu valor, que sempre és un nombre real, mentre que les **magnituds vectorials** necessiten, a més del seu valor, una direcció i un sentit.

En aquesta unitat veurem que qualsevol magnitud vectorial ha de complir, entre altres propietats, la **llei de la suma vectorial**. Si prenem, per exemple, el cas de la força, que, com sabem, és una magnitud vectorial, es compleix que per a dues forces $\vec{F}_1$ i $\vec{F}_2$, el resultat és : $\vec{F}_3 = \vec{F}_1 + \vec{F}_2$.

Un físic està interessat a definir una nova magnitud i constatar que aquesta té les propietats d'un vector per aprofitar les propietats del càlcul vectorial per a la nova teoria que està desenvolupant. En aquesta teoria s'inclou una operació anomenada **desplaçament angular**, que consisteix a representar la intensitat o mòdul com l'angle amb què girem un objecte, i la direcció com la direcció de l'eix de gir de l'objecte. Per fer-ne la comprovació, va col·locar un llibre sobre la taula i va dur a terme les operacions següents:

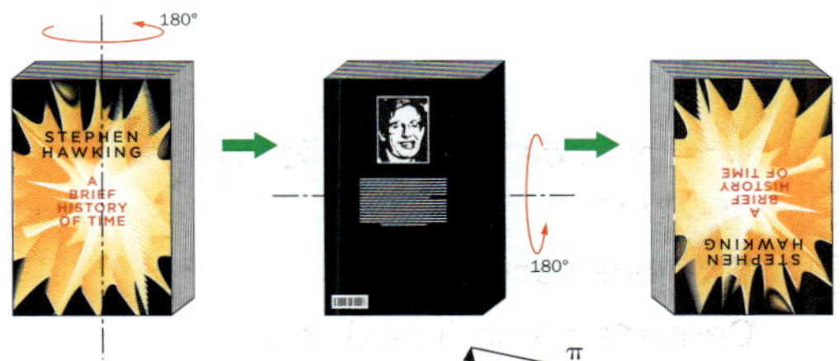

- Va girar el llibre 180° en sentit positiu sobre un eix vertical que passa pel mig del llibre.
- Va girar el llibre 180° en sentit positiu sobre un eix horitzontal que passa pel mig del llibre.
- En observar aquesta operació i d'acord amb la nova definició de desplaçament vectorial, aquesta operació suposa la suma de dos vectors perpendiculars de mòdul π.

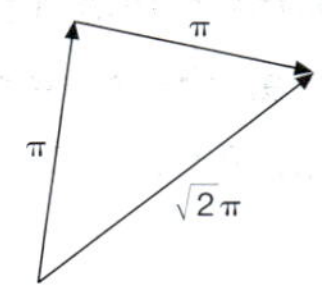

Suma de dos vectors perpendiculars de mòdul (π).

Sou capaços de trobar una nova magnitud vectorial?

- Comproveu si el que s'ha exposat en aquest text és cert.
- Feu la mateixa operació del vector resultant sobre una pilota i sobre un objecte cilíndric. Surt el mateix resultat que amb el llibre?
- Podeu assegurar que la magnitud desplaçament angular és un vector?
- Un altre físic defineix una nova magnitud a la qual vol atorgar caràcter vectorial, i comprova que la suma d'un element de mòdul 3 amb un altre de mòdul 5 dona com a resultat un tercer element de mòdul 9. A quina conclusió pot arribar? Arribarà a la mateixa conclusió si el resultat és un vector de mòdul 2?
- Després de totes les experimentacions fetes, seríeu capaços de trobar una nova magnitud vectorial? Feu aquesta activitat en grup i, posteriorment, exposeu els resultats a tota la classe.

- Sabies que hi ha moltes magnituds que són vectorials i que ja en vas estudiar algunes el curs passat?
- Creus que l'estudi previ dels coneixements que s'estudiaran al llarg del curs contribueixen a l'assoliment de l'ODS **Educació de qualitat** per a tothom?
- Sabies que el càlcul vectorial és imprescindible per poder estudiar la física?

1. Concepte de vector: aplicacions i operacions

Recordeu que el curs passat vam estudiar les **magnituds escalars** i les **magnituds vectorials,** i sobre aquestes últimes vam definir uns quants conceptes relacionats amb els **vectors.** Tot seguit en repassarem alguns.

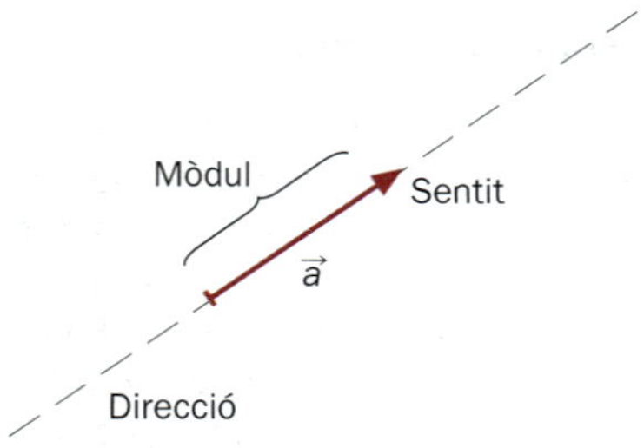

Fig. 0.1. Característiques d'un vector.

> En general, definim **vector**, $\vec{a}$, com un segment orientat que queda determinat si en coneixem el valor o mòdul, la direcció i el sentit (fig. 0.1).

Segons el punt d'aplicació, podem classificar els vectors en *fixos*, *lliures, lliscants* i *axials.*

- **Vector fix:** tenen un punt concret com a punt d'aplicació.
- **Vector lliure**: és el conjunt format per tots els vectors que tenen el mateix mòdul, direcció i sentit que un vector fix determinat, és a dir, que són equipol·lents al vector fix (fig. 0.2*a* i 0.2*b*).

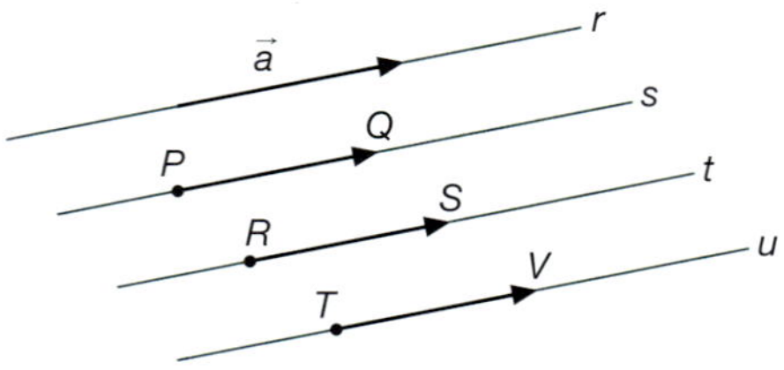

Fig. 0.2. *a)* Els vectors fixos $\overrightarrow{PQ}$, $\overrightarrow{RS}$, $\overrightarrow{TV}$ són **vectors equipol·lents,** ja que tenen el mateix mòdul, la mateixa direcció i el mateix sentit que el **vector lliure** $\vec{a}$.

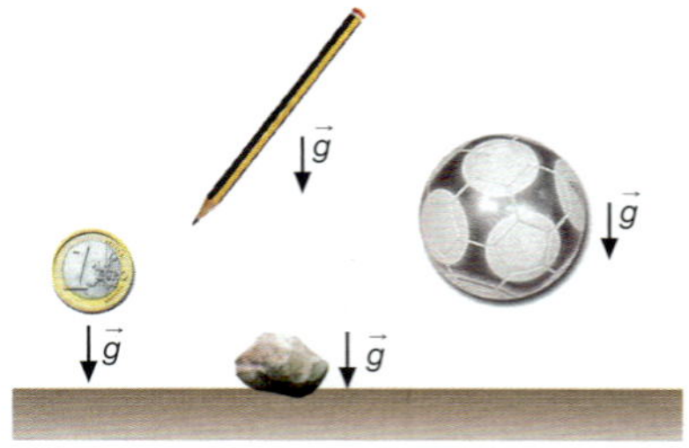

Fig. 0.2. *b)* L'acceleració de la gravetat es pot considerar un **vector lliure.**

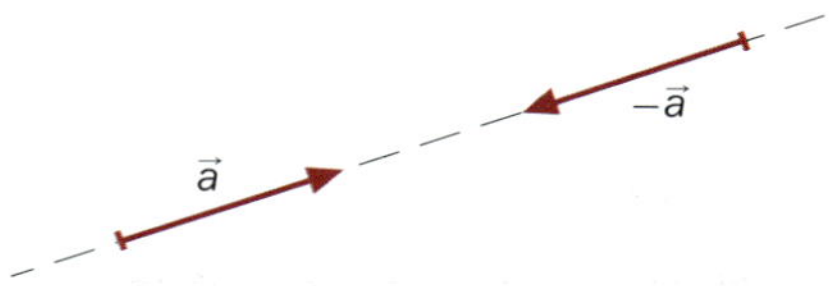

Fig. 0.3. Vectors oposats.

- **Vector lliscant**: és aquell que té com a punt origen qualsevol punt d'una recta determinada. Si dos vectors tenen el mateix mòdul i la mateixa direcció (estan en la mateixa línia d'acció) però tenen sentits contraris, es diu que són **vectors oposats** (fig. 0.3).
- **Vector axial**: és una quantitat que es transforma com un vector sota una rotació pròpia, però que canvia de signe sota una rotació impròpia com una reflexió. Per trobar la direcció i el sentit d'un vector axial, per exemple la velocitat angular $\vec{\omega}$ d'una partícula puntual que gira al voltant d'un punt *O*, que prenem com a origen del sistema de coordenades, cal aplicar la **regla de la mà dreta**: *descrivim amb els dits el sentit de gir de la partícula, i el dit polze ens indica el sentit de* $\vec{\omega}$ *o, de manera equivalent, el seu sentit és l'avanç d'un tirabuixó que gira en el mateix sentit en què ho fa la partícula* (fig. 0.4).

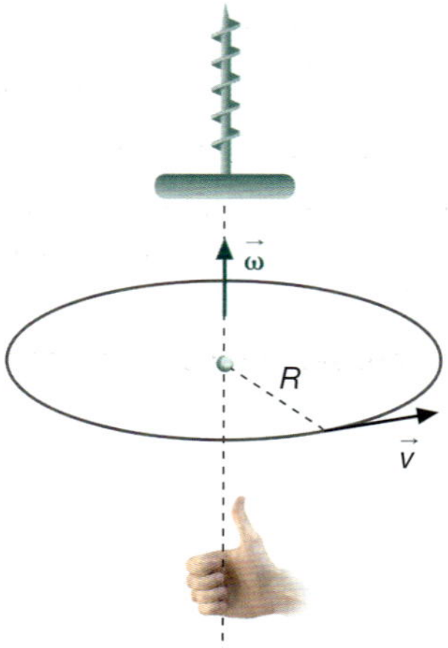

Fig. 0.4. Representació d'un vector axial, on el dit polze indica el sentit d'aquest vector.

1.1. Components d'un vector

Considerem el vector $\vec{a}$ sobre el pla *X*, *Y* amb el punt d'aplicació en l'origen de coordenades, aquest vector es pot donar en components polars i en components cartesianes.

> Anomenem **components cartesians** del vector $\vec{a}$, les projeccions d'aquest vector sobre els eixos de coordenades, a_x i a_y (fig. 0.5). Podem escriure el vector com un parell ordenat de valors reals en la forma: $\vec{a} = (a_x, a_y)$.

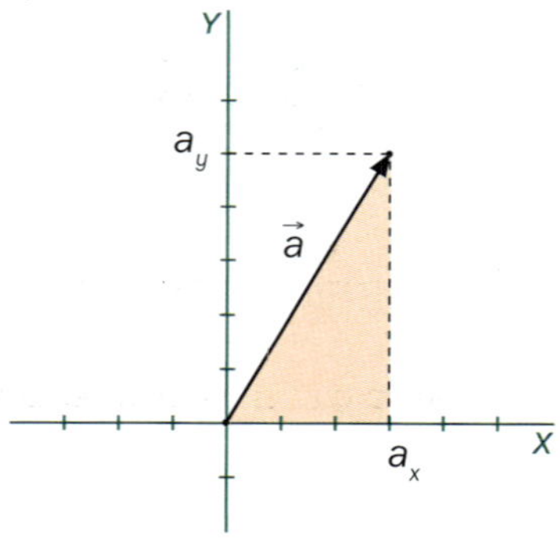

Fig. 0.5. Representació del vector $\vec{a}$ en components cartesians (a_x, a_y).

> Anomenem **components polars** del vector $\vec{a}$, el seu *mòdul a* i l'*argument* α, (fig. 0.6) i es representa per $\vec{a} = a_\alpha$; i que es determinen aplicant el teorema de Pitàgores i trigonometria:
>
> $$a = \sqrt{a_x^2 + a_y^2} \qquad \alpha = tg^{-1}\frac{a_y}{a_x}$$

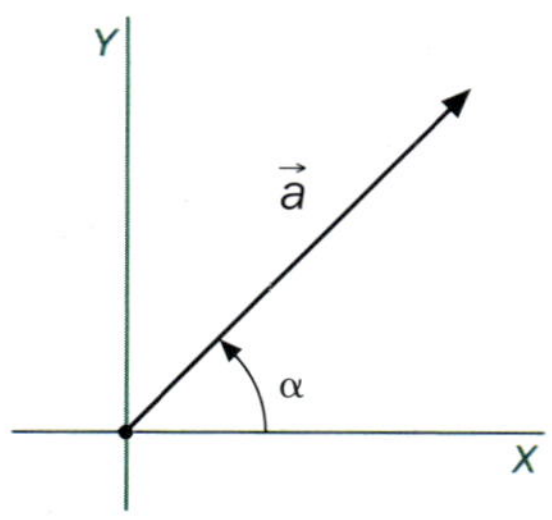

Fig. 0.6. Representació del vector $\vec{a}$ en coordenades polars a_α.

Així podem passar de forma polar a forma cartesiana mitjançant la relació següent:

$$\left.\begin{aligned} a_x &= a \cos \alpha \\ a_y &= a \sin \alpha \end{aligned}\right\}$$

Algunes situacions de la física en què és convenient passar de components polars a components cartesians es donen, per exemple, en la descomposició d'una força inclinada en un pla horitzontal o en la descomposició del pes d'un objecte en un pla inclinat.

- Una força que forma un angle respecte un pla horitzontal es descompon en dos components: un de perpendicular al pla horitzontal i l'altre, paral·lel al pla horitzontal; el component perpendicular ens indica la força que exerceix el cos sobre el pla horitzontal, i el component paral·lel la força que actua en la direcció del moviment sobre el pla horitzontal (fig. 0.7 *a*).
- El pes d'un cos que cau per un pla inclinat sense fregament es descompon en dos components: un de perpendicular al pla inclinat, i l'altre, paral·lel; el component perpendicular ens indica la força que exerceix el cos sobre el pla, i el component paral·lel la força que actua en la direcció del moviment sobre el pla inclinat (fig. 0.7 *b*).

Tingues en compte

Quan s'utilitzen les funcions trigonomètriques per descompondre una força, és important definir clarament la posició de l'angle α, si és sobre la component x o la component y. En el cas del pes, s'ha de tenir en compte que és una força vertical i dirigida cap al centre de la Terra.

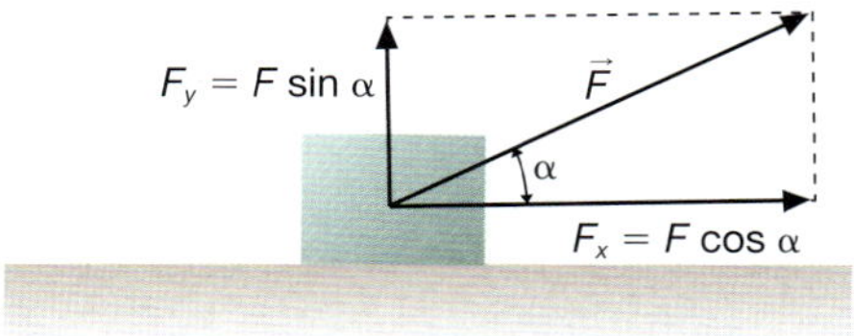

Fig. 0.7. *a)* Descomposició d'una força que forma un angle respecte un pla horitzontal.

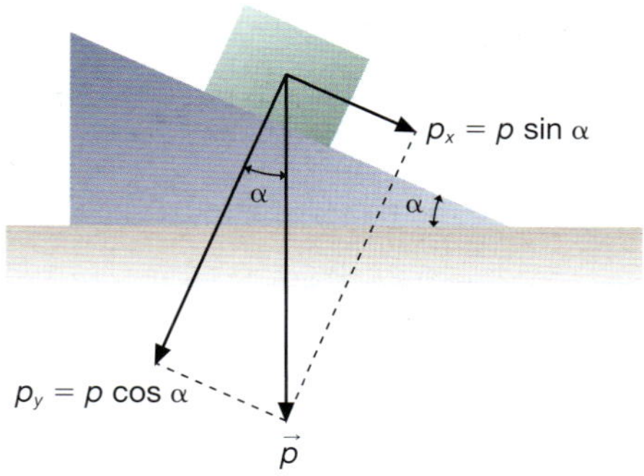

Fig. 0.7. *b)* El pes d'un cos que cau per un pla inclinat.

Important

Propietats de la suma de vectors

La suma de vectors es regeix per les propietats següents:

Associativa $(\vec{a} + \vec{b}) + \vec{c} = \vec{a} + (\vec{b} + \vec{c})$

Commutativa $\vec{a} + \vec{b} = \vec{b} + \vec{a}$

Vector zero (element neutre) $\vec{a} + \vec{0} = \vec{0} + \vec{a} = \vec{a}$, on el vector $\vec{0}$ representa un punt.

Vector oposat (element oposat) $\vec{a} + (-\vec{a}) = \vec{0}$

1.2. Suma i diferència de vectors

Comencem el càlcul vectorial amb la definició de suma de vectors.

> Definim **la suma vectorial** de dos vectors $\vec{a} = (a_x, a_y)$ i $\vec{b} = (b_x, b_y)$ com aquell altre vector $\vec{s}$, que té per components $\vec{s} = (a_x + b_x, a_y + b_y)$ (fig. 0.8).

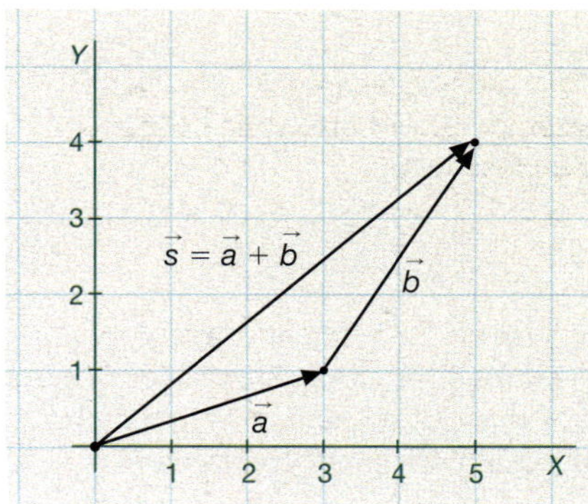

Fig. 0.8. Suma gràfica de dos vectors.

Per sumar vectors gràficament s'utilitzen les anomenadades **regla del paral·lelogram** i **regla del polígon;** aquesta última consisteix a dibuixar vectors equipol·lents a aquests vectors, de manera que l'origen de cadascun coincideixi amb l'extrem de l'anterior, i s'uneix finalment l'origen del primer vector amb l'extrem de l'últim (fig. 0.9).

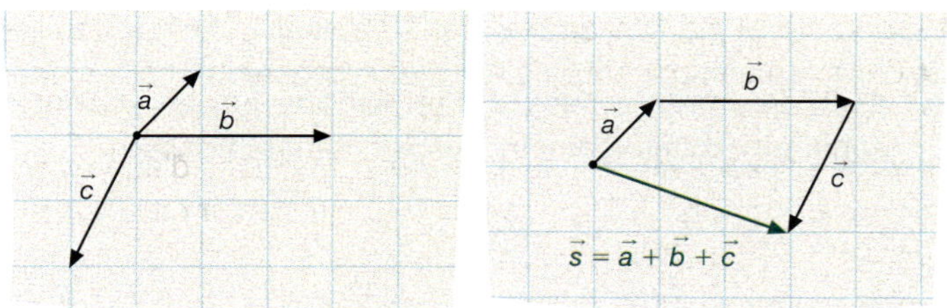

Fig. 0.9. Suma gràfica de tres vectors mitjançant la regla del polígon.

La diferència entre dos vectors, $\vec{a}$ i $\vec{b}$, és la suma del primer vector amb l'oposat del segon. Un exemple de diferència de vectors, que ja vam veure el curs passat, és el del **vector desplaçament.**

> Definim el **vector desplaçament,** $\Delta \vec{r}$, entre dos instants de temps t_1 i t_2 com aquell vector que té el seu origen en la posició inicial de la partícula, $\vec{r}_1 = \vec{r}\,(t_1)$, i el seu extrem en la posició final, $\vec{r}_2 = \vec{r}\,(t_2)$ (fig. 0.10). La seva unitat de mesura en el SI és el metre (m).
>
> $$\Delta \vec{r} = \vec{r}_2 - \vec{r}_1$$

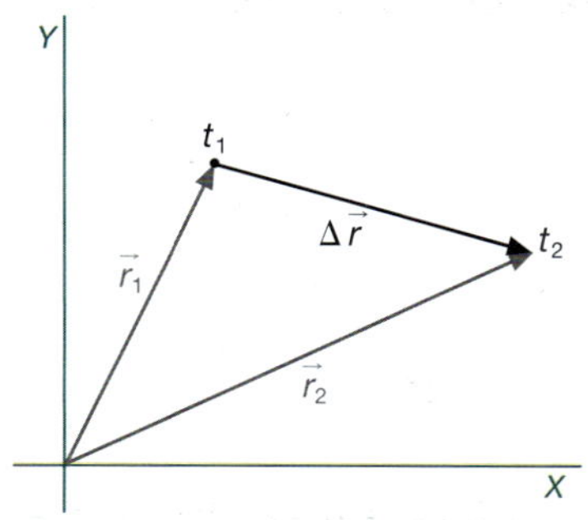

Fig. 0.10. Vector desplaçament.

Exemple 1. Un mòbil puntual es troba en la posició $\vec{r}_1$ i es desplaça fins a la posició $\vec{r}_2$ (fig. 0.11*a*).

Calculeu el vector desplaçament que hi ha entre les dues posicions, numèricament i gràficament.

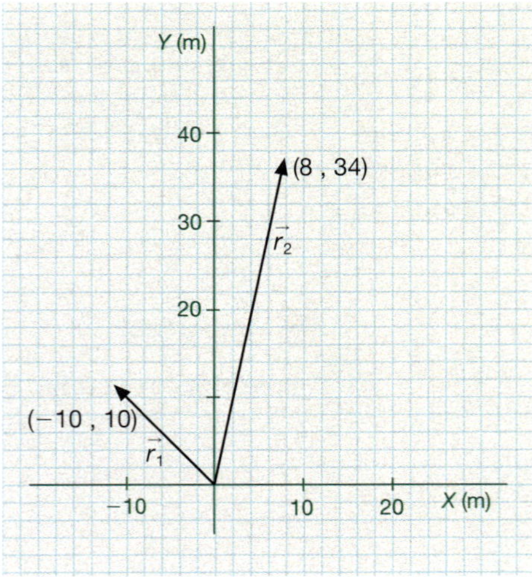

Fig. 0.11. *a)*

Resolució

Numèricament, calculem el vector desplaçament:

$$\Delta\vec{r} = \vec{r}_2 - \vec{r}_1 = (8, 34) - (-10, 10) = (18, 24)\,\text{m}$$

Per resoldre-ho gràficament, dibuixem el vector desplaçament (fig. 0.11 *b*):

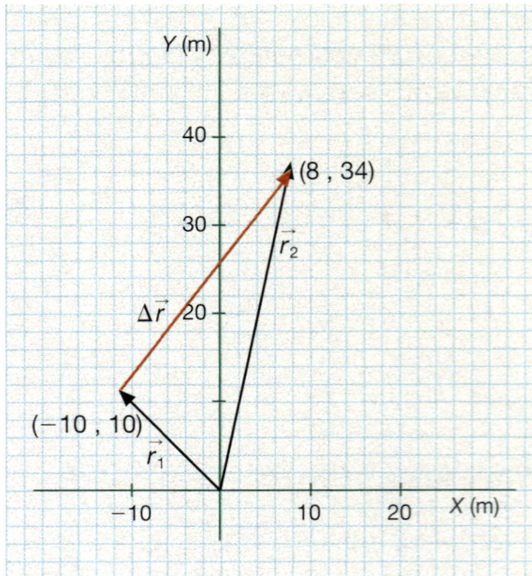

Fig. 0.11. *b)*

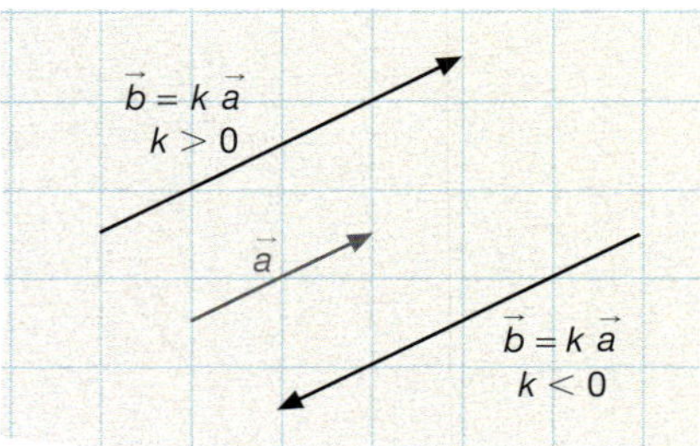

Fig. 0.12. Si $k > 0$, el vector $\vec{b}$ té la mateixa direcció i el mateix sentit que $\vec{a}$, i si $k < 0$, el vector $\vec{b}$ té la mateixa direcció però sentit contrari a $\vec{a}$.

1.3. Producte d'un vector per un escalar

Algunes de les magnituds físiques estudiades el curs anterior són exemples del producte d'una magnitud vectorial per una magnitud escalar, com la 2a llei de Newton, la quantitat de moviment o moment lineal, el pes i d'altres recordem la seva definició:

En general, si $\vec{a} = (a_x, a_y)$ és un vector qualsevol, i k un escalar, anomenem **producte del vector $\vec{a}$ per l'escalar k** el vector $\vec{b}$ de components (ka_x, ka_y), i el representem per $\vec{b} = k\,\vec{a}$ (fig. 0.12).

Exemple 2. Escriviu com a producte d'un escalar per un vector les magnituds següents: desplaçament, força i impuls mecànic.

Resolució

Recordem que les tres magnituds són magnituds vectorials, i no són magnituds fonamentals. Per escriure-les com a producte d'un escalar per un vector, construïm la taula següent (taula 0.1):

Magnitud vectorial	Magnitud escalar	Magnitud vectorial	Expressió
Desplaçament $\Delta\vec{r}$	Temps Δt	Velocitat mitjana $\vec{v}_m$	$\Delta\vec{r} = \vec{v}_m\,\Delta t$
Força $\vec{F}$	Massa m	Acceleració $\vec{a}$	$\vec{F} = m\vec{a}$
Impuls mecànic $\vec{I}$	Temps Δt	Força $\vec{F}$	$\vec{I} = \vec{F}\,\Delta t$

Taula 0.1.

Recorda

Vector unitari

La definició del producte d'un vector per un escalar ens permet trobar el vector unitari, u_a, en la direcció d'un vector determinat $\vec{a}$: $u_a = \vec{a}/a$

Dos vectors unitaris molt utilitzats són $\vec{i}=(1,0)$ i $\vec{j} = (0, 1)$.

Exemple 3. **Donats els vectors de posició $\vec{r}_1 = 3\vec{i} - 5\vec{j}$ i $\vec{r}_2 = 8\vec{i} - 2\vec{j}$, calculeu el vector desplaçament $\Delta\vec{r} = \vec{r}_2 - \vec{r}_1$ i el vector unitari associat al vector desplaçament.**

Feu la representació gràfica de tots els vectors.

Resolució

Calculem el vector desplaçament $\Delta\vec{r}$:

$$\Delta\vec{r} = \vec{r}_2 - \vec{r}_1 = (8\vec{i} - 2\vec{j}) - (3\vec{i} - 5\vec{j}) = 5\vec{i} + 3\vec{j}$$

Per calcular el vector unitari associat al vector desplaçament $\Delta\vec{r}$, prèviament hem de calcular el seu mòdul:

Apliquem el teorema de Pitàgores:

$$|\Delta\vec{r}| = \sqrt{5^2 + 3^2} = \sqrt{34} = 5{,}83$$

$$\vec{u}_r = \frac{5\vec{i} + 3\vec{j}}{5{,}83} = 0{,}86\,\vec{i} + 0{,}51\,\vec{j}$$

Representem gràficament els vectors:

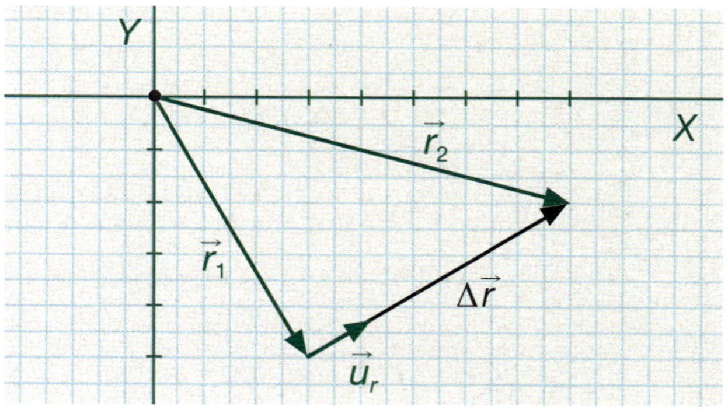

Fig. 0.13.

1.4. Producte escalar de dos vectors

Un altre concepte que fem servir per definir algunes magnituds físiques és el producte escalar de dos vectors, com per exemple el cas del treball mecànic que vam estudiar el curs passat.

Anomenem **producte escalar de dos vectors** $\vec{a}$ i $\vec{b}$ l'escalar que resulta de multiplicar-ne els mòduls pel cosinus de l'angle que formen.

$$\vec{a} \cdot \vec{b} = a\, b \cos(\vec{a}, \vec{b})$$

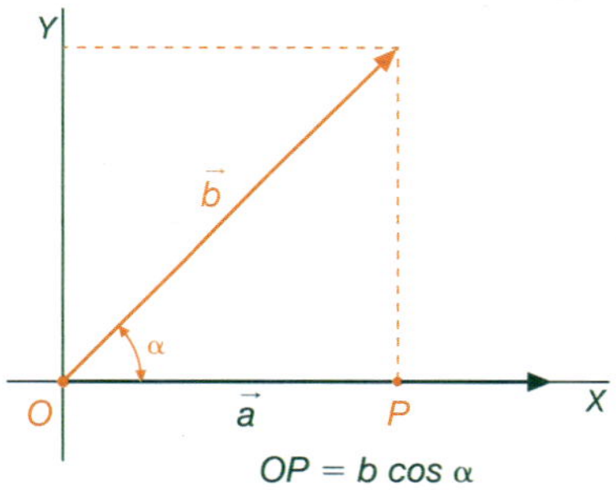

$OP = b \cos \alpha$

Fig. 0.14. Representació del producte escalar de dos vectors, es pot interpretar com la projecció del vector $\vec{b}$ sobre el vector $\vec{u}_a$ unitari mitjançant el producte escalar:

$$OP = \vec{u}_a \cdot \vec{b} = 1 \cdot b \cos\alpha = b \cos\alpha$$

També podem calcular el producte escalar a partir dels components cartesians, aplicant la propietat distributiva d'aquesta operació respecte de la suma vectorial.

Si tenim dos vectors $\vec{a} = a_x\vec{i} + a_y\vec{j}$ i $\vec{b} = b_x\vec{i} + b_y\vec{j}$:

Desenvolupem el producte escalar:

$$\vec{a} \cdot \vec{b} = (a_x\vec{i} + a_y\vec{j}) \cdot (b_x\vec{i} + b_y\vec{j}) = a_x b_x(\vec{i} \cdot \vec{i}) + a_x b_y((\vec{i} \cdot \vec{j}) + a_y b_x((\vec{j} \cdot \vec{i}) + a_y b_y((\vec{j} \cdot \vec{j}) = a_x b_x + a_y b_y$$

$$\vec{a} \cdot \vec{b} = a_x b_x + a_y b_y$$

A partir d'aquesta expressió i de la definició de producte escalar es pot deduir l'angle que formen dos vectors:

$$\left.\begin{array}{l} \vec{a} \cdot \vec{b} = a\, b \cos(\vec{a}, \vec{b}) \\ \vec{a} \cdot \vec{b} = a_x b_x + a_y b_y \end{array}\right\} \rightarrow \quad \cos(\vec{a}, \vec{b}) = \frac{a_x b_x + a_y b_y}{ab}$$

Recorda

$$\vec{a} \cdot \vec{a} = a\, a \cos 0° = a^2$$

$$\vec{i} \cdot \vec{i} = \vec{j} \cdot j = \vec{k} \cdot \vec{k} = 1$$

$$\vec{i} \cdot \vec{j} = \vec{i} \cdot k = \vec{j} \cdot \vec{k} = 0$$

Recorda

Propietats dels vectors:

Commutativa

$$\vec{a} \cdot \vec{b} = \vec{b} \cdot \vec{a}$$

Distributiva

$$a \cdot (\vec{b} + \vec{c}) = \vec{a} \cdot \vec{b} + + \vec{a} \cdot \vec{c}$$

Més dades

Una funció vectorial en l'espai s'expressa així:

$$\vec{f}(t) = g(t)\vec{i} + h(t)\vec{j} + m(t)\vec{k}.$$

2. Funcions vectorials

En general, les magnituds vectorials, com per exemple la velocitat, l'acceleració i la força, són vectors que poden variar en funció d'alguns paràmetres, com el temps t, i, per tant, generalment són variables. Llavors, diem que el vector és funció de t, o bé que es tracta d'una funció vectorial de t. Podem expressar una funció vectorial en el pla així:

$$\vec{f}(t) = g(t)\vec{i} + h(t)\vec{j}$$

Com que els components $g(t)$ i $h(t)$ són funcions de t, les considerem com a variables dependents, i t com a variable independent, que, com hem dit, generalment és el temps.

La representació gràfica de $\vec{f}(t)$ dona una línia contínua sempre que $g(t)$ i $h(t)$ siguin funcions contínues (fig. 0.15).

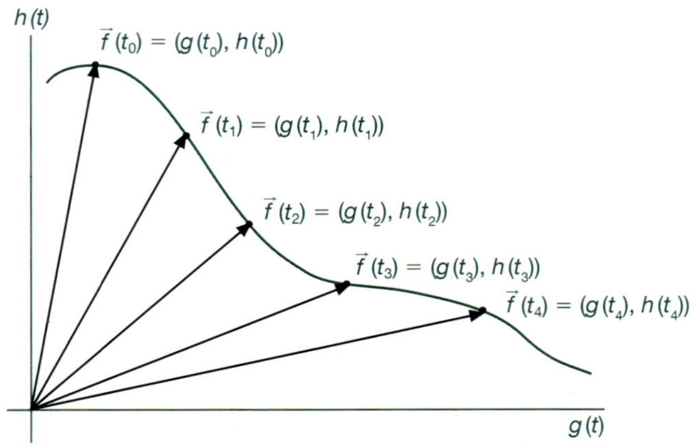

Fig. 0.15. Components de la funció vectorial: si els components $\vec{g}(t)$ i $\vec{h}(t)$ són continus, $\vec{f}(t)$ descriu una línia contínua en variar t.

Un exemple físic de funció vectorial, molt utilitzat en cinemàtica, és l'equació del moviment, que es defineix com el vector de posició de la partícula en funció del temps.

$$\vec{r}(t) = x(t)\vec{i} + y(t)\vec{j}$$

Exemple 4. **El vector de posició d'un mòbil està determinat per l'expressió següent, en unitats del SI:**

$$\vec{r}(t) = (3t - 10)\vec{i} + (4t + 10)\vec{j}$$

Trobeu el vector de posició per a $t = 1$ s i $t = 3$ s i representeu-los en un gràfic XY.

Resolució

Per trobar el vector de posició en aquests instants de temps, substituïm el valor del temps en l'expressió anterior.

Per a $t = 1$ s:

$$\vec{r}_1 = (3 \cdot 1 - 10)\vec{i} + (4 \cdot 1 + 10)\vec{j} =$$
$$= -7\vec{i} + 14\vec{j} = (-7\ ,\ 14)\ \text{m}$$

Per a $t = 3$ s:

$$\vec{r}_2 = (3 \cdot 3 - 10)\vec{i} + (4 \cdot 3 + 10)\vec{j} =$$
$$= -\vec{i} + 22\vec{j} = (-1,\ 22)\ \text{m}$$

Si representem els dos punts en un gràfic XY, i els unim amb l'origen de coordenades, obtenim els vectors de posició per a aquests instants de temps (fig. 0.16).

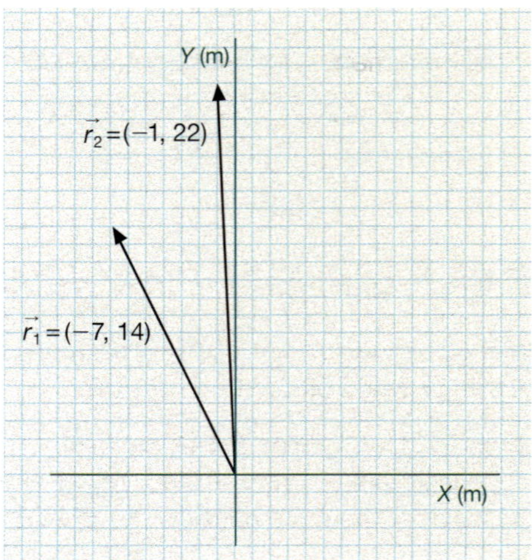

Fig. 0.16.

3. Derivada d'una funció vectorial

La derivada d'una funció vectorial ens dona una mesura del grau de variació de la variable dependent respecte de la variable independent que, com hem dit, sol ser el temps.

Per calcular aquesta variació fem primer el quocient incremental:

$$\frac{\Delta \vec{f}(t)}{\Delta t} = \frac{\vec{f}(t_2) - \vec{f}(t_1)}{t_2 - t_1}$$

A continuació, hem de fer el límit del quocient incremental (fig. 0.17). Si cada vegada fem Δt més petit, també disminuïm el vector $\Delta \vec{f}(t)$, i la direcció d'aquest s'acosta cada vegada més a la recta tangent a la corba que descriu l'extrem $\vec{f}(t_n)$. Quan Δt tendeix a zero, és a dir, en el límit, el vector $\frac{\Delta \vec{f}(t)}{\Delta t}$ és tangent a la corba descrita per l'extrem $\vec{a}(t_n)$ en el punt considerat.

$$\lim_{\Delta t \to 0} \frac{\Delta \vec{f}(t)}{\Delta t} = \lim_{t_n \to t_1} \frac{\vec{f}(t_n) - \vec{f}(t_1)}{t_n - t_1} = \frac{d\vec{f}(t)}{dt} = \vec{f}\,'(t)$$

Aquesta expressió correspon a la derivada de la funció vectorial $\vec{f}(t)$.

Observeu en la figura 0.17 que el vector $\vec{f}\,'(t)$ és tangent a la corba descrita.

Els components de la derivada d'un vector s'obtenen derivant cadascun dels components del vector, ja que la derivada d'una suma és la suma de derivades.

Per tant, si $\vec{f}(t) = g(t)\vec{i} + h(t)\vec{j}$, la derivada corresponent és:

$$\vec{f}\,'(t) = g'(t)\vec{i} + h'(t)\vec{j}$$

En física no s'utilitza la notació $\vec{f}\,'(t)$, sinó la notació $\frac{d\vec{f}}{dt}$.

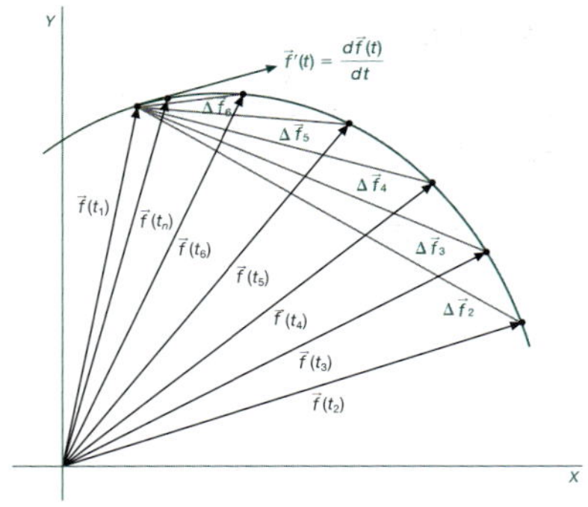

Fig. 0.17.

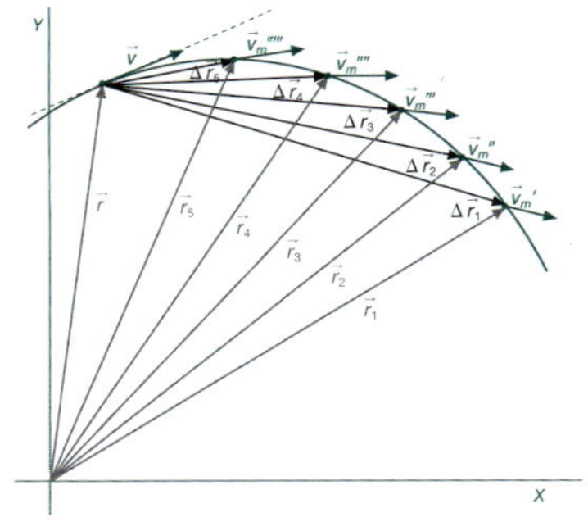

Fig. 0.18. Si disminuïm l'interval de temps considerat, la direcció del vector velocitat mitjana es va acostant cada vegada més a la recta tangent a la trajectòria. En el límit, obtenim la velocitat instantània, qué és un vector tangent a la trajectòria i correspon a la derivada del vector de posició.

Exemple 5. ➡ **Donada la funció vectorial $\vec{a}(t) = 3t^2\vec{i} + (4t^3 - 4)\vec{j}$, calculeu per a $t = 0$ i $t = 4$:**

a) El quocient incremental.

b) La derivada en aquests temps.

Resolució

a) Prèviament calculem el vector $\vec{f}$ per a $t = 0$ i per a $t = 4$.

$$\vec{f}(0) = -4\vec{j}$$

$$\vec{f}(4) = 48\vec{i} + 252\vec{j}$$

Per tant, els increments de les magnituds són:

$$\Delta\vec{f} = \vec{f}(4) - \vec{f}(0) = 48\vec{i} + 252\vec{j} - (-4\vec{j}) = 48\vec{i} + 256\vec{j}$$

I $\Delta t = 4 - 0 = 4$.

El quocient incremental és:

$$\frac{\Delta\vec{f}(t)}{\Delta t} = \frac{\vec{f}(4) - \vec{f}(0)}{\Delta t} = \frac{48\vec{i} + 256\vec{j}}{4} = 12\vec{i} + 64\vec{j}$$

b) La derivada de la funció és:

$$\vec{f}\,'(t) = 6t\vec{i} + 12t^2\vec{j}$$

El seu valor per a $t = 0$ és: $\vec{f}\,'(0) = 0$.

I per a $t = 4$ és: $\vec{f}\,'(4) = 24\vec{i} + 192\vec{j}$.

3.1. Posició, velocitat i acceleració com a funcions vectorials

Si tornem a la cinemàtica, es pot demostrar que el vector de posició, el vector velocitat instantània i el vector acceleració instantània són exemples de funcions vectorials.

Recordem la definició de la **velocitat instantània, $\vec{v}$,** com el límit de la velocitat mitjana quan l'interval de temps tendeix a zero; és un vector tangent a la trajectòria que correspon a la derivada del vector de posició. La unitat de la velocitat instantània en el SI és el m/s (fig. 0.18).

$$\vec{v} = \vec{v}_i = \lim_{\Delta t \to 0} \vec{v}_m = \lim_{\Delta t \to 0} \frac{\Delta\vec{r}}{\Delta t} = \frac{d\vec{r}}{dt}$$

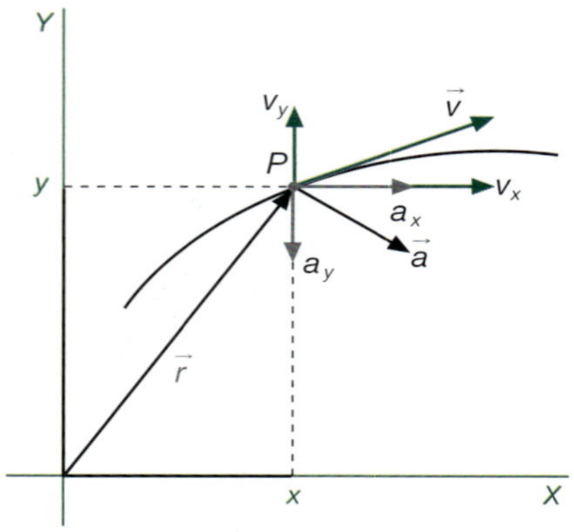

Fig. 0.19. Representació de les magnituds cinemàtiques $\vec{r}$, $\vec{v}$ i $\vec{a}$ en l'instant de temps *t;* també s'hi representen els components d'aquests vectors $(x\,,\,y)$, $(v_x\,,\,v_y)$, $(a_x\,,\,a_y)$ en la posició *P,* on la partícula es mou seguint una trajectòria corba en el pla XY.

Si tenim en compte el vector de posició, podem expressar la velocitat mitjana així:

$$\vec{v}_m = \frac{\Delta\vec{r}}{\Delta t} = \frac{\Delta(x\,\vec{i} + y\,\vec{j})}{\Delta t} = \frac{(x_2 - x_1)\,\vec{i} + (y_2 - y_1)\,\vec{j}}{t_2 - t_1} = v_{m_x}\,\vec{i} + v_{m_y}\,\vec{j}$$

i la velocitat instantània, així:

$$\vec{v} = v_x\,\vec{i} + v_y\,\vec{j} = \frac{dx}{dt}\,\vec{i} + \frac{dy}{dt}\,\vec{j}$$

que correspon a la derivada del vector de posició, com ja hem dit. Recordem que el mòdul de la velocitat s'anomena *celeritat.*

Recordem també la definició de **l'acceleració instantània, $\vec{a}$,** com a límit de l'acceleració mitjana quan l'interval de temps tendeix a zero, que correspon a la derivada del vector velocitat instantània. La unitat de l'acceleració instantània en el SI és el m/s².

$$\vec{a} = \vec{a}_i = \lim_{\Delta t \to 0} \vec{a}_m = \lim_{\Delta t \to 0} \frac{\Delta\vec{v}}{\Delta t} = \frac{d\vec{v}}{dt} = \frac{d^2\vec{r}}{dt^2}$$

Tenint en compte el vector velocitat, podem expressar l'acceleració mitjana així:

$$\vec{a}_m = \frac{\Delta\vec{v}}{\Delta t} = \frac{\Delta(v_x\,\vec{i} + v_y\,\vec{j})}{\Delta t} = \frac{(v_{x_2} - v_{x_1})\,\vec{i} + (v_{y_2} - v_{y_1})\,\vec{j}}{t_2 - t_1} = a_{m_x}\,\vec{i} + a_{m_y}\,\vec{j}$$

i l'acceleració instantània, així:

$$\vec{a} = a_x\,\vec{i} + a_y\,\vec{j} = \frac{dv_x}{dt}\,\vec{i} + \frac{dv_y}{dt}\,\vec{j} = \frac{d^2x}{dt^2}\,\vec{i} + \frac{d^2y}{dt^2}\,\vec{j}$$

Exemple 6. ➡ **L'equació del moviment d'un mòbil puntual és $\vec{r}\,(t) = 2\,t^2\,\vec{i} + (2\,t - 6)\,\vec{j}$ amb els components expressats en m, i el temps, en s. Calculeu:**

a) El desplaçament entre els instants $t = 0$ s i $t = 3$ s.

b) La velocitat mitjana entre aquests dos instants.

c) La velocitat instantània per a $t = 1$ s.

d) L'acceleració mitjana entre $t = 0$ s i $t = 3$ s.

e) L'acceleració instantània per a $t = 1$ s.

Resolució

a) Primer calculem els vectors de posició en els instants $t = 0$ s i $t = 3$ s.

$$\vec{r}\,(0) = 2\cdot 0^2\,\vec{i} + (2\cdot 0 - 6)\,\vec{j} = -6\,\vec{j}\text{ m}$$

$$\vec{r}\,(3) = 2\cdot 3^2\,\vec{i} + (2\cdot 3 - 6)\,\vec{j} = 18\,\vec{i}\text{ m}$$

Per tant, el desplaçament és:

$$\Delta\vec{r} = \vec{r}\,(3) - \vec{r}\,(0) = 18\,\vec{i} - (-6)\,\vec{j} = (18\,\vec{i} + 6\,\vec{j})\text{ m}$$

b) Calculem la velocitat mitjana:

$$\vec{v}_m = \frac{\Delta\vec{r}}{\Delta t} = \frac{18\,\vec{i} + 6\,\vec{j}}{3 - 0} = (6\,\vec{i} + 2\,\vec{j})\text{ m/s}$$

c) Amb l'expressió $\vec{v} = \dfrac{d\vec{r}}{dt}$, calculem la velocitat instantània:

$$\vec{v} = \frac{d\vec{r}}{dt} = \frac{d}{dt}\left(2\,t^2\,\vec{i} + (2\,t - 6)\,\vec{j}\right) = (4\,t\,\vec{i} + 2\,\vec{j})\text{ m/s}$$

que, per a $t = 1$ s, val: $\vec{v}\,(1) = (4\,\vec{i} + 2\,\vec{j})$ m/s.

d) La velocitat instantània en els dos instants $t = 0$ s i $t = 3$ s és:

$$\vec{v}\,(0) = 4\cdot 0\,\vec{i} + 2\,\vec{j} = 2\,\vec{j}\text{ m/s}$$

$$\vec{v}\,(3) = 4\cdot 3\,\vec{i} + 2\,\vec{j} = (12\,\vec{i} + 2\,\vec{j})\text{ m/s}$$

Per tant, l'increment de la velocitat val:

$$\Delta\vec{v} = \vec{v}\,(3) - \vec{v}\,(0) = 12\,\vec{i} + 2\,\vec{j} - 2\,\vec{j} = 12\,\vec{i}\text{ m/s}$$

Ara ja podem calcular l'acceleració mitjana:

$$\vec{a}_m = \frac{\Delta\vec{v}}{\Delta t} = \frac{\vec{v}\,(3) - \vec{v}\,(0)}{t_2 - t_1} = \frac{12}{3}\,\vec{i} = 4\,\vec{i}\text{ m/s}^2$$

e) Calculem l'acceleració instantània:

$$\vec{a} = \frac{d\vec{v}}{dt} = \frac{d^2\vec{r}}{dt^2} = \frac{d}{dt}\,(4\,t\,\vec{i} + 2\,\vec{j}) = 4\,\vec{i}\text{ m/s}^2$$

que, per a $t = 1$ s, val:

$$\vec{a} = 4\,\vec{i}\text{ m/s}^2$$

3.2. Components intrínsecs de l'acceleració

L'acceleració mesura la variació de la velocitat, $\Delta \vec{v}$, però aquesta pot variar en mòdul, en direcció, o bé totes dues alhora; per tant, es poden presentar tres casos.

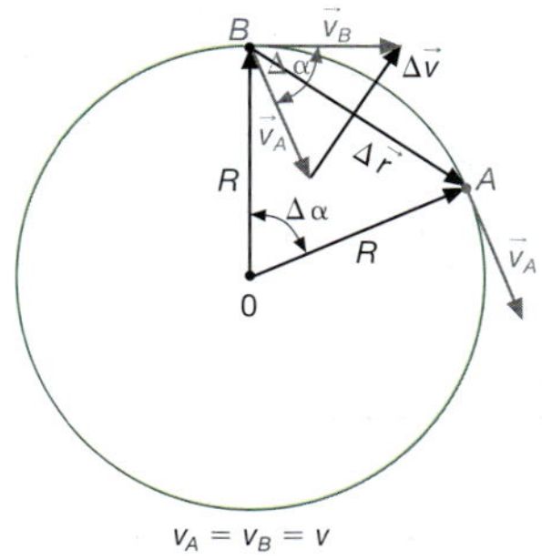

Fig. 0.20. Demostració de l'expressió $a_n = v^2/R$.

- Si només **varia el mòdul** de la velocitat, l'acceleració val en mòdul:

$$a = \frac{dv}{dt}$$

  Aquesta acceleració té associat un vector amb igual direcció que el vector velocitat. Sabem que la velocitat és tangent a la trajectòria; per tant, també ho és el vector acceleració en aquest cas. Per això s'anomena **acceleració tangencial,** $\vec{a}_t$.

- Si només **varia la direcció** de la velocitat, es pot demostrar (fig. 0.20) que l'acceleració val:

$$a = \frac{v^2}{R}$$

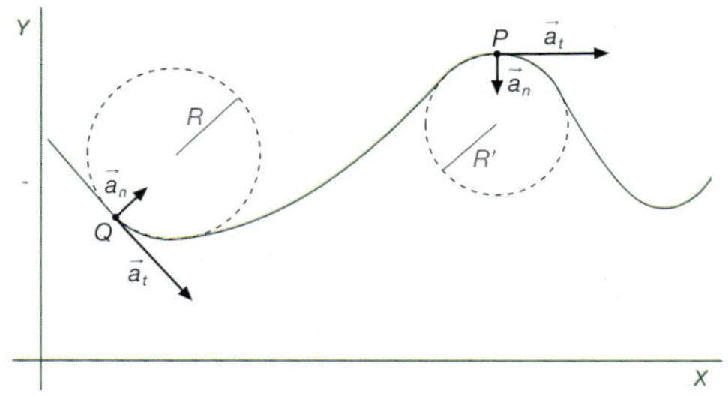

Fig. 0.21. En cada punt de la trajectòria podem associar un cert radi de curvatura *R, R'*...

  en què *v* és la celeritat del cos i *R és el radi de la circumferència que coincideix amb la trajectòria en el punt considerat* (fig. 0.21), i que s'anomena **radi de curvatura.**

  En aquest cas, es pot demostrar que aquesta acceleració és un vector perpendicular o normal a la trajectòria, i el seu sentit va dirigit cap al centre de la circumferència que coincideix amb la trajectòria en el punt considerat (fig. 0.21). Per això s'anomena **acceleració normal o centrípeta,** $\vec{a}_n$.

- Si la velocitat **varia en mòdul i en direcció,** l'acceleració es pot expressar com la resultant de dos vectors, un en la direcció del vector velocitat i un altre perpendicular a aquest; el primer és el vector acceleració tangencial, i l'altre, el vector acceleració normal (fig. 0.21).

$$\vec{a} = \vec{a}_t + \vec{a}_n \quad \rightarrow \quad \left.\begin{array}{l} a_t = \dfrac{dv}{dt} \\ a_n = \dfrac{v^2}{R} \end{array}\right\}$$

L'acceleració tangencial i l'acceleració normal s'anomenen **components intrínsecs** de l'acceleració i com qualsevol altre vector, es poden expressar com a producte del seu mòdul per un vector unitari en la direcció del vector. Per tant, definim dos nous vectors unitaris, un en la direcció de l'acceleració tangencial $\vec{u}_t = \dfrac{\vec{v}}{v}$ i l'altre en la direcció de l'acceleració normal $\vec{u}_n$ (fig. 0.22).

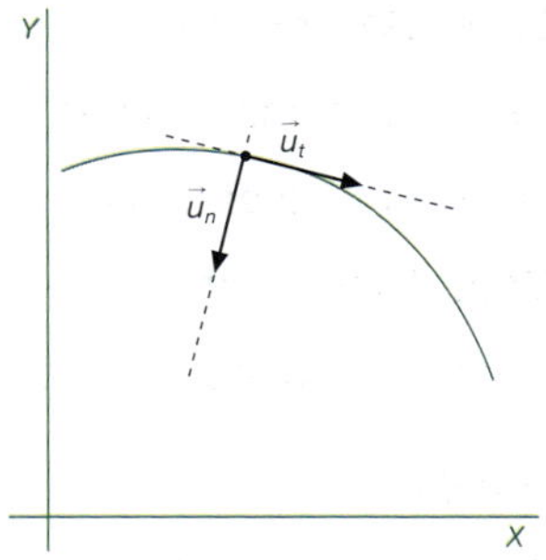

Fig. 0.22. Vectors unitaris de les acceleracions intrínseques.

Així, en funció d'aquests vectors unitaris, podem expressar el vector acceleració:

$$\vec{a} = a_t\,\vec{u}_t + a_n\,\vec{u}_n$$

en què a_t és el mòdul de l'acceleració tangencial i a_n, el mòdul de l'acceleració normal; o també el podem expressar així:

$$\vec{a} = a_t\,\vec{u}_t + a_n\,\vec{u}_n = \frac{dv}{dt}\,\vec{u}_t + \frac{v^2}{R}\,\vec{u}_n$$

on *R* és el radi de curvatura.

Tenint en compte que aquests components són perpendiculars (fig. 0.23), el mòdul del vector acceleració val:

$$a = \sqrt{a_t^2 + a_n^2}$$

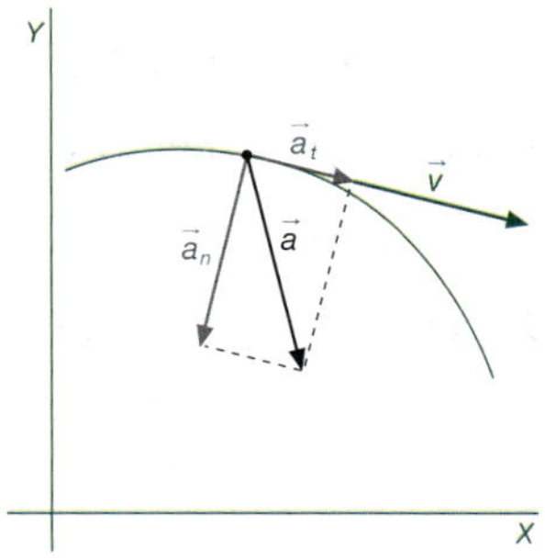

Fig. 0.23. Components intrínsecs de l'acceleració d'un cos que es mou en una trajectòria no rectilínia.

Finalment, podem trobar-nos dos casos, estudiats el curs passat:

- En el cas del moviment rectilini, el radi de curvatura és infinit, ja que el component normal de l'acceleració és nul, com que no hi ha canvi en la direcció de la velocitat. Mentre que el component tangencial de l'acceleració no és nul.
- En el cas del moviment circular uniforme, és el component tangencial de l'acceleració el que és nul, i no el component normal.

La resta de moviments on els dos components de l'acceleració són no nuls, obtindrem diferents tipus de trajectòries.

Exemple 7. **L'equació del moviment d'un mòbil és $\vec{r}\,(t) = (t^3 + 1,\ t^3 - 2\,t)$ expressat en unitats del SI. Calculeu en l'instant de temps $t = 1$ s:**

a) El mòdul del vector acceleració.

b) Els components tangencial i normal de l'acceleració.

Resolució

a) Prèviament, calculem el vector acceleració:

$$\vec{v} = \frac{d\vec{r}}{dt} = \frac{d}{dt}(t^3 + 1,\ t^3 - 2\,t) = (3\,t^2,\ 3\,t^2 - 2)$$

$$\vec{a} = \frac{d\vec{v}}{dt} = \frac{d}{dt}(3\,t^2,\ 3\,t^2 - 2) = (6\,t,\ 6\,t)$$

El mòdul de l'acceleració val:

$$a = \sqrt{(6\,t)^2 + (6\,t)^2} = 8{,}49\,t$$

Per a $t = 1$ s:

$$a = 8{,}49 \text{ m/s}^2$$

b) Per calcular el component tangencial, hem de trobar primer el mòdul del vector velocitat.

$$\vec{v} = (3\,t^2,\ 3\,t^2 - 2)$$

$$v = \sqrt{(3\,t^2)^2 + (3\,t^2 - 2)^2} = \sqrt{18\,t^4 - 12\,t^2 + 4}$$

Si apliquem l'expressió de l'acceleració tangencial, veiem que:

$$a_t = \frac{dv}{dt} = \frac{d}{dt}\sqrt{18\,t^4 - 12\,t^2 + 4} = \frac{72\,t^3 - 24\,t}{2\sqrt{18\,t^4 - 12\,t^2 + 4}}$$

Per a $t = 1$ s:

$$a_t = \frac{72 \cdot 1^3 - 24 \cdot 1}{2\sqrt{18 \cdot 1^4 - 12 \cdot 1^2 + 4}} = 7{,}59 \text{ m/s}^2$$

Si coneixem el mòdul del vector acceleració i l'acceleració tangencial, podem trobar l'acceleració normal amb l'expressió:

$$a = \sqrt{a_t^2 + a_n^2} \rightarrow a_n = \sqrt{a^2 - a_t^2}$$

que, per a $t = 1$ s, és:

$$a_n = \sqrt{8{,}49^2 - 7{,}59^2} = 3{,}80 \text{ m/s}^2$$

3.3. Altres funcions vectorials de la física

Recordem que la dinàmica estudia la relació existent entre el moviment dels cossos i les causes que l'originen, i consisteix bàsicament en l'anàlisi de la relació entre les forces i els canvis en l'estat de moviment dels cossos, a través de la magnitud quantitat de moviment que, juntament amb la força, són exemples de funcions vectorials, i estan relacionades mitjançant les lleis de Newton.

En concret, la segona llei de Newton és un exemple de derivada d'una funció vectorial.

Recordem la **quantitat de moviment,** $\vec{p}$, d'un cos com el producte de la massa m per la velocitat $\vec{v}$ que porta.

$$\vec{p} = m\,\vec{v}$$

Llei	Enunciat	Desenvolupament matemàtic
1a llei de Newton Principi d'inèrcia	Si sobre un cos no actua cap força o la resultant de les forces que actuen és nul·la, el cos està en repòs o es mou amb moviment rectilini i uniforme, és a dir, tot cos que no interaccioni amb cap altre cos conserva la seva quantitat de moviment.	$\sum \vec{F} = m\vec{a} = 0 \rightarrow \vec{a} = 0 \rightarrow$ $\vec{v} = \text{constant}, \vec{p} = \text{constant}$
2a llei de Newton	Un cos experimenta una acceleració quan actua sobre ell una força resultant no nul·la; per tant, les forces originen variacions en la quantitat de moviment	$\sum \vec{F} = m\vec{a}$ $\sum \vec{F} = m\dfrac{d\vec{v}}{dt} = \dfrac{d}{dt}(m\vec{v}) \rightarrow \sum \vec{F} = \dfrac{d\vec{p}}{dt}$
3a llei de Newton Principi d'acció i reacció	Quan un cos exerceix una força $\vec{F}$ sobre un altre cos, aquest efectua sobre el primer una força $\vec{F'}$ que té el mateix mòdul, la mateixa direcció i sentit contrari. Anomenem una de les forces *acció,* i l'altra *reacció* (fig. 0.24).	 $\vec{F} = -\vec{F'}$ **Fig. 0.24.** Els parells de forces d'acció i reacció són sempre vectors oposats i actuen sobre cossos diferents; per tant, els seus efectes mai no es contrarresten entre ells.

Taula 0.2.

Exemple 8. **Un cos de 5 kg de massa es mou segons l'equació de moviment $\vec{r} = 4t^3\,\vec{i} + (2t^2 - 1)\,\vec{j}$ en unitats del SI.**

Determineu:

a) La força instantània.

b) La força mitjana que actua sobre el cos entre els instants $t = 1$ s i $t = 4$ s.

Resolució

a) Per trobar la força instantània, apliquem la 2a llei de Newton:

Prèviament, n'hem de calcular la velocitat:

$$\vec{v} = \frac{d\vec{r}}{dt} = \frac{d}{dt}(4t^3\,\vec{i} + (2t^2 - 1)\,\vec{j}) = 12t^2\,\vec{i} + 4t\,\vec{j}$$

La quantitat de moviment del cos és:

$$\vec{p} = m\,\vec{v} \rightarrow \vec{p} = 5\,(12t^2\,\vec{i} + 4t\,\vec{j}) \rightarrow \vec{p} = 60t^2\,\vec{i} + 20t\,\vec{j}$$

Per tant, la força que rep el cos és:

$$\vec{F} = \frac{d\vec{p}}{dt} = \frac{d}{dt}(60t^2\,\vec{i} + 20t\,\vec{j}) = 120t\,\vec{i} + 20\,\vec{j}$$

b) Per calcular la força mitjana entre els instants $t = 1$ s i $t = 4$ s apliquem la 2a llei de Newton en forma incremental:

Per calcular $\Delta\vec{p}$ substituïm els temps anteriors en l'equació $\vec{p}(t)$ obtinguda en l'apartat *a):*

$$\vec{p}\,(1) = 60 \cdot 1^2\,\vec{i} + 20 \cdot 1\,\vec{j} = 60\,\vec{i} + 20\,\vec{j}$$

$$\vec{p}\,(4) = 60 \cdot 4^2\,\vec{i} + 20 \cdot 4\,\vec{j} = 960\,\vec{i} + 80\,\vec{j}$$

i calculem la variació de la quantitat de moviment:

$$\Delta\vec{p} = \vec{p}\,(4) - \vec{p}\,(1) = (960\,\vec{i} + 80\,\vec{j}) - (60\,\vec{i} + 20\,\vec{j}) = 900\,\vec{i} + 60\,\vec{j}$$

La força mitjana que rep el cos és:

$$\vec{F} = \frac{\Delta\vec{p}}{\Delta t}$$

$$\vec{F} = \frac{900\,\vec{i} + 60\,\vec{j}}{4 - 1} = \frac{900}{3}\,\vec{i} + \frac{60}{3}\,\vec{j} = (300\,\vec{i} + 20\,\vec{j})\,\text{N}$$

Important

La integral d'una funció $g(x)$ és aquella altra funció $G(x)$ tal que $G'(x) = g(x)$, i ho escrivim:

$$\int g(x)\,dx = G(x) + K$$

I l'anomenem integral indefinida. Diem que $G(x)$ és una **primitiva** de $g(x)$.

4. Integral d'una funció vectorial

Recordem que quan vam calcular el treball d'una força variable al llarg d'un desplaçament, $\Delta\vec{x}$, vam calcular l'àrea determinada pel gràfic de la funció $\vec{F}(\vec{x})$ entre els extrems del desplaçament (fig. 0.25). També, en l'estudi de la cinemàtica, vam utilitzar el càlcul de l'àrea determinada pel gràfic $x(t)$ per obtenir l'equació del moviment del MRU i, sobretot, del MRUA.

En els casos en què a partir del gràfic no sabem calcular l'àrea, fem petites àrees per tal que la figura geomètrica s'assembli a un rectangle, i sumem totes les àrees d'aquests rectangles (fig. 0.26).

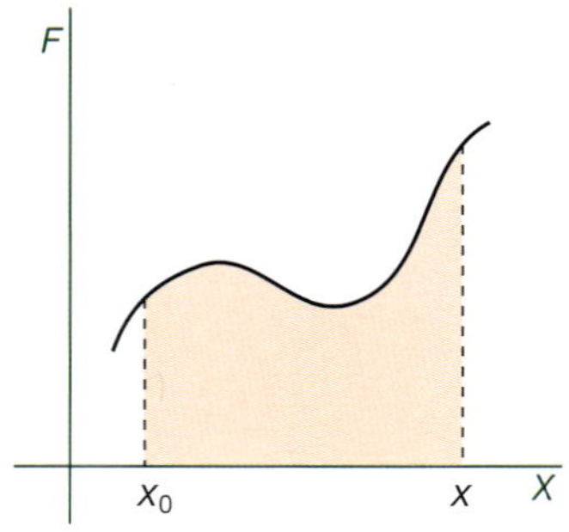

Fig. 0.25.

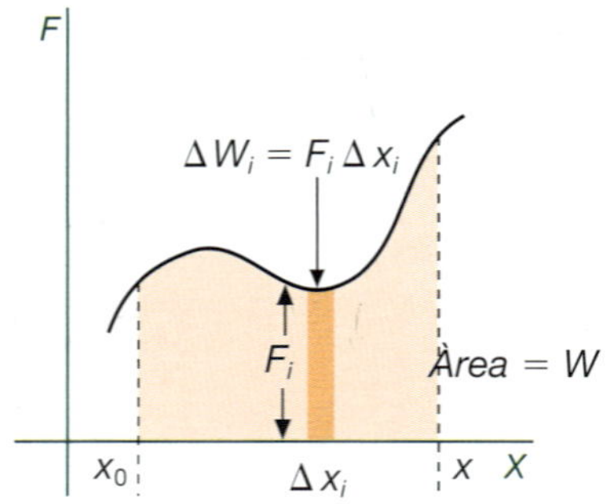

Fig. 0.26.

Matemàticament ho expressem d'aquesta manera:

$$W = \lim_{n \to \infty} \sum_{i=0}^{n} W_i = \lim_{n \to \infty} \sum_{i=0}^{n} F_i\,\Delta x_i$$

Aquesta expressió matemàtica és la que ja coneixem com a integral d'una funció.

$$W = \int_{x_0}^{x} F(x)\,dx$$

En general, si la variable independent és t, i la funció vectorial és $\vec{f}(t) = g(t)\,\vec{i} + h(t)\,\vec{j}$:

$$\vec{I} = \int_{t_0}^{t} \vec{f}(t)\,dt = \int_{t_0}^{t} g(t)\,dt\,\vec{i} + \int_{t_0}^{t} h(t)\,dt\,\vec{j}$$

Veiem un cas de l'aplicació de la integral d'una funció vectorial en la cinemàtica. Hem vist que, coneixent l'equació del moviment i derivant, hem obtingut la resta de magnituds cinemàtiques, la velocitat i l'acceleració. Però també podem operar en sentit contrari, és a dir, si coneixem l'acceleració en funció del temps i apliquem el concepte matemàtic d'integració, podem obtenir la velocitat en funció del temps:

$$\vec{a} = \frac{d\vec{v}}{dt} \;\rightarrow\; d\vec{v} = \vec{a}\,dt \;\rightarrow\; \int d\vec{v} = \int \vec{a}\,dt \;\rightarrow\; \vec{v} = \int \vec{a}\,dt$$

Si integrem un altre cop, obtenim el vector de posició en funció del temps:

$$\vec{v} = \frac{d\vec{r}}{dt} \;\rightarrow\; d\vec{r} = \vec{v}\,dt \;\rightarrow\; \int d\vec{r} = \int \vec{v}\,dt \;\rightarrow\; \vec{r} = \int \vec{v}\,dt$$

Més dades

Un procediment per calcular la integral definida és l'anomenada **fórmula de Barrow:**

$$\int_a^b g(x)\,dx = [G(x)]_a^b = G(b) - G(a)$$

Ara bé, si integrem, hem de posar els límits d'integració. Aquests límits estan determinats per les condicions inicials t_0, $\vec{r}_0$, $\vec{v}_0$, i les condicions generals t, $\vec{r}$, $\vec{v}$, d'un punt qualsevol de la trajectòria.

$$\vec{r}(t) \underset{\text{integrant}}{\overset{\text{derivant}}{\rightleftarrows}} \vec{v}(t) \underset{\text{integrant}}{\overset{\text{derivant}}{\rightleftarrows}} \vec{a}(t)$$

Exemple 9. **Un mòbil puntual es mou amb una acceleració constant de 2 $\vec{i}$ + 5 $\vec{j}$ en unitats del SI. Si inicialment el mòbil es troba en la posició 4 $\vec{i}$ – 2 $\vec{j}$ m i es mou amb una velocitat de 6 $\vec{i}$ m/s.**

Determineu la velocitat i la posició en funció del temps.

Resolució

— Per determinar la velocitat en funció del temps, apliquem la definició d'acceleració.

$$\vec{a} = \frac{d\vec{v}}{dt} \rightarrow d\vec{v} = \vec{a}\,dt$$

Si substituïm el valor de l'acceleració i les condicions inicials, on $\vec{v}_0 = 6\,\vec{i}$ m/s i $t_0 = 0$, i ho integrem, obtenim:

$$\int_{(6,0)}^{(v_x,\,v_y)} d\vec{v} = \int_0^t (2\,\vec{i} + 5\,\vec{j})\,dt \rightarrow$$

$$[\vec{v}\,]_{(6,0)}^{(v_x, v_y)} = [(2t,\,5t)]_0^t \rightarrow (v_x - 6,\,v_y) = (2t,\,5t) \rightarrow$$

$$\vec{v} = (2t + 6)\,\vec{i} + (5t)\,\vec{j}$$

— Per determinar la posició en funció del temps, apliquem la definició de la velocitat instantània.

$$\vec{v} = \frac{d\vec{r}}{dt} \rightarrow d\vec{r} = \vec{v}\,dt$$

Si substituïm el valor de la velocitat i les condicions inicials, $\vec{r}_0 = 4\,\vec{i} - 2\,\vec{j}$ m i $t_0 = 0$, i ho integrem, trobem que:

$$\int_{(4,-2)}^{(x,\,y)} d\vec{r} = \int_0^t ((2t + 6)\,\vec{i} + (5t)\,\vec{j})\,dt \rightarrow$$

$$[\vec{r}\,]_{(4,-2)}^{(x,y)} = \left[(t^2 + 6t),\,\frac{5}{2}\,t^2\right]_0^t \rightarrow$$

$$(x - 4,\,y + 2) = \left((t^2 + 6t),\,\frac{5}{2}t^2\right) \rightarrow$$

$$\vec{r} = (t^2 + 6t + 4)\,\vec{i} + \left(\frac{5}{2}t^2 - 2\right)\vec{j}$$

Per acabar l'estudi que estem fent sobre les integrals de funcions vectorials, recordarem altres magnituds introduïdes el curs passat dins la mecànica, com l'impuls mecànic, el treball, l'energia i la potència. L'impuls mecànic és una altra magnitud física que requereix el càlcul integral, recordem que, quan s'aplica una força neta $\vec{F}$ sobre un cos entre els instants de temps t_0 i t, diem que el cos rep un impuls mecànic $\vec{I}$ donat per:

$$\vec{I} = \int_{t_0}^{t} \vec{F}\,dt$$

Tenint en compte la segona llei de Newton, la definició anterior permet deduir el **teorema de l'impuls mecànic,** que indica que l'impuls mecànic que actua sobre un cos durant un interval de temps Δt és igual a la variació de la seva quantitat de moviment $\Delta\vec{p}$, $\Delta\vec{p} = \vec{I}$. Aquest teorema proporciona una altra manera d'estudiar situacions de la mecànica:

$$\vec{F} = \frac{d\vec{p}}{dt} \rightarrow d\vec{p} = \vec{F}\,dt \rightarrow \int_{\vec{p}_0}^{\vec{p}} d\vec{p} = \int_{t_0}^{t} \vec{F}\,dt \rightarrow \Delta\vec{p} = \int_{t_0}^{t} \vec{F}\,dt = \vec{I}$$

Exemple 10. **Una pilota és impulsada amb una força donada per la funció $\vec{F}(t) = (1{,}6\cdot10^7\,t - 4\cdot10^9\,t^2)\,\vec{i}$ N que actua entre els instants de temps t = 0, t = 4 ms.**

Determineu l'impuls mecànic i representeu la força mitjana rebuda per la pilota.

Resolució

Calculem l'impuls mecànic amb l'expressió anterior, substituint-hi valors i integrant:

$$\vec{I} = \int_{t_0}^{t} \vec{F}\,dt \rightarrow \vec{I} = \int_0^{4\cdot10^{-3}} (1{,}6\cdot10^7\,t - 4\cdot10^9\,t^2)\,\vec{i}\,dt$$

$$\vec{I} = \left[\frac{1{,}6\cdot10^7\,t^2}{2}\,\vec{i} - \frac{4\cdot10^9\,t^3}{3}\,\vec{i}\right]_0^{4\cdot10^{-3}}$$

$$\vec{I} = 8\cdot10^6\cdot(4\cdot10^{-3})^2\,\vec{i} - \frac{4\cdot10^9\cdot(4\cdot10^{-3})^3}{3}\,\vec{i}$$

$$\vec{I} = 42{,}67\,\vec{i}\ \text{N·s}$$

Ara calculem i representem la força mitjana que rep la pilota (fig. 0.27):

$$\vec{I} = \vec{F}_m\,\Delta t \rightarrow$$

$$\vec{F}_m = \frac{\vec{I}}{\Delta t} \rightarrow$$

$$F_m = \frac{42{,}67\,\vec{i}}{4\cdot10^{-3} - 0} \rightarrow$$

$$\vec{F}_m = 1{,}07\cdot10^4\,\vec{i}\ \text{N}$$

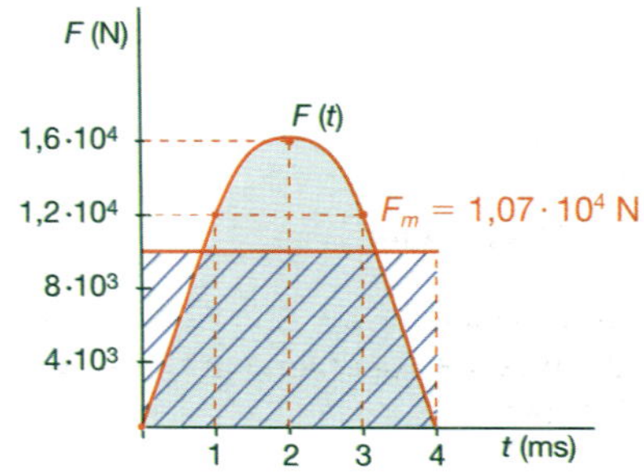

Fig. 0.27.

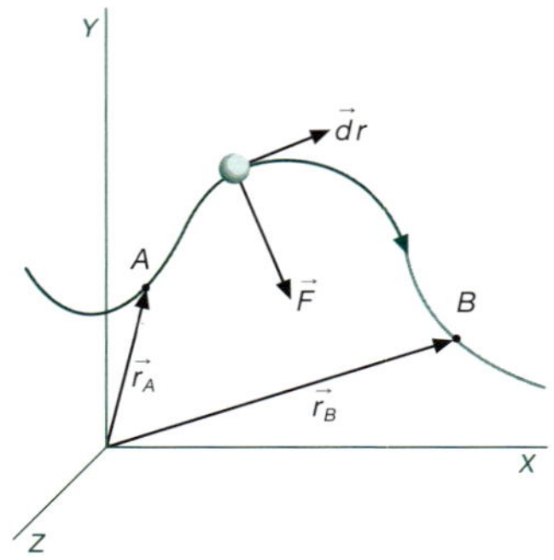

Fig. 0.28. Definició de treball.

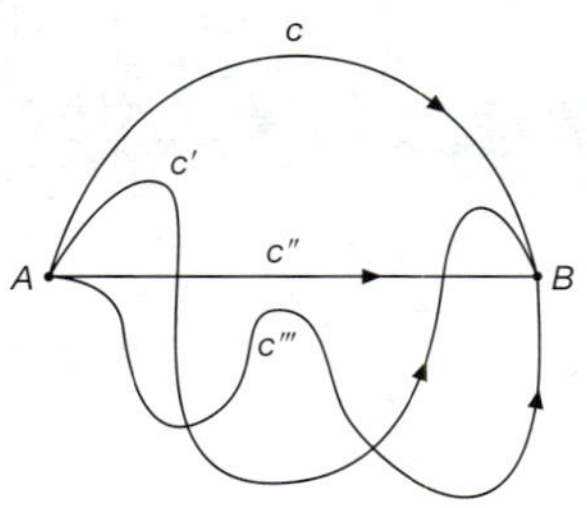

Fig. 0.29. S'anomenen **forces conservatives** les forces el treball de les quals és independent del camí que segueix el cos i només depèn de la posició inicial i final d'aquest cos. En són exemples la força de la gravetat, la força elàstica i les forces electro-estàtiques. En canvi, la força muscular o la força de fregament, entre d'altres, són forces no conservatives, ja que el treball fet per aquestes forces al llarg d'una trajectòria depèn del camí. El treball realitzat per forces conservatives en un cicle és 0:

$W_{AB(c)} = W_{AB(c')} = W_{AB(c'')} = W_{AB(c''')} \rightarrow W_{\text{cicle}} = 0$

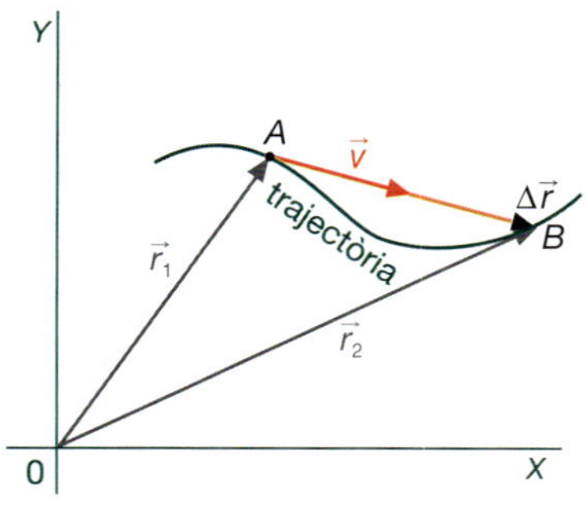

Fig. 0.30. Sistema de referència.

El treball W realitzat per una força constant $\vec{F}$, que actua sobre un cos que es mou al llarg d'una trajectòria rectilínia i es desplaça una longitud Δx, es defineix com $W = F_x \, \Delta x$, on F_x és el component tangencial de la força respecte de la trajectòria; la seva unitat en el SI és el joule (J). Però si la força és variable, i la trajectòria no és rectilínia, cal recórrer al càlcul integral.

En general, definim el **treball** com el producte escalar de la força pel vector desplaçament. El treball realitzat per una força variable F entre les posicions A i B (fig. 0.28) és:

$$W = \int_{\vec{r}_A}^{\vec{r}_B} \vec{F} \cdot d\,\vec{r}$$

Una magnitud relacionada amb el treball és l'**energia,** que es defineix com *la capacitat que té un cos per efectuar un treball,* que pot ser deguda a diferents causes i tenir diversos orígens, però qualsevol forma d'energia es pot reduir sempre a dos tipus bàsics, l'energia cinètica i l'energia potencial, la suma de les quals és l'**energia mecànica**, que verifica un principi fonamental, el **principi de conservació de l'energia mecànica,** que, en el cas en què només actuen forces conservatives (fig. 0.29), indica que l'energia mecànica del cos o sistema es conserva al llarg del temps, és a dir, es manté constant: $\Delta E = 0 \implies E = E_c + E_p = \text{constant}$. En canvi, si sobre el cos també actuen forces no conservatives, el treball fet per aquestes forces és igual a la seva variació d'energia mecànica: $\Delta E = W_{fnc}$.

Finalment, una altra magnitud relacionada amb el treball és la potencia, que es defineix com el treball o l'energia per unitat de temps, i la unitat del qual és el watt (W): $P = \dfrac{dW}{dt}$.

4.1. Sistemes de referència inercials

Acabarem aquesta introducció general a la física de segon curs comentant un concepte clau com és el de *sistema de referència inercial.* Recordem que un **sistema de referència** és *aquell conjunt de cossos que convencionalment es consideren immòbils, i respecte dels quals s'analitza el moviment dels altres cossos.* Normalment utilitzem el sistema definit per un punt O i uns eixos de coordenades cartesians X, Y (en el pla), o X, Y, Z (en l'espai), considerats arbitràriament en repòs i a partir dels quals hem definit les magnituds cinemàtiques (fig. 0.30).

Considerem ara una **partícula lliure,** definida com *qualsevol cos prou petit el volum del qual pot ser negligit, i que es troba prou allunyat d'altres cossos per estar lliure de qualsevol tipus d'influència que alteri el seu estat de moviment i que es pugui considerar aïllat.*

Si prenem una partícula lliure com a sistema de referència convencionalment en repòs, el moviment de qualsevol altra partícula lliure es descriu de la manera més senzilla possible, ja que, com que aquesta segona partícula no es troba sota la influència de cap altre cos, es mou segons un moviment rectilini uniforme, MRU, d'acord amb la 1a llei de Newton o principi d'inèrcia.

Un **sistema de referència inercial** es defineix com aquell sistema de referència respecte del qual el moviment de qualsevol partícula lliure és rectilini i uniforme, és a dir, amb velocitat constant, en mòdul i en direcció. En tot sistema inercial es verifica el principi d'inèrcia.

En realitat, a l'Univers no existeix cap sistema de referència que sigui *rigorosament* inercial, ja que qualsevol cos es troba sempre sotmès a la influència d'altres cossos; però molts sistemes es poden assimilar *aproximadament* a sistemes de referència inercials, si s'aïllen convenientment de la resta de l'univers de manera que se'n pugui negligir qualsevol influència.

Per exemple, la superfície de la Terra es pot prendre com a sistema de referència inercial amb una bona aproximació, si prescindim del moviment de translació al voltant del Sol i del seu moviment de rotació al voltant de si mateixa, tenint en compte que aquests moviments donen acceleracions molt petites que es poden negligir en moltes situacions.

5. Camps físics

El concepte de camp físic, que definim tot seguit, és cabdal per poder interpretar els fenòmens de la naturalesa. Diem que en una regió de l'espai existeix un camp físic quan en tots els punts d'aquesta regió hi ha present una determinada magnitud física. Si aquesta magnitud és escalar, tenim un **camp escalar,** i si és vectorial, un **camp vectorial.** La variació de la temperatura, de la pressió i de la densitat de l'atmosfera amb l'altitud són exemples de camps escalars (fig. 0.31*a*). En canvi, la velocitat de l'aire que remou un tifó és un exemple de camp vectorial (fig. 0.31*b*).

A

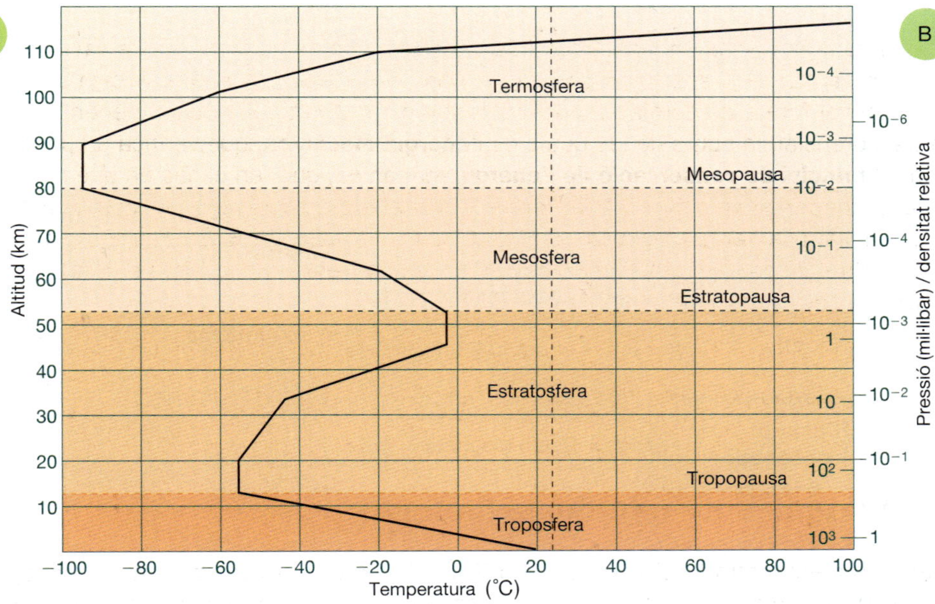

B

Fig. 0.31. *a)* Camps escalars. *b)* Camps vectorials.

Un cas de camp vectorial és el *camp de forces.* En una regió de l'espai hi ha un **camp de forces** quan, en posar-hi una partícula, aquesta partícula experimenta una força.

Així, per exemple, si posem un cos de massa m_1 enfront d'un altre cos de massa m_2, aquest últim cos rep una força gravitatòria; en conseqüència, podem considerar que m_1 crea un camp gravitatori en l'espai que l'envolta. Anàlogament, m_2 crea un altre camp gravitatori que fa que m_1 rebi una força gravitatòria. El conjunt de forces que originen m_1 i m_2 l'anomenem *camp de forces.*

Podem dir el mateix d'un cos de càrrega elèctrica Q_1 que interacciona amb un altre cos de càrrega Q_2. En aquest cas, considerem que les càrregues creen camps elèctrics en l'espai que les envolta. El conjunt de forces elèctriques que actuen sobre els cossos també és un *camp de forces*.

En les unitats següents estudiarem el **camp gravitatori** i el **camp elèctric**, que tenen la particularitat que les forces que originen sobre un cos, independentment de la seva posició, van dirigides cap a un punt determinat, anomenat **centre de forces**; per això, reben el nom de **forces centrals**.

És el cas d'una massa M que origina forces gravitatòries sobre un conjunt de masses m_1, m_2, m_3... Les forces que actuen sobre cada massa van dirigides cap al centre de la massa M que és el centre de forces (fig. 0.32).

Les anomenem **forces newtonianes** quan la força que rep la partícula és inversament proporcional al quadrat de la distància que la separa del centre de forces, és a dir, quan:

$$F = \frac{k}{r^2}$$

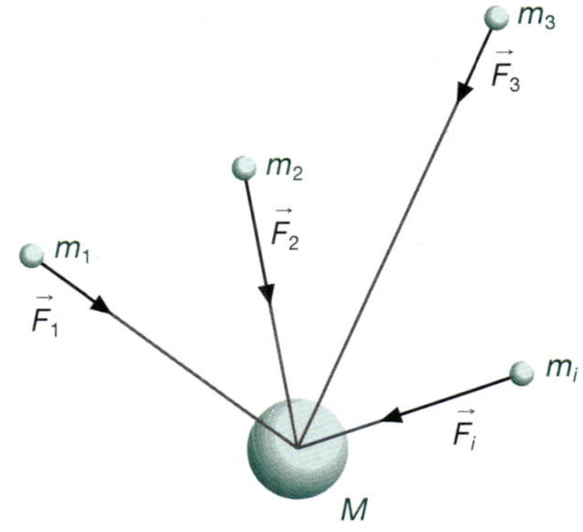

Fig. 0.32. Forces d'atracció que fa una massa M sobre un conjunt de masses, m_1, m_2... Aquestes forces, $\vec{F}_1$, $\vec{F}_2$..., són centrals i newtonianes.

Per exemple, un cos proper a la superfície de la Terra és atret cap al seu centre amb forces newtonianes, les quals condicionen la nostra vida quotidiana des del punt de vista de la física.

Si les forces no són newtonianes, aleshores no verifiquen la relació anterior.

Finalment, un altre cas particular de camp físic és el camp constant, i aleshores diem que el camp és **uniforme.**

L'esquema següent organitza les diferents magnituds associades als camps físics.

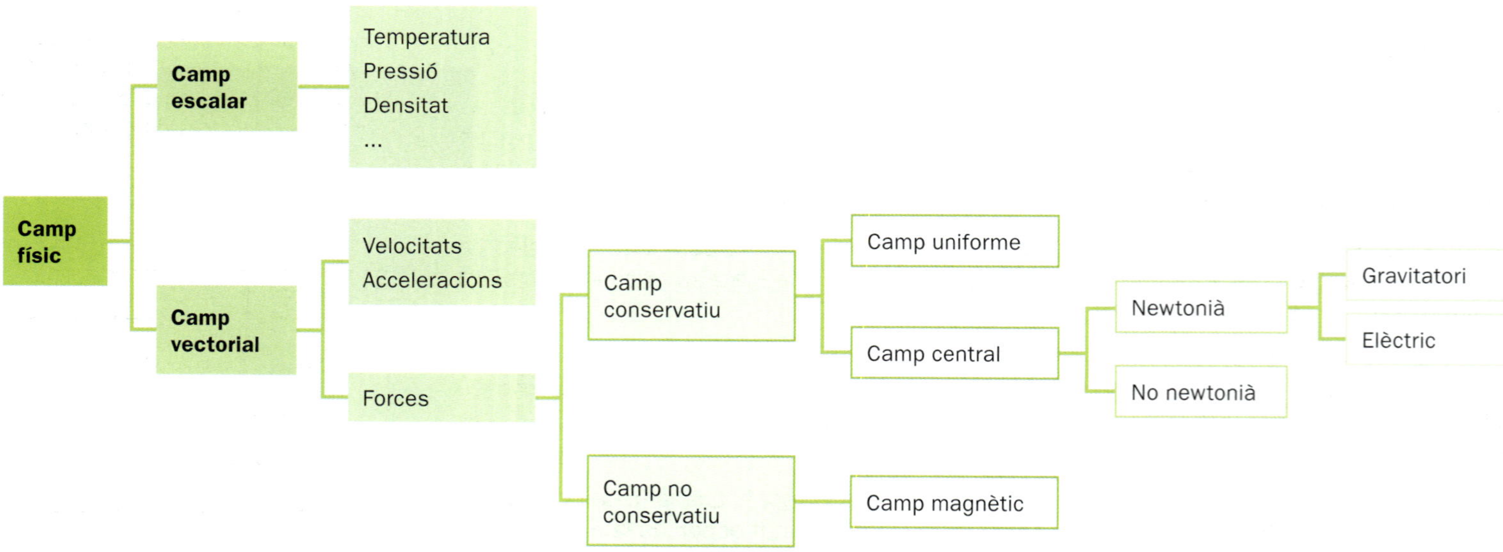

Exemple 11. ➡ **Un camp newtonià actua sobre una partícula.**

Quan la partícula es troba a 5 m del centre de forces, rep una força de 100 N. Calculeu la força que rep quan és a 10 m del centre de forces.

Resolució

Com que és un camp newtonià, podem calcular la constant k amb l'expressió següent:

$$F = \frac{k}{r^2} \rightarrow k = Fr^2 \rightarrow k = 100 \cdot 5^2 = 2\,500\ \text{N} \cdot \text{m}^2$$

Coneguda la constant, podem determinar la força a 10 m: $F = \dfrac{2\,500}{10^2} = 25\ \text{N}$

5.1. Intensitat de camp

Definim la **intensitat d'un camp físic** com la relació entre la força que actua sobre una partícula i el valor de la magnitud física de la partícula que fa que aquesta sigui sensible a la força.

$$\overrightarrow{\text{Intensitat de camp de forces}} = \frac{\overrightarrow{\text{Força}}}{\text{Magnitud física de la partícula}}$$

En un camp gravitatori, la intensitat de camp $\vec{g}$ és: $\vec{g} = \dfrac{\vec{F}}{m}$

on m és la magnitud física associada al camp gravitatori, que en aquest cas és la *massa* de la partícula.

En un camp elèctric la intensitat de camp és: $\vec{E} = \dfrac{\vec{F}}{Q}$

On Q és la magnitud física associada al camp elèctric, que en aquest cas és la càrrega elèctrica.

Un camp vectorial es representa mitjançant les **línies de camp,** que ens donen informació de la intensitat de camp en qualsevol punt de l'espai en què és present el camp.

- La **direcció** es determina traçant la recta tangent a la línia de camp que passa per aquest punt.
- El **mòdul** es representa per la densitat de línies que hi ha en l'entorn del punt (fig. 0.33.

Per construir les línies de camp determinem primer el valor del camp en cada punt. En el cas del camp gravitatori, això ho farem posant una massa de prova d'1 kg i mesurant la força que rep en cada punt. Una vegada tenim aquest camp vectorial, definim la línia de camp com aquella que resulta de moure's contínuament en la direcció de la força en cada punt.

En el cas d'un camp **uniforme**, i donat que la intensitat de camp és constant, les línies de camp són paral·leles i equidistants i, per tant, la partícula rep la mateixa força en qualsevol punt de l'espai on és present el camp (fig. 0.34).

En el cas d'un camp **no uniforme**, les línies de camp poden tenir formes diferents, per exemple, en el cas d'un cos puntual i aïllat, tant en el camp gravitatori com en el camp elèctric les línies de camp són línies rectes radials, la intensitat varia amb la distància al cos, i el seu sentit depèn del cos.

En el cas del camp gravitatori el sentit va dirigit cap a les masses, ja que la força gravitatòria sempre és atractiva (fig. 0.35). En el cas del camp elèctric el sentit depèn de la càrrega, si la càrrega és positiva les línies de camp surten de la càrrega i si la càrrega és negativa les línies de camp van cap a la càrrega (fig. 0.36)

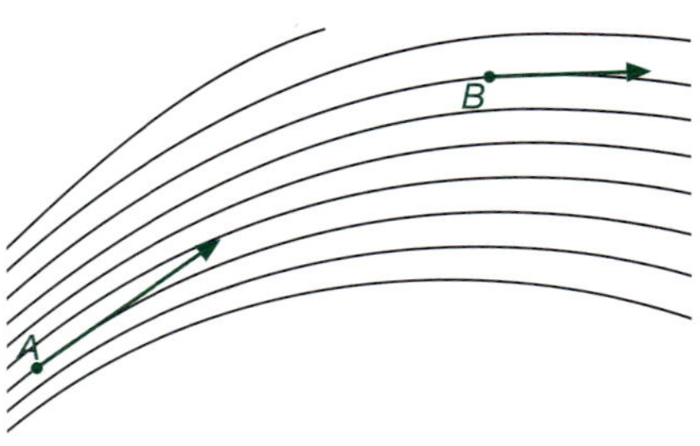

Fig.0.33. En qualsevol punt, com per exemple el punt *A* i el punt *B*, el vector camp és tangent a la línia de camp. En *A*, el mòdul és més gran que en *B*, ja que hi ha més densitat de línies.

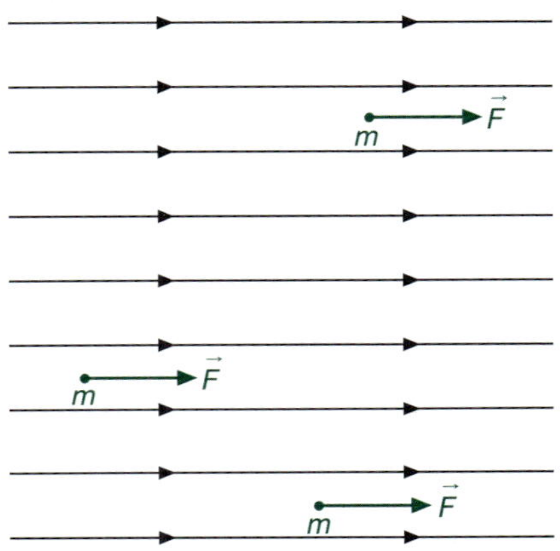

Fig. 0.34. Camp uniforme.

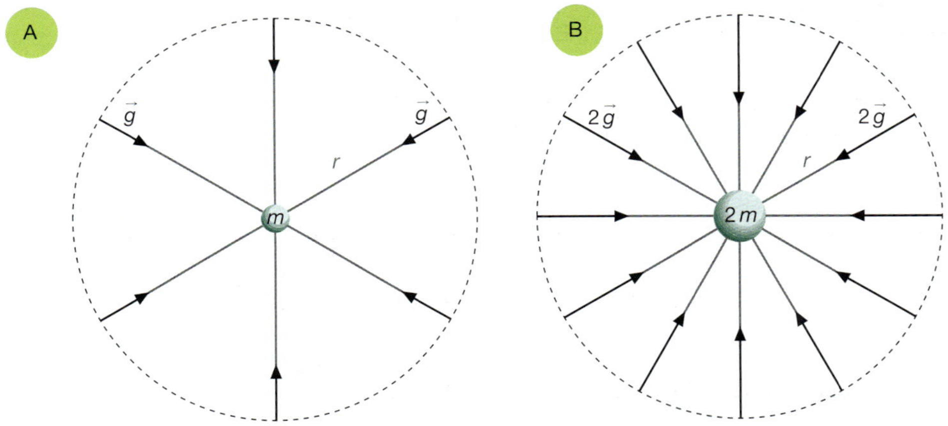

Fig. 0.35. *a)* Línies de camp d'una massa puntual *m*. *b)* Línies de camp d'una massa puntual 2 *m*. Si a una distància *r* de les masses la intensitat de camp en *a)* és $\vec{g}$, en *b)* és $2\vec{g}$; per tant, en el segon cas la densitat de línies de camp és dues vegades la del primer.

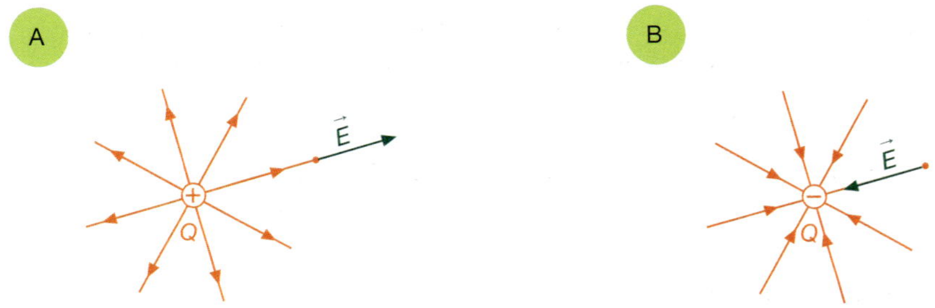

Fig. 0.36. *a)* Línies de camp elèctric d'una càrrega puntual positiva +*Q*. *b)* Línies de camp elèctric d'una càrrega puntual negativa −*Q*. Com més lluny ens trobem de les càrregues més petita és la intensitat del camp elèctric.

Tingues en compte

Els camps uniformes també són conservatius.

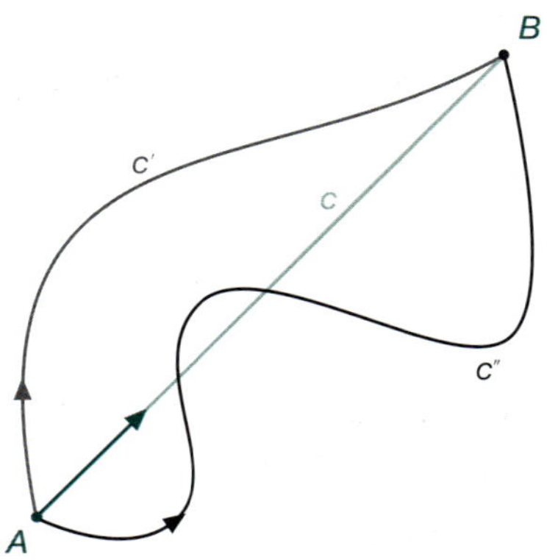

Fig. 0.37. El treball realitzat per anar des del punt *A* fins al punt *B* és el mateix per a qualsevol dels camins *c*, *c'* o *c''*.

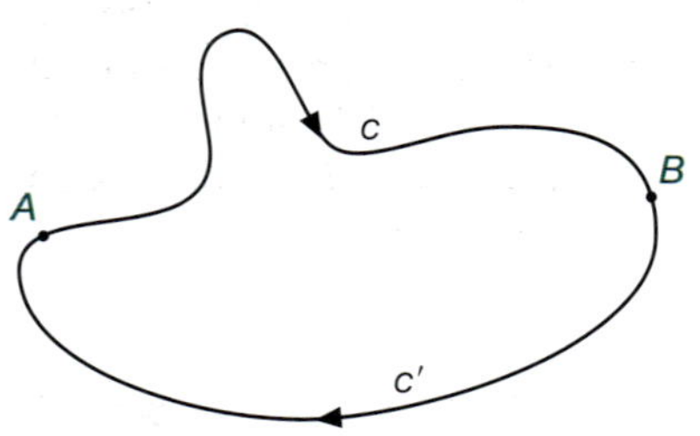

Fig. 0.38. El treball realitzat per moure una massa a través d'una línia tancada és zero.

Atenció

La integral d'una funció $\vec{f}(\vec{r})$ al llarg d'un camí tancat es representa per:

$$\oint \vec{f}(\vec{r}) \cdot d\vec{r}$$

5.2. Camps conservatius

El curs passat ja vam estudiar breument les forces conservatives aplicades a un cos que llisca per un pla inclinat i altres exemples, però ara ens interessa donar una visió més teòrica i general per tal de donar cabuda a tots els camps conservatius, ja siguin gravitatoris, elèctrics, etc.

Les forces que són conservatives, com per exemple la força gravitatòria i la força elèctrica, donen lloc a **camps conservatius.**

Una partícula que està en presència d'un camp experimenta una força i, per tant, quan es desplaça es realitza un treball sobre aquesta.

Suposem un camp uniforme que actua sobre un cos. La força $\vec{F}$ que rep la partícula és sempre de la mateixa intensitat. Per determinar el treball que fa per moure-la un desplaçament $\Delta\vec{r}$, utilitzem l'expressió:

$$W = \vec{F} \cdot \Delta\vec{r}$$

Si el vector desplaçament té la mateixa direcció i el mateix sentit que la intensitat de camp i, per tant, de la força que rep el cos, és:

$$W = F \cdot \Delta r$$

Però, quan les forces són centrals, la força és variable. Per tant, per calcular el treball s'ha de recórrer al càlcul integral:

$$W = \int \vec{F} \cdot d\vec{r}$$

En general, aquest càlcul és relativament laboriós, i per això es defineixen els conceptes de *potencial* i d'*energia potencial,* que faciliten la determinació del treball.

Com ja hem estudiat, recordem que **el treball realitzat per les forces d'un camp conservatiu només depèn de les posicions inicial i final.** Per tant, el treball necessari per moure una partícula des d'un punt *A* fins a un punt *B* és independent del camí seguit, és a dir, només depèn de la posició inicial i de la posició final. Així, els treballs realitzats per moure una partícula pels camins *c*, *c'*, *c''* (fig. 0.37) són iguals:

$$W_{A \xrightarrow{c} B} = W_{A \xrightarrow{c'} B} = W_{A \xrightarrow{c''} B}$$

Si considerem que la partícula es mou a través d'una línia tancada, és a dir, descriu un cicle, com el de la figura 0.38, el treball realitzat és:

$$W_{\text{cicle}} = W_{A \xrightarrow{c} B} + W_{B \xrightarrow{c'} A}$$

o, expressat d'una altra manera:

$$W_{\text{cicle}} = \int_{A,c}^{B} \vec{F} \cdot d\vec{r} + \int_{B,c'}^{A} \vec{F} \cdot d\vec{r}$$

Si tenim en compte que invertint els límits d'integració es compleix la propietat:

$$\int_{B,c'}^{A} \vec{F} \cdot d\vec{r} = -\int_{A,c'}^{B} \vec{F} \cdot d\vec{r}$$

podem expressar així el treball realitzat en un cicle:

$$W_{\text{cicle}} = \int_{A,c}^{B} \vec{F} \cdot d\vec{r} - \int_{A,c'}^{B} \vec{F} \cdot d\vec{r} = 0$$

És a dir, el treball realitzat en un cicle és zero.

El treball realitzat per moure una partícula en un camp conservatiu, com ara el gravitatori, seguint una línia tancada és zero.

$$W_{\text{cicle}} = \oint \vec{F} \cdot d\vec{r} = 0$$

Activitats finals

Qüestions

1. Raoneu si és certa aquesta afirmació: quan un cos es mou amb velocitat constant, el seu moviment és rectilini.
2. Per què un moviment uniforme no es pot iniciar a partir del repòs? Raoneu la resposta.
3. Com es pot representar vectorialment el moviment de la minutera d'un rellotge? Quin tipus de vector és?
4. La suma dels vectors unitaris $\vec{i}$, $\vec{j}$ és un altre vector unitari? Justifiqueu la resposta fent un gràfic.
5. Poseu dos exemples físics en què s'apliqui el producte escalar de dos vectors.
6. Dibuixeu dos vectors tals que el producte escalar sigui: *a)* positiu, *b)* negatiu i *c)* nul.
7. El producte escalar de dos vectors de mòduls 10 i 15 pot ser nul?
8. Quan un cos es desplaça perpendicularment respecte de la força neta que actua sobre ella, aquesta no efectua treball. Per què?
9. En el moment que un pèndol simple passa per la posició més baixa, la tensió i el pes coincideixen? Raoneu-ho.
10. Per què en l'expressió més general de les lleis de Newton s'utilitza la magnitud quantitat de moviment en comptes de l'acceleració?
11. Justifica el fet que a prop de la superfície terrestre el camp associat a la força pes és un camp uniforme.
12. Un camp newtonià pot no ser un camp central?
13. Dibuixeu les línies de camp gravitatori de dues masses iguals que estan a una certa distància.
14. Es poden tallar dues línies de camp gravitatori?

Problemes

Components d'un vector

1. Un cos està lligat a una corda i un noi estira la corda amb una força de 150 N (fig. 0.39). Si la corda forma un angle de 30° amb el terra, quin és el valor de la força que tendeix a fer pujar el cos verticalment?

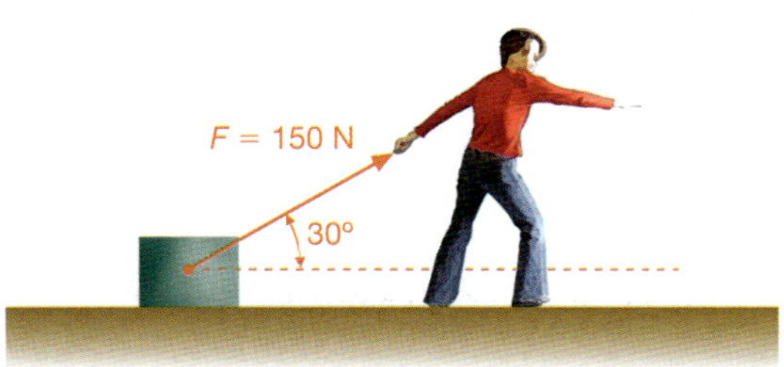

Fig. 0.39.

R: 75 N

2. La resultant de dues forces perpendiculars és 8 N. Si una d'elles és de 5 N, quant val l'altra força?

R: 6,24 N

3. Un jugador de golf ha efectuat tres cops per posar la pilota al forat.

- En el primer cop mou la pilota 35 m cap al nord.
- En el segon, 8 m cap al sud-est.
- En el tercer, 1 m cap al sud.

Quin desplaçament hauria necessitat per ficar la pilota al forat en el primer cop?

R: $28{,}90_{78{,}71°}$

Suma i diferència de vectors

4. Donats els vectors en components polars $\vec{a} = 5_{30°}$, $\vec{b} = 6_{60°}$, $\vec{a} = 7_{90°}$, representeu-los gràficament i trobeu:

a) Els vectors en components cartesians.

b) El vector suma dels tres vectors, gràficament i també expressat en components cartesians i polars.

R: *a)* $\vec{a} = 4{,}33\vec{i} + 2{,}5\vec{j}$; $\vec{b} = 3\vec{i} + 5{,}2\vec{j}$; $\vec{c} = 7\vec{j}$

b) $7{,}33\vec{i} + 14{,}7\vec{j}$; $16{,}43_{63{,}50°}$

5. Donats els vectors en components polars $\vec{a} = 3_{30°}$ i $\vec{b} = 4_{60°}$, representeu-los gràficament i trobeu:

a) Els vectors en components cartesians.

b) El vector suma dels dos vectors, gràficament i en components cartesians i polars.

R: *a)* $\vec{a} = 2{,}60\vec{i} + 1{,}50\vec{j}$ i $\vec{b} = 2\vec{i} + 3{,}46\vec{j}$

b) $4{,}60\vec{i} + 4{,}96\vec{j}$; $6{,}76_{47{,}2°}$

6. Un cos es troba damunt d'un pla horitzontal XY, i sobre ell s'apliquen dues forces una de 10 N horitzontalment al pla i una altre de 5 N que forma un angle de 90° amb la primera. Calculeu, la força que s'ha de fer perquè el cos nos es mogui i l'angle que forma amb la força de 10 N

R: 11,18 N; 206,56°

7. Un cos de 5 kg està penjat de dos cables iguals que formen un angle de 90°. Calculeu la força que ha de fer cada cable per poder sostenir el cos.

R: 34,65 N

8. Donats els vectors $\vec{a} = (2, 4)$ i $\vec{b} = (8, -2)$, calculeu:

a) La suma i la diferència, gràficament i numèricament.

b) Determineu els mòduls de tots dos vectors i dels vectors suma i diferència.

R: *a)* $\vec{s} = (10, 2)$; $\vec{d} = (-6, 6)$; *b)* $a = 4{,}47$; $b = 8{,}25$; $s = 10{,}20$; $d = 8{,}49$

Activitats finals

9. Sabent que $F_1 = 100$ N i $F_2 = 50$ N, calculeu α perquè el cos de la figura 0.40 es mogui en la direcció de l'eix X.

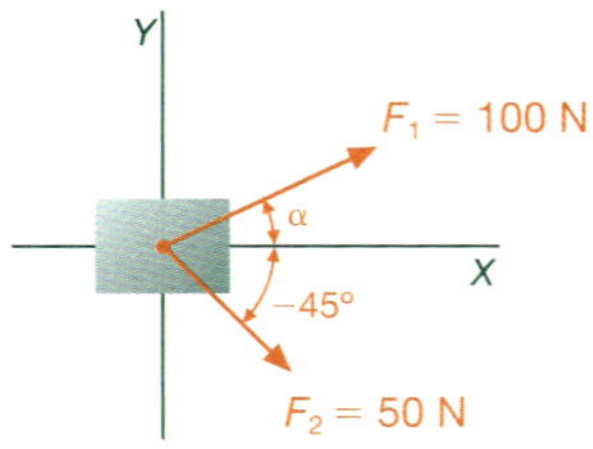

Fig. 0.40.

R: 20,70°

Producte d'un vector per un escalar

10. Donats els vectors $\vec{a} = (3, -2, 0)$, $\vec{b} = (-1, 2, 1)$ i $\vec{c} = (-3, 4, 1)$, calculeu el vector $\vec{d} = 2\vec{a} - 3(\vec{b} - 2\vec{c})$ i el seu vector unitari

R: $\vec{d} = (-9, 14, 3)$, $\vec{u}_d = (-0{,}53,\ 0{,}83,\ 0{,}18)$

11. Calculeu els components cartesians d'un vector $\vec{u}$ que sigui unitari i que tingui la mateixa direcció però sentit contrari que el vector: $\vec{a} = 5\vec{i} - 2\vec{j}$

R: $\overrightarrow{u_{-a}} = -0{,}93\vec{i} + 0{,}37\vec{j}$

Producte escalar de dos vectors

12. Deduïu el valor de p perquè els vectors:

$$\vec{a} = (5, 1, -2) \text{ i } \vec{b} = (2, p, 3)$$

siguin perpendiculars.

R: -4

13. Donats els vectors:

$$\vec{a} = 3\vec{i} + 4\vec{j} - \vec{k} \text{ i } \vec{b} = \vec{i} + 5\vec{j} - 2\vec{k}$$

calculeu $(2\vec{a} - \vec{b}) \cdot (3\vec{a} + 4\vec{b})$.

R: 161

14. Donat el vector $\vec{a} = 4\vec{i} - 2\vec{j} - \vec{k}$, calculeu:

a) Un vector $\vec{b}$ que sigui perpendicular a $\vec{a}$ i que tingui un component $x = 6$ i $z = 0$.

b) El vector unitari $\vec{u}_b$.

R: *a)* $6\vec{i} + 12\vec{j}$; *b)* $0{,}45\vec{i} + 0{,}89\vec{j}$

15. Calculeu el cosinus de l'angle que formen els vectors $\vec{a} = 4\vec{i} - 3\vec{j}$ i $\vec{b} = 3\vec{i} + 2\vec{j}$.

R: 0,33

16. Donats els vectors $\vec{a} = 6\vec{i} + 2\vec{j}$ i $\vec{b} = -9\vec{i} + m\vec{j}$, calculeu el valor de m perquè els vectors $\vec{a}$ i $\vec{b}$ siguin:

a) Perpendiculars.

b) Paral·lels.

R: *a)* 27; *b)* -3

Funcions vectorials

17. L'equació del moviment d'un mòbil és

$$\vec{r}(t) = (2t^2 + 1)\vec{i} + (2t^3 + 5t)\vec{j}$$

Si mesurem el desplaçament en m i el temps en s, calculeu:

El desplaçament entre els instants $t = 0$ i $t = 2$ s.

R: $8\vec{i} + 26\vec{j}$ m

18. Una partícula descriu la trajectòria donada per l'equació del moviment

$$\vec{r} = (4t^2 + 2,\ t^2 + 1)$$

expressada en unitats del SI. Calculeu el vector de posició per als instants de temps $t = 0$ i $t = 3$ s i el vector desplaçament entre aquests dos instants.

R: $\vec{r}(0) = (2, 1)$; $\vec{r}(3) = (38, 10)$; $\Delta\vec{r} = (36, 9)$

19. Una partícula descriu el moviment donat per l'equació $\vec{r} = (t^2 - 5t,\ t^2 - 4)$, expressada en unitats del SI. Calculeu el mòdul del vector de posició per a $t = 2$ s.

R: 6 m

20. A partir de la funció vectorial $\vec{f}(t) = 2t\vec{i} + (2t^2 - 1)\vec{j}$, calculeu l'angle que formen els vectors obtinguts en fer $t = 1$ i $t = 3$.

R: 44°

21. Donada la funció vectorial $\vec{f}(t) = 3t^2\vec{i} + (3t - 2)\vec{j}$, calculeu el valor d'aquesta funció per als valors de $t = 1$, 2 i -1.

R: $\vec{f}(1) = 3\vec{i} + \vec{j}$; $\vec{f}(2) = 12\vec{i} + 4\vec{j}$;
$\vec{f}(-1) = 3\vec{i} - 5\vec{j}$

22. Donada la funció vectorial $\vec{f}(t) = (t^2 - 1)\vec{i} + (2t + 1)\vec{j}$, calculeu i representeu gràficament els vectors següents:

a) $\vec{f}(0)$

b) $\vec{f}(2)$

c) $\Delta\vec{f} = \vec{f}(2) - \vec{f}(0)$

d) $\dfrac{\Delta\vec{f}}{\Delta t}$

R: *a)* $-\vec{i} + \vec{j}$; *b)* $3\vec{i} + 5\vec{j}$; *c)* $4\vec{i} + 4\vec{j}$; *d)* $2\vec{i} + 2\vec{j}$

Derivada d'una funció vectorial

23. Tenint la funció vectorial $\vec{f}(t) = (t^2 - 3)\vec{i} + (2t^2 + t)\vec{j}$ determineu el vector unitari que té la direcció i el sentit de la derivada per a $t = 1$.

R: $0{,}37\vec{i} + 0{,}93\vec{j}$

24. Donada la funció vectorial $\vec{f}(t) = t^2\vec{i} + (3 - t)\vec{j}$, calculeu per a $t = 3$:

a) $\vec{f}$ i el seu mòdul.

b) El mòdul de la derivada respecte de t.

c) La derivada del mòdul.

R: *a)* $9\vec{i}$; 9; *b)* 6,08; *c)* 6

25. L'equació del moviment d'un mòbil és:

$$\vec{r}\,(t) = (3\,t^2 - 6\,t)\,\vec{i} + (t^3 - 4\,t^2 + 2)\,\vec{j}$$

Si mesurem el desplaçament en m i el temps en s, calculeu:

a) El desplaçament entre els instants $t = 0$ i $t = 2$ s.

b) La velocitat mitjana entre aquests dos instants.

c) La velocitat instantània per a $t = 1$ s.

R: *a)* $-8\,\vec{j}$ m; *b)* $-4\,\vec{j}$ m/s; *c)* $-5\,\vec{j}$ m/s

26. Una partícula descriu el moviment determinat per l'equació $\vec{r} = (4\,t^2 + 2\;,\; t^2 + 1)$, expressada en unitats del SI. Calculeu el vector velocitat per a l'instant de temps $t = 3$ s.

R: (24, 6) m/s

27. Una partícula es mou d'acord amb l'equació del moviment següent: $\vec{r} = (t^2 - 5\,t,\; t^2 - 4)$, expressada en unitats del SI. Calculeu el mòdul de la velocitat per a $t = 2$ s.

R: 4,12 m/s

28. L'equació del moviment d'un mòbil és:

$$\vec{r}\,(t) = (2\,t^2 + 1)\,\vec{i} + (2\,t^3 + 5\,t)\,\vec{j}$$

Si mesurem el desplaçament en m i el temps en s, calculeu:

a) L'acceleració mitjana entre $t = 0$ i $t = 2$ s.

b) L'acceleració instantània per a $t = 1$ s.

c) Es tracta d'un moviment uniformement accelerat? Raoneu-ho.

R: *a)* $4\,\vec{i} + 12\,\vec{j}$ m/s^2; *b)* $4\,\vec{i} + 12\,\vec{j}$ m/s^2

29. Una partícula descriu el moviment determinat per l'equació $\vec{r} = (4\,t^2 + 2\;,\; t^2 + 1)$, expressada en unitats del SI. Calculeu el vector acceleració per a l'instant de temps $t = 3$ s. Es tracta d'un moviment amb acceleració constant? Raoneu-ho.

R: (8, 2) m/s^2

30. L'equació de moviment d'un mòbil és:

$$\vec{r}\,(t) = (3\,t^2 - 6\,t)\,\vec{i} + (t^3 - 4\,t^2 + 2)\,\vec{j}$$

Si mesurem el desplaçament en m i el temps en s, calculeu:

a) L'acceleració mitjana entre $t = 0$ i $t = 2$ s.

b) L'acceleració instantània per a $t = 1$ s.

R: *a)* $6\,\vec{i} - 2\,\vec{j}$ m/s^2; *b)* $6\,\vec{i} - 2\,\vec{j}$ m/s^2

31. La posició d'un mòbil està determinada per l'equació $\vec{r} = 3\,t^2\,\vec{i} - 5\,t\,\vec{j}$ (en unitats del SI). Determineu-ne la velocitat i l'acceleració en l'instant $t = 2$ s.

R: $12\,\vec{i} - 5\,\vec{j}$ m/s; $6\,\vec{i}$ m/s^2

32. Una partícula es mou d'acord amb l'equació del moviment següent: $\vec{r} = (t^2 - 5\,t\;,\; t^2 - 4)$, expressada en unitats del SI. Calculeu el mòdul de l'acceleració per a $t = 2$ s i raoneu si l'acceleració és constant o variable.

R: 2,83 m/s^2

33. En un cert instant, la velocitat d'un mòbil és $\vec{v} = 5\,\vec{i} - 12\,\vec{j}$, i l'acceleració $\vec{a} = 3\,\vec{i} - 2\,\vec{j}$ en unitats del SI. Calculeu els components tangencial i normal de l'acceleració en aquest instant.

R: $a_t = 3$ m/s^2; $a_n = 2$ m/s^2

34. La velocitat d'un mòbil és $\vec{v} = (2\,t^2 - 1,\; t^2)$, expressada en unitats del SI. Calculeu el mòdul de l'acceleració i els seus components intrínsecs en l'instant de temps $t = 2$ s.

R: $a = 8{,}94$ m/s^2; $a_t = 8{,}93$ m/s^2; $a_n = 0{,}41$ m/s^2

35. Una partícula descriu una trajectòria determinada pel vector de posició $\vec{r} = (t^2,\; 2\,t)$ en unitats del SI. Quan la partícula passa per la posició (4, 4), determineu:

a) La velocitat.

b) L'acceleració.

c) Els components intrínsecs de l'acceleració.

d) El radi de curvatura.

R: *a)* (4, 2) m/s; *b)* (2, 0) m/s^2;
c) $a_t = 1{,}79$ m/s^2, $a_n = 0{,}89$ m/s^2; *d)* 22,36 m

36. L'equació del moviment d'un mòbil és:

$$\vec{r}(t) = (2\,t^3 + 3,\; 3\,t^3 - 2)$$

expressat en unitats del SI. Calculeu en l'instant de temps $t = 1$ s:

a) El mòdul del vector acceleració.

b) El component tangencial de l'acceleració.

c) El component normal de l'acceleració.

R: *a)* 21,63 m/s^2; *b)* 21,63 m/s^2; *c)* 0

37. Un cos de 5 kg de massa es mou sobre una trajectòria determinada per l'equació de moviment

$$\vec{r} = (t^2 - t)\,\vec{i} + (3\,t^3 + 2)\,\vec{j}$$

en què $\vec{r}$ i t s'expressen en unitats del SI. Determineu:

a) La força mitjana que actua damunt del cos entre els instants $t = 0$ s i $t = 5$ s.

b) La força instantània en funció del temps.

R: *a)* $(2\,\vec{i} + 225\,\vec{j})$ N; *b)* $(10\,\vec{i} + 90\,t\,\vec{j})$ N

38. Tres ciclistes, *A*, *B* i *C*, descriuen una corba circular de 20 m de radi. Calculeu l'acceleració total de cada ciclista en un instant en què el mòdul de la seva velocitat és de 10 m/s, si sabem que:

a) El ciclista *A* conserva una velocitat de mòdul constant.

b) El ciclista *B* accelera uniformement i la seva velocitat passa de 9,5 m/s a 10,5 m/s en 0,5 s.

c) El ciclista *C* frena uniformement d'11 m/s a 9 m/s en un temps de 0,5 s.

R: *a)* $5\,\vec{u}_n$ m/s^2; *b)* $5\,\vec{u}_n + 2\,\vec{u}_t$ m/s^2; *c)* $5\,\vec{u}_n - 4\,\vec{u}_t$ m/s^2

Activitats finals

Integral d'una funció

39. Sigui la funció vectorial $\vec{a}(t) = ((t^2 - 1), 5t)$, calculeu-ne la integral entre $t = 1$ s i $t = 10$ s.

R: (324, 247,5)

40. La velocitat d'una partícula està determinada per la funció $\vec{v} = (2t^2 - 1, -t)$ en unitats del SI. Si en l'instant inicial la partícula es troba en la posició (10, 0) m, calculeu:

a) El vector de posició.

b) L'acceleració.

R: *a)* $\left(\frac{2}{3}t^3 - t + 10, -\frac{1}{2}t^2\right)$ m; *b)* $(4t, -1)$ m/s^2

41. La velocitat d'una partícula està determinada per la funció $\vec{v} = (4t, t^2 + 2t - 1)$ m/s. Si en l'instant inicial el mòbil es troba en la posició (10, 10) m, calculeu:

a) El vector de posició.

b) L'acceleració.

R: *a)* $\vec{r} = \left(2t^2 + 10, \frac{1}{3}t^3 + 2t^2 - t + 10\right)$;

b) $\vec{a} = (4, 2t + 2)$ m/s^2

42. Una partícula es mou amb acceleració constant de (8, –3) m/s^2. Si inicialment el mòbil es troba en la posició (3, –4) m de l'origen i es mou amb velocitat de (–4, 2) m/s, determineu:

a) La velocitat en funció del temps.

b) La posició en funció del temps.

R: *a)* $\vec{v} = (8t - 4, -3t + 2)$ m/s

b) $\vec{r} = \left(4t^2 - 4t + 3, -\frac{3}{2}t^2 + 2t - 4\right)$ m

43. La variació de la quantitat de moviment d'un cos està determinat per $\Delta\vec{p} = (\Delta p_x, 30)$ en unitats del SI. Si el mòdul d'aquest increment val 50 kg · m/s i el component segons l'eix *X* de la corresponent variació de velocitat és –4 m/s, trobeu:

a) El valor del component segons l'eix *X* de la variació de la quantitat de moviment del cos.

b) La massa del cos.

c) El valor mitjà de la força que ha provocat aquesta variació en la quantitat de moviment del cos si ha actuat durant 1 ms.

d) L'impuls mecànic que s'ha aplicat sobre el cos.

R: *a)* –40 kg · m/s; *b)* 10 kg;

c) $(-4 \cdot 10^4\,\vec{i} + 3 \cdot 10^4\,\vec{j})$ N; *d)* $(-40\,\vec{i} + 30\,\vec{j})$ N · s

44. Un cos de 3 kg de massa es mou al llarg d'una trajectòria determinada per l'equació de moviment:

$$\vec{r} = (3t^2\,\vec{i} - 2t\,\vec{j})\text{ m}$$

Calculeu la velocitat, la quantitat de moviment i el treball efectuat per la força que actua sobre aquest cos entre els instants de temps $t = 1$ s i $t = 2$ s.

R: $\vec{v} = 6t\,\vec{i} - 2\,\vec{j}$; $\vec{p} = 18t\,\vec{i} - 6\,\vec{j}$; $W = 162$ J

45. Una bola és impulsada amb una força donada per la funció $\vec{F}(t) = (1{,}6 \cdot 10^7 t - 4 \cdot 10^9 t^2)\,\vec{i}$ N que actua entre els instants de temps t = 0, t = 4 ms. Determineu l'impuls mecànic i representeu la força mitjana rebuda per la bola.

R: (42,67, 0) N·s

Camps físics

46. Un camp newtonià actua sobre una partícula. Quan aquesta partícula es troba a una distància determinada del centre de forces, experimenta una força de 200 N. Quina força rebria la partícula si se situés al doble de distància que abans?

R: 50 N

47. Una massa de 2 kg rep una força gravitatòria de 5 N. Determineu la intensitat de camp gravitatori a què està sotmesa la massa i quina força rebria si la situéssim a la superfície de la Terra.

Dada: intensitat de la gravetat a la Terra, 9,8 m/s^2

R: 2,5 m/s2; 19,6 N

48. En un camp conservatiu, el treball per anar d'*A* a *B* pel camí C és de 120 J. El treball per anar de B a A per un altre camí qualsevol és:

a) 120 J *b)* –120 J *c)* 0 J

49. En un camp gravitatori uniforme una massa *m* rep una força de 20 N. Quina força rep una massa 3*m* en el mateix camp? Quina és la intensitat de camp si *m* és 8 kg?

R: 60 N; 2,5 m/s^2

50. La intensitat de camp gravitatori a la superfície d'un planeta és 1,62 m/s^2. Un cos que pesa 8000 N a la superfície de la Terra, quant pesarà en aquest planeta?

Dada: g_0 = 9,8 m/s^2

R: 1322,45 N

51. En un camp elèctric uniforme una càrrega Q rep una força de 50 N. Quina força rep una càrrega de 10 Q en el mateix camp? Quina és la intensitat de camp si la càrrega és de 100 C?

R: 500 N; 0,5 N/C

Composició de forces

Objectiu

- Aprendre a sumar forces com a exemple d'operacions amb magnituds vectorials.
- Estudiar l'equilibri de les forces aplicades a un punt material.

Material

- Pissarra blanca de 60 × 60 cm
- Fixadors de fusta
- Tres dinamòmetres
- Anella
- Fil
- Retolador
- Regle graduat
- Transportador d'angles

Procediment i anàlisi dels resultats

1. Col·loqueu la pissarra damunt d'una taula horitzontal. Cal que aquesta pissarra tingui un marc de fusta on a cada 5 cm hi hagi un forat (fig. 0.38).
2. Enganxeu un tros de fil a cadascun dels dinamòmetres.
3. Uniu els tres dinamòmetres mitjançant l'anella, tenseu-los amb un valor determinat, que pot ser diferent per a cadascun, i finalment fixeu el fil en els forats del marc de la pissarra amb els fixadors.
4. Amb el retolador dibuixeu damunt la pissarra el sistema de forces representat pels tres dinamòmetres, i anoteu el valor que marquen.
5. Considereu dos dels vectors i sumeu-los mesurant primer l'angle que formen amb el transportador, i compareu-ne després el resultat amb el tercer vector.
6. Poseu els dinamòmetres de manera que dos d'ells formin un angle de 90°.
7. Ara poseu els dinamòmetres de manera que dos d'ells formin un angle de 120°.
8. Tot seguit, poseu els dinamòmetres de manera que dos d'ells formin un angle de 150°.

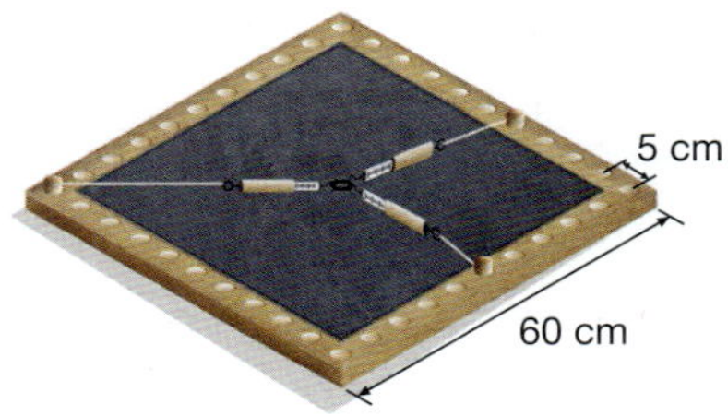

Fig. 0.38.

Resultats

1. Anoteu els valors que marquen els dinamòmetres quan estan formant un angle de 90°, i l'angle que forma el tercer dinamòmetre amb l'eix *X*.
2. En el cas anterior, es verifica que la suma dels dos vectors que formen l'angle de 90° dona un vector oposat al vector definit pel tercer dinamòmetre?
3. Anoteu els valors que marquen els dinamòmetres quan estan formant un angle de 120°, i l'angle que forma el tercer dinamòmetre amb l'eix *X*.
4. En el cas anterior, es verifica que la suma dels dos vectors que formen l'angle de 120° dona un vector oposat al vector definit pel tercer dinamòmetre?
5. Anoteu els valors que marquen els dinamòmetres quan estan formant un angle de 150°, i l'angle que forma el tercer dinamòmetre amb l'eix *X*.
6. En el cas anterior, es verifica que la suma dels dos vectors que formen l'angle de 150° dona un vector oposat al vector definit pel tercer dinamòmetre?

UNITAT

1 Camp gravitatori

Farem servir:

- Situació d'aprenentatge
- ODS - Objectius de Desenvolupament Sostenible
- Treball col·laboratiu
- Prepara't per a la universitat
- Metacognició

Hi estudiaràs:

- Llei de la gravitació universal
- Camp gravitatori
- Camp gravitatori creat per una distribució de masses puntuals
- Moment angular en un camp gravitatori
- Potencial gravitatori
- Energia potencial gravitatòria
- Superfícies equipotencials

I seràs capaç de:

- Interpretar correctament les lleis de Kepler.
- Aplicar el moment angular en la deducció de la segona llei de Kepler.
- Deduir la tercera llei de Kepler a partir de la llei de la gravitació universal.
- Diferenciar els conceptes de *massa* i *pes*.
- Acceptar amb un bon grau d'aproximació les diferents simplificacions: considerar les masses puntuals i les òrbites circulars a l'hora d'estudiar el moviment de planetes i satèl·lits.
- Valorar l'aplicació del principi de conservació de l'energia en els moviments de planetes i satèl·lits, i relacionar els diferents tipus de trajectòries en funció de l'energia mecànica.
- Interpretar correctament les propietats de les superfícies equipotencials i saber relacionar la intensitat de camp amb el potencial gravitatori.

EL NOVÈ planeta

Situació d'aprenentatge

El 20 de gener de l'any 2016, Konstantin Batygin i Michael E. Brown, investigadors de l'Institut Tecnològic de Califòrnia, van reafirmar la possible existència d'un nou planeta i el van anomenar **el novè planeta o Planeta Phattie**, donat que, en cas de confirmar-se finalment la seva troballa, s'uniria als vuit planetes ja existents al nostre sistema solar. L'estudi de la investigació d'aquest nou planeta es basa en la utilització de models matemàtics per mitjà de simulacions computacionals.

De moment es tracta d'un planeta hipotètic, ja que la seva existència no ha estat demostrada. Podria trobar-se al sistema solar exterior, i tindria una massa 10 vegades superior a la massa de la Terra i orbitaria al voltant del Sol amb un radi entre unes 600 i 1200 vegades més gran que la Terra; es preveu que trigaria uns 10 000 o 20 000 anys a donar una volta completa al voltant del Sol. Es creu que aquest planeta podria ser un gegant gasós com els altres planetes externs (Júpiter, Saturn, Urà i Neptú).

Els investigadors Batygin i Brown sospiten que el planeta es va formar molt a prop del Sol i va ser llançat cap enfora quan el sistema solar era molt jove. Altres acadèmics han proposat que el planeta va ser capturat per una altra estrella i ara és un planeta interestel·lar capturat.

De moment, l'any 2019 encara no s'havia pogut observar directament, perquè seria tan llunyà i tan tènue que difícilment deixaria rastres de calor detectables i no reflectiria gaire la llum solar. Així, els astrònoms que el busquin haurien de recórrer als telescopis actuals més potents, com el James Webb, i també haurien de saber on mirar.

Podem assegurar l'existència del novè planeta?

- Consulteu qualsevol pàgina web, busqueu les característiques físiques d'aquest planeta i compareu-les amb les del planeta Terra.
- Cerqueu la bibliografia dels dos investigadors que van anunciar la troballa del novè planeta i feu-ne un breu resum.
- Cerqueu més informació sobre la certesa o la incertesa de l'existència d'aquest novè planeta.
- Creieu que el telescopi James Webb hauria de dedicar temps a buscar-lo? Per què?
- Amb la informació que heu trobat, organitzeu-vos en grups, prepareu una presentació per a la classe i després debateu sobre què penseu de l'existència d'aquest suposat nou planeta i què creieu que es podria fer per poder visualitzar-lo.

- Sabies que gràcies a la millora dels mitjans de teledetecció s'han pogut detectar nous cossos celestes que giren entorn del Sol?
- Com creieu que la investigació i la recerca de nous coneixements sobre el nostre sistema solar contribueix a l'assoliment dels ODS Educació de qualitat, i Innovació i infraestructures?
- Saps que certs fets, l'existència dels quals encara no s'ha comprovat, donen, tanmateix, peu a fer noves investigacions?

1. Llei de la gravitació universal

Des de la Grècia clàssica, època en què els principals filòsofs pensaven que la Terra era el centre de l'Univers, fins a arribar a la llei de la gravitació universal, el coneixement humà va passar per diverses etapes, una de les quals és la revolució cientificotècnica dels segles XVI i XVII. A continuació citarem alguns dels científics que van contribuir a aquest coneixement.

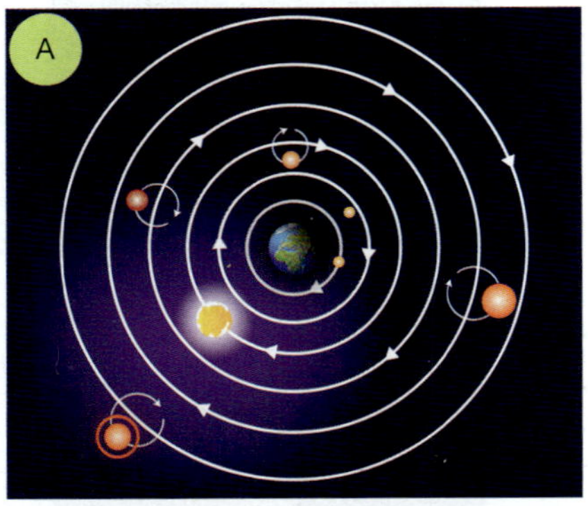

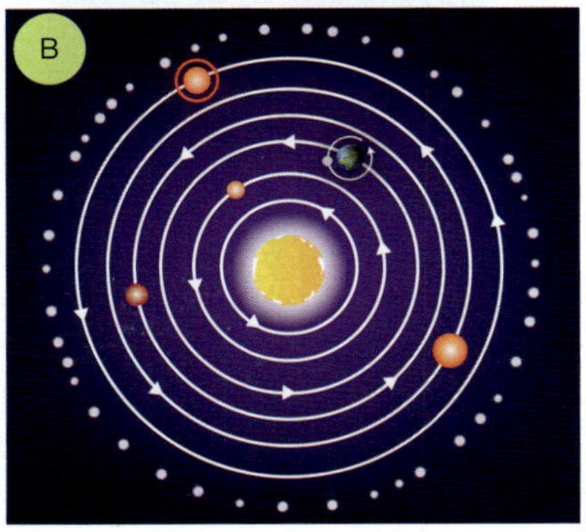

Fig. 1.1. *a)* Representació de la teoria geocèntrica. *b)* Representació de la teoria heliocèntrica.

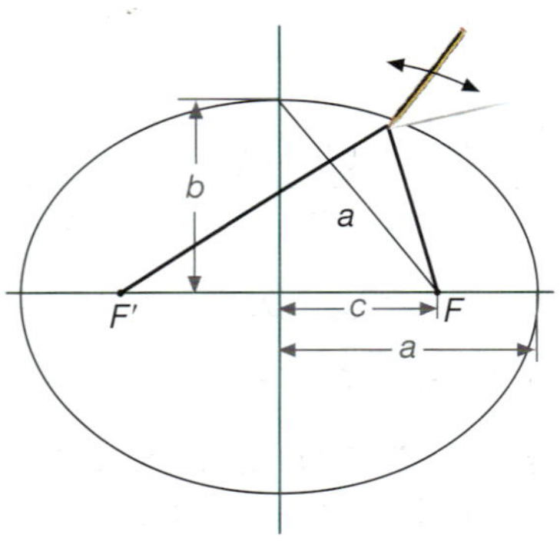

Fig. 1.2. Per dibuixar una el·lipse podem utilitzar un fil de longitud 2*a*. Fixant-ne els extrems en els focus, amb un llapis podem resseguir el fil fins a completar l'el·lipse.

- **Claudi Ptolemeu** (100-170 d.C.) es pot considerar l'astrònom més important de l'antiguitat. Va acceptar el model aristotèlic, anomenat *model geocèntric* (fig. 1.1*a*), en el qual es considerava que la Terra era el centre de l'Univers i tots els astres (entre aquests el Sol), els planetes, etc., giraven entorn del nostre planeta. A excepció del Sol, la Lluna i les estrelles que giraven entorn de la Terra en una trajectòria circular, va suposar que els altres astres giraven en petits cercles (epicicles) que, al seu torn, giraven al voltant de la Terra (centre deferent).
- En el segle XVI, **Nicolau Copèrnic** (1473-1543) proposà un *model heliocèntric* segons el qual el Sol es troba al centre del sistema solar i els planetes giren al seu voltant (fig. 1.1*b*). Aquest model permet prendre el Sol com a sistema de referència inercial per estudiar els moviments dels planetes, amb una bona aproximació.
- **Tycho Brahe** (1546-1601), astrònom, observà sense telescopi els moviments planetaris i durant els darrers vint anys del segle XVI recopilà una base de dades astronòmiques important que va ser utilitzada pel seu deixeble Kepler.
- **Johannes Kepler** (1571-1630) va estudiar les dades de Tycho Brahe i, com que era seguidor del model heliocèntric, va proposar les seves conegudes lleis, que expliquen el moviment de qualsevol cos que orbita al voltant d'un altre, tot i que no va comprendre la causa d'aquest moviment. Newton va descriure amb precisió les lleis que van permetre explicar-les, principalment, enunciant la llei de la gravitació universal. Les lleis de Kepler serveixen per explicar matemàticament el moviment dels planetes al voltant del Sol.
  - **Primera llei.** Els planetes giren en òrbites el·líptiques en les quals el Sol ocupa un dels focus (fig. 1.3). Una el·lipse queda determinada per tres paràmetres: semieix major, a; semieix menor, b; i semidistància focal, c (Fig. 1.2). La relació entre ells és: $a^2 = b^2 + c^2$.

    Un altre paràmetre també molt important és l'excentricitat, que es defineix com la mesura de l'allunyament que es troben els focus del centre geomètric de l'el·lipse:

    $$e = \frac{c}{a} = \frac{\sqrt{a^2 - b^2}}{a} = \sqrt{\frac{a^2 - b^2}{a^2}} = \sqrt{1 - \frac{b^2}{a^2}}$$

    Val a dir que la majoria de les òrbites planetàries tenen un valor molt petit de l'excentricitat (taula 1.1), i es poden considerar, així, pràcticament circulars, ja que la circumferència és una el·lipse amb $e = 0$ en ser $a = b$ i $c = 0$.
  - **Segona llei.** El segment imaginari que uneix un planeta amb el Sol (vector de posició del planeta respecte del sistema de referència solar) defineix àrees iguals en temps iguals (fig. 1.4).
  - **Tercera llei.** El quadrat del període del moviment al voltant del Sol de qualsevol planeta és directament proporcional al cub de la distància mitjana al Sol.

$$T^2 = k\,r^3$$

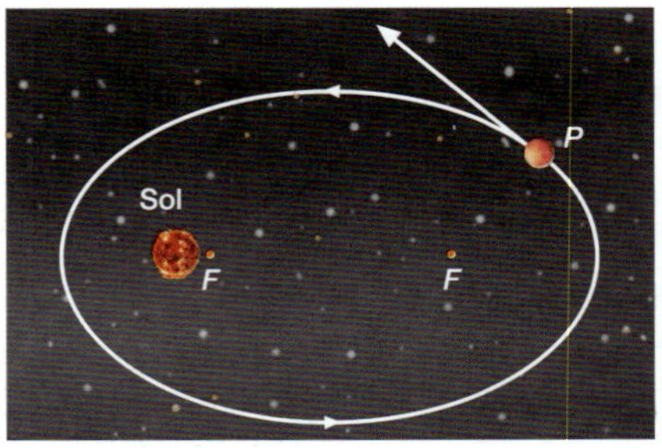

Fig. 1.3. Òrbita el·líptica d'un planeta.

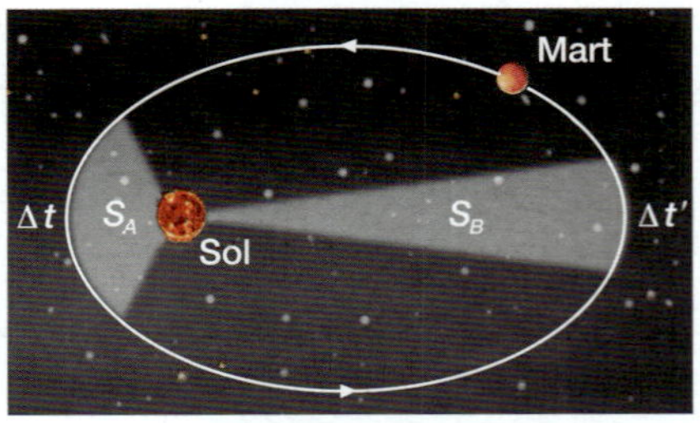

Fig. 1.4. Segona llei de Kepler. Si $\Delta t = \Delta t'$, aleshores $S_A = S_B$.

- **Isaac Newton** (1642-1727) va deduir, a partir de lleis de Kepler, la llei de la gravitació universal. Tot i que les lleis de Kepler van establir un pas important en la comprensió del moviment dels planetes fonamentant-se només en dades d'observacions astronòmiques; va ser Newton qui fa un pas de gegant cap endavant atribuint l'acceleració d'un planeta en la seva òrbita a una força feta pel Sol sobre el planeta, la qual varia inversament amb el quadrat de la distància de separació i va demostrar que aquests tipus de forces fan que les òrbites dels planetes siguin el·líptiques, tal com va observar Kepler.

Llei de la gravitació universal

La força d'atracció entre dues partícules de masses m_1 i m_2 separades una distància r és directament proporcional al producte de les masses i inversament proporcional al quadrat de la distància que les separa. Matemàticament:

$$\vec{F} = -G\,\frac{m_1 m_2}{r^2}\,\vec{u}$$

G és la constant de la gravitació universal, de valor $6{,}67 \cdot 10^{-11}$ N · m²/kg², i $\vec{u}$ és un vector unitari que té la direcció de la recta que uneix les masses.

Si $\vec{u}$ va dirigit de m_1 a m_2, l'anomenem $\vec{u}_{21}$, i la força calculada és la força sobre m_2, que denominem $\vec{F}_{21}$ (fig. 1.5 *a*); i, viceversa, si $\vec{u}$ va dirigit de m_2 a m_1, l'anomenem $\vec{u}_{12}$ i la força calculada és la força sobre m_1, que denominem $\vec{F}_{12}$ (fig. 1.5 *b*). Per tant, sobre cada massa actua una força, i aquestes forces formen el parell de forces d'acció i reacció $\vec{F}_{12} = -\vec{F}_{21}$ que uneix les masses. El signe negatiu és indicatiu que la força entre les masses és d'atracció.

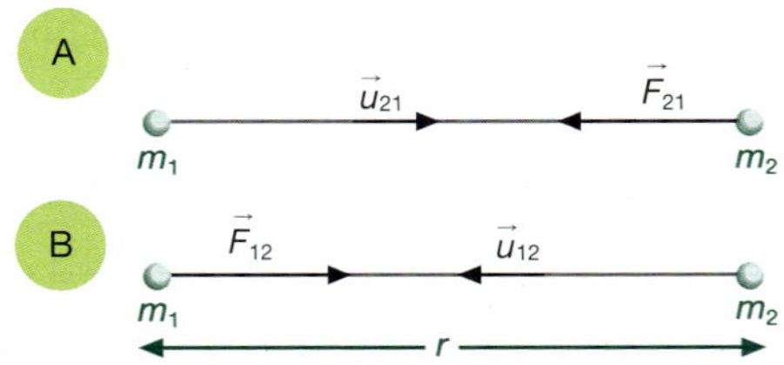

Fig. 1.5. *a)* Força sobre m_2. *b)* Força sobre m_1.

Fixa-t'hi

Com podeu observar en aquesta taula, tant l'òrbita de la Lluna com la majoria de les òrbites dels planetes del sistema solar tenen excentricitats molt petites i, per tant, són gairebé circulars. Això ens facilita l'estudi dels seus moviments. Només el planeta Mercuri i el planeta nan Plutó tenen una excentricitat apreciable.

Mercuri	0,206	Saturn	0,056
Venus	0,007	Urà	0,046
Terra	0,017	Neptú	0,010
Mart	0,093	Plutó	0,248
Júpiter	0,048	Lluna	0,055

Taula 1.1. Excentricitats dels planetes del sistema solar, del planeta nan Plutó i de la Lluna.

Exemple 1. ➡ **Dues masses puntuals de valors $m_1 = 100$ kg i $m_2 = 500$ kg estan situades, respectivament, en els punts de coordenades (30, 0) i (0, 40), on les distàncies estan expressades en metres.**

Calculeu la força gravitatòria que actua sobre cada partícula.

Resolució

Primer de tot, fem la representació gràfica de la situació (fig. 1.6) i calculem la força que actua sobre la massa de 100 kg.

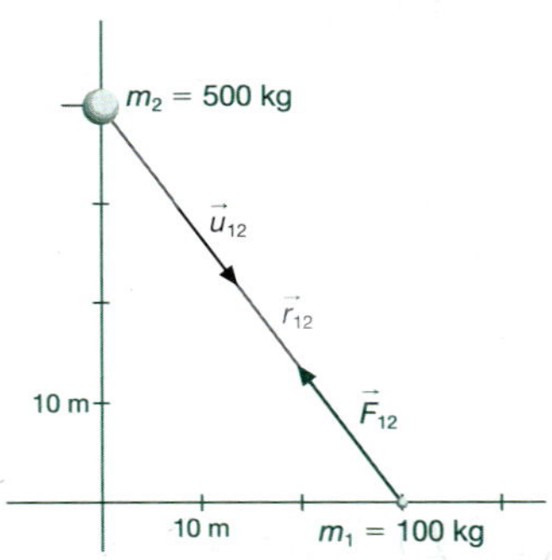

Fig. 1.6. $\vec{F}_{12}$ és la força que actua sobre m_1 a causa de la massa m_2.

El vector $\vec{r}_{12}$ que va de m_2 a m_1 té com a components:

$$\vec{r}_{12} = (30,\ 0) - (0,\ 40) = (30,\ -40)\ \text{m}$$

De mòdul: $r_{12} = \sqrt{30^2 + (-40)^2} = 50$ m

El mòdul d'aquest vector és 50 m, i el seu vector unitari és:

$$\vec{u}_{12} = \left(\frac{30}{50},\ -\frac{40}{50}\right) = \left(\frac{3}{5},\ -\frac{4}{5}\right)\ \text{m}$$

Per tant, la força que rep la massa de 100 kg és:

$$\vec{F}_{12} = -G\,\frac{m_1 m_2}{r^2}\,\vec{u}_{12}$$

$$\vec{F}_{12} = -6{,}673 \cdot 10^{-11}\ \text{N} \cdot \text{m}^2/\text{kg}^2 \cdot \frac{100\ \text{kg} \cdot 500\ \text{kg}}{(50\ \text{m})^2} \cdot \left(\frac{3}{5},\ -\frac{4}{5}\right)$$

$$\vec{F}_{12} = (-8{,}008 \cdot 10^{-10},\ 1{,}068 \cdot 10^{-9})\ \text{N} =$$
$$= (-8{,}008 \cdot 10^{-10}\ \vec{i} + 1{,}068 \cdot 10^{-9}\ \vec{j})\ \text{N}$$

La força que actua sobre la massa de 500 kg és la reacció de la força que actua sobre la massa de 100 kg i, per tant:

$$\vec{F}_{21} = -\vec{F}_{12} = (8{,}008 \cdot 10^{-10},\ -1{,}068 \cdot 10^{-9})\ \text{N} =$$
$$= (8{,}008 \cdot 10^{-10}\ \vec{i} - 1{,}068 \cdot 10^{-9}\ \vec{j})\ \text{N}$$

On el seu mòdul val: $F_{12} = \sqrt{(-8{,}008 \cdot 10^{-10})^2 + (1{,}068 \cdot 10^{-9})^2} = 1{,}334 \cdot 10^{-9}\ N$

Observeu que aquestes forces són molt febles, cosa que ens indica que les forces gravitatòries només són influents quan les masses són molt grans, com per exemple en l'atracció entre el Sol i els planetes, entre la Terra i la Lluna, etc.

Això es deu al valor petit de G ($6{,}673 \cdot 10^{-11}$ N·m²/kg²).

1.1. La llei de la gravitació universal i les lleis de Kepler

Ja hem comentat que, en el cas dels planetes del sistema solar, la força gravitatòria exercida pel Sol sobre els planetes origina que aquests descriguin trajectòries el·líptiques al voltant del Sol. L'enorme massa del Sol comparada amb la de qualsevol dels planetes fa que el Sol pràcticament no es mogui respecte dels planetes, encara que la força gravitatòria que exerceix qualsevol planeta sobre el Sol sigui, en mòdul, igual a la que exerceix el Sol sobre el planeta.

Si considerem que el Sol és el cos 1 i el planeta és el cos 2, la distància r_{21} és la distància entre el centre del Sol i el centre del planeta, si bé les distàncies implicades són tan grans que aquests cossos es poden considerar pràcticament partícules. Com a conseqüència, la força gravitatòria que experimenta un planeta determinat és una força central, ja que va dirigida sempre cap al centre del Sol, i aquest últim punt és el centre de forces.

Quan un objecte, com, per exemple, un planeta, es mou al voltant d'un centre de forces, que en el nostre sistema planetari és el sol, amb una força que varia com $\frac{1}{r^2}$, es pot demostrar que les trajectòries que segueix l'objecte poden ser una el·lipse, una paràbola o una hipèrbola. Aquestes dues últimes trajectòries són obertes, i corresponen al cas en què l'objecte s'acosta al Sol i se n'allunya indefinidament sense tornar. Per tant, en un camp de forces que varia segons $\frac{1}{r^2}$, les úniques òrbites tancades són les el·líptiques, que inclouen com a cas particular les òrbites circulars quan l'excentricitat és nul·la. Així doncs, la primera llei de Kepler és una conseqüència directa de la llei de gravitació universal de Newton

Fig. 1.8. Johannes Kepler.

La **segona llei de Kepler** també és conseqüència de les forces centrals que actuen sobre els planetes, és a dir, que el vector posició del planeta respecte del Sol $\vec{r}$ i el vector força $\vec{F}$ que rep el planeta a causa de l'atracció amb el Sol tenen la mateixa direcció i sentits contraris.

El moment de la força $\vec{F}$ respecte de la posició del Sol és $\vec{M}_{Sol} = \vec{r} \times \vec{F} = 0$, ja que l'angle que formen els vectors posició i força és de 180° i, per tant, en mòdul és $M_{Sol} = rF \sin 180° = 0$ (fig. 1.7).

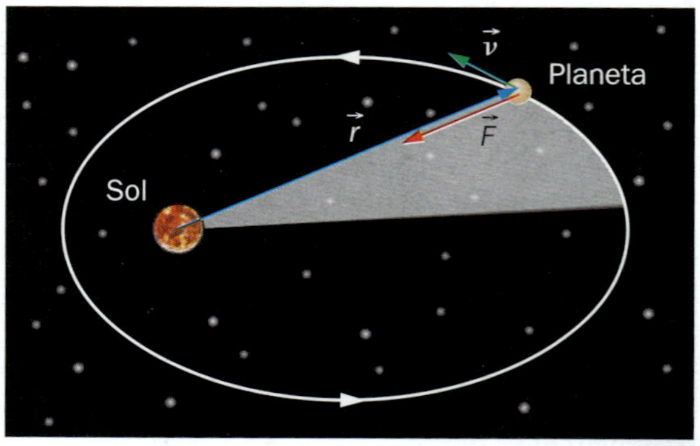

Fig. 1.7.

Ara valorarem com varia el moment cinètic del planeta respecte del Sol amb el temps. El moment angular del planeta respecte del Sol és $\vec{L}_{Sol} = \vec{r} \times \vec{p} = \vec{r} \times m\vec{v} = m\vec{r} \times \vec{v}$.

Derivem el moment cinètic respecte del temps:

$$\frac{d\vec{L}_{Sol}}{dt} = m\frac{d\vec{r}}{dt} \times \vec{v} + m\vec{r} \times \frac{d\vec{v}}{dt}$$

Però, tenint en compte que $\frac{d\vec{r}}{dt} = \vec{v}$ i $\frac{d\vec{v}}{dt} = \vec{a}$, podem reescriure l'expressió anterior:

$$\frac{d\vec{L}_{Sol}}{dt} = m\vec{v} \times \vec{v} + m\vec{r} \times \vec{a} = 0 + \vec{r} \times m\vec{a} = \vec{r} \times \vec{F} = \vec{M}_{Sol} = 0$$

Per tant, deduïm que el vector $\vec{L}_{Sol} = ct$ i aquest resultat té dues implicacions importants:

- La superfície de l'òrbita en què es mou el planeta és plana.
- En un interval de temps Δt, el planeta recorre una longitud d'arc $\Delta\vec{s} = \vec{v}\Delta t$ i el vector de posició $\vec{r}$ escombra l'àrea $\Delta\vec{s}$ indicada en la fig. 1.9. Si considerem un interval de temps prou petit per tal que es pugui considerar que $\Delta\vec{s}$ és pràcticament recte i coincideixi, així, amb $\Delta\vec{r}$, el valor d'aquesta àrea és precisament la meitat de l'àrea del paral·lelogram definit pels vectors $\Delta\vec{r}$ i $\vec{r}$:

$$\Delta S = \frac{1}{2}|\vec{r} \times \Delta\vec{r}|$$

Fixa-t'hi

Derivada del producte escalar de dos vectors:

$$\frac{d(\vec{a} \cdot \vec{b})}{dt} = \frac{d\vec{a}}{dt} \cdot \vec{b} + \vec{a} \cdot \frac{d\vec{b}}{dt}$$

Derivada del producte vectorial de dos vectors:

$$\frac{d(\vec{a} \times \vec{b})}{dt} = \frac{d\vec{a}}{dt} \times \vec{b} + \vec{a} \times \frac{d\vec{b}}{dt}$$

Si multipliquem i dividim per la massa m, podem expressar el resultat d'aquesta manera:

$$\Delta S = \frac{1}{2}|\vec{r} \times \Delta \vec{r}| = \frac{1}{2m}|\vec{r} \times m\vec{v}\Delta t| = \frac{1}{2m}|\vec{r} \times \vec{p}\Delta t| = \frac{1}{2m}|\vec{L}_{Sol}|\ \Delta t$$

Com que ja hem deduït abans que $\vec{L}_{Sol}$ és constant, es demostra que l'àrea escombrada per unitat de temps també ho és, és a dir:

$$\frac{\Delta S}{\Delta t} = \frac{L_{Sol}}{2m} = ct$$

La quantitat anterior $\Delta S/\Delta t$ s'anomena **velocitat areolar**, i el fet que sigui constant permet deduir la segona llei de Kepler. En efecte, considerem el punt de l'òrbita el·líptica més proper al Sol, anomenat **periheli**, i el més allunyat, anomenat **afeli** (fig. 1.9). Quan el planeta està a prop de l'afeli i es mou entre dos punts M i N durant un interval de temps Δt, el vector de posició defineix una àrea ΔS_a i la velocitat areolar és $\Delta S_a/\Delta t$.

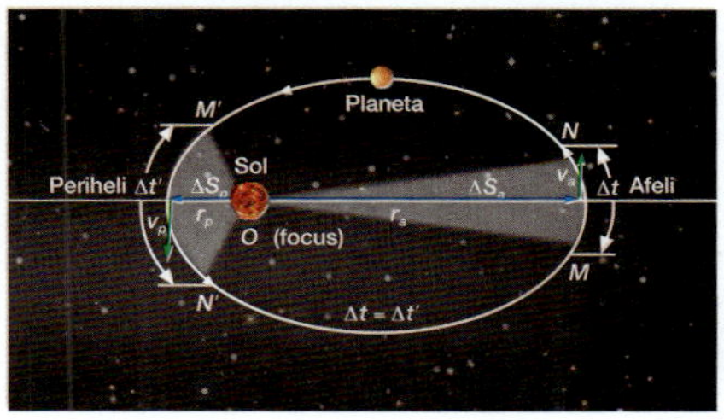

Fig. 1.9. Si les àrees OMN i $OM'N'$ són iguals, l'arc MN és més petit que l'arc $M'N'$ i, com que $\Delta t = \Delta t'$, en l'arc $M'N'$ el planeta es desplaça a més velocitat.

Si ara considerem que el planeta està a prop del periheli i es mou en un temps $\Delta t'$ igual a Δt entre dos punts M' i N', de manera que ara l'àrea escombrada és ΔS_p i la velocitat areolar, $\Delta S_p/\Delta t'$, la constància d'aquesta última implica que les àrees escombrades han de ser també iguals, $\Delta S_a = \Delta S_p$, en ser $\Delta t' = \Delta t$ (fig. 1.9). Fixem-nos que aquesta és la segona llei de Kepler, anomenada llei de les àrees: el planeta escombra àrees iguals en temps iguals.

Es dedueix, així, que la longitud d'arc MN ha de ser més petita que la longitud d'arc $M'N'$ i, per tant, en l'afeli ha d'anar a una velocitat més petita, i en el periheli, a una velocitat més gran. Si ens fixem, en aquests punts els vectors velocitat i posició són perpendiculars, i són precisament els punts en què la velocitat és mínima i màxima, respectivament (Fig. 1.9).

Finalment, deduirem la **tercera llei de Kepler.** Per simplificar l'estudi, considerem un planeta de massa m que gira entorn del Sol, de massa M, en una òrbita circular de radi r, de manera que es mou amb una velocitat v constant en mòdul. Sabem que el planeta, a causa de l'atracció amb el Sol, té una acceleració centrípeta donada per $a_n = \omega^2 r$, així que la força centrípeta $F_n = m\,a_n = m\,\omega^2 r$ és igual a la força d'atracció entre els dos cossos $F = G\,\frac{m\,M}{r^2}$. Igualem ambdues expressions, i si recordem que pel moviment circular $\omega = \frac{2\pi}{T}$, podem obtenir la tercera llei de Kepler, que ens dona la relació entre el radi i el període de l'òrbita del planeta:

$$F_n = F \Rightarrow m\,\omega^2 r = G\,\frac{m\,M}{r^2} \Rightarrow \left(\frac{2\pi}{T}\right)^2 r = G\,\frac{M}{r^2} \Rightarrow T^2 = \frac{4\,\pi^2}{G\,M}\,r^3$$

Així doncs, es demostra la tercera llei de Kepler i es dedueix que la constant k d'aquesta llei és $k = 4\,\pi^2/GM$, que és una constant que depèn de la massa del nostre Sol. El valor d'aquesta constant varia segons altres sistemes **estel·lars**.

Actualment es coneixen molts sistemes **planetaris** diferents que estan formats per un o més estels centrals i diversos astres que giren al seu entorn. Evidentment, el sistema planetari més conegut és el nostre sistema solar, que està format per un estel central, el Sol, i diversos objectes que giren al seu al voltant: els diferents planetes i una multitud de cossos menors.

Exemple 2. ➡ **Apliqueu la tercera llei de Kepler per determinar el període del moviment de rotació de la Lluna al voltant de la Terra.**

Dades: $M_T = 5{,}98 \cdot 10^{24}$ kg i $r_{TL} = 3{,}84 \cdot 10^8$ m.

Resolució

La trajectòria de la Lluna en el seu moviment al voltant de la Terra és quasi circular, ja que, com observem en la taula 1.1, e = 0,055 i, per tant, podem considerar el mòdul de la seva velocitat pràcticament constant (fig. 1.10).

Per simplificar, considerarem que l'única força que actua sobre la Lluna és la força gravitatòria que fa la Terra sobre la Lluna, $\vec{F}_{LT}$, i, per tant, com que la Lluna es mou en una òrbita circular, podem aplicar la segona llei de Newton, en què $\vec{a}$ és l'acceleració centrípeta $a_n = \omega^2\,r_{LT}$:

$$\vec{F}_{LT} = M_L\,\vec{a} \rightarrow F_{LT} = M_L\,\omega^2\,r_{LT}$$

Exemple 2. (cont.)

ω és la velocitat angular de la Lluna en el seu moviment al voltant de la Terra i r_{LT} és el radi de l'òrbita.

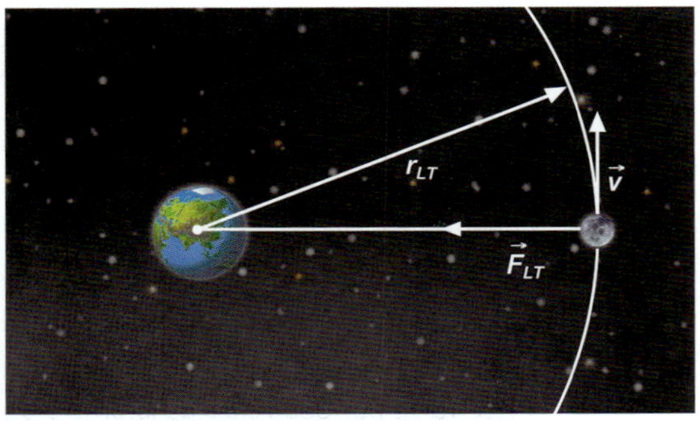

Fig. 1.10. Visió aproximada de la trajectòria circular de la Lluna entorn de la Terra.

Si substituïm $\omega = \dfrac{2\pi}{T}$ en l'expressió anterior, trobem que:

$$F_{LT} = M_L \left(\frac{2\pi}{T}\right)^2 r_{LT}$$

I si tenim en compte que la llei de la gravitació universal ens dona la força, trobem que:

$$G\frac{M_T M_L}{r^2_{LT}} = M_L \left(\frac{2\pi}{T}\right)^2 r_{LT}$$

Si simplifiquem:

$$G M_T = \frac{4\pi^2 r^3_{LT}}{T^2}$$

i aïllem el període:

$$T^2 = \frac{4\pi^2}{G M_T} r^3_{LT}$$

deduïm la tercera llei de Kepler, és a dir, que el quadrat del període del moviment de rotació de la Lluna entorn de la Terra és proporcional al cub del radi de l'òrbita. Si substituïm valors:

$$T^2 = \frac{4\pi^2}{6{,}673\cdot10^{-11}\cdot5{,}98\cdot10^{24}}\cdot(3{,}84\cdot10^8)^3 = 5{,}6\cdot10^{12}\ \text{s}^2$$

$$T = 2{,}36\cdot10^6\ \text{s} \simeq 27{,}4\ \text{dies}$$

És a dir, en un interval de temps de 27,4 dies observem les quatre fases lunars (fig. 1.11).

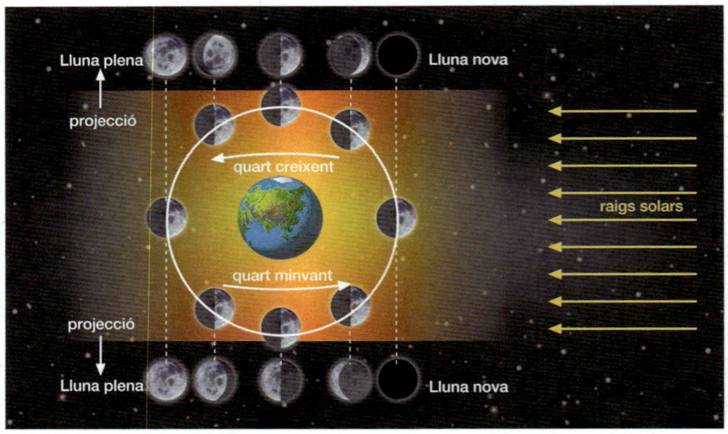

Fig. 1.11. Només una de les dues cares de la Lluna està sempre il·luminada. A causa del moviment de rotació de la Lluna des de la Terra veiem sempre la mateixa cara de la Lluna, però en les diferents fases lunars.

ACTIVITATS

1. Si expressem la força en N, la massa en g i la distància en cm, quin és el valor de la constant de la gravitació universal G?

R: $6{,}67\cdot10^{-13}\ \dfrac{\text{N}\cdot\text{cm}^2}{\text{g}^2}$

2. Dues masses s'atrauen amb una força d'1 N quan es troben a una distància d. Quina serà la força d'atracció quan les masses es trobin a una distància $4d$?

R: $6{,}25\cdot10^{-2}$ N

3. Una massa de 1 000 kg es troba en l'origen de coordenades i una altra de 2 000 kg en el punt de coordenades (300, 400) m. Quin és el mòdul de la força que rep la massa de 1 000 kg? Expressa el resultat en nN.

R: 0,53 nN

4. Quin és el període del moviment de rotació de la Terra al voltant del Sol si suposem que la trajectòria és circular i que aquests cossos estan aïllats de la resta de l'Univers?

Dades: $M_S = 1{,}99\cdot10^{30}$ kg i $r_{ST} = 1{,}495\cdot10^{11}$ m

R: 365 dies

5. De la segona llei de Kepler, deduïu l'expressió següent: $v_A\, r_A = v_p\, r_P$, on v_A i r_A són la velocitat i la posició d'un planeta en l'afeli, i vp i rp la velocitat i la posició en el periheli. Comenteu per què aquesta expressió no es compleix en qualsevol altre punt de la trajectòria el·líptica que segueix el planeta al voltant del Sol.

6. El planeta Mercuri gira al voltant del Sol amb una òrbita el·líptica on el semieix major a val 57 909 176 km i la seva excentricitat e val 0,206. Trobeu el valor del semieix menor i la relació de la velocitat en el periheli respecte de l'afeli.

R: b = 56 667 139,5 km; $v_p = 10{,}21\ v_A$

2. Camp gravitatori

En la unitat anterior hem parlat de camp físic de forma molt genèrica, però ara ens cenyim concretament a com calcular la intensitat del camp gravitatori que genera una massa puntual o esfèrica.

Si apliquem la definició de camp físic al cas de la força gravitatòria, trobem que:

$$\vec{g} = \frac{\vec{F}}{m}$$

on, recordem-ho, $\vec{g}$ és la intensitat de camp gravitatori, que s'expressa en N/kg, i $\vec{F}$ és la força, en N, que rep la massa m expressada en kg.

Com que la massa és positiva, els vectors $\vec{g}$ i $\vec{F}$ tenen la mateixa direcció i sentit.

Podem comprovar que la intensitat de camp gravitatori correspon a una acceleració. En efecte, si aïllem $\vec{F}$ de l'expressió anterior i apliquem la segona llei de Newton, trobem que:

$$\sum \vec{F} = m\vec{a} \rightarrow m\vec{g} = m\vec{a} \rightarrow \vec{g} = \vec{a}$$

Per tant, la intensitat de camp gravitatori és una acceleració, de manera que m/s^2 és una altra unitat de camp gravitatori.

Que $\vec{g}$ correspongui a una acceleració es deu al fet que la massa inercial que apareix en la segona llei de Newton, $\sum \vec{F} = m\vec{a}$, i la massa gravitatòria que apareix en la llei de la gravitació universal, $\vec{F} = -G\,\frac{m\,m'}{r^2}\,\vec{u}$, corresponen a la mateixa magnitud física.

Considerem ara una massa puntual m aïllada. Per determinar la intensitat de camp gravitatori en un punt que es troba a una distància r de la massa puntual, situem una altra massa puntual de prova m' en aquest punt i calculem la força que rep: $\vec{F} = -G\,\frac{m\,m'}{r^2}\,\vec{u}$

El sentit del vector unitari $\vec{u}$ és oposat al sentit de la força i va de la massa m que crea el camp al punt on es calcula el camp.

Si substituïm la força gravitatòria en l'expressió $\vec{g} = \frac{\vec{F}}{m'}$, trobem que: $\vec{g} = \frac{-G\,\frac{m\,m'}{r^2}\,\vec{u}}{m'}$

Si simplifiquem, obtenim finalment: $$\vec{g} = -G\,\frac{m}{r^2}\,\vec{u}$$

Aquesta expressió ens diu que la **intensitat de camp gravitatori** és directament proporcional a la massa i inversament proporcional a la distància al quadrat.

La representació gràfica del mòdul de $\vec{g}$ en funció de la distància (fig. 1.12) ens permet observar aquest fet:

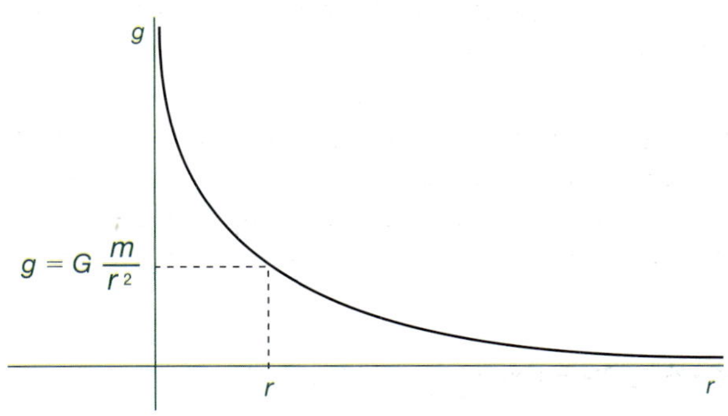

Fig. 1.12. Variació de la intensitat de camp gravitatori en mòdul d'una massa puntual.

Recorda

La intensitat de camp gravitatori de la Terra $\vec{g}$, correspon a l'acceleració de la gravetat o acceleració de caiguda dels cossos.

Sabies que...?

Podem determinar experimentalment el valor de g calculant l'acceleració de caiguda lliure d'un cos a partir, per exemple, de l'experiment següent: deixem caure una petita bola d'acer des d'una alçada de 2 m i mitjançant un comptador de temps, que precisa mil·lèsimes de segons, obtenim els valors següents: 0,643 s; 0,630 s; 0,635 s; 0,635 s; 0,638 s i 0,642 s. Per conèixer el valor de l'acceleració de caiguda, calculem prèviament la mitjana del temps de caiguda:

$$\bar{t} = \frac{0{,}643 + 0{,}630 + 0{,}635 \cdot 2}{6} + \frac{0{,}638 + 0{,}642}{6} = 0{,}637\ \text{s}$$

Si negligim el fregament, la caiguda lliure de la bola és un moviment uniformement accelerat i, per tant, podem aplicar l'expressió següent:

$$h = \frac{1}{2}\,g\,t^2 \rightarrow g = \frac{2h}{t^2} = \frac{2 \cdot 2}{0{,}637^2} = 9{,}86\ \text{m/s}^2$$

Recorda

El valor de la intensitat de camp gravitatori a la superfície de la Terra el representem per $\vec{g}_0$, que té un valor aproximat de 9,8 m/s^2.

Si representem el camp gravitatori d'una massa puntual *m* mitjançant les línies de camp (fig. 1.13*a*) i també ho fem amb dues masses iguals i puntuals (fig. 1.13*b*), observem que les línies de camp van dirigides cap a les masses, ja que la força gravitatòria sempre és atractiva. Si situem una massa de prova *m'* en un punt qualsevol, per exemple com hem indicat en el cas *b)*, aquesta rep una força $\vec{F}'$ que és tangencial a la línia de camp que passa per la massa de prova, i la seva intensitat va augmentant amb la densitat de línies.

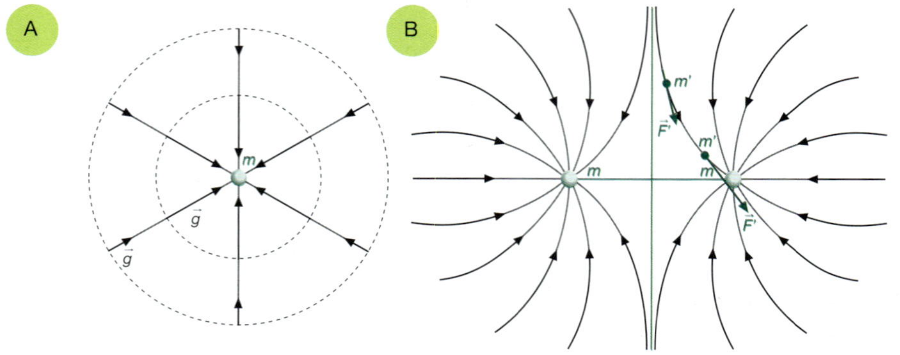

Fig. 1.13. *a)* Línies de camp d'una massa puntual *m*. *b)* Línies de camp de dues masses puntuals del mateix valor.

Exemple 3. **La Terra no és perfectament esfèrica i té una forma lleugerament el·líptica, ja que la distància al centre varia lleugerament dels pols a l'equador.**

A més, la seva densitat no és homogènia i els efectes del moviment de rotació de la Terra fan variar el valor de *g* des de 9,83 m/s^2 als pols fins a 9,78 m/s^2 a l'equador.

Calculeu el mòdul de la intensitat de camp gravitatori a la superfície del planeta Terra sense tenir en compte els factors anteriors, i considerant que qualsevol punt de la superfície es troba a la mateixa distància R_T del centre de la Terra (radi mitjà).

Dades: $M_T = 5{,}98 \cdot 10^{24}$ kg, $R_T = 6{,}38 \cdot 10^6$ m

Resolució

De l'expressió de la intensitat de camp gravitatori,

$$\vec{g} = -G\,\frac{m}{r^2}\,\vec{u}$$

el valor del camp gravitatori en mòdul és:

$$g = 6{,}67 \cdot 10^{-11} \cdot \frac{5{,}98 \cdot 10^{24}}{(6{,}38 \cdot 10^6)^2} = 9{,}80 \text{ m/s}^2$$

Aquest valor és el mòdul de la intensitat de la gravetat a la superfície de la Terra, que és un vector dirigit cap al seu centre, com ja sabem.

Exemple 4. **Com ja sabeu, a part del moviment de translació al voltant del Sol, la Terra té un moviment de rotació al voltant del seu eix.**

Determineu quina és la influència de la rotació de la Terra sobre el valor de l'acceleració de caiguda $\vec{g}$.

Dades: $R_T = 6{,}38 \cdot 10^6$ m i $T = 24$ h

Resolució

Considerem un punt *P* de l'esfera terrestre situat a una latitud λ; recordem que la latitud λ és l'angle que fa el vector $\overrightarrow{OP}$ amb el pla equatorial (fig. 1.14). Podem comprovar que en qualsevol punt de la superfície terrestre actuen dues acceleracions: $\vec{g}_0$, deguda al camp gravitatori terrestre, i l'acceleració centrífuga, oposada a l'acceleració centrípeta $\vec{a}_n = \omega^2\, r\, \vec{u}$, deguda al moviment de rotació de la Terra. En aquesta expressió, *r* és el radi de gir del punt *P* entorn de l'eix de rotació de la Terra, de valor $r = R_T \cos \lambda$, i ω és la velocitat angular de rotació de la Terra (fig. 1.21). Per tant, l'acceleració total $\vec{g}$ en el punt *P* és:

$$\vec{g} = \vec{g}_0 + \vec{a}_n$$

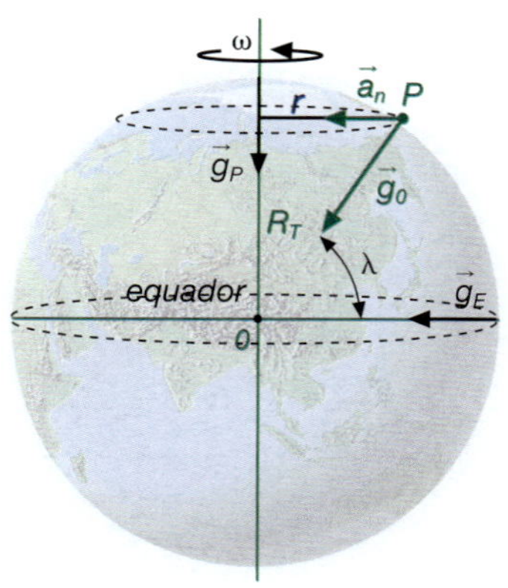

Fig. 1.14. L'acceleració total en *P* és la composició de les dues acceleracions $\vec{g}_0$ i $\vec{a}_n$, que tenen diferents direccions. Als pols representem l'acceleració per $\vec{g}_p$, i a l'equador, per $\vec{g}_E$.

Exemple 4. (cont.)

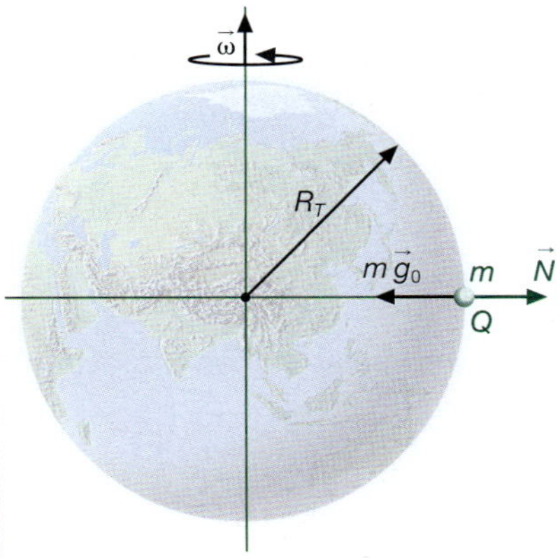

Fig. 1.15. En qualsevol punt de l'equador hi ha màxima influència de la força centrípeta a causa de la rotació de la Terra.

Observeu que, als pols, com que $\lambda = \frac{\pi}{2}$, $\vec{a}_n = 0$, i, per tant, $\vec{g}_P = \vec{g}_0$. És a dir, als pols la rotació de la Terra no té cap influència sobre el valor de l'acceleració $\vec{g}$.

A l'equador $\lambda = 0$ i, per tant, trobem que

$$a_n = \omega^2\, r \cos 0 = \omega^2\, R_T$$

en què R_T és el radi de la Terra. En aquest cas, l'acceleració centrípeta té una influència màxima sobre el valor de $\vec{g}$, com comprovarem tot seguit.

Resoldrem aquesta part del problema des d'un sistema de referència inercial, situat a l'exterior de la Terra. Considerem una massa m situada en un punt Q de l'equador, sobre la qual actuen les forces $m\vec{g}_0$ i la normal $\vec{N}$ (fig. 1.15). Cal tenir en compte que la massa situada en aquest punt gira amb la Terra amb una acceleració $\vec{a}_n$.

Si apliquem la segona llei de Newton:

$$\sum \vec{F} = m\vec{a} \;\rightarrow\; \vec{F} + \vec{N} = m\vec{a}_n \;\rightarrow\; m\vec{g}_0 + \vec{N} = m\vec{a}_n$$

Si $\vec{g}$ és el valor total de l'acceleració que actua en el punt Q, podem expressar la força $\vec{N}$ com $\vec{N} = m\vec{g}$ i, per tant, en mòdul:

$$m\,g_0 - m\,g = m\,\omega^2 R_T$$

Si simplifiquem:

$$g_0 - g = \omega^2\, R_T$$

És a dir, a l'equador hi ha una disminució de la intensitat gravitatòria a causa de la rotació. Aquesta disminució coincideix amb l'acceleració centrípeta, com podem deduir de l'expressió anterior. Si substituïm valors:

$$g_0 - g = a_n = \omega^2\, R_T$$

$$a_n = \frac{(2\pi)^2}{T^2}\, R_T \;\rightarrow\; a_n = \frac{(2\pi)^2 \cdot 6{,}38 \cdot 10^6}{(24 \cdot 3600)^2} = 0{,}034 \text{ m/s}^2$$

2.1. Variació de la intensitat gravitatòria terrestre amb l'altitud

Considerem un punt P de la superfície de la Terra i un punt Q que es troba a una certa altitud h (fig. 1.16).

Tingues en compte

Per a $r > R_T$ podem considerar la Terra com una massa puntual concentrada en el seu centre, i així podrem aplicar l'expressió matemàtica de la intensitat de camp gravitatori d'una massa puntual.

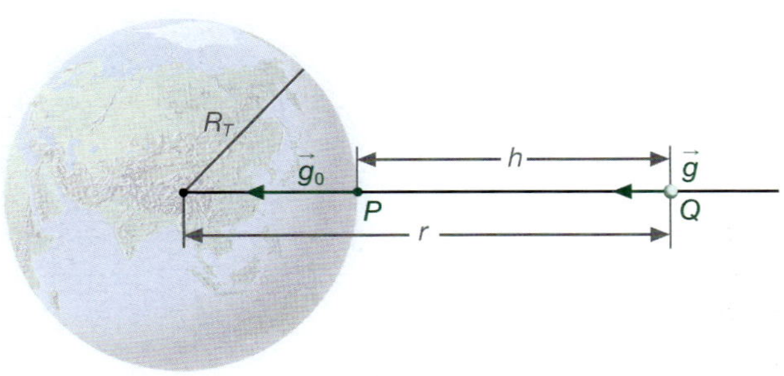

Fig. 1.16. A mesura que ens allunyem del planeta la intensitat del camp gravitatori disminueix ràpidament.

Les intensitats de camp gravitatori en els punts P i Q són:

$$\vec{g}_0 = -G \frac{M_T}{R_T^2} \vec{u} \qquad \vec{g} = -G \frac{M_T}{r^2} \vec{u}$$

Com que $r = R_T + h$, la relació entre els mòduls de les intensitats en P i en Q és:

$$\frac{g}{g_0} = \frac{R_T^2}{r^2} = \frac{R_T^2}{(R_T + h)^2}$$

Aquesta última expressió ens permet constatar de nou que la intensitat de camp gravitatori és inversament proporcional al quadrat de la distància.

Exemple 5. **Sabem que la intensitat de la gravetat a la superfície de la Terra és 9,8 m/s² i que el radi mitjà és $6{,}38 \cdot 10^6$ m.**

Determineu el camp gravitatori a una altitud sobre la superfície terrestre de:

a) 20 m; *b)* 1 000 m; *c)* 10 km; *d)* dos radis terrestres.

Resolució

D'acord amb l'expressió anterior:

$$\frac{g}{g_0} = \frac{R_T^2}{r^2} = \frac{R_T^2}{(R_T + h)^2}$$

Si substituïm valors:

a) $g = 9{,}8 \cdot \dfrac{(6{,}38 \cdot 10^6)^2}{(6{,}38 \cdot 10^6 + 20)^2} = 9{,}799 \simeq 9{,}8 \text{ m/s}^2$

b) $g = 9{,}8 \cdot \dfrac{(6{,}38 \cdot 10^6)^2}{(6{,}38 \cdot 10^6 + 1000)^2} = 9{,}797 \simeq 9{,}8 \text{ m/s}^2$

c) $g = 9{,}8 \cdot \dfrac{(6{,}38 \cdot 10^6)^2}{(6{,}38 \cdot 10^6 + 10^4)^2} = 9{,}769 \simeq 9{,}8 \text{ m/s}^2$

d) $g = 9{,}8 \cdot \dfrac{(6{,}38 \cdot 10^6)^2}{(6{,}38 \cdot 10^6 + 2 \cdot 6{,}38 \cdot 10^6)^2} = 1{,}089 \text{ m/s}^2$

Observeu que, per a distàncies petites, el valor de g varia molt poc, i podem prendre com a valor aproximat 9,8 m/s². En canvi, per a distàncies de l'escala del radi terrestre, $\vec{g}$ disminueix ràpidament (fig. 1.17).

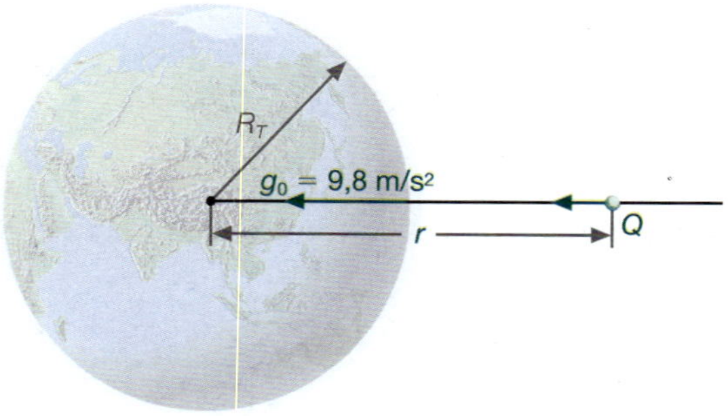

Fig. 1.17.

Fig. 1.18. Des del satèl·lit *Meteosat,* que és un satèl·lit geoestacionari, es poden obtenir imatges com aquesta per via canal infraroig tèrmic (10,8 μm). Es troba a una altura de més de 5 radis terrestres i la intensitat gravitatòria és aproximadament de 0,2 m/s².

2.2. Pes d'un cos de massa *m*

Considerem una massa m situada sobre la superfície de la Terra; la força gravitatòria amb què la Terra l'atrau és:

$$\vec{F} = -G\,\frac{m M_T}{R_T^2}\,\vec{u}$$

I el valor de la intensitat de camp a la superfície:

$$\vec{g}_0 = -G\,\frac{M_T}{R_T^2}\,\vec{u}$$

Per tant, la força gravitatòria es pot expressar de la manera següent:

$$\vec{F} = m\,\vec{g}_0$$

Recordem que aquesta força és la que fins ara hem anomenat *pes* del cos de massa m, i l'hem representada per $\vec{p}_0$:

$$\vec{p}_0 = m\,\vec{g}_0$$

Aquest és el pes a la superfície de la Terra.

En general, per a una distància qualsevol, trobem que:

$$\vec{p} = m\,\vec{g}$$

on $\vec{g}$ és la intensitat de camp gravitatori a la distància considerada i $\vec{p}$ és el pes a aquesta distància.

Si no tenim en compte els efectes relativistes, la massa és invariable, és a dir, és una constant, mentre que el pes pot variar segons el valor de la intensitat de la gravetat $\vec{g}$.

Exemple 6. **Calculeu el pes en mòdul d'un cos de 5 kg de massa situat:**

a) A la superfície de la Terra.

b) A una altitud de 700 km.

c) A l'altitud del satèl·lit *Meteosat,* de 5,6 radis terrestres.

Resolució

a) A la superfície de la Terra, el pes en mòdul és: $p = m g_0 = 5 \cdot 9{,}8 = 49$ N

b) A 700 km d'altitud, cal determinar primer la intensitat de camp:

$$\vec{g} = -G\,\frac{M_T}{r^2}\,\vec{u}$$

En mòdul:

$$g = 6{,}67 \cdot 10^{-11} \cdot \frac{5{,}98 \cdot 10^{24}}{(6{,}38 \cdot 10^6 + 7 \cdot 10^5)^2} = 7{,}96\ \text{m/s}^2$$

Per tant, el pes del cos en mòdul és: $p = m g = 5 \cdot 7{,}96 = 39{,}8$ N

c) En mòdul, a l'altura del satèl·lit *Meteosat,* la intensitat de camp és:

$$g = G\,\frac{M_T}{(R_T + 5{,}6\,R_T)^2} = G\,\frac{M_T}{(6{,}6\,R_T)^2} = \frac{g_0}{6{,}6^2} = 0{,}22\ \text{m/s}^2$$

(Resultat que ja hem comentat en la figura 1.23.)

Per tant, el pes del cos en mòdul és: $p = m g = 5 \cdot 0{,}22 = 1{,}1$ N

Tingues en compte

Com que la Terra gira sobre el seu eix, a més de girar entorn del Sol, no és precisament un marc de referència inercial. Per aquesta raó, el pes aparent d'un cos a la Terra no és exactament igual a l'atracció gravitatòria.

Exemple 7. ➡ **Una nau espacial té la forma d'una anella de 20 m de radi (fig. 1.25).**

Amb quina velocitat angular, mesurada en rpm, ha de girar per tal que els astronautes que són al recinte interior de l'anella percebin en la base dels peus la mateixa gravetat que a la superfície de la Terra?

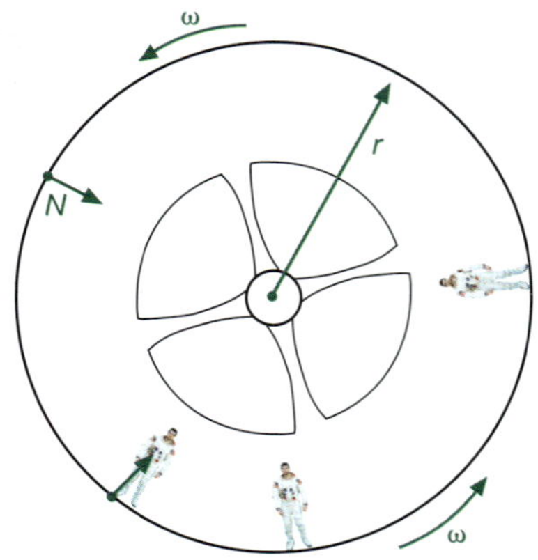

Fig. 1.19.

Resolució

Suposem que la nau es troba a l'espai i que no hi ha camp gravitatori, és a dir, $g = 0$. Perquè els astronautes es puguin moure amb les mateixes condicions que a la Terra, cal que l'anella giri amb una velocitat angular ω que provoqui una acceleració centrípeta igual a la gravetat a la superfície de la Terra.

En efecte, l'única força que rep l'astronauta és la força que fa la superfície de la nau sobre ell, $\vec{N}$, que aquí és la força centrípeta.

Si tenim en compte la 2a llei de Newton, aquesta força $\vec{N}$, en mòdul, és:

$$N = m\,\omega^2 r$$

Però $\vec{N}$ és la força que ens informaria una balança col·locada sota els peus de l'astronauta, és a dir, el seu pes aparent en la nau i, per tant:

$$N = m\,\omega^2 r = m\,a$$

Si volem que l'astronauta rebi la mateixa acceleració que a la superfície de la Terra, trobem que $a = g = 9{,}8\ \text{m/s}^2$ i, en conseqüència:

$$g = \omega^2 r$$

I, si substituïm valors:

$$\omega^2 \cdot 20 = 9{,}8 \rightarrow \omega^2 = 0{,}49 \rightarrow \omega = 0{,}7\ \text{rad/s}$$

que, expressat en rpm, és:

$$\omega = \frac{0{,}7\ \text{rad}}{1\ \text{s}} \cdot \frac{1\ \text{volta}}{2\pi\ \text{rad}} \cdot \frac{60\ \text{s}}{1\ \text{min}} = 6{,}68\ \text{rpm}$$

ACTIVITATS

7. Quan una nau s'allunya de la Terra, el seu pes varia? Com varia?

8. Un cos té una massa de 50 kg. Aquest cos a la Lluna té la mateixa massa? I el mateix pes? Justifiqueu la resposta.

9. La intensitat de la gravetat a la superfície d'un planeta és $3{,}2\ \text{m/s}^2$. Quina és la intensitat de la gravetat a una distància de la superfície del planeta igual al triple del seu radi?

R: $0{,}2\ \text{m/s}^2$

10. Calculeu la intensitat de camp gravitatori que genera en la seva superfície una gran esfera metàl·lica de coure de radi 5 m i densitat $8{,}93 \cdot 10^3\ \text{kg/m}^3$. Amb quina força atrau una persona de 80 kg que està tocant l'esfera?

R: $1{,}25 \cdot 10^{-5}\ \text{m/s}^2$; 1 mN

11. La massa de la Lluna és aproximadament de $7{,}3 \cdot 10^{22}$ kg, i el radi de $1{,}7 \cdot 10^6$ m.

a) Quina distància recorre un cos en 1 s, en caiguda lliure a la Lluna, si el deixem anar des d'un punt proper a la superfície?

b) Quin és el període d'oscil·lació a la superfície lunar d'un pèndol que a la Terra oscil·la amb un període d'1 s?

c) Quins pesos hauríem d'utilitzar a la superfície lunar per equilibrar la massa d'un cos al plat d'una balança, si aquest equilibri s'aconsegueix a la Terra amb pesos de 23,15 g?

Dada: $G = 6{,}67 \cdot 10^{-11}\ \text{N} \cdot \text{m}^2/\text{kg}^2$

R: *a)* 0,84 m; *b)* 2,41 s; *c)* 23,15 g

12. Si la densitat de la Terra es tripliqués sense variar el radi, quin seria el valor de g a la superfície de la Terra?

R: $29{,}4\ \text{m/s}^2$

13. A quina distància de la superfície de la Terra la gravetat es redueix a una desena part del seu valor a la superfície?

Dades: $R_t = 6\,380$ km

R: 13 795,3 km

14. Quant pesa una persona de 90 kg al cim de l'Everest?

Dades: altitud Everest = 8 840 m

R: 879,6 N

15. Calculeu la força gravitacional que la Terra exerceix sobre un astronauta de 75 kg que està reparant el telescopi espacial Hubble a una altura de 600 km. Compareu aquest valor amb el seu pes a la superfície de la Terra.

Dades: $R_T = 6\,380$ km; $g_0 = 9{,}8\ \text{m/s}^2$

R: 614 N, 83,6 %

3. Camp gravitatori creat per una distribució de masses puntuals

Ara que sabem calcular la intensitat de camp gravitatori d'una massa puntual, ens interessa saber també com calcular la intensitat de camp gravitatori d'una distribució de masses puntuals.

Per determinar la intensitat de camp gravitatori d'una distribució de masses puntuals podem aplicar el principi següent:

Principi de superposició: la intensitat de camp gravitatori originada per una distribució de masses puntuals en un punt de l'espai és la suma vectorial de les intensitats de camp que creen cadascuna de les masses puntuals separadament (fig. 1.26).

$$\vec{g} = \vec{g}_1 + \vec{g}_2 + \ldots + \vec{g}_n = \sum_{i=1}^{n} \vec{g}_i = \sum_{i=1}^{n} -G \frac{m_i}{r_i^2} \vec{u}_i$$

on $\vec{u}_i$ és el vector unitari que assenyala el sentit des de la massa m_i fins al punt P de l'espai considerat.

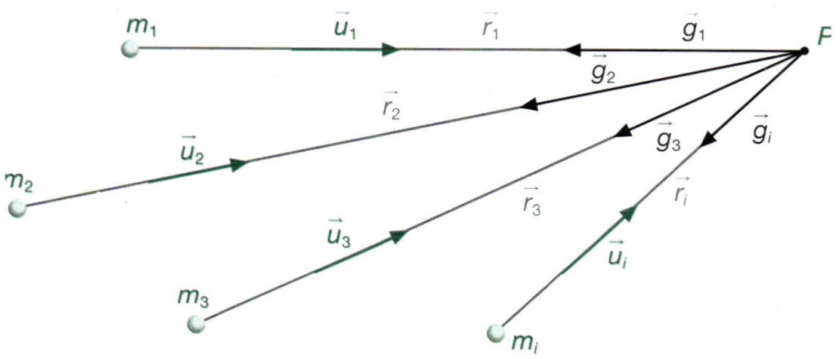

Fig. 1.20.

Fins ara hem considerat masses puntuals; però les masses que tenen un cert volum poden tractar-se de manera anàloga. Si la massa M és, per exemple, esfèrica, com hem comentat abans, es pot demostrar que les magnituds gravitatòries, com la intensitat de camp gravitatori i la força gravitatòria, es poden determinar, per a $r \geq R$, si suposem que la massa està concentrada en el centre del cos; és a dir, es poden tractar com a masses puntuals. Fixeu-vos que és el que hem fet fins ara amb cossos com la Terra, la Lluna, el Sol, etc. Aquests cossos tenen una geometria aproximadament esfèrica i, per tant, es poden considerar masses puntuals, és a dir, cossos amb tota la massa concentrada en el seu centre (fig. 1.21).

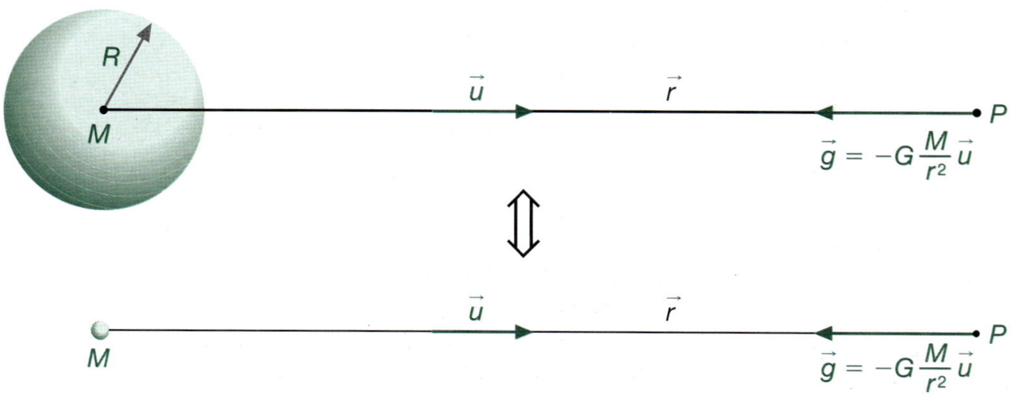

Fig. 1.21. Quan volem calcular el camp gravitatori en punts exteriors a una massa esfèrica, és a dir, per a $r \geq R$, podem substituir la massa per una massa puntual del mateix valor situada en el seu centre.

Més dades

Per determinar la intensitat de camp gravitatori d'una massa **no puntual i contínua** s'ha d'utilitzar el càlcul integral. Escollim una massa infinitesimal dm com a massa puntual (fig. 1.22), i calculem el camp en el punt P. Si ρ és la densitat de la massa, aleshores $dm = \rho dV$; si integrem per tot el volum del cos, podem obtenir el camp total en el punt exterior P:

$$d\vec{g} = -G \frac{dm}{r^2} \vec{u}$$

$$\vec{g} = \int_V -G \frac{dm}{r^2} \vec{u} =$$

$$= \int_V -G \frac{\rho dV}{r^2} \vec{u}$$

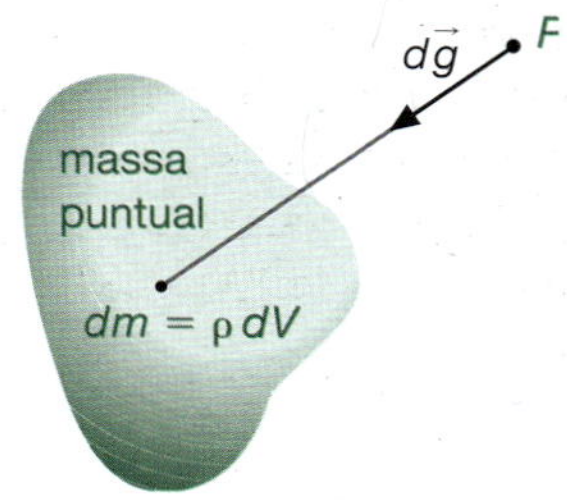

Fig. 1.22.

Exemple 8. **Determineu la intensitat de camp gravitatori en el punt *P* del sistema format per les masses puntuals indicat en la figura 1.23.**

Resolució

Substituïm les dades que ens dona la figura 1.29 en l'expressió:

$$\vec{g} = \sum -G \frac{m_i}{r_i^2} \vec{u}_i$$

$$\vec{g} = \vec{g}_1 + \vec{g}_2 + \vec{g}_3 =$$

$$= -6{,}67 \cdot 10^{-11} \cdot \left[\frac{500\,(-\vec{i})}{10^2} + \frac{1000\,(-\vec{j})}{8^2} + \frac{1500\,(-0{,}8\,\vec{i} - 0{,}6\,\vec{j})}{10^2} \right]$$

$$\vec{g} = 6{,}67 \cdot 10^{-11} \cdot (17\,\vec{i} + 24{,}625\,\vec{j}) = 1{,}1 \cdot 10^{-9}\,\vec{i} + 1{,}6 \cdot 10^{-9}\,\vec{j}$$

I, en mòdul:

$$g = 1{,}9 \cdot 10^{-9}\ \text{m/s}^2$$

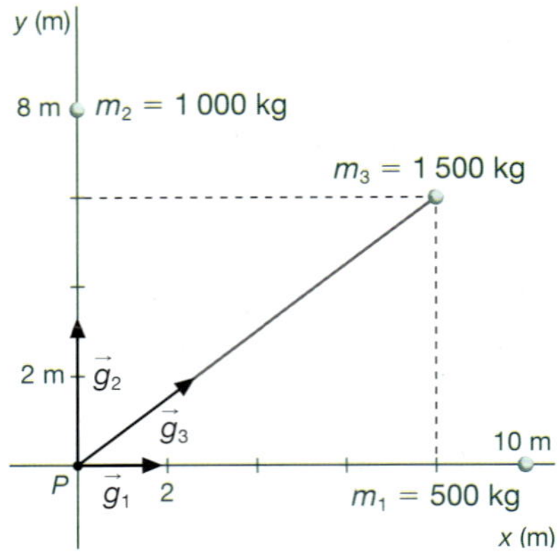

Fig. 1.23.

Observem, tal com passa amb la força gravitatòria, que la intensitat de camp gravitatori és pràcticament negligible, perquè el valor de *G* és petit i les masses considerades són relativament petites comparades amb les masses dels planetes.

ACTIVITATS

16. En els vèrtexs d'un triangle equilàter hi ha tres masses iguals. En quin punt s'anul·la la intensitat de la gravetat?

17. Si en tres dels quatre vèrtexs d'un quadrat tenim tres esferes de masses diferents, la intensitat del camp gravitatori en el centre del quadrat varia segons la posició de les masses en els vèrtexs? Justifiqueu la resposta.

18. *a)* Calculeu el camp gravitatori creat en el punt *P* per la distribució de masses representada en la figura 1.24.

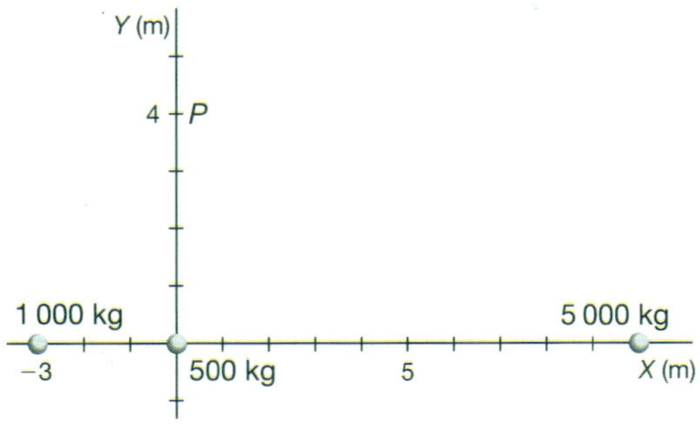

Fig. 1.24.

b) Quina força, en mòdul, rep una massa de 5 kg situada en el punt *P*?

c) Esbrineu intuïtivament en quins intervals de l'eix *X* no es pot anul·lar la intensitat de camp gravitatori.

R: *a)* $(1{,}07 \cdot 10^{-9}\,\vec{i} - 5{,}29 \cdot 10^{-9}\,\vec{j})$ m/s²; *b)* $2{,}7 \cdot 10^{-8}$ N; *c)* $(-\infty, -3)$ i $(10, \infty)$.

19. Dues esferes iguals de massa 5 000 kg cadascuna estan ubicades en posicions tal com indica la figura 1.25. Calculeu:

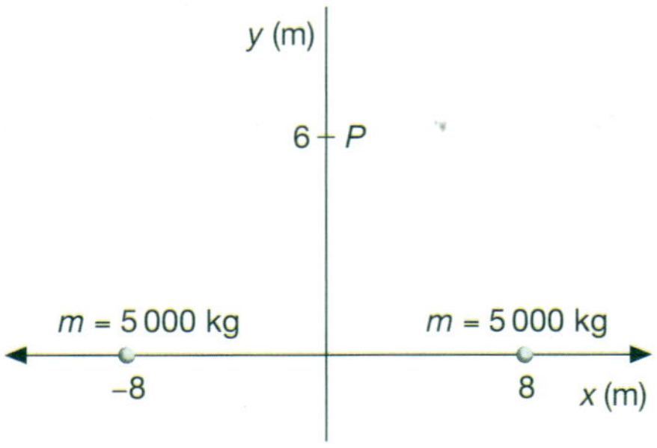

Fig. 1.25.

a) La intensitat de camp gravitatori en el punt *P*.

b) La força que rebria una massa de 100 kg situada en *P*.

c) En quin punt proper a les masses hem de situar la massa de 100 kg perquè la força sigui nul·la?

R: *a)* $-4{,}0 \cdot 10^{-9}\,\vec{j}$ m/s²; *b)* $-4{,}0 \cdot 10^{-7}\,\vec{j}$ N; *c)* $x = 0$.

4. Potencial gravitatori

Sovint necessitem saber l'energia d'un sistema o el treball necessari per desplaçar un cos en un camp o determinar l'energia cinètica d'un cos en moviment dins d'un camp. Per això definim el concepte de potencial gravitatori, que ens permetrà calcular-ho de manera àgil.

El *potencial gravitatori* és una magnitud que s'utilitza per facilitar aquesta tasca, és a dir, permet fer valoracions energètiques d'un determinat sistema gravitatori amb més comoditat. Encara que la definició de potencial pot semblar una mica estranya, ens serveix, com hem dit, per estudiar el sistema amb més comoditat.

Definim el **potencial d'una massa puntual *m* en un punt *A*** com el treball, canviat de signe, realitzat per la força gravitatòria que efectua la massa *m* per desplaçar una altra massa de prova d'1 kg des de l'infinit fins a *A* (fig. 1.26).

Simbòlicament, ho expressem així:

$$V_A = -W_{\underset{1\ \text{kg}}{\infty \to A}}$$

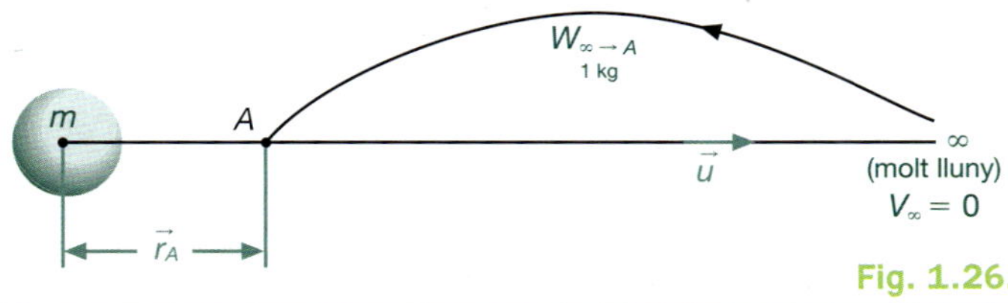

Fig. 1.26.

D'acord amb aquesta definició, la unitat de potencial gravitatori en el SI és el J/kg.

Per conveni, normalment prenem com a referència de potencial $V = 0$ d'una massa puntual un punt molt llunyà, és a dir, un punt situat en l'infinit, ja que en aquest punt llunyà la força gravitatòria que experimenta la massa de prova és nul·la:

$$V_\infty = 0$$

Com que el camp gravitatori és conservatiu, el treball realitzat per anar des de l'infinit fins a *A* és independent del camí seguit (fig. 1.27).

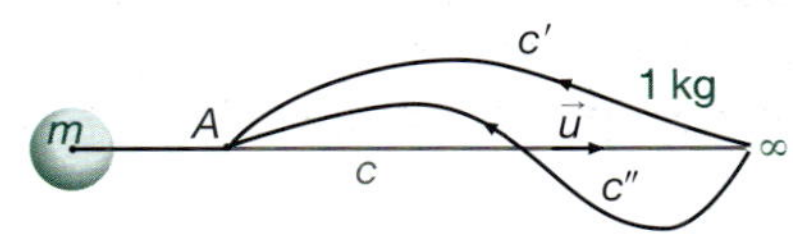

Fig. 1.27. El treball per anar des de ∞ fins a *A* és el mateix per qualsevol dels camins *c*, *c'*, *c''*, ja que la força gravitatòria és conservativa.

La força que rep la massa puntual d'1 kg varia amb la distància segons l'expressió:

$$\vec{F} = -G\,\frac{m \cdot 1}{r^2}\,\vec{u}$$

Per calcular aquest treball, apliquem la definició:

$$W_{\infty \to A} = \int_{\infty}^{r_A} \vec{F} \bullet d\vec{r}$$

Per agilitzar els càlculs, prenem el camí rectilini. Si substituïm la força $\vec{F}$ per la seva expressió:

$$W_{\infty \to A} = \int_{\infty}^{r_A} -G\,\frac{m \cdot 1}{r^2}\,\vec{u} \bullet d\vec{r}$$

En conseqüència:

$$V_A = -W_{\infty \to A} = -\int_{\infty}^{r_A} -G\,\frac{m \cdot 1}{r^2}\,\vec{u} \bullet d\vec{r}$$

Però el producte escalar $\vec{u} \bullet d\vec{r} = dr$, ja que són vectors paral·lels i, per tant:

$$V_A = \int_{\infty}^{r_A} Gm\,\frac{dr}{r^2}$$

Si traiem les constants fora de la integral i integrem, ens queda:

$$V_A = Gm\int_{\infty}^{r_A} \frac{dr}{r^2} = Gm\left[\frac{1}{r}\right]_{\infty}^{r_A}$$

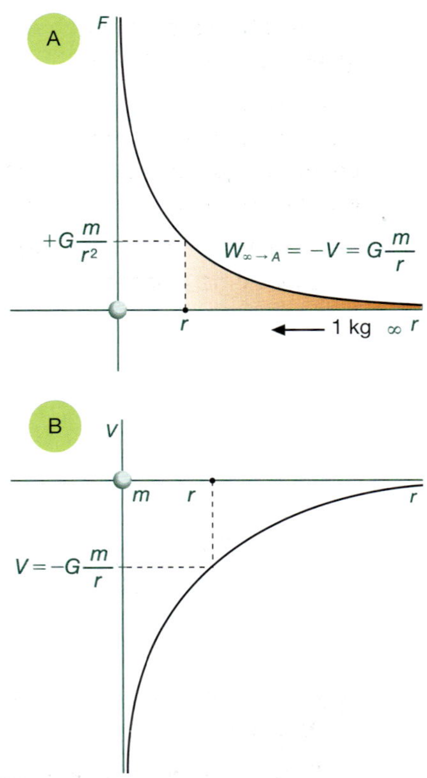

Fig. 1.28. *a)* Diagrama *F*-*r*. *b)* Diagrama *V*-*r*.

Més dades

Quan els cossos són un sistema no puntual i continu, el sumatori s'interpreta com una integral. Si la densitat del cos és ρ, podem substituir la massa puntual $d\,m$ per $\rho\,dV'$, on V' és el volum del cos (fig. 1.29).

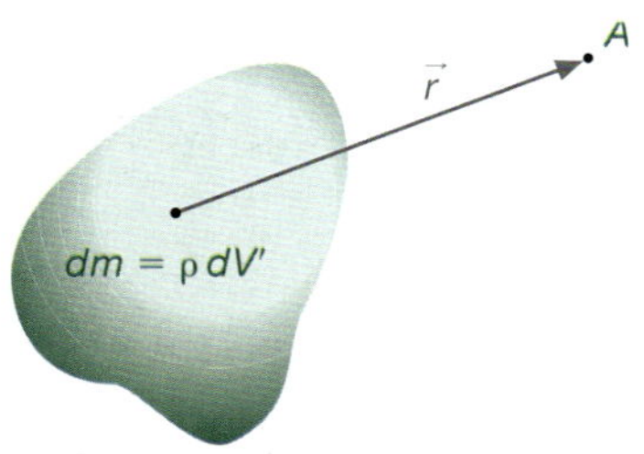

Fig. 1.29.

$$V_A = V_1 + V_2 + \ldots + V_i + \ldots + V_n = \sum_{i=1}^{n} V_i = \int dV = \int -G\,\frac{dm}{r} = \int -G\,\frac{\rho\,dV'}{r}$$

Finalment, si apliquem la regla de Barrow, tenim:

$$V_A = G\,m\left[\frac{-1}{r_A} - \left(\frac{-1}{\infty}\right)\right] \rightarrow V_A = -G\,\frac{m}{r_A}$$

Generalitzant, l'expressió del potencial d'una massa puntual m a una distància r és:

$$V = -G\,\frac{m}{r}$$

Si ara representem gràficament el diagrama F–r, d'acord amb la definició d'integral podem interpretar el treball com l'àrea ombrejada (fig. 1.28*a*). Canviant el signe d'aquest treball fet sobre la massa unitat obtenim el potencial (fig. 1.28*b*). Observeu que el potencial gravitatori sempre és negatiu; això és conseqüència del fet que la força gravitatòria és atractiva.

Exemple 9. **Calculeu el potencial que genera el planeta Terra:**

a) A la seva superfície; *b)* A una distància de tres radis terrestres; *c)* A l'infinit.

Nota: Negligim els efectes dels astres que l'envolten.

Dades: $M_T = 5{,}98 \cdot 10^{24}$ kg; $R_T = 6{,}38 \cdot 10^{6}$ m

Resolució

Apliquem l'expressió $V = -G\,\dfrac{m}{r}$ i substituïm valors en cada cas:

a) $V = -6{,}67 \cdot 10^{-11}\ \text{N} \cdot \text{m}^2/\text{kg}^2 \cdot \dfrac{5{,}98 \cdot 10^{24}\ \text{kg}}{6{,}38 \cdot 10^{6}\ \text{m}} = -6{,}25 \cdot 10^{7}\ \text{J/kg}$

Aquest valor representa el treball efectuat per la força gravitatòria per desplaçar una massa puntual d'1 kg des de l'infinit fins a la superfície de la Terra.

b) $V = -6{,}67 \cdot 10^{-11}\ \text{N} \cdot \text{m}^2/\text{kg}^2 \cdot \dfrac{5{,}98 \cdot 10^{24}\ \text{kg}}{6{,}38 \cdot 10^{6} \cdot 3\ \text{m}} = -2{,}08 \cdot 10^{7}\ \text{J/kg}$

c) $V = -6{,}67 \cdot 10^{-11}\ \text{N} \cdot \text{m}^2/\text{kg}^2 \cdot \dfrac{5{,}98 \cdot 10^{24}\ \text{kg}}{\infty} = 0\ \text{J/kg}$

Aquest valor era previsible, ja que l'infinit es pren com a potencial de referència zero.

4.1. Potencial gravitatori d'una distribució de masses puntuals

Ara que ja sabem calcular el potencial d'una massa puntual en un punt determinat, ens interessa saber calcular el potencial d'una distribució de masses puntuals.

Considerem un sistema de masses puntuals o esfèriques (fig. 1.30). Per determinar el potencial V en el punt A, podem aplicar el principi de superposició, de la mateixa manera que ho hem fet quan hem determinat el camp gravitatori, amb la diferència que ara sumem quantitats escalars que, d'altra banda, sempre són negatives i dona un resultat també negatiu:

$$V_A = V_1 + V_2 + \ldots + V_i + \ldots + V_n = \sum_{i=1}^{n} V_i$$

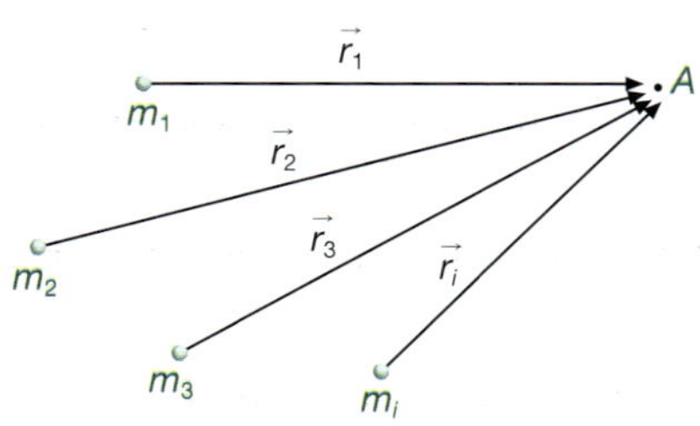

Fig. 1.30. Potencial gravitatori d'un conjunt de masses puntuals en un punt A.

Exemple 10. **Calculeu el potencial creat en el punt *A* per la distribució de masses esfèriques indicada en la figura 1.37.**

Resolució

Apliquem l'expressió: $V_A = V_1 + V_2 + ... + V_i + ... + V_n = \sum_{i=1}^{n} V_i$

Amb les dades que consten en la figura 1.31, calculem el potencial en *A:*

$$V_A = -G\left(\frac{m_1}{r_1} + \frac{m_2}{r_2} + \frac{m_3}{r_3}\right) =$$

$$= -6{,}67 \cdot 10^{-11} \cdot \left(\frac{1000}{10} + \frac{3000}{6} + \frac{2000}{8}\right) = -5{,}67 \cdot 10^{-8}\ \text{J/kg}$$

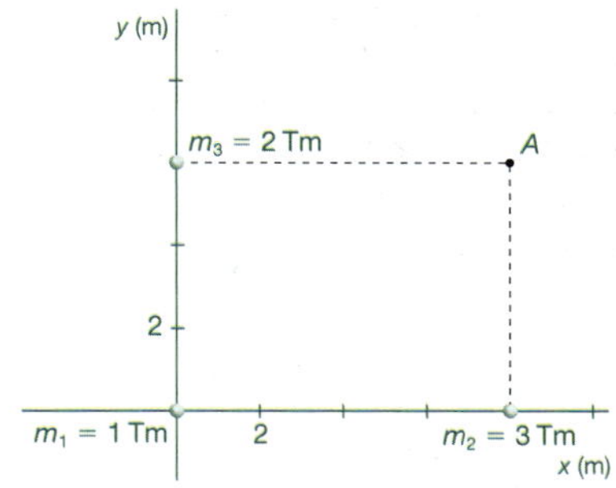

Fig. 1.31.

Exemple 11. **Determineu en quin punt de l'espai la intensitat de camp gravitatori s'anul·la, si considerem que només hi ha interacció gravitatòria entre la Terra i la Lluna.**

– Calculeu el potencial en aquest punt on el camp gravitatori s'anul·la.

Dades: $M_T = 5{,}98 \cdot 10^{24}$ kg; $R_T = 6{,}38 \cdot 10^6$ m; $M_L = 7{,}34 \cdot 10^{22}$ kg; $R_L = 1{,}74 \cdot 10^6$ m; $d = 3{,}84 \cdot 10^8$ m; $G = 6{,}67 \cdot 10^{-11}$ N · m²/kg²

Resolució

Representem la situació gràficament (fig. 1.32), i indiquem les intensitats de camp de la Terra ($\vec{g}_T$) i de la Lluna ($\vec{g}_L$) en tres punts *A, B* i *C* de la recta que uneix els dos cossos. Observeu que el camp només es pot anul·lar en un punt del segment que uneix les dues masses. Anomenem *x* la distància del punt on s'anul·la el camp en l'origen de coordenades, que situem al centre de la Terra.

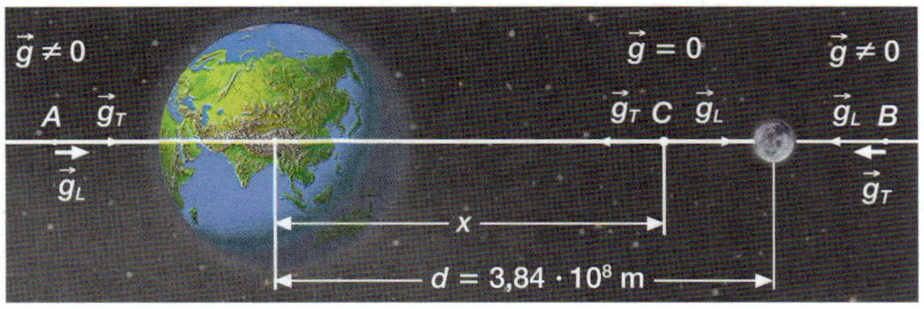

Fig. 1.32.

Apliquem l'expressió de la intensitat de camp gravitatori a les dues masses: $\vec{g} = -G\,\frac{m}{r^2}\,\vec{u}$

Tenint en compte que les intensitats són dos vectors de la mateixa direcció i sentits contraris (fig. 1.38), trobem que, en el punt *x,* i en mòdul: $g_T = g_L$. Per tant:

$$G\,\frac{M_T}{x^2} = G\,\frac{M_L}{(d-x)^2}\ ;\ \frac{x}{d-x} = \pm\sqrt{\frac{M_T}{M_L}} = \pm 9{,}02615$$

D'acord amb el sistema de referència triat, obtenim dos valors: $x = 3{,}46 \cdot 10^8$ m i $x = 4{,}32 \cdot 10^8$ m. L'últim resultat no és vàlid, ja que correspon a un punt exterior al segment.

Per tant, el camp gravitatori és nul en $x = 3{,}46 \cdot 10^8$ m, que equival aproximadament a 199 R_L o 54 R_T.

– Calculem el potencial en el punt on s'anul·la el camp gravitatori, que es troba en $x = 3{,}46 \cdot 10^8$ m de la Terra:

$$V = -G\left(\frac{M_T}{x} + \frac{M_{Ll}}{d-x}\right) =$$

$$= -G\left(\frac{5{,}98 \cdot 10^{24}}{3{,}46 \cdot 10^8} + \frac{7{,}34 \cdot 10^{22}}{3{,}84 \cdot 10^8 - 3{,}46 \cdot 10^8}\right) =$$

$$= -1{,}28 \cdot 10^6\ \text{J/kg}$$

ACTIVITATS

20. En els vèrtexs d'un triangle equilàter hi ha tres masses iguals. Hi ha algun lloc proper a les masses on s'anul·li el potencial? Feu un comentari comparatiu amb l'activitat 19 tenint en compte el caràcter vectorial o no.

21. Si en tres dels quatre vèrtexs d'un quadrat tenim tres esferes de masses diferents, el potencial gravitatori en el centre del quadrat varia segons la posició de les masses en els vèrtexs? Justifiqueu la resposta. Feu un comentari comparatiu amb l'activitat 20 tenint en compte el caràcter vectorial o no.

22. En els vèrtexs d'un quadrat de costat 10 m hi ha quatre esferes iguals de 1 000 kg. Calculeu:

a) La intensitat de camp en el centre del quadrat.

b) El potencial en el centre del quadrat.

R: *a)* 0; *b)* $-3{,}77 \cdot 10^{-8}$ J/kg

Fixa-t'hi

En mecànica clàssica, l'energia potencial gravitatòria sempre és negativa i el seu valor màxim es dona quan val zero, que és quan els cossos es troben infinitament separats.

5. Energia potencial gravitatòria

Fins ara hem considerat el treball realitzat per unitat de massa; ara farem el mateix amb una massa puntual m' de valor qualsevol.

Hem definit el potencial V_A com el treball, canviat de signe, efectuat per la força gravitatòria per desplaçar una massa puntual d'1 kg des de l'infinit fins a A (fig. 1.33 *a*). El treball efectuat per la força gravitatòria per moure una massa m' de valor qualsevol des de l'infinit fins a A és l'**energia potencial** E_{pA} (fig. 1.33 *b*):

$$E_{pA} = -W_{\underset{m'}{\infty \to A}} = -m'\, W_{\underset{1\text{ kg}}{\infty \to A}} = m' \left(-W_{\underset{1\text{ kg}}{\infty \to A}}\right) = m'\, V_A$$

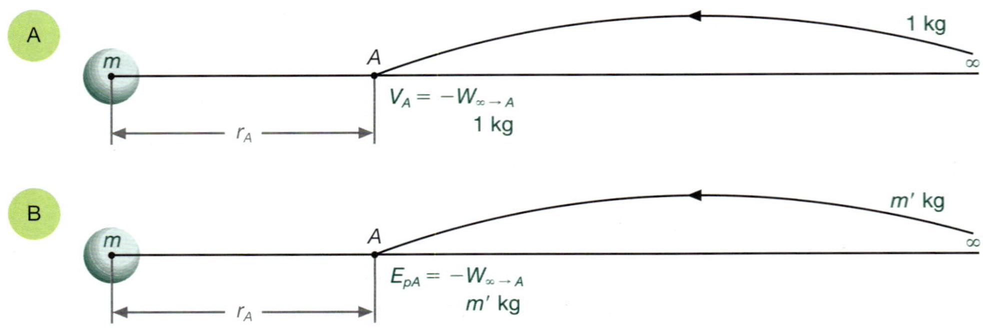

Fig. 1.33. *a)* Potencial en *A* creat per una massa puntual *m*. *b)* Energia potencial en *A* de la massa puntual *m'* causada pel camp de la massa *m*.

Podem interpretar E_p en un diagrama *F-r* com l'àrea ombrejada, canviada de signe, sota la corba, de la mateixa manera que hem fet amb el potencial, amb l'única diferència que ara el valor de la massa pot ser qualsevol (fig. 1.34 *a*). Per tant, l'energia potencial del sistema format per m i m' quan estan separades una distància r_A és:

$$E_{pA} = m' \left(-G \frac{m}{r_A}\right) = -G \frac{m\,m'}{r_A}$$

Generalitzant, l'energia potencial de dues masses m i m' separades una distància r és:

$$E_p = -G \frac{m\,m'}{r}$$

que podem representar gràficament en un diagrama $E_p - r$ (fig. 1.34 *b*).

Si ara la massa m' es desplaça des de A fins a B, hem de tenir en compte que tant en A com en B el potencial és diferent de zero i, per tant, tenim que el treball es realitza entre les posicions A i B (fig. 1.35).

$$W = -m' \,(V_B - V_A) = -(E_{pB} - E_{pA})$$

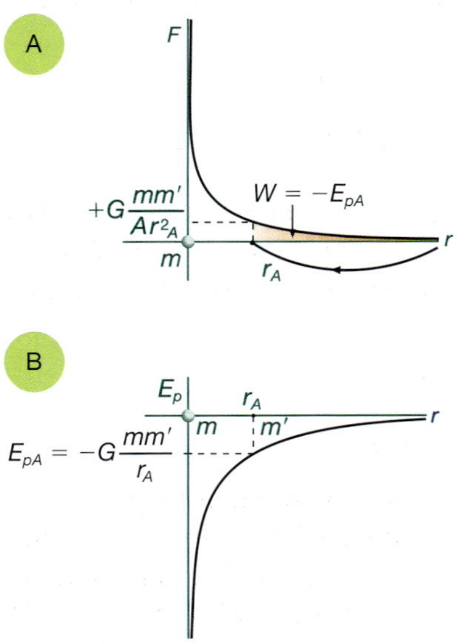

Fig. 1.34. *a)* Diagrama *F-r*. *b)* Diagrama E_p-*r*.

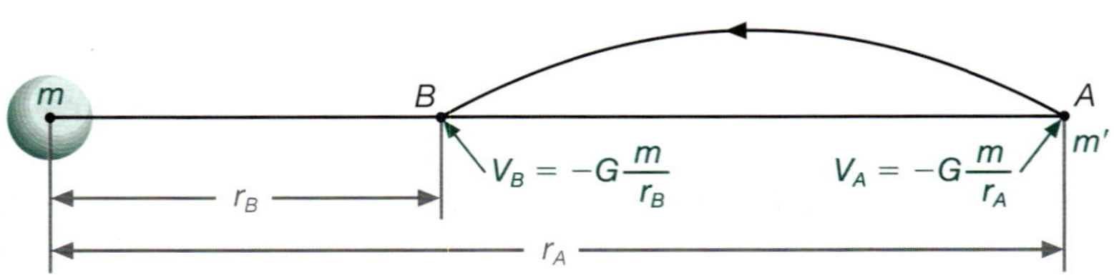

Fig. 1.35. Coneixent el potencial en *A* i en *B* podem calcular el treball realitzat pel sistema en desplaçar la massa *m'* des de *A* fins a *B*.

O, el que és el mateix:

$$W = -G\,m\,m'\left(\frac{1}{r_B} - \frac{1}{r_A}\right)$$

Tingueu present que per definició aquest treball és realitzat pel sistema, és a dir, per la força gravitatòria, però, quan es vol considerar el treball realitzat per una força externa oposada a la força gravitatòria, cal canviar de signe l'expressió que hem deduït pel sistema de masses:

$$W_{\text{sistema}} = -m'\,(V_B - V_A) = -(E_{pB} - E_{pA}) = -\Delta E_p$$
$$W_{\text{forces externes}} = m'\,(V_B - V_A) = (E_{pB} - E_{pA}) = \Delta E_p$$

Veiem que els treballs anteriors tenen el mateix valor absolut, però un és positiu i l'altre, negatiu. La interpretació física dels signes d'ambdós treballs és la següent:

Quan és la mateixa força gravitatòria la que realitza efectivament una variació en la configuració del sistema de masses, llavors el treball realitzat pel sistema és positiu, i el treball realitzat per les forces externes és negatiu. És el que passa, per exemple, en la situació plantejada en la figura 1.41, en què la força gravitatòria fa que la massa *m'* passi espontàniament del punt *A* al punt *B,* ja que és una força atractiva.

Per contra, quan és necessari que actuï una força externa neta oposada a la força gravitatòria per tal que es verifiqui un determinat canvi en la configuració del sistema, llavors el treball realitzat per les forces externes és positiu, i el treball del sistema, negatiu: la força gravitatòria no pot realitzar el canvi per ella mateixa, sinó que han de ser les forces externes les que *forcin* el canvi en el sistema. Un exemple és la situació contrària a la plantejada en la figura 1.41, és a dir, quan es vol que la massa *m'* es traslladi del punt *B* al punt *A*.

Exemple 12. **Calculeu l'energia potencial del sistema format per dues masses puntuals quan es troben en les situacions 1 i 2 representades en la figura 1.36.**

– Quin treball realitza el sistema en passar de la situació 1 a la 2? Quin treball realitza una força externa per fer aquest canvi?

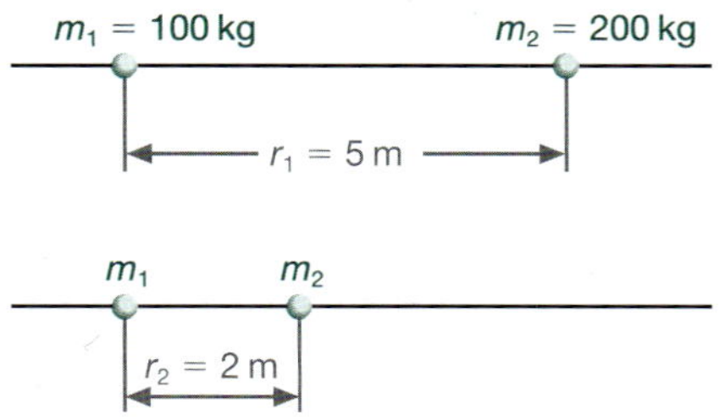

Fig. 1.36.

Resolució

Apliquem l'expressió:

$$E_p = -G\,\frac{mm'}{r}$$

En la situació 1, si substituïm valors, trobem que:

$$E_{p_1} = -6{,}67 \cdot 10^{-11} \cdot \frac{100 \cdot 200}{5} = -2{,}67 \cdot 10^{-7}\ \text{J}$$

I en la situació 2:

$$E_{p_2} = -6{,}67 \cdot 10^{-11} \cdot \frac{100 \cdot 200}{2} = -6{,}67 \cdot 10^{-7}\ \text{J}$$

– El treball fet pel sistema en passar de la situació 1 a la 2 és:

$$W_{\text{sistema}} = -(E_{p_2} - E_{p_1}) =$$
$$= -[-6{,}67 \cdot 10^{-7} - (-2{,}67 \cdot 10^{-7})] = 4 \cdot 10^{-7}\ \text{J}$$

Observeu que el treball per moure aquestes masses des de la primera situació (r = 5 m) fins a la segona situació (r = 2 m) té un valor molt petit, ja que no tenim en compte el fregament.

El treball realitzat per una força externa és:

$$W = -4 \cdot 10^{-7}\ \text{J}$$

Aquest resultat negatiu per al treball d'una força externa s'interpreta considerant que no cal efectuar cap força externa per apropar les dues masses. Dit d'una altra manera, el fet que les masses s'apropin no requereix cap aportació d'energia externa, i això s'explica pel fet que les masses sempre s'atrauen.

Exemple 13. **Considerem tres punts *A*, *B* i *C* (fig. 1.37).**

Calculeu el treball efectuat per les forces externes per desplaçar un satèl·lit de massa m pels tres camins següents:

a) Des del punt A de la superfície de la Terra fins a B directament.

b) Des de A fins a B passant per C.

c) Des de A fins a B per un camí D qualsevol.

Nota: No es tenen en compte les forces de fregament, només s'està considerant la força gravitatòria.

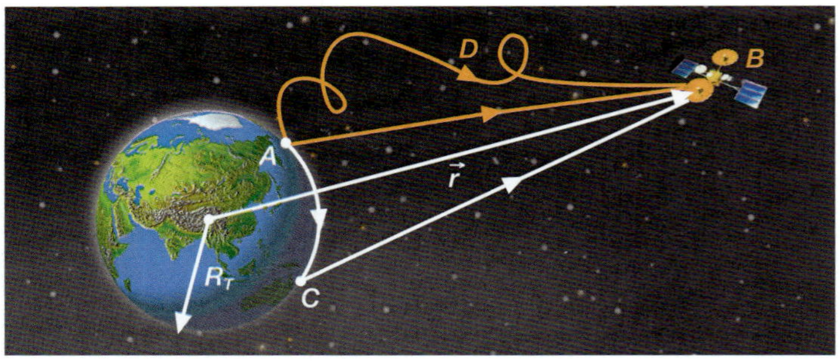

Fig. 1.37.

Resolució

Quan la massa m es troba en A i en C, l'energia potencial és la mateixa, ja que aquests punts es troben a la mateixa distància del centre de la Terra, sempre que es consideri la Terra com una esfera perfecta.

$$E_{pA} = E_{pC} = -G\,\frac{M_T\,m}{R_T}$$

Quan el satèl·lit es troba a B, l'energia potencial és:

$$E_{pB} = -G\,\frac{M_T m}{r}$$

Com que el treball realitzat per les forces externes és igual a la variació de l'energia potencial, trobem que:

$$W_{\text{forces externes}} = \Delta E_p$$

a) El treball per anar directament de A cap a B és:

$$W_{AB} = E_{pB} - E_{pA} = G\,M_T\,m\left(\frac{1}{R_T} - \frac{1}{r}\right)$$

b) El treball per anar de A cap a B passant per C és:

$$W_{ACB} = W_{AC} + W_{CB} = (E_{pC} - E_{pA}) + (E_{pB} - E_{pC})$$

El treball per anar de A cap a C és nul, ja que no hi ha variació d'energia potencial i, per tant:

$$W_{ACB} = (E_{pB} - E_{pC}) = (E_{pB} - E_{pA}) = G\,M_T m\left(\frac{1}{R_T} - \frac{1}{r}\right)$$

Veiem que el treball és el mateix per als dos camins estudiats. Aquest resultat era previsible, ja que el camp gravitatori és conservatiu; és a dir, el treball només depèn de la posició inicial i final, no pas del camí seguit.

c) El treball per anar de A cap a B per un camí qualsevol D ha de ser el mateix, ja que el camp gravitatori és conservatiu.

5.1. Principi de conservació de l'energia

Com que el camp gravitatori és conservatiu, si sobre un sistema no actuen forces externes el sistema sempre evoluciona conservant l'energia mecànica E, que és igual a la suma de l'energia cinètica i l'energia potencial:

$$E = E_c + E_p$$

Per tant, la variació de l'energia mecànica és: $\Delta E = \Delta E_c + \Delta E_p = 0$

Efectivament, suposem un sistema de masses (fig. 1.38) i una massa m que es desplaça des de A fins a B. Quan la massa m segueix la trajectòria AB, en cada punt rep una força diferent, ja que la intensitat de camp gravitatori varia al llarg del recorregut.

El treball realitzat pel sistema per moure la massa m des de A fins a B és:

$$W = -(E_{pB} - E_{pA}) = -\Delta E_p$$

A més, d'acord amb el teorema del treball i de l'energia cinètica:

$$W = \Delta E_c$$

Si igualem les dues expressions, trobem que:

$$W = -\Delta E_p = \Delta E_c \rightarrow \Delta E_c + \Delta E_p = \Delta E = 0$$

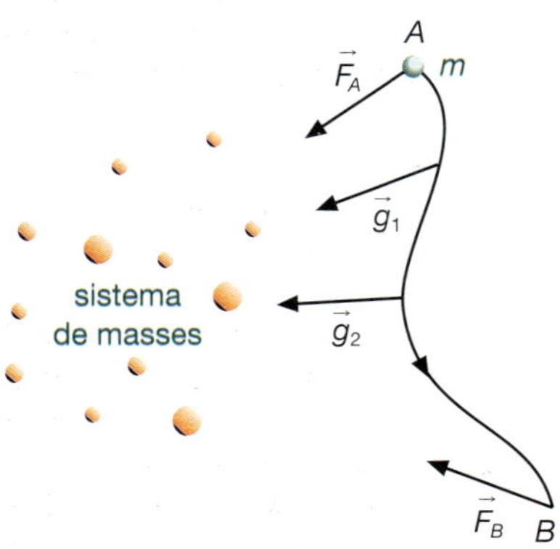

Fig. 1.38. El treball realitzat pel sistema per desplaçar una massa m des de A fins a B és independent del camí escollit.

5.2. Velocitat d'escapament

Apliquem ara el principi de conservació de l'energia a una situació concreta. Quan llancem un cos enlaire observem que torna cap a la Terra, ja que les masses dels dos cossos s'atrauen. Aleshores, ens preguntem amb quina energia s'ha de llançar un cos des de la superfície d'un astre per tal de garantir que no torni a la superfície del mateix astre. Vegem-ho.

Suposem un cos de massa m que es llança amb una velocitat inicial v_0 des de la superfície de la Terra. En aquest instant l'energia cinètica és màxima i l'energia potencial és E_p (fig. 1.39). L'energia mecànica inicial amb què surt el cos de la superfície de la Terra és, per tant:

$$E = E_c + E_p$$

$$E = \frac{1}{2} m v_0^2 - G \frac{m M_T}{R_T}$$

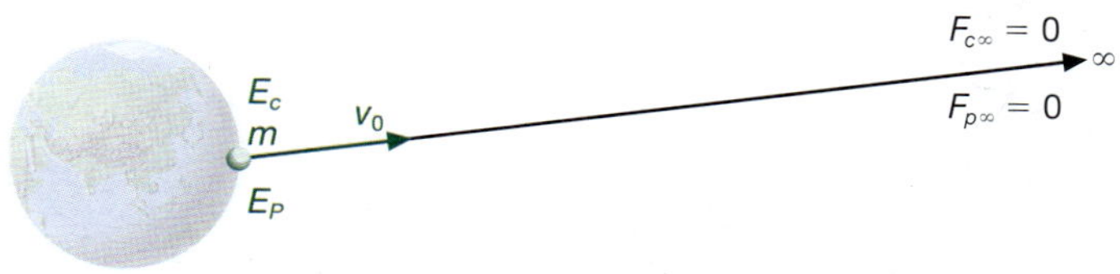

Fig. 1.39. Energia cinètica mínima que requereix un cos de massa m perquè surti de la influència gravitatòria del planeta.

Que un cos escapi de l'atracció gravitatòria de la Terra vol dir que ha de poder allunyar-se fins a l'infinit, on no estarà afectat pel camp gravitatori de la Terra i la seva E_p serà, per tant, zero. Si volem saber l'energia mínima per aconseguir això, cal que el cos arribi a l'infinit amb $v = 0$ i, per tant, $E_c = 0$.

Aleshores, l'energia mecànica final és nul·la, i, si apliquem el principi de conservació de l'energia, tenim:

$$E = E_c + E_p = E_c' + E_p' = 0 + 0 = 0$$

Per tant:

$$\frac{1}{2} m v_0^2 - G \frac{m M_T}{R_T} = 0$$

Si simplifiquem i aïllem v_0, trobem que:

$$v_0 = \sqrt{\frac{2\,GM}{R_T}}$$

que és la **velocitat d'escapament** del cos, és a dir, la velocitat mínima que permet a un cos escapar de l'atracció gravitatòria d'un altre cos. Per sobre d'aquesta velocitat, el cos arribaria a l'infinit amb una velocitat no nul·la, és a dir, amb una certa E_c.

Aquest resultat anterior es pot estendre a qualsevol altre planeta o astre, canviant la massa i el radi de la Terra per la massa i el radi del planeta o astre.

El resultat de la velocitat d'escapament és un valor orientatiu, ja que, primer, el fregament amb l'aire fa que **es consumeixi** més energia, i, segon, si això es vol aplicar sobre un cos que «volem» que s'escapi de la influència gravitatòria d'un planeta, normalment no se sol donar aquesta velocitat inicial «d'entrada», sinó que es va subministrant energia contínuament i la velocitat **inicial** s'incrementa **gradualment** fins a assolir un valor més o menys gran, i es continua subministrant energia per mantenir la velocitat fins que s'assoleix una distància tan gran que considerem que el cos ja s'ha escapat.

Més dades

Una de les conseqüències més interessants i desconcertants de la teoria gravitacional moderna és el concepte de **forat negre.** Com ja sabeu, el forat negre atrau tots els cossos que l'envolten i fins i tot la llum, i per això no es deixa veure. Encara que el seu estudi requereix tenir coneixements profunds de la relativitat i de la mecànica quàntica, podem, des d'un punt de vista newtonià, fer-ne una interpretació aproximada.

Tots els astres atrauen els cossos del seu voltant per la força gravitacional i tenen una velocitat d'escapament pròpia que depèn exclusivament de les característiques de l'astre, segons hem demostrat:

$$v_0 = \sqrt{\frac{2\,GM}{R}}$$

Per tant, qualsevol astre de massa M i radi R actua com un cos negre, però perquè ni tan sols la llum se'n pugui escapar requereix un radi mínim, anomenat *radi de Schwarzschild*, R_s, i la velocitat d'escapament ha de ser la de la llum $c = 3 \cdot 10^8$ m/s:

$$c = \sqrt{\frac{2\,GM}{R_S}}$$

Exemple 14. **Calculeu la velocitat d'escapament a la Terra i a la Lluna.**

Dades: $M_T = 5{,}98 \cdot 10^{24}$ kg; $R_T = 6{,}38 \cdot 10^6$ m; $M_L = 7{,}34 \cdot 10^{22}$ kg; $R_L = 1{,}74 \cdot 10^6$ m

Resolució

La velocitat d'escapament d'un planeta de massa *M* i radi *R* és:

$$v_0 = \sqrt{\frac{2\,G\,M}{R}}$$

Quan el planeta és la Terra, tenim que:

$$v_0 = \sqrt{\frac{2 \cdot 6{,}67 \cdot 10^{-11} \cdot 5{,}98 \cdot 10^{24}}{6{,}38 \cdot 10^6}} = 1{,}12 \cdot 10^4 \text{ m/s} = 40\,320 \text{ km/h}$$

i, quan el cos celeste és la Lluna, tenim que:

$$v_0 = \sqrt{\frac{2 \cdot 6{,}67 \cdot 10^{-11} \cdot 7{,}34 \cdot 10^{22}}{1{,}74 \cdot 10^6}} = 2{,}37 \cdot 10^3 \text{ m/s} = 8\,532 \text{ km/h}$$

5.3. Satèl·lits artificials

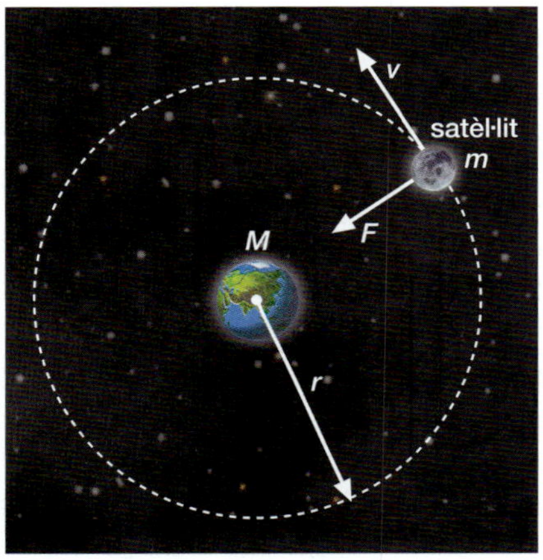

Fig. 1.40. El satèl·lit rep una única força *F* central que va dirigida sempre cap al centre del planeta i, per tant, fa que descrigui una òrbita circular.

Actualment hi ha molts tipus de satèl·lits: els del sistema GPS, que es troben a 20 200 km d'altura de la superfície de la Terra, els del sistema Galileu, a 23 222 km d'altura, i d'altres que es troben a diferents altures.

Tenen especial importància els **satèl·lits geoestacionaris,** que giren en un pla equatorial de la Terra a una distància d'uns 35 500 km de la superfície terrestre per aconseguir el mateix període que el nostre planeta. Per tant, aquests satèl·lits sempre veuen la mateixa cara de la Terra, fet que permet tenir una bona resolució temporal. El satèl·lit *Meteosat* n'és un exemple i ens dona diàriament informació meteorològica. Els **satèl·lits heliosíncrons** giren en òrbites quasi polars i molt més pròxims a la superfície de la Terra; per exemple, n'hi ha que giren a uns 840 km d'altura amb un període d'uns 100 minuts. Aquests satèl·lits fan diverses voltes en un dia i tenen una bona resolució espacial.

El moviment dels satèl·lits artificials és anàleg al moviment dels planetes quan giren al voltant del Sol, o al de la Lluna al voltant de la Terra.

Considerem un planeta de massa *M,* al centre del qual situem l'origen de coordenades, i un satèl·lit de massa *m* que gira al seu voltant en una òrbita circular (fig. 1.40). Si el radi de l'òrbita és *r,* segons la 2a llei de Newton podem escriure, en mòdul:

$$\sum \vec{F} = m\vec{a} \rightarrow G\,\frac{M\,m}{r^2} = m\,\frac{v^2}{r}$$

Si simplifiquem i aïllem *v:*

$$v = \sqrt{\frac{G\,M}{r}}$$

Aquesta expressió ens dona la velocitat del satèl·lit quan està en una òrbita de radi *r.*

D'altra banda, el principi de conservació de l'energia mecànica ens diu que *E* ha de ser constant, ja que estem en un sistema conservatiu, on no hi ha fregament ni actuen forces externes. Per tant:

$$E_c + E_p = E$$

on E_c i E_p són, respectivament, l'energia cinètica i l'energia potencial del satèl·lit.

Sabies que...?

Gairebé tots els països desenvolupats disposen de satèl·lits artificials que contribueixen al desenvolupament de noves tecnologies i de la investigació.

En conseqüència, l'energia mecànica del satèl·lit és:

$$E = E_c + E_p = \frac{1}{2} m v^2 - G \frac{Mm}{r}$$

Però E_c es pot expressar en funció de r. Si substituïm en l'expressió anterior el valor de la velocitat que hem trobat a partir de la 2a llei de Newton, tenim que:

$$E_c = \frac{1}{2} m G \frac{M}{r} = \frac{1}{2} G \frac{mM}{r} = \frac{1}{2} \frac{GMm}{r}$$

I, si substituïm en l'expressió de l'energia mecànica:

$$E = \frac{1}{2} \frac{GMm}{r} - G \frac{Mm}{r} = -\frac{1}{2} \frac{GMm}{r}$$

$$E = -\frac{1}{2} \frac{GMm}{r}$$

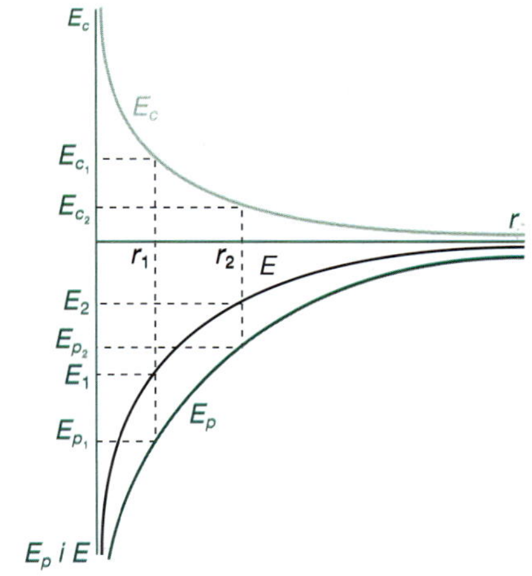

Fig. 1.41. Representació gràfica de les energies E_c, E_p i E en funció de la distància r.

Aquesta expressió ens dona l'energia mecànica del satèl·lit en una òrbita determinada en funció d'una única variable r.

Observeu que la representació de cadascuna de les energies E_c, E_p i E en funció de la distància r ens pot donar informació del moviment del satèl·lit (fig. 1.41). En efecte, l'energia cinètica està representada en el semieix d'ordenades positiu, ja que no pot ser negativa perquè m i v^2 són termes positius; l'energia potencial i l'energia total són negatives, segons les expressions deduïdes, i estan representades en el semieix d'ordenades negatiu.

Quan el satèl·lit gira entorn de la Terra amb una energia mecànica E_1, observeu que ho fa amb un radi de gir r_1, amb una energia cinètica E_{c_1} i amb una energia potencial E_{p_1}. Si l'energia mecànica del satèl·lit augmenta fins a E_2, el radi també augmenta fins a r_2, és a dir, s'allunya de la Terra, mentre que l'energia cinètica E_{c_2} disminueix, és a dir, la velocitat disminueix i l'energia potencial E_{p_2} augmenta.

Per tant, com més a prop de la Terra gira el satèl·lit, té més energia cinètica i menys energia potencial; i a l'inrevés, quan s'allunya de la Terra, disminueix la seva energia cinètica i n'augmenta l'energia potencial.

Quan el satèl·lit gira amb una energia mecànica $E = 0$, veiem que ho fa amb un radi infinit i amb una energia cinètica i una energia potencial nul·les. En aquest cas, entenem que el satèl·lit ha sortit de la influència gravitatòria de la Terra.

Per tant, quan el satèl·lit gira amb una energia $E < 0$, vol dir que està lligat a la Terra i gira en òrbites el·líptiques o bé circulars; i quan $E \geq 0$, significa que surt de la influència gravitatòria i, per tant, la seva trajectòria ja no pot ser el·líptica. Es pot demostrar que, quan $E = 0$, la trajectòria és una paràbola, i que, quan $E > 0$, és una hipèrbola (fig. 1.42).

Tingues en compte

Els raonaments que acabem de fer sobre les energies cinètica, potencial i mecànica d'un satèl·lit, relacionats amb el gràfic de la figura 1.47, es poden estendre al cas dels planetes, els asteroides, els planetoides i els cometes, considerant la massa del Sol i la distància d'aquests astres al Sol.

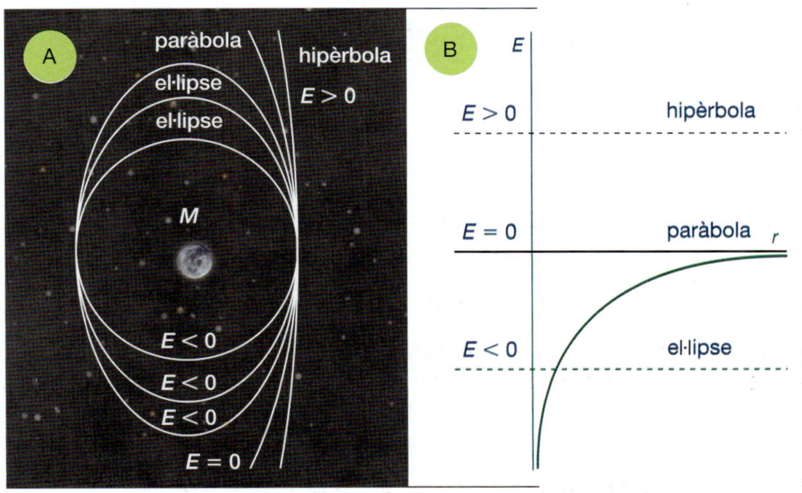

Fig. 1.42. *a)* Trajectòries d'un satèl·lit per a diferents valors de l'energia. *b)* Representació gràfica de l'energia enfront de la distància r en els tres casos anteriors.

Tingues en compte

Les naus espacials i els satèl·lits artificials són vehicles que poden viatjar per l'espai.

Les naus espacials poden ser robòtiques, sondes tripulades o vehicles tripulats. Poden sortir de la influència gravitatòria de la Terra i entrar en una zona pràcticament d'ingravitació total.

Els satèl·lits, per altra banda, estan sotmesos a la força gravitatòria de la Terra o d'altres astres de l'Univers, i és per això que giren en òrbites tancades.

Si volem posar un satèl·lit de massa m en una òrbita de radi r des de la superfície de la Terra, podem afirmar, fent ús del principi de conservació de l'energia, que l'energia mecànica en la superfície ha de ser igual a l'energia mecànica en l'òrbita a destinar. Per tant:

$$E_{\text{superfície}} = E_{\text{òrbita}} \Rightarrow (E_c + E_p)_{\text{superfície}} = E_{\text{òrbita}} \Rightarrow E_{c_{\text{superfície}}} - G\frac{M_T\, m}{R_T} = -\frac{1}{2}\frac{G M_T m}{r}$$

Per tant, l'energia cinètica de llançament del satèl·lit des de la Terra és:

$$E_{c_{\text{superfície}}} = G\frac{M_T m}{R_T} - G\frac{M_T m}{2r} = G M_T m\left(\frac{1}{R_T} - \frac{1}{2r}\right)$$

Aquesta energia és orientativa, ja que, primer, el fregament amb l'aire no s'ha tingut en compte i, per tant, caldrà aportar més energia de la calculada, i segon, no se li dona aquesta energia inicial «d'entrada», sinó que es va subministrant energia contínuament i la velocitat s'incrementa inicialment fins a assolir un valor més o menys gran.

Després es continua subministrant energia per mantenir la velocitat fins que s'assoleix una determinada altura i, o bé es posa directament el satèl·lit en òrbita, o bé se li dona un impuls final per tal que assoleixi l'òrbita desitjada i es reorienta per tal que l'òrbita sigui circular.

Exemple 15. **Un satèl·lit de massa 500 kg es vol posar en òrbita circular a una distància de 300 km de la superfície de la Terra.**

Calculeu:

a) La velocitat de rotació del satèl·lit.

b) El període.

c) L'energia mecànica.

d) L'acceleració centrípeta.

e) La velocitat de llançament del satèl·lit per posar-lo en l'òrbita, sense tenir en compte el fregament amb l'aire.

Resolució

a) Calculem la velocitat amb l'expressió:

$$v = \sqrt{\frac{GM}{r}}$$

$$v = \sqrt{\frac{6{,}67 \cdot 10^{-11} \cdot 5{,}98 \cdot 10^{24}}{6{,}38 \cdot 10^6 + 3 \cdot 10^5}} = 7{,}73 \cdot 10^3 \text{ m/s}$$

b) Per determinar el període fem servir l'expressió:

$$v = \omega r = \frac{2\pi r}{T}$$

$$T = \frac{2\pi r}{v}$$

$$T = \frac{2\pi \cdot (6{,}38 \cdot 10^6 + 3 \cdot 10^5)}{7{,}73 \cdot 10^3} = 5{,}43 \cdot 10^3 \text{ s} = 1 \text{ h } 31 \text{ min}$$

c) Amb l'expressió:

$$E = -\frac{1}{2}\frac{GMm}{r}$$

calculem l'energia mecànica:

$$E = -\frac{1}{2} \cdot \frac{6{,}67 \cdot 10^{-11} \cdot 5{,}98 \cdot 10^{24} \cdot 500}{6{,}38 \cdot 10^6 + 3 \cdot 10^5} = -1{,}49 \cdot 10^{10} \text{ J}$$

d) Calculem l'acceleració centrípeta amb l'expressió:

$$a_n = \frac{v^2}{r}$$

$$a_n = \frac{(7{,}73 \cdot 10^3)^2}{6{,}38 \cdot 10^6 + 3 \cdot 10^5} = 8{,}95 \text{ m/s}^2$$

Comproveu que aquest valor coincideix amb el valor de la intensitat de camp gravitatori en aquesta distància.

e) Hem deduït que l'energia cinètica de llançament d'un satèl·lit per posar-lo en una òrbita de radi r ve donada per l'expressió:

$$E_{c_{\text{superfície}}} = G M_T m\left(\frac{1}{R_T} - \frac{1}{2r}\right)$$

Substituïm valors:

$$E_{c_{\text{superfície}}} = 6{,}67 \cdot 10^{-11} \cdot 5{,}98 \cdot 10^{24} \cdot$$
$$\cdot 500\left(\frac{1}{6{,}38 \cdot 10^6} - \frac{1}{2 \cdot (6{,}38 \cdot 10^6 + 3 \cdot 10^5)}\right) =$$
$$= 1{,}63 \cdot 10^{10} \text{ J}$$

Per tant, la velocitat de llançament del satèl·lit és:

$$v = \sqrt{\frac{2E_c}{m}} = \sqrt{\frac{2 \cdot 1{,}63 \cdot 10^{10}}{500}} =$$
$$= 8\,082 \text{ m/s} = 2\,245 \text{ km/h}$$

Us recordem que aquesta velocitat és orientativa, com ja hem comentat anteriorment.

Exemple 16. **Un cert satèl·lit de comunicacions en òrbita atrau la Terra amb una força de 19 kN, i l'energia potencial gravitatòria Terra-satèl·lit és de $-1{,}39 \cdot 10^{11}$ J.**

Calculeu el radi d'òrbita del satèl·lit, la massa del satèl·lit i l'energia cinètica del satèl·lit.

Dades: $R_T = 6{,}38 \cdot 10^6$ m

Resolució

Si coneixem la força d'atracció entre la Terra i el satèl·lit i l'energia potencial del sistema Terra-satèl·lit, podem establir una relació senzilla entre aquestes magnituds de la manera següent:

$$\left.\begin{aligned} F &= G\,\frac{M_T m}{r^2} \\ E_p &= -G\,\frac{M_T m}{r} \end{aligned}\right\} \Rightarrow \frac{F}{E_p} = -\frac{1}{r}$$

Substituïm valors per trobar la distància del satèl·lit al centre de la Terra:

$$\frac{F}{E_p} = -\frac{1}{r} \Rightarrow \frac{1{,}9 \cdot 10^4}{-1{,}39 \cdot 10^{11}} = -\frac{1}{r} \Rightarrow r = 7{,}32 \cdot 10^6 \text{ m}$$

La massa del satèl·lit la trobem amb l'expressió de l'energia potencial:

$$E_p = -G\,\frac{M_T m}{r} \Rightarrow -1{,}30 \cdot 10^{11} =$$

$$= -6{,}67 \cdot 10^{-11}\,\frac{5{,}98 \cdot 10^{24} \cdot m}{7{,}32 \cdot 10^6} \Rightarrow m = 2\,385{,}8 \text{ kg}$$

Per determinar l'energia cinètica del satèl·lit, calculem prèviament l'energia mecànica:

$$E = -\frac{1}{2}\,\frac{G M_T m}{r} =$$

$$= -\frac{1}{2}\,\frac{6{,}67 \cdot 10^{-11} \cdot 5{,}98 \cdot 10^{24} \cdot 2\,385{,}8}{7{,}32 \cdot 10^6} = -6{,}5 \cdot 10^{10} \text{ J}$$

Pel principi de conservació de l'energia, determinem l'energia cinètica:

$$E_c = E - E_p = -6{,}5 \cdot 10^{10} - (-1{,}30 \cdot 10^{11}) = 6{,}5 \cdot 10^{10} \text{ J}$$

Exemple 17. **Un cos de 5 kg de massa està sotmès a una energia potencial representada per $E_p = x^2 - 10x$, on l'energia està expressada en J i la distància en m.**

Calculeu:

a) L'energia potencial mínima que pot adquirir el cos i a quina posició correspon.

b) Si el cos té una energia de –16 J:

- En quin interval es pot moure?
- Amb aquesta energia, el cos pot passar per la posició $x = 1$ m?
- Amb quina velocitat es mou quan passa per la posició $x = 3$ m?

Resolució

a) La representació gràfica de E_p en funció de x (fig. 1.43) és una paràbola que té un mínim en $x = 5$ m, és a dir, l'energia potencial és mínima en aquest punt, amb un valor de –25 J.

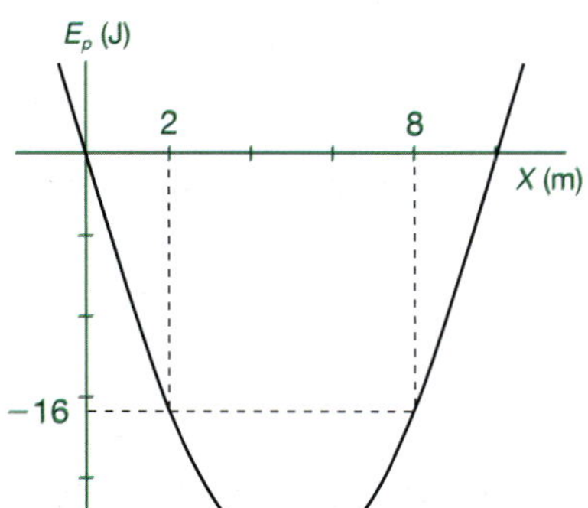

Fig. 1.43.

b) Si igualem aquesta energia amb l'energia potencial, trobem els punts on el cos no té E_c. Si $E = -16$ J, es mou fins que

$$E_c = 0 \rightarrow E = E_c + E_p = 0 + E_p = E_p$$

$$-16 = x^2 - 10x \rightarrow x = 2 \text{ m i } x = 8 \text{ m}$$

Així, la massa només es pot moure en l'interval [2, 8].

El cos no pot passar per la posició $x = 1$ m, ja que aquest punt està fora de l'interval que acabem d'obtenir. Podem comprovar-ho aplicant el principi de conservació de l'energia i calculant prèviament l'energia potencial en aquest punt:

$$E_p = x^2 - 10x = 1^2 - 10 \cdot 1 = -9 \text{ J} \rightarrow -16 = -9 + E_c$$

d'on deduïm que l'E_c és negativa, i això és impossible; per tant, el cos no pot passar per aquest punt.

En la posició $x = 3$ m, l'energia potencial és:

$$E_p = x^2 - 10x = 3^2 - 10 \cdot 3 = -21 \text{ J}$$

i, per tant, l'energia cinètica té un valor de

$$E_c = E - E_p = -16 - (-21) = 5 \text{ J}$$

que correspon a una velocitat de:

$$v = \sqrt{\frac{2E_c}{m}} = \sqrt{\frac{2 \cdot 5}{5}} = 1{,}4 \text{ m/s}$$

5.4. Teledetecció

La teledetecció és una tècnica que s'utilitza en els satèl·lits artificials per a observar i estudiar certs objectes i fenòmens sense necessitat de tocar-los físicament, és a dir, a distància. Això es fa mitjançant radiacions electromagnètiques que emet el satèl·lit. Aquestes radiacions incideixen sobre l'objecte a estudiar i són reflectides i captades per un sensor receptor del satèl·lit per poder ser analitzades posteriorment.

La teledetecció ens permet conèixer la Terra i l'atmosfera que l'envolta i, per tant, és molt útil en diversos camps d'investigació, com ara la meteorologia i la climatologia (fig. 1.44). També permet fer estudis geològics i de la vegetació terrestre, treballar amb sistemes de geoposicionament global (GPS) i sistemes d'informació geogràfica (GIS), valorar la radiació solar que incideix i la que es reflecteix a la Terra, comunicar-nos a través dels mòbils, obtenir informació de la previsió meteorològica, com fa el satèl·lit *Meteosat,* etc.

Fig. 1.44. El satèl·lit *Meteosat* és geoestacionari, i és el que ens informa de la situació meteorològica.

ACTIVITATS

23. Tenim una massa de 10 kg en repòs sobre la superfície terrestre. Quin treball cal fer per pujar-la fins a una altura de 10 m? I fins a una distància de 630 km?

Dades: $G = 6,67 \cdot 10^{-11}$ N·m²/kg²; $R_T = 6,37 \cdot 10^6$ m; $M_T = 5,98 \cdot 10^{24}$ kg

R: 983 J; $5,6 \cdot 10^7$ J

24. Si l'energia mecànica d'un cos és de 1 200 J i suposem que es troba en un camp conservatiu, pot ser que el valor de l'energia potencial sigui:

a) –1 000 J   *b)* 1 400 J   *c)* 5 000 J

Raoneu la resposta.

25. Quin és el període d'un satèl·lit que gira a 10 000 km de distància respecte de la superfície de la Terra?

Dades: $G = 6,67 \cdot 10^{-11}$ N·m²/kg²; $R_T = 6\,370$ km; $M_T = 6 \cdot 10^{24}$ kg

R: 5 h 46 min 39 s

26. Si un satèl·lit vol reduir el radi d'òrbita entorn d'un planeta, l'energia cinètica ha d'augmentar o disminuir? Justifiqueu la resposta.

27. Un satèl·lit artificial de massa 1 500 kg descriu una trajectòria circular a una distància de 630 km respecte de la superfície terrestre. Calculeu:

a) El període del satèl·lit.

b) L'energia cinètica i l'energia mecànica del satèl·lit en òrbita.

c) L'energia mínima que caldria comunicar al satèl·lit en òrbita perquè s'allunyés indefinidament de la Terra.

Dades: $G = 6,67 \cdot 10^{-11}$ N·m²/kg²; $R_T = 6\,370$ km; $M_T = 6 \cdot 10^{24}$ kg

R: *a)* 1,62 h; *b)* $4,29 \cdot 10^{10}$ J; $-4,29 \cdot 10^{10}$ J; *c)* $4,29 \cdot 10^{10}$ J

28. Un cos de massa 0,5 kg és sotmès a un camp d'energia potencial gravitatòria donada per $E_p = (x^2 - 25)$ J. Calculeu:

a) Si la massa té una energia mecànica de –16 J, en quin interval es pot moure?

b) Quina és la velocitat màxima i en quin punt es dona aquesta velocitat?

R: *a)* [–3 , 3]; *b)* $x = 0$ i $v = 6$ m/s

6. Superfícies equipotencials

Per als camps conservatius, com el camp gravitatori i el camp elèctric, és adient definir el concepte de superfícies equipotencials, que ens facilitarà interpretar situacions energètiques.

> Tots els punts en els quals el potencial té el mateix valor formen una **superfície equipotencial**.

Considerem una massa puntual *m*. En aquest cas, les superfícies equipotencials són superfícies esfèriques concèntriques, ja que la distància de cada un dels punts de la superfície a la massa és la mateixa. Tenint en compte que el potencial és negatiu, com més ens allunyem de la massa més gran serà el valor del potencial d'una superfície determinada. És a dir, si $r_1 < r_2 < r_3$, aleshores $V_1 < V_2 < V_3$ (fig. 1.45). El potencial disminueix en el sentit de la intensitat del camp gravitatori o, el que és el mateix, el potencial creix en el sentit contrari al de la intensitat del camp gravitatori.

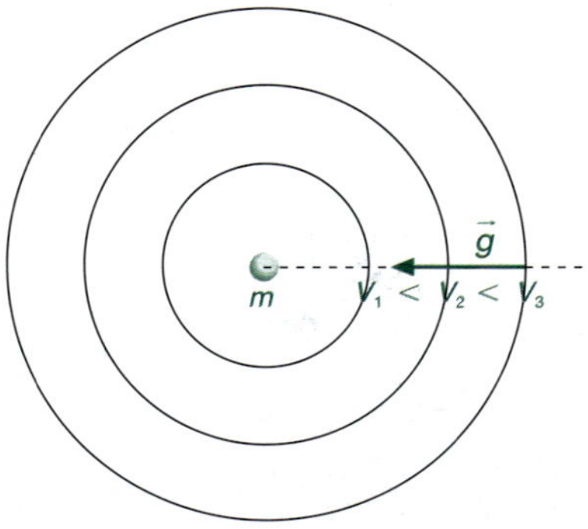

Fig. 1.45. El potencial creix amb el radi, de manera que s'incrementa en sentit contrari al camp gravitatori.

Sabem que la intensitat d'un camp gravitatori uniforme es representa per línies paral·leles i equidistants. Les superfícies equipotencials s'indiquen mitjançant superfícies planes i perpendiculars a les línies de camp. En aquest cas, com indica la figura 1.46, i segons el que hem dit abans, es té: $V_1 > V_2 > V_3 > ...$

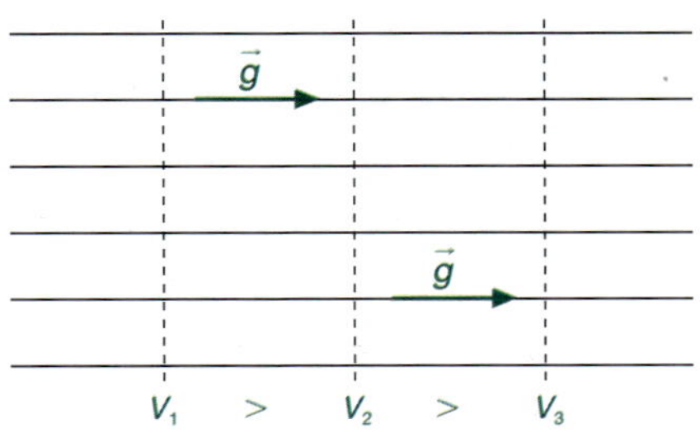

Fig. 1.46. El potencial creix en sentit contrari al camp gravitatori.

De la definició de superfície equipotencial en podem deduir dues propietats interessants:

- El treball fet per forces externes per desplaçar una massa per una superfície equipotencial sempre és nul. En efecte, la trajectòria recorreguda és a través de la superfície i, com que en *A* i en *B* el potencial és el mateix, aleshores $\Delta V = 0$, i tenim que $W = m\ \Delta V = 0$ (fig. 1.53).
- Les línies de camp gravitatori són sempre perpendiculars a la superfície equipotencial. Per demostrar-ho, considerem un camí infinitesimal $d\vec{r}$ sobre una superfície equipotencial. Per tant, podem escriure que $dW = \vec{F} \cdot d\vec{r} = m\vec{g} \cdot d\vec{r} = mgdr\cos\alpha$, on α és l'angle que formen $\vec{g}$ i $d\vec{r}$.

Tingues en compte

Les superfícies equipotencials de qualsevol astre esfèric són superfícies esfèriques concèntriques a l'astre. Un satèl·lit que es mou en una d'aquestes superfícies equipotencials no gasta energia per desplaçar-se. Si es desplaça cap a una altra superfície equipotencial, comporta una variació d'energia potencial i, en conseqüència, una variació d'energia cinètica segons el principi de conservació de l'energia mecànica.

Ara bé, com que el camí està situat en una superfície equipotencial, $dW = -m\,dV = 0$; per tant, deduïm que $m\,g\,d\,r\cos\alpha = 0$. Com que ni m ni g són nuls, $\cos\alpha = 0$, és a dir, $\alpha = 90°$. Deduïm, per tant, que $\vec{g}$ i $d\vec{r}$ són perpendiculars (fig. 1.47).

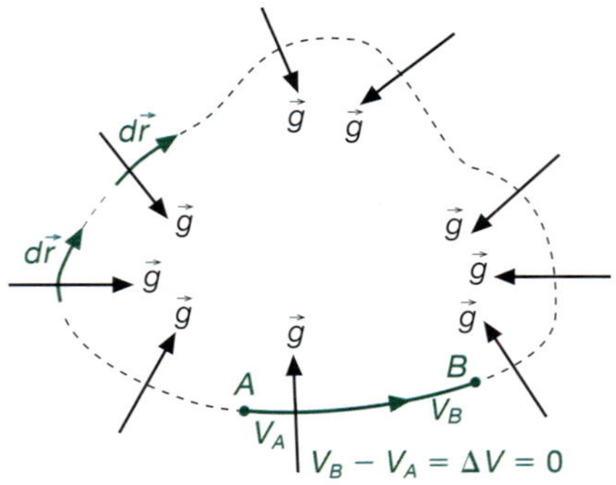

Fig. 1.47. El treball realitzat en moure una massa dins d'una superfície equipotencial (perpendicular al camp) és nul.

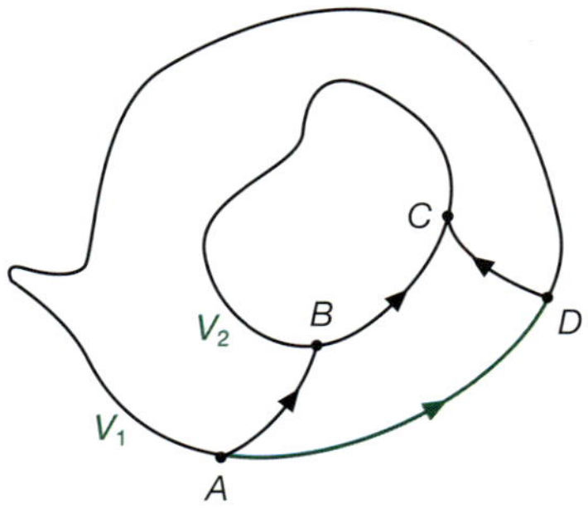

Fig. 1.48. El treball realitzat per anar d'un punt *A* cap a *C* és independent del camí seguit.

Considerem ara dues superfícies equipotencials i quatre punts *A*, *B*, *C* i *D*, com indica la figura 1.48. Valorem el treball fet per les forces externes per desplaçar una massa *m* des de *A* fins a *C*, però seguint dos camins diferents: el camí *ABC* i el camí *ADC*. Comprovem que el treball realitzat per aquests dos camins és igual, és a dir, volem posar en evidència que el camp és conservatiu.

$$W_{AC} = W_{AB} + W_{BC} = m\,(V_2 - V_1) + 0 = m\,(V_2 - V_1)$$
$$W_{AC} = W_{AD} + W_{DC} = 0 + m\,(V_2 - V_1) = m\,(V_2 - V_1)$$

Observem que el treball és independent del camí seguit.

6.1. Relació entre el camp gravitatori i el potencial

Acabem aquesta unitat tot obtenint finalment la relació que tenen entre si el camp i el potencial gravitatoris. Expressem primer la variació d'energia potencial, $\Delta E_p = -W$, en forma diferencial:

$$d\,E_p = -\vec{F}\cdot d\,\vec{r}$$

Si dividim per la massa *m*, $\dfrac{d\,E_p}{m} = \dfrac{-\vec{F}\cdot d\,\vec{r}}{m}$

Sabem que $\dfrac{d\,E_p}{m} = d\,V$ i que $\dfrac{\vec{F}}{m} = \vec{g}$; per tant, $d\,V = -\vec{g}\cdot d\,\vec{r}$

Si considerem el cas senzill en què el camp gravitatori té la direcció de l'eix *X*, l'expressió anterior queda:

$$d\,V = -g\,d\,x \;\rightarrow\; g = -\frac{d\,V}{d\,x}$$

És a dir, el mòdul del camp gravitatori s'obté derivant el potencial respecte de la variable *x* i canviant de signe.

ACTIVITATS

29. Com són les superfícies equipotencials d'una massa puntual? Dibuixeu-les.

30. Demostreu que el vector intensitat de camp és perpendicular a les superfícies equipotencials.

31. És correcte afirmar que el vector intensitat de camp gravitatori va en el sentit en què augmenta el potencial?

Justifiqueu la resposta.

Resum de la unitat

- **MASSA m**
  - Teories evolució històrica de l'Univers
    - Model geocèntric, Ptlomeu
    - Model heliocèntric, Copèrnic
      - Lleis de Kepler, 1a, 2a i 3a
        - Llei de gravitació universal, Newton: $\vec{F} = -G \dfrac{m_1 m_2}{r^2} \vec{u}$
  - Intensitat de camp gravitatori: $\vec{g} = \dfrac{\vec{F}}{m'}$
    - Una massa puntual: $\vec{g} = -G \dfrac{m}{r^2} \vec{u}$
    - Distribució de masses puntuals: $\vec{g} = \sum \vec{g}_i$
    - Variació de la intensitat gravitatòria terrestre amb l'altitud: $\dfrac{g}{g_0} = \dfrac{R_T^2}{r^2} = \dfrac{R_T^2}{(R_T + h)^2}$
      - Pes d'un cos: $\vec{p} = m\vec{g}$
  - Potencial gravitatori: $V = -G \dfrac{m}{r}$
    - Distribució de masses puntuals: $V = \sum V_i$
  - Intensitat de camp gravitatori i potencial gravitatori:
    - Superfícies equipotencials
      - Relació entre el camp gravitatori i el potencial: $g = -\dfrac{dV}{dx}$
  - Energia potencial gravitatòria: $E_p = -G \dfrac{m m'}{r}$
    - Satèl·lits artificials: $v = \sqrt{\dfrac{GM}{r}}$; $E = -\dfrac{1}{2} \dfrac{GMm}{r}$
    - Velocitat d'escapament: $v_0 = \sqrt{\dfrac{GM_T}{2 R_T}}$
    - Principi de conservació de l'energia: $\Delta E_c + \Delta E_p = 0$

Activitats finals

Qüestions

1. Dibuixeu les línies de camp gravitatori de dues masses iguals que es troben a una certa distància.

2. Definiu el concepte d'intensitat de camp gravitatori i apliqueu-lo a un punt de la superfície de la Terra.

3. *a)* Quina diferència hi ha entre la massa i el pes?

b) Pot ser que una persona no tingui massa?

c) I pes?

Justifiqueu les respostes.

4. A la Lluna, un bloc pesa 50 N:

a) Pesa igual a la Terra?

b) La massa varia d'un lloc a l'altre?

5. Enuncieu les lleis de Kepler.

6. Calculeu el temps aproximat que trigaria a completar la seva òrbita al voltant del Sol un planeta del sistema solar que es trobés a una distància mitjana del Sol tres vegades més gran que la distància mitjana de la Terra al Sol.

7. Un pèndol funciona com a rellotge. Cerqueu l'expressió matemàtica del període d'un pèndol senzill i deduïu si, quan s'allunya de la Terra, s'avança o s'endarrereix.

8. Un pèndol de rellotge funciona correctament a la Terra. Si el portem a la Lluna, funcionarà correctament?

9. Es poden tallar dues línies de camp gravitatori?

10. Si llancem un cos cap amunt amb la mateixa velocitat a la superfície de la Terra i a la superfície de la Lluna, assoleixen la mateixa altitud?

11. Quin és el camp gravitatori en el centre d'un quadrat si en els vèrtexs hi ha quatre cossos de la mateixa massa *m*?

12. Un hipotètic planeta té la mateixa massa que la Terra i un radi doble.

a) Quant val la gravetat a la superfície del planeta?

b) Si traslladem al planeta un rellotge de pèndol que a la Terra estava perfectament ajustat, s'avança o s'endarrereix? Per què?

13. Dibuixeu les línies de camp gravitatori d'una massa puntual. Indiqueu el vector $\vec{g}$ en un punt qualsevol. Dins d'una mateixa línia de camp, indiqueu dos punts *A* i *B* i especifiqueu quins dels dos té més potencial.

14. Pot ser nul el potencial en un punt i no ser-ho la intensitat de camp? Raoneu la resposta amb un exemple.

15. Pot ser nul·la la intensitat de camp en un punt i no ser-ho el potencial? Raoneu la resposta amb un exemple.

16. La velocitat d'escapament d'un planeta depèn:

a) De la massa del cos que surt.

b) De la massa del planeta.

c) Del radi del cos que surt.

17. Quan separem dues masses, l'energia potencial:

a) Augmenta.

b) Disminueix.

c) No varia.

18. Suposeu que aterreu en un planeta que té la mateixa densitat que la Terra, però un radi 5 vegades més gran. Quant pesaríeu en aquest planeta en comparació del que peseu a la Terra?

19. Quan un coet cau cap a la Terra, l'energia potencial augmenta o disminueix? I l'energia cinètica?

20. Quan un satèl·lit augmenta el radi d'òrbita al voltant de la Terra, el període augmenta o disminueix? Raoneu la resposta.

21. Què li succeeix a un satèl·lit artificial quan gira al voltant de la Terra si posa momentàniament en funcionament un dels coets per augmentar la velocitat en sentit tangencial?

22. Considerem un meteorit que procedeix de l'espai interestel·lar i que inicia la caiguda sobre la Terra sense energia cinètica. Amb quina velocitat incidiria sobre la superfície si no existís fregament amb l'atmosfera?

23. Si la densitat de la Terra augmentés sense que en variés el radi, la velocitat d'escapament hauria de ser més gran o més petita?

24. Quan un satèl·lit disminueix la seva energia cinètica, tendeix a apropar-se a la Terra o a allunyar-se'n?

25. Dos satèl·lits *A* i *B* tenen la mateixa massa i giren al voltant de la Terra en òrbites circulars, de manera que el radi de l'òrbita de *A* és més gran que el radi de l'òrbita de *B*.

a) Quin dels dos satèl·lits té més energia cinètica?

b) Quin dels dos satèl·lits té més energia mecànica?

26. En els vèrtexs d'un triangle equilàter de longitud *l* hi ha tres masses iguals *m*. Quin treball és necessari per desplaçar una de les masses al mig del costat oposat al vèrtex que ocupava?

27. Observeu les superfícies equipotencials representades en la figura 1.49.

En quin dels dos punts indicats, *A* o *B*, la intensitat de camp és més gran? Justifiqueu la resposta.

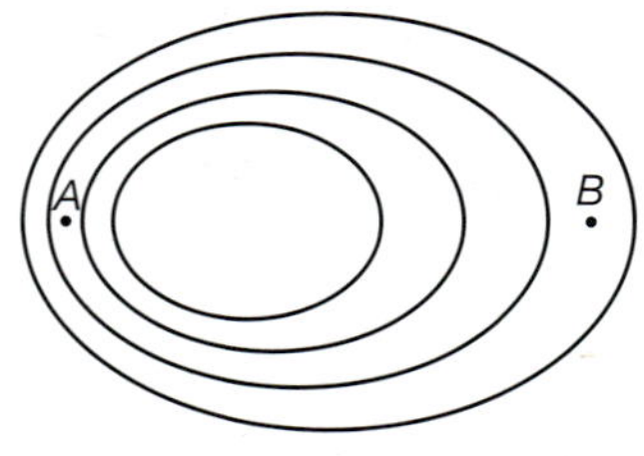

Fig. 1.49.

28. Quin treball es realitza sobre una massa que es desplaça per una superfície equipotencial? Justifiqueu la resposta.

Problemes

Nota: S'han de resoldre els següents problemes només fent ús de les dades de cada problema. En tots els problemes es negligeix el fregament amb l'aire o l'atmosfera del planeta.

Camps físics

1. En un camp gravitatori uniforme una massa m rep una força de 20 N. Quina força rep una massa $3m$ en el mateix camp? Quina és la intensitat de camp si m és 8 kg?

R: 60 N; 2,5 m/s^2

2. La intensitat de camp gravitatori a la superfície d'un planeta és 1,62 m/s^2. Un cos que pesa 8000 N a la superfície de la Terra, quant pesarà en aquest planeta?

Dades: $g_0 = 9{,}8$ m/s^2

R: 1322,45 N

Llei de la gravitació universal

3. Suposem que es descobreix un nou planeta que gira entorn del Sol i s'observa que triga $9 \cdot 10^9$ s a completar la seva òrbita. A quina distància es trobaria del Sol?

Dades: radi d'òrbita de la Terra entorn del Sol: $1{,}496 \cdot 10^{11}$ m.

R: $6{,}48 \cdot 10^{12}$ m

4. Calculeu la força, en mòdul i vectorialment, que rep un cos de massa 10000 kg situat al punt (40, 30) quan a l'origen hi ha una massa de 40000 kg.

R: $1{,}067 \cdot 10^{-5}$ N; $(-8{,}54 \cdot 10^{-6}\ \vec{i} - 6{,}40 \cdot 10^{-6}\ \vec{j})$ N

Camp gravitatori

5. Calculeu la intensitat de camp gravitatori que genera el Sol a la seva superfície. Quant pesaria una massa de 5 kg a la superfície del Sol?

Dades: $M_S = 1{,}99 \cdot 10^{30}$ kg; $R_S = 6{,}96 \cdot 10^8$ m; $G = 6{,}67 \cdot 10^{-11}$ Nm^2/kg^2

R: 274 m/s^2; 1370 N

6. Un astronauta pesa 700 N a la Terra. En arribar al planeta Venus es pesa. Si descomptem el pes de l'equip i els accessoris, el seu pes és de 633,6 N. Si el radi del planeta Venus és $6{,}052 \cdot 10^6$ m, calculeu la massa d'aquest planeta.

Dada: $g_0 = 9{,}8$ m/s^2

R: $4{,}87 \cdot 10^{24}$ kg

7. El període de revolució de la Lluna al voltant de la Terra és de 27,32 dies, amb un radi de $3{,}844 \cdot 10^8$ m. Calculeu la intensitat de camp gravitatori a la superfície de la Terra.

Dada: $R_T = 6{,}4 \cdot 10^6$ m

R: 9,8 m/s^2

8. A quina distància del centre de la Terra una massa d'1 kg pesa 1 N?

Dades: $M_T = 5{,}98 \cdot 10^{24}$ kg; $G = 6{,}67 \cdot 10^{-11}$ N·m^2/kg^2

R: $1{,}997 \cdot 10^7$ m

9. Si l'acceleració de la gravetat a la superfície de Mart és 3,7 m/s^2 i el seu diàmetre és de $6{,}8 \cdot 10^6$ m, quina és la seva massa?

Dada: $G = 6{,}67 \cdot 10^{-11}$ N·m^2/kg^2

R: $6{,}41 \cdot 10^{23}$ kg

10. Determineu la intensitat de camp g de la Terra a dos radis terrestres ($2\,R_T$) de distància de la superfície tenint en compte que la g_0 a la superfície de la Terra és 9,8 m/s^2.

R: 1,09 m/s^2

11. Un cos pesa 12 N a la superfície d'un planeta de massa 10^{23} kg i de radi 10^6 m. Calculeu quant pesa a la superfície de la Terra.

Dades: $G = 6{,}67 \cdot 10^{-11}$ N·m^2/kg^2; $g_0 = 9{,}8$ m/s^2

R: 17,63 N

12. Llancem un cos de massa 8 kg des de la superfície de la Lluna amb una velocitat inicial de 20 m/s. Calculeu l'alçada màxima, el temps d'anada i tornada i l'energia cinètica quan ha pujat 100 m.

Dades: $M_{LL} = 7{,}34 \cdot 10^{22}$ kg; $R_{LL} = 1{,}74 \cdot 10^6$ m; $G = 6{,}67 \cdot 10^{-11}$ N·m^2/kg^2

R: 123,46 m; 24,7 s; 306,4 J

13. Si la densitat mitjana de la Terra fos el doble de la que té ara, quin seria el valor de g a la superfície de la Terra si la massa no variés?

R: 15,6 m/s^2

14. El radi d'un planeta és m vegades més gran que el de la Terra i la seva densitat és n vegades més gran. Quina és l'acceleració de la gravetat a la superfície del planeta?

R: $m\,n\,g_0$

15. Un cos pesa 49 N a la superfície de la Terra i 5 N a una altura determinada. Calculeu la massa del cos i l'altura.

Dades: $R_T = 6{,}38 \cdot 10^6$ m; $g_0 = 9{,}8$ m/s^2

R: 5 kg; $1{,}359 \cdot 10^7$ m

16. El *Meteosat* és un satèl·lit geoestacionari, és a dir, que gira en el pla equatorial amb la mateixa velocitat angular que la Terra.

a) A quina distància de la superfície de la Terra es troba?

b) Amb quina velocitat lineal es mou?

c) Calculeu l'angle amb què es veu la Terra des del satèl·lit.

Dades: $M_T = 5{,}98 \cdot 10^{24}$ kg; $R_T = 6{,}38 \cdot 10^6$ m; $G = 6{,}67 \cdot 10^{-11}$ N·m^2/kg^2

R: *a)* 36000 km; *b)* $3{,}07 \cdot 10^3$ m/s; *c)* 17,22°

Activitats finals

17. Un satèl·lit artificial de massa 2 000 kg està en òrbita circular al voltant de la Terra a una altura de $3{,}6 \cdot 10^6$ m sobre la superfície terrestre. Determineu:

a) La relació entre la intensitat del camp gravitatori a aquesta altura i el seu valor a la superfície de la Terra.

b) Representeu la força que actua sobre el satèl·lit i calculeu-ne el mòdul. Sobre quin cos actuaria la força de reacció corresponent?

c) Quant valdrà la velocitat del satèl·lit?

Dades: $G = 6{,}67 \cdot 10^{-11}$ N·m²/kg²
$R_T = 6{,}38 \cdot 10^6$ m; $M_T = 5{,}98 \cdot 10^{24}$ kg

R: *a)* 0,409; *b)* 8000 N; *c)* $6{,}32 \cdot 10^3$ m/s

18. *a)* A la superfície d'un planeta, l'acceleració de la gravetat és $g_s = 9$ m/s², i a una altura $h = 100$ km és $g_h = 8{,}7$ m/s². Determineu el radi d'aquest planeta.

b) És possible que un satèl·lit artificial orbiti al voltant de la Terra a una velocitat de 10 km/s? Calculeu l'hipotètic radi d'aquesta òrbita i compareu-lo amb el radi de la Terra per justificar la resposta.

Dades: $M_{Terra} = 5{,}98 \cdot 10^{24}$ kg; $R_{Terra} = 6\,371$ km;
$G = 6{,}67 \cdot 10^{-11}$ Nm² kg⁻².

R: *a)* $5{,}85 \cdot 10^6$ m

19. Galatea és el quart satèl·lit de Neptú més allunyat del planeta. Va ser descobert per la sonda espacial *Voyager 2* l'any 1989. Suposem que l'òrbita que descriu és circular.

a) Calculeu la velocitat lineal orbital de Galatea en el sistema de referència centrat en Neptú i calculeu la massa de Neptú.

b) Calculeu el valor de la intensitat de camp gravitatori que Neptú crea a la seva pròpia superfície.

Dades: període de l'òrbita de Galatea, $T_{Galatea} = 0{,}428$ dies; radi de l'òrbita de Galatea,
$R_{N\text{-}G} = 6{,}20 \cdot 10^4$ km; radi de Neptú,
$R_{Neptú} = 2{,}46 \cdot 10^4$ km, $G = 6{,}67 \cdot 10^{-11}$ Nm² kg⁻²

R: *a)* $1{,}05 \cdot 10^4$ m/s; $1{,}025 \cdot 10^{26}$ kg; *b)* 11,3 m/s²

20. Un dels candidats a forat negre més pròxims a la Terra és A0620-00, que està situat a uns 3 500 anys llum. Es calcula que la massa d'aquest forat negre és de $2{,}2 \cdot 10^{31}$ kg. Encara que A0620-00 no és visible, s'ha detectat una estrella que descriu cercles amb un període orbital de 0,33 dies al voltant d'un lloc on no es detecta cap altre astre (fig. 1.50).

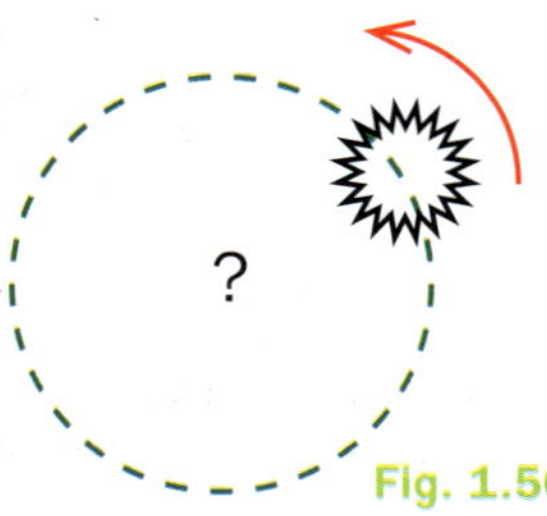

Fig. 1.50.

a) Deduïu la fórmula per obtenir el radi d'una òrbita circular a partir de les magnituds proporcionades. Utilitzeu aquesta fórmula per calcular el radi de l'òrbita de l'estrella que es mou al voltant d'A0620-00.

b) Calculeu la velocitat lineal i l'acceleració centrípeta de l'estrella i representeu els dos vectors $\vec{v}$ i $\vec{a}_c$ sobre una figura similar a la d'aquest problema.

Dada: $G = 6{,}67 \cdot 10^{-11}$ Nm² kg⁻².

R: *a)* $3{,}11 \cdot 10^9$ m; *b)* $6{,}85 \cdot 10^5$ m/s, 151,07 m/s²

21. El projecte *ExoMars* és una missió espacial amb la finalitat de buscar vida al planeta Mart. En una primera fase, el 2016, constava d'un satèl·lit, l'*ExoMars Trace Gas Orbiter*, en òrbita circular al voltant de Mart a 400 km d'altura, i d'un mòdul de descens, el *Schiaparelli*, que havia d'aterrar en el planeta. Però quan el mòdul de descens estava a 3,7 km d'altura sobre Mart, pràcticament aturat, els sistemes automàtics van interpretar erròniament que ja havia arribat a la superfície. Van aturar els retrocoets i el mòdul es va desprendre del paracaigudes. Com a resultat, el *Schiaparelli* es va precipitar en caiguda lliure.

a) Calculeu el període de l'*ExoMars Trace Gas Orbiter.*

b) Determineu el valor de l'acceleració de la gravetat a la superfície de Mart i la velocitat a la qual la nau va impactar a la superfície. (Considereu que la gravetat és constant durant la caiguda i la fricció amb l'atmosfera de Mart és negligible.)

Dades: massa de Mart = $6{,}42 \cdot 10^{23}$ kg; radi de Mart = $3{,}38 \cdot 10^6$ m; $G = 6{,}67 \cdot 10^{-11}$ Nm² kg⁻².

R: *a)* 1 h 57 min 6 s; *b)* 3,748 m/s², 166 m/s

Potencial gravitatori

22. *a)* Calculeu el potencial en la superfície d'una massa esfèrica de valor 1 000 kg i de densitat $\rho = 7{,}8$ g/cm³.

b) En quin punt el potencial és màxim?

Dada: $G = 6{,}67 \cdot 10^{-11}$ N·m²/kg²

R: *a)* $-2{,}13 \cdot 10^{-7}$ J/kg

23. Calculeu el potencial i la intensitat de camp gravitatori en el punt *A* (6, 0) creat per una distribució de masses com la representada en la figura 1.51.

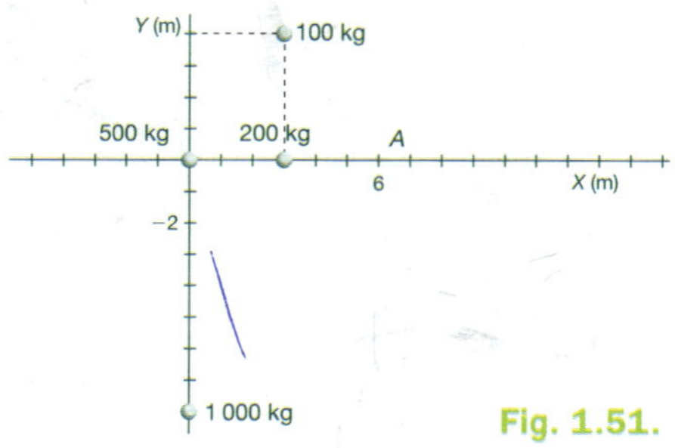

Fig. 1.51.

R: $-1{,}8 \cdot 10^{-8}$ J/kg; $(-2{,}97 \cdot 10^{-9}\,\vec{i} - 3{,}2 \cdot 10^{-10}\,\vec{j})$ m/s²

Energia potencial gravitatòria

24. Calculeu quina és l'energia necessària per portar una massa de 40 kg des de la superfície de la Terra fins a: *a)* 100 m d'altura. *b)* 1 000 km d'altura.

Dades: $R_T = 6{,}38 \cdot 10^6$ m; $g_0 = 9{,}81$ m/s²

R: *a)* $3{,}92 \cdot 10^4$ J; *b)* $3{,}39 \cdot 10^8$ J

25. Deixem anar lliurement una massa de 4 kg des del punt *B*. Només pot circular (sense fricció) pel carril (fig. 1.52). *a)* Anirà cap a la dreta o cap a l'esquerra? Per què? *b)* Amb quina velocitat arribarà als punts *A* o *C*, tenint en compte la resposta anterior?

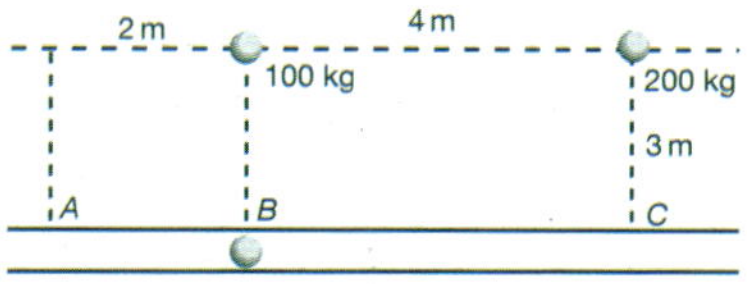

Fig. 1.52.

Dada: $G = 6{,}67 \cdot 10^{-11}\ \text{N} \cdot \text{m}^2/\text{kg}^2$

R: *b)* $4{,}2 \cdot 10^{-5}$ m/s

26. Un cos es troba a 500 km d'altura. Si el deixem anar lliurement, amb quina velocitat impacta a la superfície de la Terra, si negligim el fregament amb l'aire?

Dades: $R_T = 6{,}38 \cdot 10^6$ m; $g_0 = 9{,}8\ \text{m/s}^2$

R: $3{,}015 \cdot 10^3$ m/s

27. Un cos celeste de radi 1 km i densitat 7,5 g/cm³ es mou en l'espai interestel·lar, on *g* és zero. Quina és la velocitat d'escapament d'un cos que es troba a la superfície d'aquest cos celeste?

Dada: $G = 6{,}67 \cdot 10^{-11}\ \text{N} \cdot \text{m}^2/\text{kg}^2$

R: 2,047 m/s

28. Dues masses de 100 kg i 500 kg estan separades una distància de 10 m. Si separem la massa de 500 kg fins a 20 m i la deixem anar lliurement, amb quina velocitat torna a passar pel lloc inicial?

Dada: $G = 6{,}67 \cdot 10^{-11}\ \text{N} \cdot \text{m}^2/\text{kg}^2$

R: $2{,}6 \cdot 10^{-5}$ m/s

29. Calculeu la intensitat de la gravetat a la superfície del planeta Mart, la velocitat d'escapament i el seu període al voltant del Sol.

Dades: $M_M = 6{,}4 \cdot 10^{23}$ kg; $R_M = 3{,}40 \cdot 10^6$ m;
$R_{S\text{-}M} = 2{,}28 \cdot 10^{11}$ m; $M_S = 1{,}99 \cdot 10^{30}$ kg;
$G = 6{,}67 \cdot 10^{-11}\ \text{N} \cdot \text{m}^2/\text{kg}^2$

R: $g = 3{,}7\ \text{m/s}^2$; $v = 5{,}01 \cdot 10^3$ m/s; $T = 1{,}88$ anys

30. Les relacions aproximades entre les masses i els radis de la Terra i la Lluna són $M_T = 81\ M_L$; $R_T = 3{,}7\ R_L$:

a) Quant val l'acceleració de la gravetat a la superfície de la Lluna?

b) A quina altura sobre la superfície de la Lluna l'energia potencial gravitatòria d'un cos de massa *m* és la quarta part del seu valor a la superfície? No considereu els efectes de l'atracció gravitatòria terrestre.

Dades: $R_L = 1\,740$ km; $g_0 = 9{,}8\ \text{m/s}^2$

R: *a)* $1{,}66\ \text{m/s}^2$; *b)* 5220 km

31. Un satèl·lit artificial de 200 kg gira entorn de la Terra amb un radi geoestacionari al pla equatorial. Calculeu la força d'atracció que rep de la Terra i la seva energia cinètica.

Dades: $G = 6{,}67 \cdot 10^{-11}\ \text{N} \cdot \text{m}^2/\text{kg}^2$; $M_T = 5{,}98 \cdot 10^{24}$ kg

R: 44,7 N; $9{,}44 \cdot 10^8$ J

32. Júpiter és l'objecte més màssic del sistema solar després del Sol. La seva òrbita al voltant del Sol es pot considerar circular, amb un període d'11,86 anys. Determineu:

a) La distància de Júpiter al Sol. *b)* La velocitat de Júpiter en la seva òrbita al voltant del Sol. *c)* L'energia mecànica total (cinètica i potencial) de Júpiter.

Dades: massa de Júpiter $m = 1{,}9 \cdot 10^{27}$ kg; massa del Sol $M = 2{,}0 \cdot 10^{30}$ kg; constant de la gravitació universal $G = 6{,}67 \cdot 10^{-11}\ \text{N} \cdot \text{m}^2/\text{kg}^2$

R: *a)* $7{,}79 \cdot 10^{11}$ m; *b)* $1{,}3 \cdot 10^4$ m/s; *c)* $-1{,}63 \cdot 10^{35}$ J

33. La gràfica adjunta mostra com varia l'energia potencial gravitatòria d'un cos de massa 2 kg en un planeta de radi $R = 5\,000$ km, amb la distància *h* a la superfície del planeta (suposant que *h* és molt més petita que *R*).

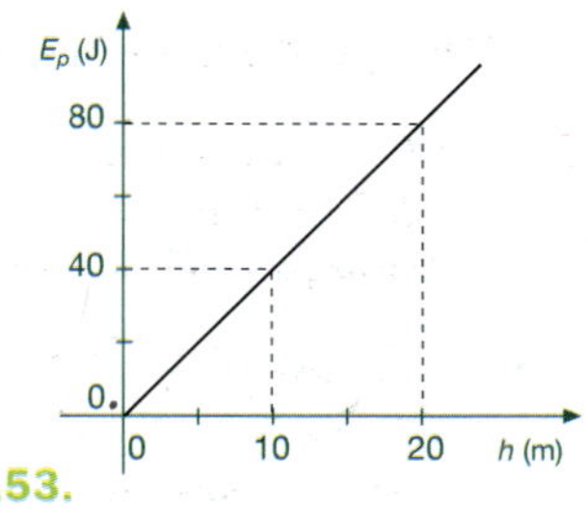

Fig. 1.53.

Calculeu: *a)* L'acceleració de la gravetat a la superfície del planeta esmentat. *b)* La massa del planeta. *c)* La velocitat d'escapament en el planeta.

Dada: $G = 6{,}67 \cdot 10^{-11}\ \text{N} \cdot \text{m}^2/\text{kg}^2$

R: *a)* $2\ \text{m/s}^2$; *b)* $7{,}5 \cdot 10^{23}$ kg; *c)* $4{,}47 \cdot 10^3$ m/s

Superfícies equipotencials

34. Desplacem una massa de 100 kg que es troba en una superfície equipotencial de −90 J/kg fins a una altra de −70 J/kg. Quin treball és necessari per fer aquest desplaçament?

R: 2000 J

35. En el pla *X-Y* hi ha un camp gravitatori uniforme d'intensitat $\vec{g} = 3{,}4\ \vec{i}\ \text{m/s}^2$.

a) Donats els punts *A* (2, −5) i *B* (−4, 7) en unitats SI, calculeu la diferència de potencial $V_B - V_A$.

b) Quin treball hem de realitzar per desplaçar una massa de 20 kg des d'*A* fins a *B*?

c) Determina el potencial en qualsevol punt del pla *X-Y* si suposem que en l'origen el potencial és zero.

R: *a)* 20,4 J/kg; *b)* 408 J; *c)* $V = -3{,}4x$

36. Una esfera massissa de ferro de radi 1 m i amb una densitat de 7,87 g/cm³ està aïllada de qualsevol massa.

a) Calculeu els potencials en els punts que disten del centre de l'esfera i que estan en posicions diametralment oposades *A* = 2 m i *B* = 5 m.

b) Quin treball és necessari per desplaçar una massa de 10 kg des d'*A* fins a *B*?

R: *a)* $-1{,}1 \cdot 10^{-6}$ i $-4{,}4 \cdot 10^{-7}$ J/kg; *b)* $6{,}6 \cdot 10^{-6}$ J

Prepara't per a la universitat

1. El 15 d'octubre de 2003, la Xina va posar en òrbita la seva primera nau espacial tripulada, de manera que esdevingué el tercer país del món a assolir aquesta fita. La nau tenia una massa de 7 790 kg i un període orbital de 91,2 minuts. Calculeu:

a) L'altura de l'òrbita sobre la superfície de la Terra, si suposem que és circular.

b) L'increment d'energia cinètica que caldria comunicar a la nau quan es troba en òrbita, perquè s'allunyi indefinidament de l'atracció terrestre.

Dades: $G = 6{,}67 \cdot 10^{-11}\ \text{N} \cdot \text{m}^2 \cdot \text{kg}^{-2}$; $M_{\text{Terra}} = 5{,}98 \cdot 10^{24}$ kg; $R_{\text{Terra}} = 6{,}37 \cdot 10^6$ m

R: *a)* $3{,}44 \cdot 10^5$ m; *b)* $2{,}314 \cdot 10^{11}$ J

2. El satèl·lit *Terra* de la NASA està dissenyat per recollir dades sobre la superfície de la Terra, els oceans i l'atmosfera, amb l'objectiu d'estudiar la interrelació entre aquests medis i els sistemes biològics existents. El satèl·lit segueix una òrbita circumpolar (circular al pla que passa pels dos pols) a 760 km de la superfície de la Terra i té una massa de $4{,}86 \cdot 10^3$ kg.

a) Quin és el període del moviment del satèl·lit en la seva òrbita?

b) Calculeu l'energia necessària que hem de subministrar al satèl·lit per enviar-lo a la seva òrbita, si és llançat des de la superfície de la Terra.

Dades: $G = 6{,}67 \cdot 10^{-11}$ Nm^2 kg^{-2}; $M_{\text{Terra}} = 5{,}98 \cdot 10^{24}$ kg; $R_{\text{Terra}} = 6{,}38 \cdot 10^6$ m.

R: *a)* $6 \cdot 10^3$ s, *b)* $1{,}68 \cdot 10^{11}$ J

3. Un satèl·lit de 2 000 kg de massa gira en una òrbita circular a una altura de 3 630 km sobre la superfície de la Terra.

a) Calculeu el període d'aquesta òrbita circular i la velocitat del satèl·lit.

En passar pel punt *P*, el satèl·lit augmenta la velocitat fins a $7{,}00 \cdot 10^3$ m/s i passa a descriure una òrbita el·líptica amb una altura màxima (apogeu) en el punt *A* de 9 530 km (fig. 1.54).

b) Calculeu l'energia cinètica, l'energia potencial gravitatòria i l'energia mecànica total en els punts *P* i *A* en la nova òrbita el·líptica.

Dades: $M_{\text{Terra}} = 5{,}97 \cdot 10^{24}$ kg; $G = 6{,}67 \cdot 10^{-11}$ Nm^2 kg^{-2}; $R_{\text{Terra}} = 6\,370$ km

R: *a)* $9{,}96 \cdot 10^3$ s; $6{,}31 \cdot 10^3$ m/s, *b)* En *P*: $4{,}9 \cdot 10^{10}$ J; $-7{,}96 \cdot 10^{10}$ J; $-3{,}06 \cdot 10^{10}$ J; en *A*: $1{,}95 \cdot 10^{10}$ J; $-5{,}01 \cdot 10^{10}$ J; $-3{,}06 \cdot 10^{10}$ J

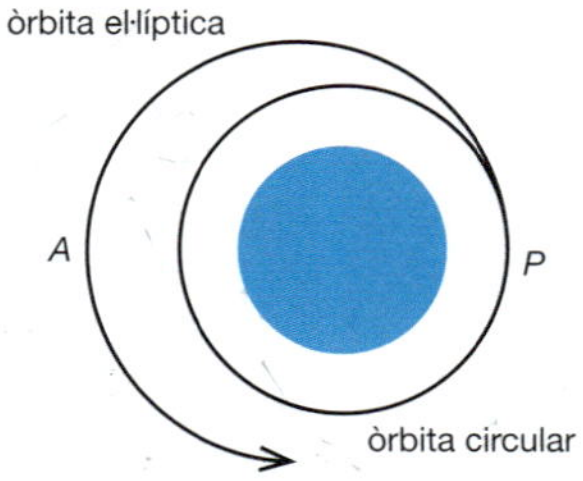

Fig. 1.54.

4. L'*Sputnik 1* va ser el primer satèl·lit artificial de la història. Consistia en una esfera d'alumini de 58 cm de diàmetre, que allotjava dins seu l'instrumental científic i de transmissions i amb quatre antenes longitudinals adossades a la part exterior. Tenia una massa de 83,6 kg i el seu període orbital era de 96,2 minuts. Actualment hi ha rèpliques del satèl·lit en diversos museus del món.

a) Expliqueu raonadament si l'*Sputnik 1* pot ser considerat un satèl·lit geoestacionari. Suposant que l'òrbita hagués estat circular, calculeu-ne l'altura sobre la superfície de la Terra.

b) L'*Sputnik 1* va ser llançat a prop de Baikonur, ciutat del Kazakhstan que es troba a uns 45,5° de latitud nord. A aquesta latitud, els objectes en repòs sobre la superfície de la Terra van a una velocitat d'uns 325 m/s a causa de la rotació del planeta. Calculeu l'energia que va caldre subministrar a l'*Sputnik 1* per situar-lo en la seva òrbita circular.

Dades: $G = 6{,}67 \cdot 10^{-11}$ Nm^2 kg^{-2}; $M_{\text{Terra}} = 5{,}97 \cdot 10^{24}$ kg; $R_{\text{Terra}} = 6\,370$ km

R: *a)* $5{,}82 \cdot 10^5$ m; *b)* $2{,}83 \cdot 10^9$ J

5. Un aventurer desitjós de batre definitivament el rècord del món de caiguda lliure planeja deixar-se caure, partint d'un estat de repòs, des d'una altura de 330,0 km i no obrir el paracaigudes fins als 50,0 km d'altura. Calculeu:

a) L'acceleració de la gravetat quan comença el salt i quan obre el paracaigudes.

b) La velocitat que portarà quan sigui a 80,0 km d'altura (considereu negligible la resistència de l'aire).

Dades: $G = 6{,}67 \cdot 10^{-11}$ Nm^2 kg^{-2}; $M_{\text{Terra}} = 5{,}97 \cdot 10^{24}$ kg; $R_{\text{Terra}} = 6\,370$ km.

R: *a)* 8,87 m/s^2; 9,66 m/s^2, *b)* $2{,}15 \cdot 10^3$ m/s

6. A finals de l'any 1933, a la Universitat de Stanford (EUA), Fritz Zwicky i Walter Baade van proposar per primera vegada l'existència de les estrelles de neutrons. Aquestes estrelles, formades només per neutrons, es poden originar després de l'explosió d'una supernova. Els neutrons que les formen són el resultat de la fusió de protons i electrons, provocada per la compressió que exerceix el camp gravitatori d'aquestes estrelles. Per a una estrella de neutrons determinada que té una massa de $2{,}9 \cdot 10^{30}$ kg i un radi de 10 km, calculeu:

a) El mòdul de la intensitat de camp gravitatori que l'estrella de neutrons crea a la seva pròpia superfície.

b) La velocitat mínima que hem de donar a un coet en el moment del llançament des de la superfície de l'estrella perquè es pugui escapar de l'atracció d'aquesta (ignoreu els possibles efectes relativistes). Demostreu l'expressió utilitzada per fer el càlcul i feu esment del principi de conservació en què us baseu.

Dada: $G = 6{,}67 \cdot 10^{-11}$ Nm^2 kg^{-2}.

R: *a)* $1{,}93 \cdot 10^{12}$ m/s^2; *b)* $1{,}97 \cdot 10^8$ m/s

1. La visió actual del sistema solar

Gràcies a la millora dels mitjans de teledetecció i a telescopis més potents com el Hubble s'han pogut detectar nous cossos celestes que giren entorn del Sol, la qual cosa ha obligat a definir el concepte de planeta nan.

El mes d'agost de l'any 2006 es reuniren a la ciutat de Praga els astrònoms de la Unió Astronòmica Internacional (UAI) per definir i aprovar oficialment la diferència entre els planetes i els cossos més petits del sistema solar, com els cometes i els asteroides. Segons aquesta nova definició, el nostre sistema solar alberga vuit planetes i cinc planetes nans. Tenim, de menor a major distància respecte del Sol: Ceres, Plutó, Haumea, Makemake i Eris. S'espera que en la llista de planetes nans ingressin més cossos celestes que giren entorn del Sol.

En la taula es presenten les principals característiques del Sol i dels planetes solars i del planeta nan Plutó. La distància és la distància al Sol. Els valors del radi, la massa i el període de rotació són valors relatius en comparació als de la Terra.

	Distància (UA)	Radi relatiu (R/R_T)	Massa relativa (M/M_T)	Període de rotació relatiu (T/T_T)	Excentricitat orbital	Densitat (g/cm³)
Sol	0	109	332,800	25-36*	–	1,410
Mercuri	0,39	0,38	0,05	58,8	0,2056	5,43
Venus	0,72	0,95	0,89	244	0,0068	5,25
Terra	1,0	1,00	1,00	1,00	0,0167	5,52
Mart	1,5	0,53	0,11	1,029	0,0934	3,95
Júpiter	5,2	11	318	0,411	0,0483	1,33
Saturn	9,5	9	95	0,428	0,0560	0,69
Urà	19,2	4	15	0,748	0,0461	1,29
Neptú	30,1	4	17	0,802	0,0097	1,64
Plutó	39,5	0,18	0,002	0,267	0,2482	2,03

* El període del Sol no és constant i varia entre aquests valors

Segons les dades de la taula i amb els coneixements teòrics d'aquesta unitat:

a) Quin significat expressa la unitat astronòmica (UA) en la taula? Si el seu valor és aproximadament $1{,}496 \cdot 10^{11}$ m, quin és el radi de gir del planeta Urà entorn del Sol?

b) Quants dies tarda el planeta Mart a fer una volta entorn del Sol?

c) Quin és el planeta que descriu una òrbita més circular?

d) Si la massa de la Terra és aproximadament $5{,}98 \cdot 10^{24}$ kg, quina és la massa del planeta nan Plutó?

e) Busqueu la definició de planeta Nan.

R: *a)* $2{,}872 \cdot 10^{12}$ m; *b)* 375,58 dies; *c)* Venus, e = 0,0068; *d)* $1{,}196 \cdot 10^{22}$ kg

2. Caiguda lliure des de l'estratosfera

El 14 d'octubre de l'any 2012 el paracaigudista i exmilitar austríac Felix Baumgartner va fer un salt en caiguda lliure des d'una altura de 39.045 m on la missió es va realitzar en el cel de Nou Mèxic, i el finançament i el patrocini del projecte van ser a càrrec de la marca de begudes energètiques Red Bull. La finalitat del salt pretenia:

- Pujar en globus aerostàtic fins a l'altura més alta possible.
- Assolir una velocitat, en caiguda lliure des de l'estratosfera, que superés la velocitat del so en aquestes altures, en què la poca densitat de l'aire fa que el seu valor aproximat sigui de 1100 km/h.
- Experimentar amb el vestit que protegia la baixa pressió i les baixes temperatures a l'estratosfera.
- Saltar amb paracaigudes a més altura i aconseguir el temps més llarg en descens en caiguda lliure.

Les dades que es van registrar són les següents:

L'ascensió amb el globus va durar 2 h i 36 min, als 40 s del salt es va aconseguir superar la barrera del so a 1322 km/h. El temps que va saltar en caiguda lliure va ser de 4 min i 20 s, va obrir el paracaigudes a 2566,8 m i el salt va durar 11 min.

Amb aquestes dades i sabent que $g_0 = 9{,}81$ m/s² i $R_T = 6370$ km, calculeu:

a) L'acceleració de la gravetat a l'altura des d'on va iniciar la caiguda.

b) La velocitat a què arribaria en Fèlix si no tenim en compte el fregament amb l'aire i suposem que ha fet tot el recorregut en caiguda lliure.

c) L'acceleració de la gravetat a l'altura en què va obrir el paracaigudes.

d) Posteriorment, el 24 d'octubre de 2014, es va fer un altre salt anomenat stratEX. Cerqueu informació d'aquest salt i compareu-ne els resultats. Per què creieu que aquest salt no va tenir tant de ressò mediàtic com el d'en Fèlix Baumgartner?

R: *a)* 9,68 m/s²; *b)* 872,10 m/s; *c)* 9,79 m/s²

- Quins apartats de la unitat t'han resultat més fàcils? I els més difícils, com has aconseguit superar-los? Com resoldràs els dubtes que et queden encara?
- Com pots relacionar el que has après sobre el **camp gravitatori** amb situacions de la vida quotidiana?
- Per a què et serveix conèixer que el **sistema solar** i el moviment dels cossos que hi giren?

UNITAT

2 Camp elèctric

Hi estudiaràs:

- Càrrega elèctrica
- Llei de Coulomb
- Camp elèctric
- Flux elèctric. Llei de Gauss
- Potencial elèctric
- Energia potencial elèctrica
- Superfícies equipotencials

I seràs capaç de:

- Comprendre el concepte de càrrega elèctrica i saber aplicar el principi de conservació de la càrrega elèctrica.
- Aplicar correctament la llei de Coulomb tenint en compte el seu caràcter vectorial i la permitivitat del medi.
- Saber determinar el camp elèctric d'una càrrega puntual i també d'una distribució de càrregues puntuals i d'una distribució de càrregues contínues.
- Saber interpretar el significat de les línies de camp elèctric.
- Comprendre el concepte de flux i saber aplicar correctament la llei de Gauss en situacions de distribucions de càrregues elèctriques tenint en compte la simetria.
- Saber determinar el potencial elèctric d'una càrrega puntual i també d'una distribució de càrregues puntuals i d'una distribució de càrregues contínues.
- Determinar correctament la diferència potencial entre dos punts del medi.
- Saber determinar l'energia potencial d'un sistema de càrregues i comprendre el seu significat.
- Aplicar correctament el principi de conservació de l'energia tenint en compte que el camp elèctric és un sistema conservatiu.
- Interpretar correctament el concepte de superfície equipotencial.

Farem servir:

- Situació d'aprenentatge
- ODS - Objectius de Desenvolupament Sostenible
- Treball col·laboratiu
- Prepara't per a la universitat
- Metacognició

ENERGIA ELÈCTRICA en el cos?

Situació d'aprenentatge

Els impulsos nerviosos es generen i es transmeten mitjançant les neurones i són les cèl·lules que integren el sistema nerviós. S'originen, generalment, a la part terminal de la dendrita i es transmet a través de l'axó amb una intensitat constant i és de naturalesa electroquímica.

Per realitzar l'estudi de la transmissió de l'impuls nerviós s'usen uns microelèctrodes connectats a un voltímetre molt sensible que pugui detectar ddp de l'ordre de mV. Quan els elèctrodes estan connectats fora de la neurona, la ddp és nul·la; i si un elèctrode està connectat dins de l'axó i l'altre a l'exterior, marca una ddp d'uns 70 mV i rep el nom de potencial de repòs, el qual indica que hi ha una concentració diferent de ions dintre i fora de la cèl·lula, i per tant la membrana està polaritzada.

En estat de repòs, la part exterior de la membrana plasmàtica de la neurona està carregada en + i la part interior en –, per tant, la membrana està polaritzada.

La concentració de ions K^+ a l'interior de l'axó és unes 30 vegades superior a la concentració que hi ha a l'exterior, mentre que l'ió Na^+ conté unes 10 vegades més a fora que a dins. Aquesta distribució desigual de ions en part es deu a la permeabilitat de la membrana, ja que és impermeable als ions Na^+ i una mica permeable als ions K^+. Per altra banda, la membrana disposa d'una **bomba de sodi-potassi** que bombeja els ions Na^+ cap enfora i els ions K^+ cap endins.

Quan la neurona és estimulada per un agent extern, sigui elèctric, mecànic o tèrmic, la seva membrana es torna permeable al Na^+ en el lloc de la pertorbació i aquest entra, atret per la càrrega negativa, cap a l'interior canviant la polarització de la membrana, fent-se positiva a l'interior i negativa l'exterior; diem aleshores que la membrana s'ha **despolaritzat**. La permeabilitat de la membrana al Na^+ dura tan sols uns 0,5 ms; passat aquest temps s'estableix un flux de ions K^+ cap a l'exterior amb més rapidesa que com ho havien fet els ions Na^+: en aquest moment la membrana s'ha **hiperpolaritzat**. Al mateix temps la bomba sodi-potassi restableix els nivells originals de Na^+ i K^+, per tant, la membrana s'ha **repolaritzat**. L'estímul produït en un punt es propaga al llarg de l'axó, ja que en aquest punt s'ha despolaritzat la membrana, l'interior és + i l'exterior és –, d'aquesta manera es desplaça, donat que les positives estan envoltades de zones negatives que són atretes perquè són de signes contraris. Així és com recorre la superfície de la neurona, de forma longitudinal i originant l'impuls nerviós.

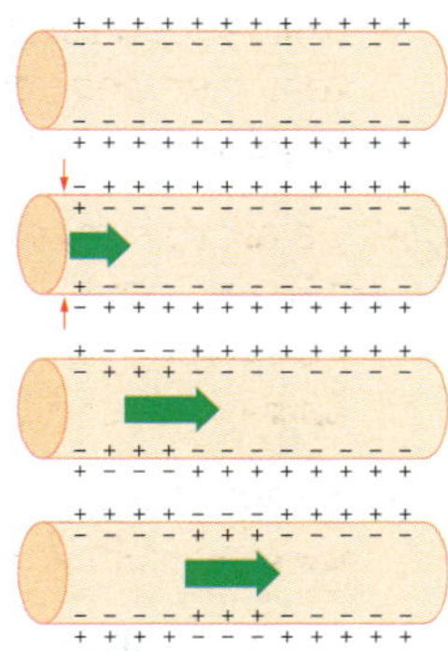

El cervell humà produeix electricitat?

- Consulteu a la web o en un llibre de text de biologia la funció d'una dendrita.
- Què és una bomba de sodi-potassi? Quina funció fa en un axó?
- Quina funció fa la mielina?
- Feu una anàlisi crítica de la informació que heu trobat i prepareu una presentació per donar-la a conèixer a la resta de la classe.

- Com creus que la investigació científica contribueix a l'assoliment dels **ODS Salut i benestar** i **Educació de qualitat**?
- Sabies que tenir uns bons coneixements de física, especialment d'energia elèctrica, et permetrà comprendre millor altres branques de la ciència com, per exemple, la biologia, la química o qualsevol especialitat d'enginyeries?
- Et veus capaç i motivat per ser investigador? Creus que fan falta els investigadors?

1. Càrrega elèctrica

Fins ara hem estudiat les partícules des del punt de vista de la seva massa, i hem vist que aquesta magnitud dona lloc a la força gravitatòria, que sempre és atractiva. Però les partícules tenen altres propietats que, com la càrrega elèctrica, originen altres tipus de forces.

A continuació estudiarem aquesta magnitud, la càrrega elèctrica, que, recordem-ho, pot ser positiva o negativa.

Agafem dues barres de vidre i dues barres de plàstic. Freguem les barres de vidre amb un drap de seda, i les de plàstic amb pell de gat. Pengem una de les barres de vidre i una de les de plàstic amb un fil no conductor com indica la figura 2.1. Acostem les barres de vidre i les de plàstic i observem que en els dos casos apareixen forces de repulsió. Però, si acostem una barra de plàstic a una barra de vidre, aleshores apareix una força d'atracció.

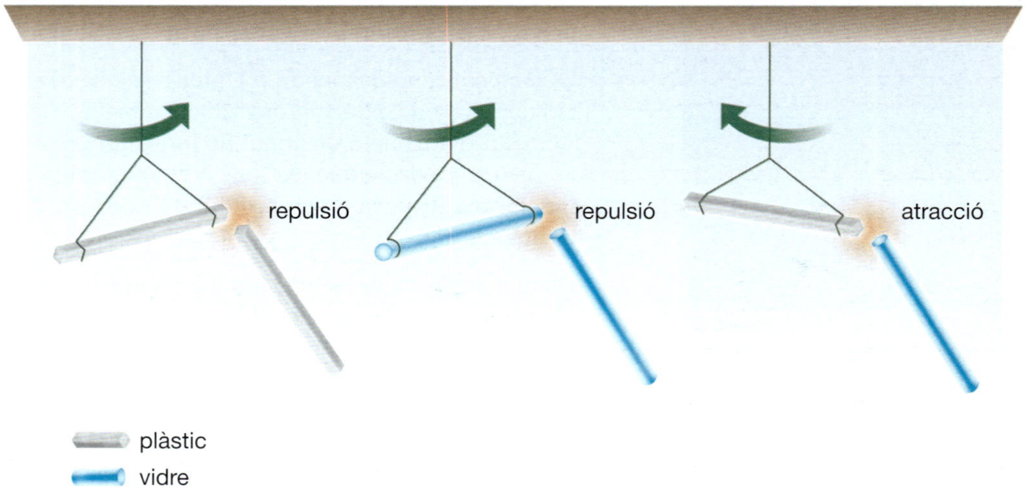

Fig. 2.1. Experiment que posa en evidència l'existència de dos tipus de càrrega elèctrica.

Amb aquest experiment senzill es posa en evidència que existeixen dos tipus de càrregues:

- La repulsió entre vidre i vidre és deguda a un tipus de **càrrega** que s'anomena **positiva.**
- La repulsió entre plàstic i plàstic és deguda a una **càrrega negativa.**

L'explicació científica d'aquest fenomen la dona una teoria de la física moderna que es va desenvolupar a principi del segle XX: la **teoria atòmica.**

Recordem una mica aquesta teoria. La matèria està constituïda per àtoms. En cada àtom hi ha tres tipus de partícules: el protó, l'electró i el neutró. Els protons tenen càrrega positiva, l'electró té una càrrega del mateix valor absolut que el protó però de signe negatiu, i el neutró, com el seu nom indica, no té càrrega. El model més senzill per comprendre l'estructura de l'àtom recorda en certa manera la disposició del sistema solar, on el Sol és al centre i els planetes giren al seu voltant.

De la mateixa manera, els electrons estan situats al voltant d'un nucli, on es troben els protons i els neutrons. Cada àtom té, generalment, el mateix nombre de protons que d'electrons, i aquest nombre s'anomena **nombre atòmic *Z*.** D'aquesta manera, l'àtom no presenta caràcter elèctric, ja que la càrrega d'un protó és exactament igual a la de l'electró en valor absolut, però de signe contrari, com hem dit.

Un àtom de liti (Li), per exemple, està constituït normalment per tres protons, tres electrons i dos neutrons (fig. 2.2*a*); un àtom d'alumini (Al), per 13 protons, 13 electrons i 14 neutrons (fig. 2.2*b*).

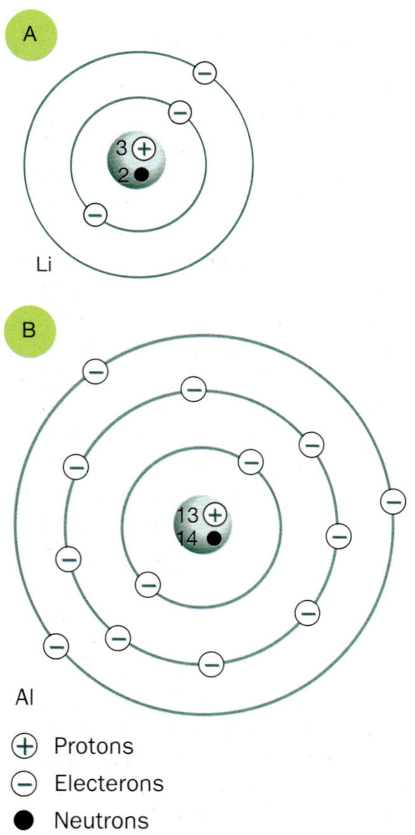

Fig. 2.2. Model de Bohr de l'estructura de l'àtom.

Així, en tots els àtoms dels elements de la taula periòdica (fig. 2.3), el nombre de protons és igual al nombre d'electrons, si no estan en forma iònica o combinats amb altres elements.

Per tant, en general, **la matèria es presenta elèctricament neutra.**

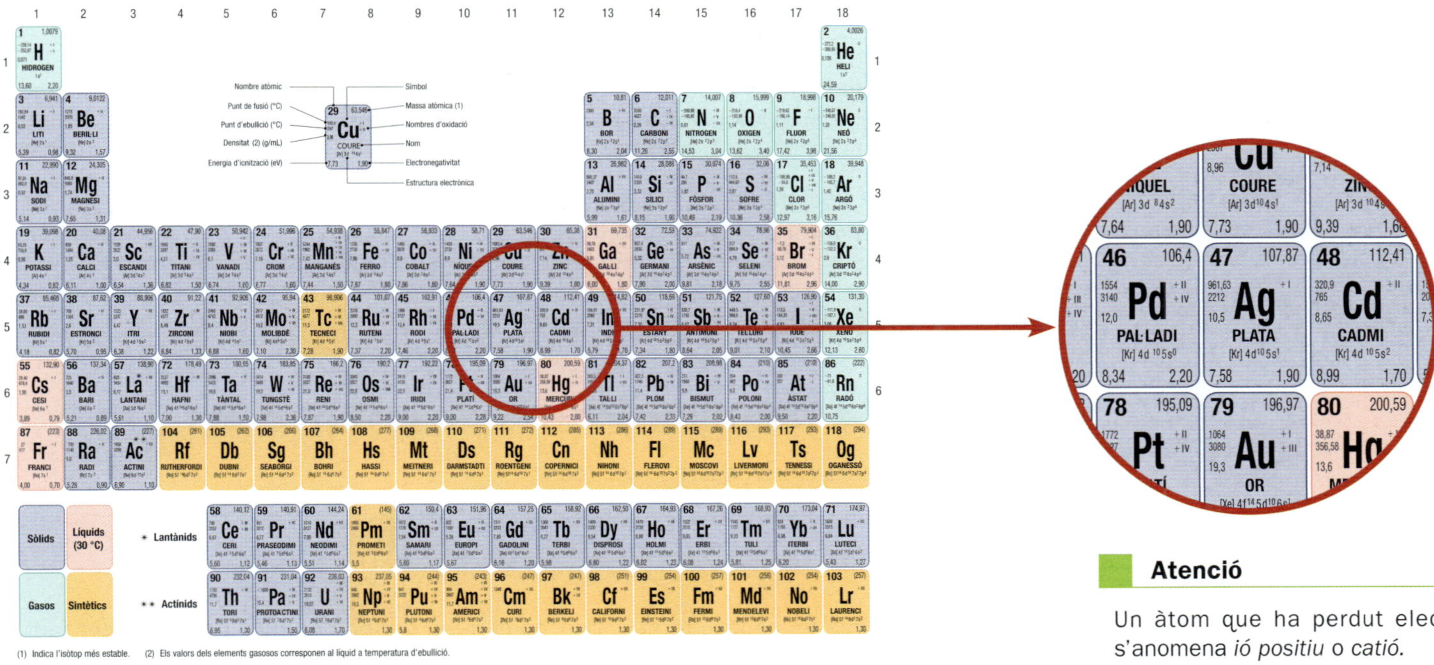

Fig. 2.3. Taula periòdica dels elements.

Hem dit que el vidre es carrega positivament quan el freguem amb un drap de seda. Segons la teoria atòmica, aquest fenomen és degut al fet que el drap de seda arrenca alguns electrons externs d'alguns àtoms que constitueixen el vidre i que aquests àtoms, en quedar amb un defecte d'electrons, presenten un excés de càrrega positiva, ja que hi ha més protons que electrons: diem que aquests àtoms s'ionitzen positivament.

De la mateixa manera podem explicar que el plàstic es carregui negativament en fregar-lo amb pell de gat, ja que la pell de gat cedeix electrons a alguns àtoms: aquests àtoms s'ionitzen negativament.

Per tant, cal observar que les úniques partícules elèctriques que fan que els cossos quedin carregats elèctricament són precisament els **electrons,** ja que es troben a la part exterior de l'àtom, i amb el fregament podem arrencar-ne o afegir-ne en alguns àtoms. Deduïm que no tots els electrons d'un àtom solen participar en la càrrega elèctrica; normalment són els electrons de l'últim nivell electrònic.

Així doncs, alguns àtoms tenen tendència a guanyar electrons, i altres, a perdre'n, segons el nombre d'electrons que tingui el seu últim nivell energètic. Aquests processos d'intercanvi, moltes vegades, es produeixen a temperatura ambient.

També podríem aconseguir carregar un àtom posant o traient protons del nucli, però aquest procés requereix una energia molt més gran i, per tant, això és molt poc probable.

Per tant, els processos elèctrics produïts als cossos, el corrent elèctric que tenim a les llars, etc., es deuen a l'intercanvi d'electrons.

Hom no pot crear ni destruir càrregues elèctriques. Amb el fregament, el que fem és un intercanvi d'electrons entre dos cossos i, per tant, les càrregues es conserven. Aquest fet l'enunciem amb la *llei de conservació de la càrrega elèctrica.*

Llei de conservació de la càrrega elèctrica: en tot procés elèctric, la càrrega elèctrica es conserva.

Atenció

Un àtom que ha perdut electrons s'anomena *ió positiu* o *catió.*

Un àtom que ha guanyat electrons s'anomena *ió negatiu* o *anió.*

Tingues en compte

Per aconseguir que un àtom neutre es converteixi en un ió amb càrrega positiva o negativa només fa falta extreure o afegir electrons a l'últim nivell energètic, i això requereix molt poca energia, de l'ordre d'eV (unitat d'energia que equival a $1{,}6 \cdot 10^{-19}$ J i que definirem més endavant), ja que aquests electrons estan poc atrets pel nucli. Per contra, fer-ho amb els protons del nucli requereix una energia de l'ordre de MeV. Per tant, la matèria que ens envolta habitualment està carregada elèctricament amb el procés d'intercanvi d'electrons de l'últim nivell electrònic. Fins ara hem vist com podem carregar elèctricament la matèria, és a dir, els àtoms, mitjançant el procés de fregament, com hem comentat en la figura 2.1, però hi ha altres maneres d'aconseguir-ho, ja sigui comunicant-li energia calorífica, fent incidir una radiació electromagnètica (fotons) o també altres partícules que incideixen sobre l'àtom provocant xocs amb els electrons dels àtoms, etc. Aquests últims processos ja s'estudiaran en les últimes unitats.

Sabies que...?

Mitjançant el fregament, els cossos es poden carregar fins a valors de l'ordre de nC.

L'electró, que, com acabem de veure, és la partícula responsable de les propietats elèctriques de la matèria, té una massa molt petita ($9{,}11 \cdot 10^{-31}$ kg), concentrada pràcticament en un punt, per la qual cosa diem que és una càrrega puntual. Les càrregues puntuals no han de ser necessàriament electrons, ja que també poden ser cossos carregats molt més grans. Si les seves dimensions físiques són molt petites, es poden considerar com una càrrega concentrada en un punt. És a dir:

> Una **càrrega puntual** és aquella càrrega que està pràcticament concentrada en un punt, o que és tan petita que es considera concentrada en un punt.

Recorda

El protó té una càrrega del mateix valor absolut que l'electró, però positiva:

$+1{,}602 \cdot 10^{-19}$ C

En el SI, la unitat de càrrega és el **coulomb** (C), que equival a la càrrega de $6{,}24 \cdot 10^{18}$ electrons. Per tant, l'electró té una càrrega de $-1{,}602 \cdot 10^{-19}$ C, i fins fa poc s'ha considerat com la càrrega més petita que existeix. Entendrem per **càrrega fonamental** la càrrega més petita, el valor absolut de la qual es representa per **e** i val: $e = 1{,}602 \cdot 10^{-19}$ C. Així, un electró té una càrrega de $-e$, i un protó, de $+e$.

Exemple 1. ➡ **Quina càrrega assoleix el cos en els casos següents?**

a) D'un cos neutre s'arrenquen 5 electrons.

b) A un cos neutre s'afegeixen 3 electrons.

Resolució

a) Com que el cos és neutre, té el mateix nombre de protons que d'electrons i, per tant, en arrencar 5 electrons, hi haurà un excés de 5 protons. El cos quedarà carregat amb +5 e (fig. 2.4 *a*).

b) De la mateixa manera que abans, ara el cos quedarà carregat amb −3 e (fig. 2.4 *b*).

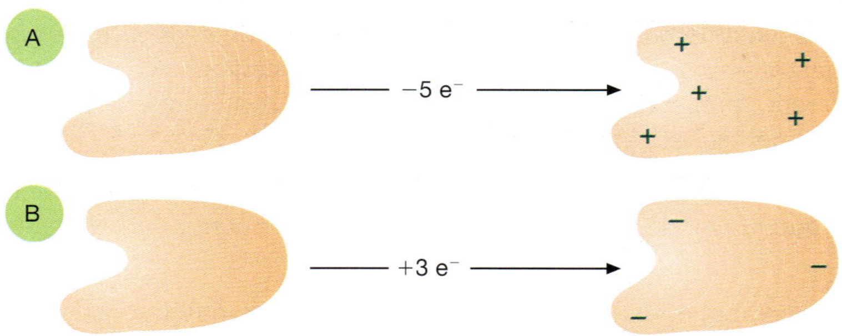

Fig. 2.4.

Fem ara una observació important. Considerem un mol d'un element de la taula periòdica, per exemple d'un metall com el Cu, el Fe o l'Al. Sabem que hi ha $6{,}023 \cdot 10^{23}$ àtoms per cada mol de l'element i, suposant que cada àtom pugui proporcionar un electró, podem disposar aproximadament de 10^{23} electrons de càrrega lliure per cada mol d'element.

Així, si acceptem que cada àtom pot proporcionar un electró, un mol d'alumini (Al), que té una massa de 27 g i conté $6{,}023 \cdot 10^{23}$ àtoms, proporcionarà una càrrega total de $6{,}023 \cdot 10^{23}$ electrons, és a dir, de 96 488 C.

$$1 \text{ mol de Al} \times \frac{6{,}023 \times 10^{23} \text{ àtoms Al}}{1 \text{ mol Al}} \times \frac{1e^-}{1 \text{ àtom Al}} \times \frac{1{,}602 \times 10^{-19} \text{ C}}{1 \text{ e}^-} = 96\,488 \text{ C}$$

Recorda

Altres unitats molt utilitzades són els submúltiples del coulomb:

$\text{mC} = 10^{-3}$ C $\mu\text{C} = 10^{-6}$ C

$\text{nC} = 10^{-9}$ C $\text{pC} = 10^{-12}$ C

Aquest valor és excessivament gran, ja que els cossos no tenen la capacitat de poder-se carregar tant, i, molt abans d'arribar a aquest valor, es descarreguen amb l'aire que els envolta tot absorbint-ne electrons.

En l'activitat 22 de la pàg. 99 es fa un estudi de la limitació de la càrrega màxima dels cossos depenent del camp de ruptura de l'aire.

Exemple 2. **Una bola d'alumini de 20 g, nombre atòmic 13 i massa atòmica 27 g/mol es carrega fins a +20 nC. Calculeu:**

a) Quants electrons tenia abans de carregar-se.

b) Quants electrons s'han transferit.

c) Quin percentatge de càrrega s'ha transferit.

Resolució

a) Utilitzem factors de conversió:

$$20 \text{ g Al} \cdot \frac{1 \text{ mol Al}}{27 \text{ g}} \cdot \frac{6{,}023 \cdot 10^{23} \text{ àtoms Al}}{1 \text{ mol Al}} \cdot \frac{13 \text{ electrons}}{1 \text{ àtom Al}} = 5{,}8 \cdot 10^{24} \text{ electrons}$$

b) Com que s'ha carregat positivament, ha perdut (transferit) una quantitat d'electrons donada per:

$$20 \text{ nC} \cdot \frac{10^{-9} \text{ C}}{1 \text{ nC}} \cdot \frac{1 \text{ electró}}{1{,}6 \cdot 10^{-19} \text{ C}} = 1{,}25 \cdot 10^{11} \text{ electrons}$$

c) Observeu que el percentatge de càrrega transferida per la bola és molt petit:

$$\frac{1{,}25 \cdot 10^{11} \text{ electrons}}{5{,}8 \cdot 10^{24} \text{ electrons}} \cdot 100 = 2{,}2 \cdot 10^{-12} \%$$

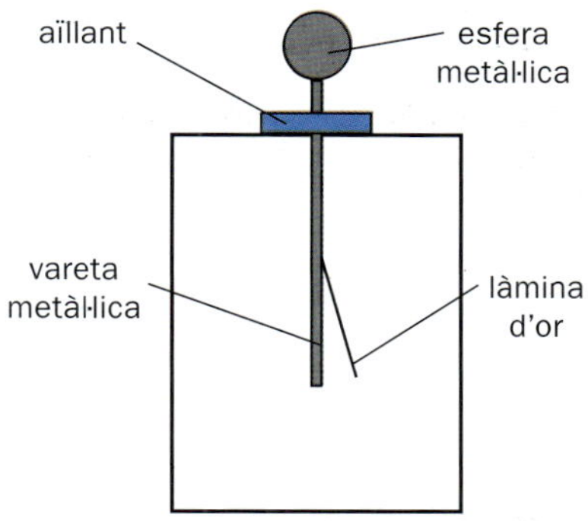

Fig. 2.5. Electroscopi. Quan un cos carregat fa contacte amb l'esfera metàl·lica, la seva càrrega elèctrica es transmet fins a la vareta metàl·lica i la làmina d'or, i aquesta es va separant de la vertical en tenir ambdues el mateix signe de la càrrega. Segons l'angle d'elevació, tindrem un coneixement quantitatiu de la càrrega.

Si tenim en compte que el valor absolut de la càrrega de l'electró és la unitat més petita de càrrega que existeix, deduïm que la càrrega de qualsevol cos ha de ser un múltiple seu. Això implica que la càrrega d'un cos està quantificada en una quantitat ne, on n és un nombre enter. Representem la càrrega indistintament amb els símbols q i Q.

Actualment sabem que això no és del tot correcte, ja que, segons la mecànica quàntica, els protons estan formats per partícules anomenades *quarks*, que tenen una fracció de la càrrega elemental $\pm\left(\frac{1}{3}e\right)$. Malgrat això, nosaltres continuarem admetent l'electró com a càrrega fonamental quan estudiem els fenòmens elèctrics.

Recorda

En general, la càrrega elèctrica es representa indistintament pels símbols q o Q.

Ara bé, en el cas de l'electró i del protó se sol representar, en valor absolut, per e.

ACTIVITATS

1. Raoneu per què hi ha objectes petits que són atrets per un altre objecte gran i carregat, però al cap d'un instant surten disparats (és a dir, primer actua una força d'atracció i, després, de repulsió).

2. Per què no podem carregar elèctricament una vareta metàl·lica si la freguem amb un drap de llana mentre l'aguantem amb la mà? Què hauríem de fer per carregar-la?

3. Raoneu per què una vareta de plàstic que s'ha carregat fregant-la amb un jersei atrau uns trossets de paper que tenim damunt la taula i que no tenen càrrega elèctrica.

4. D'un cos carregat amb 8 electrons se n'extreuen 5 electrons; en quin estat elèctric queda el cos? I si se n'extreuen 12?

5. Un cos es carrega per fricció fins a aconseguir una càrrega de +96 nC. Quina quantitat d'electrons se li han tret?

R: $6 \cdot 10^{11}$ electrons

2. Llei de Coulomb

La força entre les càrregues elèctriques pot ser atractiva, quan són de signe diferent, o repulsiva, quan són del mateix signe. Aquesta força està determinada per la **llei de Coulomb,** que diu:

> La força entre dues càrregues puntuals és directament proporcional al producte de les càrregues elèctriques i inversament proporcional al quadrat de la distància que les separa, i té la direcció de la recta que uneix les dues càrregues:
>
> $$\vec{F} = K\,\frac{Q_1\,Q_2}{r^2}\,\vec{u}$$
>
> en què Q_1 i Q_2 són els valors de les dues càrregues puntuals; r, la distància entre aquestes; K, la constant de proporcionalitat que anomenem *constant elèctrica,* i que depèn del medi que envolta les càrregues; i $\vec{u}$, el vector unitari en la direcció de la recta que uneix les dues càrregues.

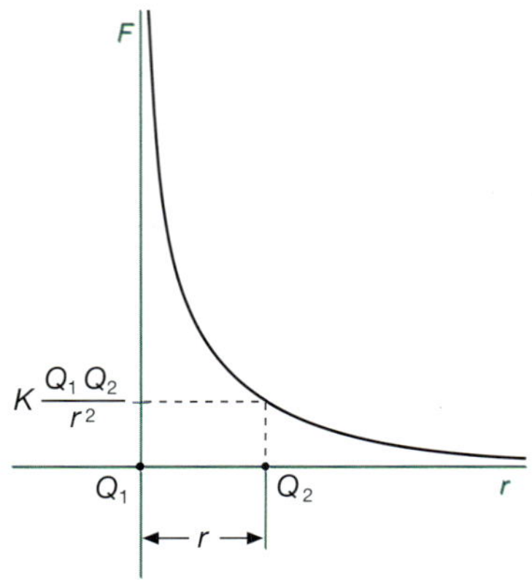

Fig. 2.6. Mòdul de la força elèctrica entre dues càrregues elèctriques puntuals Q_1 i Q_2 en funció de la distància que les separa.

Si representem el mòdul d'aquesta força enfront de la distància r, obtenim una corba asimptòtica (fig. 2.6).

El valor de la constant elèctrica K depèn del medi que envolta les càrregues, i està relacionada amb una altra constant anomenada *permitivitat del medi*, ε, d'acord amb l'expressió $K = \dfrac{1}{4\pi\varepsilon_0}$.

En l'aire o en el buit: $K = \dfrac{1}{4\pi\varepsilon_0} = 9\cdot10^9\,\dfrac{\mathrm{N\cdot m^2}}{\mathrm{C^2}}$ en què ε_0 és la permitivitat en el buit.

Recorda

La **permitivitat** és aquella propietat que mesura la influència que té el medi sobre les forces elèctriques que efectuen les càrregues. Aquesta constant mesura la disminució de la força elèctrica que sofreix una càrrega elèctrica situada en el medi considerat.

El valor de ε varia segons el medi que envolta les càrregues elèctriques, ja que també varia K (taula 2.1).

El medi que té una permitivitat més petita és el buit, i per aquest motiu es representa amb el símbol ε_0. En l'aigua, per exemple, la permitivitat té un valor 81 vegades més gran que en el buit i, per tant, la constant elèctrica K té un valor 81 vegades inferior que en el buit. Així doncs, la força elèctrica entre dues càrregues immerses en l'aigua queda minvada unes 81 vegades respecte del buit.

> Definim la **permitivitat relativa** d'un medi determinat, ε_r, com la relació entre la permitivitat del medi i la del buit.
>
> $$\varepsilon_r = \frac{\varepsilon}{\varepsilon_0}$$

Medi	Valor
$\varepsilon_{buit} = \varepsilon_0$	$= 8{,}85\cdot10^{-12}\,\dfrac{\mathrm{C^2}}{\mathrm{N\cdot m^2}}$
ε_{aire}	$= 1{,}0006\ \varepsilon_0 \simeq \varepsilon_0$
$\varepsilon_{vapor\ d'aigua}$	$= 1{,}007\ \varepsilon_0$
ε_{aigua}	$= 81\ \varepsilon_0$
$\varepsilon_{alcohol}$	$= 25\ \varepsilon_0$
ε_{oli}	$= 2\ \varepsilon_0$
ε_{vidre}	$= 8\ \varepsilon_0$
ε_{mica}	$= 6\ \varepsilon_0$

Taula 2.1. Permitivitat d'alguns medis.

Per tant, el mòdul de la força elèctrica, d'acord amb la llei de Coulomb entre dues càrregues puntuals Q i Q' separades una distància r i en un medi de permitivitat relativa ε_r és:

$$F = \frac{1}{4\pi\varepsilon}\cdot\frac{|Q\,Q'|}{r^2} = \frac{1}{4\pi\varepsilon_0\varepsilon_r}\cdot\frac{|Q\,Q'|}{r^2}$$

Adoneu-vos que, quan les càrregues tenen el mateix signe, la força és de repulsió, i quan són de signe contrari, la força és d'atracció (fig. 2.7).

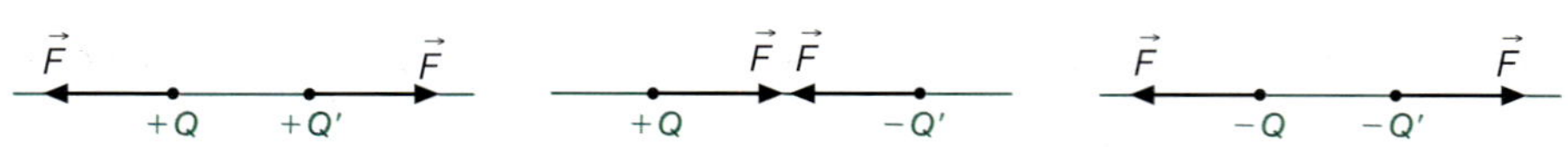

Fig. 2.7. La càrrega Q rep la mateixa força en mòdul, en la mateixa direcció, però en sentit contrari que Q'. Aquest fet evidencia el compliment de la 3a llei de Newton: la força que actua sobre Q és, per exemple, la d'acció, i la que actua sobre Q', la de reacció.

Exemple 3. **Amb l'objectiu de tenir una certa noció del que representa que un cos tingui una càrrega elèctrica d'1 C, ideem l'experiment següent.**

Disposem de dues esferes d'1 C cadascuna i de signe oposat, de masses molt petites, i una d'elles està connectada a una massa *m* mitjançant una politja. Ens preguntem quina massa cal penjar a la politja perquè les dues esferes es mantinguin en equilibri a una distància d'1 m (fig. 2.8).

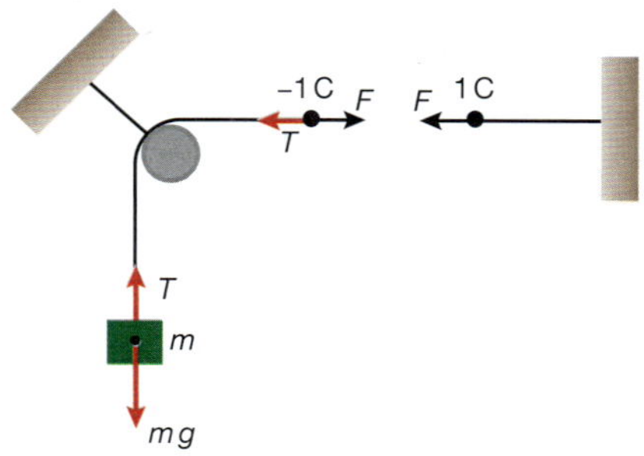

Fig. 2.8.

Resolució

Com que les masses de les esferes són molt petites, les tensions de les cordes que aguanten les esferes son molt més grans que els pesos de les esferes i les cordes es mantenen pràcticament horitzontals (els pesos són pràcticament negligibles).

Segons hem indicat en la figura 2.8, la força pes mg és igual a la tensió T, i aquesta és igual a la força elèctrica d'atracció entre les dues càrregues, F.

Així, si considerem la força elèctrica d'atracció entre les dues càrregues, tenim que:

$$\left.\begin{array}{l} F = mg = T = F \\ F_e = k\dfrac{QQ'}{r^2} \end{array}\right\} \rightarrow mg = k\frac{QQ'}{r^2} \rightarrow m = k\frac{QQ'}{gr^2} = 9\cdot 10^9\,\frac{1\cdot 1}{9{,}8\cdot 1^2} = 9{,}2\cdot 10^8\ \text{kg}$$

Per tant, es requereix una massa extraordinàriament gran, d'aproximadament mil milions Kg, per mantenir a 1 m dues càrregues d'1 C.

Com ja s'ha comentat abans, els cossos que ens envolten solen contenir una quantitat de càrrega molt menor.

Exemple 4. **Dues càrregues puntuals de 30 mC i –50 mC es troben separades a una distància de 15 cm.**

Dues càrregues puntuals de 30 μC i –50 μC es troben separades a una distància de 15 cm. Determineu la força en mòdul que reben les càrregues quan el medi és:

a) El buit.

b) L'aigua.

Resolució

a) Segons la llei de Coulomb, el mòdul de la força en el buit és:

$$F = \frac{1}{4\pi\varepsilon_0}\cdot\frac{|QQ'|}{r^2} = 9\cdot 10^9\,\frac{\text{N}\cdot\text{m}^2}{\text{C}^2}\cdot\frac{30\cdot 10^{-6}\ \text{C}\cdot 50\cdot 10^{-6}\ \text{C}}{(0{,}15\ \text{m})^2} = 600\ \text{N}$$

i és d'atracció, ja que les càrregues són de signe contrari.

b) Si les càrregues es troben immerses a l'aigua, segons la taula 2.1, la força quedarà minvada 81 vegades.

$$F = \frac{600}{81} = 7{,}4\ \text{N}$$

i continua sent d'atracció. També podem arribar al mateix resultat amb l'expressió:

$$F = \frac{1}{4\pi\varepsilon_0\varepsilon_r}\cdot\frac{|QQ'|}{r^2} = 9\cdot 10^9\,\frac{\text{N}\cdot\text{m}^2}{81\ \text{C}^2}\cdot\frac{30\cdot 10^{-6}\ \text{C}\cdot 50\cdot 10^{-6}\ \text{C}}{(0{,}15\ \text{m})^2} = 7{,}4\ \text{N}$$

Exemple 5. ➡ **Calculeu la força resultant que actua sobre la càrrega Q1 deguda al sistema de càrregues representat en la figura 2.9, suposant que el medi és el buit.**

Resolució

Prèviament representem en la figura 2.10 els vectors $\vec{r}_{12}$ i $\vec{r}_{13}$. Recordeu que els vectors van dirigits cap a la càrrega per a la qual volem determinar la força.

També representem els respectius vectors unitaris $\vec{u}_{12}$ i $\vec{u}_{13}$ en les direccions de les rectes d'unió de les càrregues Q_1 a Q_2 i Q_1 a Q_3.

Els components d'aquests vectors són:

$$\vec{r}_{12} = (0, 0) - (3, 4) = (-3, -4) \Rightarrow r_{12} = 5 \text{ m}$$

$$\vec{r}_{13} = (0, 0) - (0, 3) = (0, -3) \Rightarrow r_{13} = 3 \text{ m}$$

$$\vec{u}_{12} = \left(\frac{-3}{5}, \frac{-4}{5}\right) \qquad \vec{u}_{13} = (0, -1)$$

La força total que rep la càrrega Q_1 és:

$$\vec{F} = \vec{F}_{12} + \vec{F}_{13} = K\left(\frac{Q_1 Q_2}{r_{12}^2}\vec{u}_{12} + \frac{Q_1 Q_3}{r_{13}^2}\vec{u}_{13}\right)$$

$$\vec{F} = 9 \cdot 10^9 \cdot \left[\frac{(-40 \cdot 10^{-6}) \cdot (8 \cdot 10^{-3})}{5^2}\left(\frac{-3}{5}, \frac{-4}{5}\right) + \frac{(-40 \cdot 10^{-6}) \cdot (-3 \cdot 10^{-3})}{3^2}(0, -1)\right] =$$

$$= (69{,}12, -27{,}84) \text{ N}$$

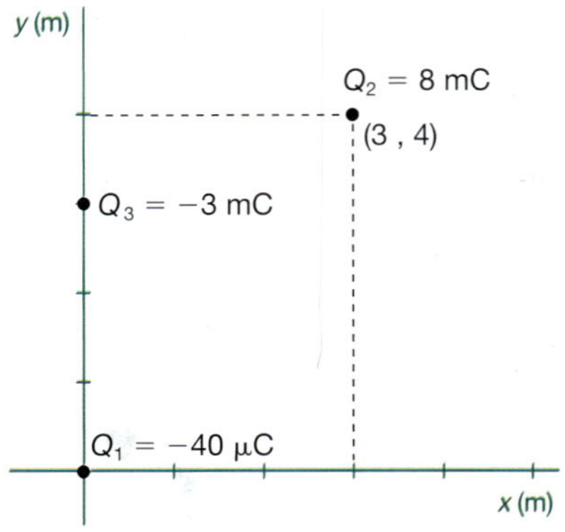

Fig. 2.9.

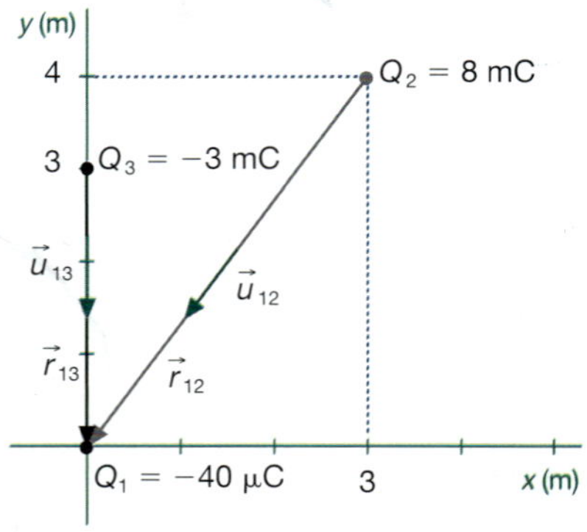

Fig. 2.10.

Exemple 6. ➡ **Dues esferes puntuals de 20 g de massa cadascuna estan carregades amb la mateixa càrrega elèctrica positiva.**

Les esferes estan situades als extrems de dos fils d'1 m de longitud, tal com es veu en la figura 2.11. En la posició d'equilibri, cada fil forma un angle de 30° amb la vertical. Calculeu

a) La tensió dels fils en la posició d'equilibri. *b)* La càrrega de cada esfera.

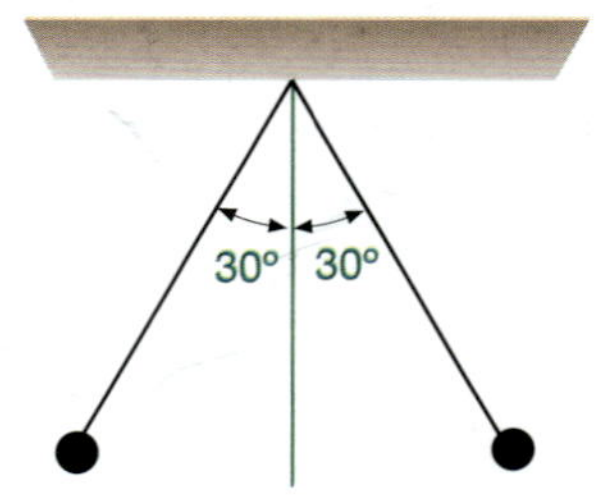

Fig. 2.11.

Resolució

a) Representem en una de les esferes totes les forces que hi actuen: la força pes, la força elèctrica (que és repulsiva, ja que les càrregues són del mateix signe) i la tensió del fil (fig. 2.12).

Com que l'esfera està en equilibri, la suma d'aquestes forces s'anul·la, és a dir:

$$\sum \vec{F} = 0 \Rightarrow \vec{T} + \vec{F} + \vec{p} = 0$$

Per components, tenim: $X \rightarrow -T \sin\alpha + F = 0 \qquad Y \rightarrow T\cos\alpha - mg = 0$

Amb el component Y podem determinar el valor de la tensió: $Y \rightarrow T\cos\alpha - mg = 0$

$$T = \frac{mg}{\cos\alpha} = \frac{0{,}02 \cdot 9{,}8}{\cos 30°} = 0{,}23 \text{ N}$$

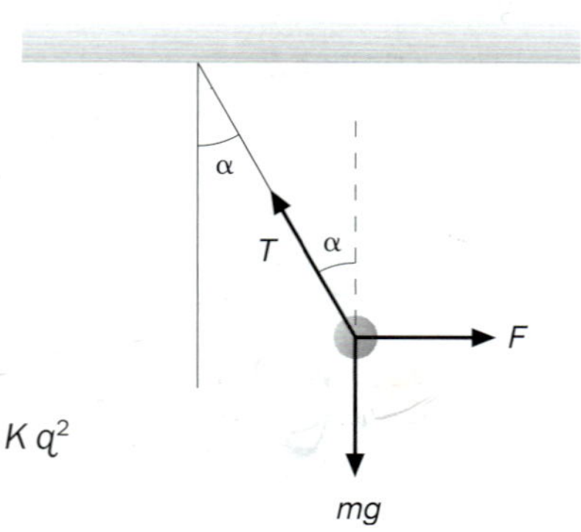

Fig. 2.12.

b) Calculem prèviament la distància entre les càrregues:

$$r = 1 \cdot \sin 30° \cdot 2 = 1 \text{ m}$$

Segons la llei de Coulomb, la força elèctrica que rep cada esfera en mòdul és: $F = K\dfrac{q^2}{r^2} = Kq^2$

Amb l'expressió del primer component, tenim:

$$X \rightarrow -T\sin\alpha + F = 0 \qquad X \rightarrow -T\sin\alpha + Kq^2 = 0$$

Trobem la càrrega q:

$$q = \sqrt{\frac{T\sin\alpha}{K}} = \sqrt{\frac{0{,}23 \cdot \sin 30°}{9 \cdot 10^9}} = 3{,}6 \cdot 10^{-6} \text{ C}$$

Fixeu-vos que podem establir una certa similitud entre la força gravitatòria que s'efectuen dos cossos puntuals de masses M i M', o llei de gravitació universal, $\vec{F} = -G \frac{M M'}{r^2} \vec{u}$, i la força elèctrica que s'efectuen dos cossos puntuals amb càrregues elèctriques Q_1, Q_2, o llei de Coulomb, $\vec{F} = K \frac{Q Q'}{r^2} \vec{u}$.

En ambdues expressions, la força és inversament proporcional al quadrat de la distància que separa els cossos, indicant que són forces centrals i newtonianes, i directament proporcional al producte de la magnitud física que origina la força, la massa, en el cas de la força gravitatòria, i la càrrega elèctrica, en el cas de la força elèctrica.

Finalment, en totes dues hi ha una constant de proporcionalitat, la constant de gravitació universal G, en el primer cas, i la constant elèctrica K, en el segon.

Tenint en compte aquestes similituds entre la força gravitatòria i la força elèctrica, també podem establir analogies similars amb altres expressions que aniran apareixent al llarg d'aquesta unitat.

Per exemple, entre la intensitat de camp gravitatori d'una massa puntual M, $\vec{g} = -G \frac{M}{r^2} \vec{u}$, i la intensitat de camp elèctric d'una càrrega puntual Q, $\vec{E} = K \frac{Q}{r^2} \vec{u}$; i, també, entre el potencial gravitatori d'una massa puntual M, $V = -G \frac{M}{r}$, i el potencial elèctric d'una càrrega puntual Q, $V = K \frac{Q}{r}$.

Així doncs, totes les expressions que hem deduït per a la interacció gravitatòria es poden transformar, mitjançant la taula 2.2, en expressions similars per a la interacció elèctrica.

Camp gravitatori	Camp elèctric
F	F
M	Q
r	r
G	$K = \frac{1}{4 \pi \varepsilon}$

Taula 2.2.

ACTIVITATS

6. Dues càrregues de +40 μC i −60 μC es troben a una distància de 20 cm. Calculeu el mòdul de la força d'atracció quan el medi que les envolta és:

a) El buit. *b)* L'aigua. *c)* El vidre.

R: *a)* 540 N; *b)* 6,67 N; *c)* 67,5 N

7. Dues càrregues iguals es repel·leixen amb una força de +50 N quan es troben a una distància de 2 m i en un medi d'oli. Quin és el valor de la càrrega?

R: $2{,}1 \cdot 10^{-4}$ C

8. Dues càrregues de 40 mC i de signe contrari s'atrauen amb una força de 100 N en un medi d'aigua. A quina distància es troben?

R: 42,2 m

9. La força de repulsió entre dues càrregues del mateix signe en un medi diferent de l'aire és més gran o més petita?

10. Tenim dues càrregues puntuals de 20 i 60 mC, fixes i separades una distància de 10 cm. Agafem una càrrega q i explorem en quin lloc entorn de les càrregues anteriors q no rep cap força. A quina distància de la primera càrrega passa això?

R: 3,66 cm

11. En els vèrtexs d'un quadrat de 4 cm de costat situem sengles càrregues, totes elles del mateix valor $Q = 5$ nC. Determineu la força en mòdul que actua sobre una de les càrregues a causa de la seva interacció elèctrica amb les altres tres.

R: $2{,}69 \cdot 10^{-4}$ N

Tingues en compte

Cal assenyalar que a partir d'ara, si no es diu el contrari, el valor de K es considera el del buit i de valor $9 \cdot 10^9 \dfrac{\text{N} \cdot \text{m}^2}{\text{C}^2}$.

3. Camp elèctric

Una càrrega elèctrica Q genera un camp elèctric en el seu entorn de manera que, en situar-hi una altra càrrega elèctrica Q', aquesta rep una força. Volem determinar l'expressió matemàtica que ens permeti calcular la intensitat de camp elèctric d'una càrrega puntual en qualsevol punt del seu entorn.

Si apliquem la definició de camp físic al **camp elèctric,** trobem que aquest és:

$$\vec{E} = \frac{\vec{F}}{Q'}$$

en què $\vec{E}$ és la intensitat de camp elèctric, que s'expressa en N/C quan $\vec{F}$ està determinada en N, i la càrrega Q en C.

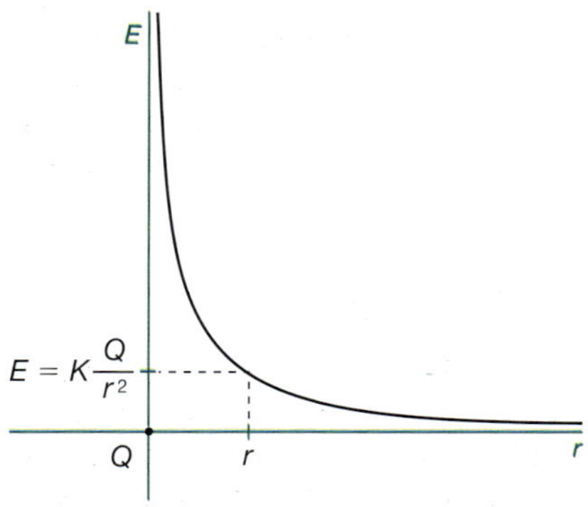

Fig. 2.13. Mòdul del camp elèctric d'una càrrega puntual en funció de la distància.

Considerem una càrrega puntual Q aïllada. Per calcular la intensitat de camp elèctric en un punt que es troba a una distància r de la càrrega puntual, posem una càrrega puntual de prova, Q', i determinem la força que rep, segons la llei de Coulomb:

$$\vec{F} = K \frac{Q\,Q'}{r^2} \vec{u}$$

La intensitat de camp elèctric en aquest punt és, segons la definició de camp, $\vec{E} = \dfrac{\vec{F}}{Q'}$ i, per tant:

$$\vec{E} = \frac{K \dfrac{Q\,Q'}{r^2} \vec{u}}{Q'} \longrightarrow \vec{E} = K \frac{Q}{r^2} \vec{u}$$

Si fem el diagrama E-r (fig 2.13), podem observar com varia el camp elèctric amb la distància, i podem veure que té una variació similar a la força elèctrica donada per la llei de Coulomb.

Val a dir que, si coneixem el camp elèctric $\vec{E}$ en un punt determinat, podem determinar la força $\vec{F}$ que rep una càrrega Q situada en aquest punt a partir de l'expressió següent:

$$\vec{E} = \frac{\vec{F}}{Q} \longrightarrow \vec{F} = Q \cdot \vec{E}$$

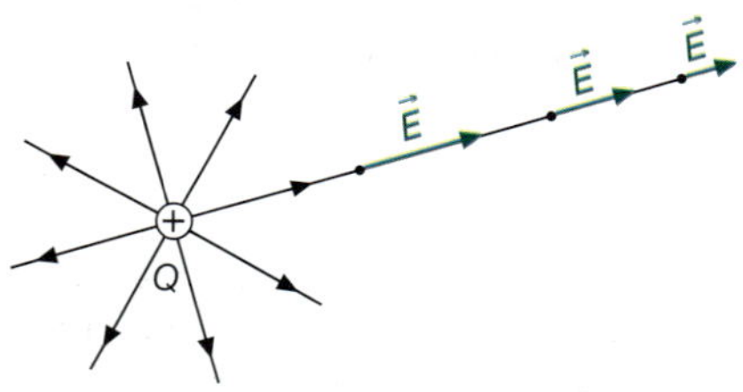

Fig. 2.14. Línies de camp elèctric d'una càrrega puntual positiva +Q.

A partir d'ara, prenem arbitràriament com a càrrega de prova Q' una càrrega positiva. Si considerem que la càrrega puntual +Q està fixada en l'origen de coordenades, i deixem anar la càrrega de prova Q' en diferents punts, com que només està sotmesa a la força elèctrica que rep de la càrrega Q, observem que segueix trajectòries com les que indica la figura 2.14. De fet, les línies definides per aquestes trajectòries són les **línies de camp elèctric** de la càrrega puntual +Q.

Ara canviem la càrrega +Q per una de negativa, –Q, i fem el mateix amb la càrrega de prova positiva Q'. Veiem que les línies de camp són similars a les anteriors, però de sentit contrari (fig. 2.15).

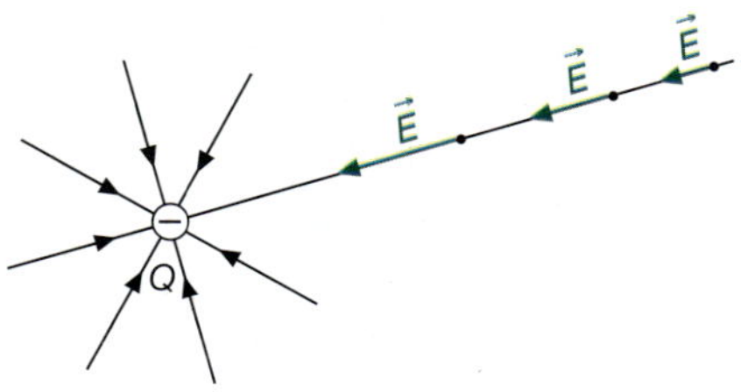

Fig. 2.15. Línies de camp elèctric d'una càrrega puntual negativa –Q.

També cal assenyalar que, com més lluny estem de la càrrega, més petita és la intensitat de camp elèctric; dit d'una altra manera, el mòdul de la intensitat de camp elèctric va disminuint amb la distància a la càrrega (fig. 2.14 i 2.15).

Per tant, per a una càrrega positiva, les línies de camp elèctric surten de la càrrega, mentre que, per a una càrrega negativa, les línies entren cap a la càrrega o hi van dirigides.

Les línies de camp elèctric adopten una forma més complexa quan es consideren altres distribucions de càrregues elèctriques, com, per exemple, el cas de dues càrregues positives del mateix valor (fig. 2.16), en què s'observa una repulsió entre les línies de camp. En aquest cas, la càrrega de prova positiva no segueix la línia de camp, ja que en cada punt hi ha associat un vector camp elèctric tangent a la línia de camp que obliga la càrrega de prova a moure's en aquesta direcció. Com que la línia de camp no és recta, el moviment de la càrrega de prova quan aquesta parteix del repòs tampoc no ho serà. Per tant, la presència de dues càrregues complica molt l'estudi cinemàtic d'una càrrega de prova.

El camp elèctric per a dues càrregues de signe contrari però d'igual valor absolut és l'indicat en la figura 2.17, on s'observa que les línies es tanquen, ja que hi ha atracció entre les càrregues.

En aquest últim cas, tenim un **dipol,** és a dir, dues càrregues d'igual valor absolut però de signe contrari separades una distància relativament petita (fig. 2.17).

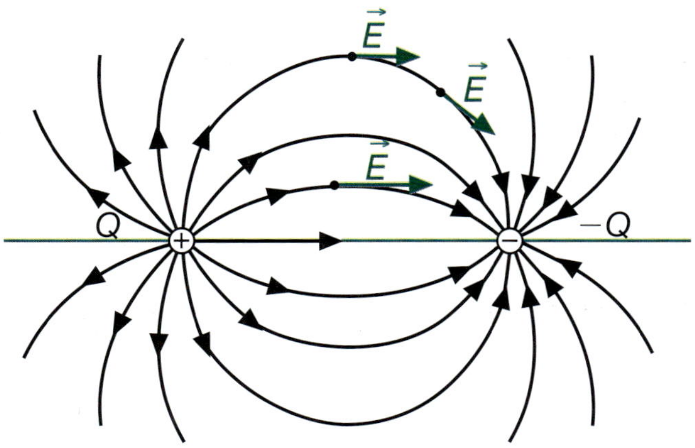

Fig. 2.17. Línies de camp elèctric creat per dues càrregues puntuals del mateix valor absolut però de signe contrari, és a dir, d'un dipol.

Exemple 7. ➡ **Sabent que una càrrega puntual de 20 μC es troba a l'esquerra d'un punt *A*, a una distància de 50 cm, resoleu els apartats següents:**

a) Dibuixeu el camp al punt *A* i calculeu-lo.

b) Quina força rep una càrrega $Q' = -5$ μC situada en *A*? Representeu-la en el mateix dibuix.

Resolució

a) Calculem el mòdul del camp en el punt *A* a partir de l'expressió:

$$E = \frac{1}{4\pi\varepsilon} \cdot \frac{|Q|}{r^2} = 9 \cdot 10^9 \frac{\text{N} \cdot \text{m}^2}{\text{C}^2} \cdot \frac{20 \cdot 10^{-6}\ \text{C}}{0{,}5^2\ \text{m}^2} = 7{,}2 \cdot 10^5\ \text{N/C}$$

Tenint en compte que la càrrega *Q* és positiva i que el punt *A* està a la dreta de la càrrega, es dedueix que aquest camp va dirigit cap a la dreta (fig. 2.18).

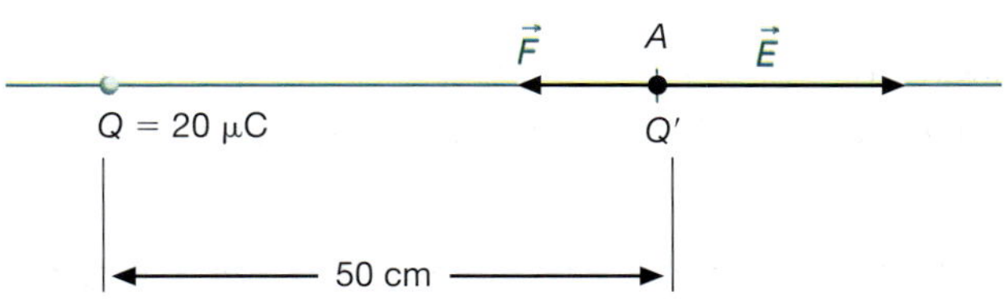

Fig. 2.18.

b) Si sabem el valor del camp en *A*, podem aplicar l'expressió $\vec{E} = \frac{\vec{F}}{Q'}$ en mòdul per calcular la força:

$$F = |Q'|\, E = 5 \cdot 10^{-6}\ \text{C} \cdot 7{,}2 \cdot 10^5\ \text{N/C} = 3{,}6\ \text{N}$$

Aquesta força va dirigida cap a l'esquerra (fig. 2.18).

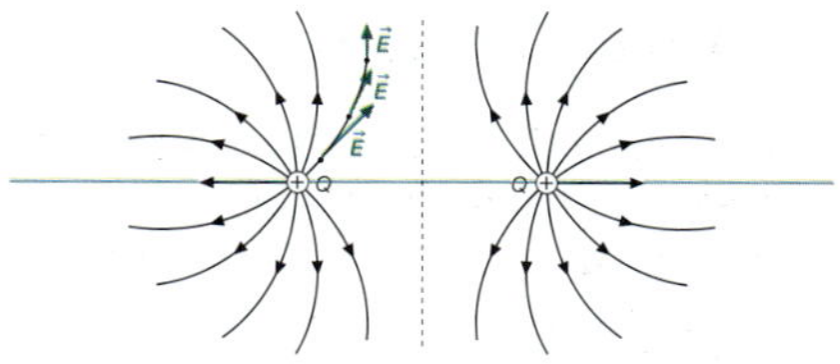

Fig. 2.16. Línies de camp elèctric creat per dues càrregues puntuals iguals i de signe positiu.
Si les càrregues fossin negatives, les fletxes anirien cap a les càrregues i el camp tindria la mateixa configuració.

Tingues en compte

La pràctica que proposem al final d'aquesta unitat ens permetrà comprendre millor el concepte de línies de camp elèctric, on podrem veure com es conformen les línies de camp segons les diferents formes dels elèctrodes.

Sabies que...?

Un parallamps és un instrument per atraure la càrrega elèctrica que porta un llamp quan cau a les proximitats d'un edifici i que recondueix la càrrega cap a terra per evitar danys i riscos de mort (fig. 2.19).

El parallamps disposa al seu extrem superior d'una punta molt fina, que pot ser, per exemple, una esfera metàl·lica de radi molt petit, i d'aquesta manera s'aconsegueix una intensitat de camp elèctric molt elevada, com podem observar en l'expressió següent:

$$E = k\,\frac{q}{r^2} \Rightarrow \text{si } r \to 0 \Rightarrow E \to \infty$$

i, per tant, s'aconsegueix que sigui una punta d'atracció a les càrregues elèctriques que porta el llamp.

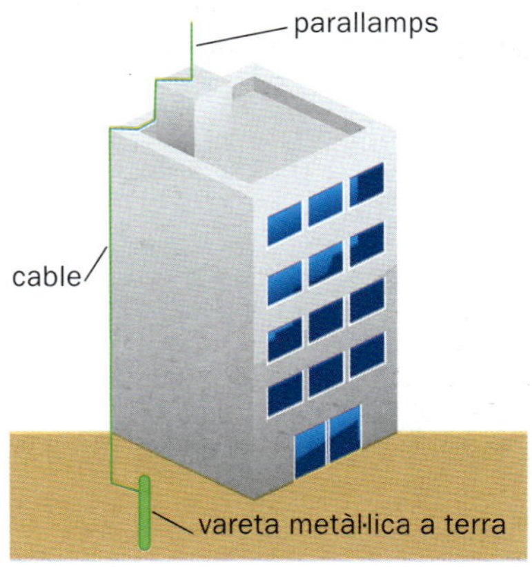

Fig. 2.19.

Fixa-t'hi

Considerem una superfície esfèrica determinada que estigui centrada en una càrrega puntual aïllada; l'exemple 8 demostra que el camp elèctric assoleix el mateix valor en tots els punts d'aquesta superfície. Més endavant veurem que aquesta superfície és una superfície equipotencial.

Exemple 8. **A quina distància d'una càrrega puntual de 20 nC la intensitat de camp elèctric és de 1 000 N/C?**

Resolució

Amb l'expressió $\vec{E} = K \dfrac{Q}{r^2} \vec{u}$ en mòdul calculem la distància:

$$r = \sqrt{\frac{9 \cdot 10^9 \cdot 20 \cdot 10^{-9}}{1000}} = 0{,}424 \text{ m}$$

Per tant, en tots els punts de la superfície d'una esfera de radi 0,424 m en el centre de la qual hi ha la càrrega, el camp es dirigeix cap enfora amb la mateixa intensitat (fig. 2.20).

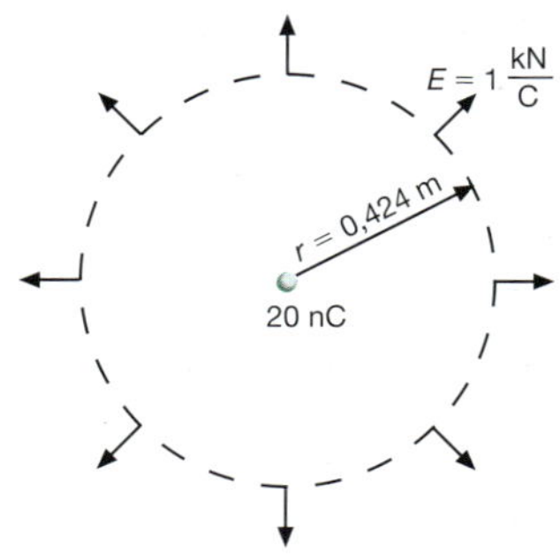

Fig. 2.20.

Exemple 9. **Utilitzant el model de Bohr de l'àtom d'hidrogen, determineu:**

a) El mòdul de les intensitats de camp elèctric i de camp gravitatori que crea el protó en un punt de l'òrbita de l'electró en girar al voltant del protó i les corresponents forces elèctriques i gravitatòries.

b) La freqüència de gir de l'electró en el seu moviment al voltant del protó.

Dades: $r = 5{,}3 \cdot 10^{-11}$ m; $m_e = 9{,}11 \cdot 10^{-31}$ kg; $m_p = 1{,}67 \cdot 10^{-27}$ kg; $|Q_e| = Q_p = e = 1{,}602 \cdot 10^{-19}$ C

Resolució

a) La intensitat de camp gravitatori $\vec{g}$ (fig. 2.21) té el valor següent en mòdul:

$$g = G \frac{m_p}{r^2} = 6{,}67 \cdot 10^{-11} \cdot \frac{1{,}67 \cdot 10^{-27}}{(5{,}3 \cdot 10^{-11})^2} = 3{,}97 \cdot 10^{-17} \text{ m/s}^2$$

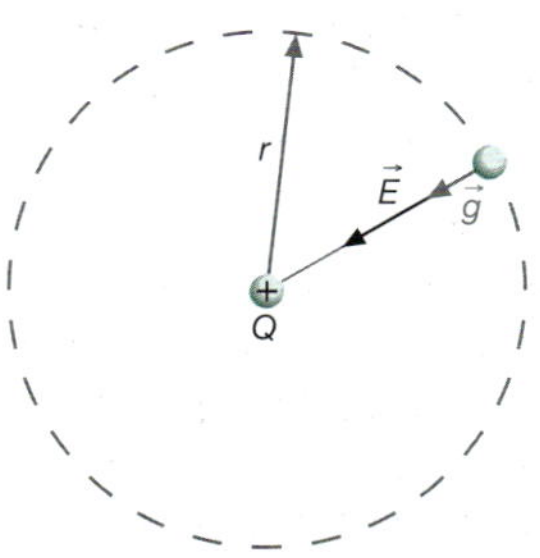

Fig. 2.21. Les forces gravitatòries es poden negligir si les comparem amb les forces elèctriques.

Per tant, l'electró rep una força gravitatòria que en mòdul val:

$$F_g = m_e g = 9{,}11 \cdot 10^{-31} \cdot 3{,}97 \cdot 10^{-17} = 3{,}6 \cdot 10^{-47} \text{ N}$$

Ara calculem el mòdul del camp elèctric creat pel protó:

$$E = K \frac{Q_p}{r^2} = 9 \cdot 10^9 \cdot \frac{1{,}602 \cdot 10^{-19}}{(5{,}3 \cdot 10^{-11})^2} = 5{,}13 \cdot 10^{11} \text{ N/C}$$

La força elèctrica sobre l'electró és, en mòdul:

$$F_e = |Q_e|\, E = 1{,}602 \cdot 10^{-19} \cdot 5{,}13 \cdot 10^{11} = 8{,}22 \cdot 10^{-8} \text{ N}$$

Si les comparem:

$$\frac{F_e}{F_g} = \frac{8{,}22 \cdot 10^{-8}}{3{,}6 \cdot 10^{-47}} = 2{,}3 \cdot 10^{39}$$

Per tant, la força elèctrica és més de 10^{39} vegades superior a la gravitatòria i, en conseqüència, quan plantegem un estudi de forces elèctriques, normalment negligim la força gravitatòria.

b) Si considerem només les forces elèctriques, l'electró gira al voltant del nucli amb una freqüència que podem determinar a partir de l'expressió de la força centrípeta:

$$F = m a_n = m \omega^2 r = m (2 \pi f)^2 r$$

$$8{,}22 \cdot 10^{-8} = 9{,}11 \cdot 10^{-31} \cdot (2 \pi f)^2 \cdot 5{,}3 \cdot 10^{-11} \Rightarrow$$

$$\Rightarrow f = 6{,}6 \cdot 10^{15} \text{ s}^{-1}$$

És a dir, l'electró fa aproximadament sis mil bilions de voltes cada segon! Això representa una intensitat de corrent elèctric de:

$$I = \frac{Q}{t} = Q f = 1{,}602 \cdot 10^{-19} \text{ C} \cdot 6{,}5 \cdot 10^{15} \text{ s}^{-1} \approx 1 \text{ mA}$$

3.1. Camp elèctric uniforme

Considerem ara un camp elèctric uniforme, és a dir, un camp en què la seva intensitat és constant en una zona de l'espai determinada; recordem que, d'acord amb la definició anterior, aquest tipus de camp té en la zona considerada unes línies de camp paral·leles i equidistants.

Per crear un camp elèctric uniforme s'utilitza un dispositiu elèctric anomenat **condensador**, que consisteix en dues plaques metàl·liques enfrontades i carregades positivament, l'una, i negativament, l'altra, ambdues amb el mateix valor absolut de la càrrega (fig. 2.22).

Més endavant tornarem a parlar d'aquest aparell i demostrarem que, a l'espai situat entre les plaques, es crea un camp elèctric uniforme; si s'hi deixa anar una càrrega positiva, que fem servir de prova, observem que segueix una trajectòria paral·lela a les línies de camp i en el mateix sentit, ja que aquesta càrrega es veu repel·lida per la placa positiva i atreta per la placa negativa (fig. 2.23). Per contra, si la càrrega de prova és negativa, també es mou paral·lelament a les línies de camp, però ara en sentit contrari, ja que és atreta per la placa positiva i repel·lida per la placa negativa (fig. 2.23).

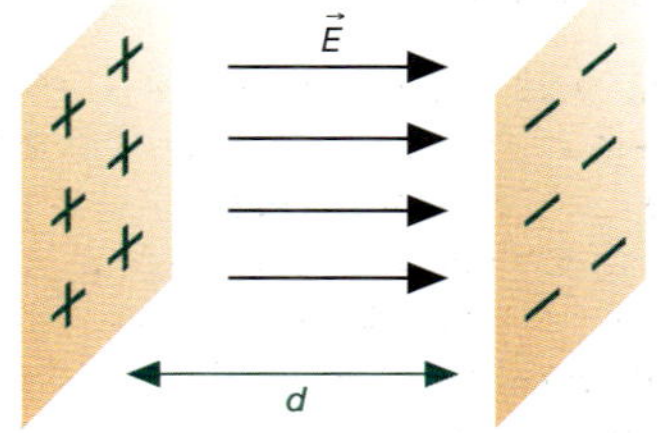

Fig. 2.22. Camp elèctric uniforme d'un **condensador** (aparell format per dues plaques metàl·liques carregades).

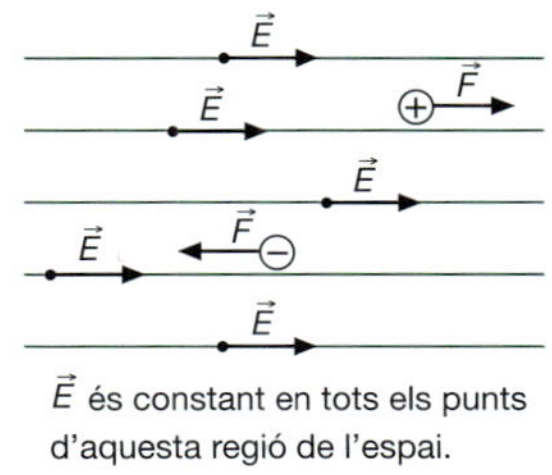

Fig. 2.23. Línies de camp d'un camp elèctric uniforme, i forces que reben la càrrega positiva i la càrrega negativa; la càrrega positiva es mou en el mateix sentit que les línies de camp quan es deixa anar, mentre que la càrrega negativa es mou en sentit contrari.

Exemple 10. **Un pèndol senzill de 30 cm de longitud i de 20 g de massa està carregat amb 50 nC i està immers en el si d'un camp elèctric uniforme de $5 \cdot 10^5$ N/C.**

a) Determineu l'angle respecte de la vertical per al qual el pèndol està en equilibri i la tensió del fil.

b) Si ara el pèndol està carregat amb una càrrega de –50 nC, quin seria l'angle i la tensió?

Resolució

a) Les tres forces que actuen sobre el pèndol i que fan possible l'equilibri són $\vec{F}_e$, $\vec{p}$ i $\vec{T}$ (fig. 2.24).

Calculem el pes del pèndol en mòdul amb l'expressió: $p = mg = 20 \cdot 10^{-3} \cdot 9{,}8 = 0{,}196$ N

La força elèctrica que rep el pèndol a causa del camp extern és, en mòdul:

$$F = QE = 5 \cdot 10^5 \cdot 50 \cdot 10^{-9} = 0{,}025 \text{ N}$$

Com que el pèndol està en equilibri, observem que la suma de les forces que actuen sobre ell és nul·la, és a dir, $\sum \vec{F} = 0 \Rightarrow \vec{F}_e + \vec{p} + \vec{T} = 0$

Per components,

$\sum F_x = 0 \rightarrow F_e - T \sin \alpha = 0$ $\quad \sum F_y = 0 \rightarrow -p + T \cos \alpha = 0$

$T \sin \alpha = F_e = 0{,}025$ N $\quad T \cos \alpha = p = 0{,}196$ N

Dividint una equació per l'altra, obtenim:

$$\text{tg}\ \alpha = \frac{0{,}025}{0{,}196} = 0{,}127 \rightarrow \alpha = \text{arctg}\ 0{,}127 = 7{,}3°$$

Per calcular la tensió, prenem l'expressió anterior per al component x i hi substituïm valors:

$$T = \frac{F_e}{\sin \alpha} = \frac{0{,}025}{\sin 7{,}3°} = 0{,}197 \text{ N}$$

b) La tensió seria la mateixa i l'angle també, però cap a l'esquerra (α).

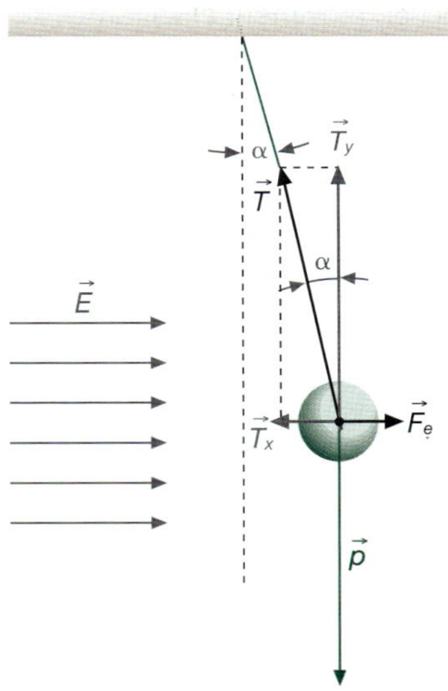

Fig. 2.24.

Tingues en compte

El camp elèctric té la capacitat d'augmentar o disminuir l'energia cinètica de les partícules amb càrrega elèctrica. El tub de raigs catòdics dels antics aparells de TV i alguns acceleradors del CERN, en són exemples.

Entre les plaques d'un condensador pla hem vist que hi ha un camp elèctric uniforme d'intensitat E, i en aquest espai podem accelerar partícules amb càrrega elèctrica. Si posem una partícula de càrrega q en el seu interior, aquesta rep una força de:

$$F = qE$$

I si la massa de la partícula és m l'acceleració que assoleix, segons la segona llei de Newton, és:

$$a = \frac{F}{m} \rightarrow \frac{qE}{m}$$

3.2. Camp elèctric creat per una distribució de càrregues elèctriques puntuals

Tal com es va fer en el cas del camp gravitatori, per determinar la intensitat de camp elèctric d'una distribució de càrregues puntuals també podem aplicar el principi de superposició:

Principi de superposició: la intensitat de camp elèctric originada per una distribució de càrregues puntuals en un punt de l'espai és la suma vectorial de les intensitats de camp que cadascuna de les càrregues puntuals crea separadament.

$$\vec{E} = \vec{E}_1 + \vec{E}_2 + \ldots + \vec{E}_n = \sum \vec{E}_i = \sum K \frac{Q_i}{r_i^2} \vec{u}_i$$

Exemple 11. **Determineu la intensitat de camp elèctric en el punt *A* deguda al sistema de càrregues puntuals indicat en la figura 2.25.**

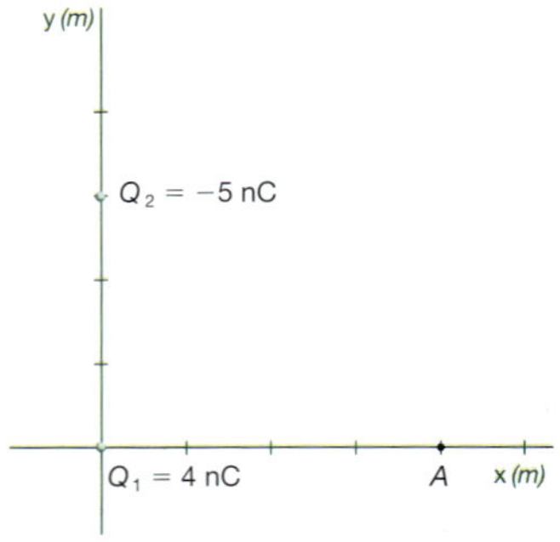

Fig. 2.25.

Resolució

Prèviament calculem i representem en una figura (fig. 2.26) els vectors $\vec{r}_1$ i $\vec{r}_2$, que van de les càrregues al punt *A* considerat, i els seus vectors unitaris:

$$\vec{r}_1 = (4, 0) \rightarrow r_1 = 4 \text{ m} \rightarrow \vec{u}_1 = \vec{i} = (1, 0)$$

$$\vec{r}_2 = (4, -3) \rightarrow r_2 = 5 \text{ m} \rightarrow \vec{u}_2 = \frac{4}{5}\vec{i} - \frac{3}{5}\vec{j} = \left(\frac{4}{5}, \frac{-3}{5}\right)$$

Ara ja podem calcular la intensitat de camp elèctric mitjançant l'expressió:

$$\vec{E} = \vec{E}_1 + \vec{E}_2 + \ldots + \vec{E}_n = \sum \vec{E}_i = \sum K \frac{Q_i}{r_i^2} \vec{u}_i$$

$$\vec{E} = \vec{E}_1 + \vec{E}_2 = K \left(\frac{Q_1}{r_1^2} \vec{u}_1 + \frac{Q_2}{r_2^2} \vec{u}_2 \right) =$$

$$= 9 \cdot 10^9 \cdot \left[\frac{4 \cdot 10^{-9}}{4^2} \vec{i} + \frac{-5 \cdot 10^{-9}}{5^2} \cdot \left(\frac{4}{5}\vec{i} - \frac{3}{5}\vec{j} \right) \right] =$$

$$= (0{,}81\,\vec{i} + 1{,}08\,\vec{j}) \text{ N/C}$$

que, en mòdul, és: $E = 1{,}4$ N/C.

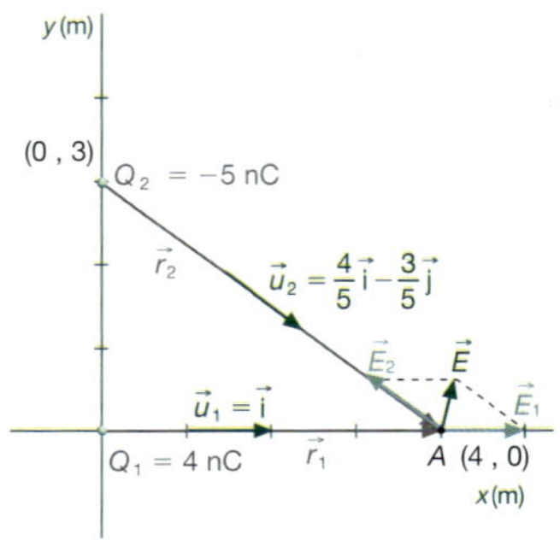

Fig. 2.26.

Fins ara hem considerat càrregues puntuals; però en el cas de cossos esfèrics amb càrrega elèctrica, podem procedir d'una manera similar, com veurem més endavant amb la llei de Gauss.

Exemple 12. **Dues esferes metàl·liques massisses pengen cadascuna d'un fil no conductor, com mostra la figura 2.27. Les dues esferes tenen la mateixa massa i la mateixa càrrega negativa de valor −5,80 μC i es troben en equilibri formant un angle de 30° amb la vertical. La distància des del punt *P* fins al centre de cada esfera és d'1,00 m.**

a) Calculeu el valor de la massa de cadascuna de les esferes.

b) Calculeu el camp elèctric total (mòdul, direcció i sentit) en el punt *P*.

Dades: $g = 9{,}81 \text{ m s}^{-2}$

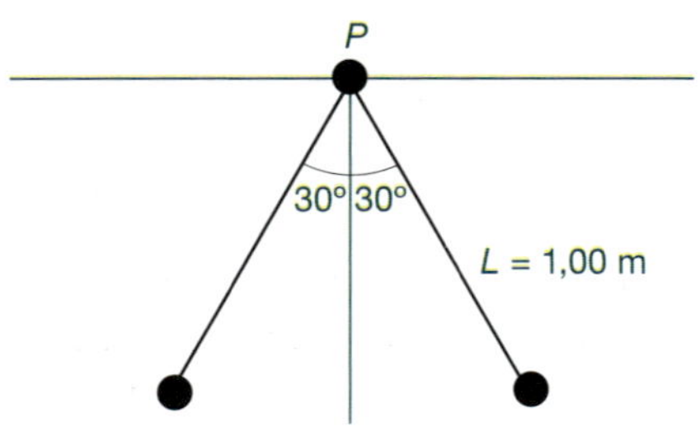

Fig. 2.27.

Resolució

a) Com que són dues esferes massisses, podem considerar-les com dues càrregues puntuals situades en els seus centres. En l'esfera de la dreta hem fet un diagrama de forces: la tensió del fil *T*, el pes mg i la força elèctrica F_e (fig 2.28):

Exemple 12. (cont.)

$$\sum \vec{F} = 0 \Rightarrow \left.\begin{array}{l} F_e - T_x = 0 \\ T_y - mg = 0 \end{array}\right\} \Rightarrow \left.\begin{array}{l} F_e - T \sin 30 = 0 \\ T \cos 30 - mg = 0 \end{array}\right\}$$

Si x és la distància de la càrrega a l'eix vertical, podem valorar la força elèctrica entre les dues esferes com:

$$F_e = K\,\frac{q^2}{(2\,x)^2}$$

Substituïm en el component X la F_e, i combinant les dues equacions tenim:

$$\left.\begin{array}{l} K\,\dfrac{q^2}{(2\,x)^2} - T \sin 30 = 0 \\ T \cos 30 - mg = 0 \end{array}\right\} \Rightarrow \left.\begin{array}{l} T \sin 30 = K\,\dfrac{q^2}{(2\,x)^2} \\ T \cos 30 = mg \end{array}\right\} \Rightarrow \text{tg } 30 = \frac{K q^2}{4 x^2\, mg}$$

Si aïllem la massa, tenim: $m = \dfrac{K q^2}{4 x^2 \tan 30°\, g} = \dfrac{9\cdot 10^9\,(-5{,}80\cdot 10^{-6})^2}{4\cdot(\sin 30°)^2 \tan 30°\cdot 9{,}8} = 0{,}0535$ kg

b) En la figura 2.28 també hem representat gràficament els camps elèctrics de les dues esferes en el punt *P*. Per simetria, els components horitzontals dels camps $\vec{E}_1$ i $\vec{E}_2$ s'anul·len entre si i, per tant, el camp elèctric total té direcció vertical i sentit cap avall, i el seu mòdul és:

$$E_T = 2E \cos 30° = 2\,\frac{K\,|q|}{L^2} \cos 30° = 2\cdot 9\cdot 10^9\cdot \cos 30°\cdot 5{,}80\cdot 10^{-6} = 9{,}04\cdot 10^4 \text{ N/C}$$

$$\vec{E} = (9{,}04\cdot 10^{4,0})\,\vec{j} \text{ N/C}$$

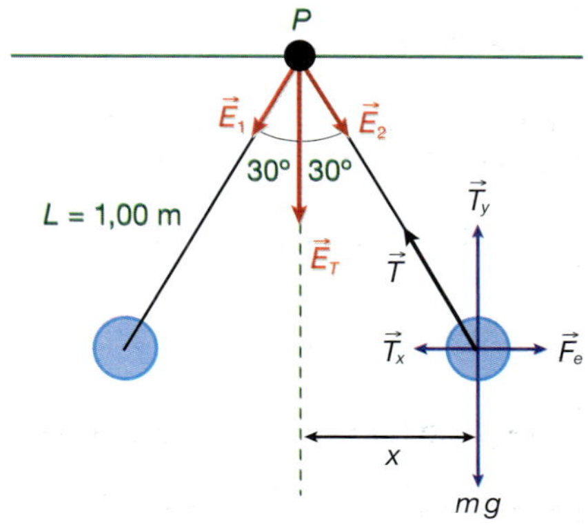

Fig. 2.28.

ACTIVITATS

12. Es poden tallar dues línies de camp elèctric? Raoneu la resposta.

13. En deixar anar un electró en un punt, observem que es mou cap a la nostra dreta. Cap a on va dirigit el camp elèctric?

14. Dues càrregues iguals i del mateix signe es troben a una distància *r*. En quin punt s'anul·la el camp elèctric? I si són de signe contrari?

15. Una càrrega de +20 nC està sotmesa a una força de 5 N. Quina és la intensitat de camp elèctric que rep?

R: $2{,}5\cdot 10^8$ N/C, i té la mateixa direcció i sentit que la força.

16. Calculeu el camp elèctric d'una càrrega puntual de +20 nC a una distància de 5 cm. Quina força rep una càrrega de –5 mC situada en aquest punt?

R: $7{,}2\cdot 10^4$ N/C; –360 N

17. Dues càrregues Q i $2\,Q$ es troben a una distància *d*. A quina distància de Q s'anul·la el camp?

R: $d/(1+\sqrt{2})$

18. Calculeu el camp en *A* si Q_1, Q_2 i Q_3 són càrregues puntuals (fig. 2.29). Quina força rep una càrrega puntual de –5 mC situada en *A*?

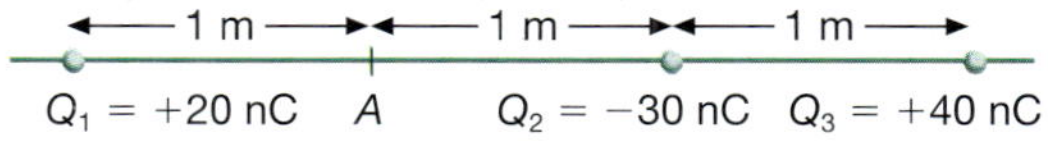

Fig. 2.29.

R: 360 N/C; –1,8 N

19. Una esfera metàl·lica de radi 8 cm està carregada elèctricament en la superfície amb una densitat de càrrega de 40 nC/m². Calculeu la càrrega total de l'esfera i el camp elèctric que genera en un punt que dista 12 cm de la superfície.

R: 3,2 nC; 25000 N/C

4. Flux de camp elèctric. Llei de Gauss

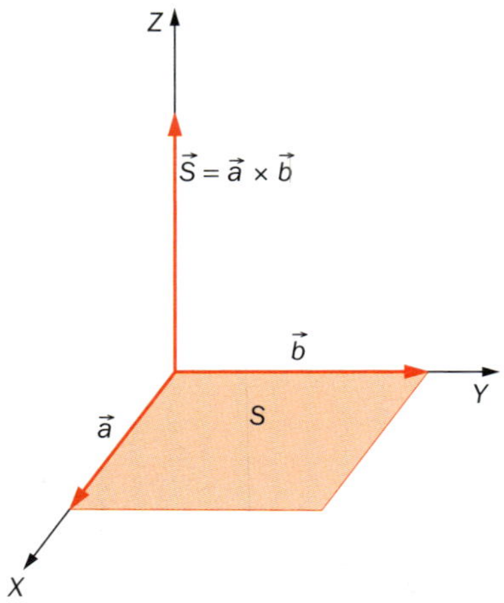

Fig. 2.30. Vector $\vec{S}$ d'una superfície S determinada.

A l'apartat 3 hem introduït el concepte de línies de camp elèctric, que ara utilitzarem per definir una nova magnitud, anomenada flux de camp elèctric i representada amb el símbol Φ, que es pot considerar com una mesura del nombre de línies de camp elèctric que travessen una determinada superfície *S*, que pot ser real o imaginària.

La definició de flux de camp elèctric ens serà molt útil per determinar, especialment en situacions de distribucions de càrrega continua i amb un cert grau de simetria, la determinació de la intensitat de camp elèctric mitjançant l'anomenada **llei de Gauss**, que comentarem tot seguit. Aquesta llei és una conseqüència de la llei de Coulomb, ja que el camp elèctric té una dependència de proporcionalitat inversa respecte de la distància al quadrat.

Per tal de definir el flux de camp elèctric que travessa una superfície, primer és necessari assignar un vector a la superfície considerada. Una superfície plana es pot representar mitjançant un vector $\vec{S}$ perpendicular a la superfície i de mòdul igual a l'àrea de la superfície (fig. 2.30). El vector $\vec{S}$ també s'anomena vector director de la superfície.

Considerem el cas més senzill d'un camp elèctric uniforme $\vec{E}$ on les línies de camp elèctric travessen una superfície plana $\vec{S}$ (fig. 2.31).

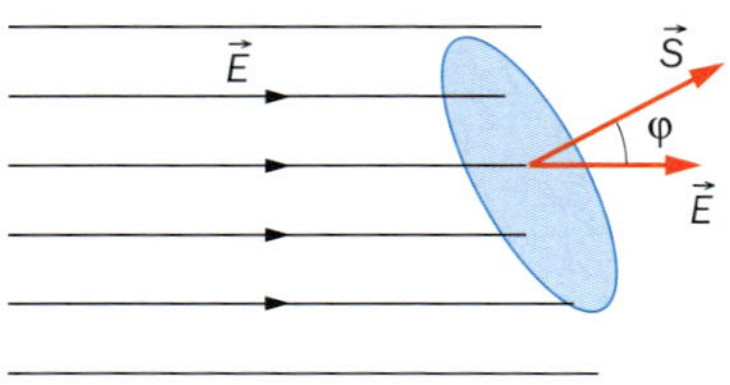

Fig. 2.31. S'observa que a mesura que va augmentant l'angle φ, va disminuint la quantitat de línies de camp que travessa la superfície.

> Definim el **flux d'un camp elèctric** *E* uniforme a través d'una superfície *S*, i el representem per Φ, com el producte escalar del camp elèctric per la superfície:
>
> $$\Phi = \vec{E} \cdot \vec{S} = ES \cos \varphi$$
>
> en què φ és l'angle que formen els vectors $\vec{E}$ i $\vec{S}$.

Com hem comentat, el flux s'interpreta com el nombre de línies que travessen la superfície *S*, i la seva unitat en el SI és el $N \cdot m^2/C$.

– Quan la superfície *S* és perpendicular a les línies de camp (fig. 2.32), l'angle $\varphi = 0°$ i, per tant, el flux elèctric és màxim i té aquest valor:

$$\Phi = \vec{E} \cdot \vec{S} = ES \cos 0° = ES$$

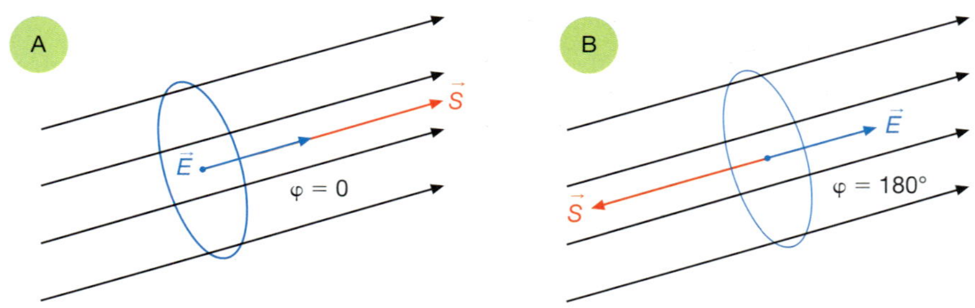

Fig. 2.32. *a)* El flux elèctric és màxim quan l'angle $\varphi = 0°$; *b)* El flux magnètic és mínim quan l'angle $\varphi = 180°$.

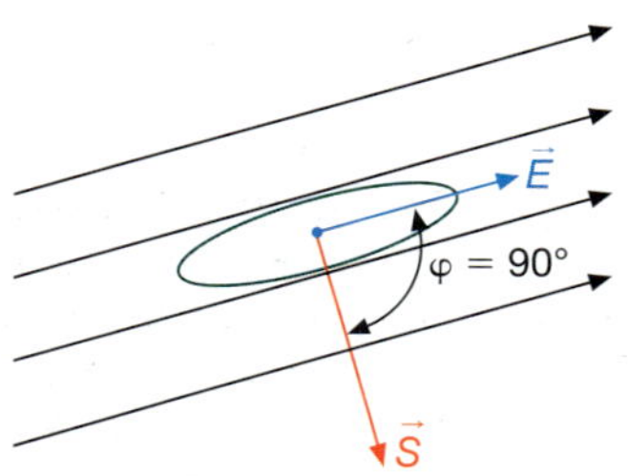

Fig. 2.33. El flux elèctric en aquest cas és nul.

– Quan la superfície *S* és paral·lela a les línies de camp (fig. 2.33), cap línia travessa la superfície. En aquest cas, $\varphi = 90°$ i, per tant,

$$\Phi = \vec{E} \cdot \vec{S} = ES \cos 90° = 0$$

Quan el camp elèctric és variable, cal recórrer al càlcul diferencial per tal de determinar el flux que travessa una superfície *S* (fig. 2.34): es divideix la superfície *S* en petites superfícies elementals $\Delta \vec{S}_i$ que es puguin considerar pràcticament planes, i així el camp $\vec{E}_i$ en aquesta superfície no varia apreciablement. El flux que travessa aquest element de superfície és, per tant, $\Phi_i = \vec{E}_i \cdot \Delta \vec{S}_i$. Si ara fem el mateix en tots els elements de la superfície i ho sumem, obtindrem el flux total que travessa la superfície *S*, Φ, fent notar que el càlcul d'aquesta suma quan $\Delta S_i \to 0$, requereix el càlcul integral:

$$\Phi = \lim_{\Delta S_i \to 0} \sum_{i=1}^{\infty} \vec{E}_i \cdot \Delta \vec{S}_i = \int_S \vec{E} \cdot d\vec{S}$$

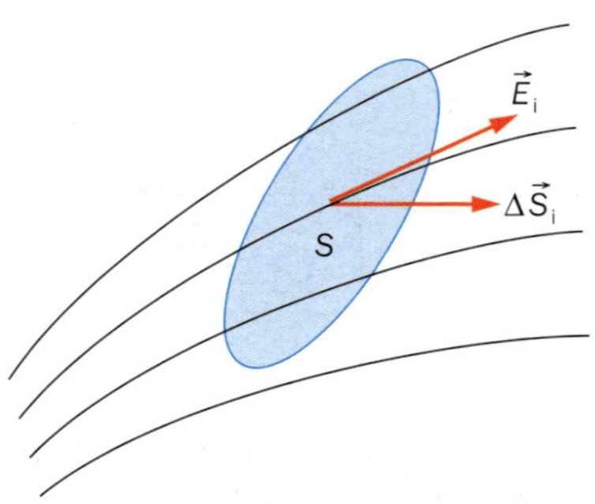

Fig. 2.34.

Exemple 13. **Calculeu el flux elèctric d'un camp uniforme de 450 N/C dirigit cap amunt a través d'una superfície plana rectangular de 2 m de llargada i 1,5 m d'amplada quan:**

a) La superfície està en posició horitzontal, *b)* la superfície està en posició vertical, i *c)* el vector normal a la superfície, $\vec{S}$, forma un angle de 30° amb la vertical (fig. 2.35).

Resolució

a) Els vectors $\vec{E}$ i $\vec{S}$ són paral·lels, l'angle $\varphi = 0°$ i, per tant, el flux que travessa la superfície és màxim i té aquest valor:

$$\Phi = \vec{E} \cdot \vec{S} = ES \cos 0° = ES = 450 \cdot (2 \cdot 1{,}5) = 1\,350 \text{ N} \cdot \text{m}^2 / \text{C}$$

b) Els vectors $\vec{E}$ i $\vec{S}$ són perpendiculars, l'angle $\varphi = 90°$ i, per tant, el flux que travessa la superfície és nul:

$$\Phi = \vec{E} \cdot \vec{S} = ES \cos 90° = 450 \cdot (2 \cdot 1{,}5) \cdot 0 = 0 \text{ N} \cdot \text{m}^2 / \text{C}$$

c) Els vectors $\vec{E}$ i $\vec{S}$ formen un angle 30° i, per tant, el flux que travessa la superfície és:

$$\Phi = \vec{E} \cdot \vec{S} = ES \cos 30° = 450 \cdot (2 \cdot 1{,}5) \cdot \cos 30° = 1\,169{,}1 \text{ N} \cdot \text{m}^2 / \text{C}$$

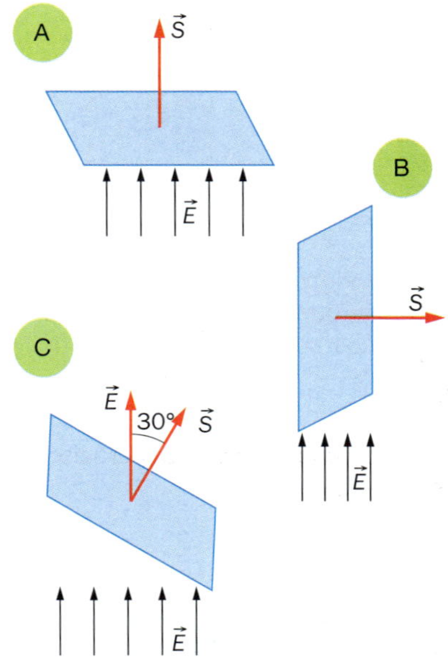

Fig. 2.35.

Exemple 14. **Considerem un camp elèctric uniforme en la direcció de l'eix Y $\vec{E} = E\vec{j}$ que travessa una caixa buida (fig. 2.36).**

Determineu el flux del camp elèctric total que travessa la caixa.

Resolució

En la fig. 2.36 hem indicat tots els vectors superfície de les sis cares que formen la caixa tancada. Calculem el flux de camp elèctric; per exemple, el que passa per la superfície $\Delta\vec{S}_3$ que hem indicat en la figura.

Podem escriure el vector superfície en funció del vector unitari $\vec{k}$, $\Delta\vec{S}_3 = \Delta S_3\vec{k}_i$, per tant, el flux que travessa aquesta superfície és:

$$\Phi_3 = \Delta S_3\vec{k} \cdot E\vec{i} = \Delta S_3 E\vec{k}_i \cdot \vec{i} = 0$$

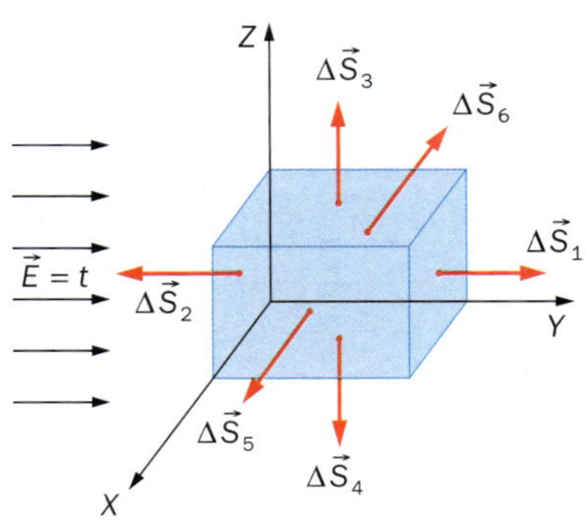

Fig. 2.36.

Les línies de camp elèctric tampoc travessen les superfícies $\Delta\vec{S}_4$, $\Delta\vec{S}_5$ i $\Delta\vec{S}_6$ i, en conseqüència, els fluxos per a aquestes superfícies són nuls.

Calculem els fluxos per a les restants superfícies, $\Delta\vec{S}_1$ i $\Delta\vec{S}_2$, i fem el mateix que hem fet en la superfície 3:

$$\Delta\vec{S}_1 = \Delta S_1\vec{i} \Rightarrow \Phi_1 = \Delta S_1\vec{i} \cdot E\vec{i} = \Delta S_1 E\vec{i} \cdot \vec{i} = \Delta S_1 E$$

$$\Delta\vec{S}_2 = \Delta S_2\,(-\vec{i}) \Rightarrow \Phi_2 = \Delta S_2\,(-\vec{i}) \cdot E\vec{i} = \Delta S_2 E\,(-\vec{i}) \cdot \vec{i} = -\Delta S_2 E$$

El flux total que passa per la caixa és, per tant:

$$\Phi_{total} = \Phi_1 + \Phi_2 = \Delta S_1 E - \Delta S_2 E = 0$$

Tingues en compte

Es pot generalitzar el resultat de l'exemple 15 dient que el flux elèctric d'un camp exterior que travessa qualsevol superfície tancada és nul (fig. 2.37). Observeu que les línies de camp que entren dins de la superfície tancada tornen a sortir d'aquesta. L'efecte d'entrar i sortir de la superfície tancada fa que el flux sigui nul.

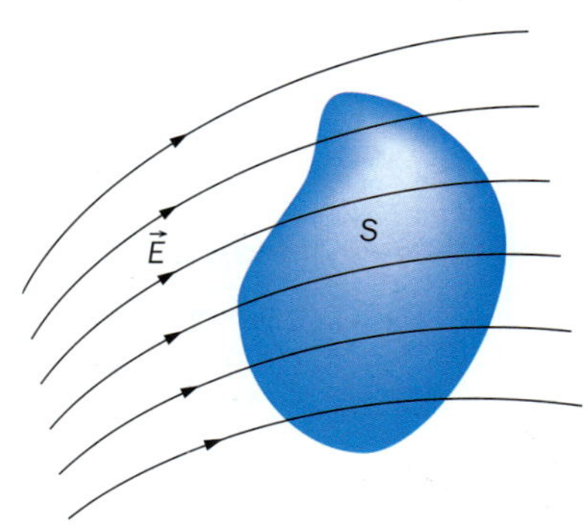

Fig. 2.37. Cap línia de camp elèctric travessa aquesta superfície.

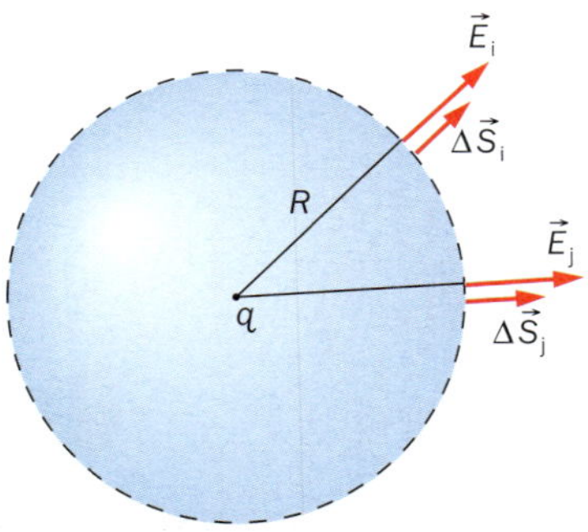

Fig. 2.38. Una superfície gaussiana se sol representar amb línies discontínues i pot ser una superfície real o imaginària.

4.1. Llei de Gauss

Ara estudiarem quina relació hi ha entre la càrrega elèctrica i el flux elèctric a través d'una superfície tancada. Com ja hem dit, aquesta superfície pot ser real o imaginària, i se sol anomenar **superfície gaussiana**.

Considerem un exemple senzill, com una càrrega puntual q positiva situada just al centre d'una superfície gaussiana esfèrica de radi R (fig. 2.38).

Sabem que la càrrega puntual q positiva situada just al centre genera un camp elèctric radial cap enfora. Per avaluar el flux, podem dividir la superfície gaussiana esfèrica en petites superfícies elementals que es puguin considerar pràcticament planes; a la figura (fig. 2.38) hem representat dues d'aquestes superfícies, $\Delta\vec{S}_i$ i $\overrightarrow{\Delta S_j}$, i podem comprovar que, d'acord amb la simetria esfèrica del camp elèctric, $\vec{E}_i$ és paral·lel a $\overrightarrow{\Delta S_i}$; $\vec{E}_j$, a $\overrightarrow{\Delta S_j}$, etc. Per tant, $\vec{E}$ és sempre paral·lel al vector superfície de qualssevol de les superfícies elementals, de manera que l'angle que forma amb qualsevol superfície elemental sempre és 0; a més, i com ja hem dit, en qualsevol punt de la superfície gaussiana el mòdul de la intensitat de camp és el mateix i té el valor $E = \dfrac{1}{4\pi\varepsilon_0}\dfrac{q}{R^2}$:

$$\Phi = \sum_{i=1}^{n} \Delta\Phi_i = \sum \vec{E}_i \cdot \Delta\vec{S}_i = \sum_{i=1}^{n} E_i \Delta S_i \cos 0 = \sum_{i=1}^{n} E_i \Delta S_i = \sum_{i=1}^{n} E\,\Delta S_i = E\sum_{i=1}^{n} \Delta S_i = ES$$

$$\Phi = \vec{E}\cdot\vec{S} \rightarrow \Phi = \frac{1}{4\pi\varepsilon_0}\frac{q}{r^2}\cdot 4\pi r^2 = \frac{q}{\varepsilon_0}$$

Es pot demostrar que aquest resultat és vàlid per a qualsevol superfície gaussiana, sigui quina sigui la seva forma, que contingui la càrrega q (fig. 2.39), de manera que, en qualsevol cas, el flux total que travessa la superfície és: $\Phi = q/\varepsilon_0$.

A més, s'observa que el flux que travessa la superfície és independent del radi i només depèn de la càrrega que hi ha al seu interior, i que, en el cas que la càrrega no es trobi en el buit sinó immersa en un medi de constant dielèctrica ε, es demostra que el flux també depèn de la constant dielèctrica: $\Phi = q/\varepsilon$.

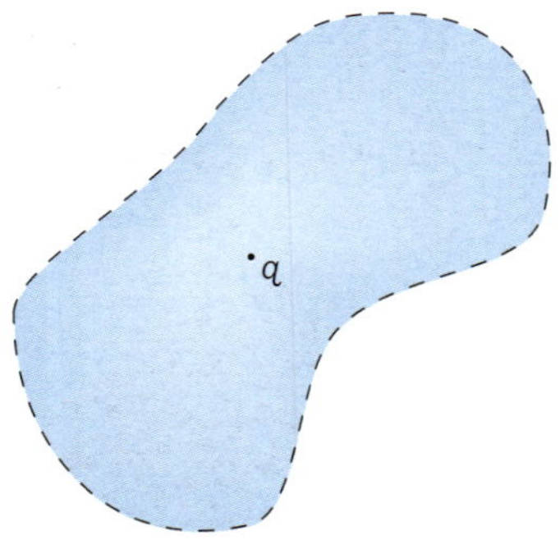

Fig. 2.39. Independentment de la superfície gaussiana i de la ubicació de la càrrega q, en el seu interior el flux continua sent el mateix.

Finalment, podem generalitzar aquest resultat també als casos en què hi ha diverses càrregues tant a l'interior com a l'exterior de la superfície. En aquest cas, tal com vam demostrar en l'exemple 15, en què es va generalitzar per a qualsevol superfície, el flux elèctric per a les càrregues externes és nul, ja que, recordem, per a aquestes totes les línies de camp elèctric que entren a l'interior de la superfície tancada tornen a sortir i donen un flux nul.

Així doncs, només cal tenir en compte les càrregues interiors a l'hora de calcular el flux total a través de la superfície gaussiana (fig. 2.40). D'aquesta manera obtenim un resultat final important que es coneix amb el nom de **llei de Gauss:**

$$\Phi = \frac{\sum_i q_{i,\,\text{interior}}}{\varepsilon_0}$$

Exemple 15. ➡ **Determina el flux que travessa la superfície gaussiana de la fig. 2.40, suposant que q_1 = ..., q_2 = ..., q_3 = ..., q_4 = ..., q_5 = ..., q_6 = ... i q_7 = ...**

Resolució

Apliquem la llei de Gauss només tenint en compte les càrregues interiors a la superfície.

$$\Phi = \frac{\sum q_{\text{interior}}}{\varepsilon_0} = \frac{q_1 + q_2 - q_3 + q_4 - q_5}{\varepsilon_0}$$

Les càrregues exteriors no es tenen en compte, ja que no influeixen en el flux total com hem demostrat. Podeu observar que, per a les càrregues que hi ha a l'interior de la superfície, les línies de camp generades per les positives surten cap enfora i les generades per les negatives entren a dintre.

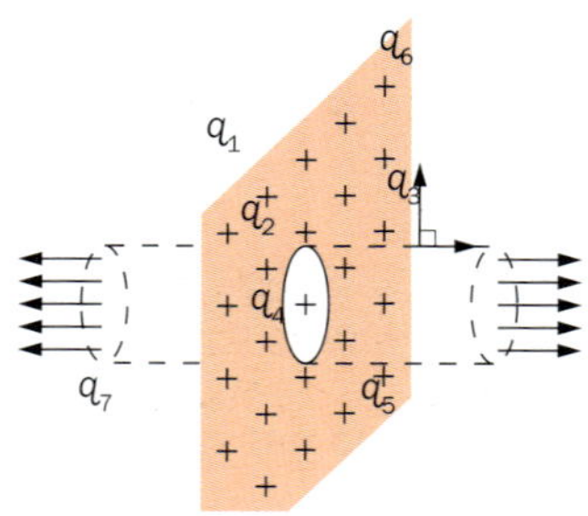

Fig. 2.40.

Camp elèctric en els conductors

Com ja es va comentar al principi d'aquest apartat, la llei de Gauss permet determinar la intensitat de camp elèctric en el cas de les distribucions contínues de càrrega que tenen un cert grau de simetria. Segons la forma del cos carregat, podem considerar tres tipus de distribucions:

Si el cos té forma de fil, aleshores la càrrega queda distribuïda de forma lineal, i per això definim la **densitat lineal de càrrega** λ: $\lambda = \dfrac{\Delta q}{\Delta r}$	Si el cos, tot i tenir volum, té la càrrega distribuïda sobre la seva superfície exterior, aleshores definim la **densitat superficial de càrrega** σ. $\sigma = \dfrac{\Delta q}{\Delta S}$	Si el cos té volum i tota la càrrega queda distribuïda pel seu interior, aleshores definim la **densitat volumètrica de càrrega** ρ. $\rho = \dfrac{\Delta q}{\Delta V}$

Tenint en compte aquestes definicions, ara aplicarem la llei de Gauss per tal de calcular el camp elèctric en dos casos concrets en què el material dels cossos és conductor.

Recordem que els conductors tenen la propietat de tenir càrregues lliures al seu interior susceptibles de moure's lliurement pel seu interior; en el cas dels conductors metàl·lics, per exemple, de Fe, Cu, Al, Au, Ag..., que contenen una determinada càrrega q, són els electrons les càrregues que tenen llibertat de moviment pel seu interior, de manera que les forces elèctriques repulsives entre ells fan que se separin el més lluny possible i que es distribueixin per la superfície P del conductor, fins que s'arriba a un equilibri electroestàtic en què queden distribuïts uniformement (fig. 2.42).

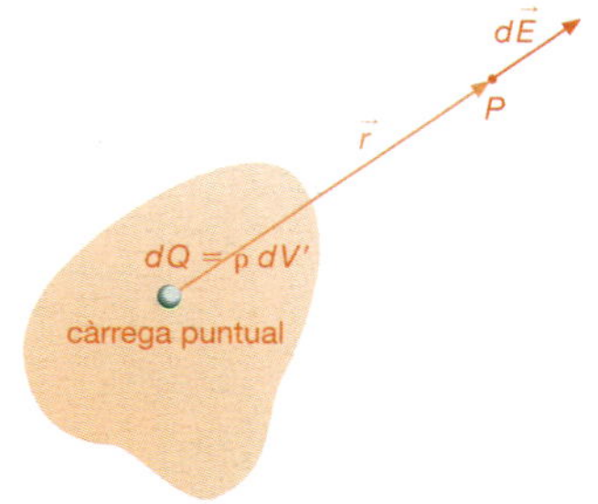

Fig. 2.41. Per calcular el camp en P a causa de la distribució volumètrica i contínua de càrrega, cal escollir un element diferencial dQ i integrar en tot el volum del cos. Prenem un element diferencial de càrrega dQ, és a dir, una càrrega que ocupa un volum dV molt petit i que, per tant, es pot considerar com una càrrega puntual (fig. 2.41). Si la densitat de càrrega volumètrica del cos és uniforme i de valor ρ, podem substituir $dQ = \rho\, dV'$ en l'expressió:

$$\vec{E} = \int K \frac{dQ}{r^2}\vec{u} \rightarrow \vec{E} = \int_{V'} K \frac{\rho\, dV'}{r^2}\vec{u}$$

en què V' és el volum del cos.

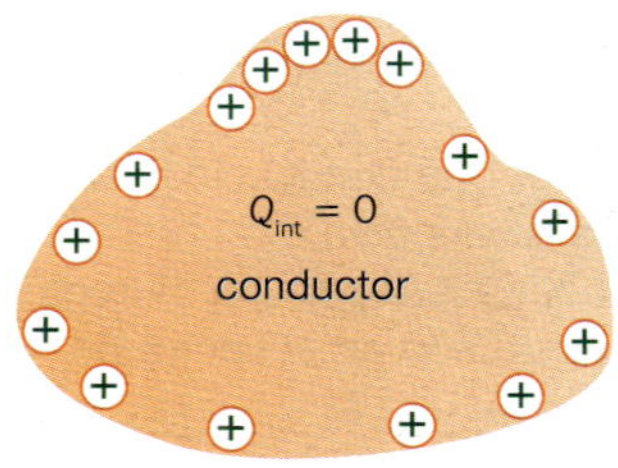

Fig. 2.42. En els conductors la càrrega elèctrica es distribueix en la superfície.

Camp elèctric d'una esfera

Calculem el camp elèctric d'una esfera conductora carregada elèctricament de radi R en tres punts diferents: un punt interior P_1, just en la superfície P_2 i finalment en un punt exterior P_3 (fig. 2.43 i fig. 2.44) . Com que es tracta d'un conductor, la càrrega està distribuïda homogèniament per la superfície metàl·lica amb una certa densitat superficial σ.

- Comencem pel cas d'un **punt interior**, dibuixem una superfície esfèrica concèntrica gaussiana S_1 que passa per P_1 de radi r_1 (fig. 2.43). Com que a l'interior de la superfície de Gauss no hi ha càrrega elèctrica, ja que tota ella està distribuïda en la superfície metàl·lica, segons la llei de Gauss podem escriure:

$$\Phi = \frac{\sum q_{\text{interior}}}{\varepsilon_0} = \frac{0}{\varepsilon_0}$$

De la definició de flux $\Phi = \sum_{i=1}^{n} \vec{E}_i \cdot \Delta\vec{S}_i$ podem deduir que $E_1 = 0$, ja que $\vec{S}_1 \neq 0$.

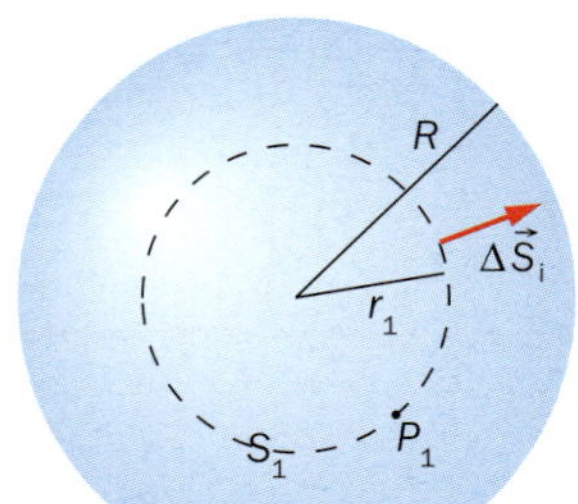

Fig. 2.43.

- Considerem ara un **punt tant pròxim possible** a la superfície metàl·lica P_2 (fig. 2.44 *a*). Tracem una superfície gaussiana concèntrica a l'esfera S_2 que passi pel punt P_2 i tenint en compte que ara sí que conté tota la càrrega superficial $q = \sigma 4\pi R^2$ i, per tant, segons la llei de Gauss podem escriure:

$$\Phi = \frac{q_{\text{interior}}}{\varepsilon_0} = \frac{\sigma 4\pi R^2}{\varepsilon_0}$$

Com que els vectors $\vec{E}_2$ i $\Delta\vec{S}_2$ són vectors paral·lels en qualsevol punt de la superfície gaussiana i el mòdul de la intensitat de camp elèctric no varia en qualsevol punt de la superfície, de la definició de flux podem escriure que:

$$\Phi = \sum_{i=1}^{n} \vec{E}_i \cdot \Delta\vec{S}_i = \sum_{i=1}^{n} E_i \cdot \Delta S_i \cdot \cos 0 = \sum_{i=1}^{n} E_2 \cdot \Delta S_i = E_2 \cdot E_2 = E_2 4\pi R^2 = \frac{\sigma 4\pi R^2}{\varepsilon_0}$$

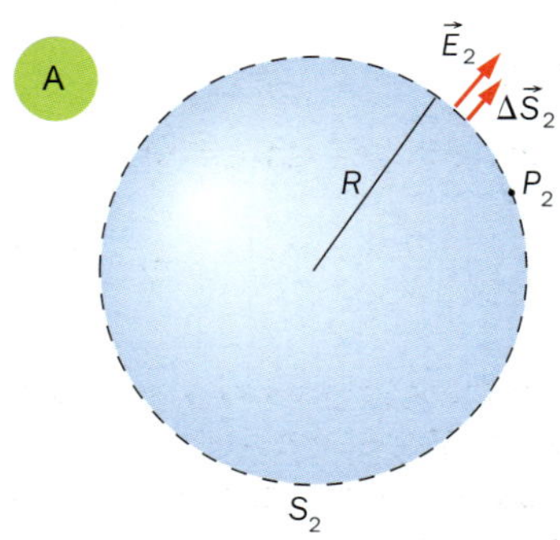

Fig. 2.44 a.

De l'última igualtat deduïm que $E_2 = \frac{\sigma}{\varepsilon_0}$.

També podem expressar la intensitat de camp en funció de la càrrega total que hi ha a la superfície $q = \sigma 4 \pi R^2$ i, per tant, deduïm que:

$$E_2 = \frac{\sigma}{\varepsilon_0} = \frac{q/4\pi R^2}{\varepsilon_0} = \frac{1}{4\pi\varepsilon_0} \cdot \frac{q}{R^2}$$

Observem un resultat que pot ser sorprenent, ja que correspon al mateix valor que el d'una càrrega puntual situada al centre de l'esfera conductora.

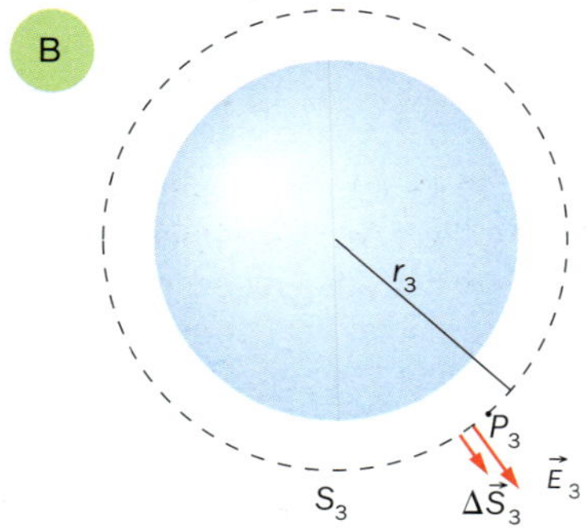

Fig. 2.44 *b*.

- Considerem ara un **punt exterior** P_3 (fig. 2.44 *b*), i seguim el mateix procediment que abans per calcular la intensitat de camp elèctric.

  Tracem una superfície gaussiana concèntrica a l'esfera que passi pel punt P_3 i tenint en compte que conté tota la càrrega superficial $q = \sigma 4 \pi R^2$.

  Per tant, segons la llei de Gauss, podem escriure:

$$\Phi = \frac{q_{\text{interior}}}{\varepsilon_0} = \frac{\sigma 4 \pi R^2}{\varepsilon_0}$$

Com que els vectors $\vec{E}_3$ i $\vec{S}_3$ són vectors paral·lels en qualsevol punt de la superfície gaussiana i el mòdul de la intensitat de camp elèctric no varia en qualsevol punt de la superfície, de la definició de flux podem escriure que:

$$\Phi = \sum_{i=1}^{n} \vec{E}_i \cdot \Delta\vec{S}_i = \sum_{i=1}^{n} E_i \cdot \Delta S_i \cdot \cos 0 = \sum_{i=1}^{n} E_3 \cdot \Delta S_i = E_3 \cdot S_3 = E_3 4 \pi r_3^2 = \frac{\sigma 4 \pi R^2}{\varepsilon_0}$$

De l'última igualtat deduïm que $E_3 = \frac{\sigma}{\varepsilon_0} \cdot \frac{R^2}{r_3^2}$.

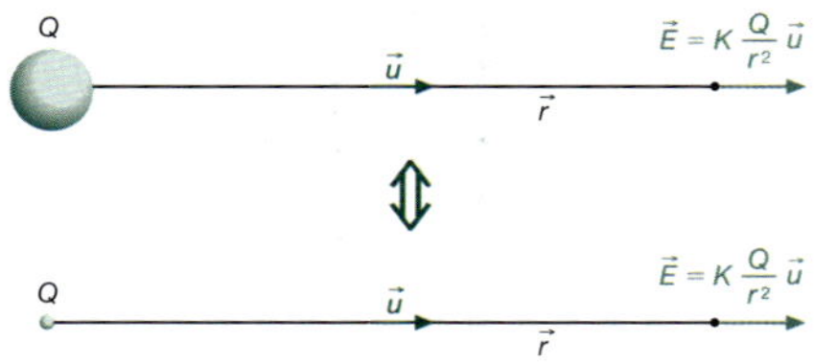

Fig. 2.45. Una distribució esfèrica de càrrega homogènia es pot substituir per una càrrega puntual situada en el centre de l'esfera.

Expressem la intensitat de camp en funció de la càrrega total que hi ha a la superfície $q = \sigma 4 \pi R^2$ i, per tant, deduïm que:

$$E_3 = \frac{\sigma}{\varepsilon_0} \cdot \frac{R^2}{r_3^2} = \frac{q/4\pi R^2}{\varepsilon_0} \cdot \frac{R^2}{r_3^2} = \frac{1}{4\pi\varepsilon_0} \cdot \frac{q}{r_3^2}$$

Observem també un resultat que correspon al mateix valor que el d'una càrrega puntual situada al centre de l'esfera conductora.

> En tot conductor esfèric carregat elèctricament la càrrega elèctrica es distribueix uniformement en la superfície, i, en conseqüència, el camp elèctric en el seu interior és nul. Pel que fa a la intensitat de camp elèctric en la superfície i en l'exterior, és equivalent a la d'una càrrega puntual d'igual valor situada al centre de l'esfera (fig. 2.45).

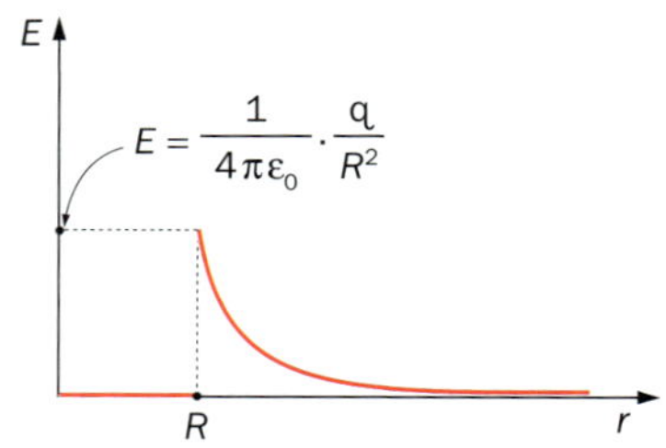

Fig. 2.46.

En la fig. 2.46 hem representat els resultats de les intensitats de camp elèctric que genera un conductor esfèric de radi *R*. Observem que la intensitat màxima correspon just a la superfície del conductor.

Camp elèctric d'una placa metàl·lica carregada amb una densitat superficial σ

Considerem ara una placa metàl·lica plana infinita carregada elèctricament amb una densitat superficial de càrrega σ. Les línies de camp elèctric tendeixen a ocupar tot l'espai i, com que aquestes no es poden tallar, necessàriament han de ser línies paral·leles (fig. 2.47). Tracem una superfície de Gauss en forma de cilindre, on hem indicat les superfícies bàsiques per $\Delta\vec{S}$ i la superfície lateral per $\Delta\vec{S}_l$.

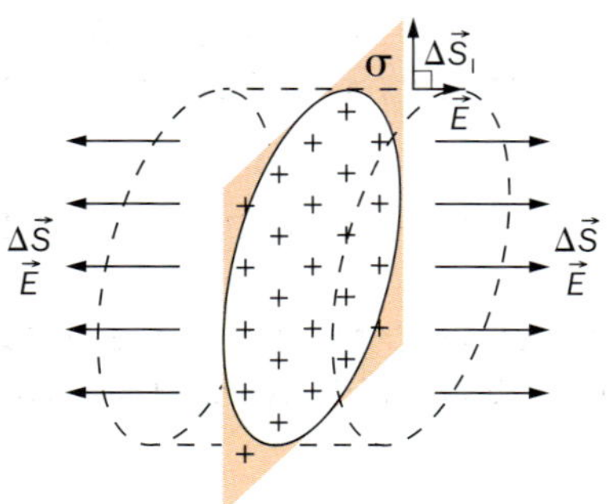

Fig. 2.47.

Fixeu-vos que el vector camp elèctric $\vec{E}$ és paral·lel a les superfícies bàsiques $\Delta\vec{S}$ i perpendicular a $\Delta\vec{S}_l$, per tant, el flux total que travessa la superfície de Gauss és:

$$\Phi = 2\vec{E} \cdot \Delta\vec{S} + \vec{E} \cdot \Delta\vec{S}_l = 2E\Delta S \cos 0 + E \cdot \Delta S_l \cos 90 = 2E\Delta S$$

Apliquem la llei de Gauss tenint en compte que la càrrega interior a la superfície gaussiana és: $q_{\text{interior}} = \sigma \cdot \Delta S$:

$$\Phi = \frac{\sum q_{\text{interior}}}{\varepsilon_0} = \frac{\sigma \Delta S}{\varepsilon_0}$$

Igualem ambdues expressions i tenim: $2E\Delta S = \frac{\sigma \Delta S}{\varepsilon_0} \Rightarrow E = \frac{\sigma}{2\varepsilon_0}$

Cal ressaltar el resultat anterior, ja que s'ha obtingut un camp elèctric constant, és a dir, del mateix valor independentment de la distància a la placa, i que això només passa si considerem la placa molt gran i punts allunyats del límit dels extrems de la placa. Si la placa està carregada negativament, les línies de camp van cap a la placa (fig. 2.48).

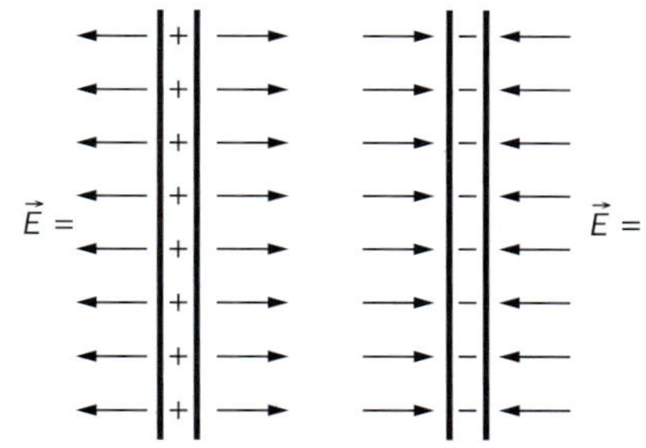

Fig. 2.48. *a)* Placa carregada positivament; *b)* placa carregada negativament.

Camp elèctric en un condensador

Considerem ara un condensador, que ja hem comentat que està format per dues plaques paral·leles carregades amb signes contraris (fig. 2.49). Si la separació entre les plaques, *d*, és molt petita en comparació amb les dimensions de les plaques, podem considerar que aquestes són pràcticament infinites i podem aplicar les expressions de l'apartat anterior. Com demostrarem, el camp elèctric a l'exterior és nul i al seu interior és pràcticament constant, és a dir, les línies de camp són línies paral·leles i equidistants, excepte en els extrems que presenten certa curvatura que negligim.

Ara aplicarem el resultat que hem obtingut en el cas d'una placa al cas de dues plaques o condensador.

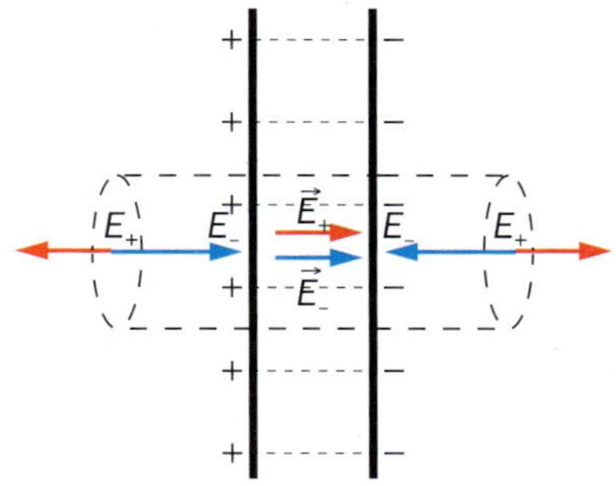

Fig. 2.49.

Aprofitant el resultat obtingut del camp elèctric que genera una placa molt gran $E = \frac{\sigma}{2\varepsilon_0}$, si tracem una superfície cilíndrica de Gauss tal com ho hem fet amb una sola placa (fig. 2.49), i donat que una placa és positiva i l'altra negativa amb la mateixa densitat superficial de càrrega σ però de signes diferents, a l'interior del condensador $\vec{E}_+$ i $\vec{E}_-$ tenen el mateix valor i el mateix sentit i per això se sumen, és a dir, $\vec{E}_+ + \vec{E}_- = 2\vec{E}_+$, mentre que a fora del condensador, tant a la dreta com a l'esquerra, el valor és nul perquè tenen el mateix mòdul però sentits contraris, és a dir, $\vec{E}_+ + \vec{E}_- = 0$.

En definitiva, el camp elèctric a l'interior d'un condensador és:

$$E = 2E_+ = 2\frac{\sigma}{2\varepsilon_0} \rightarrow E = \frac{\sigma}{\varepsilon_0}$$

ACTIVITATS

20. Les línies d'un camp elèctric $\vec{E} = 2 \cdot 10^3\ \vec{i}$ N/C travessen una superfície circular de radi 8 cm. Calculeu el flux quan: *a)* la superfície del cercle és paral·lela al pla *YZ*, *b)* la superfície del cercle és paral·lela al pla *XZ* i *c)* el vector normal del pla del cercle forma un angle de 60° amb el vector camp elèctric.

R: *a)* 40,2 N · m²/C; *b)* 0; *c)* 20,1 N · m² /C

21. Tres càrregues puntuals de 8, –10 i 12 μC es troben dins d'un cub de 25 cm de costat. *a)* Quin és el flux total que travessa el cub?, *b)* I si les càrregues es troben en l'interior d'una esfera de radi 5 cm? i *c)* En el cas *a)*, quin seria el flux total si la càrrega de 8 μC estigués fora del cub?

R: *a)* $1{,}13 \cdot 10^6$ N · m² /C; *b)* $1{,}13 \cdot 10^6$ N · m²; *c)* $2{,}26 \cdot 10^5$ N · m²/C

22. Una esfera massissa no conductora de radi 30 cm té una càrrega total de 8 μC uniformement distribuïda en tot el seu volum.

Calculeu la intensitat de camp elèctric en les distàncies següents respecte del centre de l'esfera: *a)* 0 cm, *b)* 20 cm, *c)* 30 cm i *d)* 50 cm.

R: *a)* 0; *b)* $5{,}33 \cdot 10^5$ N/C; *c)* $8 \cdot 10^5$ N/C; *d)* $2{,}88 \cdot 10^5$ N/C

23. Una làmina plana molt gran està carregada amb una densitat $\sigma = 6$ μC/m². Determineu la intensitat de camp en un punt allunyat dels extrems.

R: $3{,}39 \cdot 10^5$ N/C

5. Potencial elèctric

Sovint necessitem saber l'energia d'un sistema o el treball necessari per desplaçar una càrrega elèctrica en un camp elèctric o determinar l'energia cinètica d'una càrrega en moviment. Per això definim el concepte de potencial elèctric, que ens permetrà calcular-ho de manera àgil.

Definim el **potencial elèctric d'una càrrega puntual *Q* en un punt *A*** com el treball canviat de signe que realitza la força elèctrica efectuada per la càrrega *Q* quan desplaça una altra càrrega puntual de +1 C des de l'infinit fins a *A* (fig. 2.50). Simbòlicament ho expressem així:

$$V_A = -\underset{1\text{C}}{W_{\infty \to A}}$$

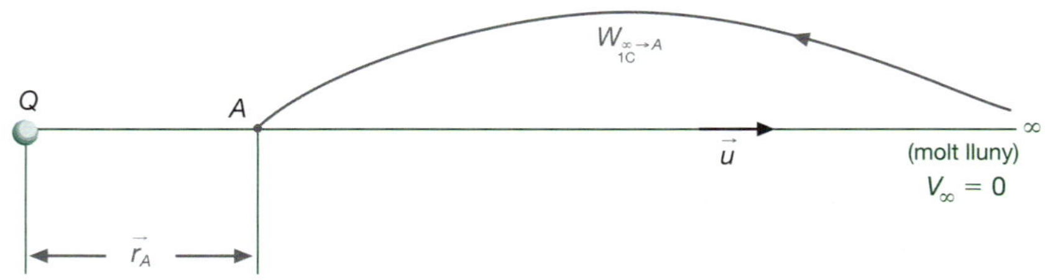

Fig. 2.50. Potencial elèctric d'una càrrega puntual *Q* en el punt *A*.

En el SI, la unitat de potencial elèctric és el volt (V) i es pren, per conveni, l'infinit com a referència de potencial zero: $V_\infty = 0$.

Per calcular el treball a partir de la definició de potencial elèctric seguirem el mateix procediment que per calcular el potencial gravitatori, ja que la força que rep la càrrega en desplaçar-se depèn de la distància:

$$W_{\infty \to A} = \int \vec{F} \bullet d\vec{r}$$

Substituïm la força $\vec{F}$ per la seva expressió:

$$V_A = -W_{\infty \to A} = -\int_\infty^{r_A} K \frac{Q \cdot 1}{r^2} \vec{u} \bullet d\vec{r}$$

Atès que $\vec{u} \bullet d\vec{r} = dr$, si integrem i apliquem la regla de Barrow, tenim que:

$$V_A = -\int_\infty^{r_A} K \frac{Q}{r^2} dr = -KQ \int_\infty^{r_A} \frac{1}{r^2} dr = -KQ \left[\frac{-1}{r}\right]_\infty^{r_A} = K \frac{Q}{r_A}$$

Generalitzant, l'expressió de **potencial d'una càrrega puntual *Q* a una distància *r*** és:

$$V = K \frac{Q}{r}$$

Per tant, adoneu-vos que el signe del potencial el determina el signe de la càrrega.

Si ara representem gràficament el diagrama *F-r*, d'acord amb la definició d'integral, podem interpretar el potencial com l'àrea ombrejada (fig. 2.51 *a*).

Si representem aquest potencial en un diagrama *V-r* per una càrrega positiva, observem el que ja havíem comentat, és a dir, que el potencial tendeix a zero quan *r* tendeix a ∞ (fig. 2.51 *b*).

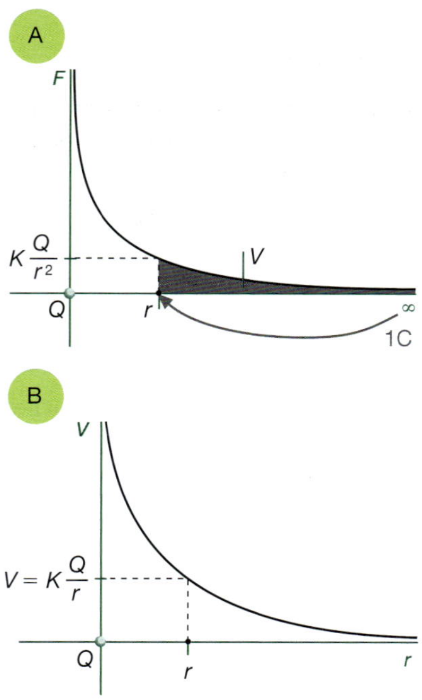

Fig. 2.51. *a)* Diagrama *F-r*. *b)* Diagrama *V-r*.

Exemple 16. **Una esfera carregada crea un camp i un potencial, a 80 cm de la seva superfície, de 3 000 N/C i 2 500 V, respectivament. Calculeu la càrrega i el radi de l'esfera.**

Resolució

La distribució d'una càrrega amb simetria esfèrica es pot considerar com una càrrega puntual situada en el centre de l'esfera, com hem demostrat amb la llei de Gauss.

Substituint valors en les expressions $E = K\dfrac{Q}{r^2}$ i $V = K\dfrac{Q}{r}$ establim el sistema següent:

$$\left.\begin{aligned} 3\,000 &= 9 \cdot 10^9 \cdot \frac{Q}{(R+0{,}8)^2} \\ 2\,500 &= 9 \cdot 10^9 \cdot \frac{Q}{(R+0{,}8)} \end{aligned}\right\}$$

Resolem el sistema i aïllem *R:*

$$\frac{30}{25} = \frac{1}{(R+0{,}8)} \rightarrow R = 0{,}0333 \text{ m} = 3{,}33 \text{ cm}$$

Per obtenir la càrrega només ens cal substituir el valor de *R* en qualsevol de les equacions que formen el sistema, per exemple en la 2a, i aïllar *Q:*

$$Q = 2\,500 \cdot \frac{0{,}0333 + 0{,}8}{9 \cdot 10^9} = 2{,}3 \cdot 10^{-7} \text{ C} = 0{,}23 \text{ }\mu\text{C}$$

5.1. Potencial elèctric creat per una distribució de càrregues puntuals

Considerem un sistema de càrregues puntuals (fig. 2.52). Per determinar el potencial en el punt *A* apliquem el principi de superposició, de la mateixa manera com ho hem fet per determinar el camp elèctric:

$$V_A = V_1 + V_2 + \ldots + V_i + \ldots + V_n = \sum_{i=1}^{n} V_i$$

Per obtenir el potencial en el punt *A* es calcula el potencial de cada càrrega en aquest punt i se sumen escalarment tots els potencials. Si les càrregues són positives, el potencial és positiu, i si les càrregues són negatives, el potencial és negatiu. Si les càrregues tenen signes diferents, el signe del potencial depèn dels valors de les càrregues.

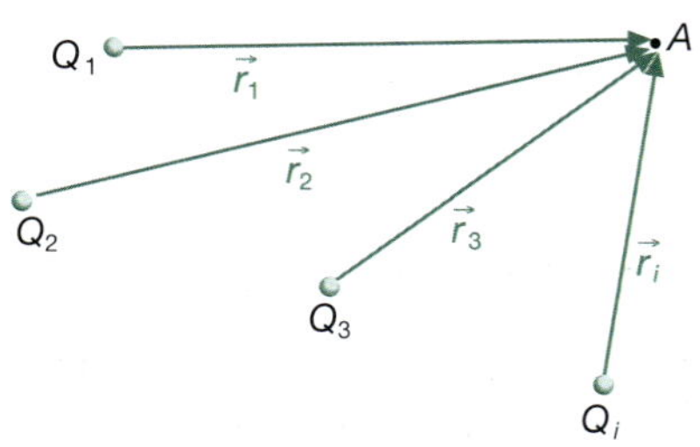

Fig. 2.52. Potencial elèctric d'una distribució de càrregues puntuals en un punt *A*.

Més dades

Quan la càrrega és un sistema no puntual i continu, el sumatori es resol amb el càlcul integral:

$$V_A = \int dV = \int K\frac{dQ}{r}$$

Exemple 17. **Calculeu el potencial creat en el punt *A* per la distribució de càrregues puntuals representades en la figura 2.53.**

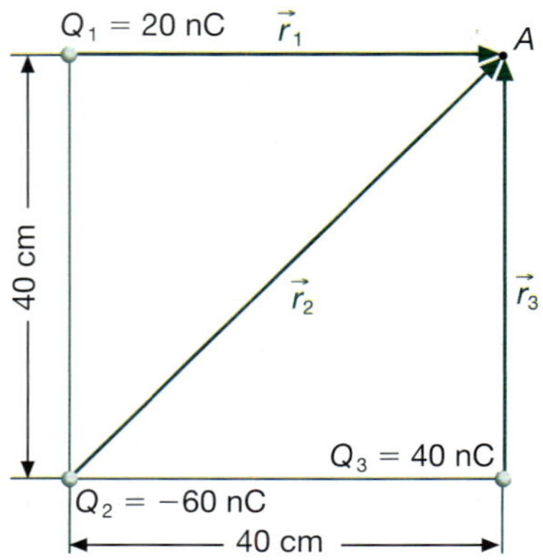

Fig. 2.53.

Resolució

Apliquem el principi de superposició amb les dades que ens dona la figura:

$$V_A = V_1 + V_2 + V_3 = K\left(\frac{Q_1}{r_1} + \frac{Q_2}{r_2} + \frac{Q_3}{r_3}\right) =$$

$$= 9 \cdot 10^9 \cdot \left(\frac{20 \cdot 10^{-9}}{0,4} + \frac{-60 \cdot 10^{-9}}{0,566} + \frac{40 \cdot 10^{-9}}{0,4}\right) = 395 \text{ V}$$

Exemple 18. **Calculeu el camp i el potencial elèctric en el centre de cada una de les distribucions de càrregues de la figura 2.54. Cada càrrega val $Q = 1$ nC.**

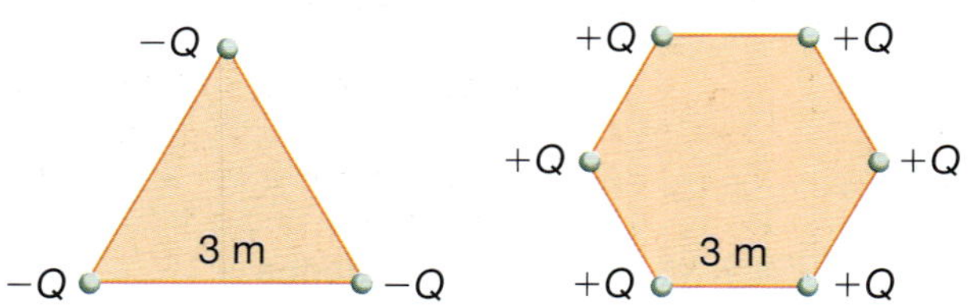

Fig. 2.54.

Resolució

El camp elèctric, tant en el centre del triangle equilàter com en el de l'hexàgon, és nul, ja que guarden una distribució simètrica de càrregues, com podeu observar en les figures següents:

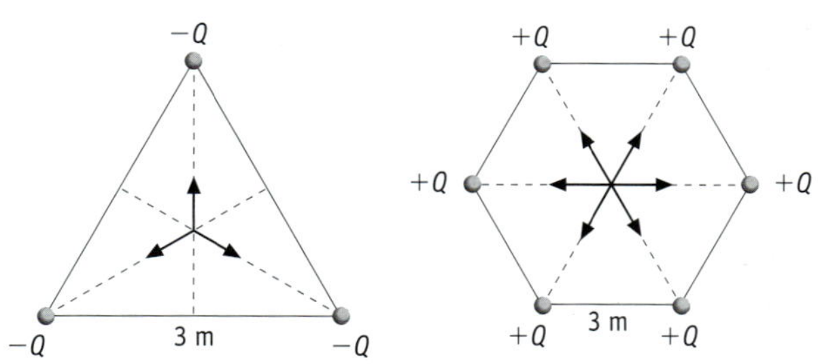

Fig. 2.55.

Per calcular el potencial elèctric calculem les distàncies del centre en cada vèrtex:

- Triangle

  Prèviament, calculem la distància de les càrregues al centre, tenint en compte que la distància del vèrtex al centre és $\frac{2}{3}$ de l'altura del triangle:

  $$r = \frac{2}{3} \cdot \sqrt{3^2 - 1,5^2} = \sqrt{3} = 1,73 \text{ m}$$

  Ara podem calcular el potencial amb què contribueixen les tres càrregues:

  $$V = \sum K\,\frac{Q}{r} = 9 \cdot 10^9 \cdot \frac{-10^{-9}}{\sqrt{3}} \cdot 3 = -15,58 \text{ V}$$

- Hexàgon

  La distància de les càrregues al centre de l'hexàgon és precisament el mateix valor del costat, com es pot observar en la figura 2.55:

  $$r = 3 \text{ m}$$

  Calculem el potencial amb què contribueixen les sis càrregues:

  $$V = \sum K\,\frac{Q}{r} = 9 \cdot 10^9 \cdot \frac{10^{-9}}{3} \cdot 6 = 18 \text{ V}$$

Exemple 19. ➡ **Una anella circular de 5 cm de radi està carregada amb una densitat lineal de càrrega $\lambda = 40$ pC/m (fig. 2.56).**

Calculeu el potencial en el centre de l'anella.

Resolució

Prenem un element tan petit com sigui possible, Δl de l'anella, que contingui una quantitat de càrrega $\Delta Q = \lambda \Delta l$ que podem considerar-la una càrrega puntual. El potencial que genera aquesta càrrega en el centre de l'anella és, per tant:

$$V_i = K \frac{\Delta Q}{R}$$

Com que tots els elements de càrrega puntual es troben a la mateixa distància, el potencial total serà la suma de la contribució contínua de càrregues de l'anella:

$$V = \sum_{i=1}^{n} K \frac{\Delta Q}{R} = \frac{K}{R} \sum_{i=1}^{n} \Delta Q_i = K \frac{Q_{total}}{R}$$

La càrrega total la podem expressar en funció de la densitat lineal $Q_{total} = 2\pi R \lambda$ i, per tant:

$$V = K \frac{Q_{total}}{R} = K \frac{2\pi R \lambda}{R} = 2K\lambda\pi$$

Si substituïm valors:

$$V = 2 \cdot 9 \cdot 10^{9} \cdot 40 \cdot 10^{-12}\, \pi = 2{,}26 \text{ V}$$

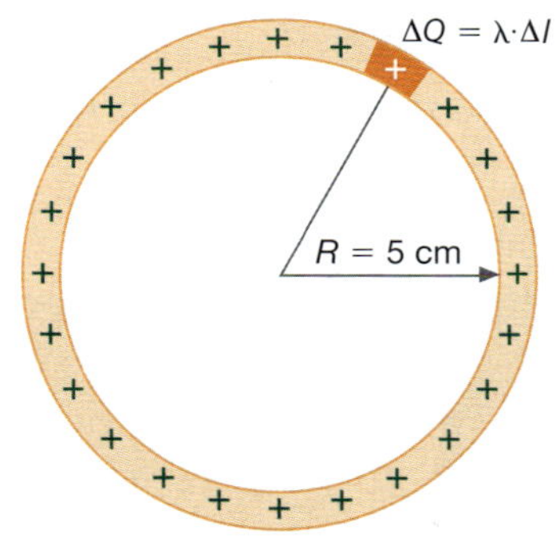

Fig. 2.56.

5.2. Diferència de potencial elèctric entre dos punts

Considerem una altra vegada una càrrega puntual positiva $+Q$ i dos punts *A* i *B*, com indica la figura 2.57 *a*.

Si representem en un diagrama *F-r* la força que rep una càrrega de +1 C en desplaçar-la des de *B* fins a *A* en presència de la càrrega *Q* (fig. 2.57 *b*), com ja sabeu, l'àrea ombrejada representa el treball realitzat per la força elèctrica i expressa la diferència de potencial en mòdul entre els punts *A* i *B*.

Recorda

Entre dos punts *A* i *B* hi ha una diferència de potencial (ddp) d'1 V quan en desplaçar una càrrega d'1 C es realitza un treball d'1 J.

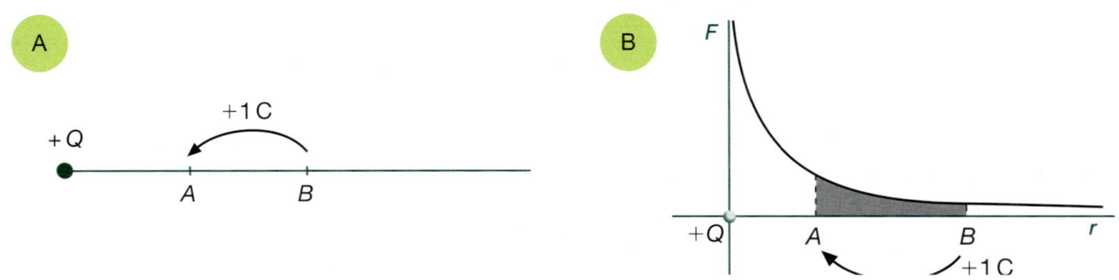

Fig. 2.57. *a)* Per desplaçar 1 C des del punt *B* fins al punt *A* cal fer una força i, per tant, un treball. *b)* L'àrea ombrejada expressa la diferència de potencial elèctrica en mòdul d'una càrrega puntual *Q* entre dos punts *A* i *B*.

Definim **diferència de potencial** entre dos punts *A* i *B* com el treball canviat de signe realitzat per la força elèctrica per desplaçar una càrrega puntual de +1 C des de *B* fins a *A*. És a dir:

$$\Delta V = V_A - V_B = -W_{\underset{+1C}{B \to A}}$$

Sabies que...?

El nom de la unitat de voltatge, el volt, *V*, ve del nom d'Alessandro Volta (1745-1827), que va inventar la pila elèctrica.

Fig. 2.59.

A partir de la definició de potencial en cada punt, podem escriure que:

$$V_A - V_B = -W_{\underset{+1C}{\infty \to A}} - (-W_{\underset{+1C}{\infty \to B}}) = -W_{\underset{+1C}{B \to A}}$$

$$V_A - V_B = KQ \cdot \left(\frac{1}{r_A} - \frac{1}{r_B}\right)$$

Observeu que la intensitat de camp elèctric sempre té el sentit en què el potencial disminueix (fig. 2.58). Ho justifiquem en els dos casos següents.

Quan la càrrega és positiva, $+Q$, crea un camp elèctric cap enfora i el sentit del camp $\vec{E}$ és en el sentit en què el potencial disminueix, ja que en allunyar-nos de la càrrega disminueix el potencial, com podem comprovar amb l'expressió $V = K\dfrac{Q}{r}$.

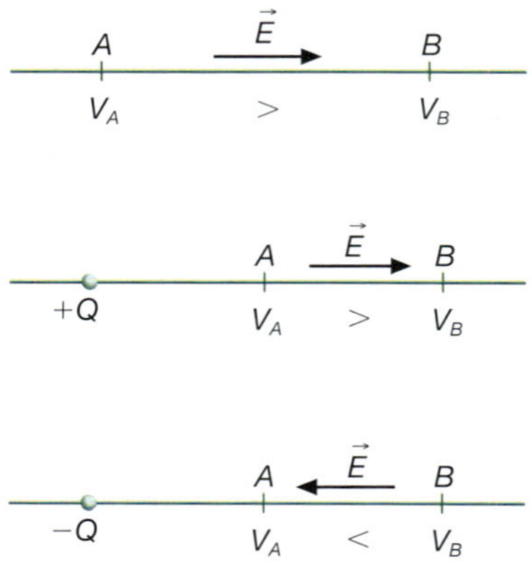

Fig. 2.58. Independentment del signe de la càrrega, el sentit del camp elèctric és el mateix en què el potencial disminueix.

Quan la càrrega és negativa, $-Q$, crea un camp cap aquesta i el seu sentit també és cap a on el potencial disminueix, ja que en allunyar-nos de la càrrega el potencial augmenta, com indica l'expressió $V = K\dfrac{-Q}{r}$.

Per tant, interpretem que una càrrega positiva lliure es desplaça en el mateix sentit del camp elèctric i cap a potencials més petits, i que una càrrega negativa lliure es desplaça en sentit contrari al camp elèctric i cap a potencials més grans.

Recorda

Les càrregues positives es desplacen cap a punts en què el potencial és més petit.

Les càrregues negatives es desplacen cap a punts en què el potencial és més alt.

Exemple 20. **Calculeu la diferència de potencial (ddp) que crea una càrrega de 50 nC entre dos punts *A* i *B* que disten d'aquesta càrrega 1 m i 40 cm, respectivament.**

Resolució

Si apliquem l'expressió anterior, tenim:

$$V_A - V_B = 9 \cdot 10^9\ \frac{\text{N} \cdot \text{m}^2}{\text{C}^2} \cdot 50 \cdot 10^{-9}\ \text{C} \cdot \left(1 - \frac{1}{0,4}\right) \text{m}^{-1} = -675\ \text{V}$$

O també ho podem escriure així:

$$V_B - V_A = 675\ \text{V}$$

Recorda

En un circuit elèctric, un generador el que fa és crear una diferència de potencial, de manera que els electrons es mouen de punts del circuit en què el potencial és més baix cap a punts del circuit en què el potencial és més alt, en ser càrregues negatives.

ACTIVITATS

24. No sabem com està distribuïda la càrrega en l'interior d'una esfera de radi R amb càrrega $+Q$. Podem acceptar que el potencial en un punt exterior $r > R$ és $V = K\dfrac{Q}{r}$? Raoneu la resposta.

25. Calculeu el potencial que crea una càrrega puntual de 60 nC en un punt A que dista 9 m.

R: 60 V

26. Quan els cossos es carreguen fins que creen un camp elèctric en la superfície de $3 \cdot 10^6$ N/C, que anomenem *camp de ruptura,* es descarreguen elèctricament amb l'aire que els envolta, ja que l'aire s'ionitza i facilita la descàrrega.

Calculeu:

a) La càrrega elèctrica total distribuïda en la superfície d'una esfera metàl·lica de radi 5 cm, que genera un camp elèctric del valor anterior en la superfície.

b) El potencial elèctric en la seva superfície.

R: *a)* $8{,}33 \cdot 10^{-7}$ C; *b)* 150 000 V

27. Una càrrega puntual Q crea en un punt de l'espai un camp elèctric d'intensitat 10 N/C i un potencial elèctric de −3 V. Determineu el valor i el signe de la càrrega.

R: -10^{-10} C

28. Calculeu el potencial en A de la distribució de càrregues puntuals de la figura 2.60.

R: 0 V

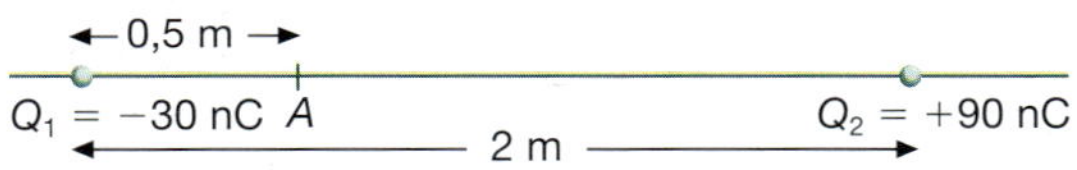

Fig. 2.60.

29. Quin treball cal realitzar per desplaçar una càrrega puntual de +1 C des de B fins a A del sistema representat en la figura 2.61?

R: 11 250 J

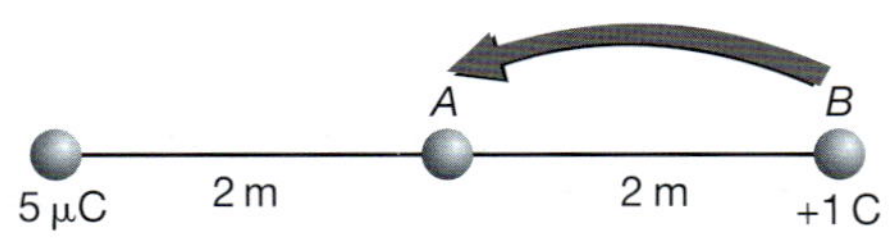

Fig. 2.61.

30. En els vèrtexs oposats d'un quadrat de longitud L hi ha dues càrregues iguals de valor Q i en un tercer vèrtex hi ha una càrrega de valor $-2\,Q$. Calculeu la diferència de potencial que hi ha entre el seu centre O i l'altre vèrtex lliure A.

R: $(2 - \sqrt{2}) \cdot K \cdot Q/L$

31. Una càrrega elèctrica positiva es mou en la mateixa direcció i sentit que la d'un camp elèctric uniforme passant de A cap a B. $V_B - V_A$ és positiu o negatiu? I si la càrrega és negativa? Raoneu les respostes.

32. Una esfera massissa de radi 5 cm està carregada uniformement amb una densitat de càrrega de $\rho = 300$ nC/m^3. Calculeu el camp elèctric en mòdul i el potencial elèctric a una distància de 10 cm de la superfície.

R: 62,8 N/C; 9,42 V

33. Una escorça esfèrica de 5 cm de radi està carregada amb una densitat de càrrega de $\sigma = 40$ nC/m^2. Calculeu el camp i el potencial elèctric en el seu centre.

R: 0 N/C; 226,2 V

6. Energia potencial elèctrica

Hem definit el potencial V_A com el treball canviat de signe realitzat per una càrrega Q per desplaçar una altra càrrega d'1 C des de l'infinit fins a A (fig. 2.62*a*). Ara bé, si en comptes de desplaçar 1 C desplacem una càrrega Q' de valor arbitrari (fig 2.62*b*), aquest treball és l'**energia potencial** del sistema format per les dues càrregues puntuals Q i Q', i el seu valor el dona l'expressió:

$$E_{pA} = Q' V_A$$

Tingues en compte

Quan una càrrega elèctrica es desplaça des d'un punt *a* a un punt *b*, el treball que sobre ella realitza el camp elèctric és:

$$W_{a \to b} = -(E_{p_b} - E_{p_a}) = E_{p_a} - E_{p_b}$$

Per tant, la diferència de potencial $E_{p_a} - E_{p_b}$ és igual al treball que realitza la força elèctrica quan la càrrega es desplaça d'*a* cap a *b*.

Quan E_{p_a} és més gran que E_{p_b}, el camp elèctric realitza un treball positiu sobre la partícula.

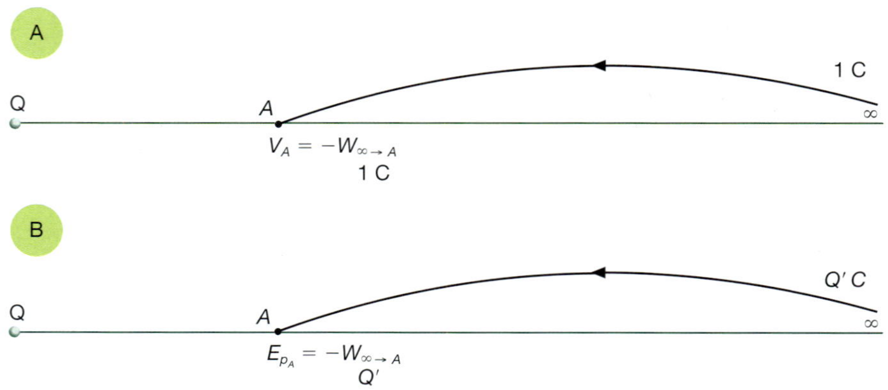

Fig. 2.62. *a)* Potencial en *A* creat per una càrrega puntual *Q*. *b)* Energia potencial de la càrrega puntual *Q'* causada pel camp de la càrrega *Q*.

Si tenim en compte que el potencial és $V_A = K \dfrac{Q}{r_A}$, podem escriure:

$$E_{pA} = K \frac{Q Q'}{r_A}$$

Generalitzant, dues càrregues Q i Q' separades una distància r tenen una energia potencial expressada per:

$$E_p = K \frac{Q Q'}{r}$$

Això significa que si les càrregues Q i Q' estan molt separades, és a dir, a una distància infinita, $E_p = 0$, i quan les apropem fins a una distància r, el treball realitzat pel sistema és:

$$W = -\Delta E_p = -(E_{pA} - E_{p\infty}) = -(E_{pA} - 0) = -E_{pA} = -K \frac{Q Q'}{r}$$

O també podem dir que el treball fet per les forces externes és:

$$W = \Delta E_p = K \frac{Q Q'}{r}$$

Una energia potencial negativa suposa que les forces entre les dues càrregues són atractives i, per tant, constitueix un sistema lligat, és a dir, més estable.

Quan l'energia potencial és positiva, les forces són repulsives i el sistema es considera inestable.

6.1. Variació d'energia potencial

Quan una càrrega canvia de posició en presència d'un camp elèctric, es produeix una variació de l'energia potencial. Aquest valor ens permetrà aplicar el principi de conservació de l'energia, com veurem més endavant.

El treball, canviat de signe, per desplaçar una càrrega *Q′* des d'un punt *A* fins a un punt *B* en presència d'una càrrega *Q* és la **variació de l'energia potencial** del sistema. És a dir,

$$W = -\Delta E_p = -(E_{pB} - E_{pA}) = -(Q'V_B - Q'V_A) =$$
$$= -Q'(V_B - V_A) = -Q'\Delta V$$

que representa el treball fet pel sistema quan *Q′* passa de la posició *A* a la posició *B* (fig. 2.63).

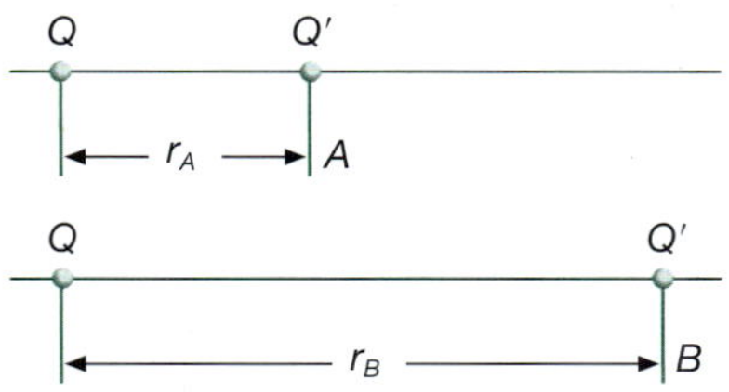

Fig. 2.63. Variació de l'energia potencial quan variem les distàncies entre les càrregues *Q* i *Q′*.

En la figura 2.64 podem veure que la variació de l'energia potencial representa l'àrea ombrejada en el gràfic *F-r*.

Recordem que s'ha de diferenciar entre el treball fet pel sistema, W_{sistema}, i el treball fet per les forces externes, W_{exterior}, que, recordem, són per definició:

$$W_{\text{sistema}} = -\Delta E_p \quad ; \quad W_{\text{exterior}} = \Delta E_p$$

Tal com es va fer en la unitat anterior, interpretem ara físicament el signe dels anteriors treballs.

Recordem que quan és la força elèctrica la que, efectivament, realitza per si mateixa un canvi en la configuració del sistema de càrregues, llavors el treball realitzat pel sistema és positiu, mentre que el treball realitzat per les forces externes és negatiu. És el que passa en la situació de l'exemple 22 de la pàgina següent.

Per contra, quan és necessari que actuï una força externa neta oposada a la força elèctrica per tal que es verifiqui un determinat canvi en la configuració del sistema, llavors el treball realitzat per les forces externes és positiu, i el treball del sistema, negatiu; en aquest cas la força elèctrica no pot realitzar el canvi per ella mateixa, sinó que han de ser les forces externes les que forcin el canvi en el sistema. En l'exemple 23 següent es dona aquesta situació.

Sabies que...?

Una manera de poder emmagatzemar energia electrostàtica és mitjançant els condensadors. Mitjançant una font d'alimentació de CC podem anar carregant les plaques del condensador fins que la diferència de potencial sigui igual al de la font. D'aquesta manera tenim amb aquest aparell energia electroestàtica disponible per ser utilitzada per exemple en el motor d'arrencada d'un automòbil, etc.

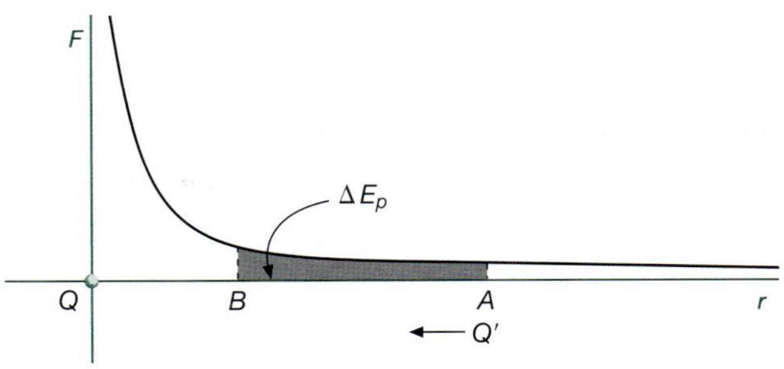

Fig. 2.64. L'àrea ombrejada és la variació de l'energia potencial i expressa el treball necessari per passar una càrrega *Q′* des d'*A* fins a *B*.

Per tant, cal interpretar l'**energia potencial** com l'energia del sistema de la qual podem disposar per realitzar un treball determinat.

Les energies potencials estudiades fins ara depenen de la posició. Així, quan comprimim una molla estem emmagatzemant energia potencial elàstica en el sistema molla, quan elevem un cos estem emmagatzemant energia potencial gravitatòria en el cos, etc. D'aquesta manera podem disposar d'una energia que és capaç de realitzar un treball. La molla comprimida, per exemple, pot empènyer un cos i donar-li una certa energia cinètica en deixar-lo anar lliurement (fig. 2.65 *a*). Ara veurem que el comportament amb les càrregues és anàleg.

Considerem dues càrregues del mateix signe; per exemple, $+Q$ i $+Q'$ (fig 2.65 *b*). Per augmentar l'energia potencial d'aquest sistema caldrà apropar-les, i com més pròximes estiguin més energia potencial estarem emmagatzemant en el sistema. Si, per exemple, deixem anar lliurement la càrrega $+Q$, s'allunyarà de la càrrega Q' i part de la seva energia potencial es transformarà en energia cinètica.

Considerem ara dues càrregues de signe contrari, $+Q$ i $-Q'$ (fig. 2.65 *c*). Per augmentar l'energia potencial hem d'augmentar la separació entre les càrregues. Com més allunyades estiguin les càrregues, més energia potencial estarem emmagatzemant en el sistema. Si ara deixem anar lliurement la càrrega $+Q$, aquesta s'apropar cap a la càrrega $-Q'$ augmentant l'energia cinètica i, per tant, disminuint l'energia potencial.

Si analitzem l'expressió $E_p = K\dfrac{QQ'}{r}$, podem comprovar la certesa d'aquestes afirmacions.

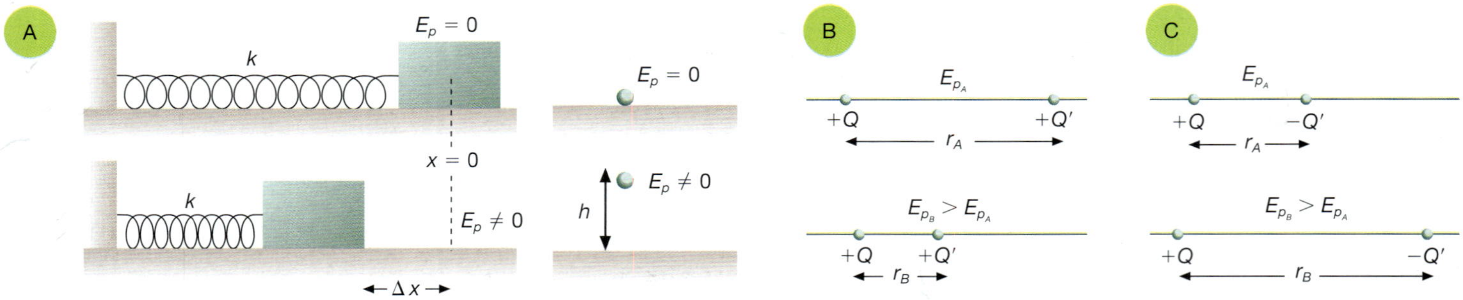

Fig. 2.65. Diferents formes d'energia potencial: *a)* elàstica i gravitatòria, *b)* elèctrica amb dues càrregues del mateix signe i *c)* elèctrica amb càrregues de signes contraris.

Exemple 21. **Dues càrregues de +20 μC i +40 μC estan separades 10 cm.**

Si les separem fins a 30 cm, quina ha estat la variació de l'energia potencial? Quin treball s'ha realitzat? Interpreteu-ne el signe.

Resolució

L'energia potencial inicial és:

$$E_{pi} = K\frac{QQ'}{r} =$$

$$= 9\cdot 10^9\,\frac{\text{N}\cdot\text{m}^2}{\text{C}^2}\cdot\frac{20\cdot 10^{-6}\,\text{C}\cdot 40\cdot 10^{-6}\,\text{C}}{0{,}1\text{ m}} = 72\text{ J}$$

L'energia potencial final és:

$$E_{pf} = K\frac{QQ'}{r} = 9\cdot 10^9\,\frac{\text{N}\cdot\text{m}^2}{\text{C}^2}\cdot\frac{20\cdot 10^{-6}\,\text{C}\cdot 40\cdot 10^{-6}\,\text{C}}{0{,}3\text{ m}} = 24\text{ J}$$

La variació de l'energia potencial és el treball que han de fer les forces externes:

$$\Delta E_p = W = 24\text{ J} - 72\text{ J} = -48\text{ J}$$

El signe negatiu vol dir que no necessita energia exterior, és a dir que el sistema assoleix l'estat final sense ajuda externa. El treball fet pel sistema és +48 J.

Exemple 22. **Dues càrregues de −40 μC i +60 μC estan separades 5 cm.**

Quin treball cal fer per separar-les fins a 20 cm?

Resolució

Calculem la variació de l'energia potencial:

$$\Delta E_p = E_{pf} - E_{pi} = KQQ'\left(\frac{1}{r_f} - \frac{1}{r_i}\right) = 9\cdot 10^9\,\frac{\text{N}\cdot\text{m}^2}{\text{C}^2}\cdot(-40\cdot 10^{-6}\,\text{C})\cdot 60\cdot 10^{-6}\,\text{C}\cdot\left(\frac{1}{0{,}2\text{ m}} - \frac{1}{0{,}05\text{ m}}\right) = 324\text{ J}$$

El treball fet pel sistema és $W = -\Delta E_p = -324$ J, i el treball fet per les forces externes és $W = \Delta E_p = 324$ J.

En aquest cas és necessari que actuïn les forces externes, ja que el sistema per si sol no pot aconseguir la separació de 5 cm a 20 cm perquè les càrregues s'atreuen a causa dels signes oposats.

Exemple 23. **Dues càrregues de +20 nC i +60 nC estan situades, respectivament, en els punts (0, 5) i (0, –4) de l'eix *Y* (fig. 2.66).**

Si a l'origen hi ha una càrrega de –100 mC, calculeu el treball fet per una força externa per traslladar-la al punt (0, 2).

Resolució

En primer lloc, calculem el potencial de les càrregues fixes a l'origen i a (0, 2) a partir de l'expressió: $V = \sum K \frac{Q}{r}$

$$V_{(0,\,0)} = 9 \cdot 10^9 \, \frac{\text{N} \cdot \text{m}^2}{\text{C}^2} \cdot \left(\frac{20 \cdot 10^{-9}}{5} + \frac{60 \cdot 10^{-9}}{4} \right) \text{C} \cdot \text{m}^{-1} = 171 \text{ V}$$

$$V_{(0,\,2)} = 9 \cdot 10^9 \, \frac{\text{N} \cdot \text{m}^2}{\text{C}^2} \cdot \left(\frac{20 \cdot 10^{-9}}{3} + \frac{60 \cdot 10^{-9}}{6} \right) \text{C} \cdot \text{m}^{-1} = 150 \text{ V}$$

El treball fet per desplaçar la càrrega de –100 mC des de l'origen fins a (0, 2) és:

$$W = Q \Delta V = -100 \cdot 10^{-3} \text{ C} \cdot (150 - 171) \text{ V} = 2{,}1 \text{ J}$$

Com que el treball que hem calculat és l'extern i ha donat un valor positiu, deduïm que les forces elèctriques que actuen sobre la càrrega s'oposen al fet que es traslladi de l'origen al punt (0, 2), i cal fer una força externa per aconseguir-ho.

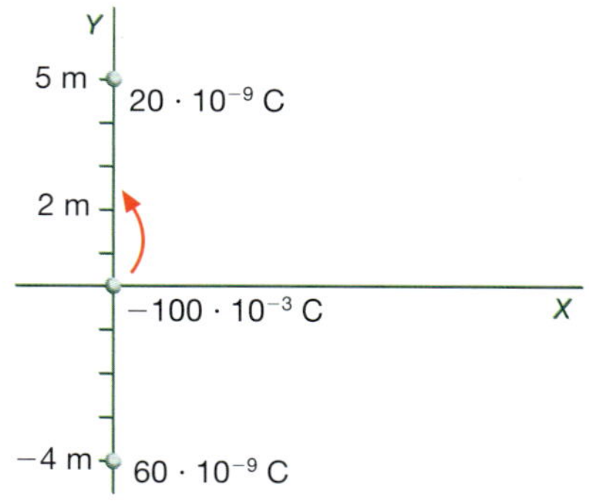

Fig. 2.66.

Exemple 24. **Tenim el següent sistema format per les càrregues puntuals indicat en la figura 2.67.**

Si volem desplaçar una càrrega *Q* de 5 mC des de *A* fins a *B* per un camí qualsevol, quin treball hem de fer?

Resolució

Per anar de *A* cap a *B* podem escollir qualsevol camí, ja que el camp elèctric és conservatiu, i el treball realitzat és independent del camí, com ja sabeu.

Calculem el potencial de la distribució de càrregues fixes primer en *A* i després en *B* a partir de l'expressió: $V = \sum K \frac{Q}{r}$

$$V_A = 9 \cdot 10^9 \cdot \left(\frac{20 \cdot 10^{-9}}{5} + \frac{80 \cdot 10^{-9}}{4} - \frac{60 \cdot 10^{-9}}{3} \right) = 36 \text{ V}$$

$$V_B = 9 \cdot 10^9 \cdot \left(\frac{20 \cdot 10^{-9}}{3} + \frac{80 \cdot 10^{-9}}{6} - \frac{60 \cdot 10^{-9}}{5} \right) = 72 \text{ V}$$

El treball realitzat per les forces externes per moure la càrrega de 5 mC des de *A* fins a *B* és:

$$W = Q \Delta V = 5 \cdot 10^{-3} \cdot (72 - 36) = 0{,}18 \text{ J}$$

Com que el treball que hem calculat és l'extern i ha donat un valor positiu, deduïm que les forces elèctriques que actuen sobre la càrrega s'oposen al fet que es traslladi d'*A* cap a *B*, i cal fer una força externa per aconseguir-ho.

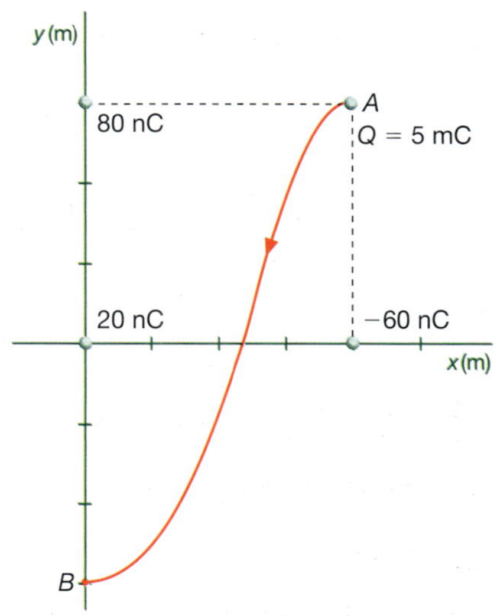

Fig. 2.67.

Important

D'acord amb el model atòmic de Bohr, podem deduir l'energia mecànica d'un electró que gira entorn d'un protó aplicant els coneixements que es van donar en la unitat anterior sobre el moviment dels satèl·lits artificials.

Apliquem la segona llei de Newton sobre l'electró i la llei de Coulomb:

$$F_e = m_e \frac{v^2}{r} \Rightarrow K \frac{e^2}{r^2} = m_e \frac{v^2}{r} \Rightarrow$$

$$m_e v^2 = K \frac{e^2}{r} \Rightarrow$$

$$\frac{1}{2} m_e v^2 = \frac{1}{2} K \frac{e^2}{r} = E_c$$

L'energia mecànica de l'electró és:

$$E = E_c + E_p = \frac{1}{2} m_e v^2 - K \frac{e^2}{r}$$

Substituint l'expressió de l'energia cinètica per l'expressió anterior obtenim l'energia mecànica de l'electró:

$$E = \frac{1}{2} m_e v^2 - K \frac{e^2}{r} =$$

$$= \frac{1}{2} K \frac{e^2}{r} - K \frac{e^2}{r} = -\frac{1}{2} K \frac{e^2}{r}$$

6.2. Principi de conservació de l'energia

Tenint en compte que el camp elèctric és conservatiu, podem aplicar el principi de conservació de l'energia:

$$E = E_c + E_p = \text{constant}$$

També:

$$\Delta E = \Delta E_c + \Delta E_p = 0$$

Quan hi actuen forces no conservatives, escrivim:

$$\Delta E_c + \Delta E_p = W_{fnc}$$

Podem traslladar els resultats obtinguts en el cas de la força gravitatòria a la força elèctrica. Segons la taula 2.2, que compara les magnituds del camp gravitatori i elèctric, es pot escriure l'expressió corresponent a l'energia mecànica d'una càrrega elèctrica negativa quan aquesta gira al voltant d'una altra càrrega elèctrica positiva.

Si suposem que la càrrega és un electró, d'acord amb el model atòmic de Bohr, que gira al voltant del nucli d'un àtom d'hidrogen, és a dir, un protó, podem comparar aquest moviment amb el moviment de rotació d'un satèl·lit que gira al voltant d'un planeta; recordem que en aquest últim cas l'energia mecànica era:

$$E = -\frac{1}{2} G \frac{Mm}{r}$$

Per analogia, consultant la taula 2.2 i prenent les càrregues en valor absolut, l'energia de l'electró és:

$$E = -\frac{1}{2} K \frac{Q_p |Q_e|}{r}$$

en què Q_p i Q_e són les càrregues de l'electró i del protó, que, recordeu, tenen el mateix valor absolut i que representem per *e*. Tenint en compte això i que $K = \frac{1}{4\pi\varepsilon_0}$, obtenim el resultat següent:

$$E = -\frac{1}{2} K \frac{e^2}{r} = -\frac{1}{8\pi\varepsilon_0} \frac{e^2}{r}, \text{ en què } e = 1{,}602 \cdot 10^{-19} \text{ C}$$

Tenint en compte que els valors involucrats quan es treballa a escala atòmica són molt petits, és convenient definir una nova unitat d'energia, l'**electronvolt** (eV), que és l'energia cinètica que adquireix un electró quan supera una diferència de potencial d'1 V.

Així, doncs, l'equivalència entre l'eV i el J és:

$$1 \text{ eV} = q_e \cdot \Delta V = e \cdot \Delta V = 1{,}602 \cdot 10^{-19} \text{ C} \cdot 1 \text{ V} = 1{,}602 \cdot 10^{-19} \text{ J}$$

Exemple 25. **Segons el model atòmic de Bohr, els electrons d'un àtom giren al voltant del nucli en nivells energètics discrets, és a dir, l'energia de l'electró està quantitzada.**

Determineu el radi de gir de l'electró de l'àtom d'hidrogen quan gira en el nivell fonamental, amb una energia mecànica de –13,6 eV.

Resolució

En l'exemple 9 ja vam utilitzar el model de Bohr per calcular la intensitat de camp elèctric i la freqüència de gir de l'electró d'un àtom d'hidrogen. Ara ens plantegem calcular el radi de gir coneixent l'energia mecànica.

Prèviament, expressem l'energia en unitats del SI:

$$-13{,}6\ \text{eV}\cdot\frac{1{,}602\cdot 10^{-19}\ \text{J}}{1\ \text{eV}}=-2{,}1787\cdot 10^{-18}\ \text{J}$$

Substituïm aquest valor en l'expressió de l'energia mecànica, i aïllem *r:*

$$E=-\frac{1}{8\pi\varepsilon_0}\frac{e^2}{r}$$

$$-2{,}1787\cdot 10^{-18}=-\frac{1}{8\pi\cdot 8{,}84\cdot 10^{-12}}\cdot\frac{(1{,}602\cdot 10^{-19})^2}{r}$$

$$r=5{,}3\cdot 10^{-11}\ \text{m}=0{,}53\ \text{Å}$$

Exemple 26.

Dues càrregues puntuals Q_1 i Q_2 de valors respectius 20 i 60 μC estan separades una distància de 20 cm (fig. 2.68*a*). Si mantenim fixa la primera i acostem la segona fins a 8 cm (fig. 2.68*b*), amb quina velocitat tornarà a passar per la posició inicial quan la deixem anar lliurement (fig. 2.68*c*)?

Dada: massa de Q_2 = 50 g.

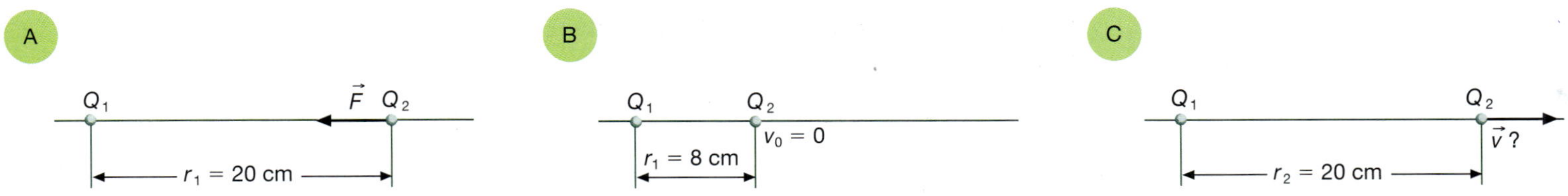

Fig. 2.68.

Resolució

Calculem la variació de l'energia potencial quan la càrrega Q_2 es mou des de la posició inicial 0,08 fins a la posició final 0,2:

$$\Delta E_p=K\frac{Q_1Q_2}{r_1}-K\frac{Q_1Q_2}{r_2}=$$

$$=9\cdot 10^{9}\cdot\left[\frac{20\cdot 10^{-6}\cdot 60\cdot 10^{-6}}{0{,}2}-\frac{20\cdot 10^{-6}\cdot 60\cdot 10^{-6}}{0{,}08}\right]=$$

$$=54-135=-81\ \text{J}$$

Si apliquem el principi de conservació de l'energia, $\Delta E_c+\Delta E_p=0$, podem determinar la velocitat:

$$\left(\frac{1}{2}\cdot 0{,}05\cdot v^2-0\right)+(-81)=0\ \rightarrow\ v=56{,}9\ \text{m/s}$$

6.3. Energia potencial d'un sistema de càrregues

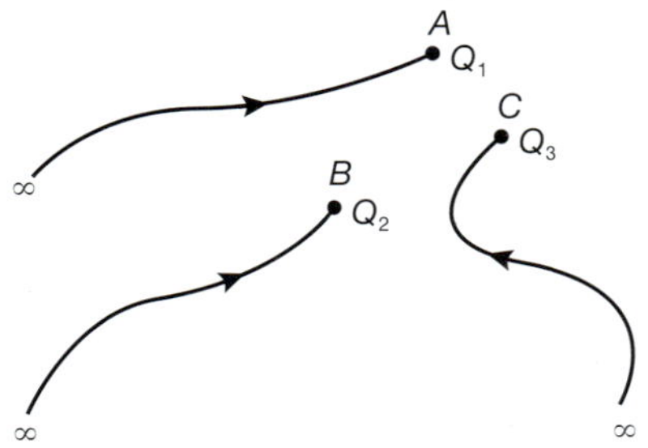

Fig. 2.69. Desplacem les càrregues elèctriques Q_1, Q_2 i Q_3, que es troben molt allunyades, cap als punts *A, B* i *C*.

Plantegem-nos ara el problema de valorar quina energia fa falta per situar un sistema de càrregues elèctriques puntuals en punts determinats. Comencem pel cas més senzill, en què considerem un sistema de tres càrregues Q_1, Q_2 i Q_3 que es troben inicialment en l'infinit o molt allunyades entre si, i que es volen situar en els punts ***A, B*** i ***C*** (fig. 2.69).

Prenem la càrrega Q_1 i la situem en el punt *A*; com que les càrregues Q_2 i Q_3 estan molt allunyades, el camp elèctric és nul en *A* i, per tant, no requereix cap aportació energètica, no es realitza cap treball. Ara prenem Q_2 i la situem en el punt *B*, en el qual el valor del potencial és $V_1 = K\dfrac{Q_1}{r_{12}}$, on r_{12} és la distància entre *A* i *B*; en aquest desplaçament requereix una energia donada per l'expressió:

$$W = Q_2 V_1 = E_{p12} = K\frac{Q_1 Q_2}{r_{12}}$$

Finalment, prenem la càrrega Q_3 i la situem en el punt *C*, en el qual el valor del potencial és $V_{12} = K\dfrac{Q_1}{r_{13}} + K\dfrac{Q_2}{r_{23}}$, de manera que es requereix una energia de:

$$W = Q_3 V_{12} = Q_3\left(K\frac{Q_1}{r_{13}} + K\frac{Q_2}{r_{23}}\right) = K\frac{Q_1 Q_3}{r_{13}} + K\frac{Q_2 Q_3}{r_{23}}$$

Així doncs, l'energia necessària per formar aquesta distribució de càrregues és la suma de les dues contribucions:

$$E_{p123} = K\frac{Q_1 Q_2}{r_{12}} + K\frac{Q_1 Q_3}{r_{13}} + K\frac{Q_2 Q_3}{r_{23}}$$

En general, l'energia necessària per situar un sistema de *n* càrregues puntuals inicialment molt allunyades, formant una distribució determinada, és:

$$E_{p12\ldots n} = \sum_{i<j}^{n} K\frac{Q_i Q_j}{r_{ij}}$$

Exemple 27. **Quatre càrregues elèctriques positives, d'1,00 · 10^{-5} C cadascuna, es troben en els vèrtexs respectius d'un quadrat de costat $\sqrt{2}$.**

Calculeu l'energia necessària per a la formació del sistema de càrregues.

Dada: $k = 9 \cdot 10^9\ \text{N} \cdot \text{m}^2 \text{C}^{-2}$

Resolució

Per situar aquest sistema de quatre càrregues en els vèrtexs del quadrat es requereix una energia de:

$$E_{p1234} = K\left(\frac{Q_1 Q_2}{r_{12}} + \frac{Q_1 Q_3}{r_{13}} + \frac{Q_1 Q_4}{r_{14}} + \frac{Q_2 Q_3}{r_{23}} + \frac{Q_2 Q_4}{r_{24}} + \frac{Q_3 Q_4}{r_{34}}\right)$$

Les distàncies són $r_{12} = r_{14} = r_{23} = r_{34} = \sqrt{2}$ m i $r_{13} =$ $= r_{24} = 2$ m. L'energia necessària és:

$$E_{p1234} = 9 \cdot 10^9\left(4 \cdot \frac{10^{-10}}{\sqrt{2}} + 2 \cdot \frac{10^{-10}}{2}\right) = 3{,}45\ \text{J}$$

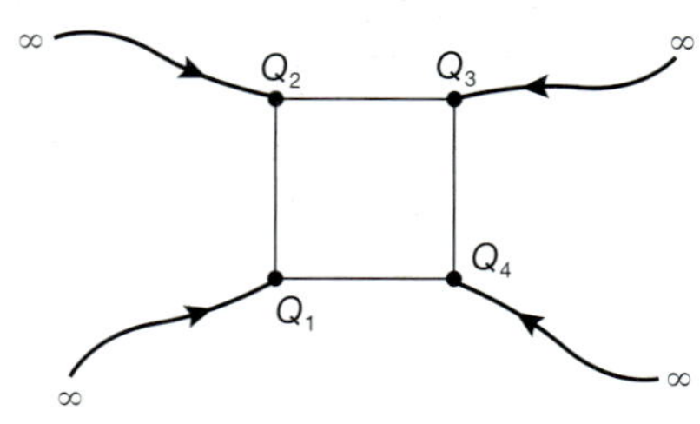

Fig. 2.70.

ACTIVITATS

34. Quin treball es realitza en moure una càrrega elèctrica per una trajectòria tancada en presència d'un camp elèctric extern?

35. *a)* Calculeu l'energia potencial del sistema de dues càrregues puntuals de 2 μC i –4 μC separades una distància d'1 m.

b) Quin treball cal fer sobre el sistema per separar-les una distància molt gran?

R: *a)* –0,072 J; *b)* +0,072 J

36. Es deixa anar lliurement *Q'* des de *A* fins a *B* segons la figura 2.71.

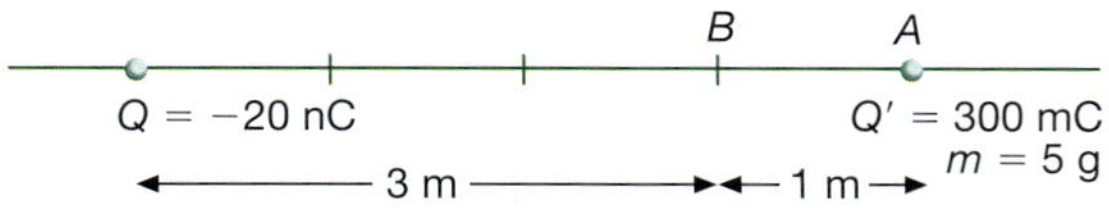

Fig. 2.71.

a) Quina és la variació de l'energia potencial?

b) Quina energia cinètica té quan passa per *B*, suposant que en *A* està en repòs?

c) Amb quina velocitat passa per *B*?

R: *a)* –4,5 J; *b)* 4,5 J; *c)* 42,4 m/s

37. Tres càrregues puntuals es troben en l'eix X: q_1 en l'origen, q_2 en $x = 3$ m i q_3 en $x = 6$ m. Calculeu l'energia potencial electroestàtica d'aquesta distribució de càrregues quan:

a) $q_1 = q_2 = q_3 = 2\ \mu C$

b) $q_1 = q_2 = 2\ \mu C$ i $q_3 = -2\ \mu C$

R: *a)* $3{,}00 \cdot 10^{-2}$ J; *b)* $-6 \cdot 10^{-3}$ J

38. Tres càrregues puntuals $q_1 = q_2 = q_3 = 2\ \mu C$ es troben en l'eix *X:* q_1 en l'origen, q_2 en $x = 3$ m i q_3 en $x = 6$ m. Calculeu el treball necessari per transportar la càrrega q_3 des de la posició $x = 6$ m fins a la posició $x = -3$ m.

R: 0 J

39. Dues càrregues elèctriques puntuals idèntiques, de valor $q = -1{,}60 \cdot 10^{-19}$ C, estan fixes en els punts (*a*, 0) i (–*a*, 0), on *a* = 30 nm (fig. 2.72). Calculeu:

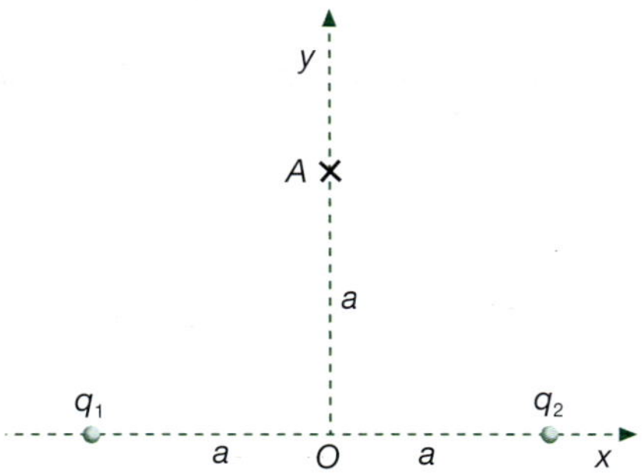

Fig. 2.72.

a) Els components del camp elèctric creat per les dues càrregues en el punt *A*, de coordenades (0, *a*).

b) El treball necessari per portar una càrrega $Q = 3{,}20 \cdot 10^{-19}$ C des del punt *A* fins a l'origen de coordenades. Interpreteu el signe del resultat.

$$\textit{Dades: } K = \frac{1}{4}\pi\varepsilon_0 = 9 \cdot 10^9\ \mathrm{N \cdot m^2 \cdot C^{-2}},\ 1\ \mathrm{nm} = 10^{-9}\ \mathrm{m}$$

R: *a)* $-1{,}13 \cdot 10^6\ \vec{j}$ N/C; *b)* $8{,}96 \cdot 10^{-21}$ J

7. Superfícies equipotencials

Ja s'ha definit en la unitat anterior el concepte de superfície equipotencial per al camp gravitatori. Ara ho aplicarem als camps elèctrics i veurem que té un paper important en els conductors carregats elèctricament i en alguns components elèctrics com el condensador.

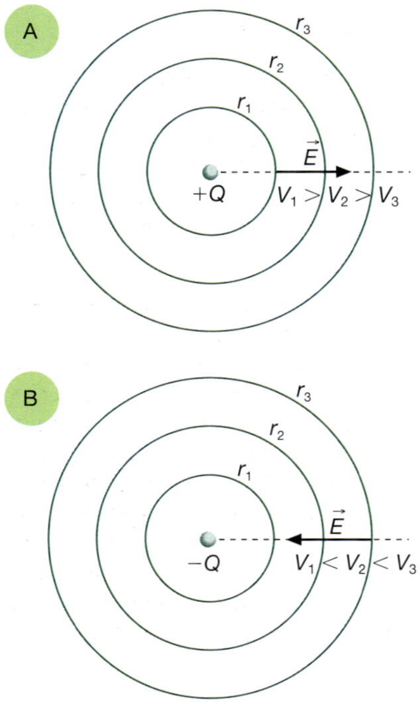

Fig. 2.73. *a)* Superfícies equipotencials d'una càrrega puntual positiva i *b)* d'una càrrega negativa. Observeu que el sentit del camp elèctric sempre és el sentit en què el potencial decreix.

> Recordem que una **superfície equipotencial** és la superfície que té el mateix valor del potencial en tots els seus punts.

Les superfícies equipotencials d'una càrrega puntual +Q són superfícies esfèriques concèntriques. El potencial disminueix amb el radi *r*, és a dir, si $r_1 < r_2 < r_3$, llavors $V_1 > V_2 > V_3$ (fig. 2.73 *a*).

Si la càrrega és negativa, −*Q*, les superfícies equipotencials també són superfícies esfèriques concèntriques, però ara els potencials augmenten amb el radi: si $r_1 < r_2 < r_3$, llavors $V_1 < V_2 < V_3$ (fig. 2.73 *b*).

Deduïm ara dues propietats importants de les superfícies equipotencials, que ja vam estudiar també en el cas del camp gravitatori.

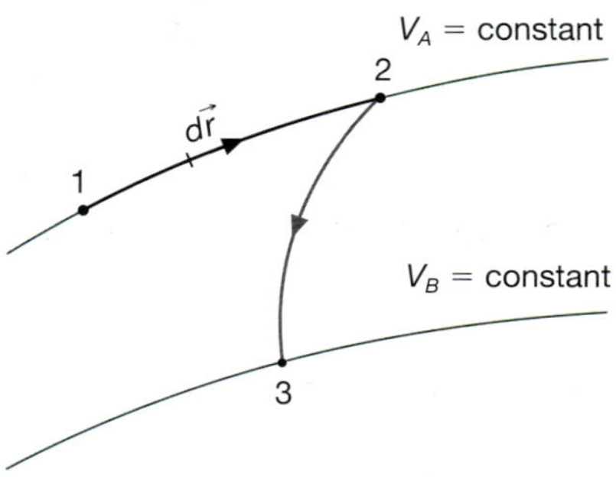

Fig. 2.74. Dues superfícies equipotencials V_A i V_B.

- Considerem primer dues superfícies equipotencials V_A i V_B (fig. 2.74). Si desplacem una càrrega *Q* des del punt 1 fins al punt 2 per la mateixa superfície equipotencial, $\Delta V = 0$ i, per tant:

$$W = Q\Delta V \rightarrow W = Q \cdot 0 = 0 \text{ J}$$

És a dir, en desplaçar una càrrega elèctrica per una superfície equipotencial no es realitza treball.

- Considerem, en segon lloc, un camí infinitesimal $d\vec{r}$ sobre una superfície equipotencial. Per recorrer-lo una càrrega *Q* és necessari un treball:

$$dW = \vec{F} \cdot d\vec{r} = Q\vec{E} \cdot d\vec{r} = QE\,dr\cos\alpha$$

On α és l'angle que formen els vectors $\vec{E}$ i $d\vec{r}$. Ara bé, com que el camí està situat en una superfície equipotencial, segons la propietat anterior tenim que $dW = 0 = QE\,dr\cos\alpha \Rightarrow$ $\Rightarrow \alpha = 90°$, ja que ni *Q* ni *E* són nuls (fig. 2.75).

És a dir, les línies de camp elèctric són sempre perpendiculars a les superfícies equipotencials.

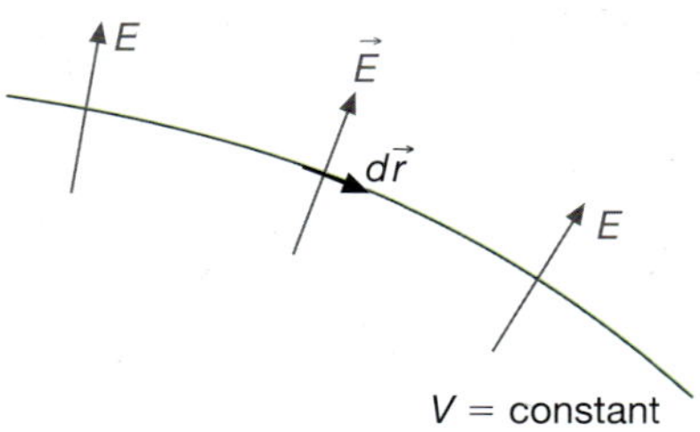

Fig. 2.75. Les línies de camp elèctric tallen perpendicularment la superfície equipotencial.

Finalment, en el cas en què movem una càrrega *Q* entre dues superfícies equipotencials, com ara les corresponents als punts 2 i 3 de la figura 2.74, el treball realitzat per les forces externes és:

$$W = Q(V_3 - V_2) = Q(V_B - V_A)$$

7.1. Relació entre el camp elèctric i el potencial

Si expressem la variació d'energia potencial, $\Delta E_p = -W$, en forma diferencial, trobem que:

$$dE_p = -\vec{F} \cdot d\vec{r}$$

i si dividim per la càrrega *Q*, aleshores: $\dfrac{dE_p}{Q} = \dfrac{-\vec{F} \cdot d\vec{r}}{Q}$

Sabem que $\dfrac{dE_p}{Q} = dV$ i que $\dfrac{\vec{F}}{Q} = \vec{E}$; per tant: $dV = -\vec{E} \cdot d\vec{r}$

Si considerem que el camp elèctric té la direcció de l'eix *X*, l'expressió anterior queda:

$$dV = -E\,dx \Rightarrow \boxed{E = -\frac{dV}{dx}}$$

Si a més el camp elèctric és constant, podem expressar aquesta relació de forma incremental, és a dir:

$$E = -\frac{\Delta V}{\Delta x}$$

Exemple 28. **Una càrrega de 20 mC es mou des d'un punt *A* fins a un punt *B* en la mateixa direcció d'un camp elèctric uniforme, que fem coincidir amb l'eix *X*. En *A* el potencial és de 1200 V i en *B* és de 1000 V.**

Si la distància entre *A* i *B* és de 5 m, calculeu la intensitat de camp i la força que rep la càrrega.

Resolució

A partir de l'expressió $E = -\frac{\Delta V}{\Delta x}$, calculem la intensitat del camp elèctric:

$$E = -\frac{\Delta V}{\Delta x} = -\frac{V_B - V_A}{\Delta x} = -\frac{1000 - 1200}{5 - 0} = 40 \text{ N/C}$$

Com que $\vec{E}$ té la direcció de l'eix *X* i sentit positiu, podem escriure el resultat en forma vectorial:

$$\vec{E} = 40\,\vec{i} \text{ N/C}$$

La força que rep la càrrega és constant, ja que el camp elèctric és uniforme, i la determinem a partir de l'expressió corresponent:

$$\vec{F} = Q\vec{E} \Rightarrow \vec{F} = 20 \cdot 10^{-3} \cdot 40\,\vec{i} = 0{,}8\,\vec{i} \text{ N}$$

Sabies que...?

En un dia normal, a nivell del mar o en una superfície plana de la Terra, el potencial elèctric augmenta amb l'altura en uns 100 V per cada metre i podem considerar que les superfícies equipotencials són superfícies planes i paral·leles, com podem veure en la figura 2.76*a*.

Per tant, un esperaria que entre els peus i el cap d'una persona adulta hi hagués una diferència de potencial d'uns 180 V. Això no és cert, ja que el cos humà és bon conductor i, per tant, es carrega amb el mateix signe negatiu que la superfície de la Terra, fent que tingui el mateix potencial que aquesta. Així doncs, les superfícies equipotencials de 100 V, 200 V, etc. que estan per sobre d'una persona es deformen, com s'interpreta en la figura 2.76*b*.

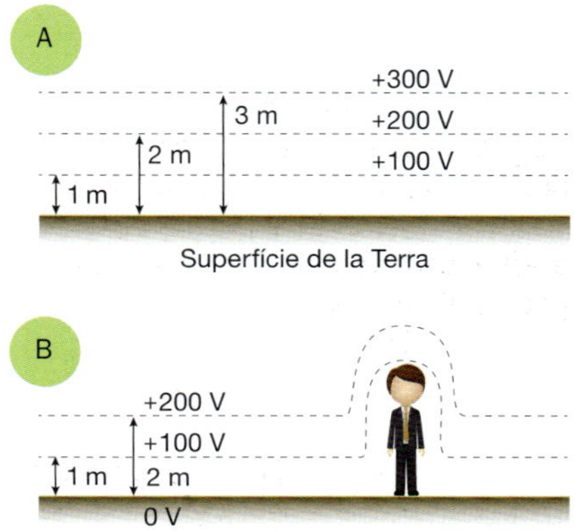

Fig. 2.76.

Exemple 29. **A l'apartat 4.1. hem vist que el camp elèctric que crea una placa molt gran carregada uniformement amb una densitat superficial sigma és $E = \frac{\sigma}{2\varepsilon_0}$**

Determineu el potencial en un punt *A* que es troba a una distància *x* de la placa, si suposem que el potencial de referència, *V* = 0, es pren a la mateixa placa. Representeu el resultat gràficament.

Resolució

La densitat de càrrega, σ, és la càrrega per unitat de superfície:

$$\sigma = \frac{dQ}{dS}$$

Situem els eixos de coordenades amb l'origen en el centre de la placa (fig. 2.77), i calculem el potencial en l'eix *X*.

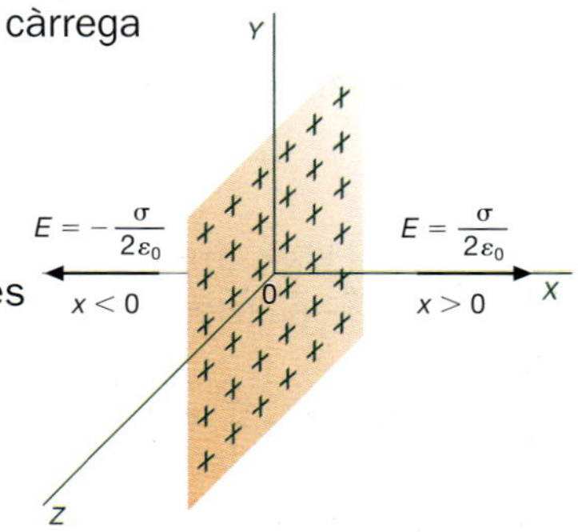

Fig. 2.77.

$$E = -\frac{dV}{dx} \rightarrow dV = -E\,dx$$

Substituïm *E* pel seu valor: $dV = -\frac{\sigma}{2\varepsilon_0}dx$

Per obtenir el valor de *V*, integrem en els dos casos:

- per a $x > 0$: $\int_0^V dV = \int_0^x -\frac{\sigma}{2\varepsilon_0}dx \rightarrow V = -\frac{\sigma}{2\varepsilon_0}x$
- per a $x < 0$: $\int_0^V dV = \int_0^x -\frac{-\sigma}{2\varepsilon_0}dx \rightarrow V = \frac{\sigma}{2\varepsilon_0}x$

Representem el potencial en un diagrama *V*-*x* (fig. 2.78). En el semieix positiu *X*, el potencial decreix linealment amb un pendent de $\frac{-\sigma}{2\varepsilon_0}$, i en el semieix negatiu, el potencial creix amb un pendent de $\frac{\sigma}{2\varepsilon_0}$. Com que hem pres com a referència de potencial zero la mateixa placa, observem que el potencial és negatiu en tot l'eix *X*.

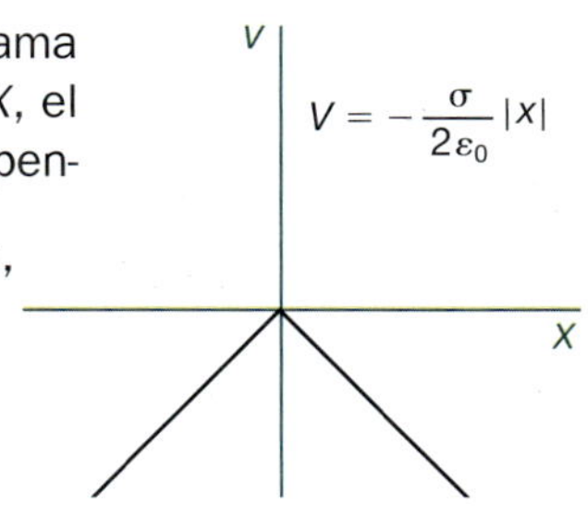

Fig. 2.78.

7.2. Potencial elèctric en els conductors

Ja hem comentat anteriorment que en els conductors carregats elèctricament els electrons tenen llibertat de moviment i que les forces repulsives entre elles fa que trobin l'equilibri electroestàtic quan es distribueixen en la superfície del conductor.

En aquesta situació d'equilibri, segons la llei de Gauss, el camp elèctric a l'interior del conductor és nul.

D'altra banda, si a l'interior del conductor $\vec{E} = 0$, de l'expressió $\Delta V = -\vec{E} \cdot \Delta \vec{r}$ en deduïm que $\Delta V = 0$; és a dir, en qualsevol punt de l'interior del conductor, V és constant i, per tant, tot conductor es comporta com una superfície equipotencial.

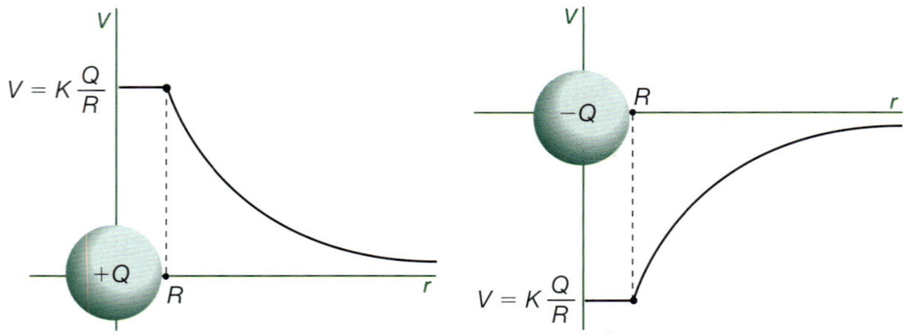

Fig. 2.79. Variació del potencial d'una esfera conductora de radi R amb càrrega positiva *a)* i amb càrrega negativa *b)*. A l'interior el potencial és constant i el seu valor és $V = K\dfrac{Q}{R}$.

En el cas particular d'una esfera conductora de radi R i càrrega Q, el potencial, tant en la superfície com en el seu interior, és igual que el potencial d'una càrrega puntual Q situada al centre de l'esfera. Per tant, qualsevol punt de l'esfera està al mateix potencial (fig. 2.79), el valor del qual és:

$$V = K\frac{Q}{R}$$

Què passa si posem en contacte dos conductors que tenen potencials diferents? Doncs que hi haurà un transvasament de càrrega elèctrica d'un conductor cap a l'altre fins que assoleixin el mateix potencial i, aleshores, els dos conductors formaran un sistema equipotencial.

Exemple 30.

Quin treball cal fer per afegir una càrrega Q' de 20 mC a una esfera metàl·lica de radi 5 cm carregada amb una densitat de càrrega superficial σ de 50 nC/m^2? Suposem que Q' es troba, inicialment, molt lluny de l'esfera.

Resolució

La superfície esfèrica és equipotencial i la càrrega total és, d'acord amb la definició de la densitat superficial de càrrega donada en l'exemple 31, $Q = \sigma S$. Per tant, el potencial és:

$$V = K\frac{Q}{R} = K\frac{\sigma S}{R} = 9 \cdot 10^9 \cdot \frac{50 \cdot 10^{-9} \cdot 4\pi \cdot (0{,}05)^2}{0{,}05} = 282{,}7 \text{ V}$$

Recordem que els punts que estan molt lluny de l'esfera, és a dir, en l'infinit, s'han pres com a referència de potencial nul, $V = 0$. En conseqüència, el treball realitzat per carregar l'esfera amb una càrrega addicional Q' és:

$$W = Q'(V - 0) = Q'V = 20 \cdot 10^{-3} \cdot 282{,}7 = 5{,}65 \text{ J}$$

7.3. Relació entre el camp i la diferència de potencial en un condensador

Un cas en el qual es posen en evidència algunes de les propietats que hem comentat és el del condensador pla (fig. 2.80 *a*).

Si apliquem entre les plaques una *ddp* ΔV, les plaques es carreguen amb càrregues de signe contrari generant una camp elèctric en el seu interior com ja hem comentat amb la llei de Gaus. I si tenim en compte l'expressió obtinguda anteriorment, que relaciona el camp elèctric i el potencial, deduïm que, en valor absolut:

$$E = \frac{\Delta V}{d}$$

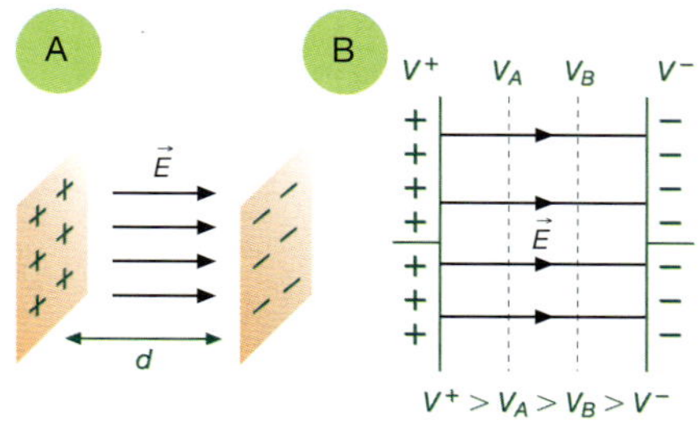

Fig. 2.80. Camp elèctric i superfícies equipotencials d'un condensador.

Com que, en un condensador, les línies de camp elèctric estan dirigides perpendicularment de la placa positiva a la placa negativa, deduïm que les superfícies equipotencials, en aquest cas, són plans paral·lels a les plaques (fig. 2.80 *b*).

Exemple 31. **Un condensador té unes plaques planes i paral·leles separades una distància de 2 mm i s'aplica una *ddp* de 40 V entre les plaques conductores.**

Calculeu el camp elèctric en l'interior del condensador. Quina energia cinètica en eV adquireix una càrrega puntual Q = 10 nC quan s'abandona en la placa positiva des del repòs i arriba a la placa negativa?

Resolució

El camp elèctric en l'interior del condensador és pràcticament constant i de valor:

$$E = \frac{\Delta V}{d} \Rightarrow E = \frac{40}{2 \cdot 10^{-3}} = 2 \cdot 10^4 \text{ V/m}$$

El treball realitzat pel camp elèctric del condensador es transforma en energia cinètica:

$$W = Q\,\Delta V = \Delta E_c = E_{c_f} - E_{c_i} = E_{c_f} \Rightarrow E_{c_f} = 10^{-8} \cdot 40 = 4 \cdot 10^{-7} \text{ J}$$

Utilitzem els factors de conversió per expressar-ho en eV:

$$E_{c_f} = 4 \cdot 10^{-7} \cdot \frac{1 \text{ eV}}{1{,}6 \cdot 10^{-19} \text{ J}} = 2{,}5 \cdot 10^{12} \text{ eV}$$

ACTIVITATS

40. Una càrrega elèctrica de -30 mC es troba en un punt d'una superfície equipotencial de -40 V i es desplaça cap a un altre punt de potencial -50 V. Quin treball hem de fer per desplaçar-la?

R: 0,3 J

41. En un condensador de plaques planes i paral·leles aquestes disten 6 mm i hi ha una diferència de potencial de 30 V entre elles. Si prenem la placa negativa com a potencial de referència zero, quin potencial hi haurà a 4 mm de la placa negativa?

R: 20 V

42. Una placa metàl·lica infinita està carregada amb una densitat superficial de $\sigma = 5\ \mu\text{C/m}^2$. Determineu la distància entre dos plans equipotencials amb una diferència de potencial de 120 V.

R: 0,42 mm

43. Una esfera metàl·lica de radi 5 cm està carregada elèctricament. A una distància de 10 cm de la superfície metàl·lica hi ha un potencial de 20 V. Determineu la densitat superficial de càrrega en la superfície del conductor.

R: $1{,}06 \cdot 10^{-8}$ C/m^2

Recorda

En general, la matèria es classifica en tres tipus segons el seu comportament elèctric: *conductors*, *aïllants* i *semiconductors*.

Els conductors condueixen molt bé l'electricitat, els aïllants no la deixen passar i els semiconductors tenen un comportament intermedi.

Sabies que...?

Quan es connecta un condensador a una diferència de potencial ΔV, per exemple, la proporcionada per un generador de corrent continu, les plaques es carreguen amb signes contraris, i es genera un camp elèctric uniforme entre les plaques del condensador.

Resum de la unitat

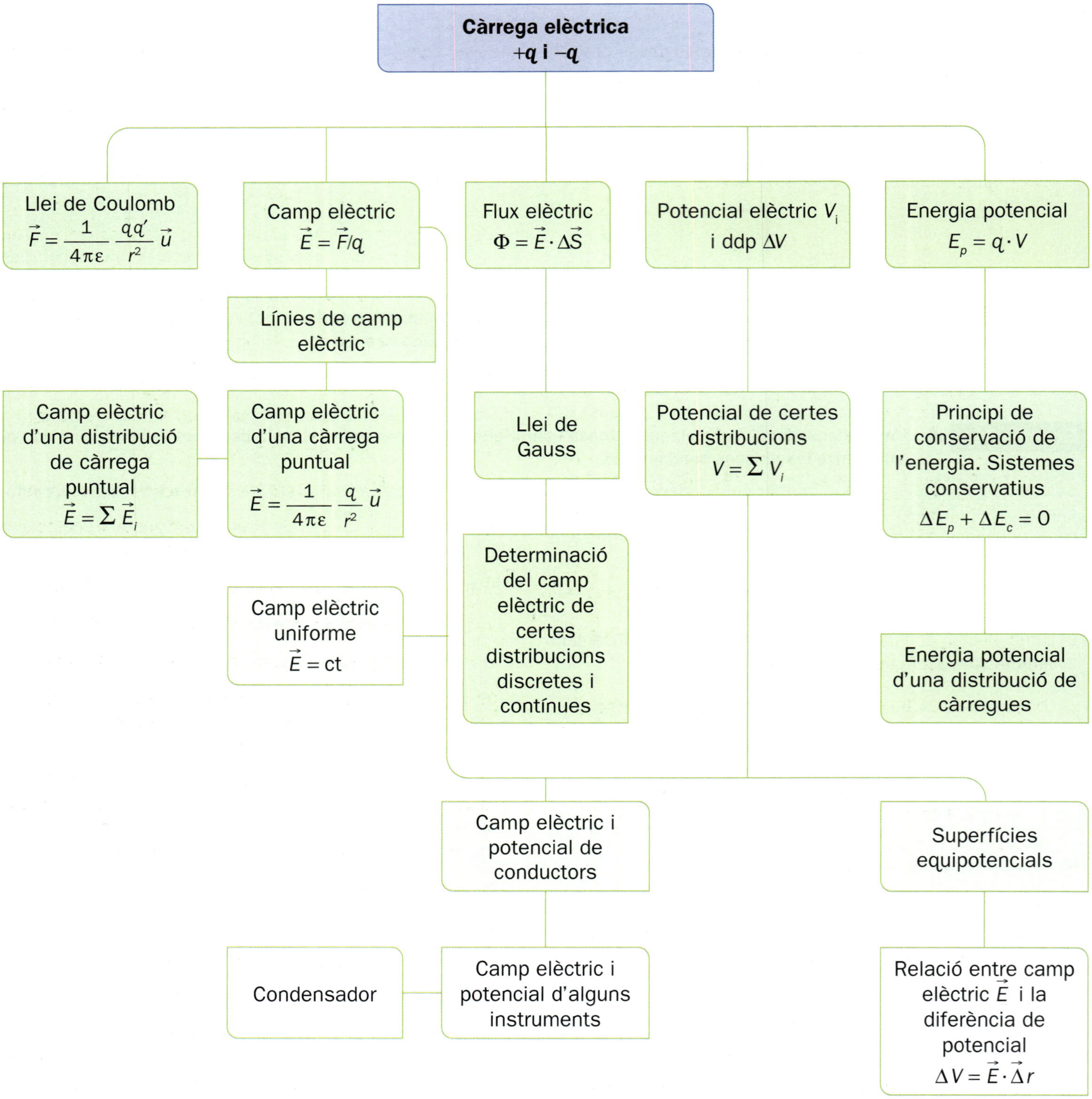

Activitats finals

Qüestions

1. Un cos està carregat elèctricament amb signe – i disposem d'una càrrega puntual elèctrica també negativa. Si la deixem anar lliurement just en les proximitats de la superfície del cos, raoneu en quina direcció i sentit es mourà.

2. Dibuixeu les línies de camp elèctric dels cossos carregats de la figura 2.81. Representeu una línia per a cada càrrega elèctrica.

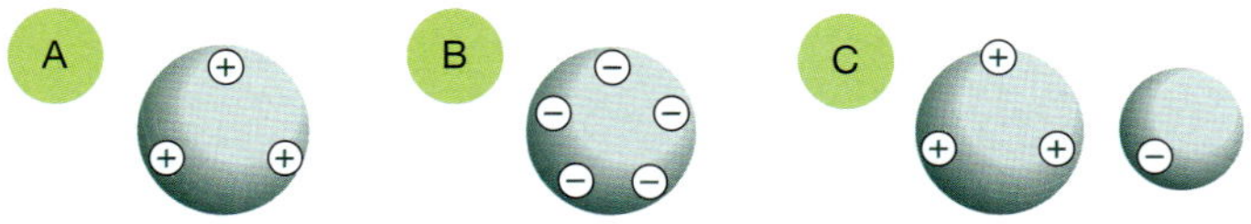

Fig. 2.81.

3. Tres càrregues iguals i de signe + estan situades als vèrtexs d'un triangle equilàter de costat *l*. Raoneu quin és el camp elèctric en el seu centre.

4. Si disposem de 4 càrregues d'igual valor absolut, dues de signe + i dues de signe –, com les posaríeu en els vèrtexs d'un quadrat perquè en el seu centre el camp elèctric fos nul?

5. Una esfera de radi *R* carregada amb una càrrega *Q* crea un camp elèctric en $r > R$ de valor $E = K\frac{Q}{r^2}$. És correcta aquesta afirmació? Justifiqueu la resposta.

6. Dues càrregues puntuals fixes *Q* i –*Q* estan separades una distància *D*. Digueu si les afirmacions següents són certes o falses i justifiqueu la resposta.

a) En la línia que uneix les dues càrregues només hi ha un punt (a distància finita) en què el potencial elèctric és nul.

b) No hi ha cap punt de l'espai (a distància finita) en què el camp elèctric sigui nul.

7. Una escorça esfèrica de radi *R* està carregada amb una densitat de càrrega superficial σ. Quin és el potencial en el seu centre? Raoneu la resposta.

8. En aproximar dues càrregues del mateix signe, l'energia potencial augmenta o disminueix? I si són de signe contrari? Raoneu la resposta.

9. Quan dues càrregues positives se separen, el treball fet pel sistema és positiu o negatiu? I si són negatives?

10. Per separar dues càrregues de signe contrari, el treball fet per una força externa és positiu o negatiu?

11. Segons la figura 2.82, la càrrega +*Q* està fixa. Responeu si és cert o fals i justifiqueu-ho:

Fig. 2.82.

a) La càrrega –*Q* es mou de *A* cap a *B* i augmenta l'energia potencial.

b) La càrrega –*Q* es mou de *A* cap a *B* i el treball fet pel sistema és positiu.

c) La càrrega –*Q* es mou de *A* cap a *C* i augmenta l'energia potencial.

d) La càrrega –*Q* es mou de *A* cap a *C* i el treball fet per les forces externes és positiu.

12. Un electró inicialment en repòs es deixa lliure en un punt de l'espai, en presència del camp elèctric creat per una càrrega puntual positiva. Raoneu si:

A. Quan l'electró es desplaça en el camp elèctric:

a) Augmenta la seva energia potencial electrostàtica.

b) Segueix el sentit de les línies de camp.

c) Es mou en la direcció de potencial elèctric creixent.

B. Quan l'electró es desplaça entre dos punts del camp que tenen una diferència de potencial de 1 000 V:

a) La seva energia cinètica augmenta en 1 000 J.

b) La seva energia cinètica augmenta en 1 000 eV.

c) La seva energia mecànica augmenta en 1 000 eV.

13. El camp elèctric en un punt interior d'una esfera de radi *R* i carregada amb una càrrega *Q* és zero. Aquesta afirmació és correcta? Raoneu la resposta.

14. Suposem que tenim tres esferes conductores idèntiques, però només una d'elles està carregada elèctricament amb *Q*. Si les posem en contacte i després les separem, quina de les afirmacions és la correcta? Raoneu la resposta.

a) Cadascuna tindrà una càrrega *Q*.

b) No ho podem saber.

c) Solament una esfera tindrà una càrrega *Q*.

d) Cada esfera tindrà una càrrega de *Q*/3.

15. Disposem d'un conjunt de càrregues elèctriques que es troben pròximes i amb una càrrega neta total diferent de zero. La superfície equipotencial que genera aquest conjunt de càrregues a una distància molt gran d'elles té la forma geomètrica de:

a) Quasi un pla.

b) Quasi una esfera.

c) Quasi un cilindre.

d) Una forma indeterminada.

e) Cap de les respostes anteriors.

Activitats finals

Problemes

En tots els problemes següents considerarem que el medi és el buit, excepte si s'especifica un medi diferent.

Càrrega elèctrica

1. Una esfera de coure de 20 g es carrega fins a 400 nC. Si suposem que cada àtom de coure proporciona 1 electró lliure per àtom, raoneu quin percentatge d'electrons lliures s'han lliurat de l'esfera.

Dades: massa atòmica del Cu = 63,5 g/mol; $Z = 29$

R: $1{,}32 \cdot 10^{-9}$ %

Llei de Coulomb

2. Dues càrregues, una el triple de l'altra, es troben a una distància de 2 m i es repel·leixen amb una força de 5 000 N. Determineu el valor de cada càrrega.

R: $8{,}61 \cdot 10^{-4}$ C i $2{,}58 \cdot 10^{-3}$ C

3. Dues càrregues de 20 μC i –30 μC estan situades en els punts (3, 2) i (–5, 4), respectivament. Calculeu la força que actua sobre la càrrega negativa i expresseu el resultat vectorialment i en mòdul.

R: $(0{,}077\,\vec{i} - 0{,}019\,\vec{j})$ N; 0,079 N

4. Suposeu una càrrega de +20 nC fixa i una altra càrrega mòbil de +1 C i de massa 2 kg. Amb quines acceleracions es mourà quan es trobi a les distàncies següents:

a) 0,5 m
b) 1 m
c) 2 m
d) 10 m de la càrrega fixa.

R: *a)* 360 m/s^2; *b)* 90 m/s^2; *c)* 22,5 m/s^2; *d)* 0,9 m/s^2

Camp elèctric

5. Sobre una càrrega de +20 nC i massa 8 g actua un camp elèctric uniforme de $5 \cdot 10^4$ N/C. Suposant negligible el camp gravitatori, amb quina acceleració es mou? Amb quina velocitat va al cap d'1 s si parteix del repòs? Quin espai ha recorregut?

R: 0,125 m/s^2; 0,125 m/s i 0,0625 m amb la mateixa direcció i sentit que el camp.

6. Una càrrega elèctrica de +50 nC està envoltada d'aigua. Quin és el camp elèctric a una distància de 30 cm de la càrrega?

R: 61,7 N/C

7. Una càrrega +*Q* crea un camp de $2 \cdot 10^4$ N/C a una distància de 3 m d'aquesta. Quina càrrega *Q'* cal afegir a *Q* perquè el camp sigui de 10^4 N/C en el mateix punt?

R: –10 μC

8. Quina ha de ser la intensitat de camp elèctric que ha d'actuar sobre una càrrega esfèrica de massa 100 g carregada amb 20 nC perquè es mantingui en equilibri amb la força gravitatòria (pes)?

Dada: $g_0 = 9{,}8$ m/s^2.

R: $4{,}9 \cdot 10^7$ N/C

9. Calculeu el camp en *A* i en *B* si Q_1 i Q_2 són càrregues puntuals (fig. 2.83).

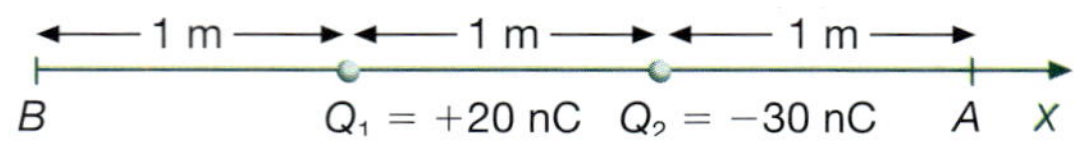

Fig. 2.83.

R: $-225\,\vec{i}$ N/C; $-112{,}5\,\vec{i}$ N/C

10. Un camp elèctric uniforme actua sobre una càrrega de 20 mC i de massa 1 cg. La càrrega parteix del repòs i es deixa anar lliurement, i en recórrer 4 m aconsegueix una velocitat de 500 m/s. Quin és el mòdul de la intensitat de camp elèctric?

R: 15,625 N/C

11. Si tenim una distribució de càrregues com la representada en la figura 2.84, calculeu el camp en *P*. Si en aquest punt situem una càrrega de valor 7 mC, calculeu la força que rep.

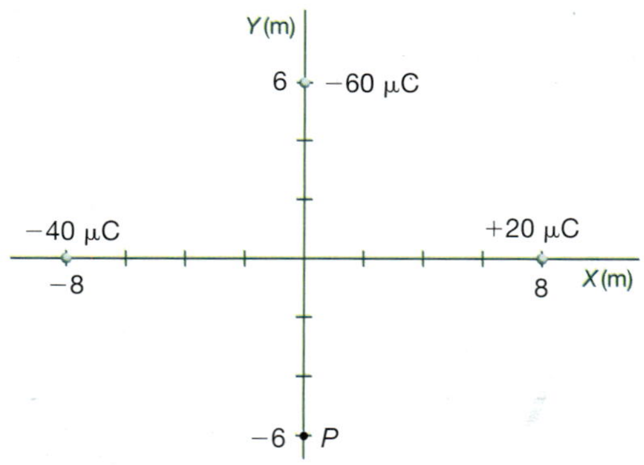

Fig. 2.84.

R: $(-4\,320\,\vec{i} + 4\,830\,\vec{j})$ N/C; $(-30{,}24\,\vec{i} + 33{,}81\,\vec{j})$ N

12. En una regió de l'espai hi ha un camp elèctric uniforme d'intensitat $E = 2\,000$ N/C. Es llança un protó amb una velocitat de 10^5 m/s en sentit contrari al camp. Quina distància recorre com a màxim fins a parar-se?

Dades: e: $1{,}602 \cdot 10^{-19}$ C; $m_p = 1{,}67 \cdot 10^{-27}$ kg

R: 2,61 cm

13. Dues càrregues de 30 nC i 60 nC es troben a una distància de 2 cm. A quina distància de la primera s'anul·la el camp?

R: 0,828 cm

14. Calculeu:

a) El camp en *P* de la distribució de càrregues elèctriques de la figura 2.85.

b) La força que rep una càrrega de 30 mC situada a *P*.

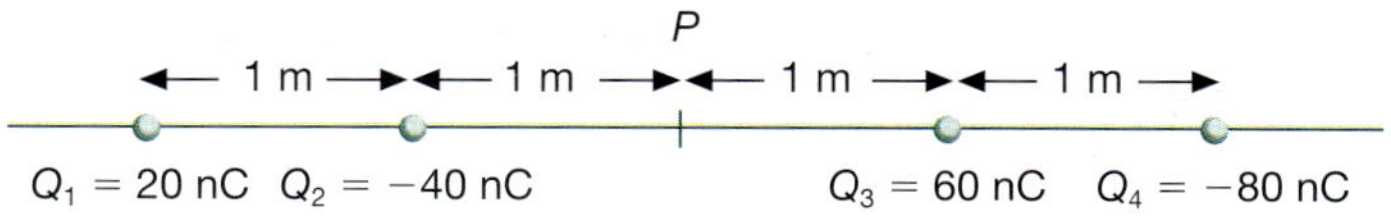

Fig. 2.85.

R: *a)* $-22{,}95\ \vec{i}$ N/C; *b)* $-765\ \vec{i}$ N

15. Una càrrega esfèrica de 50 μC i 40 g de massa es penja de l'extrem d'un fil de 70 cm. Si actua un camp elèctric uniforme i horitzontal de 10 000 N/C, calculeu l'angle que es desplaça la càrrega respecte de la vertical, i la tensió que suporta el fil.

R: 51,9°; 0,64 N

16. En la part superior d'un pla inclinat hi ha una esfera de massa 1 kg, carregada elèctricament amb una càrrega de 50 nC. Calculeu la intensitat de camp elèctric que ha d'actuar sobre l'esfera perquè es mantingui en equilibri quan:

a) El camp actua paral·lelament al pla (fig. 2.86 *a*).

b) El camp actua horitzontalment al pla (fig. 2.86 *b*).

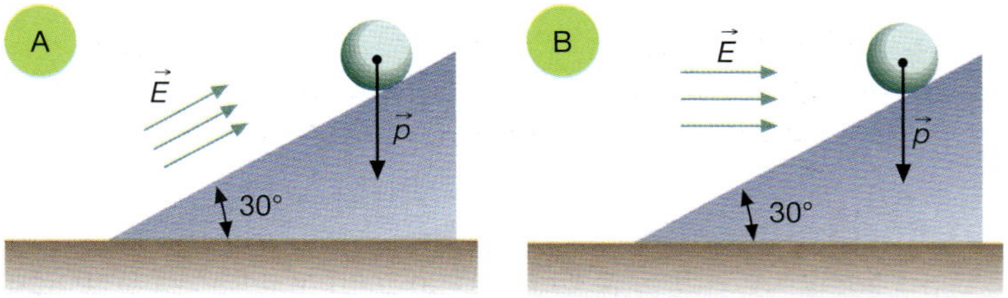

Fig. 2.86.

R: *a)* $9{,}8 \cdot 10^7$ N/C; *b)* $1{,}13 \cdot 10^8$ N/C

Flux elèctric. Llei de Gauss

17. Una càrrega de −20 μC es troba al centre d'una superfície cúbica de costat 8 cm. Determineu:

a) El flux total que travessa les sis cares del cub.

b) El flux que travessa cada cara.

c) Si la càrrega no estigués centrada en el cub, podríem donar els mateixos resultats que abans?

R: *a)* $-2{,}26 \cdot 10^6\ \text{N} \cdot \text{m}^2/\text{C}$; *b)* $-3{,}38 \cdot 10^6\ \text{N} \cdot \text{m}^2/\text{C}$; *c)* $-2{,}26 \cdot 10^6\ \text{N} \cdot \text{m}^2/\text{C}$

18. Trobeu el camp elèctric aproximat d'un filferro molt llarg recte i amb càrrega elèctrica distribuïda uniformement amb una densitat λ en un punt exterior lluny dels extrems del conductor i a una distància *d*. Apliqueu la llei de Gauss.

R: $E = \dfrac{\lambda}{2\pi\varepsilon_0 d}$

19. Trobeu el camp elèctric d'una distribució contínua de càrrega de densitat superficial σ d'un tub cilíndric de radi *R*:

a) En un punt de l'eix de simetria i lluny dels extrems.

b) En un punt just en la superfície i lluny dels extrems.

c) En un punt exterior a una distància de l'eix *r*>*R* i també lluny dels extrems.

R: *a)* 0; *b)* $E = \dfrac{\sigma}{\varepsilon_0}$; *c)* $E = \dfrac{\sigma R}{\varepsilon_0 r}$

20. Calculeu el potencial en el centre d'un triangle equilàter com el de la figura 2.87.

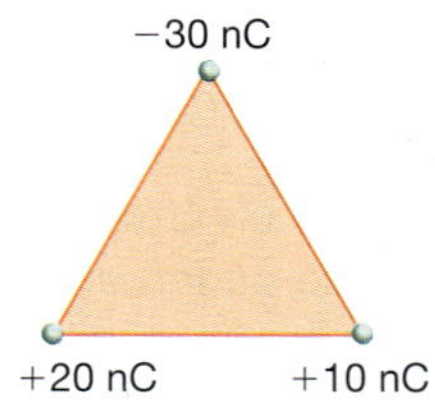

Fig. 2.87.

R: 0 V

21. Calculeu el potencial en el punt *P* d'una distribució de càrregues puntuals com la representada en la figura 2.88.

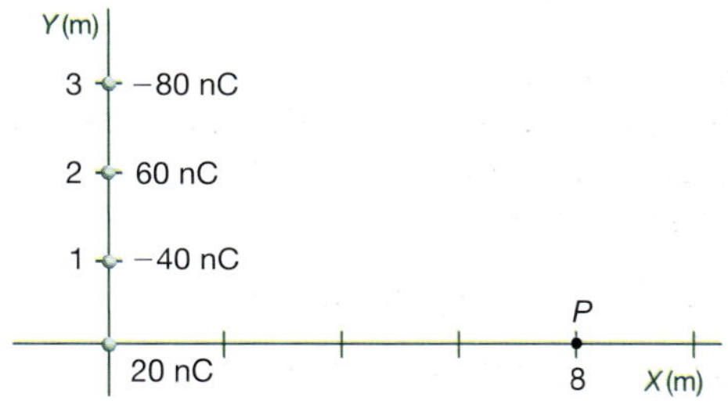

Fig. 2.88.

R: −40,9 V

22. Quina càrrega cal posar en el punt *A* (fig. 2.89) perquè el potencial s'anul·li en el punt *P*?

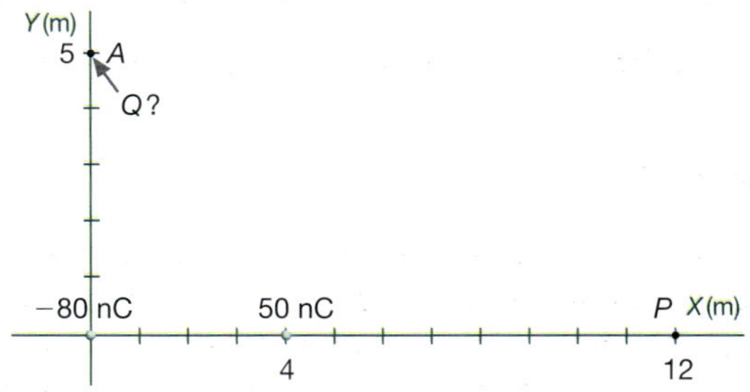

Fig. 2.89.

R: +5,42 nC

23. Calculeu el camp i el potencial en el centre de cada una de les distribucions de càrregues de la figura 2.90. Cada càrrega val *Q* = 1 nC.

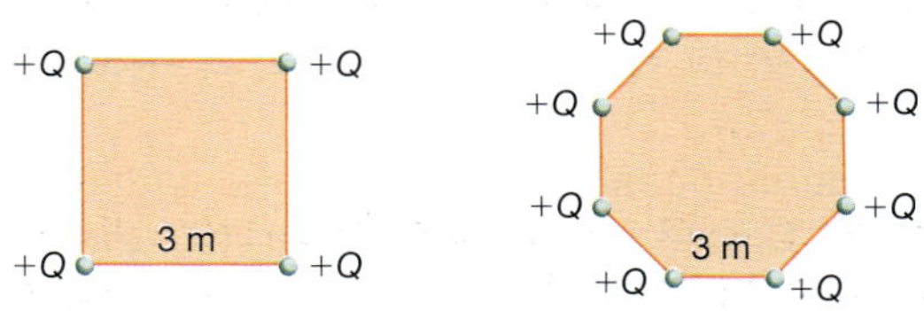

Fig. 2.90.

R: Quadrat: *E* = 0, *V* = 16,97 V; octògon: *E* = 0, *V* = 18,36 V

24. Un cèrcol de radi 5 cm està carregat uniformement amb una densitat lineal de càrrega elèctrica de 20 nC/m. Calculeu el camp i el potencial en el seu centre.

R: $E = 0$; $V = 1\,130{,}9$ V

Energia potencial elèctrica

25. Tres càrregues elèctriques puntuals, positives, de 10^{-4} C cadascuna, estan situades en els vèrtexs d'un triangle equilàter de $\sqrt{3}$ m de costat. Calculeu:

a) El valor de la força electrostàtica que actua sobre cada càrrega per efecte de les altres dues.

b) El potencial elèctric en el punt mitjà d'un costat qualsevol del triangle.

c) L'energia potencial electrostàtica emmagatzemada en el sistema de càrregues.

R: *a)* 52,0 N; *b)* $2{,}7 \cdot 10^6$ V; *c)* 156 J

26. Considereu dues càrregues idèntiques de valor $q = -3$ μC situades en els vèrtexs de la base d'un triangle equilàter de costat $r = 2$ m. Determineu:

a) El camp elèctric creat per aquestes càrregues en el vèrtex superior del triangle.

b) El treball necessari per portar una càrrega positiva d'1 μC des de l'infinit fins al vèrtex superior del triangle.

c) L'energia potencial d'una càrrega positiva d'1 μC col·locada al vèrtex superior del triangle.

R: *a)* $(0, -1{,}17 \cdot 10^4)$ N/C; *b)* $-2{,}7 \cdot 10^{-2}$ J; *c)* $-2{,}7 \cdot 10^{-2}$ J

27. Donada una càrrega puntual de 20 nC:

a) Calculeu el potencial en un punt A situat a 3 m de la càrrega.

b) En quin punt el potencial és zero?

c) Quin treball hem de fer per portar una càrrega de 2 C des de l'infinit fins a *A*?

d) I si es porta des de *B* fins a *A*, si *B* es troba a 5 m de la càrrega?

e) I des de *A* fins a *B*?

R: *a)* 60 V; *b)* ∞; *c)* 120 J; *d)* 48 J; *e)* −48 J

28. Considereu dues càrregues iguals, cadascuna de valor $Q = 10^{-5}$ C, fixes en els punts (0, 2) i (0, −2). Les distàncies es mesuren en m i la constant de Coulomb val $k = \dfrac{1}{4\pi\varepsilon_0} = 9 \cdot 10^9$ N·m²/C².

a) Calculeu el camp elèctric en el punt (2, 0). Determineu la força elèctrica total que experimentaria una petita càrrega $q = 10^{-6}$ C situada en aquest punt.

b) Determineu el treball elèctric que un agent extern ha hagut de fer sobre la càrrega *q* per portar-la des de l'infinit fins al punt (2, 0) sense modificar la seva energia cinètica.

c) Suposeu que la càrrega *q* té una massa de 3 g i es troba en repòs en el punt (2, 0). Calculeu la velocitat amb què arriba al punt (3, 0).

R: *a)* $1{,}59 \cdot 10^4\,\vec{i}$ N/C; $1{,}59 \cdot 10^{-2}\,\vec{i}$ N; *b)* 63,6 mJ; *c)* 3,02 m/s

29. El potencial d'una càrrega puntual en un punt *A* és 500 V i el camp elèctric 200 N/C.

a) A quina distància es troba *A* de la càrrega?

b) Quin és el valor de la càrrega?

c) Quin treball cal fer per portar una càrrega de 50 mC des de *A* fins a 3 cm de la càrrega?

R: *a)* 2,5 m; *b)* 138,9 nC; *c)* 2058 J

30. Quin treball cal fer per separar dues càrregues de 2 mC i −6 mC, respectivament, des d'1 m fins a 6 m?

R: $9 \cdot 10^4$ J

31. Es llança una càrrega $Q = 200$ mC i de massa 2 g amb una velocitat de $2 \cdot 10^4$ m/s en sentit contrari a un camp elèctric uniforme de $5 \cdot 10^4$ N/C. Quina ddp supera? Quina distància recorre fins que s'atura? Resoleu-ho aplicant el principi de conservació de l'energia.

R: $2 \cdot 10^6$ V; 40 m

32. Quin treball hem de fer per desplaçar una càrrega *Q* de 20 mC des d'un punt *A* fins a punt *B* (fig. 2.91), per un camí qualsevol?

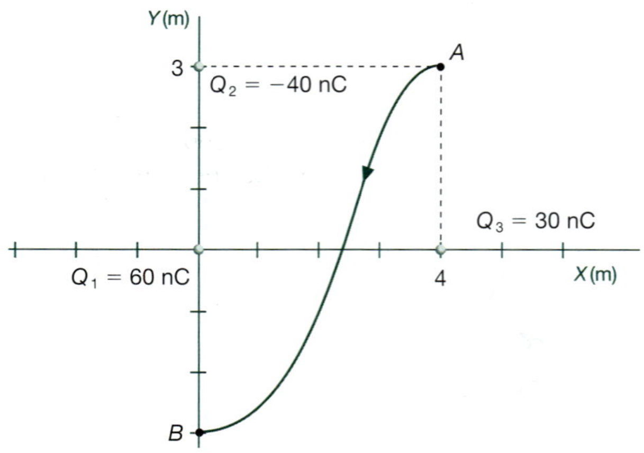

Fig. 2.91.

R: 1,32 J

Superfícies equipotencials

33. Tres partícules carregades, $q_1 = -1$ μC, $q_2 = 3$ μC i $q_3 = -2$ μC, es troben sobre un pla en els punts de coordenades $P_1 = (0, 0)$, $P_2 = (10, 0)$ i $P_3 = (0, 10)$, respectivament. Totes les coordenades s'expressen en m. Calculeu:

a) La força elèctrica que actua sobre q_1 en mòdul.

b) El potencial elèctric en el punt $P_4 = (0, 5)$.

c) La variació d'energia potencial elèctrica que experimenta un electró quan el desplacem del punt $P_4 = (0, 5)$ al punt $P_5 = (0, 15)$.

Dada: $e = 1{,}6 \cdot 10^{-19}$ C

R: *a)* $3{,}2 \cdot 10^{-4}$ N; *b)* −2 985 V; *c)* $+4{,}5 \cdot 10^{-17}$ J

34. Una càrrega elèctrica de +40 mC es troba en una superfície equipotencial de −20 V i es desplaça cap a una altra de 80 V. Quin treball hem de fer per realitzar aquest desplaçament?

R: 4 J

35. Una esfera conductora de radi 2 cm té una càrrega de −3 μC.

a) Quant val el potencial elèctric creat per l'esfera en un punt que dista 3 cm del centre de l'esfera?

b) Quant val el camp elèctric creat per l'esfera en un punt que dista 1 cm del centre de l'esfera?

R: *a)* $-9 \cdot 10^5$ V; *b)* 0 N/C

36. Una esfera metàl·lica de 10 cm de radi es carrega amb una càrrega positiva de 10^{-5} C. A continuació es connecta a una altra esfera metàl·lica, de 20 cm de radi, inicialment descarregada, i seguidament s'hi desconnecta. Calculeu la càrrega de cada esfera en la situació final.

R: $3{,}33 \cdot 10^{-6}$ C i $6{,}66 \cdot 10^{-6}$ C

37. Una esfera conductora de radi 5 cm està carregada fins a 40 nC, i una altra esfera conductora de radi 8 cm, fins a 60 nC. Si connectem les esferes amb un fil conductor, quina quantitat de càrrega hi circula i en quin sentit ho fa?

R: 1,54 nC es transfereixen de l'esfera petita cap a l'esfera gran.

38. Quin és el potencial a l'interior d'una esfera metàl·lica de radi 8 cm, carregada amb una densitat superficial σ de 20 nC/m²? Calculeu també quina intensitat de camp hi ha en el seu interior.

R: 181 V; 0 N/C

39. En una regió de l'espai hi ha un camp elèctric uniforme de mòdul $E = 10^5$ N/C (fig 2.92).

a) Quina és la diferència de potencial entre dos punts *A* i *B* d'aquesta regió separats 2 cm si la direcció *AB* és paral·lela al camp elèctric? I entre dos punts *A* i *C* també separats 2 cm si la direcció *AC* és perpendicular al camp elèctric?

b) Un protó ($q_p = 1{,}6 \cdot 10^{-19}$ C, $m_p = 1{,}67 \cdot 10^{-27}$ kg), que en l'instant inicial té una velocitat $v_0 = 2 \cdot 10^5$ m/s, es mou sobre una recta en la mateixa direcció del camp, però en sentit contrari. Quant val el treball efectuat per la força elèctrica sobre el protó des de l'instant inicial fins que la seva velocitat és nul·la?

c) Quina és la distància recorreguda pel protó en aquest mateix interval de temps?

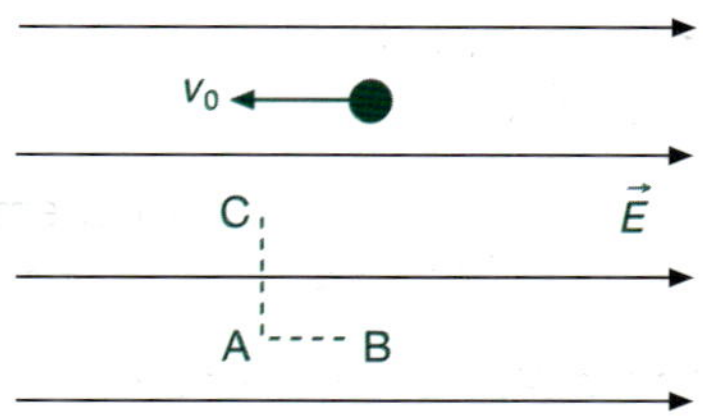

Fig. 2.92.

R: *a)* $V_A - V_B = 2 \cdot 10^3$ V; $V_A - V_C = 0$; *b)* $-3{,}34 \cdot 10^{-17}$ J; *c)* $2{,}1 \cdot 10^{-3}$ m

40. Entre dues plaques metàl·liques conductores, de 30 cm de llargària, hi ha un camp elèctric uniforme vertical, d'intensitat $E = 10^4$ V/m, tal com mostra la figura 2.93:

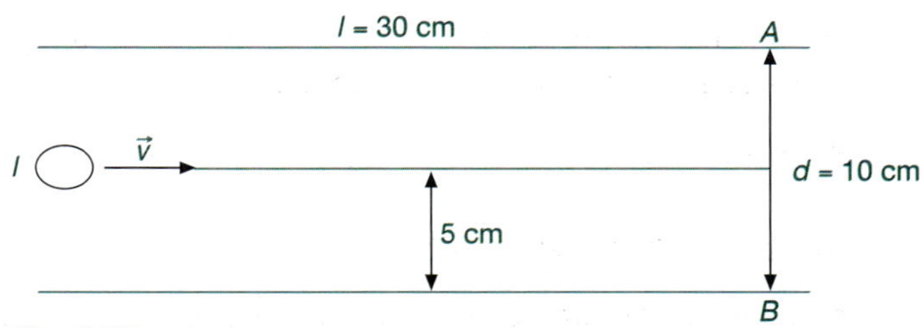

Fig. 2.93.

a) A quina velocitat (horitzontal) s'ha de llançar un electró des de la posició *I*, a l'entrada del camp, perquè en surti fregant un dels extrems *(A* o *B)* de les plaques?

b) Expliqueu raonadament quin tipus de trajectòria descriu l'electró dins del camp. Calculeu el treball que fa la força elèctrica que actua sobre l'electró en el recorregut que descriu pel camp.

Dades: $m_{electró} = 9{,}11 \cdot 10^{-31}$ kg; $Q_{electró} = 1{,}602 \cdot 10^{-19}$ C

R: *a)* $3{,}98 \cdot 10^7$ m/s; *b)* $8{,}01 \cdot 10^{-17}$ J

Prepara't per a la universitat

1. Un núvol elèctricament carregat està situat a 4,7 km d'altura sobre el terra. La diferència de potencial entre la base del núvol i el terra és de $2{,}3 \cdot 10^6$ V. Suposem que el camp elèctric en aquesta regió és uniforme i que la càrrega elèctrica del núvol és positiva. Una gota d'aigua que es troba entre el núvol i el terra té una massa d'1,3 mg i una càrrega de valor *Q*. En un moment donat, la gota ascendeix cap al núvol amb una velocitat constant de 2 m s^{-1} (sense tenir en compte els corrents d'aire ni el fregament).

a) Dibuixeu un esquema de la situació descrita pel problema i representeu-hi les càrregues elèctriques implicades i els camps vectorials (gravitatori i elèctric). Calculeu la intensitat del camp elèctric que hi ha entre el núvol i el terra, i indiqueu-ne el mòdul, la direcció i el sentit.

b) Calculeu el valor de la càrrega *Q* (en nC) i expliqueu raonadament quin signe hauria de tenir. *Dada:* $g = 9{,}81$ m s^{-2}.

R: *a)* 489 N/C; *b)* 26 nC

2. Dues esferes iguals de 20 g de massa pengen cadascuna d'un fil de 50 cm de llarg, tal com mostra la figura (fig. 2.94). Totes dues esferes tenen càrregues elèctriques iguals, però de signe contrari. A causa de l'atracció elèctrica que hi ha entre les esferes, els fils formen un angle de 15° amb la vertical. En aquesta configuració, la distància entre les esferes és de 10 cm.

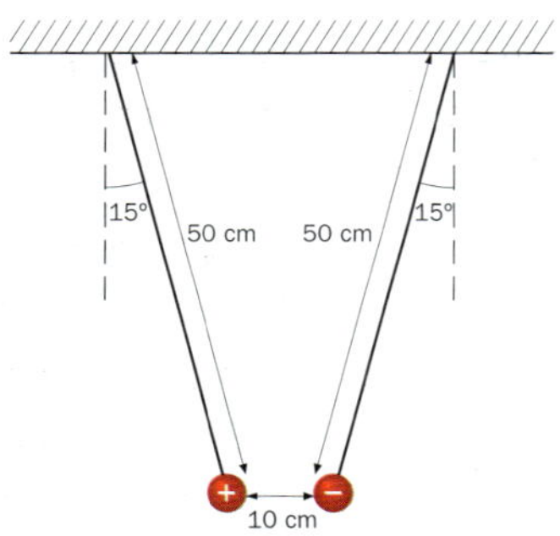

Fig. 2.94.

a) Calculeu el mòdul de la força elèctrica entre les esferes i el valor de les seves càrregues elèctriques.

b) Si retiréssim la càrrega positiva, quin camp hauríem de crear al voltant de la càrrega negativa perquè aquesta última no canviés de posició? Indiqueu-ne el mòdul i representeu esquemàticament la direcció i el sentit que tindria. Com hauria de ser aquest camp si, en lloc de retirar la càrrega positiva, retiréssim la càrrega negativa?

Dades: $k = \dfrac{1}{4\pi\varepsilon_0} = 8{,}99 \cdot 10^9 \dfrac{Nm^2}{C^2}$

Nota: Suposeu que les dues càrregues són puntuals.

R: *a)* $2{,}42 \cdot 10^{-7}$ C; *b)* $2{,}17 \cdot 10^5$ N/C

3. Una partícula α ($^4_2$He) es dirigeix directament cap al nucli d'un àtom d'urani ($^{238}_{92}$U). El radi del nucli d'urani és, aproximadament, de 0,008 pm (picòmetres).

Compareu quantitativament els valors del mòdul de la intensitat del camp elèctric degut al nucli d'urani en dos punts, *A* i *B*, situats a 0,008 nm i 0,008 pm, respectivament, del centre d'aquest nucli.

Quanta energia cinètica ha de tenir, com a mínim, la partícula α quan passa pel punt *A* per arribar fins al punt *B*? (Ignoreu la influència que els electrons pròxims puguin tenir.)

Dades: càrrega elemental = $1{,}60 \cdot 10^{-19}$ C.

Nombre atòmic de l'urani = 92.

R: *a)* 10^6, *b)* $5{,}29 \cdot 10^{-12}$ J

4. En algunes missions espacials s'han utilitzat motors iònics. En aquests motors es produeixen ions positius que s'envien a una cambra on un camp elèctric constant els impulsa. El motor expulsa ions positius a gran velocitat i la nau adquireix impuls en sentit contrari. Considereu un motor iònic en què ions Xe^+, inicialment en un estat de repòs, s'acceleren entre dues plaques separades 10 cm fins a adquirir una velocitat de $3{,}0 \cdot 10^5$ m/s.

a) Calculeu l'acceleració dels ions i el camp elèctric (que podeu considerar constant) a la cambra d'acceleració.

b) Calculeu la diferència de potencial entre les dues plaques amb les dades de la figura. Indiqueu també el valor que hauria de tenir aquesta diferència de potencial si les dues plaques estiguessin separades només 6 cm per aconseguir la mateixa velocitat de sortida dels ions.

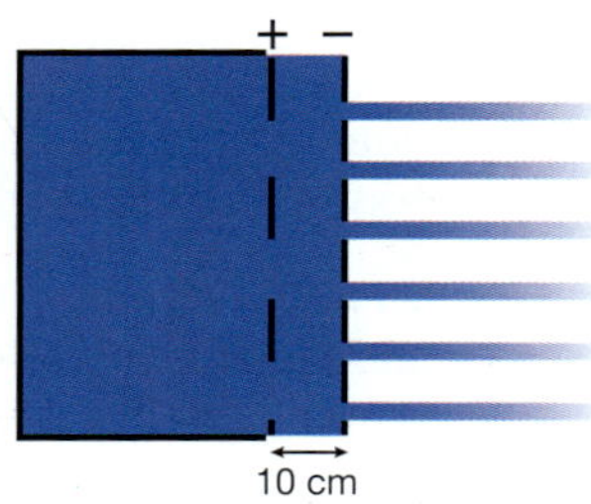

Fig. 2.95.

Dades: *Q* (ions Xe^+) = $+1{,}60 \cdot 10^{-19}$ C, *m* (ions Xe^+) = 132 u, 1 u = $1{,}66 \cdot 10^{-27}$ kg

R: *a)* $4{,}5 \cdot 10^{11}$ m/s^2, $6{,}16 \cdot 10^5$ N/C;
b) $6{,}16 \cdot 10^4$ V, $6{,}16 \cdot 10^4$ V

5. En una regió de l'espai hi ha un camp elèctric constant de mòdul 500 NC^{-1} dirigit cap avall. Vegeu la figura, en què l'eix *z* representa la vertical.

a) Calculeu les diferències de potencial següents: $V_A - V_B$, $V_B - V_C$ i $V_A - V_C$.

b) Col·loquem una partícula carregada, de massa 2,00 g, en el punt *C* i volem que es mantingui en equilibri. Calculeu quina càrrega i quin signe hauria de tenir aquesta partícula. Estarà en equilibri en algun altre punt d'aquesta regió? Justifiqueu les respostes.

Dada: $g = 9{,}80$ m/s^2.

R: *a)* $V_A - V_B = 0$, $V_B - V_C = 100$ V i $V_A - V_C = 100$ V; *b)* $-3{,}92 \cdot 10^{-5}$ C

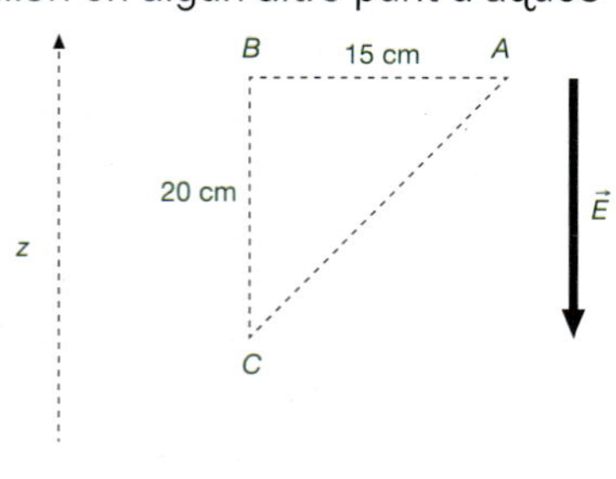

Fig. 2.96.

Desenvolupa les teves competències

1. Dos cations Ca^{2+} es troben a una distància de 40 nm. Calculeu:

a) Amb quina força es repel·leixen en un medi aquós.

b) L'energia potencial inicial i final si se separen a una distància de 50 nm.

c) Amb quina energia cinètica es mouen si un 20% de la variació de l'energia potencial es perd pel fregament del fluid aquós.

d) Amb quina velocitat es mouen en la situació final.

Utilitza les dades necessàries del catió calci per resoldre el problema.

R: *a)* $7{,}13 \cdot 10^{-15}$ N; *b)* $2{,}85 \cdot 10^{-22}$ J i $2{,}28 \cdot 10^{-22}$ J; *c)* $2{,}28 \cdot 10^{-23}$ J; *d)* 26,2 m/s

2. Disposem d'un condensador que està format per dues plaques planes amb càrregues de signe contrari i carregades amb una densitat superficial de $\sigma = 12$ nC/m^2. La superfície de cada placa és de 8 cm^2 i la separació entre elles és de 3 mm.

a) Calculeu la càrrega continguda en cada placa.

b) Calculeu la intensitat de camp elèctric que hi ha l'interior de les plaques.

c) Si posem els connectors d'un voltímetre en cada placa, quina diferència de potencial indicarà?

d) Es defineix una nova magnitud utilitzada pels condensadors anomenada capacitat. Definim la capacitat d'un condensador com la relació que hi ha entre la càrrega acumulada en una placa i la diferencia de potencial generada per la distribució de càrregues superficials $C = \dfrac{q}{\Delta V}$. La unitat en el sistema internacional de la capacitat és el faradi (F), en honor al científic Faraday. Calculeu la seva capacitat mitjançant aquesta expressió.

e) Deduïu una expressió de la capacitat en funció de les característiques físiques del condensador, és a dir, de la superfície i de la distància entre les plaques.

R: *a)* $9{,}6 \cdot 10^{-8}$ C; *b)* $1{,}36 \cdot 10^{7}$ N/C; *c)* $4{,}1 \cdot 10^{4}$ V; *d)* $2{,}3 \cdot 10^{-12}$ F = 2,3 pF; *e)* $\varepsilon_0 = \dfrac{S}{d}$

3. L'any 1785. Charles-Augustin Coulomb (1736-1806) va dissenyar un enginyós aparell per mesurar la força que hi havia entre dos cossos carregats elèctricament mitjançant una balança de torsió similar a la de la figura exposada (fig. 2.97).

Fig. 2.97.

Consulteu enciclopèdies i Internet i intenteu esbrinar com va poder arribar a formular la famosa llei de Coulomb.

R: Resposta oberta.

4. Fa unes dècades, el tub de raigs catòdics fou un dispositiu fonamental que va marcar un avenç important en les imatges de televisors de colors i també en altres aparells com, per exemple, instrument de mesura oscil·loscopi, etc.

De manera similar al condensador, es basa en el mateix funcionament, en dues plaques, una positiva (ànode) i l'altra, negativa (càtode), on els electrons que surten del càtode s'acceleren a causa del camp elèctric que hi ha entre els elèctrodes (fig. 2.98).

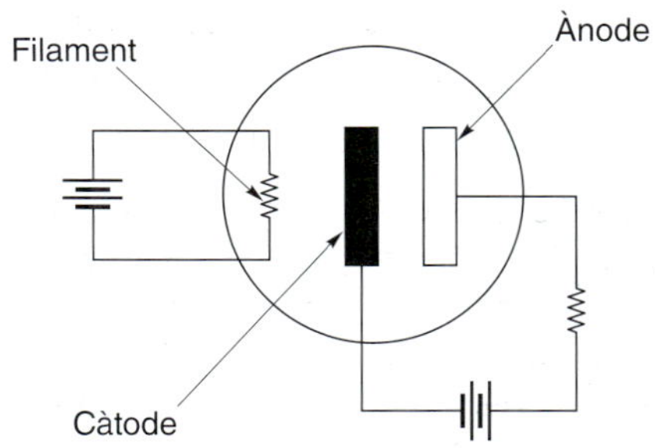

Fig. 2.98.

a) Consulteu en la web per ampliar el coneixement d'aquest aparell, el tipus de material del càtode, com es generen els electrons, etc.

b) Esbrineu una expressió que determini l'energia cinètica dels electrons en superar una diferència de potencial ΔV.

c) Si suposem que la distància entre les plaques és d i que hi ha en el seu interior un camp elèctric E constant, expresseu l'energia cinètica dels electrons en funció del camp elèctric i de la distància entre les plaques.

5. Organitzeu-vos en grups reduïts de tres o quatre alumnes per explorar el cos humà a través d'altres interaccions elèctriques d'interès.

Prepareu una presentació per exposar a la resta de la classe el resultat de la recerca.

R: Resposta oberta.

- Quins apartats de la unitat t'han resultat més fàcils? I els que has trobat més difícils, com has aconseguit superar-los? Si encara et queden dubtes, com els resoldràs?
- Com pots relacionar el que has après sobre **camp elèctric**, **potencial elèctric** i **energia potencial**, amb situacions de la teva vida quotidiana?
- Per a què et serveix conèixer la **llei de Gauss**?

Línies de camp elèctric i superfícies equipotencials

Objectiu

Observar les superfícies equipotencials d'algunes distribucions de càrrega elèctrica, i deduir com són les línies de camp en cada cas.

Material

- Font d'alimentació de CC, amb una sortida regulable de valor màxim 12 V
- Polímetre digital amb sonda per mesurar
- Cables de connexió
- Joc d'elèctrodes: barres metàl·liques i anella metàl·lica
- Placa reticular amb suport
- Paper blanc
- Placa de policarbonat
- Paper carbó
- Paper de calcar
- Cargols

Recorda

En desplaçar una càrrega elèctrica per una superfície equipotencial no es realitza treball.

Fonament

Com sabem, la presència d'una càrrega elèctrica puntual Q en un punt P de l'espai origina un camp elèctric al seu voltant que depèn de la distància. El camp elèctric es pot representar mitjançant les línies de camp, i també es pot interpretar a través del concepte de potencial elèctric, associant a cada punt de l'espai un valor determinat d'aquesta magnitud.

El conjunt de punts que tenen un mateix valor del potencial defineix una superfície que anomenem *superfície equipotencial;* les línies de camp elèctric són línies perpendiculars a les superfícies equipotencials. Per tant, si som capaços de dibuixar les superfícies equipotencials, podrem representar també les línies de camp elèctric.

Situar una càrrega puntual en un punt determinat de l'espai és bastant difícil, i encara ho és més representar les línies de camp elèctric. Ara bé, si aconseguim crear en un punt un potencial V determinat, podem simular una càrrega i dir que, en aquest punt de potencial V, tenim col·locada una càrrega puntual. Això ja és molt més fàcil, i es pot fer amb una font d'alimentació que proporcioni un potencial determinat i un elèctrode que simuli la càrrega elèctrica; amb un muntatge molt fàcil podem dibuixar finalment les superfícies equipotencials.

Recorda

Les línies de camp elèctric tallen perpendicularment les superfícies equipotencials.

Procediment

1. Connecteu la sortida negativa de la font d'alimentació a l'entrada negativa del polímetre i a un dels elèctrodes que té forma de barra, de manera que aquest quedi en posició horitzontal (fig. 2.98); aquest elèctrode donarà el potencial de referència zero.
2. Connecteu la sortida positiva de la font d'alimentació a l'altre elèctrode en forma de barra, de manera que quedi paral·lel a l'altre elèctrode, i a una certa distància (fig. 2.98); aquest elèctrode donarà un potencial V.
3. Col·loqueu, per aquest ordre, i sobre la placa reticular, la placa de policarbonat (base sòlida i aïllant), paper blanc, paper de calcar i paper de carbó.
4. Situeu els elèctrodes de manera que toquin el paper carbó, i que la sortida de la font sigui de 10 V, aproximadament.

Procediment (cont.)

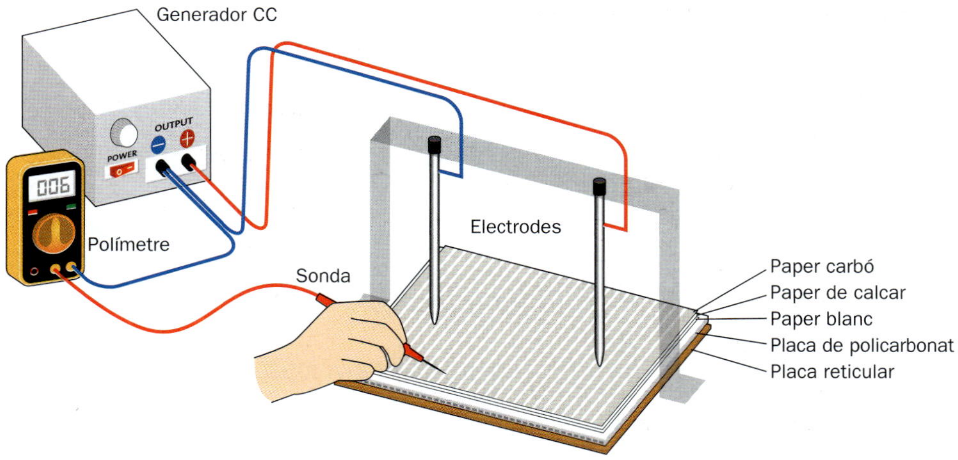

Fig. 2.99.

5. Connecteu a l'entrada positiva del polímetre (fig. 2.98) la sonda que ens permet determinar els valors del potencial en diferents punts del paper carbó, per mitjà de la lectura directa del polímetre.

6. Toqueu amb la sonda diferents punts del paper carbó, fins a trobar un punt en el qual el polímetre indiqui 1 V; oprimiu lleugerament la sonda sobre el paper carbó, de manera que quedi una marca sobre el paper blanc.

7. Toqueu diferents punts del paper en els quals la lectura del polímetre sigui d'1 V i premeu lleugerament per marcar el punt. Com més punts es determinin, més correctament es podrà dibuixar la superfície equipotencial.

8. Repetiu els passos 6 i 7, però ara per a potencials successius de 2 a 10 V.

9. Traieu el paper blanc, anoteu els valors del potencial corresponents a cada conjunt de punts i indiqueu el tipus d'elèctrode que s'ha fet servir.

10. Repetiu tots els passos però amb parells d'elèctrodes diferents: anella i punt metàl·lic, barra i punt metàl·lic, i dos punts metàl·lics.

Anàlisi de resultats

1. En cada full, uniu els punts que han estat sotmesos a un mateix potencial per tal d'obtenir les superfícies equipotencials.

2. Feu un comentari sobre la forma i el tipus de superfícies equipotencials que s'han obtingut en els diferents passos del procediment.

3. Relacioneu la geometria que tenen les superfícies equipotencials obtingudes amb la forma dels elèctrodes que s'han anat posant per tal de dibuixar-les.

4. Dibuixeu sobre cada full les línies de camp elèctric i indiqueu-ne el sentit, tenint en compte que les línies han de ser perpendiculars a les superfícies equipotencials, i que el seu sentit està determinat pel sentit de decreixement del potencial.

5. Segons els elèctrodes utilitzats, s'ha obtingut un camp elèctric uniforme? I el camp elèctric d'una càrrega puntual? I el camp elèctric d'un dipol? Raoneu les respostes.

Sabies que...?

L'electrocardiograma és la representació gràfica de l'activitat elèctrica del cor en funció del temps, que s'obté, des de la superfície corporal, al pit, amb un electrocardiògraf en forma de cinta contínua.

Amb aquest aparell podem mesurar el voltatge entre dos elèctrodes. Els elèctrodes es col·loquen sobre el cos del pacient, subjectant-los amb cintes de velcro, per exemple, i connectats a l'aparell mitjançant cables.

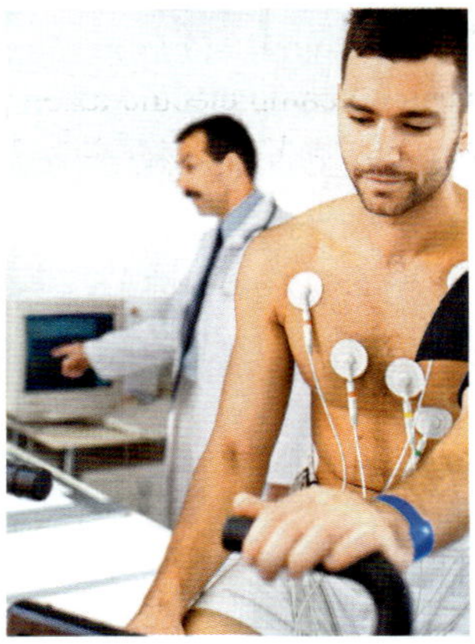

Fig. 2.100. Electrocardiograma.

UNITAT

3 Electromagnetisme I

Hi estudiaràs:

- Camp magnètic
- Força magnètica sobre una càrrega elèctrica en moviment
- Força electromagnètica sobre càrregues en moviment i sobre elements de corrent elèctric
- Camp magnètic creat per distribucions de corrent
- Forces entre dos conductors paral·lels i infinits

I seràs capaç de:

- Interpretar correctament la informació que ens donen les línies de camp magnètic.
- A partir de la definició de moment dipolar magnètic, comprendre les propietats magnètiques dels materials.
- Saber calcular la força magnètica sobre una càrrega elèctrica en moviment en el si d'un camp magnètic uniforme i saber deduir correctament quin tipus de moviment descriu.
- Comprendre el funcionament del selector de velocitats, l'espectròmetre de masses i el ciclotró.
- Saber calcular la força magnètica sobre un conductor de corrent elèctric en el si d'un camp magnètic. Comprendre el funcionament d'un motor.
- Determinar el camp magnètic creat per diverses distribucions de corrents elèctrics.
- Saber calcular la força entre conductors rectilinis.

Farem servir:

- Situació d'aprenentatge
- ODS - Objectius de Desenvolupament Sostenible
- Treball col·laboratiu
- Prepara't per a la universitat
- Metacognició

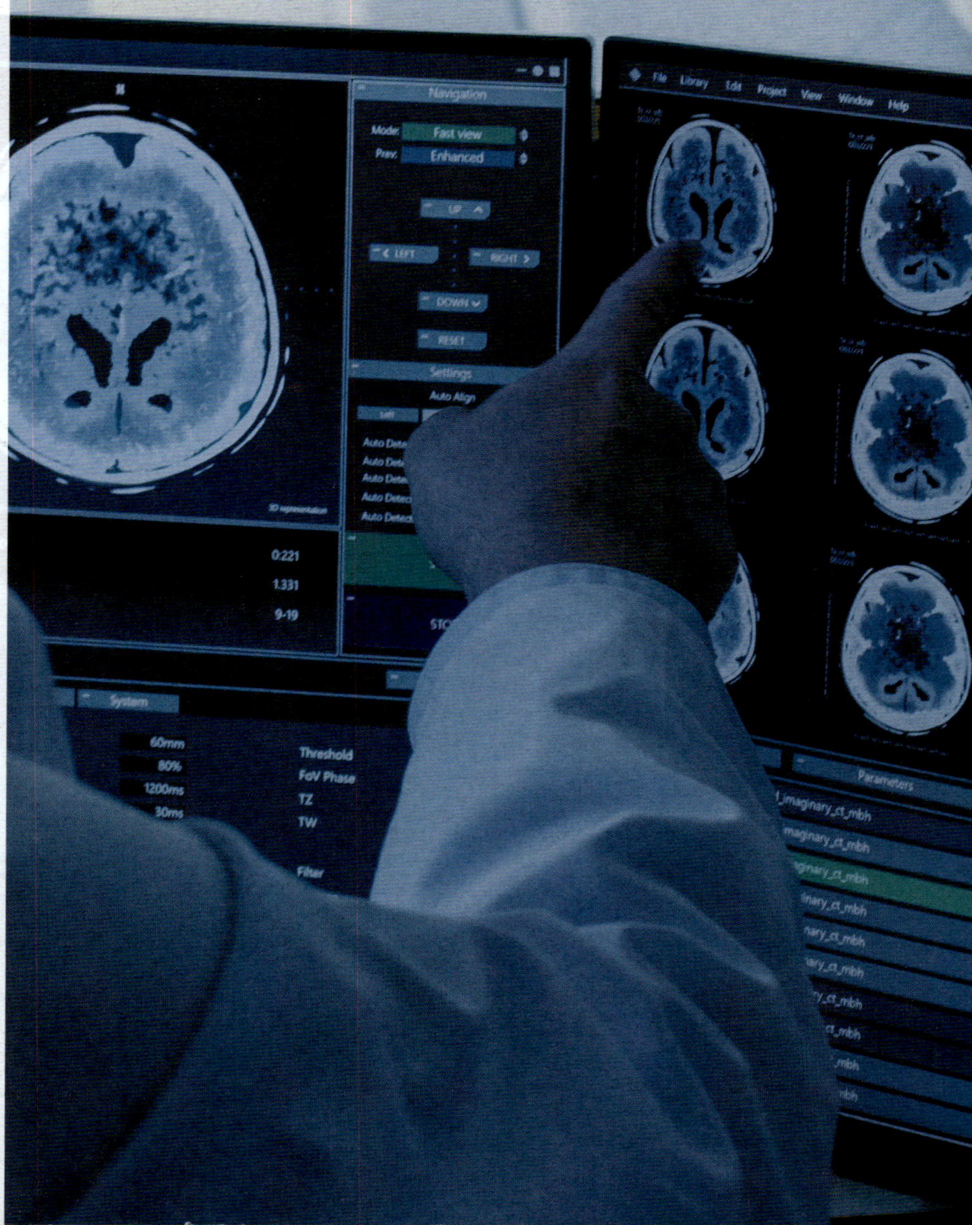

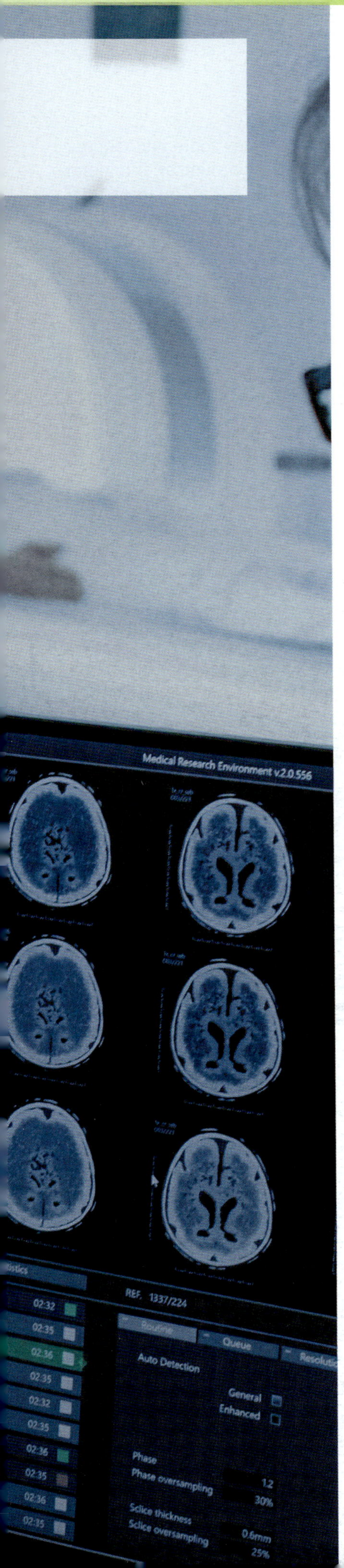

ALBA o la llum sincrotró

Situació d'aprenentatge

El sincrotró ALBA, ubicat a Cerdanyola del Vallès, molt a prop de la Universitat Autònoma de Barcelona (UAB), és un dels sincrotrons més importants del sud-oest d'Europa.

El sincrotró accelera els electrons mitjançant un camp elèctric i, alhora, els fa girar mitjançant un camp magnètic. Les càrregues elèctriques, en ser accelerades emeten radiació electromagnètica, que anomenem radiació sincrotró o llum sincrotró.

El sincrotró ALBA està funcionant des de l'any 2012 i està aportant diverses línies d'investigació com, per exemple, en àrees de la física, la química, les ciències dels materials, les ciències de la vida, la biologia, la nanotecnologia, la medicina, el patrimoni històric i artístic, etc., ja que permet visualitzar l'estructura atòmica i molecular dels materials i estudiar les seves propietats.

Aquesta infraestructura científica genera unes 6.000 hores de llum sincrotró anualment, les quals permeten oferir activitats a més de 2.000 investigadors.

Ens endinsem en la llum de sincrotró?

El sincrotró ALBA té un ferm compromís amb l'educació de les noves generacions: assoleix plenament els objectius ODS, desenvolupa activitats de formació i dona suport acadèmic, i beneficia a estudiants universitaris de graus, formació professional i màsters. També ofereix formació per a investigadors postdoctorals i predoctorals.

- Quina diferència hi ha entre un ciclotró i un sincrotró? Consulteu a la web els diferents tipus de sincrotrons que hi ha al món.
- Els grans sincrotrons, com per exemple el CERN, s'utilitzen per a la investigació en física de partícules, també anomenada física d'altes energies per les col·lisions d'altíssima energia entre partícules subatòmiques. Què es pretén descobrir amb aquests aparells tan costosos?
- En un principi, els grans acceleradors de partícules estaven pensats per investigar solament col·lisions d'altíssima energia entre partícules subatòmiques. Com que les partícules carregades elèctricament en ser accelerades emeten radiació electromagnètica, primer aquesta radiació era considerada com una pèrdua d'energia. Consulteu la web i comenteu aquest plantejament.
- Per grups, cerqueu exemples dels diferents àmbits d'aplicació on es poden trobar resultats dels estudis realitzats amb l'ALBA: obres d'art, medicina, biologia, tecnologia...
- Feu una anàlisi crítica de la informació que heu trobat i prepareu una presentació per a la resta de la classe.

- Et sembla correcte que, amb les successives crisis que estem patint, invertim tants diners en aparells com aquest a canvi de la informació que n'obtenim?
- Ets conscient de tots els àmbits als quals es pot aplicar la informació que extraiem del sincrotró?
- Creus que l'ALBA contribueix a l'**ODS Indústria, innovació i infraestructura**, amb l'objectiu de la millora del benestar i el progrés de la societat?

Sabies que...?

La **magnetita** és un mineral format per compostos de ferro, de fórmula química òxid de ferro(II)-ferro(III), (Fe_3O_4), que cristal·litza en el sistema cúbic en forma d'octaedres. La primera constància escrita de l'existència d'aquest mineral és del segle VII a.C., quan se'n van trobar mostres a la regió de Magnèsia, a l'Àsia Menor, de la qual prové el seu nom.

1. Camp magnètic

Els primers intents d'utilitzar les propietats magnètiques, segons algunes fonts històriques, sembla que es remunten a l'any 121, quan els xinesos van començar a utilitzar el mineral anomenat *magnetita* amb finalitats tecnològiques. Aquest mineral (fig. 3.1 *a*), quan es talla en forma de varetes, cilindres, ferradures, etc., dona lloc als anomenats **imants naturals** (fig. 3.1 *b*), que tenen la propietat d'atraure els objectes de ferro i d'altres materials.

Fig. 3.1. *a)* Mineral magnetita. *b)* Imants naturals.

Fig. 3.2. Visualització d'un camp magnètic mitjançant llimadures de ferro.

Si escampem llimadures de ferro sobre un paper blanc i hi apropem un imant, podem observar que la majoria de les llimadures es concentren als extrems (fig. 3.2). Les llimadures de ferro ens dibuixen l'espectre magnètic de l'imant, és a dir, el **camp magnètic.** Observem com als extrems es concentren més llimadures de ferro perquè la força magnètica és més intensa.

Considerem ara dos imants en els quals d'alguna manera distingim un extrem de l'altre; per exemple, amb colors: blanc i vermell (fig. 3.3 *a*). Depenent de com enfrontem els dos imants, podem tenir dos tipus de forces: una d'atractiva i una altra de repulsiva. Quan enfrontem els dos extrems blancs o els dos extrems vermells, els imants experimenten una força de repulsió (fig. 3.3 *b*), i quan enfrontem l'extrem blanc amb l'extrem vermell, apareix una força d'atracció (fig. 3.3 *c*).

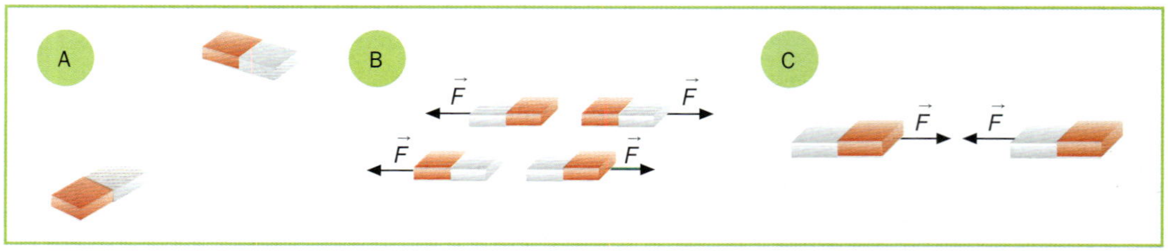

Fig. 3.3. *a)* Els extrems dels imants solen pintar-se de colors diferents. *b)* Enfrontats del mateix color es repel·leixen. *c)* Enfrontats de color diferent s'atrauen.

Això ens indica que els extrems de l'imant són dues zones clarament diferenciades, que anomenem *pol nord* (N) i *pol sud* (S), i que els pols iguals (pol N-pol N o pol S-pol S) es repel·leixen, mentre que pols diferents (pol N-pol S) s'atrauen.

Una de les primeres aplicacions tecnològiques dels imants va ser la construcció de la brúixola, que serveix per orientar-nos a la Terra (fig. 3.4). Com ja sabeu, la Terra és un gran imant i, encara que d'intensitat petita, és capaç de fer girar una agulla imantada que s'aguanta sobre un eix perpendicular que passa pel seu centre. El pol nord magnètic terrestre, que no coincideix exactament amb el geogràfic, és determinat per un dels extrems de l'agulla magnètica de la brúixola i l'altre extrem, en sentit oposat, determina el pol sud magnètic.

Fig. 3.4. La brúixola és un instrument format per una agulla lleugera i magnetitzada que pot girar entorn d'un eix i que ens permet determinar la presència de forces magnètiques en un lloc determinat; també la utilitzem per orientar-nos, ja que ens indica la posició del pol nord de la Terra.

Les línies imaginàries que dibuixen les llimadures de ferro ens indiquen, en realitat, les **línies de camp magnètic** de l'imant, que ens permeten interpretar el vector intensitat del camp magnètic, de la mateixa manera com hem fet en el cas de les línies de camp elèctric i de camp gravitatori.

La intensitat de camp magnètic es representa amb el símbol $\vec{B}$, i en el SI la seva unitat és el **tesla** (T). A vegades és convenient expressar-la en **gauss** (G), pel fet que el tesla és una unitat excessivament gran: 1 T = 10^4 G.

La Terra, per exemple, presenta uns valors típics per a la intensitat de camp magnètic d'aproximadament 10^{-5} T, que equivalen a 0,1 G.

Les línies de camp magnètic d'un imant són línies tancades, que s'assemblen a les línies del camp elèctric generat per dues càrregues del mateix valor absolut, però de signes contraris, és a dir, que s'assemblen a les d'un dipol elèctric (fig. 3.5 *b*); per tant, i per analogia, podem assimilar el pol N a la càrrega positiva (+), i el pol S, a la càrrega negativa (–).

Així doncs, *les línies de camp magnètic surten del pol N, i entren en el pol S, per fora de l'imant.* Però ara hi ha una diferència fonamental respecte del dipol elèctric, i és que *les línies de camp magnètic es dirigeixen del pol S al pol N per dins de l'imant,* fet que determina que les línies siguin tancades (fig. 3.5 *a*).

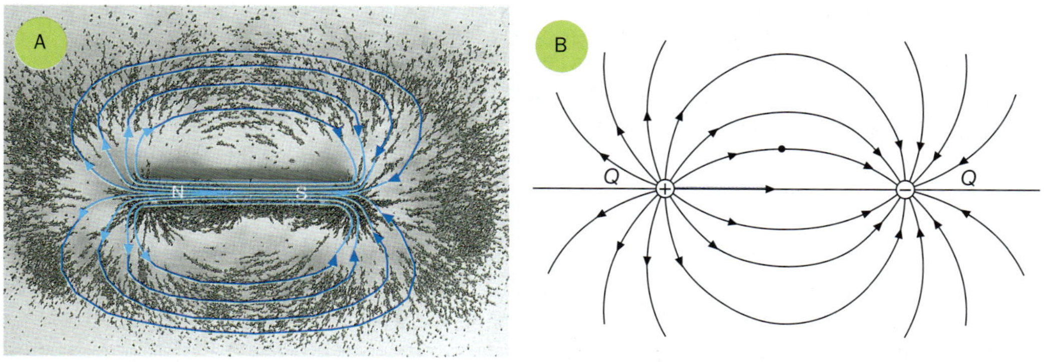

Fig. 3.5. *a)* Línies de camp magnètic. *b)* Línies de camp elèctric d'un dipol.

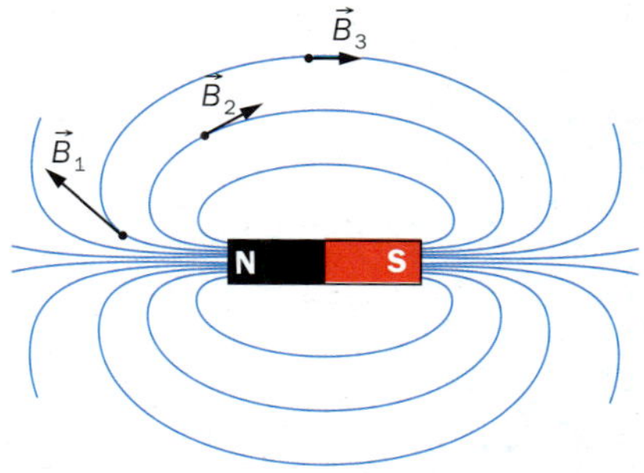

Fig. 3.7. La intensitat de camp magnètic $\vec{B}$ és un vector tangent a les línies de camp, i el seu mòdul varia segons la densitat de línies:

$$|\vec{B}_1| > |\vec{B}_2| > |\vec{B}_3|$$

D'aquesta manera podem interpretar per què un pol N i un pol S s'atreuen i dos pols iguals es repel·leixen. Si tenim en compte que les línies de camp surten del pol N i entren pel pol S, lògicament tots dos pols experimenten una força magnètica atractiva (fig. 3.6 *a*). En canvi, si enfrontem dos pols N o dos pols S, com que les línies de camp surten o entren respectivament d'aquests pols, apareix una força de repulsió (fig. 3.6 *b* i 3.6 *c*).

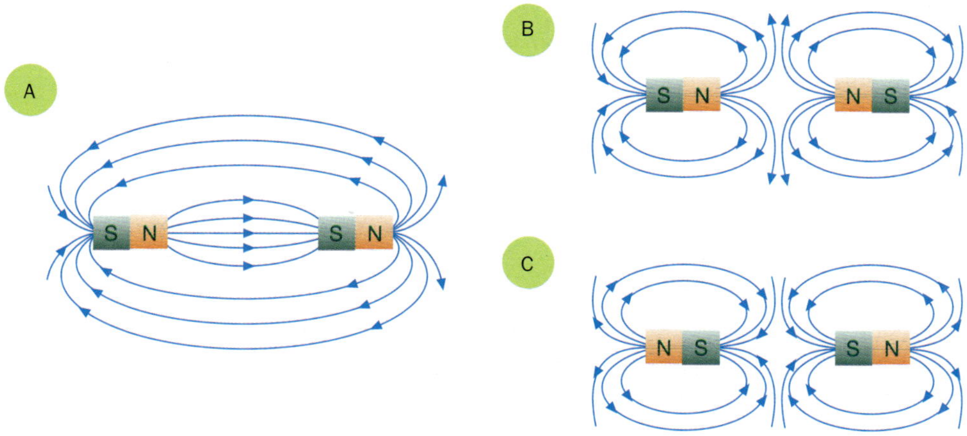

Fig. 3.6. *a)* Atracció de dos imants: les línies de camp magnètic s'enllacen entre els dos imants. *b)* i *c)* Repulsió de dos imants: les línies de camp magnètic no s'enllacen.

Per determinar el mòdul de la intensitat de camp magnètic en un punt determinat, ens basem en la densitat de línies, mentre que la direcció i el sentit, com ja sabeu, venen donats per la direcció de la recta tangent a les línies de camp magnètic en el punt considerat (fig. 3.7).

Com hem dit, la Terra es comporta com un gran imant, de manera que el seu eix magnètic és l'eix que la travessa del pol nord al pol sud magnètics i forma, actualment, un angle d'aproximadament 11,5° amb l'eix de rotació de la Terra o eix geogràfic (fig. 3.8).

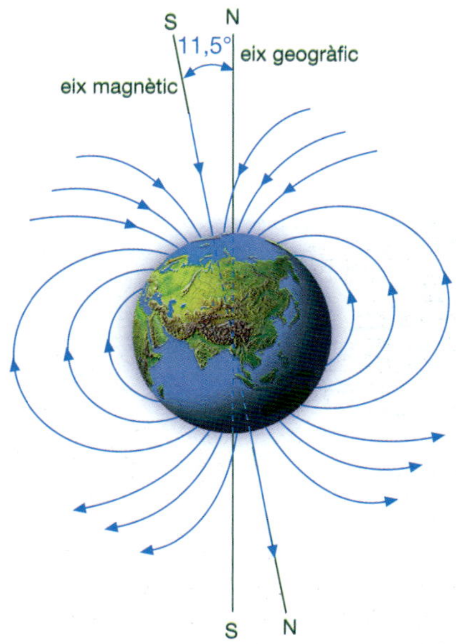

Fig. 3.8. La Terra es comporta com un gran imant. El nord geogràfic correspon al pol sud magnètic i el sud geogràfic correspon al pol nord magnètic.

1.1. Moment magnètic

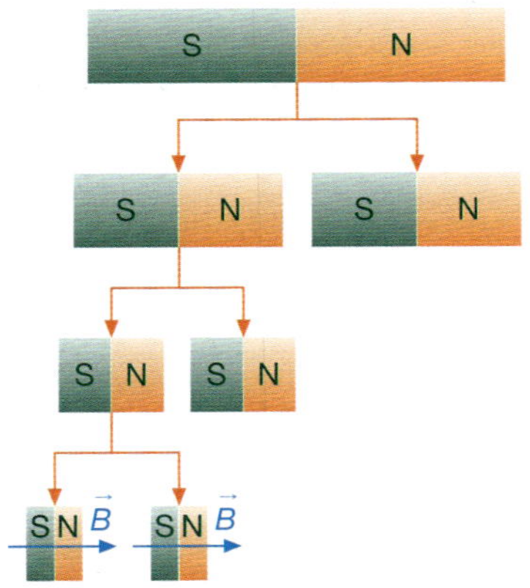

Fig. 3.9. Seccionant imants s'obtenen imants més febles, cadascun amb el seu pol nord i el seu pol sud.

Els imants es poden partir en trossos més petits i, com podeu observar en la figura 3.9, al lloc de la partició es creen dos pols oposats. Si continuem dividint-los en trossos més petits, succeirà el mateix, de manera que els imants que en resulten són cada vegada d'intensitats més dèbils, però tots continuen tenint un pol N i un pol S. Això ens indica que, a diferència de les càrregues elèctriques, és impossible tenir un pol N o un pol S aïllat.

Encara que pugui semblar irreal o imaginatiu, si poguéssim partir l'imant en trossos cada vegada més petits, arribaríem finalment a obtenir àtoms individuals, és a dir, nuclis amb una estructura electrònica determinada (fig. 3.10). Per tant, podem concloure que els àtoms són uns dels imants més petits que existeixen.

La majoria dels àtoms, així, es comporten com a petits imants; l'àtom més simple que pot presentar un caràcter magnètic és l'àtom d'hidrogen, que té un protó al nucli i un electró que gira entorn del nucli. El moviment de l'electró entorn del nucli es pot considerar com un petit circuit elèctric amb una intensitat molt petita i que genera un camp magnètic.

Com ja sabeu, la Terra, a més de girar al voltant del Sol, té un moviment de rotació sobre si mateixa. Doncs bé, per analogia, un electró lligat a un àtom, a més de girar al voltant del nucli, gira sobre si mateix en un moviment que anomenem **spin.** Aquests dos moviments tenen efectes magnètics, però aquí intentem donar una visió simplificada perquè el seu estudi requereix tenir coneixements de mecànica quàntica.

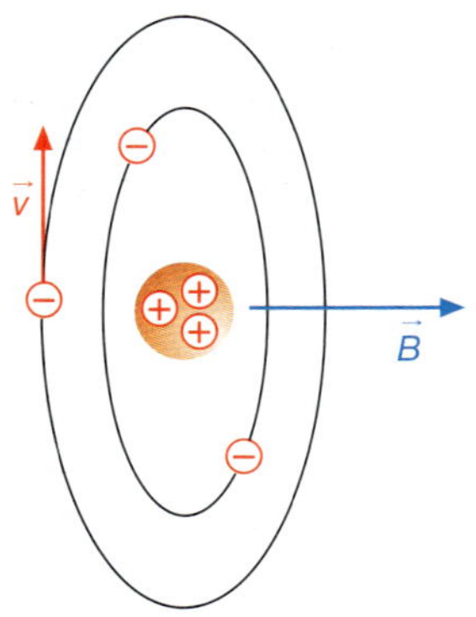

Fig. 3.10. El moviment dels electrons d'un àtom pot generar un camp magnètic.

El moviment d'un electró entorn del nucli atòmic genera un camp magnètic.

Així doncs, si bé fins ara hem estudiat separadament el camp magnètic dels imants i el camp elèctric de les càrregues, l'observació anterior ens mostra que aquests dos tipus de fenòmens no són independents. En efecte, el físic danès Hans Christian Ørsted va descobrir, l'any 1819, una íntima relació entre ambdós camps, després d'observar que un corrent elèctric rectilini desviava l'agulla d'una brúixola.

Així, si col·loquem un conductor rectilini perpendicularment a un pla i hi situem progressivament la brúixola en diferents posicions, observem com l'agulla es desvia i dibuixa unes circumferències concèntriques, que representen les línies del camp magnètic generat pel corrent elèctric que passa pel conductor (fig. 3.11). L'experiència d'Ørsted es pot dur a terme escampant sobre el pla llimadures de ferro, en comptes d'emprar una brúixola, i obtindrem el mateix resultat. Això ens indica que:

- Els corrents elèctrics, és a dir, les càrregues elèctriques en moviment, creen camps magnètics.
- Més endavant veurem que els camps magnètics, al seu torn, exerceixen forces sobre els corrents elèctrics

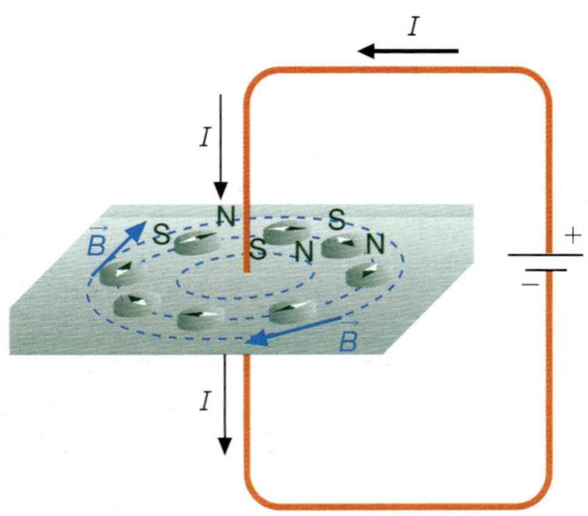

Fig. 3.11. Experiència d'Ørsted. Les direccions i els sentits dels camps magnètics B representats a la figura s'han determinat d'acord amb l'orientació que assoleixen els pols nord i sud de les agulles de les brúixoles situades en diferents posicions al voltant del conductor rectilini, i tenint en compte que les línies de camp magnètic surten dels pols N i entren en els pols S.

Hem vist que les línies de camp magnètic que genera un segment rectilini d'un circuit (fig.3.11) són circumferències concèntriques. Considerem ara un conductor circular pel qual passa un determinat corrent, un element que anomenem *espira de corrent;* es pot evidenciar que les línies de camp magnètic s'assemblen a les d'un imant, de manera que una cara de l'espira es comporta com el pol nord d'un imant, i l'altra cara, com el pol sud (fig. 3.13).

Insistim, encara que sigui una simplificació, que el moviment de l'electró entorn del nucli defineix un corrent elèctric que s'assembla al d'una espira de corrent, i que és el que crea el camp magnètic de l'àtom. Per tant, hem d'admetre que l'àtom és l'imant més petit amb què es pot manifestar la matèria, a excepció de les partícules elementals, que, com ja hem comentat, també tenen un camp magnètic associat al seu moviment de spin. La direcció del vector camp magnètic de l'àtom es representa per un vector axial perpendicular al pla de l'òrbita de l'electró (fig. 3.10). Encara que en realitat l'electró no segueix ni tan sols una òrbita definida, la considerem circular per simplificar.

Si comparem les línies de camp magnètic d'un imant amb les d'una espira de corrent d'intensitat determinada I, podem observar la similitud dels camps magnètics respectius (fig. 3.12).

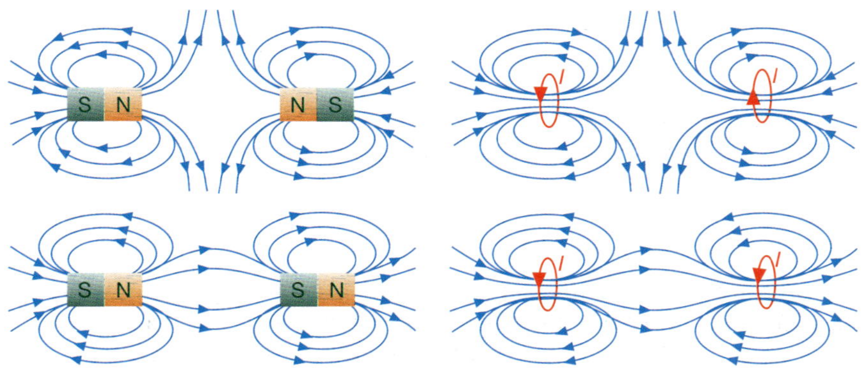

Fig. 3.12. Similitud de camps magnètics generats per *a)* imants naturals i *b)* corrents elèctrics circulars, també anomenats *espires de corrent.*

Definim el **moment dipolar magnètic $\vec{m}$** d'un electró que gira entorn d'un nucli com el producte de la intensitat de corrent elèctric I que genera l'electró en el seu moviment pel vector superfície de l'òrbita $\vec{S}$:

$$\vec{m} = I\,\vec{S}$$

L'expressió anterior ens indica que el vector $\vec{m}$ és paral·lel al vector $\vec{S}$, i, per tant, la seva direcció és perpendicular al pla de l'espira. El seu sentit és definit per la **regla de la mà dreta** (fig. 3.14), que en el cas del moment magnètic s'expressa així:

> Posant els dits de la mà dreta en el sentit de gir del corrent, el polze ens indica la direcció i el sentit del moment dipolar magnètic, que són, també, la direcció i el sentit del camp magnètic generat pel corrent elèctric.

Així, una càrrega positiva, per exemple un protó que gira en una trajectòria circular, crea un camp magnètic, ja que està generant un corrent elèctric; el sentit d'aquest camp magnètic, o del moment dipolar magnètic, coincideix amb el sentit indicat pel polze de la mà dreta quan posem els dits en el sentit de rotació del protó (fig. 3.14).

Ara bé, si tenim en compte que els electrons són les càrregues responsables dels camps magnètics atòmics i que aquestes càrregues són negatives, la direcció i el sentit del vector camp magnètic generat pel moviment d'un electró en una òrbita tancada també es poden regir per la regla de la mà dreta, tenint en compte que el sentit convencional del corrent elèctric és el contrari del sentit del moviment de l'electró (fig. 3.15).

Com que en el SI I es mesura en A i $\vec{S}$ en m², la unitat de $\vec{m}$ és Am².

Recorda

No oblideu que el sentit convencional del corrent elèctric és el contrari al sentit del moviment dels electrons.

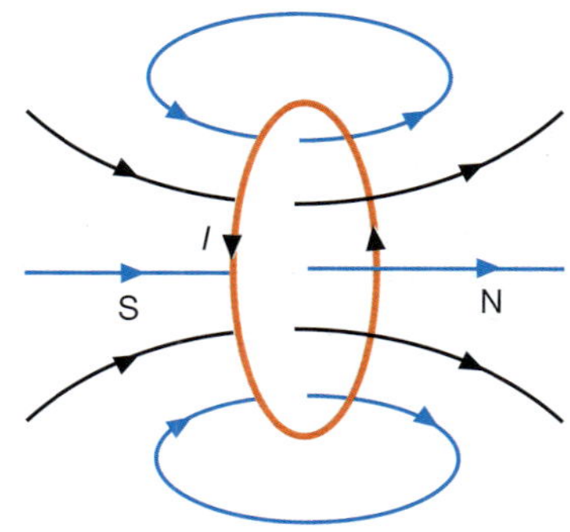

Fig. 3.13. Espira de corrent (circuit circular): les seves línies de camp magnètic s'assemblen a les d'un imant. De fet, la cara dreta de l'espira es comporta com el pol nord d'un imant, i la cara esquerra, com el pol sud de l'imant.

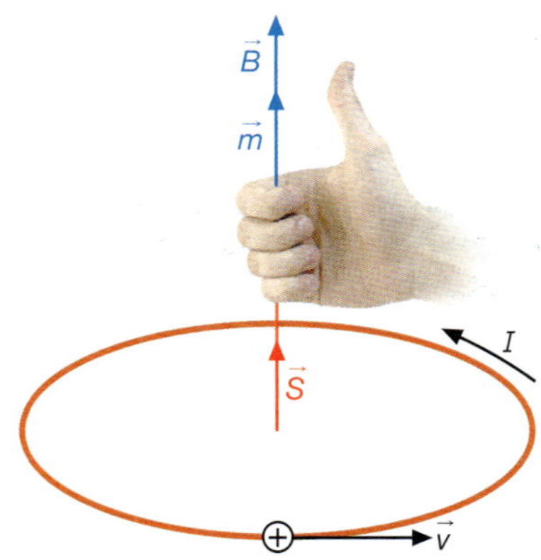

Fig. 3.14. Els vectors superfície $\vec{S}$, moment magnètic $\vec{m}$ i intensitat de camp magnètic $\vec{B}$ són vectors axials perpendiculars al pla de l'espira quan en l'espira hi ha definit un corrent elèctric I. Observeu que el sentit convencional del corrent elèctric correspon al moviment d'una càrrega positiva. La regla de la mà dreta ens diu que, quan els dits indiquen el sentit del corrent I, el polze indica la direcció i el sentit del moment magnètic i del camp magnètic, i que coincideix, en aquest cas, amb el vector superfície $\vec{S}$.

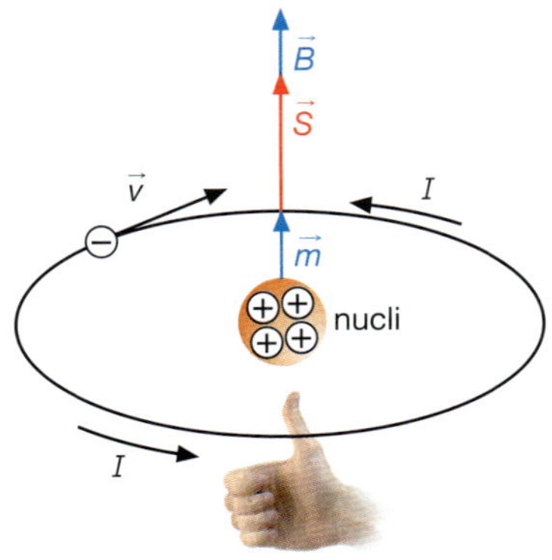

Fig. 3.15. Moment magnètic d'un electró. Per simplificar, hem suposat que es mou en una òrbita circular. La regla de la mà dreta s'aplica com abans, amb els dits de la mà en el sentit del corrent elèctric, que és, però, contrari al sentit de gir de l'electró, ja que aquest és una càrrega negativa.

Exemple 1. ➡ **Determineu el moment dipolar magnètic d'una espira superconductora de radi 8 cm quan hi passa un corrent de 20 A.**

Resolució

Els superconductors són mitjans ideals per transportar l'energia elèctrica, ja que presenten una resistència elèctrica pràcticament nul·la.

Per tant, aquesta espira manté un corrent elèctric permanent i constant de 20 A, i, aleshores, el moment magnètic dipolar també és constant.

Si substituïm valors en l'expressió $\vec{m} = I\vec{S}$, obtenim, en mòdul:

$$m = 20 \cdot (\pi \cdot 0{,}08^2) = 0{,}402 \text{ A} \cdot \text{m}^2$$

Mitjançant la regla de la mà dreta, representem el moment dipolar magnètic en la figura 3.16.

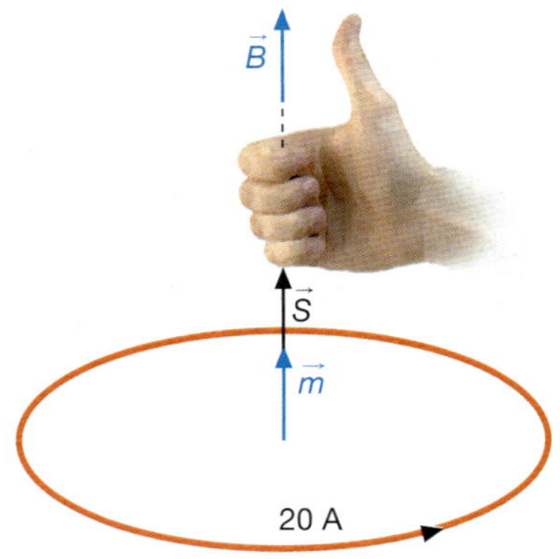

Fig. 3.16.

Sabies que...?

Els imants de neodimi formen part de la família d'imants de terres rares i són els imants permanents més poderosos del món. També es coneixen amb el nom d'imants de NdFeB perquè es componen principalment de neodimi (Nd), ferro (Fe) i bor (B). Tenen una potència d'unes 6 vegades més que els imants de ferrita i s'apliquen en la indústria, en la construcció de motors, per fer trucs de màgia, etc. Es poden construir de formes variades, com quadrats, rectangulars, anells, cilíndrics, etc., i es poden utilitzar a temperatures altes, sense que això alteri les seves propietats magnètiques.

1.2. Comportament magnètic dels materials

Hi ha materials que manifesten propietats magnètiques (per exemple, el ferro) i n'hi ha una majoria que no ho manifesten d'una manera apreciable.

Com podem justificar que a la natura hi hagi cossos que estiguin magnetitzats permanentment i d'altres que no, si gairebé tots els àtoms es comporten com petits imants?

Per respondre aquesta pregunta hem de tenir en compte que les propietats magnètiques d'un cos depenen del moment dipolar magnètic resultant de tots els àtoms que el conformen i no dels àtoms aïllats.

Així, quan els moments dipolars magnètics de cada àtom s'orienten de manera aleatòria, el cos no manifesta la propietat magnètica i diem que no té moment dipolar magnètic net; en aquesta situació, per tant, el material no es comporta com un imant i el seu camp magnètic net és nul (fig. 3.17 *a*).

En canvi, quan els moments dipolars magnètics d'una bona quantitat d'àtoms s'arrenglеren paral·lelament en una direcció determinada, el moment dipolar magnètic net, que és la suma dels moments dipolars magnètics de cada àtom, no és nul. En aquest cas, el cos es comporta com un imant i la seva intensitat de camp magnètic depèn del grau d'arrenglerament (fig. 3.17 *b*).

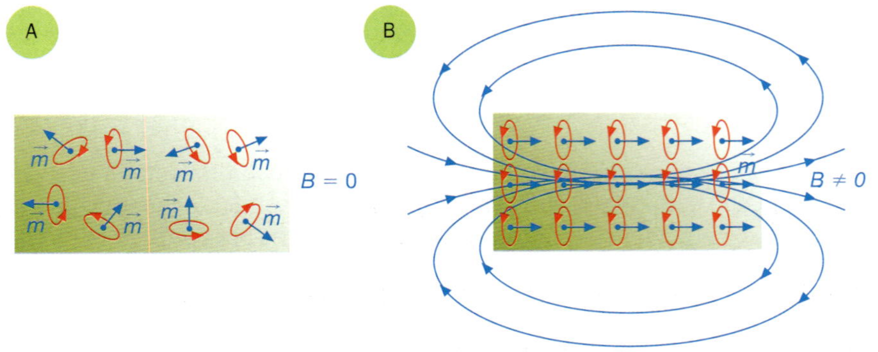

Fig. 3.17. *a)* Quan els vectors moments dipolars magnètics dels àtoms d'un cos tenen orientacions aleatòries, aquest no manifesta cap propietat magnètica. *b)* Quan els vectors moments magnètics estan arrenglerats en una direcció determinada, aleshores el cos manifesta el caràcter magnètic, és a dir, és un imant.

Per tant, el vector camp magnètic d'un imant es deu a l'arrenglerament dels vectors moment dipolar magnètic d'una part important dels àtoms que constitueixen l'imant.

Ara bé, hi ha cossos que, tot i no ser imants, en condicions normals poden ser imantats per un camp magnètic extern, i podem trobar-ne alguns que s'imantin permanentment i d'altres que s'imantin temporalment.

Quan els dipols magnètics no estan arrenglerats, un camp magnètic extern $\vec{B}$ pot fer que els dipols s'arrenglerin i indueixin un camp magnètic intern $\vec{B}'$ en la mateixa direcció i sentit que el camp magnètic extern. Per tant, la intensitat del camp magnètic extern es reforça i hi ha un augment de la intensitat de camp magnètic (fig. 3.18). En aquest cas, diem que el cos s'ha *imantat.*

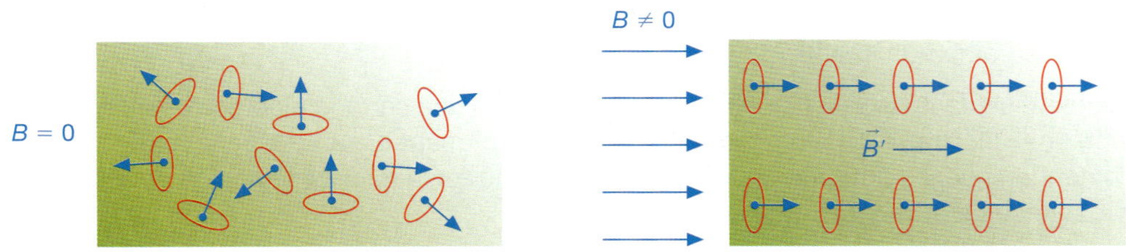

Fig. 3.18. La presència d'un camp magnètic extern $\vec{B}$ sobre un cos el pot imantar i propiciar un augment del camp magnètic.

El grau d'imantació que pot produir un camp magnètic extern sobre la matèria permet classificar els materials en tres categories diferents:

- **Materials paramagnètics**. Són materials en què la presència d'un camp magnètic extern pot fer que els moments dipolars magnètics dels seus àtoms s'arrenglerin en la mateixa direcció i en el mateix sentit que el camp magnètic extern d'una manera feble i, per tant, s'imanten poc. Són exemples d'aquests tipus de materials l'alumini, el magnesi, el titani i el tungstè.
- **Materials diamagnètics**. Són materials en què la presència d'un camp magnètic extern indueix un moment dipolar magnètic dels àtoms molt feble contrari al sentit del camp extern. Són exemples d'aquests materials el bismut, el coure, el diamant i l'or.
- **Materials ferromagnètics**. Són materials en què la presència d'un camp magnètic extern indueix un arrenglerament molt alt i ordenat dels moments dipolars magnètics dels àtoms, i els converteixen en un imant capaç de superar, fins i tot, el camp magnètic extern. Molts d'aquests materials, a diferència dels paramagnètics, queden imantats fins i tot després que deixi d'actuar el camp magnètic extern i, per tant, es comporten com imants permanents. Són exemples d'aquests tipus de materials el ferro pur, el cobalt, el níquel, el neodimi i els aliatges compostos per aquests materials.

Tingues en compte

No hem fet cap menció de la influència que pot tenir la temperatura sobre la magnetització dels materials, però en el cas dels materials paramagnètics, la llei de Curie estableix que és directament proporcional al camp magnètic extern aplicat i inversament proporcional a la temperatura. Per tant, els materials paramagnètics tendeixen a tornar-se més magnètics amb l'augment del camp magnètic extern i, cada vegada menys magnètics en augmentar la temperatura, sempre que la temperatura sigui elevada i el camp magnètic extern, feble.

ACTIVITATS

1. Un imant atrau una peça de ferro. Aleshores, el ferro pot atraure una altra peça de ferro. Podeu donar una explicació d'aquest fenomen?
2. Quines d'aquestes sis afirmacions són certes i quines són falses?

   a) Una càrrega elèctrica en repòs crea: 1) només camp elèctric, 2) només camp magnètic, 3) un camp elèctric i un camp magnètic.

   b) Una càrrega elèctrica en moviment crea: 4) només camp elèctric, 5) només camp magnètic, 6) un camp elèctric i un camp magnètic.

2. Força magnètica sobre una càrrega elèctrica en moviment

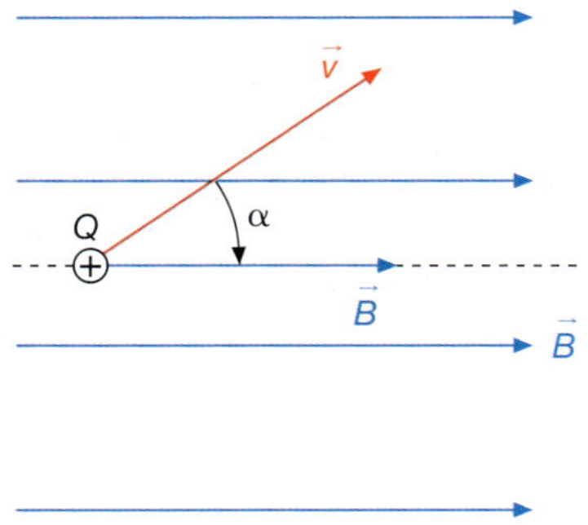

Fig. 3.19. Moviment d'una càrrega elèctrica Q en el si d'un camp magnètic uniforme extern $\vec{B}$.

Ens plantegem estudiar a continuació el comportament de càrregues elèctriques en moviment dins d'un camp magnètic extern.

Fins ara hem vist que el moviment dels electrons d'un àtom pot generar un camp magnètic, però no és necessari que la càrrega elèctrica es mogui en una trajectòria tancada per generar un camp magnètic, sinó que es pot afirmar que tota càrrega en moviment crea un camp magnètic.

Si el moviment d'una càrrega elèctrica genera un camp magnètic, és evident que aquesta càrrega rep una força quan es troba immersa en un camp magnètic extern $\vec{B}$, ja que el camp magnètic creat per la càrrega interacciona amb el camp magnètic extern, de manera similar al que passa amb dos imants.

Considerem un camp magnètic uniforme d'intensitat $\vec{B}$ i una càrrega elèctrica positiva Q llançada amb una velocitat $\vec{v}$ dins la regió de l'espai on és present el camp magnètic (fig. 3.19). En el moment en què la càrrega entra en el camp, rep una força que, en mòdul es determina amb l'expressió següent, anomenada **força de Lorentz**:

$$F = |Q|\, vB \sin \alpha$$

en què α és l'angle que formen els vectors $\vec{v}$ i $\vec{B}$.

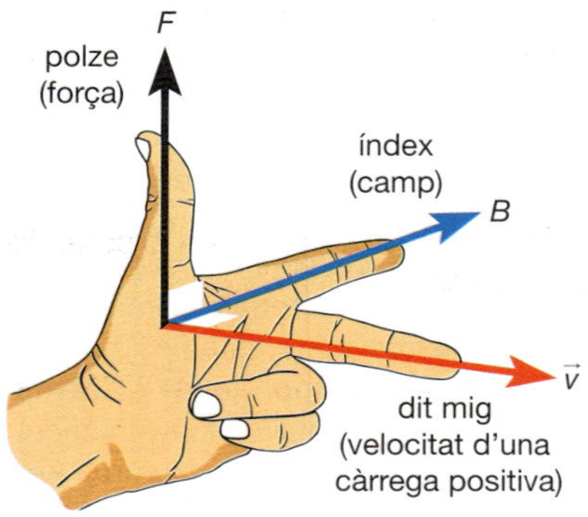

Fig. 3.20. Una altra manera de determinar la direcció i el sentit de la força magnètica és fer servir la **regla de la mà esquerra.**

La direcció de la força magnètica sempre és perpendicular al pla que determinen els vectors $\vec{v}$ i $\vec{B}$, i el seu sentit es determina amb la regla de la mà dreta aplicada ara, però, d'una manera diferent de com ho hem fet abans: hem de posar la mà de manera que el polze sigui perpendicular al pla definit pels vectors $\vec{v}$ i $\vec{B}$, i que els dits indiquin el sentit de gir de l'angle més petit que va del vector $\vec{v}$ al vector $\vec{B}$ (fig. 3.21); el sentit de la força correspon a l'indicat pel polze quan la càrrega és positiva i, quan és negativa, la força té sentit contrari a l'indicat pel polze.

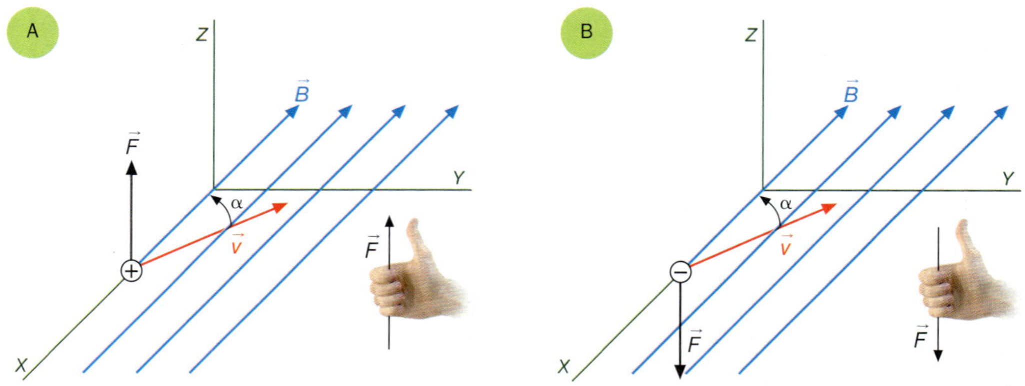

Fig. 3.21. La presència d'un camp magnètic extern que actua sobre una càrrega en moviment origina una força magnètica sobre aquesta càrrega. *a)* El polze de la mà dreta indica el sentit de la força quan la càrrega és positiva. *b)* Si la càrrega és negativa, la força té sentit contrari a l'indicat pel polze.

Com que molts fenòmens electromagnètics són produïts pel moviment dels electrons, cal tenir en compte aquest canvi de sentit de la força magnètica. En el cas particular en què α = 0° o α = 180°, la força magnètica és nul·la, ja que:

$$F = |Q|\, vB \sin \alpha = |Q|\, vB \cdot 0 = 0$$

Així, una càrrega elèctrica que és llançada en la direcció del camp $\vec{B}$ no nota la presència del camp magnètic, ja que no hi actua cap força magnètica a sobre.

Cal tenir present que la força magnètica també és nul·la quan la càrrega està en repòs.

En canvi, quan $\alpha = 90°$, i com que sin 90° = 1, la força que rep la càrrega a causa del camp magnètic és màxima, i de valor:

$$F_{màx} = |Q| vB \sin\alpha = |Q| vB \cdot 1 = |Q| vB$$

D'acord amb totes les consideracions que tot just acabem de fer per tal de determinar la força magnètica, es dedueix que el vector força magnètica es pot calcular amb l'expressió vectorial següent:

$$\vec{F} = Q\,(\vec{v} \times \vec{B})$$

que correspon al producte de l'escalar Q pel vector $\vec{v} \times \vec{B}$, sent aquest últim el producte vectorial del vector velocitat $\vec{v}$ pel vector camp magnètic $\vec{B}$ i que es calcula, recordem, amb el determinant següent:

$$\vec{F} = Q \begin{vmatrix} \vec{i} & \vec{j} & \vec{k} \\ v_x & v_y & v_z \\ B_x & B_y & B_z \end{vmatrix} = Q\,[(v_y B_z - v_z B_y)\,\vec{i} + (v_z B_x - v_x B_z)\,\vec{j} + (v_x B_y - v_y B_x)\,\vec{k}]$$

Si calculem el mòdul del vector força magnètica, obtenim l'expressió que hem escrit abans:

$$F = |Q| vB \sin\alpha$$

Recorda

El producte vectorial de dos vectors $\vec{a}$ i $\vec{b}$, que escrivim $\vec{a} \times \vec{b}$, és un altre vector $\vec{c}$, el mòdul del qual és:

$$c = a\,b \sin\alpha$$

en què α és l'angle que determinen els vectors $\vec{a}$ i $\vec{b}$. La direcció d'aquest vector $\vec{c}$ és perpendicular al pla que determinen els vectors $\vec{a}$ i $\vec{b}$, i el sentit està determinat per la regla de la mà dreta (fig. 3.22).

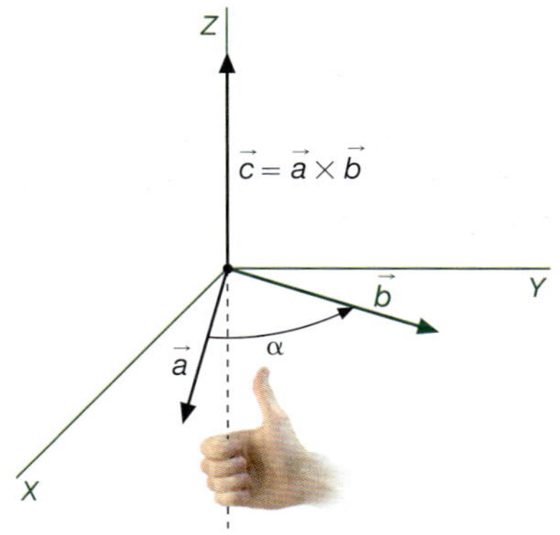

Fig. 3.22. Producte vectorial. Els vectors $\vec{a}$ i $\vec{b}$ són coplanaris al pla *XY*.

Exemple 2. **Una càrrega de +50 μC es llança en el sentit positiu de l'eix *X* amb una velocitat de $3 \cdot 10^5$ m/s, i en presència d'un camp magnètic de 0,2 T que actua en la direcció de l'eix *Z* positiu (fig. 3.23).**

Determineu la força que rep la càrrega a causa del camp magnètic extern, en mòdul i vectorialment.

Resolució

L'angle format pels vectors $\vec{v}$ i $\vec{B}$ és de 90°; per tant, el mòdul de la força és màxim. En aplicar la regla de la mà dreta, veiem que el polze ens indica que el sentit de la força és el sentit negatiu de l'eix *Y*, quan la resta de dits assenyalen el sentit de gir de $\vec{v}$ cap a $\vec{B}$.

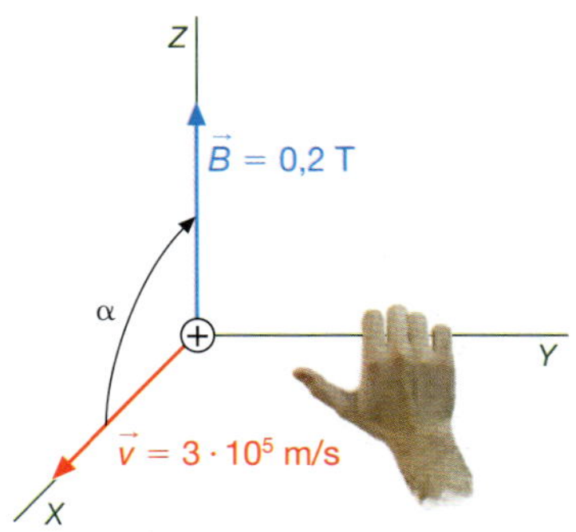

Fig. 3.23.

Per tant, la força que rep la càrrega, en mòdul, és màxima i de valor:

$$F = QvB \sin\alpha = 50 \cdot 10^{-6} \cdot 3 \cdot 10^5 \cdot 0{,}2 \cdot 1 = 3\ \text{N}$$

I, vectorialment:

$$\vec{F} = -3\,\vec{j}\ \text{N}$$

Si apliquem l'expressió vectorial $\vec{F} = Q\,(\vec{v} \times \vec{B})$, obtenim el mateix resultat:

$$\vec{F} = 50 \cdot 10^{-6} \begin{vmatrix} \vec{i} & \vec{j} & \vec{k} \\ 3 \cdot 10^5 & 0 & 0 \\ 0 & 0 & 0{,}2 \end{vmatrix} = -3\,\vec{j}\ \text{N}$$

Com que l'estudi dels fenòmens magnètics ens obliga a treballar en l'espai, per facilitar la representació de vectors perpendiculars a un pla utilitzem, per conveni, dos signes que ens indiquen el sentit dels vectors. Així, quan representem un punt (•) sobre el paper, hem d'interpretar que el vector té direcció perpendicular al paper i sentit cap enfora, cap a nosaltres (fig. 3.24 *a*); mentre que quan representem una creu (×) sobre el paper, el vector també és perpendicular, però de sentit cap endins (fig. 3.24 *b*).

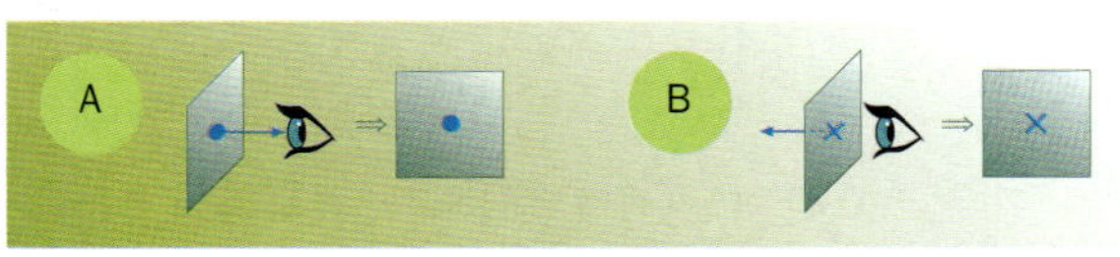

Fig. 3.24. Dues maneres de representar un vector perpendicular a un pla: *a)* un punt, vector cap a nosaltres; *b)* creu, vector que s'allunya.

Exemple 3. ➡ **Estudieu la direcció i el sentit de la força que rep una càrrega elèctrica quan entra dins d'un camp magnètic, aplicant la regla de la mà dreta, en els casos *a, b, c, d* i *e* de la figura 3.25.**

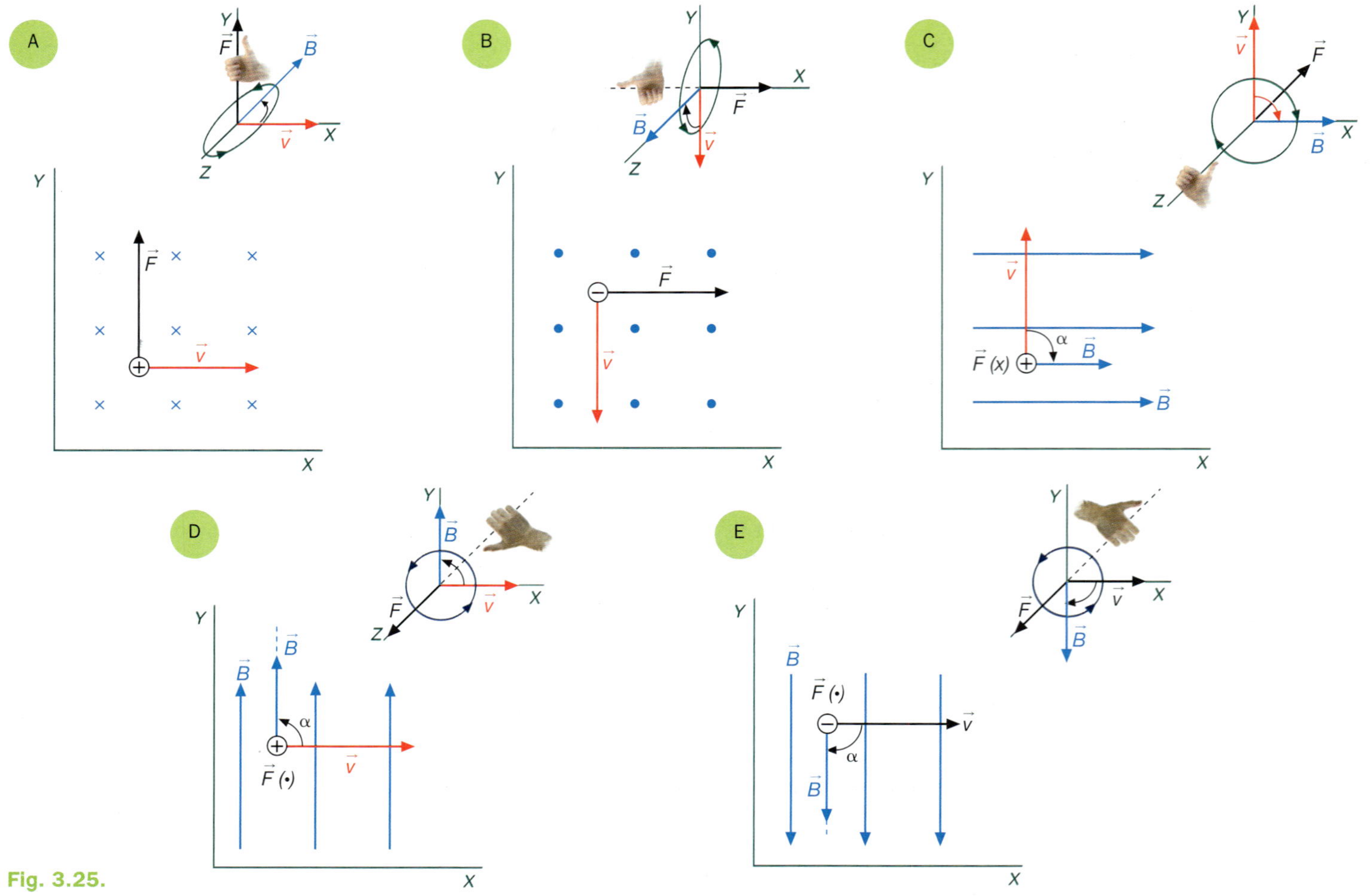

Fig. 3.25.

2.1. Moviment d'una càrrega en presència d'un camp magnètic

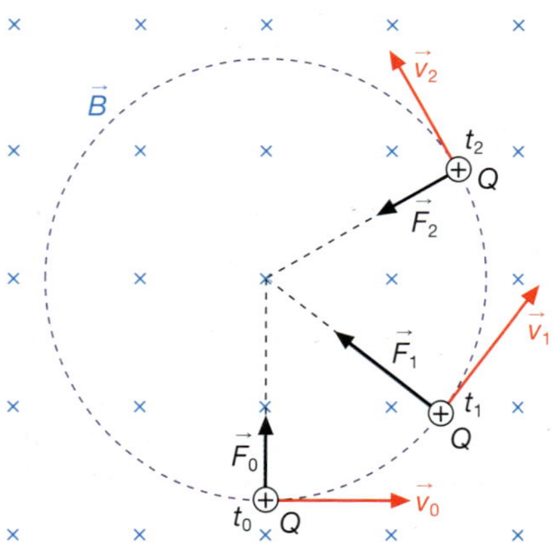

Fig. 3.26. Moviment d'una partícula amb càrrega Q quan entra amb una velocitat perpendicular a un camp magnètic uniforme: la trajectòria que descriu la partícula és circular.

Fins ara hem estudiat com actua la força magnètica sobre una càrrega en moviment en presència d'un camp magnètic. A continuació estudiarem el moviment que resulta d'aquesta força.

Ja hem comentat que quan una partícula carregada entra en el si d'un camp magnètic, amb una velocitat $\vec{v}$ que no sigui paral·lela al camp, experimenta una força magnètica que fa variar la direcció de $\vec{v}$, i, per tant, en variar la direcció de la velocitat, també varia la de la força.

Per estudiar el moviment descrit per la partícula, considerem la situació senzilla en què una partícula de massa m i càrrega Q positiva entra en una regió de l'espai en què actua un camp magnètic uniforme $\vec{B}$, de manera que la seva velocitat inicial $\vec{v}_0$ és perpendicular a $\vec{B}$ i només es veu sotmesa a la força magnètica. En l'instant t_0, rep una força magnètica $\vec{F}_0$ deguda al camp magnètic. En un instant t_1 posterior, la velocitat serà $\vec{v}_1$, i la força $\vec{F}_1$, i així successivament en els instants posteriors t_2, t_3, t_4... (fig. 3.26).

Com que la força magnètica $\vec{F}$ ha de ser perpendicular a la velocitat $\vec{v}$ en cadascun d'aquests instants, el mòdul de la velocitat de la partícula no varia, i tampoc ho fa, així, el mòdul de la força ($F = |Q|\,v\,B$). És a dir, la força magnètica actua com una força centrípeta constant, ja que verifica les condicions de perpendicularitat respecte de la trajectòria en ser perpendicular a la velocitat en tot moment, de manera que la partícula descriu un moviment circular uniforme i la força està dirigida sempre cap al centre de la trajectòria circular (fig. 3.26).

Aplicant la segona llei de Newton en mòdul, i tenint en compte que la força feta pel camp magnètic és la força centrípeta o normal, podem trobar el radi de la trajectòria circular descrita per la partícula:

$$\Sigma\vec{F} = m\vec{a} \rightarrow |Q|vB = ma_n \rightarrow |Q|vB = m\frac{v^2}{R} \rightarrow \boxed{R = \frac{mv}{|Q|B} = \frac{p}{|Q|B}}$$

Aquesta expressió ens indica que el radi de la trajectòria circular de la càrrega és directament proporcional a la velocitat o a la quantitat de moviment de la càrrega, i inversament proporcional a la càrrega i al camp magnètic extern.

Ara podem determinar la velocitat angular i la freqüència del moviment circular de la càrrega Q substituint el radi per $\frac{mv}{|Q|B}$ en les expressions corresponents de ω i f:

$$\omega = \frac{v}{R} = \frac{|Q|Bv}{mv} = \frac{|Q|B}{m} \rightarrow \boxed{f = \frac{\omega}{2\pi} = \frac{|Q|B}{2\pi m}}$$

Observeu que la freqüència no depèn de la velocitat de la partícula.

Per altra banda, recordem que, d'acord amb el teorema del treball i l'energia cinètica, $W = \Delta E_c$, i tenint en compte que en aquesta situació (fig. 3.26) $\vec{F}$ és perpendicular al vector desplaçament $\Delta\vec{r}$ en qualsevol punt de la trajectòria circular, es dedueix que $W = 0 \Rightarrow \Delta E_c = 0 \Rightarrow \Delta v = 0 \Rightarrow$ $\Rightarrow v = \text{constant}$.

> L'energia cinètica de les càrregues no queda alterada per la presència de camps magnètics externs i es manté constant; aquests camps només afecten la direcció de la velocitat.

Si aïllem v de l'expressió $|Q|vB = m\frac{v^2}{R} \Rightarrow v = \frac{R|Q|B}{m}$, podem expressar l'energia cinètica de la partícula d'aquesta manera:

$$E_c = \frac{1}{2}mv^2 = \frac{1}{2}m\left(\frac{QBR}{m}\right)^2 \rightarrow \boxed{E_c = \frac{1}{2}\frac{(QBR)^2}{m}}$$

Exemple 4. ➡ **Es llança un protó amb una velocitat de $4\cdot10^5$ m/s perpendicular a un camp magnètic uniforme de 0,4 T.**

Si sabem que $m_p = 1{,}673\cdot10^{-27}$ kg i $e = 1{,}602\cdot10^{-19}$ C, determineu:

a) El radi de l'òrbita.

b) La freqüència.

c) L'energia cinètica.

d) La intensitat de corrent elèctric que genera el protó.

Resolució

a) $R = \frac{mv}{QB} \rightarrow R = \frac{1{,}673\cdot10^{-27}\cdot4\cdot10^5}{1{,}602\cdot10^{-19}\cdot0{,}4} =$

$= 1{,}044\cdot10^{-2}\text{ m} = 1{,}044\text{ cm}$

b) $f = \frac{QB}{2\pi m} \rightarrow f = \frac{1{,}602\cdot10^{-19}\cdot0{,}4}{2\cdot\pi\cdot1{,}673\cdot10^{-27}} = 6{,}096\cdot10^6\text{ Hz}$

Com podeu observar, el protó gira amb una freqüència molt alta: sis milions de voltes per segon!

c) $E_c = \frac{1}{2}\frac{(RQB)^2}{m} \rightarrow$

$\rightarrow E_c = \frac{1}{2}\cdot\frac{(1{,}044\cdot10^{-2}\cdot1{,}602\cdot10^{-19}\cdot0{,}4)^2}{1{,}673\cdot10^{-27}} =$

$= 1{,}338\cdot10^{-16}\text{ J}$

Atès que el valor obtingut és molt petit, és més adequat expressar-lo en eV:

$E_c = 1{,}338\cdot10^{-16}\text{ J}\cdot\frac{1\text{ eV}}{1{,}602\cdot10^{-19}\text{ J}} = 835{,}2\text{ eV} = 0{,}835\text{ keV}$

d) En l'apartat *b)* veiem que el protó gira amb una freqüència considerable i, per tant, representa l'equivalent d'un circuit elèctric circular amb una intensitat:

$$I = \frac{Q}{T} = Qf = 1{,}602\cdot10^{-19}\cdot6{,}096\cdot10^6 = 9{,}8\cdot10^{-13}\text{ A}$$

Com podem veure, la intensitat és molt petita.

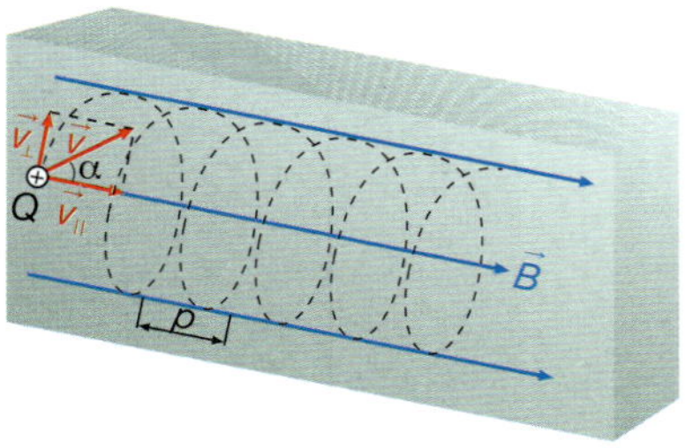

Fig. 3.27. Quan el vector velocitat $\vec{v}$ de la càrrega Q forma un angle α diferent de 0° i 90° amb el vector camp magnètic $\vec{B}$, la càrrega descriu un moviment helicoidal.

Hem vist que quan una càrrega elèctrica entra en una regió de l'espai en què hi ha un camp magnètic, perpendicularment al camp, aquesta es mou seguint una trajectòria circular, tot i que conserva la mateixa velocitat en mòdul; però quan ho fa amb un cert angle α respecte de B diferent de 0 i de 90°, per determinar quin tipus de trajectòria segueix cal descompondre la velocitat en dos components, un de paral·lel al camp i un altre de perpendicular (fig. 3.27):

$$\vec{v} = \vec{v}_{\parallel} + \vec{v}_{\perp}$$

en què $v_{\parallel} = v \cos \alpha$ i $v_{\perp} = v \sin \alpha$.

El component paral·lel de la velocitat, com ja sabeu, no es veu afectat pel camp; per tant, la càrrega es mourà amb moviment rectilini uniforme en aquesta direcció amb una velocitat $v_{\parallel}$. L'altre component de la velocitat, és a dir, el component perpendicular $v_{\perp}$, origina un moviment circular uniforme de radi:

$$R = \frac{m v_{\perp}}{|Q| B} \rightarrow R = \frac{m v \sin \alpha}{|Q| B}$$

Per tant, la trajectòria de la càrrega és el resultat de la composició de dos moviments, l'un, rectilini uniforme, i l'altre, circular uniforme, i la combinació d'ambdós dona lloc a una trajectòria helicoidal (fig. 3.27).

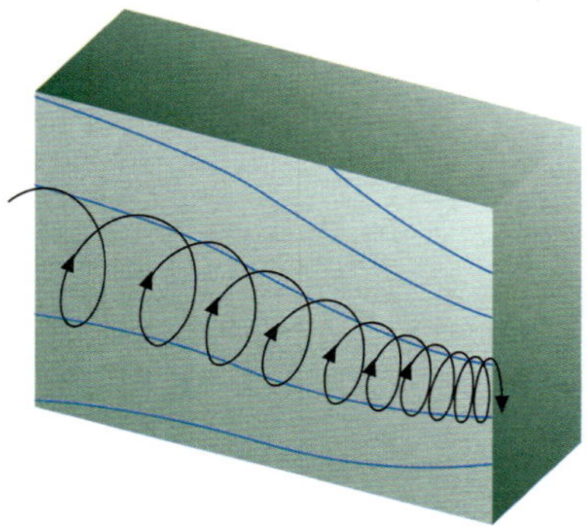

Fig. 3.28. Trajectòria d'un ió positiu en un camp magnètic no uniforme.

Si el camp magnètic no és uniforme, les partícules carregades segueixen igualment una trajectòria helicoidal tot variant el radi i seguint les línies de camp magnètic (fig. 3.28).

Per tant, el moviment de les partícules carregades en camps magnètics no uniformes és més difícil de descriure. En la figura 3.29 es mostra una *ampolla magnètica,* una interessant configuració de camps magnètics en què el camp és dèbil al centre i molt intens en ambdós extrems. Una anàlisi detallada del moviment d'una partícula carregada en aquest tipus de camp magnètic mostra que la partícula recorre una trajectòria en espiral entorn de la línia de camp i roman atrapada oscil·lant d'un extrem a l'altre de l'ampolla magnètica.

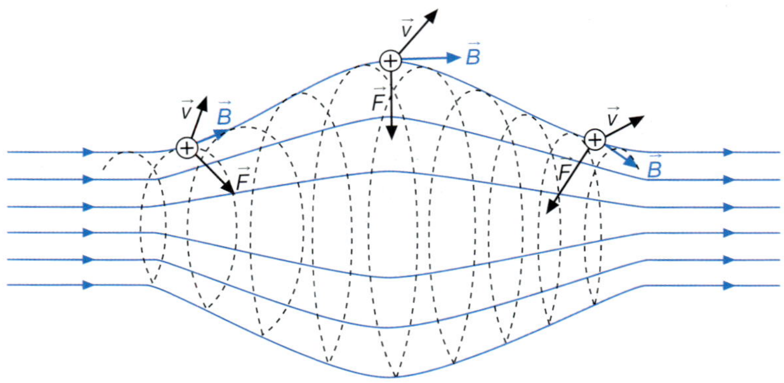

Fig. 3.29. Ampolla magnètica. Quan una partícula carregada es mou en aquest camp, molt intens en els extrems i dèbil en el centre, la partícula roman atrapada i es mou en espiral endavant i endarrere al voltant de les línies de camp.

També és interessant estudiar com és el moviment de les partícules carregades que procedeixen de l'espai exterior a la Terra, les quals constitueixen una part dels raigs còsmics, quan reben la influència del camp magnètic terrestre.

Les partícules que incideixen en la direcció de l'eix magnètic no pateixen cap desviació i aconsegueixen arribar a la Terra encara que tinguin poca energia. Les partícules que cauen obliquament respecte de l'eix magnètic descriuen una trajectòria helicoidal i, si la seva velocitat és petita, pot ser que no arribin a la superfície de la Terra. Les partícules que incideixen perpendicularment a l'eix magnètic experimenten una desviació més gran, ja que es mouen en un pla perpendicular al camp magnètic i, per tant, només arribaran a la superfície de la Terra les que tinguin una velocitat considerable (fig. 3.30).

Els cinturons de radiació de Van Allen són exemples de la interacció de les partícules còsmiques carregades amb el camp magnètic terrestre. Aquests cinturons estan compostos de partícules ràpides, bàsicament d'electrons i protons, atrapats al camp magnètic terrestre. El

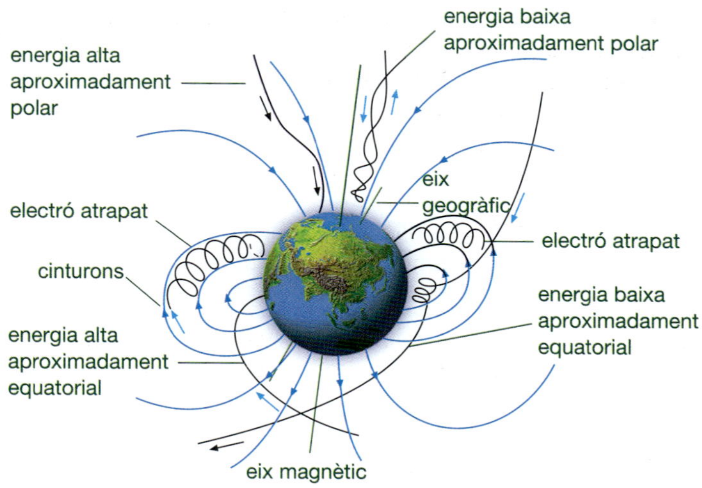

Fig. 3.30. Moviment de partícules carregades dels raigs còsmics al camp magnètic terrestre.

primer cinturó s'estén aproximadament entre els 800 i els 4 000 km de la superfície de la Terra, mentre que el segon cinturó està situat a uns 60 000 km de la superfície. Aquests cinturons foren descoberts el 1958 mitjançant els aparells que portava el satèl·lit nord-americà Explorer i foren investigats per la sonda lunar Pioneer III.

Per comprendre millor com les partícules carregades són atrapades als cinturons de Van Allen, considerem, per exemple, un electró lliure produït per la col·lisió entre un àtom i una partícula còsmica a molts quilòmetres de la superfície de la Terra. El component de la velocitat perpendicular al camp magnètic fa que l'electró descrigui una trajectòria corbada que es desvia cap a un sentit, mentre que, si la càrrega és positiva, ho fa en sentit contrari.

El component de la velocitat paral·lel al camp magnètic terrestre fa que l'electró segueixi la línia de camp magnètic cap a un dels pols tot girant, de la manera que ja hem vist anteriorment (fig. 3.28). Mentre la càrrega s'aproxima cap a un dels pols seguint una trajectòria helicoidal, la intensitat de camp magnètic augmenta i, per tant, el radi de gir disminueix, i fa que també disminueixi el component de la velocitat paral·lel al camp magnètic fins que s'anul·la, i aleshores retrocedeix cap al pol oposat de manera semblant a com hem vist en el cas de l'ampolla magnètica.

D'aquesta manera la càrrega queda empresonada al cinturó, i es desplaça d'un pol cap a l'altre contínuament; aquest moviment pot durar setmanes, fins que col·lideix amb una altra partícula i surt expulsada del cinturó. Si la càrrega atrapada al cinturó és una càrrega positiva, per exemple un protó, segueix un procés semblant al de l'electró.

ACTIVITATS

3. Per què la força que rep una càrrega a causa d'un camp magnètic no fa treball?

4. El camp magnètic uniforme pot fer variar l'energia cinètica d'una càrrega en moviment? I la quantitat de moviment?

5. Es llança un protó amb una velocitat de $3 \cdot 10^4$ m/s perpendicularment a un camp magnètic uniforme d'intensitat 0,4 T (fig. 3.31). Calculeu la força que rep la càrrega en aquest instant.

Dada: $Q_p = 1{,}6 \cdot 10^{-19}$ C

R: $1{,}9 \cdot 10^{-15}\ \vec{j}$ N

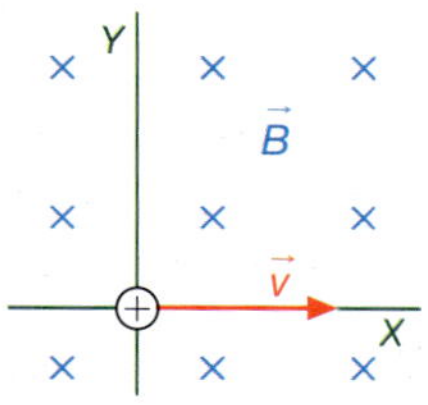

Fig. 3.31.

6. Es llança un electró amb una velocitat de $5 \cdot 10^5$ m/s perpendicularment a un camp magnètic uniforme d'intensitat 0,4 T (fig. 3.32). Calculeu la força que rep la càrrega en aquest instant.

Dada: $Q_e = -1{,}6 \cdot 10^{-19}$ C

R: $(1{,}60 \cdot 10^{-14}\ \vec{i} - 2{,}77 \cdot 10^{-14}\ \vec{j})$ N

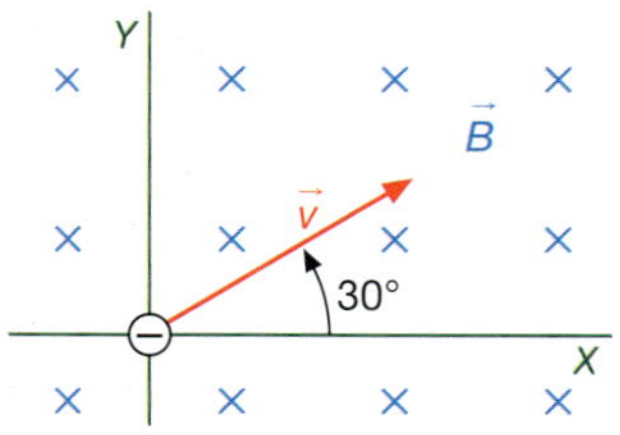

Fig. 3.32.

3. Força electromagnètica sobre càrregues en moviment i sobre elements de corrent elèctric

Quan les càrregues elèctriques estan sotmeses simultàniament a un camp elèctric i a un camp magnètic, l'estudi del moviment d'aquestes es fa més difícil, ja que requereix eines matemàtiques més complicades. Altrament, depenent dels sentits dels camps, hi ha situacions més senzilles que es poden interpretar matemàticament de manera més fàcil, com veurem a continuació.

Quan una càrrega elèctrica Q és sotmesa simultàniament a un camp elèctric i a un camp magnètic rep dues forces diferents, una deguda al camp elèctric, de valor: $\vec{F}_e = Q\,\vec{E}$

i una altra deguda al camp magnètic, de valor: $\vec{F}_m = Q\,(\vec{v} \times \vec{B})$

Si la càrrega té una massa m, d'acord amb la segona llei de Newton, l'acceleració és:

$$\vec{a} = \frac{(\vec{F}_e + \vec{F}_m)}{m}$$

Com podem veure, tots dos camps influeixen sobre el valor de l'acceleració; però només el camp elèctric influeix sobre l'energia cinètica, ja que el camp magnètic solament influeix en la direcció i el sentit del vector velocitat, i no en el seu mòdul.

3.1. Selector de velocitats

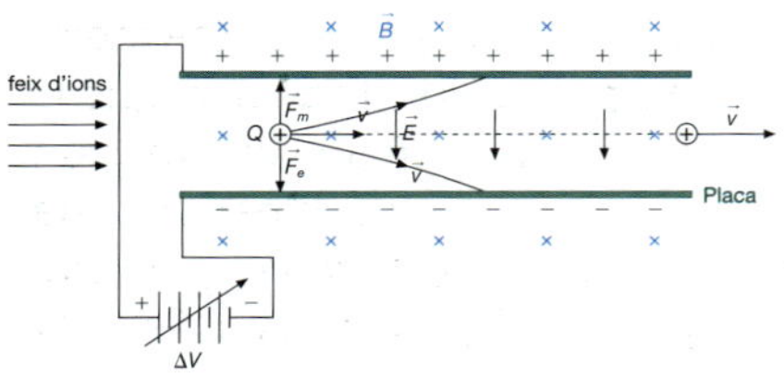

Fig. 3.33. En variar la tensió de la font, podem seleccionar ions amb velocitats determinades.

En algunes circumstàncies és convenient seleccionar un ió o una partícula carregada amb una determinada velocitat, i això es fa amb un aparell que anomenem **selector de velocitats,** que combina adequadament un camp elèctric i un camp magnètic.

Per construir aquest aparell utilitzem les dues plaques paral·leles d'un condensador pla, alimentades per un generador que proporciona una ddp, ΔV, el valor del qual podem variar amb un potenciòmetre. A més, hi actua un camp magnètic paral·lel a les plaques i perpendicular al pla del paper, i que entra cap a ell (fig. 3.33).

Quan els ions del feix, que es consideren positius en aquest cas, entren paral·lelament a les plaques del condensador, es veuen afectats simultàniament per dues forces:

- La força elèctrica deguda al camp elèctric que hi ha dins del condensador, que és $\vec{F}_e = Q\,\vec{E}$ i que va dirigida cap avall en el mateix sentit que el camp elèctric aplicat (fig. 3.33).
- La força magnètica deguda al camp magnètic, que és $\vec{F}_m = Q\,(\vec{v} \times \vec{B})$ i que, d'acord amb la direcció i el sentit del camp magnètic, i segons la regla de la mà dreta, va dirigida cap amunt.

El generador de tensió regulable ens permet tenir un control de la intensitat de camp elèctric a l'interior del condensador i, per tant, podem fer variar el mòdul de la força elèctrica. Per tal que els ions puguin seguir una trajectòria recta fins a l'altre extrem del condensador, cal que ambdues forces s'anul·lin, és a dir: $\vec{F}_e + \vec{F}_m = 0 \Rightarrow E\,Q = Q\,v\,B$.

La velocitat seleccionada és, així doncs: $v = \dfrac{E}{B}$

Si tenim en compte que la relació entre el camp elèctric i la ddp entre les plaques del condensador ve donada per $E = \dfrac{\Delta V}{d}$, sent d la separació de les plaques, podem escriure la velocitat seleccionada en funció del control ΔV i del camp magnètic extern: $v = \dfrac{E}{B} = \dfrac{\Delta V}{B\,d}$.

Exemple 5. **Un camp elèctric $\vec{E} = 50\ \vec{i}$ N/C i un camp magnètic $\vec{B} = 0{,}3\ \vec{i}$ T actuen simultàniament sobre un protó que es desplaça amb una velocitat inicial de $2 \cdot 10^4\ \vec{i}$ m/s.**

Determineu la velocitat al cap de 5 μs.

Dades: $e = 1{,}602 \cdot 10^{-19}$ C; $m_p = 1{,}673 \cdot 10^{-27}$ kg

Resolució

En aquesta situació, que és la més senzilla d'estudiar, observem que la velocitat inicial és un vector paral·lel al camp magnètic i, per tant, el protó no nota la seva presència, és a dir, la força magnètica és nul·la. L'única força que actua sobre el protó és deguda al camp elèctric, de valor:

$$\vec{F}_e = Q\vec{E} \rightarrow \vec{F}_e = 1{,}602 \cdot 10^{-19} \cdot 50\ \vec{i} = 8{,}01 \cdot 10^{-18}\ \vec{i}\ \text{N}$$

Calculem l'acceleració amb la segona llei de Newton. Substituïm valors:

$$\vec{a} = \frac{\vec{F}}{m} \rightarrow$$

$$\vec{a} = \frac{8{,}01 \cdot 10^{-18}\ \vec{i}}{1{,}673 \cdot 10^{-27}} = 4{,}79 \cdot 10^{9}\ \vec{i}\ \text{m/s}^2$$

La velocitat al cap de 5 μs és:

$$\vec{v} = \vec{v}_0 + \vec{a}\,t$$

$$\vec{v} = 2 \cdot 10^4\ \vec{i} + 4{,}79 \cdot 10^9\ \vec{i} \cdot 5 \cdot 10^{-6} = 4{,}40 \cdot 10^4\ \vec{i}\ \text{m/s}$$

Exemple 6. **Un electró entra amb una velocitat de $3{,}00 \cdot 10^5$ ms^{-1} en una regió de l'espai on hi ha un camp magnètic uniforme d'1,20 T perpendicular a la velocitat de l'electró i al paper, com indica la figura 3.34, i hi queda confinat.**

Fig. 3.34.

a) Dibuixeu i justifiqueu la trajectòria que descriu l'electró, indiqueu el senti de gir, i calculeu la freqüència en GHz.

b) Dibuixeu el vector camp elèctric que cal aplicar en aquesta regió per tal que l'electró la travessi sense desviar-se, justifiqueu-ne la direcció i el sentit, i calculeu-ne el mòdul.

Dades: $m_e = 9{,}11 \cdot 10^{-31}$ kg; $Q_e = 1{,}60 \cdot 10^{-19}$ C.

Resolució

a) La trajectòria serà circular, ja que, en entrar en la zona en què actua el camp magnètic, apareix una força magnètica $\vec{F}_m$, perpendicular a la velocitat, i que actua, per tant, com a força centrípeta; segons la regla de la mà dreta, i tenint en compte que es tracta d'una càrrega negativa, $\vec{F}_m$ té direcció vertical i sentit cap a dalt, de manera que fa girar l'electró en sentit horari. Calculem la freqüència segons l'expressió ja coneguda (fig. 3.35).

$$f = \frac{|Q|B}{2\pi m} = \frac{1{,}60 \cdot 10^{-19} \cdot 1{,}20}{2\pi \cdot 9{,}11 \cdot 10^{-31}} = 3{,}35 \cdot 10^{10}\ \text{Hz} = 33{,}5\ \text{GHz}$$

b) Per tal que l'electró no es desviï en travessar aquesta regió, cal aplicar un camp elèctric $\vec{E}$ perpendicular al camp magnètic i a la velocitat de l'electró i que tingui la mateixa direcció i sentit que la força magnètica $\vec{F}_m$, per tal d'originar així una força elèctrica $\vec{F}_e$ en sentit cap avall que compensi $\vec{F}_m$, ja que aquesta, recordem, actua cap a dalt (fig. 3.36). La intensitat de camp elèctric en mòdul és, per tant:

$$F_e = F_m \Rightarrow QE = QvB \Rightarrow E = vB = 3 \cdot 10^5 \cdot 1{,}20 = 3{,}6 \cdot 10^5\ \text{N/C}$$

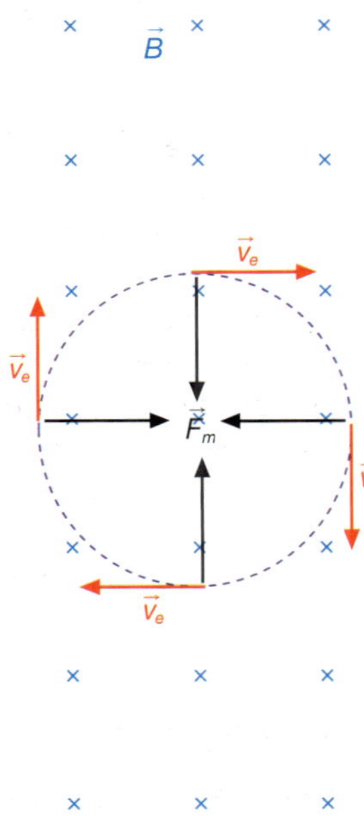

Fig. 3.35.

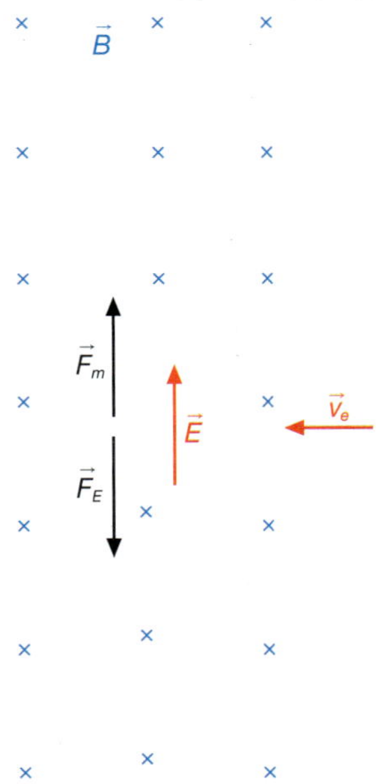

Fig. 3.36.

3.2. Espectròmetre de masses

L'aparell que permet determinar la relació càrrega-massa d'un ió o d'una partícula carregada és l'**espectròmetre de masses.** Aquest aparell permet distingir, per exemple, diferents isòtops d'un mateix element.

L'espectròmetre de masses consisteix en un selector de velocitats i un segon camp magnètic uniforme que dirigeix els ions cap a una de les dues plaques fotogràfiques o sensores que enregistren els impactes (fig. 3.37).

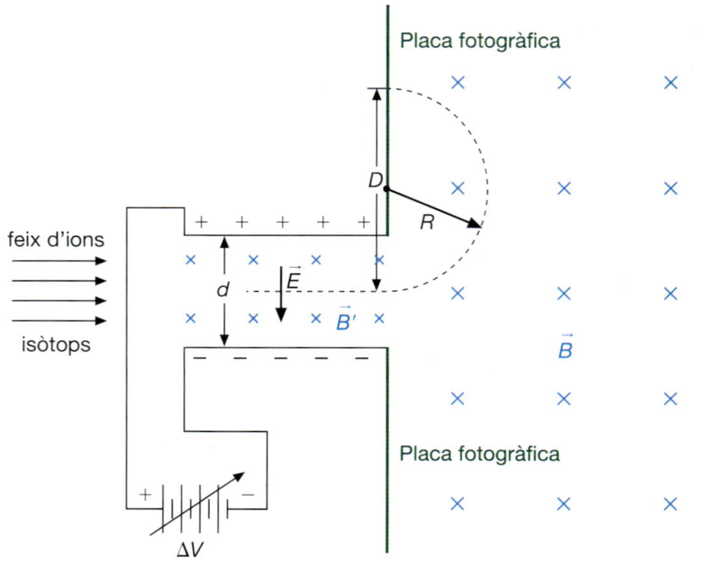

Fig. 3.37. Espectròmetre de masses.

Mitjançant la font regulable del selector podem seleccionar un ió que hi ha a l'interior del condensador del selector, amb una velocitat determinada d'acord amb l'expressió que ja hem obtingut per al selector de velocitats:

$$v = \frac{\Delta V}{B' d}$$

en què ΔV és la ddp entre les plaques del selector, d és la distància entre les plaques i $\vec{B}'$ és el camp magnètic que hi ha a l'interior del condensador del selector.

Just en el moment en què l'ió surt del selector, es troba immers en un altre camp magnètic uniforme $\vec{B}$ que actua perpendicularment a la velocitat de l'ió i li fa descriure una trajectòria semicircular que incideix sobre una de les plaques fotogràfiques.

L'aparell permet determinar amb una gran precisió la distància D indicada pel registre de l'impacte en la placa, la qual ens permet conèixer el radi de la trajectòria efectuada per l'ió, $R = \frac{D}{2}$, dins del camp magnètic $\vec{B}$. Sabem que el radi es determina amb l'expressió:

$$R = \frac{m v}{Q B}$$

i, substituint la velocitat d'acord amb les característiques del selector, trobem que:

$$R = \frac{m \Delta V}{d Q B' B}$$

Per tant, la relació càrrega-massa es pot expressar així:

$$\frac{Q}{m} = \frac{\Delta V}{R B' d B}$$

o també:

$$\frac{Q}{m} = \frac{v}{R B}$$

Més dades

Els espectròmetres de masses són instruments que en general consten de:

- Un sistema d'introducció de mostra, que pot ser entre altres un cromatògraf de líquids o un cromatògraf de gasos.
- Una font de ionització, que és on es produeix la fragmentació molecular característica de cada compost, per aplicació d'una determinada energia, que ionitza la mostra i proporciona el feix d'ions.
- Un analitzador que separa els fragments iònics generats en funció de la seva relació massa/càrrega. Aquesta separació es produeix per aplicació de diferents camps elèctrics i magnètics: en primer lloc, un selector de velocitats, i, a continuació, un segon camp magnètic.
- Un detector que recull i caracteritza els fragments iònics que surten de l'analitzador, que sol ser una placa fotogràfica o un sistema digital connectat a un ordinador que recull la informació dels impactes dels ions.

Exemple 7. ➡ **Un feix d'ions de liti passa a través d'un selector de velocitats i entra en un espectròmetre de masses.**

Si el diàmetre de l'òrbita dels ions de $^6Li^+$ és de 12 cm, quin és el radi de la trajectòria dels ions de $^7Li^+$?

Dades: $Z_{Li} = 3$; $m_p = 1{,}6726 \cdot 10^{-27}$ kg; $m_n = 1{,}6749 \cdot 10^{-27}$ kg; $e = 1{,}602 \cdot 10^{-19}$ C

Resolució

L'isòtop $^6Li^+$ és un ió que conté 3 protons i 3 neutrons, mentre que el $^7Li^+$ té 3 protons i 4 neutrons. Per tal de calcular el radi de la trajectòria dels ions Li^{7+}, podem establir primer la relació càrrega-massa, Q/m:

$$R = \frac{mv}{QB} \Rightarrow \frac{Q}{m} = \frac{v}{RB}$$

Ara calculem la relació Q/m de cada ió:

$$^6Li^+ \rightarrow \frac{1{,}602 \cdot 10^{-19}}{3\,m_p + 3\,m_n} = \frac{1{,}602 \cdot 10^{-19}}{3 \cdot 1{,}6726 \cdot 10^{-27} + 3 \cdot 1{,}6749 \cdot 10^{-27}} = 1{,}595 \cdot 10^7 \text{ C/kg}$$

$$^7Li^+ \rightarrow \frac{1{,}602 \cdot 10^{-19}}{3\,m_p + 4\,m_n} = \frac{1{,}602 \cdot 10^{-19}}{3 \cdot 1{,}6726 \cdot 10^{-27} + 4 \cdot 1{,}6749 \cdot 10^{-27}} = 1{,}367 \cdot 10^7 \text{ C/kg}$$

Finalment, relacionem els radis de cada ió tenint en compte que el radi del primer ió és de 6 cm, i calculem el radi per al segon tipus d'ions:

$$\left.\begin{array}{l} ^6Li^+ \rightarrow \dfrac{v}{RB} = 1{,}595 \cdot 10^7 \text{ C/kg} \\ ^7Li^+ \rightarrow \dfrac{v}{R'B} = 1{,}367 \cdot 10^7 \text{ C/kg} \end{array}\right\} \Rightarrow \frac{R'}{0{,}06} = \frac{1{,}595 \cdot 10^7}{1{,}367 \cdot 10^7} = 1{,}167 \Rightarrow R' = 0{,}07 \text{ m}$$

3.3. Ciclotró

El **ciclotró** és un accelerador circular de partícules carregades elèctricament que va ser inventat per E. O. Lawrence i M. S. Livingston el 1934 amb la finalitat d'aconseguir velocitats properes a la de la llum. Partícules com el protó i la partícula α, amb aquestes velocitats tan grans, tenen la capacitat de bombardejar nuclis atòmics i produir reaccions nuclears que, al seu torn, poden donar informació sobre la constitució de la matèria. Aquests aparells són molt útils en la recerca mèdica, com també en diverses aplicacions tecnològiques. Actualment, hi ha acceleradors circulars molt més potents com el sincrotró, el tevatró, etc. que són molt més complexos i de dimensions molt més grans (fig. 3.38).

Fig. 3.38. Àrea experimental de l'accelerador LHC (Large Hadron Collider).

Sabies que...?

Els acceleradors funcionen amb partícules carregades que són accelerades mitjançant camps electromagnètics. Hi ha dos tipus bàsics d'acceleradors: els *lineals* i els *circulars.*

- Els *acceleradors lineals* de partícules, també anomenats *linac,* són dispositius elèctrics que permeten accelerar partícules subatòmiques en línia recta ja siguin electrons, protons o ions. El tub de raigs catòdics de la televisió tradicional és un tipus senzill d'accelerador d'electrons. Entre altres, hi ha un gran accelerador lineal d'uns 3,4 km (SLAC) a Califòrnia que pot competir amb els grans acceleradors circulars que hi ha a Ginebra, al CERN.
- Els *acceleradors circulars* utilitzen camps elèctrics i magnètics que aconsegueixen velocitats properes a la velocitat de la llum. El ciclotró que hem estudiat en aquesta unitat es pot considerar que és l'accelerador més senzill. A Catalunya tenim el sincrotró ALBA, situat a Cerdanyola del Vallès, que accelera electrons, com ja hem comentat a l'inici d'aquesta unitat.

Finalment, comentem l'accelerador que hi ha al CERN, que és enormement gran. Es tracta d'un túnel circular de 26,7 km de llarg i amb diàmetre interior de 3,8 m i està soterrat entre 50 i 175 metres. Aquest tub disposa de 3 368 imants corbats, 1 300 imants de focalització i 128 cavitats acceleradores capaços de generar 400 milions de volts que s'utilitzen per accelerar la partícula per volta.

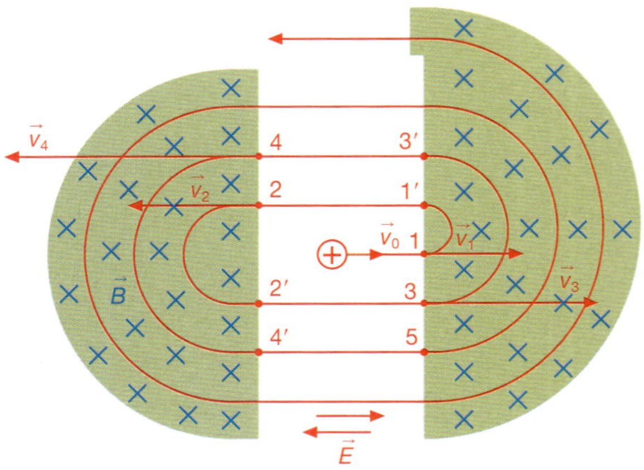

Fig. 3.39. Esquema d'un ciclotró.

El **ciclotró** és un aparell que està format per dues peces de forma semicilíndrica, conductores i buides, lleugerament separades, anomenades *D* per la forma que tenen, i que estan sotmeses a un camp magnètic uniforme intens generat per un electroimant.

Entre les dues *D* hi ha una font de partícules carregades elèctricament que les llança amb una certa velocitat inicial i que, mitjançant un intens camp elèctric, aconseguim augmentar-la a valors molt més elevats. El camp elèctric és generat per una font de corrent altern de l'ordre de $10^4 \sim 10^5$ V i amb una freqüència que se sincronitza amb la freqüència de gir de la partícula.

Els conductes interiors de les *D* pels quals circulen les partícules s'evacuen fins a una pressió d'aproximadament 10^{-6} mm Hg i així s'evita que les partícules xoquin amb les molècules de l'aire.

Seguim la trajectòria d'una partícula amb càrrega elèctrica *Q*, que surt de la font d'ions i arriba al punt 1 a una velocitat v_1. En entrar a la *D* de la dreta (fig. 3.39) rep una força magnètica que li fa descriure una trajectòria semicircular fins a arribar a la mateixa velocitat v_1 al punt 1′. Just quan arriba en aquest punt es produeix una inversió de la polaritat del camp elèctric que afavoreix l'augment de la velocitat fins a un valor v_2 en el punt 2. Ara, en entrar a la *D* de l'esquerra, rep una força magnètica que li fa descriure una trajectòria semicircular amb un radi més gran, ja que la velocitat ha augmentat, fins a arribar al punt 2′, moment en què es torna a invertir la polaritat del camp elèctric i es repeteix la situació. És així com a cada mitja volta s'incrementa la velocitat de la partícula fins a assolir un radi màxim limitat pel ciclotró.

Si el radi de sortida del ciclotró és *R*, sabem que la velocitat de sortida de la partícula quan assoleix aquest radi és, segons l'expressió que hem obtingut anteriorment:

$$v = \frac{R|Q|B^2}{m}$$

Aleshores, l'energia cinètica amb què surt la partícula és:

$$E_c = \frac{1}{2} m v^2 = \frac{(R|Q|B)^2}{2m}$$

La freqüència d'un ciclotró és la freqüència que té una partícula que gira en el si d'un camp magnètic, l'expressió de la qual ja vam obtenir.

Exemple 8. ➡ **Un ciclotró accelera protons mitjançant un camp magnètic d'1,2 T i un radi de les *D* de 0,8 m.**

a) Quina és la freqüència del ciclotró?

b) Trobeu l'energia cinètica dels protons en el moment de sortir de l'aparell.

Dades: $m_p = 1{,}67 \cdot 10^{-27}$ kg; $e = 1{,}602 \cdot 10^{-19}$ C

Resolució

a) En l'expressió $v = \frac{RQB}{m}$, substituïm la velocitat lineal en funció de la freqüència, segons l'expressió $v = 2\pi f R$:

$$2\pi f R = \frac{RQB}{m}$$

N'aïllem la freqüència i substituïm valors:

$$f = \frac{QB}{2\pi m}$$

$$f = \frac{1{,}602 \cdot 10^{-19} \cdot 1{,}2}{2 \cdot \pi \cdot 1{,}67 \cdot 10^{-27}} = 1{,}83 \cdot 10^7 \text{ Hz} = 18{,}3 \text{ MHz}$$

b) Fent ús de la velocitat de l'expressió anterior, podem expressar l'energia cinètica així:

$$E_c = \frac{1}{2} m v^2 = \frac{1}{2} \frac{(RQB)^2}{m}$$

Substituïm valors i expressem el resultat en MeV:

$$E_c = \frac{1}{2} \cdot \frac{(1{,}602 \cdot 10^{-19} \cdot 1{,}2 \cdot 0{,}8)^2}{1{,}67 \cdot 10^{-27}} = 7{,}08 \cdot 10^{-12} \text{ J}$$

$$E_c = 7{,}08 \cdot 10^{-12} \text{ J} \cdot \frac{(1 \text{ eV}}{1{,}6 \cdot 10^{-19} \text{ J}} =$$

$$= 4{,}425 \cdot 10^7 \text{ eV} = 44{,}25 \text{ MeV}$$

3.4. Força electromagnètica sobre un conductor

Fins ara hem vist que quan una càrrega elèctrica es mou dins d'un camp magnètic extern rep una força i, en conseqüència, això ens porta a la conclusió que la càrrega elèctrica en moviment genera un camp magnètic que interactua amb el camp magnètic extern, com ja hem comentat abans.

Ja hem comentat que aquest fenomen va ser observat pel físic danès Hans Christian Oersted, mentre treballava al laboratori amb els seus deixebles. Casualment, va advertir que l'agulla d'una brúixola s'orientava en una direcció determinada quan era a prop d'un conductor pel qual passava un corrent elèctric.

Per tant, en apropar una brúixola cap a un tros de conductor rectilini pel qual no passa corrent elèctric, s'observa que l'agulla s'orienta cap al pol nord geogràfic $\vec{B}_T$ (fig. 3.40 *a*); però quan pel conductor hi passa un corrent elèctric, l'agulla tendeix a orientar-se perpendicularment al conductor, i ara actuen dos camps magnètics, el terrestre $\vec{B}_T$ i el del corrent elèctric $\vec{B}$ (fig. 3.40 *b*).

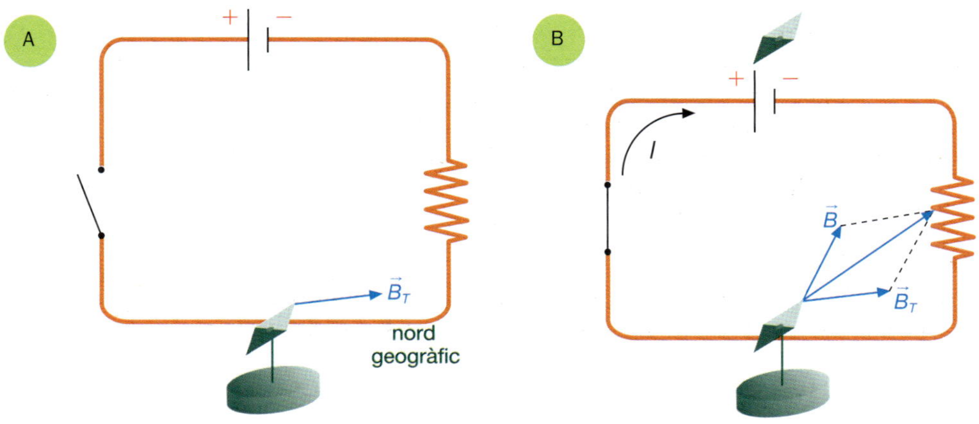

Fig. 3.40. Comportament d'una agulla imantada en un circuit *a)* obert i *b)* tancat.

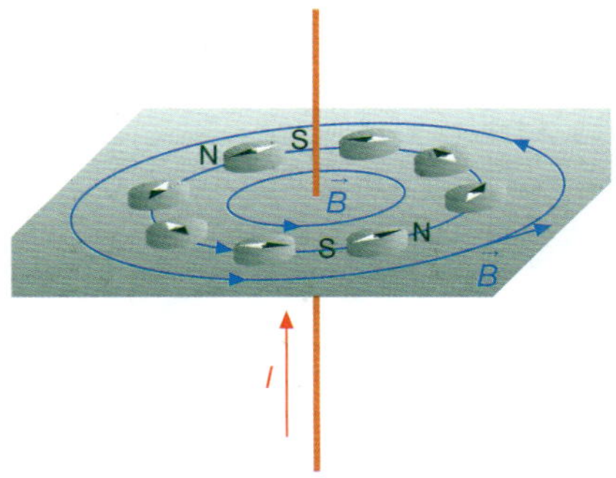

Fig. 3.41. Les agulles de les brúixoles ens indiquen el sentit de la intensitat de camp magnètic. I, com que sabem que la intensitat de camp és tangent a les línies de camp en un punt determinat, això ens permet dibuixar-les.

Quan el camp magnètic creat pel corrent és molt més gran que el camp magnètic terrestre, podem visualitzar-lo disposant d'un conjunt de petites brúixoles, que dibuixen les línies de camp magnètic que genera el conductor rectilini quan hi passa un corrent elèctric, i que resulten ser circumferències concèntriques al conductor; depenent de com s'orienten els pols N i els pols S de les agulles de les brúixoles, aquestes també permeten determinar el sentit de la intensitat de camp magnètic (fig. 3.41).

Podem interpretar aquest fenomen si recordem que el corrent elèctric en el conductor es deu al moviment ordenat de càrregues elèctriques que es mouen a una velocitat mitjana $\vec{v}$ per l'interior del conductor. Per tant, les càrregues generen, a causa del seu moviment, un camp magnètic, que és detectat per la brúixola.

Així doncs, quan el conductor està immers en el si d'un camp magnètic extern, s'origina una interacció entre el camp magnètic creat pel corrent i el camp magnètic extern que produeix, en suma, una força magnètica sobre el conjunt del conductor. Determinem ara aquesta força magnètica sobre el conductor, i considerem, doncs, una petita càrrega ΔQ que recorre una porció recta $\Delta \vec{l}$ del conductor en un temps Δt i en presència d'un camp magnètic uniforme extern $\vec{B}$. El moviment de la càrrega defineix un corrent elèctric I i podem establir les següents relacions (fig. 3.42):

$$v = \frac{\Delta l}{\Delta t} \quad \text{i} \quad \Delta Q = I \, \Delta t$$

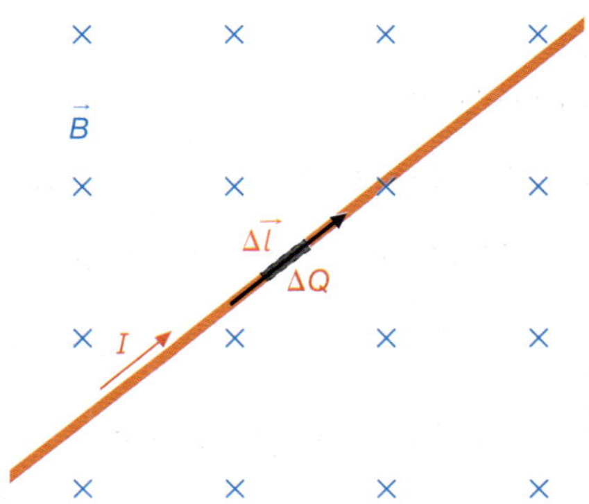

Fig. 3.42. El vector $\Delta \vec{l}$ pren el mateix sentit que la intensitat I.

La força magnètica en mòdul que rep la càrrega ΔQ segons la força de Lorentz és:

$$\Delta F = (\Delta Q) \, v B \sin \alpha$$

Sent α l'angle que forma el vector $\vec{v}$ amb $\vec{B}$. Substituïm a l'expressió anterior, la velocitat i la càrrega en funció de la intensitat de corrent i de la longitud del conductor i simplifiquem:

$$\Delta F = (\Delta Q) \, v B \sin \alpha = I \, \Delta t \frac{\Delta l}{\Delta t} B \sin \alpha = I \, \Delta l \, B \sin \alpha$$

Més dades

Considerem un tros de conductor d'extrems *a*, *b* pel qual circula un corrent *I* de *a* a *b* i que es troba en presència d'un camp magnètic uniforme $\vec{B}$. La força magnètica que rep un element $d\vec{l}$ del conductor és:

$$d\vec{F} = I\,(d\vec{l} \times \vec{B})$$

La força total que rep el conductor és:

$$\vec{F} = \int_{\vec{a}}^{\vec{b}} I\,(d\vec{l} \times \vec{B})$$

Però, com que *I* i $\vec{B}$ els suposem constants, tenim que:

$$\vec{F} = I\left(\int_{\vec{a}}^{\vec{b}} d\vec{l}\right) \times \vec{B} = I\,(\vec{b} - \vec{a}) \times \vec{B}$$

Per tant, la força que rep el conductor de la figura 3.44*a* és la mateixa força que la d'un hipotètic conductor rectilini que anés de *a* a *b*.

Si el conductor *ab* es tanca en un circuit, aleshores tenim que $\int_{\vec{a}}^{\vec{b}} d\vec{l} = 0$ i, per tant, la força magnètica és nul·la en qualsevol circuit tancat (fig. 3.44*b*).

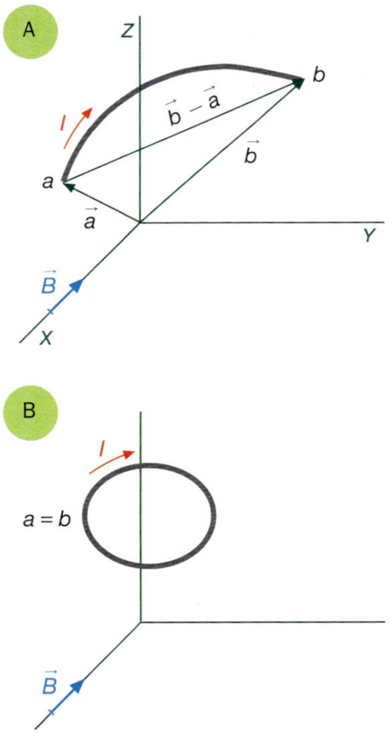

Fig. 3.44.

Fixem-nos que α també és l'angle que forma el vector $\Delta\vec{l}$ amb $\vec{B}$ ja que el vector $\Delta\vec{l}$ té la mateixa direcció i el mateix sentit que el vector velocitat $\vec{v}$.

Per tal de determinar la direcció i el sentit de la força magnètica sobre el conductor, podem utilitzar la regla de la mà dreta d'una manera similar a com ho hem fet en el cas d'una càrrega aïllada: la direcció de la força és perpendicular al pla que determinen els vectors $\Delta\vec{l}$ i $\vec{B}$, i el sentit és el que indica el polze de la mà dreta quan la resta de dits indiquen el sentit de gir de l'angle α (fig. 3.43).

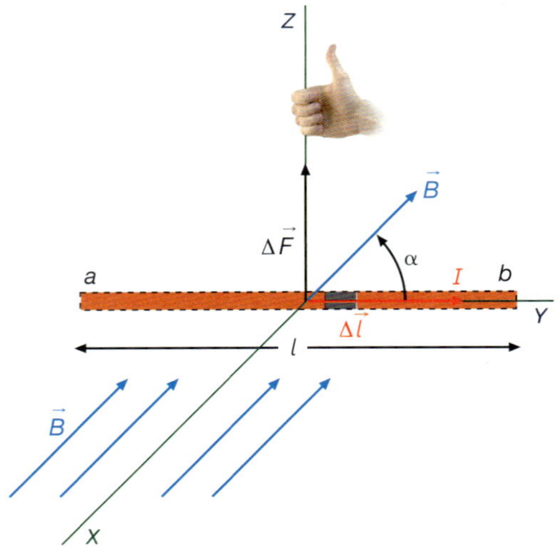

Fig. 3.43. Regla de la mà dreta aplicada per determinar el vector força magnètica sobre un element de corrent d'un circuit.

No oblideu que el sentit del corrent és el sentit contrari al del moviment dels electrons i, per tant, es pot considerar com si el sentit del corrent *I* fos degut al moviment de càrregues positives.

Hem calculat la força en mòdul que actua sobre la porció recta $\Delta\vec{l}$ i, amb la regla de la mà dreta, hem determinat la direcció i el sentit d'aquesta força que segons la figura 3.43 va dirigida cap a l'eix *Z* positiu.

Si ara considerem un tros més gran del conductor recte *l*, aquest segment es pot considerar com la suma de porcions petites $l = \sum_{i=1}^{n} \Delta l_i$ i, per tant, podem escriure:

$$\sum_{i=1}^{n} F_i = I \sum_{i=1}^{n} (\Delta l_i)\, B \sin\alpha$$

On en tots els segments actuen forces que van en la mateixa direcció i el mateix sentit de l'eix *Z*, i, per tant, la resultant és en mòdul i vectorialment:

$$F_{total} = I l B \sin\alpha \quad \Rightarrow \quad \vec{F}_{total} = I\,(\vec{l} \times \vec{B})$$

Advertim que aquest resultat s'ha obtingut considerant un conductor rectilini pel qual hi passa un corrent constant i en presència d'un camp magnètic uniforme.

En el cas en el qual el conductor no és recte, com el que observem en la figura 3.44*a*, *es demostra que la força que rep aquest conductor que va de* a *cap a* b, *quan hi passa un corrent constant i en presència d'un camp magnètic uniforme és la mateixa força que la del segment recte que va de* a *cap a* b.

Fins ara hem considerat una porció d'un circuit elèctric. Ara bé, si es considera tot el circuit, es demostra que la *força magnètica total sobre ell, en presència d'un camp magnètic uniforme, és zero,* com veurem més endavant (fig 3.44*b*).

Exemple 9. **Determineu la força que rep un conductor rectilini de longitud 40 cm quan hi passa un corrent de 20 A, si està en presència d'un camp magnètic uniforme de 0,3 T, en les situacions representades en les figures 3.45*a* i 3.45*b*.**

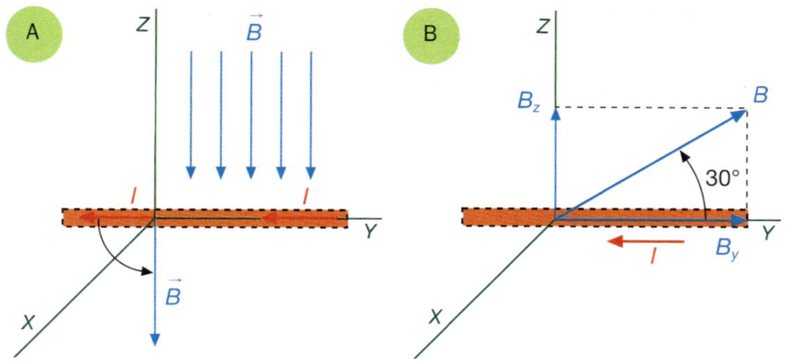

Fig. 3.45.

Resolució

a) Calculem el mòdul de $\vec{F}$ a partir de l'expressió:

$$F = I\,l\,B \sin \alpha$$

Substituïm valors, tenint en compte que $\alpha = 90°$:

$$F = 20 \cdot 0{,}4 \cdot 0{,}3 = 2{,}4 \text{ N}$$

D'acord amb la regla de la mà dreta, la força té la direcció de l'eix *X* i sentit positiu (fig. 3.46*a*); per tant:

$$\vec{F} = 2{,}4\,\vec{i} \text{ N}$$

Podem arribar al mateix resultat amb el mètode del determinant, tal com hem fet abans:

$$\vec{F} = 20 \cdot \begin{vmatrix} \vec{i} & \vec{j} & \vec{k} \\ 0 & -0{,}4 & 0 \\ 0 & 0 & -0{,}3 \end{vmatrix} = 2{,}4\,\vec{i} \text{ N}$$

b) Calculem el mòdul de $\vec{F}$ igual que en l'apartat anterior, tenint en compte que $\vec{B}$ i $\vec{I}$ formen un angle de 150°:

$$F = 20 \cdot 0{,}4 \cdot 0{,}3 \cdot \sin 150° = 1{,}2 \text{ N}$$

Tenint en compte la regla de la mà dreta, la força té la direcció de l'eix *X* i sentit negatiu (fig. 3.46*b*); per tant:

$$\vec{F} = -1{,}2\,\vec{i} \text{ N}$$

Podem, però, arribar al mateix resultat amb el mètode del determinant. Prèviament hem de calcular els components del camp magnètic:

$$\vec{F} = 20 \cdot \begin{vmatrix} \vec{i} & \vec{j} & \vec{k} \\ 0 & -0{,}4 & 0 \\ 0 & 0{,}3 \cdot \cos 30 & 0{,}3 \cdot \sin 30 \end{vmatrix} = -1{,}2\,\vec{i} \text{ N}$$

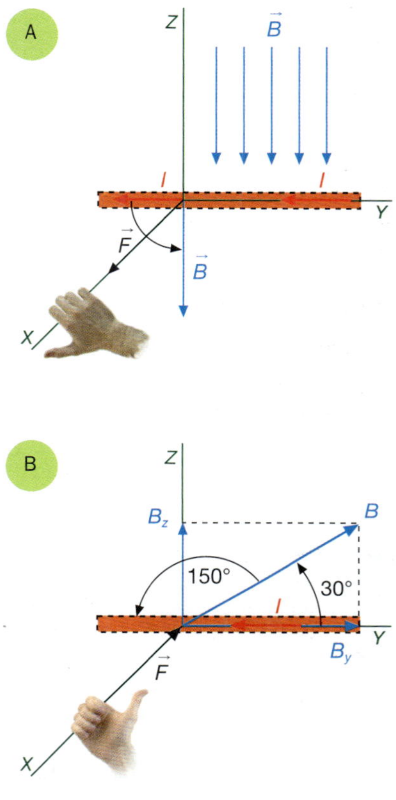

Fig. 3.46.

3.5. Força i moment sobre una espira rectangular

Considerem ara una espira rectangular, situada en el pla *XY*, per la qual passa un corrent *I*, i que pot girar solidàriament entorn d'un eix paral·lel a l'eix *Y* que passa pel seu centre (fig. 3.47).

Suposem, a més, que un camp magnètic uniforme $\vec{B}$ actua en la direcció *X* positiva. Si apliquem la regla de la mà dreta a cada segment *AB*, *BC*, *CD* i *DA*, podem determinar el sentit de les forces sobre cada segment.

En els segments *AB* i *CD* no actuen forces magnètiques, ja que el corrent és paral·lel al camp magnètic. En els segments *DA* i *BC* actuen forces magnètiques $\vec{F}_{BC}$ i $\vec{F}_{DA}$ paral·leles a l'eix *Z* i de sentits oposats. Fixem-nos que aquestes dues forces tenen el mateix valor i la mateixa direcció, però sentits contraris i, per tant, com que estan aplicades en punts extrems del circuit, formen un **parell de forces** que fa girar l'espira respecte de l'eix paral·lel a l'eix *Y* que passa pel seu centre (fig. 3.48*a*).

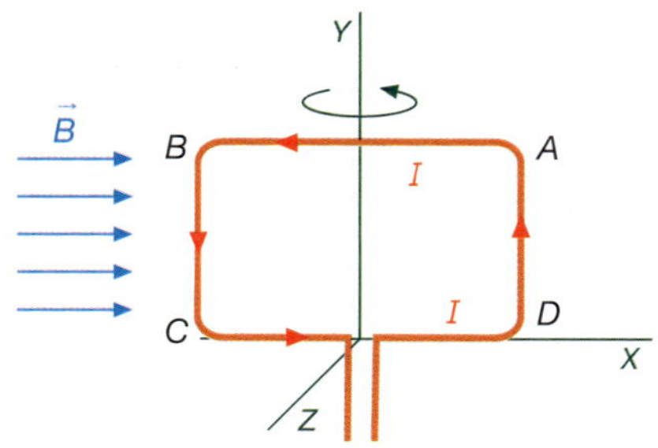

Fig. 3.47. Un corrent elèctric en presència d'un camp magnètic pot generar un moviment de rotació del circuit elèctric.

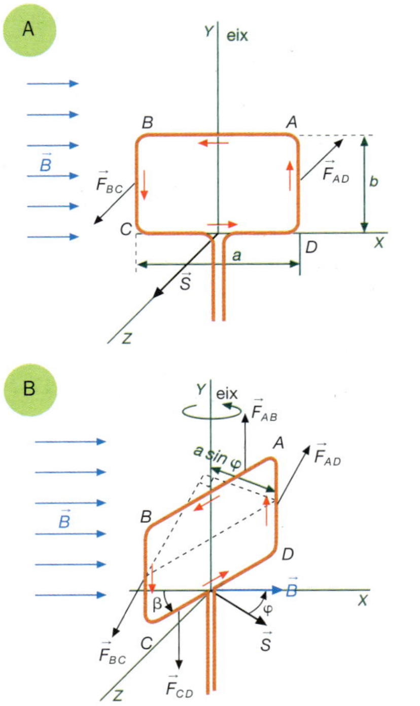

Fig. 3.48. Dues posicions del circuit elèctric en presència d'un camp magnètic uniforme: *a)* $\vec{S}$ perpendicular al camp magnètic i *b)* $\vec{S}$ formant un angle φ.

Fig. 3.49. *a)* Visió de l'estator i el rotor d'un motor elèctric.

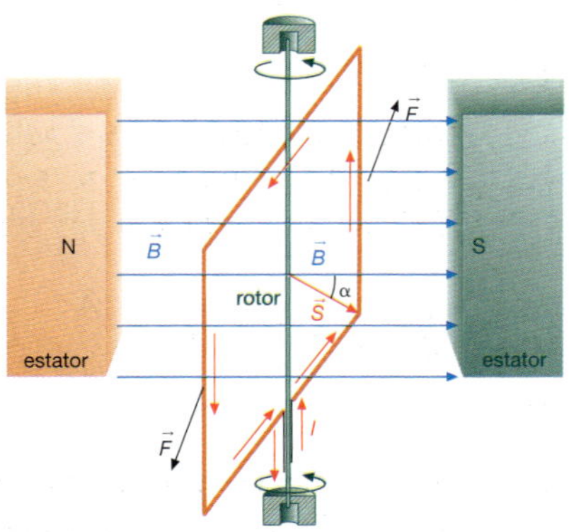

Fig. 3.49. *b)* Esquema molt simplificat d'un motor elèctric: l'*estator* són els imants, i el *rotor,* la part elèctrica. S'hi visualitza el parell de forces que fan girar l'espira.

Ara bé, quan el vector superfície de l'espira ha girat un cert angle β (fig. 3.48*b*), els corrents que passen pels segments *AB* i *CD* ja no són paral·lels al camp magnètic i, per tant, reben unes forces $\vec{F}_{AB}$ i $\vec{F}_{CD}$ iguals en mòdul però oposades (fig. 3.48*b*). Malgrat tot, atès que l'espira no té mobilitat en aquesta direcció, aquestes forces no contribueixen al gir de l'espira, i només donen una deformació de l'espira que es pot negligir si aquesta és prou rígida.

Per tant, només cal considerar el parell de forces $\vec{F}_{BC}$ i $\vec{F}_{AD}$, que actuen sempre amb la mateixa intensitat i en la mateixa direcció però en sentits contraris (fig. 3.48*b*). Així doncs, l'espira gira fins que el vector $\vec{S}$ definit per la seva superfície és paral·lel al camp magnètic, moment en el qual el parell de forces $\vec{F}_{BC}$ i $\vec{F}_{AD}$ s'anul·len, però, a causa de la inèrcia de l'espira, aquesta continua girant.

El moment total respecte de l'eix de gir que actua sobre l'espira a causa del parell de forces és, per tant, en mòdul:

$$M_Y = \frac{a}{2} F_{BC} + \frac{a}{2} F_{AD} = 2 \frac{a}{2} F = a\,F$$

On hem considerat que $F_{BC} = F_{AD} = F$..., i *a*, la distància del segment *AB*.

La força que rep cada segment del conductor és en mòdul $F = IbB \sin \varphi$ i, per tant, podem expressar el moment total en funció de la intensitat de corrent elèctric, del camp magnètic i de la superfície de l'espira:

$$M_Y = aF = aIbB \sin \varphi = ISB \sin \varphi$$

Observem que aquest resultat és independent de la forma de la superfície de les espires i que podem expressar-lo en forma vectorial:

$$\vec{M}_Y = I\vec{S} \times \vec{B}$$

Si tenim present la definició de moment magnètic $\vec{m} = I\vec{S}$ donada al principi d'aquesta unitat, podem escriure, finalment, que:

$$\vec{M}_Y = I\vec{S} \times B = \vec{m} \times B$$

Es pot demostrar que la velocitat angular del moviment de rotació de l'espira és directament proporcional a la intensitat de camp magnètic i a la seva superfície, i que és, a més, independent de la forma de l'espira.

Les forces electromagnètiques generades a causa de la interacció entre un corrent elèctric que passa per un conductor i un camp magnètic van ser utilitzades per dissenyar, entre d'altres, els motors elèctrics i també per millorar la precisió d'alguns aparells de mesura.

El motor elèctric va ser un impulsor cabdal de la Revolució Industrial des del punt de vista social, econòmic i polític: va fer possible una vida més còmoda per als treballadors, va permetre organitzar la societat d'una manera més confortable, va permetre un augment de la producció, etc.

Actualment continua sent molt important, ja que s'ha convertit en un element cabdal en la transició ecològica actual: els vehicles de motors basats en combustibles fòssils (motors d'explosió) estan sent gradualment substituïts per vehicles amb motors més sostenibles, com, per exemple, els motors elèctrics; d'aquesta forma contribueixen a l'assoliment dels ODS Energia i Canvi climàtic.

Fonament del motor elèctric

Com hem dit, el motor elèctric és una aplicació del que acabem de veure. El motor elèctric més senzill que podem construir està constituït per dos imants enfrontats pels seus pols N i S, entre els quals hi ha una espira que pot girar respecte d'un eix que passa pel seu centre i que està connectada a un generador de corrent continu per tal que hi circuli un corrent *I*. La part del motor que crea el camp magnètic, és a dir, els imants, s'anomena **estator,** mentre que l'espira rep el nom de **rotor** (figures 3.49*a* i 3.49*b*).

Per aconseguir un parell de forces més gran podem augmentar qualsevol de les magnituds esmentades; el més habitual, però, és augmentar el nombre d'espires, de manera que s'obté un motor més potent.

Perquè les espires del rotor puguin girar contínuament mentre se'ls subministra energia elèctrica de la font de CC, cal que el corrent elèctric entri per un *col·lector* format per dues semianelles, també anomenades *delgues*. Aquestes semianelles estan soldades a cadascun dels extrems de les espires i contacten alternativament amb dues peces conductores fixes, anomenades *escombretes*, que freguen contínuament amb el col·lector (fig. 3.50). Les escombretes solen ser de grafit i estan connectades per un fil conductor al generador.

Per tant, el circuit entre el generador i les escombretes és fix, mentre que el sistema format pel col·lector, la bobina i l'eix és giratori.

Quan tanquem el circuit, el corrent flueix cap a les escombretes, i d'aquí al col·lector i a la bobina. Com que la bobina es comporta com un imant en passar-hi corrent elèctric, gira en interaccionar amb el camp magnètic de l'estator, a causa del parell de forces com hem indicat en la figura 3.49*b*. I, com que la bobina és solidària a les delgues del col·lector, també les fa girar.

Just en el moment en què els pols de l'estator i del rotor es troben, l'escombreta connectada al born positiu del generador canvia de semianella, i l'escombreta del born negatiu també. Aleshores el sentit del corrent dins de la bobina s'inverteix, i canvia immediatament la polaritat del camp magnètic de la bobina, que continua girant en el mateix sentit.

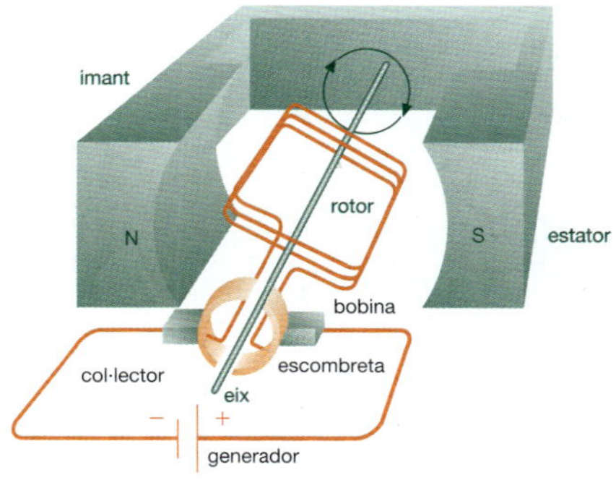

Fig. 3.50. Esquema més complet d'un motor elèctric, impulsat per una font de corrent continu.

ACTIVITATS

7. S'allibera un protó des del repòs en una regió on hi ha un camp elèctric i un camp magnètic paral·lels i uniformes. Com es mourà el protó? I un electró?

8. Els protons i les partícules α passaran amb la mateixa velocitat per un selector de velocitats? Raoneu la resposta (una partícula α és un nucli de He, és a dir, un nucli format per 2 protons i 2 neutrons).

9. Els protons i els electrons passaran amb la mateixa velocitat per un selector de velocitats? Raoneu la resposta.

10. Un electró es mou en una regió en la qual hi ha un camp elèctric donat per $\vec{E} = 30\,\vec{i} - 40\,\vec{j}$ N/C i un camp magnètic donat per $\vec{B} = 0{,}2\,\vec{k}$ T. Calculeu l'acceleració amb què es mou l'electró just quan va amb una velocitat de $\vec{v} = 100\,\vec{i}$ m/s.

Dades: $e = -1{,}602 \cdot 10^{-19}$ C i $m_e = 9{,}1 \cdot 10^{-31}$ kg

R: $-5{,}28 \cdot 10^{12}\,\vec{i} - 1{,}06 \cdot 10^{13}\,\vec{j}$

11. Per un conductor rectilini de 3 m de longitud passa un corrent de 20 A. Quina força rep el conductor, quan hi actua un camp magnètic de 0,5 T perpendicular al conductor?

R: 30 N

12. Determineu la força que rep una espira de 5 cm de radi quan hi circula un corrent de 10 A en presència d'un camp magnètic uniforme de 0,2 T.

R: 0 N

13. Determineu la força que rep el conductor de la figura 3.51, vectorialment i en mòdul, si la intensitat del camp és de 0,4 T.

R: $(4\,\vec{i} + 8\,\vec{j})$ N; 8,94 N

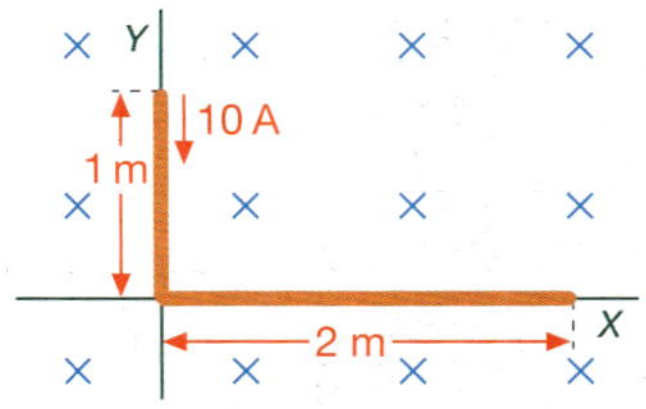

Fig. 3.51.

14. Una espira de radi 5 cm i de 100 voltes enrotllades de forma molt compacta està situada en el pla *XY* i hi circula un corrent de 5 A en sentit contrari al moviment de les agulles d'un rellotge mirat des de l'eix *Z* positiu. L'espira es troba en el si d'un camp magnètic de $\vec{B} = 1{,}2\,\vec{i}$ T. Determineu el moment magnètic i el moment total de les forces que hi actuen.

R: $3{,}93\,\vec{k}$ A · m² i $4{,}72\,\vec{j}$ N · m

15. Un selector de velocitats té un camp magnètic 0,4 T perpendicular a un camp elèctric d'$1{,}5 \cdot 10^5$ N/C. Quina és la velocitat d'una partícula carregada? Si són protons, quina energia tenen eV?

Dades: $m_p = 1{,}672623 \cdot 10^{-27}$ kg; 1eV = $1{,}6 \cdot 10^{-19}$ J

R: $3{,}75 \cdot 10^5$ m/s; 735 eV

16. Un ciclotró utilitzat per accelerar partícules α té un camp magnètic d'1,2 T i un radi de 0,8 m. Calcula la freqüència del ciclotró i l'energia màxima de les partícules α.

Dades: $e = 1{,}6 \cdot 10^{-19}$ C; $m_p = m_n = 1{,}67 \cdot 10^{-27}$ kg

R: 18,30 MHz; 44,1 MeV

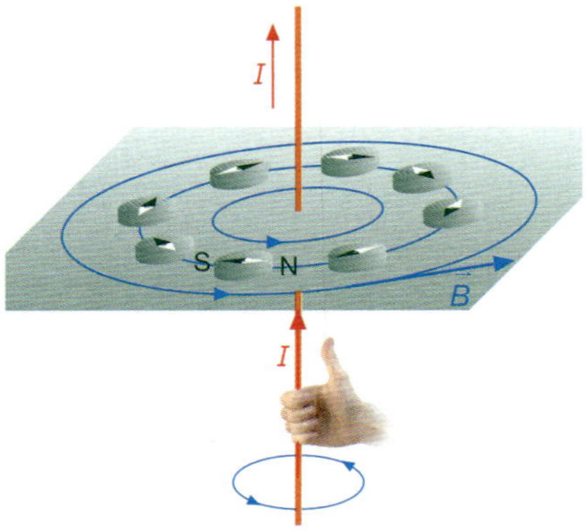

Fig. 3.52. Amb un conjunt de petites brúixoles podem resseguir les línies del camp magnètic creat pel conductor, i mostren que són circumferències concèntriques d'acord amb la regla de la mà dreta. A sota indiquem el sentit de gir dels dits de la mà dreta, és a dir, el sentit del camp magnètic.

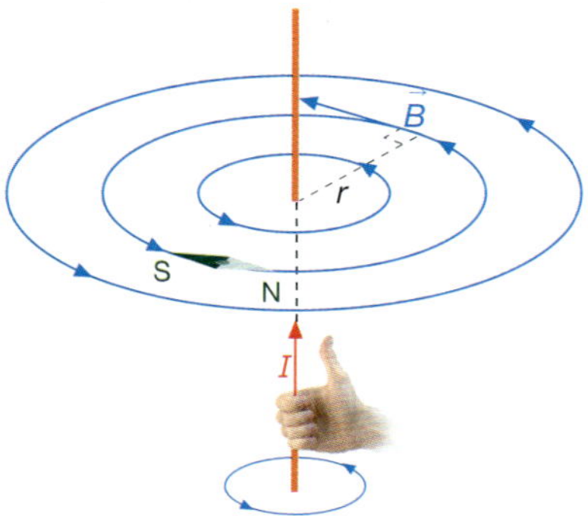

Fig. 3.53. Camp magnètic creat per un conductor rectilini; el sentit del camp magnètic en cada punt es dedueix a partir de la regla de la mà dreta: el polze indica el sentit convencional del corrent elèctric, i els dits, el sentit de gir del camp magnètic, és a dir, de S cap a N.

4. Camp magnètic creat per distribucions de corrents

Fins ara hem estudiat com actua un camp magnètic extern sobre una càrrega en moviment o sobre un conductor. Ara esmentarem les expressions de la intensitat de camp magnètic creat per distribucions de corrent en situacions senzilles, que es calculen amb l'anomenada llei d'Ampère. Com que per aplicar aquesta llei cal recórrer a càlculs integrals complexos, donarem directament les expressions sense pretendre'n la demostració.

4.1. Camp magnètic creat per un conductor rectilini infinit

Suposem que tenim un conductor rectilini infinit, o tan llarg que es pugui considerar pràcticament infinit, pel qual passa un corrent elèctric d'intensitat I. Ja hem comentat que, si escampem llimadures de ferro o situem petites brúixoles sobre una cartolina que és travessada perpendicularment pel conductor, podem observar el camp magnètic creat pel corrent rectilini que, en aquest cas, consisteix en línies circulars concèntriques al conductor, i també permeten determinar la direcció i el sentit de la intensitat de camp magnètic (fig. 3.52).

El valor de la intensitat del camp magnètic $\vec{B}$ creat pel conductor en un punt P depèn de la distància del punt al conductor i de la intensitat del corrent. Aplicant la llei d'Ampère obtenim l'expressió següent:

$$B = \frac{\mu I}{2\pi r}$$

en què r és la distància del punt al conductor, I és la intensitat i μ és una constant anomenada **permeabilitat magnètica.** Aquesta constant es pot interpretar com la capacitat de transmetre el camp magnètic a través de l'espai que envolta el conductor (fig. 3.53). En el cas que aquest espai estigui ocupat pel buit o l'aire, el valor de la permeabilitat és $4\pi \cdot 10^{-7}$ T·m/A i es representa per μ_0.

Per contra, quan el conductor està immers en un altre medi, la permeabilitat magnètica té un valor diferent de l'anterior i es representa per μ.

Observeu que la intensitat del camp magnètic disminueix amb la distància.

El sentit del camp magnètic també es pot determinar amb la regla de la mà dreta, però ara aplicat d'una tercera manera diferent de les altres dues que s'han considerat anteriorment: el polze indica ara el sentit convencional del corrent elèctric, i els dits, el sentit de gir del camp magnètic, és a dir, de S cap a N (fig. 3.52 i 3.53).

Exemple 10. ➡ **Per un conductor molt llarg i rectilini situat sobre l'eix *Z* passa un corrent en sentit positiu de valor 130 A.**

Calculeu la intensitat de camp magnètic en els punts (1, 0, 0) i (0, 0,001, 0) en unitats SI. Suposem que el medi és el buit.

Resolució

Determinem el mòdul del camp magnètic amb l'expressió anterior:

En el punt (1, 0, 0)

$$B = \frac{\mu_0 I}{2\pi r} = \frac{4\pi \cdot 10^{-7} \cdot 130}{2\pi \cdot 1} = 2{,}6 \cdot 10^{-5}\ \text{T}$$

En el punt (0, 0,001, 0)

$$B = \frac{\mu_0 I}{2\pi r} = \frac{4\pi \cdot 10^{-7} \cdot 130}{2\pi \cdot 0{,}001} = 2{,}6 \cdot 10^{-2}\ \text{T}$$

La regla de la mà dreta ens permet expressar aquests resultats vectorialment:

En el punt (1, 0, 0) $\rightarrow$ $\vec{B} = 2{,}6 \cdot 10^{-5}\ \vec{j}$ T

En el punt (0, 0,001, 0) $\rightarrow$ $\vec{B} = -2{,}6 \cdot 10^{-2}\ \vec{i}$ T

Adoneu-vos que, tot i que la intensitat de corrent elèctric té un valor considerable, el valor de la intensitat de camp magnètic és molt petit, a causa del petit valor de μ_0.

4.2. Camp magnètic creat per una espira

Considerem ara una espira conductora de radi R per la qual fem passar un corrent elèctric d'intensitat I. Si s'aplica la llei d'Ampère es dedueix que la intensitat de camp magnètic just en el seu centre és:

$$B = \frac{\mu I}{2R}$$

i el seu sentit el determinem segons la regla de la mà dreta, aplicada d'acord amb la manera en què es va fer a principi de la unitat; recordem: el polze mostra el sentit N del camp magnètic en el centre de l'espira quan els dits indiquen el sentit de gir del corrent elèctric (fig. 3.54). En aquesta expressió, la constant és μ_0 si l'espai que envolta l'espira està ocupat pel buit o l'aire, o μ, si l'espira està immersa en un altre medi.

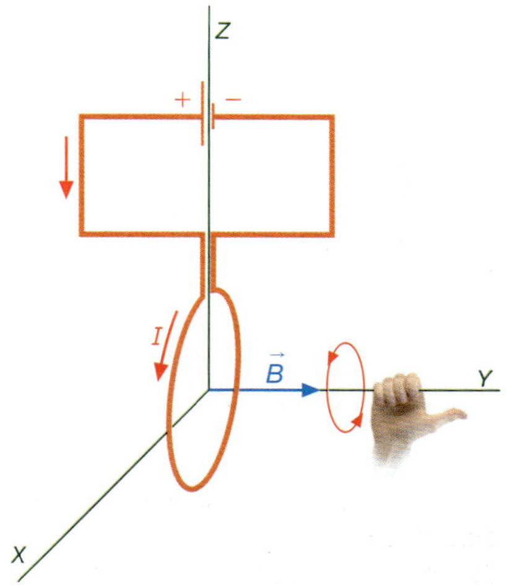

Fig. 3.54. Una espira de corrent crea un camp magnètic variable les línies del qual són línies tancades que envolten l'espira i que s'assemblen a les d'un imant (fig. 3.5). En el centre de l'espira, per tant, el camp magnètic té la direcció de l'eix Y, d'acord amb el sistema de referència triat.

Exemple 11. **Amb un generador de CC de 40 V alimentem un circuit de resistència total 10 Ω. El circuit té una porció en forma d'espira d'1 cm de radi i situada en el pla *XZ* (fig. 3.55).**

Calculeu la intensitat de camp magnètic creat per l'espira en el seu centre. Suposem que el medi és el buit.

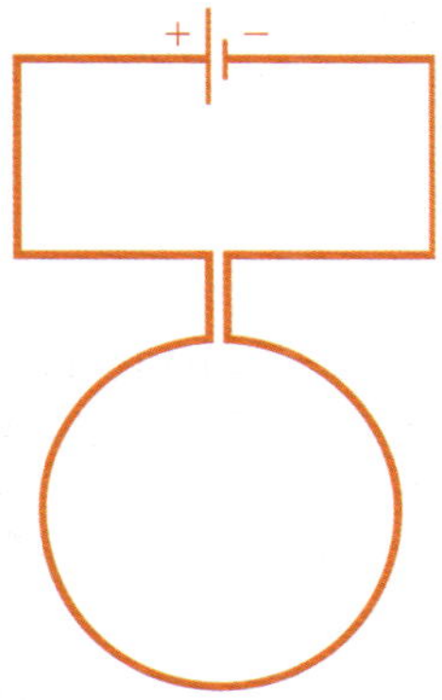

Fig. 3.55.

Resolució

Amb la llei d'Ohm calculem la intensitat que circula pel conductor:

$$I = \frac{\Delta V}{R} \rightarrow I = \frac{40}{10} = 4 \text{ A}$$

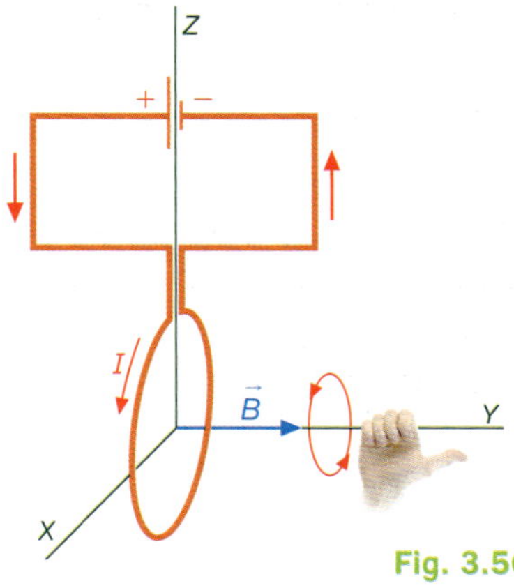

Fig. 3.56.

El camp magnètic en el centre de l'espira és, en mòdul:

$$B = \frac{\mu_0 I}{2r} \rightarrow B = \frac{4\pi \cdot 10^{-7} \cdot 4}{2 \cdot 0{,}01} = 2{,}5 \cdot 10^{-4} \text{ T}$$

Segons el sistema de referència triat (fig 3.56), i d'acord amb la regla de la mà dreta, determinem la direcció i el sentit del camp magnètic, de manera que, vectorialment, la intensitat de camp magnètic val:

$$\vec{B} = \frac{\mu_0 I}{2r} \vec{j} \rightarrow \vec{B} = 2{,}5 \cdot 10^{-4} \vec{j} \text{ T}$$

Cal tenir present que el camp magnètic real en el centre de l'espira és la suma dels camps magnètics generats per tots els conductors, i no sols per l'espira. Però en aquest cas hem negligit aquests camps magnètics, ja que suposem que l'espira està convenientment allunyada de la resta del circuit. Tampoc tenim en compte el camp magnètic terrestre.

4.3. Camp magnètic creat per un solenoide o bobina

Un conjunt de N espires consecutives constitueixen un **solenoide** o **bobina** (fig. 3.57). La llei d'Ampère permet demostrar que el camp magnètic a l'interior d'un solenoide és aproximadament constant, i de valor:

$$B = \mu_0 \, n \, I$$

on n és la densitat d'espires per unitat de longitud, és a dir, $n = \frac{N}{l}$, i l és la longitud del solenoide o bobina.

El sentit del camp magnètic el podem determinar amb la regla de la mà dreta: el polze indica el sentit del pol N quan els dits indiquen el sentit de gir del corrent per la bobina (fig. 3.57).

Si a l'interior de la bobina hi posem un nucli de material ferromagnètic, com que la permeabilitat d'aquest és molt més gran que la del buit, farà que la intensitat de camp magnètic a l'interior de la bobina sigui també molt elevada:

$$B = \mu \, n \, I$$

sent μ la permeabilitat del material ferromagnètic.

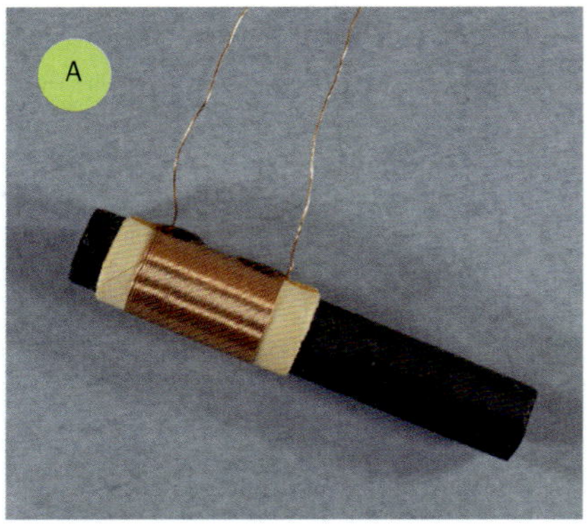

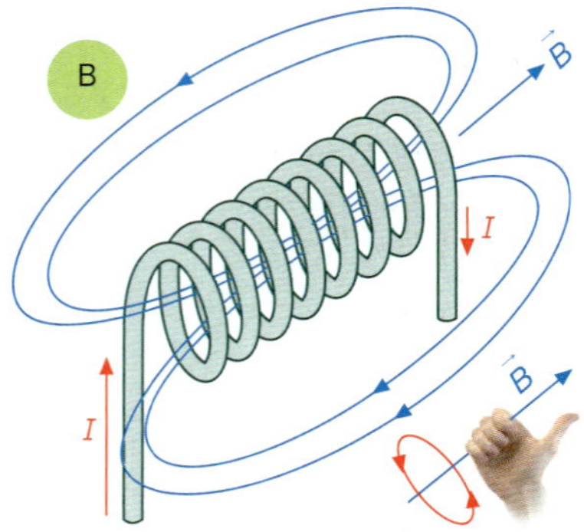

Fig. 3.57. *a)* Solenoide; *b)* Línies de camp magnètic d'un solenoide.

Quan en una bobina s'hi introdueix un material o un nucli que es magnetitzi quan hi passa un corrent i es desmagnetitzi quan deixa de passar un corrent obtenim un **electroimant** (fig. 3.58). El material més utilitzat, és el ferro dolç (varietat més pura del ferro que existeix), que té l'avantatge que podem controlar la intensitat de camp magnètic variant la intensitat de corrent elèctric.

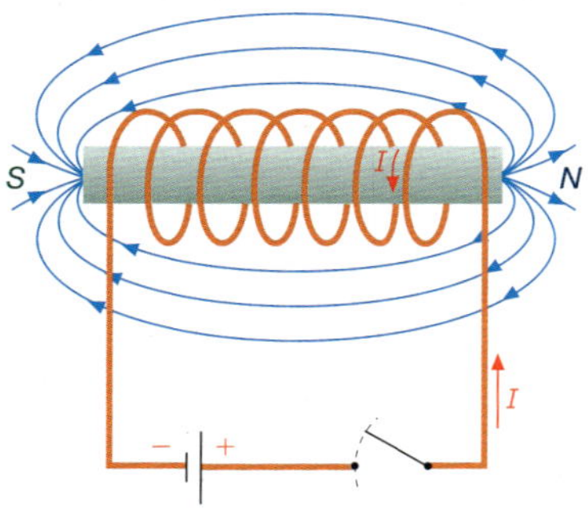

Fig. 3.58. Electroimant: totes les línies de camp magnètic passen pel material ferromagnètic, i això comporta un augment de la intensitat del camp magnètic.

Exemple 12. **Amb un fil de coure d'una secció de 0,2 mm de diàmetre i d'una longitud de 100 m construïm una bobina d'un radi de 2 cm i d'una longitud de 5 cm.**

Calculeu la intensitat de camp magnètic que hi ha a l'interior de la bobina quan en connectem els extrems a una pila de 4,5 V en els casos següents: *a)* el medi és el buit, i *b)* introduint un nucli de ferro dolç que té una permeabilitat d'$1{,}57 \cdot 10^{-3}$ T·m/A.

Dada: $\rho = 1{,}7 \cdot 10^{-8}\ \Omega \cdot$m a 20° C

Resolució

Calculem prèviament el nombre d'espires N que podem fer amb 100 m de fil en un tub de radi 2 cm, i la densitat d'espires per unitat de longitud que té la bobina així construïda:

$$N = 100 \text{ m} \cdot \frac{1 \text{ volta}}{2\pi \cdot 0{,}02 \text{ m}} = 796 \text{ voltes o espires}$$

$$n = \frac{N}{l} = \frac{796}{0{,}05} = 15\,920 \text{ espires/m}$$

Ara calculem la resistència òhmica de les espires, i la intensitat de corrent que passa pel conductor, aplicant la llei d'Ohm:

$$R = \rho \frac{L}{S} = 1{,}7 \cdot 10^{-8} \cdot \frac{100}{\pi \cdot (10^{-4})^2} = 54{,}1\ \Omega$$

$$I = \frac{\Delta V}{R} = \frac{4{,}5}{54{,}1} = 0{,}083 \text{ A}$$

a) La intensitat de camp magnètic dins la bobina sense nucli és: $B = \mu_0 n I = 4\pi \cdot 10^{-7} \cdot 15\,920 \cdot 0{,}083 = 1{,}66 \cdot 10^{-3}$ T

b) I amb nucli ferromagnètic observem una intensitat molt augmentada: $B = \mu n I = 1{,}57 \cdot 10^{-3} \cdot 15\,920 \cdot 0{,}083 = 2{,}07$ T

4.4. Camp magnètic d'un toroide

Si ara enrotllem el conductor sobre un nucli ferromagnètic en forma de toroide (fig 3.59), aconseguim concentrar el camp magnètic a dins de la regió tancada, sempre que les espires cobreixin tota la superfície del nucli, de manera que el camp magnètic és nul a l'exterior del toroide i es poden obtenir valors de la intensitat de camp molt elevats al seu interior. A una distància r del centre del toroide i que es troba al seu interior, aquesta és definida per l'expressió:

$$B = \mu n I = \mu \frac{N}{2\pi r} I$$

Per tant, la intensitat de camp magnètic a l'interior del toroide varia segons el radi i no es pot considerar un camp uniforme; ara bé, si suposem que el radi a de la secció transversal del toroide és molt més petit que r, aleshores sí podem considerar que pràcticament el camp magnètic en l'interior és uniforme.

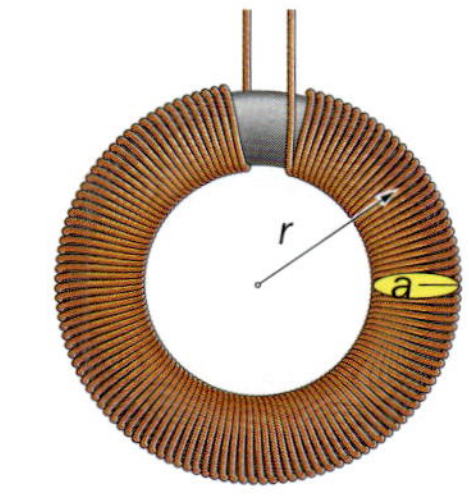

Fig. 3.59.

4.5. El galvanòmetre

En el galvanòmetre, el corrent que s'ha de mesurar passa per una bobina suspesa entre els pols d'un imant. El camp magnètic produeix un parell de forces $\vec{F}$ i $\vec{F}'$ sobre la bobina i la fa girar un cert angle, fins que s'iguala amb la força recuperadora del ressort (fig. 3.60). A mesura que augmenta la intensitat I que circula per la bobina, també augmenta la desviació de l'indicador de l'escala, i el fet que ambdues magnituds siguin directament proporcionals permet mesurar la intensitat elèctrica.

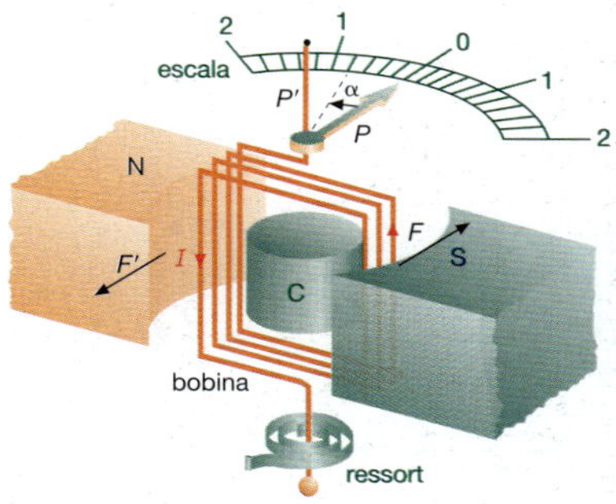

Fig. 3.60. Galvanòmetre: bobina amb nucli de ferro C, solidària a un ressort que impedeix que es mogui lliurement, i un indicador P que es projecta sobre una escala de valors d'intensitats.

ACTIVITATS

17. Per un fil de coure rectilini molt llarg passa un corrent de 5 A. Calculeu el valor del camp magnètic en un punt que dista 5 cm del conductor.

R: 0,2 G

18. Una anella de radi 12 cm està formada per 100 espires molt compactades.

Quin camp crea en el seu centre quan hi passa un corrent de 5 A?

R: 2,62 mT

19. Una espira de corrent està situada en el pla YZ, té un radi $R = 5$ cm i transporta un corrent de 10 A.

a) Calculeu el mòdul del camp magnètic en el centre de l'espira (en μT).

b) Quin sentit ha de tenir el corrent elèctric que circula per l'espira perquè el camp magnètic en el centre vagi en el sentit positiu de l'eix x?

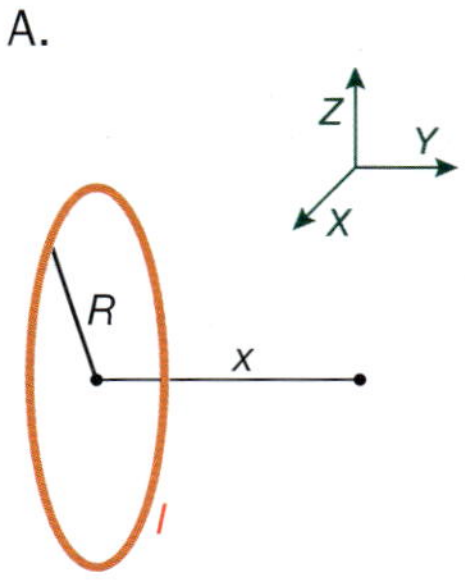

Fig. 3.61.

Dada: $\mu_0 = 4\pi \cdot 10^{-7}$ TmA^{-1}

Nota: El mòdul del camp magnètic creat per una espira magnètica en un punt de l'eix X és

$$B(x) = \frac{\mu_0 I}{2} \cdot \frac{R^2}{(x^2 + R^2)^{3/2}}:$$

R: *a)* 126 μT; *b)* antihorari

20. Dos conductors rectilinis molt llargs es creuen perpendicularment sense fer contacte entre si. Per cadascun passa un corrent de 20 A.

Calculeu el camp magnètic que hi ha en el punt P (fig. 3.62) i doneu el resultat segons el sistema de referència indicat.

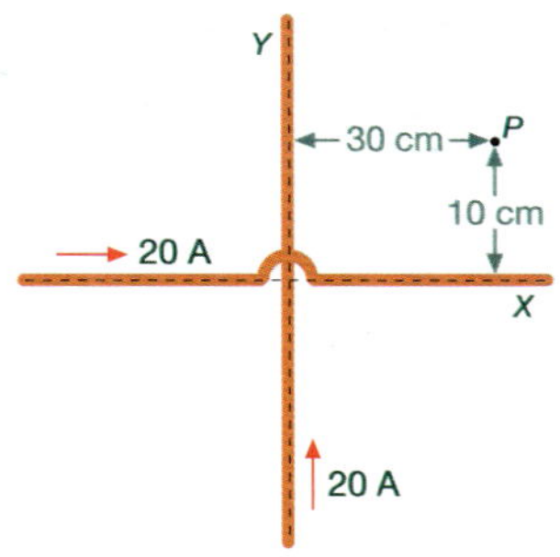

Fig. 3.62.

R: 0,26 $\vec{k}$ G

21. Un solenoide té una secció circular de 260 mm^2 i una longitud de 150 mm. Si el camp magnètic màxim en el seu interior és de 1,8 mT quan hi passa un corrent de 0,75 A.

a) Quantes voltes té el solenoide?

b) Quina longitud de fil conductor s'ha necessitat per construir-lo?

c) Si el solenoide està construït d'una sola capa de voltes de fil de coure aïllat de secció 0,215 mm^2 i de resistivitat $1{,}7 \cdot 10^{-8}\ \Omega \cdot$m, quina resistència té el conductor de coure?

d) Quina diferència de potencial hem d'aplicar en els terminals per produir un camp magnètic de 1,8 mT?

e) Quina serà la intensitat màxima de camp magnètic si es posa un nucli de ferro dolç de permeabilitat $1{,}57 \cdot 10^{-3}$ T·m/A?

R: *a)* 286; *b)* 16,4 m; *c)* 1,3 Ω; *d)* 0,98 V; *e)* 2,25 T

5. Forces entre dos conductors paral·lels i infinits

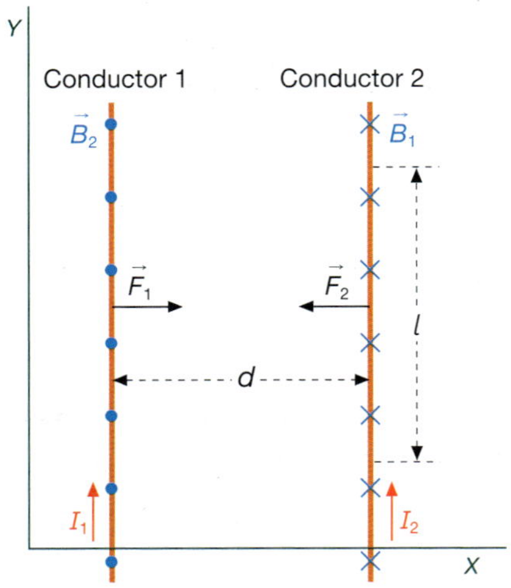

Fig. 3.63. Interacció magnètica entre dos conductors rectilinis.

Considerem dos conductors 1 i 2 paral·lels i infinits pels quals passen uns corrents elèctrics i que estan separats una distància d (fig. 3.63).

Pel conductor 1 hi passa un corrent I_1 i genera un camp magnètic B_1 que actua sobre tots els punts del conductor 2 amb la mateixa intensitat de valor en mòdul:

$$B_1 = \frac{\mu_0 I_1}{2\pi d} \ (\times)$$

on hem indicat la direcció i el sentit del camp magnètic B_1 amb el signe (×) segons la regla de la mà dreta.

Si considerem un tros del conductor 2, de longitud l, aquest rep una força en mòdul de:

$$F_2 = I_2 \, l \, B_1 \sin 90°$$

Si substituïm el valor del camp magnètic trobat anteriorment, obtenim:

$$F_2 = \frac{I_2 \, l \, \mu_0 I_1}{2\pi d} = \frac{\mu_0 I_1 I_2 \, l}{2\pi d}$$

La direcció i el sentit de la força anterior es determinen amb la regla de la mà dreta (fig. 3.63).

Si fem les mateixes consideracions per al conductor 2, veiem que aquest també genera un camp magnètic constant sobre el conductor 1, de valor:

$$B_2 = \frac{\mu_0 I_2}{2\pi d} \ (\bullet)$$

en què hem indicat el sentit amb el signe (•) utilitzant la regla de la mà dreta.

Si considerem un tros del conductor 1, de longitud l, aquest rep una força de:

$$F_1 = I_1 \, l \, B_2 \sin 90°$$

Si substituïm el valor del camp magnètic B_2, trobem que:

$$F_1 = \frac{I_1 \, l \, \mu_0 I_2}{2\pi d} = \frac{\mu_0 I_1 I_2 \, l}{2\pi d}$$

on la direcció i el sentit els dona la regla de la mà dreta (fig. 3.63).

Observem que les dues forces són iguals en mòdul i en direcció, però tenen sentits contraris. Per tant, quan els corrents de dos conductors paral·lels tenen el mateix sentit, els dos conductors s'atrauen, i quan tenen sentits contraris, es repel·leixen.

Aquest fet fou descobert experimentalment per Ampère una setmana després que Ørsted hagués descobert la interacció electromagnètica entre el corrent elèctric i el camp magnètic.

L'expressió de la força entre corrents obtinguda anteriorment, va ser utilitzada durant un temps per definir la unitat de corrent elèctric, l'**ampere**, de la manera següent:

Si per dos conductors rectilinis i paral·lels, separats per una distància d'un metre, passen dos corrents d'igual intensitat i la força per unitat de longitud sobre cada conductor és de $2 \cdot 10^{-7}$ N/m, diem que per cada conductor circula un corrent d'**un ampere.**

$$\frac{F_1}{l} = \frac{F_2}{l} = \frac{\mu_0 I_1 I_2}{2\pi d} = \frac{4 \cdot \pi \cdot 10^{-7} \cdot 1 \text{ A} \cdot 1 \text{ A}}{2\pi \cdot 1 \text{ m}} = 2 \cdot 10^{-7} \text{ N/m}$$

Recorda

Un ampere és el corrent elèctric corresponent al flux d'1/1,602 176 634 × 10^{-19} càrregues elementals per segon.

Exemple 13. **Per dos conductors paral·lels i molt llargs, separats per una distància de 5 cm, circulen corrents amb sentits contraris de valors de 20 A i 50 A, respectivament (fig. 3.64).**

Calculeu:

a) La força que rep un tros de conductor de 4 m.

b) El camp magnètic en els punts *A*, *B* i *C*.

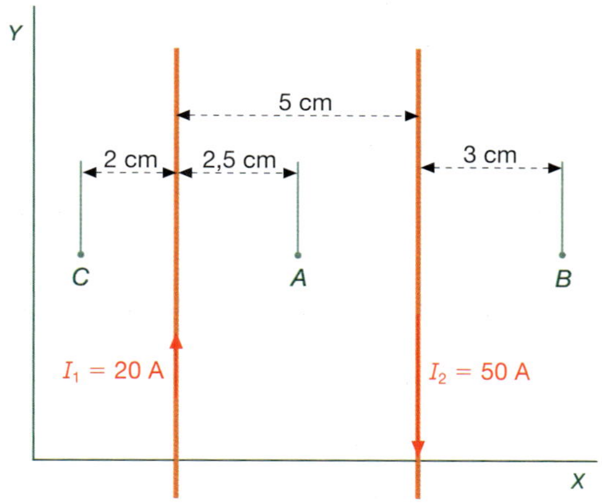

Fig. 3.64.

Resolució

a) Tant en un conductor com en l'altre el mòdul de la força té el mateix valor. Substituint valors en l'expressió de la força entre conductors, obtenim:

$$F = \frac{\mu_0\, I_1\, I_2\, l}{2\pi d}$$

$$F = \frac{4\cdot\pi\cdot 10^{-7}\cdot 20\cdot 50\cdot 4}{2\pi\cdot 0{,}05} = 0{,}016 \text{ N}$$

Aquesta força és de repulsió, ja que els corrents tenen sentits contraris.

b) Aplicant la regla de la mà dreta en el punt *A*, observem que els sentits dels camps magnètics de cada conductor són perpendiculars al paper i cap endins, és a dir, $\vec{B}_1$ (×) i $\vec{B}_2$ (×); aleshores, la intensitat de camp total en aquest punt és:

$$\vec{B}_A = \vec{B}_1\,(\times) + \vec{B}_2\,(\times) = \frac{\mu_0\, I_1\, I_2\, l}{2\pi r}$$

$$\vec{B}_A = \frac{4\cdot\pi\cdot 10^{-7}\cdot(20+50)}{2\pi\cdot 2{,}5\cdot 10^{-2}}\,(\times) = 5{,}6\cdot 10^{-4}\,(\times)\text{ T}$$

En el punt *B*, els sentits dels camps són, aplicant la regla de la mà dreta, $\vec{B}_1$ (×) i $\vec{B}_2$ (•) i, per tant, el camp total és:

$$\vec{B}_B = \vec{B}_1\,(\times) + \vec{B}_2\,(\bullet) = \frac{\mu_0\, I_1}{2\pi r_1}\,(\times) + \frac{\mu_0\, I_2}{2\pi r_2}\,(\bullet)$$

$$\vec{B}_B = \frac{4\pi\cdot 10^{-7}\cdot 20}{2\pi\cdot 8\cdot 10^{-2}}\,(\times) + \frac{4\pi\cdot 10^{-7}\cdot 50}{2\pi\cdot 3\cdot 10^{-2}}\,(\bullet)$$

$$\vec{B}_B = 5\cdot 10^{-5}\,(\times) + 3{,}33\cdot 10^{-4}\,(\bullet) = = 2{,}83\cdot 10^{-4}\,(\bullet)\text{ T}$$

En el punt *C*, fem el mateix:

$$\vec{B}_C = \vec{B}_1\,(\bullet) + \vec{B}_2\,(\times)$$

$$\vec{B}_C = \frac{4\pi\cdot 10^{-7}\cdot 20}{2\cdot\pi\cdot 2\cdot 10^{-2}}\,(\bullet) + \frac{4\cdot\pi\cdot 10^{-7}\cdot 50}{2\cdot\pi\cdot 7\cdot 10^{-2}}\,(\times)$$

$$\vec{B}_C = 2\cdot 10^{-4}\,(\bullet) + 1{,}43\cdot 10^{-4}\,(\times) = 5{,}7\cdot 10^{-5}\,(\bullet)\text{ T}$$

Fixem-nos que en els punts *B* i *C* hem restat els valors dels camps magnètics, ja que aquests tenen sentits oposats.

ACTIVITATS

22. Expliqueu per què dos conductors rectes molt llargs que porten corrents elèctrics en direccions oposades es repel·leixen l'un a l'altre.

23. *a)* Calculeu el camp magnètic produït per dos conductors lineals paral·lels i molt llargs en els punts 1, 2 i 3 (fig. 3.65).

b) Calculeu la força que rep un segment de 2 m d'un dels conductors.

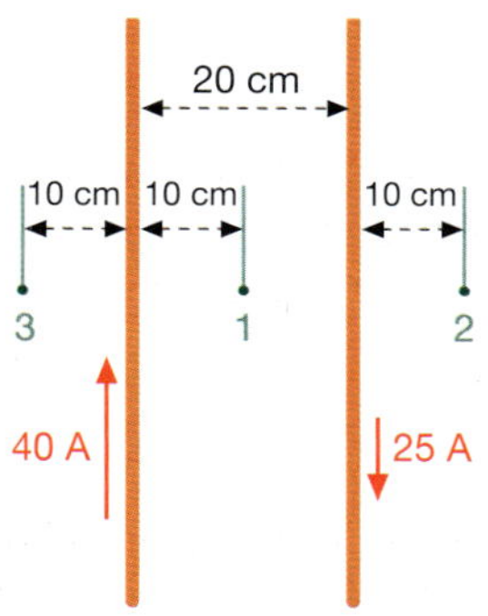

Fig. 3.65.

Utilitzeu la nomenclatura del punt i de la creu per indicar el sentit del camp.

R: *a)* $1{,}3\cdot 10^{-4}$ T (×); $2{,}3\cdot 10^{-5}$ T (•) i $6{,}3\cdot 10^{-5}$ T (•), *b)* $2\cdot 10^{-3}$ N

24. Els axons són una part de les neurones i transmeten l'impuls nerviós. El corrent elèctric que circula per l'axó produeix un camp magnètic que podem considerar igual al que produiria un fil conductor rectilini infinitament llarg. Per dos axons paral·lels, representats en la figura 3.78, circula un corrent de $0{,}66\cdot 10^{-6}$ A en el mateix sentit:

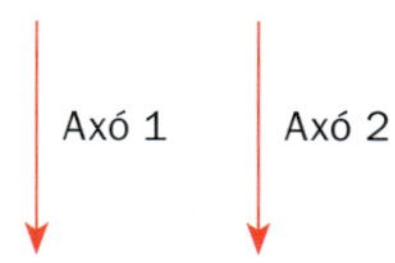

Fig. 3.12.

a) Indiqueu la direcció i el sentit del camp magnètic que produeix cada axó en la posició que ocupa l'altre. Dibuixeu la força que actua sobre cada axó causada pel corrent que circula per l'altre.

b) Calculeu el mòdul de la força que actua sobre 2 cm de l'axó 2 si el mòdul del camp magnètic que produeix l'axó 1 en la posició de l'axó 2 és $1{,}1\cdot 10^{-10}$ T.

R: *b)* $1{,}5\cdot 10^{-18}$ N

Resum de la unitat

- **Camp magnètic $\vec{B}$**
  - Moment magnètic $\vec{m} = I\,\vec{S}_i$
    - Comportament magnètic de la matèria
      - Paramagnèticas
      - Diamagnètics
      - Ferromagnètics
  - Força magnètica sobre una càrrega en moviment $\vec{F} = q\,(\vec{\nu} \times \vec{\beta})$
    - Moviment d'una càrrega en presència d'un camp magnètic uniforme $|q|\,\nu\,\beta = m\,\frac{\nu^2}{R}$
  - Força electromagnètica $\vec{F}_e = q\,\vec{E}$ $\vec{F}_m = q\,(\vec{\nu} \times \vec{\beta})$
    - Selector de velocitats
    - Espectròmetre de masses
    - Ciclotró
    - Força magnètica sobre un conductor rectilini $\vec{F} = I\,(\vec{e} \times \vec{\beta})$
    - Força magnètica sobre una espira
    - Motor elèctric
  - Camp magnètic creat per distribucions de corrent
    - Conductor rectilini infinit $\beta = \frac{\mu I}{2\pi r}$
      - Forces entre conductors paral·lels
        - Definició de l'**ampere** en funció de magnituds fonamentals
    - En una espira $\beta = \frac{\mu I}{2R}$
    - Solenoide $\beta = \frac{\mu N I}{2\pi r}$
      - Toroide $\beta = \frac{\mu N I}{2\pi r}$
    - Galvanòmetre

Qüestions

1. La direcció del camp elèctric $\vec{E}$ es pot definir a partir de la força que rep una càrrega puntual. Per què no podem definir de la mateixa manera la direcció d'un camp magnètic?

2. Quan llancem un electró amb una velocitat v perpendicularment a un camp magnètic uniforme B, la seva trajectòria és: *a)* lineal amb velocitat constant; *b)* circular uniforme; *c)* lineal accelerada; *d)* circular accelerada.

3. Un electró es mou en una regió de l'espai en què hi ha un camp magnètic uniforme, i descriu una trajectòria circular continguda en el pla del paper, com indica la figura 3.66. Determineu la direcció i el sentit del camp magnètic amb referència al pla del paper. Raoneu la resposta.

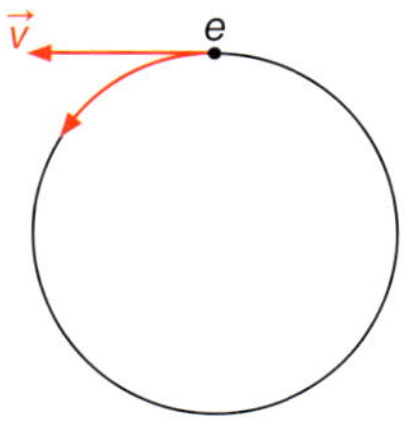

Fig. 3.66.

4. Quan llancem un electró amb una velocitat $\vec{v}$ i en sentit contrari a un camp magnètic uniforme $\vec{B}$, la seva velocitat: *a)* augmenta; *b)* disminueix; *c)* no s'altera.

5. Un electró i un protó que tenen la mateixa velocitat penetren en una regió on hi ha un camp magnètic perpendicular a la direcció de la seva velocitat. Aleshores, la seva trajectòria passa a ser circular (fig. 3.67).

a) Raoneu quina de les dues partícules descriurà una trajectòria de radi més gran.

b) Dibuixeu esquemàticament la trajectòria de cada partícula i indiqueu quin és el sentit de gir del seu moviment.

Recordeu que $m_e < m_p$; $q_e = -q_p$

Fig. 3.67.

6. Un protó i un electró, amb la mateixa velocitat, entren en una regió de l'espai on hi ha un camp magnètic uniforme dirigit cap a l'interior del paper, tal com indica la figura 3.68.

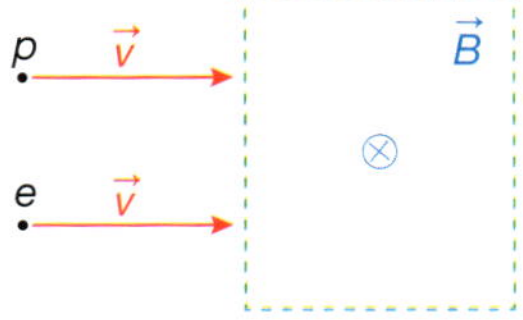

Fig. 3.68.

a) Dibuixeu les forces que actuen sobre cada partícula en l'instant en què entren en la regió on hi ha el camp. Són iguals els mòduls d'aquestes forces? Descriviu i justifiqueu el moviment que seguirà cadascuna de les partícules.

Imagineu-vos que en aquesta regió, en comptes d'un camp magnètic, hi ha un camp elèctric uniforme dirigit cap a la dreta, tal com indica la figura 3.69.

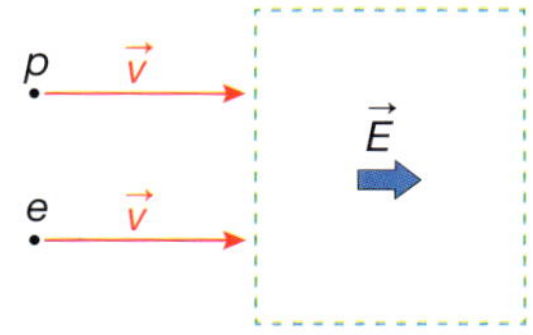

Fig. 3.69.

b) Dibuixeu les forces que actuen sobre cada partícula en l'instant en què entren en la regió on hi ha el camp. Són iguals, els mòduls d'aquestes forces? Descriviu i justifiqueu el moviment que seguirà cadascuna de les partícules.

7. En una regió de l'espai hi ha un camp magnètic constant dirigit cap a l'interior del paper. En aquesta regió entren dos electrons amb la mateixa rapidesa i la mateixa direcció, però movent-se en sentits contraris, tal com indica la figura 3.70.

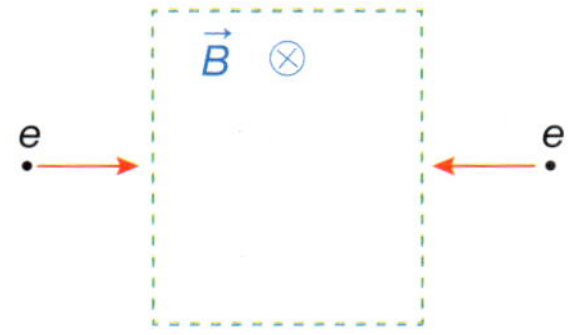

Fig. 3.70.

a) Dibuixeu la forca magnètica que actua sobre cada electró quan entra a la regió on hi ha el camp magnètic. Justifiqueu i dibuixeu les trajectòries dels dos electrons i indiqueu el sentit de gir.

b) Eliminem aquest camp magnètic i el substituïm per un altre camp magnètic, de manera que els electrons no es desvien quan entren en aquesta regió. Dibuixeu com hauria de ser aquest nou camp magnètic. Justifiqueu la resposta.

Nota: No es vàlida la resposta $B = 0$.

8. En una regió de l'espai hi ha un camp elèctric i un camp magnètic constants en la mateixa direcció i sentit. En un determinat instant penetra en aquesta regió un electró amb velocitat paral·lela als camps i de sentit contrari. Descriviu el tipus de moviment que farà l'electró. Justifiqueu la resposta.

9. L'energia cinètica d'una partícula carregada, pot ser modificada per un camp magnètic uniforme? I per un camp elèctric uniforme? Justifiqueu les respostes.

10. En quines condicions una partícula carregada descriu una trajectòria rectilínia en presència d'un camp magnètic uniforme? I en presència d'un camp elèctric uniforme?

11. Un canó dispara ions en direcció a un selector de velocitats. Si volem determinar la velocitat màxima dels ions emesos pel canó i suposem que només podem variar la intensitat del camp elèctric, què hem de fer, augmentar-la o disminuir-la? Raoneu la resposta.

1. Es col·loca per sobre d'una balança un imant amb els pols N i S enfrontats.

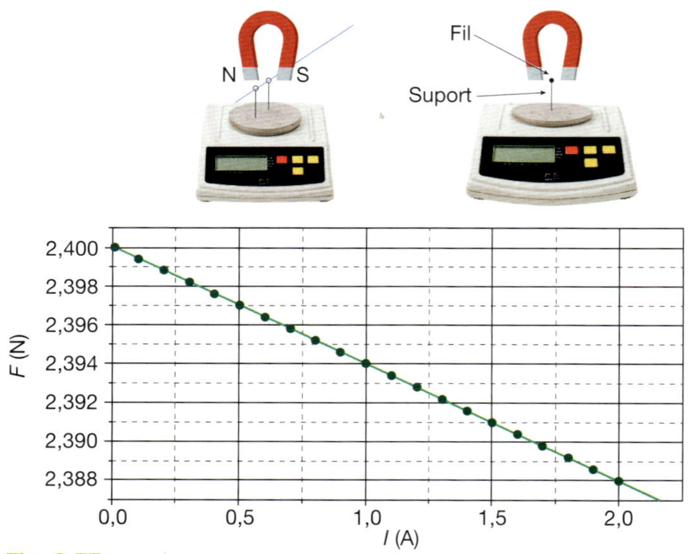

Fig. 3.77.

Tal com veiem en les figures, entre aquests dos pols passa un fil conductor horitzontal que no toca l'imant.

El fil elèctric s'aguanta mitjançant dos suports aïllants que recolzen sobre el plat de la balança. En absència de corrent elèctric pel fil, la balança indica un pes de 2,400 N.

Quan circula corrent elèctric pel fil conductor, la balança indica pesos aparents més petits, que depenen de la intensitat del corrent, a causa de l'aparició d'una força magnètica cap amunt. Vista frontal.

S'han fet circular pel fil diverses intensitats i s'han obtingut els resultats que es mostren en la gràfica següent, en què *F* és el pes aparent registrat per la balança i *I* és la intensitat del corrent que circula pel fil conductor.

a) Determineu l'equació que relaciona la força amb la intensitat. Calculeu la força magnètica que actua sobre el fil elèctric quan la intensitat del corrent és 2,0 A i quan és 2,5 A.

b) Considereu que el tram de fil situat entre els pols de l'imant té una longitud de 6 cm i que el camp magnètic és uniforme (constant) dins d'aquesta zona i nul a fora. Calculeu el camp magnètic entre els pols de l'imant. En quin sentit circula el corrent elèctric?

R: *a)* $F = -6{,}000 \cdot 10^{-3}\ I + 2{,}400$; $F(2{,}0\ A) = 2{,}388$ N; $F(2{,}5\ A) = 2{,}385$ N; *b)* 0,1 T

2. Un espectròmetre de masses consta d'un selector de velocitats i d'un recinte semicircular. En el selector de velocitats hi ha un camp elèctric i un camp magnètic, perpendiculars entre si i en la direcció de la velocitat dels ions. En entrar al selector, els ions d'una velocitat determinada no es desvien i entren en la zona semicircular, on només hi ha el camp magnètic perpendicular a la velocitat, que els fa descriure una trajectòria circular.

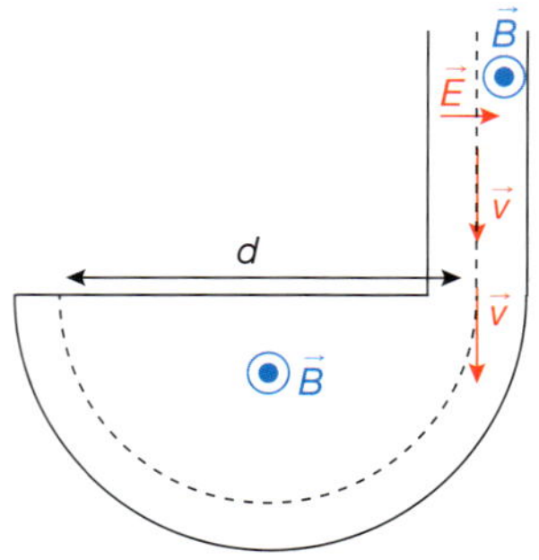

Fig. 3.78.

a) Si el camp elèctric del selector té un valor $E = 20{,}0\ NC^{-1}$ i el valor de la inducció magnètica és $B = 2{,}50 \cdot 10^{-3}$ T, calculeu el valor del mòdul de la velocitat dels ions que NO es desvien. Feu l'esquema corresponent dels vectors següents: velocitat, força elèctrica, camp magnètic i força magnètica.

b) Calculeu la distància, *d,* a què impactaran els ions de triti, que són isòtops de l'hidrogen i tenen una massa $m = 3$ u.

Dades: $1\ u = 1{,}67 \cdot 10^{-27}$ kg;
$Q_{protó} = 1{,}60 \cdot 10^{-19}$ C.

R: *a)* $8 \cdot 10^3$ m/s; *b)* 0,200 m

Tenim dos fils conductors rectilinis molt llargs, situats paral·lels a l'eix *z* (perpendiculars al pla *xy*) i separats entre ells una distància de 16,0 cm. Pel fil 1 circula un corrent I_1=1,50 A dirigit cap avall i pel fil 2 circula un corrent I_2=1,50 A dirigit cap amunt.

c) Donat un punt *P* situat al pla *xy* i equidistant als dos fils (la distància a cada fil és de 10,0 cm), feu un esquema sobre el pla *xy* del camp magnètic creat per cada fil al punt *P* i justifiqueu el sentit i la direcció del camp. Quin és el sentit i la direcció del camp magnètic total al punt *P*? Justifiqueu la resposta.

d) Calculeu la força per unitat de longitud que fa el fil 1 sobre el fil 2, és a dir, la força que fa el fil 1 sobre un tram d'1,00 m de longitud del fil 2. Indiqueu tant el mòdul com la direcció i el sentit de la força.

Dades: El mòdul de camp magnètic creat per un fil infinit per on circula un corrent *I* a una distància *r* del fil és:

$$B = \frac{\mu_0\, I}{2\pi r} \cdot \mu_0 = 4\pi \times 10^{-7}\ \mathrm{T\,m\,A^{-1}}$$

R: *b)* $2{,}81 \times 10^{-6}\ \vec{j}$ N/m

1. En el camp de la física de partícules se sol utilitzar com a unitat d'energia l'*electronvolt* (eV), que ja es va definir a la unitat anterior. Però atesa la relació establerta per l'equació d'Einstein entre l'energia i la massa ($E = mc^2$), s'utilitza també com a unitat de massa el terme eV/c^2. Comproveu que 1 eV/c^2 equival a una massa en el SI de $1{,}783 \cdot 10^{-36}$ kg. Expresseu la massa d'un electró en MeV/c^2.

   R: 0,511 MeV/c^2

2. Hans Christian Oersted (1777-1851) fou un físic i químic danès conegut per haver descobert experimentalment la relació física entre l'electricitat i el magnetisme. Donant una classe de laboratori als seus alumnes, va observar casualment que, en passar corrent elèctric per un conductor, una agulla magnètica que estava a la vora del conductor s'orientava en una direcció determinada.

Fig. 3.79.

Aquest descobriment va ser decisiu, ja que va posar en evidència que hi havia una relació entre l'electricitat i el magnetisme.

Us proposem que feu aquest senzill experiment, per al qual necessiteu un fil conductor una mica llarg, per exemple d'1 m, una pila de 4,5 V, un polsador i una brúixola. Munteu el circuit de la fig 3.82. És important col·locar un polsador per tal de reduir el temps de consum de la pila. Veureu que l'agulla tendeix a orientar-se en una direcció perpendicular a la direcció del fil conductor. Raoneu el perquè.

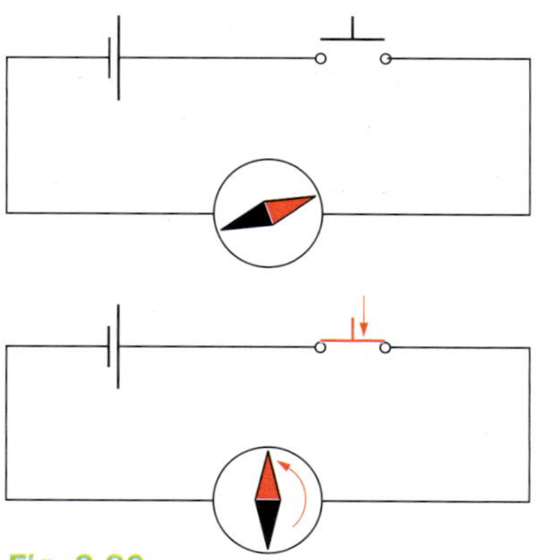

Fig. 3.80.

3. Calculeu el camp magnètic generat per un conductor rectilini en un circuit, com el que hem comentat abans, a 8 cm del conductor. Suposem que la pila és de 4,5 V i el conductor és de coure, de 2 m de longitud i 0,5 mm de diàmetre. Compara el valor que has obtingut amb el valor de la intensitat del camp magnètic de la Terra. Pot afectar l'orientació d'una brúixola segons orientem la direcció del fil conductor? Raona la resposta.

   R: 0,65 G

4. **El magnetisme a la natura**

   A continuació es plantegen quatre aspectes o situacions relacionades amb la naturalesa i el món que ens envolta que tenen a veure amb el magnetisme. Feu-ne una primera lectura, organitzeu-vos en grups de tres o quatre alumnes i escolliu el tema que heu decidit investigar. Un cop feta la recerca, prepareu una presentació per explicar-ho a la resta de la classe.

   a) Les migracions d'animals són els desplaçaments, que poden ser de desenes de milers de kilòmetres, que fan periòdicament d'un lloc a un altre per tal de sobreviure, ja sigui per la calor, el fred, la reproducció, l'alimentació, etc. N'hi ha que ho fan guiats per l'olfacte; d'altres, per la llum; d'altres pel camp magnètic, etc. Quins animals migren per l'orientació magnètica? Com ho fan? Per què?

   b) El camp magnètic aplicat sobre les plantes els pot proporcionar efectes positius en alguns aspectes. Com pot afavorir el camp magnètic sobre les plantes? Com s'explica aquest efecte?

   c) La polaritat del camp magnètic de la Terra no sempre ha estat l'actual, sinó que en el passat ha anat canviant diverses vegades, al cap de períodes aleatoris de centenars de milers d'anys de mitjana. Com ho poden saber els geòlegs? Quin raonament donen les comunitats científiques d'aquest fenomen?

   d) Els científics tenen un coneixement força complet del camp magnètic terrestre. Però, i els planetes que formen el nostre sistema solar, saps si també tenen camp magnètic? Quines característiques té en cada cas? Com són en comparació amb el camp magnètic de la Terra?

- Quins apartats de la unitat t'han resultat més fàcils? I els més difícils, com has aconseguit superar-los? Com resoldràs els dubtes que et queden encara?
- Com pots relacionar el que has après sobre el **camp magnètic** amb situacions quotidianes?
- Per a què et serveix conèixer els **efectes del camp magnètic** sobre els éssers vius?

Determinació de la intensitat del camp magnètic terrestre al laboratori

Objectiu

A partir d'una base de dades experimentals podem determinar la intensitat del camp magnètic terrestre al lloc en què es realitza la pràctica.

Fem circular un corrent elèctric variable mitjançant una bobina de *n* espires compactades i de radi *R* per generar un camp magnètic. La interacció d'aquest camp amb el camp magnètic terrestre dona un camp magnètic resultant que podem determinar experimentalment mitjançant una brúixola.

Material

- Suport amb espira i guia
- Brúixola
- Font d'alimentació amb intensitat variable.
- Unes 100 espires compactades i de radi 15 cm, aproximadament.

Fonament

Una espira circular per la qual circula una intensitat I crea un camp magnètic en la regió de l'espai que l'envolta (fig. 3.79). El camp magnètic creat per l'espira en els punts del seu eix es pot calcular utilitzant la llei de Biot-Savart:

$$d\vec{B} = \frac{\mu_0}{4\pi} \cdot \frac{I \cdot d\vec{l} \times \vec{u}_r}{r^2}$$

en què $d\vec{l}$ és un element diferencial de longitud de l'espira; $\vec{u}_r$ és un vector unitari en la direcció que uneix l'element de longitud considerat i el punt de l'eix on es calcula el camp; i μ_0 és la permeabilitat del buit ($\mu_0 = 4 \cdot \pi \cdot 10^{-7}$ N/A^2).

Els punts situats sobre l'eix de l'espira, $d\vec{l}$ i $\vec{u}_r$ són sempre perpendiculars, i $r^2 = x^2 + R^2$. Per tant, l'expressió anterior es pot escriure en la forma:

$$dB = \frac{\mu_0 \cdot I \cdot dl}{4\pi \cdot (x^2 + R^2)}$$

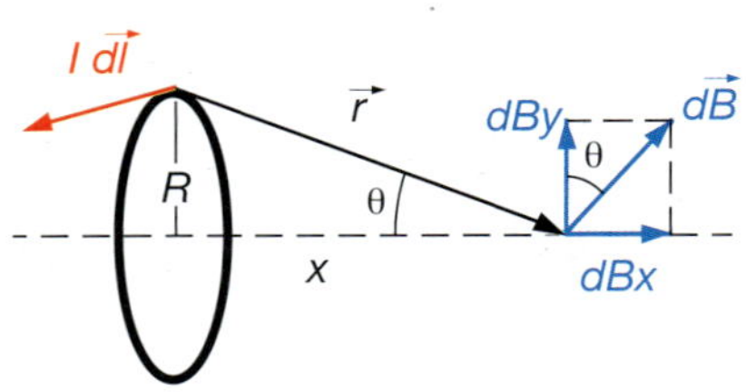

Fig. 3.81.

Quan se suma la contribució al camp magnètic total del camp creat per tots els elements de corrent de l'espira, la suma dels components de $d\vec{B}$ perpendiculars a l'eix de la mateixa és zero. En conseqüència, el camp magnètic resultant només té component en la direcció de l'eix de l'espira i està determinat per l'expressió següent:

$$dB_x = dB \cdot \sin\theta = \frac{\mu_0 \cdot I \cdot dl}{4\pi \cdot (x^2 + R^2)} \cdot \frac{R}{\sqrt{x^2 + R^2}}$$

Atès que *x* i *R* es mantenen constants quan sumem per a tots els elements de l'espira, aquesta suma és simplement igual a:

$$B_x = \frac{\mu_0}{2} \cdot \frac{I \cdot R^2}{(x^2 + R^2)^{3/2}}$$

ja que la integral de *dl* per a tota l'espira és $2\pi R$.

Fonament (cont.)

Per mesurar el camp magnètic utilitzarem una brúixola. Quan el camp magnètic terrestre és perpendicular a l'eix de la bobina, el camp magnètic resultant de la suma del camp creat per la bobina, B_b (paral·lel a l'eix), més el camp magnètic terrestre, B_t, pot calcular-se a partir del teorema de Pitàgores (fig. 3.84):

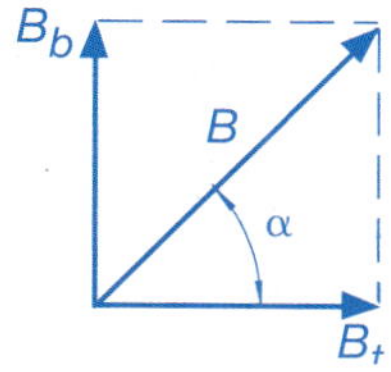

Fig. 3.82.

La brúixola s'orienta seguint la direcció del camp magnètic resultant B. L'angle α que forma el camp magnètic resultant amb la direcció del camp magnètic terrestre està determinat per l'expressió:

$$\text{tg}\ \alpha = \frac{B_b}{B_t}$$

i, per tant, el camp magnètic creat per la bobina és proporcional a tg α, ja que B_t és constant.

Si combinem l'expressió anterior amb la que proporciona el camp magnètic creat per una espira en un punt del seu eix, s'obté:

$$\text{tg}\ \alpha = \left(n \cdot \frac{\mu_0}{2B_t} \cdot \frac{R^2}{(x^2 + R^2)^{3/2}}\right) \cdot I\ (*)$$

en què n és el nombre d'espires que formen la bobina.

De l'expressió anterior es dedueix que tg α és simplement proporcional a la intensitat que travessa la bobina:

$$\text{tg}\ \alpha = a\,I$$

Procediment

1. Col·loqueu la brúixola en la guia i orienteu el muntatge de tal manera que la direcció del camp magnètic terrestre sigui perpendicular a l'eix de la bobina (fig. 3.85).
2. Situeu la brúixola a una distància d'uns 40 cm del centre de la bobina (amb la font d'alimentació apagada).
3. A continuació, feu passar per la bobina diferents valors de la intensitat, de 0,2 en 0,2 A, fins a 2 A per no cremar la bobina.
4. Anoteu els valors de la intensitat i els corresponents valors de l'angle α, que és l'angle que forma el camp magnètic terrestre amb el camp magnètic resultant indicat per la direcció de la brúixola.
5. Repetiu l'experiència una altra vegada.

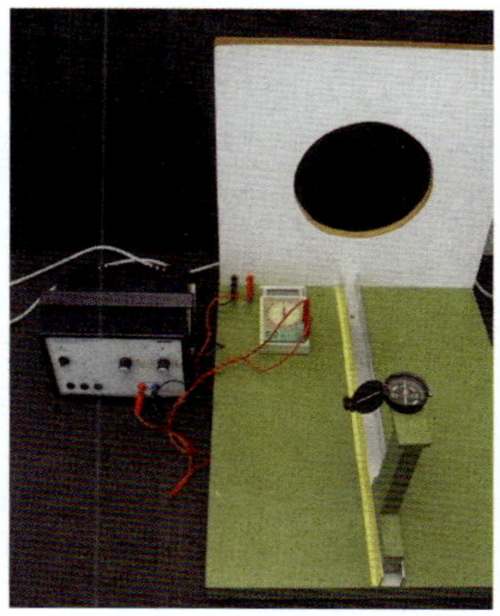

Fig. 3.83.

Anàlisi de resultats

1. Feu una taula on figurin, per a cada valor de la intensitat, els valors de α, la seva mitjana, i tg α.
2. Construïu una gràfica amb els valors de tg α en les ordenades i els de la intensitat I en les abscisses. Calculeu els coeficients a i b corresponents a la recta de regressió.
3. Segons l'expressió (*), com és el pendent de la recta?
4. A partir d'aquest pendent trobeu el valor del camp magnètic terrestre, tenint en compte que els valors de R i n són coneguts, i que x és la distància des del punt en el qual avaluem el camp magnètic fins al centre de la bobina (x = 40 cm).
5. Comproveu que l'ordre de la magnitud de B_t trobat és el mateix que el que figura als llibres.

UNITAT

4 Electromagnetisme II

Hi estudiaràs:

- Flux magnètic
- Força electromotriu induïda: llei de Faraday-Lenz
- Generadors de corrent elèctric
- Circuit de corrent altern amb resistència
- Valors eficaços d'un corrent altern
- El transformador

I seràs capaç de:

- Comprendre i aplicar els conceptes de *flux magnètic* i de *força electromotriu induïda*.
- Saber interpretar el significat de les línies de camp magnètic i comprendre el concepte de flux magnètic.
- Saber aplicar correctament la llei de Faraday-Lenz en circuits tancats quan aquests reben una variació de flux magnètic, i utilitzar amb autonomia creixent estratègies pròpies de la ciència a l'hora de solucionar qüestions i problemes relacionats amb aquesta llei.
- Valorar aspectes positius i negatius dels corrents de Foucault.
- Conèixer el principi de funcionament dels generadors de corrent elèctric, com els alternadors i les dinamos.
- Reconèixer el transformador com un element necessari per al transport de l'energia elèctrica a grans distàncies.
- Conèixer el significat dels valors eficaços de les magnituds físiques utilitzades en corrent altern, i comprendre la necessitat del seu ús.
- Valorar, amb els coneixements i les destreses assolits en la unitat anterior, l'aplicació pràctica i tecnològica de l'electromagnetisme.

Farem servir:

- Situació d'aprenentatge
- ODS - Objectius de Desenvolupament Sostenible
- Treball col·laboratiu
- Prepara't per a la universitat
- Metacognició

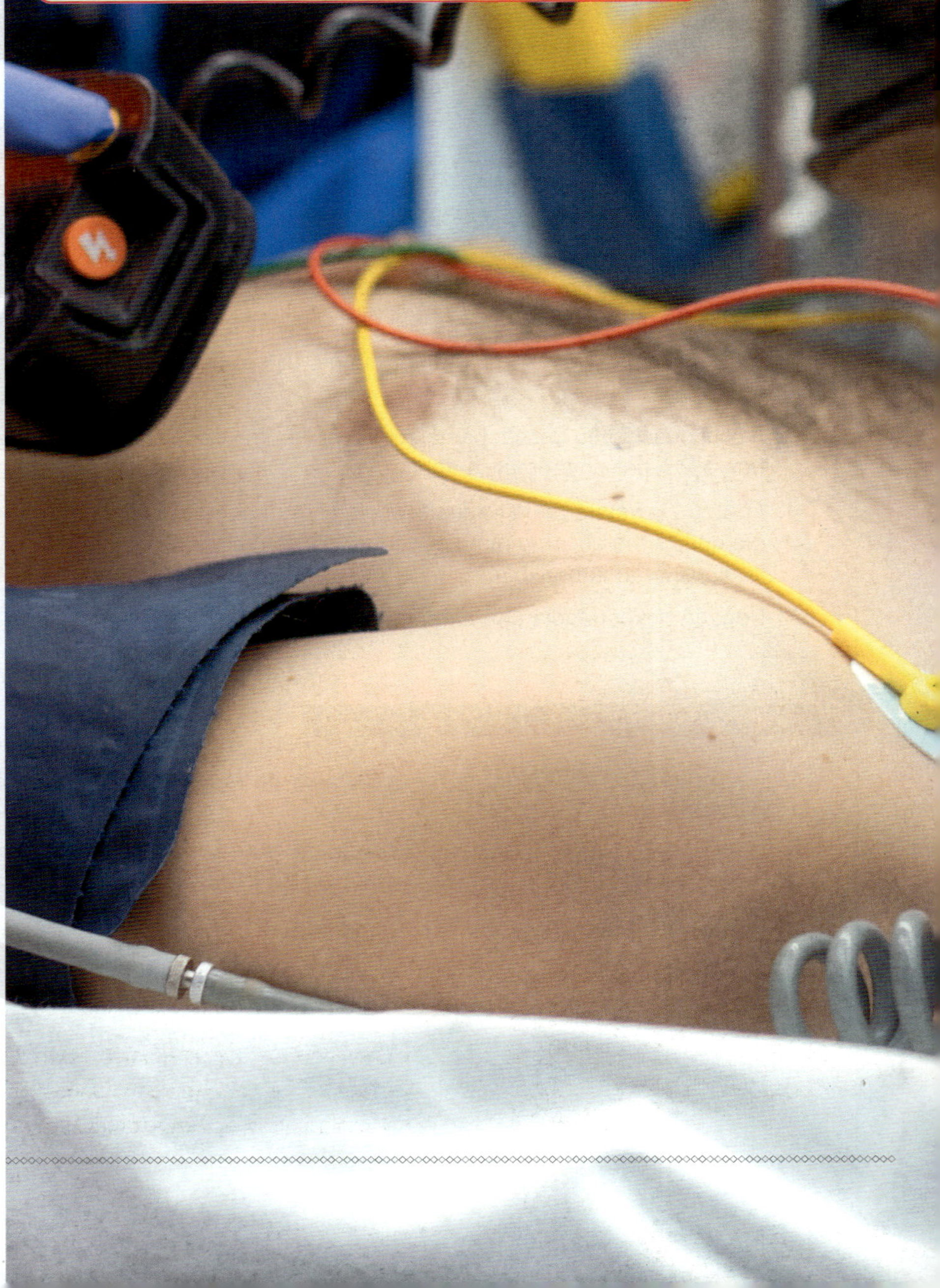

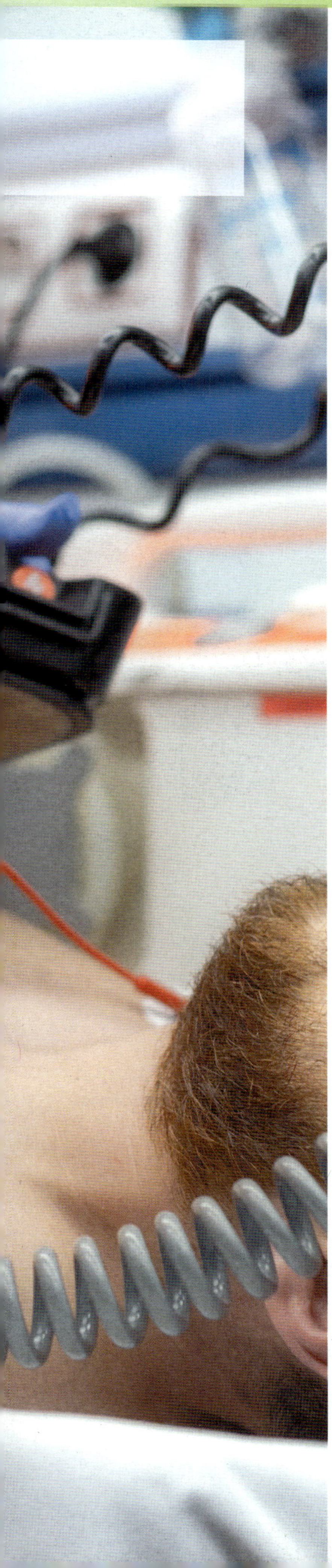

DESFIBRIL·LACIÓ i electromagnetisme

Situació d'aprenentatge

La fibril·lació en medicina és un trastorn que consisteix en la contracció de les fibres musculars, especialment les cardíaques, realitzada de manera asincrònica i ràpida, sense aconseguir una contracció muscular coordinada i eficaç.

L'aturada cardiorespiratòria és conseqüència del cessament de la respiració i del batec del cor d'un individu, produït per la fallida del ritme normal del cor, com pot ser la taquicàrdia ventricular que apareix quan hi ha més de cent batecs per minut, o també per una disminució de la contracció del múscul cardíac de la sístole. Pot esdevenir per múltiples causes, com, per exemple: l'electrocució, l'ofegament, l'asfíxia, el traumatisme, la intoxicació o la hipotèrmia greu, entre altres.

Un mètode efectiu per aturar la fibril·lació ventricular consisteix a aplicar un estímul elèctric d'una quantitat d'energia considerable, de manera programada i controlada, que travessi el cor amb la finalitat de revertir l'arrítmia cardíaca.

Un dels aparells que va revolucionar la medicina és el desfibril·lador, el qual permet, mitjançant la circulació d'un corrent elèctric, reanimar una víctima d'un atac cardíac. Aquests aparells van ser dissenyats per tractar de manera eficient la fibril·lació ventricular (FV), que és la causa principal de la mort sobtada de molts pacients que pateixen una aturada cardíaca i als quals cal intervenir ràpidament per reactivar el cor.

El desfibril·lador només es podrà utilitzar sempre que la víctima es trobi inconscient i no presenti respiració ni pols. Actualment, hi ha desfibril·ladors arreu a disposició de la població i estan dissenyats perquè es puguin utilitzar sense la necessitat de tenir coneixements previs, ja que quan es posa en funcionament el mateix aparell va indicant tots els passos que s'han de seguir per socórrer el pacient.

Saps com funciona un desfibril·lador?

En grups de quatre, resoleu les activitats següents i prepareu una presentació per exposar a classe amb els vostres resultats.

- Hi ha dos tipus de desfibril·ladors: monofàsics i bifàsics. En què es diferencien? Actualment, quin dels dos és més comú? Tenen algún component que estigui relacionat amb el que s'explicarà en aquesta unitat?
- Quan s'activa un desfibril·lador, se sol descarregar una gran quantitat d'energia elèctrica a través dels elèctrodes. Quin component elèctric us sembla adequat per emmagatzemar aquesta energia?
- Si et trobes en una situació d'emergència en un dia que ha plogut i el pacient ha caigut a terra, quina mesura prendries abans d'aplicar-li el desfibril·lador?
- Feu una cerca per internet o documenteu-vos sobre els desfibril·ladors que s'utilitzen a la vostra població. Intenteu obtenir tota la informació necessària sobre el seu funcionament per tal d'atendre un pacient en cas d'emergència i prepareu una exposició per als vostres companys de classe.

- Consideres que la població hauria d'estar més informada sobre el funcionament dels desfibril·ladors?
- Creus que el coneixement d'aquests aparells contribueix a l'assoliment de l'**ODS Salut i benestar?**
- Ampliem els coneixements sobre electromagnetisme?

1. Flux magnètic

Hem vist en la unitat anterior que els corrents elèctrics creen camps magnètics. Ara volem estudiar si el cas contrari també és cert, és a dir, si un camp magnètic pot crear un corrent elèctric, i en quines condicions ho fa. Veurem que aquesta qüestió es respon afirmativament, i per això ens cal definir una magnitud física molt important, el **flux magnètic,** que ens permetrà trobar aquesta nova relació entre el camp magnètic i el corrent elèctric.

Definim el **flux d'un camp magnètic** $\vec{B}$ uniforme a través d'un circuit de superfície $\vec{S}$, i el representem per Φ, com el producte escalar del camp magnètic per la superfície:

$$\Phi = \vec{B} \bullet \vec{S}$$

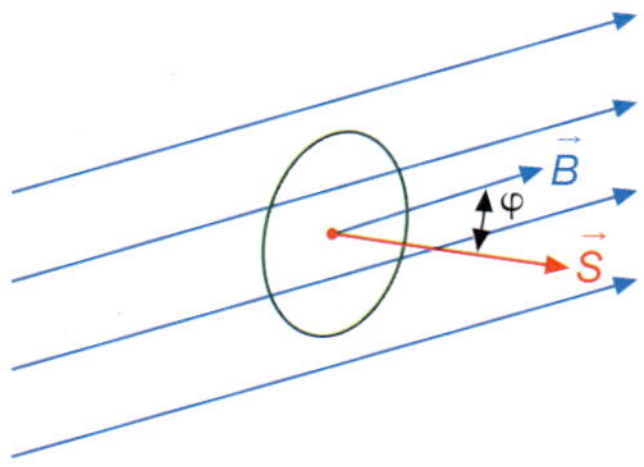

Fig. 4.1. Les línies de camp magnètic que travessen una superfície $\vec{S}$ definida per un circuit tancat formen un angle φ amb el vector superfície que, recordem, és un vector perpendicular al pla que la defineix.

La unitat del flux magnètic en el SI és el **weber** (Wb) i, per tant, de l'expressió anterior podem dir que:

$$1 \text{ Wb} = 1 \text{ T} \cdot 1 \text{ m}^2$$

Si anomenem φ l'angle que formen els vectors $\vec{B}$ i $\vec{S}$ (fig. 4.1), i tenint en compte la definició de producte escalar, podem escriure l'expressió anterior per al flux d'una altra manera:

$$\Phi = BS \cos \varphi$$

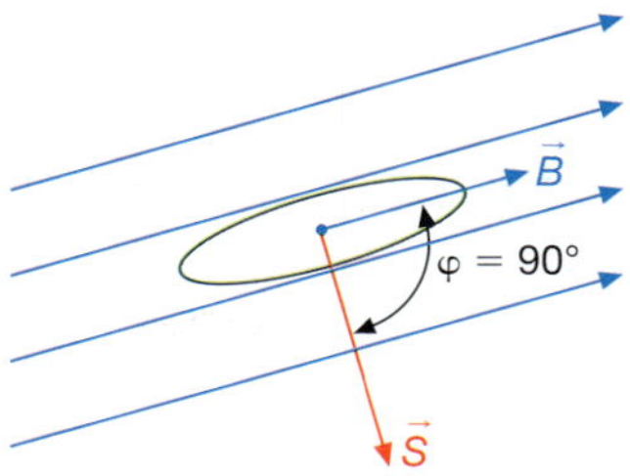

Fig. 4.2. El flux magnètic en aquest cas és nul.

Com ja vàrem comentar en la unitat 2, el flux serà positiu quan $0° < \varphi < 90°$ i negatiu quan $90° < \varphi < 180°$, però quan $\varphi = 90°$ el flux és nul (fig. 4.2) i quan $\varphi = 0°$ i $\varphi = 180°$ el flux és màxim i mínim, respectivament (fig. 4.3).

$$\Phi_{\text{màx}} = BS \cos 0° = BS \text{ i } \Phi_{\text{mín}} = BS \cos 180° = -BS$$

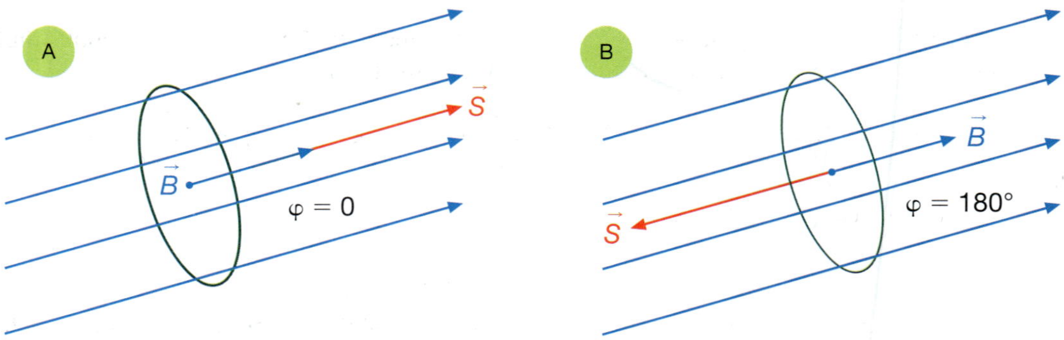

Fig. 4.3. *a)* El flux magnètic és màxim quan l'angle $\varphi = 0°$; *b)* El flux magnètic és mínim quan l'angle $\varphi = 180°$.

El flux és negatiu quan $\varphi > 90°$. Per exemple, si $\varphi = 180°$ (fig. 4.3 *b*), el flux té un valor de:

$$\Phi = BS \cos \varphi = BS \cos 180° = -BS = -\Phi_{\text{màx}}$$

Veiem que el flux ens informa de la quantitat de línies de camp que travessen una superfície determinada, i el seu valor absolut pot variar des de $\Phi = 0$, quan $\varphi = 90°$, fins a un valor màxim $\Phi_{\text{màx}}$, quan $\varphi = 0°$ o $\varphi = 180°$.

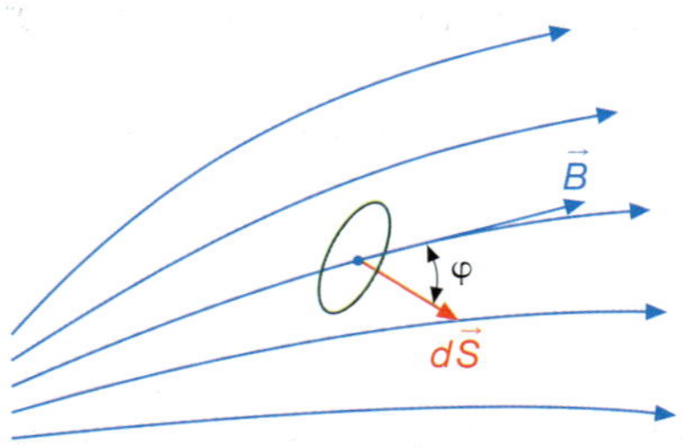

Fig. 4.4. Representació del flux magnètic d'un element diferencial de superfície en el si d'un camp magnètic no uniforme.

Fins ara hem considerat que el camp magnètic és uniforme, ja que d'aquesta manera podem fer una interpretació més senzilla del concepte de flux. Però, quan el camp magnètic no és constant, cal utilitzar el càlcul integral per determinar el flux (fig. 4.4):

$$\Phi = \int \vec{B} \bullet d\vec{S} = \int B \, dS \cos \varphi$$

Exemple 1. **Un camp magnètic uniforme de 0,6 T actua en la direcció del semieix positiu X. Considerem un rectangle de 2 m de llargada per 1 m d'amplada, el qual defineix un pla que forma un angle α amb l'eix X (fig. 4.5).**

a) Calculeu el flux que travessa la superfície del rectangle quan α val 60°.

b) Per a quin angle α el flux és màxim?

c) Per a quin angle α el flux és nul?

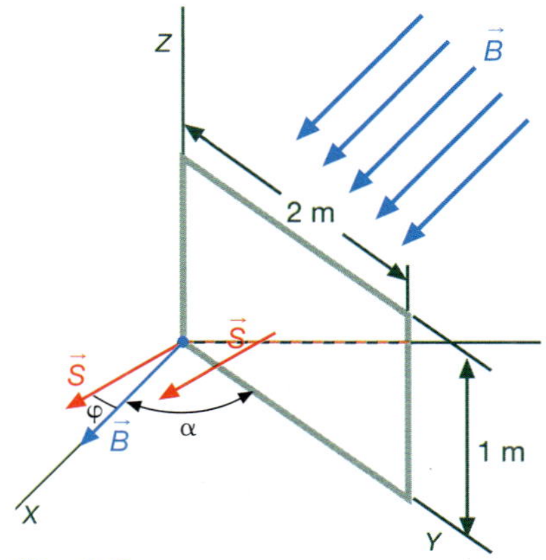

Fig. 4.5.

Resolució

a) En la figura 4.5, veiem que els angles α i φ formen 90°; com que l'angle α val 60°, es dedueix l'angle φ que formen els vectors $\vec{B}$ i $\vec{S}$ és de 30° i, per tant, el flux que travessa la superfície és:

$$\Phi = BS \cos \varphi = 0{,}6 \cdot 2 \cdot \cos 30° = 1{,}04 \text{ Wb}$$

b) El flux és màxim quan $\varphi = 0°$, és a dir, quan $\alpha = 90°$. En aquest cas, el flux màxim que travessa la superfície és:

$$\Phi_{\text{màx}} = BS \cos 0° = 0{,}6 \cdot 2 = 1{,}2 \text{ Wb}$$

c) El flux és zero quan $\varphi = 90°$, i, per tant, $\alpha = 0°$, situació en què no hi ha cap línia de camp que travessi la superfície:

$$\Phi = 0$$

Exemple 2. **Una espira de 20 cm de radi gira entorn de l'eix Z diametralment amb una velocitat angular de 1000 rpm.**

Si hi actua un camp magnètic uniforme de 0,3 T, calculeu la variació de flux que rep l'espira en una mil·lèsima de segon, suposant que inicialment la posició de l'espira és la de flux màxim (fig. 4.6).

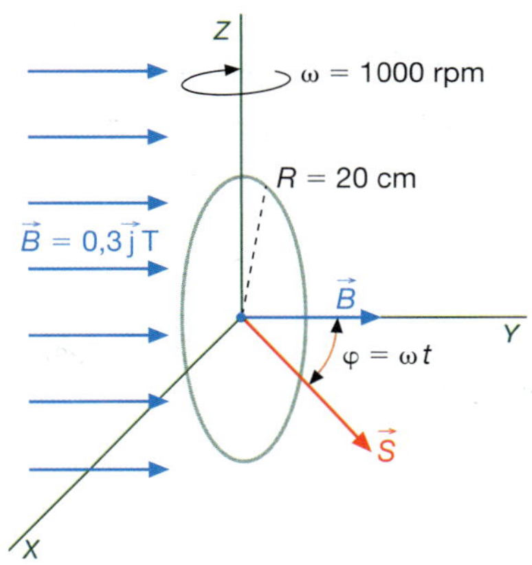

Fig. 4.6.

Resolució

Amb l'expressió de la velocitat angular del moviment circular uniforme calculem l'angle girat per l'espira en un temps 0,001 s, que, expressat en graus, és:

$$\varphi = \omega\,\Delta t = \frac{1000 \text{ voltes}}{1 \text{ min}} \cdot \frac{2\pi \text{ rad}}{1 \text{ volta}} \cdot \frac{1 \text{ min}}{60 \text{ s}} \cdot 0{,}001 \text{ s} = 0{,}1047 \text{ rad} \cdot \frac{180°}{\pi \text{ rad}} = 6°$$

La variació de flux que rep l'espira és:

$$\Delta\Phi = \Phi_{\text{final}} - \Phi_{\text{inicial}}$$

El flux inicial correspon al flux màxim, en què l'angle φ val 0°; per tant:

$$\Phi_{\text{inicial}} = BS = 0{,}3 \cdot \pi \cdot 0{,}2^2 = 0{,}0377 \text{ Wb}$$

El flux final és:

$$\Phi_{\text{final}} = BS \cos \varphi = 0{,}3 \cdot \pi \cdot 0{,}2^2 \cdot \cos 6° = 0{,}0375 \text{ Wb}$$

Per tant, la variació de flux que rep l'espira ha estat:

$$\Delta\Phi = \Phi_{\text{final}} - \Phi_{\text{inicial}} = 0{,}0375 - 0{,}0377 = -2 \cdot 10^{-4} \text{ Wb}$$

Observem que, a causa de la rotació, l'espira rep una disminució del flux magnètic, tal com indica el signe negatiu del resultat anterior.

ACTIVITATS

1. Una espira rectangular de 4 cm de llargada i 2 cm d'amplada es troba en el si d'un camp magnètic uniforme de 0,7 T. Determineu el flux màxim que pot travessar l'espira.

R: $5{,}6 \cdot 10^{-4}$ Wb

2. Un camp magnètic uniforme de mòdul 5000 G forma un angle de 60° amb l'eix d'una bobina de 1000 espires i 5 cm de radi. Trobeu el flux magnètic a través de la bobina.

R: 1,96 Wb

2. Força electromotriu induïda: llei de Faraday

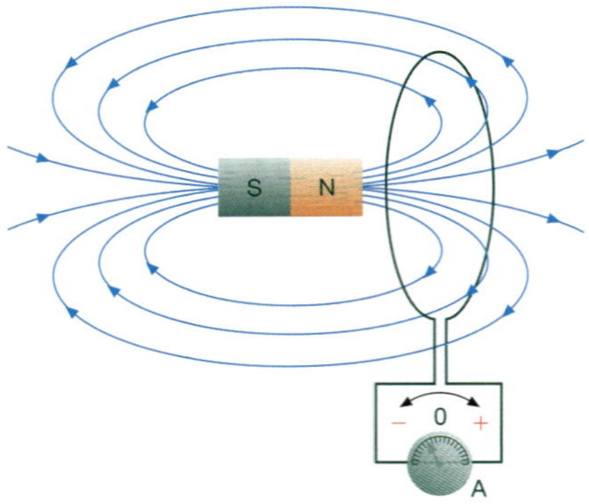

Fig. 4.7. Representació de l'experiment de Faraday.

En la unitat anterior hem vist que els corrents elèctrics creen camps magnètics que poden exercir forces sobre altres corrents elèctrics. A continuació estudiarem la situació contrària, és a dir, el cas en què els camps magnètics generen un corrent elèctric, com ja hem comentat al principi.

Considerem un imant i un circuit tancat constituït per una espira connectada a un amperímetre (fig. 4.7). Experimentalment, es pot demostrar que el moviment relatiu entre l'imant i el circuit genera un corrent elèctric en el circuit, corrent que es deu a la variació de flux magnètic que travessa la superfície definida per l'espira del circuit.

És a dir, si movem l'imant davant del circuit, observem que l'amperímetre indica el pas d'un corrent elèctric, que dura mentre hi ha moviment. Diem que s'ha generat una **força electromotriu (FEM) induïda** que produeix, al seu torn, **un corrent elèctric induït,** que és l'indicat per l'amperímetre.

Podem observar que un augment de la velocitat de l'imant implica també un augment del corrent induït i, en canvi, quan l'imant està en repòs respecte del circuit, el corrent induït és nul. El mateix observem si en lloc de moure l'imant movem el circuit.

Aquest fenomen es denomina **inducció electromagnètica.** Fou estudiat per primera vegada pel físic anglès Michael Faraday, que va establir una relació matemàtica entre el flux magnètic i la FEM induïda en el circuit, coneguda amb el nom de *llei de Faraday*.

Sabies que...?

El físic nord-americà Joseph Henry també va descobrir la llei d'inducció electromagnètica en les mateixes dates que Faraday; per aquest motiu, aquesta llei també s'anomena *llei de Faraday-Henry*.

Llei de Faraday: la FEM induïda $\mathscr{E}$ en un circuit tancat és directament proporcional a la variació del flux magnètic Φ que travessa la superfície definida pel circuit respecte del temps.

El valor mitjà de la força electromotriu induïda en una espira es calcula amb l'expressió:

$$\mathscr{E} = \frac{\Delta\Phi}{\Delta t}$$

Si en lloc del valor mitjà determinem la força electromotriu en un instant determinat, parlarem de **força electromotriu instantània** $\mathscr{E}$, i escrivim:

$$\mathscr{E} = \frac{d\Phi}{dt}$$

Més endavant veurem que en realitat cal donar aquesta expressió amb un signe negatiu. Faraday va observar que, si s'incrementa el nombre d'espires en el circuit, la FEM induïda augmenta. D'aquesta manera, el valor mitjà i el valor instantani de la força electromotriu induïda són, respectivament:

$$\mathscr{E} = N\frac{\Delta\Phi}{\Delta t}$$

$$\mathscr{E} = N\frac{d\Phi}{dt}$$

Si seguim amb l'experimentació de Faraday sobre el corrent induït, podem observar que, si acostem el pol N de l'imant a l'espira, per l'amperímetre passa un corrent en un sentit determinat, que perdura mentre l'imant s'apropa a l'espira. Si l'imant no es mou, no hi ha corrent induït, és a dir, aquest és nul, ja que $\Delta\Phi = 0$. Si l'imant s'allunya de l'espira apareix de nou un corrent induït, però ara en sentit contrari. Podem aconseguir els mateixos resultats si en lloc de moure l'imant movem l'espira o ambdós a la vegada.

Si ara acostem i allunyem el pol S de l'imant cap a l'espira, observem el mateix que abans, però els sentits dels corrents induïts s'han invertit (fig. 4.8).

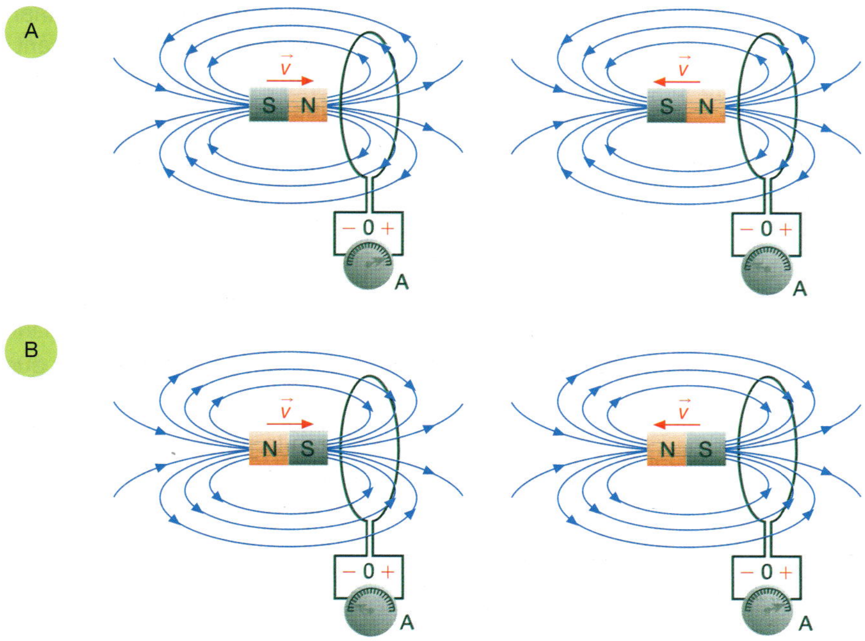

Fig. 4.8. *a)* Quan s'acosta el pol N de l'imant a l'espira, l'amperímetre indica un valor positiu del corrent elèctric i, quan s'allunya, un valor negatiu. *b)* Quan s'acosta o s'allunya el pol S de l'imant a l'espira, l'amperímetre indica signes del corrent elèctric contraris als anteriors: negatiu, quan s'apropa, i positiu, quan s'allunya.

Hi ha altres maneres de generar corrents induïts. Considerem, per exemple, un solenoide connectat a un generador de CC mitjançant una resistència variable i un interruptor, i en les proximitats de l'extrem del solenoide connectem una espira a un amperímetre (fig. 4.9). En tancar l'interruptor, el corrent passa de ser zero a tenir un valor determinat en un interval de temps petit, i durant aquest interval de temps el camp magnètic generat per la bobina augmenta perquè augmenta la intensitat I i, per tant, també augmenta el flux magnètic i es genera un corrent induït en l'espira de la dreta. El mateix passa quan s'obre el circuit: el corrent passa d'un valor determinat a zero, i en l'interval de temps en què passa això el camp magnètic disminueix, i també ho fa el flux, i es genera un corrent induït en l'espira de la dreta, ara en sentit contrari al del cas en què s'obre l'interruptor.

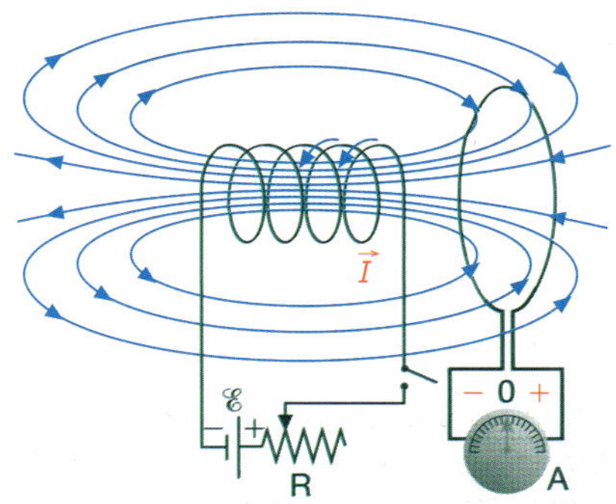

Fig. 4.9. Cada vegada que tanquem i obrim el circuit, observem que sorgeixen corrents induïts en l'espira, ja que aquesta rep variacions de flux magnètic en un interval de temps molt petit i, per tant, cal suposar que la fem induïda pot tenir un valor considerable, encara que s'anul·la ràpidament, quan el corrent I s'estabilitza. El corrent induït pren sentits contraris en obrir i tancar el circuit.

D'altra banda, si anem variant el valor de la resistència, per exemple augmentant-la, disminuïm la intensitat de corrent que circula pel circuit, disminueix el flux, i aleshores observem que l'amperímetre indica el pas d'un corrent elèctric. Si ara disminuïm el valor de la resistència, també apareix un corrent induït que ara pren el sentit contrari.

El físic estonià H. F. E. Lenz va donar una interpretació del sentit del corrent induït amb la llei que també duu el seu nom, i que complementa la llei de Faraday.

Llei de Faraday-Lenz: la FEM induïda $\mathscr{E}$ en un circuit tancat és directament proporcional a la variació respecte del temps del flux magnètic Φ que travessa la superfície definida pel circuit, de manera que el sentit del corrent induït és el que dona un efecte que s'oposa a la causa que el produeix, fet que es coneix per **llei de Lenz.**

Podem sintetitzar la llei de Faraday-Lenz amb l'expressió següent: $\mathscr{E} = -\frac{d\Phi}{dt}$

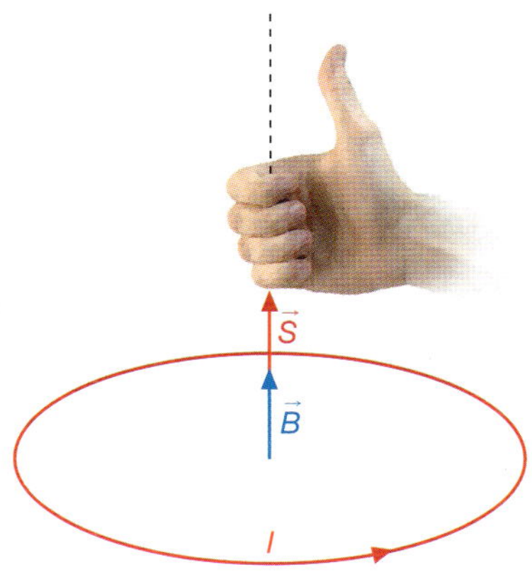

Fig. 4.10. Regla de la mà dreta; els dits indiquen el sentit del corrent elèctric en l'espira, i el polze, el sentit del camp magnètic que crea.

Recordeu que, amb la regla de la mà dreta (fig. 4.10), hem determinat la direcció i el sentit del camp magnètic que genera un corrent elèctric d'aquesta manera: els dits indiquen el sentit del corrent elèctric en l'espira, i el polze, el sentit del camp magnètic que crea. Aquesta regla ens anirà bé per poder interpretar la llei de Faraday-Lenz, és a dir, per esbrinar el sentit del corrent induït, tal com expliquem amb els exemples següents.

Exemple 5. **Un conductor lineal de 20 cm es mou perpendicularment en el si d'un camp magnètic uniforme de 0,6 T amb una velocitat de 40 m/s.**

a) Calculeu la ddp que es crea entre els seus extrems i el camp elèctric que s'origina a l'interior del conductor a causa del desplaçament de les càrregues elèctriques.

b) Si tanquem el circuit mitjançant un conductor en forma de U de resistència negligible, de manera que la resistència total del circuit continua sent de 20 Ω, quina és la intensitat que circula pel circuit?

c) Calculeu el treball efectuat sobre el conductor en recórrer una distància de 5 m i compareu-lo amb l'energia perduda per l'efecte Joule.

Resolució

a) La ddp entre els extrems del conductor és directament proporcional a la longitud del conductor, a la velocitat i al camp magnètic, segons l'expressió: $\Delta V = vBl$.

Substituint-hi valors, la ddp entre els extrems del conductor és:

$$\Delta V = 40 \cdot 0{,}6 \cdot 0{,}2 = 4{,}8 \text{ V}$$

El camp elèctric a l'interior del conductor, suposant que és constant, es calcula substituint valors a l'expressió corresponent:

$$E = \frac{\Delta V}{l} = \frac{4{,}8}{0{,}2} = 24 \text{ V/m}$$

b) Amb la llei d'Ohm, i substituint valors, calculem la intensitat que hi circula:

$$I = \frac{\Delta V}{R} \rightarrow I = \frac{4{,}8}{20} = 0{,}24 \text{ A}$$

Fixem-nos que aquesta intensitat té sentit contrari a les busques del rellotge.

c) El moviment del conductor lineal amb una velocitat $\vec{v}$ sobre el conductor en U i en presència d'un camp magnètic extern $\vec{B}$ indueix un corrent elèctric en el circuit tancat. Quan aquest corrent passa pel conductor lineal, sorgeix una força magnètica que en mòdul és $F_m = IlB$, segons vam veure en la unitat anterior:

$$F_m = IlB = 0{,}24 \cdot 0{,}2 \cdot 0{,}6 = 0{,}0288 \text{ N}$$

La direcció i el sentit d'aquesta força $\vec{F}_m$ venen donats per la regla de la mà dreta (fig. 4.16).

Així doncs, per poder moure el conductor lineal amb velocitat constant $\vec{v}$ hem de fer una força externa $\vec{F}$ amb el mateix mòdul i la mateixa direcció que l'anterior, però en sentit contrari (fig. 4.16); és a dir, hem de proporcionar una energia externa i, si apliquem la 2a llei de Newton:

$$\sum \vec{F} = m\vec{a} \rightarrow F - F_m = m \cdot 0 = 0 \rightarrow F = F_m$$

Per tant, el treball extern dut a terme per moure el conductor una longitud de 5 m, negligint el fregament, és, substituint valors:

$$W = F\,\Delta r = 0{,}0288 \cdot 5 = 0{,}144 \text{ J}$$

Calculem ara l'energia perduda per l'efecte Joule. Recordeu que el treball perdut per l'efecte Joule és: $W = R\,I^2\,\Delta t$.

El temps invertit per recórrer una distància de 5 m és:

$$\Delta t = \frac{\Delta r}{v} = \frac{5}{40} = 0{,}125 \text{ s}$$

Si substituïm valors en l'expressió anterior, obtenim finalment:

$$W = R\,I^2\,\Delta t = 20 \cdot 0{,}24^2 \cdot 0{,}125 = 0{,}144 \text{ J}$$

Observem que hem arribat al mateix resultat, és a dir, tot el treball degut al moviment es transforma en calor i s'elimina per la resistència òhmica del circuit.

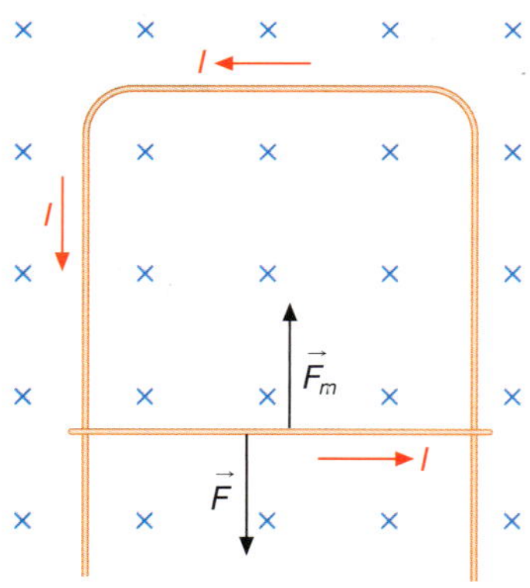

Fig. 4.16. Per poder moure el conductor lineal, hem de fer una força externa $\vec{F}$ que compensi la força magnètica que apareix.

2.2. Corrents de Foucault

Fins ara hem estudiat els corrents induïts per fluxos magnètics variables en circuits tancats. Sovint, però, aquests corrents es produeixen en zones metàl·liques que no formen part del circuit elèctric, com ara el nucli d'un transformador, l'estator i el rotor d'un motor, etc., i llavors els anomenem **corrents de Foucault.**

Els corrents de Foucault, també anomenats de remolí, apareixen quan un conductor és sotmès a un camp magnètic variable, i això causa un flux d'electrons o corrents circulars dins del material. Aquests corrents circulars creen camps magnètics que s'oposen al camp original i poden generar, al seu torn, forces repulsives entre el conductor i el camp originari; aquestes forces es poden emprar per crear levitació, moviment o un fort efecte de frenada.

Els corrents de Foucault poden generar moltes pèrdues d'energia en forma de calor per l'efecte Joule, fet que ocasiona una pèrdua important de potència dels aparells elèctrics.

Per entendre millor el seu funcionament, considerem una placa rectangular conductora, per exemple de ferro, situada entre el pol Nord i el pol Sud, de sengles imants (fig. 4.17); quan movem la placa dins del camp magnètic creat pels imants, apareixen fluxos magnètics variables sobre els molts possibles circuits tancats que es poden formar en la mateixa placa, de manera que, d'acord amb la llei de Faraday-Lenz, es generen molts corrents induïts, que són els corrents de Foucault. Aquests corrents induïts generen, al seu torn, camps magnètics secundaris que, d'acord amb la llei de Lenz, s'oposen a la causa que els ha generat i que fan aparèixer, en conseqüència, forces magnètiques que s'oposen al moviment de la placa. El mateix passa quan la placa és travessada per un flux magnètic variable, i en totes aquestes situacions s'indueixen corrents de Foucault que, com hem dit, es transformen en calor per l'efecte Joule.

Els corrents de Foucault que es generen sobre els materials conductors que no formen part del circuit elèctric es poden reduir augmentant la resistència d'aquests materials. Per això aquests materials es laminen i s'enganxen entre ells amb adhesiu aïllant, de manera que els corrents de Foucault queden «retallats» i limitats a regions molt petites, disminueixen dràsticament, i es redueix així considerablement la pèrdua d'energia per l'efecte Joule.

Els corrents de Foucault no sempre són indesitjables. S'utilitzen per esmorteir les oscil·lacions de les balances mecàniques, als sistemes de frens magnètics dels trens d'alta velocitat i a les cuines d'inducció, entre altres aplicacions tècniques (fig. 4.18).

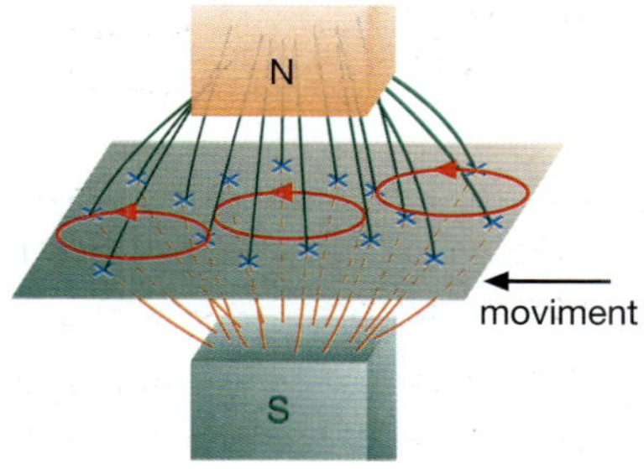

Fig. 4.17. Quan la placa rep una variació de flux magnètic, s'indueix una FEM en qualsevol camí tancat. En aquesta figura s'han representat només tres possibles camins tancats amb els seus corresponents corrents induïts.

Fig. 4.18. Tren d'alta velocitat (TAV).

ACTIVITATS

3. Indiqueu el sentit del corrent induït quan l'imant s'acosta al circuit de la figura 4.19.

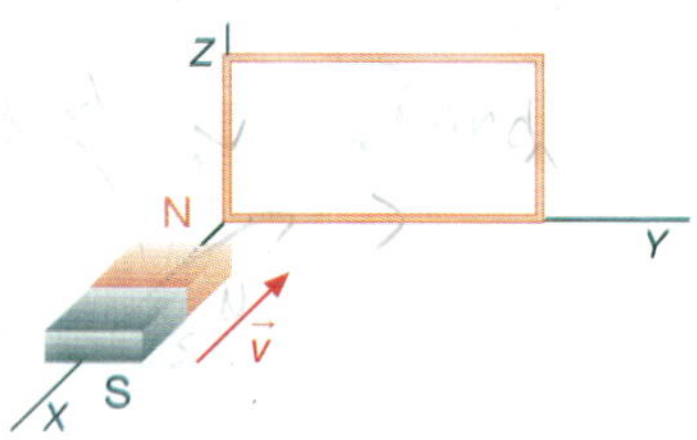

Fig. 4.19.

4. Es pot induir un corrent elèctric en un circuit tancat sense la presència d'un imant natural?

5. Una vareta metàl·lica es desplaça a una velocitat constant $v = 6$ m/s sobre una forca conductora dins un camp magnètic uniforme, $B = 0{,}25$ T, perpendicular al pla i en sentit sortint (fig. 4.20).

Si suposem que la resistència de la vareta és de 30 Ω i que la resistència de la forca en forma en U és negligible, calculeu:

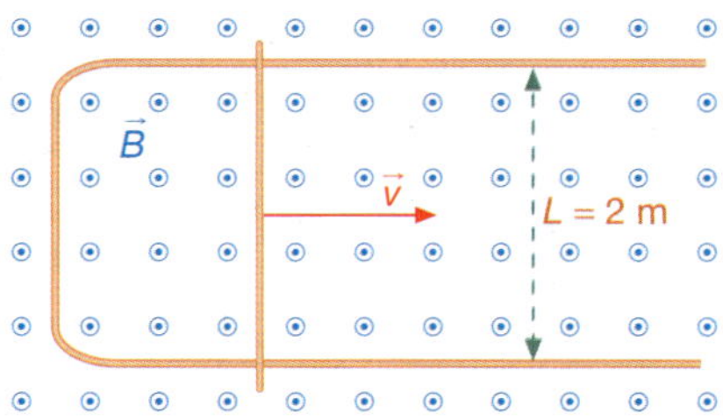

Fig. 4.20.

a) La força electromotriu del corrent induït en el circuit. Expliqueu raonadament el sentit de la circulació del corrent.

b) La intensitat del corrent que circula pel circuit i la força que cal fer sobre la vareta, en mòdul, direcció i sentit, per mantenir la velocitat constant sobre la forca.

R: *a)* 3 V; *b)* 0,1 A, 0,05 N

6. Busqueu en grups i feu un treball sobre aplicacions desitjables i no desitjables dels corrents de Foucault.

3. Generadors de corrent elèctric

Hem vist en la unitat anterior que un motor funciona transformant l'energia elèctrica en energia mecànica. Ara veurem que la situació contrària és el fonament amb què funcionen alguns tipus de generadors de corrent elèctric.

Alguns aparells que segueixen un procés invers al motor, és a dir, que transformen l'energia mecànica en energia elèctrica, són els **generadors** de corrent elèctric que basen el seu principi de funcionament en la llei de Faraday. Aquests generadors són l'**alternador** i la **dinamo.**

3.1. Alternador

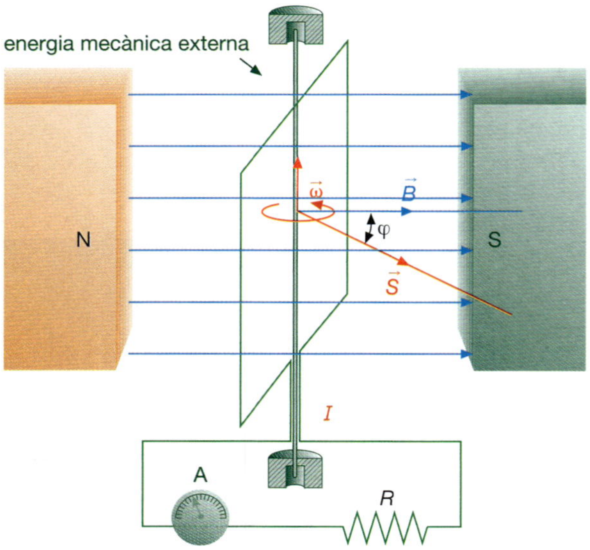

Fig. 4.21. Esquema simplificat d'un alternador amb una resistència externa i un amperímetre.

En primer lloc, estudiem l'alternador, que proporciona un corrent que anomenem corrent altern (CA).

En un alternador també hi ha un *estator,* que proporciona un camp magnètic mitjançant dos imants, i un *rotor,* consistent en un conjunt de bobines que giren mitjançant una font d'energia externa, com pot ser l'energia hidràulica, l'energia eòlica, l'energia obtinguda en la combustió de combustibles fòssils o l'energia provinent de la fissió nuclear d'elements radioactius com l'urani i el plutoni.

Per entendre el principi de funcionament d'aquest aparell, considerem un alternador simple format per una espira situada entre els pols N i S de dos imants enfrontats que pot girar lliurement al voltant d'un eix que passa pel seu centre i que està contingut en el seu pla (fig. 4.21). Diem que l'espira forma el rotor de l'alternador, mentre que els imants formen l'estator.

Mentre el rotor de l'alternador fa voltes, és travessat per un flux magnètic que varia contínuament i, per tant, es genera una FEM induïda en l'espira d'acord amb la llei de Faraday.

Tenint en compte la definició de flux, i considerant que els vectors $\vec{B}$ i $\vec{S}$ formen un angle φ, podem escriure:

$$\Phi = \vec{B} \bullet \vec{S} \rightarrow \Phi = BS \cos \varphi$$

Observem que els mòduls de $\vec{B}$ i $\vec{S}$ són magnituds constants i només l'angle φ és una variable que depèn del temps.

Si suposem que el moviment de rotació del rotor és constant i que té lloc a una velocitat angular ω, podem substituir l'angle per ωt i formular l'expressió anterior d'aquesta manera:

$$\Phi = BS \cos \omega t$$

Tingues en compte

Per simplificar, s'utilitzen les inicials CA per especificar el corrent altern.

Per tant, obtenim una expressió que demostra que el flux magnètic que travessa l'espira depèn només del temps.

Si derivem l'expressió anterior respecte de t obtenim que: $\dfrac{d\Phi}{dt} = -BS\,\omega \sin \omega t$

Segons la llei de Faraday, podem reescriure:

$$\mathscr{E}(t) = -\frac{d\Phi}{dt}$$

$$\mathscr{E}(t) = BS\omega \sin \omega t$$

que és la força **electromotriu instantània induïda** en l'alternador simple.

Fins ara hem considerat un rotor amb una espira, però si en conté N podem augmentar la FEM N vegades. Per tant, quan el rotor té N espires, tenim que la FEM instantània de l'alternador és:

$$\mathcal{E}(t) = NBS\omega \sin \omega t$$

Si representem aquesta expressió en un diagrama $\mathcal{E}$-t (fig. 4.22), observem que $\mathcal{E}$ és una funció del temps de tipus sinusoidal, és a dir, que va canviant de signe periòdicament. Per això, aquest corrent elèctric s'anomena **corrent altern** (CA), i la FEM induïda rep el nom de **FEM alterna.**

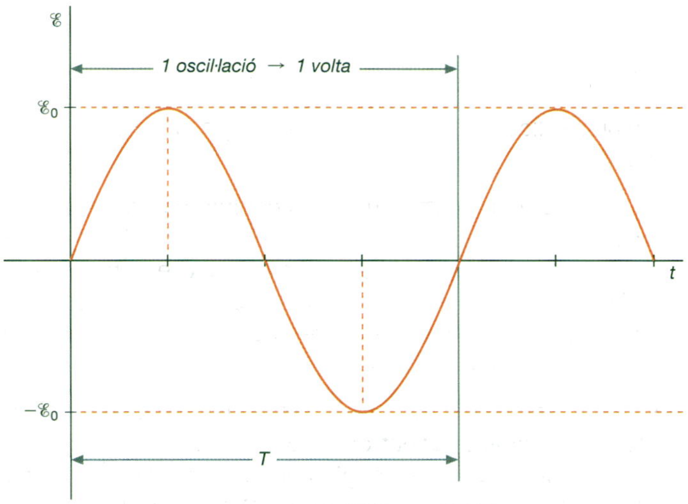

Fig. 4.22. El valor de la FEM pren valors màxims i mínims tot canviant de signe periòdicament.

Definim les magnituds fonamentals d'aquest tipus de corrent:

- La **força electromotriu instantània,** $\mathcal{E}$, és la força electromotriu que proporciona l'alternador en un instant determinat.
- La **FEM màxima** o **amplitud** és el valor màxim que pren la FEM, i es representa per $\mathcal{E}_0$. D'acord amb l'expressió anterior, la FEM màxima correspon al valor $\mathcal{E}_0 = NBS\omega$, que és un valor que depèn de les característiques de l'alternador, i també de la velocitat angular del rotor generada per la font d'energia externa.
- La **freqüència angular** o **pulsació,** ω, és la velocitat angular de l'espira que gira.
- La **freqüència,** ***f***, és el nombre de voltes que fa l'espira per segon i, per tant, és el nombre de vegades que es repeteix la FEM màxima per segon.
- El **període,** ***T***, és el temps que tarda l'espira a fer una volta completa i, per tant, és el temps que tarda a repetir-se la FEM màxima.
- La **fase inicial,** δ, és la posició inicial de l'espira del rotor respecte de la direcció del camp magnètic. En la pràctica, aquesta fase no es té en compte, ja que, pel fet de no tenir efectes transcendents en la FEM induïda, es considera nul·la.

Ara podem escriure la força electromotriu instantània proporcionada per un alternador de la manera següent:

$$\mathcal{E}(t) = \mathcal{E}_0 \sin (\omega t + \delta)$$

$$\mathcal{E}(t) = \mathcal{E}_0 \sin \omega t$$

L'alternador es representa amb el símbol dibuixat en la figura 4.23.

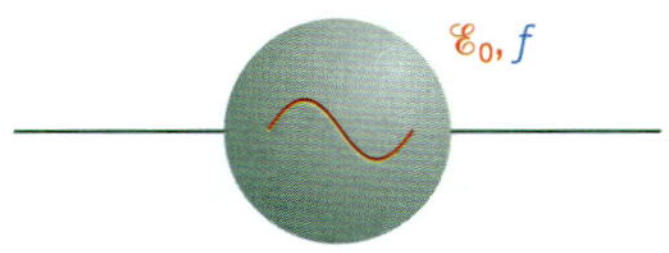

Fig. 4.23. Símbol que representa un alternador en un circuit.

Exemple 6. ➡ **El rotor d'un alternador està format per 250 espires quadrades de 5 cm de costat i es troba en el si d'un camp magnètic de 0,3 T.**

Si el rotor gira amb una freqüència de 50 Hz, calculeu:

a) La FEM màxima.

b) L'expressió de la FEM instantània.

Resolució

a) Substituïm valors en l'expressió de la FEM màxima, i observem que:

$$\mathscr{E}_0 = NBS\omega \rightarrow \mathscr{E}_0 = 250 \cdot 0,3 \cdot 0,05^2 \cdot (2 \cdot \pi \cdot 50) = 58,9 \text{ V}$$

b) Substituïm valors en l'expressió de la FEM instantània, i trobem que:

$$\mathscr{E} = \mathscr{E}_0 \sin \omega t \rightarrow \mathscr{E}(t) = \mathscr{E}_0 \sin (2\pi f t) = 58,9 \sin 2\pi\, 50 t$$

$$\mathscr{E} = 58,9 \sin 100 \pi t$$

Fig. 4.24. Una dinamo en primer pla, impulsada per un motor dièsel al fons.

3.2. Dinamo

La **dinamo** va ser el primer generador elèctric capaç de produir energia elèctrica per a la indústria, i és encara el generador més important pel que fa al seu ús durant el segle XXI. Com l'alternador, la dinamo es basa en els principis de l'electromagnetisme per convertir la rotació mecànica en electricitat, en aquest cas, en forma de corrent continu (fig. 4.24).

El seu funcionament és molt semblant al de l'alternador, ja que es basa també en el fenomen de la inducció electromagnètica formulat per la llei de Faraday-Lenz. Està constituït per un estator, que proporciona un camp magnètic, i un rotor o conjunt de bobines que giren mitjançant una font d'energia externa.

El corrent induït en aquestes bobines giratòries és del mateix tipus que el corrent altern de l'alternador. Ara bé, hi ha un sistema amb un col·lector i dues escombretes, similar al del motor elèctric, que assegura que el corrent sigui sempre positiu. Recordem que el col·lector està format per dues semianelles, anomenades *delgues,* que estan soldades a cadascun dels extrems de les espires; sobre el col·lector hi ha les escombretes, peces fixes en l'espai i que freguen amb el col·lector.

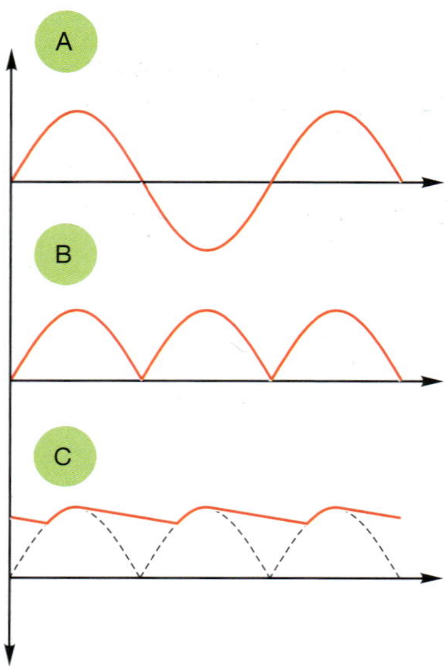

Fig. 4.25. *a)* Corrent altern d'un alternador; *b)* corrent polsant d'una dinamo; *c)* corrent filtrat que tendeix a un corrent continu (CC).

És a dir, quan la polaritat del corrent elèctric induït en les bobines canvia de signe, es produeix simultàniament un canvi de polaritat en el sistema col·lector-escombretes, de manera que el voltatge de sortida és sempre positiu, com indica la figura 4.25 *b*.

Aquest tipus de corrents s'anomenen *corrents polsants,* i mitjançant rectificadors adequats es poden transformar en corrent continu, és a dir, corrent constant (fig. 4.25 *c*.)

ACTIVITATS

7. En una zona de l'espai hi ha un camp magnètic uniforme de 0,40 T. En aquesta regió hi ha una espira circular de 200 cm² d'àrea que gira a 191 rpm, tal com indica la figura.

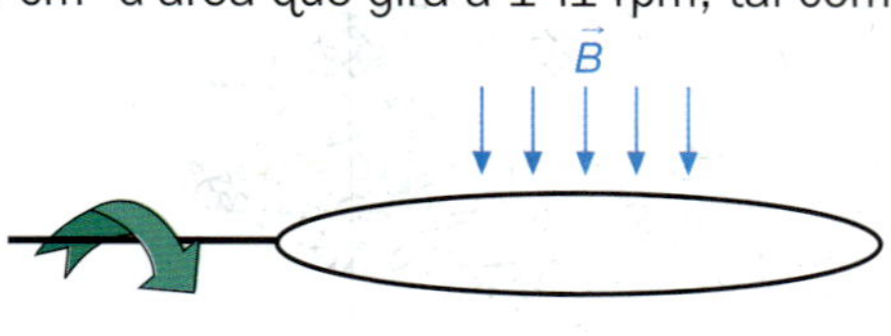

Fig. 4.26.

a) Si en l'instant inicial el camp magnètic és perpendicular al pla de l'espira, expresseu l'equació del flux magnètic que travessa l'espira en funció del temps.

b) Quina és la força electromotriu màxima generada per l'espira?

R: *a)* $\Phi(t) = 8 \cdot 10^{-3} \cos 20t$ Wb; *b)* 0,16 V

8. Una bobina de 500 voltes i una àrea de 5 cm² gira al voltant del seu eix en presència d'un camp magnètic de 0,4 T. Quina ha de ser la freqüència de gir per tal de generar una FEM màxima de 14 V?

R: 22,3 Hz

4. Circuit de corrent altern amb una resistència

Considerem un circuit format per un alternador i una resistència (fig. 4.27). Si apliquem la llei d'Ohm a aquest circuit, $\varepsilon = R\,I$, i tenim en compte que la FEM és $\varepsilon = \varepsilon_0 \sin \omega t$, podem combinar aquestes dues expressions i determinar la intensitat que passa per la resistència:

$$\mathscr{E}_0 \sin \omega t = R\,I \rightarrow I = \frac{\mathscr{E}}{R} = \frac{\mathscr{E}_0}{R} \sin \omega t$$

D'on deduïm que $\frac{\mathscr{E}_0}{R}$ és la intensitat màxima I_0 i, per tant, la intensitat instantània que passa per la resistència també depèn del temps de la mateixa manera que la FEM, és a dir:

$$I_0 = \frac{\mathscr{E}_0}{R} \quad \rightarrow \quad I(t) = I_0 \sin \omega t$$

Podem representar l'expressió anterior en un diagrama *I-t* (fig. 4.28) i fer una interpretació gràfica de la intensitat instantània i el període.

Observem que la intensitat i la FEM estan en **fase,** és a dir, *quan la FEM és màxima, o mínima, la intensitat també és màxima, o mínima, i quan la FEM s'anul·la, la intensitat també s'anul·la* (fig. 4.28).

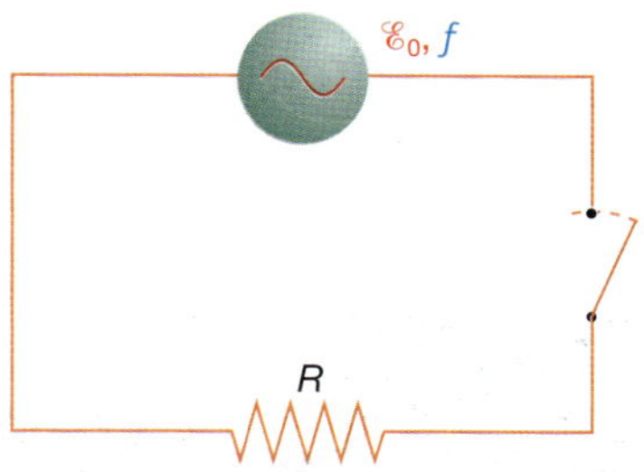

Fig. 4.27. Alternador amb una resistència.

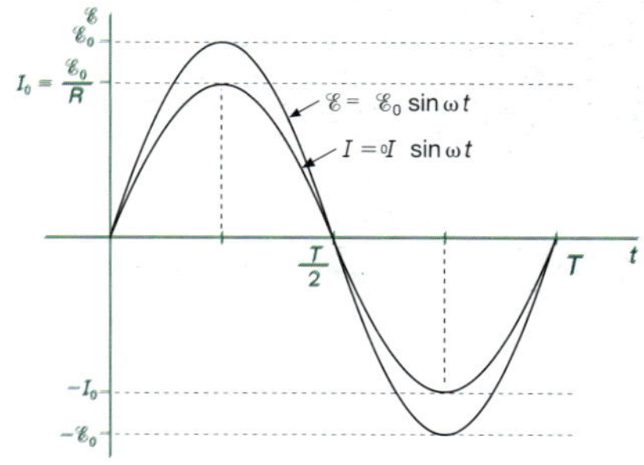

Fig. 4.28. La intensitat instantània també depèn del temps segons una funció sinusoidal.

Exemple 7. **Un alternador proporciona una FEM màxima de 30 V amb una freqüència de 60 Hz, i alimenta una resistència externa de 3 kΩ.**

Calculeu:

a) La intensitat màxima.

b) La intensitat instantània.

c) Representeu gràficament els diagrames $\mathscr{E}$-*t* i *I-t*.

Resolució

a) Apliquem la llei d'Ohm per als valors màxims, segons l'expressió anterior, i substituïm valors:

$$I_0 = \frac{\mathscr{E}_0}{R} \rightarrow I_0 = \frac{30}{3000} = 0{,}01 \text{ A} = 10 \text{ mA}$$

b) Substituïm valors en l'expressió de la intensitat instantània, tot calculant la freqüència angular:

$$\omega = 2\pi\, f = 2\pi\, 60 = 120\pi \text{ rad/s}$$

$$I(t) = I_0 \sin \omega t \rightarrow I(t) = 0{,}01 \sin 120\pi t$$

c) Representem les magnituds que depenen del temps, la FEM i la intensitat instantànies, amb les corresponents taules de valors (taula 4.1). Per representar-les, hem pres un interval de temps d'un període $T = \frac{1}{f} = \frac{1}{60}$ s. Observeu que la intensitat i la FEM estan en fase (fig. 4.29*a*).

t (s)	0	$\frac{1}{240}$	$\frac{1}{120}$	$\frac{1}{80}$	$\frac{1}{60}$
$\mathscr{E}$ (V)	0	30	0	–30	0
***I* (A)**	0	0,01	0	–0,01	0

Taula 4.1.

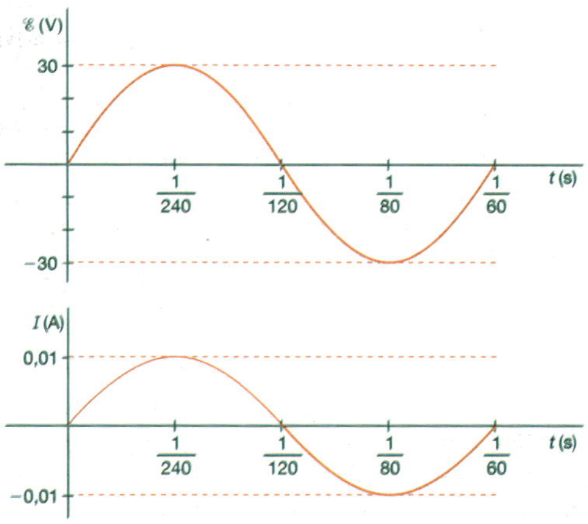

Fig. 4.29. *a)* Per representar una funció periòdica és important buscar els punts adequats, en aquest cas, els múltiples de la quarta part del període.

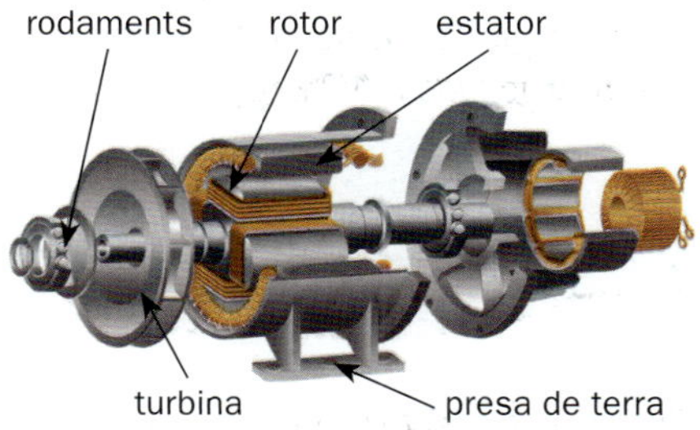

Fig. 4.29. *b)* Alternador genèric amb les seves parts principals.

4.1. Potència dissipada per una resistència

Recordeu que el curs passat vam obtenir una expressió per a la potència elèctrica dissipada per una resistència en el cas dels circuits de corrent continu (CC).

Plantegem-nos ara com determinar aquesta potència en el cas d'un circuit de corrent altern. En principi, ens trobem amb el problema que, si apliquem les expressions de potència de CC, $P = I\,\mathcal{E}$, $P = R\,I^2$ al cas del corrent altern, com que tant la intensitat I, com la FEM $\mathcal{E}$, depenen el temps, també ho fa la potència P.

Ara bé, podem avaluar la potència en CA obtenint la potencia mitjana que consumeix la resistència al llarg d'un interval de temps suficientment llarg, per exemple, en el temps d'un període T. Per tant, si calculem primer el treball elèctric total consumit en aquest interval de temps T i dividim després aquesta energia per T, obtenim la potència mitjana consumida per la resistència en CA.

Així doncs, si substituïm la intensitat en funció del temps en la segona expressió de P, obtenim la potència en funció del temps, o potència instantània:

$$P(t) = R\,I_0^2 \sin^2 \omega t$$

ωt	P
0	0
$\frac{\pi}{4}$	$\frac{1}{2} R I_0^2$
$\frac{\pi}{2}$	$R I_0^2$
$\frac{3\pi}{4}$	$\frac{1}{2} R I_0^2$
π	0
$\frac{3\pi}{2}$	$R I_0^2$
2π	0

Taula 4.2.

Podem representar l'expressió anterior en un diagrama *P-t*, que ens dona una gràfica d'acord amb la taula 4.2. Observem (fig. 4.30) que la potència màxima es dona quan el factor trigonomètric $\sin^2 \omega t$ val 1 i, per tant, pren un valor $P_0 = R\,I_0^2$.

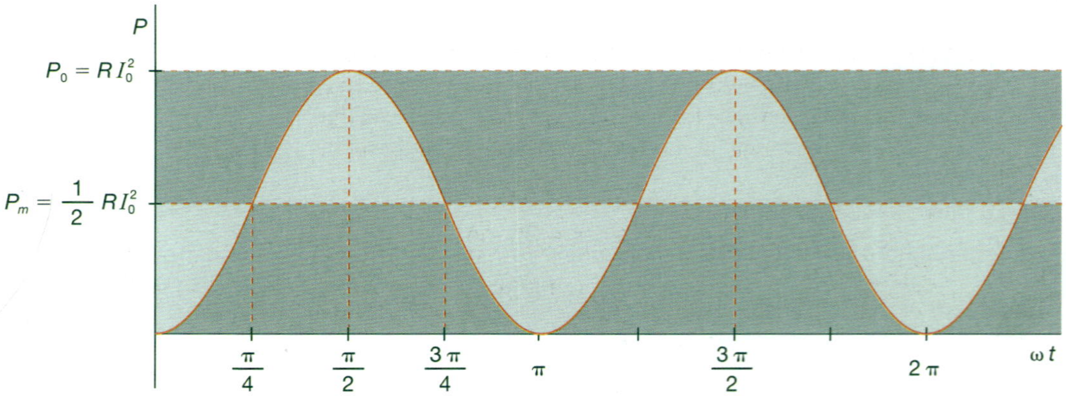

Fig. 4.30. La potència varia entre 0 i un valor màxim $R I_0^2$.

D'acord amb el gràfic anterior (fig. 4.30), i com que la potència varia des de 0 fins a un valor màxim $R\,I_0^2$, es demostra que la potència mitjana dissipada per la resistència és la meitat de la potència màxima, ja que les zones de color fosc i les zones de color clar de la figura es repeteixen alternativament i tenen els mateixos valors:

$$P_m = \frac{1}{2} R\,I_0^2$$

Tanmateix, podem arribar al mateix resultat calculant el treball fet en el temps d'un període, com hem dit, relacionant-lo amb la potència instantània:

$$W = \int_0^T P dt \rightarrow W = \int_0^T R I_0^2 \sin^2 \omega t\, dt$$

Integrem des de 0 fins al temps d'un període T:

$$W = R I^2 \int_0^T \sin^2 \omega t\, dt = \left[R I_0^2 \left(\frac{t}{2} - \frac{1}{4\omega} \sin 2\,\omega t \right) \right]_0^T$$

Tenint en compte que $\omega = \frac{2\pi}{T}$, i aplicant la regla de Barrow, observem que:

$$W = R I_0^2 \left(\frac{T}{2} - \frac{T}{8\pi} \sin 2 \frac{2\pi}{T} T \right) = \frac{1}{2} R I_0^2 T$$

Per tant, la potència mitjana dissipada per una resistència R és:

$$P_m = \frac{W}{T} \rightarrow P_m = \frac{1}{2} R I_0^2$$

Arribem, doncs, al resultat que volíem obtenir, és a dir, a l'expressió de la potència dissipada per una resistència en CA, que correspon a la potència mitjana.

Exemple 8. **Un alternador proporciona una tensió de sortida $\mathscr{E}(t) = 50 \sin 314\, t$ i alimenta una resistència externa de 2 kΩ.**

Determineu:

a) La potència mitjana dissipada per la resistència.

b) L'energia que proporciona durant 20 min de funcionament.

c) La potència màxima dissipada per la resistència.

Resolució

a) Per determinar la potència mitjana dissipada necessitem saber la intensitat màxima. De l'expressió de la tensió instantània $\mathscr{E}(t) = 50 \sin 314\, t$, observem que la tensió màxima és $\mathscr{E}_0 = 50$ V i, per tant, la intensitat màxima és, segons la llei d'Ohm:

$$I_0 = \frac{\mathscr{E}_0}{R} = \frac{50}{2\,000} = 0{,}025 \text{ A} = 25 \text{ mA}$$

Ara, substituïm valors en l'expressió de la potència mitjana:

$$P_m = \frac{1}{2} R I_0^2$$

$$P_m = \frac{1}{2} \cdot 2\,000 \cdot 0{,}025^2 = 0{,}625 \text{ W}$$

b) Per calcular l'energia consumida en 20 min, apliquem l'expressió del treball i hi substituïm valors:

$$W = Pt \rightarrow W = 0{,}625 \cdot 20 \cdot 60 = 750 \text{ J}$$

c) La potència màxima que dissipa la resistència és:

$$P_0 = R I_0^2$$

Substituïm valors en l'expressió anterior i veiem que:

$$P_0 = 2\,000 \cdot 0{,}025^2 = 1{,}25 \text{ W}$$

Com a conclusió, hem de tenir en compte que la potència màxima simplement és un valor en un instant de temps concret, i que la potència realment important és la potència mitjana.

ACTIVITATS

9. Un generador de corrent altern consta d'una bobina de 20 espires de superfície 0,1 m² cada una i una resistència total de 25 Ω. La bobina gira en un camp magnètic de 0,6 T amb una freqüència de 50 Hz. Calculeu:

a) La FEM induïda màxima.

b) La intensitat màxima.

c) La potència mitjana.

R: *a)* 377 V; *b)* 15,08 A; *c)* 2 842 W

10. Un generador de corrent altern de FEM màxima 10 V i una freqüència de 50 Hz ha de subministrar una intensitat màxima a un circuit de 0,5 A. Calculeu:

a) La resistència que s'ha de connectar al circuit.

b) La freqüència angular al generador.

c) La potència màxima i la mitjana dissipada per la resistència.

R: *a)* 20 Ω; *b)* 314,16 rad/s; *c)* 5 W; 2,5 W

5. Valors eficaços d'un corrent altern

La majoria dels aparells que mesuren les magnituds elèctriques en CA, com els amperímetres i els voltímetres, estan dissenyats per mesurar valors eficaços. Però quin significat físic tenen aquests valors? Per esbrinar-ho, considerem dos circuits elèctrics: un amb un generador de CC i un altre amb un generador de CA, que alimenten la mateixa resistència externa R (fig. 4.31*a*).

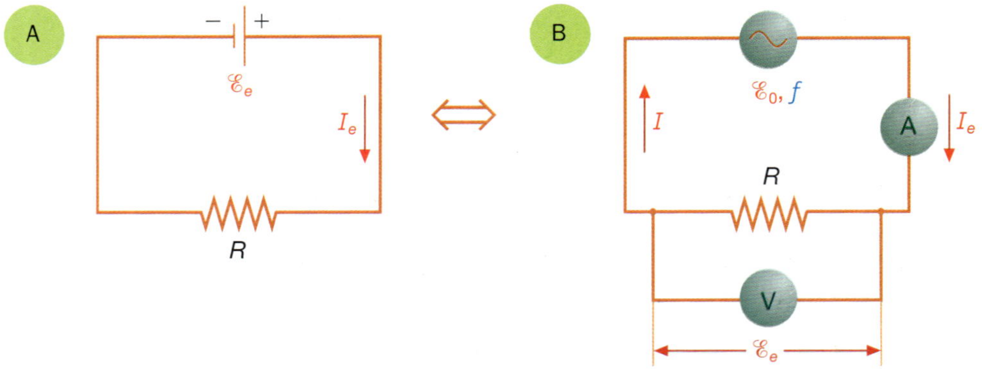

Fig. 4.31. *a)* Circuit de CC; *b)* Circuit de CA.

Si els dos sistemes elèctrics generen la mateixa quantitat de calor per unitat de temps, és a dir, consumeixen la mateixa potència mitjana, podem considerar que els dos sistemes elèctrics són equivalents físicament, almenys pel que fa al consum d'energia.

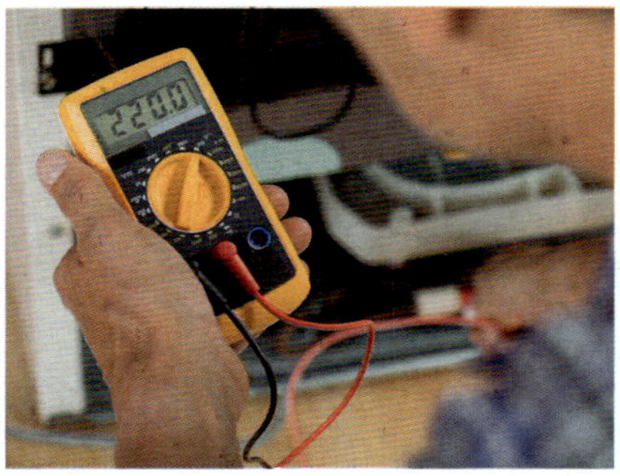

Fig. 4.32. Per determinar la potència consumida per un aparell elèctric, cal mesurar la intensitat que hi circula, la FEM a la qual està sotmès i la seva resistència elèctrica.

> Definim la **intensitat eficaç** I_e i la **FEM eficaç** $\mathscr{E}_e$ d'un circuit de CA com els valors de la intensitat i de la FEM d'un circuit de CC que genera la mateixa quantitat de calor per unitat de temps que el circuit de CA.

Per obtenir els valors eficaços valorem les potències dissipades pels dos circuits. La potència mitjana que dissipa la resistència del sistema elèctric de CC és:

$$P_m = R I_e^2$$

La potència mitjana que dissipa la resistència del sistema elèctric de CA ja ha estat calculada, i hem vist que el seu valor és:

$$P_m = \frac{1}{2} R I_0^2$$

Si igualem les potències mitjanes proporcionades pels dos circuits, d'acord amb la condició d'equivalència energètica, tenim que:

$$R I_e^2 = \frac{1}{2} R I_0^2$$

$$I_e^2 = \frac{1}{2} I_0^2$$

$$I_e = \frac{I_0}{\sqrt{2}}$$

Per tant, la intensitat eficaç és la intensitat màxima dividida per l'arrel de dos.

Si expressem les potències dels dos circuits elèctrics en funció del voltatge (fig. 4.32), trobem que, per al circuit de CC, és:

$$P_m = R I_e^2 = R \left(\frac{\mathscr{E}_e}{R} \right)^2 = \frac{\mathscr{E}_e^2}{R}$$

i en el circuit de CA, en funció de la força electromotriu màxima:

$$P_m = \frac{1}{2} R I_0^2 = \frac{1}{2} R \left(\frac{\mathscr{E}_0}{R}\right)^2 = \frac{1}{2} \frac{\mathscr{E}_e^2}{R}$$

Igualem les dues potències segons la mateixa condició d'equivalència:

$$\frac{\mathscr{E}_e^2}{R} = \frac{1}{2} \frac{\mathscr{E}^2}{R}$$

Simplifiquem i obtenim que:

$$\mathscr{E}_e = \frac{\mathscr{E}_0}{\sqrt{2}}$$

Per tant, la FEM eficaç és la FEM màxima dividida per l'arrel de dos.

El **valor eficaç** d'una magnitud és el seu valor màxim dividit per l'arrel de dos.

Així doncs, la potència que dissipa una resistència R quan es connecta a un generador de CA és:

$$P_m = R I_e^2 = \frac{\mathscr{E}_e^2}{R}$$

que és la mateixa expressió que la d'un circuit de CC, motiu pel qual és útil definir els valors eficaços.

Sabies que...?

Quan connectem un voltímetre en un circuit de corrent altern per determinar la diferència de potencial entre dos punts, o la caiguda de tensió d'una resistència, aquest aparell ens dona valors eficaços.

De la mateixa manera, quan connectem un amperímetre en un circuit de corrent altern, aquest ens determina la intensitat eficaç que passa pel circuit.

Exemple 9. **Un alternador proporciona una FEM instantània $\mathscr{E}(t) = 20 \sin 100\,\pi t$ i alimenta una resistència externa de 100 Ω.**

Determineu:

a) La FEM màxima i la FEM eficaç.

b) La intensitat màxima i la intensitat eficaç.

c) La potència dissipada per la resistència.

Resolució

a) De l'expressió $\mathscr{E}(t) = 20 \sin 100\,\pi t$, observem que la FEM màxima és $\mathscr{E}_0 = 20$ V i, per tant, el valor eficaç corresponent és:

$$\mathscr{E}_e = \frac{20}{\sqrt{2}} = 14{,}14 \text{ V}$$

b) Determinem la intensitat màxima amb la llei d'Ohm:

$$I_0 = \frac{\mathscr{E}_0}{R} \rightarrow I_0 = \frac{20}{100} = 0{,}2 \text{ A}$$

El valor eficaç corresponent és:

$$I_e = \frac{0{,}2}{\sqrt{2}} = 0{,}14 \text{ A}$$

c) La potència dissipada per la resistència externa és:

$$P = R I_e^2$$

$$P = 100 \cdot 0{,}14^2 = 2 \text{ W}$$

ACTIVITATS

11. El valor màxim de la intensitat d'un corrent altern és de 10 A. Si la seva freqüència és de 50 Hz, escriviu l'expressió que dona els valors instantanis de la intensitat i calculeu la intensitat eficaç.

R: $I(t) = 10 \sin 314{,}16\, t$; $I_e = 7{,}07$ A

12. Una estufa elèctrica amb una potència de 1 500 W s'endolla a una tensió eficaç de 220 V. Determineu:

a) La intensitat eficaç.

b) La intensitat màxima.

c) La tensió màxima.

d) La resistència.

R: *a)* 6,82 A; *b)* 9,64 A; *c)* 311,13 V; *d)* 32,26 Ω

6. El transformador

Per adequar l'alimentació d'energia d'un aparell elèctric a l'energia de què disposem a la xarxa, o perquè ens arribi l'energia elèctrica adequada a la xarxa domèstica, es fan servir els **transformadors,** que també són molt utilitzats en electrònica.

> Un **transformador** és un aparell que permet modificar les tensions de CA, i es basa en el fenomen de la inducció electromagnètica. Aquest aparell permet convertir els valors de tensió i d'intensitat de corrent subministrats per una font de corrent altern en un altre sistema de corrent altern a valors de tensió i d'intensitat diferents però de la mateixa freqüència.

Consisteix essencialment en un nucli tancat de ferro dolç format per làmines acoblades recobertes per una resina aïllant, per tal de disminuir els efectes negatius dels corrents de Foucault que s'hi generen al nucli, i que porta enrotllades dues bobines a cada banda. En una bobina, que considerem com l'entrada del transformador, connectem el CA que volem transformar. Per aquest motiu, aquesta bobina s'anomena *primari*, i conté n_p espires. L'altra bobina, que rep el nom de *secundari,* és la que proporciona el CA transformat i conté n_s espires (fig. 4.33).

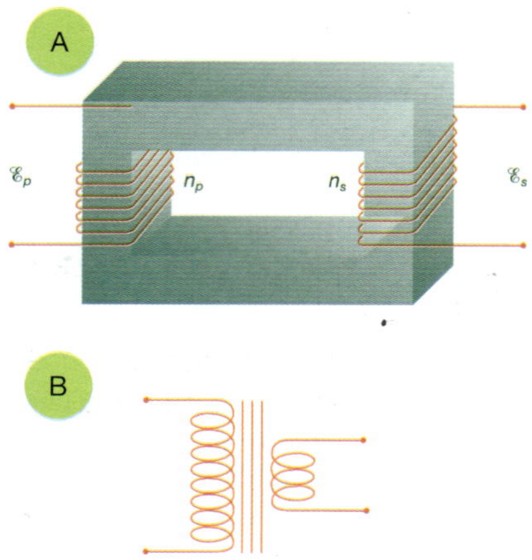

Fig. 4.33. *a)* Transformador elèctric. *b)* Símbol d'un transformador.

Una relació adequada d'espires entre el primari i el secundari ens permet aconseguir la tensió alterna de sortida $\mathscr{E}_s$ necessària per alimentar, per exemple, la xarxa de distribució d'energia elèctrica o un aparell elèctric determinat.

En efecte, si apliquem en el primari d'un transformador un senyal d'entrada de CA $\mathscr{E}_p = \mathscr{E}_0 \sin \omega t$, el corrent que hi circula també és variable i, per tant, genera un camp magnètic variable que es transmet a través del nucli tancat. Quan aquest flux magnètic travessa el circuit secundari, s'hi indueix una FEM, d'acord amb la llei de Faraday, i, per tant, obtenim un senyal de sortida que també serà de CA de la mateixa freqüència.

Si les pèrdues d'energia per l'efecte dels corrents de Foucault generats al nucli i per l'efecte Joule dels bobinats són molt petites, aleshores podem considerar que el transformador és ideal i, per tant, l'energia que entra al primari es recupera íntegrament al secundari. En aquesta situació podem afirmar que el flux magnètic que passa pel primari és el mateix que el que passa pel secundari, i ens permet escriure:

$$\Phi_{\text{primari}} = \Phi_{\text{secundari}}$$

Si derivem respecte del temps, podem escriure: $\dfrac{d\Phi_{\text{primari}}}{dt} = \dfrac{d\Phi_{\text{secundari}}}{dt}$

Apliquem la llei de Faraday i deduïm que:

$$\mathscr{E} = -N\frac{d\Phi}{dt} \rightarrow \frac{d\Phi}{dt} = -\frac{\mathscr{E}}{N} \qquad \frac{\mathscr{E}_p}{n_p} = \frac{\mathscr{E}_s}{n_s} \rightarrow \frac{\mathscr{E}_p}{\mathscr{E}_s} = \frac{n_p}{n_s}$$

Fig. 4.34. Diferents tipus de transformadors elèctrics utilitzats en electrònica.

Com que les potències d'entrada i de sortida són iguals, utilitzant l'expressió anterior trobem finalment que:

$$\mathscr{E}_p I_p = \mathscr{E}_s I_s \rightarrow \boxed{\frac{\mathscr{E}_p}{\mathscr{E}_s} = \frac{I_s}{I_p} = \frac{n_p}{n_s}}$$

Els valors anteriors de $\mathscr{E}$ i de *I* poden ser tant valors màxims com eficaços. En la pràctica solem prendre valors eficaços.

Segons quina sigui la relació entre el nombre d'espires, els transformadors poden ser *elevadors* o *reductors.* En el primer cas, el nombre d'espires en el secundari és més gran que en el primari i, per tant, la tensió de sortida és més gran que la tensió d'entrada; en el segon cas es dona la situació contrària.

Fig. 4.35. Central elèctrica en què es genera energia elèctrica per ser transportada: hi podem observar transformadors elevadors.

Com ja hem dit, una aplicació important dels transformadors és el transport de l'energia elèctrica des d'una central; per exemple, des d'una central hidroelèctrica (fig. 4.35) fins a les llars i les indústries d'una ciutat o d'un poble, que normalment es troben molt allunyades de la central, típicament a desenes o centenars de quilòmetres.

Per tant, la quantitat de cable utilitzat pel transport comporta una pèrdua important d'energia per l'efecte Joule, segons l'expressió $W_{\text{dissipada}} = \frac{1}{2} R I_0^2 t$.

Per tal de minimitzar aquesta pèrdua d'energia, cal que la intensitat I que hi circuli sigui la més petita possible, ja que en l'expressió anterior aquest terme està elevat al quadrat i té, doncs, un pes molt important en el valor de l'energia dissipada. A fi de minimitzar la intensitat de sortida, caldrà emprar un transformador elevador per augmentar la tensió en el secundari al valor més alt possible.

En l'expressió que relaciona la potència d'entrada i de sortida d'un transformador ideal $\mathcal{E}_p I_p = \mathcal{E}_p I_s$ deduïm que, perquè la intensitat de transport de l'energia I_s sigui de valor petit, la tensió de sortida $\mathcal{E}_s$ ha de ser d'un valor elevat.

En definitiva, per transportar l'energia elèctrica des d'una central elèctrica fins a la xarxa de consum de les llars i indústries cal utilitzar dos transformadors: primer un transformador elevador per augmentar la tensió a valors molts alts, que pot ser de l'ordre o superior a 100 kV; i després, un cop s'ha transportat l'energia elèctrica, un transformador reductor que disminueixi la tensió eficaç que, per tal que pugui ser usada a les llars, ha de tenir un valor de 230 V.

Tingues en compte

L'energia que dissipa un conductor s'expressa així:

$$W = R I^2 t$$

Fixa-t'hi

A les indústries s'utilitza corrent trifàsic el valor eficaç del qual és 380 V.

Exemple 10. **Un transformador elevador, que suposem ideal, es connecta en el primari a una tensió eficaç de 500 V produïda en una central elèctrica de 20 kW, i es vol transportar a una distància de 5 km.**

La relació d'espires és $\frac{n_p}{n_s} = \frac{1}{200}$, i pel transport d'aquesta energia s'utilitza fil de coure de resistivitat $1{,}7 \cdot 10^{-8}$ Ωm i de secció 4 mm².

Determineu:

a) La tensió eficaç amb què és transportat el corrent elèctric.

b) La intensitat eficaç amb què és transportat.

c) L'energia perduda en el transport.

d) La relació d'espires en el transformador reductor per obtenir 220 V de tensió eficaç a la sortida.

Resolució

a) Coneixent la relació d'espires i la tensió d'entrada del primari podem determinar la tensió del secundari i, per tant, la tensió de transport de l'energia elèctrica:

$$\frac{\mathcal{E}_p}{\mathcal{E}_s} = \frac{n_p}{n_s} \rightarrow \frac{500}{\mathcal{E}_s} = \frac{1}{200} \rightarrow \mathcal{E}_s = 100\,000 \text{ V}$$

b) Si el transformador és ideal, la potència d'entrada en el primari ha de ser igual a la potència de sortida del secundari. Per tant, la intensitat és:

$$P = \mathcal{E}_p I_p = \mathcal{E}_s I_s$$

$$20\,000 = 100\,000 \cdot I_s \rightarrow I_s = 0{,}2 \text{ A}$$

c) Per calcular l'energia elèctrica dissipada per l'efecte Joule en el conductor cal determinar-ne la resistència elèctrica, tenint en compte que la longitud del conductor és $2\,l$; ja que el transformador es troba a 5 000 m del punt d'alimentació i, per tant, el cable ha d'anar i tornar.

$$R = \rho \frac{l}{S} \rightarrow R = 1{,}7 \cdot 10^{-8} \cdot \frac{2 \cdot 5000}{4 \cdot 10^{-6}} = 42{,}5\ \Omega$$

L'energia dissipada en un segon és:

$$W = R I^2 t \rightarrow W = 42{,}5 \cdot 0{,}2^2 \cdot 1 = 1{,}7 \text{ J}$$

que representa una pèrdua de potència d'1,7 W.

d) La relació d'espires en el transformador reductor és:

$$\frac{\mathcal{E}_p}{\mathcal{E}_s} = \frac{n_p}{n_s} \rightarrow \frac{100\,000}{220} = \frac{n_p}{n_s} \rightarrow \frac{n_p}{n_s} \simeq 455$$

ACTIVITATS

13. Deduïu la relació de transformació del nombre d'espires d'un transformador elevador de la central hidroelèctrica a 250 V que ha de sortir per ser transportada a 500 000 V fins a arribar a la ciutat, i la d'un altre transformador que fa disminuir-la perquè arribi a l'enllumenat públic de 220 V.

R: $\frac{n_p}{n_s} = \frac{1}{2000}$; $\frac{n_p}{n_s} = 2273$

14. Trobem una aplicació de la inducció electromagnètica als aparells de soldadura elèctrica. En un d'aquests aparells desmuntat veiem dues bobines com les d'un transformador. La bobina primària té 1 000 espires i la secundària en té 20. A la bobina secundària, feta d'un fil molt més gruixut, és on va connectat l'elèctrode per fer la soldadura. Sabem, per les especificacions tècniques impreses a la màquina, que pel circuit secundari hi circula una intensitat de corrent de 100 A. Determineu:

a) La tensió del circuit secundari quan es connecta la màquina, és a dir, quan es connecta el circuit primari a una tensió alterna de 220 V.

b) La intensitat que circula pel circuit primari i la potència consumida per la mà-quina.

Nota: Negligiu qualsevol tipus de dissipació d'energia.

R: *a)* 4,4 V; *b)* 2 A, 440 W

Resum de la unitat

Flux magnètic

$\Phi = \vec{E} \cdot \vec{S}$

$1\ \text{Wb} = 1\ \text{T} \cdot 1\ \text{m}^2$

inducció electromagnètica

Llei de Faraday-Lenz

$\mathcal{E} = -N \dfrac{d\Phi}{dt}$

Transformador ideal

$\Phi_{\text{primari}} = \Phi_{\text{secundari}}$

$\dfrac{\mathcal{E}_p}{\mathcal{E}_p} = \dfrac{I_s}{I_p} = \dfrac{n_p}{n_s}$

FEM induït pel moviment d'un conductor

$\Delta V = vBl.$

Corrents de Foucault

Generadors de corrent elèctric

Alternadors i dinamos

$\mathcal{E}(t) = \mathcal{E}_0 \sin \omega t$

$\mathcal{E}_0 = NBS\omega$

Circuit de CA amb una resistència

$I(t) = I_0 \sin \omega t$

$I_0 = \dfrac{\mathcal{E}_0}{R}$

Valors eficaços CA

$I_e = \dfrac{I_0}{\sqrt{2}}$

$V_e = \dfrac{V_0}{\sqrt{2}}$

Potència mitjana dissipada per una resistència

$P_m = \dfrac{1}{2} R I_0^2$

Potència mitjana dissipada per una resistència

$P_m = R I_e^2 = \dfrac{\mathcal{E}_e^2}{R}$

Qüestions

1. Un camp magnètic variable pot induir corrent en una espira conductora?

2. Com podem induir corrent en una espira conductora amb un camp magnètic uniforme?

3. Si deixem caure un imant en caiguda lliure des d'una certa alçada en direcció perpendicular a un circuit tancat de manera que un dels pols de l'imant és el cap de l'avançament, comenteu com varia el corrent induït en el circuit.

4. A. Perquè es generi corrent induït en un circuit indeformable en repòs cal que:

a) Sigui travessat per un camp elèctric variable.

b) Sigui travessat per un camp magnètic constant.

c) Sigui travessat per un camp magnètic variable.

B. Els transformadors:

a) Es fonamenten en la inducció electromagnètica.

b) Funcionen tant en corrent continu com en corrent altern.

c) Canvien la freqüència del corrent altern.

5. Una espira es mou en el si del camp magnètic uniforme representat en la figura, en el sentit que s'indica en cada cas. El símbol x indica que el camp entra en el paper. Comenteu si s'indueix corrent elèctric en les espires.

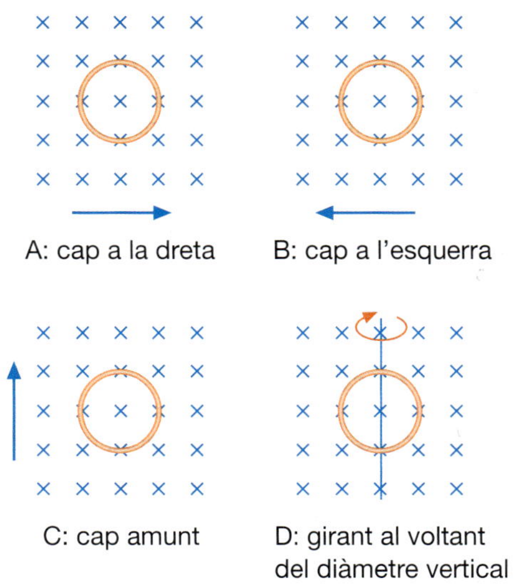

Fig. 4.36.

6. La figura 4.37 representa dues espires circulars, A i B, enfrontades. L'espira A està connectada a un generador i un interruptor, mentre que l'espira B està connectada a un amperímetre.

Raoneu si les afirmacions següents són vertaderes o falses:

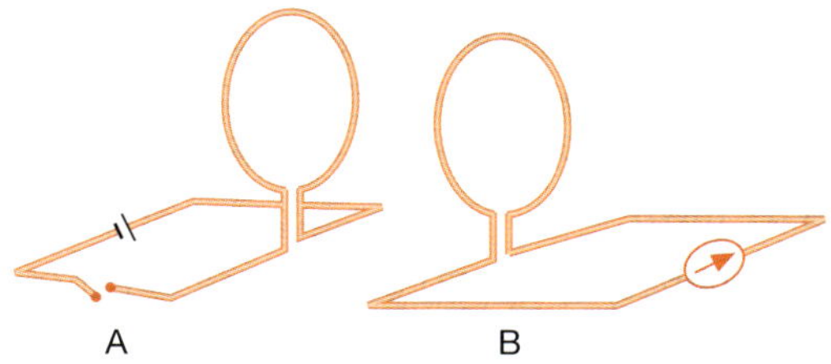

Fig. 4.37.

a) Si l'amperímetre no indica pas de corrent, l'interruptor de l'espira A està forçosament obert.

b) Si l'interruptor de l'espira A està tancat i l'espira A se separa de l'espira B, l'amperímetre no indica pas de corrent.

7. Una espira rectangular està sotmesa a l'acció d'un camp magnètic uniforme, com indiquen les fletxes de la figura 4.38. Raoneu si l'amperímetre A marcarà pas de corrent:

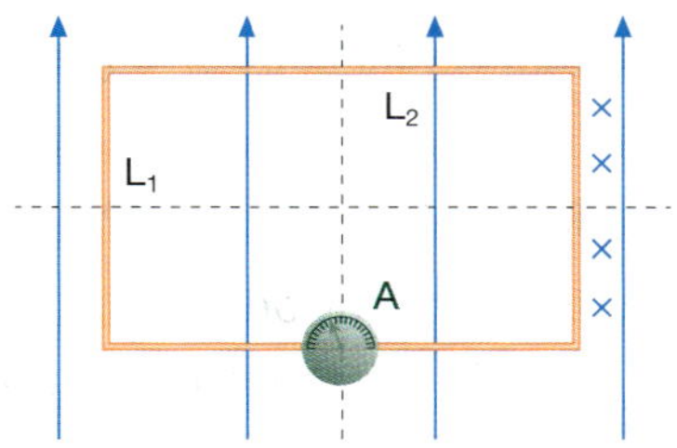

Fig. 4.38.

a) Si es fa girar l'espira al voltant de la línia de punts horitzontal (L_1).

b) Si es fa girar l'espira al voltant de la línia de punts vertical (L_2).

8. Doneu el sentit del corrent induït en l'espira circular de la figura 4.39 quan es tanca el circuit elèctric.

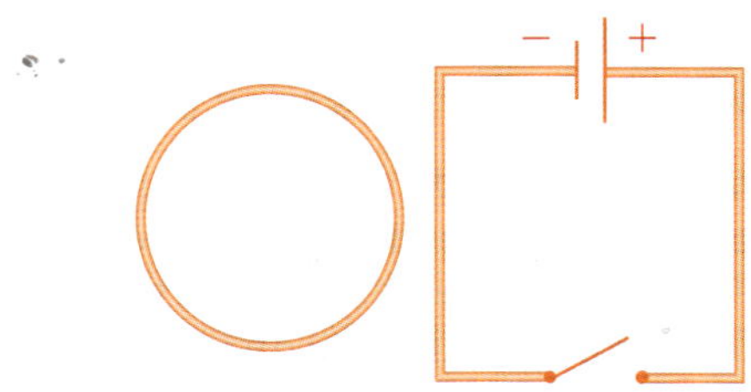

Fig. 4.39.

9. Què mesuren normalment els aparells de mesura elèctrica: valors instantanis, valors màxims o valors eficaços?

10. Mitjançant un transformador, podem transformar una tensió de 40 V de CC a un valor de 25 V?

xy, calculeu la FEM que indueix sobre l'espira un camp magnètic variable $\vec{B} = 0{,}1\,(\cos(10\,\pi\,t)\,\vec{i} + \cos\,(10\,\pi\,t)\,\vec{j})$. Justifiqueu la resposta.

Dada: l'acceleració de la gravetat és 9,8 m/s^2.

R: *a)* $-0{,}65\,\vec{k}$; *b)* 0

4. Una espira circular de 4,0 cm de radi es troba en repòs en un camp magnètic constant de 0,50 T que forma un angle de 60° respecte de la normal a l'espira.

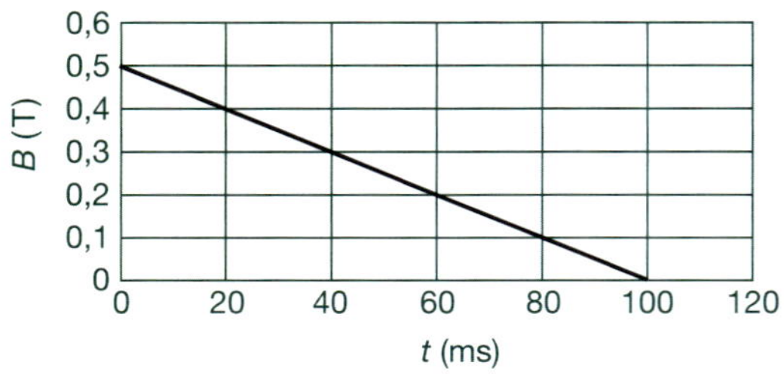

Fig. 4.42.

a) Calculeu el flux magnètic que travessa l'espira. S'indueix una força electromotriu en l'espira dins el camp magnètic? Justifiqueu la resposta.

b) En un moment determinat el camp magnètic disminueix, tal com mostra la figura. Calculeu la força electromotriu induïda en l'espira.

R: *a)* $1{,}3 \cdot 10^{-3}$ Wb; *b)* $1{,}3 \cdot 10^{-2}$ V

5. Una espira de radi $r = 25$ cm està sotmesa a un camp magnètic que és perpendicular a la superfície que delimita l'espira i de sentit entrant. En la gràfica següent es mostra el valor de la inducció magnètica *B* en funció del temps:

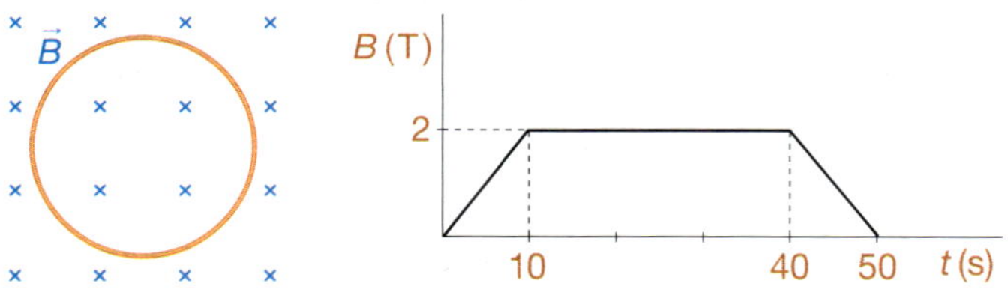

Fig. 4.43.

a) Expliqueu raonadament si circula corrent elèctric per l'espira en cadascun dels intervals de temps indicats i determineu-ne, si s'escau, el sentit de circulació.

b) Calculeu la intensitat de corrent elèctric en cada interval de temps si la resistència de l'espira és 5 Ω. Recordeu que la llei d'Ohm estableix que $I = \dfrac{\Delta V}{R}$.

R: *b)* $|I| = 7{,}85 \cdot 10^{-3}$ A

6. Un petit generador està format per una bobina de 200 espires que pot girar tallant les línies del camp magnètic d'un imant fix. La superfície del quadrat que forma la bobina i que és travessat per les línies del camp magnètic de manera perpendicular en el moment en què el flux és màxim té 16 cm^2. L'imant crea un camp magnètic constant de 2×10^{-4} T en la zona que travessa la bobina, i aquesta gira amb una freqüència de 25 Hz.

a) Representeu la força electromotriu generada en funció del temps per un període complet. Assenyaleu clarament en la gràfica els valors extrems d'aquesta força electromotriu i el valor del temps en què es donen.

b) Enviem el corrent generat en un dispositiu similar al de l'apartat anterior al primari d'un transformador que té 10 voltes. Suposem que la FEM eficaç que arriba a aquest primari és de 0,05 V. Calculeu el nombre de voltes que són necessàries en el secundari per obtenir 2,5 V eficaços. Calculeu també la intensitat eficaç que ha d'arribar al primari per tal que en el secundari hi circulin 20 mA.

R: *b)* 500 voltes; 1 A

7. Un timbre funciona a 12,0 V de tensió i 0,200 A d'intensitat. Per tal de poder-lo connectar a la xarxa elèctrica i que funcioni correctament, disposa d'un transformador ideal que té 20 espires en el secundari.

a) Connectem el primari del transformador a un corrent altern de 220 V. Calculeu quantes espires té el primari i quina intensitat de corrent hi circula.

b) Si connectem el primari d'aquest transformador a un corrent continu de 24 V, quina intensitat de corrent circularà pel timbre? Justifiqueu la resposta.

R: *a)* 367 espires, 0,011 A; *b)* 0 A

8. Tenim una espira a prop d'un fil rectilini indefinit, tal com indica la figura 4.45.

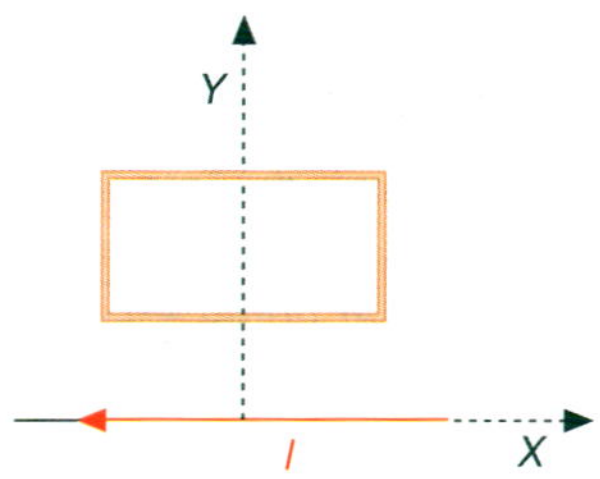

Fig. 4.44.

a) Justifiqueu si apareixerà un corrent induït en l'espira si

— la movem en la direcció *x;*

— la movem en la direcció *y.*

b) Dibuixeu el camp magnètic creat pel fil rectilini indefinit i la força que actua sobre cada costat de l'espira, quan hi circula un corrent elèctric en sentit horari. De les dues forces que actuen sobre els dos costats paral·lels al fil rectilini indefinit, quina és la més gran? Justifiqueu la resposta.

El circuit elèctric d'un desfibril·lador sol ser bastant complex. Així i tot, per comprendre el funcionament bàsic presentem un circuit simplificat d'ona sinoidal amortida, com indica la figura 4.45.

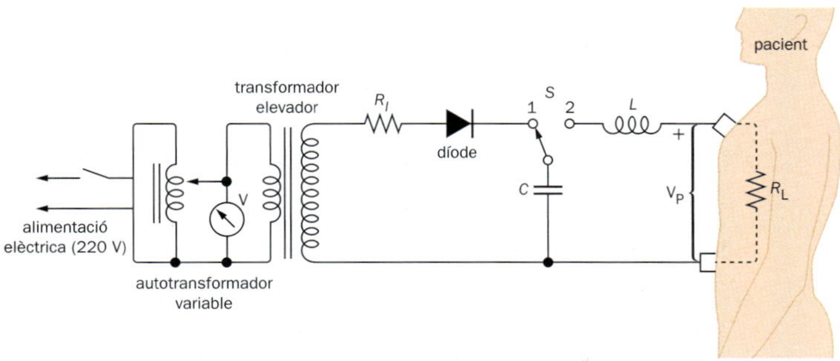

Fig. 4.45.

1. Consulteu llibres de text d'electrotècnia de batxillerat. Expliqueu el funcionament d'un autotransformador variable, observeu que és similar al transformador que s'ha estudiat i expliqueu quina aplicació elemental és la d'un díode.

2. Quina informació ens dona el voltímetre *V*? (fig. 4.46) Quina funció fa la resistència R_s? Us sembla que s'hi posa per protegir el díode? Raoneu la resposta.

3. Quan s'activa un desfibril·lador, se sol descarregar una gran quantitat d'energia elèctrica a través dels elèctrodes de contacte amb el pacient. Quin component elèctric et sembla que disposa d'aquesta energia?

4. Ara amb aquests coneixements adquirits, raona quina funció està fent el desfibril·lador quan la clau és en la posició 1.

5. Per tal de comprendre millor el funcionament del circuit, quan la clau *S* està en la posició 2 es pot establir un símil amb una molla-massa de constant elàstica *k* i massa *m* que oscil·la en un pla horitzontal. Com bé recordareu, l'energia d'aquest sistema molla-massa va alternant amb una determinada freqüència l'energia cinètica i l'energia potencial seguint una forma sinusoidal. Doncs bé, el mateix passa en un circuit LC en sèrie, on l'energia electrostàtica de què disposa el condensador passa, alternativament, a la forma d'energia magnètica en la bobina. La resistència R_L que presenta el pacient quan està en contacte amb els elèctrodes és similar al fregament de la massa sobre la superfície.

6. La figura 4.47 presenta diverses formes de descàrrega d'energia al pacient en un circuit RCL. Amb l'ajut del símil d'una molla-massa de constant elàstica *k* i massa *m,* que oscil·la en un pla horitzontal, fes una interpretació d'aquest procés.

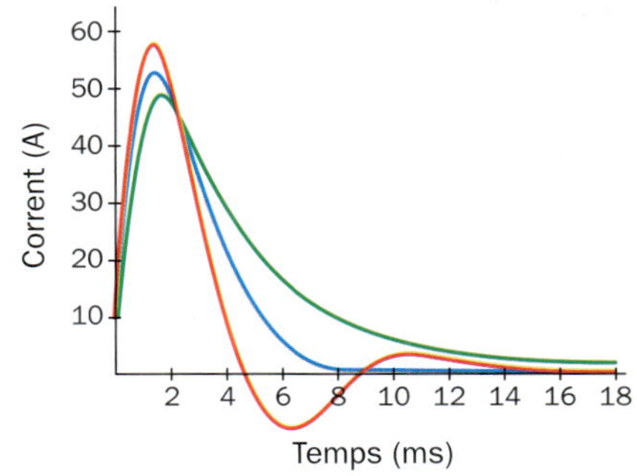

Fig. 4.47.

7. Un desfibril·lador està carregat totalment amb una quantitat d'energia elèctrica de 1,2 kJ, el qual disposa d'un condensador de 120 μF. S'efectua una descàrrega elèctrica a través del pacient d'una quantitat d'energia de 620 J i en un temps de 2,5 ms.

   a) Trobeu el voltatge necessari per emmagatzemar 1,2 kJ en el condensador.

   b) Quina potència s'aplica al pacient en *W*?

   Nota: Recordeu que ja es va definir en la unitat 2 de camp elèctric la capacitat d'un condensador com $C = \dfrac{q}{\Delta V}$ i l'energia emmagatzemada en un condensador es determina amb l'expressió $E = \dfrac{1}{2}\,C\,(\Delta V)^2$.

   R: *a)* 4472 V; *b)* $2{,}48 \cdot 10^5$ W

8. Prepareu una presentació per la classe amb els vostres resultats.

Fig. 4.46.

- Quins apartats de la unitat t'han resultat més fàcils? I els més difícils, com has aconseguit superar-los? Com resoldràs els dubtes que et queden encara?
- Com pots relacionar el que has après sobre la **llei de Faraday-Lenz** amb situacions quotidianes?
- Et sembla important tenir coneixements dels efectes positius i negatius dels **corrents de Foucault?** Per què?
- Per a què et serveix saber com funciona un **alternador** i una **dinamo?**

Corrents induïts

Objectiu

Observar diferents maneres d'induir un corrent elèctric en un circuit tancat, comprovar el sentit del corrent induït segons la llei de Lenz i interpretar la llei de Faraday-Lenz.

Material

- Cànules buides per dins
- Amperímetre digital
- Fils elèctrics connectors
- Imant
- Interruptor
- Fil de coure envernissat
- Clau de ferro dolç de dimensions grans o una barra de ferro
- Generador de CC, de 12 V o d'un valor semblant
- Regleta de muntatge

Procediment

Circuit 1

1. Bobineu sobre una cànula unes 200 espires de fil de coure envernissat.
2. Munteu un circuit en sèrie format per la bobina, un amperímetre, un interruptor i els connectors necessaris (fig. 4.48).

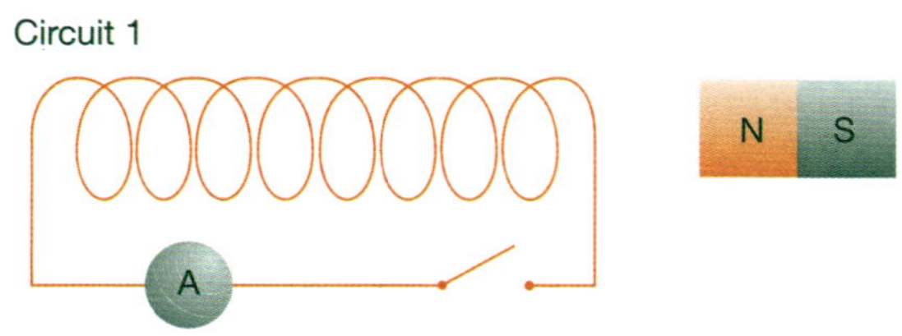

Fig. 4.48.

3. Des de la mateixa posició de sortida i arribada de l'imant, seguiu els passos següents.
4. Utilitzant l'amperímetre en les escales més sensibles, tanqueu el circuit i observeu el comportament de l'amperímetre.
5. Acosteu el pol N d'un imant cap a un dels extrems de la bobina i observeu què marca l'amperímetre.
6. Allunyeu el pol N de l'imant de l'extrem de la bobina i observeu què marca l'amperímetre.
7. Repetiu els passos 4 i 5 augmentant i disminuint la velocitat de l'imant, i anoteu els valors màxims que indica l'amperímetre.
8. Repetiu els passos 5, 6 i 7, però ara amb el pol S de l'imant.
9. Repetiu els passos anteriors, però posant ara una barra de ferro dolç a l'interior de la bobina.

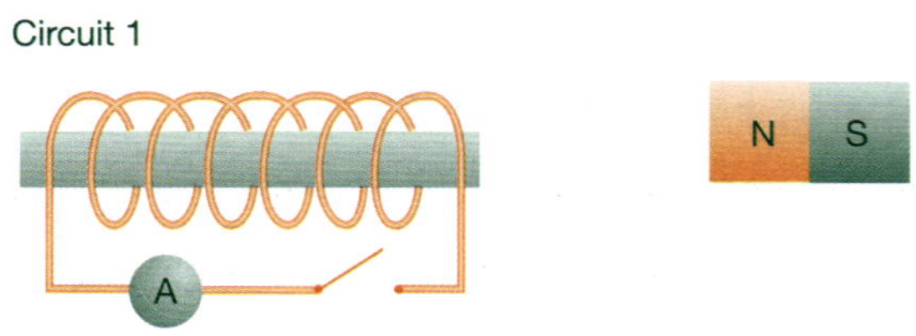

Fig. 4.49.

Procediment (cont.)

Circuit 2

10. Preneu una altra cànula i bobineu un nombre d'espires semblant a l'anterior.

11. Munteu els circuits indicats en la figura 4.50 i poseu les bobines molt pròximes i enfrontades.

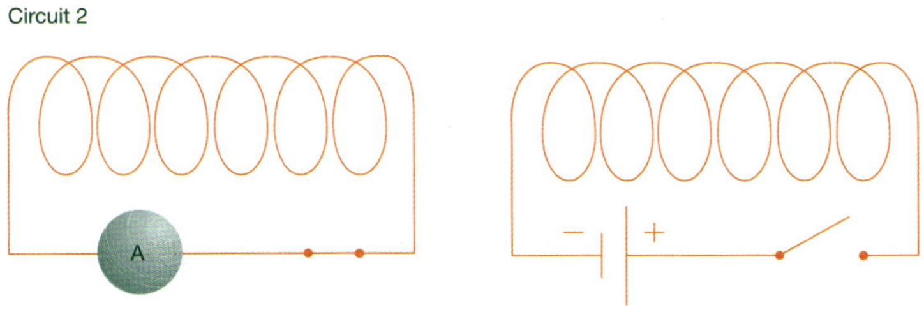

Fig. 4.50.

12. Observeu el comportament de l'amperímetre quan tanqueu i obriu el circuit. Anoteu els valors i el signe que indica l'amperímetre.

13. Tanqueu el circuit, i acosteu i allunyeu els extrems de les dues bobines. Anoteu els valors i el signe.

14. Seguiu el mateix procediment posant un clau de ferro dolç en el circuit del generador.

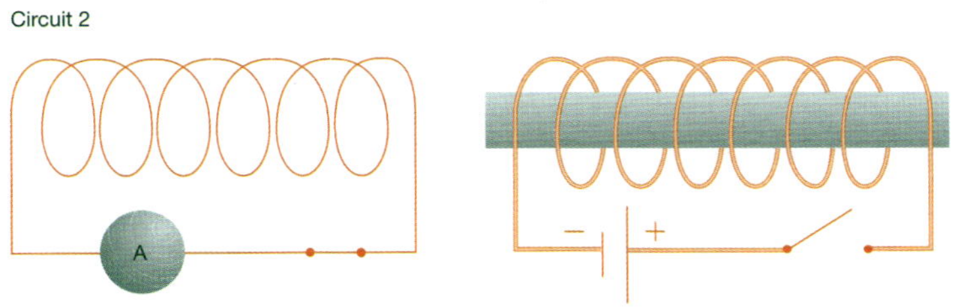

Fig. 4.51.

Anàlisi de resultats

Circuit 1

1. Què indica l'amperímetre quan l'imant no es mou?
2. El sentit del corrent induït està d'acord amb la llei de Faraday-Lenz? Utilitzeu la regla de la mà dreta per comprovar-ho.
3. Comenteu els valors trobats de la intensitat de corrent màxima i mínima que ha marcat l'amperímetre quan heu variat la velocitat de moviment de l'imant.
4. Què heu observat quan la bobina porta una barra de ferro?

Circuit 2

5. Què heu observat quan tanqueu i obriu el circuit?
6. Es pot considerar la bobina connectada al generador com un imant artificial?
7. El circuit amb l'amperímetre es comporta de la mateixa manera que en el cas anterior?
8. Què heu observat quan la bobina porta una barra de ferro?

UNITAT

5 Moviment ondulatori

Hi estudiaràs:

- Moviments periòdics. Moviments oscil·latoris
- Moviment harmònic simple
- Velocitat i acceleració del moviment harmònic simple
- Dinàmica del moviment harmònic simple
- El moviment ondulatori
- Velocitat de fase, front d'ona i raig
- Ones harmòniques. Equació d'ona i magnituds ondulatòries

I seràs capaç de:

- Saber distingir els moviments periòdics dels altres tipus de moviments.
- Saber reconèixer en quines situacions es dona un moviment harmònic simple; molla; pèndol.
- Explicar què és una ona.
- Reconèixer els moviments ondulatoris més comuns que hom pot trobar a la natura.
- Saber classificar les ones segons les dimensions de propagació.
- Distingir els polsos dels trens d'ones.
- Saber diferenciar entre una ona longitudinal i una ona transversal.
- Reconèixer les característiques del moviment ondulatori: front d'ona i raig.
- Constatar la doble periodicitat d'una ona.
- Definir les magnituds ondulatòries: velocitat de fase, longitud d'ona, període, freqüència, elongació i amplitud.
- Saber llegir i utilitzar correctament l'equació d'ona harmònica.

Farem servir:

- Situació d'aprenentatge
- ODS - Objectius de Desenvolupament Sostenible
- Treball col·laboratiu
- Prepara't per a la universitat
- Metacognició

TERRATRÈMOLS, com es poden detectar?

Situació d'aprenentatge

Per detectar possibles moviments del terra, com ara les vibracions que es produeixen durant un terratrèmol, es fa servir l'aparell anomenat sismògraf. Un primer tipus de sismògraf és el que mesura els moviments verticals del terra, anomenats ones S o secundàries, originats per les ones sísmiques dels terratrèmols.

Aquest aparell consta d'un *sismòmetre*, format per un suport subjectat a terra, una molla fixada al suport pel seu extrem superior i un objecte relativament pesant, anomenat per aquest motiu pes, que penja de l'altre extrem de la molla. El sismògraf es completa amb un sistema d'escriptura, com ara un llapis, solidari de l'objecte i que va escrivint una línia sobre un full enrotllat sobre un tambor giratori fixat al suport.

Els principis físics en què es basa el sismògraf són bastant simples: quan es produeix un moviment d'oscil·lació vertical del terra, el suport i el tambor es mouen solidàriament amb aquest perquè hi estan subjectats, mentre que el pes tendeix a romandre en repòs a causa de la seva inèrcia. El moviment relatiu entre el pes i el terra proporciona una mesura del moviment d'aquest últim: a mesura que gira el tambor, el llapis va dibuixant l'oscil·lació del terra sobre el paper i enregistra l'evolució del moviment.

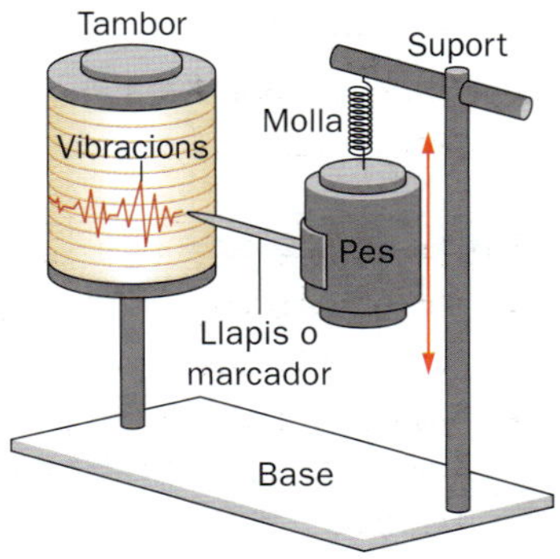

Així doncs, el gràfic registrat sobre el paper, anomenat *sismograma*, reprodueix amb més o menys exactitud el moviment de vibració que ha experimentat el terra. Actualment el llapis i el tambor s'han substituït per un sistema digital que realitza el registre, consistent en un circuit electrònic en què el moviment relatiu entre el pes i el terra genera una diferència de potencial que és captada per un ordinador sobre el qual es visualitza el sismograma.

Un aparell per detectar els sismes?

- Si considereu la gràfica dibuixada per un sismògraf, quines característiques té la funció que la descriu? Com l'anomenaríeu? Podríeu donar una definició del moviment d'oscil·lació d'un objecte que penja d'una molla?
- Sabríeu dir que és una ona i, en concret, l'ona S d'un terratrèmol? Busqueu informació sobre les ones sísmiques P i S; en concret, informeu-vos sobre quines diferències creieu que hi ha, i a quin tipus d'ones correspon cada una.
- El moviment d'oscil·lació de l'objecte solidari de la molla en un sismògraf i els moviments ondulatoris P i S produïts en el terratrèmol tenen alguna cosa en comú? En què es diferencien fonamentalment?
- Comenteu les respostes que heu donat a les qüestions anteriors amb els teus companys i exposeu-les. Estimeu quines són les definicions més rigoroses.

- Coneixies els termes sismògraf, sismòmetre i sismograma?
- Saps que per a interpretar correctament els sismogrames, estudiar la propagació de les ones sísmiques originades pels terratrèmols, i construir infraestructures com ponts i edificis que siguin resilients als terratrèmols, es requereix un coneixement adequat dels moviments oscil·latoris i dels moviments ondulatoris?
- Consideres que el coneixement i l'ús dels sismògrafs contribueix a l'assoliment de **l'ODS Indústria, innovació i infraestructures**?

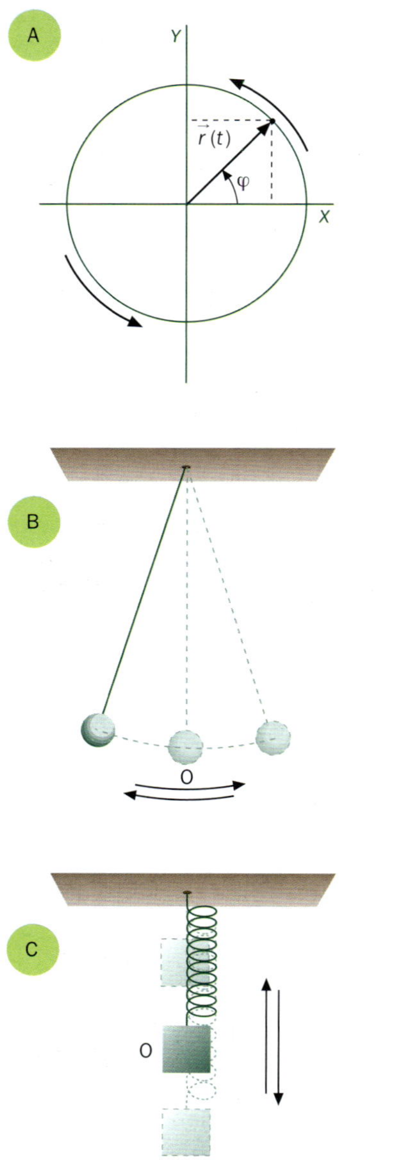

Fig. 5.1. Moviments periòdics:
a) moviment circular uniforme;
b) moviment d'un pèndol simple;
c) moviment d'anada i tornada d'un cos que penja d'una molla. En els exemples *b)* i *c)* el moviment és oscil·latori: el mòbil repeteix la seva trajectòria contínuament movent-se al voltant d'una posició d'equilibri O.

Atenció

En realitat, en un moviment d'oscil·lació sempre hi ha un cert fregament, per petit que sigui, de manera que, transcorregut un temps suficientment gran, el mòbil es va parant fins a romandre en repòs a la posició d'equilibri.

1. Moviments periòdics. Moviments oscil·latoris

Iniciem en aquesta unitat l'estudi d'un dels moviments genèrics més importants que es poden donar a la natura, el moviment ondulatori, que és la base de fenòmens importants com el so i la llum. En aquests primers apartats farem una aproximació als moviments que s'hi relacionen i que comencem a comentar tot seguit.

Un **moviment periòdic** és aquell en què el mòbil descriu la mateixa trajectòria a intervals regulars de temps; s'anomena **període *T*** l'interval de temps que tarda a repetir-se la trajectòria.

Un exemple de moviment periòdic és el moviment circular uniforme, que vam tractar el curs passat, ja que qualsevol mòbil que descriu aquest moviment repeteix les seves posicions al llarg del temps de manera regular (fig. 5.1*a*). Altres exemples de moviments periòdics són el moviment de vaivé d'un pèndol (fig. 5.1*b*) i el moviment d'un cos que penja d'una molla fixada pel seu extrem superior (fig. 5.1*c*), estudiats experimentalment el curs passat.

Considerem aquest tercer cas (fig. 5.2): deixem el cos en repòs en la seva posició d'equilibri *O* (fig. 5.2*a*) i, des d'aquesta, separem-lo una distància *A* (fig. 5.2*b*). Quan es deixa anar el cos s'observa com descriu un moviment periòdic, en moure's contínuament per totes les posicions verticals compreses entre els punts $y = -A$ i $y = A$ (fig. 5.2*c* i *d*), sempre que no hi hagi fregament.

Un **moviment oscil·latori,** o **vibratori,** és aquell moviment periòdic en què el mòbil es mou al voltant d'una posició d'equilibri i passa una vegada i una altra per aquesta posició d'equilibri. Definim **oscil·lació,** o **vibració,** com el moviment descrit durant el temps d'un període.

Veiem que el moviment periòdic d'un cos solidari d'una molla també és oscil·latori, en passar el mòbil una vegada i una altra per la posició d'equilibri. Per similitud amb el moviment circular uniforme, en què el període és el temps que tarda el cos a fer una volta sencera, el *període d'oscil·lació* de la molla és el temps que tarda el cos a moure's des de la posició A fins a la mateixa posició o, en general, des d'una posició fins a la posició amb el mateix estat de moviment. Fixem-nos, però, que el moviment circular uniforme no és oscil·latori, ja que en la trajectòria descrita no hi ha cap posició d'equilibri, mentre que el moviment d'un pèndol sí que ho és (fig. 5.1*b*).

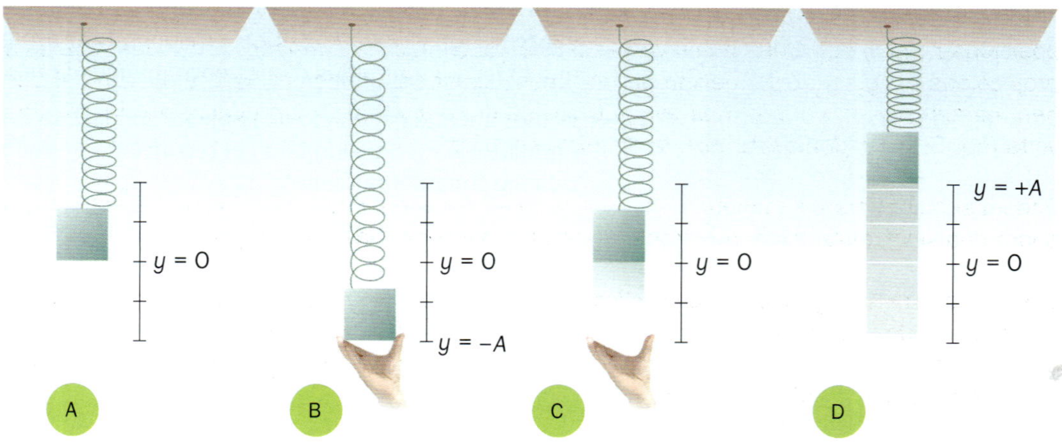

Fig. 5.2. Moviment d'oscil·lació d'una molla.

Els moviments periòdics i els oscil·latoris són importants perquè estan en la base del moviment ondulatori. Per aquest motiu, a partir d'ara ens centrarem en l'estudi del moviment oscil·latori més senzill que existeix, el moviment harmònic simple, que ens donarà les claus per poder realitzar més endavant l'estudi matemàtic del moviment ondulatori.

2. Moviment harmònic simple

El **moviment harmònic simple** és el moviment oscil·latori més senzill que existeix; el seu estudi és important, perquè tots els moviments oscil·latoris es poden reduir a combinacions de moviments harmònics simples i, sobretot, perquè és necessari en el tractament matemàtic del moviment ondulatori, com ja hem dit. En general, es diu que un cos es comporta com un **oscil·lador harmònic** quan es mou descrivint un moviment harmònic simple.

En l'estudi que farem a continuació prendrem com a referència l'exemple de la molla que hem presentat, i demostrarem que es tracta d'un moviment harmònic simple. Per tant, considerarem que el moviment del cos es verifica en una única dimensió, que, en la majoria dels casos, coincidirà amb l'eix *X* o amb l'eix *Y*, i anomenarem **amplitud, *A*,** la màxima longitud de separació del cos respecte de la posició d'equilibri.

Recordem que, en la pràctica, sempre cal considerar un cert fregament, per petit que sigui, de manera que l'amplitud de les oscil·lacions *A* va disminuint, i el mòbil acaba parant-se; en aquest sentit, parlarem d'**oscil·lacions amortides.** En aquesta unitat, però, suposarem que l'efecte del fregament és sempre negligible, de manera que es manté la mateixa amplitud *A* sense que hi hagi amortiment.

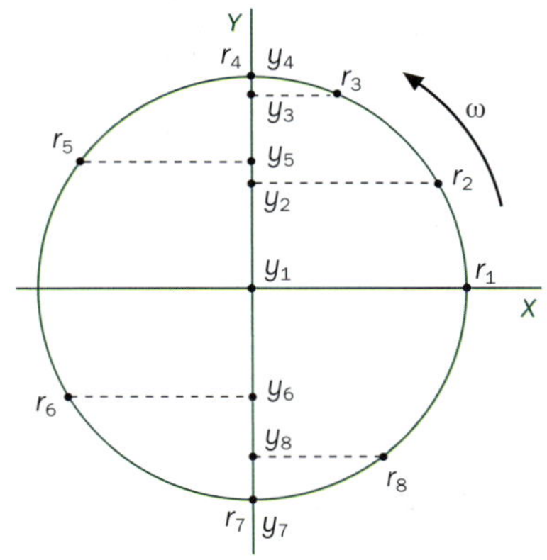

Fig. 5.3. Si projectem les posicions del moviment circular uniforme sobre l'eix *Y*, obtenim unes posicions que defineixen un moviment harmònic simple.

2.1. L'equació del moviment harmònic simple

Ara trobarem l'equació del moviment harmònic simple per comparació amb el moviment circular uniforme. En un apartat posterior reforçarem el resultat obtingut amb aquest procediment considerant les funcions periòdiques més senzilles que coneixem: les funcions trigonomètriques sinus i cosinus. De fet, utilitzem la paraula *harmònic* quan ens volem referir a aquestes funcions.

> El **moviment harmònic simple** és aquell moviment que resulta de projectar un moviment circular uniforme sobre un eix que passa pel centre de la circumferència i que està contingut en el pla que la defineix.

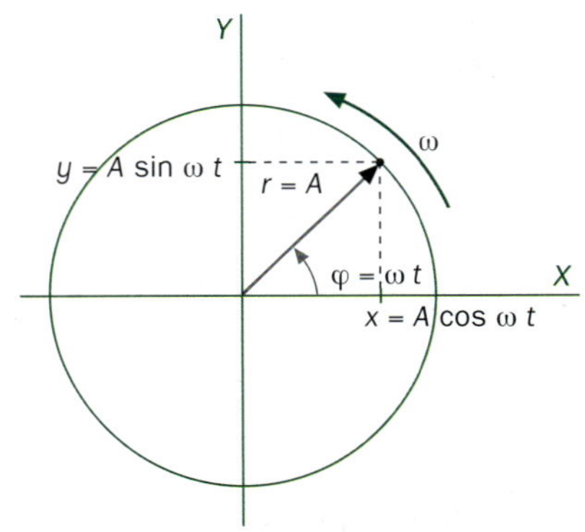

Fig. 5.4. Components cartesians *x*, *y* del vector de posició en el moviment circular uniforme.

En efecte, considerem un mòbil que descriu un moviment circular uniforme de radi *A*, període *T*, freqüència *f*, velocitat angular ω i angle descrit $\varphi(t) = \omega t$. Si sobre l'eix *Y* projectem les posicions r_1, r_2, r_3... per les quals va passant el mòbil successivament, veiem que aquestes projeccions y_1, y_2, y_3... defineixen un moviment similar al moviment oscil·latori vertical que hem descrit per a la molla, i és evident que es dona una oscil·lació quan s'ha descrit una volta (fig. 5.3). Es demostra, així, la definició anterior.

Podem seguir el mateix raonament si projectem el moviment circular uniforme sobre l'eix *X*, o sobre qualsevol altre eix; sempre obtindrem un moviment harmònic simple.

Si es considera la projecció sobre l'eix *Y* podem dir que l'equació del moviment harmònic simple és l'equació de la coordenada *Y* del moviment circular uniforme. Per tant, si suposem que el cos es troba inicialment en el punt $\vec{r}(0) = (A, 0)$, l'equació del moviment harmònic simple amb aquesta condició inicial és (fig. 5.4):

$$y(t) = A \sin \varphi = A \sin \omega t$$

Amb la mateixa condició inicial, si agafem la projecció sobre l'eix *X*, l'equació del moviment és (fig. 5.4):

$$x(t) = A \cos \varphi = A \cos \omega t$$

Recorda

Recordeu que el vector de posició en funció del temps d'un mòbil que descriu un moviment circular uniforme en funció dels components cartesians (fig. 5.4) és:

$$\vec{r}(t) = R(\cos \omega t, \sin \omega t) = $$
$$= R \cos \omega t \vec{i} + R \sin \omega t \vec{j}$$

O bé, si separem components:

$$\left. \begin{array}{l} x(t) = R \cos \omega t \\ y(t) = R \sin \omega t \end{array} \right\}$$

Tingues en compte

L'equació general del moviment harmònic simple també pot expressar-se com:

$$y(t) = A \cos(\omega t + \varphi_0)$$

Si $y(0) = A$, llavors $\varphi_0 = 0$ i dona:

$$y(t) = A \cos \omega t$$

el gràfic de la qual és:

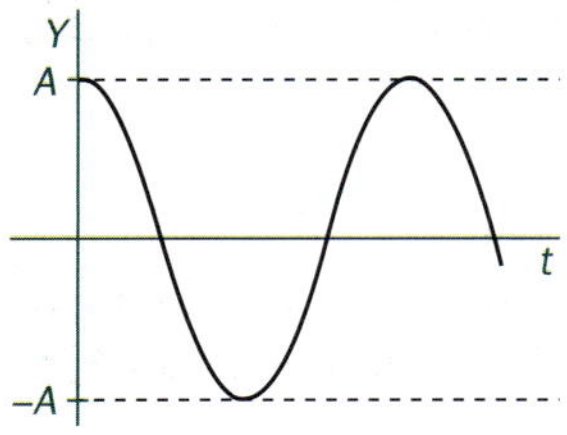

Fig. 5.5.

Quan $y(0) = 0$, i la tendència del cos és a baixar ($v(0) < 0$), llavors la solució per a φ_0 és π, i l'equació del moviment és:

$$y(t) = A \sin(\omega t + \pi)$$

que se simplifica a:

$$y(t) = -A \sin \omega t$$

Ara, el gràfic és:

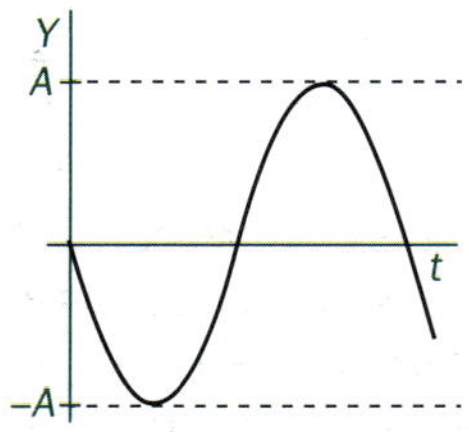

Fig. 5.6.

En general, sigui quina sigui la posició inicial del cos, si suposem que el moviment es verifica en l'eix *Y*, trobem:

$$y(t) = A \sin(\omega t + \varphi_0)$$

que és l'**equació general del moviment harmònic simple,** en què φ_0 és una constant que depèn de la posició inicial del cos (fig. 5.7).

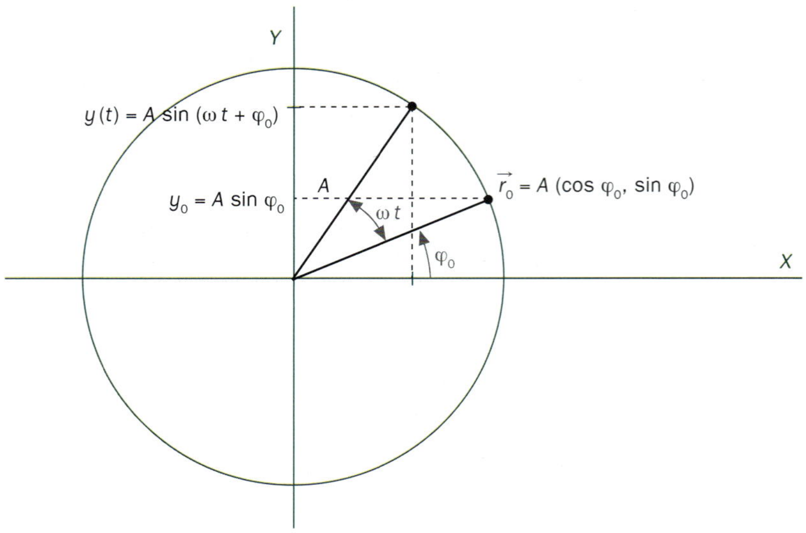

Fig. 5.7. La fase inicial φ_0 està determinada per la posició inicial y_0.

Amb el raonament que hem seguit, podem definir algunes de les magnituds del moviment harmònic simple per similitud amb les que es defineixen per al moviment circular uniforme, canviant la paraula *volta* per *oscil·lació;* hi ha altres magnituds, però, que són específiques del moviment harmònic simple:

- El **període *T*** d'un moviment harmònic simple és el temps que tarda el cos a efectuar una oscil·lació. La seva unitat en el SI és el segon (s).

- La **freqüència *f*** és el nombre d'oscil·lacions que efectua el mòbil en un segon i, per tant, és la magnitud inversa del període:

  $$f = \frac{1}{T}$$

  La seva unitat en el SI és l'hertz (Hz), que equival a s^{-1}.

- La **freqüència angular** o **pulsació** ω coincideix amb la velocitat angular d'aquell moviment circular uniforme tal que la seva projecció sobre un eix determinat dona com a resultat el moviment harmònic simple que estem considerant. La seva unitat en el SI és el radiant per segon (rad/s), i les seves relacions amb la freqüència i amb el període són:

  $$\omega = 2\pi f \Leftrightarrow \omega = \frac{2\pi}{T}$$

- L'**elongació *y*** és la posició del mòbil respecte del punt d'equilibri O amb el supòsit que el moviment s'efectua en l'eix *Y* i amb el criteri de signes establert; per tant, l'elongació ens la dona l'equació del moviment harmònic simple (fig. 5.8*a*), que, en general, és:

  $$y(t) = A \sin(\omega t + \varphi_0)$$

  La seva unitat en el SI és el metre (m). Quan es considera el moviment en l'eix *X*, l'elongació està determinada per la coordenada *x* (fig. 5.8*b*): $x(t) = A \sin(\omega t + \varphi_0)$.

- L'**amplitud *A*** és el valor màxim que pot assolir l'elongació (fig. 5.8).

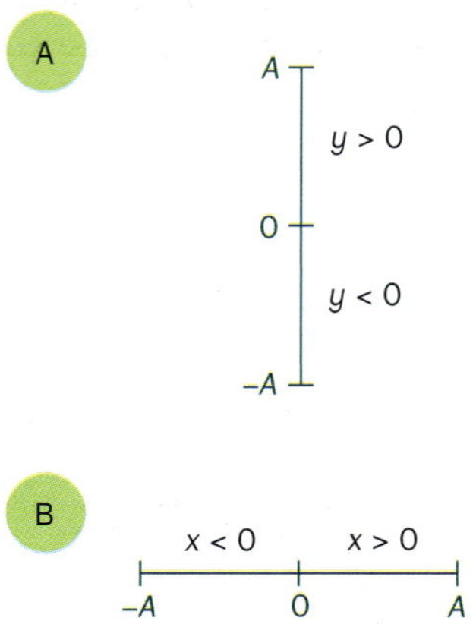

Fig. 5.8. *a)* Moviment harmònic simple descrit en l'eix *Y:* el mòbil es mou entre les posicions $y = A$ i $y = -A$.
b) Moviment harmònic simple descrit en l'eix *X:* el mòbil es mou entre les posicions $x = A$ i $x = -A$.

- La **fase inicial** φ_0 és una constant que depèn de la posició inicial del mòbil (en el temps inicial $t_0 = 0$). Ambdues estan relacionades segons:

$$y(0) = A \sin(\omega \cdot 0 + \varphi_0) \rightarrow y_0 = A \sin \varphi_0$$

La seva unitat en el SI és el radiant (rad).

- La **fase** $\omega t + \varphi_0$ ens dona informació sobre l'estat de vibració del mòbil en un instant determinat *t*. La seva unitat en el SI és el radiant (rad).

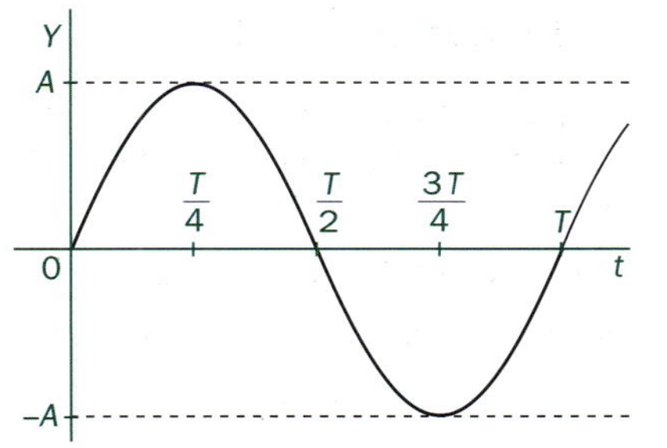

Fig. 5.9. Diagrama *y-t* del moviment harmònic simple amb la condició inicial $y_0 = 0$, que implica que $\varphi_0 = 0$.

Si representem gràficament l'elongació *y* enfront del temps *t* obtenim el diagrama *y-t* (fig. 5.9), que té la forma típica de les funcions trigonomètriques sinus o cosinus.

Exemple 1. **Un cos de massa *m* penja d'una molla; si separem el cos una distància de 5 cm de la seva posició d'equilibri, augmentant la longitud de la molla, i el deixem anar (fig. 5.10), veiem que efectua 10 oscil·lacions en 8 s.**

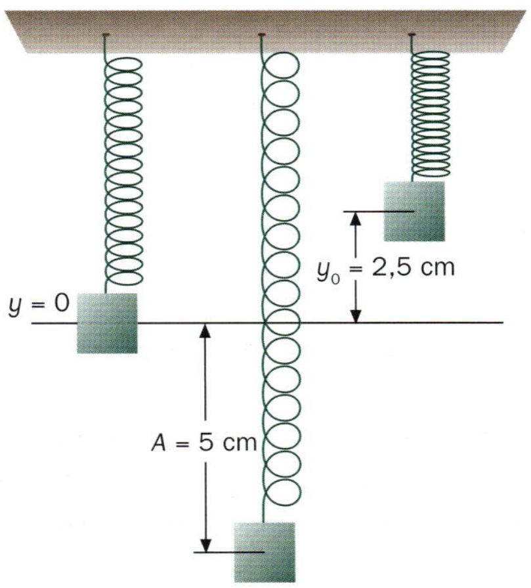

Fig. 5.10.

Calculeu:

a) La freqüència, el període i la freqüència angular.

b) La fase inicial i l'equació del moviment, suposant que es comença a comptar el temps quan el cos passa per la posició $y_0 = 2{,}5$ cm (fig. 5.10).

c) Dibuixeu el diagrama *y-t*.

Resolució

a) Tenint en compte que la *freqüència* és el nombre d'oscil·lacions que efectua el mòbil en 1 segon, calculem la freqüència, el període i la freqüència angular:

$$f = \frac{10}{8} = 1{,}25 \text{ Hz}$$

$$T = \frac{1}{f} = \frac{1}{1{,}25} = 0{,}8 \text{ s}$$

$$\omega = 2\pi f = 2\pi \cdot 1{,}25 = 2{,}5\pi \text{ rad/s}$$

b) L'amplitud *A* és la distància màxima que se separa el cos de la posició d'equilibri, mentre que la posició inicial y_0 val 2,5 cm:

$$A = 5 \text{ cm} = 0{,}05 \text{ m} \qquad y_0 = 2{,}5 \text{ cm} = 0{,}025 \text{ m}$$

D'altra banda:

$$y_0 = A \sin \varphi_0 \rightarrow 0{,}025 = 0{,}05 \sin \varphi_0$$

$$\sin \varphi_0 = \frac{0{,}025}{0{,}05} = 0{,}5 \rightarrow \varphi_0 = \arcsin 0{,}5 = \frac{\pi}{6} \text{ rad}$$

Si substituïm tots els valors, veiem que l'equació del moviment és:

$$y(t) = A \sin(\omega t + \varphi_0)$$

$$y(t) = 0{,}05 \sin\left(2{,}5\pi\, t + \frac{\pi}{6}\right)$$

c) Podem obtenir el diagrama *y-t* si representem gràficament la funció anterior; és convenient donar valors de temps compresos entre 0 i 2*T*, aproximadament, per tal d'obtenir un gràfic on es vegi de manera clara la característica de repetició de la posició. Pot ser interessant que utilitzeu algun programa informàtic per fer vosaltres mateixos aquesta representació gràfica (fig. 5.11).

Recordeu que tant la fase inicial φ_0 com la fase $\omega t + \varphi_0$ cal que estiguin expressades en radiants. És important tenir en compte això sobretot a l'hora de donar valors al temps *t* per tal d'obtenir uns resultats correctes de la funció *y* (*t*).

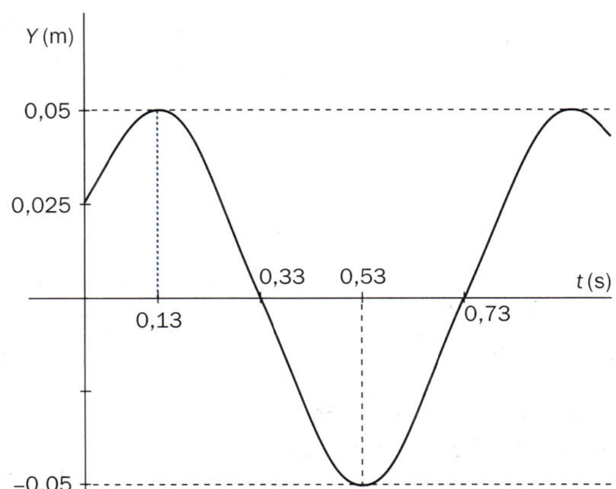

Fig. 5.11. Diagrama *y-t*.

Exemple 2. ➡ **Quina és l'equació del moviment que corresponen al següent gràfic (fig. 5.12)?**

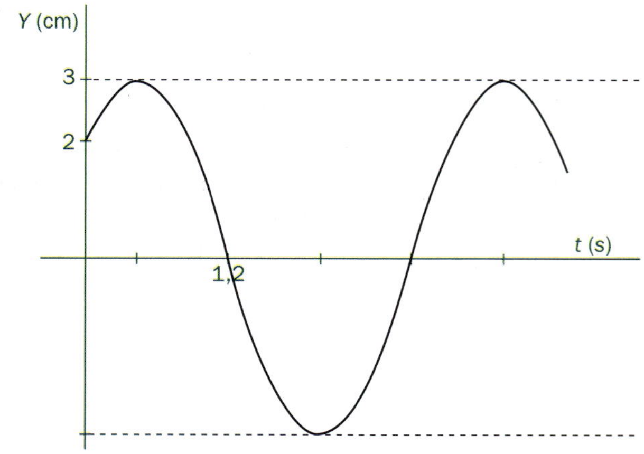

Fig. 5.12.

Resolució

Determinem en primer lloc la fase inicial, llegint les dades del gràfic i expressant-les en el SI:

$$y_0 = A \sin \varphi_0 \rightarrow 0{,}02 = 0{,}03 \sin \varphi_0$$

$$\varphi_0 = \arcsin \frac{0{,}02}{0{,}03} = 0{,}73 \text{ rad}$$

Ara cal determinar ω, tenint en compte que en $t_2 = 1{,}2$ s, tenim que $y(t_2) = 0$, i s'obté que $y(t_2) = 0{,}03 \sin(\omega t_2 + 0{,}73) = 0$, i deduïm que $(\omega t_2 + 0{,}73) = n\pi$. Com que en aquest temps t_2 es dona la primera coincidència en què $y = 0$, podem concloure que $n = 1$, i llavors:

$$\omega t_2 + 0{,}73 = \pi \rightarrow \omega = 2 \text{ rad/s}$$

Així doncs, l'equació del moviment, en unitats del SI, és:

$$y(t_2) = 0{,}03 \sin(2t + 0{,}73)$$

ACTIVITATS

1. Un oscil·lador harmònic d'amplitud A té una freqüència angular ω.

a) Quina és la fase inicial si es comença a comptar el temps quan l'elongació del mòbil és la meitat de l'amplitud?

b) I si és la quarta part?

R: *a)* $\frac{\pi}{6}$ rad; *b)* 0,2527 rad

2. Escriviu l'equació del moviment harmònic simple d'un mòbil que es mou en l'eix X si la seva amplitud és de 15 cm, la seva freqüència val 4 Hz i en l'instant inicial el mòbil es troba en el punt mitjà de la seva amplitud.

R: $x = 0{,}15 \sin\left(8\pi t + \frac{\pi}{6}\right)$

3. Quines són les equacions del moviment dels mòbils els gràfics dels quals són els representats en la figura 5.13?

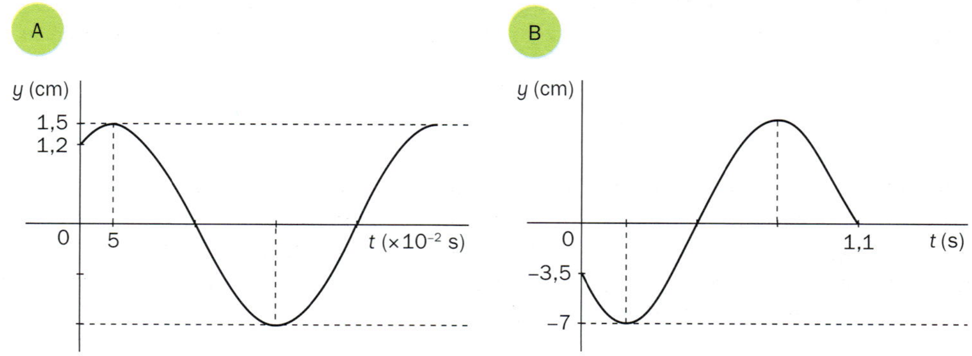

Fig. 5.13.

R: *a)* $y(t) = 1{,}5 \cdot 10^{-2} \sin(13t + 0{,}93)$;
b) $y(t) = -7 \cdot 10^{-2} \sin(5{,}24t + \pi/6)$

3. Velocitat i acceleració del moviment harmònic simple

A continuació deduirem les equacions de la velocitat i de l'acceleració instantànies, $v(t)$ i $a(t)$, d'un mòbil que descriu un moviment harmònic simple. Recordem que per obtenir-les hem de fer la primera i la segona derivada de la funció $y(t)$, respectivament, i és interessant expressar aquestes dues equacions amb la mateixa funció trigonomètrica sinus, fent servir les expressions trigonomètriques $\cos \alpha = \sin\left(\alpha + \frac{\pi}{2}\right)$, $\sin \alpha = -\sin(\alpha + \pi)$, per tal de poder comparar-les:

- Equació del moviment: $y(t) = A \sin(\omega t + \varphi_0)$
- Equació de la velocitat: $v(t) = \dfrac{dy}{dt} = A\,\omega \cos(\omega t + \varphi_0) \rightarrow v(t) = A\,\omega \sin\left(\omega t + \varphi_0 + \dfrac{\pi}{2}\right)$
- Equació de l'acceleració: $a(t) = \dfrac{d^2 y}{d^2 t} = -A\,\omega^2 \sin(\omega t + \varphi_0) \rightarrow a(t) = A\,\omega^2 \sin(\omega t + \varphi_0 + \pi)$

Aquestes dues últimes expressions per a $v(t)$ i $a(t)$ permeten deduir la velocitat i l'acceleració màximes. També podem determinar amb elles en quins punts y de la trajectòria la velocitat i l'acceleració són màximes, i en quins són nul·les.

Analitzem primer l'equació de la velocitat. Podem veure que el mòdul de la velocitat és màxim quan $\cos(\omega t + \varphi_0) = \pm 1$, i això es dona, al seu torn, quan la fase $\omega t + \varphi_0$ val $n\pi$ (amb $n = 0, \pm 1, \pm 2...$). Per tant, substituïm el valor d'aquesta fase en l'equació de la velocitat, i deduïm que el valor màxim d'aquesta és $v_{\text{màx}} = A\,\omega \cos n\pi = A\,\omega \cdot 1 = A\,\omega$; també ho substituïm en l'equació de l'elongació, i deduïm que el valor de la posició y en què es dona la velocitat màxima és $y(t) = A \sin n\pi = A \cdot 0 = 0$. Per tant, la velocitat és màxima quan l'elongació és nul·la ($y = 0$).

D'altra banda, podem veure que la velocitat s'anul·la quan $\cos(\omega t + \varphi_0) = 0$, i això es dona, al seu torn, quan la fase $\omega t + \varphi_0$ val $(2n + 1)\dfrac{\pi}{2}$ (amb $n = 0, \pm 1, \pm 2...$). Si substituïm aquest valor de la fase en l'equació de l'elongació, deduïm que el valor de la posició y en què es dona un valor nul de la velocitat és $y(t) = A \sin(\omega t + \varphi_0) = \left([2n + 1]\dfrac{\pi}{2}\right) = \pm A$. Per tant, la velocitat és nul·la quan l'elongació és màxima ($y = \pm A$). Així doncs, podem concloure que:

> El mòdul de la velocitat del moviment harmònic simple és màxim quan $y = 0$, és a dir, quan el mòbil passa per la posició d'equilibri; per contra, s'anul·la quan el mòbil passa pels punts extrems, és a dir, quan $y = \pm A$. (fig. 5.14). El valor màxim de la velocitat és:
>
> $$v_{\text{màx}} = A\,\omega$$

Analitzem ara l'acceleració. Si ens fixem que aquesta està descrita per una funció temporal idèntica a la funció que descriu l'elongació, però multiplicada per $-\omega^2$, $a(t) = -\omega^2\, y(t)$, es dedueix que el mòdul de l'acceleració assoleix el seu valor màxim en els mateixos instants de temps en què el mòdul de l'elongació és màxim, és a dir, $y = \pm A$, i que l'acceleració s'anul·la quan $y = 0$. Així doncs, podem concloure que:

> El mòdul de l'acceleració del moviment harmònic simple és màxim quan $y = \pm A$, i s'anul·la quan $y = 0$ (fig. 5.14). El valor màxim de l'acceleració és:
>
> $$a_{\text{màx}} = A\,\omega^2$$

Recorda

Recordeu que les funcions harmòniques fonamentals són les funcions $\sin x$ i $\cos x$.

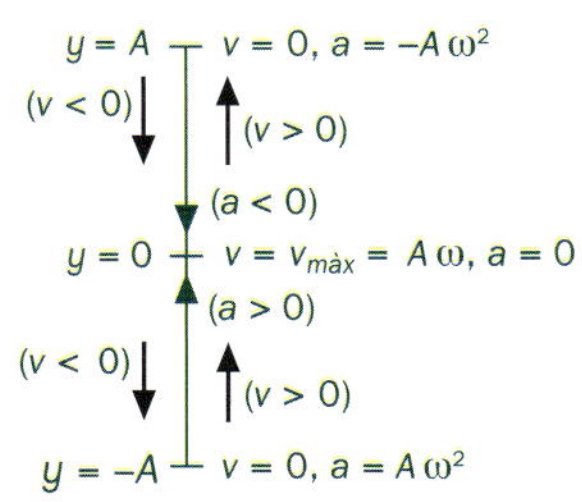

Fig. 5.14. Valors extrems de la velocitat i de l'acceleració en el moviment harmònic simple. La velocitat és màxima quan $y = 0$, i nul·la quan $y = \pm A$. L'acceleració és màxima quan $y = \pm A$, i nul·la quan $y = 0$.

4. Dinàmica del moviment harmònic simple

Hem vist en els apartats anteriors que l'equació del moviment oscil·latori més senzill que existeix, el moviment harmònic simple, es descriu matemàticament amb les funcions trigonomètriques sinus i cosinus (fig. 5.18). Ara ho demostrarem d'una manera més rigorosa, prenent de nou l'exemple del moviment oscil·latori d'un cos que penja d'una molla, i tenint en compte que, per fer-ho, cal introduir els conceptes de la dinàmica en l'estudi que estem portant a terme.

En efecte, i tal com es va demostrar el curs passat, la força F que la molla efectua sobre el cos verifica la llei de Hooke, que indica que F és proporcional a l'allargament o elongació de la molla, y, i té un sentit contrari a aquesta de tal manera que tendeix a restituir el cos a la seva posició d'equilibri: $F = -ky$ (fig. 5.17), on k és la constant elàstica de la molla. Per aquest motiu, recordem, aquesta força rep el nom de *força recuperadora* o, també, *força elàstica.*

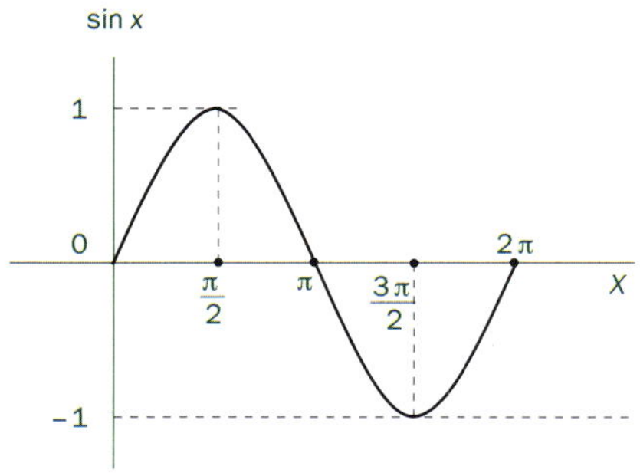

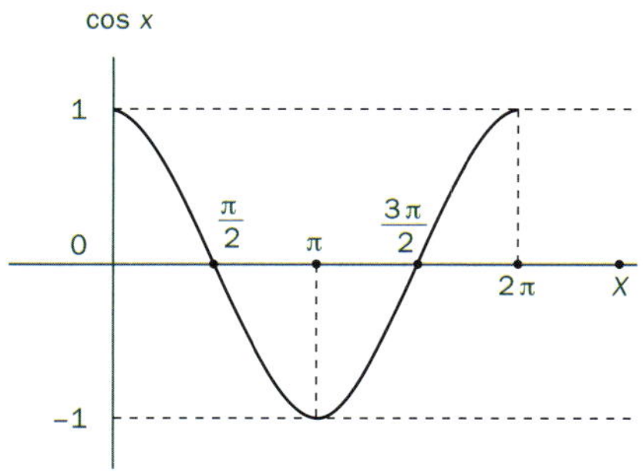

Fig. 5.18. Funcions periòdiques sin x i cos x. Si derivem dues vegades la funció sinus, obtenim la mateixa funció canviada de signe:

$$f(x) = \sin x \rightarrow f'(x) = \cos x$$
$$f''(x) = -\sin x$$

I el mateix passa amb la funció cosinus:

$$f(x) = \cos x \rightarrow f'(x) = -\sin x$$
$$f''(x) = -\cos x$$

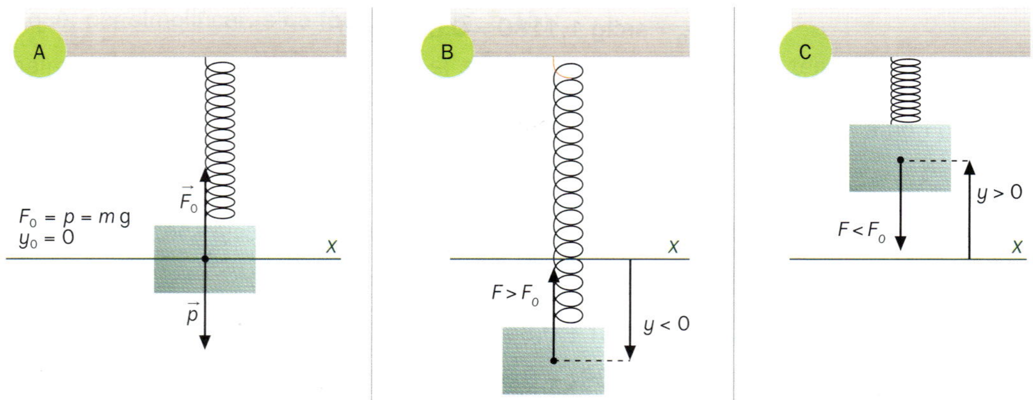

a) El cos està en repòs en la posició d'equilibri $y_0 = 0$: el pes p es veu compensat per la força elàstica F_0.

b) El cos està separat una longitud y negativa respecte de $y_0 = 0$: apareix una força elàstica addicional F que té sentit positiu.

c) El cos està separat una longitud y positiva respecte de $y_0 = 0$: la força elàstica addicional F té ara sentit negatiu.

Fig. 5.17. Cos que penja d'una molla. La força elàstica F d'una molla i l'allargament y tenen sentits contraris i, per tant, la força tendeix a restituir el cos a la posició d'equilibri i origina un moviment harmònic simple.

És aquesta característica de la força elàstica, precisament, la que fa que el cos descrigui un moviment harmònic simple. Això es demostra si apliquem la 2a llei de Newton, considerant que el fregament és negligible i que sobre el cos només actua la força elàstica:

$$\sum F = ma \rightarrow -ky = m\frac{d^2y}{dt^2} \rightarrow m\frac{d^2y}{dt^2} + ky = 0 \rightarrow \boxed{\frac{d^2y}{dt^2} + \frac{k}{m}\,y(t) = 0}$$

Aquesta última expressió és l'**equació diferencial del moviment harmònic simple d'una molla.** Una *equació diferencial* és aquella que relaciona una funció amb les seves derivades i, en aquest cas, l'equació relaciona l'elongació $y(t)$ amb la seva segona derivada, és a dir, amb l'acceleració $a(t)$. La solució d'aquesta equació diferencial ha de ser una funció $y(t)$ tal que la seva derivada segona doni una funció idèntica a la inicial, però canviada de signe i multiplicada per la constant k/m, i les úniques funcions que verifiquen això són la funció sinus i la funció cosinus, com podem comprovar si derivem aquestes funcions (fig. 5.18).

Per tant, queda demostrada la hipòtesi que la força recuperadora origina un moviment que es descriu convenientment amb l'equació del moviment harmònic simple $y(t) = A \sin(\omega t + \varphi_0)$, o bé $y(t) = A \cos(\omega t + \varphi_0)$, estudiades en els apartats anteriors. Si substituïm una d'aquestes dues equacions del moviment, per exemple, la primera, i la seva segona derivada, és a dir,

Recorda

Una **equació diferencial** és aquella equació que relaciona una funció amb les seves derivades.

l'acceleració $a(t)$, en l'equació diferencial que s'ha obtingut, i se simplifica, deduïm l'expressió que relaciona la freqüència angular ω amb la constant k de la molla i la massa m del cos:

$$\frac{d^2y}{dt^2} + \frac{k}{m}\,y(t) = 0 \rightarrow -A\,\omega^2 \sin(\omega t + \varphi_0) + \frac{k}{m} A \sin(\omega t + \varphi_0) = 0$$

$$-\omega^2 + \frac{k}{m} = 0 \rightarrow \omega^2 = \frac{k}{m} \rightarrow \boxed{\omega = \sqrt{\frac{k}{m}}}$$

A partir d'aquesta última expressió s'obté l'expressió del període d'oscil·lació T d'una molla, quan s'iguala amb l'expressió general que relaciona T amb ω, i es demostra que tant la freqüència angular ω com el període d'oscil·lació T depenen només de la massa del cos i de la constant elàstica de la molla, i són independents de l'amplitud A:

$$\omega = \frac{2\pi}{T} = \sqrt{\frac{k}{m}} \rightarrow \boxed{T = 2\pi\sqrt{\frac{m}{k}}}$$

Finalment, si substituïm el valor que acabem d'obtenir per a ω en l'equació diferencial del moviment harmònic simple, veiem que aquesta equació es pot expressar d'una manera més general que l'obtinguda en el cas de la molla:

$$\frac{d^2y}{dt^2} + \frac{k}{m}\,y(t) = 0 \rightarrow \boxed{\frac{d^2y}{dt^2} + \omega^2\,y(t) = 0}$$

Aquesta última expressió és vàlida per a qualsevol oscil·lador harmònic, i s'anomena, per aquest motiu, **equació diferencial del moviment harmònic simple.** L'expressió de la constant ω^2 que hi apareix adopta una forma que és diferent per a cada tipus d'oscil·lador harmònic. Per exemple, acabem de veure que, en el cas d'una molla, aquesta constant val k/m. A continuació estudiarem el pèndol senzill i demostrarem que es comporta com un moviment harmònic simple sempre que es considerin angles de separació petits respecte de la vertical; veurem quina és, en aquest cas, la forma concreta que adopta la freqüència angular ω.

Atenció

El període d'oscil·lació d'un cos solidari d'una molla augmenta amb el valor de la massa m del cos, i disminueix amb el valor de la constant elàstica k de la molla. Però no ho fa de manera proporcional, ja que, en l'expressió del període, les magnituds m i k apareixen dins d'una arrel quadrada.

4.1. Energia del moviment harmònic simple

Estudiem ara l'oscil·lador harmònic des del punt de vista energètic, en l'exemple de la molla. Si tenim en compte les expressions de l'energia cinètica, $E_c = \frac{1}{2} m v^2$, i de l'energia potencial elàstica d'una molla, $E_p = \frac{1}{2} k y^2$, podem determinar els seus valors en la posició d'equilibri $y = 0$ i en les posicions extremes $y = \pm A$, recordant que la velocitat té un valor màxim en la posició d'equilibri i un valor nul quan el mòbil passa pels punts extrems (fig. 5.19):

Posició d'equilibri: $y = 0$, $\lvert v \rvert = v_{màx} = A\omega$	**Posició d'elongació màxima: $\lvert y \rvert = A$, $v = 0$**
$E_c = E_{c\,màx} = \frac{1}{2} m v^2_{màx} = \frac{1}{2} m (A\omega)^2$, $E_p = 0$	$E_c = 0$, $E_p = E_{p\,màx} = \frac{1}{2} k A^2$

Taula 5.1.

En qualsevol altra posició $y \neq 0, \pm A$, tant l'energia cinètica com l'energia potencial són diferents de zero i, com que la força elàstica és una força conservativa, es compleix el principi de conservació de l'energia mecànica i aquesta és la mateixa en qualsevol posició. Per tant:

$$E = E_p + E_c = 0 + E_{c\,màx} = E_{p\,màx} + 0$$

$$\frac{1}{2} k y^2 + \frac{1}{2} m v^2 = \frac{1}{2} k A^2, \quad \frac{1}{2} k y^2 + \frac{1}{2} m v^2 = \frac{1}{2} m (A\omega)^2$$

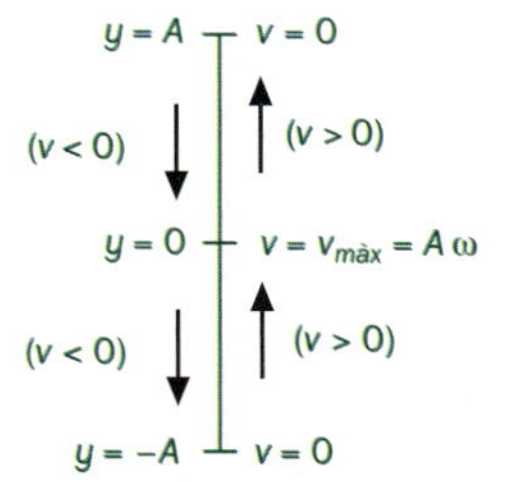

Fig. 5.19. Valors màxims i nul de la velocitat del moviment harmònic simple.

Exemple 4. **Un cos de 275 g de massa penja d'una molla, i se separa una distància de 4 cm de la posició d'equilibri fent una força externa de 2 N.**

Determineu:

a) El període, la freqüència i la freqüència angular de les oscil·lacions que es produeixen en deixar anar el cos des d'aquesta posició.

b) Els valors màxims de les energies cinètica i potencial, la posició quan la velocitat val 0,46 m/s, fent consideracions energètiques, i les energies cinètica i potencial en aquesta posició.

Resolució

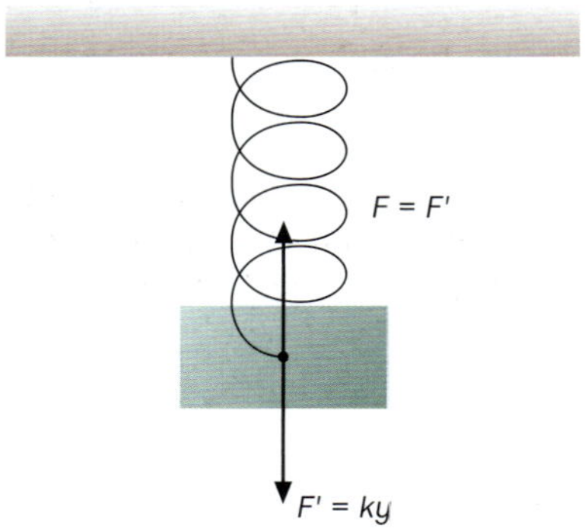

Fig. 5.20. Si estirem una molla i la mantenim en repòs, la força externa que realitzem, $\vec{F}'$, compensa exactament la força elàstica $\vec{F}$, de manera que:

$\vec{F} + \vec{F}' = 0 \rightarrow \vec{F}' = -\vec{F} \rightarrow F' = F = ky$

a) Per calcular la constant elàstica *k* fem servir l'expressió de la força externa F_0 aplicada en funció de l'allargament *y*, que, recordem, és $F_0 = ky$ (fig. 5.20). Si expressem l'elongació *y* i la massa *m* en unitats del SI podem aïllar, primer, *k* i, després, la freqüència angular ω:

$$k = \frac{F_0}{\Delta y} = \frac{2}{0{,}04} = 50 \text{ N/m}$$

$$\omega = \sqrt{\frac{k}{m}} = \sqrt{\frac{50}{0{,}275}} = 13{,}484 \text{ rad/s}$$

Ara ja podem calcular la freqüència *f*, aïllant-la, per exemple, de l'expressió $\omega = 2\pi f$, i el període d'oscil·lació de la molla *T*, recordant que és la magnitud inversa a la freqüència:

$$f = \frac{\omega}{2\pi} = \frac{13{,}484}{2\pi} = 2{,}146 \text{ Hz}$$

$$T = \frac{1}{f} = \frac{1}{2{,}146} = 0{,}466 \text{ s}$$

b) El valor màxim de l'energia cinètica es dona en la posició d'equilibri, mentre que el valor màxim de l'energia potencial es dona en les posicions extremes $y = \pm A$; però, d'acord amb el principi de conservació de l'energia, tenen el mateix valor, que es pot calcular amb qualsevol de les dues expressions, per exemple la segona, d'acord amb les dades de què disposem:

$$E = E_{c\ màx} = E_{p\ màx} = \frac{1}{2} m v^2_{màx} = \frac{1}{2} k A^2$$

$$E_{c\ màx} = E_{p\ màx} = \frac{1}{2} k A^2 = \frac{1}{2} \cdot 50 \cdot (0{,}04)^2 = 4 \cdot 10^{-2} \text{ J}$$

Finalment calculem la posició quan la velocitat val 0,46 m/s, aplicant el principi de conservació de l'energia, i també les energies cinètica i potencial en aquesta posició:

$$\frac{1}{2} k y^2 + \frac{1}{2} m v^2 = \frac{1}{2} k A^2$$

$$\frac{1}{2} \cdot 50 \cdot y^2 + \frac{1}{2} \cdot 0{,}275 \cdot 0{,}46^2 = 4 \cdot 10^{-2} \text{ J} \rightarrow y = \pm 2 \cdot 10^{-2} \text{ m}$$

$$E_c = \frac{1}{2} m v^2 = \frac{1}{2} \cdot 0{,}275 \cdot 0{,}46^2 = 3 \cdot 10^{-2} \text{ J}$$

$$E_p = \frac{1}{2} k y^2 = \frac{1}{2} \cdot 50 \cdot (2 \cdot 10^{-2})^2 = 10^{-2} \text{ J}$$

4.2. Estudi del pèndol senzill

Acabem de comentar que, per a petits angles de separació respecte de la vertical, el moviment d'un pèndol es pot considerar harmònic simple, com demostrem ara tot obtenint la seva equació diferencial. Considerem un pèndol constituït per un cos de massa m que penja d'una corda de longitud l, i que es deixa anar des d'una posició inicial màxima de longitud d'arc S que forma un cert angle α amb la vertical, oscil·lant entre les posicions S i $-S$ (fig. 5.21). A diferència de l'exemple de la molla, aquest moviment no és unidimensional, sinó que té lloc en un pla, ja que la trajectòria que descriu el mòbil és un tram de circumferència de radi l.

Podem simplificar-lo, però, i fer un estudi anàleg al realitzat per a la molla si, en lloc de les coordenades cartesianes (x, y), considerem la longitud d'arc descrita, s, i les coordenades polars (r, θ) de la posició que té el mòbil en un instant determinat de temps t (fig. 5.21). Aquestes són el mòdul del vector de posició r, que, evidentment, és el radi de la trajectòria circular, l, i l'angle descrit θ; com que el mòdul és constant, $r = l$, només cal considerar com a funció del temps la coordenada $\theta(t)$, relacionada amb la longitud d'arc $s(t)$ per l'expressió $s(t) = l\,\theta(t)$.

En una posició genèrica de longitud d'arc $s \neq 0$, la tensió i el pes no tenen la mateixa direcció, i llavors cal descompondre el pes en les seves components normal, $p_n = m\,g \cos\theta$, i tangencial, $p_t = m\,g \sin\theta$ (fig. 5.21). Cal adonar-se que la component p_t té, en tot moment, un sentit contrari a l'angle descrit θ i a la longitud d'arc s. Si, per exemple, es considera que la longitud d'arc s i l'angle θ són positius ($s > 0$, $\theta > 0$) quan el pèndol es troba a la dreta de la posició d'equilibri, veiem que p_t va dirigit cap a l'esquerra i cal assignar-li, doncs, sentit negatiu ($p_t < 0$) (fig. 5.22 *a*); per contra, si el pèndol es troba a l'esquerra de la posició d'equilibri, ara cal considerar s i θ negatius ($s < 0$, $\theta < 0$), mentre p_t va dirigit ara cap a la dreta i té sentit positiu ($p_t > 0$) (fig. 5.22 *b*).

Per tant, p_t tendeix a restituir el cos a la posició d'equilibri (la vertical), i actua, de fet, com una força recuperadora de manera similar a com ho fa la força elàstica d'una molla. Si apliquem la 2a llei de Newton a aquest component tenint en compte aquest fet, trobem que:

$$\sum F_t = m\,a_t \rightarrow p_t = m\,a_t \rightarrow -m\,g \sin\theta = m\,a_t \rightarrow -m\,g \sin\theta = m\,\frac{d^2 s}{d t^2}$$

Per a angles petits, podem fer l'aproximació $\sin\theta = \theta$; si simplifiquem l'expressió anterior, tenint en compte que $s = l\,\theta$, i reordenem, podem escriure:

$$\frac{d^2 s}{d t^2} + \frac{g}{l}\,s(t) = 0$$

Fixem-nos que aquesta expressió correspon a l'equació d'un moviment harmònic simple en què la constant ω^2 adopta el valor g/l. Queda demostrat, doncs, que, per a petits angles de separació respecte de la vertical, un pèndol senzill es comporta com un oscil·lador harmònic, i ara ja podem escriure la seva equació del moviment en funció de l'angle descrit, $s(t)$, i les expressions de la freqüència angular i del període d'oscil·lació d'aquest moviment, per similitud amb les corresponents al moviment harmònic simple d'una molla:

$$s(t) = S \sin(\omega t + \varphi_0) \qquad \omega = \sqrt{\frac{g}{l}} \qquad T = 2\pi\sqrt{\frac{l}{g}}$$

De manera similar al moviment d'una molla, veiem que el d'un pèndol no depèn de l'amplitud de les oscil·lacions; però, a diferència d'aquella situació, tampoc no depèn de la seva massa, d'acord amb les expressions anteriors per a la freqüència i per al període.

Finalment, cal comentar que per a un pèndol senzill no és d'aplicació una expressió similar a la de la molla per a l'energia potencial, ja que aquesta és ara $E_p = m\,g\,y$, en què y és l'altura del pèndol respecte de la posició d'equilibri prenent aquesta última com a altura zero.

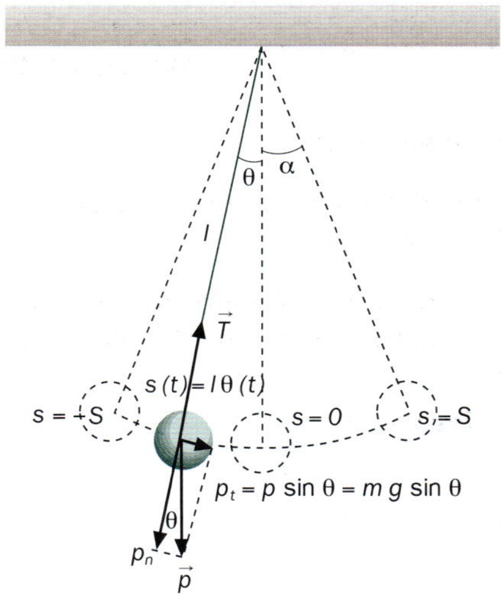

Fig. 5.21. Pèndol que es mou amb moviment harmònic simple (per a angles petits); l'amplitud és S.

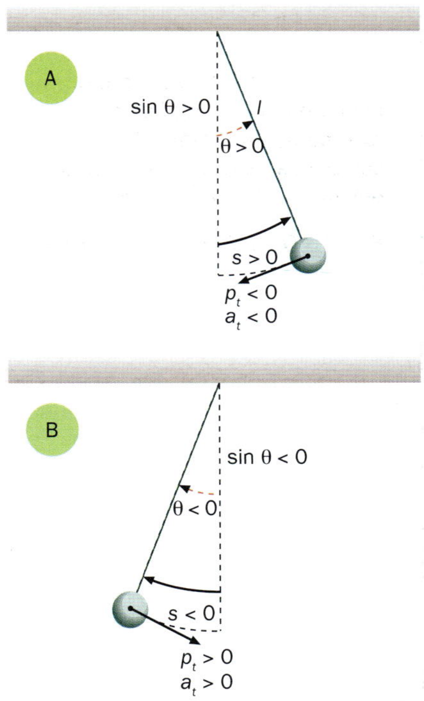

Fig. 5.22. El component tangencial del pes tendeix a restituir el pèndol a la seva posició d'equilibri.

Recorda

Quan un cos es troba a prop de la superfície terrestre o, el que és el mateix, quan és a una altura molt més petita que el radi terrestre, l'expressió de l'energia potencial és $E_p = m\,g\,h$.

Es verifica, això sí, com en el cas de la molla, que en la posició d'elongació màxima l'energia potencial és màxima, i l'energia cinètica, nul·la, i que, en la posició d'equilibri, l'energia potencial és nul·la, i l'energia cinètica, màxima. Complementem amb l'exemple següent l'estudi energètic del pèndol senzill tenint en compte que l'energia mecànica també es conserva, de manera que podem igualar les energies en ambdues posicions i podem establir:

$$E_{c\,\text{màx}} = E_{p\,\text{màx}} \rightarrow \frac{1}{2}\, m\, v^2_{\text{màx}} = m\, g\, y_{\text{màx}}$$

Exemple 5. **Construïm un pèndol amb una petita esfera que penja d'un fil de longitud 40 cm; el separem un angle de 7° respecte de la vertical, i el deixem anar. Sense tenir en compte la massa del fil:**

a) Determineu la freqüència angular i el període de les oscil·lacions que es produiran en deixar anar el pèndol, i l'equació del moviment que el descriu.

b) Compareu el resultat calculat en l'apartat anterior per a la freqüència angular amb el que s'obté fent consideracions energètiques. A quina conclusió arribem?

Resolució

Expressem, en primer lloc, la longitud de la corda i l'angle inicial en unitats del SI, i calculem l'amplitud S; si bé la longitud donada en l'enunciat té dues xifres decimals, aquí s'aproximarà fins a quatre xifres decimals per tal de poder comparar els resultats obtinguts en els apartats *a)* i *b)*.

$$l = 0{,}40 \text{ m};\ \alpha = 7° \cdot \frac{\pi \text{ rad}}{180°} = 0{,}1222 \text{ rad}$$

$$S = l\,\alpha = 0{,}4 \cdot 0{,}1222 = 0{,}0489 \text{ m}$$

a) Calculem la freqüència angular ω i el període d'oscil·lació T amb les expressions calculades per al pèndol:

$$T = 2\pi\sqrt{\frac{l}{g}} = 2\pi\sqrt{\frac{0{,}4}{9{,}8}} = 1{,}2694 \text{ s}$$

$$\omega = \sqrt{\frac{g}{l}} = \sqrt{\frac{9{,}8}{0{,}4}} = 4{,}9497 \text{ rad/s}$$

Determinem la fase inicial tenint en compte que $s(0) = S$, i escrivim l'equació del moviment substituint els valors obtinguts per a S, ω i φ_0 i simplificant:

$$s(0) = S = S\sin(\omega \cdot 0 + \varphi_0) \rightarrow 1 = \sin\varphi_0 \rightarrow \varphi_0 = \frac{\pi}{2} \text{ rad}$$

$$s(t) = 0{,}0489 \sin\left(4{,}9497t + \frac{\pi}{2}\right)$$

$$s(t) = 0{,}0489 \cos 4{,}9497t$$

b) Una manera alternativa d'obtenir la freqüència angular del pèndol és a partir de l'expressió de la velocitat màxima del moviment harmònic simple, $v_{\text{màx}} = S\,\omega$, determinant aquesta última a partir del principi de conservació de l'energia. Inicialment el cos només té energia potencial, ja que es troba en repòs a una certa altura $y_{\text{màx}}$ respecte de la posició d'equilibri; considerem la posició d'equilibri com a origen d'energia potencial, i determinem $y_{\text{màx}}$ geomètricament (fig. 5.23*a*):

$$y_{\text{màx}} + y' = l \rightarrow y_{\text{màx}} = l - y' = l - l\cos\alpha = l(1 - \cos\alpha)$$

$$y_{\text{màx}} = 0{,}4 \cdot (1 - \cos 7°) = 2{,}98 \cdot 10^{-3} \text{ m}$$

Quan deixem anar el cos, aquest es posa a oscil·lar, de manera que, quan passa per la posició d'equilibri, tota l'energia potencial s'ha convertit en energia cinètica i la velocitat és màxima en aquest punt (fig. 5.23*b*). Apliquem el principi de conservació de l'energia, i determinem ω, amb l'expressió $v_{\text{màx}} = S\,\omega$:

$$E_{c\,\text{màx}} = E_{p\,\text{màx}} \rightarrow \frac{1}{2}\, m\, v^2_{\text{màx}} = m\, g\, y_{\text{màx}}$$

$$v_{\text{màx}} = \sqrt{2\, g\, y_{\text{màx}}} = \sqrt{2 \cdot 9{,}8 \cdot 2{,}98 \cdot 10^{-3}} = 0{,}2417 \text{ m/s}$$

$$v_{\text{màx}} = S\,\omega \rightarrow \omega = \frac{v_{\text{màx}}}{S} = \frac{0{,}2417}{0{,}0489} = 4{,}9427 \text{ rad/s}$$

Veiem que aquest últim valor de ω difereix lleugerament del calculat en l'apartat *a)*. Això es deu al fet que l'expressió de la freqüència angular obtinguda per al pèndol, i que s'ha utilitzat en l'apartat *a)*, no deixa de ser aproximació, ja que per obtenir-la s'ha suposat que $\sin\theta = \theta$.

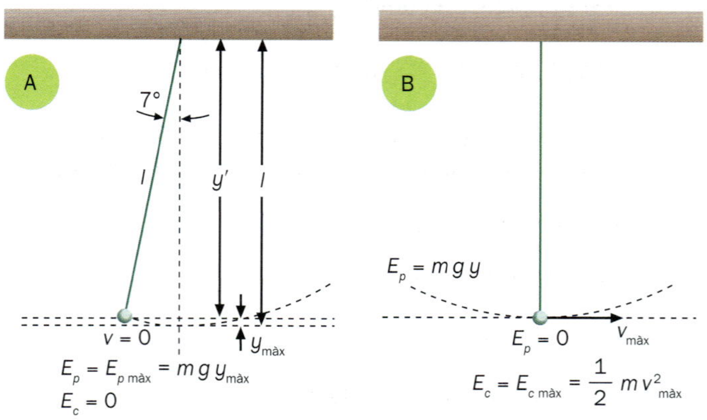

Fig. 5.23.

ACTIVITATS

9. Una molla té una constant elàstica de 75 N/m. Una massa que penja d'aquesta molla oscil·la amb una freqüència de 3,5 Hz quan la separem 2,5 cm de la posició d'equilibri. Quin és el valor d'aquesta massa?

R: 155,1 g

10. Un oscil·lador harmònic està format per una molla ideal de massa negligible i una partícula puntual unida a l'extrem de la molla, de massa $m = 40$ g. El període de l'oscil·lador és de 2 s.

a) Si l'amplitud de les oscil·lacions és de 10 cm, quina velocitat màxima adquireix la massa *m*?

b) Representeu en una gràfica l'acceleració de l'oscil·lació en funció del temps, i indiqueu en els eixos les escales corresponents.

c) Quant hauria de valer la massa *m* perquè la freqüència de l'oscil·lador es multipliqués per dos?

R: *a)* 31,4 cm/s; *c)* 10 g

11. Una massa puntual penja d'un fil inextensible de massa negligible. Posem la massa a oscil·lar amb moviment vibratori harmònic simple. Escolliu la resposta correcta a aquestes qüestions:

A. La massa està sotmesa a la màxima acceleració:

a) En els instants en què l'elongació és màxima.

b) En el punt central de l'oscil·lació.

c) En els instants en què la velocitat és màxima.

B. Si l'amplitud de l'oscil·lació disminuís, la freqüència del moviment:

a) No variaria.

b) Augmentaria.

c) Disminuiria.

12. Construïm un pèndol amb una petita massa que penja d'un fil. Si el separem un angle de 4° de la posició d'equilibri, es posa a oscil·lar amb un període de 2,3 s.

a) Quina és la longitud del fil?

b) Escriviu l'equació del moviment suposant que en l'instant inicial el cos està passant per la posició d'equilibri.

R: *a)* 1,31 m; *b)* $s(t) = 0{,}09 \sin 2{,}73\,t$

13. Un gronxador efectua 5 oscil·lacions en 16 s amb un angle de separació respecte de la vertical de 10°. Si al gronxador hi ha un nen de massa 25 kg, determineu:

a) La freqüència d'oscil·lació.

b) La longitud del gronxador.

c) L'energia mecànica.

R: *a)* 0,31 Hz; *b)* 2,54 m; *c)* 9,45 J

A Internet

Entreu en la pàgina web

bit.ly/3HtZLrO

i visualitzeu l'*applet* «Muelle oscilante». Aneu variant els diferents paràmetres del sistema (constant elàstica de la molla, massa del cos, i amplitud), i visualitzeu diferents gràfics (elongació, velocitat, acceleració, força, i energia) tot fent captures de pantalla de diferents visualitzacions. Ordeneu les vostres captures en un treball en què s'expliquin diferents gràfics obtinguts, en funció dels valors dels paràmetres que hàgiu triat.

Feu el mateix amb l'*applet* «Péndulo», però ara els paràmetres que cal que aneu variant són la longitud del pèndol, l'acceleració de la gravetat i l'amplitud.

5. El moviment ondulatori

Fig. 5.24. L'energia potencial de la bola 1 es transmet com a energia cinètica a les boles 2, 3, 4 i 5 (que resten immòbils) fins a arribar a la bola 6, que s'enlaira a la mateixa alçada que la primera bola. Hi ha una transmissió d'energia sense que hi hagi un desplaçament net de matèria, sempre que suposem que el xoc entre un pèndol i el següent és elàstic.

Ara que ja hem estudiat els moviments oscil·latoris, en concret l'oscil·lador harmònic, podem centrar-nos en un tractament més rigorós del moviment ondulatori que, a diferència dels moviments corpusculars en els quals el mòbil es desplaça sobre una trajectòria més o menys extensa al llarg de l'espai (moviments rectilinis, parabòlics, circulars i oscil·latoris), en el cas dels moviments ondulatoris no hi ha un transport net de matèria, sinó només de quantitat de moviment i d'energia. Un cas en què es dona una transmissió d'energia sense que hi hagi un desplaçament de matèria és el del sistema de pèndols de la figura 5.24.

Fig. 5.25. Quan un objecte cau sobre la superfície en repòs de l'aigua, es genera una pertorbació que es propaga per tota la superfície.

Per exemple, quan es llança un objecte sobre la superfície en repòs d'un líquid, en el punt on cau l'objecte es genera una **pertorbació** que es transmet en totes les direccions de la superfície i defineix una sèrie de circumferències concèntriques, de manera que l'aigua es mou al voltant de la seva posició d'equilibri, però globalment no es desplaça en les direccions en què es propaga la pertorbació (fig. 5.25).

Es pot demostrar que la pertorbació generada en aquest exemple consisteix en un moviment periòdic de les molècules de líquid situades en els punts on cau l'objecte, i que el que es transmet a la resta de molècules superficials és aquest moviment periòdic, sense que hi hagi un desplaçament net de les molècules en les direccions en què avança la pertorbació.

Fixeu-vos que en originar la pertorbació hem dotat les molècules del medi d'una determinada quantitat de moviment i energia. Veiem, doncs, que el que es propaga al llarg de la superfície del líquid és quantitat de moviment i energia, i no pas matèria.

Definim el **moviment ondulatori** com el moviment en el qual no hi ha un transport net de matèria, sinó només de quantitat de moviment i d'energia. Diem que la quantitat de moviment i l'energia d'un moviment ondulatori es transmeten mitjançant **ones de propagació,** i anomenem **focus emissor d'ones** el conjunt de partícules del medi material on s'origina la pertorbació.

El focus és, per tant, el punt del medi, o conjunt de punts, d'on prové la quantitat de moviment i l'energia que transporta l'ona i que es transmeten a la resta de punts del medi. Per exemple, en el cas de la superfície del líquid que estem comentant, el focus és el conjunt de punts on hem llançat l'objecte.

Ara bé, perquè es produeixi un moviment ondulatori cal que cada molècula transmeti a les molècules veïnes tota l'energia o part de l'energia que ha rebut, per tal que es propagui la pertorbació. Els medis materials les partícules dels quals transmeten tota l'energia que reben i permeten la propagació d'ones s'anomenen **medis elàstics**.

En rigor, els medis materials no solen ser totalment elàstics, ja que cal considerar les pèrdues per fregament. Per exemple, en el cas de les ones generades a la superfície d'un líquid, les molècules no transmeten tota l'energia que reben a les molècules superficials veïnes, ja que una part d'aquesta energia és absorbida per les molècules de les capes inferiors de líquid i per les molècules de l'aire circumdant, a causa del fregament. En molts casos, però, podem suposar que aquestes pèrdues són petites, i podem considerar que els medis transmissors d'ones es comporten com medis elàstics amb una bona aproximació.

Recorda

Una ona transmet simplement quantitat de moviment i energia, no pas matèria.

5.1. Alguns exemples de moviments ondulatoris

En la nostra vida quotidiana ens trobem contínuament amb situacions en les quals té lloc una transmissió d'energia mitjançant ones, com ara el so i la llum, que seran estudiats a les dues unitats següents.

Una altra situació en què podem generar una ona de manera relativament fàcil és dona quan fixem l'extrem d'una corda i fem oscil·lar l'altre extrem movent-lo contínuament cap a dalt i cap a baix: la nostra mà actua de focus emissor i les partícules de la corda es posen a oscil·lar al pas de la pertorbació que hem generat (fig. 5.26). En aquest cas, el moviment periòdic que assoleixen les partícules consisteix, òbviament, en un moviment oscil·latori.

Per simplicitat, a partir d'ara suposarem que el moviment periòdic que descriuen les partícules al pas d'una ona determinada consisteix en un moviment oscil·latori, com és el cas de l'ona generada en una corda. També considerarem, si no es diu el contrari, que el medi de propagació és **homogeni,** és a dir, té les mateixes condicions de temperatura, pressió, densitat, etc., en tots els seus punts.

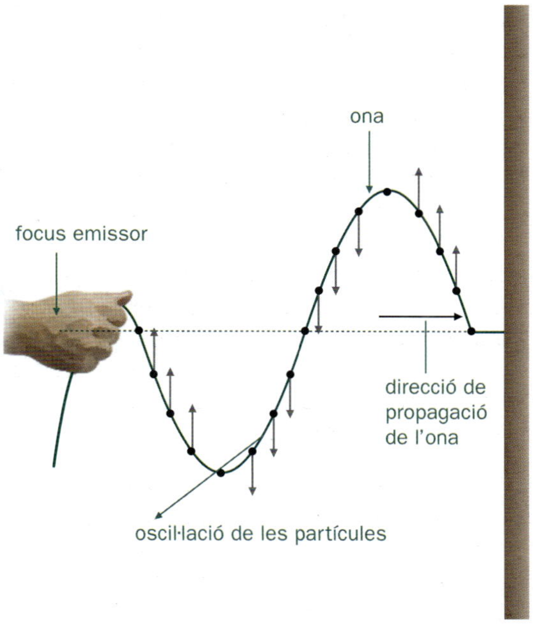

Fig. 5.26. Ones generades en una corda.

Recorda

Un cas particular de moviment periòdic és el moviment oscil·latori. En apartats anteriors hem estudiat un moviment oscil·latori concret, el moviment harmònic simple.

Notem, però, que els moviments ondulatoris que acabem de donar com a exemples, i altres que es puguin considerar, són a ull nu molt diferents entre si encara que tots tenen la particularitat de transmetre una pertorbació amb la seva energia. Es fa necessari, per tant, classificar els diferents tipus d'ones, i això es pot fer seguint diversos criteris, tal com veurem a continuació.

5.2. Classificació de les ones segons les dimensions de propagació

Pensem en l'exemple que tot just hem comentat de l'ona produïda en una corda. És evident que la pertorbació es transmet en una única dimensió, que determina la corda quan està en repòs, a diferència del cas de l'ona produïda en un líquid, en el qual l'ona es transmet al llarg de la superfície del líquid, és a dir, en dues dimensions.

Així doncs, si el criteri que utilitzem per classificar els moviments ondulatoris és el nombre de dimensions en què es propaga l'ona, tenim:

- **Ones unidimensionals,** que són les ones que es propaguen en una única direcció, és a dir, en una dimensió. En són un exemple les ones produïdes en una corda (fig. 5.27 *a*).
- **Ones bidimensionals,** que són les ones que es propaguen en un pla, és a dir, en dues dimensions. És el cas, per exemple, de les ones produïdes en un líquid, on el pla de propagació el defineix la superfície en repòs del líquid (fig. 5.27 *b*).
- **Ones tridimensionals,** que són les ones que es propaguen en l'espai, és a dir, en tres dimensions. El so i la llum en són exemples: pensem que el so emès per un altaveu generalment se sent en tots els punts de l'espai al voltant de l'altaveu (fig. 5.27 *c*).

Fig. 5.27. *a)* Ones unidimensionals: ones generades en una corda. *b)* Ones bidimensionals: ones a la superfície d'un líquid. *c)* Ones tridimensionals: so produït per un diapasó.

5.3. Classificació de les ones segons el medi de propagació

En els exemples que hem comentat podem veure que, en la majoria de casos, cal que hi hagi un medi a través del qual es propagui l'ona. En el cas del líquid, les seves molècules defineixen el medi; en el cas de la corda, el medi el determinen les partícules que formen la corda; en el cas del so, el medi sol ser l'aire.

Ara bé, en el cas de la llum no és necessari que hi hagi un medi material perquè l'ona es propagui, ja que, com sabem, la llum que ens arriba del Sol travessa un espai buit abans d'arribar a la Terra.

Per tant, si el criteri que utilitzem per classificar les ones és el medi de propagació, tenim:

- **Ones mecàniques,** que són les ones que necessiten un medi per propagar-se. En aquest cas, el que oscil·la al pas de l'ona són les partícules del medi. El so, les ones produïdes a la superfície d'un líquid i l'ona produïda en una corda són exemples d'ones mecàniques.
- **Ones electromagnètiques,** que són les ones que no necessiten un medi per transmetre's i que, per tant, es poden propagar en el buit, tot i que també es propaguen en certs medis. La descripció d'aquest tipus d'ones és més complexa que la de les ones mecàniques, ja que el que oscil·la en aquest cas són camps elèctrics i camps magnètics. El conjunt d'ones electromagnètiques formen l'anomenat *espectre electromagnètic*, alguns dels components del qual són la llum, els raigs infrarojos, els raigs ultraviolats, les ones de ràdio i televisió i les microones.

En aquesta unitat i la següent ens centrarem en l'estudi de les ones mecàniques, en especial el so, i, per tant, considerarem sempre el cas d'ones que es propaguen per algun medi material.

Cronologia

La confirmació que la llum era una ona va portar aparellades, al llarg del segle XIX, importants discussions entre els científics de l'època per tal de donar explicacions convincents sobre el fet que pot existir un moviment ondulatori per al qual la transmissió de l'ona per l'espai buit es verifica sense la participació de cap mena de matèria; totes elles arribaven, però, a greus contradiccions.

Com veurem més endavant, el descobriment de les ones electromagnètiques, i la constatació que la llum és una classe particular d'aquests tipus d'ones, va resoldre parcialment aquestes contradiccions durant la segona meitat d'aquell segle, amb la deducció que les ones electromagnètiques i la llum en particular no consisteixen en la propagació d'oscil·lacions en les partícules que formen els medis materials, sinó que es fonamenten en la propagació de camps elèctrics i camps magnètics que vibren en l'espai.

5.4. Classificació de les ones segons la durada de la pertorbació

Segons el temps que dura la pertorbació produïda en el focus emissor, les ones poden ser:

- **Polsos,** que es donen quan la pertorbació dura un interval de temps molt petit, que podem considerar instantani. En aquest cas, l'energia es proporciona durant aquest interval de temps i l'extensió de la pertorbació, o *pols*, és limitada (fig. 5.28*a*).
- **Trens d'ones,** que es donen quan la pertorbació dura un interval de temps més o menys llarg. En aquest cas, l'energia es proporciona de manera continuada i es genera una successió de polsos o *tren d'ones* (fig. 5.28*b*).

Podem generar, per exemple, un pols en una corda si donem un únic cop vertical en un dels seus extrems lliures. Altrament, si movem contínuament cap a dalt i cap a baix aquest extrem, generem un tren d'ones.

Òbviament, les ones que hem considerat fins ara són del tipus que hem anomenat *trens d'ones*, ja que són les més generals.

Recorda

En un pols, l'energia que transmet l'ona es proporciona gairebé en un instant, mentre que en un tren d'ones es va proporcionant energia de manera reiterada.

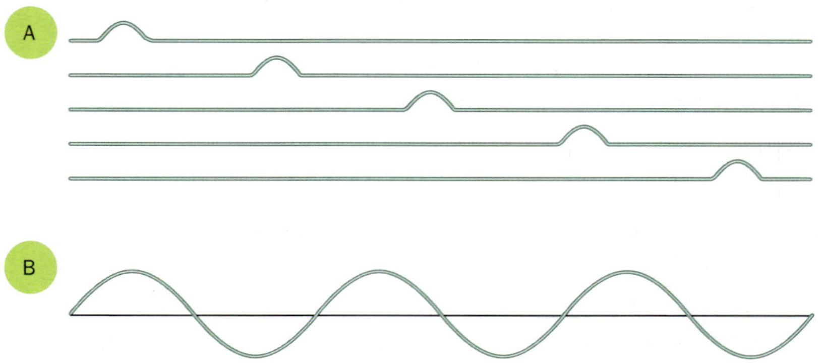

Fig. 5.28. *a)* Pols que es propaga en una corda. *b)* Tren d'ones en una corda.

5.5. Classificació de les ones en longitudinals i transversals

Quan una ona es propaga a través d'un medi, les partícules d'aquest medi oscil·len. Si considerem la direcció de propagació de l'ona i la direcció d'oscil·lació de les partícules del medi, tenim un altre criteri de classificació de les ones:

- **Ones longitudinals,** que són les ones en les quals la direcció d'oscil·lació de les partícules del medi és la mateixa que la direcció de propagació de l'ona.
- **Ones transversals,** que són les ones en les quals la direcció d'oscil·lació de les partícules del medi és perpendicular a la direcció de propagació de l'ona.

En una molla, per exemple, podem generar aquests dos tipus d'ones segons com originem la pertorbació (fig. 5.29). Si situem la molla horitzontalment, en fixem un extrem i estirem de l'altre cap endavant i cap enrere alternativament, generem una ona longitudinal, ja que es generen compressions i expansions que es propaguen al llarg de la molla (fig. 5.29*a*). Altrament, si movem l'extrem contínuament cap a dalt i cap a baix, generem una ona transversal (fig. 5.29*b*), tal com passa en el cas de la corda.

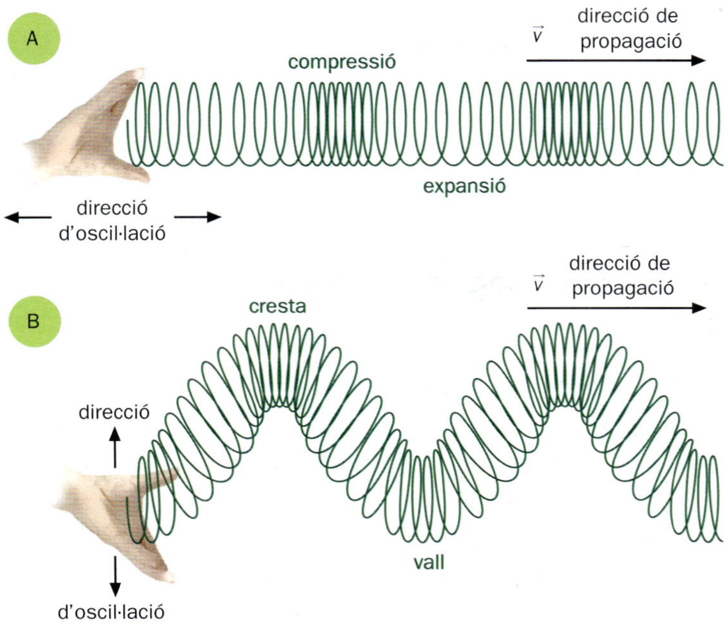

Fig. 5.29. *a)* Ona longitudinal en una molla: la direcció de propagació i la direcció d'oscil·lació coincideixen. *b)* Ona transversal en una molla: la direcció de propagació és perpendicular a la direcció d'oscil·lació.

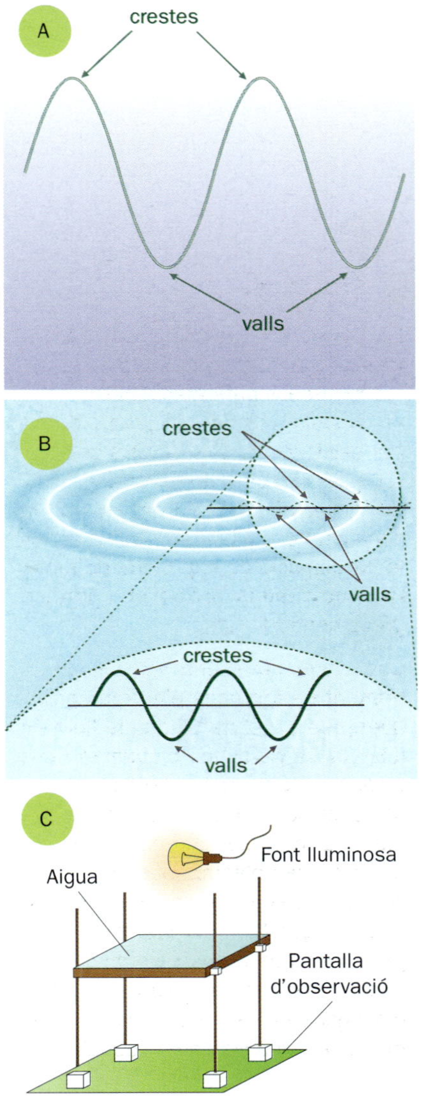

Fig. 5.30. Crestes i valls en una ona transversal. *a)* Ones produïdes en una corda. *b)* Ones a la superfície d'un líquid. *c)* Cubeta d'ones.

El so és un exemple d'ona longitudinal, mentre que les ones generades en una corda i les que es produeixen a la superfície d'un líquid són exemples d'ones transversals. En aquests dos últims casos, si ens fixem en el perfil de l'ona, les partícules del medi van assolint successivament *posicions d'elongació màxima*, que anomenem **crestes,** i *posicions d'elongació mínima*, que anomenem **valls.** En el cas de la corda, això s'observa de manera immediata (fig. 5.30*a*), mentre que en el cas del líquid les crestes i les valls es poden visualitzar de manera relativament senzilla (fig. 5.30*b*) amb un aparell conegut amb el nom de cubeta d'ones (fig. 5.30*c*), estudiat al final d'aquesta unitat i consistent en un recipient rectangular de vidre que conté una determinada quantitat d'aigua, sobre la qual es poden estudiar les ones superficials generades a la seva superfície (fig. 5.30*c*).

ACTIVITATS

14. Doneu exemples d'ones mecàniques i dieu si són longitudinals o transversals.

15. Suposeu que amb una mà subjecteu l'extrem d'una corda i que l'altre extrem està fixat a una paret. Expliqueu quins moviments amb la mà i el canell s'han de fer per:

a) Originar un pols a la corda.

b) Originar un tren d'ones a la corda.

16. Quines magnituds físiques són pertorbades pel pas d'una ona electromagnètica?

6. Velocitat de fase, front d'ona i raig

Acabem de comentar que en el cas de les ones transversals la direcció d'oscil·lació de les partícules del medi és perpendicular a la direcció de propagació de l'ona. Fixem-nos que, tot i que són conceptes que estan lligats, cal saber distingir clarament entre el moviment oscil·latori de les partícules i el moviment de l'ona com a ens propi:

- El moviment oscil·latori de les partícules del medi, si aquest és harmònic simple, està determinat per la funció $y(t) = A \sin(\omega t + \varphi_0)$ i una velocitat i una acceleració donades per les funcions: $v(t) = A\omega \cos(\omega t + \varphi_0)$; $a(t) = -A\omega^2 \sin(\omega t + \varphi_0)$.
- El moviment ondulatori consisteix en la propagació a través del medi d'aquest moviment oscil·latori, amb la seva energia i la seva quantitat de moviment, i està descrit per una funció, l'**equació d'ona,** que deduirem més endavant.

Aquesta transmissió d'energia a través del medi té lloc a una velocitat que anomenem *velocitat de fase* i que, lògicament, és diferent de la velocitat d'oscil·lació de les partícules.

> La **velocitat de fase** d'una ona és la velocitat amb què es transmet la pertorbació des del focus fins a un punt determinat del medi, és a dir, la velocitat de fase no és sinó la velocitat amb què es transmeten la quantitat de moviment i l'energia des del focus emissor fins als diferents punts del medi.

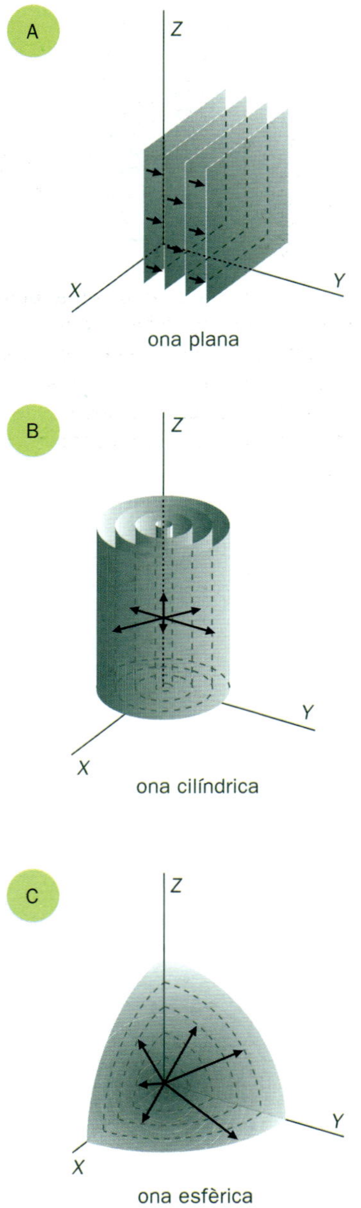

Fig. 5.31. Ones tridimensionals en les quals es representen diversos fronts d'ona i raigs.

Insistim en el fet que cal saber diferenciar entre la velocitat de vibració de les partícules del medi i la velocitat de fase. Ja hem dit que la velocitat de vibració de les partícules és una magnitud que depèn del temps segons una funció sinusoidal. La velocitat de fase, però, és la velocitat de propagació de l'ona i, en principi, és una magnitud que normalment es manté constant. La condició que s'ha de donar perquè passi això últim és que el medi de transmissió de l'ona ha de ser homogeni, és a dir, tots els punts del medi han de tenir les mateixes condicions de temperatura, pressió, densitat, etc. En un medi homogeni, doncs, la velocitat de fase de qualsevol ona es manté constant.

D'altra banda, la velocitat de fase només depèn de les propietats característiques del medi, i no del moviment del focus emissor; per tant, es pot afirmar que *la velocitat de fase és la velocitat de l'ona relativa al medi.* En funció de les propietats del medi, i pel tipus d'ones que hom pot considerar, l'obtenció de la velocitat de fase pot ser complicada, i en aquesta unitat i les següents simplement es donarà el seu valor, sense pretendre'n fer una deducció rigorosa.

A mesura que una ona es propaga pel medi, amb una velocitat de fase determinada, la pertorbació va assolint els diferents punts del medi i aquestes dibuixen unes línies o superfícies imaginàries que definirem tot seguit.

Considerem, per exemple, les ones superficials en un líquid (fig. 5.27 *b*). En aquest cas, l'ona defineix unes circumferències concèntriques mentre es propaga des del focus emissor. Com que es tracta d'una ona transversal, és fàcil adonar-se que aquestes circumferències són definides per les crestes i les valls. En general, la propagació d'una ona tridimensional defineix unes superfícies imaginàries en l'espai que anomenem *fronts d'ona*.

> El **front d'ona** és el conjunt de punts del medi als quals arriba la pertorbació en un instant de temps determinat.

D'acord amb aquesta definició, tots els punts continguts en un front d'ona estan en **fase,** és a dir, tenen el mateix estat de vibració. Els fronts d'ona poden tenir diferents formes (fig. 5.31), depenent de la geometria del focus emissor i del tipus de medi de propagació.

Fixem-nos que la superfície que defineix el front d'ona sempre és perpendicular a les diferents direccions de propagació de l'ona, fet que ens porta a definir el concepte de *raig.*

Anomenem **raig** qualsevol línia recta que sigui perpendicular a un front d'ona determinat. Els diferents raigs corresponen a diferents direccions de propagació de l'ona.

Un raig determinat uneix punts de diferents fronts d'ona (fletxes de la figura 5.31). En el cas d'una ona plana (fig. 5.31 *a*), els raigs són línies paral·leles, mentre que en el cas d'una ona cilíndrica i d'una ona esfèrica els raigs són línies radials (fig. 5.31 *b* i *c*).

Per exemple, si el focus emissor és puntual i el medi és *isòtrop* els fronts d'ona són superfícies esfèriques concèntriques i els raigs són línies radials que parteixen del focus (fig. 5.32).

En efecte, si definim un **medi isòtrop** com un medi elàstic la velocitat de fase del qual és la mateixa per a qualsevol direcció, tota pertorbació que sigui originada en un únic punt (focus puntual) arriba en un determinat temps a tots els punts que disten una mateixa longitud del focus, és a dir, a tots els punts continguts en una superfície esfèrica amb centre en el focus (fig. 5.32).

Les ones superficials produïdes en un líquid ens proporcionen un exemple d'ona que es propaga en un medi isòtrop, però en dues dimensions. En aquest cas, el medi el constitueix la superfície del líquid, que podem suposar que és un medi isòtrop si les propietats com la temperatura, la densitat, etc., no varien apreciablement.

Si la pertorbació es produeix en un punt determinat de la superfície, els fronts d'ona són circumferències concèntriques i, en aquest cas, les ones són circulars (fig. 5.33 *a*). Si la pertorbació es produeix alhora en un conjunt de punts alineats, aleshores els fronts d'ona són línies rectes paral·leles (fig. 5.33 *b*).

Fig. 5.33. L'ona que es propaga per la superfície d'un líquid és una ona bidimensional. *a)* Fronts d'ona circulars. *b)* Fronts d'ona en forma de línies rectes i paral·leles.

Fixa-t'hi

Una representació similar a la que hem fet per als fronts d'ona i els raigs és la del camp elèctric i les superfícies equipotencials, ja que aquestes dues magnituds també mantenen sempre la condició de perpendicularitat.

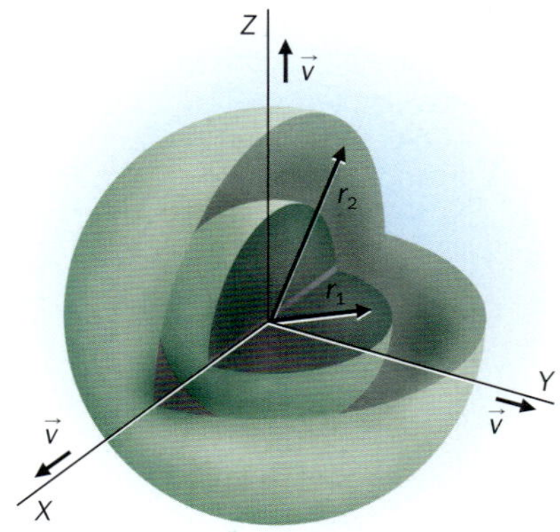

Fig. 5.32. Una ona esfèrica és aquella ona que es propaga, a partir d'un focus puntual, en totes les direccions de l'espai en un medi isòtrop. Els fronts d'ona d'una ona esfèrica són esferes concèntriques amb centre en el focus.

ACTIVITATS

17. Definiu la velocitat de fase d'una ona, el front d'ona i el raig.

18. Com es pot generar una ona cilíndrica? Expliqueu-ho detalladament.

19. A distàncies prou grans d'un focus emissor d'ones esfèriques, com són els fronts d'ona?

7. Ones harmòniques. Equació d'ona i magnituds ondulatòries

El moviment ondulatori transmès per una ona pot ser més o menys difícil d'estudiar, segons com sigui el moviment oscil·latori que descriuen les partícules del medi. En l'estudi que farem a continuació, però, ens limitarem al cas en què aquest moviment és harmònic simple, que, recordem-ho, és un cas particular de moviment oscil·latori. També suposarem que el medi de propagació és elàstic, medi en el qual no hi ha pèrdues d'energia per fregament.

Definim una **ona harmònica** com la pertorbació que infereix un moviment harmònic simple a les partícules del medi.

Ara obtindrem la funció que descriu una ona harmònica, que anomenem *equació d'ona harmònica*. Per simplificar, considerem el cas d'una ona generada en una corda que es transmet sobre l'eix X (ona unidimensional) i cap a la dreta (velocitat de fase positiva).

Suposem, en efecte, que fem oscil·lar un dels extrems d'una corda prou llarga segons un moviment harmònic simple de freqüència angular ω. Prenem aquest extrem com a origen de l'eix X ($x = 0$) i el fem pujar i baixar una distància vertical A amb una freqüència angular ω. Es genera així una ona en la corda, per a la qual el focus és l'extrem per on s'agafa la corda, consistent en una pertorbació que fa variar segons un moviment harmònic simple la posició vertical (coordenada y) de les diferents porcions de corda.

La funció que descriu l'ona ha de tenir una doble dependència: respecte de l'espai, perquè hem de considerar l'oscil·lació dels diferents punts x de la corda, i respecte del temps, perquè cada punt x de la corda està infós d'un moviment harmònic simple, moviment que, recordem, depèn del temps. Això vol dir que la funció d'ona ha de ser una funció de dues variables, que, amb el sistema de referència triat, es pot representar per $y(x, t)$.

Considerem, per simplificar, que es comença a comptar el temps just en el moment en què s'inicia el moviment del focus, és a dir, quan l'elongació y d'aquest encara és nul·la (fig. 5.34 *a*). Representem ara una elongació concreta del focus (y) en un temps t_1 posterior (fig. 5.34 *b*); si tenim en compte que el focus està oscil·lant d'acord amb un moviment harmònic simple de freqüència ω i amb elongació $y = 0$ en l'instant inicial $t_0 = 0$, podem determinar aquesta elongació amb l'expressió $y(0, t_1) = A \sin \omega t_1$.

D'altra banda, si recordem que la velocitat de fase v de l'ona produïda a la corda es manté constant, tenim que, perquè la pertorbació arribi a un punt determinat x, ha de passar un temps t_2 (fig. 5.34 c) igual a $\frac{x}{v}$ comptat des de $t_0 = 0$, d'acord amb l'expressió del moviment rectilini uniforme $x = vt$. Així doncs, podem escriure que $t_2 = \frac{x}{v}$.

Per tant, perquè el punt x assoleixi el mateix estat d'oscil·lació (o elongació) y que tenia el focus en l'instant t_1, ha de transcórrer un temps total $t = t_1 + t_2$, comptat des de $t_0 = 0$ (fig. 5.34 *d*), de manera que, si substituïm l'expressió de t_2 obtinguda anteriorment, tenim que $t = t_1 + \frac{x}{v}$, o bé, si aïllem t_1 en aquesta expressió, trobem que $t_1 = t - \frac{x}{v}$.

Ara bé, com que l'elongació $y(x, t)$ que té el punt x en aquest últim temps $t = t_1 + \frac{x}{v}$ és la mateixa que l'elongació $y(0, t_1)$ que tenia el focus en el temps anterior t_1 (fig. 5.34 *b* i *d*), podem escriure que $y(x, t) = y(0, t_1)$ i, per tant, arribem al resultat següent:

$$y(x, t) = y(0, t_1) = A \sin \omega t_1 = A \sin \omega \left(t - \frac{x}{v}\right)$$

Tingues en compte

Al pas d'una ona harmònica per un medi material, les partícules que el formen oscil·len segons un moviment harmònic simple.

Recorda

L'equació del moviment harmònic simple és:

$$y(t) = A \sin(\omega t + \varphi_0)$$

o bé:

$$y(t) = A \cos(\omega t + \varphi_0)$$

Si triem l'origen de temps de tal manera que en l'instant inicial $t_0 = 0$ el mòbil es troba en la posició d'equilibri $y = 0$, aquestes expressions se simplifiquen a $y(t) = A \sin \omega t$.

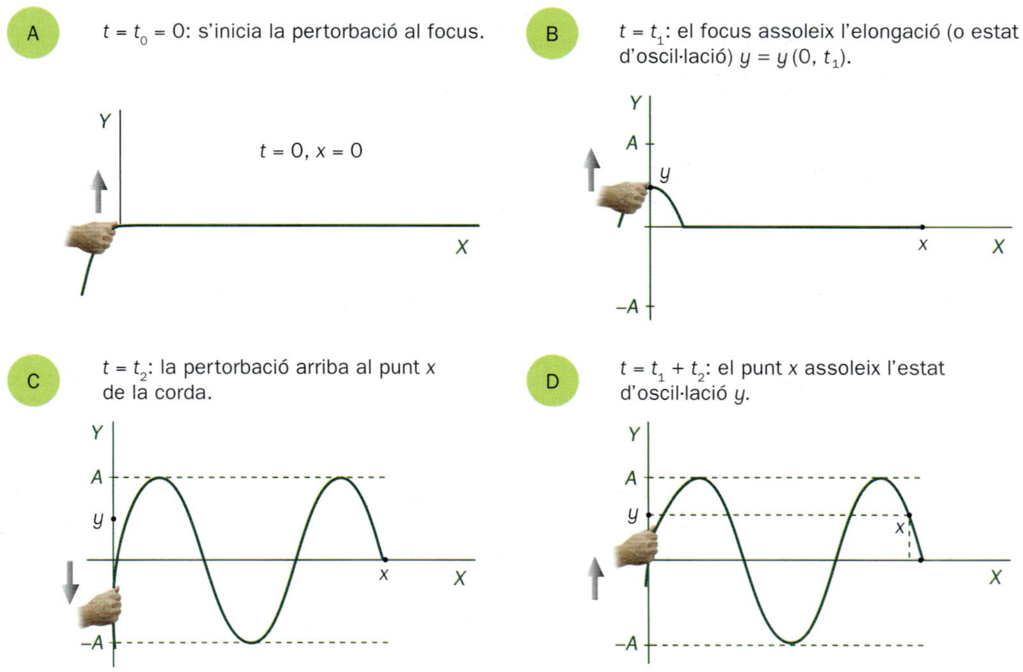

Fig. 5.34.

Si reordenem aquesta última expressió, obtenim l'equació següent:

$$y\ (x,\ t) = A\ \sin\left(\omega t - \frac{\omega}{v}\ x\right)$$

Encara que aquesta expressió ha estat obtinguda per al cas d'ones de propagació harmòniques en una corda, és igualment vàlida per a qualsevol tipus d'ona harmònica que es propagui en una dimensió (eix X). Si l'analitzem, podem extreure'n algunes conclusions interessants.

En efecte, fixem-nos que el terme ωt dona compte de la dependència temporal de l'equació d'ona, i ω és la magnitud que determina com és aquesta dependència. Per similitud amb la freqüència angular ω, veiem que el quocient $\frac{\omega}{v}$ és la quantitat que determina la dependència espacial de l'equació d'ona, ja que multiplica la variable espacial x.

D'aquesta manera, resulta convenient definir una nova magnitud, anomenada *nombre d'ona*, que es representa pel símbol k, i que es calcula amb l'expressió:

$$k = \frac{\omega}{v}$$

El **nombre d'ona** es pot definir com el nombre de vegades que es repeteix l'ona en una longitud de 2 π m. D'acord amb l'expressió anterior, la seva unitat en el SI és rad/m.

Si substituïm aquesta última expressió en l'equació $y\ (x, t)$ obtinguda anteriorment, aquesta adopta una forma més simètrica, que és la que normalment s'utilitza per a l'**equació o funció d'ona:**

$$y(x,\ t) = A\ \sin\ (\omega t - kx)$$

Sabies que...?

Per a una ona tridimensional, l'expressió de l'equació d'ona és més complicada, ja que cal considerar les tres coordenades de l'espai. Sense pretendre fer cap aproximació a aquest cas, simplement direm que el terme espacial de l'equació d'ona, que, per a una ona unidimensional, ve donat per «kx», en el cas d'una ona tridimensional s'expressa com «$\vec{k} \cdot \vec{r}$», en què $\vec{k}$ és un vector anomenat vector d'ona i $\vec{r} = (x, y, z)$, el vector de posició d'un punt genèric de l'espai al qual arriba l'ona. El terme temporal ωt, per contra, adopta la mateixa forma en ambdós casos.

Recorda

En general, si es comença a comptar el temps en l'instant en què el focus es troba en una posició genèrica y diferent de 0 i de $\pm A$, caldrà tenir en compte una certa fase inicial φ_0, i la funció d'ona s'escriurà:

$$y\ (x,\ t) = A\ \sin\ (\omega\ t - k\ x + \varphi_0)$$

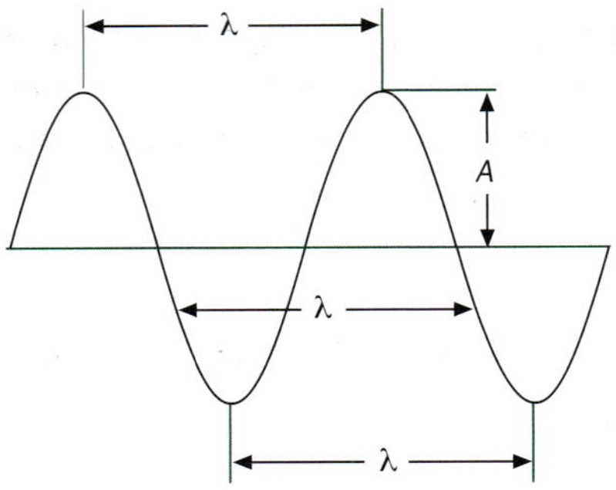

Fig. 5.35. La longitud d'ona és la distància entre dos punts consecutius que tenen el mateix estat d'oscil·lació.

De manera semblant, si considerem l'expressió $T = \frac{2\pi}{\omega}$, que relaciona la freqüència angular ω i el *període temporal* T amb què oscil·len les partícules del medi, es pot demostrar que la quantitat $\frac{2\pi}{k}$ representa el *període espacial* de l'ona. Així, és convenient definir una altra magnitud, anomenada *longitud d'ona*, que representem per λ, i que està relacionada amb k per l'expressió:

$$\lambda = \frac{2\pi}{k}$$

D'acord amb aquesta expressió, es pot demostrar que la **longitud d'ona** és la distància que hi ha entre dos punts consecutius que tenen el mateix estat d'oscil·lació (fig. 5.35). La seva unitat en el SI és el m.

Tenint en compte les expressions que relacionen T i λ amb ω i k, respectivament, podem obtenir una altra expressió per a l'equació d'ona, ara en funció de T i λ:

$$y(x, t) = A \sin 2\pi \left(\frac{t}{T} - \frac{x}{\lambda}\right)$$

Notem que aquestes expressions han estat obtingudes suposant que en l'instant de temps inicial $t_0 = 0$ el focus té una elongació nul·la ($y = 0$). Val a dir, però, que si es tria un origen de temps diferent l'equació d'ona pot ser descrita també amb la funció cosinus; així, si comencem a comptar el temps en l'instant en què el focus té una elongació màxima ($y = A$), l'equació d'ona adopta la forma $y(x, t) = A \cos (\omega t - kx)$ o bé la seva equivalent $y(x, t) = A \cos 2\pi \left(\frac{t}{T} - \frac{x}{\lambda}\right)$.

És important fer notar la **doble periodicitat** d'una ona, que es posa en relleu sobretot en l'última expressió:

- **Periodicitat en el temps,** manifestada per la magnitud T (període).
- **Periodicitat en l'espai,** manifestada per la magnitud λ (longitud d'ona).

Aquestes dues magnituds estan relacionades amb la velocitat de fase. En efecte, si es tenen en compte les expressions per a k i per a ω, trobem que:

$$k = \frac{\omega}{v} \rightarrow v = \frac{\omega}{k} = \frac{2\pi f}{\frac{2\pi}{\lambda}} \rightarrow v = \lambda f$$

O, en funció del període, si recordem que $f = \frac{1}{T}$: $$v = \frac{\lambda}{T}$$

D'acord amb aquesta última expressió, podem dir que *la longitud d'ona és la longitud que avança l'ona en el temps d'un període.*

Per acabar, val a dir que, si l'ona es mou cap a l'esquerra, la velocitat de fase és negativa i, per tant, el signe que afecta el terme $\frac{\omega}{v}$ és positiu:

$$y\,(x, t) = A \sin \left(\omega t - \frac{\omega}{-v} x\right) = A \sin \left(\omega t + \frac{\omega}{v} x\right)$$

$$y\,(x, t) = A \sin (\omega t + kx) \leftrightarrow y\,(x, t) = A \sin 2\pi \left(\frac{t}{T} + \frac{x}{\lambda}\right)$$

Important

A diferència dels conceptes de velocitat de fase, front d'ona i raig, que es defineixen per a qualsevol tipus d'ona, la freqüència angular, el període, la longitud d'ona i el nombre d'ona són magnituds específiques de les ones harmòniques.

Atenció

Recorda que hi ha altres maneres d'expressar l'equació d'ona, a més de les dues que hem donat:

Si es comença a comptar el temps en l'instant en què el focus es troba en un estat de màxima elongació *A:*

$$y\,(x,t) = A \cos (\omega t - k\,x)$$

Si es comença a comptar el temps en l'instant en què el focus es troba en una posició genèrica y diferent de 0 i de $\pm A$, cal tenir en compte la fase inicial φ_0:

$$y\,(x, t) = A \sin (\omega t - k\,x + \varphi_0)$$

Si l'ona unidimensional es mou cap a l'esquerra, el terme espacial $k\,x$ és positiu:

$$y\,(x, t) = A \sin (\omega t + k\,x)$$

o bé:

$$y\,(x, t) = A \sin 2\pi \left(\frac{t}{T} + \frac{x}{\lambda}\right)$$

Exemple 6. **Sobre la superfície en repòs d'un estany flota un petit objecte. A 2,5 m d'aquest objecte originem una ona llançant una pedra, i la pertorbació tarda 12,5 s a arribar a l'objecte, que es posa a oscil·lar harmònicament amb una amplitud d'1,2 cm. Si fem una foto de l'estany, observem que en cada metre hi ha 10 ones completes.**

Tenint en compte això, respon les qüestions següents:

a) Escriviu l'equació de l'ona generada a la superfície de l'aigua suposant que en l'instant inicial l'elongació del focus és $y = 0$.

b) Representant 5 longituds d'ona, dibuixeu la forma del perfil de l'ona en els instants de temps:

$$t = 0,\ t = \frac{T}{4},\ t = \frac{T}{2},\ t = \frac{3T}{4},\ t = T,\ t = \frac{5T}{4}$$

c) Determineu la diferència de fase que hi ha entre els punts $x_1 = 15$ cm i $x_2 = 60$ cm.

Resolució

a) La pertorbació tarda 12,5 s a recórrer 2,5 m. Per tant, la velocitat de fase és:

$$v = \frac{2{,}5}{12{,}5} = 0{,}2 \text{ m/s}$$

D'altra banda, d'acord amb la definició del nombre d'ones k, si en 1 m hi ha 10 ones, en 2π m hi haurà:

$$k = \frac{10 \text{ ones}}{1 \text{ m}} \cdot \frac{2\pi \text{ rad}}{\text{ona}} = 20\pi \text{ rad/m}$$

Per tant: $\lambda = \dfrac{2\pi}{k} = \dfrac{2\pi}{20\pi} = 0{,}1$ m

Per obtenir el període, apliquem l'expressió que el relaciona amb la velocitat de fase i la longitud d'ona:

$$v = \frac{\lambda}{T} \rightarrow T = \frac{\lambda}{v} = \frac{0{,}1}{0{,}2} = 0{,}5 \text{ s}$$

Si substituïm aquests valors en l'equació d'ona, i considerant que, en l'instant inicial $t_0 = 0$, el focus té una elongació $y = 0$, tenim:

$$y(x,\, t) = A \sin 2\pi \left(\frac{t}{T} - \frac{x}{\lambda}\right)$$

$$y(x,\, t) = 0{,}012 \sin 2\pi \left(\frac{t}{0{,}5} - \frac{x}{0{,}1}\right)$$

o bé: $y(x,\, t) = 0{,}012 \sin (\pi(4t - 20x))$

b) Si representem l'ona en aquests instants de temps, podem tenir una idea de com evoluciona l'ona al llarg del temps (fig. 5.36).

c) La fase φ, tal com es va definir quan vam estudiar el moviment harmònic simple, és el terme que hi ha dins del factor sinus (o cosinus): $\varphi = \omega t - kx$. Per tant, si substituïm els valors de x_1 i x_2, tenim:

$$\varphi_1 - \varphi_2 =$$

$$= (\omega t - kx_1) - (\omega t - kx_2) = k(x_2 - x_1) =$$

$$= 20\pi\,(0{,}6 - 0{,}15) = 9\pi \text{ rad}$$

Com que aquesta diferència de fase és un múltiple de π, es dedueix que, físicament, quan el punt x_1 es troba en un estat d'elongació màxim A, el punt x_2 es troba en un estat d'elongació mínima, $-A$ (i a l'inrevés); o que, quan x_1 es troba en el punt d'elongació 0 i pujant, el punt x_2 es troba en el punt d'elongació 0 i baixant, etc.

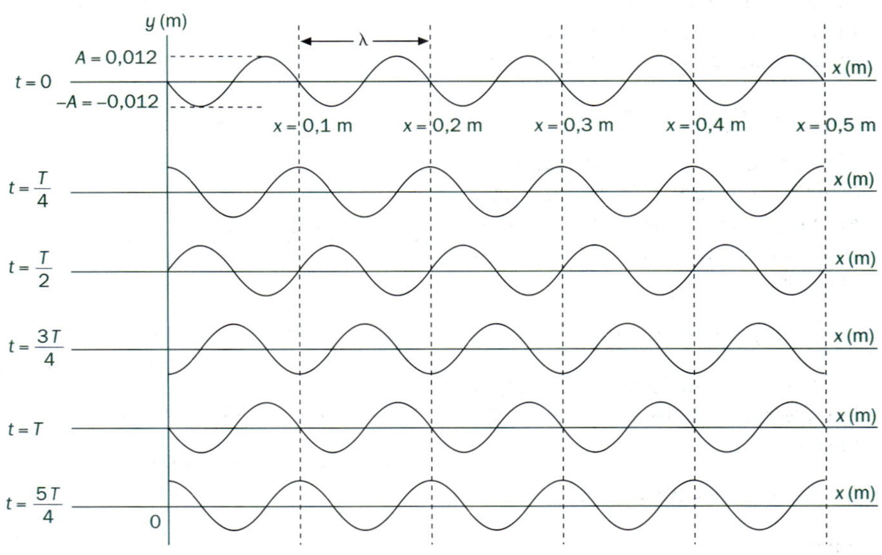

Fig. 5.36. Evolució de l'ona al llarg del temps.

Exemple 7. **Una ona en una corda es propaga segons la funció, en unitats del SI, $y(x, t) = 0{,}4 \cos(12t - 15x)$. D'acord amb la forma que adopta l'equació d'ona en aquesta situació, indiqueu quin és l'estat d'oscil·lació del focus en l'instant inicial, i calculeu:**

a) L'amplitud, la longitud d'ona, la freqüència, el període i la velocitat de fase.

b) La velocitat i l'acceleració d'un punt de la corda que dista 1,5 m del focus quan han passat 8 s. Comenteu els resultats obtinguts.

Resolució

a) Com que l'equació d'ona consisteix en una funció cosinus, trobem que en l'instant inicial $t_0 = 0$ el focus es troba en un estat d'elongació màxima i, per tant, de velocitat zero, d'acord amb el que s'ha deduït en obtenir les diferents expressions que pot tenir l'equació d'ona: $y(0, 0) = A = 0{,}4$ m.

De l'equació d'ona, tenim:

$$\omega = 12 \text{ rad/s}$$

$$k = 15 \text{ rad/m}$$

Per tant,

$$\lambda = \frac{2\pi}{k} = \frac{2\pi}{15} = 0{,}42 \text{ m}; \quad f = \frac{\omega}{2\pi} = \frac{12}{2\pi} = 1{,}91 \text{ Hz}$$

$$T = \frac{1}{f} = \frac{1}{1{,}91} = 0{,}52 \text{ s}$$

La velocitat de fase s'obté de l'expressió corresponent:

$$v = \lambda f = 0{,}42 \cdot 1{,}91 = 0{,}8 \text{ m/s}$$

b) Per obtenir la velocitat del punt $x = 1{,}5$ m en l'instant de temps $t = 8$ s derivem l'equació d'ona respecte del temps i substituïm aquests valors de x i de t:

$$v(x, t) = \frac{dy}{dt} = -0{,}4 \cdot 12 \cdot \sin(12t - 15x) = -4{,}8 \sin(12t - 15x)$$

$$v(1{,}5,\ 8) = -4{,}8 \sin(12 \cdot 8 - 15 \cdot 1{,}5) = +4{,}54 \text{ m/s}$$

Notem de nou que aquesta velocitat no és la velocitat de fase, sinó simplement la velocitat d'oscil·lació d'un punt concret ($x = 1{,}5$ m) en un instant de temps determinat ($t = 8$ s).

Finalment, per determinar l'acceleració d'aquest punt en l'instant esmentat, derivem la funció velocitat:

$$a(x, t) = \frac{dv}{dt} = -4{,}8 \cdot 12 \cdot \cos(12t - 15x) = -57{,}6 \cos(12t - 15x)$$

$$a(1{,}5,\ 8) = -57{,}6 \cos(12 \cdot 8 - 15 \cdot 1{,}5) = +18{,}52 \text{ m/s}^2$$

El resultat de la velocitat és positiu, i això vol dir que en el punt $x = 1{,}5$ m la velocitat té sentit cap amunt. Pel que fa a l'acceleració, i tenint en compte que també n'ha donat un resultat positiu, i que $a = -\omega^2 y$, deduïm que la coordenada y de la corda és negativa en aquest punt, és a dir, el punt està en un estat d'oscil·lació per sota de $y = 0$ i pujant.

Important

Fixem-nos que, per determinar aquests valors de la velocitat i de l'acceleració amb calculadora científica, cal tenir-la programada en mode radiant, ja que la fase s'expressa en radiants. Això es veu més clar si tenim en compte que la unitat de ω és el rad/s i la de k, el rad/m.

ACTIVITATS

20. Una ona harmònica de freqüència 550 Hz es propaga a una velocitat de 300 m/s. Quina és la distància mínima entre dos punts que en tot moment es troben en el mateix estat de vibració?

R: 0,55 m

21. L'equació d'una ona transversal, en unitats del SI, és:

$$y = 0{,}04 \sin 2\pi \left(\frac{t}{2} - \frac{x}{4}\right)$$

Determineu el període, la longitud d'ona, la freqüència i la velocitat de fase.

R: 2 s; 4 m; 0,5 Hz; 2 m/s

22. Per a una ona harmònica que vibra amb una freqüència de 120 Hz i una amplitud de 2 cm, la distància mínima entre dos punts que estan en fase és de 2 mm; quina serà la velocitat de fase de l'ona? Quina és l'equació d'ona, si suposem que en l'instant inicial l'elongació del focus es la meitat de l'amplitud?

R: 0,24 m/s, $y(x, t) = 2 \cdot 10^{-2} \sin 8\pi \left(30t - 125x + \frac{1}{48}\right)$

23. Una corda està unida per un extrem a una paret i està lliure per l'altre extrem. Fem vibrar l'extrem lliure harmònicament i es genera una ona transversal, descrita per l'equació $y = 4 \sin 2\pi \left(\frac{t}{2} - \frac{x}{4}\right)$, en què l'amplitud es mesura en centímetres mentre que el temps, *t*, i la distància, *x*, es mesuren en unitats del sistema internacional (SI). Calculeu:

a) La velocitat de vibració d'un punt de la corda que dista 5 m de l'extrem lliure, en l'instant $t = 3$ s.

b) La diferència de fase entre dos punts de la corda que disten 1 m i 3 m de la paret, respectivament, en un mateix instant.

c) Quant tardaria la vibració a arribar a la paret des de l'extrem lliure en què es genera, si la corda tingués una longitud de 10 m?

R: *a)* 0; *b)* π rad; *c)* 5 s

24. Una ona harmònica descrita per l'equació $y(x, t) = 2 \cos \pi (x - 2t)$, en unitats del SI, viatja per un medi elàstic.

A. La velocitat de propagació de l'ona és de:

a) 0,5 m/s

b) 1 m/s

c) 2 m/s

B. La distància mínima entre dos punts en el mateix estat de pertorbació és de:

a) 0,5 m

b) 2 m

c) 5 m

C. L'amplitud de la pertorbació és de:

a) 0,5 m

b) 1 m

c) 2 m

D. La freqüència angular (o pulsació) és de:

a) 2π rad/s

b) 2 rad/s

c) $\frac{\pi}{2}$ rad/s

E. La velocitat màxima d'oscil·lació d'un punt afectat per la pertorbació és de:

a) π m/s

b) 2π m/s

c) 4π m/s

25. L'equació d'una ona harmònica transversal és (en unitats del SI):

$$y = 0{,}4 \sin \pi \left(\frac{t}{2} - \frac{x}{4}\right)$$

Quant valdran l'elongació i la velocitat transversals del punt $x = 0$ en l'instant $t = 6$ s?

R: 0; –0,63 m/s

26. En un medi indeterminat es propaga una ona transversal i plana, representada per l'equació $y = 0{,}20 \cos \pi (4t - x)$, en unitats del sistema internacional (SI). Calculeu:

a) La velocitat de propagació de l'ona en el medi.

b) El mòdul de l'acceleració màxima de vibració de les partícules del medi.

c) L'acceleració d'una partícula del medi situada a 5 cm del focus emissor quan l'estat de vibració de la partícula és $y = -0{,}10$ m.

R: *a)* 4 m/s; *b)* 31,6 m/s²; *c)* 15,8 m/s²

Resum de la unitat

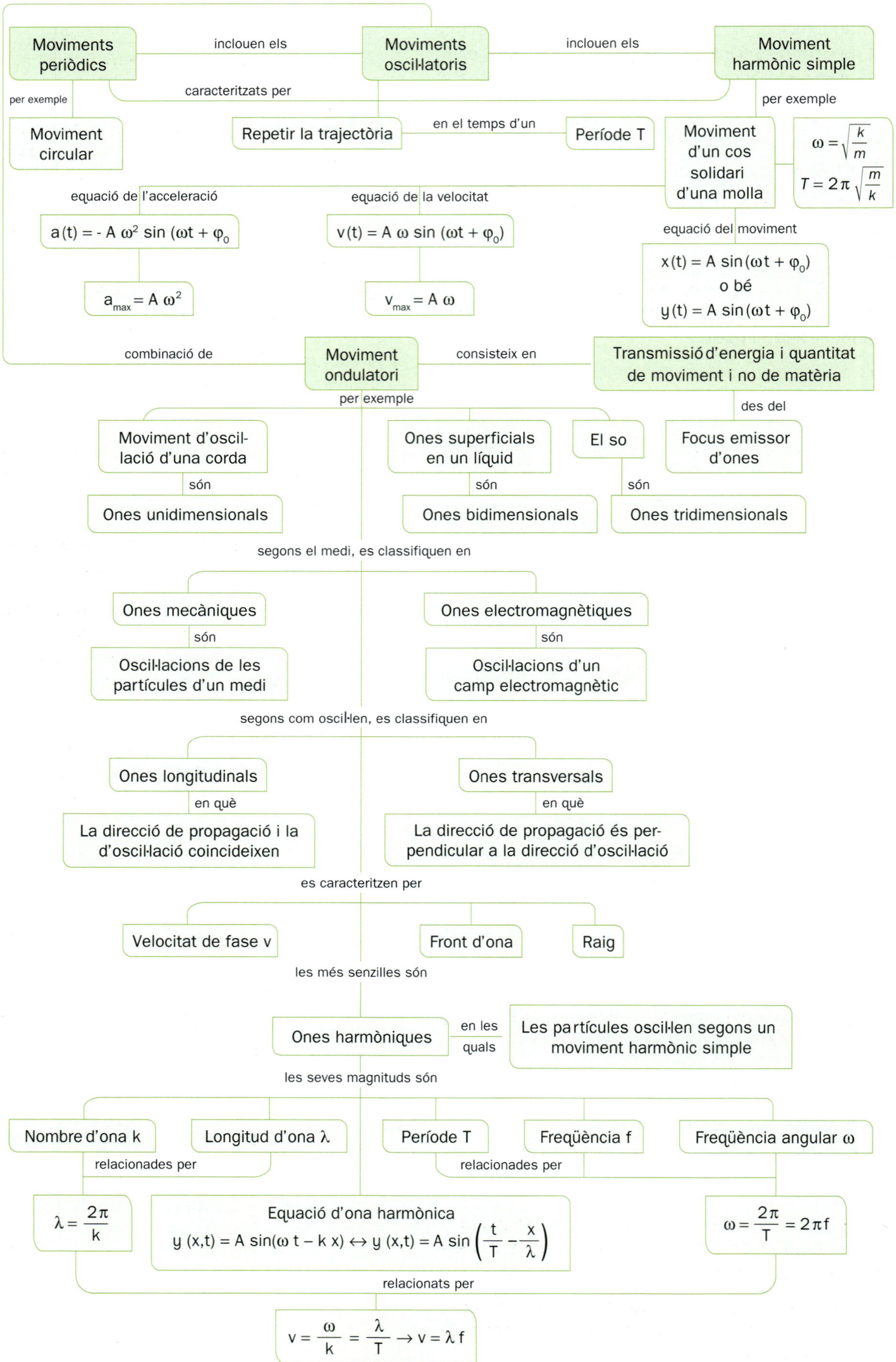

Activitats finals

Qüestions

1. Quina característica distingeix un moviment harmònic d'un moviment vibratori qualsevol?

2. Un mòbil descriu un moviment harmònic d'equació $x = A \sin \omega t$. Quina serà la seva velocitat en l'instant en què l'elongació sigui màxima ($x = A$)?

3. Quin és l'angle de desfasament que hi ha entre la velocitat i l'acceleració del moviment harmònic simple? Raoneu la resposta.

4. En la figura 5.37 hi ha representats tres moviments harmònics simples. Escriviu les equacions del moviment i calculeu el desfasament entre aquests.

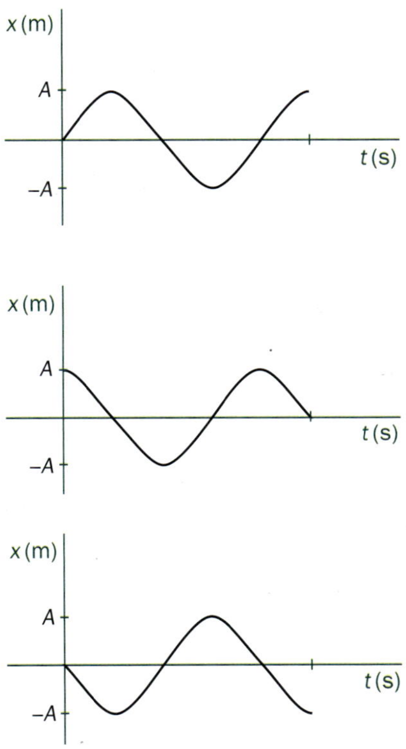

Fig. 5.37.

5. La freqüència angular d'un oscil·lador harmònic és el triple que la d'un altre. Digueu quina relació hi ha entre:

a) Els períodes.

b) Les freqüències.

c) Les amplituds.

Raoneu les respostes.

6. Pengem dos cossos diferents de dues molles que tenen la mateixa constant elàstica. Raoneu com són entre ells els períodes d'oscil·lació dels cossos en els casos següents:

a) Un dels cossos té una massa quatre vegades més gran que l'altre, però estan separats la mateixa distància de la posició d'equilibri.

b) Els cossos són iguals, però l'amplitud d'oscil·lació d'un cos és el doble que la de l'altre.

7. Disposem de dues molles idèntiques, fixades al sostre. Pengem una massa *A* a la primera molla i una massa *B* a la segona, i les deixem oscil·lar amb un moviment harmònic simple.

a) Si $m_A = 2\ m_B$, determineu la relació entre els períodes d'oscil·lació.

b) Expliqueu com afecta l'amplitud de l'oscil·lació al valor del període.

8. Tenim dos pèndols de la mateixa longitud, però la massa d'un és el doble de la de l'altre. Com són els períodes entre ells?

9. Tenim dos pèndols de la mateixa massa, però la longitud d'un és quatre vegades la de l'altre. Com són els períodes entre ells?

10. En el moment que un pèndol simple passa per la posició més baixa, la tensió i el pes coincideixen? Raoneu-ho.

11. Volem resoldre un problema proposat per Galileu. Una corda està penjada dalt d'una torre alta, de manera que l'extrem superior és invisible i inaccessible, però l'extrem inferior sí que es veu. Com trobaríeu la longitud de la corda?

12. Quin dels gràfics següents (fig. 5.38) pot representar l'energia potencial d'un objecte lligat a una molla en funció del seu desplaçament de la posició d'equilibri? Raoneu la resposta.

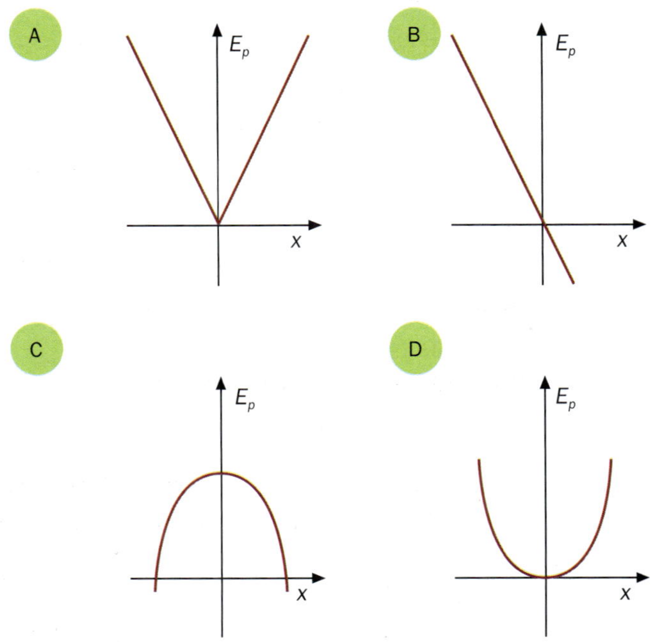

Fig. 5.38.

13. Quin dels gràfics següents (fig. 5.39) representa millor la variació de l'energia mecànica d'un oscil·lador harmònic simple en funció del temps? Raoneu la resposta.

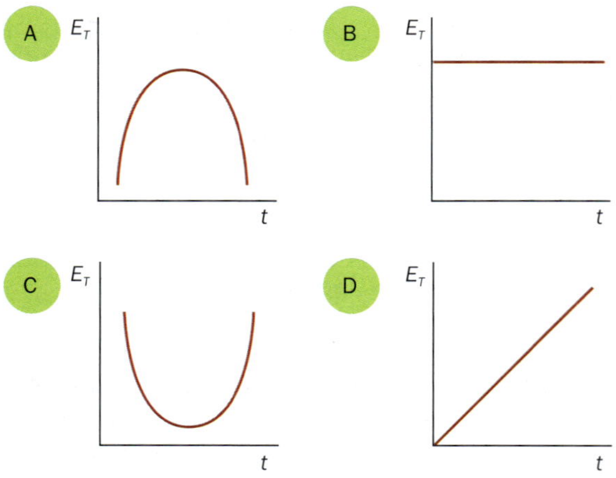

Fig. 5.39.

14. Proposeu dos experiments en els quals es demostri que en la propagació d'una ona no hi ha transport net de matèria.

15. En què es diferencia una ona longitudinal d'una ona transversal? Expliqueu-ho detalladament.

16. Com es poden classificar les ones si tenim en compte el temps que dura la pertorbació? Expliqueu-ho detalladament.

17. Dibuixeu dues ones transversals:

a) De la mateixa amplitud, però una amb una longitud d'ona el triple que la de l'altra.

b) De la mateixa longitud d'ona, però una amb la meitat d'amplitud que l'altra.

18. Per a una ona que es desplaça sobre l'eix *X* cap a l'esquerra, com s'expressa l'equació d'ona?

19. Escriviu l'equació de la quantitat de moviment que transmet una ona en el cas d'una ona harmònica.

20. Si disminuïm la freqüència d'una ona, com variarà la longitud d'ona si es transmet a través del mateix medi? Raoneu la resposta.

21. Expliqueu detalladament què vol dir que una ona és doblement periòdica.

22. Dos diapasons emeten sons les freqüències dels quals estan en la relació 2:1. Raoneu quin tipus de relació tenen:

a) Els seus períodes.

b) Les seves longituds d'ona.

23. Un tren d'ones travessa un punt d'observació. En aquest punt, el temps transcorregut entre dues crestes consecutives és de 0,2 s. De les afirmacions següents, escolliu-ne la que sigui correcta i justifiqueu la resposta.

a) La longitud d'ona és de 5 m.

b) La freqüència és de 5 Hz.

c) El període és de 0,4 s.

d) Cap de les afirmacions anteriors no és correcta.

Problemes

Velocitat i acceleració del moviment harmònic simple

1. Un oscil·lador harmònic comença el seu moviment des d'un extrem a 10 cm del punt d'equilibri i tarda 0,25 s a arribar al centre. Calculeu:

a) El període del moviment.

b) El nombre d'oscil·lacions que fa en 1 min.

c) La pulsació.

d) La posició quan han passat 0,5 s de l'inici del moviment.

R: *a)* 1 s; *b)* 60 vibracions/min; *c)* 2π rad/s; *d)* –0,1 m

2. Una partícula vibra amb una velocitat màxima de 20 m/s. Calculeu la freqüència i l'acceleració màxima si l'amplitud d'aquest moviment és de 10 cm.

R: 31,83 Hz; –4 000 m/s^2

3. Un cos vibra amb una amplitud de 4 cm i una freqüència de 50 Hz. Trobeu:

a) La velocitat màxima de la vibració.

b) La velocitat quan l'elongació val 1 cm.

c) El nombre de vibracions en 1 min.

R: *a)* 12,57 m/s; *b)* 12,16 m/s; *c)* 3 000 vibracions/min

4. El moviment d'una partícula està determinat per l'equació

$x = 8 \sin \frac{\pi}{2} t$, en cm. Calculeu:

a) L'amplitud del moviment.

b) El període.

c) La posició de la partícula en els instants de temps $t = 0$, $t = 1$ s, $t = 2$ s, $t = 3$ s, $t = 4$ s i $t = 5$ s, i representeu-les en un gràfic.

R: *a)* 8 cm; *b)* 4 s; *c)* 0, 8, 0, –8, 0, 8 cm

Dinàmica del moviment harmònic simple

5. Un objecte de massa 3 kg penja d'una molla. Des de la seva posició d'equilibri l'estirem cap avall una distància de 25 cm i, des d'aquest punt i trobant-se inicialment en repòs, el deixem oscil·lar lliurement. El període d'oscil·lació és d'1 s. Determineu:

a) Les constants *A*, ω, φ, en unitats del SI, de l'equació $y = A \cos (\omega t + \varphi)$ que descriu el moviment de l'objecte.

b) El valor màxim de l'acceleració de l'objecte, la seva direcció i sentit, i els punts de la trajectòria en què s'assoleix.

c) La constant recuperadora de la molla.

R: *a)* 0,25 m, 6,28 rad/s, $\varphi = 0$; *b)* π^2 m/s^2; *c)* 118,43 N/m

6. Un oscil·lador harmònic es construeix fixant l'extrem superior d'una molla, penjant-hi una massa de 23 g de l'extrem inferior i separant la massa 7,5 cm de la seva posició d'equilibri. Prèviament, hem mesurat la longitud en repòs de la molla sense la massa i amb la massa penjada, i hem obtingut uns resultats de 23,3 cm i 28,8 cm, respectivament.

a) Escriviu l'equació del moviment d'aquest oscil·lador suposant que comencem a comptar el temps quan la massa passa per la posició d'equilibri i amb velocitat positiva.

b) Quines són la velocitat i l'acceleració màximes?

R: *a)* $y(t) = 0{,}075 \sin 13{,}23t$; *b)* 0,99 m/s i 13,13 m/s^2

7. Pengem un cos de 15 g de massa d'una molla de constant elàstica 5 N/m. Quin és el període de les oscil·lacions que es produeixen en separar el cos de la seva posició d'equilibri i deixar-lo anar?

R: 0,34 s

8. Hem mesurat la constant elàstica d'una molla pel mètode dinàmic, que consisteix a penjar una massa i comptar el temps que triga a fer una sèrie d'oscil·lacions; quan la massa és de 42 g, veiem que fa 20 oscil·lacions en un temps de 12,5 s.

a) Calculeu la constant elàstica de la molla i la freqüència de les oscil·lacions.

b) Escriviu l'equació del moviment quan separem la molla una longitud de 2,5 cm de la seva posició d'equilibri, suposant que el cos inicialment es troba en un punt d'elongació màxima. Calculeu també la velocitat i l'acceleració màximes.

R: *a)* 4,24 N/m, 1,6 Hz;
b) $y(t) = 2{,}5\cdot10^{-2} \sin (10{,}05t + \varphi_0)$,
0,25 m/s, 2,53 m/s^2

9. Un cos de 92 g de massa està enganxat a una molla i experimenta un moviment harmònic simple, de manera que en l'instant inicial l'elongació és la sisena part de l'amplitud, mentre que la velocitat i l'acceleració són, respectivament, −0,38 m/s i 5,42 m/s^2.

a) Escriviu les equacions del moviment, de la velocitat i de l'acceleració.

b) Determineu la constant elàstica de la molla i escriviu l'expressió de la força recuperadora en funció del temps.

R: *a)* $x(t) = -4{,}5\cdot10^{-3} \sin(84{,}38t + 0{,}17)$ m
$v(t) = -0{,}38 \cos(84{,}38t + 0{,}17)$ m/s
$a(t) = 32{,}52 \sin(84{,}38t + 0{,}17)$ m/s^2

b) 655,04 N/m
$F(t) = 2{,}99 \sin(84{,}38t + 0{,}17)$ N

10. Resoleu de nou l'activitat 8, apartat *b)*, i el problema 3, apartat *b)*, però fent ara consideracions energètiques.

11. Una molla horitzontal està unida per l'extrem de l'esquerra a la paret i per l'extrem de la dreta a una partícula de massa 2 kg. Separem la partícula una distància de 25 cm cap a la dreta de la seva posició d'equilibri i la deixem anar. En aquest moment comencem a comptar el temps. La partícula descriu un moviment harmònic simple amb un període de 0,75 s. Quan la partícula es trobi a 0,10 m a la dreta del punt central de l'oscil·lació i s'estigui movent cap a la dreta, determineu:

a) L'energia cinètica de la partícula.

b) L'energia mecànica del sistema.

c) La força resultant que actua sobre la partícula. Doneu-ne el mòdul, la direcció i el sentit.

R: *a)* 3,7 J; *b)* 4,4 J; *c)* 14,04 N

12. Construïm un pèndol senzill amb una petita esfera de 35 g de massa i una corda de 45 cm de longitud. Determineu el període, la freqüència i la freqüència angular de les oscil·lacions que es produeixen en deixar anar el pèndol des d'una posició que forma 3° amb la vertical.

R: 1,35 s; 0,74 Hz; 4,67 rad/s

13. Separem un pèndol una longitud d'arc de 22 cm respecte de la posició d'equilibri. Si la longitud del pèndol és d'1,35 m i la massa que hi penja és de 2 kg, calculeu:

a) El període i la freqüència angular de les oscil·lacions que es produeixen.

b) La velocitat màxima del pèndol.

R: *a)* 2,33 s, 2,69 rad/s; *b)* 0,59 m/s

14. Un pèndol oscil·la amb un moviment harmònic simple quan se separa un angle de 5° respecte de la vertical. Si el pèndol passa per la posició d'equilibri a una velocitat de 0,38 m/s, determineu l'equació del moviment corresponent sabent que comencem a comptar el temps quan es troba a la cinquena part de la seva amplitud. Quant valen el període i la freqüència d'aquest pèndol?

R: $s(t) = 0{,}17 \sin (2{,}25t + 0{,}20)$; 2,79 s; 0,36 Hz

15. Un cos d'1,6 kg de massa està lligat a una molla que l'obliga a descriure un moviment harmònic simple donat per l'equació $x(t) = 0{,}03 \sin\left(\frac{\pi}{6}t + \frac{\pi}{10}\right)$, en què x s'expressa en metres.

Determineu l'energia cinètica i l'energia potencial del cos quan passa pel punt d'elongació $x = 2{,}2$ cm.

R: $E_c = 9{,}2\cdot10^{-5}$ J; $E_p = 1{,}06\cdot10^{-4}$ J

Ones harmòniques. Equació d'ona i magnituds ondulatòries

16. Fem oscil·lar amb una amplitud de 15 cm un dels extrems d'una corda, de manera que en 15 s fa 20 oscil·lacions. Si l'altre extrem és a 4 m de distància, mesurada horitzontalment, i la pertorbació triga 2,6 s a arribar:

a) Calculeu la velocitat de fase de l'ona.

b) Calculeu el nombre d'ona.

c) Escriviu l'equació d'ona suposant que en l'instant inicial el focus es troba en l'estat d'oscil·lació $y = A$.

R: *a)* 1,54 m/s; *b)* 5,44 rad/m;
c) $y(x, t) = 0{,}15 \cos (8{,}38t - 5{,}44x)$

17. Una noia pilota una llanxa situada damunt la superfície d'un llac i, amb el seu moviment, origina sobre l'aigua 15 oscil·lacions durant un temps de 25 s. Si l'ona superficial que es produeix triga 18 s a arribar a la riba del llac, que es troba a 30 m, quina és la longitud d'ona de l'ona generada?

R: 2,78 m

18. A l'aigua de mar el so es transmet amb una velocitat aproximada de 1530 m/s. Quina és la freqüència que correspon a un so de longitud d'ona 2,5 m? Trieu la resposta correcta:

a) 3825 Hz *b)* $1{,}63 \cdot 10^{-3}$ Hz *c)* 612 Hz

19. L'oïda humana només és sensible als sons que tenen una freqüència compresa entre 20 Hz i 20000 Hz. A quines longituds d'ona del so és sensible l'oïda humana, si suposem que la velocitat a l'aire és de 345 m/s?

R: Entre 17,25 m i $1{,}72 \cdot 10^{-2}$ m

20. Una ona sonora de 440 Hz té una longitud d'ona de 77 cm. Quina serà la longitud d'ona d'una ona sonora de 200 Hz que es propaga al mateix medi?

R: 169 cm

21. En una cubeta d'ones generem ones de 20 Hz de freqüència i de 2 cm d'amplitud, de manera que tarden 5 s a recórrer 10 m.

A. La velocitat màxima de vibració dels punts de la superfície de l'aigua és:

a) 2 m/s *b)* $0{,}8\,\pi$ m/s *c)* 4 m/s

B. La diferència de fase entre dos punts sobre la superfície de l'aigua, situats en la mateixa direcció de propagació de l'ona i separats per una distància de 5 cm, en un instant determinat és:

a) $\pi/2$ rad *b)* $\pi/4$ rad *c)* π rad

22. L'equació d'una ona que es propaga per una corda és $y(x, t) = 8 \sin(\pi\,(100t - 8x))$, en què x i y es mesuren en centímetres i t en segons. Calculeu el temps que trigarà l'ona a recórrer 25 m.

R: 200 s

23. L'ona produïda sobre la superfície d'un líquid arriba a dos objectes que hi suren damunt i que estan separats una distància d'1,3 m. Els objectes es posen a oscil·lar i fan 16 oscil·lacions en 4 s, de manera que els moviments harmònics simples dels dos objectes estan en fase, i entre aquests hi ha 3 longituds d'ona. Amb quina velocitat es propaga l'ona? Quina és la funció d'ona, si $A = 1{,}8$ cm i $\varphi_0 = 0$?

R: 1,73 m/s; $y(x, t) = 0{,}018 \sin (25{,}13\,t - 14{,}60\,x)$

24. La funció de l'ona generada en una corda és:

$$y(x, t) = 0{,}6 \sin 2\pi \left(\frac{t}{1{,}25} - \frac{x}{0{,}5}\right)$$

en què les distàncies s'expressen en metres, i el temps en segons. Calculeu:

a) La freqüència.

b) La velocitat de fase.

c) L'amplitud.

d) La longitud d'ona.

e) Esquematitzeu els dos últims resultats sobre un dibuix que representi la forma de la corda.

R: *a)* 0,8 Hz; *b)* 0,4 m/s; *c)* 0,6 m; *d)* 0,5 m

25. Determineu la diferència de fase que hi ha entre dos punts d'un medi en el qual es propaga una ona amb una velocitat de fase de 120 m/s i un període de 0,05 s, si sabeu que els punts són a unes distàncies de 8 m i 12 m, respectivament, del focus.

R: (4/3) π rad

26. L'equació d'un moviment ondulatori està determinada per la funció $y(x, t) = 7 \cdot 10^{-2} \cos\left(\frac{t}{4} - \frac{x}{6}\right)$, en què totes les magnituds estan expressades en unitats del SI. Determineu:

a) L'amplitud i la velocitat d'un punt que és a una distància d'11 m del focus.

b) La freqüència angular i el període.

c) El nombre d'ona i la longitud d'ona.

d) La freqüència i la velocitat de fase.

R: *a)* $7 \cdot 10^{-2}$ m; $v(t) = -1{,}75 \cdot 10^{-2} \sin\left(\frac{t}{4} - 1{,}83\right)$
b) 0,25 rad/s; 8π s
c) 0,167 rad/m; 12π m
d) 0,04 Hz; 1,5 m/s

27. Donada la funció d'ona següent, en què les distàncies s'expressen en metres i el temps en segons, calculeu la velocitat i l'acceleració d'un punt que dista 3 m de l'origen de coordenades quan ha passat un temps de 8 s.

$$y(x, t) = 0{,}03 \sin\left(\frac{\pi}{8}t - \frac{\pi}{5}x\right)$$

Quina és la velocitat de fase d'aquest moviment ondulatori?

R: $3{,}64 \cdot 10^{-3}$ m/s; $-4{,}40 \cdot 10^{-3}$ m/s²; 0,625 m/s

28. Una ona es propaga en el sentit negatiu de les x amb una longitud d'ona de 20 cm. El focus emissor vibra amb una freqüència de 25 Hz i una amplitud de 3 cm i inicialment es troba en un estat d'elongació màxima. Determineu:

a) La velocitat de propagació de l'ona.

b) L'equació d'ona.

c) L'instant en què un punt que es troba a 2,5 cm de l'origen assoleix, per primera vegada, una velocitat nul·la.

R: *a)* 5 m/s; *b)* $y(x, t) = 0{,}03 \cos(10\pi x + 50\pi t)$; *c)* 5 ms

29. En una corda s'ha generat una ona d'equació:

$$y(x, t) = 1{,}5 \sin 2\pi \left(\frac{t}{4} - \frac{x}{6}\right)$$

en què les distàncies s'expressen en metres i el temps, en segons. Representant 3 longituds d'ona, dibuixeu la forma de la corda en els instants de temps següents:

$$t = 0,\ t = \frac{T}{4},\ t = \frac{T}{2},\ t = \frac{3T}{4},\ t = T,\ t = \frac{5T}{4}$$

30. Un filferro de 74 cm està enganxat per un extrem a un cos de 250 g de massa. El cos penja d'una molla situada en posició vertical i de constant elàstica 35 N/m. Quan fem oscil·lar el cos separant-lo 5,2 cm de la posició d'equilibri, es genera una ona harmònica transversal al filferro que tarda 1,2 s a arribar a l'altre extrem. Determineu:

a) L'equació de l'ona al filferro si considerem que es comença a comptar el temps quan el focus (punt de contacte del filferro amb el cos) es troba a 2 cm de la posició d'equilibri.

b) L'elongació i la velocitat d'un punt del filferro que dista 23 cm del focus en l'instant $t = 0{,}5$ s. Quines són la velocitat i l'acceleració màximes d'aquest punt?

R: *a)* $y(x, t) = 0{,}052 \cdot \sin(11{,}83t - 19{,}08x + 0{,}39)$; *b)* 0,049 m; –0,21 m/s; 0,62 m/s; 7,28 m/s^2

Prepara't per a la universitat

1. Una massa $m = 0{,}3$ kg, situada en un pla horitzontal sense fricció i unida a una molla horitzontal, descriu un moviment vibratori harmònic. L'energia cinètica màxima de la massa és de 15 J.

a) Si sabem que entre els dos punts del recorregut en què el cos té una velocitat nul·la hi ha una distància de 50 cm, calculeu l'amplitud, la freqüència i el període del moviment i la constant elàstica de la molla.

b) Calculeu la posició, la velocitat i l'acceleració del cos en l'instant $t = 3$ s, considerant que quan $t = 0$ s el cos té l'energia cinètica màxima.

R: *a)* 0,25 m, 6,37 Hz, 0,157 s, 480 N/m; *b)* ±0,145 m, ±8,14 m/s, ±232 m/s^2

2. Una molla de constant $k = 125$ N/m té un extrem fix, i a l'altre hi ha lligada una massa de 200 g que pot lliscar sobre una superfície horitzontal sense fregament. Desplacem inicialment la massa 12 cm de la posició d'equilibri, tot allargant la molla, i la deixem anar. Determineu:

a) Els valors màxims de les energies cinètica i potencial assolides durant el moviment i la velocitat màxima de la massa.

b) El període i la freqüència del moviment harmònic resultant. Escriviu també l'equació d'aquest moviment prenent $t = 0$ com l'instant en què s'ha deixat anar la massa.

R: *a)* 0,90 J, 3,0 m/s;
b) 0,251 s, 3,98 Hz, $x(t) = 0{,}12 \cos 25t$

3. El gràfic següent representa l'energia cinètica d'un oscil·lador harmònic en funció de l'elongació (x).

a) Digueu el valor de l'energia cinètica i de l'energia potencial quan $x = 0$ m i quan $x = 0{,}20$ m. Determineu la constant elàstica.

b) Calculeu la massa de l'oscil·lador, si sabem que la freqüència de vibració és $(100/2\pi)$ Hz.

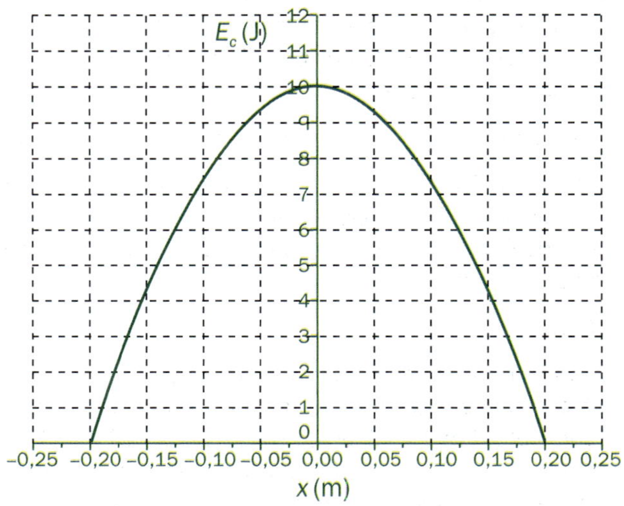

Fig. 5.40.

R: *a)* 10 J, 0 J, 500 N/m; *b)* 0,050 kg

4. Una massa de 0,5 kg descriu un moviment harmònic unida a l'extrem d'una molla, de massa negligible, sobre una superfície horitzontal sense fregament. En el gràfic següent es relaciona el valor de l'energia mecànica de la molla amb el quadrat de l'amplitud d'oscil·lació del moviment harmònic:

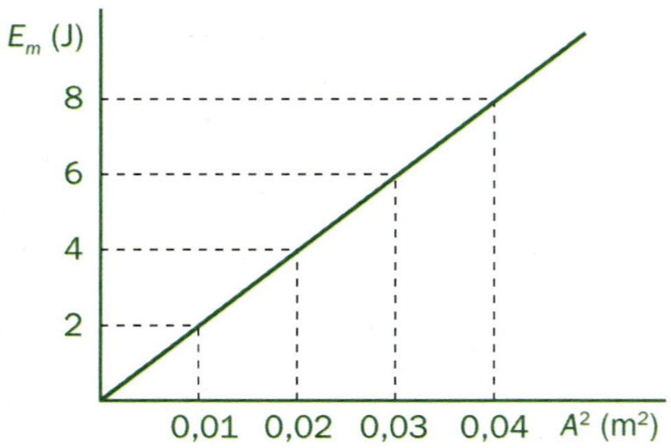

Fig. 5.41.

Calculeu:

a) El valor de la freqüència d'oscil·lació.

b) El valor de la velocitat màxima de la massa quan l'amplitud d'oscil·lació del moviment és 0,1414 m.

R: *a)* 4,5 Hz; *b)* 4 m/s

5. Tenim dues molles idèntiques. Un objecte A de 100 g que penja d'una de les molles oscil·la amb un període d'1,00 s i amb una amplitud de 5,00 cm.

a) Volem que l'altra molla oscil·li amb la mateixa amplitud, però amb una freqüència doble, que la de la molla de què penja l'objecte A. Quina massa hem de penjar a la segona molla?

b) Els dos objectes es deixen anar des de l'extrem inferior de l'oscil·lació. Representeu en un gràfic velocitat-temps la velocitat de cadascun dels objectes quan oscil·len durant 2 s en les condicions descrites. En el gràfic heu d'indicar clarament les escales dels eixos, les magnituds i les unitats. Durant els 2 s representats en el gràfic, en quins moments la diferència de fase entre els dos objectes és de π radians?

R: *a)* 25 g; *b)* 0,5 s, 1,5 s

6. Una ona harmònica transversal es propaga per una corda a una velocitat de 6,00 m/s. L'amplitud de l'ona és 20 mm i la distància mínima entre dos punts que estan en fase és 0,40 m. Considereu la direcció de la corda com l'eix x i que l'ona es propaga en el sentit positiu d'aquest eix.

a) Calculeu la longitud d'ona, el nombre d'ona, la freqüència, el període i la freqüència angular (pulsació).

b) Escriviu l'equació de l'ona sabent que, en l'instant inicial, l'elongació d'un punt situat a l'origen de coordenades és màxima. Calculeu l'expressió de la velocitat amb què vibra un punt de la corda situat a una distància de 10 m respecte de l'origen de la vibració. Quina és la velocitat màxima d'aquest punt?

R: *a)* 0,4 m, 15,7 rad/m, 15 Hz, 0,067 s, 94 rad/s;
b) $y(x, t) = 2{,}0 \cdot 10^{-2} \cos(30\pi t - 5{,}0\pi x)$,
$v(t) = -0{,}60 \cdot \sin(30\pi t - 50\pi)$, 0,6 m/s

7. Observem que dues boies de senyalització en una zona de bany d'una platja, separades una distància de 2 m, oscil·len de la mateixa manera amb l'onatge de l'aigua del mar. Veiem que la mínima distància en què té lloc aquest fet és, justament, la separació entre les dues boies. Comptem que oscil·len trenta vegades en un minut i observem que pugen fins a una alçada de 20 cm.

a) Determineu la freqüència, la longitud d'ona i la velocitat de les ones del mar.

b) Escriviu l'equació que descriu el moviment de les boies en funció del temps, si comencem a comptar el temps quan les boies són en la posició més alta.

R: *a)* 0,5 Hz, 2 m, 1 m/s;
b) $y(t) = 0{,}2 \cos \pi t$, $v(t) = -0{,}20\pi \sin \pi t$

8. Una ona transversal avança per una corda. L'emissor que la produeix vibra amb una freqüència de 25,0 Hz. Considereu que l'ona avança en el sentit positiu de l'eix x. El centre emissor està situat en l'origen de coordenades, i l'elongació en l'instant inicial és nul·la. Sabem que la distància entre dos punts consecutius que estan en el mateix estat de vibració és 24,0 cm i que l'amplitud de l'ona és 3,00 cm. Calculeu:

a) La velocitat de l'ona, la freqüència angular (pulsació), el nombre d'ona i l'equació de l'ona.

b) La velocitat d'oscil·lació i l'acceleració d'un punt situat en $x = 6{,}00$ m en l'instant $t = 3{,}00$ s.

R: *a)* 6,00 m/s, 157 rad/s, 26,2 rad/m,
$y(x, t) = 0{,}03 \sin(50\pi(t - x/6))$; *b)* 4,71 m/s, 0 m/s^2

9. Les boies marines s'utilitzen sovint per mesurar l'alçària de l'onatge. Una d'aquestes boies es mou seguint una oscil·lació harmònica de 3,00 m d'amplitud i 0,10 Hz de freqüència i l'ona es propaga a una velocitat de 0,50 m s^{-1}. *a)* Calculeu la longitud d'ona i el nombre d'ona. *b)* Escriviu l'equació de les ones que fan moure la boia suposant que la fase inicial és zero.

R: *a)* 5,0 m, 0,4 π rad/m; *b)* $y(x, t) = 3 \sin(0{,}2\pi(2x - t))$

Desenvolupa les teves competències

1. A la introducció d'aquesta unitat hem comentat com funcionen els sismògrafs que detecten els moviments verticals del terra, els quals, per tant, poden ser utilitzats per detectar les ones S dels sismes. Ara bé, per detectar els moviments horitzontals del terra —per exemple, els produïts amb les ones P o primàries d'un terratrèmol— o, en general, moviments en qualsevol direcció, cal variar convenientment la disposició del sistema format pel suport, la molla i el pes. Penseu ara com cal fer la distribució del sistema suport, molla, pes i tambor per tal de construir un sismògraf que detecti les ones P dels terratrèmols, efectueu un esquema que el representi i expliqueu com funciona aquest sismògraf.

2. Les ones P també es poden mesurar fent servir un pèndol en lloc d'una molla. Penseu com cal fer la distribució del sistema suport, pèndol i tambor per tal de construir un sismògraf que detecti aquestes ones, efectueu un esquema que el representi i expliqueu com funciona aquest sismògraf.

3. Indiqueu ara com hauríem de dissenyar els sismògrafs anteriors per tal que puguem substituir el tambor i el llapis per un sistema electromagnètic que pugui ser llegit per algun dispositiu electrònic.

4. Llegiu el text següent i contesteu les preguntes.

Una conseqüència dels terratrèmols molt coneguda són els tsunamis, ondulacions de l'aigua del mar produïdes quan el sisme s'origina en punts situats sota el fons marí. Aquestes ones es propaguen en aigües profundes a grans velocitats, que es calculen amb l'expressió $v = \sqrt{gh}$, en què h és la profunditat i g, l'acceleració de la gravetat, i la seva longitud d'ona pot arribar a ser de centenars de quilòmetres. En alta mar, però, l'amplitud de l'ona a la superfície de l'aigua no supera uns pocs metres, de manera que el període d'oscil·lació de l'ona és relativament gran i, per aquest motiu, els mariners dels vaixells en alta mar no perceben el tsunami.

Ara bé, quan l'ona s'apropa a la costa, en què les aigües són poc profundes, la seva amplitud augmenta i pot arribar a unes desenes de metres sobre el nivell del mar en entrants com ports i rades, amb fronts d'ona gairebé verticals que propaguen l'envestida d'aigua a una velocitat d'entre 1 i 10 m/s, repetits en intervals de temps d'alguns minuts, i el primer dels quals ve precedit per una recessió de l'aigua del mar que comença unes desenes de minuts abans que n'arribi.

a) Quina velocitat tenen les ones d'un tsunami a 1 000 m de profunditat?

b) Si per a l'ona anterior l'amplitud és de 4 m i la longitud d'ona és de 100 km, quant val el període d'oscil·lació, en minuts? I la velocitat màxima?

c) Justifiqueu amb els valors obtinguts a l'apartat anterior i altres comentats al text amb el fet que el tsunami no afecti pràcticament la navegació dels vaixells en alta mar.

d) Feu una estimació de la distància que s'enretira mar endins l'aigua de la costa en un tsunami, en cas que l'ona tingui una velocitat de 5 m/s i un període de 3 min, suposant que la profunditat de l'aigua no és massa elevada a prop de la costa

R: *a)* 99 m/s; *b)* 2,50 cm; *d)* 225 m

Fig. 5.42. *La gran ona de Kanagawa*, de Katsuhita Hokusai (1760-1849), que representa un tsunami.

Ones a la superfície d'un líquid

Objectiu

Observar el moviment ondulatori que es produeix quan es generen ones a la superfície d'un líquid (aigua) gràcies a un muntatge molt senzill anomenat *cubeta d'ones*.

Material

- Cubeta rectangular de vidre, oberta i de fons completament llis (dimensions aproximades: 50 × 75 × 5 cm)
- Pantalla translúcida
- Focus lluminós (bombeta)
- Comptagotes
- Cilindre (longitud aproximada: 45 cm; diàmetre aproximat: 8 cm)
- 2 molles amb el mateix valor de la constant recuperadora k
- 4 suports
- Nivell
- Bombeta
- Balança
- Regle llarg
- Càmera fotogràfica digital

Fig. 5.43. Ones superficials en un líquid, en aquest cas aigua, produïdes en una cubeta d'ones.

Procediment

1. Recolzeu la cubeta d'ones entre dues superfícies horitzontals, com ara dues taules del laboratori, de manera que la major part de la zona central de la cubeta quedi sense suport.
2. Amb un nivell, comproveu que el fons de la cubeta està totalment en posició horitzontal. Si no és així, anivelleu-la col·locant fulls o làmines de cartró primes entre les taules i la cubeta fins que quedi horitzontal.
3. Vesseu una petita quantitat d'aigua a l'interior de la cubeta de manera que el nivell d'aigua es mantingui al voltant de mig centímetre.
4. Col·loqueu la bombeta sota la cubeta de manera que quedi totalment il·luminada per la part central.
5. Situeu una pantalla translúcida a una certa distància per sobre de la cubeta amb l'ajut dels suports de manera que quedi paral·lela a aquesta. L'observació de les ones es farà sobre aquesta pantalla. El muntatge ha de quedar com indica la figura 5.44.

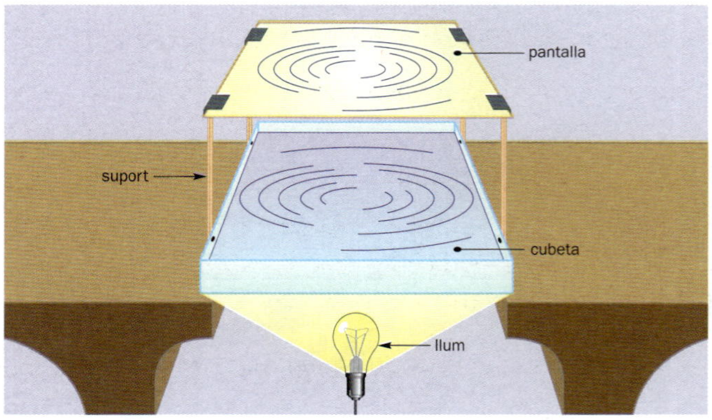

Fig. 5.44. Cubeta d'ones.

Procediment (cont.)

6. Deixeu caure una gota d'aigua sobre la part central de la cubeta. Observeu a la pantalla què passa i feu-ne un dibuix esquemàtic.
7. Determineu el valor de la massa *m* del cilindre amb l'ajut de la balança i anoteu aquest valor. Anoteu també el valor de la constant elàstica *k* de les molles.
8. Col·loqueu el cilindre en un extrem de la cubeta i desplaceu-lo cap endavant i cap enrere a intervals regulars de temps (fig. 5.45 *a*). Observeu què passa a la pantalla i feu-ne un dibuix esquemàtic.

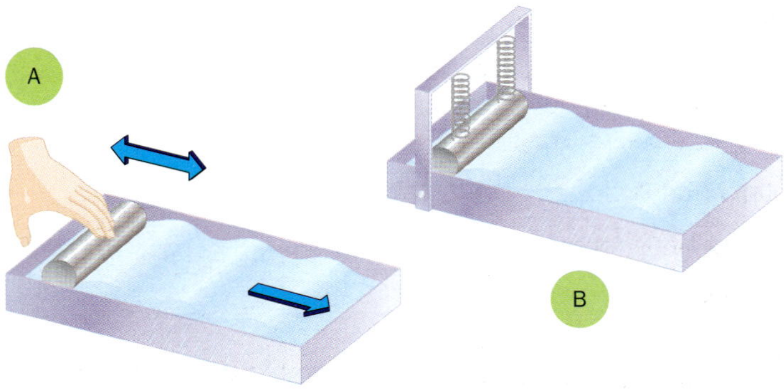

Fig. 5.45. Generació d'ones planes.

9. Ara feu oscil·lar el cilindre amb l'ajut de les dues molles (fig. 5.45 *b*) de manera que toqui lleugerament la superfície del líquid. Observeu què passa a la pantalla i feu-ne un dibuix esquemàtic.
10. Fixeu el regle a la pantalla en una posició que sigui perpendicular als fronts d'ona generats en el pas 9 per poder mesurar la longitud d'ona. Feu el mateix procediment que en el pas 9, però ara feu-ne unes quantes fotografies amb la càmera digital. Heu de tenir en compte que s'han de poder distingir a la fotografia les crestes i les valls de les ones generades a la cubeta i les longituds del regle.
11. Descarregueu les fotografies en un ordinador i seleccioneu les que mostrin més detall. Calculeu la longitud d'ona a partir de les fotografies obtingudes. Per fer-ho, mesureu la distància entre diverses crestes (ombres fosques) i dividiu el resultat pel nombre de crestes en aquell interval.

Anàlisi de resultats

1. Quin tipus d'ones es generen en deixar caure una gota d'aigua?
2. Quin tipus d'ones es generen en moure el cilindre cap endavant i cap enrere?
3. Dibuixeu les ones que es produeixen en fer oscil·lar el cilindre amb l'ajut de les dues molles.
   a) Quin tipus d'ones es generen?
   b) Feu la mitjana aritmètica de les longituds d'ona obtingudes en l'apartat 11 del procediment per tal d'obtenir un únic valor λ.
   c) Determineu la freqüència d'oscil·lació de les molles aplicant l'expressió $f = 2\pi\sqrt{\frac{m}{k}}$, en què *m* és la massa del cilindre, mesurada en l'apartat 7 del procediment, i *k* és la constant elàstica de les molles.
   d) Determineu la velocitat de les ones generades aplicant l'expressió $v = \lambda \cdot f$

Important

Recordeu que la longitud d'ona és la distància entre dues crestes consecutives (o dues valls consecutives).

UNITAT

6 Fenòmens ondulatoris

Hi estudiaràs:

- Principi de Huygens. Difracció
- Reflexió i refracció
- Polarització
- Efecte Doppler
- Interferències
- Ones estacionàries
- El so com a ona mecànica
- Aplicacions de les ones mecàniques

I seràs capaç de:

- Descriure qualitativament, amb l'ajuda del principi de Huygens, els fenòmens ondulatoris de la difracció i la polarització, i l'efecte Doppler.
- Descriure qualitativament i quantitativament els fenòmens ondulatoris de la reflexió, la refracció i les interferències.
- Entendre què és una ona estacionària, i determinar-ne, en alguns casos senzills, els estats de vibració, o harmònics, que s'hi poden produir.
- Reconèixer el fet que les ones transmeten energia i que aquesta es relaciona amb la magnitud intensitat d'energia transmesa, la qual ens proporciona informació sobre l'atenuació de les ones quan es transmeten en l'espai.
- Saber determinar la intensitat del so utilitzant la magnitud física nivell d'intensitat sonora i la seva unitat, el decibel (dB).

Farem servir:

- Situació d'aprenentatge
- ODS - Objectius de Desenvolupament Sostenible
- Treball col·laboratiu
- Prepara't per a la universitat
- Metacognició

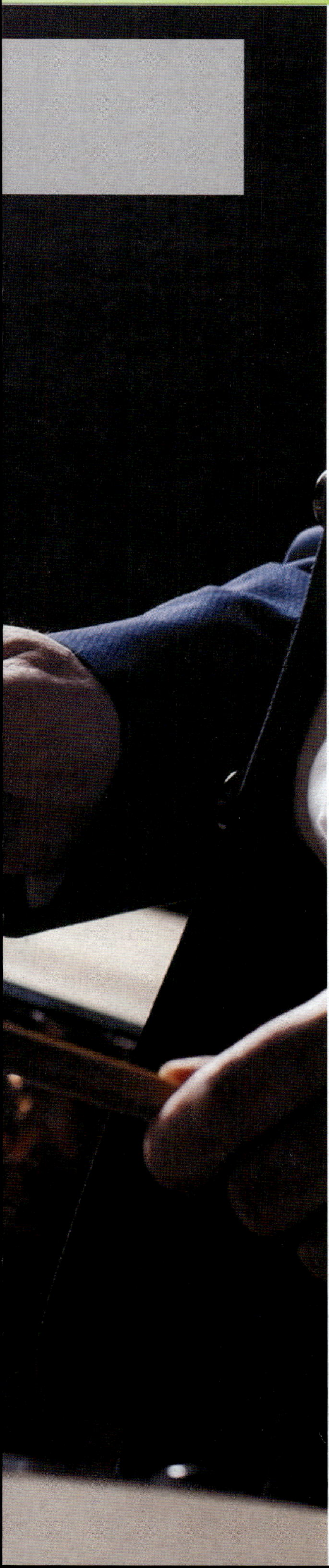

MÚSICA i física

Situació d'aprenentatge

Una de les branques de les Arts que està molt relacionada amb la física, concretament amb el moviment ondulatori, és la música, que podem definir com la tècnica de la combinació dels sons generats per la veu humana o per instruments i la seva organització en el temps de manera ordenada buscant un efecte emotiu i estètic en l'oient. Els sons són generats per cordes, membranes o altres sistemes que, quan vibren, produeixen en l'aire circumdant oscil·lacions que es transmeten en forma d'ones sonores fins a la nostra oïda.

La música es relaciona, doncs, amb les ones sonores i ha proporcionat conceptes com l'harmonia, el timbre i el ritme. Precisament, el procés d'afinació d'un instrument musical consisteix a ajustar de manera ordenada les freqüències dels sons produïts per l'instrument respecte d'una freqüència, o *nota*, de referència.

Des del Renaixement, la nota o freqüència de referència s'ha fet coincidir amb la nota *la*, però amb un valor en Hz diferent segons les èpoques i els països, que ha anat variant entre 400 Hz i 480 Hz. Al segle XX es va imposar la freqüència estàndard de 440 Hz, la qual es va fer coincidir amb la primera nota *la* que hi ha per sobre del *do* central d'un piano, de manera que aquest instrument musical s'ha d'afinar a partir d'aquesta freqüència.

Tradicionalment, els instruments musicals s'afinen fent servir un diapasó, un aparell que consisteix en una forquilla que vibra quan és copejada i que produeix el so que correspon justament a aquesta freqüència estàndard, a partir del qual s'afinen totes les notes de l'instrument.

En l'actualitat s'utilitzen afinadors electronicodigitals que indiquen si les notes tocades en un instrument musical coincideixen o no amb les freqüències que haurien de tenir segons l'estàndard de 440 Hz.

Podem relacionar la física i la música?

- Per a una corda vibrant, el que oscil·la és l'altura y dels punts de la corda respecte de la posició d'equilibri que tenen sense vibració, i es pot prendre aquesta longitud y com la magnitud física associada a la funció d'ona. Però en el cas del so, quina magnitud física vincularies a la funció d'ona?
- Quan es fa vibrar un diapasó es produeix un so pur, mentre que la mateixa nota en una corda de guitarra o en un oboè consisteix en un so complex. Saps quina és la diferència entre aquests dos conceptes? Què tenen en comú? En què es diferencien?
- Malgrat que dos instruments estiguin reproduint la mateixa nota, què és el que permet distingir entre un instrument i l'altre o, dit més exactament, quina és la qualitat o propietat del so que permet distingir un instrument de l'altre?
- Porteu a l'aula alguns instruments musicals o demaneu-los al professorat de música. Toqueu la mateixa nota en diversos instruments i també al diapasó; després analitzeu com sonen els instruments respecte del diapasó i intenteu esbrinar quines qualitats del so reproduït permeten distingir un instrument d'un altre.

- Eres conscient de la relació tan estreta que hi ha entre la música i la física?
- Coneixies aquest fenomen que presenten les ones sonores? Coneixes altres fenòmens ondulatoris?
- Consideres que els coneixements sobre les ones sonores i la música poden contribuir a l'assoliment de l'**ODS Educació de qualitat per a tothom**?

1. Principi de Huygens. Difracció

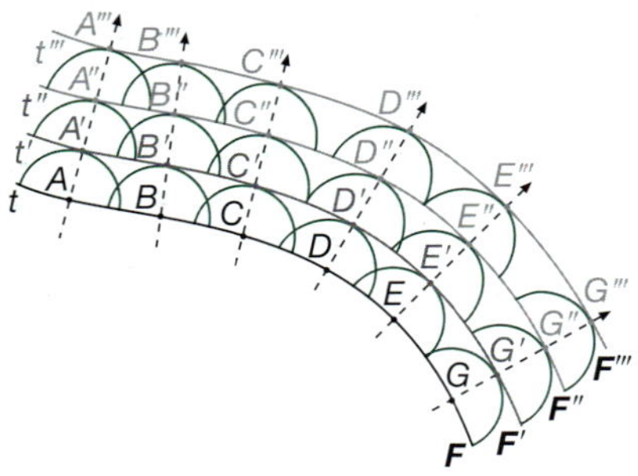

Fig. 6.1. Construcció de Huygens dels successius fronts d'ona **F**, **F'**, **F''**, **F'''**... Les línies de traç i fletxa indiquen les direccions perpendiculars als fronts d'ona, és a dir, els raigs o direccions de propagació de l'ona.

En aquesta unitat completem l'estudi del moviment ondulatori, iniciat en la unitat anterior, tot considerant els fenòmens propis de les ones que no es donen en els moviments corpusculars, i que també considerarem a la unitat següent per al cas de la llum: la difracció, la reflexió, la refracció, les interferències, la polarització, l'efecte Doppler i les ones estacionàries. En aquesta unitat s'estudiaran aplicats a les ones mecàniques, en concret, a les ones superficials produïdes en un líquid, que, recordem, es poden visualitzar de manera senzilla a la cubeta d'ones, i també a les ones produïdes en una corda i al so.

Els fenòmens ondulatoris es poden tractar matemàticament a partir de l'equació d'ona, i així ho farem en alguns. En altres, però, farem un estudi més qualitatiu i simplificat aplicant un model geomètric ideat en el segle XVII pel físic holandès Christiaan Huygens, que explica els fenòmens ondulatoris sense necessitat de recórrer a la funció d'ona; es basa en el fet que les ones mecàniques sempre requereixen un medi per propagar-se, de manera que, al pas de l'ona, les partícules del medi oscil·len i transmeten la seva vibració i energia a les partícules veïnes.

El **principi de Huygens** estableix que qualsevol punt al qual arriba la pertorbació transmesa per una ona es comporta com a nou focus emissor d'ones secundàries, les quals es propaguen en totes direccions amb la mateixa velocitat de fase.

En realitat, aquest principi ens proporciona un model adequat que explica de manera molt intuïtiva el que s'esdevé quan una ona mecànica es propaga per un medi determinat. Considerem, en efecte, la capa de partícules del medi per a les quals, tot just en l'instant t, arriba la pertorbació propagada per una ona mecànica: totes elles es posen a oscil·lar en fase, és a dir, amb el mateix estat d'oscil·lació, i originen el front d'ona F (fig. 6.1).

D'acord amb el principi de Huygens, en els punts d'aquest front, com A, B, C... (fig. 6.1), es comencen a originar ones secundàries semicirculars que es propaguen en totes direccions a la mateixa velocitat de fase, i el mateix passa en tots els punts que hi ha entre A, B, C... Quan les ones secundàries produïdes en tots aquests punts arriben a una altra capa de partícules en l'instant de temps posterior t', la superfície tangent a totes elles, és a dir, la seva envolupant, origina el nou front d'ona F' (punts A', B', C'...), del qual es comencen a emetre, al seu torn, noves ones secundàries. Aquest fenomen es repeteix successivament, i es van formant els següents fronts d'ona F'', F'''... en instants de temps posteriors t'', t'''... (fig. 6.1).

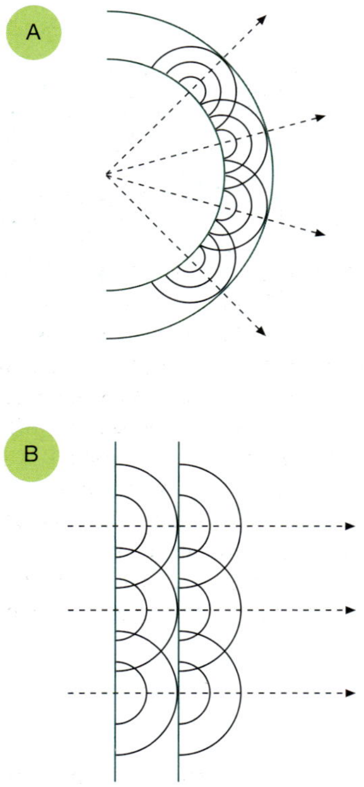

Fig. 6.2. *a)* Construcció de Huygens en el cas d'ones esfèriques o circulars. *b)* Construcció de Huygens en el cas d'ones cilíndriques o lineals. Els raigs (direccions de propagació de l'ona) es representen amb línies discontínues.

Fixem-nos (fig. 6.1) que hem considerat una forma genèrica del front d'ona i que s'ha suposat en tot moment que el medi és **homogeni,** és a dir, *té les mateixes condicions de temperatura, pressió, densitat, etc., en tots els seus punts,* de manera que la velocitat de fase també és la mateixa en tots els punts del medi i això fa que es conservi la forma del front. És el cas, per exemple, d'una pertorbació originada en un únic punt d'un medi homogeni: l'ona es propaga en totes les direccions de l'espai, i s'origina una ona esfèrica, o circular si la propagació té lloc en una superfície plana (fig. 6.2*a*). Altrament, depenent de com s'origini la pertorbació en els punts del medi, considerat també aquest homogeni, es pot obtenir una ona cilíndrica, si l'ona és tridimensional, o lineal, si la propagació és en una superfície plana (fig. 6.2*b*).

Però, si l'ona es transmet per un medi no homogeni, la seva velocitat de fase no és la mateixa en tots els punts, i es propaga més ràpidament en uns punts que en d'altres. Per tant, els radis de les diferents ones secundàries no són iguals, i no es conserva la forma de l'ona (fig. 6.3).

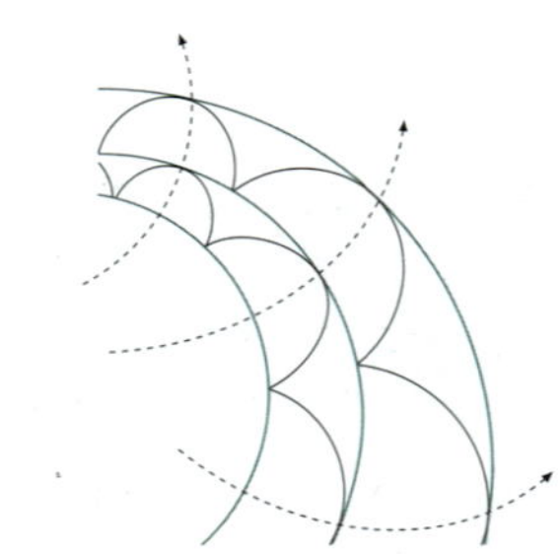

Fig. 6.3. Transmissió d'una ona en un medi no homogeni.

Ja hem dit que el principi de Huygens és molt intuïtiu en el cas de les ones mecàniques, que, precisament, són el tipus d'ones que s'han considerat en tot moment. Però deixa de ser-ho en el cas de les ones electromagnètiques, perquè en aquestes no hi ha oscil·lació de partícules, sinó de camps elèctrics i camps magnètics, i s'ha de recórrer a altres models per tal d'explicar la propagació de l'ona; tot i això, aquest principi continua sent vàlid a l'hora d'explicar la naturalesa ondulatòria de la llum, com veurem en la unitat següent.

1.1. Difracció

El primer fenomen característic del moviment ondulatori que estudiarem i que s'explica fàcilment amb el principi de Huygens és el de la difracció.

> La **difracció** és la distorsió o variació en la direcció de propagació d'una ona quan aquesta troba en la seva transmissió un obstacle que té unes dimensions comparables a la longitud d'ona i que n'impedeix la propagació.

Aquest fenomen ondulatori es pot estudiar de manera relativament senzilla a la cubeta d'ones, aparell que es va estudiar experimentalment a la unitat anterior; en efecte, considerem una ona plana produïda a la cubeta d'ones que es mou cap a la dreta, i que troba en la seva transmissió una paret que n'impedeix la propagació i en la qual s'ha practicat una escletxa d'obertura *d*.

Si l'escletxa és prou petita, es pot considerar pràcticament un punt que, segons la construcció de Huygens, es comporta com un nou focus emissor d'ones semiesfèriques secundàries, l'envolupant de les quals és l'ona secundària mateixa, ja que no hi ha producció d'altres ones secundàries en els punts veïns: l'ona passa a ser ara una ona semiesfèrica i, per tant, hi ha hagut un canvi en la forma geomètrica del front d'ona que origina noves direccions de propagació de l'ona (fig. 6.4*a* i fig. 6.5*b* i *c*).

Deduïm que aquesta propietat només es dona en els moviments ondulatoris, ja que per als moviments corpusculars, per exemple, el d'un conjunt de partícules que es mouen amb moviment rectilini també cap a la dreta, si aquestes troben en la seva transmissió una paret amb una petita escletxa, les partícules no poden arribar a punts, com l'*A*, als quals sí que ha arribat l'ona (fig. 6.4*b*).

Quan l'obertura *d* de l'escletxa no és comparable a la longitud d'ona i té un valor bastant més gran, la difracció passa pràcticament desapercebuda, ja que existeix ara un conjunt més gran de punts per als quals, amb la construcció de Huygens, les ones secundàries produïdes en aquests tenen una envolupant que continua sent recta (fig. 6.5*a*). Si l'obertura de l'escletxa és prou petita, la contribució dels punts extrems es fa més apreciable i es produeix difracció de l'ona (fig. 6.5*b* i *c*). També es produeix difracció quan l'ona arriba a un petit objecte que dificulta la seva transmissió i de dimensions comparables a la longitud d'ona (fig. 6.6).

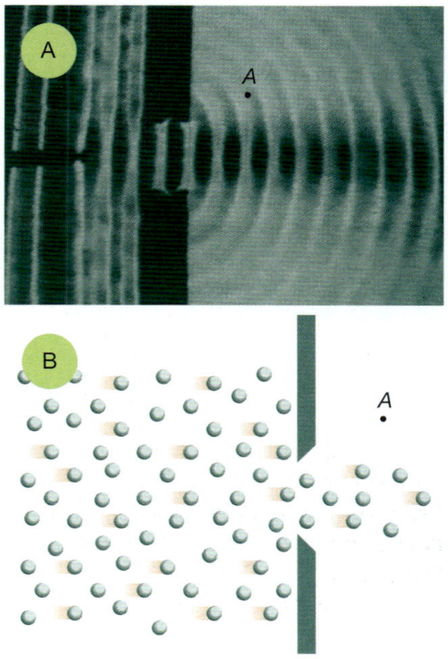

Fig. 6.4. *a)* Difracció d'una ona plana per una petita escletxa a la cubeta d'ones: l'ona pot arribar al punt *A*. *b)* Comportament d'un feix de partícules amb moviment rectilini quan travessa una escletxa: les partícules no poden arribar al punt *A*.

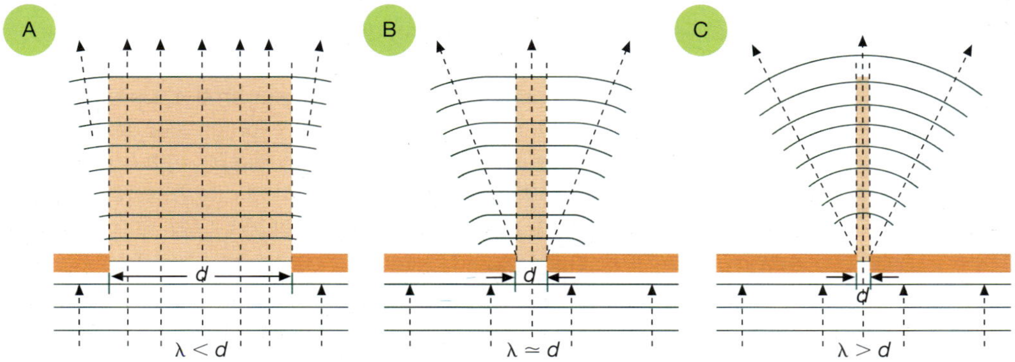

Fig. 6.5. *a)* No es produeix difracció de l'ona. *b)* i *c)* Es produeix difracció de l'ona.

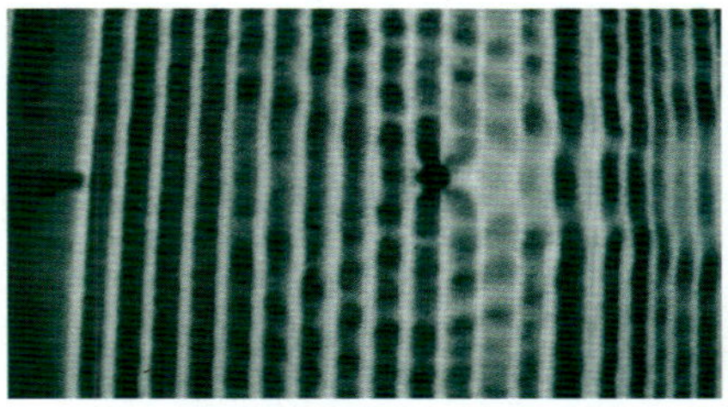

Fig. 6.6. Una altra situació en què es produeix el fenomen de la difracció: una ona plana produïda a la cubeta d'ones troba en la seva transmissió un petit obstacle de dimensions comparables a la longitud d'ona. L'obstacle es comporta com un nou focus emissor d'ones, i es converteix en el centre d'una ona circular elemental, d'acord amb la construcció de Huygens.

ACTIVITATS

1. Es conserva la forma de l'ona en un medi homogeni? I en un medi no homogeni? Raoneu la resposta.
2. Comenteu breument en què consisteix la difracció de les ones i poseu-ne un exemple.
3. Per què diem que la difracció és un fenomen típicament ondulatori? Expliqueu-ho detalladament.
4. Una ona plana es propaga en un medi homogeni amb una velocitat de 2 cm/s i amb una freqüència de 10 cicles per segon. En el seu avançament troba una paret amb una escletxa d'1 mm d'obertura. Es produirà difracció havent passat l'escletxa? Efectueu els càlculs pertinents per tal de raonar adequadament la resposta.

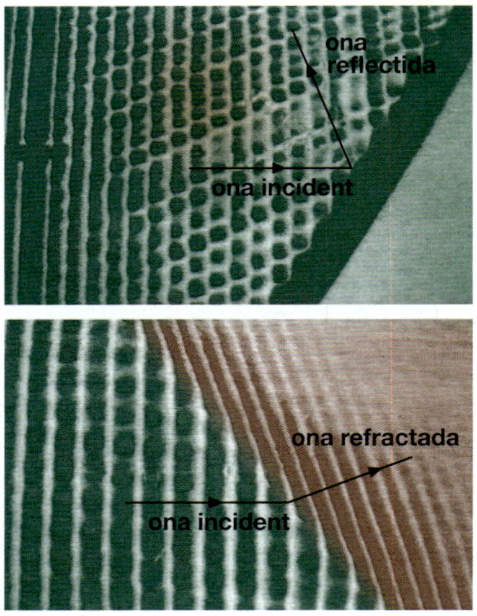

Fig. 6.7. Reflexió i refracció de fronts d'ona plans a través de la superfície que separa dos medis diferents, produïts a la cubeta d'ones.

2. Reflexió i refracció

Altres fenòmens ondulatoris que també es poden interpretar fàcilment mitjançant el principi de Huygens *són la reflexió* i la *refracció*; es produeixen quan una ona, que anomenem *ona incident* i que es propaga per un determinat medi a una velocitat de fase v_1, arriba a la superfície que separa aquest primer medi d'un segon medi, diferent del primer i en el qual l'ona també es pot propagar però amb una velocitat v_2 diferent (fig. 6.7).

Per simplificar, suposem que la superfície *S* de separació dels dos medis es plana, i sigui *N* la recta normal (perpendicular) a *S*. Considerem una ona mecànica plana que incideix sobre *S* formant un cert angle α_i (*angle d'incidència*) respecte de la recta *N* (fig. 6.8 i 6.9).

- En la **reflexió,** una part de l'ona incident continua movent-se en el mateix medi, però varia la seva direcció de propagació i dona **l'ona reflectida.** Aquesta es propaga amb la mateixa velocitat de fase v_1 que l'ona incident, ja que no ha variat el medi de propagació, però ara ho fa en una direcció que forma un angle α_r (*angle de reflexió*) respecte de la recta normal *N* (fig. 6.8 i 6.9).

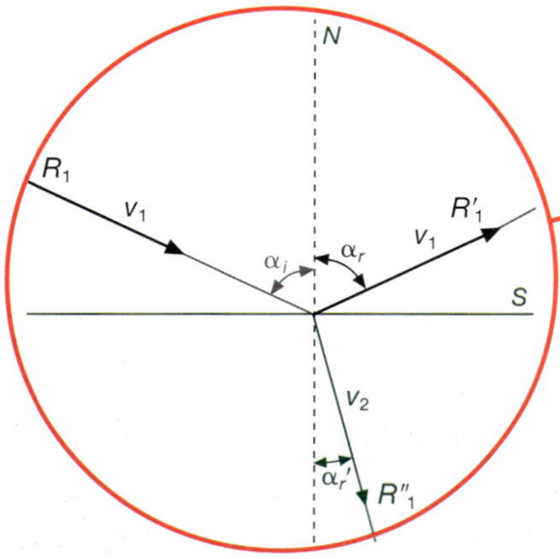

Fig. 6.9. Raig incident (R_1), raig reflectit (R_1') i raig refractat (R_1'').

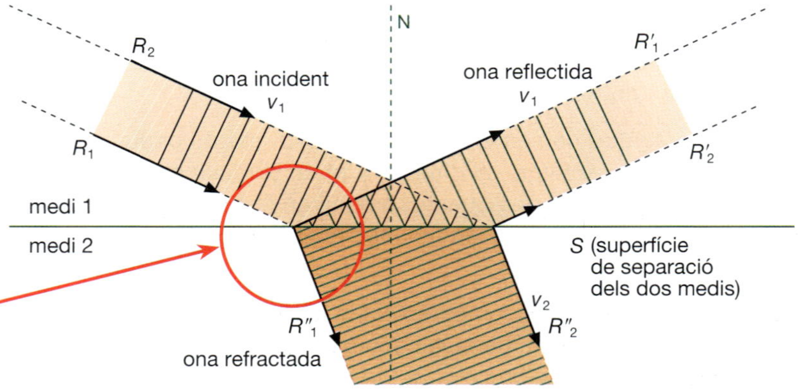

Fig. 6.8. Quan una ona incident arriba a la superfície de separació de dos medis, produeix una ona reflectida i una ona refractada.

Deduïm ara la relació que han de verificar els angles d'incidència i de reflexió. Considerem dos raigs incidents R_1 i R_2 de l'ona incident (fig. 6.10). En el moment en què el raig R_1 arriba al punt *A* de la superfície de separació *S* dels dos medis, si tenim en compte la condició de perpendicularitat entre els raigs i els fronts d'ona, el raig R_2 arriba a un punt *B*, que és a una certa distància de la superfície de separació *S*, i que, juntament amb *A*, defineix el front d'ona *AB*, perpendicular a R_1 i R_2. Durant el temps *t* en què el raig R_2 progressa des del punt *B* fins al punt *B'*, situat en *S*, el raig R_1 s'ha reflectit, ha donat lloc al raig R_1' i ha arribat al punt *A'*; com que l'ona reflectida continua propagant-se en el mateix medi, ho fa amb la mateixa velocitat v_1 amb què es transmet l'ona incident, i així les distàncies *AA'* i *BB'* són iguals:

$$AA' = BB' = v_1 t$$

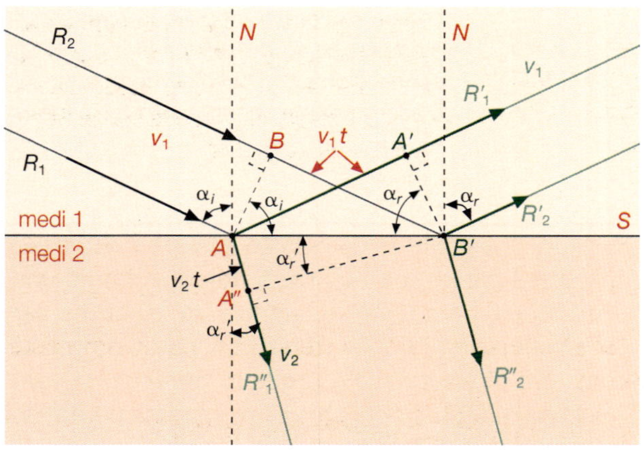

Fig. 6.10. Deducció de la llei de la reflexió i de la llei de la refracció.

Si tenim en compte un altre cop la condició de perpendicularitat entre els fronts d'ona i la direcció de propagació, el front d'ona de l'ona reflectida és, en el moment en què el raig R_2 arriba a *B'*, *A'B'*, perpendicular a R_1'. Com que les distàncies *AA'* i *BB'* són iguals, deduïm que els triangles *ABB'* i *B'A'A* també han de ser iguals, i que, per tant:

$$\sin \alpha_i = \frac{BB'}{AB'} = \frac{v_1 t}{AB'}$$

$$\sin \alpha_r = \frac{AA'}{AB'} = \frac{v_1 t}{AB'} = \sin \alpha_i \rightarrow \alpha_i = \alpha_r$$

Hem deduït la **llei de la reflexió**: els angles d'incidència i de reflexió són iguals:

$$\alpha_i = \alpha_r$$

Estudiem ara el cas en què l'ona es propaga del primer al segon medi, fenomen conegut amb el nom de *refracció.*

- En la **refracció,** una part de l'ona incident penetra en el segon medi tot variant la seva direcció de propagació i dona **l'ona refractada.** Aquesta es propaga ara amb la velocitat de fase v_2 del segon medi en una direcció que forma un angle α_r' *(angle de refracció)* respecte de la recta normal *N* (fig. 6.8 i 6.9).

Per deduir la relació que verifiquen els angles d'incidència i de refracció, considerem ara el raig refractat R_1'' (fig. 6.10). Durant l'interval de temps *t* que estem considerant, aquest raig ha progressat des del punt *A* fins al punt *A''*. Si suposem que la velocitat en el segon medi v_2 és més petita que la velocitat en el primer medi, aleshores R_1'' recorre una distància $AA'' = v_2 t$, que és més petita que la distància $BB' = v_1 t$, recorreguda per R_2. Si tenim en compte la condició de perpendicularitat, el front d'ona de l'ona refractada és, en aquest moment, *A''B'*, i defineix un triangle rectangle *AA''B'*; com que el triangle *AA'B'* també és rectangle, podem establir que:

$$\sin \alpha_i = \frac{BB'}{AB'} = \frac{v_1 t}{AB'}$$

$$\sin \alpha'_r = \frac{AA''}{AB'} = \frac{v_2 t}{AB'}$$

Si dividim ambdues expressions i simplifiquem, arribem finalment a la llei de la refracció:

Llei de la refracció o **llei de Snell:** $$\frac{\sin \alpha_i}{\sin \alpha'_r} = \frac{v_1}{v_2}$$

Aquestes lleis són igualment vàlides encara que els fronts d'ona incidents i la superfície de separació dels dos medis no siguin plans, ja que en cada punt podem considerar un entorn d'aquest punt que sigui prou petit i que es pugui considerar pla.

Més dades

Una altra llei important que verifiquen els fenòmens de la reflexió i de la refracció indica que les direccions d'incidència, de reflexió i de refracció estan en un mateix pla que és normal a la superfície de separació dels dos medis (fig. 6.11).

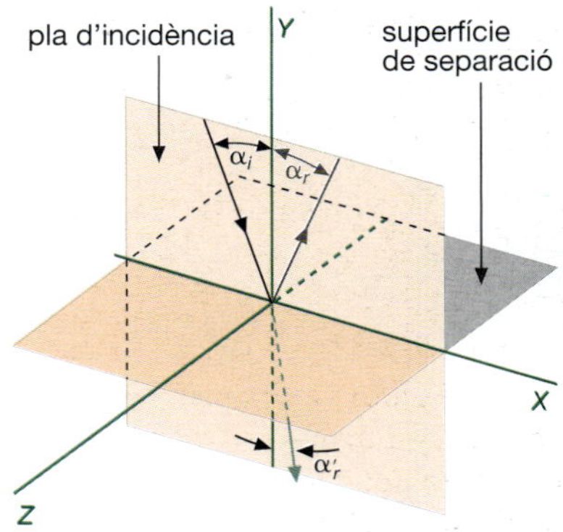

Fig. 6.11.

Exemple 1. **Una ona es propaga a l'aigua amb una velocitat de 1450 m/s, mentre que a l'oli ho fa amb una velocitat de 1300 m/s.**

Quin angle forma l'ona refractada quan l'ona es propaga a l'aigua formant un angle de 23° respecte de la normal i es refracta passant a l'oli?

Resolució

Apliquem la llei de Snell:

$$\frac{\sin \alpha_i}{\sin \alpha'_r} = \frac{v_1}{v_2} \rightarrow \frac{\sin 23°}{\sin \alpha'_r} = \frac{1450}{1300}$$

$$\sin \alpha'_r = \frac{1300 \sin 23°}{1450} = 0{,}35 \quad \rightarrow \quad \alpha'_r = \arcsin 0{,}35 = 20{,}5°$$

En aquest exemple, com que la velocitat en el segon medi, v_2, és més petita que la velocitat en el primer medi, v_1, l'angle de refracció és més petit que l'angle d'incidència; diem que el raig refractat s'*apropa* a la normal.

Recorda

En el cas de la llum es defineix l'índex de refracció *n* d'un medi transparent com el quocient entre la velocitat de la llum en l'aire i la velocitat de la llum en el medi, $n = c/v$, de manera que la llei de Snell adopta la forma:

$$\frac{\sin \alpha_i}{\sin \alpha_r'} = \frac{c}{v} = n$$

en què *c* és la velocitat de la llum en l'aire, i *v*, la velocitat de la llum en el medi transparent. A la unitat següent es tornen a estudiar tots aquests conceptes relacionats amb la llei de Snell per al cas de la llum.

ACTIVITATS

5. Una ona plana produïda en una cubeta d'ones arriba a la superfície de separació de dos líquids diferents i incideix de manera que un raig determinat forma un angle de 25° respecte de la superfície de separació. Una part de l'ona es reflecteix i la resta es refracta. Sabem que en el primer medi la velocitat de l'ona és d'1,27 m/s i que en el segon medi és d'1,03 m/s:

A. L'angle de reflexió val: *a)* 25°; *b)* 65°; *c)* 47°

B. L'angle de refracció val: *a)* 25°; *b)* 47°; *c)* 65°

3. Polarització

La *polarització* és un altre fenomen típicament ondulatori, encara que només s'observa en les ones transversals. Recordem que, per a aquest tipus d'ones, la direcció de propagació és perpendicular a la direcció d'oscil·lació de les partícules del medi. De fet, donada una direcció de propagació determinada, hi ha infinites direccions d'oscil·lació possibles, totes contingudes en el pla perpendicular a la direcció de propagació (fig. 6.12).

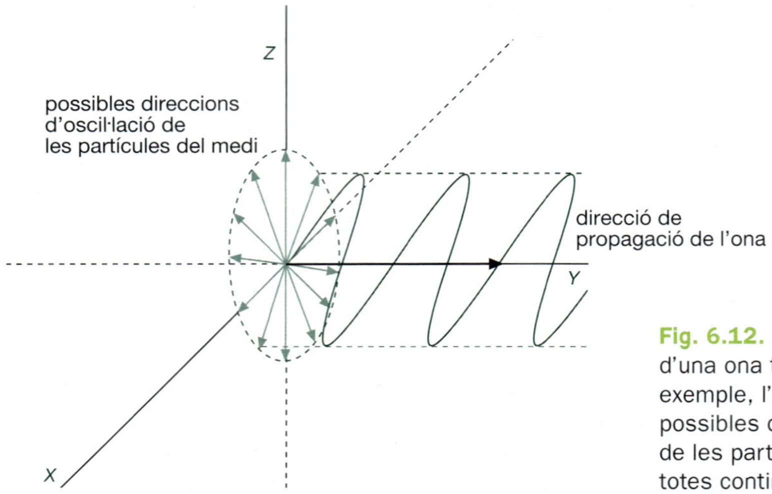

Fig. 6.12. Si la direcció de propagació d'una ona transversal és, per exemple, l'eix *Y*, hi ha infinites possibles direccions de vibració de les partícules del medi, totes contingudes en el pla *XZ*.

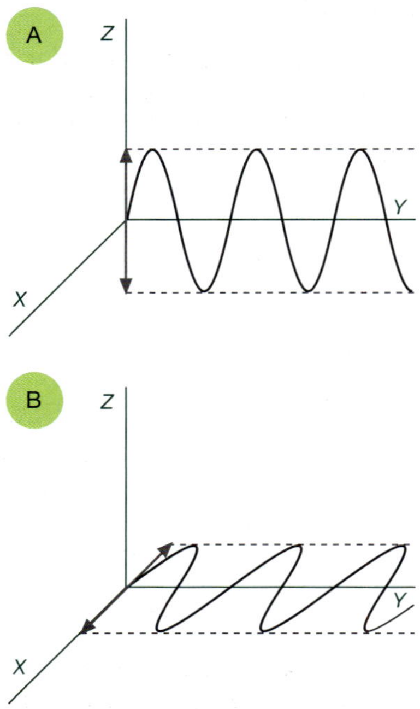

Fig. 6.13. *a)* Ona polaritzada en l'eix *Z*: l'ona origina oscil·lacions en el pla *YZ*. *b)* Ona polaritzada en l'eix *X*: l'ona origina oscil·lacions en el pla *XY*.

> Una ona transversal està **polaritzada linealment** quan només hi ha vibració en una de les possibles direccions perpendiculars a la direcció de propagació de l'ona (fig. 6.13).

> Una ona transversal també pot estar **polaritzada circularment;** en aquest cas, el focus oscil·la de manera circular, variant contínuament la direcció de vibració, però sense variar-ne l'amplitud.

Això es pot fer, per exemple, amb una corda; si a certa distància del focus col·loquem un obstacle amb una escletxa allargada, veurem com l'ona es polaritza linealment (fig. 6.14).

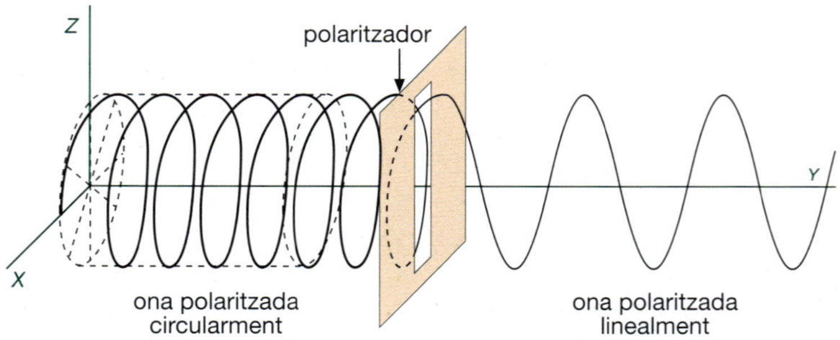

Fig. 6.14. Ona produïda en una corda i polaritzada circularment fent variar la direcció d'oscil·lació de l'extrem. L'ona es polaritza linealment quan travessa l'escletxa allargada, i diem que aquesta escletxa actua com a polaritzador.

> També es poden generar **ones polaritzades el·lípticament;** en aquest cas, ha de variar tant la direcció d'oscil·lació com l'amplitud d'oscil·lació.

La polarització és especialment interessant quan es considera la llum.

4. Efecte Doppler

Un altre fenomen ondulatori important, anomenat **efecte Doppler,** té lloc quan una font emissora d'ones i un observador es mouen l'un respecte de l'altre; en aquesta situació, la freqüència de les ones observades és diferent de la freqüència de les ones emeses per la font. Per exemple, quan una ambulància s'apropa cap a nosaltres fent sonar la seva sirena, sentim aquesta amb uns tons més aguts (freqüències més altes) que quan està en repòs respecte de nosaltres, i, quan se n'allunya, la sentim amb tons més greus (freqüències més baixes). A continuació estudiarem aquest fenomen qualitativament, però només considerarem el cas en què la velocitat relativa entre la font emissora d'ones i l'observador és més petita que la velocitat de fase de les ones emeses.

Considerem una font puntual que emet una ona harmònica transversal, que es propaga en tot moment per un medi homogeni en què la velocitat de fase és v, amb una longitud d'ona λ i una freqüència f_0; recordem que aquestes dues últimes magnituds són inversament proporcionals, ja que estan relacionades per l'expressió $\lambda_0 = \dfrac{v}{f_0}$, i v és constant. Quan la font està en repòs, els diferents fronts d'ona que es van originant són concèntrics (fig. 6.15), i la longitud d'ona i la freqüència que mesura un observador O també en repòs son les mateixes, λ i f_0.

Pensem ara què passa quan la font es mou a velocitat constant v_F, per exemple, en el sentit positiu de l'eix X (fig. 6.16). Els diferents fronts d'ona I, II, III, IV..., originats per l'emissió de l'ona per la font en les seves respectives posicions 1, 2, 3, 4..., deixen de ser concèntrics a causa del moviment de la font, i veiem que els fronts s'ajunten a la dreta de la font i se separen a l'esquerra. Per tant, es donen les dues situacions següents:

- Un observador que veu que la font s'apropa, com l'O_1 (fig. 6.16), rep les ones amb una longitud d'ona més petita i, d'acord amb l'expressió que relaciona λ i f, amb una freqüència f més gran que quan la font està en repòs (fig. 6.15). Situacions similars es donen quan la font està en repòs i és l'observador el que s'hi apropa, o quan tots dos es mouen però amb una velocitat relativa que fa que s'hi apropin entre si. En tots aquests casos tenim que $f > f_0$.

- Un observador que veu que la font s'allunya, com l'O_2 (fig. 6.16), rep les ones amb una longitud d'ona més gran i, per tant, amb una freqüència f més petita que quan la font està en repòs (fig. 6.15). Situacions similars es donen quan la font està en repòs i és l'observador el que se n'allunya, o quan tots dos es mouen però amb una velocitat relativa que fa que se n'allunyin entre si. En tots aquests casos tenim que $f < f_0$.

Aquests resultats es poden generalitzar per a qualsevol tipus d'ona, tant les transversals com les longitudinals. Aquest últim cas és el que es dona en l'exemple, ja comentat, del so emès per una ambulància o, en general, per qualsevol font en moviment que emet ones sonores, que, recordem, són ones longitudinals.

L'efecte Doppler té una aplicació pràctica important, ja que possibilita la construcció i el funcionament de dispositius que permeten determinar la posició i la velocitat d'objectes en moviment. És el cas, per exemple, del radar que utilitza la policia per mesurar la velocitat dels automòbils, o del radar dels avions. També té una gran aplicació en astronomia, ja que permet calcular la velocitat de les estrelles mitjançant l'estudi de les freqüències de la llum que ens n'arriben.

Biografia

L'efecte Doppler rep aquest nom en honor del físic austríac C. J. Doppler, que va ser el primer científic a descriure'l.

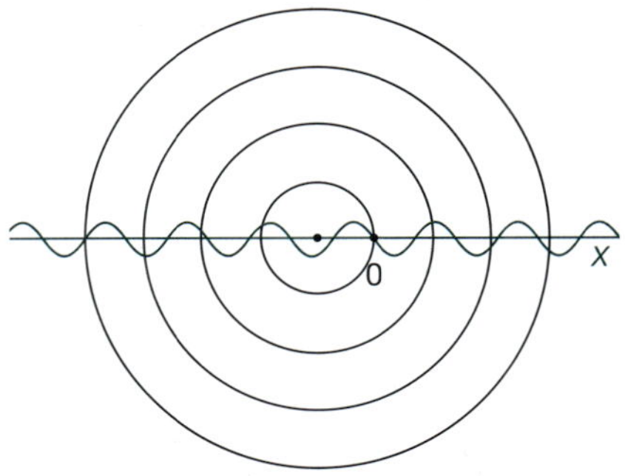

Fig. 6.15. Font emissora d'ones transversals en repòs: els fronts d'ona són concèntrics (se suposa que el medi de propagació és homogeni).

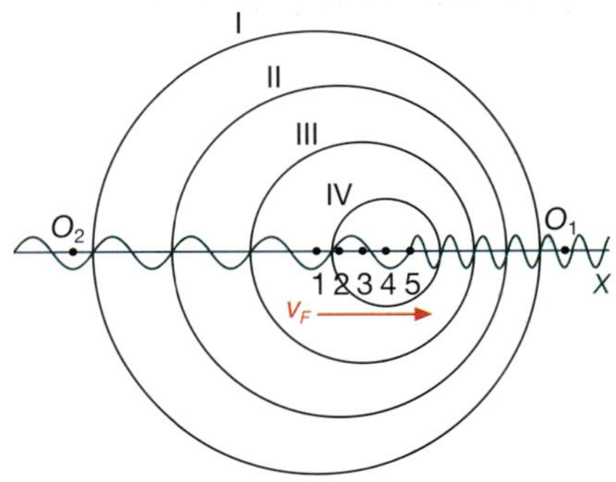

Fig. 6.16. Efecte Doppler: el front d'ona II es troba desplaçat cap a la dreta respecte del front d'ona *I*, ja que l'ona corresponent ha estat emesa en una posició 2 més a la dreta que la posició 1. Per tant, es dedueix que la longitud d'ona és més petita a la dreta de la font, a on hi ha l'observador O_1, però més gran a la seva esquerra, a on hi ha l'observador O_2, respecte del valor que té en el cas en què la font està en repòs.

ACTIVITATS

6. Suposeu que una font d'ones i un observador es mouen en la mateixa direcció, en el mateix sentit i amb la mateixa celeritat. Es produeix efecte Doppler? Raoneu la resposta.

5. Interferències

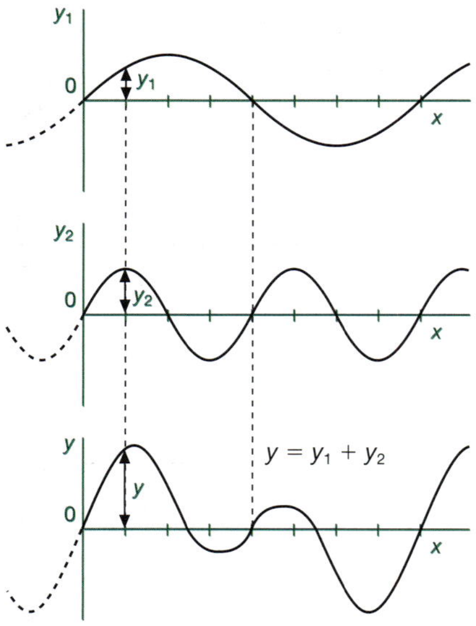

Fig. 6.17. Interferència de dues ones unidimensionals d'amplituds i freqüències diferents.

Considerem ara una altra característica interessant del moviment ondulatori com és el fenomen d'**interferència.** Aquesta situació es produeix quan dues ones d'idèntica naturalesa coincideixen en una mateixa regió de l'espai en el mateix temps, situació en la qual es genera una ona resultant que és significativament diferent de les inicials, segons veurem a continuació.

Per estudiar les interferències de dues ones es pot aplicar el **principi de superposició,** ja emprat en unitats anteriors, segons el qual *la funció y de l'ona resultant de la interferència de les dues ones que conflueixen és la suma algebraica de les seves funcions d'ona* y_1 i y_2: $y = y_1 + y_2$ (fig. 6.17).

A continuació aplicarem aquest principi suposant sempre que les ones que interfereixen són **coherents,** és a dir, *tenen la mateixa amplitud, la mateixa freqüència, i el desfasament entre elles es manté constant en tot moment* (fig. 6.18).

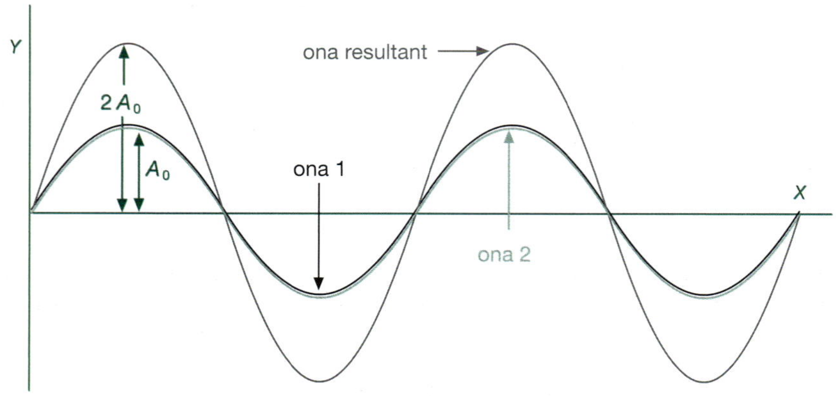

Fig. 6.18. Interferència de dues ones coherents amb desfasament nul: els dos moviments ondulatoris se sumen.

Considerem, per exemple, dues fonts coherents puntuals F_1 i F_2 que emeten ones circulars transversals d'amplitud A_0, freqüència angular ω i nombre d'ona k; podem representar les crestes amb línies contínues, i les valls amb línies discontínues (fig. 6.19). Suposem que, en un instant determinat, els dos focus estan en un màxim d'elongació, és a dir, en una cresta; veiem que hi ha punts on coincideixen dues crestes (punt *A*), punts on coincideixen dues valls (punt *B*), punts on coincideixen una cresta i una vall (punt *C*), etc.

Considerem un punt genèric *P*, que és a una distància r_1 de la font F_1, i a una distància r_2 de la font F_2. Per trobar la funció d'ona resultant, sumem ambdós moviments ondulatoris:

$$y = y_1 + y_2 = A_0 \sin(\omega t - k r_1) + A_0 \sin(\omega t - k r_2) = A_0 [\sin(\omega t - k r_1) + \sin(\omega t - k r_2)]$$

Si apliquem la relació trigonomètrica $\sin \alpha + \sin \beta = 2 \cos \left(\frac{1}{2} (\alpha - \beta)\right) \sin \left(\frac{1}{2} (\alpha + \beta)\right)$, veiem que:

$$y = 2 A_0 \cos \left(\frac{1}{2} [(\omega t - k r_1) - (\omega t - k r_2)]\right) \sin \left(\frac{1}{2} [(\omega t - k r_1) + (\omega t - k r_2)]\right)$$

$$y = 2 A_0 \cos k \left(\frac{r_2 - r_1}{2}\right) \sin \left(\omega t - k \frac{r_1 + r_2}{2}\right)$$

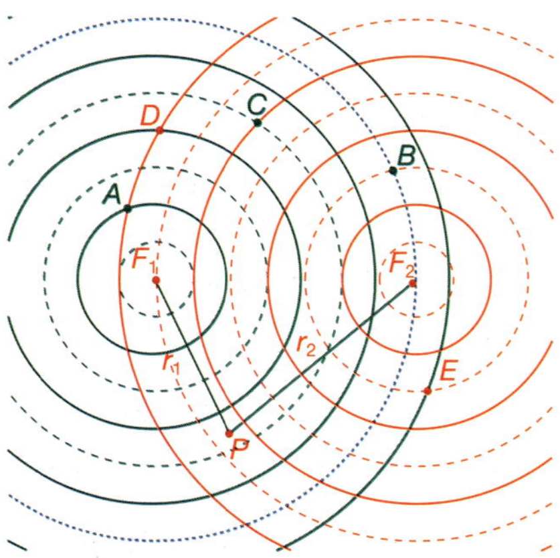

Fig. 6.19. Dues fonts coherents que emeten ones transversals circulars.

Si recordem que el nombre d'ona k i la longitud d'ona λ estan relacionats mitjançant l'expressió $k = \frac{2\pi}{\lambda}$, veiem que aquesta última expressió per a y correspon a l'equació d'un moviment ondulatori l'amplitud A_r del qual va variant d'acord amb l'expressió següent:

$$A_r = 2 A_0 \cos k \frac{r_2 - r_1}{2} \rightarrow A_r = 2 A_0 \cos \pi \frac{r_2 - r_1}{\lambda}$$

Com podem veure, l'**amplitud resultant A_r** depèn de la diferència de camins $r_2 - r_1$ que han recorregut les dues ones que interfereixen en el punt considerat, i, per tant, podem considerar els casos que veurem a continuació.

> **Interferència constructiva.** Es dona en els punts en què l'amplitud resultant, A_r, és màxima en valor absolut, és a dir, quan la diferència dels camins recorreguts per les dues ones que interfereixen és un nombre enter de longituds d'ona.

Demostrem-ho:

$$A_r = 2A_0 \rightarrow \cos \pi \frac{r_2 - r_1}{\lambda} = \pm 1 \rightarrow \pi \frac{r_2 - r_1}{\lambda} = n\pi$$

$$r_2 - r_1 = n\lambda \quad \text{en què } n = 0, \pm 1, \pm 2, \pm 3...$$

És el cas, per exemple, del punt *A* de la figura 6.19, on coincideixen dues crestes; la primera ona ha recorregut 1 longitud d'ona, mentre que la segona ona ha recorregut 4 longituds d'ona (fig. 6.20*a*). Per tant, la diferència de camins verifica la condició anterior:

$$r_2 - r_1 = 4\lambda - \lambda = 3\lambda$$

També és el cas del punt *B* de la figura 6.19, on coincideixen dues valls; en aquest cas, la primera ona ha recorregut 7 semilongituds d'ona (3,5 λ), mentre que la segona ha recorregut 3 semilongituds d'ona (1,5 λ), i s'ha verificat així la condició d'interferència constructiva (fig. 6.20 *b*):

$$r_2 - r_1 = 1{,}5\lambda - 3{,}5\lambda = -2\lambda$$

La interferència constructiva s'interpreta d'una manera intuïtiva si considerem que, en aquells punts on coincideixen dues crestes o dues valls, les ones arriben amb amplitud màxima (positiva), en el cas de les crestes (fig. 6.20 *a*), o amb amplitud mínima (negativa), en el cas de les valls (fig. 6.20 *b*), i que, per tant, els dos moviments ondulatoris es reforcen entre si i donen una amplitud doble.

En general, es dona interferència constructiva en els punts on els dos moviments ondulatoris arriben amb **concordança de fase,** és a dir, amb el mateix valor de la fase $\omega t - kr$ (fig. 6.21).

> **Interferència destructiva.** Es dona en els punts en què l'amplitud resultant és nul·la, és a dir, quan la diferència dels camins recorreguts per les dues ones que interfereixen és un nombre imparell de semilongituds d'ona.

Demostrem-ho:

$$A_r = 0 \rightarrow \cos \pi \frac{r_2 - r_1}{\lambda} = 0 \rightarrow \pi \frac{r_2 - r_1}{\lambda} = (2n + 1)\frac{\pi}{2}$$

$$r_2 - r_1 = (2n + 1)\frac{\lambda}{2} \quad \text{en què } n = 0, \pm 1, \pm 2, \pm 3...$$

El punt *C* de la figura 6.19, on coincideixen una cresta i una vall, verifica aquesta condició; en efecte, la primera ona ha recorregut 5 semilongituds d'ona, mentre que la segona ha recorregut 6 semilongituds d'ona (fig. 6.22), i, per tant:

$$r_2 - r_1 = \frac{6\lambda}{2} - \frac{5\lambda}{2} = \frac{\lambda}{2}$$

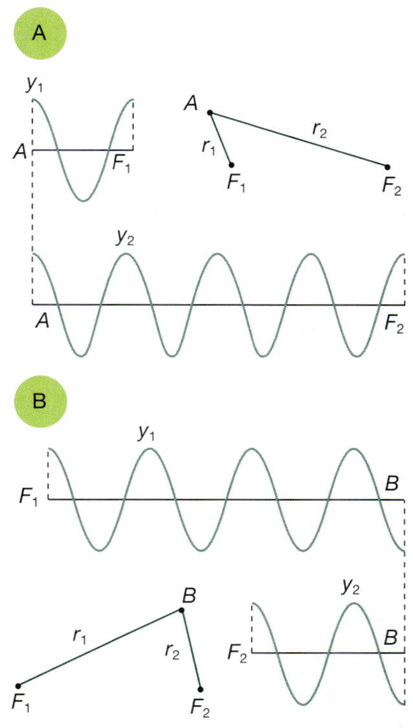

Fig. 6.20. En els punts *A* i *B* hi ha interferència constructiva, perquè hi coincideixen dues crestes i dues valls, respectivament.

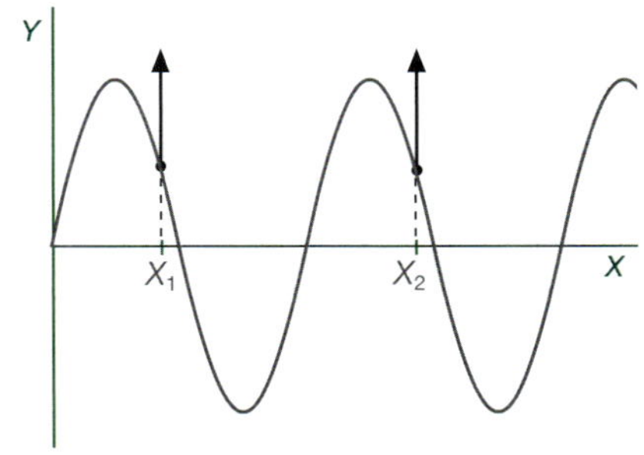

Fig. 6.21. Els punts x_1, x_2 estan oscil·lant amb concordança de fase. En general, dos punts oscil·len en concordança de fase quan estan separats per una distància $x_1 - x_2 = \lambda$, o múltiple d'aquesta quantitat, $x_1 - x_2 = n\lambda$.

Recorda

La solució per a θ de la funció $\cos\theta = \pm 1$ és $n\pi$ amb *n* enter:

$$\cos\theta = \pm 1 \rightarrow \theta = n\pi$$
$$n = 0, \pm 1, \pm 2, \pm 3...$$

La solució per a θ de la funció $\cos\theta = 0$ és $(2n+1)\frac{\pi}{2}$ amb *n* enter:

$$\cos\theta = 0 \rightarrow \theta = (2n+1)\frac{\pi}{2}$$
$$n = 0, \pm 1, \pm 2, \pm 3...$$

La interferència destructiva s'interpreta d'una manera intuïtiva si considerem que, en aquells punts on coincideixen una cresta i una vall, la primera ona arriba amb amplitud màxima (positiva), mentre que la segona ona arriba amb amplitud mínima (negativa) i, per tant, els dos moviments ondulatoris s'anul·len entre si (fig. 6.22).

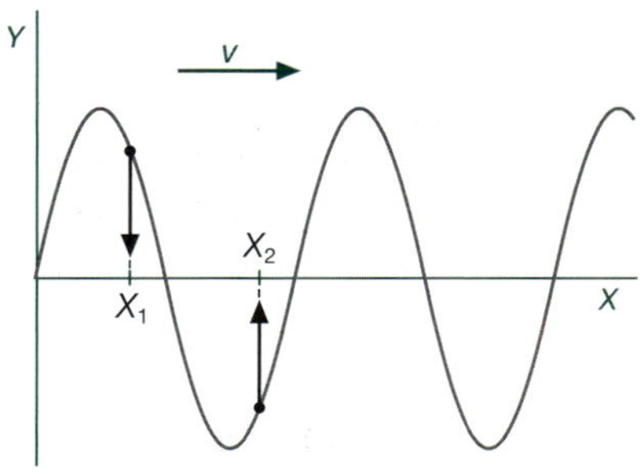

Fig. 6.23. Els punts x_1, x_2 estan oscil·lant en oposició de fase. En general, dos punts oscil·len en oposició de fase quan estan separats per una distància $x_1 - x_2 = \frac{\lambda}{2}$, o múltiple i imparell d'aquesta quantitat $x_1 - x_2 = (2n + 1)\,\frac{\lambda}{2}$.

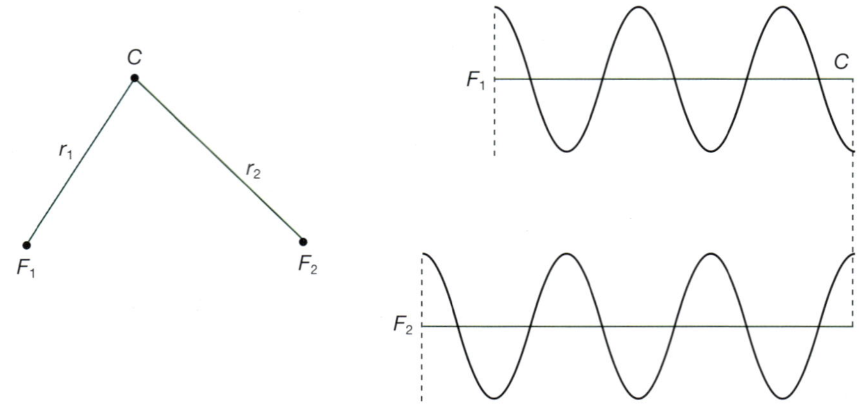

Fig. 6.22. En el punt C hi ha interferència destructiva perquè hi coincideixen una cresta i una vall.

En general, es dona interferència destructiva en els punts on les dues ones arriben amb **oposició de fase** (fig. 6.23), com pot ser el cas d'una cresta i una vall.

> En altres punts, la interferència és **parcialment constructiva.** En funció de les distàncies als focus, es produeix una gradació entre la interferència constructiva i la interferència destructiva.

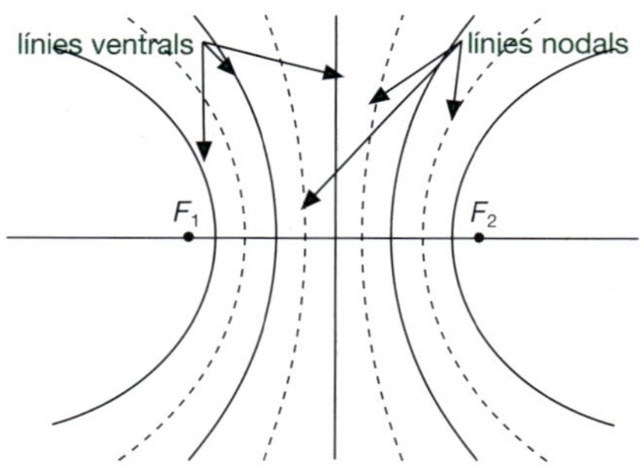

Fig. 6.24. Línies ventrals i nodals resultants de la interferència de dues fonts coherents; les línies contínues són línies ventrals, mentre que les línies discontínues són línies nodals.

Fig. 6.25. Interferència entre ones circulars.

Recapitulem ara en els resultats que tot just acabem d'obtenir. Fixem-nos que l'ona resultant de la interferència té unes característiques significativament diferents de les de les dues ones inicials: quan aquestes es propaguen separadament, i sense interferir, qualsevol punt del medi per on es propaga l'ona oscil·la sempre amb una amplitud fixa A_0. Per contra, l'ona resultant de la interferència es propaga fent que hi hagi punts que oscil·len sempre amb amplitud màxima $2\,A_0$ (punts d'interferència constructiva), punts que no oscil·len mai (punts d'interferència destructiva) i una munió de punts més nombrosos que oscil·len amb valors de l'amplitud que van des del màxim $A_r = 2\,A_0$ fins al mínim $A_r = 0$ (punts d'interferència parcialment constructiva).

De fet, es pot demostrar que el conjunt de punts on hi ha interferència constructiva defineix una família de corbes hiperbòliques centrades en els focus, que s'anomenen **línies ventrals** (fig. 6.24); cada una d'aquestes hipèrboles s'obté donant valors a n en l'expressió obtinguda en el cas d'interferència constructiva. Per exemple, per a $n = 0$, que correspon a una diferència de camins nul·la, la hipèrbola és en realitat la recta mediatriu del segment que uneix els dos focus; per a $n = \pm 1$ (diferència de camins igual a $\pm\lambda$) s'obtenen dues hipèrboles a banda i banda i properes a la mediatriu; per a $n = \pm 2$ (diferència de camins igual a $\pm 2\,\lambda$), dues hipèrboles més, i així successivament.

De manera anàloga, el conjunt de punts on hi ha interferència destructiva també defineix una altra família d'hipèrboles, intercalades entre les anteriors i que s'anomenen **línies nodals** (fig. 6.24). Aquestes s'obtenen ara donant valors a n en l'expressió obtinguda en el cas de la interferència destructiva: per a $n = 0, -1$ (diferència de camins igual a $\pm\lambda/2$) s'obtenen les dues primeres hipèrboles d'interferència destructiva a banda i banda de la mediatriu; per a $n = 1, -2$ (diferència de camins igual a $\pm 3\,\lambda/2$), les dues següents, i així successivament. Entre les línies ventrals i les nodals se situen, lògicament, els punts d'interferència parcialment constructiva.

Val a dir que, *una vegada han interferit i deixen de coincidir en la mateixa regió de l'espai, els dos moviments ondulatoris inicials continuen impertorbables el seu camí, amb les mateixes característiques que tenien abans d'interferir;* aquest fet prova una vegada més que els moviments ondulatoris estan dotats d'unes característiques totalment diferents de les dels moviments corpusculars.

Una manera adequada de visualitzar el fenomen d'interferències a la cubeta d'ones es dona quan generem sengles pertorbacions en dos punts propers de la superfície del líquid separats per un múltiple de la longitud d'ona: s'observa un *patró d'interferències* similar al que acabem de comentar en el qual és relativament fàcil apreciar les línies ventrals i nodals (fig. 6.25).

S'obté el mateix patró quan una ona plana es difracta en dues escletxes practicades en una paret que n'impedeix la propagació de l'ona: les escletxes es comporten com nous focus emissors d'ones semicirculars, que interfereixen a l'altre cantó de la paret (fig. 6.26).

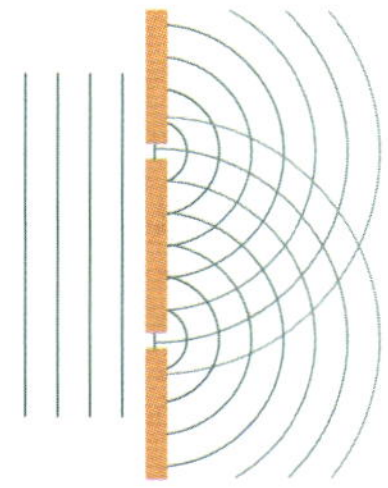

Fig. 6.26. Interferència produïda quan es difracta una ona plana que incideix sobre una paret amb dues petites escletxes.

Exemple 2. **Dos focus puntuals emeten ones transversals de la mateixa amplitud i de la mateixa freqüència.**

Si representem les crestes amb línies contínues i les valls amb línies discontínues, i suposem que, en un instant determinat, en els focus hi ha una cresta (fig. 6.27), quin tipus d'interferència obtindrem en els punts *A*, *B*, *C* i *D*?

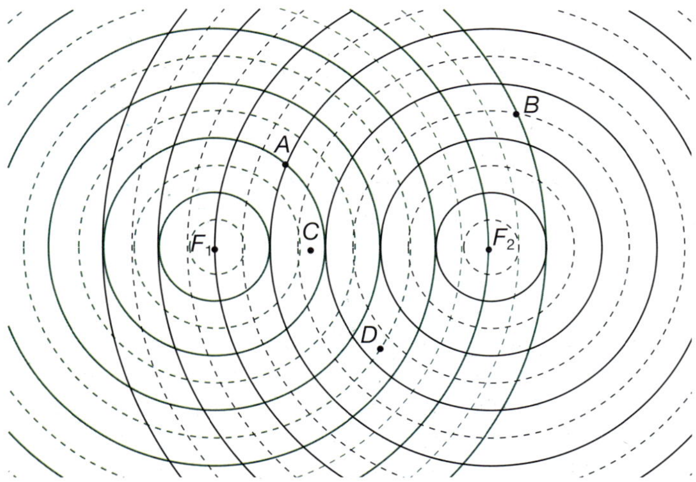

Fig. 6.27.

Resolució

- *Punt A*: hi coincideixen dues crestes; per tant, la diferència de camins és un múltiple de la longitud d'ona, i tenim una *interferència constructiva*.
- *Punt B*: hi coincideixen una cresta i una vall; per tant, la diferència de camins és un nombre imparell de semilongituds d'ona, i tenim *interferència destructiva*.
- *Punt C*: la primera ona ha recorregut una distància $r_1 = \frac{7\lambda}{4}$, mentre que la segona ona ha recorregut una distància $r_2 = \frac{13\lambda}{4}$; per tant, la diferència de camins és:

$$r_2 - r_1 = \frac{13\lambda}{4} - \frac{7\lambda}{4} = \frac{6\lambda}{4} = \frac{3\lambda}{2}$$

Com que la diferència de camins és un nombre imparell de semilongituds d'ona, deduïm que, en aquest punt, hi ha *interferència destructiva*.

- *Punt D*: la primera ona ha recorregut una distància $r_1 = \frac{7\lambda}{2}$, mentre que la segona ona ha recorregut una distància $r_2 = \frac{11\lambda}{4}$; per tant, la diferència de camins és:

$$r_2 - r_1 = \frac{11\lambda}{4} - \frac{7\lambda}{2} = -\frac{3\lambda}{4}$$

Com que la diferència de camins no verifica cap de les condicions d'interferència constructiva ni d'interferència destructiva, deduïm que en aquest punt hi ha *interferència parcialment constructiva*.

ACTIVITATS

7. En què consisteix el fenomen d'interferències? Poseu-ne un exemple.

8. Sobre la superfície de l'aigua generem dos moviments ondulatoris fent oscil·lar dos punts amb una freqüència síncrona de 5 Hz, i les ones produïdes es transmeten per tota la superfície amb una velocitat de 0,45 m/s. Si en un punt de la superfície, que és a una distància r_1 del primer focus i a una distància r_2 del segon focus, hi col·loquem un suro, determineu el seu estat de vibració en els casos següents:

a) $r_1 = 15$ cm, $r_2 = 28{,}5$ cm

b) $r_1 = 14$ cm, $r_2 = 5$ cm

c) $r_1 = 8$ cm, $r_2 = 10{,}25$ cm

d) $r_1 = 20$ cm, $r_2 = 15$ cm

Recorda

La fase d'una ona que es mou cap a la dreta és $\omega\left(t - \dfrac{x}{v}\right) = \omega t - kx$; per tant, la fase d'una ona que es mou cap a l'esquerra és $\omega\left(t + \dfrac{x}{v}\right) = \omega t + kx$, ja que la velocitat v és negativa.

6. Ones estacionàries

Un cas interessant d'interferència d'ones són les **ones estacionàries,** que *es produeixen sempre que una ona troba un obstacle que n'impedeix la propagació, i origina una ona reflectida que interfereix amb l'ona incident*; en aquestes condicions, se superposen dos moviments ondulatoris de la mateixa amplitud i la mateixa freqüència que es transmeten a la mateixa velocitat, però en sentits contraris.

En general, tenim una ona estacionària sempre que un moviment ondulatori es propaga per una regió de l'espai limitada per algun tipus de barrera i, per tant, l'ona roman confinada en aquesta regió, com també ho fa l'energia que transmet. És el cas d'una corda d'un instrument musical de corda, o del so produït en el tub d'un instrument de vent, com estudiem a continuació.

Considerem una situació senzilla, com ara una corda fixada pel seu extrem esquerre que prenem com a origen de coordenades, $x_0 = 0$, i en la qual s'origina una ona: l'extrem fix actua de barrera que impedeix la propagació de l'ona i fa que aquesta es reflecteixi (fig. 6.28).

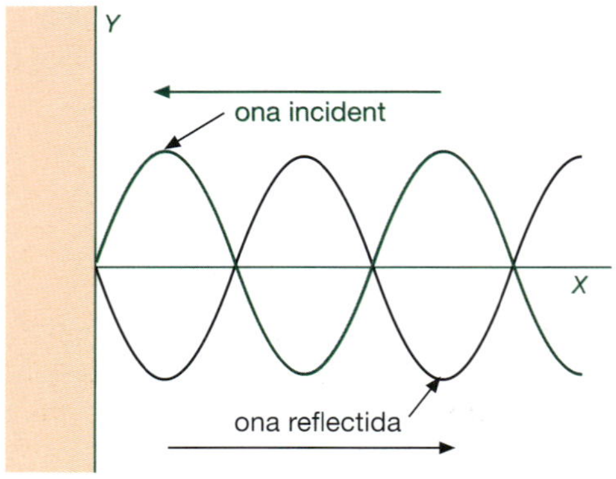

Fig. 6.28. Ona en una corda que es propaga cap a l'esquerra i que troba un obstacle que n'impedeix la propagació: l'ona es reflecteix i experimenta un canvi de fase de π rad, és a dir, la seva oscil·lació té sentit contrari a l'oscil·lació de l'ona incident.

L'ona incident es mou cap a l'esquerra i, amb el sistema de referència triat, la seva equació d'ona és $y_i\,(x, t) = A_i \sin(\omega t + kx)$.

Per contra, l'ona reflectida es mou cap a la dreta. Si suposem que l'ona incident s'ha reflectit elàsticament, l'equació de l'ona reflectida és $y_r\,(x, t) = A_r \sin(\omega t - kx)$. L'oscil·lació y de qualsevol punt de la corda és el resultat de la superposició o *interferència* d'aquests dos moviments ondulatoris:

$$y\,(x, t) = y_i\,(x, t) + y_r\,(x, t) = A_i \sin(\omega t + kx) + A_r \sin(\omega t - kx)$$

Com que l'extrem esquerre $x_0 = 0$ és fix, en ell no pot haver-hi oscil·lació, de manera que podem establir que $y\,(0, t) = 0$, i, si ho substituïm en l'expressió anterior, tenim que:

$$y\,(0, t) = A_i \sin(\omega t + k \cdot 0) + A_r \sin(\omega t - k \cdot 0) = (A_i + A_r) \sin \omega t,\ y\,(0, t) = 0$$

$$y\,(0, t) = (A_i + A_r) \sin \omega t = 0 \rightarrow A_i + A_r = 0 \rightarrow A_i = -A_r = A_0$$

Segons ens diu aquest últim resultat, les amplituds de l'ona reflectida i de l'ona incident tenen el mateix valor absolut, valor que hem representat per A_0; però el canvi de signe que apareix en l'expressió indica que l'ona reflectida origina una oscil·lació en sentit contrari a la que origina l'ona incident, i diem que l'*ona experimenta un canvi de fase de π rad quan es reflecteix.*

Podem visualitzar fàcilment aquest canvi de fase si fem la successió de fotografies d'un pols que es propaga a través d'una molla, i que es reflecteix en el seu extrem fix; veiem com el pols reflectit fa oscil·lar la molla en un sentit contrari al del pols incident (fig. 6.29).

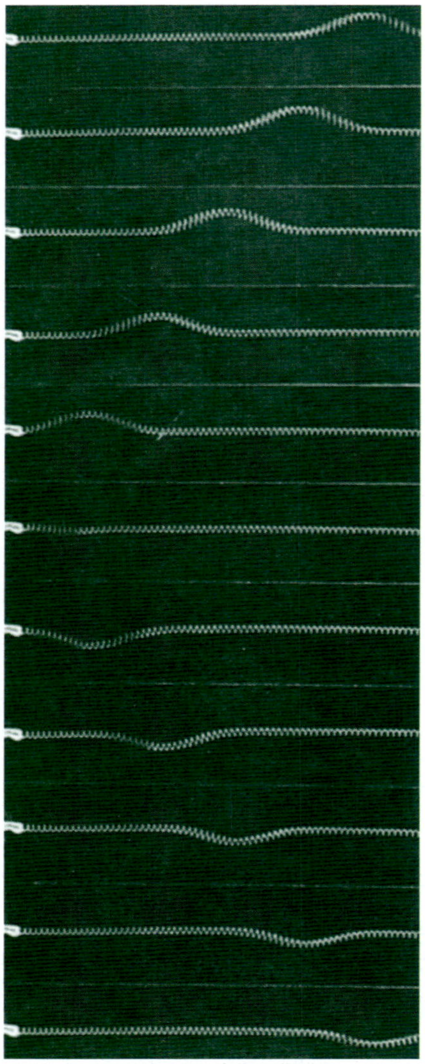

Fig. 6.29. Pols que es reflecteix en l'extrem fix (situat a l'esquerra) d'una molla. El pols reflectit experimenta un canvi de fase de π rad.

Per trobar l'equació de l'ona estacionària a la corda, sumem ambdós moviments ondulatoris, el de l'ona incident i el de l'ona reflectida, tenint en compte que l'amplitud de la reflectida és igual a la de l'ona incident, en valor absolut, però amb signe menys:

$$y\,(x,\,t) = y_1\,(x,\,t) + y_2\,(x,\,t) = A_i \sin\,(\omega t + k x) + A_r \sin\,(\omega t - k x)$$

$$y\,(x,\,t) = A_0 \sin\,(\omega t + k x) + (-A_0) \sin\,(\omega t - k x) = A_0\,[\sin\,(\omega t + k x) - \sin\,(\omega t - k x)]$$

Si recordem la relació trigonomètrica $\sin\alpha - \sin\beta = 2\sin\frac{1}{2}(\alpha - \beta)\cos\frac{1}{2}(\alpha + \beta)$, veiem que l'equació de l'ona estacionària és:

$$y = A_0\left[2\sin\frac{1}{2}\Big((\omega t + k x) - (\omega t - k x)\Big)\cos\frac{1}{2}\Big((\omega t + k x) + (\omega t - k x)\Big)\right]$$

$$y\,(x,\,t) = 2\,A_0 \sin kx \cos \omega t$$

Aquesta última expressió és l'**equació d'ona estacionària;** fixem-nos que en ella no hi apareix el terme $\omega t - k x$ i, per tant, hem de concloure que una ona estacionària no correspon a una ona que es propaga. En efecte, si analitzem l'equació obtinguda, podem veure que correspon a l'equació d'un moviment harmònic simple que ve donat per l'expressió:

$$y\,(x,\,t) = 2\,A_0 \sin k x \cos \omega t = A(x) \cos \omega t$$

l'amplitud $A(x)$ del qual va variant d'un punt x a un altre d'acord amb aquesta altra expressió:

$$A(x) = 2\,A_0 \sin k x$$

La conseqüència més important que podem extreure d'aquest últim resultat és que hi ha punts de la corda en què l'amplitud $A(x)$ és nul·la, aquells on la funció sinus anterior pren el valor 0, i punts en què l'amplitud $A(x)$ és màxima, aquells on la funció sinus anterior assoleix els valors extrems ± 1.

Aquests punts reben noms especials:

- **Nodes:** són els punts d'amplitud nul·la, és a dir, en els quals no hi ha oscil·lació. Per tant, per trobar aquests punts, imposem la condició $A(x) = 2\,A_0 \sin k x = 0 \rightarrow \sin k x = 0$, amb $x > 0$:

$$k x = n \pi \rightarrow \frac{2\pi}{\lambda} x = n\pi \rightarrow \boxed{x = n\frac{\lambda}{2}} \qquad n = 0,\,1,\,2...$$

  Fixem-nos que *els nodes ocupen unes posicions que són* ***múltiples*** *de la semilongitud d'ona*, de manera que la distància que separa dos nodes consecutius és $\frac{\lambda}{2}$.

- **Ventres** o **antinodes:** són els punts d'amplitud màxima. Per trobar aquests punts, imposem la condició que $A(x)$ sigui màxima, és a dir, $A(x) = 2\,A_0 \sin k x = 2\,A_0 \rightarrow \sin k x = 1$, amb $x > 0$:

$$k x = (2n + 1)\frac{\pi}{2} \rightarrow \frac{2\pi}{\lambda} x = (2n + 1)\frac{\pi}{2} \rightarrow \boxed{x = (2n + 1)\frac{\lambda}{4}} \qquad n = 0,\,1,\,2...$$

  Fixem-nos que *els ventres ocupen unes posicions que són* ***múltiples imparells*** *de la quarta part de la longitud d'ona*, de manera que la distància que separa dos ventres consecutius també és $\frac{\lambda}{2}$.

Acabem de veure que la distància entre dos nodes consecutius, o dos ventres consecutius, és $\frac{\lambda}{2}$. Per tant, es dedueix que la distància entre un node i un ventre consecutius val $\frac{\lambda}{4}$, com també es visualitza fàcilment en representar l'ona estacionària (fig. 6.30).

Recorda

La solució per a θ de la funció $\sin\theta = 0$ és $n\pi$ amb n enter:

$$\sin\theta = 0 \rightarrow \theta = n\pi$$
$$n = 0,\,\pm1,\,\pm2,\,\pm3...$$

I la solució per a θ de la funció $\sin\theta = 1$ és $(2n + 1)\frac{\pi}{2}$ amb n enter:

$$\sin\theta = \pm1 \rightarrow \theta = (2n + 1)\frac{\pi}{2}$$
$$n = 0,\,\pm1,\,\pm2,\,\pm3...$$

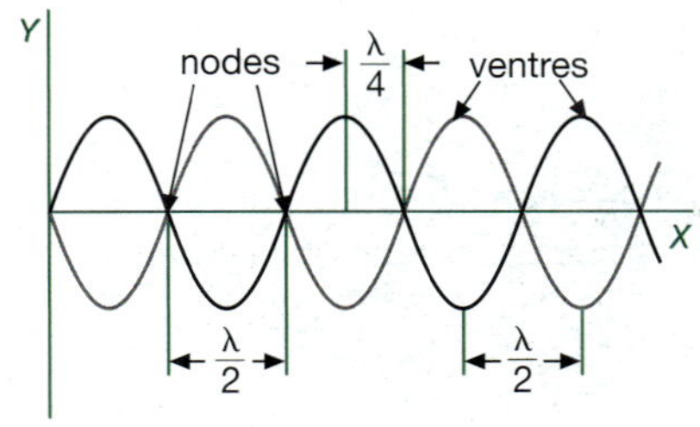

Fig. 6.30. La distància entre dos nodes consecutius, o dos ventres consecutius, val $\frac{\lambda}{2}$. La distància entre un node i un ventre consecutius val $\frac{\lambda}{4}$.

Fig. 6.31. Instrument de corda: guitarra.

6.1. Modes de vibració d'una corda amb extrems fixos

Suposem ara que la corda està fixada pels seus dos extrems, com podria ser el cas d'un **instrument musical de corda;** per exemple, una guitarra, un violí, etc. (fig. 6.31), i sigui L la seva longitud. Hem pres l'extrem esquerre com a origen de coordenades, $x = 0$, de manera que aquest punt es comporta com un node i verifica la condició $x = n\,\frac{\lambda}{2}$ amb $n = 0$. Ara bé, el punt $x = L$ també verifica l'anterior condició, amb $n = 1, 2, 3...$, ja que és també un extrem fix que es comporta, per tant, com a node:

$$x = n\,\frac{\lambda}{2} \rightarrow L = n\,\frac{\lambda}{2} \rightarrow \boxed{\lambda_n = \frac{2L}{n}} \qquad n = 1, 2, 3...$$

L'expressió que acabem d'obtenir limita automàticament el valor de la longitud d'ona de les ones estacionàries que es poden originar a la corda. Si donem valors a l'índex variable n, podem trobar els diferents estats o **modes de vibració** de la corda, és a dir, *les diferents formes que pot adoptar l'ona estacionària a la corda, que també s'anomenen* **harmònics:** el primer harmònic ($n = 1$) se sol anomenar *harmònic fonamental,* i la resta, *harmònics superiors* (fig. 6.32).

Fixem-nos que, en aquesta situació concreta de la corda en què els extrems són nodes, i *per a un harmònic determinat* n, *el nombre de nodes és* n + *1, i el de ventres,* n.

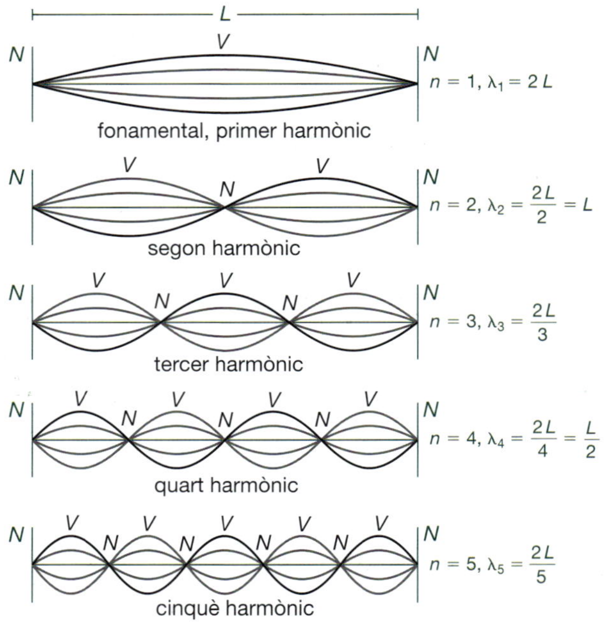

Fig. 6.32. Ones estacionàries produïdes en una corda fixa pels seus extrems: s'hi observen diferents modes de vibració o harmònics. Per a un harmònic determinat n, el nombre de nodes és $n + 1$, i el de ventres, n.

Per tal d'obtenir ara les freqüències dels harmònics, recordem que la longitud d'ona i la freqüència estan relacionades per l'expressió $v = \lambda\, f$, i llavors:

$$\lambda_n = \frac{2L}{n} \rightarrow \frac{v}{f_n} = \frac{2L}{n} \rightarrow \boxed{f_n = \frac{v}{2L}\,n} \qquad n = 1, 2, 3...$$

Fixa't, doncs, que acabem de veure com la freqüència també depèn de la velocitat.

Si tenim en compte que la freqüència fonamental f_1 es dona per a $n = 1$, es dedueix a partir d'aquesta última expressió que *les possibles freqüències amb les quals pot oscil·lar una ona estacionària estan* **quantitzades,** en el sentit que *les freqüències dels harmònics es poden expressar com a múltiples* d'una *freqüència fonamental,* $f_1 = \frac{v}{2L}$, *i no és vàlid qualsevol valor de la freqüència, sinó només aquells valors que són múltiples del valor fonamental* f_1:

$$f_1 = \frac{v}{2L}, \qquad f_n = f_1\, n \qquad n = 1, 2, 3...$$

Fixa-t'hi

Es pot demostrar que la velocitat de fase en una corda només depèn de la tensió T a què està sotmesa la corda i de la seva densitat lineal de massa μ; aquesta última indica com està distribuïda la massa m al llarg de la seva longitud L, de manera que $\mu = m/L$. L'expressió que lliga les tres magnituds és $v = \sqrt{\frac{T}{\mu}}$

Una altra manera d'interpretar la quantització que representen els valors de les freqüències dels harmònics ens la dona el concepte de **ressonància:** *només quan es fa oscil·lar la corda en la seva freqüència fonamental, o en alguns dels seus múltiples (harmònics), l'ona produïda i l'ona reflectida als extrems es troben en fase i interfereixen constructivament, de manera que es produeix el* ***reforçament*** *d'ambdues i l'amplitud de l'ona resultant és el doble de l'amplitud de l'ona incident.*

Per a la resta de freqüències, l'ona incident i l'ona reflectida no estan en fase, no es produeix una interferència constructiva, i no hi ha producció d'harmònics. Per aquesta raó, les freqüències dels harmònics també s'anomenen **freqüències de ressonància.**

Exemple 3. **Una corda de niló de longitud d'1,15 m està subjectada pels seus extrems.**

Si generem una ona estacionària, que conté 6 nodes, la corda vibra amb una freqüència de 325 Hz i amb una amplitud màxima de 0,32 cm. Determineu:

a) La longitud d'ona d'aquest harmònic, i les longituds d'ona i les freqüències de ressonància (tots els harmònics, fonamental i superiors).

b) Les posicions dels nodes i dels ventres.

c) L'equació de l'ona original que ha generat aquesta ona estacionària, i també l'equació d'ona estacionària.

Resolució

En primer lloc, representem l'ona estacionària tenint en compte que conté 6 nodes (fig. 6.33) i que, per tant, es tracta del cinquè harmònic, $n = 5$:

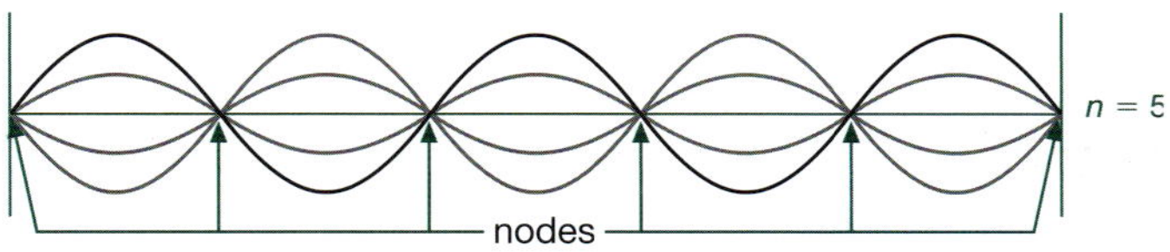

Fig. 6.33.

a) La longitud d'ona d'aquest harmònic és:

$$\lambda_n = \frac{2L}{n},\ n = 5 \rightarrow \lambda_5 = \frac{2L}{5} = \frac{2 \cdot 1{,}15}{5} = 0{,}46\ \text{m}$$

Escrivim les longituds d'ona i les freqüències de tots els harmònics amb les corresponents expressions generals; determinem, per obtenir aquestes últimes, la velocitat de propagació:

$$\lambda_n = \frac{2L}{n} = \frac{2 \cdot 1{,}15}{n} \rightarrow \lambda_n = \frac{2{,}3}{n}\ \text{m}, \qquad n = 1, 2, 3$$

$$v = \lambda_5\, f_5 = 0{,}46 \cdot 325 = 149{,}5\ \text{m/s}$$

$$f_n = \frac{v}{\lambda_n} = \frac{149{,}5}{\frac{2{,}3}{n}} \rightarrow f_n = 65\, n\ \text{Hz}, \qquad n = 1, 2, 3$$

b) Les posicions dels nodes (N) estan determinades per l'expressió $x\,(N_{n+1}) = n\dfrac{\lambda}{2}$, amb $n = 0, 1, 2, 3, 4, 5$.

També s'obtenen recordant que la distància entre dos nodes consecutius és $x = \dfrac{\lambda}{2}$:

$$x\,(N_1) = 0;\ x\,(N_2) = 1 \cdot \frac{0{,}46}{2} = 0{,}23\ \text{m}$$

$$x\,(N_3) = 2 \cdot \frac{0{,}46}{2} = 0{,}46\ \text{m};\ x\,(N_4) = 3 \cdot \frac{0{,}46}{2} = 0{,}69\ \text{m}$$

$$x\,(N_5) = 4 \cdot \frac{0{,}46}{2} = 0{,}92\ \text{m};\ x\,(N_6) = 5 \cdot \frac{0{,}46}{2} = 1{,}15\ \text{m}$$

Les posicions dels ventres (V) estan donades per l'expressió $x\,(V_n) = (2n + 1)\,\dfrac{\lambda}{4}$, amb $n = 0, 1, 2, 3, 4$; també s'obtenen recordant que la distància entre un node i el següent ventre és $x = \dfrac{\lambda}{4}$:

$$x\,(V_1) = 1 \cdot \frac{0{,}46}{4} = 0{,}115\ \text{m}$$

$$x\,(V_2) = 3 \cdot \frac{0{,}46}{4} = 0{,}345\ \text{m};\ x\,(V_3) = 5 \cdot \frac{0{,}46}{4} = 0{,}575\ \text{m}$$

$$x\,(V_4) = 7 \cdot \frac{0{,}46}{4} = 0{,}805\ \text{m};\ x\,(V_5) = 9 \cdot \frac{0{,}46}{4} = 1{,}035\ \text{m}$$

Per escriure l'equació de l'ona original, determinem el nombre d'ona, la freqüència angular i l'amplitud de l'ona original A_0 recordant que és la meitat de l'amplitud màxima A de l'ona estacionària, $A = 2\,A_0$, i que $A = 0{,}32\ \text{cm} = 3{,}2 \cdot 10^{-3}$ m:

$$\left.\begin{array}{l} k = \dfrac{2\pi}{\lambda} = \dfrac{2\pi}{0{,}46} = \dfrac{\pi}{0{,}23}\ \text{rad/m} \\ \omega = 2\pi f = 2\pi \cdot 325 = 650\,\pi\ \text{rad/s} \\ A_0 = \dfrac{A}{2} = \dfrac{3{,}2 \cdot 10^{-3}}{2} = 1{,}6 \cdot 10^{-3}\ \text{m} \end{array}\right\}$$

$$y\,(x, t) = 1{,}6 \cdot 10^{-3} \sin\left(650\,\pi\, t - \frac{\pi}{0{,}23}\,x\right)$$

Finalment, l'equació d'ona estacionària en aquest cas és:

$$y\,(x, t) = 2\,A_0 \sin kx \cos \omega t$$

$$y\,(x, t) = 3{,}2 \cdot 10^{-3} \sin \frac{\pi}{0{,}23}\,x \cos 650\,\pi\, t$$

Fig. 6.34. Instruments musicals de vent.

6.2. Modes de vibració d'una corda amb un extrem fix i un extrem lliure

Considerem ara el cas d'una corda que té un extrem fix i l'altre lliure, situació que es pot aconseguir, per exemple, si es fixa la corda per un extrem i s'uneix l'altre extrem a un diapasó que vibra fent que aquest últim extrem sigui lliure i es comporti ara com un ventre.

Aquesta situació també es dona en el cas de les ones sonores produïdes en una columna d'aire que vibra i que està confinada en un tub, com, per exemple, el tub d'un **instrument musical de vent,** com ara un tub d'orgue, una flauta, etc. (fig. 6.34), quan un extrem del tub és tancat i l'altre, obert. Ambdues situacions són similars, i s'originen ones estacionàries en què es generen uns altres tipus d'harmònics, com estudiem a continuació.

Sigui, doncs, una corda de longitud L, i prenem de nou l'extrem esquerre $x = 0$ com l'extrem fix; hem dit que el punt $x = L$ es comporta ara com a ventre, ja que és un extrem lliure, de manera que verifica la condició $x = (2n + 1)\dfrac{\lambda}{4}$, amb $n = 0, 1, 2...$ Si es té en compte que el terme $2n + 1$ simplement expressa un nombre enter positiu imparell en fer $n = 0, 1, 2...$, per simplificar es pot substituir $2n + 1$ per n prenent ara $n = 1, 3, 5...$, i deduïm que l'expressió general per a la longitud d'ona dels diferents harmònics en aquesta situació és:

$$x = n\frac{\lambda}{4} \rightarrow L = n\frac{\lambda}{4} \rightarrow \boxed{\lambda_n = \frac{4L}{n}} \qquad n = 1, 3, 5...$$

Es dedueix que aquest cas no presenta harmònics parells, sinó només imparells (fig. 6.35), i s'observa que, *per a un harmònic determinat* n, *el nombre de nodes és igual al nombre de ventres i igual a* n. Per obtenir l'expressió general de la freqüència dels diferents harmònics, recordem l'expressió $v = \lambda f$:

$$\lambda_n = \frac{4L}{n} \rightarrow \frac{v}{f_n} = \frac{4L}{n} \rightarrow \boxed{f_n = \frac{v}{4L}n} \qquad n = 1, 3, 5...$$

Així doncs, veiem que les freqüències dels harmònics són ara múltiples imparells de la freqüència fonamental $f_1 = \dfrac{v}{4L}$:

$$f_1 = \frac{v}{4L}, \qquad f_n = f_1 n \qquad n = 1, 3, 5...$$

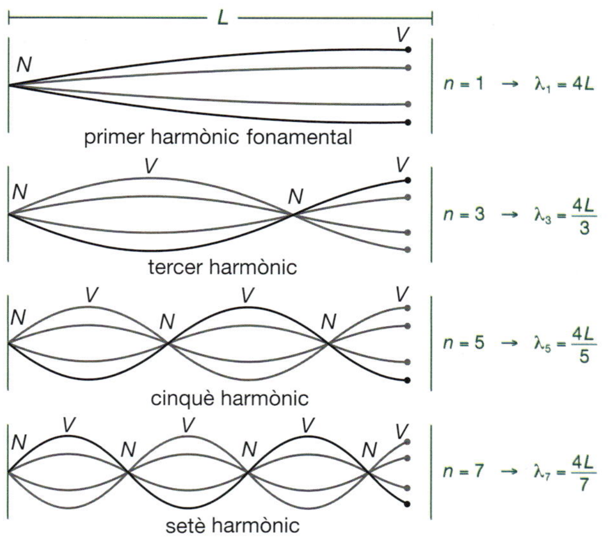

Fig. 6.35. Modes de vibració o harmònics d'una corda amb extrem fix i extrem lliure: només es donen els harmònics imparells. Per a un harmònic determinat *n*, el nombre de nodes és igual al nombre de ventres i igual a *n*.

Exemple 4. **Dos harmònics consecutius en una corda que vibra valen, respectivament, 735 i 1 225 Hz. La velocitat amb què es propaga l'ona per aquesta corda és de 378 m/s.**

a) Aquesta corda està vibrant d'acord amb la situació d'extrems fixos, o bé amb la d'extrem fix/extrem lliure? De quins harmònics es tracta?

b) Determineu la longitud de la corda, la freqüència fonamental i les posicions dels nodes i els ventres per al tercer harmònic.

c) Determineu les expressions generals de les freqüències de ressonància i de les longituds d'ona dels diferents harmònics.

Resolució

a) En la situació de vibració d'extrems fixos, les freqüències dels harmònics són múltiples de la freqüència fonamental f_1, i n s'incrementa en una unitat; per tant, en fer el quocient entre la freqüència d'un harmònic determinat i la freqüència de l'harmònic anterior s'ha d'obtenir un nombre racional de la seqüència 2/1, 3/2, 4/3, 5/4, etc.

Per contra, en la situació de vibració d'extrem fix/extrem lliure, les freqüències dels harmònics són múltiples imparells de la freqüència fonamental f_1, i n s'incrementa en dues unitats; per tant, els quocients anteriors han de pertànyer a la seqüència 3/1, 5/3, 7/5, 9/7, etc. Així doncs, cal dividir la freqüència més gran, f_b, entre la freqüència més petita, f_a, per tal de comprovar de quin cas es tracta:

$$\frac{f_b}{f_a} = \frac{1225}{735} = \frac{5}{3}$$

Veiem que el resultat obtingut correspon a la situació d'extrem fix/extrem lliure, i que, amb el nombre racional obtingut, aquestes freqüències corresponen al tercer i al cinquè harmònics.

b) La freqüència fonamental i la longitud de la corda es poden calcular prenent, per exemple, el tercer harmònic:

$$f_3 = f_1 \cdot 3$$

$$f_1 = \frac{f_3}{3} = \frac{735}{3} = 245 \text{ Hz}$$

$$f_3 = \frac{v}{4L} \cdot 3$$

$$L = \frac{3v}{4f_3} =$$

$$= \frac{3 \cdot 378}{4 \cdot 735} = 0{,}386 \text{ m} = 38{,}6 \text{ cm}$$

El tercer harmònic té 2 nodes i dos ventres. Les posicions dels nodes (N) estan determinades per l'expressió $x(N_{n+1}) = \dfrac{n\lambda}{2}$, amb $n = 0, 1$, i les dels ventres (V), per $x(V_n) = \dfrac{(2n+1)\lambda}{4}$, amb $n = 0, 1$. També es poden calcular aquestes posicions sabent que la distància entre un node i un ventre és $x = \dfrac{\lambda}{4}$. Per tant, determinem primer λ_3, i apliquem aquest segon criteri:

$$\lambda_3 = \frac{4L}{3} = \frac{4 \cdot 0{,}386}{3} = 0{,}515 \text{ m}$$

$$x(N_1) = 0$$

$$x(V_1) = \frac{0{,}515}{4} = 0{,}129 \text{ m} = 12{,}9 \text{ cm}$$

$$x(N_2) = 2 \cdot \frac{0{,}515}{4} = 0{,}258 \text{ m} = 25{,}8 \text{ cm}$$

$$x(V_2) = 3 \cdot \frac{0{,}515}{4} = 0{,}386 \text{ m} = 38{,}6 \text{ cm}$$

c) Les expressions generals de les freqüències de ressonància i de la longitud d'ona dels diferents harmònics són:

$$\lambda_n = \frac{4L}{n} = \frac{4 \cdot 0{,}386}{n}$$

$$\lambda_n = \frac{1{,}544}{n} \, m$$

$$n = 1, 3, 5$$

$$f_n = f_1 n$$

$$f_n = 245 \, n \text{ Hz}$$

$$n = 1, 3, 5$$

6.3. Modes de vibració en una columna d'aire amb extrems lliures

Fig. 6.36. Orgue.

Un tercer tipus d'ones estacionàries que cal considerar es dona en el cas, ja comentat en l'apartat anterior, de les ones sonores produïdes en una columna d'aire confinada en un tub, com les dels tubs dels instruments musicals de vent, però ara quan tots dos extrems del tub són oberts (fig. 6.36). En aquesta situació, els extrems, com que són lliures, oscil·len amb la màxima amplitud i, per tant, es comporten com a ventres, i els nodes es donen a l'interior.

Es pot demostrar que aquest cas és anàleg al que hem estudiat en el subapartat A anterior, en què es considerava una corda fixada pels seus dos extrems. Així, es donen tant els harmònics imparells com els parells, i podem aplicar les mateixes expressions que vam deduir en aquell cas, però amb la diferència que ara, *per a un harmònic* n *determinat, el nombre de nodes és* n, *i el nombre de ventres,* n + *1,* ja que els extrems són lliures i es comporten com a ventres, com hem dit (fig. 6.37).

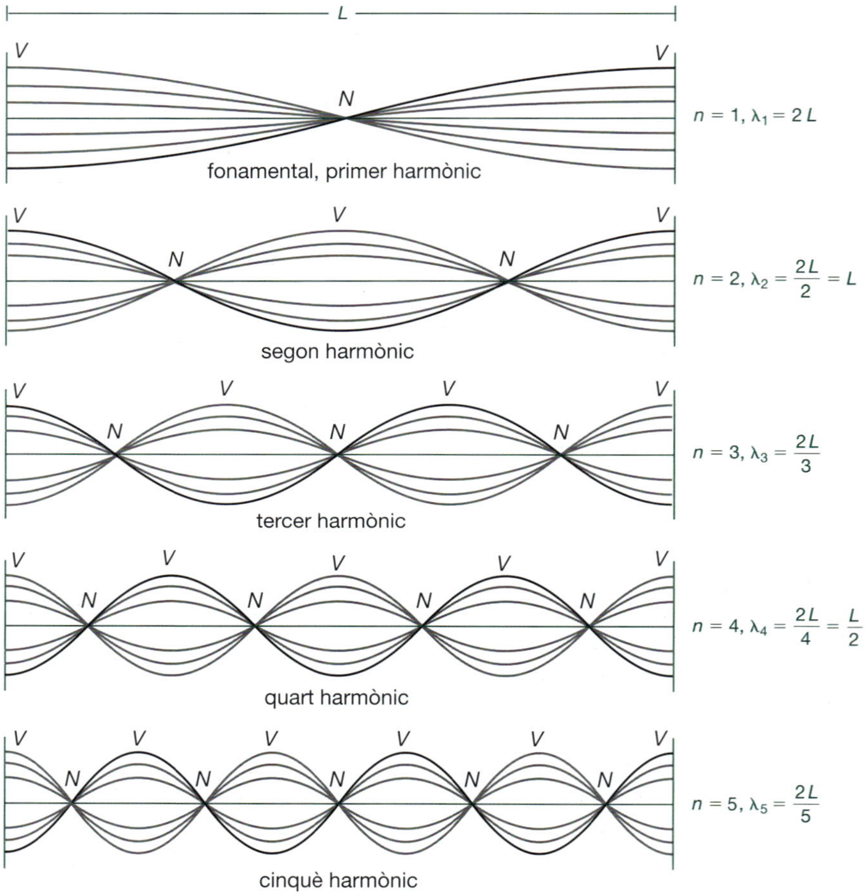

Fig. 6.37. Modes de vibració o harmònics d'un tub amb extrems oberts: com en el cas de la corda fixada pels seus extrems, tenim tant harmònics imparells com parells. Per a un harmònic *n* determinat, el nombre de nodes és *n,* i el nombre de ventres, *n* + 1.

Exemple 5. **L'orgue més gran que hi ha al món és l'orgue del Boardwalk Hall Auritorium, a la ciutat nord-americana d'Atlantic City, que també conté el tub d'orgue més gran que hi ha al món. Aquest tub dona una freqüència de 34,88 Hz quan sona en el seu 4t harmònic en la situació d'extrems oberts (lliures). Determineu:**

a) La longitud d'aquest tub, i el nombre de ventres i nodes que conté aquest harmònic amb les seves posicions corresponents.

b) Les longituds d'ona i les freqüències dels tres primers harmònics, així com dels de la resta d'harmònics.

Exemple 5. (cont.)

Resolució

a) Calculem la longitud del tub tenint en compte que la freqüència del quart harmònic és $f_4 = 34{,}88$ Hz, i que la velocitat de l'ona és el producte de la freqüència per la longitud d'ona, $v = \lambda_4 f_4$; trobem λ_4, i calculem L:

$$\lambda_4 = \frac{v}{f_4} = \frac{340}{34{,}88} = 9{,}75 \text{ m}$$

$$\lambda_4 = \frac{L}{2} \rightarrow L = 2 \cdot \lambda_4 = 2 \cdot 9{,}75 = 19{,}50 \text{ m}$$

Quant al nombre de ventres i nodes, fixem-nos que, com que es tracta del 4t harmònic de la situació d'extrems oberts, es dedueix que conté 5 ventres i 4 nodes (fig. 6.37). Les seves posicions s'obtenen tenint en compte que la separació entre un ventre i un node consecutius és $x = \frac{\lambda}{4}$, i que el primer ventre es troba en $x = 0$:

$$x(V_1) = 0;\ x(N_1) = \frac{9{,}75}{4} = 2{,}44 \text{ m};\ x(V_2) = 2 \cdot \frac{9{,}75}{4} = 4{,}88 \text{ m}$$

$$x(N_2) = 3 \cdot \frac{9{,}75}{4} = 7{,}31 \text{ m};\ x(V_3) = 4 \cdot \frac{9{,}75}{4} = 9{,}75 \text{ m}$$

$$x(N_3) = 5 \cdot \frac{9{,}75}{4} = 12{,}19 \text{ m};\ x(V_4) = 6 \cdot \frac{9{,}75}{4} = 14{,}63 \text{ m}$$

$$x(N_4) = 7 \cdot \frac{9{,}75}{4} = 17{,}06 \text{ m};\ x(V_5) = 8 \cdot \frac{9{,}75}{4} = 19{,}50 \text{ m}$$

b) La longitud d'ona i la freqüència de l'harmònic fonamental del 2n i del 3r harmònic són:

$$\lambda_1 = 2L = 2 \cdot 19{,}50 = 39 \text{ m},\ f_1 = \frac{v}{\lambda_1} = \frac{340}{39} = 8{,}72 \text{ Hz}$$

$$\lambda_2 = L = 19{,}50,\ f_2 = \frac{v}{\lambda_2} = \frac{340}{19{,}50} = 17{,}44 \text{ Hz}$$

$$\lambda_3 = \frac{2L}{3} = \frac{2 \cdot 19{,}5}{3} = 13 \text{ m},\ f_3 = \frac{v}{\lambda_3} = \frac{340}{13} = 26{,}15 \text{ Hz}$$

Finalment, les longituds d'ona i les freqüències de la resta d'harmònics són:

$$f_n = \frac{v}{2L} n = \frac{340}{2 \cdot 19{,}5} n \rightarrow f_n = 8{,}72\, n \text{ Hz},\ n = 1, 2, 3...$$

$$\lambda_n = \frac{2L}{n} = \frac{2 \cdot 19{,}50}{n} \rightarrow \lambda_n = \frac{39}{n} \text{ m},\ n = 1, 2, 3...$$

ACTIVITATS

9. Una corda de guitarra té una longitud de 78 cm entre els seus dos extrems fixos. Determineu: *a)* La velocitat amb què es transmet l'ona estacionària que es produeix quan oscil·la segons el seu primer harmònic, de freqüència 125 Hz. *b)* L'equació de l'ona incident, si l'amplitud de l'ona estacionària val 0,8 cm i en l'instant inicial el punt $x = 0$ es troba en un estat d'elongació nul·la. *c)* Quines són les posicions de ventres i nodes en el segon harmònic? *d)* Les expressions de les freqüències i les longituds d'ona de tots els harmònics.

R: *a)* 195 m/s; *b)* $y(x, t) = 4 \cdot 10^{-3} \sin(785{,}4\, t - 4{,}03\, x)$; *c)* 0 m, 0,20 m, 0,39 m, 0,59 m, 0,78 m; *d)* 125 n Hz, 1,56/n m.

10. Un tub d'orgue dona unes freqüències per a tres harmònics consecutius de valors 106,5 Hz, 177,5 Hz i 248, 5 Hz. Es pot deduir amb els valors anteriors si la situació que es dona en el tub és la d'extrems oberts, o bé la d'extrem obert i extrem tancat? Raoneu la resposta i, si és afirmativa, digueu de quins harmònics es tracta, i determineu la freqüència fonamental, la longitud del tub, i les longituds d'ona d'aquest tres i de tots els harmònics. Dada: $v_{so} = 340$ m/s.

R: 35,5 Hz; 2,39 m; 3,19 m, 1,91 m; 1,37 m; 9,56/n m.

11. En un tub d'1,25 m de longitud es produeix un so que conté tots els harmònics. Si agafem un valor de 340 m/s per a la velocitat del so, calculeu la longitud d'ona i la freqüència del so fonamental, les de l'harmònic següent i les de la resta d'harmònics, en els casos següents:

a) Situació en el tub d'extrem tancat/extrem obert.

b) Situació en el tub d'extrems oberts.

R: *a)* 5 m, 68 Hz, 5/n m, 68 n Hz; *b)* 2,5 m, 136 Hz, 2,5/n m, 136 n Hz.

12. Es vol mesurar la velocitat del so en l'aire, fent servir un tub d'1 m tancat per sota en què es regula el nivell interior d'aigua. Quan es fa sonar un diapasó, que vibra amb una freqüència de 512 Hz, a prop de l'extrem superior obert del tub es nota una intensificació del so quan el nivell d'aigua baixa fins que l'altura de la columna d'aire al tub és de 16,5 cm, o bé de 49,5 cm, indicant que s'han assolit la primera i la segona situació de ressonància, respectivament. Amb aquestes dades, calculeu la velocitat del so a l'aire, i el nivell d'aigua per tal de sentir el següent harmònic. Representeu esquemàticament la forma dels harmònics que s'hi han format.

R: 338 m/s; 17,5 cm.

7. El so com a ona mecànica

Estudiem ara en aquest apartat un moviment ondulatori omnipresent en la nostra vida quotidiana com és el so. El so és una ona mecànica longitudinal que es pot transmetre a través dels sòlids, dels líquids i dels gasos.

Considerem, en primer lloc, la seva transmissió a través d'un gas com podria ser l'aire, per raons òbvies, ja que aquest és el medi a través del qual arriben els sons a les nostres orelles i ens permeten gaudir del sentit de l'oïda.

Els sons es produeixen per l'oscil·lació d'algun sistema vibrant, com, per exemple, cordes, en el cas dels instruments de corda; membranes, en els instruments de vent; les cordes vocals, en la parla humana, etc. La vibració d'aquests sistemes es transmet a les molècules d'aire veïnes tot originant una ona sonora de la mateixa freqüència que l'ona produïda al sistema vibrant, de manera que es produeixen una sèrie de dilatacions i contraccions locals en l'aire, és a dir, variacions locals del volum de gas, les quals es transmeten longitudinalment a causa dels xocs entre molècules i la seva agitació tèrmica. Per tant, podem considerar el so com una fluctuació local de la densitat de l'aire que es transmet a través d'aquest.

Si recordem que, segons la llei dels gasos ideals, els gasos són fàcilment compressibles, deduïm que un canvi en el seu volum comporta un canvi apreciable en la seva pressió, de manera que, si augmenta el volum, la pressió en disminueix, i viceversa. Així doncs, també es pot considerar el so com una ona de pressió, és a dir, una ona en què oscil·len els valors de la pressió, i, matemàticament, és adequat tractar el so com una ona de pressió longitudinal (fig. 6.38).

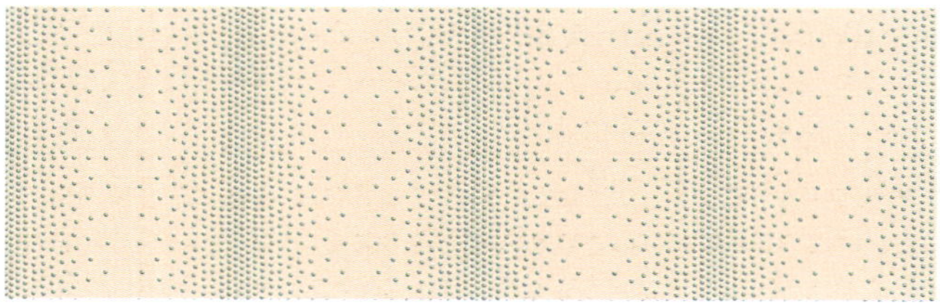

Fig. 6.38. El so és una ona de pressió: el que oscil·la en aquest cas és la pressió del gas; per tant, la seva densitat també oscil·la.

Quan el so es transmet per un medi sòlid o per un de líquid també es pot veure que l'ona consisteix en una successió de contraccions i dilatacions, encara que ara les fluctuacions en la densitat són molt més petites i depenen de l'elasticitat del medi.

Pel que fa al valor de la freqüència, diem que són **aguts** *aquells sons que tenen una freqüència elevada*, i **greus**, *els que tenen una freqüència petita*. Val a dir que l'oïda humana només és sensible als sons que tenen una freqüència compresa entre 20 Hz i 20 000 Hz, aproximadament, encara que aquests valors difereixen d'una persona a una altra. El valor màxim anterior disminueix amb l'edat, és per això que la major part de les persones grans acostumen a no poder captar sons aguts de freqüència propera al valor màxim anterior.

Els sons que tenen una freqüència superior al valor màxim anterior s'anomenen **ultrasons.** Alguns animals, com els ratpenats, tenen una oïda molt desenvolupada que els permet captar els ultrasons. També alguns aparells que capten els ultrasons són utilitzats en algunes aplicacions pràctiques, com el sonar, de les quals parlarem més endavant.

7.1. Ones estacionàries i so

Apliquem ara els resultats obtinguts a l'apartat d'ones estacionàries al cas d'un instrument musical de corda, i suposem que fem oscil·lar una de les seves cordes, és a dir, executem una nota musical concreta. Es pot demostrar que és molt poc probable que es reprodueixi exactament un únic harmònic; en realitat, la corda vibra gairebé sempre barrejant el seu mode fonamental i diversos harmònics superiors.

El resultat és que s'origina una vibració en l'aire que l'envolta i es produeix un so que té les mateixes característiques que l'ona produïda a la corda, és a dir, la mateixa freqüència i la mateixa barreja d'harmònics: és el que entenem com a nota musical. El mateix passa quan fem sonar un instrument musical de vent, però ara l'oscil·lació es produeix pròpiament a la columna d'aire tancada per l'instrument.

Recorda

La llei dels gasos ideals estableix que
$pV = nRT$

Més dades

La velocitat del so en un gas és:

$$v = \sqrt{\frac{\gamma p}{\rho}}$$

en què γ és la **constant adiabàtica** del gas, que és una constant adimensional, p és la pressió a què està sotmès i ρ, la seva densitat. Aquesta expressió es pot escriure d'una altra manera si tenim en compte la llei dels gasos ideals:

$$v = \sqrt{\frac{\gamma RT}{M}}$$

A temperatura ambient (20 °C), l'anterior expressió dona un valor aproximat de 340 m/s per a la velocitat del so en l'aire.

Més dades

En un sòlid, la velocitat del so és:

$$v = \sqrt{\frac{Y}{\rho}}$$

en què Y és el mòdul de Young (constant d'elasticitat) del sòlid, i ρ, la seva densitat.

En un líquid, és:

$$v = \sqrt{\frac{K}{\rho}}$$

en què K és el mòdul de compressibilitat del líquid, i ρ, la seva densitat.

De fet, només els diapasons (fig. 6.39) poden produir un so amb una única freqüència, és a dir, una nota musical de freqüència única; diem que donen un **so pur o simple,** *entès com aquell que té* només *una freqüència*. La funció d'ona que descriu aquests sons és, per tant, la que correspon a una ona harmònica, és a dir, una funció sinusoidal pura (fig. 6.40).

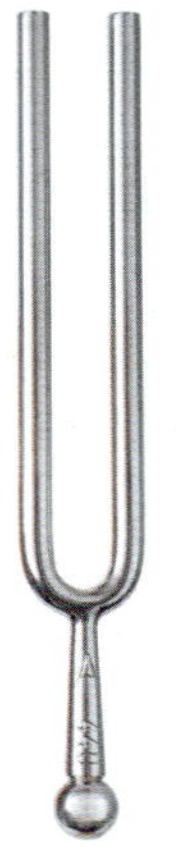

Fig. 6.39. Un diapasó consisteix en una forquilla metàl·lica que, en ser copejada, produeix una vibració als seus braços que origina una ona sonora d'una freqüència fixa determinada; produeix així el que es defineix com a so pur.

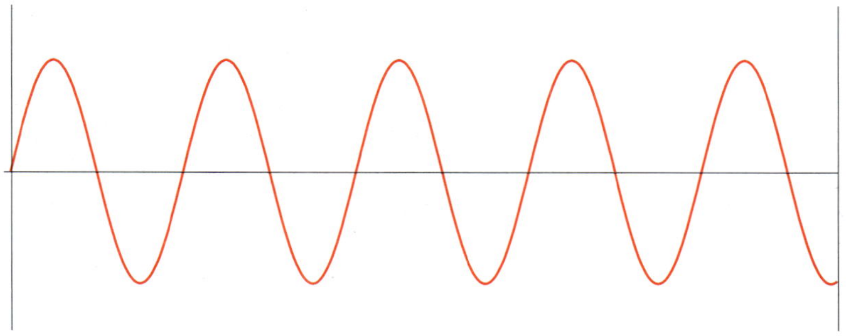

Fig. 6.40. Funció d'ona que descriu un so pur, per exemple, el d'un diapasó: correspon a una funció sinusoidal pura; el so es capta amb un micròfon.

A diferència dels diapasons, cada instrument musical, quan s'executa una nota determinada, dona la seva particular barreja d'harmònics. Tenim, en aquest cas, un **so complex,** *entès com aquell que correspon a una combinació de sons purs i harmònics* les freqüències dels quals estan lligades per l'expressió $f_n = f_1 n$, en què f_1 és, recordem-ho, la freqüència de l'harmònic fonamental. Per tant, en un so complex es combinen les freqüències de ressonància, tant la de l'harmònic fonamental, com les de la resta d'harmònics.

La funció d'ona que descriu el so complex proporcionat per un instrument musical no pot ser la d'una funció harmònica pura (és a dir, sinusoidal), ja que aquest so consisteix en una barreja d'harmònics, com hem dit, i ha de correspondre, per tant, a una composició de funcions sinusoidals.

Si apliquem el principi de superposició, i sumem totes les funcions sinusoidals que representen cada harmònic, cada un amb la seva amplitud segons l'instrument i segons la nota, i tenint en compte que les seves freqüències són múltiples de la freqüència fonamental, s'obté la funció d'ona del so complex, que continua sent periòdica en repetir-se a intervals regulars de temps, però no és harmònica, ja que no correspon a una funció sinusoidal pura (fig. 6.41).

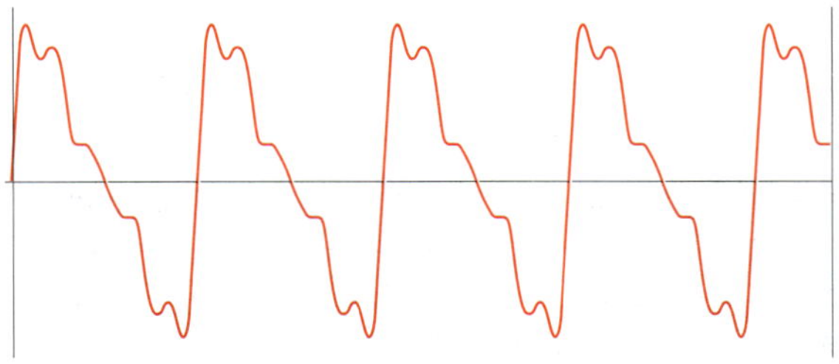

Fig. 6.41. Funció d'ona que correspon a un so complex; en aquest cas hi ha representat el so proporcionat per un violí quan s'executa una nota concreta. La funció és periòdica (es repeteix en el temps), però no harmònica (no és sinusoidal).

Les representacions gràfiques de les funcions anteriors (fig. 6.40 i fig. 6.41) es poden obtenir amb un micròfon, un aparell consistent en una membrana que capta les vibracions produïdes pels sons i les converteix en un senyal elèctric que té una funció similar a la del so. Aquest senyal es pot representar si connectem el micròfon a un oscil·loscopi, o a un ordinador amb una interfície i un programa informàtic adequat; pel diapasó s'obté una gràfica sinusoidal (fig. 6.40), i per a un instrument musical, la d'una funció periòdica no sinusoidal (fig. 6.41).

En un so complex normalment predomina l'harmònic fonamental, encara que no sempre és així, raó que ens porta a definir les **qualitats d'un so complex,** que són les següents.

Definim el **to** d'un so complex com la *freqüència del primer harmònic*, i aquesta és, per tant, la propietat fonamental que permet distingir un so d'un altre.

Més dades

El terme *soroll,* referit al so, es considera com una barreja de sons de freqüències no harmòniques. Al final d'aquesta unitat fem una aproximació a aquest terme, relacionat amb la contaminació acústica.

Diem que un so és més *greu* que un altre quan la seva freqüència fonamental, o to, és més petita, mentre que un so és més *agut* que un altre quan la seva freqüència fonamental és més gran.

> Definim els **sobretons** d'un so complex com les *freqüències dels harmònics superiors, o freqüències de ressonància superiors, que hi són presents*, i que són múltiples, recordem, de la freqüència fonamental o to.

En un so complex, cada sobretò té una amplitud diferent dins de la barreja d'harmònics, és a dir, cada un contribueix amb una amplitud diferent.

> Definim el **timbre** d'un so complex com el seu ***espectre de freqüències,*** *és a dir, com la gamma d'harmònics que conté, cadascun amb la seva amplitud.*

Aquesta última qualitat és la que permet diferenciar un instrument d'un altre quan sona la mateixa nota en tots dos, ja que cada instrument té el seu particular timbre, és a dir, la seva particular barreja d'harmònics. Així, permet distingir, per exemple, entre un piano i un violí, o entre un clarinet i un orgue, etc., quan s'executa la nota do, o una altra nota, en tots ells.

Fixeu-vos que fins aquí ens hem estat referint sobretot a les ones produïdes en cordes que vibren, en particular, les dels instruments musicals de corda, i als sons produïts als tubs dels instruments de vent. En aquest últim cas és la vibració d'una membrana o, fins i tot, la vibració dels llavis de la persona que toca l'instrument la que genera l'ona estacionària sonora que es transmet pel tub, produint un so amb el seu particular espectre de freqüències o timbre.

En general, els sons provenen de la vibració d'algun sistema (com podria ser una corda, una membrana, els llavis d'una persona, etc., en el cas dels instruments musicals), i en la immensa majoria dels casos es tracta de sons complexos. Fins i tot la veu humana, que s'origina per la vibració de les cordes vocals que tenim a la laringe, és un compendi de sons complexos, el to i el timbre dels quals ens permet distingir una persona d'una altra.

Finalment, val a dir que l'espectre de freqüències particular d'un instrument musical, corresponent a una nota determinada, es pot obtenir amb l'anomenada anàlisi de Fourier de la funció d'ona que representa el so obtingut, o *anàlisi harmònica.*

Aquest procediment matemàtic, que no es tracta aquí per la seva complexitat, permet determinar l'amplitud de cada harmònic (la freqüència dels quals, recordem, són múltiples de la freqüència fonamental), i amb ell també podem fer la representació gràfica de l'espectre de freqüències (fig. 6.42). Hi ha programes informàtics que fan l'anàlisi de Fourier del so captat per un micròfon.

Biografia

L'anàlisi harmònica rep el nom d'anàlisi de Fourier, en homenatge al científic francès Jean-Baptiste Fourier (1768-1830), que va desenvolupar aquest mètode matemàtic d'anàlisi de les funcions periòdiques.

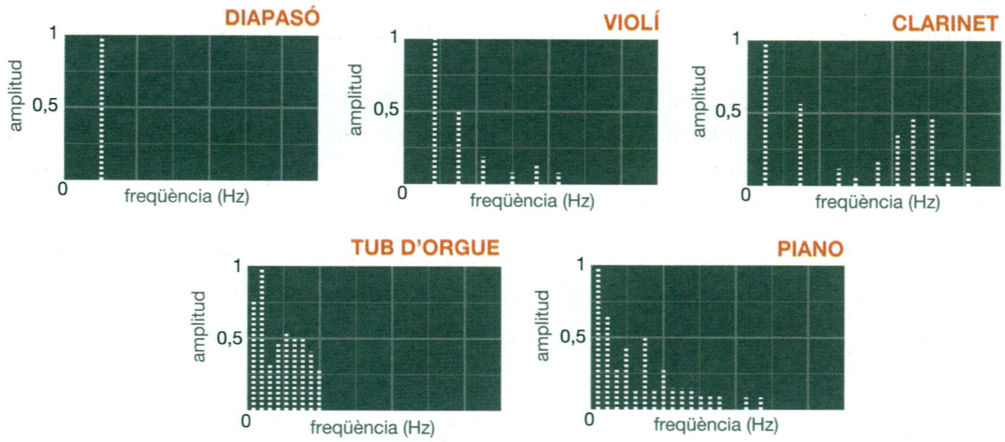

Fig. 6.42. Anàlisi de Fourier d'alguns instruments musicals de corda i vent en els quals s'ha executat una nota determinada: es representa l'espectre de freqüències obtingut. També s'ha representat l'espectre corresponent a un diapasó, que conté, lògicament, una única freqüència, ja que es tracta d'un so pur. S'observa com la resta d'instruments donen sons que corresponen a una barreja d'harmònics, cada un amb la seva corresponent amplitud.

7.2. Energia del moviment ondulatori. El decibel

Com ja hem comentat, el que es transmet en un moviment ondulatori, com podria ser el so, és una determinada quantitat d'energia. Si considerem una ona harmònica com ara el so d'un diapasó, sabem que les partícules del medi es comporten com a oscil·ladors harmònics, i transmeten l'energia que han rebut a les partícules veïnes.

Podem fer consideracions energètiques basant-nos en el cas de l'oscil·lador harmònic que vam estudiar amb cert deteniment a la unitat anterior, com era el d'una molla. Recordem que, si apliquem el principi de conservació de l'energia en aquest cas, es comprova que la seva energia potencial es va transformant en energia cinètica, i viceversa, de manera que l'energia mecànica es manté constant: $E = E_c + E_p$.

En el punt d'elongació màxima (amplitud), l'energia potencial és màxima i l'energia cinètica, nul·la; en el punt d'elongació zero, l'energia potencial és nul·la, s'ha transformat íntegrament en energia cinètica que, per tant, aquí és màxima. Per analogia, es pot obtenir l'energia d'una partícula del medi de massa *m*, a partir, per exemple, de l'energia cinètica màxima:

$$E = E_{c\,\text{màx}} = \frac{1}{2}\, m\, v^2{}_{\text{màx}} = \frac{1}{2}\, m\,(A\,\omega)^2 = \frac{1}{2}\, m\,(A\,2\,\pi f)^2 = \frac{1}{2}\, m\, A^2\, 4\pi^2 f^2$$

$$E = 2\, m\, \pi^2 f^2 A^2$$

Veiem que l'energia que transmet una ona, que és l'energia de les partícules que oscil·len, és proporcional al quadrat de la seva freqüència i al quadrat de la seva amplitud, d'acord amb aquesta última expressió.

Ara bé, cal tenir present que les ones tridimensionals esfèriques, com és el cas del so, pateixen una **atenuació,** és a dir, la seva amplitud va disminuint a mesura que considerem punts cada vegada més allunyats del focus. Es pot esperar que passi això, ja que l'energia transmesa s'ha de repartir per fronts d'ona les superfícies dels quals són cada vegada més grans a mesura que avança l'ona a través del medi elàstic (fig. 6.43).

Per demostrar matemàticament aquest fet, es defineix una nova magnitud, la *intensitat d'energia transmesa:*

La **intensitat d'energia transmesa** I és la quantitat d'energia E que es transmet durant un interval de temps Δt a través de la unitat de superfície S perpendicular a la direcció de propagació; o bé, si tenim en compte que l'energia E transmesa en l'interval de temps Δt és la potència P, també podem definir I com la *potència transmesa per unitat de superfície:*

$$I = \frac{E}{S\,\Delta t} \rightarrow I = \frac{P}{S}$$

D'acord amb aquesta última definició, la unitat d'intensitat d'energia, en el SI, és el W/m².

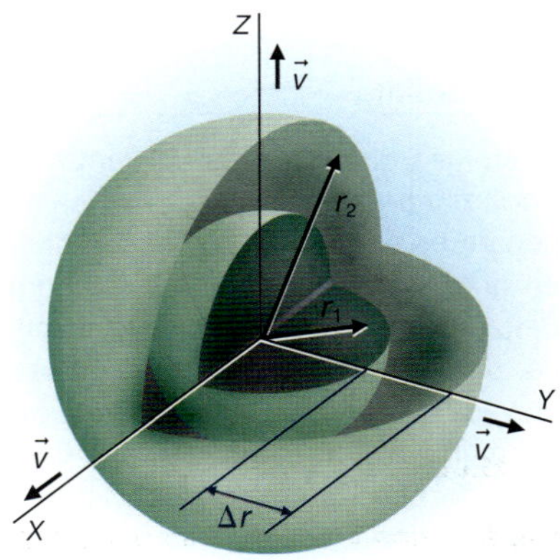

Fig. 6.43. Ona tridimensional esfèrica.

Considerem dues superfícies S_1, S_2 de radis respectius r_1, r_2, definides per 2 fronts d'ona d'una ona esfèrica (fig. 6.43). Si suposem que el medi és elàstic, de manera que les partícules del medi retornen l'energia que han rebut, tenim que l'energia E_1 que arriba a la superfície S_1 es transmet íntegrament a la superfície S_2, i, en conseqüència, $E_1 = E_2$.

Per tant, es pot dividir l'energia per l'interval de temps Δt que tarda l'ona sonora a avançar la longitud $\Delta r = r_2 - r_1$ entre les superfícies S_1, S_2 per tal d'obtenir la potència P, i si tenim en compte que $I = \frac{P}{S}$, i que les superfícies S_1, S_2 són esfèriques, $S = 4\,\pi\, r^2$ (fig. 6.43), veiem que:

$$E_1 = E_2 \rightarrow \frac{E_1}{\Delta t} = \frac{E_2}{\Delta t} \rightarrow P_1 = P_2 \rightarrow I_1 S_1 = I_2 S_2 \rightarrow I_1\, 4\pi r_1^2 = I_2\, 4\,\pi\, r_2^2$$

$$\frac{I_1}{I_2} = \frac{r_2^2}{r_1^2}$$

Aquesta última expressió mostra que la intensitat d'energia I va disminuint a mesura que considerem punts cada vegada més allunyats del focus, de manera que I és inversament proporcional a la distància al quadrat i l'energia es va atenuant.

Si tenim en compte ara que el quocient entre Δr i Δt és la velocitat de fase $v = \dfrac{\Delta r}{\Delta t}$, podem substituir l'expressió de l'energia E obtinguda anteriorment, en la definició d'I, i deduir l'expressió per a I:

$$I = \frac{E}{S\,\Delta t} = \frac{2\,m\,\pi^2\,f^2\,A^2}{S\,\Delta t} = \frac{2\,m\,\pi^2\,f^2\,A^2}{S\,\dfrac{\Delta r}{v}} = \frac{2\,m\,\pi^2\,v\,f^2\,A^2}{S\,\Delta r}$$

$$I = \frac{2\,m\,\pi^2\,v\,f^2\,A^2}{V} \rightarrow I = 2\,\pi^2\,\rho\,v\,f^2 A^2$$

Per obtenir aquesta última expressió, s'ha tingut en compte que $V = S\,\Delta r$ és el volum de la capa esfèrica que hi ha entre les superfícies S_1, S_2, i que m/V és la densitat ρ del material pel qual es transmet l'ona sonora, normalment, l'aire. Si considerem l'anterior expressió per a les superfícies S_1, S_2, i fem el quocient entre I_1 i I_2, tenim que:

$$\left.\begin{aligned} I_1 &= 2\,\pi^2\,\rho\,v\,f^2\,A_1^2 \\ I_2 &= 2\,\pi^2\,\rho\,v\,f^2\,A_2^2 \end{aligned}\right\} \quad \frac{I_1}{I_2} = \frac{2\,\pi^2\,\rho\,v\,f^2\,A_1^2}{2\,\pi^2\,\rho\,v\,f^2\,A_2^2} \rightarrow \boxed{\frac{I_1}{I_2} = \frac{A_1^2}{A_2^2}}$$

Es comprova, doncs, que la intensitat d'energia I és directament proporcional al quadrat de l'amplitud, i, si combinem l'anterior expressió amb la que relaciona I amb r, obtenim finalment la relació entre A i r:

$$\frac{I_1}{I_2} = \frac{A_1^2}{A_2^2},\ \frac{I_1}{I_2} = \frac{r_2^2}{r_1^2} \rightarrow \boxed{\frac{A_1}{A_2} = \frac{r_2}{r_1}}$$

Per tant, i com ens diu aquesta última expressió, l'amplitud d'una ona esfèrica disminueix amb la distància al focus, de manera que aquestes magnituds són inversament proporcionals. Aquest resultat és igualment vàlid per a qualsevol ona tridimensional, no només per a ones esfèriques, i indica que, quan una ona es transmet en totes les direccions de l'espai, pateix una atenuació, com volíem demostrar.

Així, per exemple, percebem el so amb una intensitat cada vegada més petita a mesura que ens allunyem de la font emissora. Si tenim en compte la sensibilitat de l'oïda humana, es comprova que, per a cada freqüència, hi ha una intensitat mínima per sota de la qual el so no és audible (*llindar d'audició*); aquesta intensitat s'anomena **intensitat llindar,** i té un valor d'aproximadament 10^{-12} W/m^2 a la freqüència de 1 000 Hz. Un altre valor extrem és la intensitat sonora màxima que pot percebre l'oïda humana sense que es tingui sensació de dolor (*llindar de dolor*), i el seu valor a 1 000 Hz és d'aproximadament 1 W/m^2.

La intensitat del so se sol mesurar d'una manera alternativa mitjançant una nova magnitud física, el **nivell d'intensitat sonora** β que produeixen les ones sonores en el sentit de l'oïda, que es defineix així:

$$\boxed{\beta = 10 \log \frac{I}{I_0}}$$

Aquesta magnitud també rep sovint el nom de **sensació sonora,** i la seva unitat és el **decibel (dB).** Si bé es pot definir per a qualsevol moviment ondulatori, té una aplicació pràctica sobretot en acústica, en què es pren arbitràriament com a intensitat de referència I_0 el valor del llindar d'audició, que val, com hem dit, 10^{-12} W/m^2 en la freqüència de 1 000 Hz.

En l'exemple següent es calculen els nivells d'intensitat sonora, o sensació sonora, d'aquests i altres valors.

Atenció

Fixem-nos que, en rigor, la unitat de nivell d'intensitat sonora o sensació sonora és el **bel,** que rep el seu nom en homenatge a Alexander Graham Bell, inventor del telèfon; en la pràctica, però, el bel és una unitat massa elevada, de manera que s'utilitza un submúltiple seu, el **decibel,** que també es fa servir com a unitat en altres camps, a més de l'acústica.

Val a dir que l'expressió que utilitzem per calcular la sensació sonora no és lineal, sinó logarítmica, ja que això permet expressar quantitats massa grans o massa petites amb nombres senzills.

Exemple 6. **En condicions normals, l'oïda humana no pot percebre amb claredat sons que tenen una intensitat d'energia d'aproximadament 10^{-12} W/m^2 (intensitat llindar), mentre que a partir d'una intensitat d'1 W/m^2 es comença a tenir una sensació de dolor.**

La sirena d'una alarma emet un so tan potent que a 1 cm d'ella la intensitat sonora és tan gran que produeix la sensació de dolor.

a) Expresseu aquests valors extrems en decibels.

b) A quina distància de la sirena el so es fa imperceptible?

c) Determineu la potència que emet la sirena, i l'energia emesa en una hora.

d) Si sonen alhora tres sirenes com aquesta, en quin percentatge augmenta la sensació sonora (nivell d'intensitat sonora) que es percep a 500 m? A quina conclusió arribem?

Resolució

a) Per calcular el nivell d'intensitat, apliquem l'expressió corresponent, prenent com a valor de referència I_0 la intensitat llindar:

Intensitat llindar:

$$\beta_0 = 10 \log \frac{I}{I_0} =$$

$$= 10 \log \frac{10^{-12}}{10^{-12}} = 10 \log 1 = 0 \text{ dB}$$

Intensitat màxima:

$$\beta_1 = 10 \log \frac{I}{I_0} =$$

$$= 10 \log \frac{1}{10^{-12}} = 10 \log 10^{12} = 120 \text{ dB}$$

Per calcular la distància en la qual el so es fa imperceptible, apliquem l'expressió corresponent tenint en compte que $r_1 = 1$ cm $= 10^{-2}$ m, $I_1 = 1$ W/m^2:

$$\frac{I_1}{I_2} = \frac{r_2^2}{r_1^2} \rightarrow \frac{1}{10^{-12}} = \frac{r_2^2}{(10^{-2})^2}$$

$$r_2 = \sqrt{10^4 \cdot 10^{12}} = 10^4 \text{ m} = 10 \text{ km}$$

b) La potència emesa per la font es pot calcular a partir de la definició d'intensitat I, prenent, per exemple, les dades per a I_1 i r_1:

$$I = \frac{P}{S} \rightarrow$$

$$P = I_1 \cdot S_1 = 1 \cdot 4\pi r_1 = 4\pi \cdot (10^{-2})^2 =$$

$$= 1{,}26 \cdot 10^{-3} \text{ W}$$

I la corresponent energia en una hora és:

$$E = P\Delta t = 1{,}26 \cdot 10^{-3} \cdot 3600 = 4{,}52 \text{ J}$$

c) El nivell d'intensitat I_3 i la sensació sonora B_3 d'una sirena a la distància $r_3 = 500$ m són:

$$\frac{I_1}{I_3} = \frac{r_3^2}{r_1^2}$$

$$\frac{1}{I_3} = \frac{500^2}{(10^{-2})^2}$$

$$I_3 = \frac{(10^{-2})^2}{500^2} = 4 \cdot 10^{-10} \text{ W/m}^2$$

$$\beta_3 = 10 \log \frac{I_3}{I_0} = 10 \log \frac{4 \cdot 10^{-10}}{10^{-12}} = 26 \text{ dB}$$

Per a 3 sirenes iguals, calculem la intensitat total I_T i, a partir d'aquesta, el nivell d'intensitat sonora β_T i el percentatge d'augment:

$$I_T = 3 \cdot I_3 = 3 \cdot 4 \cdot 10^{-10} = 1{,}2 \cdot 10^{-9} \text{ W/m}^2$$

$$\beta_T = 10 \log \frac{1{,}2 \cdot 10^{-9}}{10^{-12}} = 30{,}79 \text{ dB}$$

$$\frac{\Delta\beta}{\beta_3} \cdot 100 = \frac{30{,}79 - 26}{26} \cdot 100 = 18{,}4\,\%$$

Veiem que, quan sonen tres sirenes iguals, la intensitat sonora es triplica, és a dir, augmenta en un 300%; però la sensació sonora no experimenta aquest augment, sinó que només s'incrementa en un 18%.

Així doncs, es demostra que la sensació sonora, a diferència de la intensitat sonora, no guarda una relació de proporcionalitat amb l'energia emesa per una ona, de manera que, quan la intensitat sonora es duplica, la sensació sonora no es duplica, sinó que augmenta en una proporció molt més baixa. Això passa perquè la relació que hi ha entre I i β no és lineal, sinó logarítmica.

7.3. Soroll. Contaminació acústica

Cant d'ocells	10 dB
Remor de les fulles d'arbres	20 dB
Zones d'habitatges	40 dB
Conversa normal	50 dB
Ambient d'oficina	70 dB
Interior d'una indústria	80 dB
Trànsit de vehicles	85 dB
Clàxon d'un automòbil	90 dB
Clàxon d'un autobús	100 dB
Interior d'una discoteca	110 dB
Motocicleta sense silenciador	115 dB
Trepant	120 dB
Llindar de dolor	120 dB

Taula 6.1. Alguns nivells de soroll.

Hospitals	30 dB
Centres docents (aules)	35 dB
Interior d'habitatges	45 dB
Zones d'habitatges (exterior)	55 dB
Grans magatzems, restaurants i bars	70 dB

Taula 6.2. Nivells màxims d'intensitat sonora permesos en edificis públics (font: OMS).

La societat moderna és una font constant de **soroll,** *entès com una barreja ingent de sons de freqüències no harmòniques.* Són fonts de soroll el trànsit rodat, ferroviari i aeri, les indústries, la construcció i els treballs públics, els tallers, les zones d'habitatges, els bars i altres centres d'oci (taula 6.1). A l'interior d'habitatges i d'edificis són fonts de soroll els sistemes de ventilació, les màquines de despatx, els aparells electrodomèstics i les persones.

Actualment es considera el soroll com un tipus més de contaminació, susceptible d'originar efectes nocius sobre la salut de les persones. En aquest sentit, l'OMS (Organització Mundial de la Salut) ha establert els nivells màxims d'intensitat sonora que han de ser permesos en edificis públics (taula 6.2), i considera que a partir d'un nivell de 45 dB comencen a notar-se alteracions en la salut. També estableix que un nivell superior als 55 dB és causa d'incomoditat acústica, i s'ha comprovat que un percentatge apreciable de la població es veu afectada a partir d'aquest nivell; a partir dels 85 dB, tots els éssers humans noten alteracions.

Entre les anomalies originades pel soroll cal destacar, en primer lloc, les alteracions del sistema cardiovascular, com per exemple un augment del ritme cardíac, amb les consegüents hipertensió arterial, excitació del sistema vascular i augment del risc de malaltia coronària. També pot provocar modificacions del ritme respiratori, un augment de la tensió muscular i alteracions dels sistemes endocrí i digestiu.

Finalment, i per inducció d'estrès, els nivells elevats de soroll provoquen certa tendència a l'angoixa i a les actituds agressives, i faciliten l'aparició d'accidents per les conseqüents dificultats en l'observació, la concentració i el rendiment que provoca el soroll.

Tot i que aquestes alteracions no són permanents i, en principi, desapareixen quan cessa el soroll, s'hi poden associar certs estats d'alteració nerviosa posterior. Un altre efecte perniciós del soroll és la pèrdua d'audició, que pot arribar a ser irreversible quan se suporten de manera continuada nivells superiors als 90 dB.

ACTIVITATS

13. El so emès per un altaveu dona un nivell d'intensitat de 42 dB a una distància de 12 m de l'altaveu. Determineu:

a) La distància de l'altaveu en què es deixa de sentir el so.

b) La potència sonora que emet.

c) El nivell d'intensitat sonora a 75 m de distància.

R: *a)* 1,51 km; *b)* $2{,}88 \cdot 10^{-5}$ W; *c)* 26 dB.

14. Toquem una nota en una guitarra, i un espectador que està a 3,5 m de distància rep una intensitat sonora de $5{,}5 \cdot 10^{-6}$ W/m^2. Si toquem la mateixa nota en una altra guitarra igual a l'anterior i amb la mateixa potència, en quants decibels augmenta el nivell de sensació sonora de les dues guitarres a la mateixa distància?

R: 3 dB.

15. A 3 m de distància d'un oboè que està tocant una nota determinada sentim una sensació sonora de 25 dB. Quina potència emet aquest so? Quina sensació sonora sentim si sentim tres oboès idèntics que toquen la mateixa nota, a la mateixa distància? A quina distància ens n'hem d'anar per tornar a sentir la mateixa sensació sonora?

R: $3{,}58 \cdot 10^{-8}$ W/m^2; 30 dB; 5,2 m.

16. Determineu el quocient entre les intensitats i el quocient entre les amplituds en dos punts diferents si els nivells d'intensitat que hi origina una ona sonora difereixen en:

a) 25 dB

b) 75 dB

R: *a)* 316,23 ; 17,78; *b)* $3{,}16 \cdot 10^7$; $5{,}62 \cdot 10^3$

8. Aplicacions de les ones mecàniques

Si bé són les ones electromagnètiques, que estudiarem en la unitat següent, les que gaudeixen d'una àmplia aplicació pràctica, també alguns tipus d'ones mecàniques es fan servir en algunes àrees tecnològiques i en medicina.

Cal esmentar especialment els ultrasons, que, recordem-ho, són ones mecàniques de la mateixa naturalesa que el so, però d'una freqüència superior a 20 000 Hz, a partir de la qual la nostra oïda no és sensible. Els ultrasons es poden produir, per exemple, quan se sotmet un cristall de quars a un camp elèctric altern, ja que aquest fa vibrar el cristall, a causa de les propietats piezoelèctriques d'aquest material, i la vibració origina l'ultrasò.

L'efecte piezoelèctric és un fenomen característic de determinades substàncies sòlides, entre elles el quars, com hem dit, pel qual, quan se sotmeten determinades cares de la substància a una pressió, apareix una diferència de potencial elèctric entre aquestes. El fenomen invers també es produeix en aquestes substàncies; és a dir, si se sotmeten les seves cares a una diferència de potencial, apareix una força neta sobre aquestes, i si la diferència de potencial és alterna, aleshores també ho és la força generada: el cristall vibra, i si ho fa a freqüències més grans de 20 000 Hz, produeix ultrasons.

Més dades

El primer material en què es va observar l'efecte piezoelèctric va ser el quars. Altres materials piezoelèctrics són la turmalina, el topazi, la sal de Seignette (tartrat de potassi i sodi), alguns materials ferroelèctrics com el titanat de bari i determinats materials ceràmics.

Una de les primeres aplicacions tecnològiques dels ultrasons va tenir lloc durant la Segona Guerra Mundial amb la invenció del **sonar,** sistema que porten els vaixells i que permet detectar cossos submergits i la fondària del mar. Aquest aparell emet uns ultrasons que, en reflectir-se en un objecte determinat, produeixen un ressò; aquest és rebut pel mateix aparell, i això permet detectar la longitud a la qual s'ha produït el ressò i, per tant, la posició de l'objecte. Actualment el sonar s'utilitza molt en les activitats pesqueres, òbviament per detectar bancs de peixos.

Vocabulari

La paraula *sonar* és un acrònim de les paraules angleses *Sound Navigation and Ranging,* que volen dir 'navegació i abastament mitjançant so'.

També s'utilitzen aparells d'ultrasons en determinats processos industrials, com, per exemple, en el perfeccionament de les tècniques de fabricació de les peces metàl·liques de certs aparells que no poden tenir cap defecte intern; en aquest cas, els ultrasons s'utilitzen per mesurar distàncies de manera molt precisa i detectar, així, possibles irregularitats i discontinuïtats que podrien donar un mal funcionament a les peces.

En altres camps de la indústria es produeixen productes que consisteixen en la dispersió de diminutes partícules sòlides en líquids, com ara pintures, tints o productes de cosmètica com xampús i gels, i que tenen tendència a aglomerar-se; la utilització d'ultrasons facilita la desaglomerització d'aquestes partícules sòlides, la seva dispersió pel líquid i la conseqüent homogeneïtzació del producte de cara a la seva òptima obtenció.

Avui dia hi ha sensors que utilitzen la tècnica de mesura de distàncies per ultrasons, per tal de mesurar indirectament alguna altra magnitud; per exemple, en un anemòmetre, el sensor permet calcular la velocitat del vent; també hi ha sensors que mesuren el nivell d'un líquid en un recipient o en una acumulació d'aigua. També es poden fer servir per a la determinació precisa de la velocitat del so en els medis materials.

En medicina, els ultrasons tenen una important aplicació en l'estudi dels òrgans interns, mitjançant la tècnica anomenada **ecografia** (fig. 6.44). En aquest mètode d'anàlisi mèdica s'utilitza un aparell que, d'una manera similar a com ho fa un sonar, emet ultrasons, els quals són transmesos a través de la pell i dirigits cap a un òrgan determinat, reboten i són rebuts per l'aparell. Un ordinador processa el ressò rebut i produeix una imatge de l'òrgan.

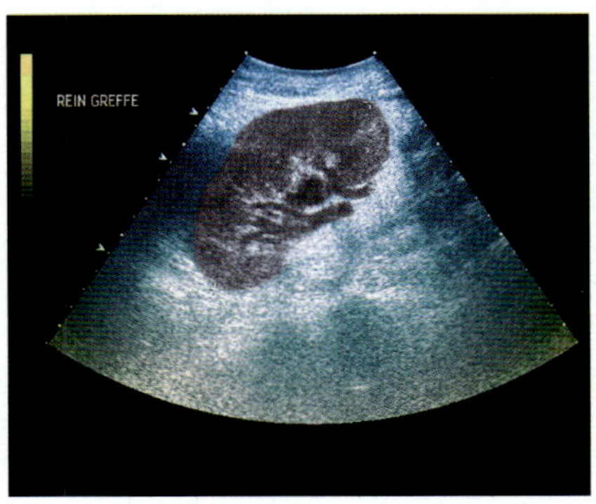

Fig. 6.44. Ecografia d'un fetus.

Un altre camp de la medicina en què es fan servir els ultrasons és la litotrícia, tècnica que consisteix en la destrucció dels càlculs renals que es formen en l'aparell urinari als ronyons, els urèters i la bufeta; en aquest cas, els ultrasons són utilitzats per trencar els càlculs en fragments molt petits, de manera que se'n facilita, així, l'eliminació a través de l'orina; també s'utilitzen en certs tractaments de mals musculars. Val a dir que els ultrasons d'elevada intensitat destrueixen els bacteris i els microorganismes, de manera que es fan servir en la neteja d'utillatge de laboratori, de components electrònics i, en medicina, en la desinfecció de l'utillatge quirúrgic, i en les neteges dentals.

Resum de la unitat

Nivell d'intensitat sonora
$$\beta = 10 \frac{I}{I_0}$$

- la seva unitat és → **Decibel (dB)**
- en el cas del so, es relaciona amb → **Intensitat d'energia transmesa:** $I = \dfrac{E}{S \Delta t}$
  - la seva unitat en el SI és → **W/m²**
  - es mesura amb → **Energia del moviment ondulatori**

Fenòmens ondulatoris

- alguns s'expliquen amb el → **Principi de Huygens**
  - per exemple:
    - **Difracció**
    - **Reflexió** → Llei de la reflexió: $\alpha_i = \alpha_r$
    - **Refracció** → Llei de la refracció: $\dfrac{\sin \alpha_i}{\sin \alpha_r'} = \dfrac{v_1}{v_2}$
- altres són:
  - **Polarització**
  - **Efecte Doppler**
  - **Interferències**, poden ser:
    - Interferència constructiva: $r_2 - r_1 = n\lambda$
    - Interferència parcialment constructiva
    - Interferència destructiva: $r_2 - r_1 = (2n + 1)\dfrac{\lambda}{2}$
  - **Ones estacionàries**, poden ser:
    - Extrems fixos o extrems lliures (1r harmònic): $L = \frac{\lambda}{2} \rightarrow$ $\lambda_n = \dfrac{2L}{n}$; $f_n = \dfrac{v}{2L} n$ ($f = \frac{v}{\lambda} = \frac{v}{2L}$)
    - Extrem fix/extrem lliure (2n harmònic): $L = \lambda \rightarrow \lambda_2 = L$; $\lambda_n = \dfrac{4L}{n}$; $f_n = \dfrac{v}{4L} n$

$f = \frac{v}{\lambda} = \frac{v}{L}$ $f_2 = \frac{2v}{2L} = 2f_i$

$f_1, f_2 = 2f_1, f_3 = 3f_i$

$f_3 = 3\frac{v}{2L}$

Activitats finals

Qüestions

1. A quin fenomen ondulatori es deu el fet que les ones sonores puguin travessar obstacles, com ara cantonades?

2. Quin fenomen ondulatori es produeix quan sentim l'eco d'algun soroll?

3. La velocitat del so a l'aigua és més gran que a l'aire. Quan una ona harmònica de so passa de l'aire a l'aigua, la seva freqüència augmenta, disminueix o queda inalterada? I la seva longitud d'ona? Justifiqueu les respostes.

4. Un camió de bombers en moviment fa sonar la sirena. Raoneu com és la freqüència del so que sent un ciclista, respecte de la freqüència de la sirena en repòs, en les situacions següents:

a) El ciclista es troba en repòs en un semàfor en vermell, i el camió s'hi apropa.

b) El camió ja ha sobrepassat el ciclista i se n'allunya.

c) El ciclista es mou en sentit contrari al camió tot apropant-s'hi.

d) El ciclista es mou en sentit contrari al camió tot allunyant-s'hi.

e) En quins dels casos anteriors el ciclista rep el so amb una freqüència més gran respecte de la freqüència quan tots dos mòbils estan en repòs? En quin cas rep el so amb una freqüència més petita?

5. Suposeu que una font d'ones es mou amb una velocitat més gran que la velocitat de fase de les ones que emet. Efectueu un dibuix que ho representi i discutiu com és l'ona que s'observa, fent, si cal, una recerca bibliogràfica o de pàgines d'Internet sobre el tema.

6. Un automòbil que està aparcat fa sonar el clàxon. Una moto que circula a gran velocitat s'acosta al cotxe, i el motorista percep un so més agut que el propi del clàxon. Raoneu a quina de les causes següents es pot atribuir aquest fet: l'ona sonora es refracta; el motorista rep més fronts d'ona per unitat de temps que un observador en repòs; el motorista rep menys fronts d'ona per unitat de temps que un observador en repòs; l'ona sonora està polaritzada.

7. Com és l'ona resultant de la superposició de dos moviments ondulatoris de la mateixa amplitud, la mateixa freqüència i la mateixa longitud d'ona, que es transmeten per l'eix *X* i que estan desfasats $\frac{\pi}{4}$ rad?

8. Com és l'ona estacionària que es produeix en una corda que només està subjectada per un extrem?

9. Quan s'emet una nota aguda molt intensa a prop d'una copa de vidre prim, es pot arribar a trencar. A què es deu aquest fenomen?

10. Què oscil·la en el cas de les ones sonores? Expliqueu-ho detalladament.

11. Una ona sonora pot estar polaritzada? Justifiqueu la resposta.

12. Com varien l'amplitud i la intensitat d'energia amb la distància en el cas d'una ona esfèrica? Quina de les dues varia més ràpidament? Raoneu la resposta.

13. Tenim dues fonts sonores de la mateixa freqüència, i una emet el so amb una potència 5 vegades més gran que l'altra. Raoneu quina relació han de tenir les amplituds i les intensitats d'energia a la mateixa distància. Quina diferència de sensacions sonores tenen les dues fonts?

14. Per a una ona sonora, raoneu com varia la intensitat i el nivell d'intensitat sonora quan l'amplitud augmenta en un factor 3, i quant ha de variar l'amplitud perquè la intensitat augmenti en un factor 6.

15. Consulteu bibliografia adient i feu una recerca en què s'expliquin els efectes que té el soroll sobre la salut de les persones. Redacteu un petit treball.

16. Expliqueu detalladament com és l'ona que s'ha generat en les situacions següents, i quin fenomen ondulatori s'ha produït.

a) Sobre la superfície en repòs de l'aigua continguda en un recipient deixem caure alhora dos objectes petits en punts propers.

b) El conductor d'un automòbil, que primer s'apropa cap a nosaltres i després s'allunya, fa sonar el seu clàxon d'una manera contínua.

c) Toquem una corda de guitarra i sentim el seu so.

d) Sentim la música emesa per un altaveu en punts cada vegada més allunyats.

e) Fem un crit i sentim l'eco produït en una paret relativament llunyana.

f) Colpegem un diapasó i sentim el seu so.

g) Sobre la superfície en repòs de l'aigua continguda en un recipient situem un cos que fa de barrera, però que té una petita escletxa, i deixem caure un objecte a prop de l'escletxa.

Problemes

Reflexió i refracció

1. Determineu l'angle de desviació respecte de la normal que experimenta una ona sonora que es propaga en l'aire quan incideix amb un angle d'inclinació de 10° sobre la superfície en repòs d'un estany i l'ona penetra a l'aigua.

Dades: $v_{aire} = 340$ m/s; $v_{aigua} = 1500$ m/s

R: 50°

2. L'ecografia és una tècnica mèdica que utilitza ultrasons per obtenir imatges de l'interior del cos, amb l'aparell anomenat ultrasonògraf; per tal que els ultrasons generats per l'aparell es transmetin de manera adequada, es diposita un gel sobre la pell en el qual la velocitat de l'ultrasò és aproximadament igual a la de l'aigua. Suposem que l'ultrasò incideix sobre el múscul amb un angle de 18° des del gel, i sabem que la velocitat del so s'incrementa en un 8% quan passa de l'aigua al múscul. Amb quin angle de refracció penetren els ultrasons al múscul?

R: 19,5°

3. L'ultrasò de la màquina d'ecografies del problema anterior entra al múscul des del gel, ara amb un angle de 10°, i, des del múscul, fins a l'os. Sabem que la velocitat del so als ossos és de $4 \cdot 10^3$ m/s, i a l'aigua, de 1540 m/s. Si tenim en compte el que s'ha dit en el problema anterior sobre la velocitat del so al gel i al múscul, amb quin angle de refracció penetra a l'os?

R: 26,8°

Interferències

4. Dues fonts coherents d'ones de freqüència 2 Hz estan separades una distància de 25 cm. L'ona emesa per un dels focus tarda 5 s a arribar a l'altre focus. Determineu el tipus d'interferència que hi ha en un punt *P* que dista 32,52 cm del focus 1 i 14,43 cm del focus 2, i en un altre punt *Q* que dista 17,52 cm del focus 1 i 6,27 cm del focus 2.

5. Discutiu, en els casos següents, com serà l'estat de vibració d'un punt que és a unes distàncies r_1 i r_2 de dos focus emissors d'ones, tenint en compte que entre aquests hi ha una separació de 12 cm i 3 longituds d'ona:

a) $r_1 = 6$ cm, $r_2 = 18$ cm

b) $r_1 = 12$ cm, $r_2 = 9$ cm

c) $r_1 = 11{,}75$ cm, $r_2 = 17{,}25$ cm

d) $r_1 = 25$ cm, $r_2 = 31$ cm

e) Feu un esquema que representi la interferència i situeu-hi diversos punts on hi hagi diferents tipus d'interferències.

6. En els punts d'abscissa $x = 0$ m i $x = 5$ m es generen dues ones longitudinals, és a dir, unidimensionals, que es propaguen al llarg de l'eix *X* amb la mateixa amplitud i amb la mateixa freqüència. Si entre tots dos punts hi ha 5 semilongituds d'ona:

a) Trobeu els punts on hi ha interferència constructiva i els punts on hi ha interferència destructiva.

b) Suposeu que en els mateixos punts es generen dues ones circulars (bidimensionals), com les ones superficials produïdes a la cubeta d'ones. Hi haurà els mateixos tipus d'interferències en els punts que heu trobat en l'apartat anterior? Raoneu la resposta.

R: *a)* 2 m, 4 m; 1 m, 3 m

7. Dues ones harmòniques transversals es propaguen al llarg de l'eix *X* d'acord amb les funcions d'ona següents: $y_1(x, t) = 0{,}2 \sin(30t - 4{,}4x)$, $y_2(x, t) = 0{,}2 \sin(28t - 4{,}2x)$, en què totes les unitats estan mesurades segons el SI.

a) Determineu la funció d'ona resultant de la interferència.

b) Representeu en un dibuix la forma de l'ona.

c) D'acord amb la funció d'ona obtinguda, discutiu com és el tipus d'ona que s'obté en aquesta situació.

d) Quina és la velocitat de fase de l'ona resultant?

R: *a)* $y(x, t) = 0{,}4 \cos(t - 0{,}1x) \sin(29t - 4{,}3x)$; *d)* 6,74 m/s

Ones estacionàries

8. El dibuix següent representa una ona estacionària que s'ha generat en una corda tensa quan una ona harmònica que es propagava cap a la dreta s'ha superposat amb la que s'ha reflectit en un extrem.

a) Indiqueu-ne els nodes. Determineu la distància entre nodes i la longitud d'ona estacionària. Quina és l'amplitud de les ones que, en superposar-se, han originat l'ona estacionària?

b) Sabent que cada punt de la corda vibra a raó de trenta vegades per segon, escriviu l'equació de l'ona inicial, si suposem que $y(0, 0) = 0$, i calculeu-ne la velocitat de propagació.

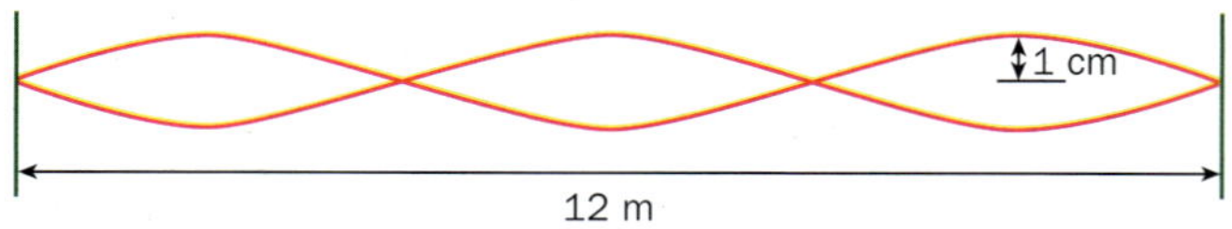

Fig. 6.45.

R: *a)* 4 m, 8 m, 0,5 cm; *b)* $y(x, t) = 0{,}5 \sin(60\pi t - \pi x/4)$, 240 m/s.

9. La corda d'una guitarra mesura 0,65 m de llargària i vibra amb una freqüència fonamental de 440 Hz.

a) Expliqueu raonadament quina és la longitud d'ona de l'harmònic fonamental i digueu en quins llocs de la corda hi ha els nodes i els ventres. Calculeu la velocitat de propagació de les ones que, per superposició, han generat l'ona estacionària de la corda.

b) Dibuixeu el perfil de l'ona estacionària del segon i del quart harmònic i calculeu-ne la freqüència.

R: *a)* 1,3 m, 572 m/s; *b)* 880 Hz, 1760 Hz.

10. Un tub d'un orgue de la basílica de la Sagrada Família està obert pels dos extrems i fa 1,0 m de longitud.

a) Calculeu les freqüències i les longituds d'ona de les ones estacionàries que es poden propagar per aquest tub.

b) Si el tub estigués ple d'heli, el so s'hi propagaria a una velocitat de 975,0 m s^{-1}. En aquest cas, quines serien les freqüències?

Dada: velocitat del so en l'aire = 343,0 m s^{-1}.

R: *a)* 171,5 n Hz, 2,0/n m; *b)* 487,5 n Hz

11. Es fa sonar un tub d'orgue amb els seus extrems oberts, primer, i amb un extrem obert i l'altre tancat, després; les freqüències fonamentals que s'han mesurat per als sons produïts han estat de 184 Hz i 92 Hz, respectivament, i sabem que la velocitat del so és de 340 m/s. Determineu la longitud del tub, i les longituds d'ona dels harmònics en els dos casos. Quines són les posicions dels nodes i dels ventres a dins del tub en el segon cas, quan es reprodueix el setè harmònic?

R: 92,4 cm; 1,85/n m; 3,7/n m; 0, 26,4 cm, 52,8 cm, 79,2 cm, 13,2 cm, 39,6 cm, 66,0 cm, 92,4 cm.

12. Les cordes d'una guitarra tenen una longitud de 78,0 cm. Sabem que una de les cordes, quan vibra en el seu harmònic fonamental, emet un *la*, que correspon a una freqüència de 220 Hz.

a) Dibuixeu el perfil de l'ona quan la corda vibra en l'harmònic fonamental. Quina serà la longitud d'ona del so produït? Quina és la velocitat de propagació de les ones que, per superposició, han format l'ona estacionària de la corda?

b) Dibuixeu la corda quan vibra i emet un so corresponent al tercer harmònic. Indiqueu, en aquest cas, els nodes i els ventres de l'ona i calculeu-ne les posicions.

R: *a)* 156 cm, 343 m/s; *b)* 0, 26,0 cm, 52,0 cm, 78,0 cm, 13,0 cm, 39,0 cm, 65,0 cm.

13. D'una manera molt simplificada, podem dir que la trompeta és un instrument musical de vent en què les diferents notes són produïdes aplicant aire per un extrem (que es considera tancat a causa de la presència dels llavis del músic) i que s'emeten per l'altre, considerat obert. Les notes produïdes corresponen a determinats harmònics associats a les ones estacionàries que s'originen a l'instrument. La trompeta consta també de tres pistons que, quan es premen, augmenten de manera efectiva la longitud i canvien les notes emeses.

a) Si la longitud total del tub que representa la trompeta és $l_0 = 0{,}975$ m, indiqueu quina és la longitud d'ona i la freqüència dels tres primers modes de vibració estacionaris que es poden generar a la trompeta.

b) Quan el músic fa sonar l'instrument mentre prem el segon pistó, produeix la nota *si* de la tercera octava, de freqüència $f = 247$ Hz. Sabent que aquesta nota correspon al segon mode de vibració permès a la cavitat de l'instrument, quina és ara la longitud efectiva de la cavitat? Quin és el recorregut extra Δl que fa l'aire dins de la trompeta quan es prem aquest pistó?

Dada: velocitat del so en l'aire, 340 m s^{-1}.

R: *a)* 3,90 m, 1,30 m, 0,78 m, 87,2 Hz, 262 Hz, 436 Hz; *b)* 1,03 m, $5{,}5 \cdot 10^{-2}$ m.

El so com a ona mecànica

14. Un altaveu emet un cert so per l'aire amb una freqüència de 125 Hz, i sabem que aquest medi és elàstic, és a dir, no hi ha absorció, que la densitat de l'aire és d'1,29 kg/m^3 i que la velocitat del so a l'aire és de 340 m/s. Si a 2 m de l'altaveu la intensitat de l'ona val $5{,}2 \cdot 10^{-3}$ W/m^2, i la intensitat sonora llindar és de 10^{-12} W/m^2, determineu:

a) L'amplitud que té aquest so a aquesta distància, i l'amplitud i la intensitat amb què rebem aquest so si ens situem a 20 m de distància del focus.

b) Els nivells d'intensitat sonora que sentim a aquestes distàncies.

c) L'energia que emet l'altaveu en 2 minuts.

R: *a)* $6{,}2 \cdot 10^{-6}$ m, $6{,}2 \cdot 10^{-7}$ m, $5{,}2 \cdot 10^{-5}$ W/m^2; *b)* 97 dB, 77 dB; *c)* 31,36 J.

15. Determineu el nivell d'intensitat sonora a 5 m d'un altaveu sabent que la intensitat llindar, de valor 10^{-12} W/m^2, es dona a una distància de 100 m.

R: 26,02 dB

16. A quina distància del focus l'amplitud d'una ona queda atenuada en un 15 %, si sabem que a 3 m l'atenuació arriba al 25 %? Quina és la relació entre les intensitats?

R: 2,65 m; 0,78

17. El timbre que sona en una escola a l'hora del pati perquè els alumnes tornin a classe és molt fort. Per tal de saber fins on el sentiran, en cas de no haver-hi edificis ni cap mena de pèrdua d'energia, mesurem amb el telèfon intel·ligent (*smartphone*) el nivell d'intensitat sonora a 7,0 m de distància del timbre i obtenim un valor de 50 dB. Calculeu:

a) La intensitat del so al lloc on fem la mesura.

b) La potència del timbre. A partir de quina distància del timbre els alumnes deixaran de sentir el so?

Dada: les persones no poden percebre els sons que tenen una intensitat inferior a $I_0 = 1{,}0 \times 10^{-12}$ W·m^{-2}. Suposeu que el timbre és un emissor de so puntual que emet en totes les direccions.

R: *a)* 10^{-7} W/m^2; *b)* $6{,}2 \cdot 10^{-5}$ W, $2{,}2 \cdot 10^3$ m.

Prepara't per a la universitat

1. Els grills perceben sons de freqüència d'entre 20 Hz i 100 kHz i els saltamartins perceben sons d'entre 15 Hz i 35 kHz de freqüència. Les balenes blanques emeten sons de 20 Hz. Si el so de la balena arriba a la superfície amb un angle de 60° respecte de la normal, calculeu:

a) L'angle amb què sortirà el so de la balena a l'aire. Podran sentir aquest so els grills i els saltamartins que són arran de la costa? I dalt d'un penya-segat?

b) La longitud d'ona, dins i fora de l'aigua, del so produït per la balena.

Dades: $v_{\text{so a l'aire}} = 340$ m/s; $v_{\text{so a l'aigua}} = 1\,500$ m/s.

R: *a)* 11,32°; *b)* 75 m, 17 m.

2. La membrana d'un altaveu vibra amb una freqüència de 300 Hz i una amplitud d'1,00 mm i produeix un to pur. En les condicions de l'experiment, la velocitat del so és 340 ms^{-1}.

a) Calculeu la longitud d'ona, la pulsació i el període del so produït.

b) Indiqueu com seran, qualitativament, la freqüència i la longitud d'ona enregistrades per un observador en cada un dels casos següents, comparades (més gran/més petit/igual) amb la freqüència i la longitud d'ona originals:

— L'altaveu s'acosta ràpidament a l'observador.

— El so arriba a l'observador després d'haver-se reflectit en una paret.

R: *a)* 1,13 m, $1{,}88 \cdot 10^3$ rad/s, $3{,}33 \cdot 10^{-3}$ s.

3. Cadascun dels extrems d'un diapasó presenta un moviment vibratori harmònic amb una freqüència de 1 000 Hz i una amplitud d'1 mm. Aquest moviment genera en l'aire una ona harmònica de so de la mateixa freqüència. El moviment dels dos extrems està en fase.

Calculeu, per a un dels extrems del diapasó, l'elongació i la velocitat del seu moviment vibratori quan faci $3{,}3 \cdot 10^{-4}$ s que ha començat a vibrar, comptat a partir de la posició que correspon a la màxima amplitud.

a) Raoneu si, en l'aire, es produiria el fenomen d'interferència a partir de les ones de so que es generen en els dos extrems del diapasó. Si s'esdevé aquest fenomen, indiqueu en quins punts es produiran els màxims d'interferència.

Dada: $v_{\text{so a l'aire}} = 340$ m/s.

R: *a)* $-4{,}82 \cdot 10^{-4}$ m, $-5{,}51$ m/s; *b)* 0,34 nm.

4. El clarinet és un instrument de fusta en forma de tub en el qual es generen ones estacionàries. L'instrument es pot assimilar a un tub ple d'aire obert per un extrem i tancat per l'altre. La figura mostra el mode tercer harmònic, on l'aire vibra amb una freqüència de 637 Hz.

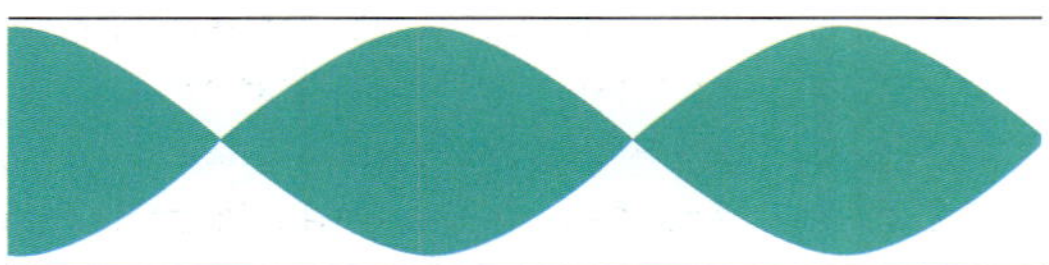

Fig. 6.46.

a) Quina és la llargària del clarinet?

b) Si la nota es toca amb una intensitat d'$1{,}00 \times 10^{-5}$ W m^{-2} i produeix una intensitat sonora determinada a dos metres de distància, en quants decibels augmenta el nivell de sensació sonora a la mateixa distància si la intensitat es duplica?

Dada: $v_{so} = 340$ $m \cdot s^{-1}$.

R: *a)* 0,67 m; *b)* 3,01 dB.

5. En un campionat mundial de futbol, la *vuvuzela,* un instrument musical d'animació molt sorollós, atesa la forma cònica i acampanada que té, va despertar una gran controvèrsia per les molèsties que causava. Aquest instrument produeix el so a una freqüència de 235 Hz i crea uns harmònics, és a dir, sons múltiples de la freqüència fonamental (235 Hz), d'entre 470 Hz i 1 645 Hz de freqüència. La vuvuzela és molt irritant, perquè els harmònics amb freqüències més altes són els més sensibles per a l'oïda humana.

Nota: considereu que el tub sonor és obert pels dos cantons.

a) Amb les dades anteriors, calculeu la longitud aproximada d'una vuvuzela.

b) Un espectador es troba a 1 m d'una vuvuzela i percep 116 dB. Molest pel soroll, s'allunya fins a una distància de 50 m. Quants decibels percep, aleshores?

Dades: $v_{\text{so a l'aire}} = 340$ m/s; $I_0 = 10^{-12}$ W/m^2.

R: *a)* 0,72 m; *b)* 82 dB.

6. Quan es fa vibrar una corda de 40,0 cm de llargada i fixada pels dos extrems emet un so que, un cop analitzat, produeix l'espectre següent:

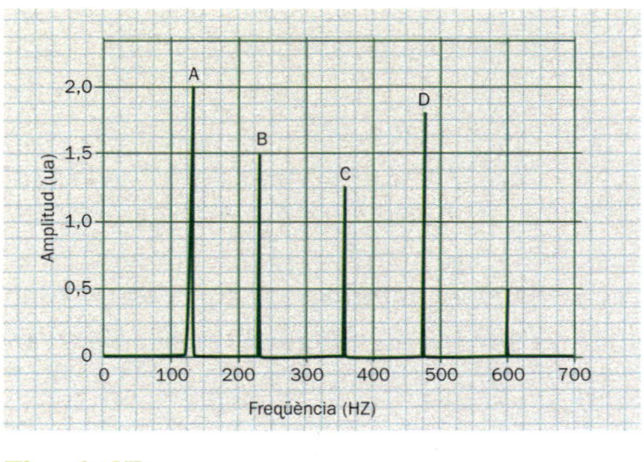

Fig. 6.47.

a) Representeu esquemàticament les ones estacionàries corresponents als pics A, B, C i D indicant tots els nodes i tots els ventres. Calculeu la longitud d'ona de cadascuna d'aquestes quatre ones estacionàries. Quina és la velocitat de propagació?

b) La longitud de la corda disminueix fins a 20,0 cm sense que canviï la velocitat de propagació de les ones per la corda. Quines seran les freqüències i les longituds d'ona de les quatre primeres ones estacionàries?

1. L'harmonia musical es basa en la divisió de l'escala de freqüències sonores en les anomenades octaves, que indiquen intervals de freqüències entre els múltiples o submúltiples consecutius d'una freqüència estàndard. Aquesta freqüència de referència s'ha establert convencionalment a 440 Hz, de manera que una possible octava va de la primera nota *la* inferior (220 Hz) fins al *la* de referència (440 Hz); la següent octava va del *la* de referència (440 Hz) fins a la següent nota *la* superior (880 Hz), etc. Ara bé, malgrat aquest nom, en realitat es considera que dins d'una octava hi ha dotze notes anomenades semitons: *la*, *la#/si♭*, *si*, *do*, *do#/re♭*, *re*, *re#/mi♭*, *mi*, *fa*, *fa#/sol♭*, *sol* i *sol#/la♭*, en què la nomenclatura «#» i «♭» correspon als símbols per als termes *sostingut* i *bemoll* indicats en música, per pujar o baixar un semitò en una de les set notes estàndard.

Fig. 6.48. En un piano, les tecles blanques corresponen a les notes estàndard *do*, *re*, *mi*, *fa*, *sol*, *la* i *si*, mentre que les tecles negres corresponen als semitons (sostingut i bemoll) que hi ha entre aquestes notes; per tant, entre dues tecles consecutives sempre hi ha un interval musical d'un semitò. En els instruments de corda amb pal, entre dues posicions consecutives d'una corda determinada també hi ha sempre un interval d'un semitò.

a) Determina l'interval de freqüències Δf per a l'octava que comença al segon *la* inferior, per a l'octava que comença al primer *la* inferior, i també per a l'octava que comença al *la* de referència. D'acord amb els valors obtinguts, creus que els semitons s'intercalen de manera uniforme dins l'octava en una escala de freqüències? Quina conclusió en podem extreure?

b) D'acord amb el que has deduït a l'apartat anterior, determina els valors de les freqüències dels dotze semitons que van del *la* de referència al següent *la*. Pots fer servir l'expressió $440 \cdot r^n$, en què n és la posició que ocupa la nota dins l'octava i sent $n = 0$ el valor de n per al *la* en què comença l'octava, mentre que $n = 12$ correspon a la nota *la* de l'octava següent.

c) Amb les dades obtingudes a l'apartat anterior, comprova que les freqüències dels dotze semitons no augmenten de manera proporcional.

2. En aquesta unitat s'han estudiat diversos factors, com les longituds de cordes o tubs, que poden fer variar les magnituds ondulatòries com la velocitat, la freqüència, la longitud d'ona, etc. Complementa ara la informació que ja tens amb la que n'obtinguis de recerques a internet o d'altres suports, per tal d'investigar quins poden ser els paràmetres que fan que variï la freqüència de vibració del so produït en les situacions següents i en el cas d'un instrument de corda:

a) Trepitgem la corda en diferents punts.

b) Tibem més o menys la corda a través de la clavilla o torniquet.

c) Algunes cordes de l'instrument tenen enrotllat un fil prim metàl·lic.

d) Indica en quant augmenta o disminueix la freqüència en els casos següents:

- Trepitgem la corda, de manera que es redueix la longitud en una cinquena part.
- Tibem menys de la corda, de manera que la tensió se'n redueix a la meitat.
- Hi enrotllem un filferro, per tal d'augmentar la massa total de la corda en un 60%.

3. En els instruments de vent el so es produeix per la vibració d'una membrana, que, al seu torn, fa vibrar l'aire circumdant i produeix el so. En aquest cas, la velocitat del so té una forma semblant a la dels sòlids i els líquids, però la magnitud relacionada amb l'elasticitat del gas, la pressió, es veu afectada per l'anomenada constant adiabàtica del gas; aquesta constant està relacionada amb la capacitat calorífica del gas, que vam definir el curs passat com l'energia calorífica que ha d'absorbir 1 kg del material per tal que la seva temperatura augmenti en 1 K.

Fig. 6.49.

a) Investiga què és la constant adiabàtica d'un gas i quin valor adopta en el cas de l'aire.

b) Aplica la llei dels gasos per obtenir la velocitat del so en funció de la temperatura.

c) Calcula l'augment que es produeix en el valor de la velocitat del so quan la temperatura s'incrementa fins al triple.

- Quins apartats de la unitat t'han resultat més fàcils? I els més difícils, com has aconseguit superar-los? Com resoldràs els dubtes que et queden encara?
- Com pots relacionar el que has après sobre els **fenòmens ondulatoris** amb situacions de la vida quotidiana?
- Per a què et serveix conèixer que les ones **interfereixen**, es **reflecteixen** i es **refracten**, o que poden donar lloc a **ones estacionàries**?

Mesura de la velocitat del so

Objectiu

Determinar la velocitat del so a l'aire, amb les situacions de ressonància de les ones sonores produïdes per un diapasó que es propaguen en un tub obert per un extrem i tancat per l'altre.

Material

- Suport: peu, vareta llarga (1 m aprox.), nou
- Pinça de bureta
- Tub de vidre cilíndric de 3 cm de diàmetre i de longitud entre 75 cm i 1 m, obert pels dos extrems
- Tap de goma de 3 cm de diàmetre amb forat d'1 cm
- Tub de vidre estret d'1 cm de diàmetre i 10 cm de longitud aproximada
- Tub de goma flexible d'1 cm de diàmetre i 1 m de longitud aproximada
- Proveta de 500 mL
- Cinta mètrica
- Diapasó de 440 Hz (*la* fonamental)
- Retolador no permanent

Procediment

1. Fixeu el tub obert al suport mitjançant la pinça de bureta per tal que no es mogui.
2. Inseriu el tub de vidre d'1 cm de diàmetre pel forat del tap de goma, i tapeu amb aquest el tub de 3 cm de diàmetre pel seu extrem inferior. Tant el tub de vidre estret com el tap han d'encaixar bé per tal que no hi hagi pèrdues d'aigua.
3. Connecteu un extrem del tub de goma al tub de vidre estret, i manteniu l'altre extrem a una alçada superior a la de l'extrem superior del tub gran.
4. Ompliu d'aigua el tub gran fins que quedi gairebé omplert (fig. 6.47). Vigileu que no surti aigua per l'extrem lliure del tub de goma pujant-lo a una alçada elevada adequada.
5. Introduïu l'extrem lliure del tub de goma a dins de la proveta, i abaixeu aquesta fins que n'entri una petita quantitat d'aigua provinent del tub gran. D'aquesta manera, i abaixant la proveta, es podrà regular la quantitat d'aigua al tub gran i es variarà, així, el nivell d'aigua al tub gran de manera que quedi una columna d'aire al tub d'alçada L desitjada.
6. Feu sonar el diapasó de 440 Hz amb un martell, situeu-lo molt a prop de l'extrem superior del tub, i aneu abaixant la proveta amb l'extrem del tub de goma sempre introduït al seu interior, fins que se senti un reforçament del so produït pel diapasó (primera situació de ressonància, que correspon al primer harmònic de l'ona estacionària sonora produïda en la columna d'aire al tub).
7. Reguleu de nou el nivell d'aigua al tub, introduint-ne de nova i movent la proveta a dalt i a baix, i feu sonar de nou el diapasó fins que estigueu segurs de quin és el nivell d'aigua en què es produeix la primera situació de ressonància, i marqueu amb un retolador no permanent aquest nivell de l'aigua. Mesureu amb la cinta mètrica l'altura L_1 de la columna d'aire al tub en què s'ha assolit aquesta primera situació de ressonància.
8. Repetiu els passos 6 i 7 anteriors, però ara buscant la segona situació de ressonància. Marqueu l'altura L_2 de la columna d'aire al tub en què es produeix aquesta, mesureu-la amb la cinta mètrica i anoteu-la.
9. Si el tub és suficientment llarg, busqueu una tercera situació de ressonància per tal de mesurar un tercer valor de L.
10. Repetiu tots els pasos anteriors si disposeu d'un altre diapasó, per tal de determinar dues o tres noves longituds L diferents.

Anàlisi de resultats

1. Anoteu els valors de les longituds L per a les quals s'ha produït el reforçament del so, per a les dues situacions de ressonància (tres, si el tub és suficientment llarg), en la taula 6.4.

2. Anoteu els valors de les freqüències dels diapasons que heu utilitzat:

   f_1 = ______________________ f_2 = ______________________

3. Calculeu el valor de λ per a les dues longituds mesurades (o tres), amb les expressions corresponents $\lambda = 4\ L_1$, $\lambda = 4\ L_2/3$, ($\lambda = 4\ L_3/5$), i la velocitat del so, amb l'expressió $v = \lambda\ f$, per als dos (o tres) valors obtinguts de λ; anoteu-ho tot en la taula 6.4, i repetiu aquesta si disposeu d'un altre diapasó de freqüència diferent del primer.

   Diapasó 1

L (m)	**λ (m)**	**$v = \lambda_n\ f$ (m/s)**
L_1 =		
L_2 =		
L_3 =		

   Diapasó 2

L (m)	**λ (m)**	**$v = \lambda_n\ f$ (m/s)**
L_1 =		
L_2 =		
L_3 =		

Taula 6.4.

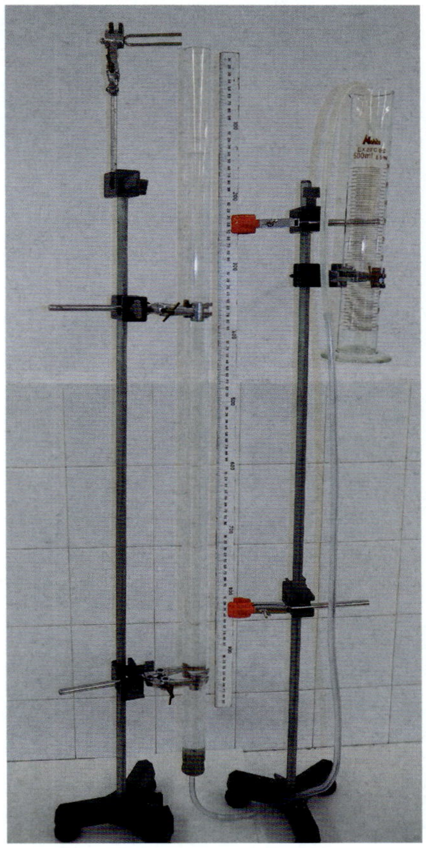

Fig. 6.50.

4. Determineu la mitjana aritmètica de les velocitats del so calculades. Se n'ha obtingut el valor que era d'esperar?

5. Per què s'han d'utilitzar les expressions $\lambda = 4\ L_1$, $\lambda = 4\ L_2/3$, $\lambda = 4\ L_2/5$, i no unes altres, per al càlcul de λ?

6. Dibuixeu les ones estacionàries que s'han produït en totes les situacions de ressonància que heu observat.

UNITAT

7 Naturalesa de la llum

Hi estudiaràs:

- Teories històriques sobre la llum
- Triomf del model ondulatori
- Propietats ondulatòries de la llum
- Òptica geomètrica
- Els fonaments de la física moderna
- L'efecte fotoelèctric
- Dualitat ona-corpuscle
- Introducció a la teoria de la relativitat

I seràs capaç de:

- Conèixer les diferents teories sobre la llum que han existit al llarg de la història.
- Saber reconèixer les propietats ondulatòries de la llum, en especial la reflexió, la refracció, la polarització i la difusió.
- Reconèixer la llum com un tipus d'ona electromagnètica situant la llum dins l'espectre electromagnètic.
- Aplicar de manera correcta les lleis de l'òptica geomètrica als miralls i les lents.
- Saber que la llum té un caràcter dual ondulatori-corpuscular, i conèixer els principals fenòmens que ho ratifiquen: la radiació de cos negre, els espectres d'emissió dels elements i l'efecte fotoelèctric.
- Saber que el caràcter dual ona-corpuscle no només es dona en el cas de la llum, sinó també per a qualsevol partícula material.
- Conèixer, a grans trets, la teoria de la relativitat restringida d'Einstein, sobretot pel que fa a la massa i l'energia cinètica relativista, i l'equivalència massa energia.

Farem servir:

- Situació d'aprenentatge
- ODS - Objectius de Desenvolupament Sostenible
- Treball col·laboratiu
- Prepara't per a la universitat
- Metacognició

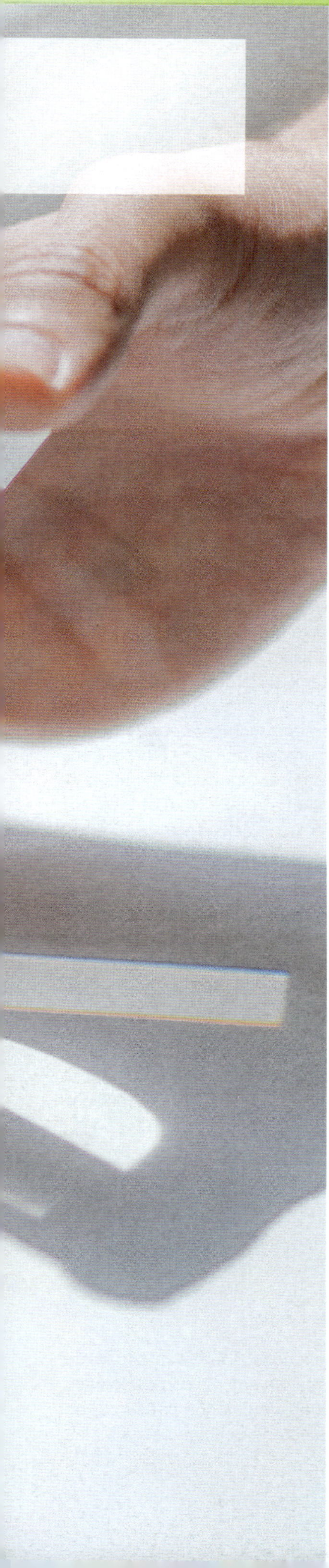

VISIÓ: ceguesa i discapacitat visual

Situació d'aprenentatge

Segons el primer informe mundial sobre la visió de l'Organització Mundial de la Salut (OMS), publicat l'octubre del 2019, hi ha al voltant de 2 200 milions de persones amb deficiència visual o ceguesa que podrien haver-se evitat i més de 1 000 milions no han estat tractats encara. Les principals causes del deteriorament de la visió són els errors de refracció no corregits, com la miopia i la hipermetropia, i també les cataractes i el glaucoma.

La Classificació internacional de malalties indica que aquest deteriorament pot afectar tant la visió distant com la visió propera. En el cas de la visió distant, uns 88,4 milions de casos són deguts a problemes de refracció no corregits (miopia i hipermetropia); 94 milions, a cataractes; 7,7 milions, a glaucoma. Els problemes en la visió propera com la presbícia no corregida, però, superen amb escreix les anteriors xifres, amb 826 milions de persones.

Tot i que la majoria de les persones afectades són majors de 50 anys, el deteriorament de la visió pot afectar a totes les edats i suposa una càrrega econòmica mundial considerable perquè està associat a una pèrdua de la productivitat: ronda entorn d'uns 244 000 milions de dòlars en els casos deguts a la miopia, i d'uns 25 400 milions en els deguts a la presbícia.

Això no obstant, es creu que en un futur pròxim el problema més greu serà que el creixement econòmic i l'envelliment de la població faran que augmenti el risc de patir aquestes deficiències en la visió i que aquestes afectaran un nombre cada vegada més gran de persones, si no s'hi posa algun tipus de remei. Ens trobem, de nou, davant d'un altre dels reptes gegantins que ha d'afrontar la humanitat actual: assolir un desenvolupament sostenible en què totes les persones del món puguin gaudir, en aquest cas concret, d'una salut visual adequada.

Com corregir els principals problemes de deteriorament de la visió?

1. Sabries explicar com funciona l'ull humà, en síntesi? Busca alguna imatge de l'ull per tal de relacionar la teva resposta amb la manera en què es propaga la llum i amb els fenòmens que pateix durant la seva propagació. Indaga també quin o quins elements d'entre els següents contribueixen a formar la imatge en l'ull humà: iris, pupil·la, còrnia, cristal·lí, retina, nervi òptic.
2. Els problemes principals de la visió es basen en errors en la refracció. Saps què vol dir aquest últim concepte? Quin dels elements anteriors és responsable d'aquests errors? Quins problemes, comentats al text, n'originen?
3. Investiga, d'acord amb les respostes anteriors, com es poden corregir els problemes de la visió ja comentats. Per fer la vostra investigació, us poden ser d'ajuda els coneixements dels vostres companys que tinguin alguna de les deficiències de la visió esmentades.
4. A la classe, organitzeu-vos en grups i prepareu un esquema, del qual fareu després una presentació, en què exposeu, d'una banda, el funcionament de l'ull humà, i de l'altra, com es corregeixen els principals problemes de refracció esmentats al text.

- Sabies que hi ha tantes persones al món amb problemes de visió?
- Quines solucions proposaries per a l'assoliment de l'**ODS Salut i benestar per a tothom**, i en concret pel que fa al repte que estem tractant, de millora de la salut visual?
- Sabries explicar per què el creixement econòmic i l'envelliment de la població comportaran en un futur pròxim un augment del risc de patir deficiències en la visió?

1. Teories històriques sobre la llum

Ara que ja hem estudiat el moviment ondulatori amb cert rigor, reprenem en aquesta unitat l'estudi de la llum que vam encetar el curs passat, tot recordant que es tracta d'un tipus especial de moviment ondulatori. Farem, en primer lloc, però, una introducció a les dues teories que històricament han intentat explicar-la, i que sovint han estat antagòniques.

Abans que no es va demostrar el caràcter ondulatori de la llum, hi havia científics que defensaven un model corpuscular, i d'altres que defensaven un model ondulatori. La paradoxa ha estat, i així es veurà al final de la unitat, que tots dos models són perfectament vàlids i complementaris l'un de l'altre, i que aquest fet és una de les bases sobre la qual se sustenta la física moderna.

Fig. 7.1. Fenòmens típicament corpusculars: *a)* Caiguda d'una bola per un pla inclinat. *b)* Pluja: caiguda de gotes d'aigua. *c)* Òrbites descrites pels planetes. *d)* Flux d'aigua que passa per un canal.

Els primers pensadors que van intentar donar una explicació més o menys racional de la naturalesa de la llum van ser els filòsofs de la Grècia clàssica. La seva propagació rectilínia, i el fet que comporti una transmissió d'energia des de la font, va suggerir la teoria que la llum consistia en un feix de partícules, i així ho va postular Pitàgores en el segle VI aC. Durant els segles posteriors, diversos filòsofs van donar altres explicacions.

Però va ser en el segle XVII quan les teories sobre la llum van començar a ser sistematitzades. Al costat de la hipòtesi del feix de partícules, denominada *model corpuscular,* també es va elaborar llavors un *model ondulatori* per a la llum, ja que els fenòmens associats a les ones eren extensament estudiats en aquell moment.

Una altra consideració feta fins llavors era la intrigant constatació que la velocitat de la llum semblava infinita o, si més no, molt gran. Va ser Galileu, a principis del segle XVII, el primer científic que va intentar mesurar el valor de la velocitat de la llum: situà dues persones amb fanals als cims de dos turons que distaven un quilòmetre i mig, i provà de mesurar l'interval de temps que transcorria entre l'instant en què la primera persona mostrava el seu fanal i l'instant en què la segona, en rebre el senyal lluminós de la primera, deixava veure el seu. Ambdós successos, però, semblaven simultanis i, per tant, va obtenir un resultat nul en el seu experiment; va haver de concloure que la velocitat de la llum era infinita o, si més no, tenia un valor molt elevat.

No va ser fins a l'any 1675 que l'astrònom danès Oläus Römer va fer la primera mesura experimental del valor de la velocitat de la llum, amb la qual obtingué un valor d'aproximadament 220 000 km/s, un 30 % menys que el seu valor real, però que, de totes maneres, mostrava un valor molt gran. Observant amb el seu telescopi, Römer va mesurar les variacions que presentava el període de rotació d'Io, un dels satèl·lits de Júpiter, quan s'observava en diferents èpoques de l'any; com que les distàncies aproximades al planeta Júpiter ja es coneixien en aquell temps, pel mètode de paral·laxi (fig. 7.3), a partir d'aquestes variacions va poder calcular el valor abans esmentat.

Així doncs, a finals del segle XVII hi havia prou elements de debat perquè una sèrie de científics, com Newton, defensessin un model corpuscular de la llum, mentre que d'altres, com per exemple Hooke i Huygens, fossin partidaris d'un model ondulatori.

1.1. Model corpuscular de la llum

Recordem que els moviments corpusculars s'estudien de manera simplificada introduint el concepte de *trajectòria* i considerant que els cossos es comporten com a partícules, o **corpuscles,** que descriuen trajectòries perfectament definides i susceptibles, per tant, de ser localitzats en un instant de temps determinat en un punt concret de l'espai.

Són exemples de moviments corpusculars: la caiguda lliure dels cossos sobre la superfície terrestre (fig. 7.1 *a* i *b*); els moviments dels planetes i els cometes, en què els corpuscles són els mateixos astres, amb òrbites ben definides (fig. 7.1 *c*); el flux d'aigua que passa per un canal, en què són les molècules de l'aigua que segueixen la trajectòria definida pel canal les que es comporten com a partícules (fig. 7.1 *d*), etc.

Com ja hem comentat, Newton va proposar un **model corpuscular** per a la llum a final del segle XVII; les hipòtesis en què Newton va fonamentar el seu model eren les següents:

- La llum està composta per partícules, que són emeses en totes direccions i a gran velocitat pel focus lluminós.
- Aquestes partícules, animades d'un moviment rectilini, produeixen la sensació de la visió quan arriben a l'ull.
- En la llum blanca, formada per colors diferents, cada color està constituït per corpuscles de naturalesa diferent.

De fet, va ser Newton el primer a adonar-se que la llum blanca és una barreja de tots els colors, fent passar un raig de llum blanca a través d'un prisma de vidre; com que cada color té un angle de refracció diferent, s'aconsegueix separar la llum blanca en els seus colors, fenomen conegut amb el nom de **dispersió de la llum** (fig. 7.8).

Arguments a favor del model corpuscular (segons van ser efectuats per Newton)	Arguments en contra del model corpuscular (segons els detractors d'aquest model)
Formació d'ombres: les ombres que observem normalment són ben nítides. Això s'explica admetent que, quan la llum arriba a un cos opac, alguns corpuscles que la formen reboten, i altres continuen amb el seu moviment rectilini tot dibuixant la forma de l'objecte (fig. 7.4)	Si partim de la base que la llum consisteix en un feix de partícules emeses per la font, s'hauria de demostrar experimentalment que la font lluminosa hauria de perdre massa de manera apreciable, en un temps relativament llarg. Ara bé, en principi això no és el que s'observa en realitat.
El camp gravitatori sembla no afectar la trajectòria rectilínia de la llum. Això és degut al fet que la velocitat de la llum és tan gran que la trajectòria dels corpuscles que la formen no es veu afectada pels camps gravitatoris.	Les partícules que formen la llum haurien de xocar quan dos raigs es creuen, i la trajectòria d'aquests hauria de canviar. Però en la realitat s'observa que els dos raigs continuen impertorbables la seva trajectòria rectilínia després de creuar-se.
Llei de la reflexió. S'interpreta fàcilment com una conseqüència del xoc elàstic que té lloc entre els corpuscles constituents de la llum i la superfície reflectora. S'explica a partir dels principis de conservació de la quantitat de moviment i de l'energia, aplicats al xoc elàstic que ja hem estudiat en unitats anteriors.	Moltes vegades els fenòmens de la reflexió i de la refracció de la llum van associats. Dins del model corpuscular de la llum, però, no té explicació el fet que alguns corpuscles rebotin elàsticament a la superfície de separació dels dos medis (reflexió), mentre que d'altres la traspassin i continuïn el seu moviment al segon medi (refracció).

Taula 7.1.

A més dels arguments en contra del model corpuscular que acabem d'enumerar, Newton va arribar a greus contradiccions teòriques en el seu model de la llum. Així, quan va demostrar la llei de la refracció fent servir les hipòtesis d'aquest model, va deduir que el raig refractat s'allunya de la normal quan el raig passa d'un medi menys dens a un altre més dens (fig. 7.2 *a*). Això últim és precisament el contrari del que s'observa en la realitat (fig. 7.2 *b*).

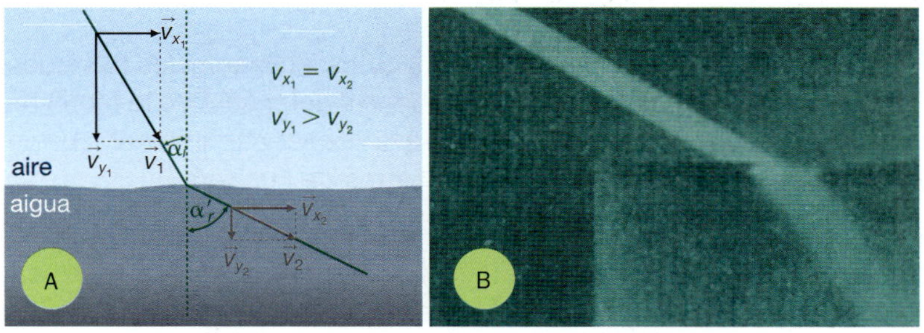

Fig. 7.2. Llei de la refracció: *a)* segons Newton; *b)* en la realitat.

Ara bé, el fet que no s'haguessin mesurat encara els valors de la velocitat de la llum en els diferents medis va fer molt difícil una refutació rigorosa del model corpuscular, que va ser fermament defensat per Newton i es convertí en la teoria de la llum més acceptada durant tot el segle XVIII.

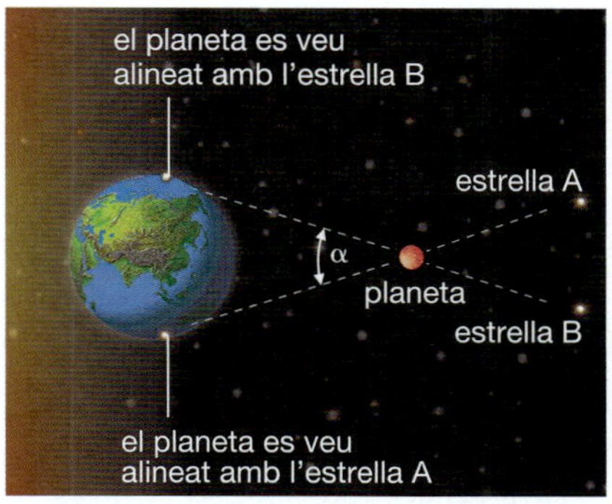

Fig. 7.3. Paral·laxi d'un planeta: mètode emprat per mesurar les distàncies aproximades entre la Terra i els diferents astres del sistema solar, que ja es coneixien en els segles XVII i XVIII; consisteix a mesurar simultàniament l'angle sota el qual s'observa amb un telescopi la posició d'un astre, respecte al fons d'estrelles que es veurà lleugerament alterat, des de dos punts diferents de la superfície terrestre molt allunyats, ja que les distàncies implicades són molt grans (per exemple, un a Europa i l'altre a Amèrica). Coneixent la distància entre els dos punts i l'angle esmentat, es determina la distància a l'astre.

Fig. 7.4. Formació d'ombres.

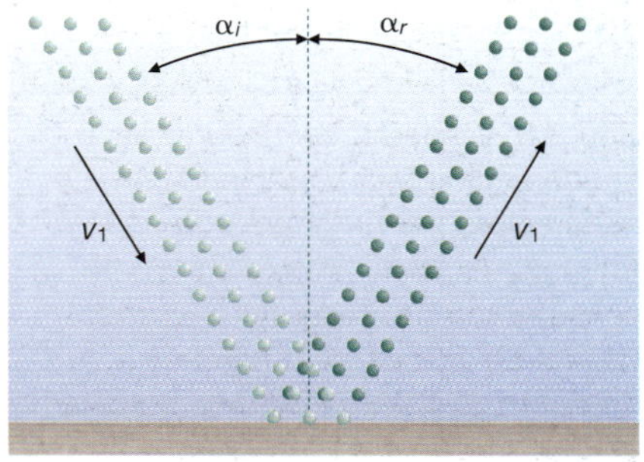

Fig. 7.5. Reflexió de partícules.

1.2. Model ondulatori de la llum

Fig. 7.6. L'ona produïda a la superfície d'un líquid és un fenomen típicament ondulatori; l'ona tendeix a transmetre's en tot l'espai ocupat pel medi de propagació i es deslocalitza.

A diferència dels moviments corpusculars, en què el concepte clau és el de trajectòria, els moviments ondulatoris es descriuen de manera adequada amb el concepte de *front d'ona*, que explica amb facilitat fenòmens típicament ondulatoris, com la difracció i les interferències, i que introdueix una certa *deslocalització* del moviment (fig. 7.6), en el sentit que l'ona tendeix a transmetre's per tot l'espai ocupat pel medi de propagació, i els conceptes de trajectòria i de *localització* en punts concrets perden tot el seu sentit.

Mentre Newton feia públiques les seves hipòtesis sobre la llum, començaren a descriure's observacions que contradeien el model corpuscular, com la formació de colors per fines capes d'aire compreses entre dues superfícies de vidre i la penetració de la llum en zones d'ombres en determinades condicions, és a dir, en zones que una trajectòria rectilínia no podria explicar. El 1667, el científic anglès Robert Hooke va proposar un model diferent del corpuscular i es va imaginar la llum com una ona mecànica transversal, és a dir, com una pertorbació que es transmet a través dels medis materials, tal com passa en la fig 7.6, que es propaga transversalment.

Huygens, que havia estat estudiant els fenòmens ondulatoris i havia deduït el principi que porta el seu nom, va proposar durant aquests anys un **model ondulatori** de la llum en què postulava que la llum consistia en una ona mecànica longitudinal. De totes maneres, en l'època de Huygens i Newton no va ser possible fer experiments que mostressin fefaentment un comportament típicament ondulatori per a la llum, com ara fenòmens de difracció i d'interferències, tal com succeïa amb les ones que s'havien observat fins llavors; tot i que Huygens ho intuïa, encara no se sabia que les longituds d'ona corresponents als diferents colors tenien valors molt petits.

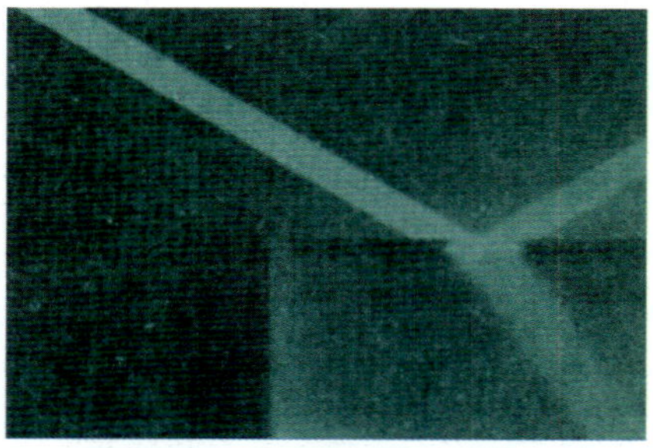

Fig. 7.7. Reflexió i refracció d'un raig de llum.

Arguments a favor del model ondulatori (segons van ser efectuats per Huygens)	Arguments en contra del model ondulatori (segons els detractors d'aquest model)
Lleis de la reflexió i de la refracció. Es demostren fàcilment amb el principi de Huygens i, tal com s'observa en la realitat (fig. 7.7), el raig refractat s'apropa a la normal quan el raig de llum passa d'un medi menys dens a un altre més dens.	El so, a causa de la difracció, pot creuar obstacles i canvia la seva direcció de propagació de manera apreciable. En el cas de la llum, per contra, no s'observa aquest fenomen típicament ondulatori, sinó que dibuixa ombres ben definides.
Colors que formen la llum blanca. Si considerem, d'acord amb el model ondulatori de la llum, que cada color correspon a una longitud d'ona diferent, el fet que la llum se separi en diferents colors s'explica fàcilment com una conseqüència dels fenòmens de difracció i de refracció de la llum (fig. 7.8).	En principi, no hi ha cap problema a explicar la propagació de la llum en forma d'ones mecàniques a través dels medis materials si s'admet que les partícules del medi vibren al pas del raig de llum. Ara bé, a través de quin medi material es propaga la llum que prové del Sol i les estrelles?

Taula 7.2.

Fig. 7.8. Dispersió de la llum: és la separació de la llum blanca en els seus colors per un prisma triangular. En el model ondulatori, s'interpreta considerant que cada color té una longitud d'ona diferent i que els diferents colors es refracten segons angles diferents en travessar el prisma.

Fixem-nos que el model ondulatori també arribava a greus incoherències teòriques, com indica aquest últim argument en contra seu; per rebatre-ho, els defensors de la teoria ondulatòria de Huygens van haver de suposar que tot l'espai estava ocupat per un medi, que van anomenar *èter*, a través del qual es transmetia la llum dels astres de l'univers.

Aquesta hipòtesi, però, era totalment contradictòria. D'una banda, l'èter havia de ser un medi molt dens per permetre que les partícules que el constitueïen, en ser desplaçades del seu equilibri al pas de l'ona, desenvolupessin forces elàstiques molt grans per afavorir una transmissió de la llum que, com ja se sabia, tenia lloc a una gran velocitat; de l'altra, havia de ser molt tènue, per no dificultar el moviment dels planetes i els astres del sistema solar.

Com veiem, també la hipòtesi de l'èter semblava fer entrar el model ondulatori en desacord amb la realitat. Malgrat tot, la idea d'un èter com a medi material transparent que omple tot l'univers no va ser totalment rebutjada i abandonada fins a finals del segle XIX; l'adveniment de la física moderna va demostrar, definitivament, la seva falsedat.

2. Triomf del model ondulatori

Hem vist que durant els segles XVII i XVIII no se sabia quin dels dos models de la llum, l'ondulatori o el corpuscular, s'ajustava més a la realitat; tant l'un com l'altre tenien arguments a favor i en contra, però en la visió mecanicista de la natura inherent a la física clàssica l'afirmació d'un volia dir la negació de l'altre, i semblaven excloure's entre ells.

2.1. L'experiment de Young. Mesura de les longituds d'ona de la llum

És en aquest context que, a principi del segle XIX, té lloc un experiment crucial portat a terme pel científic anglès Thomas Young. El 1804, en els seus escrits, deixa constància de l'experiment realitzat, el qual posava en evidència característiques típicament ondulatòries per a la llum i, d'aquesta manera, el model corpuscular va ser rebutjat. De fet, un dels arguments en contra del model ondulatori era que en la nostra experiència quotidiana no s'observen fenòmens de difracció ni d'interferència; per exemple, entre els raigs de llum de dues espelmes allà on coincideixen. Ara sabem, però, que això es deu al fet que aquests raigs no són coherents, és a dir, el desfasament entre ells canvia aleatòriament en el temps, i no es verifiquen sempre les condicions d'interferència constructiva ni d'interferència destructiva.

Thomas Young va idear una manera ben senzilla i enginyosa d'obtenir dues fonts de llum coherents que interferien i mostraven el caràcter ondulatori de la llum. Un mirall situat a l'exterior d'una habitació fosca fa entrar un raig de llum del Sol per un petit forat en una finestra, que és dividit per una làmina de cartró, molt prima de perfil respecte del forat, generant dos nous raigs secundaris pràcticament coherents, en provenir del mateix raig, que es difracten, interfereixen i donen un **patró d'interferència**, és a dir, s'observen unes *franges clares i fosques alternatives en la paret oposada al forat, que són, de fet, les respectives zones d'interferència constructiva i d'interferència destructiva* (fig. 7.9 *b*). Si es mesura el gruix de la làmina, les distàncies entre franges, i la distància de la làmina a la paret, i s'apliquen les condicions d'interferència constructiva, es determina la longitud d'ona de la llum, i així ho va fer Young.

En la pràctica, s'utilitza un dispositiu semblant i perfeccionat que es coneix com a **experiment de la doble escletxa**, que millora notablement el patró d'interferència i que permet determinar les longituds d'ona dels diferents colors. Primer, es fa incidir un feix de llum sobre una paret opaca on s'hi ha practicat una petita escletxa *F* (fig. 7.9 *a*). Quan aquesta té un ample relativament gran, els raigs de llum la travessen impertorbables en la seva propagació rectilínia, i no s'hi observa cap fenomen especial; però si *F* és prou prima, s'aprecia com el raig que la travessa canvia la seva direcció de propagació i produeix fenòmens de difracció, la qual cosa indica que les longituds d'ona de la llum han de tenir valors molt petits, d'acord amb el principi de Huygens.

A continuació, es fa passar el raig difractat per dues noves escletxes, F_1, F_2, també molt primes, practicades en una segona paret darrere de la primera (fig. 7.9 *a*), i es tornen a produir fenòmens de difracció que es comporten, de fet, com dues fonts coherents de llum, les ones lluminoses de les quals interfereixen darrere la segona paret tot donant un patró d'interferència en forma de franges clares i fosques alternatives que es pot visualitzar sobre una pantalla situada darrere de la segona paret (fig. 7.9 *a* i *b*).

Considerem, doncs, un dispositiu com aquest (fig. 7.9 *a* i *b*), en què la pantalla està situada a una distància *d* del pla determinat per les escletxes F_1 i F_2, i anomenem *a* la separació entre aquestes, i *a*, el punt mitjà del segment F_1F_2 (fig. 7.10). Recordem que la condició d'interferència constructiva es verifica quan la diferència dels camins r_1 i r_2 recorreguts per cada ona és un múltiple de la longitud d'ona: $r_1 - r_2 = n\lambda$, en què n = 0, ±1, ±2... Això passa, per exemple, en el punt *O* de la pantalla, que es dona quan $n = 0$, és a dir, quan la diferència de camins és nul·la, i per això diem que en aquest punt té lloc el primer màxim d'interferència o màxim central. Suposem que un altre màxim d'interferència està situat en un punt *P* a una distància *x* del màxim central, i sigui θ l'angle que formen el segment *AP* i la recta normal a la pantalla *AO*, i *B*, el punt sobre el segment F_1P tal que $F_1B = r_1 - r_2$ (fig. 7.10).

Recorda

No oblideu que dues fonts productores d'ones són coherents quan tenen la mateixa amplitud i la mateixa freqüència i el desfasament entre aquestes es manté constant al llarg del temps.

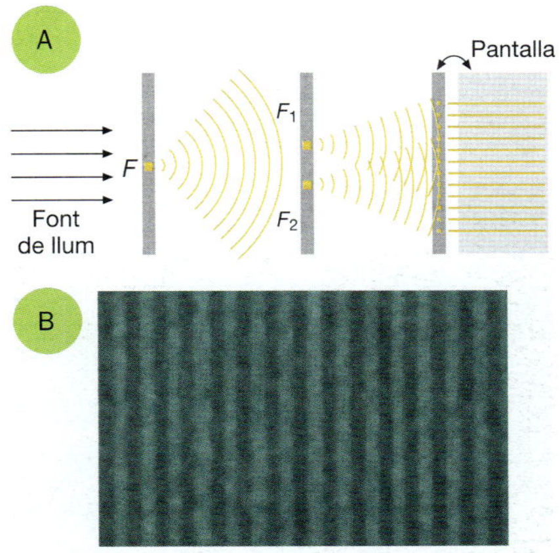

Fig. 7.9. *a)* Dispositiu experimental basat en l'experiment de Young: les fonts F_1 i F_2 interfereixen i mostren sobre la pantalla els màxims i els mínims d'interferència. *b)* Fotografia de les franges d'interferència obtingudes sobre una pantalla per un parell d'escletxes il·luminades.

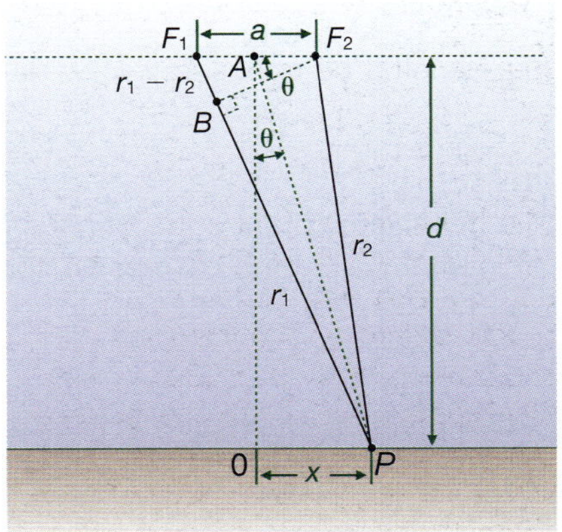

Fig. 7.10. Experiment de Young amb llum monocromàtica.

f ($\cdot 10^{14}$ Hz)	Color	λ ($\cdot 10^{-7}$ m)
7,69-6,59	Violeta	3,09-4,55
6,59-6,10	Blau	4,55-4,92
6,10-5,20	Verd	4,92-5,77
5,20-5,03	Groc	5,77-5,97
5,03-4,82	Taronja	5,97-6,22
4,82-3,84	Vermell	6,22-7,80

Taula 7.3. Longituds d'ona i freqüències dels diferents colors de l'espectre visible. La llum blanca és una barreja d'aquests colors. Per obtenir les longituds d'ona (columna de la dreta) s'utilitza un dispositiu com el de l'experiment de Young, i les freqüències (columna de l'esquerra) s'obtenen a partir de l'expressió de la velocitat de fase del moviment ondulatori, $c = \lambda \cdot f$, on c és la velocitat de la llum en el buit.

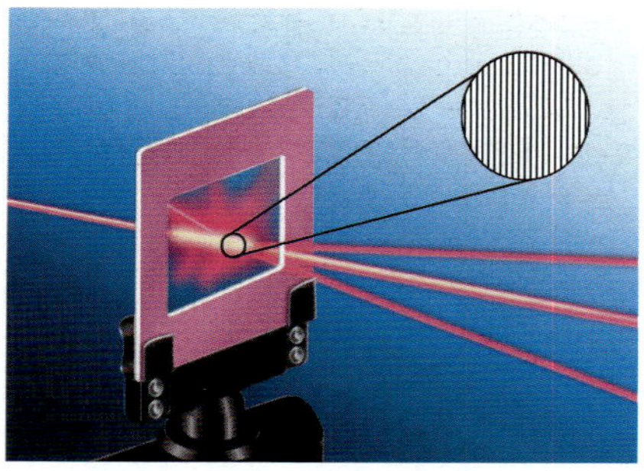

Fig. 7.11. Xarxa de difracció.

La distància d entre la pantalla i les escletxes del muntatge és normalment molt més gran que la distància a entre aquestes; llavors, l'angle θ té un valor petit i el triangle definit pels punts F_1, B i F_2 també defineix el mateix angle θ i es pot considerar un triangle rectangle. Per tant, si hi apliquem la definició de sinus d'un angle en aquest últim triangle, podem trobar la condició que han de verificar tots els màxims d'interferència. En ser l'angle θ petit, podem aproximar el valor del sinus al valor de la tangent, $\sin\theta \approx \operatorname{tg}\theta$, i si considerem també el triangle definit pels punts A, O i P, tenim que:

$$\sin\theta = \frac{r_2 - r_1}{a} = \frac{n\lambda}{a},\ \sin\theta \cong \operatorname{tg}\theta = \frac{x}{d} \rightarrow \frac{n\lambda}{a} = \frac{x}{d} \rightarrow x = \frac{n\,d}{a}\lambda$$

Podem obtenir ara la separació Δx entre dues franges clares consecutives, o entre dues franges fosques consecutives, considerant, per exemple, dos màxims consecutius qualssevol, i deduïm que la separació Δx es manté constant i que depèn de la longitud d'ona λ de la llum incident. Aquesta es pot determinar experimentalment, si mesurem les distàncies d, a i Δx, amb l'expressió següent:

$$\Delta x = \frac{(n+1)\,d}{a}\lambda - \frac{n\,d}{a}\lambda = \frac{n\,d}{a}\lambda + \frac{d}{a}\lambda - \frac{n\,d}{a}\lambda \Rightarrow \boxed{\Delta x = \frac{d}{a}\lambda}$$

En el cas de la llum blanca, formada per diferents colors, s'observa que cada un es difracta amb un angle diferent i forma les franges en punts distints, de manera que, tret del màxim central, les franges apareixen acolorides, cosa que indica que els colors se separen i que tenen una longitud d'ona diferent (taula 7.3). L'experiment permet comprovar que els valors de les longituds d'ona dels diversos colors són bastant petits, i això fa que sovint la separació Δx sigui minúscula i s'hagi d'observar amb una lupa, i també explica per què a la nostra vida quotidiana la llum, normalment, no mostra la seva naturalesa ondulatòria i no ens permet observar fenòmens típics de les ones com ara la difracció i les interferències.

Però determinades situacions, com la que s'evidencia amb l'experiment de Young, mostren el caràcter ondulatori de la llum de manera clara i relativament senzilla, sobretot si s'utilitza una **xarxa de difracció** (fig. 7.11), un dispositiu que consisteix en una làmina transparent en què s'ha gravat una sèrie de ratlles fosques paral·leles i molt juntes que equivalen a un conjunt n d'escletxes; la distància a entre les escletxes (ratlles) es determina fent l'invers de la densitat de ratlles r (ratlles/mm), $a = 1/r$, com veiem en l'exemple següent.

Exemple 1. **Una xarxa de difracció de 10 ratlles/mm s'il·lumina amb llum monocromàtica vermella, de longitud d'ona 6 520 Å. Si s'observen franges d'interferència sobre una pantalla situada a 1,6 m de la xarxa, quina és la distància entre dues franges il·luminades consecutives i entre dues franges fosques consecutives? A quina franja de l'espectre pertany un altre tipus de llum monocromàtica per a la qual s'observa que la separació entre franges clares és de 9 mm? (Recordeu que 1 Å = 10^{-10} m.)**

Resolució

La densitat de ratlles és $r = 10$ ratlles/mm. Expressem els valors en unitats del SI, i calculem a:

$$\lambda = 6520\ \text{Å} = 6{,}52 \cdot 10^{-7}\ m;\ d = 1{,}6\ m;\ a = \frac{1}{r} = \frac{1\ mm}{10} = 0{,}1\ mm = 10^{-4}\ m$$

La distància Δx tant entre franges il·luminades consecutives com entre franges fosques consecutives es manté constant; en determinem el valor amb l'expressió corresponent:

$$\Delta x = \frac{d}{a}\lambda \rightarrow \Delta x = \frac{1{,}6}{10^{-4}} \cdot 6{,}52 \cdot 10^{-7} = 0{,}01\ m = 1\ cm$$

Ara il·luminem amb l'altra llum monocromàtica, i tenim que $\Delta x = 9$ mm $= 9 \cdot 10^{-3}$ m; determinem la seva longitud d'ona λ amb l'expressió de Δx i veiem que correspon a la franja del color verd (taula 7.3):

$$\Delta x = \frac{d}{a}\lambda \rightarrow \lambda = \Delta x\,\frac{a}{d} \rightarrow \lambda = \Delta x = 9 \cdot 10^{-3} \cdot \frac{10^{-4}}{1{,}6} = 5{,}625 \cdot 10^{-7}\ m \rightarrow \textbf{franja del verd}$$

2.2. Lleis de Maxwell i ones electromagnètiques

Durant la primera meitat del segle XIX va quedar definitivament establert el caràcter ondulatori de la llum, que ja havia estat confirmat arran de l'experiment de Young, a partir dels treballs d'altres científics; entre ells, cal destacar el francès Fresnel, qui va poder deduir que la llum era una ona transversal observant fenòmens de polarització. Però malgrat la seva contrastació experimental, el model ondulatori continuava plantejant problemes conceptuals. Hem de tenir en compte que la física del moment es basava en la física clàssica, fonamentada en les lleis de la mecànica de Newton i que pretenia explicar tots els fenòmens naturals en termes de matèria i moviment. Aquesta era la idea subjacent, per exemple, al cas de les ones estudiades fins llavors, les mecàniques, que necessiten un medi material per propagar-se, de manera que al pas de l'ona es produeixen vibracions de les partícules del medi.

Conseqüentment, el caràcter ondulatori de la llum semblava indicar que s'havia d'acceptar realment l'existència de l'èter com el medi material que omple tot l'univers i que permet la propagació de la llum del Sol i les estrelles, la qual, gràcies a les mesures astronòmiques de la velocitat de la llum similars a les que havia realitzat Römer a finals del segle XVII, ja se sabia que tenia lloc a una gran velocitat. Recordem, però, les greus contradiccions conceptuals que plantejava la hipòtesi de l'èter a causa de les propietats antagòniques que havia de tenir: per una banda, la de ser molt dens per permetre la propagació de la llum en forma d'ona transversal i a gran velocitat; per l'altra, la de ser molt tènue per no dificultar el moviment dels planetes i altres astres. També representava un problema el fet que la propagació de la llum era l'únic fenomen físic que corroborava l'existència de l'èter.

Tot i aquestes contradiccions, la idea de l'èter va quedar reforçada a partir de 1873, quan el físic escocès James Clerk Maxwell va fer públiques les seves conclusions sobre els fenòmens elèctrics i magnètics, que, d'altra banda, fins llavors no havien mostrat cap relació amb els fenòmens lluminosos. Recordem que els treballs de Faraday i d'altres científics com el francès Ampère i el britànic Thomson mostraren la relació íntima entre els camps elèctric i magnètic, de manera que la variació en el temps d'un camp magnètic indueix un camp elèctric.

Maxwell integra tots aquells treballs en els seus escrits, que després es van sintetitzar en les quatre lleis que porten el seu nom, i, a més, dedueix una nova llei per la qual un camp elèctric variable en el temps també indueix un camp magnètic. Així, postula l'existència d'un únic camp, l'electromagnètic, que mostra les característiques pròpies del camp elèctric, sota determinades condicions, i les del camp magnètic, sota d'altres, sent això una conseqüència del fet que tots dos camps són originats per una única magnitud física, la càrrega elèctrica, i de manera que la inducció d'un camp per l'altre es propaga per l'espai.

En efecte, en combinar les equacions expressades per les seves lleis, Maxwell obtingué una funció similar a la d'una ona mecànica transversal, però per a la qual el que oscil·la és un camp elèctric perpendicular a un camp magnètic també oscil·lant i tots dos en fase (fig. 7.12). Va deduir, doncs, que el camp electromagnètic es propaga per l'espai en forma d'ones, que va anomenar *ones electromagnètiques*, que són generades per càrregues elèctriques accelerades, per tal que hi hagi variació temporal dels camps i producció d'ones, i que, com passa amb tots els moviments ondulatoris, transmeten quantitat de moviment i energia, de manera que aquesta última augmenta amb la freqüència de vibració.

Tanmateix, per a la seva sorpresa, i no per això té menys importància, les lleis permetien deduir que les ones es propaguen a una velocitat que, quan es calcula, coincideix amb la velocitat de la llum, el valor de la qual ja es coneixia llavors amb bastant exactitud per al buit i per a alguns medis transparents; aquesta velocitat està relacionada amb la permitivitat elèctrica ε i la permeabilitat magnètica μ del medi, de manera que és una constant característica de cada medi. Si la representem per v, es determina amb:

$$v = \frac{1}{\sqrt{\varepsilon \mu}}$$

Què representa aquesta velocitat? Si recordem que per estudiar qualsevol moviment cal fixar prèviament un sistema de referència respecte del qual es mesuren les magnituds cinemàtiques posició, velocitat, etc., podem concloure que el mateix medi és el sistema de referència en què es propaga la llum i que la velocitat calculada amb l'expressió anterior és, de fet, la velocitat de la llum *relativa* al medi.

Més dades

Les lleis de Maxwell són quatre i relacionen els camps elèctrics, $\vec{E}$, i magnètics, $\vec{B}$, amb les seves fonts: les càrregues elèctriques i els corrents.

$$\oint_S \vec{E} \cdot d\vec{S} = \frac{q}{\varepsilon_0}$$

(també anomenada *llei de Gauss*)

$$\oint_S \vec{B} \cdot d\vec{S} = 0$$

(llei de Gauss del camp magnètic)

$$\oint_l \vec{E} \cdot d\vec{l} = -\frac{d}{dt} \oint_S \vec{B} \cdot d\vec{S}$$

(llei de Faraday-Lenz)

$$\oint_l \vec{B} \cdot d\vec{l} = \\ = \mu_0 I + \varepsilon_0 \mu_0 \frac{d}{dt} \oint_S \vec{E} \cdot d\vec{S}$$

(llei d'Ampère-Maxwell)

en què $\vec{E}$ i $\vec{B}$ són el camp elèctric i el camp magnètic, respectivament, mentre que q és la càrrega elèctrica, I és la intensitat de corrent, ε_0 és la permitivitat elèctrica del buit i μ_0 és la permeabilitat magnètica del buit.

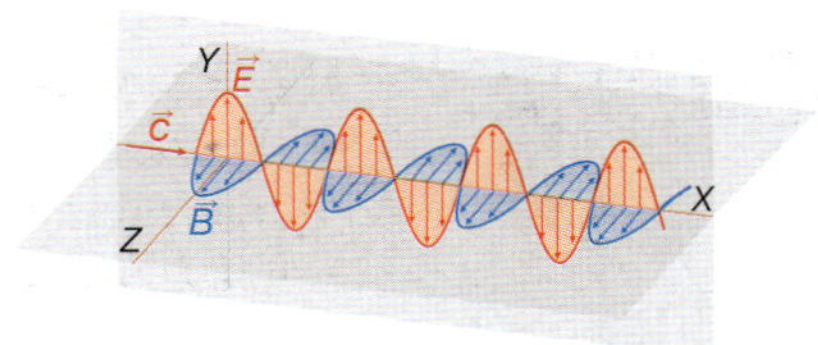

Fig. 7.12. Una ona electromagnètica consisteix en l'oscil·lació d'un camp elèctric $\vec{E}$ i un camp magnètic $\vec{B}$ perpendiculars entre si; aquests camps són perpendiculars a la direcció de propagació de l'oscil·lació, i aquesta es transmet a la velocitat de la llum que, en el buit, es representa amb $\vec{c}$, $c = 3 \cdot 10^8$ m/s.

Atenció

Així com ho fan les ones mecàniques, les ones electromagnètiques també transmeten energia i quantitat de moviment. Com més gran és la freqüència de l'ona electromagnètica, més elevada és l'energia que transmet.

Tingues en compte

En la unitat 3 vam veure que la unitat de la permeabilitat magnètica μ_0 és T·m/A. Es pot demostrar que aquesta unitat equival a m·kg/C².

Recorda

La velocitat de la llum en el buit és gairebé la mateixa que en l'aire; això abona la idea que l'èter ha de ser tan tènue com l'aire, és a dir, amb una densitat molt petita. L'enorme valor de la velocitat de la llum, però, fa pensar que l'èter hauria de ser, a la vegada, molt rígid, i totes dues idees es contradiuen.

En el cas del buit, en què ara representarem la velocitat de la llum amb c, es podria pensar que diversos observadors en moviment n'haurien de mesurar valors diferents. Tanmateix, l'expressió anterior indica que aquesta velocitat també és constant, amb un valor que ja s'havia mesurat en diversos experiments i que depèn només de les constants del buit ε_0 i μ_0, i sembla donar a entendre que aquest és un medi material, de manera que, si fem un raonament similar, podem concloure que la velocitat obtinguda per al buit c és la velocitat *relativa* al medi que omple el buit, és a dir, relativa a l'èter:

$$c = \frac{1}{\sqrt{\varepsilon_0 \mu_0}} = \frac{1}{\sqrt{8{,}854188 \cdot 10^{-12} \cdot 1{,}256631 \cdot 10^{-6}}} = 2{,}9979 \cdot 10^8 \text{ m/s}$$

Aquest últim valor s'acostuma a arrodonir a $3 \cdot 10^8$ m/s, i també és el valor que es pren per a la velocitat de la llum a l'aire, en ser les constants elèctrica i magnètica d'aquest últim medi molt semblants a les del buit, $v_{aire} \cong c = 3 \cdot 10^8$ m/s , tot i que v_{aire} és lleugerament inferior a c. Com que les constants ε i μ de qualsevol medi són sempre més grans que les corresponents del buit, i d'acord amb l'expressió anterior deduïda a partir de les lleis de Maxwell, la velocitat de la llum v en un medi diferent del buit ha de ser més petita que la velocitat de la llum en el buit c: $v < c$.

Així doncs, a finals del segle XIX la llum queda lligada als fenòmens electromagnètics, i des de llavors es considera un tipus d'ona electromagnètica i es desenvolupa la teoria ondulatòria de la llum. En principi, això resolia un dels problemes que presentava la hipòtesi de l'èter, ja que no hi havia cap constatació de la seva existència a part de la mateixa propagació de la llum; ara es podia mesurar la velocitat de la llum a partir de les propietats elèctriques i magnètiques del medi, i les lleis de Maxwell del camp electromagnètic semblaven reforçar la idea de l'èter.

Arguments com els exposats van fer que els científics encara s'aferressin al concepte d'èter com aquell medi material que omple el buit i a través del qual es propaguen les ones electromagnètiques, inclosa la llum. Això també era una conseqüència de la visió mecanicista de la natura inherent a la física clàssica, per la qual aquestes ones eren vistes erròniament com un tipus particular d'ona mecànica. Fins i tot es postulava que l'èter havia de ser el sistema de referència en repòs absolut.

A principis del segle XX, però, la descoberta de nous fets experimentals farà que es torni a considerar el model corpuscular i, malgrat que no es pugui deixar de banda el seu caràcter ondulatori, i encara que això pugui semblar contradictori, apareixerà una nova teoria de la llum en la qual seran vàlids certs aspectes dels dos models. Aquest és un dels fonaments de la física moderna que estudiarem en propers apartats.

2.3. Confirmació de l'existència de les ones electromagnètiques: l'experiment de Hertz

Si bé Maxwell va fer la predicció teòrica de les ones electromagnètiques, no va dissenyar cap experiment que les posés en evidència. Les seves lleis indiquen quines condicions s'han de donar per produir-les, com, per exemple, que hi hagi una variació temporal dels camps elèctrics i magnètics, per tal que la variació de l'un indueixi l'altre i així se'n generin ones. Si recordem que els camps són creats per càrregues elèctriques, cal posar un conjunt d'aquestes en moviment, per exemple, amb un circuit elèctric, però de manera que *les càrregues han d'estar accelerades per tal d'assegurar que tant el camp elèctric com el camp magnètic generats per aquestes variïn amb el temps.*

L'any 1887, el físic alemany Heinrich Hertz va idear un muntatge amb un *emissor* i un *receptor d'ones* que complia aquest requisit fent servir un corrent altern; en aquests corrents, recordem, els electrons que hi circulen s'acceleren i es desacceleren alternativament, en una situació anàloga a la d'un cos animat d'un moviment harmònic simple (com ara un cos que oscil·la amb l'ajut d'una molla).

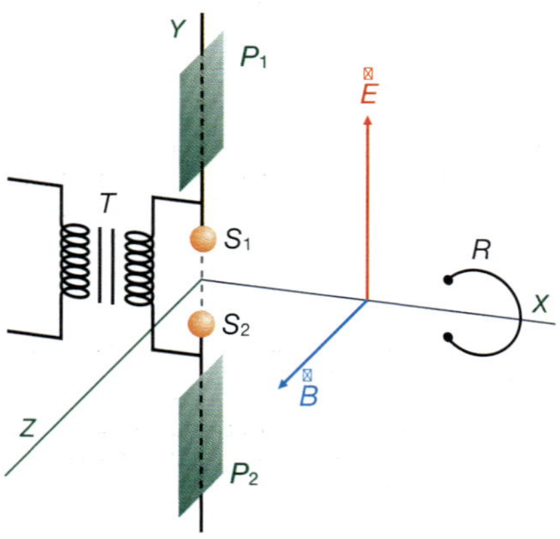

Fig. 7.13. Experiment de Hertz. Només funcionava quan el receptor es trobava molt a prop de l'emissor; uns quants anys més tard, però, l'italià Marconi va aconseguir transmetre un senyal electromagnètic a través de l'Atlàntic, i així va permetre l'inici de la ràdio com a mitjà de transmissió d'informació i va inaugurar, així, l'era de les telecomunicacions.

L'**emissor**, també anomenat dipol oscil·lant pel fet que actua com un oscil·lador harmònic per al qual el que oscil·la és un corrent elèctric, consisteix en un transformador *T* alimentat per un corrent altern de certa freqüència i amb el secundari connectat a dues plaques metàl·liques, P_1 i P_2, semblants a les d'un condensador, que es carreguen de manera alterna amb càrrega positiva i amb càrrega negativa, i cada una de les quals acaba en una petita esfera metàl·lica, S_1 i S_2, que estan situades relativament juntes (fig. 7.13). Quan la tensió d'alimentació del transformador és molt gran, salta una espurna entre S_1 i S_2, fet que indica que les plaques es descarreguen a través de l'aire entre les dues esferes. Aquestes actuen com un dipol oscil·lant, amb la mateixa freqüència que el corrent d'alimentació, i emeten ones electromagnètiques que són captades pel receptor.

El **receptor**, *R*, consisteix en un filferro de coure, curt però relativament gruixut, de forma circular i amb una petita obertura (fig. 7.13). Quan *R* es col·loca amb el seu pla perpendicularment al camp magnètic variable de l'ona, aquest hi indueix un corrent que carrega alternativament els extrems del filferro i ocasiona una espurna en l'obertura que indica el pas de l'ona electromagnètica; per contra, quan se situa paral·lel al camp, aquest no hi indueix cap corrent i l'ona no es detecta.

La freqüència d'oscil·lació del transformador utilitzat per Hertz en el seu experiment, que també és la d'oscil·lació dels electrons i, per tant, la de les ones electromagnètiques generades, fou de 10^8 Hz, aproximadament. Això correspon a una longitud d'ona de 3 m segons l'expressió de la velocitat de fase de les ones, $c = \lambda \cdot f$. Aquest valor, molt diferent del de qualsevol color, va confirmar l'existència d'ones electromagnètiques significativament diferents de la llum per primera vegada a la història; es demostra així, a més, la previsió teòrica inicial de Maxwell, segons la qual el moviment accelerat de les càrregues elèctriques genera ones electromagnètiques que transmeten energia i quantitat de moviment, i proporciona també una manera de produir-les dins d'un ampli espectre de freqüències (fig. 7.14).

Aquest experiment va ser la base a partir de la qual s'ha desenvolupat el món de les telecomunicacions tal com el coneixem avui dia, que, recordem-ho, es basa en la generació d'ones electromagnètiques de freqüències molt diverses per al seu ús en diferents dispositius i en diversos camps com la radiotransmissió, la televisió, la telefonia mòbil, els radars, els emissors dels satèl·lits i de les sondes espacials, etc.

De fet, a les antenes emissores d'aquests dispositius, que són l'equivalent de les plaques P_1, P_2 i les esferes S_1, S_2 del primitiu muntatge ideat per Hertz, es generen corrents elèctrics oscil·lants que emeten les ones electromagnètiques i que, al seu torn, transmeten informació. I a les antenes receptores dels aparells que capten aquestes ones i interpreten la informació, que són l'equivalent del receptor *R* del muntatge de Hertz, s'originen corrents oscil·lants que, convenientment amplificats, interpreten la informació continguda a les ones.

Les ones electromagnètiques, també anomenades **radiacions electromagnètiques**, configuren en conjunt l'anomenat **espectre electromagnètic**, en què la llum visible n'ocupa només una petita franja; les radiacions de freqüència elevada (X, γ) són les que transporten més energia.

Més dades

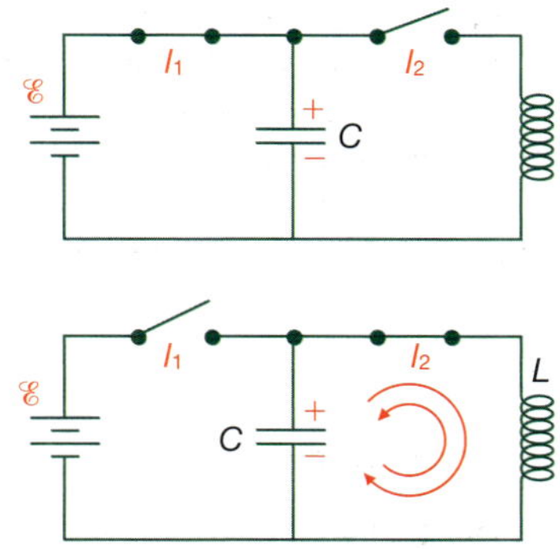

Fig. 7.14. Exemple de dipol oscil·lant electromagnètic: circuit *LC*. Primer, l'interruptor I_1 està tancat, I_2, obert, i el condensador *C* es carrega a la tensió del generador. En obrir I_1 i tancar I_2, *C* es descarrega a través de la bobina *L*, i el corrent variable que travessa *L* crea una fem induïda en *L* en sentit contrari que fa que el condensador es torni a carregar de nou. La situació així originada va carregant i descarregant *C* alternativament; el circuit es comporta com un oscil·lador harmònic en què el que oscil·la és un corrent elèctric, fent que l'energia electrostàtica en el condensador *C* s'alterni amb l'energia magnètica en la bobina *L* amb una freqüència f_0 donada per la freqüència pròpia d'aquest oscil·lador elèctric:

$$f_0 = \frac{1}{2\pi\sqrt{LC}}$$

Raigs gamma (γ): aquesta radiació se superposa a la franja dels raigs *X*, és la radiació que transmet més energia; els raigs γ són d'origen nuclear, i són produïts per les substàncies radioactives (isòtops inestables). Quan aquesta radiació és absorbida pels éssers vius pot causar dany en els teixits biològics, amb efectes molt nocius, per la capacitat que té d'ocasionar lesions a escala cel·lular o malmetre la seqüència d'ADN; les seves longituds d'ona arriben fins a 10^{-14} m.

Radiació ultraviolada: també es produeix en els salts electrònics entre nivells atòmics, i per àtoms i molècules en descàrregues elèctriques. El Sol n'és una font molt important i aquesta radiació és la responsable que la nostra pell es torni bruna; abasta longituds d'ona des de $3{,}90 \cdot 10^{-7}$ m fins a $6 \cdot 10^{-10}$ m.

Microones: amb longituds d'ona que van des de 0,3 m fins a 10^{-3} m, també són generades amb circuits electrònics; s'utilitzen en alguns sistemes de comunicació com el radar, i també en els coneguts forns domèstics per produir energia calorífica i escalfar aliments

Ones de radiofreqüència: amb longituds d'ona que van des d'alguns quilòmetres fins a 0,3 m, aquesta franja comprèn totes les ones de ràdio i televisió i telefonia mòbil, produïdes per dispositius electrònics, principalment circuits oscil·lants com el que hem descrit abans.

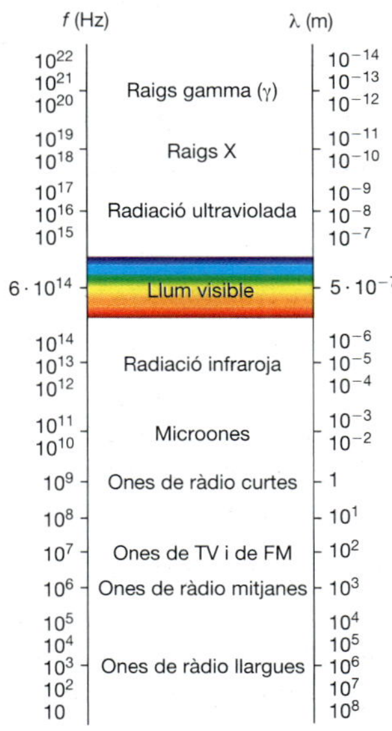

Raigs X: és una radiació produïda principalment per electrons que són frenats ràpidament, tot i que també es genera en alguns salts electrònics de major energia; abasta longituds d'ona des de $6 \cdot 10^{-10}$ m fins a $6 \cdot 10^{-12}$ m.

Llum visible: aquesta petita franja de l'espectre és molt important, ja que el nostre ull hi és sensible i ha donat lloc a una branca de la física anomenada òptica. Abasta longituds d'ona des de $7{,}80 \cdot 10^{-7}$ m, pel color vermell, fins a $3{,}90 \cdot 10^{-7}$ m, pel color violeta; aquesta llum es produeix pels salts que fan els electrons entre diferents nivells atòmics. El Sol és una font important d'aquesta radiació.

Radiació infraroja: emesa pels cossos calents i per les molècules en moviment i amb longituds d'ona que van des de 10^{-3} m fins a $7{,}80 \cdot 10^{-7}$ m, aquestes ones tenen moltes aplicacions en la indústria, la medicina i l'astronomia.

Espectre electromagnètic: conté tots els tipus d'ones o radiacions electromagnètiques. En la columna esquerra s'especifica la freqüència *f* de cada franja de l'espectre, i, en la dreta, la longitud d'ona λ. L'energia que transmet la radiació augmenta amb la seva freqüència, de manera que els raigs *X* i gamma (γ) són els més energètics.

2.4. Ones electromagnètiques harmòniques

Tot just hem comentat que les lleis de Maxwell permeten deduir que els camps elèctrics i magnètics variables en el temps es propaguen per l'espai en forma d'ones electromagnètiques. Aquestes consisteixen en la transmissió d'un camp elèctric $\vec{E}$ i un camp magnètic $\vec{B}$, que varien en el temps de manera oscil·latòria, a una velocitat que, en el buit, és la velocitat de la llum, c, i de manera que el camp elèctric $\vec{E}$ i el camp magnètic $\vec{B}$ de l'ona estan en fase i són perpendiculars entre si, i també són perpendiculars a la direcció de propagació de l'ona, representada per $\vec{c}$, és a dir, aquestes ones són transversals.

Conseqüentment, els vectors $\vec{E}$, $\vec{B}$ i $\vec{c}$ verifiquen la regla de la mà dreta, és a dir, el producte vectorial $\vec{E} \times \vec{B}$ té la direcció i el sentit de propagació $\vec{c}$ de l'ona (fig. 7.15). En un cas senzill, podem triar l'eix X com a direcció de propagació de l'ona electromagnètica; l'eix Y, paral·lel al camp elèctric $\vec{E}$, i l'eix Z, paral·lel al camp magnètic $\vec{B}$, i diem que, en aquesta situació, l'ona és **plana** i està **polaritzada linealment,** de manera que *el pla de polarització es defineix com el pla en el qual oscil·la el camp elèctric,* que en aquest cas és el pla XY (fig. 7.15).

Per tant, si considerem que les càrregues oscil·len amb un moviment harmònic simple, com és el cas del dipol oscil·lant de l'apartat anterior, de freqüència angular ω, els camps elèctric i magnètic que descriuen l'ona generada adopten la forma típica d'una ona harmònica plana. Si E_0 i B_0 són les amplituds respectives del camp elèctric i del camp magnètic, i recordem que el nombre d'ona k es relaciona amb ω i c per l'expressió $c = \omega/k$, les seves equacions són:

$$\vec{E}(x,t) = E_0 \sin(\omega t - kx)\,\vec{j} \qquad \vec{B}(x,t) = B_0 \sin(\omega t - kx)\,\vec{k}$$

Val a dir que l'oscil·lació dels camps $\vec{E}$ i $\vec{B}$ dona lloc a una transmissió d'energia E i de quantitat de moviment p relacionats per l'expressió $E = pc$, i que l'energia transmesa per l'ona és tant més elevada com més gran és la seva freqüència. Finalment, els vectors instantanis anteriors en mòdul, $E(x,t)$, $B(x,t)$, i els seus respectius valors màxims, E_0, B_0, estan relacionats per les expressions següents:

$$E = cB \leftrightarrow E_0 = cB_0$$

Tingues en compte

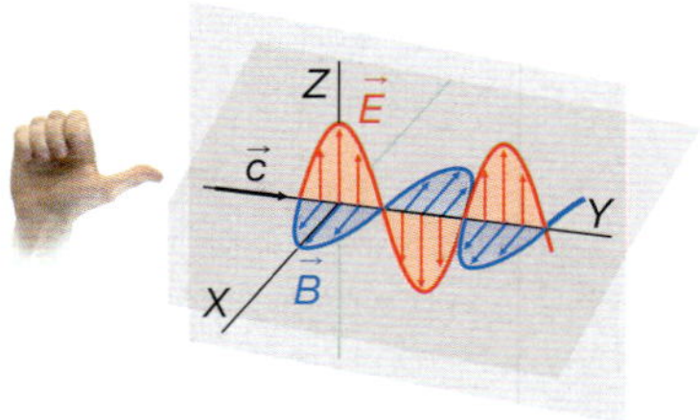

Fig. 7.15. Vectors camp elèctric $\vec{E}$ i camp magnètic $\vec{B}$ d'una ona electromagnètica: són perpendiculars entre si i perpendiculars a la direcció de propagació de l'ona donada per la velocitat $\vec{c}$; la direcció i el sentit d'aquesta es determinen amb la regla de la mà dreta: amb el dit polze perpendicular al pla definit pels vectors $\vec{E}$ i $\vec{B}$, i els altres dits indicant el sentit de gir de l'angle més petit que va d'$\vec{E}$ a $\vec{B}$, el sentit de la velocitat de propagació $\vec{c}$ l'indica el polze.

Exemple 2. **El dipol d'una antena emissora d'ones electromagnètiques oscil·la a una freqüència de 5 kHz; el camp elèctric oscil·la en el pla *YZ*, amb una amplitud de 270 V/m, i el camp magnètic ho fa en el pla *XY*. Determineu l'amplitud del camp magnètic, i les equacions del camp elèctric i del camp magnètic. *Dada:* c = 3·10⁸ m/s.**

Resolució

Primer determinem la freqüència angular i el nombre d'ona, i calculem l'amplitud del camp magnètic amb l'expressió $E_0 = c\,B_0$:

$$\omega = 2\pi f = 2\pi \cdot 5 \cdot 10^3 = 10^4\,\pi \text{ rad/s}, \quad k = \frac{\omega}{c} = \frac{10^4\,\pi}{3 \cdot 10^8} = \frac{10^{-4}\,\pi}{3} \text{ rad/m} \qquad E_0 = c\,B_0 \rightarrow B_0 = \frac{E_0}{c} = \frac{2{,}7 \cdot 10^2}{3 \cdot 10^8} = 9 \cdot 10^{-7} \text{ T}$$

Ara apliquem la regla de la mà dreta i determinem la direcció i el sentit de propagació de l'ona: com que el camp elèctric oscil·la en el pla YZ, i el camp magnètic en el pla XY, situem el polze perpendicularment al pla definit pels vectors $\vec{E}$ i $\vec{B}$, i els altres dits, indicant el sentit de gir de l'angle més petit que va del vector $\vec{E}$ al vector $\vec{B}$ (fig. 7.12); llavors, el sentit de la velocitat de propagació $\vec{c}$ és l'indicat pel polze, en aquest cas, l'eix Y. Per tant:

$$\vec{E}(x,t) = 270 \sin \pi\left(10^4\,t - \left(\frac{10^{-4}}{3}\right)y\right)\vec{k} \qquad \vec{B}(x,t) = 9 \cdot 10^{-7} \sin \pi\left(10^4\,t - \left(\frac{10^{-4}}{3}\right)y\right)\vec{i}$$

ACTIVITATS

1. La llum blanca del Sol, és monocromàtica? Què vol dir aquest concepte? Si en un experiment com el de Young il·luminem les escletxes amb llum blanca, què observarem?

2. Un receptor de ràdio rep ones electromagnètiques de freqüència 100 MHz i d'amplitud del camp elèctric de valor 0,070 N/C. Escriviu les equacions dels camps elèctric i magnètic que rep el receptor de ràdio, i representeu en un dibuix la seva orientació relativa i respecte de la direcció de propagació de l'ona. Quan val la longitud d'ona d'aquestes ones de ràdio?

   Dada: c = $3 \cdot 10^8$ m/s.

   R: $2{,}3 \cdot 10^{10}$ T; 3 m.

3. Propietats ondulatòries de la llum

Tot seguit estudiarem algunes propietats ondulatòries que es van tractar a la unitat anterior, aplicades ara al cas de la llum.

3.1. Reflexió i refracció de la llum

Els fenòmens de la reflexió i de la refracció es produeixen quan una ona es propaga per un medi determinat i arriba a la superfície de separació amb un segon medi en què l'ona també es pot propagar: *en la reflexió, l'ona canvia la seva direcció de propagació, però continua propagant-se al mateix medi*; *en la refracció, l'ona passa a propagar-se del primer al segon medi*.

En el cas de la llum, podem definir **raig** com *qualsevol possible direcció que pugui seguir la llum en la seva propagació*, i **medi transparent** com *tot aquell medi en què es pot propagar la llum*; és el cas, per exemple, d'un raig de llum que arriba a la superfície de separació entre l'aire i l'aigua: el raig es propaga tant en un medi com en l'altre, i es verifica que l'angle de reflexió és igual a l'angle d'incidència, $\alpha_r = \alpha_i$ (fig. 7.16).

Quant a la refracció, hem de recordar que s'estudia convenientment mitjançant la llei de Snell, la qual permet determinar l'angle de refracció α_r' quan el raig de llum passa del medi 1, en què la velocitat de la llum és v_1, al medi 2, en què la velocitat és v_2 : $\frac{\sin\alpha_i}{\sin\alpha_r'} = \frac{v_1}{v_2}$.

Com ja hem comentat a l'apartat anterior, i a diferència de les ones mecàniques, cal tenir present que la llum i les ones electromagnètiques es propaguen amb menys velocitat als medis materials que al buit, $v < c$. Per aquest motiu és útil definir un paràmetre que simplifica l'aplicació de la llei de Snell al cas de la llum, anomenat **índex de refracció** n **del material**, que es defineix com el quocient entre les velocitats de propagació de la llum al buit, c, i al medi, v:

$$n = c/v$$

Substància	Índex de refracció
Buit o aire	1
Sucre	1,56
Diamant	2,42
Mica	1,56 - 1,60
Benzè	1,50
Glicerina	1,47
Aigua	1,33
Alcohol etílic	1,36
Oli d'oliva	1,46

Taula 7.3. Índexs de refracció d'algunes substàncies transparents.

Per exemple, l'índex de refracció de l'aire es pren com a 1, ja que la velocitat de la llum v en aquest medi és pràcticament la mateixa que al buit, $v \cong c$, $\therefore n_{aire} = c/v = c/c = 1$. Per contra, l'índex de refracció de qualsevol altre medi material, n_{medi}, sempre és més gran que el de l'aire o el buit, $n_{medi} > n_{aire} = 1$, ja que $v_{medi} < v_{aire} = c$. La llei de Snell s'escriu, en funció dels índexs de refracció dels dos medis, de la manera següent:

$$\frac{\sin\alpha_i}{\sin\alpha_r'} = \frac{v_1}{v_2} \rightarrow \frac{\sin\alpha_i}{\sin\alpha_r'} = \frac{c}{n_1}\cdot\frac{n_2}{c} \rightarrow \frac{\sin\alpha_i}{\sin\alpha_r'} = \frac{n_2}{n_1}$$

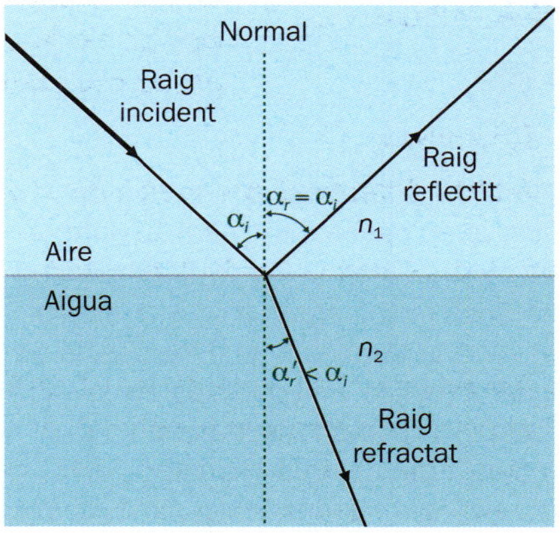

Fig. 7.16. Reflexió i refracció d'un raig de llum quan passa d'un medi 1, aire, a un medi 2, aigua. La llei de la reflexió indica que $\alpha_r = \alpha_i$, mentre que la llei de la refracció o de Snell indica que $\alpha_r' < \alpha_i$ en ser $n_1 < n_2$.

Normalment, la velocitat de la llum als medis materials és més petita com més dens és el material; és el cas de l'exemple que estem considerant, en què el raig es propaga per l'aire, un medi que és menys dens i, per tant, a una velocitat més gran, i per l'aigua, en què el medi és més dens i la velocitat més petita. Tenint en compte aquesta propietat dels materials, es poden presentar dos casos:

- El raig passa d'un medi menys dens a un medi més dens. En aquest cas, la llei de Snell indica que l'angle de refracció és més petit que l'angle d'incidència, ja que $v_1 > v_2$, i el raig refractat s'apropa a la recta normal (fig. 7.16):

$$v_1 > v_2 \rightarrow n_1 < n_2 \rightarrow \frac{\sin\alpha_i}{\sin\alpha_r'} = \frac{n_2}{n_1} > 1 \rightarrow \sin\alpha_r' < \sin\alpha_i \rightarrow \alpha_r' < \alpha_i$$

  Aquest és el cas, per exemple, d'un raig de llum que passa de l'aire a l'aigua (fig. 7.16), o de l'aire al vidre; etc. D'aquesta manera, $n_1 = n_{aire} = 1 < n_2 = n_{medi} = n$, i la llei de Snell queda:

$$\frac{\sin\alpha_i}{\sin\alpha_r'} = \frac{n_2}{n_1} = \frac{n}{1} \rightarrow \frac{\sin\alpha_i}{\sin\alpha_r'} = n$$

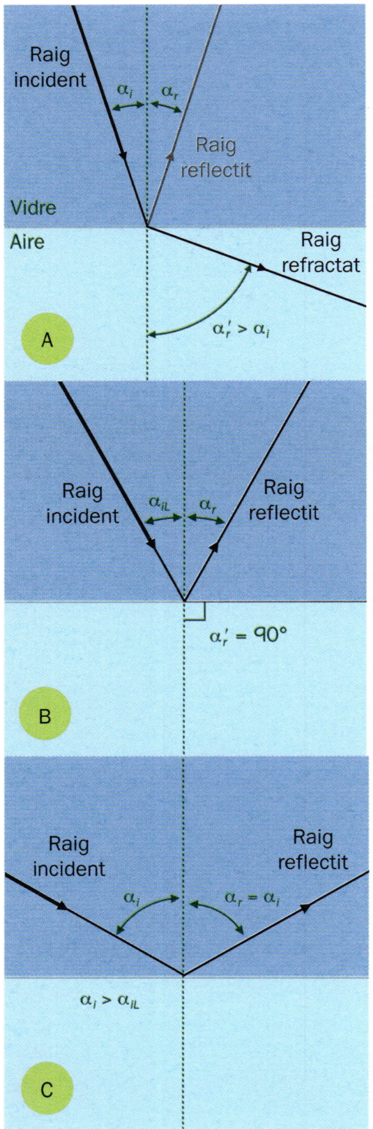

Fig. 7.17. *a)* Refracció d'un raig de llum quan passa d'un medi 1, vidre, a un medi 2, aire: la llei de la refracció o de Snell indica ara que $\alpha_r' > \alpha_i$ en ser $n_1 > n_2$. *b)* Quan l'angle d'incidència és igual a l'angle límit, desapareix la refracció i sobtadament hi ha una reflexió total. *c)* Quan l'angle d'incidència supera l'angle límit, no hi ha refracció i es dona la reflexió total.

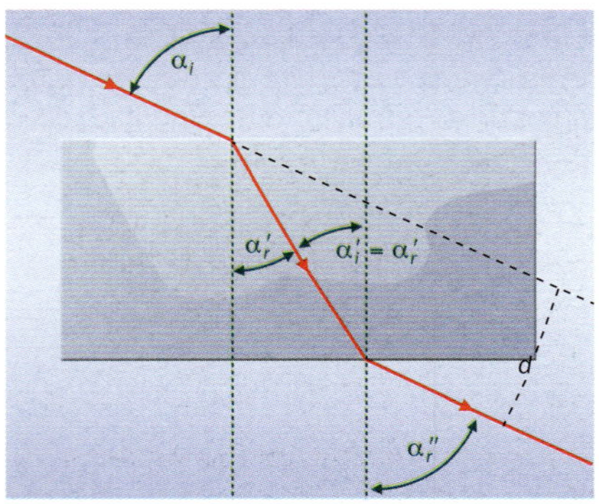

Fig. 7.19.

- El raig passa d'un medi més dens a un medi menys dens. En aquest cas, es dona la situació contrària a l'anterior, de manera que el raig refractat s'allunya de la normal (fig. 7.17*a*) en ser $v_1 < v_2$:

$$v_1 < v_2 \rightarrow n_1 > n_2 \rightarrow \frac{\sin\alpha_i}{\sin\alpha_r'} = \frac{n_2}{n_1} < 1 \rightarrow \sin\alpha_r' > \sin\alpha_i \rightarrow \alpha_r' > \alpha_i$$

En aquesta situació hi ha un angle d'incidència, anomenat **angle límit**, α_{iL}, en què l'angle de refracció val 90°, i a partir del qual desapareix el raig refractat i apareix sobtadament una reflexió molt intensa; aquest fenomen es coneix com a **reflexió total** (fig. 7.17 *b* i *c*). Per calcular l'angle límit a partir del qual es dona la reflexió total, doncs, cal substituir α_r' per 90° en la llei de Snell. Per exemple, si considerem que el segon medi és l'aire, tenim que $v_2 = c$, $v_1 = v < c$, i, per tant:

$$\frac{\sin\alpha_i}{\sin\alpha_r'} = \frac{v_1}{v_2} = \frac{v}{c} \rightarrow \frac{\sin\alpha_i}{\sin\alpha_r'} = \frac{1}{n} \rightarrow \frac{\sin\alpha_{iL}}{\sin 90^0} = \frac{1}{n} \rightarrow \sin\alpha_{iL} = \frac{1}{n} \rightarrow \alpha_{iL} = \arcsin\left(\frac{1}{n}\right)$$

Una aplicació tecnològica molt important del fenomen de l'angle límit i la reflexió total és la fibra òptica (fig. 7.18), que consisteix en un filament molt llarg de material transparent pel qual es fa passar un petit feix de llum. Els raigs entren per un extrem del filament amb un angle d'incidència suficientment gran i, en conseqüència, se sobrepassa el valor de l'angle límit, es produeixen reflexions successives i el raig incident surt per l'altre extrem pràcticament inalterat. Aquesta és una manera molt eficient i ràpida de transmetre informació d'un punt a un altre en forma de senyals lluminosos, i la transmissió es duu a terme quasi de manera instantània.

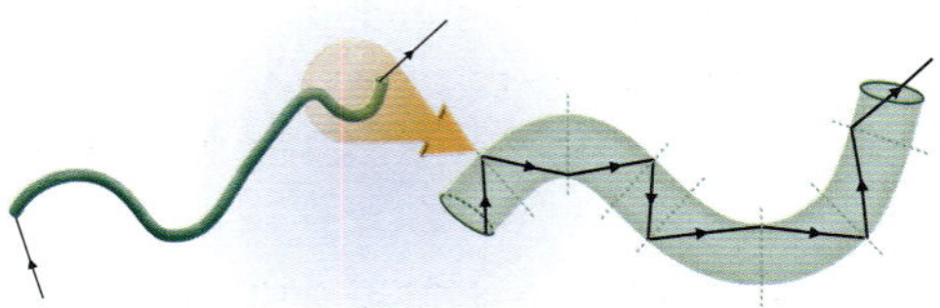

Fig. 7.18. Fibra òptica: serveix per transmetre informació digital en forma d'impulsos lluminosos. Una imatge situada en un extrem d'un feix de fibres òptiques es transmet a través de les fibres i es veu nítidament en l'altre extrem del feix, encara que aquest sigui molt llarg o estigui molt corbat.

Per finalitzar l'estudi del fenomen de la refracció, remarcarem una propietat important:

> La freqüència d'un raig que es refracta no varia en passar al segon medi, a diferència de la seva longitud d'ona, que sí que varia d'acord amb l'expressió $v = \lambda f_i$, tenint en compte que la velocitat també varia, com ja hem comentat.

Exemple 3. **Una placa de vidre d'índex de refracció 1,5 té un gruix de 2,5 cm i unes superfícies perfectament paral·leles, i hi incideix un raig de llum que forma un angle de 30° amb la normal a les superfícies de la placa.**

a) Quin és l'angle de refracció?

b) Amb quin l'angle surt el raig refractat una vegada ha travessat tota la placa?

c) Quin valor té l'angle límit quan el raig passa del vidre a l'aire?

Resolució

a) Elaborem un esquema representatiu (fig. 7.19) i apliquem la llei de Snell per calcular l'angle de refracció, sabent que el raig passa de l'aire (velocitat c) al vidre (velocitat v):

$$\frac{\sin\alpha_i}{\sin\alpha_r'} = \frac{c}{v} = n \rightarrow \sin\alpha_r' = \frac{\sin\alpha_i}{n} \rightarrow \alpha_r' = \arcsin\left(\frac{\sin 30^0}{1,5}\right) = 19,47^0$$

Exemple 3. (cont.)

b) L'angle que acabem de calcular és l'angle d'incidència α_i' de la segona refracció (fig. 7.19), que té lloc quan el raig passa del vidre (velocitat v) a l'aire (velocitat c): $\alpha_i' = \alpha_r' = 19{,}47^0$. Per tant, ocorre una segona refracció del raig i aquest s'allunya de la normal:

$$\frac{\sin\alpha_r'}{\sin\alpha_r''} = \frac{v}{c} = \frac{1}{n} \rightarrow \sin\alpha_r'' = n\sin\alpha_r' \rightarrow \alpha_r'' = \arcsin\,(1{,}5\cdot\sin 19{,}47^0) = 30^0$$

Com veiem, el raig no desvia la seva direcció de propagació quan travessa la placa de vidre, però sí que experimenta una petita desviació d (fig. 7.19); això passa sempre que les seves superfícies siguin paral·leles (fig.7.19).

c) L'angle límit es determina sabent que l'angle de refracció ha de ser de 90°:

$$\frac{\sin\alpha_i}{\sin\alpha_r'} = \frac{1}{n} \rightarrow \frac{\sin\alpha_{iL}}{\sin 90^0} = \frac{1}{n} \rightarrow \sin\alpha_{iL} = \frac{1}{n} \rightarrow \alpha_{iL} = \arcsin\left(\frac{1}{1{,}5}\right) = 41{,}81^0$$

Per tant, si el raig incident és més gran de 41,81°, no hi haurà raig refractat de la placa del vidre a l'aire i el raig incident es reflectirà totalment.

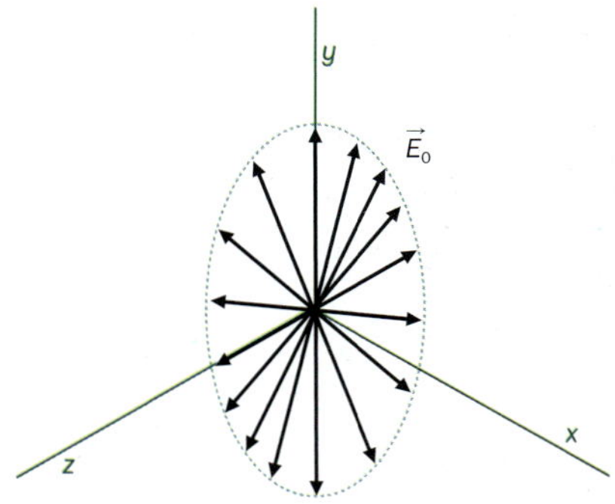

Fig. 7.20. El camp elèctric associat a la llum solar presenta una gran quantitat d'oscil·lacions en el pla perpendicular a l'eix de propagació *x*. A cada direcció de vibració del camp elèctric hi correspon un camp magnètic que també oscil·la perpendicularment al camp elèctric i a la direcció de propagació *x*.

3.2. Polarització de la llum. Polaritzadors

Hem vist que la llum és una ona que consisteix en l'oscil·lació d'un camp elèctric i d'un camp magnètic, perpendiculars entre si i perpendiculars a la direcció de propagació de l'oscil·lació; per tant, es tracta d'una ona transversal. El pla d'oscil·lació d'un dels camps, per exemple el camp elèctric, oscil·la en totes les direccions contingudes en el pla perpendicular a la direcció de propagació (fig. 7.20); això és el que passa amb la majoria de les fonts convencionals de llum que coneixem, les quals emeten llum amb plans d'oscil·lació aleatoris i tots igualment probables.

Hi ha substàncies, però, que tenen la propietat de ser travessades només per raigs de llum amb un pla d'oscil·lació del camp elèctric determinat, i absorbeixen la resta de raigs (fig. 7.21); diem que aquestes substàncies actuen com a **polaritzadors** de la llum, i amb elles es fabriquen els anomenats *polaroides*. Els polaroides consisteixen en làmines d'alguna d'aquestes substàncies i s'utilitzen molt com a filtres òptics.

Fig. 7.21. *a)* Un polaritzador absorbeix totes aquelles ones que vibren en un pla diferent del pla de polarització i deixa passar només l'ona que vibra en aquest pla. *b)* Dos polaritzadors col·locats amb les direccions de polarització perpendiculars no deixen passar cap raig de llum.

Sabies que...?

L'atmosfera polaritza la llum que ens arriba del Sol; així, la llum blava del cel que observem durant el dia és llum polaritzada.

3.3. Difusió

Quan la llum i, en general, qualsevol ona electromagnètica es propaga a través d'un medi transparent, interacciona amb els seus àtoms; d'acord amb les lleis de Maxwell del camp electromagnètic, la radiació és parcialment absorbida pels àtoms del medi i posteriorment és reemesa en totes direccions (fig. 7.22); aquest fenomen s'anomena **difusió,** i és més apreciable com més gran és la freqüència de la radiació.

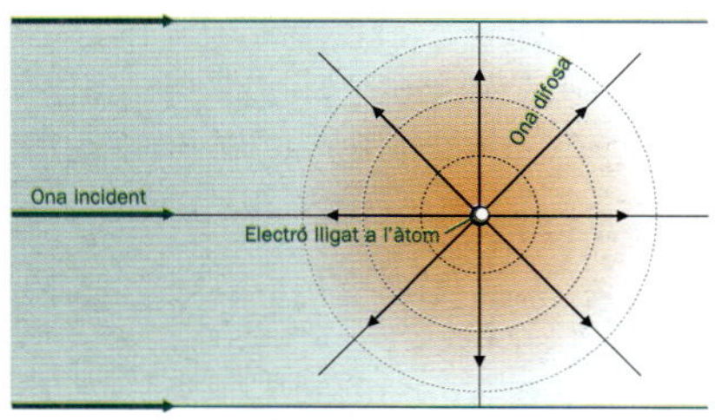

Fig. 7.22. Difusió d'un feix de raigs lluminosos paral·lels.

Per explicar aquest fenomen, recordem primer que una ona electromagnètica consisteix en l'oscil·lació d'un camp elèctric i d'un camp magnètic; per tant, el pas d'una ona per un medi determinat origina forces electromagnètiques sobre les càrregues presents en els àtoms del medi, principalment els electrons, que es posen a oscil·lar amb la mateixa freqüència que l'ona. Aquesta oscil·lació fa que els electrons s'accelerin i que, per tant, emetin ones electromagnètiques en totes direccions, d'acord amb el que preveuen les lleis de Maxwell.

Aquest fenomen es fa patent fins i tot en medis tan tènues com l'aire, i, així, és el responsable que el cel es vegi de color blau durant el dia. Com sabem, la llum que prové del Sol és una barreja de tots els colors de l'espectre visible, però, quan penetra en l'atmosfera, la llum es difon per les molècules de l'aire; aquesta difusió es fa més patent per longituds d'ona curtes, com el blau, de manera que la resta de colors, de longituds d'ona més llarga, no es difonen gaire. Si mirem en direcció al Sol, veiem la llum lleugerament groga, per l'absència de color blau, mentre que si ens fixem en una altra direcció observem els raigs que han estat difosos, que corresponen al color blau (fig. 7.23).

Més dades

D'acord amb el fenomen de la difusió que pateix la llum del Sol quan penetra a l'atmosfera, el cel s'hauria de veure de color violeta, i no de color blau, ja que el primer té una longitud d'ona més petita que el segon, i el fenomen de la difusió hauria de ser encara més acusat; és evident que no és així, i això es deu al fet que en la llum que prové del Sol, que és una barreja de tots els colors, la intensitat de la radiació de longitud d'ona corresponent al color blau és més gran que la corresponent al color violeta, juntament amb el fet que l'ull humà és més sensible al color blau que al violeta.

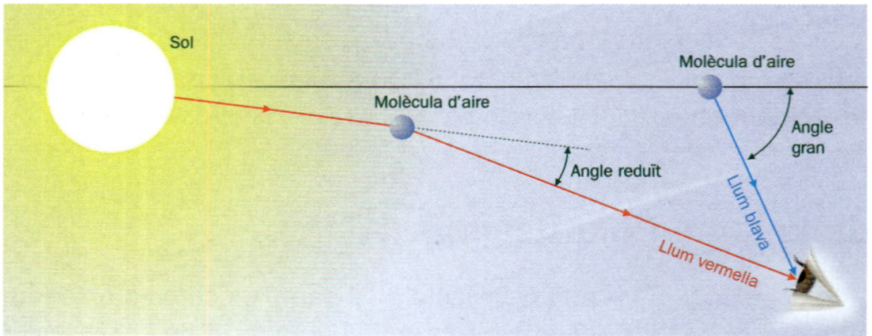

Fig. 7.23. El fenomen de la difusió fa que el cel es vegi de color blau.

La difusió de la llum per l'atmosfera es fa més evident al capvespre, quan el Sol es pon; en aquest cas, la llum del Sol ha de travessar una capa d'aire encara més gruixuda i es difonen fortament gairebé totes les longituds d'ona, excepte les més llargues, és a dir, les corresponents al taronja i al vermell. Recordem que aquests són els colors que adopta el cel quan mirem en direcció al Sol al capvespre, fet que il·lustra el fenomen de la difusió.

ACTIVITATS

3. Fem incidir un feix làser verd que es propaga per l'aire sobre una làmina de vidre formant un angle de 47° amb la direcció normal a la superfície del vidre. Calculeu l'angle que formen entre si el raig reflectit i el raig refractat, si sabem que l'índex de refracció del vidre per a aquesta llum làser val 1,46, i el de l'aire és 1. Quin és el valor de la velocitat de la llum en aquest medi?

R: 103°; $2{,}05 \cdot 10^8$ m/s

4. L'espat d'Islàndia és una varietat de calcita que té la propietat de la birefringència, fenomen pel qual presenta una doble refracció, amb un índex de refracció ordinari d'1,66 i un altre d'extraordinari d'1,49 per a una longitud d'ona de 5 950 Å. Determineu els respectius angles límits i la velocitat de cada raig refractat en l'espat per a aquesta longitud d'ona.

Dada: $c = 3{,}00 \cdot 10^8$ m/s

R: 37°, 42°, $1{,}81 \cdot 10^8$ m/s, $2 \cdot 10^8$ m/s

5. Situem un mirall en el fons d'una piscina formant un angle $\beta = 10°$ amb l'horitzontal. El raig d'un feix làser travessa la superfície encalmada de l'aigua, incidint amb un angle de 35° respecte de la normal, i es reflecteix en el mirall. Si sabem que els índexs de refracció de l'aire i de l'aigua valen, respectivament, 1 i 1,33, i que $c = 3 \cdot 10^8$ m/s, determineu l'angle amb què surt el raig de nou a l'aire, i l'angle mínim amb què ha d'entrar el raig inicialment a l'aigua perquè no pugui sortir de nou a l'aire. Què passa si l'angle amb què entra el raig inicial és de 65°?

R: 71,70°; 39,78°.

6. En la superfície de separació entre dos medis transparents, un raig incideix a 45° amb la normal en el primer medi, que té un índex de refracció d'1,14. En el segon medi, el raig refractat forma un angle de 31,79°. Quin és l'índex de refracció d'aquest segon medi?

R: 1,53

7. Una ona electromagnètica es propaga en el buit i té una longitud d'ona $\lambda = 5 \cdot 10^{-7}$ m. Calculeu la seva longitud d'ona quan penetra en un medi d'índex de refracció n = 1,5.

R: $3{,}33 \cdot 10^{-7}$ m

4. Òptica geomètrica

La *part de la física que estudia la radiació electromagnètica restringida a la llum* és l'***òptica.*** En moltes situacions, com les que estudiarem a continuació, la propagació de la llum es veu afectada pels fenòmens de la reflexió i la refracció, com per exemple quan la llum es reflecteix en una superfície polida, com ara un *mirall,* o quan travessa les superfícies externes d'objectes construïts amb materials transparents, com les *lents*. Aquests dos casos són exemples de **sistemes òptics,** que podem definir com *aquells conjunts de medis transparents, que se suposen homogenis, separats per superfícies reflectores o refractores.*

Òbviament, quan s'estudia un sistema òptic no s'han de considerar totes les característiques ondulatòries de la llum de manera rigorosa, sinó que ens podem basar en les premisses de l'**òptica geomètrica,** les quals tenen en compte únicament la propagació rectilínia de la llum en els medis homogenis (mitjançant raigs que no interfereixen entre si fins i tot quan es creuen) i les lleis de la reflexió i de la refracció; i el fet que els raigs són reversibles, és a dir, que es propaguen tant en un sentit com en el contrari (fig. 7.24).

És per aquest motiu que el concepte de *raig* té una importància especial en l'òptica geomètrica, ja que la transmissió de la llum en un sistema òptic determinat es pot estudiar de manera relativament senzilla representant simplement els raigs de llum i la variació que pateixen en la seva trajectòria d'acord amb les lleis de la reflexió i de la refracció.

A continuació estudiarem alguns sistemes òptics senzills en els quals intervenen miralls i lents i on s'apliquen els postulats de l'òptica geomètrica. Mentre no es digui el contrari, suposarem que els raigs que incideixen sobre un sistema òptic determinat es desplacen d'esquerra a dreta.

Recorda

Un medi és transparent quan la llum es pot propagar a través seu.

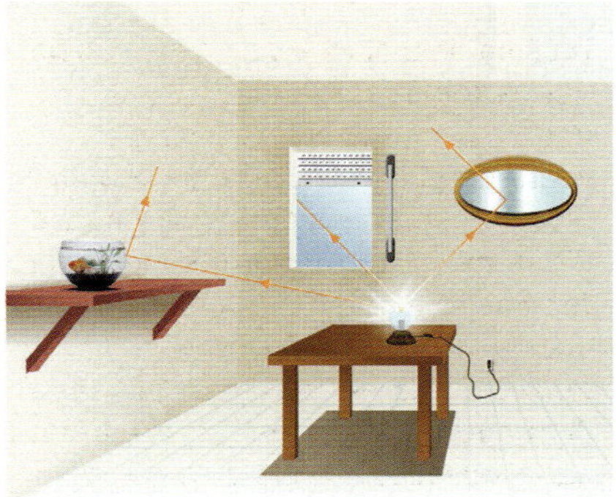

Fig. 7.24.

4.1. Miralls

Els miralls plans, els esfèrics i els parabòlics són els més comuns. Nosaltres estudiarem només els dos primers tipus.

> Un **mirall** és un sistema òptic constituït per una superfície polida i llisa que és molt reflectora, és a dir que reflecteix pràcticament tots els raigs de llum que hi incideixen i dona imatges clares dels objectes.

Mirall pla

Considerem, en primer lloc, els raigs de llum que provenen d'un objecte i que es reflecteixen en un mirall pla (fig. 7.25). Si tenim en compte la propagació rectilínia de la llum i la llei de la reflexió, els raigs que provenen del punt *A* de l'objecte divergeixen de tal manera que el nostre ull els capta com si provinguessin d'un punt *A'* que està darrere del mirall i que anomenem ***imatge*** del punt *A*.

Fixem-nos que la imatge *A'* (fig. 7.25 *a*) està sobre la recta *r* perpendicular a la superfície reflectora del mirall que passa per *A,* a la mateixa distància *d* de la superfície que aquest últim punt, però darrere. D'altra banda, atès que, en realitat, la llum no prové de la imatge *A',* diem que aquesta és una **imatge virtual.** Dit d'una altra manera, si l'objecte està situat a l'esquerra del mirall, la imatge està situada a la dreta.

En general, diem que la imatge formada per un mirall és virtual quan està situada, respecte d'aquest, en el cantó contrari on està situat l'objecte. Més endavant estudiarem situacions en les quals la imatge és *real,* és a dir que els raigs de llum sí que provenen de la imatge.

Si efectuem la mateixa construcció per a tots els punts de l'objecte, obtenim la seva imatge (fig. 7.25 *a*), que verifica les mateixes propietats que la imatge del punt *A* i que ens dona la sensació d'un objecte idèntic al real, situat darrere del mirall. Es pot comprovar que l'observador veu la imatge de l'objecte sempre que estigui convenientment situat (fig. 7.25 *b*).

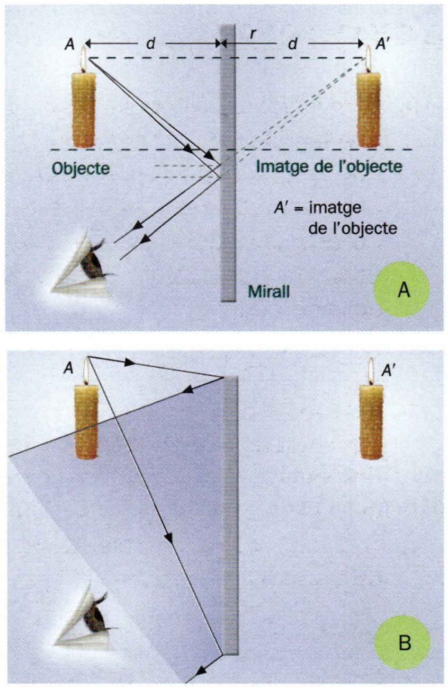

Fig. 7.25. *a)* Imatge formada per un mirall pla. *b)* L'observador veu la imatge *A'* del punt *A* de l'objecte sempre que el seu ull es trobi dins la regió ombrejada.

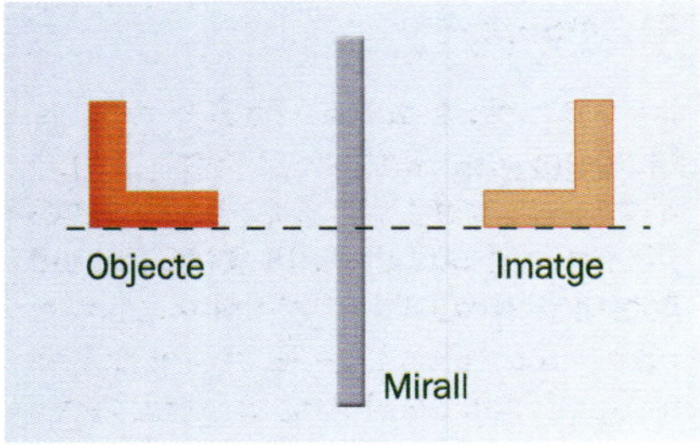

Fig. 7.26. Inversió en profunditat: un mirall pla fa una inversió dreta-esquerra, és a dir que allò que en l'objecte és a la dreta, en la imatge és a l'esquerra, i viceversa.

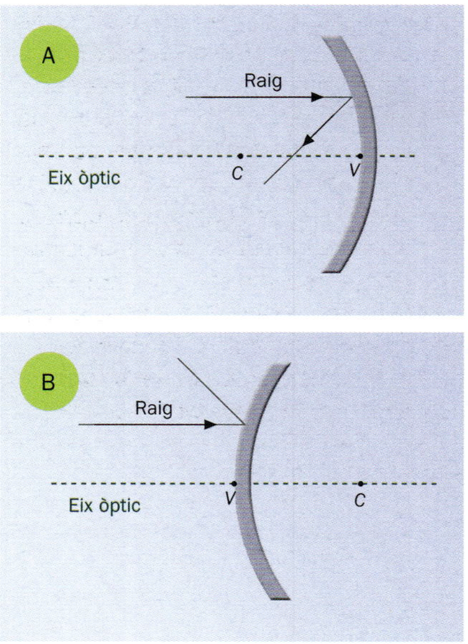

Fig. 7.27. Miralls esfèrics en els quals es representen l'eix òptic, el centre C i el vèrtex V, així com la trajectòria d'un raig que es reflecteix. *a)* Mirall esfèric còncau. *b)* Mirall esfèric convex.

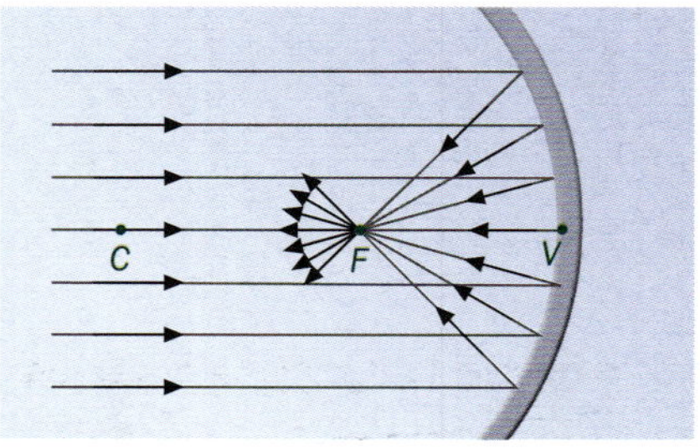

Fig. 7.28. Punt focal o focus d'un mirall esfèric còncau.

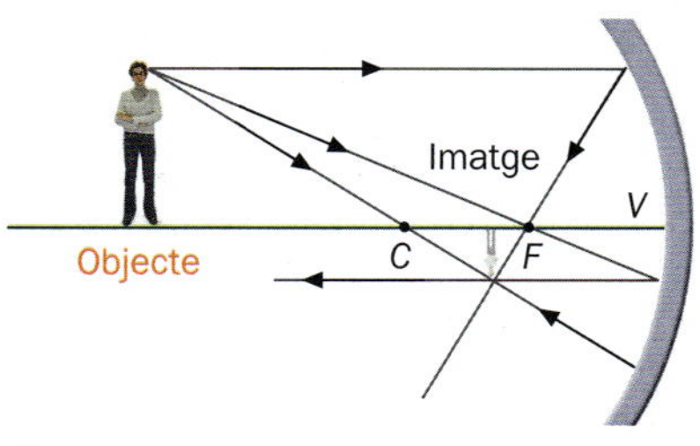

Fig. 7.29. Diagrama de raigs utilitzat per obtenir la imatge I d'un objecte O.

Ara bé, podem observar que la imatge pateix una **inversió de profunditat**, és a dir, allò que en l'objecte veiem situat a la dreta, en la imatge ho veiem situat a l'esquerra, i viceversa (fig. 7.26), com es comprova quan aixequem la mà dreta davant d'un mirall i s'observa que a la imatge la mà aixecada és l'esquerra. També podem considerar aquest fenomen com una inversió dreta-esquerra entre la imatge i l'objecte, i, de fet, un mirall pla transforma un sistema de coordenades dextrogir en un altre levogir.

En el cas que el mirall no sigui pla, no es verifica que la imatge i l'objecte tinguin la mateixa mida i la mateixa distància al mirall, sinó que aquestes varien depenent de la forma del mirall; a més, la imatge pot ser real en determinats casos. A continuació estudiarem algunes situacions senzilles en què intervenen miralls esfèrics i en les quals tenim exemples d'això últim.

Mirall esfèric

Un mirall és esfèric quan ho és la seva superfície reflectora. En aquest cas, l'**eix òptic** del mirall és determinat per la recta que coincideix amb el diàmetre horitzontal de la superfície reflectora, el seu centre C és el centre de curvatura d'aquesta superfície, i el vèrtex V és el punt d'intersecció entre l'eix òptic i la superfície. El mirall pot ser **còncau,** quan la seva superfície reflectora és la superfície interna de l'esfera definida pel mirall (fig. 7.27 *a*), o **convex,** quan ho és la superfície externa (fig. 7.27 *b*).

Ara estudiarem com és la imatge formada pels miralls esfèrics, tant còncaus com convexos.

Mirall esfèric còncau

Considerem, en primer lloc, un mirall esfèric còncau. És important obtenir inicialment la imatge d'un punt situat molt lluny del mirall, pràcticament a l'infinit. Fixem-nos que els raigs que surten d'aquest punt objecte arriben al mirall pràcticament paral.lels, ja que el punt n'està molt allunyat. Si apliquem la llei de la reflexió a cada raig, es demostra que *els raigs reflectits convergeixen tots en un punt F,* que anomenem **punt focal** o **focus** (fig. 7.28).

Dit d'una altra manera, el **focus** és el punt on convergeixen els raigs que arriben paral·lels a l'eix òptic, sent, per tant, la imatge d'un punt situat a l'infinit. Cal fer notar que, en aquest cas, la imatge obtinguda és real, ja que els raigs que veuria un observador procedeixen realment de la imatge. Dit d'una altra manera, com que estem suposant sempre que l'objecte està situat a l'esquerra del mirall, la imatge també està a l'esquerra.

La distància entre F i V s'anomena **distància focal** f, la qual es pot determinar aplicant la llei de la reflexió i expressions trigonomètriques, de manera que resulta que la distància focal f és la meitat del radi r del mirall (distància entre C i V):

$$f = \frac{r}{2}$$

Per deduir ara com és la imatge d'un objecte determinat, resulta molt còmode seguir un procediment gràfic anomenat **diagrama de raigs;** d'aquesta manera no cal utilitzar el procediment algebraic, més complicat i deduït de la llei de la reflexió, i se simplifica l'obtenció de la imatge. Per efectuar un diagrama de raigs es representen tres raigs particulars, anomenats *principals,* que surten del punt superior de l'objecte. Aquests raigs (fig. 7.29) són els següents:

- El **raig paral·lel** a l'eix òptic, que, d'acord amb la definició de focus, passa per F.
- El **raig focal,** definit com aquell que passa pel focus F, i que, d'acord amb aquesta definició, es reflecteix paral·lelament a l'eix òptic.
- El **raig radial** que passa pel centre de curvatura; aquest raig es reflecteix perpendicularment a la superfície del mirall i, per tant, coincideix amb el raig reflectit.

Una vegada s'han dibuixat dos d'aquests raigs, normalment el paral·lel i el radial, la intersecció dels seus corresponents raigs reflectits dona la imatge del punt superior de l'objecte i, per extensió, s'obté la imatge I de tots els punts de l'objecte O. El tercer raig, que no cal representar, es pot utilitzar per verificar que la imatge es forma, efectivament, en el punt on s'intersequen els dos primers raigs.

Quan efectuem el diagrama de raigs en el cas d'un mirall còncau, podem trobar-nos tres casos diferents:

- Si l'objecte *O* està més enllà del centre *C* del mirall, la distància de l'objecte al mirall és més gran que el seu radi, i llavors obtenim una imatge *I* real (ja que està a l'esquerra del mirall), invertida, i més petita que l'objecte, com s'indica a la figura 7.30 *a*, en què s'han representat els raigs paral·lel, focal i radial.

- Si l'objecte *O* està entre el centre *C* i el focus *F*, la distància de l'objecte al mirall és més petita que el seu radi, però més gran que la distància focal, i llavors obtenim una imatge *I* real, invertida i més gran que l'objecte, com s'indica a la figura 7.30 *b*, en què per obtenir la imatge s'han representat els raigs paral·lel i radial.

- Si l'objecte *O* està entre el focus i el mirall, la distància de l'objecte al mirall és més petita que la distància focal, i llavors la imatge *I* és virtual, dreta i més gran que l'objecte, com es mostra a la figura 7.30 *c*, en què per obtenir la imatge s'han representat els raigs focal i radial.

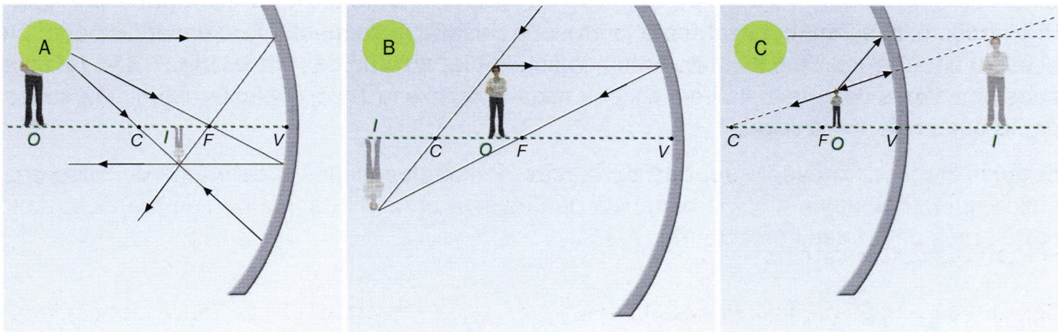

Fig. 7.30. Imatges formades per un mirall còncau.

Important

La distància a la qual està la imatge i la seva grandària es poden determinar també amb les expressions següents, en què *s* és la distància de l'objecte al mirall; *y*, l'altura de l'objecte; *s'*, la distància de la imatge al mirall; *y'*, l'altura de la imatge, i *m*, l'anomenat *augment*:

$$\frac{1}{s} + \frac{1}{s'} = \frac{1}{f}$$

$$m = \frac{y'}{y} = -\frac{s'}{s}$$

amb el següent criteri de signes: es considera que l'objecte està situat sempre davant del mirall, a la seva esquerra, sent la distància *s* positiva; la distància focal *f* és positiva per als miralls còncaus (*F* davant del mirall), i negativa per als convexos (*F* darrere del mirall); un valor per a *s'* positiu correspon a una imatge real (formada davant del mirall), i negatiu, a una imatge virtual (formada darrere del mirall); l'augment *m* és negatiu quan *y'* és negativa (imatge invertida).

Exemple 4. ➡ **Un mirall esfèric còncau té un radi de 7 m.**

Un mirall esfèric còncau té un radi de 7 m. Determineu la posició i la mida de la imatge que forma d'una persona de 170 cm d'alçada, i digueu com són les característiques de la imatge, en les posicions següents de la persona respecte del vèrtex del mirall:

a) 1 m *b)* 6 m *c)* 9 m

Resolució

La distància focal és, en tots els casos, la meitat del radi. Per tant:

$$f = \frac{r}{2} \rightarrow f = \frac{7}{2} = 3{,}5 \text{ m}$$

a) Per simplificar, representem l'objecte, en aquest cas la persona, amb una fletxa. Per efectuar el diagrama de raigs fem servir paper mil·limetrat, utilitzem el metre com a unitat i representem la situació dibuixant totes les distàncies a escala, de manera que 1 m real correspon a 1 cm en el dibuix.

Situem l'objecte a 1 m del vèrtex del mirall (que correspon a 1 cm en el dibuix), i dibuixem el centre de curvatura i el focus. També tracem els raigs paral·lel i radial, i els seus raigs reflectits: les seves prolongacions es tallen en un punt que ens dona la posició i l'altura de la imatge (fig. 7.31).

Observem (fig. 7.31) que la imatge està situada més o menys a 1 m darrere del mirall, i que la seva alçària és de 2,3 m, aproximadament. La imatge és virtual, dreta i més gran que l'objecte. Com que la imatge és virtual, s'ha representat amb una línia discontínua.

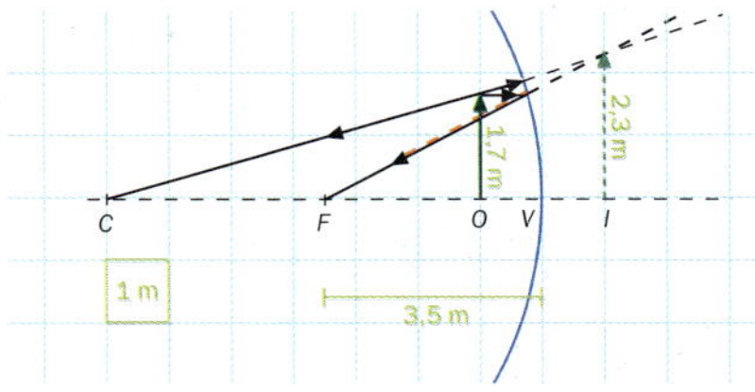

Fig. 7.31.

b) Dibuixem a escala el diagrama de raigs seguint els mateixos criteris que en l'apartat *a),* situant ara l'objecte a 6 m del vèrtex del mirall.

Observem (fig. 7.32) que la imatge està situada aproximadament a 8,6 m davant del mirall, i que la seva alçària és d'uns 2,3 m. La imatge és real, invertida i més gran que l'objecte. Com que la imatge és ara real, es representa amb una línia contínua.

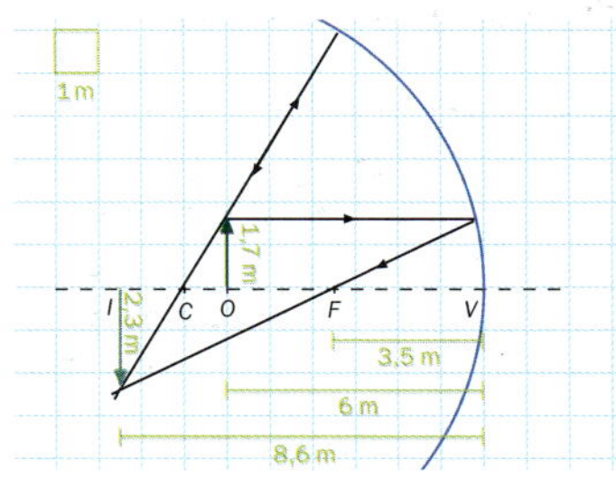

Fig. 7.32.

Exemple 4. (cont.)

c) Dibuixem a escala el diagrama de raigs situant l'objecte a 9 m del vèrtex del mirall. Seguim els mateixos criteris que en els apartats *a)* i *b)*.

Observem (fig. 7.33) que la imatge està situada uns 5,7 m davant del mirall, i que la seva alçària és d'1,1 m, aproximadament. La imatge és real, invertida i més petita que l'objecte. Com que és real, la representem amb una línia contínua.

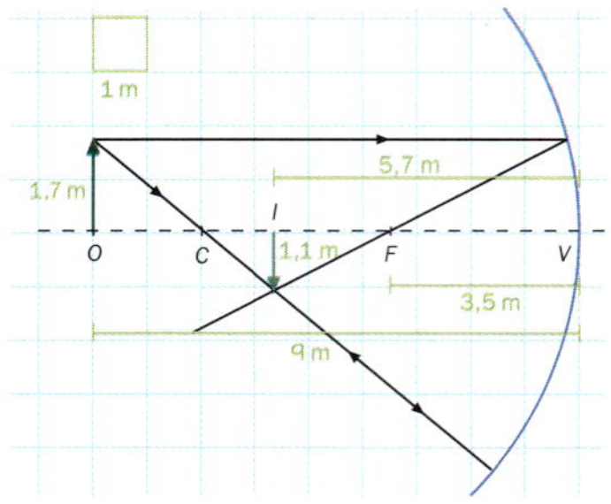

Fig. 7.33.

Mirall esfèric convex

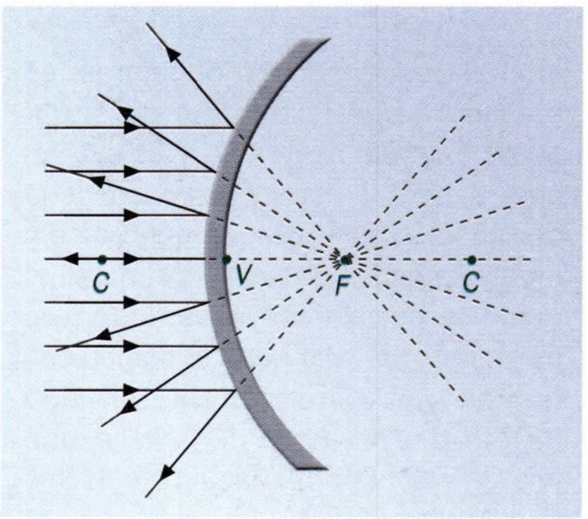

Fig. 7.34. Focus d'un mirall esfèric convex.

En el cas d'un mirall esfèric convex el focus es troba a la dreta del mirall, sempre que l'objecte es trobi, com estem suposant tota l'estona, a l'esquerra del mirall. Això ens indica que, en el cas d'un mirall convex, la imatge d'un objecte situat a l'infinit és virtual (fig. 7.34), tal com passa en el cas del mirall pla i del còncau quan la distància entre l'objecte i el mirall és més petita que la distància focal.

Seguint el mateix procediment que per al cas del mirall còncau, el diagrama de raigs ens indica que, sigui quina sigui la distància de l'objecte al mirall, la imatge sempre és virtual, dreta i més petita que l'objecte (fig. 7.35).

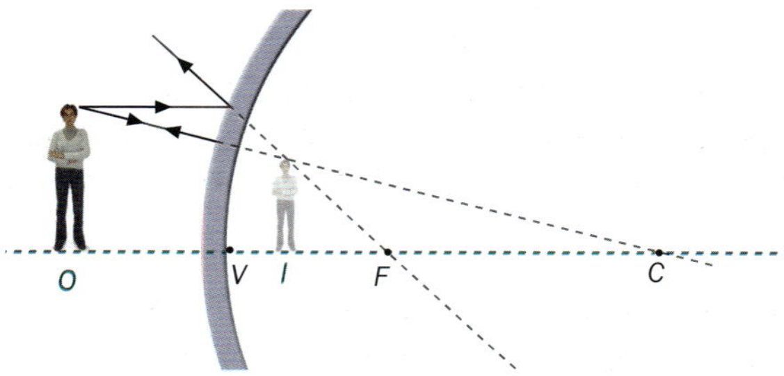

Fig. 7.35. Imatge *I* d'un objecte *O* formada per un mirall convex: per obtenir-la s'han representat els raigs paral·lel i radial.
La imatge formada per aquest tipus de lents sempre és virtual, dreta i més petita que l'objecte.

Exemple 5.

Per a un objecte de 3 cm d'alçària, obteniu l'alçària i la posició de la imatge que proporciona un mirall convex esfèric de radi 8 cm, quan l'objecte és a 5 cm del vèrtex del mirall. Comproveu aquests resultats analíticament fent ús de les expressions matemàtiques donades.

Resolució

Dibuixem el diagrama de raigs tenint en compte que la distància focal és la meitat del radi, $f = \dfrac{8}{2} = 4$ cm, i seguim els mateixos criteris que en l'exemple 4, amb l'excepció que, ara, cada divisió del dibuix representa 1 cm real.

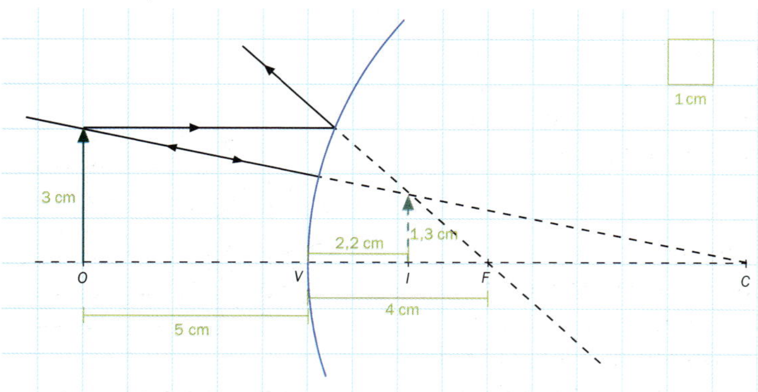

Fig. 7.36.

Observem (fig. 7.36) que la imatge està situada uns 2,2 cm darrere del mirall, i que té una altura aproximada d'1,3 cm. La imatge és virtual, dreta i més petita que l'objecte. S'ha representat amb línia discontínua, ja que és virtual.

Comprovem-ho analíticament:

$$\frac{1}{5} + \frac{1}{s'} = \frac{1}{-4} \Rightarrow s' = -2{,}2 \text{ cm}$$

$$y' = -y\,\frac{s'}{s} = -3 \cdot \frac{-2{,}2}{5} = 1{,}3 \text{ cm}$$

4.2. Òptica geomètrica. Lents

L'òptica geomètrica també es pot aplicar al cas de les lents. El fet característic de les lents, a diferència dels miralls, és la refracció de la llum.

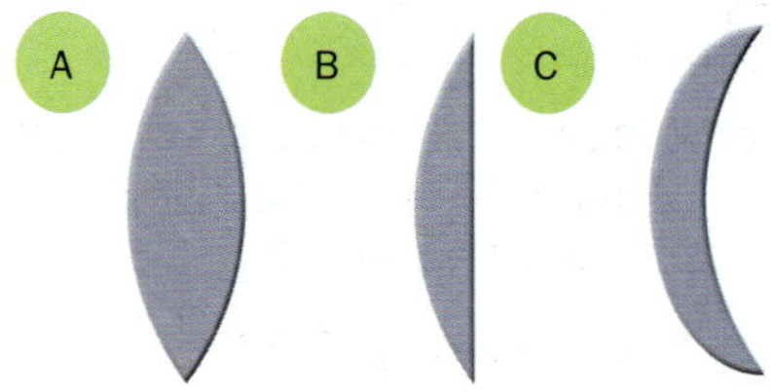

Fig. 7.37. *a)* Lent biconvexa. *b)* Lent planoconvexa. *c)* Lent concavoconvexa.

> Una **lent** és un sistema òptic format per dues superfícies refringents, és a dir, que refracten els raigs de llum que hi incideixen, amb un eix comú, una de les quals, almenys, és corba.

Per tant, en travessar la lent, els raigs de llum es refracten, desvien la seva trajectòria i formen una imatge que depèn del tipus de lent i de la posició relativa de l'objecte i la lent. Per tant, per estudiar l'efecte de les lents sobre els raigs de llum cal aplicar la llei de Snell.

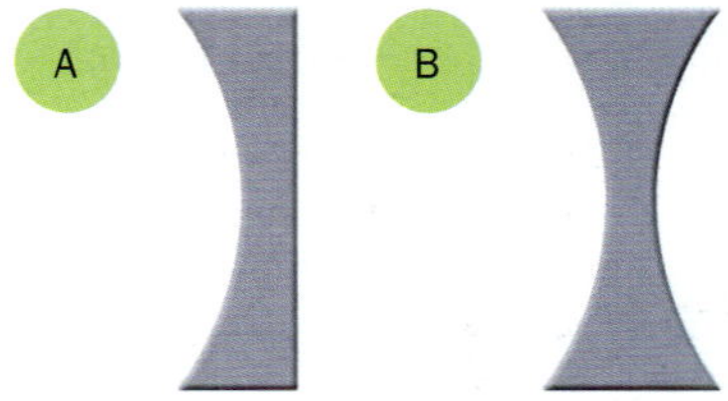

Fig. 7.38. *a)* Lent planocòncava. *b)* Lent bicòncava.

Segons la forma de les seves superfícies, les lents poden ser biconvexes, planoconvexes o concavoconvexes, quan són més gruixudes en el centre que en la perifèria (fig. 7.37), i bicòncaves i planocòncaves quan són més gruixudes en la perifèria que en el centre (fig. 7.38).

Aplicacions de la llei de la refracció a les lents

A continuació estudiarem les lents biconvexes i bicòncaves. Suposarem sempre que les superfícies de la lent són esfèriques, i restringirem l'estudi al cas de lents primes, és a dir, amb un radi de curvatura de les seves superfícies relativament gran, constituïdes per materials d'índex de refracció més gran que el medi que les envolta (normalment considerarem que serà l'aire). Amb aquest últim supòsit, la llei de Snell indica que els raigs s'apropen a la normal a la superfície de la lent quan hi entren, i s'allunyen de la normal a la superfície de la lent quan en surten.

Per similitud amb el cas dels miralls, definirem l'**eix òptic** de la lent com la recta definida pels diàmetres de les seves superfícies, i com a **vèrtex** de la lent, el punt central contingut en l'eix òptic (fig. 7.39).

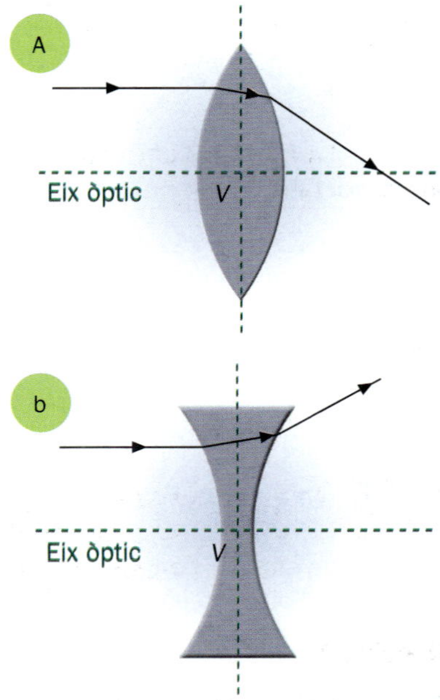

Fig. 7.39. Lents esfèriques, en les quals es representa l'eix òptic i el vèrtex *V*, així com la trajectòria d'un raig que es refracta. *a)* Lent biconvexa. *b)* Lent bicòncava.

Fixem-nos que en una lent, a diferència del mirall, els raigs, encara que desviats a causa de la refracció efectuada per la lent, passen, respecte de la lent, al cantó contrari on està situat l'objecte. Deduïm, així, que la imatge és real quan es forma a la dreta de la lent, és a dir, en el cantó contrari d'on està situat l'objecte, i virtual, quan es forma a l'esquerra de la lent, és a dir, en el mateix cantó on està l'objecte. És precisament la situació contrària al cas dels miralls, per als quals, recordem, la imatge és real quan està en el mateix cantó que l'objecte, i virtual, quan està en el cantó contrari.

Lent biconvexa

Estudiem, en primer lloc, com és el punt focal en el cas d'una lent biconvexa. En realitat, per a aquest tipus de lents existeixen dos punts focals, que definirem tot seguit. El primer punt focal, *F*, és aquell punt pel qual els raigs que en provenen, tot divergint, es refracten i surten de la lent paral·lelament a l'eix òptic (fig. 7.40). El primer punt focal *F* també s'anomena focus objecte.

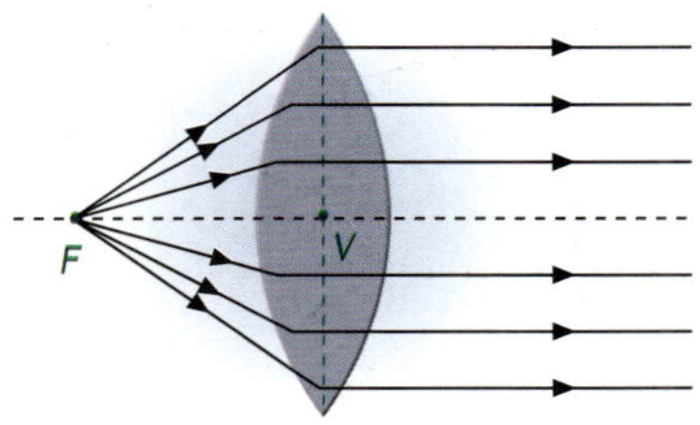

Fig. 7.40. Primer punt focal d'una lent biconvexa: focus objecte.

El segon punt focal, *F′*, es defineix de manera similar al punt focal d'un mirall esfèric, sent, per tant, el punt on conflueixen els raigs que arriben paral·lels a l'eix òptic i són refractats per la lent. Dit d'una altra manera, el segon punt focal és el punt imatge d'un objecte situat a l'infinit, motiu pel qual *F′* també s'anomena **focus imatge** (fig. 7.41). Diem que la lent enfoca el punt situat a l'infinit en el segon punt focal, el qual, com veiem, és una imatge real, ja que els raigs provenen en realitat del punt imatge.

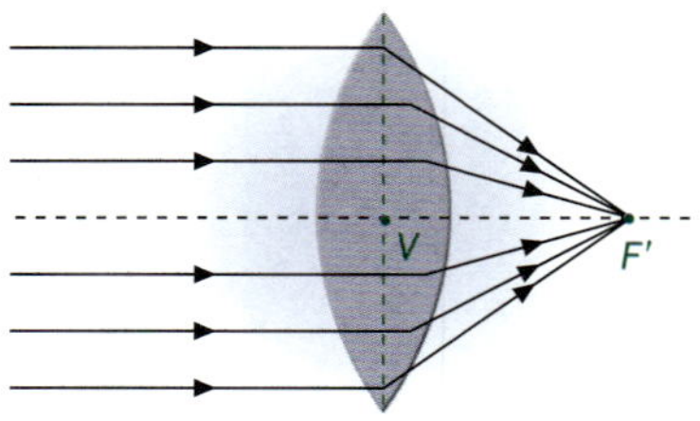

Fig. 7.41. Segon punt focal d'una lent biconvexa: focus imatge. Tenint en compte la trajectòria dels raigs refractats, diem que aquestes lents són convergents.

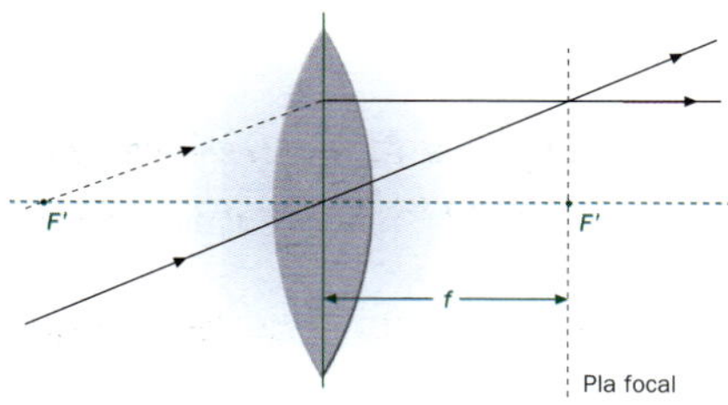

Fig. 7.42. Pla focal imatge.

Important

De manera similar al cas dels miralls, podem calcular les distàncies a què està la imatge i la seva mida amb les expressions:

$$\frac{1}{s} + \frac{1}{s'} = \frac{1}{f}$$

$$m = \frac{y'}{y} = -\frac{s'}{s}$$

El criteri de signes, però, varia lleugerament. Si obtenim un valor positiu per a s', la imatge és real (es forma darrere de la lent), i si obtenim un valor negatiu, la imatge és virtual (es forma davant de la lent). La distància focal f és positiva per a les lents convergents (F darrere de la lent) i negativa per a les lents divergents (F davant de la lent).

La **distància focal *f*** d'una lent es defineix com la distància entre el vèrtex V i la segona distància focal F', i depèn, lògicament, tant de l'índex de refracció del material de què està constituïda la lent com dels radis de curvatura de les seves superfícies.

Val a dir que aquesta propietat de les lents biconvexes, en virtut de la qual la imatge d'un punt situat a l'infinit és real, fa que siguin anomenades **lents convergents,** ja que els raigs refractats que provenen d'un punt situat a l'infinit *convergeixen* en el focus imatge (fig. 7.41). En general, les lents convergents són aquelles que, com les biconvexes, tenen el focus imatge a la dreta de la lent, amb el supòsit, com fem sempre, que els raigs incidents provenen de la seva esquerra.

En el cas en què els raigs són paral·lels, però incideixen formant un determinat angle amb l'eix òptic de la lent, el punt imatge ja no es troba en el punt F'. Però es pot demostrar que el punt imatge es troba ara sobre el pla perpendicular a l'eix òptic que passa pel punt F' (fig. 7.42). Aquest pla s'anomena **pla focal imatge.**

Una magnitud relacionada amb la distància focal f és *la* **potència *P*** de la lent, que és el valor invers de la distància focal:

$$P = \frac{1}{f}$$

Quan f s'expressa en metres (m), P s'expressa en diòptries (D). La potència mesura la capacitat que té una lent per enfocar els raigs que arriben paral·lels a la lent (o que provenen d'un objecte situat a l'infinit) a una distància curta d'aquesta. Com més curta és la distància focal, més gran és la potència, és a dir, a més curta distància de la lent s'enfoquen els raigs, i viceversa.

Per obtenir ara la imatge d'un objecte determinat efectuem el diagrama de raigs, de manera similar al cas dels miralls que, recordem-ho, és un procediment gràfic. D'aquesta manera no és necessari seguir el procediment algebraic més complicat que resulta d'aplicar la llei de Snell, i l'obtenció de la imatge se simplifica. Per realitzar el diagrama de raigs en el cas d'una lent biconvexa representem els tres raigs principals següents que provenen del punt superior de l'objecte:

- El **raig paral·lel** a l'eix òptic, que d'acord amb la definició de primer punt focal, es desvia i passa pel segon punt focal F' de la lent.
- El **raig central,** definit com aquell que passa pel vèrtex V de la lent. Aquest raig pateix una lleugera desviació, causada per les dues refraccions que tenen lloc en cada una de les superfícies de la lent, però com que estem suposant que aquesta és prima, i com que les dues superfícies són gairebé paral·leles en els punts situats en l'eix òptic, es pot negligir aquest petit desplaçament i suposar que aquest raig no es desvia.
- El **raig focal** que passa pel primer punt focal F; aquest raig es refracta i surt paral·lel a l'eix òptic.

Una vegada representats dos d'aquests raigs per a un objecte O determinat, normalment el raig paral·lel i el raig central, la seva intersecció dona la imatge del punt superior de l'objecte, i, per extensió, s'obté la imatge I de tot l'objecte (fig. 7.43).

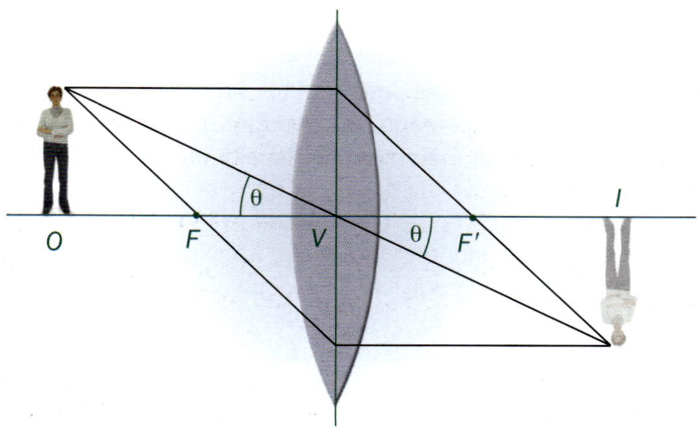

Fig. 7.43. Imatge I d'un objecte O obtinguda amb una lent biconvexa: la imatge és real i invertida.

En el cas que acabem de representar, en què l'objecte es troba a una distància més gran que la distància del focus objecte *F* al vèrtex *V*, la imatge és invertida, perquè el seu punt inferior correspon al punt superior de l'objecte; i real, ja que els raigs provenen, efectivament, de la imatge. Ara bé, notem que aquesta imatge està situada, respecte de la lent, en el costat contrari a l'objecte, a diferència del cas dels miralls, en què les imatges reals es troben sempre en el mateix costat que aquest.

Deduïm, així, el que hem dit en introduir les lents, és a dir, que les imatges reals en el cas de les lents no estan en el mateix cantó que les imatges reals en el cas dels miralls.

En general, la posició i la mida de la imatge formada per una lent biconvexa depenen de la distància a què es troba l'objecte respecte de la lent i del valor de la distància focal *f*, la qual, recordem-ho, depèn alhora de l'índex de refracció del material que constitueix la lent, i dels valors dels radis de les superfícies de la lent. Si la distància a què es troba l'objecte és més petita que la distància entre el primer punt focal *F* i el vèrtex *V*, la imatge obtinguda és virtual i dreta, com és el cas de l'exemple que es presenta a continuació.

Exemple 6. **Un objecte de 2 cm d'alçària es col·loca a 3,5 cm d'una lent biconvexa per a la qual la distància focal val 5,5 cm. Quines són la posició, l'alçària i les característiques de la imatge? Quant val la potència de la lent? Comproveu aquests resultats gràficament i analíticament.**

Resolució

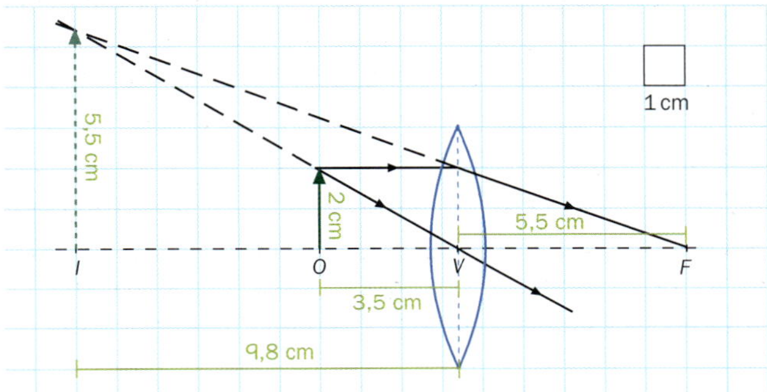

Fig. 7.44.

Tal com hem fet en els exemples d'imatges donades per miralls (exemples 2 i 3), representem l'objecte amb una fletxa. Efectuem el diagrama de raigs fent servir paper mil·limetrat, de manera que 1 cm real correspongui a 1 cm en el dibuix.

Situem l'objecte a 3,5 cm del vèrtex de la lent (que corresponen a 3,5 cm en el dibuix), i dibuixem el focus. Dibuixem els raigs paral·lel i central i els seus raigs refractats, amb el supòsit que el raig central no es desvia. Com que aquests raigs divergeixen, hem de dibuixar les seves prolongacions per tal de trobar el punt on es tallen, que ens dona la posició i l'altura de la imatge (fig. 7.44).

Veiem (fig. 7.44) que la imatge està situada, aproximadament, a 9,8 cm del vèrtex de la lent, davant d'ella, i que la seva alçària és de 5,5 cm. També veiem que la imatge és virtual, dreta i més gran que l'objecte. Com que és virtual, s'ha representat amb línia discontínua.

La potència de la lent és, expressant *f* en metres:

$$f = 5{,}5 \text{ cm} = 0{,}055 \text{ m}$$

$$P = \frac{1}{f} \rightarrow P = \frac{1}{0{,}055} = 18{,}18 \text{ D}$$

Comprovem aquests resultats aproximatius obtinguts gràficament de manera analítica:

$$\frac{1}{s} + \frac{1}{s'} = \frac{1}{f} \Rightarrow \frac{1}{3{,}5} + \frac{1}{s'} = \frac{1}{5{,}5} \Rightarrow s' = -9{,}6 \text{ cm}$$

$$m = \frac{y'}{y} = -\frac{s'}{s} \Rightarrow y' = -y\,\frac{s'}{s} = -2 \cdot \frac{-9{,}6}{3{,}5} = 5{,}5 \text{ cm}$$

Lent bicòncava

Estudiem ara una lent bicòncava. Per obtenir el seu segon punt focal, o focus imatge, fixemnos que, si tenim en compte la geometria de les superfícies de la lent i el supòsit que estem seguint tota l'estona, pel qual l'índex de refracció del material que constitueix la lent és més gran que el de l'aire que l'envolta, els raigs que provenen d'un punt situat a l'infinit es refracten tot divergint, com si provinguessin d'un punt situat a l'esquerra de la lent (fig. 7.45).

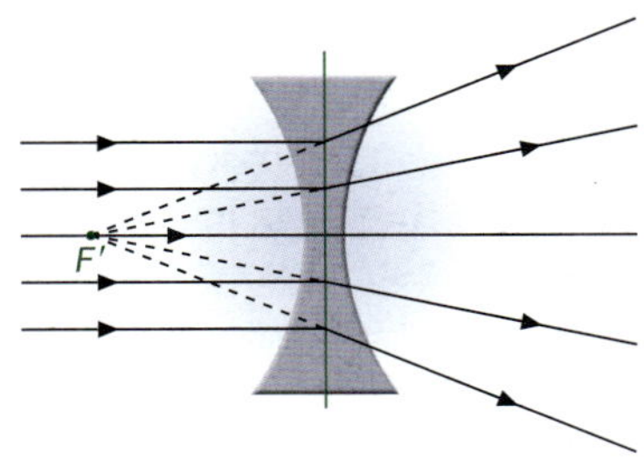

Fig. 7.45. Segon punt focal d'una lent bicòncava. Tenint en compte la trajectòria dels raigs refractats, diem que aquest tipus de lents és divergent.

Deduïm, així, que la imatge d'un punt situat a l'infinit, és a dir, el segon punt focal, és virtual en el cas d'una lent bicòncava, ja que es troba a l'esquerra de la lent; és a dir, en el mateix cantó que l'objecte.

El mateix passa amb la imatge obtinguda per a un objecte, com veurem a continuació, i és per aquest motiu que diem que aquests tipus de lents són lents **divergents** (fig. 7.45), ja que

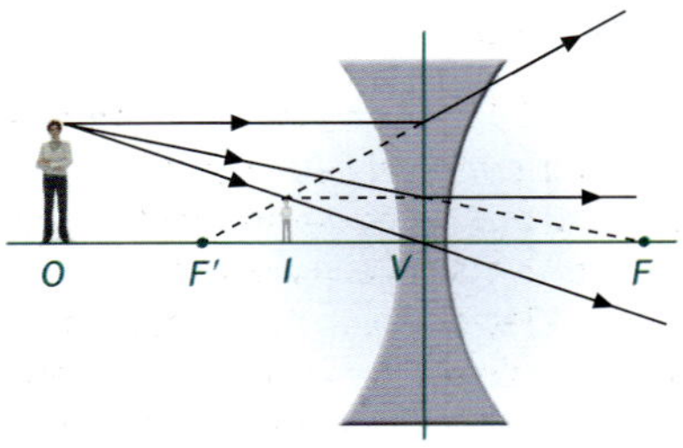

Fig. 7.46. Imatge d'un objecte obtinguda amb una lent bicòncava. Podem observar que la imatge és virtual i dreta.

els raigs refractats que provenen d'un punt situat a l'infinit *divergeixen* i sembla com si sortissin del focus imatge.

Per obtenir la imatge d'un objecte genèric efectuem el procediment gràfic donat pel diagrama de raigs, de manera similar a com ho hem fet en el cas de la lent biconvexa. Els tres raigs principals que es representen ara, però, tenen les característiques següents:

- El **raig paral·lel** a l'eix òptic es refracta tot divergint, de manera que sembla com si procedís del segon punt focal *F'* de la lent, d'acord amb el que hem deduït per al segon punt focal d'una lent bicòncava.
- El **raig central,** de manera anàloga al cas de la lent biconvexa, pateix un desplaçament tan petit que se suposa que no es desvia.
- El **raig focal** es dirigeix cap al primer punt focal *F* i, per tant, quan es refracta, surt paral·lel a l'eix òptic.

L'obtenció del primer punt focal és més complicada ara que en el cas d'una lent biconvexa.

També se solen dibuixar només els dos primers raigs, la intersecció dels quals dona la imatge del punt superior de l'objecte; per extensió, s'obté la imatge completa de l'objecte (fig. 7.46). Veiem que ara la imatge obtinguda és virtual, tal com ja vam dir, i dreta.

ACTIVITATS

8. Un helicòpter està volant sobre un llac gelat a una altura de 100 m. A quina distància veu el pilot reflectida la seva imatge en el gel?

R: 200 m

9. Un mirall còncau té un radi de 10 m. Davant seu se situa un objecte de 80 cm d'altura. Dibuixeu un diagrama de raigs i determineu la posició i l'altura de la imatge quan l'objecte es troba a 2,25 m, quan es troba a 7,5 mm, i quan es troba a 12 m.

R: 4 m; 1,5 m; 14,6 m; 1,5 m; 8,6 m; 0,6 m.

10. Un objecte està situat a 40 cm d'una lent de distància focal –10 cm. La imatge que la lent dona d'aquest objecte és...

a) Real, invertida i més petita.

b) Virtual, no invertida i més petita.

c) Virtual, no invertida i més gran.

d) Real, invertida i més gran.

11. Per a una lent convergent, efectueu un diagrama de raigs i deduïu com és la imatge que proporciona d'un objecte quan aquest està més enllà del focus de la lent, quan està situat al focus i quan està entre el focus i la lent. Expliqueu, en conseqüència, com varia la posició i la mida de la imatge quan un objecte es va apropant cap a la lent des d'una posició llunyana, i indiqueu quines de les combinacions de característiques següents són impossibles.

a) Imatge real, dreta i més gran que l'objecte.

b) Imatge real, invertida i més petita que l'objecte.

c) Imatge virtual, dreta i més gran que l'objecte.

d) Imatge virtual, invertida i més petita que l'objecte.

12. Més endavant s'explicarà breument el telescopi de reflexió. Busqueu en llibres d'òptica informació sobre aquest instrument òptic i dibuixeu un diagrama de raigs de les imatges que forma d'un objecte; expliqueu com és la imatge que forma i el perquè de la seva utilització.

13. Per què diem que les lents biconvexes són lents convergents? Aquestes lents, donen sempre imatges reals? Raoneu les respostes.

14. Una lent convergent disposa d'una distància focal de 3,1 cm. Determineu la posició, l'alçària i les característiques de la imatge d'un objecte de 2,3 cm quan l'objecte està situat a 1,5 cm de la lent, i quan està a 4,7 cm de la lent.

R: –2,9 cm, 4,4 cm; 10 cm, –4,7 cm.

15. Un objecte de 3 cm d'altura es posa a 25 cm d'una lent convergent de 10 D de potència. Dibuixeu un diagrama en paper mil·limetrat i doneu la posició i l'altura de la imatge. Comproveu els resultats analíticament.

R: 16,7 cm, –2 cm

16. Per a la imatge d'un objecte formada per una lent convergent, determineu, d'entre les següents, quina és la combinació de característiques de la imatge que dona aquesta lent per a l'objecte: sempre és real i invertida; sempre és virtual i més gran; pot ser real; sempre és virtual i més petita.

5. Els fonaments de la física moderna

En apartats anteriors hem vist com la predicció de les ones electromagnètiques de la teoria de Maxwell, confirmada per l'experiment de Hertz, va corroborar definitivament la naturalesa ondulatòria de la llum, considerada a partir de llavors com un tipus particular d'ona electromagnètica o radiació dins l'espectre electromagnètic. D'acord amb la imatge mecanicista que es tenia del món inherent a la física clàssica newtoniana, això semblava ser una prova concloent de l'existència de l'èter, malgrat totes les contradiccions que presentava aquest concepte.

Però la mateixa interpretació de la teoria donada per Maxwell, segons la qual no calia considerar la radiació com una vibració de partícules sinó simplement com una vibració de camps elèctrics i magnètics que transmet energia i quantitat de moviment, havia fet aparèixer una esquerda en la concepció mecanicista del món, ja que presentava un nou ens físic, la radiació, que impedia explicar-ho tot únicament en termes de matèria i moviment. Més endavant veurem com aquesta nova visió permetia prescindir de la hipòtesi de l'èter i demostrava, de fet, la seva falsedat.

Arran del descobriment de Hertz, els científics de finals del segle XIX van començar a estudiar amb profunditat fenòmens relacionats amb la radiació electromagnètica i la seva interacció amb la matèria. La teoria de Maxwell preveu l'emissió de radiació quan s'acceleren partícules carregades elèctricament, com en una antena emissora; també les substàncies poden emetre radiació, o bé absorbir-la, sota determinades condicions. Per exemple, si un cos calent emetia ones electromagnètiques, i, en principi, la teoria indicava que aquesta emissió d'energia electromagnètica s'havia de verificar contínuament, el mateix s'esperava que succeís en l'absorció d'energia radiant, que fos de forma contínua.

Malgrat la predicció teòrica de Maxwell, però, algunes observacions experimentals, que comentarem tot seguit, mostraven que la radiació és absorbida i emesa de forma discontínua, com si ho fes per paquets. Ara sabem que, en realitat, aquests paquets d'energia es poden considerar partícules (sense massa). Així, els fets experimentals mostren que, paradoxalment, la radiació electromagnètica és absorbida o emesa per la matèria com si estigués constituïda per partícules, i no per ones, i que presenta, de fet, els dos caràcters alhora, l'ondulatori i el corpuscular: quan es propaga, ho fa mitjançant ones i mostra les propietats típiques del moviment ondulatori; però quan interacciona amb la matèria, mostra el seu caràcter corpuscular, fet que no té explicació amb la teoria de Maxwell.

Uns anys després de fer-se palesos aquests descobriments, a principis del segle XX, els científics es van adonar que no només la radiació electromagnètica sinó també totes les partícules materials, com, per exemple, els electrons, presenten la dualitat ona-corpuscle. Com estudiarem més endavant, aquest descobriment, juntament amb la teoria de la relativitat proposada en aquesta època, i els avenços en l'estudi de la radioactivitat, donaren lloc a una revolució científica que va fer trontollar la física clàssica i que fou la base d'una nova que ens ha permès assolir un major i més profund coneixement de la naturalesa.

5.1. Radiació de cos negre

Quan s'augmenta la temperatura d'un cos sòlid, arriba un moment en què comença a emetre llum, com passa, per exemple, al filament d'una làmpada d'incandescència encesa: l'energia elèctrica fa augmentar la temperatura del filament, que, d'acord amb l'efecte Joule, comença a emetre energia calorífica (radiació infraroja), i energia lluminosa (radiació visible). De fet, qualsevol cos que estigui a una temperatura determinada emet radiació electromagnètica, amb un espectre característic que depèn d'aquesta temperatura i que es va ampliant en augmentar la temperatura, de manera que s'incorporen ones de freqüències cada vegada més grans, és a dir, de longituds d'ona cada vegada més petites.

D'altra banda, un cos absorbeix part de la radiació que hi incideix i en reflecteix la resta; per exemple, un cos que es veu de color verd reflecteix la longitud d'ona corresponent a aquest color i absorbeix les longituds d'ona de la resta de colors, mentre que aquells que absorbeixen totes les longituds d'ona de l'espectre visible es veuen de color negre.

A final del segle passat, una vegada descobertes les ones electromagnètiques, els físics es van interessar per l'estudi de l'emissió i l'absorció de radiació, i van imaginar un cos ideal, anomenat **cos negre**, definit com aquell que absorbeix tota la radiació que rep.

Cronologia

A finals del segle XIX, la física semblava haver arribat al seu màxim progrés amb la teoria electromagnètica de Maxwell i la seva explicació dels fenòmens relacionats amb els camps, i, així, complementava la mecànica newtoniana i el desenvolupament que aquesta havia tingut al llarg dels segles XVIII i XIX. Però nous fets experimentals que havien sorgit precisament arran de l'estudi dels fenòmens electromagnètics s'escapaven d'aquest marc teòric, i farien trontollar la física clàssica fent aparèixer tota una nova física.

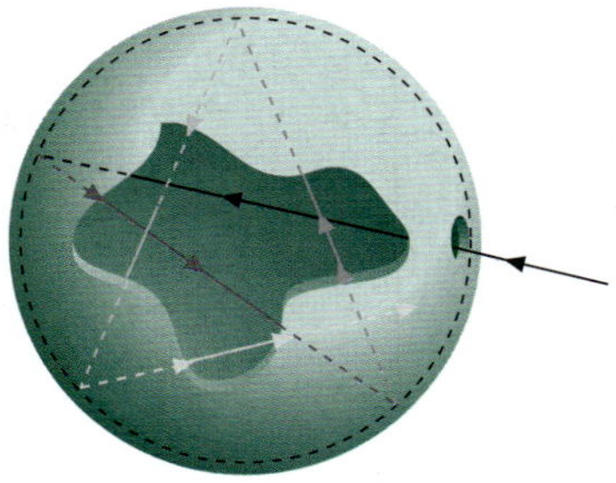

Fig. 7.48. Simulació d'un cos negre.

Recorda

Cal tenir present que la llum vermella és la radiació visible que té una longitud d'ona més gran, i que la llum blanca és una barreja de totes les radiacions de llum visible, des de la vermella fins a la violeta.

Fixa-t'hi

En realitat, al principi Planck no estava totalment convençut que la quantització de l'energia fos una idea que s'hagués d'assumir com a realment pertanyent al món físic, sinó que més aviat calia considerar-la com una assumpció purament formal. No obstant això, la seva idea dels quants d'energia, que Einstein va prendre cinc anys més tard per explicar un altre fenomen que tenia intrigats als científics de finals del segle XIX i principis del XX, l'efecte fotoelèctric, va fer que aquesta suposició passés a formar part per sempre més de la realitat física, i donà el tret de sortida a la mecànica quàntica. Planck és considerat, juntament amb Einstein, un dels pares de la mecànica quàntica.

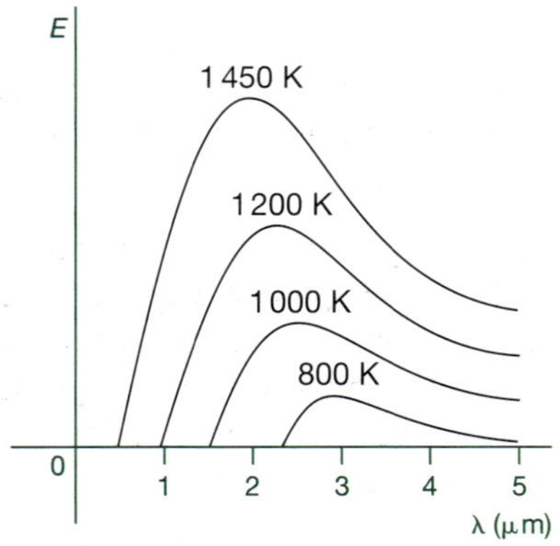

Fig. 7.49. Espectres d'emissió d'un cos negre a diferents temperatures: corbes experimentals.

En la pràctica, si fem una petita obertura en un cos esfèric buit que té les parets interiors recobertes de pols negra (fig. 7.48), la radiació que hi penetra es va reflectint a la paret interior amb una probabilitat de sortida molt baixa, de manera que en cada reflexió s'absorbeix pràcticament tota la radiació incident i podem considerar que el cos es comporta com un cos negre.

Estudiem experimentalment l'espectre d'emissió d'un cos negre quan s'augmenta la temperatura; a menys de 600 °C, conté longituds d'ona més grans que les de la llum, és a dir, la radiació que emet no pertany a l'espectre visible. A 600 °C, l'obertura emet una llum vermella dèbil, la qual cosa indica que l'espectre d'emissió comença a incloure longituds d'ona en la franja inferior del visible (color vermell). I a temperatures per sobre de 600 °C, aquesta llum es torna més blanca en afegir-se'n les altres longituds d'ona de l'espectre visible.

Ara bé, quan representem l'espectre d'energia E que irradia un cos negre en funció de la longitud d'ona λ a diferents temperatures, s'obtenen unes corbes experimentals (fig. 7.49) que no concorden amb les prediccions teòriques de la teoria electromagnètica de Maxwell, que indicaven que les longituds d'ona curtes, per exemple, les pertanyents a radiació ultraviolada, havien de ser les que més energia irradiessin. Davant d'aquesta sorpresa, que mostrava errades en alguns aspectes de la teoria, els científics de final del segle XIX anomenaren *catàstrofe de l'ultraviolat* aquesta predicció teòrica.

L'any 1900, un d'ells, el físic alemany Max Planck, va aconseguir deduir teòricament les corbes experimentals, però va haver de fer un supòsit nou en les lleis de la física de l'època: l'energia que irradia un cos en forma d'ona electromagnètica no és emesa de manera contínua, sinó a salts, com en «paquets» d'energia. Planck va anomenar quàntum cada una d'aquestes unitats discretes d'energia, que més tard serien anomenades *fotons*, unitat que té una energia E donada per l'expressió:

$$E = h\,f$$

en què f és la freqüència corresponent a la radiació emesa o absorbida, i h, una constant que s'anomena constant de Planck, de valor $6{,}62 \cdot 10^{-34}$ J · s.

La hipòtesi dels quanta (plural llatí de quàntum) implica que l'energia total E_T associada a una radiació de freqüència determinada f ha de ser un múltiple del valor fonamental $E = h\,f$, és a dir, $E_T = n\,E$, en què n = 1, 2... és el nombre de fotons total; per aquest motiu diem que l'energia transmesa per una ona electromagnètica està quantitzada. També concorda amb la predicció teòrica de Maxwell que, recordem, prediu una energia E_T transmesa per la radiació que augmenta amb la freqüència f.

La idea de Planck representa un cert retorn al model corpuscular de la llum, ja que, si és irradiada de manera discreta en forma de quanta d'energia, es pot considerar que cada quàntum és una partícula, i que la llum i, en general, la radiació electromagnètica estan formades per un conjunt d'aquests corpuscles. Einstein va adoptar aquesta idea uns anys més tard per explicar aquest i altres fenòmens, i va revelar que l'expressió anterior és rigorosament certa, un fet que va causar que la constant de Planck h des de llavors sigui considerada una constant física fonamental.

Exemple 7. ➡ **Calculeu l'energia corresponent a un quàntum de llum blava, de longitud d'ona 4 750 Å.**

Resolució

Prèviament, expressem la longitud d'ona en unitats del SI, i calculem la freqüència f:

$$\lambda = 4{,}75 \cdot 10^{-7}\ \text{m} \rightarrow f = \frac{c}{\lambda} = \frac{3 \cdot 10^{8}}{4{,}75 \cdot 10^{-7}} = 6{,}32 \cdot 10^{14}\ Hz$$

Per calcular l'energia del quàntum de llum o fotó, apliquem l'expressió de Planck, recordant que aquestes energies se solen expressar en eV (recordem que 1 eV equival a $1{,}6 \cdot 10^{-19}$ J):

$$E = hf = 6{,}62 \cdot 10^{-34} \cdot 6{,}32 \cdot 10^{14} = 4{,}18 \cdot 10^{-19} \cdot \frac{1eV}{1{,}6 \cdot 10^{-19}} = 2{,}61eV$$

5.2. Espectres d'emissió

Un fenomen relacionat, en certa manera, amb el de la radiació de cos negre, i també extensament estudiat a finals del segle XIX i principis del XX, és el de l'espectre d'emissió d'un element. Aquest fenomen consisteix en l'emissió per part dels àtoms de l'element d'un feix de llum d'un color determinat, característic i únic per a cada element. Per exemple, si posem en una flama un filferro de platí que s'ha mullat amb una dissolució de clorur de sodi, s'observa com la flama adquireix un color groguenc, característic del sodi; si es mulla amb una dissolució que conté ions de coure, la flama adquireix una tonalitat blavenca, característica d'aquest element, etc.

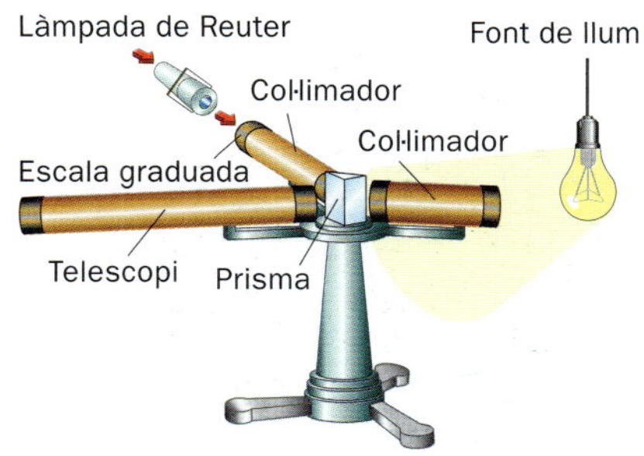

Fig. 7.50. Espectroscopi.

Aquest fenomen s'explica admetent que, en escalfar el material, aquest absorbeix radiació infraroja de la flama, de manera que els seus àtoms són excitats i, a continuació, es desexciten emetent radiació electromagnètica pertanyent a la franja de l'espectre visible. Una manera adequada d'estudiar aquest fenomen consisteix a fer passar el feix de llum emès per l'element per un *espectroscopi* (fig. 7.50); aquest aparell consisteix en un petit receptacle (col·limador) que conté una làmina en la qual s'ha practicat una petita escletxa per on pot passar un estret raig de llum, una lent que concentra el raig en un feix paral·lel, un prisma que separa els diferents colors i un telescopi on s'observa el raig de llum una vegada ha travessat els elements anteriors.

Recordem que va ser Newton, fent passar un raig de llum blanca a través d'un prisma, el primer que va demostrar que un raig de llum blanca és, en realitat, una barreja de tots els colors. El que s'observa a l'espectroscopi en el cas de la llum blanca és un feix ample que conté tots els colors (fig. 7.51), i diem que el raig de llum consisteix en un espectre visible continu perquè està format per tota la gamma de colors, és a dir, conté totes les freqüències de l'espectre visible.

Però quan s'analitza l'espectre d'emissió d'un element a l'espectroscopi, i si tenim en compte que aquest espectre està constituït només per uns colors determinats, s'observen una sèrie de ratlles de diferents colors separats per zones totalment fosques que indiquen l'absència de la resta de colors (fig. 7.51). En aquest cas, diem que l'espectre d'emissió de l'element és discontinu o que està quantitzat. És a dir, no totes les freqüències del visible estan presents, sinó només unes de determinades.

De nou, aquest fet tampoc té explicació dins de la teoria de Maxwell. Si l'element absorbeix energia suficient, hauria de poder emetre qualsevol freqüència dins de l'espectre visible i, en principi, el seu espectre hauria de ser semblant al de la llum blanca o, almenys, hauria de contenir una franja contínua de colors. Però això no és el que s'observa en la realitat. Una altra vegada, per poder explicar els fets experimentals, s'ha de postular que l'emissió de la radiació es fa de manera discontínua, és a dir, en forma de paquets o quanta de llum.

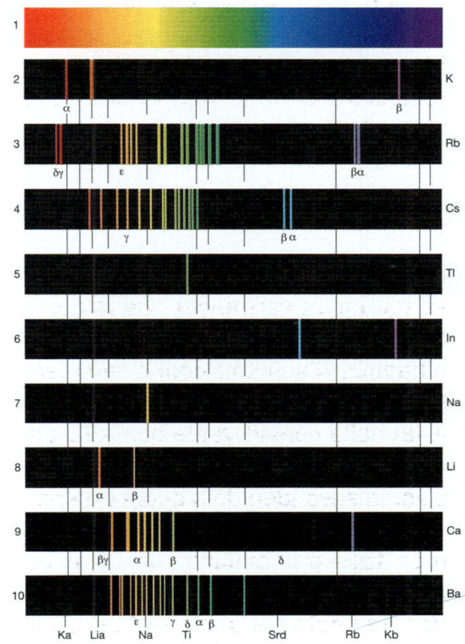

Fig. 7.51. Espectres d'emissió de diferents elements. El primer espectre correspon al de la llum blanca.

ACTIVITATS

17. Un cos que veiem de color blau quan l'il·luminem amb llum blanca, quines longituds d'ona de l'espectre visible absorbeix i quines emet?

18. La càrrega elèctrica és una magnitud que està quantitzada en els mateixos «paquets», tots del mateix valor (pensem en els electrons, o en els protons). Passa el mateix amb l'energia irradiada per un cos en forma d'ona electromagnètica?

19. Experimentalment, les corbes d'energia emesa per un cos negre tenen l'aspecte mostrat en la figura 7.19. Si augmenta la temperatura del cos negre, com es desplaça el màxim de la corba d'energia emesa?

20. La superfície d'un metall sotmès a una temperatura alta emet radiació electromagnètica de diverses freqüències, la màxima de les quals és de $7{,}5 \cdot 10^{14}$ Hz.

Digueu a quina franja de l'espectre pertany aquesta radiació, i determineu la seva longitud d'ona, la potència que emet si suposem que desprèn $2 \cdot 10^{20}$ fotons cada hora tots amb la mateixa freqüència, la quantitat de moviment d'un fotó d'aquesta freqüència, i el nombre de fotons que emet en 15 minuts si la potència emesa disminueix a la tercera part.

R: $4 \cdot 10^{-7}$ m; 27,58 mW; $1{,}66 \cdot 10^{-27}$ N s; $1{,}85 \cdot 10^{16}$ s^{-1}.

6. L'efecte fotoelèctric

Hertz va ser el primer científic que va demostrar experimentalment l'existència de les ones electromagnètiques, però també és conegut per un altre descobriment que, juntament amb els dos fenòmens que hem comentat en l'apartat anterior, contradiu els postulats de la física clàssica. En la mateixa època en què va fer el seu experiment, comentat anteriorment, pel qual va demostrar per primera vegada l'existència de les ones electromagnètiques, Hertz va observar les descàrregues que es produïen entre dos elèctrodes metàl·lics connectats a una diferència de potencial regulable *V* (fig. 7.52).

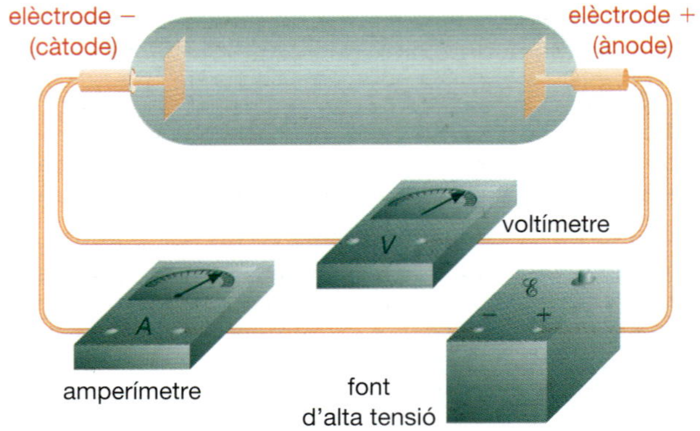

Fig. 7.52. Tub de descàrrega.

Atenció

Hi ha metalls per als quals l'efecte fotoelèctric no només té lloc amb llum ultraviolada, sinó també amb llum visible, com ara Zn, K i Na, entre d'altres.

En el dispositiu experimental de la figura 7.52, els elèctrodes són dues plaques situades a l'interior d'un tub hermètic de vidre o de quars en el qual s'ha fet el buit; la descàrrega elèctrica es produeix quan el potencial *V* és suficientment gran per arrencar electrons del càtode i accelerar-los fins a l'ànode, tancant el circuit. Quan això passa, l'amperímetre mesura el pas d'un corrent elèctric a través del circuit.

Hertz va observar un fet curiós: si s'il·luminava el càtode amb radiació ultraviolada, l'amperímetre indicava el pas d'un corrent elèctric d'intensitat *I*, encara que el potencial no fos tan alt per produir una descàrrega (fig. 7.53). Aquest fenomen es va anomenar **efecte fotoelèctric.** Va ser extensament estudiat durant els anys següents i es va comprovar que, quan els elèctrodes es construïen amb determinats metalls, l'emissió d'electrons pel càtode també es donava amb llum visible.

Per explicar l'efecte fotoelèctric, recordem primer que en un metall hi ha electrons que es poden moure lliurement a l'interior de la xarxa cristal·lina; aquests electrons no poden, en principi, escapar-se del metall, excepte si els subministrem energia.

Com que una ona electromagnètica transporta energia, els electrons situats a la superfície del metall poden absorbir part d'aquesta energia i escapar-ne. En el muntatge anterior (fig. 7.53), la superfície metàl·lica que s'il·lumina és el càtode (placa negativa), de manera que la radiació electromagnètica incident allibera del metall *electrons* que són accelerats pel potencial *V.* Aquests electrons alliberats són anomenats sovint **fotoelectrons.**

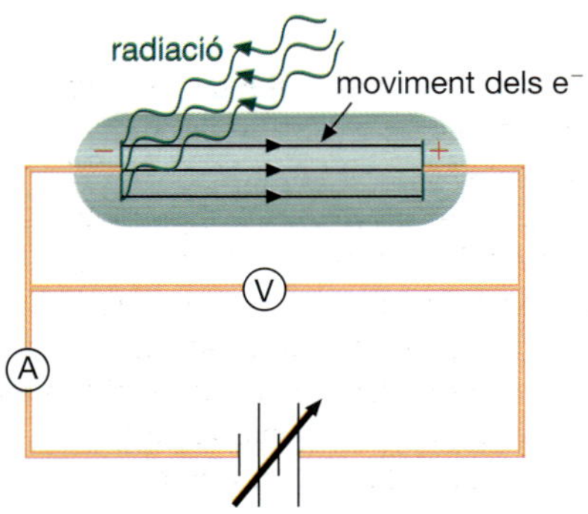

Fig. 7.53. Efecte fotoelèctric: quan s'il·lumina el càtode, l'amperímetre detecta el pas de corrent.

Un estudi detallat de l'efecte fotoelèctric revela algunes conclusions molt sorprenents des del punt de vista de la física clàssica. De fet, els científics de finals del segle XIX que van estudiar aquest fenomen van quedar astorats pel fet que els resultats experimentals als quals s'arribava no eren compatibles amb la teoria electromagnètica de Maxwell.

Com ja hem dit, aquesta teoria prediu que l'energia que transporta la radiació augmenta amb la freqüència, de manera que una radiació de freqüència petita transporta una quantitat d'energia més baixa que una radiació de freqüència més gran. També preveu que l'energia de la radiació electromagnètica és absorbida pels electrons d'una manera contínua, a mesura que arriba al metall transportada per l'ona electromagnètica.

Els resultats experimentals, però, donaven a entendre de nou que l'energia no era emesa i absorbida de forma contínua, sinó de manera discreta, com a *paquets* d'energia. Contrastem, doncs, els fets experimentals a què s'arriba amb un estudi detallat de l'efecte fotoelèctric, amb les prediccions teòriques de les lleis de l'electromagnetisme de Maxwell (taula 7.6).

Lleis experimentals de l'efecte fotoelèctric	Prediccions teòriques de la teoria electromagnètica de Maxwell
Experimentalment s'observa que, en augmentar la intensitat de la radiació incident sobre el càtode, la intensitat elèctrica I del circuit també augmenta proporcionalment, indicant que s'allibera un nombre més gran de fotoelectrons.	Aquest fet no contradiu la teoria ondulatòria, ja que, si tenim en compte que la radiació electromagnètica transporta energia, un augment en la intensitat de la radiació incident fa que hi hagi un nombre més gran d'electrons que absorbeixen l'energia suficient per escapar del metall, i cal esperar, doncs, que s'emetin més electrons i que això comporti un augment de la intensitat elèctrica.
Experimentalment s'observa que l'emissió fotoelectrònica té lloc d'una manera gairebé instantània, fins i tot encara que la intensitat de la radiació incident sigui molt petita.	La teoria preveu que, quan la intensitat de la radiació és molt petita, s'hauria d'esperar un interval de temps més o menys gran fins que els electrons hagin absorbit prou energia per escapar-se del metall, en contra del fet experimental, que mostra una emissió instantània també per a intensitats molt petites.
L'emissió fotoelectrònica només té lloc quan la freqüència incident és superior a un cert valor, anomenat **freqüència llindar f_0**, característic del metall, i fins i tot té lloc quan la intensitat de la radiació incident és molt petita. Per a freqüències menors que f_0 no hi ha efecte fotoelèctric, encara que la intensitat incident sigui molt intensa.	Si fem un raonament similar a l'anterior, la teoria ondulatòria preveu que també per a freqüències petites, i si s'espera un interval de temps més o menys gran fins que els electrons hagin absorbit prou energia per escapar-se del metall, hauríem d'observar l'efecte fotoelèctric. Per tant, no té explicació dins les lleis de Maxwell el fet que l'efecte fotoelèctric no tingui lloc a freqüències més petites que el valor llindar f_0, i que només es produeixi a freqüències més grans o iguals que aquest valor.
L'emissió fotoelectrònica decreix bruscament quan s'inverteix el potencial V, canviant la polaritat dels elèctrodes (fig. 7.54*a*) i fent-lo, ara, negatiu (fig. 7.55). Si s'augmenta el potencial invers, s'arriba al valor del **potencial de frenada V_0**, a partir del qual no s'observa l'efecte fotoelèctric, i això permet mesurar l'energia cinètica màxima amb què surten els electrons de la placa metàl·lica. El potencial de frenada V_0 no depèn de la intensitat de la radiació, però augmenta proporcionalment amb la freqüència de la radiació incident (fig. 7.54*b*).	Quan s'inverteix el potencial, la placa contrària (ara, negativa) repel·leix i frena els electrons, que perden energia cinètica i guanyen energia potencial $e \cdot V$. El potencial de frenada V_0 dona, doncs, una mesura de l'energia cinètica màxima amb què els electrons surten del metall, ja que, d'acord amb el principi de conservació de l'energia, els electrons perden tota l'energia cinètica i no poden arribar a la placa contrària (fig. 7.54*a*): $E_c = E_p \rightarrow E_{c\,\text{màx}} = e \cdot V_0$. Segons la teoria ondulatòria, seria d'esperar que, si s'augmenta la intensitat de la radiació incident, l'energia cinètica màxima s'incrementaria i el potencial de frenada també augmentaria; els experiments mostren, però, el resultat sorprenent que l'energia cinètica màxima no augmenta amb la intensitat de la radiació, sinó que és independent d'aquesta i només depèn de la freqüència de la radiació incident (fig. 7.54*b*).

Taula 7.6.

A

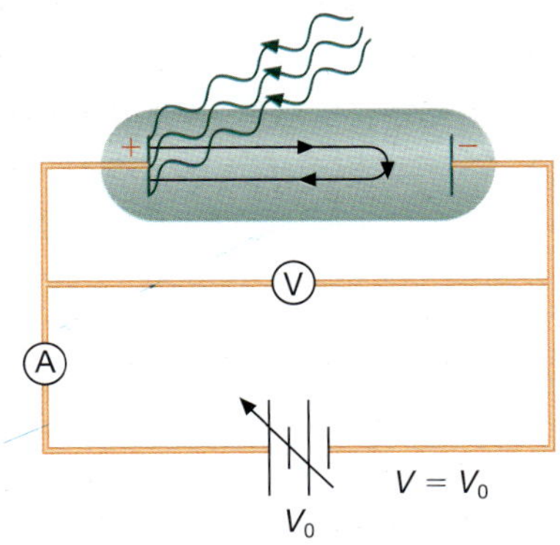

B

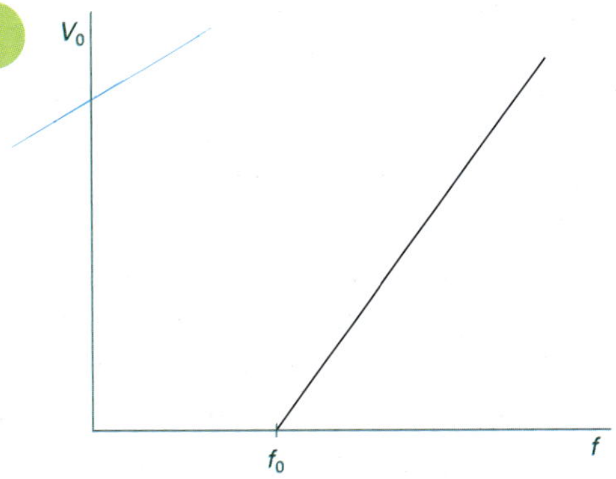

Fig. 7.54. *a)* L'emissió fotoelectrònica disminueix bruscament quan s'inverteix el potencial V, i, si s'augmenta aquest, s'arriba a un valor, anomenat potencial de frenada, V_0, en què l'emissió fotoelectrònica desapareix del tot. *b)* El potencial de frenada V_0 varia linealment amb la freqüència de la radiació. Cada metall té una recta característica del mateix pendent.

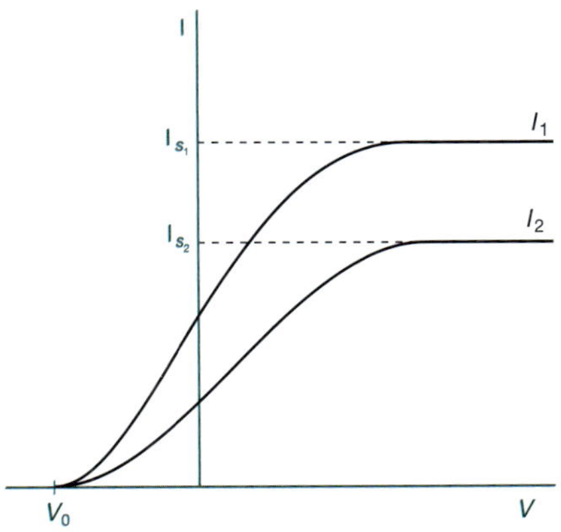

Fig. 7.55. Una altra llei de l'efecte fotoelèctric indica que, per a una intensitat de radiació I determinada, si s'augmenta el valor del potencial V, la intensitat de corrent I creix fins que arriba a un valor de *saturació* I_s; si es continua incrementant V, no augmenta el valor de I. Cada intensitat de radiació I té una intensitat de corrent de saturació diferent, de manera que I_s augmenta proporcionalment respecte de I. Aquesta llei també indica que el potencial de frenada V_0 és independent de la intensitat de radiació.

Veiem, doncs, que els fets experimentals referents a l'efecte fotoelèctric, com ho fan també els relacionats amb els fenòmens de la radiació de cos negre i dels espectres d'emissió dels elements, contradiuen les prediccions teòriques deduïdes de les lleis de Maxwell. Tot i que aquesta teoria és vàlida pel que fa a la generació i la propagació de la radiació electromagnètica, falla quan s'intenta explicar l'emissió i l'absorció de la radiació per la matèria.

Les ones de Maxwell no són com les havien imaginat ell i altres, i, així, fenòmens com l'efecte fotoelèctric s'interpreten fàcilment si acceptem de nou com a vàlida la idea que l'energia de la radiació és absorbida en forma de «*quanta*», és a dir, en forma discontínua. Aquesta nova hipòtesi, amb altres que veurem més endavant, va fer que totes les lleis de la física, no només les de l'electromagnetisme, sinó també les de la mecànica, s'haguessin de formular de nou.

Recorda

Fig. 7.56. Albert Einstein (1879 - 1955). Al llarg de l'any 1905 va publicar a la revista alemanya *Annalen Der Physik* quatre articles cabdals per a la història de la física: l'explicació de l'efecte fotoelèctric, l'explicació del moviment brownià, la teoria de la relativitat restringida i el descobriment de l'equivalència massa-energia en què fa explícita la seva famosa expressió $E = m c^2$; aquests dos últims treballs es comentaran amb cert deteniment més endavant. Per tot això, aquest any s'ha considerat el seu *annus mirabilis*.
Entre 1915 i 1916 va donar a conèixer la teoria de la relativitat general. La seva explicació de l'efecte fotoelèctric suposa el començament de la mecànica quàntica, i va ser per aquest treball, i no pas pels altres, tant o més importants, que va rebre el premi Nobel el 1923.

Tingues en compte

Els fotons mostren el seu caràcter ondulatori quan es propaguen per l'espai. Així, en la transmissió poden patir fenòmens com les interferències, la difracció, etc. Per contra, mostren el seu aspecte corpuscular quan interactuen amb la matèria i són absorbits o emesos per aquesta. Per exemple, xoquen amb els electrons tal com ho faria una altra partícula material.

A més, i tal com es mostrarà en l'últim apartat d'aquesta unitat, cal considerar que són partícules de massa en repòs nul·la, sense que això vulgui dir que els fotons no tinguin massa, sinó, simplement, que és impossible que estiguin en repòs i que es mouen sempre a la velocitat de la llum *c*.

6.1. Explicació d'Einstein de l'efecte fotoelèctric. El fotó

Una de les contribucions més importants a la tasca de reformulació de tota la física la devem al geni creador d'Albert Einstein (fig. 7.56), que va resoldre brillantment les contradiccions que presentava la teoria amb els fets observats, i va ser un dels principals artífexs de la nova física. Fou el primer científic a adonar-se que les evidències experimentals a què s'havia arribat es podien prendre com a hipòtesis de partida, i el seu gran mèrit és que, a partir d'aquestes premisses bàsiques, es dedueix d'una manera molt senzilla una sèrie de conseqüències que expliquen els fenòmens observats fins llavors, com, per exemple, l'efecte fotoelèctric.

Einstein va fer pública la seva explicació de l'efecte fotoelèctric l'any 1905, en què reprèn la idea de Planck dels *quanta d'energia* per la qual cal considerar la radiació electromagnètica com una transmissió d'energia *quantitzada* en petits paquets d'energia, i afirma que tant la llum com qualsevol altre tipus de radiació electromagnètica consisteixen en un feix de partícules, anomenades més tard **fotons.** Així doncs, els fotons són els *paquets* d'energia, o *quanta,* que ja havia postulat Planck uns anys abans.

La radiació electromagnètica mostra el seu aspecte ondulatori quan es transmet a través de l'espai, en què ho fa *en forma d'ones electromagnètiques,* i es propaga sempre a la mateixa velocitat *c.* En contrast, la radiació mostra el seu aspecte corpuscular quan interactua amb la matèria, de manera que és absorbida o emesa *en forma de fotons.*

Si admetem que els fotons tenen una energia E donada per l'expressió de Planck $E = h f$, podem interpretar fàcilment l'efecte fotoelèctric si apliquem el principi de conservació de l'energia i considerem que cada electró emès per l'elèctrode metàl·lic absorbeix un únic fotó de la radiació incident tot adquirint la seva energia, una part de la qual es fa servir per superar l'energia mínima necessària perquè l'electró s'alliberi de la xarxa cristal·lina del metall, energia que s'anomena **treball d'extracció W_0,** i la resta es transfereix en forma d'energia cinètica E_c comunicada a l'electró. Per tant, podem establir:

$$E = E_c + W_0 \rightarrow h f = \frac{1}{2} m v^2_{\text{màx}} + W_0$$

Ara ja podem entendre fàcilment el fet que l'efecte fotoelèctric sigui gairebé instantani, i que no tingui lloc per a radiacions de freqüència més petita que la freqüència llindar; en aquest cas, un fotó no proporciona l'energia $E = h f$ suficient perquè se superi el treball d'extracció d'un electró, a causa del petit valor de f: $h f < W_0$. Per contra, existeix una freqüència f_0 per a la qual l'energia del fotó iguala el treball d'extracció, produint efecte fotoelèctric, que és la freqüència llindar:

$$W_0 = h f_0$$

Per a freqüències més grans que la freqüència llindar, l'energia excedent es comunica en forma d'energia cinètica de l'electró, i podem establir l'**equació de l'efecte fotoelèctric:**

$$h f = \frac{1}{2} m v^2_{\text{màx}} + h f_0$$

Ja hem comentat que l'energia cinètica màxima $E_{c\,\text{màx}}$ dels fotoelectrons es pot mesurar a partir del potencial de frenada V_0, tenint en compte que el corrent elèctric s'anul·la quan $E_{c\,\text{màx}}$ es veu compensada per l'energia potencial $e V_0$; ara, amb el supòsit que la llum està formada per un feix de fotons, aquest potencial s'interpreta fàcilment si considerem que, per a una radiació de freqüència determinada f, és impossible que un fotó comuniqui a un electró una energia cinètica addicional que li permeti superar la barrera d'energia potencial $e V_0$:

$$E_c = E_p \rightarrow \frac{1}{2} m v^2_{\text{màx}} = e V_0$$

A partir de les expressions anteriors podem obtenir la relació que demostra que el potencial de frenada V_0 és directament proporcional a la freqüència f de la radiació incident (fig. 7.57), completament d'acord amb els fets experimentals comentats a la pàgina 285 (fig. 7.54 *b*):

$$hf = eV_0 + hf_0 \rightarrow eV_0 = hf - hf_0 \rightarrow V_0 = \frac{h}{e} f - \frac{hf_0}{e}$$

Finalment, recordem que la teoria electromagnètica de Maxwell estableix que l'energia i la quantitat de moviment que transmet la radiació electromagnètica estan relacionades per l'expressió $E = pc$, relació que permet obtenir la quantitat de moviment d'un fotó:

$$E = pc \rightarrow p = \frac{E}{c} = \frac{hf}{c} \rightarrow \boxed{p = \frac{h}{\lambda}}$$

Entre les aplicacions tecnològiques que té l'efecte fotoelèctric, estan les plaques solars, formades per un conjunt de cèl·lules solars en què cada una transforma l'energia dels fotons (normalment, els de la llum solar) en energia elèctrica; d'alguna manera, s'aprofita l'energia dels fotons de la llum solar per arrencar electrons i generar corrents elèctrics. També cal mencionar l'ampla utilització en el món de l'electrònica de components com els LED o fotodíodes, els fototransistors i altres dispositius d'estat sòlid

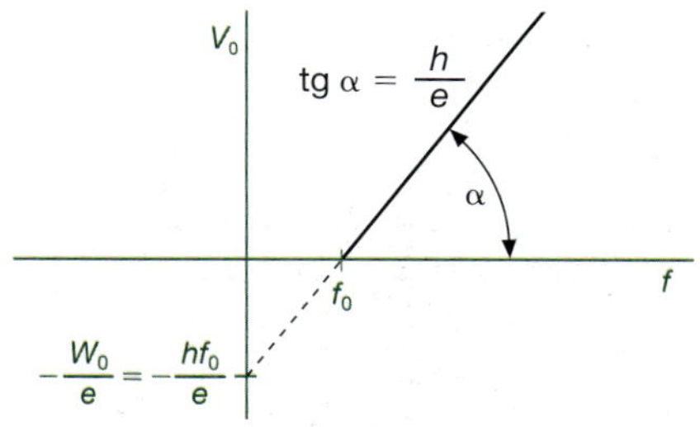

Fig. 7.57. El potencial de frenada V_0 i la freqüència f de la radiació incident mantenen una relació lineal en l'efecte fotoelèctric. Per a V_0, el corrent elèctric s'anul·la, i això passa quan l'energia potencial eV_0 obtinguda multiplicant la càrrega e de l'electró pel valor de la diferència de potencial V_0 es compensa amb l'energia cinètica màxima adquirida pels fotoelectrons, i aquests no poden arribar a la placa contrària. Cal no confondre l'energia potencial eV d'un electró amb la unitat d'energia eV (electronvolt, $1{,}602 \cdot 10^{-19}$ J).

Exemple 8. **S'il·lumina el càtode d'una cèl·lula fotoelèctrica amb llum verda, de longitud d'ona 5 670 Å. L'emissió fotoelectrònica té lloc a partir d'una freqüència dels fotons incidents de $4{,}75 \cdot 10^{14}$ Hz.**

Calculeu l'energia dels fotons incidents i la seva quantitat de moviment, el treball d'extracció, l'energia cinètica dels electrons emesos i el potencial de frenada.

Resolució

Primer expressem la longitud d'ona dels fotons incidents en unitats del SI, i calculem la freqüència:

$$\lambda = 5{,}67 \cdot 10^{-7}\ \text{m} \rightarrow$$

$$f = \frac{c}{\lambda} \rightarrow f = \frac{3 \cdot 10^8}{5{,}67 \cdot 10^{-7}} = 5{,}29 \cdot 10^{14}\ \text{Hz}$$

A continuació, calculem l'energia i la quantitat de moviment dels fotons incidents amb les expressions corresponents:

$$E = hf$$

$$E = 6{,}62 \cdot 10^{-34} \cdot 5{,}29 \cdot 10^{14} = 3{,}5 \cdot 10^{-19}\ \text{J} = 2{,}19\ \text{eV}$$

$$p = \frac{E}{c} \rightarrow p = \frac{3{,}5 \cdot 10^{-19}}{3 \cdot 10^8} = 1{,}17 \cdot 10^{-27}\ \text{N} \cdot \text{s}$$

El treball d'extracció W_0 es pot calcular amb l'expressió:

$$W_0 = hf_0 \rightarrow W_0 = 6{,}62 \cdot 10^{-34} \cdot 4{,}75 \cdot 10^{14} = 3{,}14 \cdot 10^{-19}\ \text{J}$$

L'energia cinètica E_c dels electrons és la diferència entre l'energia hf proporcionada pels fotons i el treball d'extracció $W_0 = hf_0$:

$$E_c = \frac{1}{2} m v^2_{\text{màx}} = hf - hf_0 \rightarrow$$

$$E_c = 3{,}5 \cdot 10^{-19} - 3{,}14 \cdot 10^{-19} = 3{,}60 \cdot 10^{-20}\ \text{J}$$

El potencial de frenada V_0 es pot calcular aïllant-lo en l'expressió $eV_0 = E_c$:

$$V_0 = \frac{E_c}{e} \rightarrow V_0 = \frac{3{,}60 \cdot 10^{-20}}{1{,}6 \cdot 10^{-19}} = 0{,}23\ \text{V}$$

ACTIVITATS

21. Calculeu el valor de la longitud d'ona i la freqüència d'un fotó d'energia 3 keV, i l'energia i la longitud d'ona d'un fotó de 10^{15} Hz de freqüència.

Dades: $h = 6{,}62 \cdot 10^{-34}$ J·s; $c = 3 \cdot 10^8$ m/s; 1 eV = $1{,}609 \cdot 10^{-19}$ J.

R: 411 pm, $7{,}30 \cdot 10^{17}$ Hz, $6{,}72 \cdot 10^{-31}$ J; $2{,}96 \cdot 10^5$ m.

22. Un metall emet electrons quan s'il·lumina amb llum verda, però no quan s'il·lumina amb llum groga. Hi haurà efecte fotoelèctric quan s'il·lumini amb llum blava? I quan s'il·lumini amb llum vermella?

23. Calculeu l'energia cinètica màxima dels electrons emesos per una superfície metàl·lica quan hi incideixen fotons de longitud d'ona $\lambda = 2 \cdot 10^{-7}$ m. L'energia mínima per alliberar els electrons (treball d'extracció) és $W_0 = 6{,}72 \cdot 10^{-19}$ J.

Dades: $h = 6{,}62 \cdot 10^{-34}$ J·s; $c = 3 \cdot 10^8$ m/s

R: 2 eV

24. El feix d'un làser de 5 mW s'utilitza per produir efecte fotoelèctric en un elèctrode de potassi, metall que té una energia d'extracció de 2 eV. Si el làser emet radiació amb una longitud d'ona de 5 970 Å, calculeu:

a) El nombre de fotons que emet el làser en un segon.

b) La velocitat màxima dels fotoelectrons.

R: *a)* $1{,}5 \cdot 10^{16}$; *b)* $1{,}67 \cdot 10^5$ m/s

7. Dualitat ona-corpuscle. Introducció a la mecànica quàntica

Més dades

Per partícules materials entenem aquelles partícules que, a diferència del fotó, tenen massa en repòs no nul·la i que, per tant, els valors de la velocitat que poden assolir sempre són més petits que *c*, segons es veurà en l'últim apartat d'aquesta unitat.

Ja hem vist que la hipòtesi d'Einstein del fotó representa un retorn al model corpuscular de la llum, sense que ara es puguin deixar de banda, però, les seves característiques ondulatòries; de fet, suposa el naixement de la mecànica quàntica com a nou model que explica els fenòmens relacionats amb la radiació electromagnètica i la física atòmica i nuclear.

Aquesta idea o hipòtesi de la *dualitat ona-corpuscle* de la llum i de les altres radiacions electromagnètiques va ser generalitzada posteriorment amb l'argument que, així com passa amb els fotons, també les partícules materials, com els electrons, els protons i els neutrons, i, fins i tot, els àtoms i les molècules, tenen aquest caràcter dual, que els fa mostrar aspectes ondulatoris en determinades circumstàncies i aspectes corpusculars en d'altres.

7.1. Hipòtesi de De Broglie

L'any 1926, el físic francès Louis de Broglie va estendre a totes les partícules materials la doble característica ona-corpuscle de la llum, i va postular que no només els fotons, sinó també totes les partícules materials, tenen alhora característiques típicament corpusculars al costat d'altres típicament ondulatòries.

Per mostrar aquest fet, De Broglie va indicar que la longitud d'ona λ corresponent a l'ona associada a una partícula de massa *m* que es mou a una velocitat *v* és:

$$\lambda = \frac{h}{m\,v} = \frac{h}{p}$$

Biografia

Com a curiositat, val a dir que J. J. Thomson va rebre el 1906 el premi Nobel per la demostració empírica de l'existència dels electrons com a partícules. El seu fill George va rebre, 30 anys més tard, el 1937, el mateix premi per la demostració empírica del comportament ondulatori dels electrons.

en què *h* és la constant de Planck, i *p* la quantitat de moviment de la partícula. Per obtenir aquesta expressió de la longitud d'ona d'una partícula material, De Broglie es va basar en l'expressió de la quantitat de moviment d'un fotó, estenent-la a la resta de partícules:

$$p = \frac{E}{c} = \frac{h\,f}{c} \rightarrow p = \frac{h}{\lambda} \rightarrow \lambda = \frac{h}{p} \rightarrow \lambda = \frac{h}{m\,v}$$

El comportament ondulatori dels electrons es va demostrar empíricament l'any 1927, quan científics britànics i americans van aconseguir difractar un feix d'electrons mitjançant un cristall. Posteriorment es va aconseguir difractar un feix de neutrons, i també ions d'hidrogen i d'heli. Ara bé, si intentem posar en evidència el caràcter ondulatori per a cossos macroscòpics, obtindrem resultats nuls a causa del petit valor de la constant de Planck *h*.

Recorda

Cal tenir present que el nucli d'un àtom té unes dimensions aproximades de 10^{-15} m.

Encara que pot semblar contradictori el fet que les partícules elementals com el fotó, l'electró i els quarks, i fins i tot, els protons, els neutrons i els mateixos àtoms, tinguin un doble caràcter ona-corpuscle, cal tenir present que les dimensions d'aquests cossos són tan petites, que no hi podem aplicar els models de la natura que fem servir a escala macroscòpica. La dualitat ona-corpuscle de la matèria i la radiació va donar lloc a una nova mecànica, anomenada **mecànica quàntica,** en la qual les partícules són considerades «paquets» d'ones. Aquesta nova teoria física, també denominada *mecànica ondulatòria*, va ser desenvolupada pels científics Erwin Schrödinger i Werner Heisenberg durant els anys immediatament posteriors a 1926.

Fig. 7.58. Microscopi electrònic.

Una aplicació de la doble naturalesa ona-corpuscle és el microscopi electrònic (fig. 7.58), en el qual es fan servir feixos d'electrons en lloc dels feixos de llum que s'utilitzen en un microscopi òptic. Al microscopi electrònic, els electrons són accelerats pel camp elèctric proporcionat per una diferència de potencial.

La imatge es forma de manera anàloga a la d'un microscopi òptic, però s'utilitzen lents magnètiques en lloc de lents òptiques. La lent magnètica consisteix en una bobina per la qual passa un cert corrent, i, quan un electró travessa la bobina, canvia la direcció del seu moviment a causa de la força magnètica efectuada per la bobina sobre l'electró, el qual es focalitza en un punt determinat.

Exemple 9. **Calculeu la longitud d'ona associada a un electró que s'ha accelerat des del repòs a través d'una diferència de potencial de 1 000 V.**

Resolució

El principi de conservació de l'energia ens indica que l'electró guanya una energia cinètica igual a l'energia potencial elèctrica proporcionada; per tant, la seva velocitat després de ser accelerat és:

$$E_c = E_p \rightarrow \frac{1}{2} m v^2 = e\,\Delta V \rightarrow$$

$$\rightarrow v = \sqrt{\frac{2\,e\,\Delta V}{m}}$$

$$v = \sqrt{\frac{2 \cdot 1{,}6 \cdot 10^{-19} \cdot 10^3}{9{,}11 \cdot 10^{-31}}} = 1{,}87 \cdot 10^7 \text{ m/s}$$

Per tant, la seva longitud d'ona és:

$$\lambda = \frac{h}{m v} \rightarrow \lambda = \frac{6{,}62 \cdot 10^{-34}}{9{,}11 \cdot 10^{-31} \cdot 1{,}87 \cdot 10^7} = 3{,}88 \cdot 10^{-11} \text{ m}$$

7.2. Principi d'incertesa

La mecànica quàntica considera que cada partícula té associada una funció d'ona ψ que depèn tant de la posició $\vec{r}$ com del temps t, $\psi(\vec{r}, t)$, de manera que l'amplitud d'aquesta funció d'ona representa la probabilitat de trobar la partícula en una regió de l'espai determinada; apareix, així, una certa deslocalització de la posició de la partícula, de manera que aquesta no es pot *determinar* de manera exacta, i no pot ser descrita en termes de la seva trajectòria, tal com feia la mecànica clàssica. Se substitueixen les trajectòries perfectament determinables de la mecànica clàssica per les funcions d'ona de la mecànica quàntica, les quals defineixen regions de l'espai on és probable trobar la partícula.

És en aquest sentit que se sol dir que la física moderna *trenca el determinisme* de la física clàssica. Recordem, de nou, que les dimensions que cal considerar quan s'estudia el moviment d'una partícula són tan petites que no podem explicar els fenòmens implicats aquí amb models basats en la nostra visió del món macroscòpic.

El fet que en la mecànica quàntica no es pugui determinar de manera exacta ni la posició ni, per extensió, la trajectòria d'una partícula té conseqüències importants sobre la concepció del món microscòpic; en efecte, aquesta idea va donar lloc a un nou principi fonamental, conegut amb el nom de *principi d'incertesa*, formulat per Heisenberg l'any 1927.

El **principi d'incertesa** estableix que és impossible mesurar simultàniament i amb total exactitud la posició i la quantitat de moviment d'una partícula, de manera que la incertesa en la posició Δx i la incertesa en la quantitat de moviment Δp verifiquen que:

$$\Delta x\,\Delta p \geq \frac{h}{4\pi}$$

en què h és la constant de Planck.

Fixa-t'hi

L'ona associada a una partícula representa la probabilitat que aquesta sigui trobada en una regió de l'espai determinada, de manera que aquesta probabilitat es calcula a partir del quadrat de l'amplitud de l'ona en la regió considerada.

Aquest principi ens indica que si intentem mesurar la posició d'una partícula amb una exactitud molt gran, de manera que la seva incertesa Δx sigui pràcticament nul·la, aleshores la incertesa en la quantitat de moviment serà molt gran, per tal que satisfaci l'expressió anterior, i, per tant, la quantitat de moviment queda totalment indeterminada de manera que no podem saber el seu valor sinó que aquest pot ser qualsevol valor dins d'un amplíssim marge.

El principi d'incertesa és igualment vàlid per a qualsevol parell de magnituds que siguin conjugades, com ho són la posició i la quantitat de moviment. Es pot demostrar que l'energia E i el temps t també són magnituds conjugades, ja que, si fem l'anàlisi dimensional del producte $\Delta E \cdot \Delta t$, es comprova que aquest té les mateixes unitats que el producte $\Delta x \cdot \Delta p$ i que, per tant, les magnituds E i t també verifiquen el principi d'incertesa:

$$\Delta E \, \Delta t \geq \frac{h}{4\pi}$$

El principi d'incertesa no és sinó una conseqüència del fet que és impossible observar un sistema atòmic o subatòmic sense destorbar-lo. Penseu en el que fem quan estudiem algun fenomen macroscòpic: l'hem d'il·luminar per observar-lo. Però si, per exemple, volem observar una partícula subatòmica, com un electró, quan la il·luminem estem dirigint fotons cap a la posició que ocupa, que hi xocaran i n'alteraran la posició i la velocitat. Així, deduïm que el mateix procés d'observació altera el sistema que s'observa i, per tant, hom té una limitació en la determinació de les magnituds físiques quan es treballa amb sistemes atòmics i subatòmics.

L'exemple anterior mostra que el principi d'incertesa i, per tant, la mecànica quàntica només s'ha de tenir en compte quan considerem cossos de dimensions molt petites, com és el cas de les partícules subatòmiques, els àtoms i les molècules. Quan sobrepassem els ordres de magnitud implicats en aquests cossos, el principi d'incertesa queda emmascarat i podem

Sabies que...?

Si el valor de la constant de Planck no fos tan petit, el principi d'incertesa es faria palès també per a cossos de dimensions més grans que els àtoms i les molècules.

Exemple 10. **Suposeu que hem mesurat la posició d'una partícula, de manera que la incertesa en la posició és molt petita i és igual a 10^{-15} m (distància que és aproximadament el radi del nucli atòmic).**

Calculeu la mínima incertesa en la velocitat i raoneu el resultat si:

a) La partícula és una cèl·lula de massa 10^{-8} kg.

b) La partícula és un electró de massa $9{,}11 \cdot 10^{-31}$ kg.

Resolució

a) Si apliquem el principi d'incertesa, trobem que:

$$\Delta x \, \Delta p = \frac{h}{4\pi} \rightarrow \Delta x \, m \, \Delta v = \frac{h}{4\pi} \rightarrow \Delta v = \frac{h}{4 m \, \Delta v \, \pi}$$

$$\Delta v = \frac{6{,}62 \cdot 10^{-34}}{4 \cdot 10^{-8} \cdot 10^{-15} \cdot \pi} = 5{,}27 \cdot 10^{-12} \text{ m/s}$$

En aquest cas, podem considerar que la velocitat de la cèl·lula es pot conèixer amb una exactitud prou gran, ja que el valor en la seva incertesa és molt petit.

b) Si apliquem l'expressió que hem deduït en l'apartat anterior, veiem que:

$$\Delta v = \frac{6{,}62 \cdot 10^{-34}}{4 \cdot 9{,}11 \cdot 10^{-31} \cdot 10^{-15} \cdot \pi} = 5{,}78 \cdot 10^{10} \text{ m/s}$$

En aquest cas, podem considerar que el valor de la velocitat de l'electró no es pot conèixer de cap manera, ja que el valor de la seva incertesa és molt gran.

aplicar la mecànica clàssica i considerar que el moviment dels cossos es pot determinar de manera pràcticament exacta, amb trajectòries perfectament definides.

Per contra, la mecànica quàntica ens indica que atòmicament no podem parlar d'òrbites perfectament definides pels electrons que es mouen al voltant del nucli atòmic, ja que les seves posicions i velocitats estan indeterminades tal com indica el principi d'incertesa.

En aquest cas, hem de parlar d'**ones de probabilitat,** és a dir, regions al voltant del nucli on és probable trobar els electrons. Per a un electró determinat, cada una d'aquestes regions de probabilitat configura el que es coneix amb el nom d'*orbital,* i es diu que l'electró està en un *estat quàntic,* o *nivell quàntic,* concret.

Tingues en compte

Una de les lleis fonamentals de la mecànica quàntica, el principi d'incertesa, és una conseqüència de la doble característica que tenen les partícules materials de comportar-se a la vegada com a partícules i com a ones. Efectivament, i tal com passa amb els fotons, les partícules materials, com els electrons, manifesten el seu caràcter ondulatori quan es transmeten per l'espai, propagant-se com un moviment ondulatori i patint, en conseqüència, fenòmens de difracció i d'interferència; el seu caràcter corpuscular es mostra quan interactuen amb altres partícules i intercanvien quantitat de moviment i energia, de manera similar a com ho fan els cossos macroscòpics.

Des del punt de vista de la física clàssica, però, aquestes dues característiques són mútuament excloents, de manera que és una contradicció que un cos pugui tenir aquest doble comportament, ondulatori i corpuscular alhora. Però això últim passa perquè els objectes macroscòpics tenen una longitud d'ona associada petitíssima, de manera que els possibles fenòmens de difracció que podrien experimentar són pràcticament nuls, i el seu comportament ondulatori queda totalment emmascarat. Només les partícules subatòmiques, o cossos tan petits com àtoms aïllats i molècules, mostren la doble dualitat ona-corpuscle, en tenir una longitud d'ona comparable a les seves dimensions, i a ells no s'aplica la física clàssica, sinó la mecànica quàntica.

ACTIVITATS

25. Entre dos punts *A* i *B* s'estableix una diferència de potencial $V_A - V_B = 120$ V. Un electró està situat en el punt *B*, inicialment en repòs. Determineu:

a) La velocitat amb què arriba al punt *A*.

b) La longitud d'ona de De Broglie de l'electró, corresponent a la velocitat anterior.

Dades: $h = 6{,}62 \cdot 10^{-34}$ J · s; $q_e = -1{,}6 \cdot 10^{-19}$ C; $m_e = 9{,}11 \cdot 10^{-31}$ kg

R: *a)* $6{,}5 \cdot 10^6$ m/s; *b)* $1{,}1 \cdot 10^{-10}$ m

26. En un microscopi electrònic s'aplica una diferència de potencial de 20 kV per tal d'accelerar els electrons. Quina longitud d'ona assoleix el feix d'electrons?

R: $8{,}67 \cdot 10^{-12}$ m

27. Un àtom d'hidrogen en repòs assoleix un estat excitat quan absorbeix un fotó d'energia 10,6 eV. Determineu:

a) La longitud d'ona del fotó incident i la zona de l'espectre a la qual pertany.

b) La velocitat amb què retrocedeix l'àtom excitat.

c) La longitud d'ona de De Broglie de l'àtom excitat.

R: *a)* $1{,}17 \cdot 10^{-7}$ m; *b)* 3,38 m/s; *c)* $1{,}17 \cdot 10^{-7}$ m

28. Hem mesurat l'interval d'incertesa de la velocitat d'una bala de fusell i d'un electró, i en ambdós casos hem obtingut el mateix valor de $5 \cdot 10^{-3}$ m/s.

a) Quin és l'interval d'incertesa de la posició en ambdós casos tenint en compte que la massa de la bala és de 12 g, mentre que la massa de l'electró és de $9{,}11 \cdot 10^{-31}$ kg?

b) Atesos els valors obtinguts, quina conclusió podem extreure'n?

R: $8{,}78 \cdot 10^{-31}$ m; $1{,}16 \cdot 10^{-2}$ m

29. Considera un electró a l'interior d'una caixa cúbica d'aresta *a*, i resol les qüestions següents:

a) Quina és la mínima incertesa per a la seva velocitat?

b) Aquest electró, pot estar exactament en repòs a l'interior de la caixa?

30. S'accelera un feix d'electrons a través d'una diferència de potencial de 5 000 V. Quan es mesura la velocitat, es troba que l'error que s'ha comès en la mesura és del 0,02 %. Quina és la mínima incertesa en la posició? Si s'accelerés un feix de protons a través de la mateixa diferència de potencial i la incertesa en la velocitat tingués el mateix percentatge, quina seria ara la mínima incertesa en la posició?

R: $6{,}90 \cdot 10^{-9}$ m; $1{,}61 \cdot 10^{-10}$ m

A

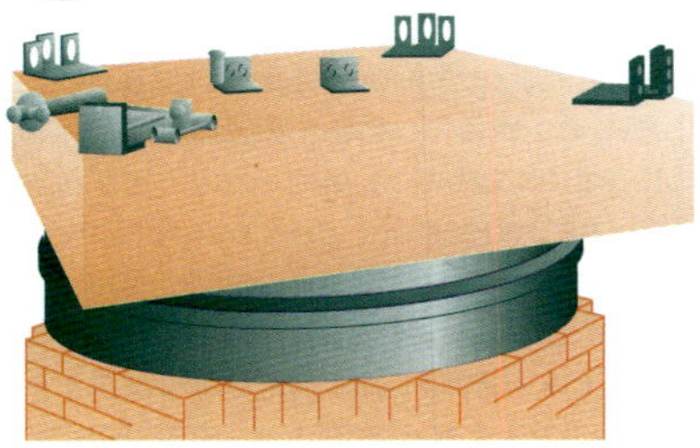

B

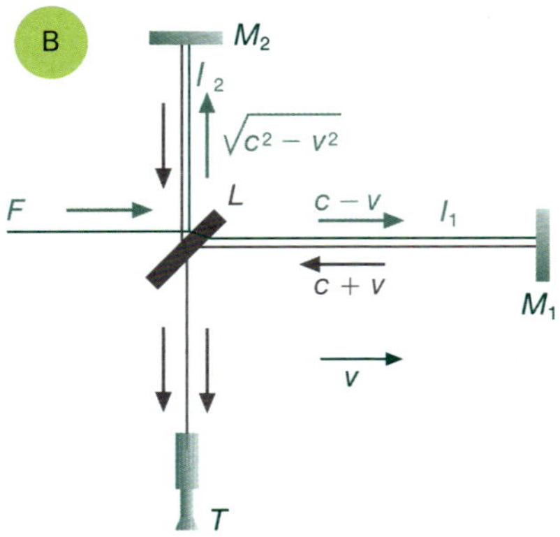

Fig. 7.59. *a)* Interferòmetre de Michelson-Morley: el sistema de miralls i làmines està muntat sobre una plataforma de marbre que sura en un gran recipient ple de mercuri, i així s'eliminen les possibles vibracions; entre L i M_2 hi ha una segona làmina del mateix gruix que L, utilitzada per compensar la marxa dels raigs i que no s'ha representat per simplicitat. *b)* Funcionament de l'interferòmetre de Michelson-Morley.

8. Introducció a la teoria de la relativitat

La mecànica quàntica es va desenvolupar a partir del descobriment de la dualitat ona-corpuscle de la matèria i la radiació, i constitueix la primera de les teories principals de la física moderna. L'altre pilar de la nova física és la teoria de la relativitat, proposada pel brillant talent científic d'Einstein i que té dos camps d'aplicació: la teoria de la relativitat especial o restringida, quan estudiem fenòmens en els quals el moviment és uniforme, i la teoria de la relativitat general, aplicable a sistemes de referència accelerats. La primera va ser descrita, en un altre article cabdal per a la història de la ciència, el mateix *annus mirabilis* d'Einstein, el 1905, un any en què el científic també va fer l'explicació de l'efecte fotoelèctric.

La teoria de la relativitat no és més que una conseqüència del fracàs de la idea de l'èter com a medi en repòs absolut que omple tot l'espai buit i a la qual, recordem, semblava donar suport la teoria electromagnètica de Maxwell, en què es postulava que la velocitat de la llum al buit, c, hauria de ser la velocitat de la llum respecte a l'èter.

El rebuig i abandó de la hipòtesi de l'èter que Einstein ajuda a fer evident prové d'un altre experiment cabdal de la història de la física que, paradoxalment, destaca pels seus resultats negatius: l'experiment de Michelson-Morley. Aquest pretenia mesurar la velocitat de la Terra respecte de l'èter, i va ser portat a terme pel físic nord-americà Albert Michelson el 1881 i repetit diverses vegades el 1887, en col·laboració amb el seu col·lega Edward Morley.

El dispositiu experimental del físic, conegut com a *interferòmetre de Michelson*, consta d'una font de llum F, una làmina de vidre semitransparent L, dos miralls M_1 i M_2, i un telescopi T (fig. 7.59 *a*), a més, els *braços* de l'interferòmetre són FLM_1 i M_2LT. Un raig de llum procedent de F incideix sobre una làmina semitransparent L i se separa en un primer raig que travessa la làmina i un segon raig que s'hi reflecteix; aquests dos raigs es reflecteixen en dos miralls M_1 i M_2, inverteixen el seu recorregut i arriben de nou a L, en què té lloc la separació altra vegada de cada raig en dos, de manera que dos raigs es retroben al telescopi T, interfereixen i donen una sèrie de franges clares i fosques alternades d'interferència.

En un dels experiments, la font de llum prové d'una estrella fixa que pertany al conjunt d'estrelles que es troben tan llunyanes que el seu moviment respecte del sistema solar és pràcticament inapreciable; i la velocitat de la Terra en el seu moviment entorn del Sol, v, és també la velocitat de la Terra respecte de l'estrella, si considerem aquesta fixa, i podem suposar que també és la velocitat de la Terra respecte de l'èter. En un moment determinat de l'any, la Terra es mou cap a l'estrella amb velocitat v (fig. 7.60), i situem l'interferòmetre fent que el braç FLM_1 sigui paral·lel a aquesta velocitat (fig. 7.59 *b*). D'acord amb la llei de transformació de les velocitats de Galileu deduïda el curs passat, la velocitat del raig de llum que fa el recorregut FLM_1 hauria de ser $c' = c + v$, i la del raig que fa el recorregut contrari M_1LF seria $c'' = c - v$, mentre que el raig que fa el recorregut M_2LT ho fa amb una velocitat perpendicular a v: $c''' = \sqrt{c^2 - v^2}$. Aquests valors influiran en la diferència entre els temps d'arribada a T dels dos raigs que fan els recorreguts M_1LT i M_2LT, i definiran un patró d'interferència determinat amb una posició de les franges d'interferència concreta.

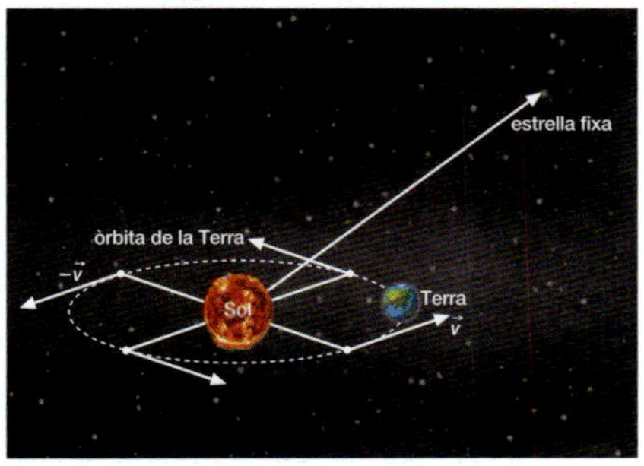

Fig. 7.60. Moviment de la Terra respecte de les estrelles fixes; en una època de l'any la Terra es mou apropant-se a l'estrella amb velocitat v, i sis mesos més tard se n'allunya amb velocitat $-v$.

Quan sis mesos més tard s'inverteix la situació, de manera que ara la Terra es mou allunyant-se de l'estrella amb una velocitat respecte de l'èter $-v$ (fig. 7.60), les velocitats de la llum c' i c'' als recorreguts FLM_1 i M_1LF s'haurien d'intercanviar amb les anteriors, mentre que per al recorregut M_2LT hauria de continuar sent la mateixa, $c''' = \sqrt{c^2 - v^2}$. D'aquesta manera, ara la diferència entre els temps d'arribada a T dels dos raigs que fan els recorreguts M_1LT i M_2LT hauria de ser distinta de la de la primera situació, i s'hauria d'obtenir una posició de les franges d'interferència diferent o, dit d'una altra manera, s'hauria d'observar un *corriment* de les franges.

Per a sorpresa del mateix Michelson, i una vegada fetes diverses observacions, *les franges no experimentaven cap corriment quan se situava l'interferòmetre en les diverses situacions*, fins i tot en totes aquelles repeticions de l'experiment en què es feien servir fonts de llum terrestres i se situava l'interferòmetre en diverses orientacions fent variar la inclinació dels braços respecte de velocitat de la Terra. Així, el resultat nul de l'experiment indicava que els supòsits en els quals es basava eren erronis i que, en paraules del mateix Michelson, «la interpretació d'aquests resultats és que no hi ha corriment de les bandes d'interferència i, per tant, el resultat de la hipòtesi de l'existència d'un èter estacionari demostra que aquesta hipòtesi és incorrecta».

Novament, el geni creatiu Einstein va prendre les conclusions de l'experiment de Michelson-Morley i va deduir la teoria de la relativitat restringida a partir dels seus resultats negatius; com que l'experiment havia demostrat que no era possible detectar en cap situació el moviment respecte de l'èter, Einstein conclou que la idea d'un èter com a sistema de referència en repòs absolut ha fracassat i que aquest no existeix. En conseqüència, es fa evident que no pot existir cap sistema de referència inercial que estigui privilegiat sobre els altres, i hem de concloure que tots els sistemes inercials han de ser igualment equivalents; no només les lleis de la mecànica, sinó també les lleis de l'electromagnetisme, no permeten distingir l'un d'un altre i han de ser les mateixes en tots ells. Aquesta idea va ser presa per Einstein com el primer dels dos postulats bàsics de la relativitat restringida:

Primer postulat de la relativitat restringida: principi d'equivalència, que indica que les lleis de la física es verifiquen de manera idèntica en tots els sistemes inercials, sense que sigui possible deduir a través seu cap distinció entre un sistema inercial o un altre.

Einstein va deduir una altra conclusió important del resultat negatiu en el corriment de les franges: és erroni sumar la velocitat de l'observador, *v*, a la velocitat de la llum, *c*, per tal d'obtenir la velocitat dels raigs que recorren els braços de l'interferòmetre perquè, sigui quina sigui la velocitat *v* d'aquest respecte de la font de llum, la velocitat de la llum sempre té el mateix valor, c, independentment de l'orientació dels braços respecte de la velocitat v. Aquesta constatació va ser presa per Einstein com un segon postulat:

Segon postulat de la relativitat restringida: la velocitat de la llum és una constant universal, invariant per a tots els observadors inercials.

Una conseqüència directa d'aquests dos postulats, i també deduïble dels resultats negatius de l'experiment de Michelson-Morley, és que les lleis de transformació de la posició i de la velocitat de Galileu no són correctes i s'han de substituir per unes altres, les anomenades *transformacions d'Einstein-Lorentz*, que són definides per les equacions de la figura 7.61, si se suposa que la velocitat v del sistema *S′* respecte del sistema S és paral·lela a l'eix *X*, i, per tant, les coordenades Y, Z no es veuen afectades. Ara bé, si la velocitat amb què es mou el sistema de referència és molt més petita que la velocitat de la llum, el denominador de les equacions es fa pràcticament la unitat i s'obtenen les transformacions de Galileu. Per aquest motiu, aquestes últimes són totalment vàlides en la nostra vida quotidiana, ja que les velocitats implicades sempre són molt més petites que la velocitat de la llum.

Cal remarcar que la velocitat de la llum és precisament això, una constant, de manera que el seu valor és el mateix en qualsevol situació, encara que la llum es transmeti a través d'un medi transparent; recordem que en aquest cas havíem vist com la velocitat és més petita que en el buit.

En realitat, la velocitat continua sent *c*, però els fotons que formen la llum interactuen amb els àtoms que formen el medi, i poden ser absorbits i després reemesos per alguns d'aquests àtoms, per la qual cosa pateixen un retard; aquest fet no és més que una conseqüència dels fenòmens de dispersió i de difusió estudiats anteriorment i que tenen lloc quan la llum es propaga a través d'un medi. Tot i que els fotons es mouen sempre amb velocitat *c*, la dispersió efectuada pel medi sobre els fotons origina, en conjunt, una transmissió endarrerida de l'ona a través del medi, i fa l'efecte que la velocitat de la llum en el medi és més petita que la velocitat de la llum en el buit.

Aquest fet, insignificant en el cas de l'aire, és apreciable quan la llum es transmet per l'aigua i per medis transparents com el vidre, molt més densos que l'aire. En tots aquests medis, la transmissió de l'ona, en conjunt, es fa a una velocitat mitjana més petita que *c*.

$$x' = \frac{x - vt}{\sqrt{1 - \frac{v^2}{c^2}}} \qquad t' = \frac{t - \frac{x \cdot v}{c^2}}{\sqrt{1 - \frac{v^2}{c^2}}}$$

$$y' = y$$

$$z' = z$$

Fig. 7.61. Transformacions d'Einstein-Lorentz
Fixem-nos que el temps, que en la física clàssica es considerava invariable per a tots els sistemes inercials, en realitat depèn del sistema de referència. Aquest fet té unes implicacions importants, com ara l'efecte de la dilatació temporal (segurament us sona per les pel·lícules de ciència-ficció), que s'ha demostrat experimentalment amb partícules subatòmiques, les quals poden viatjar a velocitats properes a la de la llum. En situacions de la vida quotidiana en què les velocitats implicades són molt més petites que la velocitat de la llum, s'obté que t′ = t i aquest fenomen és imperceptible. Una altra implicació de la relativitat restringida és la contracció de la longitud que es mesura d'un objecte que va a una velocitat propera a la de la llum.

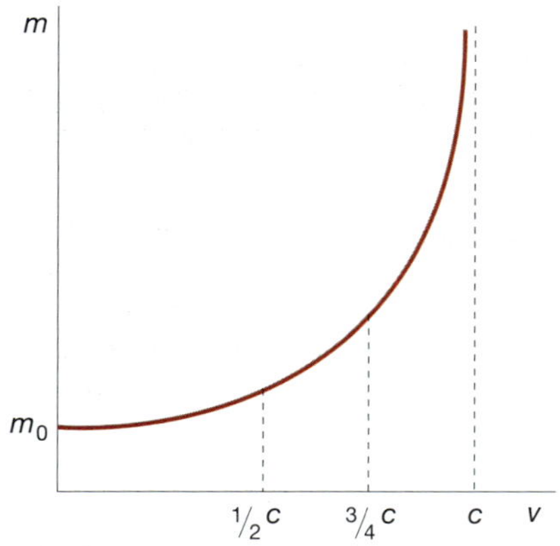

Fig. 7.62. Representació de la massa *m* d'un electró enfront de la seva velocitat relativa *v* respecte de l'observador: veiem com *m* s'incrementa. Si *v* igualés la velocitat de la llum, s'obtindria un valor de la massa infinit *i,* en cas que sobrepassés la velocitat de la llum, el valor de la massa seria imaginari, situacions que, evidentment, no es poden donar.

Tingues en compte

Si bé aquí no hem demostrat la llei d'augment de la massa amb la velocitat, perquè el procediment per fer-ho s'escapa del nivell dels nostres estudis, sí que direm que s'obté fent consideracions sobre la quantitat de moviment i l'energia que transporta la radiació i els fotons que la formen, i la corresponent expressió $p = E/c$.

Reflexiona

Ara ja podem entendre per què se sol dir que els fotons són partícules de massa en repòs nul·la: si s'aplica l'expressió de l'augment de la massa a un fotó, el denominador de l'expressió es fa nul i, per tant, perquè el quocient no doni un resultat infinit cal que el numerador també sigui zero. Això no vol dir, però, que els fotons puguin estar en repòs, sinó que, simplement, manifesta el fet que els fotons sempre van a la velocitat de la llum *c*.

8.1. Equivalència massa-energia

Una altra conseqüència important de la teoria de la relativitat és que la massa d'un cos no és la mateixa quan s'observa des de diferents sistemes de referència en moviment relatiu, en contra de la idea que proposava la física clàssica segons la qual la massa era invariant. Les equacions de la relativitat restringida d'Einstein permeten demostrar que la massa d'un cos augmenta quan aquest es mou a una velocitat determinada *v* segons l'expressió següent:

$$m = \frac{m_0}{\sqrt{1 - \frac{v^2}{c^2}}}$$

en què m_0 és la massa del cos quan està en repòs respecte de l'observador, i m és la massa del cos quan es mou a una velocitat v respecte de l'observador. Podem veure que aquesta expressió indica la impossibilitat d'incrementar indefinidament la velocitat d'un cos, i, de fet, la velocitat de la llum c marca el límit al qual pot arribar. Efectivament, si en l'expressió anterior fem que la velocitat del cos sigui la de la llum, $v = c$, el denominador s'anul·la i dona un valor infinit per a la massa, i això, evidentment, és impossible. Aquest fet queda reflectit quan es representa gràficament la massa del cos en funció de la seva velocitat (fig. 7.62).

El fet que la massa d'un cos augmenti amb la velocitat també es pot interpretar d'una manera relativament fàcil si admetem que, en comunicar energia a un cos, la seva massa s'incrementa; conseqüentment, si la velocitat del cos va augmentant, també ho fa la seva energia cinètica i, per tant, la seva massa. Podem considerar, doncs, que aquestes dues magnituds, l'energia i la massa, són intercanviables o, dit d'una altra manera, podem considerar que la massa d'un cos és una altra forma en què es pot presentar l'energia.

Així, un cos de massa en repòs m_0 conté una quantitat neta d'energia E_0, mentre que aquest mateix cos, quan va a una velocitat v, té una dotació energètica més gran, de manera que aquestes venen donades per les expressions següents:

$$E_0 = m_0 c^2 \quad , \quad E = m c^2$$

La diferència entre totes dues és l'energia cinètica E_c relativista:

$$E_c = m c^2 - m_0 c^2 = (m - m_0) c^2$$

De totes maneres, i tal com ja hem comentat a propòsit de les altres conseqüències de la relativitat restringida, cal indicar que les expressions anteriors només són vàlides quan les velocitats dels cossos són properes a la de la llum. En la immensa majoria de situacions de la nostra vida quotidiana, les velocitats v implicades són molt més petites que c, de manera que el denominador de l'expressió és pràcticament la unitat, la massa queda pràcticament invariable, i l'energia cinètica s'ha de calcular amb l'expressió *clàssica* $E_c = \frac{1}{2} m v^2$.

Malgrat tot, cal considerar-les com a principis bàsics de la natura juntament amb la resta de fenòmens relativistes, i han estat a bastament demostrades experimentalment en algunes àrees de coneixement de la física, com ara la implicada en els acceleradors de partícules. Així, les partícules subatòmiques com, per exemple, l'electró poden ser accelerades fins a velocitats molt altes; aquestes velocitats, però, no poden mai ni igualar ni sobrepassar la velocitat de la llum, en concordança amb l'expressió de la variació de la massa.

També s'ha comprovat la validesa de l'equivalència entre la massa i l'energia estudiant els xocs entre partícules subatòmiques accelerades fins a velocitats properes a la de la llum, en què la desaparició de certa quantitat de massa comporta l'aparició d'una quantitat d'energia equivalent en forma de fotons donada per l'expressió anterior.

Altres situacions en què es mostra l'equivalència massa-energia s'estudiaran a la unitat següent, en què veurem que quan es forma un nucli atòmic, la diferència entre la seva massa i la suma de les masses dels seus protons i neutrons aïllats, anomenada *defecte de massa*, es transforma en una quantitat equivalent d'energia.

Per tant, els principis de conservació de la massa i de conservació de l'energia ara no són vàlids, però s'engloben dins del més general **principi de conservació massa-energia.**

Fixa-t'hi

El principi de conservació de la massa i el principi de conservació de l'energia no són vàlids dins la relativitat, ja que una part de la massa pot desaparèixer i convertir-se en energia, i viceversa.

Però podem substituir-los per un principi més general, el principi de conservació massa-energia, pel qual cal tenir en compte, dins del còmput d'una i de l'altra, la part de la massa que es transforma en energia, i viceversa, d'acord amb l'equació d'Einstein $E = mc^2$ d'equivalència entre la massa i l'energia.

Exemple 11. **En un ciclotró s'accelera un electró fins a una velocitat de 0,9 c. Sabent que la massa en repòs de l'electró és de $9{,}11 \cdot 10^{-31}$ kg, calculeu:**

a) La massa de l'electró a aquesta velocitat.

b) L'energia total de l'electró.

c) La dotació energètica de la massa en repòs de l'electró i la seva energia cinètica relativista.

Resolució

a) Determinem la massa de l'electró aplicant l'expressió corresponent:

$$m = \frac{m_0}{\sqrt{1 - \frac{v^2}{c^2}}} \rightarrow m = \frac{9{,}11 \cdot 10^{-31}}{\sqrt{1 - \frac{(0{,}9\ c)^2}{c^2}}} =$$

$$= 2{,}09 \cdot 10^{-30}\ \text{kg}$$

b) Per calcular l'energia de l'electró apliquem l'expressió corresponent:

$$E = mc^2 \rightarrow E = 2{,}09 \cdot 10^{-30} \cdot (3 \cdot 10^8)^2 = 1{,}88 \cdot 10^{-13}\ \text{J}$$

c) La dotació energètica corresponent a la seva massa en repòs és:

$$E_0 = m_0 c^2 \rightarrow E_0 = 9{,}11 \cdot 10^{-31} \cdot (3 \cdot 10^8)^2 = 8{,}20 \cdot 10^{-14}\ \text{J}$$

L'energia cinètica relativista de l'electró és la diferència entre l'energia total de l'electró i l'energia corresponent a la seva massa en repòs. Per tant:

$$E_c = E - E_0 = mc^2 - m_0 c^2 \rightarrow$$

$$E_c = 1{,}88 \cdot 10^{-13} - 8{,}20 \cdot 10^{-14} = 1{,}06 \cdot 10^{-13}\ \text{J}$$

Aquesta energia cinètica no es pot calcular amb l'expressió

$E_c = \frac{1}{2} mv^2$, ja que la velocitat de l'electró és propera a c i no podem aplicar expressions de la física clàssica com l'esmentada.

ACTIVITATS

31. La massa en repòs d'un electró és de $9{,}1 \cdot 10^{-31}$ kg. Quina és la massa relativista que té si la velocitat que duu és de $0{,}7\,c$?

R: $1{,}27 \cdot 10^{-30}$ kg

32. Per a un electró que s'accelera fins a arribar a una velocitat de $0{,}6\,c$, compareu l'energia cinètica relativista amb el valor donat per la mecànica de Newton.

R: $E_{rel} = 2{,}07 \cdot 10^{-14}$ J, $E_{no\ rel} = 1{,}47 \cdot 10^{-14}$ J

33. Quina és la massa d'un protó que és accelerat en un sincrotró fins a assolir una energia de 25 MeV, si la seva massa en repòs és d'$1{,}67 \cdot 10^{-27}$ kg?

R: $1{,}71 \cdot 10^{-27}$ kg

34. S'accelera un feix d'electrons a través d'una diferència de potencial de 5 000 V. Quan es mesura la velocitat, es troba que l'error que s'ha comès en la mesura és del 0,02 %. Quina és la mínima incertesa en la posició? Si s'accelerés un feix de protons a través de la mateixa diferència de potencial i la incertesa en la velocitat tingués el mateix percentatge, quina seria ara la mínima incertesa en la posició?

R: $6{,}90 \cdot 10^{-9}$ m; $1{,}61 \cdot 10^{-10}$ m

35. Es vol incrementar en un 15 % la massa d'una partícula respecte del seu valor en repòs. Quina velocitat se li ha de comunicar, en funció de c?

R: $0{,}49\,c$

36. Un satèl·lit ($m_0 = 325$ kg) es desplaça sobre la seva òrbita a una velocitat $v = 1$ km/s. Quin augment de massa li veu un observador que es troba fix respecte del sistema Terra?

R: $1{,}8 \cdot 10^{-9}$ kg

Resum de la unitat

La llum

presenta dos comportaments

- **Llum visible**
  - és una part de l'
    - **Espectre electromagnètic**
  - una aplicació tecnològica és l'
    - **Òptica geomètrica**
      - aplicada a la
        - **Reflexió**
          - permet estudiar els
            - **Miralls**
              - els més importants són
                - Mirall còncau
                - Mirall convex
      - aplicada a la
        - **Refracció → Llei de Snell**
          - permet estudiar les
            - **Lents**
              - les més importants són
                - Lent biconvexa: lent convergent
                - Lent bicòncava: lent divergent
          - permet definir l'
            - **Índex de refracció**
              - provoca l'
                - **Angle límit**
                  - una aplicació tecnològica és la
                    - **Fibra òptica**
- **Moviment ondulatori**
  - concretament, una franja de les
    - **Ones electromagnètiques**
      - conformen l'
        - **Espectre electromagnètic**
          - algunes propietats són
            - Difracció
            - Interferències
            - Reflexió
            - Refracció
            - Polarització
            - Difusió
      - consisteixen en
        - **Oscil·lacions d'un camp elèctric i un camp magnètic perpendiculars**
          - deduïdes per les
            - **Lleis de Maxwell**
              - i corroborades per l'
                - **Experiment de Hertz**
- **Moviment corpuscular**
  - de partícules anomenades
    - **Fotons**
      - l'energia dels quals és
        - $E = h f$
          - donada per
            - **Planck**
  - com ho demostren
    - **Radiació de cos negre**
    - **Espectres d'emissió**
    - **Efecte fotoelèctric**
      - la seva equació és
        - $hf = hf_0 + \frac{1}{2} m v_{max}^2$
          - donada per
            - **Einstein**
              - també va descobrir la
                - **Teoria de la relativitat**
                  - **Massa relativista**
                    - $m = \dfrac{m_0}{\sqrt{1 - \dfrac{v^2}{c^2}}}$
                  - **Equivalència massa-energia**
                    - $E = m c^2$
                    - **Energia cinètica relativista**
                      - $E_c = m c^2 - m_0 c^2$

Dualitat ona-corpuscle (Moviment ondulatori + Moviment corpuscular)

- és la base de la
  - **Mecànica quàntica**
    - dona lloc al
      - **Principi d'incertesa**
        - $\Delta x \, \Delta p = \dfrac{h}{4\pi}$
- totes les partícules tenen associada una
  - $\lambda = \dfrac{h}{m v}$
    - donada per
      - **De Broglie**

Activitats finals

Qüestions

1. Enumereu els principals arguments clàssics en favor de la naturalesa corpuscular de la llum, els principals arguments clàssics en favor de la naturalesa ondulatòria, i les contradiccions que plantegen ambdós models.

2. Expliqueu quins problemes planteja per a la física clàssica la idea de l'èter. És correcte, aquest concepte?

3. Quin experiment confirma el caràcter ondulatori de la llum? Efectueu un esquema i expliqueu-ho.

4. En què consisteix la difracció de la llum? Raoneu per què normalment és difícil d'observar-la, i si avala el caràcter ondulatori o el caràcter corpuscular de la llum.

5. Raoneu si els fenòmens que tenen lloc quan un raig de llum arriba a la superfície de separació de dos medis transparents són típicament ondulatoris o no.

6. Quan un raig lluminós arriba a la superfície de separació entre dos medis i l'índex de refracció del primer medi és menor que el del segon, com és l'angle d'incidència, en el cas que no es tracti d'una incidència normal, respecte de l'angle de refracció?

7. Expliqueu amb detall quin fenomen permet que la fibra òptica s'utilitzi per transmetre informació a grans distàncies d'una manera molt ràpida.

8. En què consisteix la polarització de la llum? Si situem dues plaques polaritzadores de manera que les seves direccions de polarització siguin perpendiculars, què observem? Estudieu diverses posicions relatives de les direccions de polarització i deduïu què passa en els diferents casos.

9. Durant el dia, el cel es veu de color blau, mentre que quan el Sol es pon es veu de color vermellós en la direcció de la posta. Expliqueu detalladament en quin fenomen es basen aquests dos fets.

10. La dispersió de la llum blanca es pot estudiar amb un prisma. Busqueu informació sobre aquest fenomen i descriviu-lo.

11. Un mirall esfèric còncau té un radi de curvatura R. Dibuixeu els diagrames de raigs necessaris per localitzar la imatge d'un objecte petit en forma de fletxa situat sobre l'eix del mirall, a una distància d de l'extrem del mirall, quan $d = 2R$, i quan $d = R/3$.

12. Deduïu com va variant la posició i la mida de la imatge quan un objecte es va apropant cap a un mirall còncau des d'una posició llunyana, tot dibuixant el diagrama de raigs en les següents posicions de l'objecte: quan està més enllà del centre *C* de curvatura del mirall; quan just està sobre el centre *C*; quan està entre el centre i el focus *F*; quan just està sobre el focus F; finalment, quan està entre el focus *F* i el mirall. Indiqueu, en conseqüència, quines de les combinacions de característiques següents són possibles: imatge virtual, dreta i més gran que l'objecte; imatge real, invertida i més petita que l'objecte; imatge real, dreta i més gran que l'objecte; imatge virtual, invertida i més petita que l'objecte.

13. Deduïu com va variant la posició i la mida de la imatge que es forma d'un objecte que es va apropant cap a un mirall convex des d'una posició llunyana, i indiqueu, en conseqüència, sota quines condicions la imatge que dona el mirall és real. Responeu si això té alguna cosa a veure amb el fet que en alguns encreuaments de carrers i en alguns comerços hi ha miralls convexos situats de manera estratègica.

14. Deduïu com va variant la posició i la mida de la imatge quan un objecte es va apropant cap a una lent convergent des d'una posició llunyana, tot dibuixant el diagrama de raigs en les següents posicions de l'objecte, si suposem que les distàncies focals objecte i imatge de la lent són iguals: quan l'objecte està més enllà del focus objecte *F* de la lent; quan just està sobre el focus objecte *F*; finalment, quan està entre el focus objecte *F* i la lent. Indiqueu, en conseqüència, quines de les combinacions de característiques següents són impossibles: imatge real, dreta i més gran que l'objecte; imatge real, invertida i més petita que l'objecte; imatge virtual, dreta i més gran que l'objecte; imatge virtual, invertida i més petita que l'objecte.

15. Per què diem que les lents bicòncaves són lents divergents? Aquestes lents, donen sempre imatges virtuals? Per raonar les respostes deduïu com varia la posició i la mida de la imatge que es forma d'un objecte que es va apropant cap a una lent d'aquest tipus des d'una posició llunyana, i esbrineu en conseqüència sota quines condicions donen imatges reals.

16. Per a un objecte situat a 40 cm d'una lent de distància focal –10 cm, determineu, d'entre les següents, quina és la combinació de característiques de la imatge que dona aquesta lent per a l'objecte: real, invertida i més petita; virtual, no invertida i més petita; virtual, no invertida i més gran; real, invertida i més gran.

17. Busqueu en llibres d'òptica informació sobre el telescopi de reflexió, i dibuixeu un diagrama de raigs de les imatges que forma d'un objecte; expliqueu com és la imatge que forma i el perquè de la seva utilització.

18. Quins fets experimentals fan que es torni a postular un model corpuscular per a la llum a principis del segle XX? Aquest model contradiu el caràcter ondulatori de la llum? La radiació electromagnètica, quan mostra el seu aspecte ondulatori? Quan mostra el seu aspecte corpuscular?

19. En alguns metalls, l'efecte fotoelèctric només té lloc amb llum ultraviolada, mentre que en d'altres té lloc amb llum visible; en un d'ells es produeix en irradiar un cert metall amb llum verda i no quan s'il·lumina amb llum groga, malgrat que no sabem si també es produirà en il·luminar la superfície amb llum blava, que té una freqüència més alta que la llum verda, o amb llum vermella, que té una freqüència més baixa que la llum groga. Justifiqueu argumentadament a què són deguts aquests fets, i expliqueu breument en què consisteix l'efecte fotoelèctric i les aplicacions pràctiques que en té.

20. En un experiment sobre l'efecte fotoelèctric s'ha il·luminat una placa feta d'un cert metall, de freqüència llindar f_0, amb llum ultraviolada de determinada intensitat, i s'ha mesurat l'energia cinètica màxima dels electrons emesos. Justifiqueu la veracitat o falsedat de les següents afirmacions, i definiu els conceptes que hi apareixen:

a) Només es produeix l'efecte fotoelèctric si la longitud d'ona de la radiació incident és més gran que la corresponent longitud d'ona per a f_0.

b) Si es duplica la intensitat de la radiació ultraviolada incident, l'energia cinètica màxima augmenta.

c) Si es duplica la freqüència de la radiació incident, l'energia cinètica màxima augmenta.

d) Si es duplica la longitud d'ona de la radiació incident, l'energia cinètica màxima no varia.

e) El treball d'extracció d'un metall és la quantitat mínima d'energia que un electró ha de vèncer per poder escapar de la superfície del metall.

f) L'energia cinètica màxima no està relacionada amb el potencial de frenada.

21. La figura 7.57 correspon a la representació gràfica del potencial de frenada en funció de la freqüència de la radiació incident, que dona una recta. Indiqueu què representen el pendent d'aquesta recta i el seu valor; el punt de tall amb l'eix d'abscisses, i el punt de tall amb l'eix d'ordenades.

22. Per què en l'efecte fotoelèctric el corrent elèctric no és nul encara que ho sigui el potencial aplicat als elèctrodes?

23. Quina o quines de les magnituds següents varien quan un fotó passa d'un medi a un altre: la freqüència, la longitud d'ona, la velocitat, l'energia? Justifiqueu les respostes.

24. Segons el model atòmic de Böhr, els electrons en un àtom ocupen òrbites discretes. Raoneu si, d'acord amb la física quàntica, aquesta afirmació és correcta, i si el concepte d'òrbita té sentit per als electrons lligats a un àtom.

25. Què passa amb la massa d'una partícula quan n'augmenta l'energia cinètica?

26. Proposeu un argument que demostri que és impossible accelerar un objecte de massa m a la velocitat de la llum, encara que hi actuï contínuament una força a sobre.

27. Quin significat té la frase «els fotons són partícules de massa en repòs nul·la»?

Problemes

Triomf del model ondulatori

1. En un experiment com el de Young s'il·luminen les escletxes amb llum monocromàtica de longitud d'ona $4{,}95 \cdot 10^{-7}$ m. Si situem la pantalla a 1,5 m de les escletxes, que estan separades per una distància de 0,2 mm, quina separació entre franges observarem?

R: 3,71 mm

2. Efectuem un experiment similar al de Young per determinar la longitud d'ona de la radiació ultraviolada que emet un determinat gas quan s'excita amb un corrent elèctric. La pantalla consisteix en una placa fotogràfica, que és impressionada per la radiació ultraviolada emesa pel gas; una vegada revelada, s'observa que la separació entre franges és de 3 mm. Si la separació entre les escletxes és de 0,25 mm i la pantalla hi està situada a 2,2 m, quina és la longitud d'ona de la radiació?

R: $3{,}41 \cdot 10^{-7}$ m

Lleis de Maxwell i ones electromagnètiques

3. L'estació de radar d'un aeroport emet ones electromagnètiques amb una freqüència de $2{,}75 \cdot 10^{10}$ Hz, i detecta un avió a 75 km de distància. Determineu el temps que ha transcorregut entre l'emissió de l'ona i la seva recepció després d'haver-se reflectit en l'avió. Quin és el nombre de longituds d'ona que hi ha entre l'estació i l'avió?

Dada: $c = 3 \cdot 10^8$ m/s.

R: $6{,}88 \cdot 10^6$; 0,5 ms

4. El camp elèctric d'una ona electromagnètica que es propaga en un medi transparent ve donat per les funcions $E_x = 0$, $E_y = 0$, $E_z = 3{,}25 \sin \pi\,(4{,}2 \cdot 10^{14}\, t + 1{,}72 \cdot 10^5\, x)$, en unitats del SI, i sabem que $c = 3 \cdot 10^8$ m/s.

a) Determineu la freqüència i la longitud d'ona d'aquesta ona en aquest medi i en el buit, i l'índex de refracció en aquest medi per a aquesta freqüència.

b) Indiqueu quin és l'estat de polarització de l'ona, la seva direcció i el seu sentit de propagació, i a quina franja de l'espectre correspon.

c) Escriviu l'expressió del camp magnètic B associat a aquesta ona electromagnètica.

R: *a)* $4{,}2 \cdot 10^{14}$ Hz, $5{,}81 \cdot 10^{-7}$ m, $7{,}14 \cdot 10^{-7}$ m, 1,23.

5. Un raig de llum de color groc de 580 nm es propaga per l'aire a una velocitat de $3{,}0 \cdot 10^8$ m/s i incideix sobre un vidre que té un índex de refracció d'1,55 per a aquesta llum.

a) Determineu la freqüència de la llum groga a l'aire i la seva velocitat de propagació al vidre i la freqüència i la longitud d'ona de la llum groga en el vidre.

b) Si el raig hi incideix amb un angle de 63°, quin és l'angle de refracció? I l'angle límit per a aquest vidre?

R: *a)* $5{,}2 \cdot 10^{14}$ Hz, $1{,}9 \cdot 10^8$ m/s; $5{,}2 \cdot 10^{14}$ Hz, $3{,}6 \cdot 10^{-7}$ m; *b)* 35°, 40,18°

6. Un raig de llum vermella que es propaga per l'aire incideix sobre un vidre amb un angle de 30° respecte a la direcció normal en la superfície del vidre. L'índex de refracció del vidre per a la llum vermella val $n_v = 1{,}5$, i l'índex de refracció de l'aire val $n_a = 1$. Feu un esquema amb les direccions dels raigs reflectit i refractat, i calculeu el valor de l'angle que formen entre ells.

R: 130,53°

7. Un raig de llum arriba a la superfície de separació de dos medis transparents. Si el primer medi té un índex de refracció d'1,33 i el segon, d'1,55, quin ha de ser el valor de l'angle que forma el raig incident respecte a la direcció normal a la superfície de separació quan l'angle que formen el raig reflectit i el raig refractat val 90°?

R: 49,37°

8. Sobre una làmina transparent, que té un gruix de 5 mm i un índex de refracció de valor 1,65, hi incideix perpendicularment un raig de llum monocromàtica de freqüència $6 \cdot 10^{14}$ Hz. Determineu el temps que tarda el raig a travessar la làmina quan el raig hi incideix formant un angle de 90° respecte de la superfície de la làmina, la velocitat de la llum en aquest material, i la freqüència i la longitud d'ona del raig quan es propaga a l'interior de la làmina.

R: 27,5 ps; 0,6 c; $3 \cdot 10^{-7}$ m.

9. El quars i el diamant presenten uns índexs de refracció d'1,51 i 2,42, respectivament.

a) A quina velocitat es transmet la llum d'aquests materials?

b) Quant valen els respectius angles límit?

R: *a)* $1{,}99 \cdot 10^8$ m/s; $1{,}24 \cdot 10^8$ m/s; *b)* 41,47°; 24,41°

10. Quin és l'angle d'incidència mínim per tal que un raig de llum, que es propaga per un vidre d'índex de refracció $n_v = 1{,}6$, es reflecteixi totalment en arribar a la superfície de separació entre aquest vidre i l'aire? L'índex de refracció de l'aire és $n_a = 1$.

R: 38,68°

11. Disposem d'una fibra òptica amb nucli d'índex 1,46 i recobriment d'índex 1,45. Quin és l'angle màxim d'entrada que pot formar el raig amb l'eix de la fibra per tal d'obtenir reflexió total interna a l'interior de la fibra?

R: 6,7°

Òptica geomètrica

12. Deduïu a quina distància aproximada d'un mirall còncau hem de situar un objecte per tal que la imatge formada sigui virtual i d'altura doble a la de l'objecte. Feu-ho considerant que el mirall té un radi de 45 cm i que l'objecte té una alçària de 15 cm. Determineu també la posició de la imatge.

R: 11 cm; 22,5 cm

13. Dibuixeu el diagrama de raigs per obtenir la imatge d'un objecte d'1,2 m d'alçària quan es col·loca a 4 m d'un mirall còncau de 5 m de radi. Si el mirall és convex, com serà la imatge formada pel mateix objecte?

R: 6,7 m; 2 m; 1,5 m; 0,5 m

14. Una lent biconvexa de focal 15 cm forma una imatge invertida, real i tres vegades més gran que l'objecte. Quines són les posicions de l'objecte i de la imatge?

R: 20 cm; 60 cm.

15. Una lupa és un instrument òptic que permet ampliar la mida dels objectes i consisteix en una lent convergent que té una distància focal petita. Si una lupa té una distància focal de 3 cm, a quina distància hem de situar un objecte de 0,5 cm si volem obtenir-ne una imatge virtual i quatre vegades més gran? En aquest cas, on està situada la imatge? Què passaria si col·loquéssim l'objecte a una distància de 5 cm de la lupa?

R: 2,3cm; –9,1cm; 7,4 cm; –0,75 cm.

16. De quantes diòptries ha de ser una lent biconvexa per tal que la grandària de la imatge sigui el doble que la grandària de l'objecte, si aquest es troba a 25 cm de la lent?

R: 2 D

17. Quin tipus de lent ha de portar un projector de diapositives? A quina distància de la lent han d'estar les diapositives, de 2,5 cm d'altura, si volem projectar-les sobre una pantalla d'1,5 m situada a 2 m de la lent?

R: 3,33 cm.

18. Una lent divergent té una distància focal de 4,25 cm. Determineu la potència de la lent, i la posició, l'altura i les característiques que dona de la imatge d'un objecte d'1,4 cm quan aquest objecte està situat a 1,8 cm de la lent, i quan està a 6,3 cm de la lent.

R: 1,3 cm; 1 cm; 2,6 cm; 0,6 cm

Els fonaments de la física moderna

19. El radar d'un aeroport funciona a una freqüència central de 10 500 GHz. Si la potència mitjana del radar és de 15 kW, quants fotons emet en un minut? Quina quantitat de moviment té cada fotó?

R: $1{,}29 \cdot 10^{26}$ fotons/min; $2{,}32 \cdot 10^{-29}$ N · s

20. Es defineix el potencial d'ionització d'un element com l'energia que ha d'absorbir l'electró de l'últim nivell d'un àtom de l'element per escapar-ne. Calculeu quina ha de ser la freqüència i la longitud d'ona dels fotons que poden ionitzar els elements següents: rubidi, de potencial d'ionització 4,18 eV; fluor, de potencial d'ionització 17,42 eV; carboni, de potencial d'ionització 11,26 eV.

R: $1{,}01 \cdot 10^{15}$ Hz, $2{,}97 \cdot 10^{-7}$ m; $4{,}21 \cdot 10^{15}$ Hz, $7{,}13 \cdot 10^{-8}$ m; $2{,}72 \cdot 10^{15}$ Hz, $1{,}10 \cdot 10^{-7}$ m

21. Les característiques d'un làser comercial d'infrarojos ens indiquen que pot donar una potència màxima del feix làser de 250 mW amb una longitud d'ona de 1 060 nm. Determineu la quantitat de moviment i l'energia de cada fotó del feix, i el nombre de fotons que dona en mitja hora.

R: $6{,}25 \cdot 10^{-28}$ N·s, 1,17 eV, $2{,}4 \cdot 10^{21}$ fotons

22. La irradiància solar que arriba a la superfície de la Terra (potència incident per unitat de superfície) és aproximadament de 1 400 W m^{-2}. Suposem que l'energia mitjana dels fotons que hi arriben és de 2,20 eV.

a) Quina és la longitud d'ona mitjana (en nm) dels fotons que arriben a la Terra?

b) Calculeu el nombre de fotons que incideixen sobre una superfície d'1,00 cm^2 cada segon.

Dades: Velocitat de la llum, $c = 3{,}00 \cdot 10^8$ m s^{-1}.
Constant de Planck, $h = 6{,}63 \cdot 10^{-34}$ J s.
1 eV $= 1{,}602 \cdot 10^{-19}$ J.

R: *a)* 564 nm; *b)* $3{,}98 \cdot 10^{17}$

L'efecte fotoelèctric

23. Una font lluminosa emet llum monocromàtica de 550 nm amb una potència de 2 mW, que es fa incidir sobre un metall, i es produeix efecte fotoelèctric. Suposem que l'energia mitjana dels fotons que hi arriben és de 2,20 eV, i sabem que $c = 3{,}00 \cdot 10^8$ m s^{-1}, $h = 6{,}63 \cdot 10^{-34}$ J s i 1 eV $= 1{,}602 \cdot 10^{-19}$ J. Calculeu:

a) L'energia cinètica màxima dels electrons extrets.

b) El nombre de fotons que emet la font lluminosa en un minut.

R: *a)* $2{,}54 \cdot 10^{-20}$ J; *b)* $3{,}32 \cdot 10^{17}$

24. Una antena de telefonia mòbil instal·lada al terrat d'un edifici emet ones electromagnètiques de 900 MHz de freqüència amb una potència de 4 W.

a) Calculeu quants fotons emet l'antena en un minut.

b) Valoreu si els fotons que emet l'antena poden produir efecte fotoelèctric en un metall que és a prop, tenint en compte que l'energia d'extracció mínima dels electrons del metall és 4,1 eV. En cas afirmatiu, calculeu l'energia cinètica dels electrons extrets. Si l'antena emet amb una potència de 8 W, com variarà l'efecte fotoelèctric que es pugui produir en el metall?

Dades: $h = 6{,}62 \cdot 10^{-34}$ J s; 1 eV $= 1{,}602 \cdot 10^{-19}$ J.

R: *a)* $4{,}03 \cdot 10^{26}$

25. Si sabem que l'efecte fotoelèctric amb llum groga, $\lambda = 5\,900$ Å, deixa de tenir lloc quan la tensió del generador val –1,5 V, determineu la freqüència llindar, i l'energia cinètica màxima dels fotoelectrons i el treball d'extracció en eV.

R: *a)* 1,5 eV; *b)* 1,46 · 1014 Hz; *c)* 0,6 eV

26. S'il·lumina el metall d'un tub de descàrrega amb llum blava de longitud d'ona 470 nm, i cal aplicar una tensió inversa de 2,5 V per anul·lar el corrent elèctric. Quan val la màxima longitud d'ona a la qual deixa d'haver-hi emissió d'electrons.

R: 8,81 μm

27. En una cèl·lula fotoelèctrica il·luminem el càtode amb llum verda, de longitud d'ona 5 500 Å, i s'origina un corrent elèctric. Calculeu el treball d'extracció de l'electró i la seva velocitat màxima, sabent que el corrent es deté quan el potencial invers és de 0,95 V, i que la massa de l'electró és de $9{,}11 \cdot 10^{-31}$ kg.

R: $2{,}09 \cdot 10^{-19}$ J; $5{,}78 \cdot 10^5$ m/s

28. S'il·lumina una làmina de plata, de freqüència llindar $1{,}14 \cdot 10^{15}$ Hz, amb llum ultraviolada de longitud d'ona 190 nm. Quina és la màxima longitud d'ona perquè es produeixi efecte fotoelèctric a la plata? Determineu el treball d'extracció, l'energia cinètica màxima amb què surten els electrons emesos, i el potencial invers de frenada

R: 263 nm; 4,72 eV; 1,82 eV; 1,82 V.

29. La superfície d'un metall ha estat il·luminada amb llum de longituds d'ona diferents, i s'han mesurat els potencials de frenada corresponents. Els resultats obtinguts han estat els següents:

λ ($\cdot 10^{-7}$ m)	3,71	4,21	4,80	5,16	5,54
V_0 (V)	1,43	1,03	0,66	0,49	0,34

Taula 7.7.

Representeu gràficament els potencials de frenada enfront de les freqüències, i efectueu els càlculs pertinents a partir del gràfic per tal de determinar la freqüència llindar, l'energia mínima necessària per arrencar un electró, el quocient h/e i la constant de Planck.

R: *a)* $4{,}65 \cdot 10^{14}$ Hz; *b)* 1,924 eV; *c)* $4{,}08 \cdot 10^{-15}$ J · s/C

Dualitat ona-corpuscle. Introducció a la mecànica quàntica

30. Considereu els cossos següents en moviment: la bala d'un fusell, de 15 g de massa, quan surt d'aquest a una velocitat de 250 m/s; un electró que es mou a una velocitat de 0,5 c; un automòbil de 300 kg de massa que va a una velocitat de 120 km/h. Calculeu-ne la longitud d'ona que tenen associada, i argumenteu quina conclusió podem extreure'n a d'acord amb els resultats obtinguts.

R: $1{,}76 \cdot 10^{-34}$ m; $4{,}84 \cdot 10^{-12}$ m; $6{,}63 \cdot 10^{-38}$ m.

31. Podem considerar que la velocitat mitjana dels electrons que es mouen per dintre d'un conductor metàl·lic val aproximadament 10^{-4} m/s, encara que aquest valor depengui de la intensitat de corrent i del tipus de conductor. Quina longitud d'ona tenen els electrons a aquesta velocitat?

R: 7,27 m

32. En un experiment de difracció amb electrons es bombardeja amb aquestes partícules una mostra d'una substància pura. Si la distància mitjana entre els àtoms de la xarxa cristallina de la substància és de 150 pm, amb quina diferència de potencial cal accelerar els electrons per tal que la seva longitud d'ona tingui unes dimensions comparables a la separació entre àtoms?

R: 67 V

33. Un protó i un petit cos esfèric de massa 5 g i càrrega 250 nC són accelerats a través de la mateixa diferència de potencial de 500 V. Feu els càlculs pertinents per justificar en quin cas es fa patent el comportament ondulatori.

R: $1{,}28 \cdot 10^{-12}$ m; $5{,}92 \cdot 10^{-31}$ m

34. Es mesura una longitud d'ona per a una partícula α de 0,55 pm. Determineu l'energia cinètica de la partícula, la seva velocitat i la tensió que l'ha accelerat.

R: 0,68 keV; $1{,}80 \cdot 10^{-5}$ m/s; 338 V.

35. Els fotons d'una de les radiacions electromagnètiques emeses pels àtoms d'hidrogen quan es desexciten tenen una energia de 12,73 eV. Determineu:

a) La quantitat de moviment i la longitud d'ona d'un d'aquests fotons emesos. Pertanyen a la franja del visible?

b) La quantitat de moviment i la velocitat amb què retrocedeix un àtom excitat en repòs que emet un d'aquests fotons.

c) La longitud d'ona de De Broglie de l'àtom desexcitat.

R: *a)* $6{,}8 \cdot 10^{-27}$ N·s; 98 nm
b) $6{,}8 \cdot 10^{-27}$ N·s; 4 m/s; *c)* $9{,}74 \cdot 10^{-8}$ m

36. Un electró és a l'interior d'una esfera buida de radi 2 cm. Si no es coneix la seva posició exacta:

a) Quina és la mínima incertesa en la seva velocitat?

b) Quina és la mínima incertesa en la seva energia si la incertesa en l'interval de temps és de 3 ms?

c) Quines conclusions extraiem dels resultats anteriors?

R: *a)* $2{,}89 \cdot 10^{-3}$ m/s; *b)* $1{,}76 \cdot 10^{-32}$ J

37. La quantitat de moviment $\vec{p}$ en la teoria de la relativitat es defineix com a $\vec{p} = m\vec{v}$. Calculeu el mòdul de la quantitat de moviment d'una partícula de massa en repòs igual a $9{,}11 \cdot 10^{-31}$ kg que es mou a una velocitat d'$1{,}87 \cdot 10^{8}$ m/s. Quin error relatiu es tindria si es prengués com a valor de p el calculat segons la física clàssica?

R: $2{,}18 \cdot 10^{-22}$ kg·m/s, 22%

Equivalència massa-energia

38. L'energia d'un electró en repòs és de $8{,}18 \cdot 10^{-14}$ J. Calculeu l'energia cinètica d'un electró en moviment amb una velocitat $v = 0{,}5c$.

R: $1{,}26 \cdot 10^{-14}$ J

39. L'energia total d'un protó és dues vegades l'energia que té en repòs, i sabem que la seva massa en repòs és de $1{,}67 \cdot 10^{-27}$ kg. Calculeu l'energia en repòs del protó, la seva velocitat i la seva energia cinètica.

R: *a)* $1{,}50 \cdot 10^{-10}$ J; *b)* $2{,}60 \cdot 10^{-8}$ m/s; *c)* $1{,}50 \cdot 10^{-10}$ J

Prepara't per a la universitat

1. Fem incidir radiació electromagnètica d'una freqüència determinada sobre un metall que té una freqüència llindar de $6{,}00 \cdot 10^{16}$ Hz. Observem que l'energia cinètica màxima dels electrons emesos és $6{,}62 \cdot 10^{-17}$ J. Calculeu:

a) La freqüència de la radiació electromagnètica incident.

b) La longitud d'ona dels fotons incidents i la dels electrons emesos amb la màxima energia cinètica.

Dades: $h = 6{,}62 \cdot 10^{-34}$ J·s; $c = 3{,}00 \cdot 10^{8}$ m/s;
$m_e = 9{,}11 \cdot 10^{-31}$ kg.

R: *a)* $1{,}60 \cdot 10^{17}$ Hz; *b)* $1{,}88 \cdot 10^{-9}$ m, $6{,}01 \cdot 10^{-11}$ m

2. Una radiació ultraviolada de $\lambda = 200$ nm incideix sobre una placa de plom, de manera que salten electrons amb una energia cinètica màxima d'1,97 eV. Calculeu:

a) La funció de treball (és a dir, l'energia mínima d'extracció d'electrons) del plom.

b) La longitud d'ona associada als electrons emesos amb l'energia cinètica màxima.

Dades: $c = 3{,}00 \cdot 10^{8}$ m/s; $h = 6{,}63 \cdot 10^{-34}$ J·s;
$m_{electró} = 9{,}11 \cdot 10^{-31}$ kg; $q_{electró} = -1{,}60 \cdot 10^{-19}$ C;
1 nm = 10^{-9} m; 1 eV = $1{,}602 \cdot 10^{-19}$ J.

R: *a)* 4,24 eV; *b)* $8{,}75 \cdot 10^{-10}$ m

3. A l'espectroscòpia de fotoemissió ultraviolada (UV), il·luminem les mostres amb un feix de radiació UV i analitzem l'energia dels electrons emesos.

a) Hem il·luminat una mostra amb radiació de longitud d'ona $\lambda = 23{,}7$ nm, i els fotoelectrons analitzats tenen una energia cinètica màxima de 47,7 eV. Calculeu la funció de treball del material analitzat en J i en eV.

b) Determineu el llindar de longitud d'ona per a aquest material. Com canviaria aquest llindar de longitud d'ona si es dupliqués la potència del feix de radiació UV?

Dades: $h = 6{,}63 \cdot 10^{-34}$ J·s; 1 eV $= 1{,}60 \cdot 10^{-19}$ J;
$c = 3{,}00 \cdot 10^{8}$ m·s^{-1}.

R: *a)* $7{,}60 \cdot 10^{-19}$ J, 4,75 eV; *b)* $2{,}62 \cdot 10^{-7}$ m

4. Disposem d'un tub de buit com el de la figura. L'elèctrode A és fet de potassi, que té $W_0 = 2{,}29$ eV com a valor de treball d'extracció.

a) Determineu la velocitat amb què surten els electrons arrancats de l'elèctrode A quan l'il·luminem amb llum de color violat de 400 nm de longitud d'ona.

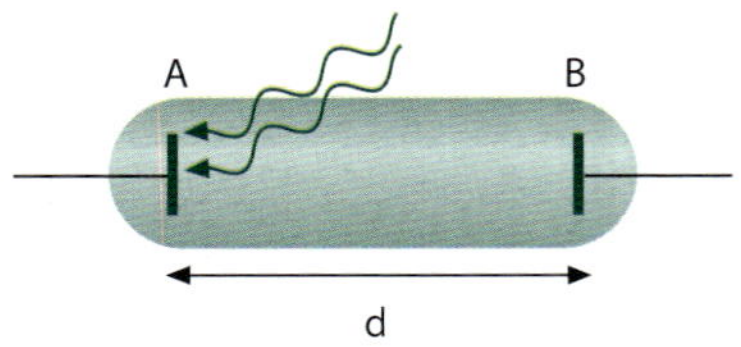

Fig. 7.63.

b) A continuació canviem l'elèctrode A per un altre que és fet d'un material desconegut. Per tal de determinar de quin material es tracta, l'il·luminem un altre cop amb la mateixa llum d'abans, i determinem que el potencial de frenada dels electrons de l'elèctrode A és $V_f = 0{,}17$ V. Determineu el treball d'extracció del material i indiqueu de quin element és fet a partir de la taula de valors següent:

Element	Ba	Li	Mg	As	Al	Bi	Cr	Ag	Be
W_0 (eV)	2,70	2,93	3,66	3,75	4,08	4,34	4,50	4,73	4,98

Taula 7.8.

Dades: $m_{electró} = 9{,}11 \cdot 10^{-31}$ kg; $h = 6{,}63 \cdot 10^{-34}$ J s;
$c = 3{,}00 \cdot 10^{8}$ m s^{-1}; 1 eV $= 1{,}60 \cdot 10^{-19}$ J.

R: *a)* $5{,}36 \cdot 10^{5}$ m/s; *b)* 2,94 eV

5. En una experiència, enviem radiació ultraviolada contra una placa de plom i produïm efecte fotoelèctric. Els electrons que es desprenen de la placa són frenats totalment per una diferència de potencial elèctric que depèn de la longitud d'ona de la radiació ultraviolada incident. A partir de les mesures efectuades sabem que, quan la longitud d'ona és $1{,}50 \cdot 10^{-7}$ m, la diferència de potencial que frena els electrons és de 4,01 V, i quan la longitud d'ona és $1{,}00 \cdot 10^{-7}$ m, la diferència de potencial de frenada és de 8,15 V. Calculeu:

a) Per a cada longitud d'ona, la velocitat màxima amb què els electrons són extrets de la placa de plom.

b) L'energia mínima (funció de treball) necessària per extreure un electró de la placa de plom. Determineu la constant de Planck a partir d'aquestes dades.

Dades: $Q_{electró} = -1{,}60 \cdot 10^{-19}$ C; $c = 3{,}00 \cdot 10^{8}$ m s^{-1};
$m_{electró} = 9{,}11 \cdot 10^{-31}$ kg

R: *a)* $1{,}19 \cdot 10^{6}$ m/s, $1{,}69 \cdot 10^{6}$ m/s; *b)* $6{,}82 \cdot 10^{-19}$ J

6. Il·luminem una superfície de coure amb llum de diverses freqüències i, quan s'alliberen electrons del metall, en mesurem l'energia cinètica. Amb les dades obtingudes de l'experiment dibuixem la gràfica següent:

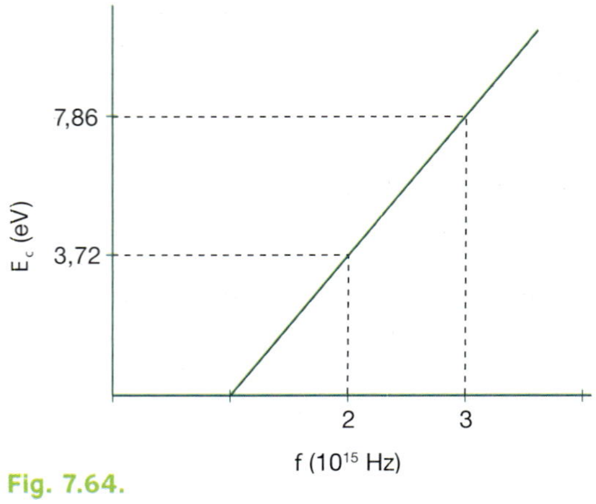

Fig. 7.64.

a) Expliqueu breument què és el llindar de freqüència de l'efecte fotoelèctric i calculeu quin valor té en aquest cas.

b) Calculeu el valor de la constant de Planck i la velocitat que assoleixen els electrons emesos quan la longitud d'ona de la llum incident és $1{,}2 \cdot 10^{-7}$ m.

Dades: $c = 3{,}00 \cdot 10^{8}$ m s^{-1}, $m_{electró} = 9{,}11 \cdot 10^{-31}$ kg;
1 eV $= 1{,}60 \cdot 10^{-19}$ J

R: *a)* $1{,}10 \cdot 10^{15}$ Hz; *b)* $1{,}43 \cdot 10^{6}$ m/s

7. Una porta s'obre i es tanca mitjançant un dispositiu fotoelèctric. La longitud d'ona de la radiació electromagnètica utilitzada és de 850 nm i l'energia mínima d'extracció del material fotodetector és d'1,20 eV. Calculeu:

a) L'energia cinètica dels fotoelectrons emesos i la longitud d'ona de De Broglie associada a aquests electrons.

b) La longitud d'ona que hauria de tenir una radiació electromagnètica incident per duplicar l'energia cinètica dels fotoelectrons emesos de l'apartat *a)*.

Dades: $m_{electró} = 9{,}11 \cdot 10^{-31}$ kg, $Q_{electró} = -1{,}60 \cdot 10^{-19}$ C,
$h = 6{,}63 \cdot 10^{-34}$ J s, $c = 3{,}00 \cdot 10^{8}$ m s^{-1}.

R: *a)* $4{,}20 \cdot 10^{-20}$ J, $2{,}40 \cdot 10^{-9}$ m; *b)* $7{,}21 \cdot 10^{-7}$ m

8. Un ciclotró que accelera protons té un camp magnètic de $9{,}00 \cdot 10^{-3}$ T, perpendicular a la velocitat dels protons, que descriuen una trajectòria circular de 0,50 m de radi. Calculeu:

a) La freqüència del moviment circular dels protons al ciclotró.

b) L'energia cinètica dels protons accelerats i la longitud d'ona de De Broglie que tenen associada.

Dades: $Q_{protó} = 1{,}60 \cdot 10^{-19}$ C; $m_{protó} = 1{,}67 \cdot 10^{-27}$ kg;
$h = 6{,}62 \cdot 10^{-34}$ J s.

R: *a)* $1{,}37 \cdot 10^{5}$ Hz; *b)* $1{,}55 \cdot 10^{-16}$ J; $9{,}21 \cdot 10^{-13}$ m

1. Les ulleres de policarbonat presenten una sèrie d'avantatges que les fan més atractives que les de materials plàstics, si bé són més cares que aquestes últimes. En primer lloc, entre les seves qualitats òptiques cal destacar que, en tenir un índex de refracció més gran, el seu gruix és més petit i, així, són més lleugeres, sobretot quan necessitem molta graduació; per exemple, el seu índex de refracció típic està al voltant de l'1,6. Les de plàstic, per contra, solen ser més gruixudes i, per tant, pesen més, si bé actualment disposem de materials plàstics amb índex de refracció d'entre 1,6 i 1,75. Una altra qualitat òptica del policarbonat és que no presenta els inconvenients de distorsió visual que hi ha en les de plàstic. En segon lloc, tenen una gran resistència, de fins a 10 vegades més gran que les de plàstic, i així proporcionen més seguretat davant del risc de trencament de la lent. Això les fa recomanables en esports, en seguretat i per als infants.

Fig. 7.65.

a) Identifica quines de les magnituds i altres propietats que apareixen en la descripció de les ulleres de policarbonat estan relacionades amb la visió i els seus problemes i quines no. Valora perquè aquestes propietats donen una millor qualitat a les ulleres de policarbonat en comparació amb les de plàstic.

b) Les propietats de qualitat òptica òptima i resistència mecànica tenen a veure amb el procés de fabricació de les lents. En les de plàstic, el modelat requereix que el material estigui fos durant un temps prolongat abans no solidifiqui i es formi la lent; en canvi, en el policarbonat, en ser un material termoplàstic, la fabricació es fa per injecció, mitjançant la qual partícules del material s'escalfen fins al punt de fusió i s'injecten en els motlles de les lents, que es comprimeixen sota pressió i es refreden en qüestió de minuts per formar les lents. Investiga quin material és el policarbonat, què és el que li dona les propietats especials respecte del plàstic, i quin és el procés de fabricació de lents amb aquest material comparat amb el de les lents de plàstic.

c) Ves a alguna òptica i fixa't en les etiquetes de les ulleres. Comenta quines indicacions hi apareixen, i treu conclusions sobre el llenguatge que s'hi utilitza.

d) Investiga què vol dir «una graduació més alta». Què té a veure el fet que siguin més primes amb el fet que el seu índex de refracció sigui més gran? Per respondre aquesta pregunta, suposa que una lent de policarbonat té un índex de refracció d'1,6, mentre que una de plàstic, un d'1,45. Determina l'angle de refracció que tindria un raig refractat que passa de l'aire al material, per a uns angles d'incidència de 20°, 45°, i 60°, i dedueix a partir d'aquests càlculs la teva resposta.

e) L'anomenada equació del fabricant de lents relaciona la focal f de la lent, el seu índex de refracció n i els radis de curvatura R_1 i R_2 de les superfícies exteriors de la lent (fig. 7.66):

$$\frac{1}{f} = (n - 1)\left(\frac{1}{R_1} - \frac{1}{R_2}\right)$$

Per afinar una mica més la teva resposta anterior, dedueix el radi R que han de tenir les superfícies de la lent de policarbonat i de la lent de plàstic de la pregunta *b)* si volem que tinguin una potència de 4 diòptries, suposant que les dues lents són biconvexes i les seves superfícies són del mateix radi, i tenint en compte que el radi de la superfície dreta de la lent es considera negatiu en quedar el seu centre a l'esquerra de la lent ($R_1 = -R_2 = R$).

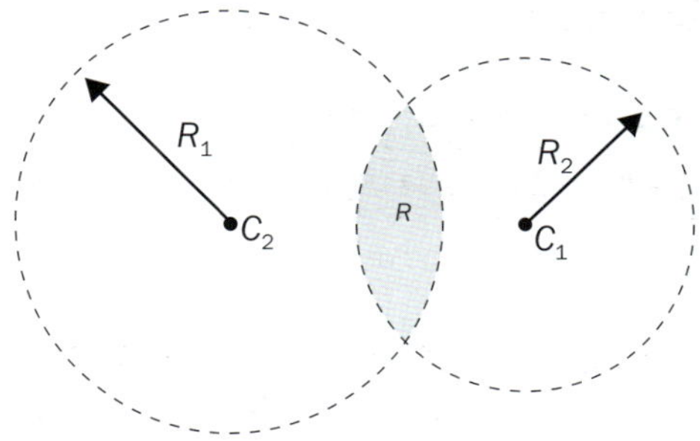

Fig. 7.66.

f) Finalment, un altre aspecte a considerar és que les ulleres de policarbonat filtren els raigs ultraviolats al 100 %, mentre que els materials plàstics ofereixen una protecció bastant més baixa i això fa que hagin de ser tractats amb un material antireflector que disminueixi els efectes nocius d'aquests. Investiga quins tipus de raigs ultraviolats hi ha i quins són els que arriben a la superfície terrestre, i perquè les ulleres tradicionals no filtren els raigs ultraviolats i les de policarbonat sí que ho fan.

- Quins apartats de la unitat t'han resultat més fàcils? I els més difícils, com has aconseguit superar-los? Com resoldràs els dubtes que et queden encara?
- Com pots relacionar el que has après sobre la **naturalesa de la llum** amb situacions de la vida quotidiana?
- Per a què et serveix conèixer què són la llum i **les ones electromagnètiques?, i la dualitat ona-corpuscle?**

Estudi de la difracció amb un làser

Objectiu

Observar fenòmens de difracció i d'interferència amb el feix de llum produït per un làser, i determinar la longitud d'ona del làser.

Material

- Làser vermell
- Làser verd
- Placa amb una escletxa
- Suports
- Dues xarxes de difracció de diferent *r*
- Fil molt prim
- Pantalla

Tingues en compte

Avui en dia hi ha una gran varietat de punters làsers de diferents longituds d'ona que, per la seva baixa potència, no presenten un risc important i poden ser usats en entorns didàctics amb les degudes precaucions, com ara evitar apuntar-los als ulls per no causar danys a la retina.

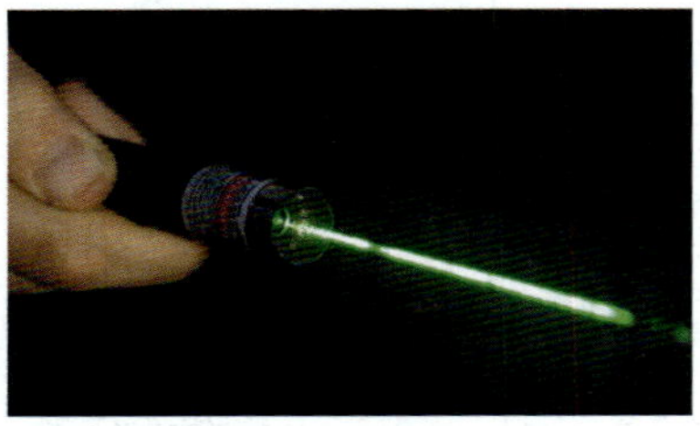

Fig. 7.67. Punter làser de color verd.

Fonament

Un làser és un dispositiu que proporciona una font de llum amb l'energia lluminosa concentrada en un feix molt estret i que és diferent, per tant, de qualsevol altra font de llum.

Cal tenir present que quan una bombeta elèctrica s'encén emet llum en totes direccions, amb totes les longituds d'ona possibles de la franja de l'espectre visible i de manera incoherent, és a dir, proporcionant ones electromagnètiques que vibren segons totes les fases possibles.

Podem interpretar aquest fet si considerem que el corrent elèctric que circula pel filament de la bombeta excita els seus àtoms, de manera que els electrons se situen en diferents nivells quàntics d'energia superior, i a continuació baixen aleatòriament fins als possibles nivells energètics inferiors emetent un fotó; cada àtom emet, per tant, fotons amb moltes energies possibles, que no estan en fase, i que surten en diferents direccions.

El làser, per contra, és una font de llum coherent; això vol dir que els fotons emesos es propaguen com a ones electromagnètiques que estan en fase o amb diferencia de fase constant. Aquesta emissió, a més, té lloc pràcticament en una única direcció, i dona lloc a un feix de llum que no divergeix i que conté una única línia de l'espectre; es tracta, per tant, d'una font de llum monocromàtica.

Totes aquestes característiques permeten estudiar de manera simple les propietats ondulatòries de la llum, com ara la difracció i les interferències. En aquesta experiència estudiarem el fenomen de la difracció que es presenta quan el feix de llum làser troba en el seu camí una xarxa de difracció (fig. 7.68), que consisteix en una successió de línies gravades sobre una làmina transparent; la xarxa es comporta, per tant, com un conjunt d'escletxes molt primes i molt juntes.

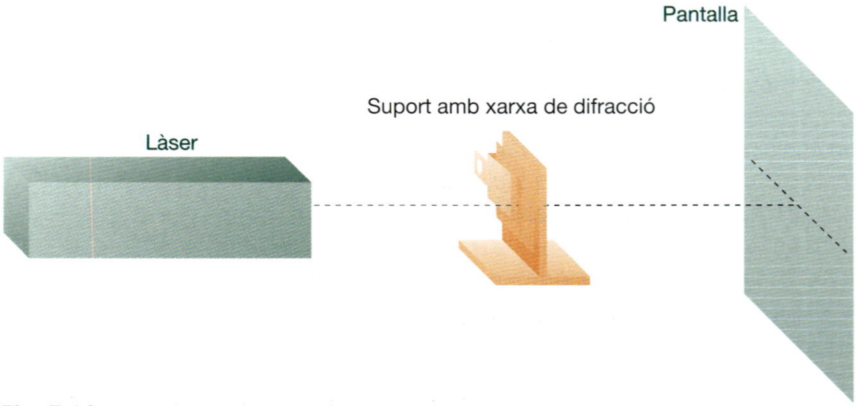

Fig. 7.68.

Recorda

No oblideu que una xarxa de difracció consisteix en una làmina transparent on hi ha gravada una sèrie de ratlles fosques paral·leles i molt juntes; la densitat de ratlles *r* (ratlles/mm) sol ser molt elevada, i per això no es poden veure a ull nu sinó que cal utilitzar un microscopi per observar-les. De fet, les ratlles equivalen a un conjunt molt gran de *n* escletxes, de manera que per determinar la distància α entre escletxes o ratlles cal fer l'invers de la seva densitat: $\alpha = 1/r$.

Procediment

- Disposeu el làser vermell i la xarxa de difracció sobre suports que els mantinguin fixos. Anoteu el nombre *r* de ratlles per mil·límetre de la xarxa (aquesta dada està escrita sobre la mateixa xarxa), i determineu la distància *a* entre ratlles $\left(a = \frac{1}{r}\right)$.
- Utilitzeu com a pantalla fulls de paper mil·limetrat que fixareu sobre una paret amb cinta adhesiva; en aquests fulls es marcaran les posicions dels màxims d'interferència.
- Col·loqueu el suport amb la xarxa entre el làser i la pantalla de manera que quedin tots tres alineats (fig. 7.68), amb la xarxa situada a una distància d'uns 90 cm respecte del làser i d'uns 150 cm respecte de la pantalla.
- Enfosquiu el laboratori, engegueu el làser i dirigiu el seu feix cap a la xarxa fent-lo passar per ella.
- Aneu apropant o allunyant la xarxa de la pantalla, fins que s'observin sobre la pantalla almenys tres punts de feix làser amb una separació com més gran millor entre els punts.
- Mesureu acuradament la distància *d* entre la xarxa de difracció i la pantalla, i anoteu-ne el valor.
- Marqueu amb un retolador els punts de feix làser que hi ha sobre el paper, i traieu aquest últim de la paret. Mesureu la distància *x* entre dos punts consecutius, i anoteu-ne el valor.
- Recordeu-vos d'apagar el làser quan no es fa servir!
- Canvieu ara la xarxa de difracció per una altra de diferent *r,* i repetiu els passos anteriors.
- Repetiu els passos anteriors amb el làser verd.

Anàlisi de resultats

- Ompliu la taula següent amb els valors que heu mesurat per a *a*, *d* i Δx, i determineu la longitud d'ona de cada làser amb l'expressió adequada i fent la mitjana aritmètica de les longituds d'ona que heu calculat amb les dues xarxes.

Làser	r (mm^{-1})	$a = \frac{1}{r}$ (m)	d (m)	Δx (m)	λ (m)
Vermell					
Vermell					
Verd					
Verd					

Taula 7.9.

- Feu la mitjana aritmètica de les longituds d'ona que heu calculat amb les dues xarxes, i doneu el valor final de la longitud d'ona de cada làser:

$\lambda_{vermell} =$ $\lambda_{verd} =$

- A què és degut el fet que apareguin diferents punts sobre la pantalla? Quina explicació li doneu?
- Per què és molt més fàcil d'observar aquest fenomen amb un làser que amb llum normal?

Tingues en compte

Amb la xarxa de difracció utilitzada en aquesta pràctica s'obté un patró d'interferència molt senzill, ja que, simplement, consisteix en una sèrie de punts alineats; però es pot obtenir una gran varietat de patrons d'interferència, segons les obertures o els obstacles que posem en la trajectòria del feix làser. Quan es fa passar el feix per una única obertura s'obté un *patró de difracció,* tot i que aquest, en realitat, també és el resultat de les interferències produïdes sobre la pantalla entre els diferents raigs que s'han difractat als límits de l'obertura.

Les imatges següents mostren dos exemples de patrons de difracció: en el primer es fa passar el feix làser per una obertura circular, i en el segon, per una obertura quadrada, totes dues suficientment petites.

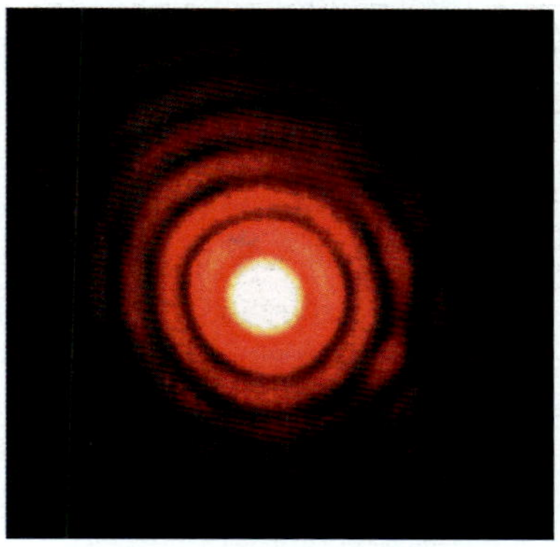

Fig. 7.69.

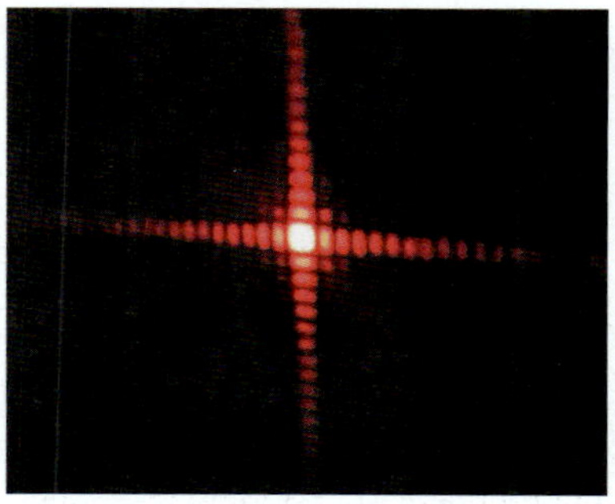

Fig. 7.70.

UNITAT

8 Física nuclear

Hi estudiaràs:

- Forces fonamentals
- La teoria del big-bang i l'origen de l'Univers
- Les partícules atòmiques
- Estabilitat nuclear i radioactivitat
- Reaccions nuclears
- Radiacions ionitzants
- L'energia nuclear

I seràs capaç de:

- Conèixer les característiques de les forces físiques fonamentals i els diferents tipus de partícules elementals.
- Comprendre els fonaments del model del big-bang per explicar l'origen de l'Univers.
- Familiaritzar-te amb la terminologia pròpia de la física de partícules.
- Resoldre qüestions i problemes relatius a les interaccions fonamentals, les partícules subatòmiques i elementals, l'energia d'enllaç i el defecte de massa, l'estabilitat nuclear, les desintegracions radioactives i les reaccions nuclears.
- Cercar informació i desenvolupar habilitats d'anàlisi i de comunicació de resultats en el camp de la física nuclear.
- Estudiar els efectes de les radiacions ionitzants sobre la matèria, inerta i viva, i conèixer les normes bàsiques de prevenció i seguretat nuclear.
- Identificar les principals aplicacions mèdiques, científiques i industrials de la radioactivitat i de l'energia nuclear.

Farem servir:

- Situació d'aprenentatge
- ODS - Objectius de Desenvolupament Sostenible
- Treball col·laboratiu
- Prepara't per a la universitat
- Metacognició

ENERGIA i fusió nuclear

Situació d'aprenentatge

El desembre de l'any 2022 els Estats Units d'Amèrica van anunciar un nou pas endavant en el desenvolupament de l'energia de fusió, que, segons l'Administració Nacional de Seguretat Nuclear nord-americana, té potencial per crear energia neta en abundància.

En el context actual de lluita contra l'emergència climàtica, aquest anunci ha generat molta expectativa i també ha reobert els dubtes sobre la reacció de fusió, que és coneguda des de fa aproximadament un segle i en la qual es treballa des de fa dècades per poder controlar-la.

El procés de fusió es produeix quan dos àtoms lleugers, com l'hidrogen o el deuteri, s'escalfen a temperatures extremes, d'uns 100 milions de graus Celsius, i es fusionen donant lloc a un àtom més pesant, com, per exemple, l'Heli, alliberant al mateix temps una gran quantitat d'energia.

Els científics nord-americans han utilitzat tecnologia avançada: fent servir un dels làsers més potents del món, van concentrar feixos de làser en un objectiu constituït per isòtops d'hidrogen i d'aquesta manera va aconseguir produir la reacció de fusió que durant un instant de temps va generar més potència de la que es necessita per iniciar el procés de fusió. Segons fonts del *Financial Times*, en el procés s'haurien consumit 2,1 MJ i s'haurien generat 2,5 MJ; és a dir, produint-se aproximadament un guany net d'energia del 20%.

Si els resultats preliminars són precisos, aquest experiment representa un progrés en el treball que fa dècades que s'està duent a terme, però, tot i això, encara estem lluny de produir energia a escala comercial. Els científics creuen que en el termini d'uns trenta anys es podrà disposar d'un primer reactor de demostració comercial, però aquest temps es podria escurçar depenent de les necessitats energètiques, l'augment de preus de les energies alternatives i la inversió en recerca i enginyeria científica destinada a la fusió nuclear, encara que les energies renovables podrien representar, a causa del seu baix cost comparatiu, un entrebanc per al seu desenvolupament.

La fusió nuclear resoldrà la crisi energètica?

- Cerqueu informació a la xarxa sobre el procés de fusió nuclear desenvolupat als Estats Units, i també d'altres que s'estan duent a terme en altres països amb la mateixa finalitat. Feu-ne una comparació.
- Esbrineu els avantatges de l'obtenció de l'energia de fusió en comparació amb les altres fonts d'energia no renovables (petroli, carbó, fissió nuclear) pel que fa a residus, cost, contaminació atmosfèrica, etc.
- Busqueu informació sobre el làser més gran del món i descriviu el seu funcionament.
- Distribuir-vos en grups de tres o quatre i elaboreu una presentació que reculli tota la informació trobada.Organitzeu un debat sobre el possible ús, en un futur, de l'energia de fusió tant a la indústria com a les llars.

- Sabies que, malgrat que aquesta és una notícia d'actualitat, ja fa molts anys que s'està investigant la producció d'energia mitjançant el procés de fusió nuclear?
- Com creus que la investigació en l'obtenció d'energia neta i renovable contribueix a l'assoliment dels **ODS Energia assequible i no contaminant, Acció pel clima i Salut i benestar?**
- Vols tenir més coneixements sobre física nuclear per contribuir a les investigacions actuals per aconseguir fer un ús quotidià d'aquesta energia?

1. Forces fonamentals

En la nostra vida quotidiana ens trobem amb una gran varietat de forces com, per exemple, la força pes, la força normal, la força tensió, la força de fregament, etc. En realitat, totes les forces de la natura són manifestacions de quatre tipus d'interaccions bàsiques o fonamentals: les *interaccions gravitatòries*, les *interaccions electromagnètiques*, les *interaccions nuclears fortes* i les *interaccions nuclears dèbils.*

A continuació descriurem els quatre tipus de forces fonamentals, les dues primeres de les quals s'han estudiat en unitats anteriors.

1.1. Interacció gravitatòria

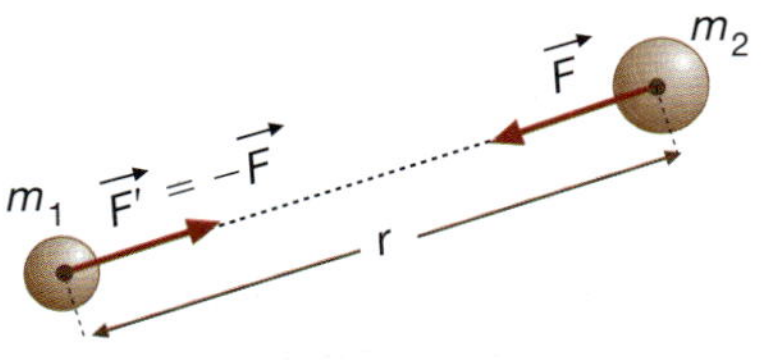

$\vec{F}$: força que efectua la massa 1 sobre la massa 2

$\vec{F'}$: força que efectua la massa 2 sobre la massa 1

Fig. 8.1. Llei de gravitació universal. La força de la gravetat sempre és atractiva.

Com ja hem vist al llarg d'aquest curs, la primera constatació que existeix una interacció universal responsable del moviment dels cossos de l'Univers es dona amb l'obra de Newton. Newton proposa la **llei de gravitació universal** com a model que explica el moviment dels cossos, tant del sistema solar com de la Terra.

La interacció gravitatòria es descriu, segons la llei de gravitació universal, introduint el concepte de **força de la gravetat,** de manera que qualsevol cos efectua sobre un altre cos una força que és directament proporcional al producte de les masses m_1 i m_2 dels dos cossos, i inversament proporcional al quadrat de la distància r que els separa (fig. 8.1).

Com que la força de la gravetat depèn de la inversa de la distància que separa els cossos al quadrat, disminueix ràpidament quan aquesta augmenta i, per tant, els seus efectes són negligibles quan els cossos estan allunyats. Això també es pot veure si representem gràficament el mòdul de $\vec{F}$ en funció de la distància r (fig. 8.2).

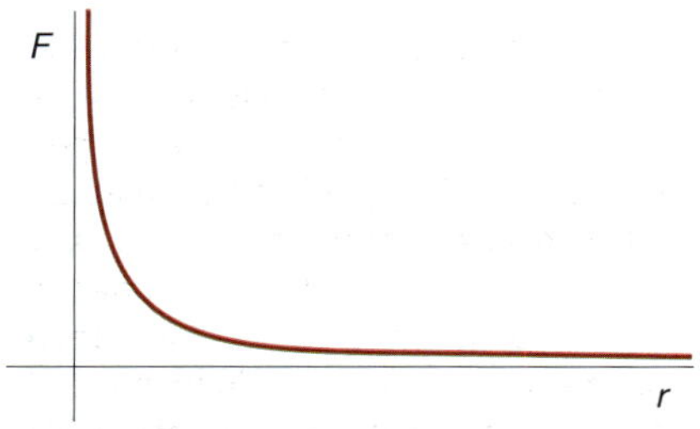

Fig. 8.2. Representació de la variació de la força gravitatòria en mòdul amb la distància.

A principis del segle XX i després d'haver formulat la teoria de la relativitat especial (o restringida), Einstein va proposar un nou model de gravitació: la relativitat general. Aquesta teoria interpreta la gravetat com a resultat de les propietats geomètriques de l'espai i de les distorsions que introdueix la massa en aquestes propietats. Però la llei de gravitació universal continua sent una explicació vàlida per a la majoria de fenòmens observats a la Terra i al sistema solar.

1.2. Interacció electromagnètica

Per explicar aquesta interacció s'ha de recórrer a la teoria atomicomolecular de la matèria. Recordem que qualsevol material està format per àtoms, que estan constituïts per tres tipus diferents de partícules subatòmiques: *neutrons*, *protons* i *electrons*. Aquestes partícules tenen una sèrie de propietats, dues de les quals són la massa i la càrrega elèctrica, que donen lloc a dos tipus bàsics d'interaccions. La massa origina la *força gravitatòria,* com ja hem dit, mentre que la càrrega elèctrica és la causant de la *força electromagnètica*.

Com ja hem vist al llarg d'aquest curs, la càrrega elèctrica dona lloc a dos tipus de força: dos cossos carregats amb càrrega elèctrica del mateix signe s'efectuen una força de repulsió elèctrica entre si, mentre que, si les càrregues són de signe diferent, la força elèctrica és d'atracció.

Si els cossos carregats estan en repòs, es verifica entre ells una força anomenada **força electrostàtica** (fig. 8.3). Com hem dit, aquesta força pot ser atractiva o repulsiva, segons el signe que tinguin les càrregues, i actua segons la direcció de la recta d'unió entre les dues càrregues amb un valor donat per la llei de Coulomb.

Si els cossos estan en moviment, apareix una altra força, que anomenem **força magnètica,** que se superposa a la força electrostàtica. Recordem que la força magnètica es descriu d'una manera més complicada, ja que depèn de la velocitat que tenen les partícules i no actua segons la recta d'unió dels cossos.

Com que la causant d'aquestes forces és una única magnitud física, la càrrega elèctrica, parlarem de **força electromagnètica.** Així doncs, i com hem vist, aquesta força es pot presentar sota dos aspectes, un elèctric i un altre magnètic; el primer es descriu fàcilment amb la *llei de Coulomb,* mentre que per al segon la llei de la força adopta una forma més complexa, la *força de Lorentz,* que hem estudiat en la unitat 3.

Sabies que...?

La **massa inerta** és aquella massa que notem, per exemple, quan volem moure un cos per una superfície horitzontal, mentre que la **massa gravitatòria** és la massa que notem quan volem aixecar aquest mateix cos. La primera es pot mesurar amb la *segona llei de Newton,* i la segona, amb la *llei de gravitació universal*.

Fins avui s'han realitzat experiments molt acurats, basats en aquestes dues lleis, en els quals sempre s'ha obtingut el mateix valor per a les dues masses. Això demostra que corresponen a la mateixa magnitud física.

Com vam demostrar en la unitat 2, la interacció electrostàtica és d'una intensitat molt més gran que la interacció gravitatòria. Per aquest motiu, a escala atòmica, la força de la gravetat és negligible enfront de la força elèctrica i podem prescindir-ne quan estudiem l'àtom en conjunt. Per contra, a escala macroscòpica predomina la força de la gravetat, ja que en condicions normals la matèria és neutra i no s'observen les seves propietats elèctriques.

Tot i això, la majoria de forces que observem en la nostra vida quotidiana són forces de tipus electromagnètic que actuen a nivell atòmic i molecular; a escala macroscòpica, però, el seu caràcter queda emmascarat. La força de fregament, la força tensió, la força normal i la força elàstica són exemples d'aquest tipus de forces. Recordem que la interacció electromagnètica s'explica amb les lleis de Maxwell, que van comportar el descobriment de les ones electromagnètiques; posteriorment es va demostrar que les ones electromagnètiques estan formades per fotons, de manera que la interacció electromagnètica s'interpreta com un intercanvi de fotons entre les càrregues que interaccionen.

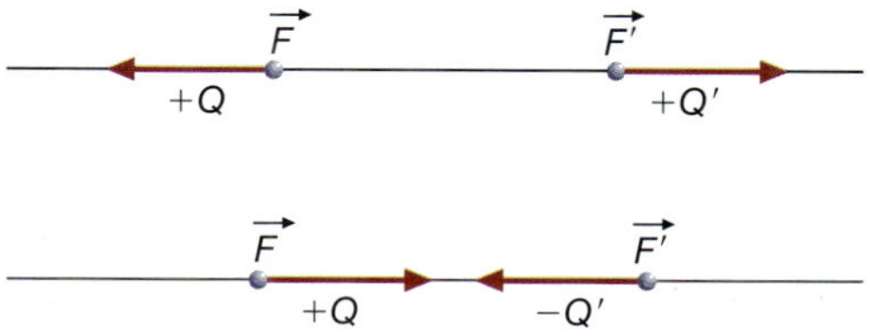

Fig. 8.3. Força entre càrregues elèctriques. Llei de Coulomb: en el cas de repulsió, les càrregues han de tenir el mateix signe, i en el cas d'atracció, les càrregues han de tenir signe contrari.

1.3. Interacció nuclear forta

Les interaccions gravitatòria i electromagnètica permeten explicar la gran majoria dels fenòmens que observem en la nostra vida quotidiana, i també fan una descripció adequada del comportament tant dels cossos celestes i dels satèl·lits artificials com dels sistemes atòmics. Però aquestes interaccions són incapaces d'explicar fenòmens macroscòpics l'origen dels quals és el nucli atòmic. Així, quan ens endinsem en l'estudi de l'interior de l'àtom, les interaccions gravitatòria i electromagnètica resulten insuficients i cal introduir dues noves interaccions, que anomenem *nuclears*.

Si només existís la interacció elèctrica, el nucli atòmic seria inestable i acabaria desintegrant-se per la forta repulsió electrostàtica entre els protons. Per tant, ha d'existir una força atractiva molt més intensa que mantingui el nucli unit. Aquesta força s'anomena **força nuclear forta** i és de curt abast, ja que només actua en distàncies del voltant de 10^{-14} m, de manera que es verifica sempre que dos protons, dos neutrons o un protó i un neutró estan molt pròxims, i deixa d'actuar quan aquestes partícules estan més separades.

La interacció nuclear forta entre dos protons és unes cent vegades més intensa que la força electrostàtica i no té assignada, fins avui, una llei de força. La dinàmica clàssica o newtoniana deixa de tenir validesa quan tractem amb cossos tan petits com les partícules subatòmiques, com ja s'ha comentat en la unitat anterior. Recordem que en aquest nivell s'ha de recórrer a la branca de la física moderna anomenada **mecànica quàntica;** en aquesta, a causa de la gran complexitat dels fenòmens subatòmics, cal tractar les interaccions en termes energètics.

La mecànica quàntica considera que tant els protons com els neutrons, també denominats indistintament com nucleons, estan formats per tres partícules elementals anomenades *quarks* (fig. 8.4). La força nuclear forta és una interacció entre aquestes últimes partícules i no es manifesta entre els electrons, ja que aquests no estan formats per quarks.

Recorda

Els **electrons** són partícules amb càrrega elèctrica negativa i estan situats a l'escorça atòmica, mentre que els **protons** tenen càrrega elèctrica positiva i els **neutrons** no tenen càrrega. Aquestes dues últimes partícules formen el nucli atòmic i per això s'anomenen genèricament *nucleons*. Normalment, i en un àtom determinat, el nombre de protons coincideix amb el nombre d'electrons i, per tant, els àtoms són elèctricament neutres en condicions normals.

Segons el tipus d'àtom, els electrons poden ser absorbits per l'escorça o arrencats d'aquesta quan es donen certes condicions, de manera que alguns cossos es poden carregar negativament quan hi ha un excés d'electrons, i positivament quan hi ha una mancança d'electrons. D'aquesta manera es poden posar de manifest fenòmens elèctrics a escala macroscòpica, com, per exemple, quan en una tempesta es produeix un llampec o quan es freguen determinats materials.

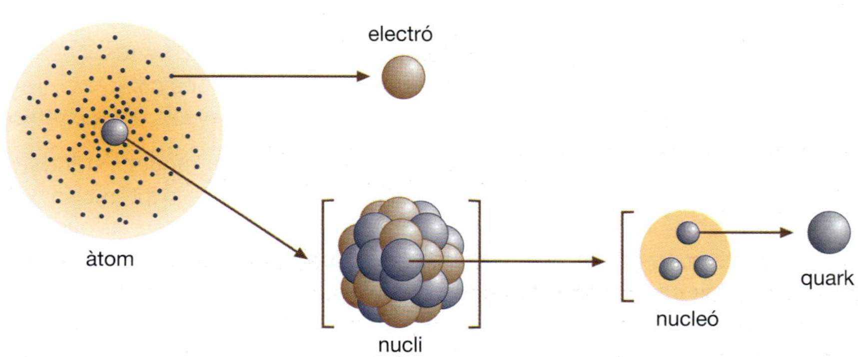

Fig. 8.4. Partícules constituents de l'àtom i el seu nucli.

Sabies que...?

Les **partícules elementals** són aquelles que no es poden desintegrar en altres partícules constituents més petites. Ho són, per exemple, els electrons i els quarks.

Força	Valor relatiu
Gravitatòria	1
Nuclear feble	10^{25}
Electromagnètica	10^{36}
Nuclear forta	10^{38}

Taula 8.1. Intensitat relativa de les forces fonamentals entre dos protons separats una distància de 10^{-15} m.

1.4. Interacció nuclear feble

Alguns processos macroscòpics, com per exemple les desintegracions radioactives, no poden ser explicats en termes de la interacció nuclear forta i s'ha de postular l'existència d'una quarta interacció que interpreti aquests fenòmens. Aquesta interacció s'anomena **força nuclear feble** i es verifica entre dues partícules elementals qualssevol.

La interacció nuclear feble és molt menys intensa que la interacció electromagnètica i que la interacció nuclear forta; per tant, sovint queda emmascarada per aquesta última quan tractem amb protons o neutrons, si bé cal tenir-la en compte en determinats processos que involucren aquestes partícules subatòmiques, tal com veurem més endavant.

Val a dir que la física actual busca un model que unifiqui les quatre forces fonamentals en una interacció única, que, segons el fenomen considerat, es manifestaria en una de les quatre interaccions. De moment, s'han integrat les interaccions electromagnètiques i febles dintre d'una única interacció i s'ha avançat molt en l'intent d'integrar la interacció nuclear forta. Sembla, però, que la gravetat serà més difícil d'integrar.

Per acabar, i com a exemple, comparem els valors relatius d'aquestes quatre forces entre dos protons separats una distància ~10^{-15} m, en què hem suposat que la força més dèbil, la gravitatòria, té el valor 1 (taula 8.1).

1.5. Partícules elementals

Ja hem comentat que dos dels constituents fonamentals de l'àtom, els protons i els neutrons, en realitat estan formats per partícules més petites, els quarks. Fins avui s'han detectat centenars de partícules subatòmiques diferents, algunes d'aquestes en l'anàlisi dels raigs còsmics i la seva interacció amb les molècules d'aire i, sobretot, a partir dels xocs entre partícules accelerades a velocitats properes a la de la llum en acceleradors com el que hem estudiat en la unitat de camp magnètic (ciclotró). S'observa, però, que la gran majoria de partícules produïdes així es descomponen ràpidament en d'altres més fonamentals.

Sabies que...?

Els raigs còsmics són radiacions provinents de l'espai exterior.

De fet, segons el **model estàndard** només existeixen tres tipus de **partícules elementals,** que *són les que no estan formades per partícules més simples:* els **leptons** i els **quarks,** constituents bàsics de la matèria, són les *partícules de matèria* (taula 8.2, columnes I, II i III), i interaccionen entre ells a través de l'intercanvi d'un tercer tipus, els **bosons** o *partícules portadores de camp* (taula 8.2, columna dreta). El model estàndard és la teoria quàntica que explica els resultats experimentals obtinguts amb els acceleradors més potents, i fins i tot ha predit l'existència d'algunes partícules detectades posteriorment, com el **bosó de Higgs,** descobert l'any 2012 al CERN, i que és la partícula «mare» de tota la resta perquè en proporciona la massa. Cada partícula de matèria té la seva antipartícula corresponent.

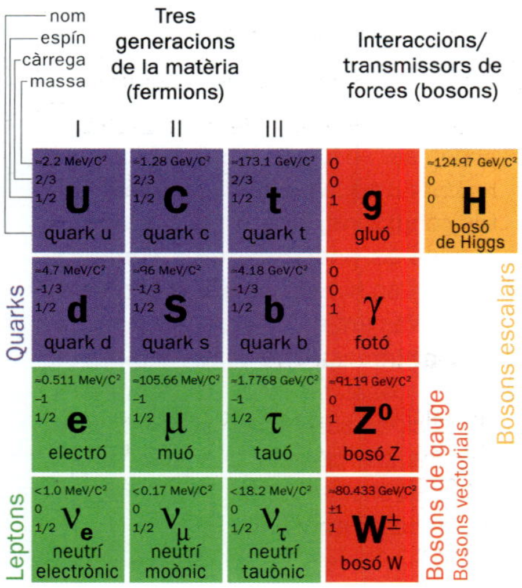

Taula 8.2. Model estàndard de les partícules elementals amb les tres generacions de partícules de matèria, quarks i leptons, en les tres primeres columnes, i les partícules de camp, o bosons, en la columna de la dreta. Cada partícula de matèria té la seva corresponent antipartícula, de manera que la taula es «desdobla», en les seves tres columnes de l'esquerra, en una d'equivalent amb les esmentades antipartícules. Per exemple, l'antipartícula de l'electró és el positró.

Aquest model prediu la desintegració d'unes partícules en unes altres més fonamentals i interpreta les interaccions bàsiques com un intercanvi de bosons entre aquelles partícules per a les quals no és nul·la una propietat determinada. Per exemple, la càrrega elèctrica és la propietat no nul·la que han de tenir les partícules per interaccionar electromagnèticament. Així, només les partícules carregades elèctricament noten aquesta interacció, com és el cas de l'electró, que és un leptó, i del protó, que està format per tres quarks. El bosó associat a aquesta interacció és el **fotó** (partícula portadora de camp electromagnètic).

En el cas de les interaccions nuclears forta i feble, les propietats no nul·les responsables de les forces reben noms estranys («color» i «sabor») i la seva descripció és més complexa. Tenen associats, això sí, els seus corresponents bosons, anomenats **gluons** en el cas de la interacció forta.

La interacció gravitatòria no és explicable satisfactòriament amb el model estàndard; podem afirmar, això sí, que la massa és una propietat no nul·la responsable de la interacció gravitatòria. En aquest cas, la força gravitatòria es verifica entre qualssevol partícules, ja que totes tenen massa; fins i tot alguns bosons que es considera que no tenen massa noten aquesta interacció. La partícula portadora de camp gravitatori, el **gravitó,** tot i que s'ha postulat la seva existència i s'han deduït les seves característiques principals, fins al dia d'avui no ha estat detectada, i juntament amb la hipòtesi de la matèria fosca, que comentem breument en l'apartat següent, constitueix un dels misteris que té plantejada la física actualment.

2. La teoria del big-bang i l'origen de l'Univers

Els avenços científics del segle XX van permetre estudiar més enllà del sistema solar i establir teories per explicar l'origen i l'evolució de l'Univers (fig. 8.5).

Abans d'estudiar les partícules atòmiques i el nucli atòmic farem esment d'una de les teories sobre la seva aparició: el **big-bang** o teoria de l'origen de l'Univers.

Les paraules *big-bang* volen dir 'gran explosió' i constitueixen el moment en què del no-res sorgeix tota la matèria. Se suposa que fa entre 12000 i 15000 milions d'anys tota la matèria estava concentrada en una zona extraordinàriament petita de l'espai, un punt de densitat infinita que va explotar. La matèria va sortir impulsada amb gran energia en totes direccions i va formar el que coneixem avui dia com a *Univers*.

Després de l'explosió, cada partícula de matèria va començar a allunyar-se molt ràpidament una de l'altra. Però els xocs produïts entre partícules i el mateix desordre van fer que la matèria s'agrupés i es concentrés més en unes zones de l'espai determinades. Així es van formar les primeres estrelles i les primeres galàxies. Des d'aleshores l'Univers continua en constant moviment i evolució.

L'estudi de la física teòrica ha pogut reconstruir cronològicament els fets des de 1/100 s després del big-bang, però no té una explicació per a l'instant zero de l'origen de l'Univers.

La matèria que es va expandir en totes direccions després de l'explosió està constituïda per partícules elementals, com electrons, quarks, fotons i neutrins, i un munt de partícules compostes, com mesons i barions, entre els quals, els protons i els neutrons.

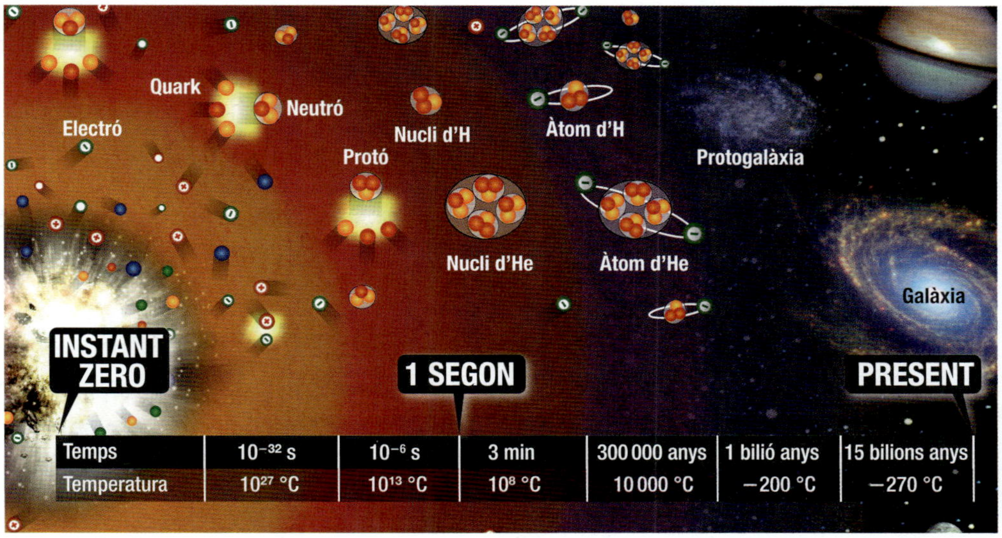

Big-bang	Densitat infinita, volum infinitesimal.	300 000 anys	Àtoms. Univers transparent.
10^{-43} segons	Forces no diferenciades.	10^6 anys	Gèrmens de galàxies.
10^{-34} segons	Sopa de partícules elementals.	10^8 anys	Primeres galàxies.
10^{-10} segons	Formació de protons i neutrons.	10^9 anys	Estels. La resta es refreda.
1 segon	Mida del Sol.	$5 \cdot 10^9$ anys	Formació de la Via Làctia.
3 minuts	Nuclis atòmics.	10^{10} anys	Sistema solar i la Terra.
30 minuts	Plasma.		

Fig. 8.5. Etapes de l'evolució de l'Univers.

El 1924, l'astrònom nord-americà Edwin Hubble (1889-1953) va descobrir que algunes nebuloses no eren núvols de pols i gas situats a la nostra galàxia, sinó galàxies diferents de la Via Làctia. Analitzant les dades conegudes d'algunes galàxies va comprovar que la majoria s'estaven allunyant, amb una velocitat d'allunyament o recessió més gran com més lluny estaven les galàxies. Hubble va establir una llei matemàtica, anomenada **llei de Hubble,** que relaciona la distància de la galàxia (d) amb la seva velocitat de recessió (v) i que s'expressa de la manera següent: $v = H_0 \cdot d$, en què H_0 és la constant de Hubble i el seu valor és de $\dfrac{20 \text{ km/s}}{\text{milió d'anys llum}}$.

Avui dia es creu que aquesta velocitat de separació de les galàxies té una certa acceleració d'expansió. La llei de Hubble dona suport la teoria del big-bang, ja que, si les galàxies de l'Univers s'estan separant contínuament, cal pensar que fa molt temps tota la matèria estava concentrada en un punt.

Els models que actualment tenim sobre l'expansió de l'Univers prediuen, però, que la seva massa total ha de ser més gran que la matèria que realment s'està observant. La composició d'aquesta hipotètica matèria que «falta» es desconeix, ja que no interacciona amb la radiació electromagnètica, i per aquest motiu rep el nom de **matèria fosca** i **energia fosca.** Ara bé, la seva existència es pot inferir a causa dels efectes gravitatoris que té sobre les galàxies i, com ja hem comentat, és un dels interrogants que té plantejada la física.

Sabies que...?

Les **galàxies** són un enorme conjunt de milers de milions d'estrelles que interaccionen gravitatòriament orbitant al voltant d'un centre comú. La nostra galàxia s'anomena *Via Làctia*.

Sabies que...?

Els valors obtinguts amb la llei de Hubble van ser predits per George Lamaître el 1927 a partir de la teoria de la relativitat general enunciada per Albert Einstein.

Més dades

A partir de les observacions, s'estima que, si realment existeix la matèria fosca, ha de ser molt més abundant que la matèria visible, directament observable; en concret, el 4 % seria la matèria visible; el 24 %, matèria fosca i, finalment, el 72 % restant seria energia fosca.

3. Les partícules atòmiques

Fins a final del segle XIX, l'àtom es continuava considerant com una minúscula esfera indivisible, però l'estudi de descàrregues elèctriques en tubs plens de gasos a baixes pressions va permetre descobrir l'existència de les partícules subatòmiques carregades elèctricament: els electrons i els protons. L'any 1909, Rutherford va enginyar un experiment que li va permetre obtenir una idea de les dimensions de l'àtom i del seu nucli, tal com comentarem més endavant.

Uns anys després, en aquella època l'existència del neutró va ser intuïda, ja que les masses atòmiques presentaven valors més alts dels que correspondrien a un àtom format només per protons. L'any 1932, Chadwick va descobrir el neutró, una partícula sense càrrega elèctrica i de massa semblant a la del protó. Va quedar establert que l'àtom consta d'un nucli format per protons i neutrons al voltant del qual se situen els electrons.

Avui sabem que el protó té una càrrega exactament igual en valor absolut que l'electró, però de signe oposat, de valor $e = 1{,}6022 \cdot 10^{-19}$ C, i una massa una mica més petita que la del neutró, de valors: $m_p = 1{,}6726 \cdot 10^{-27}$ kg i $m_n = 1{,}6750 \cdot 10^{-27}$ kg. Pel que fa a l'electró, té una massa molt més petita que la dels protons i la dels neutrons i de valor $m_e = 9{,}1094 \cdot 10^{-31}$ kg. Aquestes són les partícules constituents dels àtoms.

3.1. Composició del nucli atòmic

Hem comentat que el nucli d'un àtom conté dues partícules fonamentals, els protons i els neutrons units mitjançant les interaccions nuclears, i, per aquest motiu, els anomenem en general **nucleons.** En l'estudi dels nuclis s'utilitzen algunes definicions útils:

Nombre atòmic, *Z*, és el nombre de protons.

Nombre màssic, *A*, és el nombre de protons i neutrons (nombre de nucleons).

Nombre neutrònic, *N*, és el nombre de neutrons.

Recorda

Un ió és un àtom que ha guanyat o ha perdut electrons. Si guanya electrons tenim un ió negatiu, i si en perd, un ió positiu, que s'anomenen, respectivament, *anió* i *catió*.

Per representar el nucli d'un àtom *X*, utilitzem el nombre màssic i el nombre atòmic i l'escrivim amb el símbol $^{A}_{Z}X$, en què *X* és el símbol de l'element (taula 8.3). De vegades prescindirem del nombre atòmic, ja que els elements estan caracteritzats per aquest nombre i, per tant, només escriurem ^{A}X, ja que el *símbol* X *identifica unívocament el nombre atòmic en la taula periòdica* (taula 8.3). Així, per exemple, $^{56}_{26}Fe$ significa que és un àtom de ferro format per 26 protons i 56 − 26 = 30 neutrons; si a més suposem que és elèctricament neutre, podem afirmar que conté també 26 electrons a l'estructura externa.

Com que el nombre màssic expressa el nombre de nucleons, si representem per *N* el nombre de neutrons, òbviament podem escriure que:

$$A = Z + N$$

Pel que fa als electrons, aquests es troben a determinades distàncies del nucli i en diferents estats energètics quàntics anomenats *orbitals.* Els electrons poden, per absorció d'energia, passar a un estat més energètic, i es diu llavors que l'àtom està en un estat excitat. Els electrons tornen al seu estat energètic estable emetent energia en forma de fotons. A més, els electrons més externs de l'àtom poden ser alliberats si se'ls proporciona suficient energia; s'obté un ió positiu. En general, els estats electrònics determinen les propietats dels diferents tipus d'àtoms possibles, anomenats elements químics. Cada element químic es caracteritza pel seu nombre atòmic *Z.*

La **taula periòdica** (taula 8.3) és el llistat ordenat dels elements químics segons la seva estructura atòmica i les seves propietats físiques i químiques.

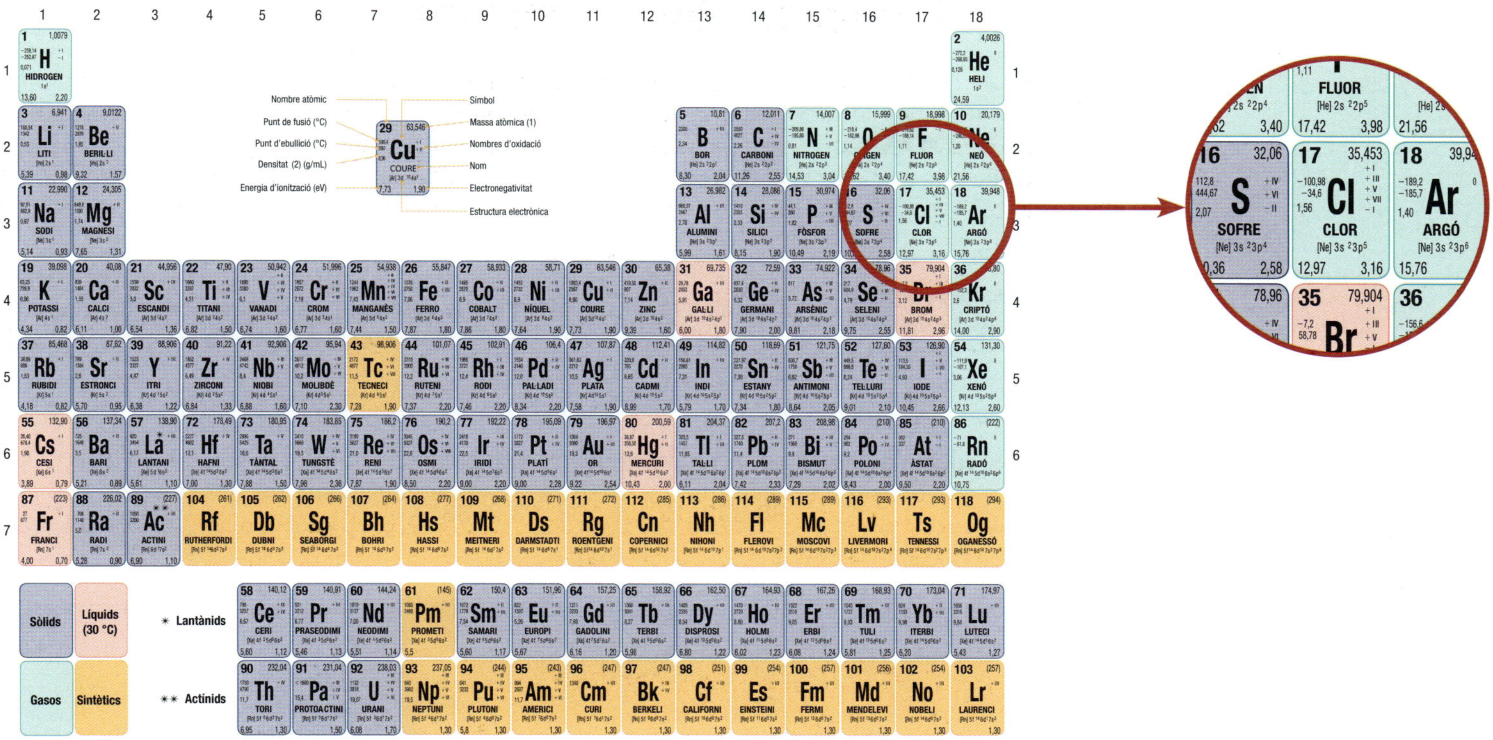

(1) Indica l'isòtop més estable. (2) Els valors dels elements gasosos corresponen al líquid a temperatura d'ebullició.

Taula 8.3. Taula periòdica.

Exemple 1. **Determina en l'ió $^{35}Cl^{-}$ el nombre de protons, de neutrons i d'electrons.**

Resolució

Consultant la taula periòdica observem que el nombre atòmic del Cl és 17 i, per tant, té 17 protons.

En conseqüència, si $Z = 17$ i $A = 35$.

El nombre de neutrons és: $N = A - Z = 35 - 17 = 18$ neutrons. Com que no és un àtom neutre, sinó un ió amb càrrega negativa, té un electró en excés i, aleshores, el nombre d'electrons és 18.

No tots els àtoms d'un mateix element tenen la mateixa massa, ja que el nombre de neutrons pot variar.

Anomenem **isòtops** els àtoms que contenen el mateix nombre de protons però diferent nombre de neutrons.

Gairebé tots els elements estan constituïts per dos isòtops o més. Per exemple, els dos isòtops més comuns de l'element clor de nombre atòmic 17 són ^{35}Cl i ^{37}Cl. L'hidrogen, l'element més lleuger de la natura, té tres isòtops: el **proti,** ^{1}H, format per un protó; el **deuteri,** ^{2}H, format per un protó i un neutró, i el **triti,** ^{3}H, format per un protó i dos neutrons.

Com hem dit abans, la massa de les partícules de l'àtom és molt petita i, com sabem, la unitat de massa del SI és el quilogram. Aquesta és una unitat molt gran, i, per tant, a escala atòmica és convenient definir una nova unitat de massa, que anomenem **unitat de massa atòmica** i que representem per **u.** Aquesta unitat es defineix com la dotzena part de la massa de l'isòtop ^{12}C. Per tant, un àtom de ^{12}C pesa 12 u. L'equivalència entre aquestes dues unitats és la següent:

$$1\ \text{u} = 1{,}660540 \cdot 10^{-27}\ \text{kg}$$

Podem relacionar les masses de les partícules atòmiques amb la unitat de massa atòmica. Les donarem amb sis decimals perquè així ho requereix el càlcul de l'energia a partir del defecte de masses, com és fa més endavant (taula 8.4).

Partícula	Massa en u
Protó	$m_p = 1{,}007277$
Neutró	$m_n = 1{,}008665$
Electró	$m_e = 0{,}000549$

Taula 8.4.

Amb les consideracions anteriors, podem donar una altra definició important:

> Definim la **massa atòmica** d'un element com la mitjana ponderada de les masses dels seus isòtops.

Exemple 2. **Calculeu la massa atòmica de l'element carboni sabent que a la natura hi ha un 98,892 % de ^{12}C de massa 12,000000 u i un 1,108 % de ^{13}C de massa 13,003354 u.**

Resolució

Calculem la mitjana ponderada dels isòtops de carboni:

$$\frac{98{,}892 \cdot 12 + 1{,}108 \cdot 13{,}003354}{100} = 12{,}011117 \text{ u}$$

Podem comprovar aquest resultat en la taula periòdica amb una precisió més baixa.

3.2. Dimensions del nucli

Com ja hem comentat, fou Ernest Rutherford (1871-1937) qui va donar el 1911 una primera concepció de la constitució i la forma del nucli.

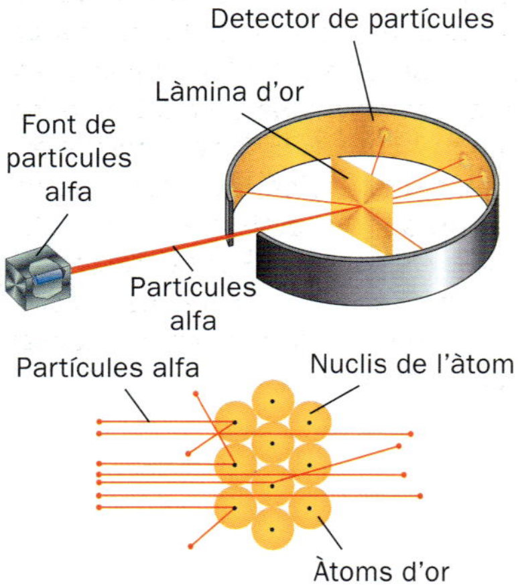

Fig. 8. Experiment de Rutherford.

El 1909 va bombardejar una làmina molt prima d'or (Au) amb partícules α, que són nuclis d'heli, és a dir, partícules amb la càrrega de dos protons i que representem per $^{4}_{2}He^{2+}$. En aquest experiment Rutherford va observar que la majoria de les partícules α travessaven la làmina sense gairebé desviar-se, en contra del que preveia el model atòmic de J. J. Thompson vigent aleshores. Però una petita fracció es desviava més de 90°, i fins i tot algunes tornaven en direcció oposada (fig. 8.6).

En observar que n'hi havia poques que tornaven en sentit contrari, va suposar que es tractava d'un xoc frontal elàstic entre el nucli d'un àtom de Au i la partícula α i, per tant, aplicant els principis de conservació de la quantitat de moviment i de l'energia, va poder esbrinar que el radi del nucli de Au tenia unes dimensions aproximades de $3{,}2 \cdot 10^{-14}$ m. També va utilitzar altres materials, com per exemple una làmina molt prima de plata (Ag), i va deduir que les dimensions del nucli de Ag eren de $2 \cdot 10^{-14}$ m.

Amb aquests resultats, Rutherford va concloure que la càrrega positiva d'un àtom ha d'estar concentrada en una esfera de radi molt més petit que el radi de l'àtom i que resulta ser del voltant de 10^{-14} m. Els electrons, en canvi, es troben a distàncies al nucli d'aproximadament 10^{-10} m. Per tant, entre el nucli i els electrons hi ha un gran espai buit. Per aquesta raó, la majoria de les partícules α de l'experiment de Rutherford no es desvien.

Òbviament, a mesura que augmenta el nombre de nucleons d'un nucli, és a dir, el nombre màssic, ha d'augmentar el radi nuclear R. L'expressió següent determina aquesta relació:

$$R = R_0 \sqrt[3]{A}$$

sent $R_0 = 1{,}2 \cdot 10^{-15}$ m el valor del radi nuclear més petit, és a dir, el nucli d'un àtom d'hidrogen.

Tenint en compte que la massa dels nucleons és unes 10^3 vegades més gran que la massa dels electrons, i que les dimensions del nucli són molt més petites que les de l'àtom, podem concloure que el nucli té una densitat molt més gran que la de l'àtom.

Exemple 3. **Determineu la densitat aproximada d'un nucli ^{238}U, suposant que té forma esfèrica formada pels nucleons, i compareu-la amb la densitat de l'aigua líquida.**

Resolució

El radi nuclear de l'urani és:

$$R = R_0 \sqrt[3]{A} = 1{,}2 \cdot 10^{-15} \cdot \sqrt[3]{238} = 7{,}4 \cdot 10^{-15}\ \text{m}$$

Com que la massa d'un nucleó és aproximadament igual a $1{,}67 \cdot 10^{-27}$ kg, podem calcular la densitat del nucli:

$$\rho = \frac{m}{V} = \frac{m}{\frac{4}{3}\pi r^3} = \frac{238 \cdot 1{,}67 \cdot 10^{-27}}{\frac{4}{3}\pi\,(7{,}4 \cdot 10^{-15})^3} = 2{,}3 \cdot 10^{17}\ \text{kg/m}^3$$

Comparem aquest valor amb la densitat de l'aigua:

$$\frac{\rho_U}{\rho_{H_2O}} = \frac{2{,}3 \cdot 10^{17}}{10^3} = 2{,}3 \cdot 10^{14}$$

Trobem que la densitat d'un nucli d'urani 238 és $2{,}3 \cdot 10^{14}$ vegades superior a la densitat de l'aigua. Podem concloure que *la matèria en el nucli atòmic és extremament densa.*

3.3. Defecte de massa i energia d'enllaç

Més endavant veurem que els nuclis atòmics poden patir una sèrie de transformacions, que anomenem *reaccions nuclears,* en les quals part de la massa dels nuclis o de les partícules que participen en la reacció es transforma en energia *E* en forma de fotons i d'energia cinètica, segons l'expressió d'Einstein de l'equivalència massa-energia vista en la unitat anterior:

$$E = \Delta m\, c^2$$

en què Δm és la variació de la massa produïda en el procés, que anomenem **defecte de masses,** i *c,* la velocitat de la llum, de valor $2{,}997924 \cdot 10^8$ m/s.

Cal remarcar que la quantitat d'energia implicada en aquests processos per a un nucli determinat és molt petita, quan s'expressa en el SI, i per aquest motiu, recordem, s'utilitza la unitat d'energia anomenada **electronvolt** (eV), que vam definir com l'energia que adquireix un electró quan es mou entre dos punts que tenen una diferència de potencial d'1 V, de manera que 1 eV equival a $1{,}6022 \cdot 10^{-19}$ J.

Tenint en compte tot el que acabem de comentar, i per tal d'aplicar-ho a continuació, serà útil trobar a quina quantitat d'energia equival la unitat de massa atòmica segons l'expressió d'Einstein, i això ho fem tot seguit en l'exemple 4 següent.

Important

Cal fer esment que el valor de la velocitat de la llum que estem utilitzant normalment, $c = 3 \cdot 10^8$ m/s, és un valor aproximat. Per tant, tal com estem fent en aquesta unitat amb les masses de les partícules atòmiques, sovint cal precisar el valor anterior i expressar-lo amb més decimals: $c = 2{,}997924 \cdot 10^8$ m/s. Recordeu que la velocitat de la llum és la constant que s'utilitza per definir la unitat bàsica metre.

Exemple 4. **Calculeu l'energia equivalent de la massa d'1 u en megaelectronvolts (MeV).**

Resolució

Apliquem l'expressió d'Einstein utilitzant unitats del SI i fent servir les dades tan exactes com sigui possible, ja que aquest càlcul és molt important de cara a càlculs posteriors.

$$E = (\Delta m)\, c^2 = 1\ \text{u} \cdot \frac{1{,}660540 \cdot 10^{-27}\ \text{kg}}{1\ \text{u}}\,(2{,}997924 \cdot 10^8)^2 = 1{,}492418 \cdot 10^{-10}\ \text{J}$$

Expressat en megaelectronvolts, tenim que equival a:

$$1{,}492418 \cdot 10^{-10}\ \text{J} \cdot \frac{1\ \text{eV}}{1{,}6022 \cdot 10^{-19}\ \text{J}} \cdot \frac{1\ \text{MeV}}{10^6\ \text{eV}} = 931{,}50\ \text{MeV}$$

Un exemple del que s'acaba d'explicar es dona en el procés de formació dels nuclis dels àtoms a partir dels seus nucleons individuals. En principi, hom espera que la massa d'un nucli $\boldsymbol{M}({}^{A}_{Z}\boldsymbol{X})$ sigui igual a la massa dels protons pel nombre de protons més la massa dels neutrons pel nombre de neutrons: $\boldsymbol{m_p\, Z + m_n\, (A - Z)}$. No obstant això, la massa d'un nucli sempre és més petita que la suma de les masses dels nucleons, $\boldsymbol{M({}^{A}_{Z}X) < m_p\, Z + m_n\, (A - Z)}$. I cal considerar aquest fet com un fonament de la física nuclear.

> La massa dels nucleons quan es troben aïllats és més gran que quan formen part d'un nucli.

En aquest cas, i d'acord amb el que ja hem comentat, el defecte de masses, Δm, és la diferència entre la massa del nucli i la massa dels nucleons aïllats, de manera que la pèrdua de massa dels nucleons lligats es transforma en una energia anomenada **energia d'enllaç.**

Si tornem a considerar l'expressió d'Einstein, $E = \Delta m\, c^2$, i com que el valor de c^2 és molt gran, un defecte de masses Δm molt petit pot originar una energia proporcionalment molt gran. És per aquest motiu que el defecte de masses s'expressa amb molts decimals, ja que si no es fa així el càlcul de l'energia d'enllaç no és prou significatiu i es comet un error massa gran. En el nostre cas donarem 6 decimals, com hem comentat anteriorment.

Exemple 5. ➡ **Calculeu l'energia d'enllaç d'una partícula α, és a dir, d'un nucli de l'heli (He), de massa atòmica 4,002603 u, i l'energia d'enllaç per nucleó per l'àtom d'heli.**

Resolució

El nucli de He està constituït per dos protons i dos neutrons. Com que en el valor de la massa atòmica de l'heli hi ha inclosos els dos electrons de l'àtom d'heli, n'hem de tenir en compte la massa a l'hora de calcular el defecte de masses del nucli, i consultant la taula 8.4:

$$2p + 2n + 2e =$$
$$= 2 \cdot 1{,}007277 + 2 \cdot 1{,}008665 + 2 \cdot 0{,}000549 = 4{,}032982 \text{ u}$$

El defecte de masses és:

$$\Delta m = m_f - m_i \rightarrow \Delta m = 4{,}002603 - 4{,}032982 =$$
$$= -0{,}030379 \text{ u}$$

Tenint en compte el resultat de l'exemple 4, en el qual hem vist que la massa d'1 u equival a 931,5 MeV, l'energia d'enllaç és:

$$0{,}030379 \text{ u} \cdot \frac{931{,}5 \text{ MeV}}{1 \text{ u}} = 28{,}30 \text{ MeV}$$

Per trobar l'energia d'enllaç per nucleó en un àtom determinat, dividim l'energia d'enllaç del nucli pel nombre total de nucleons; com que en l'àtom d'heli hi ha 4 nucleons, deduïm que:

$$\frac{28{,}30 \text{ MeV}}{4 \text{ nucleons}} = 7{,}07 \text{ MeV/nucleó}$$

Val a dir que, quan es calculen les energies d'enllaç per nucleó de la resta de nuclis estables, s'obté que l'element estable que té una energia d'enllaç per nucleó més gran és el ferro (Fe), de valor 8,79 MeV (fig. 8.7). Això es pot visualitzar d'una manera senzilla si representem gràficament aquestes energies d'enllaç per nucleó, en funció del nombre màssic *A* (fig. 8.7).

Si tenim en compte que per descompondre un nucli en les seves partícules constituents cal proporcionar-li la mateixa energia que s'allibera per formar-lo, és a dir, l'energia d'enllaç, aleshores deduïm que el Fe és l'element més estable.

En els elements que es troben a la dreta del ferro en la gràfica de la figura 8.7, l'energia d'enllaç per nucleó decreix molt a poc a poc i presenten, per tant, una bona estabilitat nuclear. En els elements més lleugers que el ferro, l'energia d'enllaç varia ràpidament, tot i que alguns nuclis com ^{4}He, ^{16}O, ^{12}C i d'altres també tenen una gran estabilitat.

Fixem-nos que l'energia d'enllaç implicada en la formació d'un nucli té un valor al voltant del megaelectronvolt. En canvi, l'energia d'enllaç implicada en la formació d'una molècula té un valor al voltant de l'electronvolt. Així, per exemple, l'energia de l'enllaç H—H és de 4,18 eV; la de l'enllaç C—H és de 5,08 eV; la de l'enllaç O—O és de 9,76 eV, etc. Aquestes constitueixen algunes de les energies d'enllaç de les molècules orgàniques que intervenen en els processos biològics dels éssers vius.

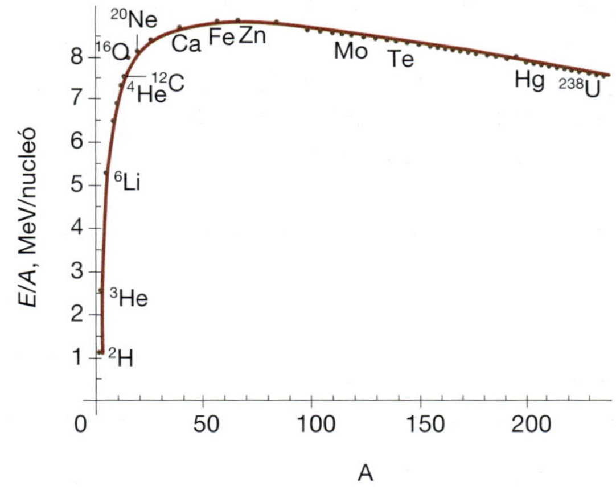

Fig. 8.7. Energia d'enllaç per nucleó de nuclis estables.

Per tant, cal adonar-se de la gran diferència d'escales energètiques entre les reaccions nuclears (canvis d'estats energètics nuclears) i les reaccions químiques (canvis d'estats energètics electrònics), que té un valor al voltant de 10^6, d'acord amb els valors anteriors.

En general, els processos naturals evolucionen de manera que donen lloc a una màxima estabilitat, és a dir, una energia potencial mínima. En conseqüència, els elements amb nombre atòmic gran tendeixen, sota certes condicions, a desintegrar-se en altres elements fins a convertir-se en ferro, seguint un procés anomenat *fissió*. Per contra, els elements de nombre atòmic baix ho fan seguint un procés anomenat *fusió* fins a convertir-se en ferro sota condicions determinades. Més endavant explicarem amb més detall a aquests dos processos.

Recorda

Un nucli d'urani (U) pot arribar a donar $2 \cdot 10^8$ eV, mentre que una de les molècules que dona més energia química, la molècula de trinitrotoluè (TNT), dona només 10 eV.

ACTIVITATS

1. Busqueu informació i feu un treball en grups sobre les partícules subatòmiques següents: mesons, barions, neutrins, positrons i fotons.

2. Trieu les respostes correctes:

A. Un nucli queda ben definit si és dona:

a) El nombre de protons.

b) La quantitat de nucleons.

c) El nombre atòmic i el nombre màssic.

B. Els isòtops són nuclis que tenen:

a) Els mateixos valors de *A* i de *Z*.

b) El mateix *Z*, però diferent *A*.

c) El mateix *A* i diferent *Z*.

3. Escriviu el símbol del nucli de l'element itri, que conté 90 nucleons, i el símbol del nucli de l'alumini, amb 27 nucleons.

4. Quin seria el radi d'un hipotètic nucli de nombre atòmic 110 i nombre màssic 294?

R: $7{,}98 \cdot 10^{-15}$ m

5. El potassi té dos isòtops en la natura. L'un té un 93,4 % del total i la seva massa atòmica és de 38,975 u, i la de l'altre és de 40,974 u. Calculeu la massa atòmica del potassi de la natura.

R: 39,107 u

6. Si la massa atòmica del clor natural és 35,453 i sabem que està format només pels isòtops ^{35}Cl i ^{37}Cl, estimeu la proporció de cada isòtop en el clor natural.

R: 77,85 % de ^{35}Cl i 22,15 % de ^{37}Cl

7. En un procés de desintegració radioactiva es perden 0,0457 u de massa. Quina energia es desprèn en megaelectronvolts?

R: 42,57 MeV

8. L'energia d'enllaç del $^{35}_{17}$Cl és de 289 MeV. Determineu-ne la massa en unitats de massa atòmica (u).

Dades: 1 u = 931,50 MeV; m_p = 1,007277 u;
m_n = 1,008665 u.

R: 34,96943 u

4. Estabilitat nuclear i radioactivitat

Hi ha certs àtoms els nuclis dels quals tenen una tendència natural a descompondre's en nuclis diferents i en partícules subatòmiques. Diem que aquests nuclis són **inestables.** Ara bé, la majoria dels nuclis no pateixen aquesta transformació natural, i diem que són **estables.**

La primera evidència que a la natura hi ha nuclis inestables es va tenir arran del descobriment de la **radioactivitat** a finals del segle XIX. Es tractava de l'emissió espontània de radiacions diferents de les electromagnètiques per part de certes substàncies. Aquest fenomen era degut a la presència de determinats elements químics i no depenia del compost químic del qual formaven part.

Es tractava, doncs, d'un fenomen que mai no s'havia observat abans i, de fet, a partir del seu estudi va néixer la branca de la física coneguda amb el nom de *física nuclear*.

4.1. Banda d'estabilitat nuclear

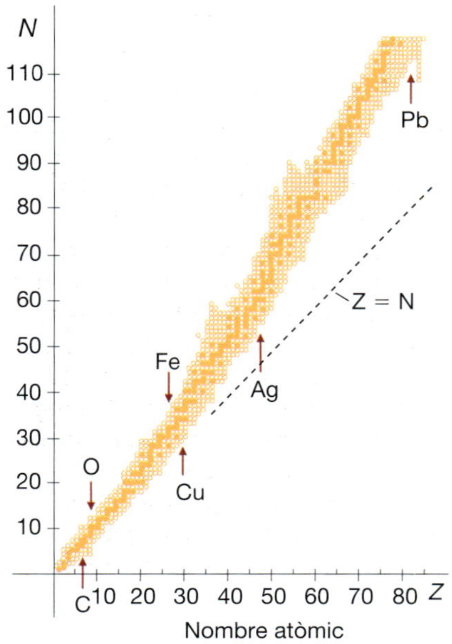

Fig. 8.8. Relació del nombre de neutrons i protons de nuclis estables. La zona ombrejada és la banda d'estabilitat.

A excepció de l'isòtop més simple de l'hidrogen, el proti, ^{1}H, tots els nuclis tenen neutrons. Així, el deuteri, ^{2}H, conté un protó i un neutró i és un nucli estable; en canvi, el triti, ^{3}H, té dos neutrons i un protó i és particularment inestable. Si considerem l'heli, ^{4}He, que conté dos protons i dos neutrons, també és un nucli molt estable.

Per tant, *l'aparellament d'un protó i d'un neutró sembla com si configurés una certa estabilitat.*

En la figura 8.8 s'ha representat en un diagrama la relació *N-Z* dels nuclis dels isòtops estables dels elements. Observem que, per a nombres atòmics petits, la relació N/Z és aproximadament igual a 1 i, per tant, es manté l'aparellament protó-neutró fins a $Z = 30$, aproximadament. Per a $Z > 30$, la relació N/Z és més gran que 1 i deixa de mantenir-se l'aparellament, i augmenta el nombre de neutrons en proporció al de protons, a mesura que creix *Z*. La zona del gràfic on se situen els nuclis estables s'anomena **banda d'estabilitat.**

D'altra banda, tal com hem vist abans, els protons pateixen forces de repulsió electrostàtica entre ells i, en principi, no podria existir cap nucli de més d'un protó. Per tant, perquè un nucli sigui estable és necessari postular l'existència d'una altra força, que anomenem **força nuclear forta.**

Aquesta força és de curt abast i actua a distàncies de les dimensions del nucli. Actua indistintament entre els nucleons, *p-p*, *n-n* i *p-n* i és una força d'atracció entre els nucleons d'intensitat molt més gran que la força elèctrica. Per tant, en un nucli participen tres forces: les forces gravitatòries entre els nucleons, que són negligibles; les forces elèctriques de repulsió entre els protons; i, finalment, les forces nuclears d'atracció entre els nucleons.

Quan *Z* és petit, la repulsió electrostàtica entre els protons està compensada per la força nuclear forta d'atracció dels nucleons, de manera que el nombre de protons és aproximadament igual al nombre de neutrons. Però quan *Z* és gran, per compensar la repulsió electrostàtica entre protons llunyans, atès que la força nuclear forta és de curt abast, ha d'augmentar el nombre de neutrons respecte dels protons per tal que predomini la força nuclear forta d'atracció.

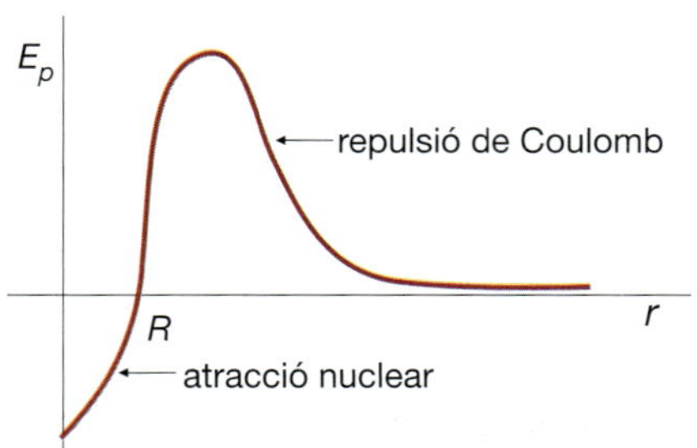

Fig. 8.9. Model d'energia potencial d'un nucli i una partícula α amb la distància.

En la figura 8.9 podem observar un model de l'energia potencial entre una partícula α i un nucli quan la partícula α s'acosta al nucli. Observem que per a distàncies més petites que *R* predominen les forces nuclears, i per a distàncies més grans, les forces elèctriques.

Quan un nucli es troba per sota de la banda d'estabilitat, significa que conté un excés de protons i, seguint uns mecanismes determinats, troba l'estabilitat fins que la relació N/Z augmenta, i així se situa en la banda d'estabilitat. De la mateixa manera, si el nucli es troba per sobre de la banda d'estabilitat, conté un excés de neutrons, i també evolucionarà fins a aconseguir que la relació N/Z disminueixi i se situï en la banda d'estabilitat.

Cal tenir present que, a partir de $Z > 83$, els nuclis són inestables i ja no és possible compensar l'estabilitat amb un augment de neutrons per tal que la força nuclear sigui més gran que la força elèctrica. Aquests són nuclis inestables que, juntament amb d'altres de $Z < 83$, s'anomenen **radioactius naturals.**

4.2. Llei exponencial de desintegració radioactiva

L'any 1896, Becquerel va descobrir que els cristalls d'una sal d'urani emetien unes partícules, que en aquell moment eren desconegudes. Ja hem comentat que aquest fenomen fou anomenat radioactivitat natural, i es va observar que aquestes partícules podien travessar la matèria, deixar senyals a les plaques fotogràfiques, ionitzar l'aire i els gasos i tornar-los conductors elèctrics, i també provocar la fluorescència de certes substàncies.

Més tard, altres científics com el matrimoni Curie van descobrir altres elements radioactius, com el poloni i el radi, i van detectar una gran quantitat de calor emesa junt amb les emissions radioactives.

S'anomena **radiació radioactiva** el conjunt de partícules que són emeses per una mostra radioactiva.

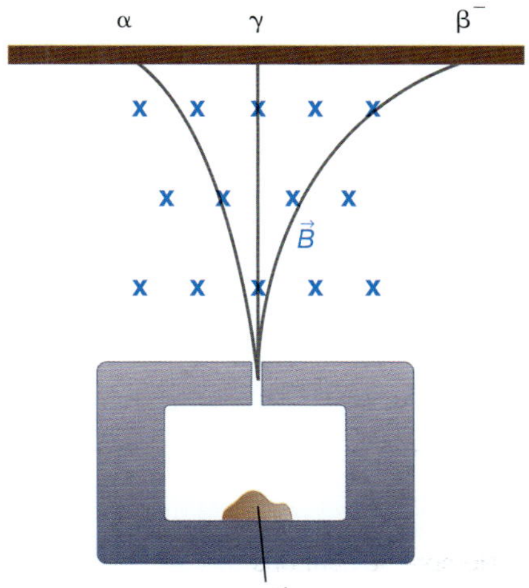

Fig. 8.10. Muntatge experimental per separar els tres tipus de partícules radioactives d'una mostra. Per separar les partícules radioactives s'utilitza un camp magnètic $\vec{B}$, que està representat de manera anàloga a com ho hem anat fent al llarg d'aquest curs, en aquest cas pels símbols **x**, que indiquen que la direcció de $\vec{B}$ és perpendicular al pla del paper i el seu sentit és cap endins. Aplicant la regla de la mà dreta destriem les partícules segons el signe de la càrrega, i s'observa que les partícules alfa són positives, les beta, negatives, i que les gamma no tenen càrrega.

Per identificar les partícules emeses en la radioactivitat natural, Rutherford va muntar un experiment en què hi ha una mostra radioactiva perfectament aïllada de la qual només pot sortir una petita quantitat de les partícules emeses per una escletxa molt petita (fig. 8.10). Quan la radiació emergent es fa passar a través d'un camp magnètic, que, recordem, té la propietat de desviar les partícules carregades elèctricament, podem observar tres partícules ben diferenciades:

- **Partícules α:** són partícules amb càrrega positiva, ja que el camp magnètic les desvia cap a l'esquerra (fig. 8.10). Més endavant es va comprovar que aquestes partícules són **nuclis d'heli,** emesos a velocitats al voltant de $\frac{1}{20}$ *c*, de manera que també es representen per $^{4}_{2}He$ o, si es té en compte la càrrega, per $^{4}_{2}He^{2+}$.
- **Partícules β:** en un principi, es va observar que les partícules designades amb aquest nom tenen càrrega negativa, ja que el camp magnètic les desvia cap a la dreta (fig. 8.10), i coincideixen amb **electrons** que hi surten a una velocitat molt alta, aproximadament igual a 0,99 *c*. Més tard, amb l'estudi de les reaccions nuclears induïdes artificialment, es va observar també l'emissió de **positrons, que són les antipartícules dels electrons**, és a dir, tenen la mateixa massa que els electrons, però una càrrega de signe contrari. Així, es distingeix entre emissió β^- (emissió d'electrons) i emissió β^+ (emissió de positrons).
- **Partícules γ:** de fet, no es tracta de partícules massives, sinó d'un **tipus de radiació electromagnètica** i, per tant, es propaguen en el buit a velocitat *c*. L'emissió gamma sol seguir les emissions α i β, i és deguda al fet que el nucli radioactiu passa d'un estat energètic excitat X^* (simbolitzat per l'asterisc) a un estat estable X tot emetent l'energia en excés en forma de fotons γ amb un valor al voltant del MeV.

Abans de fer un estudi més detallat de les partícules anteriors, emeses pels nuclis de les substàncies radioactives, ens fixarem primer en el fet que aquesta emissió comporta una variació en el nombre atòmic i en el nombre màssic del nucli emissor, de manera que aquest es converteix en el nucli d'un element diferent.

Així doncs, tot seguit estudiarem la llei en la qual es basa aquesta transformació d'uns nuclis radioactius en uns altres, anomenada *llei de desintegració radioactiva.*

La **desintegració radioactiva** és el procés pel qual els nuclis radioactius emeten partícules radioactives i es transformen en uns nuclis diferents.

Experimentalment, s'observa que la velocitat de desintegració d'una mostra radioactiva no és constant en el temps, sinó que té un comportament exponencial. Considerem una mostra de N nuclis radioactius en un instant determinat. Si la *desintegració* es considera com un esdeveniment aleatori, el nombre de nuclis desintegrats ΔN és proporcional al nombre de nuclis presents i al temps transcorregut Δt.

Vocabulari

Un element determinat pot tenir diversos **isòtops radioactius,** també anomenats **radioisòtops.**

Així doncs, podem establir que:

$$\Delta N = -\lambda N \Delta t$$

en què λ és la constant de proporcionalitat, que anomenem **constant de desintegració,** i que s'expressa en s^{-1}. Aquesta constant representa la probabilitat que un nucli es desintegri en la unitat de temps, i el signe negatiu és conseqüència del fet que el nombre de nuclis sense desintegrar disminueix amb el temps.

Si prenem un interval de temps infinitesimal d*t*, l'expressió anterior queda:

$$dN = -\lambda N \, dt$$

i podem aplicar les tècniques del càlcul infinitesimal. Separant les variables i integrant, tenim que:

$$\frac{dN}{N} = -\lambda \, dt \Rightarrow \int \frac{dN}{N} = \int -\lambda \, dt \Rightarrow$$

$$\Rightarrow \ln N = -\lambda t + k$$

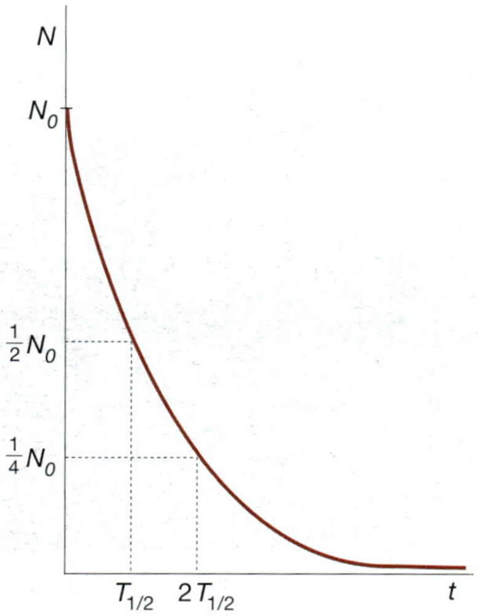

Fig. 8.11. La desintegració radioactiva segueix un comportament exponencial.

Si considerem que en l'instant $t = 0$ hi ha un nombre de nuclis N_0 per desintegrar, podem determinar el valor de *k* substituint en l'expressió anterior:

$$\ln N_0 = -\lambda \cdot 0 + k \Rightarrow k = \ln N_0$$

Per tant, substituint el valor de *k*, tenim que:

$$\ln N = -\lambda t + \ln N_0$$

que és el mateix que expressar-ho com:

$$\ln \frac{N}{N_0} = -\lambda t$$

o també:

$$N = N_0 \, e^{-\lambda t}$$

Aquesta expressió és la **llei de desintegració radioactiva,** que dona el nombre de nuclis no desintegrats en funció del temps. En la figura 8.11 s'ha representat gràficament aquesta llei en un diagrama *N-t.*

Per estudiar la velocitat de desintegració d'una mostra cal definir altres magnituds.

El **període de semidesintegració,** o **semivida,** $T_{1/2}$, és el temps que tarda una mostra a reduir-se a la meitat.

Si apliquem aquesta definició en l'equació anterior, tenim que:

$$\frac{N}{2} = N \, e^{-\lambda T_{1/2}}$$

Simplificant *N* i aïllant $T_{1/2}$ deduïm que:

$$2 = e^{\lambda T_{1/2}} \Rightarrow T_{1/2} = \frac{\ln 2}{\lambda}$$

Aquesta última expressió ens permet relacionar la semivida $T_{1/2}$ amb la constant de desintegració λ.

Més dades

Un altre concepte útil és el de **vida mitjana, τ,** que expressa el valor mitjà del temps que tarden els nuclis d'una substància radioactiva a desintegrar-se. És la inversa de la constant de desintegració radioactiva:

$$\tau = \frac{1}{\lambda}$$

Un altre concepte important que mesura la velocitat de desintegració és el d'activitat.

L'**activitat** d'una mostra radioactiva, *A*, es defineix com el nombre de desintegracions que es donen per unitat de temps, de manera que representa la velocitat de desintegració.

$$A = -\frac{dN}{dt}$$

D'acord amb aquesta definició, es pot demostrar que l'activitat *A* és el producte de λ per *N*, de manera que $A = \lambda N$. En efecte, si derivem l'expressió de $N(t)$, obtenim:

$$A = -\frac{dN}{dt} = -\frac{d(N_0\, e^{-\lambda t})}{dt} = -(-N_0\, \lambda\, e^{-\lambda t}) = \lambda N_0\, e^{-\lambda t} = \lambda N \Rightarrow \boxed{A = \lambda N}$$

Així doncs, l'activitat *A* també es pot expressar com:

$$A = \lambda N = \lambda N_0\, e^{-\lambda t} \Rightarrow \boxed{A = A_0\, e^{-\lambda t}}$$

Fig. 8.12. El matrimoni Curie, pioner en l'estudi de la radioactivitat.

en què $A_0 = \lambda N_0$. Per tant, la unitat de l'activitat és la mateixa que la de λ, és a dir, s^{-1}. Aquesta unitat, que és del SI, s'anomena becquerel (Bq), i equival a una desintegració per segon:

$$1\ \text{Bq} = 1\ \text{s}^{-1}$$

Una altra unitat d'activitat és el curie (Ci), en honor del matrimoni Curie (fig. 8.12), i la seva equivalència amb el Bq és:

$$1\ \text{Ci} = 3{,}7 \cdot 10^{10}\ \text{Bq}$$

Alguns exemples d'activitat de fonts radioactives són les següents:

- El mineral d'urani del 10% de puresa té una activitat de 3,5 μCi/kg.
- Les fonts utilitzades en gammagrafia van des de 100 mCi fins a 1 Ci.
- Les bombes de ^{60}Co per a tractaments mèdics, que van de 2 kCi a 5 kCi.
- La bomba atòmica de fissió, equivalent a 20000 t de TNT. Les bombes de Nagasaki i Hiroshima del 6 i el 9 d'agost de 1945, un minut després de les explosions, donaren $2 \cdot 10^{12}$ Ci.

Més dades

Amb molta freqüència s'utilitzen múltiples i submúltiples del Ci, com:

$$\text{kCi} = 10^{3}\ \text{Ci}$$

$$\text{mCi} = 10^{-3}\ \text{Ci}$$

$$\mu\text{Ci} = 10^{-6}\ \text{Ci}$$

Exemple 6. **El ^{24}Na és un isòtop radioactiu de període de semidesintegració $T_{1/2} = 15$ h.**

Si disposem d'una mostra de 5000 nuclis, quants n'hi haurà al cap de 60 h?

Resolució

Si tenim en compte que en 60 h hi ha 4 períodes de 15 h ($15 \cdot 4 = 60$), podem resoldre el nombre de nuclis que queden amb el raonament següent.

Passat el primer període en queden: $\dfrac{5000\ \text{nuclis}}{2} = 2500$ nuclis

En el segon període en queden: $\dfrac{2500\ \text{nuclis}}{2} = 1250$ nuclis

En el tercer període en queden: $\dfrac{1250\ \text{nuclis}}{2} = 625$ nuclis

I en el quart període en queden: $\dfrac{625\ \text{nuclis}}{2} \cong 312$ nuclis per desintegrar-se.

També podem arribar al mateix resultat utilitzant l'expressió $T_{1/2} = \dfrac{\ln 2}{\lambda}$ per trobar λ, i aplicant la llei de desintegració radioactiva $N = N_0\, e^{-\lambda t}$:

$$T_{1/2} = \frac{\ln 2}{\lambda} \Rightarrow \lambda = \frac{\ln 2}{T_{1/2}} = \frac{\ln 2}{15} = 0{,}0462\ \text{h}^{-1}$$

El nombre de nuclis restants per desintegrar és:

$$N = N_0\, e^{-\lambda t} \Rightarrow N = 5000 \cdot e^{-0{,}0462 \cdot 60} \cong 312\ \text{nuclis}$$

Fixem-nos que, si λ i *t* estan expressats amb la mateixa unitat de temps, no cal donar-los en unitats del SI.

Exemple 7. **El període de semidesintegració de l'isòtop ^{235}U és $7 \cdot 10^8$ anys.**

Calculeu, per a una mostra d'1 g:

a) L'activitat de la mostra en becquerels.

b) L'activitat de la mostra quan han passat 10 000 anys.

Dades: Massa atòmica de l'urani: 235 g/mol. $N_A = 6{,}023 \cdot 10^{23}$ partícules/mol.

Resolució

a) Com que la unitat d'activitat, el becquerel (Bq), s'expressa en s^{-1}, expressem el període de semidesintegració en segons:

$$T_{1/2} = 7 \cdot 10^8 \text{ any} \cdot \frac{365 \cdot 24 \cdot 3600 \text{ s}}{1 \text{ any}} = 2{,}21 \cdot 10^{16} \text{ s}$$

La constant de desintegració és, per tant:

$$\lambda = \frac{\ln 2}{T_{1/2}} = \frac{\ln 2}{2{,}21 \cdot 10^{16}} = 3{,}14 \cdot 10^{-17} \text{ s}^{-1}$$

L'activitat de la mostra és:

$$A = \lambda N = 3{,}14 \cdot 10^{-17} \text{ s}^{-1} \cdot 1 \text{ g} = 3{,}14 \cdot 10^{-17} \text{ g/s}$$

Expressat en becquerels:

$$3{,}14 \cdot 10^{-17} \frac{\text{g}}{\text{s}} \cdot \frac{1 \text{ mol de U}}{235 \text{ g}} \cdot \frac{6{,}023 \cdot 10^{23} \text{ nucli}}{1 \text{ mol}} = 8{,}0475 \cdot 10^4 \text{ nucli/s} =$$
$$= 8{,}0475 \cdot 10^4 \text{ Bq}$$

b) L'activitat disminueix exponencialment segons l'expressió $A = A_0\, e^{-\lambda t}$, en què l'activitat inicial és el valor en Bq que hem trobat en l'apartat anterior: $A_0 = 8{,}0475 \cdot 10^4$ Bq.

Expressem en segons els anys transcorreguts:

$$10\,000 \text{ any} \cdot \frac{365 \cdot 24 \cdot 3600 \text{ s}}{1 \text{ any}} = 3{,}15 \cdot 10^{11} \text{ s}$$

Per tant, l'activitat al cap de 10 000 anys és:

$$A = A_0\, e^{-\lambda t} = 8{,}0475 \cdot 10^4 \cdot e^{-3{,}14 \cdot 10^{-17} \cdot 3{,}15 \cdot 10^{11}} = 8{,}0474 \cdot 10^4 \text{ Bq}$$

Observem que l'activitat és gairebé la mateixa que la que tenia inicialment, un resultat que podíem esperar, ja que la vida mitjana de ^{235}U és molt gran.

Exemple 8. **L'isòtop ^{45}Ca és radioactiu i té una semivida de 165 dies i una activitat de 20 mCi en un moment determinat.**

En rebre una mostra en el laboratori per tal d'analitzar-la, es troba que l'activitat és 19,5 mCi.
Calculeu el temps que ha passat des de l'inicial.

Resolució

L'activitat decau segons la funció exponencial $A = A_0\, e^{-\lambda t}$, en què la constant de desintegració és:

$$\lambda = \frac{\ln 2}{T_{1/2}} = \frac{\ln 2}{165 \cdot 24 \cdot 3600} = 4{,}8 \cdot 10^{-8} \text{ s}^{-1}$$

$$A = A_0\, e^{-\lambda t} \;;\; 19{,}5 = 20\, e^{-4{,}8 \cdot 10^{-8}\, t}$$

Per aïllar el temps, apliquem logaritmes neperians:

$$\ln 19{,}5 = \ln 20 - 4{,}8 \cdot 10^{-8}\, t$$

$$t = \frac{\ln 20 - \ln 19{,}5}{4{,}8 \cdot 10^{-8}} = 5{,}27 \cdot 10^5 \text{ s}$$

Aquest valor equival a un temps aproximat de 6 dies.

4.3. Partícules emeses en la radioactivitat

Reprenem ara l'estudi de les emissions radioactives α, β i γ iniciat al principi d'aquest apartat, tot recordant que, quan un nucli d'un element radioactiu emet partícules radioactives, es desintegra en un altre nucli d'un element diferent, però sempre de manera que *s'ha de conservar el nombre màssic total i el nombre atòmic total, a més de la càrrega elèctrica total,* dels nuclis i les partícules que intervenen en la desintegració.

Emissió alfa

Es dona quan un nucli radioactiu ${}^{A}_{Z}X$ emet una partícula α, és a dir, un nucli d'heli ${}^{4}_{2}\mathrm{He}$. Com que el nombre màssic d'aquesta partícula és 4 i el nombre atòmic 2, es verifica que el nombre màssic del nucli «fill» disminueix en 4, i el nombre atòmic en 2, respecte del nucli «pare» (fig. 8.13):

$${}^{A}_{Z}X \rightarrow {}^{A-4}_{Z-2}X' + \alpha \quad \rightarrow \quad {}^{A}_{Z}X \rightarrow {}^{A-4}_{Z-2}X' + {}^{4}_{2}\mathrm{He}$$

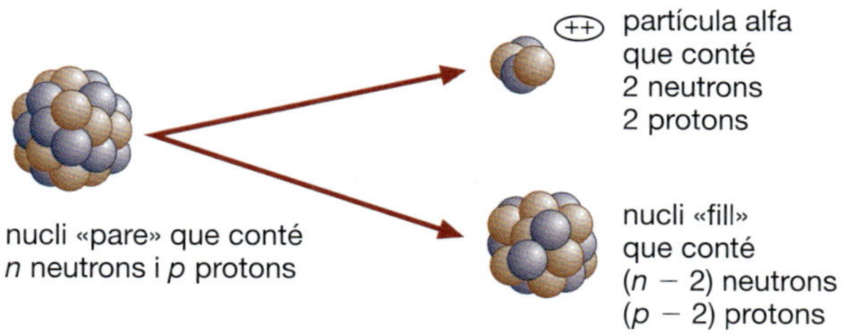

Fig. 8.13. Esquema d'un procés de desintegració per emissió d'una partícula α.

Emissió beta

Es dona quan un nucli emet un electró o bé un positró, aquest últim, recordem, antipartícula de l'electró. Ara bé, sabem que els electrons es troben a l'escorça de l'àtom. Com s'explica l'emissió d'electrons pels nuclis o, més difícil, l'emissió de positrons? En realitat, *la radiació beta és una conseqüència de l'altra interacció que té lloc al nucli atòmic*, la **interacció nuclear dèbil**.

En efecte, i d'acord amb aquesta interacció, l'emissió d'electrons β^- per part dels nuclis radioactius es produeix per la desintegració d'un neutró del nucli en un protó, un electró i una tercera partícula, un antineutrí de l'electró ($\bar{\nu}_e$), de manera que, com que les masses de l'electró i de l'antineutrí són molt més petites que la dels nucleons, s'assigna 0 a les seves masses atòmiques, i, pel que fa al nombre atòmic, a l'electró s'hi assigna −1, en tenir càrrega negativa però de valor absolut igual a la del protó, de manera que es representa indistintament per ${}^{0}_{-1}\beta$, ${}^{0}_{-1}e$, o ${}^{0}_{-1}e^-$, mentre que a l'antineutrí s'hi assigna 0, en no tenir càrrega, i així es representa ${}^{0}_{0}\bar{\nu}^{0}_{e}$ per:

$${}^{1}_{0}n^{0} \rightarrow {}^{1}_{1}p^{+} + {}^{0}_{-1}e^{-} + {}^{0}_{0}\bar{\nu}^{0}_{e}$$

Quant a l'emissió de positrons β^+ per part del nucli, es produeix perquè un protó del nucli es desintegra en un neutró, un positró i una tercera partícula, en aquest cas un neutrí electrònic (ν_e), de manera que, com a l'electró, al positró s'hi assigna nombre màssic 0, però nombre atòmic +1, en tenir la mateixa càrrega que el protó, i es representa, així, indistintament per ${}^{0}_{+1}\beta$, ${}^{0}_{+1}e$, o ${}^{0}_{+}e^+$, mentre que al neutrí s'hi assigna com al cas anterior 0 tant al nombre atòmic com al nombre màssic, i així es representa per ${}^{0}_{0}\nu^{0}_{e}$:

$${}^{1}_{1}p^{+} \rightarrow {}^{1}_{0}n^{0} + {}^{0}_{1}e^{+} + {}^{0}_{0}\nu^{0}_{e}$$

Fixem-nos que en aquestes dues desintegracions s'ha indicat el nombre atòmic, el nombre màssic i la càrrega elèctrica de totes les partícules que hi intervenen, per tal de fer evident que es conserven aquestes tres quantitats, com és d'esperar.

- Així doncs, un cas de radiació beta es dona quan un nucli radioactiu perd una partícula β^-, és a dir, emet un electró. Per tant, el nombre màssic del nucli «fill» es manté invariable, mentre que el nombre atòmic augmenta en 1 respecte del nucli «pare» (fig. 8.14 *a*):

$${}^{A}_{Z}X \rightarrow {}^{A}_{Z+1}X' + {}^{0}_{-1}\beta + {}^{0}_{0}\bar{\nu}^{0}_{e} \quad \rightarrow \quad {}^{A}_{Z}X \rightarrow {}^{A}_{Z+1}X' + {}^{0}_{-1}e + {}^{0}_{0}\bar{\nu}^{0}_{e}$$

Tingues en compte

La massa de l'electró és aproximadament 1 800 vegades més petita que la massa del protó o del neutró; com que aquests últims tenen un nombre màssic d'1, cal assignar 0 al nombre *màssic* de l'electró. Quant al positró, també se li assigna nombre *atòmic* 0, ja que té la mateixa massa que l'electró.

Pel que fa al nombre atòmic de l'electró, cal assignar-li −1, ja que té la mateixa càrrega en valor absolut e que el protó, però amb signe contrari, −e, i ja que 1 és el nombre atòmic del protó. Finalment, com que el positró té la mateixa càrrega que el protó, se li assigna nombre atòmic 1.

Sabies que...?

Els neutrins són partícules elementals que no tenen càrrega elèctrica i que estan inclosos dins l'anomenada família dels fermions. Fins fa poc es considerava que eren partícules sense massa, però experiments recents han demostrat que la seva massa no és nul·la, tot i que sí molt petita, i per això són sensibles a la interacció gravitatòria encara que molt feblement; pràcticament no interaccionen amb la matèria, i poden travessar completament la Terra sense cap efecte.

També són sensibles a la interacció nuclear feble. Hi ha tres tipus de neutrins: neutrí electrònic ν_e, neutrí muònic ν_μ i neutrí tauònic ν_τ, amb les seves corresponents antipartícules.

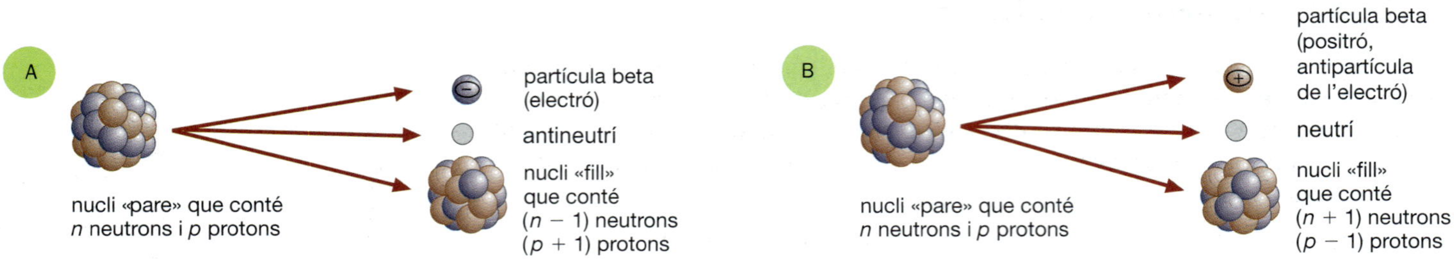

Fig. 8.14. *a)* Esquema d'un procés de desintegració per emissió d'una partícula β^-. *b)* Esquema d'un procés de desintegració per emissió d'una partícula β^+.

- L'altre cas de radiació beta es dona quan un nucli perd una partícula +, és a dir, un positró. Per tant, el nombre màssic del nucli «fill» es manté invariable, mentre que el nombre atòmic disminueix en 1 respecte del nucli «pare» (fig. 8.14 *b*):

$${}^{A}_{Z}X \rightarrow {}^{A}_{Z-1}X' + {}^{0}_{+1}\beta + {}^{0}_{0}\nu^{0}_{e} \quad \rightarrow \quad {}^{A}_{Z}X \rightarrow {}^{A}_{Z-1}X' + {}^{0}_{+1}e + {}^{0}_{0}\nu^{0}_{e}$$

Tenint en compte que els neutrins són partícules elementals amb una massa molt petita, i que pràcticament no interaccionen amb la matèria, sovint no els escrivim a l'hora de representar les desintegracions radioactives.

Més dades

La desintegració d'un protó en un neutró, amb l'emissió d'un positró i un neutrí, no té lloc amb protons lliures perquè viola el principi de conservació de l'energia, però sí en protons que formen part de nuclis radioactius.

Per contra, la desintegració d'un neutró en un protó, un electró i un antineutrí també es produeix en neutrons lliures, amb una semivida aproximada de 611 s. En realitat, és un dels tres quarks que integren el protó, o el neutró, el que pateix la desintegració, amb l'emissió prèvia d'un bosó *W*.

Emissió gamma

Es dona quan els nuclis atòmics, de manera similar als àtoms, es troben en estats excitats, és a dir, quan tenen una energia superior a la del seu estat més estable o fonamental; per això desprenen aquesta energia en excés en forma de radiació electromagnètica de la franja més energètica de l'espectre, que, recordem, correspon als raigs gamma, fins que assoleixen l'estat fonamental. Si simbolitzem l'estat excitat d'un nucli amb un asterisc, X^*, el que passa en aquest cas és que el nucli radioactiu X^* emet un fotó γ i assoleix el seu estat fonamental X:

$$X^* \rightarrow X + \gamma$$

L'energia $E = h\,f$ del fotó γ emès equival gairebé a l'excés d'energia que tenia el nucli inicial X^*, si bé una petita part es transforma en energia cinètica del nucli final X, en patir aquest un retrocés per tal que es verifiqui el principi de conservació de la quantitat de moviment.

Exemple 9. **Determineu el nucli resultant de les desintegracions següents:**

a) ^{226}Ra emet una partícula α.

b) ^{234}Th emet una partícula β^- (electró).

c) ^{13}N emet una partícula β^+ (positró).

Resolució

a) Tenint en compte la conservació del nombre màssic i del nombre atòmic, podem escriure, consultant la taula periòdica, que:

$${}^{226}_{88}Ra \rightarrow {}^{4}_{2}He + {}^{222}_{86}X$$

L'element resultant és un isòtop del radó, ja que té nombre atòmic 86: ${}^{222}_{86}Rn$.

b) Si tenim en compte també la conservació del nombre màssic i del nombre atòmic, veiem que:

$${}^{234}_{90}Th \rightarrow {}^{0}_{-1}e^- + {}^{234}_{91}X$$

L'element resultant és un isòtop del protactini, ja que té nombre atòmic 91: ${}^{234}_{91}Pa$.

c) Seguint el mateix procediment, tenim que:

$${}^{13}_{7}N \rightarrow {}^{0}_{+1}e^+ + {}^{13}_{6}X$$

L'element resultant és un isòtop de carboni, ja que té nombre atòmic 6: ${}^{13}_{6}C$.

4.4. Sèries radioactives naturals

En general, quan un nucli radioactiu es desintegra, se n'originen d'altres que també són radioactius i que també es van descomponent emetent partícules α i β. El conjunt de nuclis resultants esdevé una família o una cadena d'elements que constitueixen una sèrie radioactiva natural. En la natura es troben tres sèries radioactives, que s'anomenen per l'element de semivida més gran:

- **Sèrie del tori** (fig. 8.15*a*), que comença amb l'isòtop ^{232}Th i acaba amb el ^{208}Pb.
- **Sèrie de l'urani-radi** (fig. 8.15*b*), que comença amb l'isòtop ^{238}U i acaba amb el ^{206}Pb.
- **Sèrie de l'actini-urani** (fig. 8.15*c*), que comença amb l'isòtop ^{235}U i acaba amb el ^{207}Pb.

Com havíem dit, els nuclis són inestables a partir de $Z > 83$ i, per tant, en cadascuna de les sèries anteriors els nuclis es desintegren perdent les partícules necessàries i tendint cap a $Z = 82$, que correspon al plom, tal com veiem en les sèries de la figura 8.15, on també s'indiquen els temps de semivida dels diferents radioisòtops.

Observeu també que totes les sèries radioactives anteriors passen pels isòtops del radó 219, 220 i 222. El radó és un gas noble que té una densitat set vegades i mitja més gran que l'aire en les mateixes condicions de pressió i temperatura. Una vegada la sèrie arriba a produir el radó, aquest tendeix a incorporar-se a l'atmosfera, encara que en quantitats molt poc significatives, ja que té un període de semidesintegració molt curt.

Quan els elements d'una sèrie radioactiva s'acumulen, s'arriba a un estat estacionari en el qual la velocitat de desintegració, és a dir, el nombre d'isòtops desintegrats en la unitat de temps, és igual a la velocitat de desintegració del nucli de l'element següent. Aquest estat dels nuclis de la cadena s'anomena **equilibri radioactiu,** i s'assoleix, doncs, quan l'activitat del nucli *i* és igual a l'activitat del nucli següent, *i* + 1, de manera que podem establir:

$$\left(\frac{dN}{dT}\right)_i = \left(\frac{dN}{dT}\right)_{i+1} \Rightarrow \lambda_i N_i = \lambda_{i+1} N_{i+1} \Rightarrow \lambda_1 N_1 = \lambda_2 N_3 = \ldots = \lambda_i N_i$$

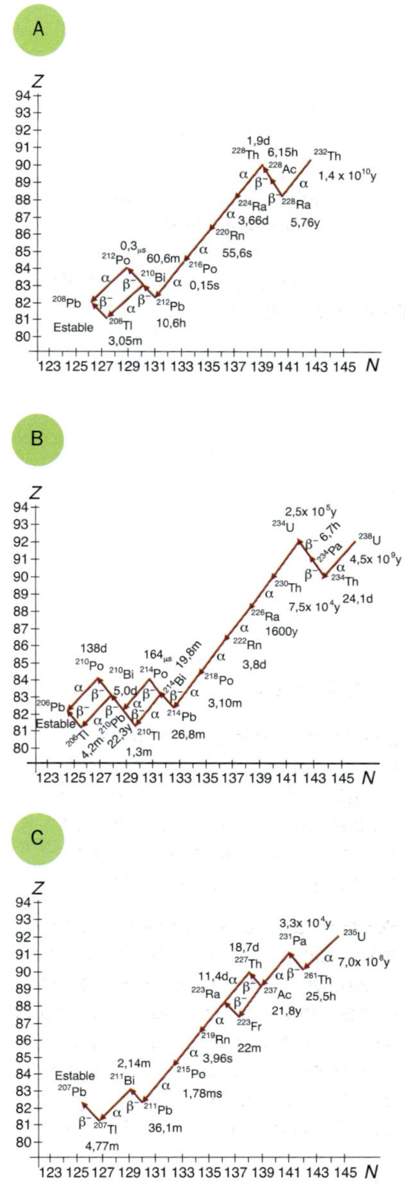

Fig. 8.15. Sèries radioactives naturals. Les unitats de temps són *y* (anys), *d* (dies), *h* (hores), *m* (minuts) i *s* (segons).

ACTIVITATS

9. Què representa la corba d'estabilitat dels nuclis en funció del nombre atòmic?

10. L'isòtop $^{14}_{6}C$ és radioactiu i té una constant de desintegració d'$1{,}2094 \cdot 10^{-4}$ anys^{-1}. Si disposem d'una mostra de 10^{23} nuclis, quin percentatge de nuclis quedaran per desintegrar al cap de 20 000 anys? Trieu la resposta correcta:

a) 91,1 % *b)* 8,9 % *c)* 12,4 %

11. Tenim $6{,}02 \cdot 10^{23}$ àtoms de l'isòtop radioactiu ^{51}Cr, amb un període de semidesintegració de 27 dies. Quants àtoms quedaran al cap de sis mesos?

R: $5{,}925 \cdot 10^{21}$ àtoms

12. Una mostra radioactiva conté 5,5 μg de $^{11}_{6}C$ en estat pur, isòtop que té un període de semidesintegració de 20,4 min. Calculeu els nuclis que hi haurà al cap de 10 hores i trieu la resposta correcta. Trieu la resposta correcta.

a) 10^{15} *b)* 10^{-2} *c)* $4 \cdot 10^{8}$

13. S'ha determinat que el radi ^{226}Ra té una constant de desintegració de $1{,}36 \cdot 10^{-11}$ s^{-1}.

a) Trobeu el període de semidesintegració en anys.

b) Si disposem d'una massa de 200 g, quina quantitat tindrem al cap de 10 anys?

R: *a)* $1{,}62 \cdot 10^{3}$ anys; *b)* 199 g

5. Reaccions nuclears

A més de la radioactivitat natural, per la qual nuclis inestables que es troben a la natura es desintegren, també es poden produir artificialment al laboratori nuclis inestables que donen lloc a la **radioactivitat artificial.**

Fig. 8.16. Accelerador de partícules al CERN.

Així, al laboratori és possible canviar l'estructura d'un nucli bombardejant-lo amb partícules lleugeres com protons, neutrons, electrons, partícules α i d'altres. Aquestes partícules, que s'acceleren mitjançant acceleradors de partícules (fig. 8.16) fins a aconseguir energies de l'ordre de 10^3 GeV (10^{12} eV), es fan xocar amb nuclis, o entre elles, i s'estudia la constitució del nucli i els processos o reaccions nuclears pels quals uns nuclis es transformen en altres.

Suposem que es provoca una col·lisió entre un nucli *X* (blanc) i una partícula lleugera *a* que té una energia cinètica adquirida amb un accelerador, i que la col·lisió dona lloc a un nucli final *Y* i una partícula emesa *b*. Diem que té lloc una **reacció nuclear,** que s'escriu així:

$$a + X \rightarrow Y + b \quad \text{o bé} \quad X(a, b)Y$$

Fixem-nos que en tota reacció nuclear s'ha de conservar el nombre màssic total i el nombre atòmic total, a més de la càrrega elèctrica. És a dir, si en una reacció nuclear com l'anterior, sigui *natural* o bé *induïda artificialment,* s'indica el nombre màssic i el nombre atòmic de tots els nuclis i les partícules que hi intervenen, la reacció s'escriu així:

$$^{n+p}_{p}a + ^{A}_{Z}X \rightarrow ^{A'}_{Z'}Y + ^{n'+p'}_{p'}b$$

on es verifica que:

$$p + Z = p' + Z' \quad \text{(conservació del nombre atòmic)}$$

$$n + p + A = n' + p' + A' \quad \text{(conservació del nombre màssic)}$$

Val a dir també que la col·lisió entre la partícula *a* i el nucli *X* és elàstica. Recordem que això vol dir que es conserven la quantitat de moviment i l'energia total, de manera que la quantitat de moviment inicial $\vec{p}_a + \vec{p}_X$ ha de ser igual a la quantitat de moviment final $\vec{p}_Y + \vec{p}_b$.

L'energia cinètica de la reacció també es conserva, però ara cal englobar-la dins del **principi,** més general, **de conservació massa-energia,** ja que cal considerar dins del seu còmput l'energia *E alliberada* provinent del defecte de masses $\Delta m = (M_Y + M_b) - (M_X + M_a)$, anomenada energia de reacció $E = (\Delta m)\,c^2$; un percentatge d'aquesta contribueix a l'energia cinètica de les partícules *Y, b*. Finalment, cal dir que l'energia cinètica s'ha de determinar amb l'expressió relativista per a tots aquells nuclis i partícules la velocitat de les quals sigui propera a la velocitat de la llum.

Recorda

No oblidem que el principi de conservació de la massa i el principi de conservació de l'energia no es verifiquen dins la relativitat, perquè una part de la massa desapareix i es converteix en energia, però podem substituir-los pel més general **principi de conservació massa-energia** en el qual s'ha de tenir en compte la part de la massa que es transforma en energia, i viceversa, d'acord amb l'equació d'equivalència entre la massa i l'energia d'Einstein:

$$E = m\,c^2$$

Exemple 10. ➡ **Resoleu els apartats següents:**

a) Escriviu les reaccions nuclears següents de forma desenvolupada: $^{27}\text{Al}(\alpha,\text{n})^{30}\text{P}$ i $^{14}\text{N}(\alpha,\text{p})^{17}\text{O}$.

b) Calculeu l'energia de la reacció del Al.

Dades: ^{27}Al = 26,981541 u; α = 4,002603 u; *n* = 1,008665 u; ^{30}P = 29,978310 u.

Resolució

a) $^{27}_{13}\text{Al} + ^{4}_{2}\alpha \rightarrow ^{30}_{15}\text{P} + ^{1}_{0}\text{n}$ i $^{14}_{7}\text{N} + ^{4}_{2}\alpha \rightarrow ^{17}_{8}\text{O} + ^{1}_{1}\text{p}$

b) Calculem el defecte de masses de la reacció segons les dades donades:

$$(29{,}978310 + 1{,}008665) - (26{,}981541 + 4{,}002603) = 2{,}831 \cdot 10^{-3}\ \text{u}$$

L'energia de la reacció per nucli de Al, tenint en compte que 1 u equival a 931,5 MeV, és:

$$2{,}831 \cdot 10^{-3}\ \text{u} \cdot \frac{931{,}5\ \text{MeV}}{1\ \text{u}} = 2{,}637\ \text{MeV}$$

5.1. Reaccions nuclears naturals

A la natura es poden trobar isòtops radioactius que no pertanyen a les sèries radioactives esmentades en l'apartat anterior, però que intervenen en reaccions nuclears. A continuació es comenta el cas del ^{14}C (carboni-14) i el de formació partícula-antipartícula.

Formació del carboni-14

El procés de formació del carboni-14, isòtop molt utilitzat en la datació de fòssils i restes arqueològiques, comença a les capes altes de l'atmosfera, on els **raigs còsmics,** que *són partícules amb càrrega elèctrica provinents del Sol i de l'espai exterior que tenen una velocitat molt alta i, per tant, una energia molt elevada,* xoquen amb els nuclis dels àtoms i originen raigs gamma, electrons i altres partícules, com neutrons lliures; aquests últims reaccionen amb el nitrogen de l'atmosfera i formen l'isòtop ^{14}C:

$$^{14}_{7}N + ^{1}_{0}n \rightarrow ^{14}_{6}C + ^{1}_{1}H$$

Ara bé, l'isòtop ^{14}C és inestable i es desintegra en nitrogen i en una partícula β^-, segons la reacció:

$$^{14}_{6}C \rightarrow ^{14}_{7}N + ^{0}_{-1}e + \overline{\nu}_e$$

El carboni-14 té una semivida de 5 730 anys, però se'n forma contínuament a l'atmosfera per acció dels raigs còsmics, com ja hem dit. Per tant, el ^{14}C està en equilibri radioactiu, de manera que la relació entre el ^{14}C i el ^{12}C del CO_2 present a l'atmosfera es manté constant.

Com que el carboni que incorporem els éssers vius procedeix del CO_2 atmosfèric, directament o indirectament, als éssers vius hi ha una proporció constant entre l'isòtop ^{14}C i l'isòtop ^{12}C, de valor $1{,}3 \cdot 10^{-12}$. En conseqüència, quan un organisme mor, el ^{14}C continua desintegrant-se, però, com que ja no hi ha absorció de carboni per part de l'organisme, la relació $^{14}C/^{12}C$ va disminuint, i aquesta relació pot servir per mesurar la data de defunció de l'organisme.

Això ha permès datar amb molta exactitud l'edat de mòmies egípcies, restes de campaments prehistòrics, etc., com mostra l'exemple següent.

Exemple 11. **Durant l'any 2001, a les runes d'una ciutat antiga es troben unes restes orgàniques.**

Quan s'analitzen, es troba que contenen 12 g de carboni amb una activitat de 2 Bq. Quant temps fa que va morir l'organisme al qual pertanyen les restes?

Dades: $T_{1/2} = 5\,730$ anys; massa atòmica del ^{12}C = 12 g;
$N_A = 6{,}023 \cdot 10^{23}$ partícules/mol;
proporció entre $^{14}C/^{12}C = 1{,}3 \cdot 10^{-12}$

Resolució

Calculem la constant de desintegració del ^{14}C a partir de la vida mitjana:

$$\lambda = \frac{\ln 2}{T_{1/2}} = \frac{\ln 2}{5730} = 1{,}20968 \cdot 10^{-4}\ \text{any}^{-1}$$

Calculem el nombre de nuclis de ^{12}C que hi ha en 12 g de la mostra:

$$12\ \text{g} \cdot \frac{1\ \text{mol}}{12\ \text{g}} \cdot \frac{6{,}023 \cdot 10^{23}\ \text{nuclis}}{1\ \text{mol}} = 6{,}023 \cdot 10^{23}\ \text{nuclis}$$

Com que la proporció $^{14}C/^{12}C$ val $1{,}3 \cdot 10^{-12}$, podem calcular el nombre de nuclis de ^{14}C que hi havia abans de produir-se la mort de l'organisme:

$$6{,}023 \cdot 10^{23}\ \text{nuclis}\ ^{12}C \cdot \frac{1{,}3 \cdot 10^{-12}\ \text{nuclis}\ ^{14}C}{1\ \text{nucli}\ ^{12}C} =$$

$$= 7{,}8299 \cdot 10^{11}\ \text{nuclis}\ ^{14}C$$

Per tant, l'activitat inicial de la mostra era de:

$$A_0 = \lambda\, N_0 = 1{,}20968 \cdot 10^{-4}\ \text{any}^{-1} \cdot 7{,}8299 \cdot 10^{11}\ \text{nuclis}\ ^{14}C =$$
$$= 9{,}4716 \cdot 10^{7}\ \text{nuclis}\ ^{14}C/\text{any}$$

Expressat en Bq:

$$9{,}4716 \cdot 10^{7} \cdot \frac{\text{nuclis}\ ^{14}C}{1\ \text{any}} \cdot \frac{1\ \text{any}}{365 \cdot 24 \cdot 3600\ \text{s}} = 3{,}0034\ \text{Bq}$$

Amb l'expressió $A = A_0\, e^{-\lambda t}$ calculem l'antiguitat de la mostra:

$$A = A_0\, e^{-\lambda t}$$

$$2 = 3{,}0034 \cdot e^{-1{,}20968 \cdot 10^{-4}\ \text{any} \cdot t}$$

aplicant logaritmes neperians, tenim que:

$$\ln 2 = \ln 3{,}0034 - 1{,}20968 \cdot 10^{-4}\, t \rightarrow t = 3\,361\ \text{anys}$$

És a dir, les restes orgàniques corresponen aproximadament a l'any 1360 a.C.

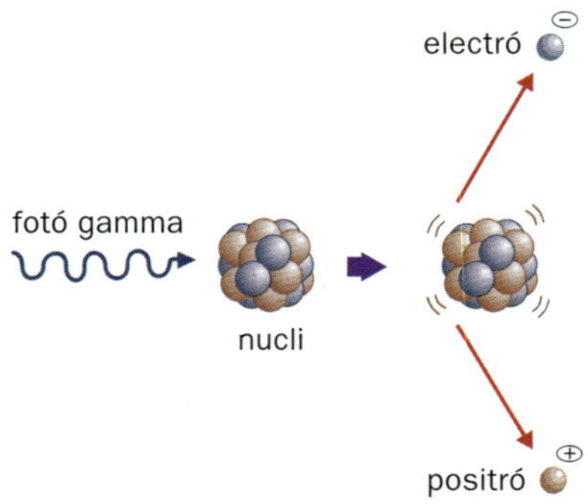

Fig. 8.17. Un procés de creació de parells electró-positró transforma gairebé tota l'energia del fotó en la massa del parell, i una petita part en energia cinètica. Com és d'esperar, també es conserva la quantitat de moviment total.

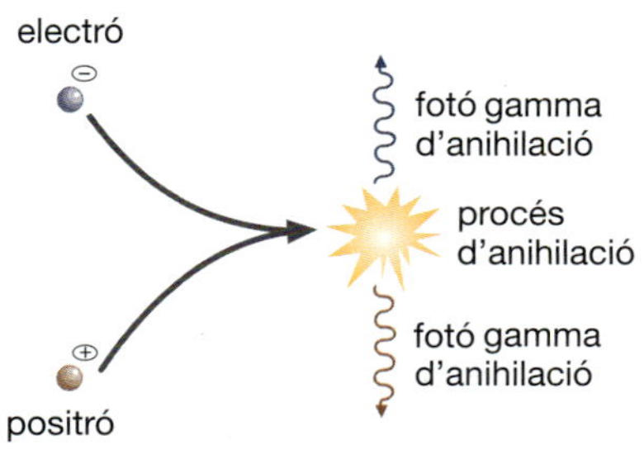

Fig. 8.18. Un procés d'anihilació transforma tota la massa en energia, i dona lloc a dos fotons idèntics que es propaguen en direccions oposades.

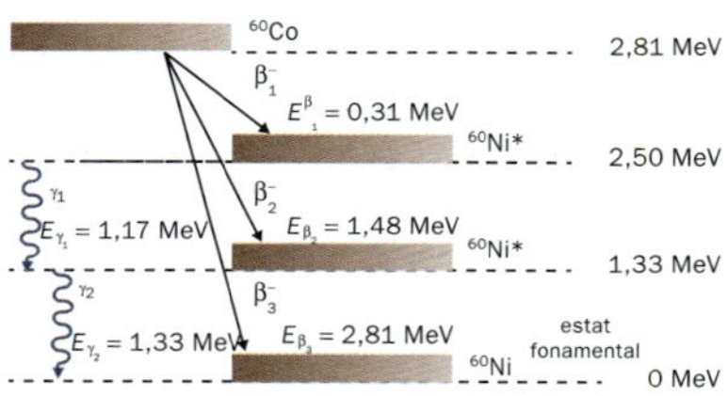

Fig. 8.19. Diagrama de nivells d'energia per a l'isòtop ^{60}Co. Aquest isòtop es troba en un estat inestable d'energia 2,81 MeV, i assoleix l'estabilitat amb les tres reaccions indicades. En la primera, es comprova que la suma de les energies de les partícules β_1^-, γ_1 i γ_2 és, precisament, aquest valor: 0,31 + 1,17 + 1,33 = 2,81 MeV. El mateix passa amb la segona reacció, per a les partícules β_2^- i γ_2: 1,48 + 1,33 = 2,81 MeV. Finalment, per a l'última reacció, la partícula β_3^- s'emporta tota l'energia.

Processos de creació i d'anihilació de parells partícula-antipartícula

Ja hem comentat que els raigs còsmics originen, entre altres partícules, raigs gamma, que solen tenir una energia molt alta, de l'ordre del MeV, i que intervenen en les **reaccions de producció de parells partícula-antipartícula;** aquestes reaccions es produeixen quan un fotó gamma d'alta energia xoca amb un nucli, desapareix i es crea el parell, per exemple, electró-positró (fig. 8.17): $\gamma \rightarrow \beta^- + \beta^+$.

Cal adonar-se que en aquest procés es verifica, tant el principi de conservació de la quantitat de moviment, de manera que les quantitats de moviment del parell són tals que els seus components perpendiculars a la direcció d'incidència del fotó s'anul·len entre si (fig. 8.18), com el principi de conservació massa-energia, ja que l'energia $E = h\,f$ del fotó original es converteix, en la seva major part E', en la massa total $2\,m$ del parell segons l'equació d'Einstein $E' = 2\,m\,c^2$, i la resta, en energia cinètica E_{cT} del nucli, de l'electró i del positró, $E = E' + E_{cT}$.

El procés contrari s'anomena **reacció d'anihilació** i es produeix quan una partícula xoca amb la seva antipartícula, desapareixen totes dues, i es produeixen fotons γ. Es dona, per exemple, entre partícules β^- i β^+, totes dues amb energia baixa (velocitats petites), en què es generen dos fotons γ idèntics (fig. 8.18): $\beta^- + \beta^+ \rightarrow 2\,\gamma$.

Fixem-nos que en aquesta reacció. Si suposem que les partícules inicials s'apropen una a l'altra lentament (velocitat baixa) de manera que podem considerar gairebé nul·la la quantitat de moviment inicial, s'han de generar forçosament dos fotons que surten en sentits contraris, per tal que s'acompleixi el principi de conservació de la quantitat de moviment; pensem que els fotons sempre van a la velocitat c, i si només se'n generés un es violaria aquest principi. Finalment, es comprova que també es verifica el principi de conservació massa-energia, ja que l'energia total $2\,E$ prové de la massa $2\,m$ del parell d'acord amb $2\,E = 2\,m\,c^2$.

5.2. Reaccions nuclears artificials

Ja hem comentat que es poden obtenir isòtops radioactius artificialment, mitjançant reaccions nuclears en què es bombardegen nuclis estables amb partícules com neutrons i protons. Un exemple el tenim en el cobalt-60, radioisòtop que s'obté a partir d'un altre isòtop estable del cobalt, el cobalt-59, quan aquest és bombardejat per un neutró i es converteix en $^{60}_{27}$Co:

$$^{59}_{27}\text{Co} + {}^{1}_{0}\text{n} \rightarrow {}^{60}_{27}\text{Co}$$

El cobalt-60 és un isòtop radioactiu que es desintegra en níquel-60, amb un període de semidesintegració de 5,26 anys, d'acord amb tres reaccions nuclears diferents en què s'emeten partícules β^- i γ d'energies diferents (fig. 8.19).

En una mostra de $^{60}_{27}$Co, un 99,88 % dels nuclis es desintegra i emet partícules β_1^-, en què cada una surt amb una energia de 0,31 MeV, i dona l'isòtop excitat $^{60}_{28}$Ni*, que emet dos fotons γ_1, γ_2 d'energies respectives 1,17 MeV i 1,33 MeV, i assoleix l'estat fonamental:

$$^{60}_{27}\text{Co} \rightarrow {}^{60}_{28}\text{Ni*} + {}^{0}_{-1}\beta_1 + \bar{\nu}_e \qquad {}^{60}_{28}\text{Ni*} \rightarrow {}^{60}_{28}\text{Ni} + \gamma_1 + \gamma_2$$

Per a la segona reacció, un 0,12 % dels nuclis es desintegra i emet partícules β_2^-; aquestes surten ara amb una energia de 1,48 MeV, i s'obté l'isòtop $^{60}_{28}$Ni* en un altre estat excitat diferent, que emet un fotó γ_2 d'energia 1,33 MeV i assoleix l'estat fonamental:

$$^{60}_{27}\text{Co} \rightarrow {}^{60}_{28}\text{Ni*} + {}^{0}_{-1}\beta_2 + \bar{\nu}_e \qquad {}^{60}_{28}\text{Ni*} \rightarrow {}^{60}_{28}\text{Ni} + \gamma_2$$

Finalment, un percentatge ínfim dels nuclis es desintegra en l'isòtop $^{60}_{28}$Ni, ara en el seu estat fonamental, i emet partícules β_3^-, ara amb una energia més gran que la de les altres dues i de valor 2,81 MeV:

$$^{60}_{27}\text{Co} \rightarrow {}^{60}_{28}\text{Ni} + {}^{0}_{-1}\beta_3 + \bar{\nu}_e$$

5.3. Fissió nuclear

Un altre tipus de reacció nuclear és el procés de fissió nuclear.

> La fissió nuclear és una reacció nuclear per la qual un nucli atòmic pesant es divideix en dos o més nuclis lleugers i, depenent de la reacció, altres subproductes, generalment neutrons i fotons (raigs γ), mitjançant el bombardeig del nucli inicial amb neutrons.

Per tal que es produeixi la fissió, cal que els neutrons amb què es bombardeja el nucli tinguin una energia baixa, de l'ordre d'1 MeV, ja que així augmenta la probabilitat que es produeixi el procés.

Aquesta reacció allibera gran quantitat d'energia en forma de radiació electromagnètica, i en forma d'energia cinètica de les partícules expulsades del nucli inicial, a causa del defecte de masses.

I aquesta energia es pot convertir en energia elèctrica, tal com passa a les centrals nuclears. Malauradament, aquesta energia també pot ser utilitzada per a aplicacions d'armament, com ara la bomba nuclear.

En la figura 8.20 s'esquematitza la fissió d'un nucli d'urani ^{235}U que és bombardejat amb un neutró. El neutró absorbit dona lloc a l'isòtop inestable de l'urani ^{236}U, el qual es fissiona en dues meitats. En aquest procés es produeixen neutrons lliures que, a la vegada, poden fissionar altres nuclis d'urani i donar lloc a una reacció en cadena. En conseqüència, la importància del control d'aquests neutrons és primordial.

Una reacció típica de fissió és:

$$n + {}^{235}U \rightarrow {}^{141}Ba + {}^{92}Kr + 3n$$

en què es produeixen tres neutrons, que poden generar més reaccions amb altres nuclis de ^{235}U. Aquesta reacció pot donar aproximadament uns 220 MeV per cada nucli d'urani fissionat.

Per mantenir una reacció en cadena en un reactor nuclear de fissió (fig. 8.21), almenys un dels neutrons emesos en la reacció ha de ser capturat per un altre nucli de ^{235}U.

En conseqüència, si no es controlen els neutrons alliberats en la reacció, es poden produir reaccions en cadena amb una velocitat tan elevada que pot donar lloc a una explosió de gran envergadura, com és el cas de la bomba atòmica.

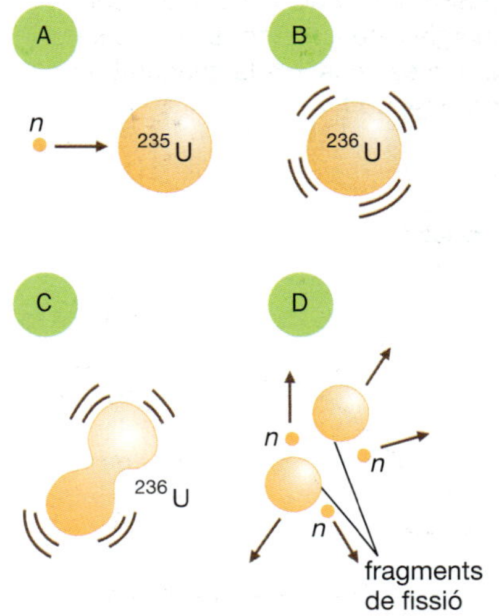

Fig. 8.20. *a)* Un neutró xoca amb un nucli d'urani estable, *b)* el nucli absorbeix el neutró i es transforma en un nucli inestable, *c)* s'inicia la fissió a causa de la inestabilitat del nucli i *d)* es produeixen dos nuclis i hi ha un alliberament de neutrons i d'energia.

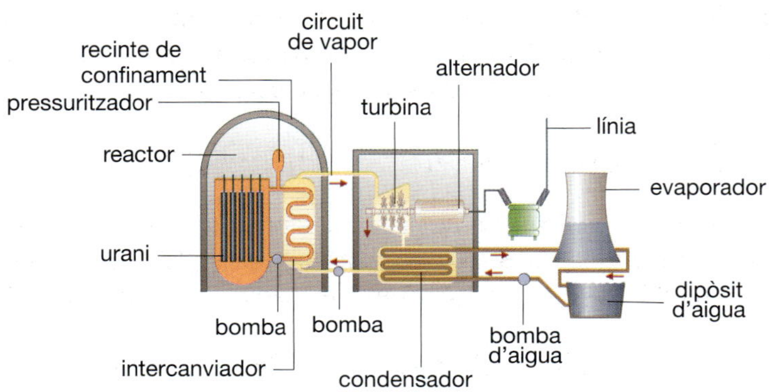

Fig. 8.21. Esquema simplificat d'un reactor nuclear d'aigua a pressió. L'aigua que està en contacte amb la massa radioactiva del reactor s'utilitza simultàniament com a moderador i com a material transmissor de la calor. L'aigua està aïllada del vapor que produeix per fer anar les turbines per tal d'evitar impactes ambientals negatius.

Així doncs, en una central nuclear, cal tenir un control absolut sobre la reacció en cadena, és a dir, és necessari tenir un control molt estricte dels neutrons generats, ja que, com dèiem, poden generar una gran explosió. Per tant, hi ha d'haver un sistema que faci que la reacció en cadena sigui controlada. Aquest sistema de control està determinat per una constant que s'anomena **constant de reproducció K,** i que és el nombre mitjà de neutrons alliberats en la fissió d'un nucli.

Una reacció nuclear autosostinguda s'aconsegueix quan $K = 1$, és a dir, quan almenys un dels neutrons emesos de la reacció és capturat per un nucli de ^{235}U. En aquestes condicions diem que el reactor treballa en un **estat crític.**

Fig. 8.22. Central nuclear de Fukushima, on l'11 de març del 2011, a conseqüència d'un terratrèmol i el posterior tsunami, els reactors es van aturar automàticament. A causa de la inundació es va malmetre la xarxa elèctrica, cosa que va impedir el funcionament dels sistemes de refrigeració al nucli del reactor, situació que va donar lloc a diverses explosions, a incendis i a emissions de radioactivitat.

Si el reactor treballa amb una $K < 1$, diem que està en un **estat subcrític** i el reactor es va apagant.

Si ho fa amb una $K \geq 1$, l'**estat** és **supercrític** i el reactor treballa en unes condicions en què pot generar energia de manera controlada.

Quan K assoleix un cert valor màxim, la reacció no es pot controlar i ens trobem en una situació similar a una bomba atòmica.

La majoria dels reactors actuals contenen solament un 0,7 % de l'isòtop ^{235}U, i la resta és isòtop ^{238}U. Aquest últim gairebé mai no es fissiona, sinó que absorbeix neutrons i es transforma en neptuni i plutoni. En conseqüència, fa la funció de moderador de la reacció. Per aquesta raó, l'urani utilitzat als reactors ha de ser enriquit artificialment perquè contingui un percentatge petit de l'isòtop ^{235}U.

Quan el percentatge de ^{235}U augmenta considerablement, fins a valors propers al 100 %, s'obté urani susceptible de ser utilitzat per fabricar una arma nuclear, la bomba atòmica. El procés d'**enriquiment d'urani** comporta un greu problema per a les relacions entre els països. L'ONU és l'organització mundial que ha d'estar vigilant i controlant els països a fi que utilitzin l'energia nuclear només en activitats industrials i pacífiques.

Exemple 12. ➡ **Calculeu l'energia total alliberada en quilowatts hora (kWh) resultant de la fissió de 2 g d'urani ^{235}U, sabent que cada nucli fissionat allibera 200 MeV.**

Dades: $N_A = 6{,}023 \cdot 10^{23}$ partícules/mol; 1 kWh = $3{,}6 \cdot 10^6$ J

Resolució

Necessitem calcular el nombre de nuclis ^{235}U disponibles:

$$2\ \text{g} \cdot \frac{1\ \text{mol}}{235\ \text{g}} \cdot \frac{6{,}023 \cdot 10^{23}\ \text{nuclis}\ ^{235}\text{U}}{1\ \text{mol}} =$$

$$= 5{,}126 \cdot 10^{21}\ \text{nuclis}\ ^{235}\text{U}$$

L'energia alliberada és:

$$5{,}126 \cdot 10^{21}\ \text{nuclis} \cdot \frac{200\ \text{MeV}}{1\ \text{nucli}} = 1{,}0252 \cdot 10^{24}\ \text{MeV}$$

Expressada en quilowatts hora, és:

$$1{,}0252 \cdot 10^{24}\ \text{MeV} \cdot \frac{10^6\ \text{eV}}{1\ \text{MeV}} \cdot \frac{1{,}6 \cdot 10^{-19}\ \text{J}}{1\ \text{eV}} \cdot \frac{1\ \text{kWh}}{3{,}6 \cdot 10^6\ \text{J}} = 4{,}56 \cdot 10^4\ \text{kWh}$$

Una part important d'aquesta energia s'aprofita per generar energia elèctrica.

5.4. Fusió nuclear

Un altre tipus de reacció nuclear és el procés de fusió.

La **fusió** és el procés invers al de fissió i consisteix a fer col·lidir dos nuclis lleugers a grans velocitats fins a aconseguir un nucli més gran. Com que la massa del nucli final és més petita que la massa total dels nuclis inicials, el defecte de masses es transforma en una gran quantitat d'energia.

Les reaccions de fusió més efectives són les que tenen lloc entre nuclis de deuteri i nuclis de triti (fig. 8.23):

$$^2H + ^2H \rightarrow ^3H + ^1H$$
$$^2H + ^2H \rightarrow ^3He + ^1n$$
$$^2H + ^3H \rightarrow ^4He + ^1n$$
$$^2H + ^3He \rightarrow ^4He + ^1H$$

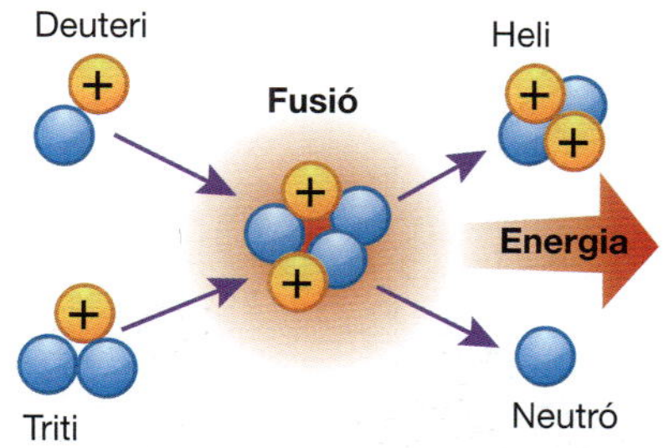

Fig. 8.23. Procés de fusió nuclear.

Aquestes són les reaccions bàsiques, que s'anomenen cicle protó-protó, i constitueixen un dels cicles bàsics de producció d'energia al Sol (fig. 8.24) i a les altres estrelles.

A causa de la repulsió elèctrica entre nuclis, perquè es produeixi la fusió és necessari comunicar a aquests una gran energia cinètica per tal de vèncer aquestes forces, de manera que els nuclis s'aproximin fins a arribar a una distància en què entrin en joc les forces nuclears que, recordem, actuen a partir de distàncies de l'ordre de 10^{-15} m.

En efecte, si tenim present el diagrama de la figura 8.9, en què s'ha representat l'energia potencial en funció de la separació entre dos nuclis lleugers, s'observa que la força de Coulomb domina per a distàncies $r > R$, i que per a distàncies més petites dominen les forces nuclears, que són atractives. Per tant, és d'esperar que calgui imprimir una energia cinètica molt gran a les partícules implicades, per tal que puguin superar la barrera de potencial de les forces de Coulomb, s'aproximin fins a distàncies $r \approx R$ i, llavors, es puguin fusionar.

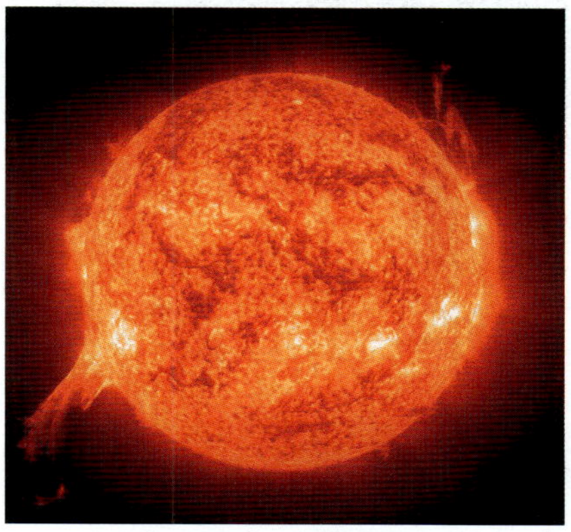
Fig. 8.24. Fotografia del Sol.

En conseqüència, deduïm que per aconseguir la fusió cal escalfar els àtoms fins a temperatures del voltant de diversos milions de graus centígrads, per tal que els nuclis assoleixin l'energia cinètica suficient. Com és de suposar, no disposem de cap material capaç de suportar aquestes temperatures sense que els àtoms no es vegin afectats. A aquestes temperatures els àtoms s'ionitzen totalment i perden tots els seus electrons. Es forma així un estat de la matèria caracteritzat per una mescla d'electrons i de nuclis que s'anomena plasma. La majoria dels experiments de fusió es fan per confinament del plasma en un camp magnètic.

Exemple 13. **Determineu l'energia produïda en la reacció de fusió donada per: $^2H + ^2H \rightarrow ^3He + ^1n$.**

Dades: $^2H = 2{,}014102$ u; $^3He = 3{,}016029$ u; $n = 1{,}008665$ u

Resolució

Calculem el defecte de masses de la reacció:

$$\Delta m = (1{,}008665 + 3{,}016029) - (2 \cdot 2{,}014102) = -3{,}51 \cdot 10^{-3} \text{ u}$$

Com que es produeix una disminució de la massa, l'energia produïda per cada parell de deuteris és:

$$\Delta E = 3{,}51 \cdot 10^{-3} \text{ u} \cdot \frac{931{,}5 \text{ MeV}}{1 \text{ u}} = 3{,}27 \text{ MeV}$$

ACTIVITATS

14. En una reacció nuclear hi ha una pèrdua de massa de $8 \cdot 10^{-10}$ kg. Quanta energia s'ha alliberat en el procés? Expresseu el resultat en joules i en quilowatts hora.

Dades: 1 u = $1{,}660540 \cdot 10^{-27}$ kg; 1 eV = $1{,}6022 \cdot 10^{-19}$ J

R: $7{,}2 \cdot 10^7$ J; 20 kWh

15. La combustió d'una tona de carbó proporciona aproximadament $3{,}3 \cdot 10^{10}$ J d'energia. La fissió d'un nucli d'urani ^{235}U proporciona una quantitat d'energia de 208 MeV. Quina massa d'urani faria falta per produir la mateixa quantitat de calor? Trieu la resposta correcta.

a) 0,39 g *b)* 134,56 g *c)* 4,35 kg

6. Radiacions ionitzants

Hem vist que els processos nuclears impliquen unes transferències d'energia considerables. En aquest apartat estudiarem els efectes que, a causa d'aquestes transferències, tenen sobre la matèria les radiacions radioactives, que estan incloses en el que globalment es coneix com a radiacions ionitzants.

> Es coneixen amb el nom genèric de **radiacions ionitzants** totes les radiacions i partícules capaces d'ionitzar substàncies.

La primera de les radiacions ionitzants que es van descobrir i estudiar van ser els **raigs X,** que són emesos per canvis energètics dels electrons dels àtoms. Com ja sabeu, l'aplicació dels raigs X és molt àmplia, com ara les radiografies.

Aquí ens ocuparem de les radiacions ionitzants d'origen nuclear: les partícules alfa i beta, els neutrons i els raigs gamma.

6.1. Interacció de les partícules radioactives amb la matèria

Ara estudiarem els diferents efectes que tenen les radiacions radioactives quan penetren en la matèria (fig. 8.25).

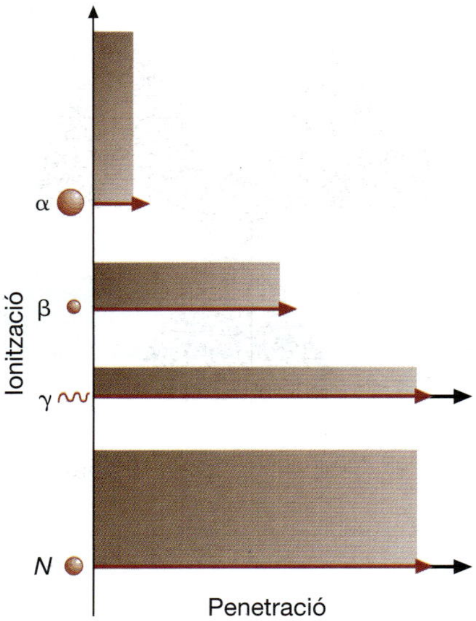

Fig. 8.25. Relació entre la penetració i la ionització en la matèria segons les partícules radioactives α, β, γ i *n*.

- Les **partícules α,** com que són partícules molt més grans que les altres, tenen un poder de penetració molt petit i poden travessar com a molt un full de paper. En canvi, tenen un poder d'ionització elevat (fig. 8.26), ja que, com que tenen una massa més gran, ionitzen la matèria seguint una trajectòria rectilínia. Quan la partícula α ha perdut gairebé tota la seva energia té una velocitat molt petita, atrapa un parell d'electrons i es converteix en el gas noble He.

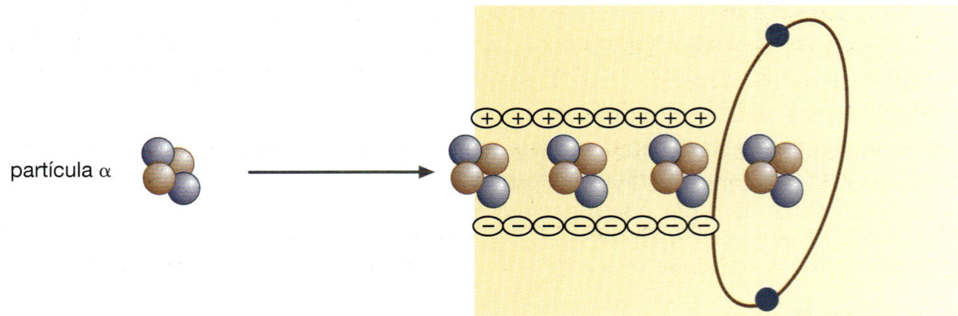

Fig. 8.26. Ionització de la matèria per part d'una partícula α. Quan la partícula α perd gairebé tota l'energia cinètica que portava, atrapa dos electrons i es converteix en el gas heli.

- Les **partícules β** són partícules molt més petites que les α i poden penetrar un gruix d'uns quants mil·límetres de materials poc densos com l'alumini, però tenen un poder d'ionització baix. La seva trajectòria, com que és una partícula de massa molt petita, segueix un camí no lineal. Quan la partícula β^- cedeix gairebé tota la seva energia i, per tant, té una velocitat molt petita, és capturada per un àtom (fig. 8.27), mentre que les partícules β^+ s'anihilen amb un electró (fig. 8.18).

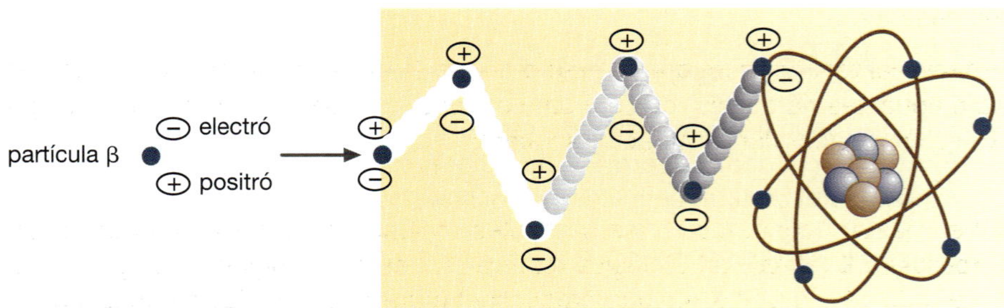

Fig. 8.27. Interacció de les partícules β amb la matèria.

- Les **radiacions** γ tenen un poder de penetració tan gran que fins i tot poden travessar alguns centímetres de materials molt densos, com per exemple el plom. El seu poder d'ionització, però, no és tan elevat.
- Els **neutrons,** com que són elèctricament neutres, tenen un alt poder de penetració i un poder d'ionització baix, però, com que poden induir reaccions nuclears en què s'emeten altres radiacions ionitzants, també tenen una capacitat potencial d'ionització.

Podem resumir la interacció de les radiacions amb la matèria amb la taula 8.5:

Partícules α	Escassa penetració. Alta ionització. Contaminació elevada i dany biològic.
Partícules β	Escassa penetració. Contaminació amb dany biològic i contaminació mediambiental.
Partícules γ	Gran poder de penetració. Importància en irradiació i contaminació mediambiental.
Neutrons	Gran penetració. Baixa ionització, que varia en funció del material.

Taula 8.5.

6.2. Efecte de les partícules radioactives sobre els éssers vius

Val a dir que les zones en què hi ha materials radioactius han d'estar convenientment senyalitzades (fig. 8.28). Quan la radiació radioactiva travessa la matèria orgànica altera el bon funcionament de les cèl·lules, ja que la radiació ionitza les molècules i els àtoms de les cèl·lules, i això pot posar en perill la salut dels organismes vius. Aquesta alteració depèn de la intensitat i del temps d'exposició a la radiació.

Fig. 8.28. Símbol de perill nuclear.

Les conseqüències que produeix la radiació radioactiva en un organisme poden ser *somàtiques* o *genètiques:*

- El dany és **somàtic** quan la radiació només actua sobre les cèl·lules no reproductives; un excés de radiació pot originar càncer. De vegades la radiació és d'intensitat dèbil, o de curta durada, i en aquest cas pot afectar les cèl·lules sense destruir-les del tot i elles mateixes tenen la capacitat de regenerar-se.
- El dany **genètic** es produeix en els gens de les cèl·lules reproductores i pot conduir a defectes en la descendència de l'organisme.

Per mesurar el grau d'alteració de la matèria orgànica a causa de la radiació cal determinar la dosi o quantitat de radiació que absorbeix una substància en termes energètics.

Per aquest motiu definim en el SI una unitat anomenada **gray** (Gy), i diem que 1 kg de massa d'una substància determinada absorbeix 1 Gy quan la quantitat de radiació que s'ha dipositat equival a una energia d'1 J.

Una altra unitat molt utilitzada és el **rad.** La seva equivalència amb Gy és:

$$1 \text{ rad} = 10^{-2} \text{ Gy}$$

Ara bé, el dany biològic no solament depèn de la quantitat d'energia absorbida per la matèria orgànica, sinó que també depèn del tipus de radiació: radiacions α, β, γ, neutrons, protons o ions pesants.

Per tant, cal tenir present que el grau d'afectació del sistema orgànic és diferent per a cada una d'aquestes partícules, d'acord amb el poder d'ionització i de penetració que tenen, i per això és convenient definir el factor següent:

Per mesurar com afecten les partícules radioactives el sistema orgànic, es defineix el **factor RBE** (efectivitat biològica relativa, en les seves sigles en anglès) com el nombre de rads de radiació X o γ que produeix el mateix dany biològic que 1 rad de la radiació utilitzada.

En la taula 8.6 tenim els diferents valors RBE de les partícules més comunes esmentades, en què els valors són aproximats, ja que depenen de l'energia i la forma del dany.

Radiació	Factor RBE
Raigs X i γ	1
Partícules β	1-1,7
Partícules α	10-20
Neutrons lents o tèrmics	4-5
Neutrons ràpids i protons	10
Ions pesants	20

Taula 8.6. Efectivitat biològica relativa (RBE). Es pren com a referència la radiació γ de valor la unitat.

Definim, finalment, el **rem** com el producte de la dosi en rad i el factor RBE:

$$\text{Dosi en rem} = (\text{dosi en rad}) \cdot (\text{RBE})$$

Per tant, segons la definició, podem afirmar que 1 rem de qualsevol radiació produeix el mateix dany biològic. Així, podem dir, per exemple, que 1 rad de neutrons ràpids representa una dosi de 10 rem.

La radiació de baix nivell de les fonts naturals, com ara les radiacions còsmiques i les radiacions que desprenen les roques, ens aporten a cadascun de nosaltres una dosi mitjana aproximada de 0,13 rem/any. El límit permès en aquests moments és de 0,5 rem/any pel que fa a la radiació de fons. Per a ocupacions professionals s'admet com a molt fins a 5 rem/any. És evident que les extremitats, mans i peus, són zones on la radioactivitat no és tan nociva com en les altres parts del cos. La forma més greu d'exposició és ingerint o respirant components radioactius, ja que penetren al cos i s'hi acumulen.

Fig. 8.29. Activitat, dosi absorbida, dosi equivalent i dosi efectiva.

En la figura 8.29 hi ha un exemple prou significatiu per diferenciar alguns termes o conceptes utilitzats en energia nuclear, com activitat, dosi absorbida, dosi equivalent i dosi efectiva. El nombre d'objectes per unitat de temps que són susceptibles d'impactar contra un pomer es pot comparar amb el terme d'*activitat,* encara que alguns d'ells no arribin a tocar-lo. Els impactes dels objectes equivalen a la *dosi absorbida.* El dany biològic d'aquests impactes en funció del tipus d'objecte (fulles, gotes de pluja, pedra...) pot comparar-se amb la *dosi equivalent*. El dany biològic que rep en tot el seu organisme, depenent de si els impactes han estat al tronc, les branques, els fruits, etc., pot comparar-se amb la *dosi efectiva.*

Exemple 14. **Una massa orgànica absorbeix una dosi de 0,8 rad de radiació d'ions pesants; quina dosi rep en rems?**

Per produir el mateix dany amb radiació γ, quina dosi en rads i en grays faria falta?

Resolució

Si consultem la taula 8.6, veiem que el factor RBE per als ions pesants és 20 i per a la radiació γ és 1. Per tant, la dosi en rems és: 0,8 rad · 20 = 16 rem, i la radiació γ necessària per produir el mateix dany biològic és:

$$\text{dosi en rad} = \frac{\text{dosi en rem}}{\text{RBE}} = \frac{16}{1} = 16 \text{ rad}$$

Expressat en el SI és:

$$16 \text{ rad} \cdot \frac{10^{-2} \text{ Gy}}{1 \text{ rad}} = 0{,}16 \text{ Gy}$$

6.3. Aplicacions de les radiacions

Avui dia, la radioactivitat s'utilitza sovint en les activitats humanes:

- En la indústria, com ara el control de qualitat de materials i d'acabats.
- En medicina, contra el càncer i per controlar la glàndula tiroide.
- En la producció d'energia elèctrica, a les centrals nuclears.
- En la datació de fòssils, a través del carboni ^{14}C, que ja hem explicat.
- En les aplicacions bèl·liques, com la bomba atòmica.

Un exemple d'aplicació de la radioactivitat en medicina és el control de l'arteriosclerosi. S'injecta una sal que conté sodi radioactiu en una vena de la cama, i el temps que tarda l'isòtop radioactiu a arribar a l'altra part del cos es detecta amb un comptador de radiació. El temps transcorregut és una bona indicació de la presència o absència de constriccions en el sistema circulatori.

Un altre exemple d'aplicació en la medicina és el de l'isòtop ^{131}I, que es produeix artificialment a partir del iode ^{127}I. El iode és un nutrient necessari per al nostre cos i s'obté per consum de sals iodades i de menjars marins. La glàndula tiroide, situada al coll, és la responsable de la distribució del iode pel cos. Per avaluar el funcionament de la tiroide, el pacient beu una quantitat molt petita de iodur de sodi radioactiu. Al cap de dues hores, es detecta la quantitat de iode a la glàndula tiroide mesurant la intensitat de radiació a l'àrea del coll.

La radioactivitat també s'aplica en el tractament del càncer, ja que alguns isòtops radioactius, com el ^{60}Co, el ^{131}I, el ^{90}Yt i el ^{137}Cs, produeixen la mort de les cèl·lules canceroses i aturen, així, el seu creixement.

Una altra aplicació en medicina és la gammagrafia, que resulta ser el mateix que la radiografia de raig X, però utilitza els raigs γ (fig. 8.30).

També s'utilitza en agricultura per investigar com actua un fertilitzant determinat. Suposem que es vol determinar el millor mètode per fertilitzar una planta determinada. Com sabeu, el nitrogen és un fertilitzant, i per això es marca amb un isòtop radioactiu del nitrogen. Així, es pot fer un seguiment del funcionament del fertilitzant aplicant-lo sobre una mateixa planta de tres maneres diferents: regant la planta per sobre, regant la superfície del sòl i, finalment, injectant-lo a l'interior del sòl. Fent un rastreig amb un comptador Geiger es pot valorar el mètode seguit.

Sabies que...?

Tot i que hi ha molts tipus de detectors de radiació radioactiva, tots funcionen gairebé de la mateixa manera, detectant la ionització que produeixen les partícules radioactives al medi. El comptador Geiger és potser el dispositiu més utilitzat per detectar radiacions.

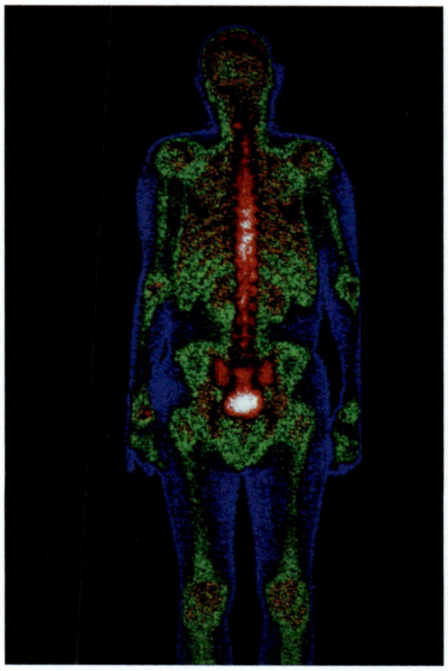

Fig. 8.30. Imatge d'una gammagrafia.

ACTIVITATS

16. Feu un treball en grup sobre les aplicacions de les radiacions radioactives en la medicina, comentant els aspectes positius i negatius que tenen.

17. Una massa orgànica de 150 g rep una dosi de 2 rad de radiació α amb un RBE de 10.

a) Quina quantitat d'energia rep?

b) Quina és la dosi en rem?

R: *a)* $3 \cdot 10^{-3}$ J; *b)* 20 rem

18. Una mostra ha rebut una dosi de radiació de 20 rem. Calculeu la radiació rebuda si aquesta és de:

a) Partícules β

b) Partícules α

c) Neutrons ràpids

Nota: Consulteu la taula 8.6 i preneu els valors màxims que s'hi donen.

R: *a)* 11,76 rad; *b)* 1 rad; *c)* 2 rad

7. L'energia nuclear

Hem vist el procés de fissió nuclear en un reactor: els àtoms d'urani són bombardejats per neutrons, l'àtom es divideix en dos nuclis més lleugers i s'allibera molta energia i neutrons, que bombardejaran altres àtoms d'urani (fig. 8.31). D'aquesta manera es produeixen les reaccions en cadena que alliberen una gran quantitat d'energia, anomenada *energia nuclear*.

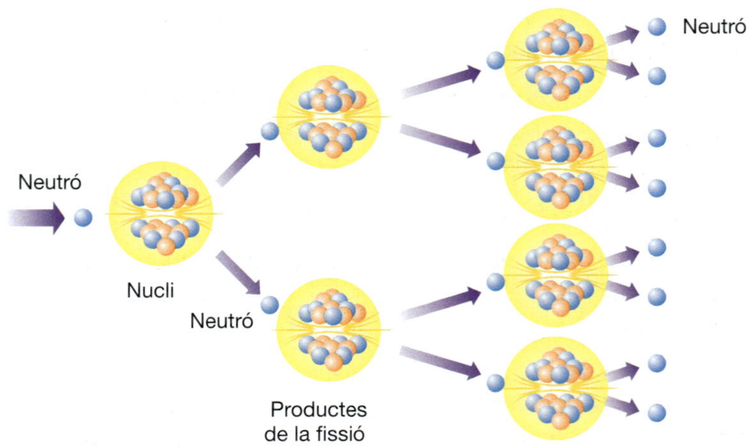

Fig. 8.31. Fissió de l'urani i reacció en cadena.

7.1. Avantatges i inconvenients de l'energia nuclear

Sabies que...?

Un reactor nuclear no pot esclatar de la mateixa manera que una bomba atòmica; ara bé, sempre hi ha la possibilitat d'un accident que produeixi una alliberació catastròfica de radioactivitat que pot contaminar milers de quilòmetres quadrats i afectar milions de persones, com va succeir amb els accidents de les centrals nuclears de Txernòbil (Ucraïna, 1986) i de Fukushima (Japó, 2011).

L'energia nuclear s'obté per alliberament d'energia emmagatzemada als nuclis de certs àtoms, com ara alguns isòtops d'urani. L'energia nuclear obtinguda és un milió de vegades superior a la que es produeix en cremar un fragment de carbó de la mateixa massa. A més, no produeix gasos contaminants com els que desprenen els combustibles fòssils (carbó, petroli, gas).

L'ús de l'energia nuclear, però, presenta inconvenients fins ara sense solució:

- **Contaminació radioactiva.** Les reaccions nuclears generen aquest tipus de contaminació que pot perjudicar els éssers vius, per exemple, causant-los alteracions genètiques. Cal mantenir un control exhaustiu dels nivells de radioactivitat i de les mesures de seguretat de les centrals nuclears per evitar emissions perilloses de radioactivitat cap a l'exterior.
- **Residus** extremament radioactius. Les substàncies radioactives es mantenen actives durant segles i poden contaminar altres materials que hi entrin en contacte, com ara l'aigua de refrigeració de la central nuclear. A més, actualment no se sap com eliminar-los.
- **Cost** de l'energia nuclear. El cost de la construcció i el manteniment de les centrals nuclears és molt elevat, ja que s'ha de tenir en compte les moltes mesures de seguretat per conservar els reactors nuclears i totes les instal·lacions en perfectes condicions per tal d'evitar fuites de radioactivitat. La gestió dels residus nuclears també resulta molt cara. A més, la vida d'una central nuclear és només de 30 a 40 anys. En acabar aquest temps s'ha de tancar hermèticament.

Tipus de residus radioactius i el seu tractament

Com ja hem explicat, les centrals nuclears produeixen residus radioactius que són molt perillosos i es mantenen actius durant molts anys. S'ha de tenir en compte que l'urani empobrit (urani 238) té una vida mitjana de 4 500 milions d'anys aproximadament, i altres elements radioactius com el neptuni 237 i el plutoni 239 tenen una vida mitjana de centenars de milers d'anys. Els magatzems i les foses subterrànies on es col·loquen els residus radioactius no ofereixen una garantia de seguretat per a un període de temps tan llarg.

Alguns d'aquests residus radioactius són els següents:

- Les barres de combustió d'urani exhaurides.
- El nucli del reactor. No es pot desmuntar quan es clausura una central nuclear.
- La roba dels treballadors que manipulen material radioactiu.
- Les petites quantitats d'aire radioactiu que es pot despendre.
- L'aigua utilitzada per a la refrigeració esdevé aigua contaminada amb radioactivitat.
- En les extraccions d'urani es produeixen escòries radioactives (petites làmines de roca) que solen contaminar la zona del voltant de la mina.
- Les peces de les armes nuclears desactivades són radioactives.
- Les proves nuclears efectuades pels governs d'alguns països generen molta radioactivitat.
- Alguns residus mèdics, com ara les compreses de cotó i els guants utilitzats en quimioteràpia i aplicació d'isòtops radioactius, s'han de tractar com a material radioactiu.

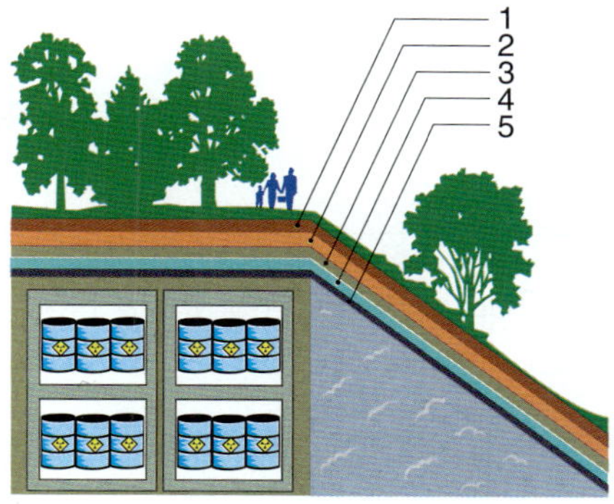

1. Capa filtrant
2. Escullera
3. Sorra i grava
4. Argila (impermeable)
5. Cobriment aïllant

Fig. 8.32. Esquema de les capes del sòl que cobreixen els residus radioactius.

En els primers anys d'aplicació de l'energia nuclear, els residus es col·locaven en contenidors especials i s'abocaven al fons del mar, però, tot i que es va assegurar l'hermeticitat d'aquests contenidors per a un període de 200 anys, molts d'ells es van deteriorar ràpidament i van contaminar l'oceà.

Actualment, els bidons amb material radioactiu no poden llançar-se al mar i el sistema més habitual d'eliminar-los és enterrar-los (fig. 8.32). Cal evitar soterrar-los en indrets on siguin probables els terratrèmols o en llocs on hi hagi aigües subterrànies.

Perills de la radioactivitat

La principal preocupació és la protecció de la població i del medi ambient del contacte amb quantitats perjudicials de radioactivitat.

Els abocadors de residus nuclears i les operacions habituals a les centrals nuclears desprenen petites quantitats de radioactivitat. Però el perill més gran és el de la possibilitat d'un accident a les centrals nuclears, als submarins nuclears o en el transport de càrregues de residus nuclears.

Sempre existeix l'amenaça de fuites de radioactivitat dels residus soterrats o emmagatzemats, que normalment es tanquen en cel·les de formigó.

Si una persona s'exposa a un nivell elevat de radiació pot patir la malaltia de la radiació. Els símptomes principals són vòmits, pèrdua dels cabells i hemorràgies, i pot arribar a produir la mort. A més, es produeixen tumors malignes, úlceres d'estómac, perforacions d'intestí i malformacions als fetus de les dones embarassades que han estat exposades a la radiació.

Coneixem els casos dels treballadors que van morir quan intentaven controlar l'accident nuclear del reactor de Txernòbil; a més, uns 5 milions de persones van quedar afectades per la radioactivitat i moltes van morir, conseqüència que també es va donar en l'accident de la central nuclear de Fukushima. També van patir aquests efectes els milers de persones que van morir a Hiroshima i Nagasaki, al Japó, després dels llançaments de les primeres bombes atòmiques.

Alternatives a l'ús de l'energia nuclear

Hem vist que l'energia nuclear pot generar electricitat amb un índex baix de contaminació immediata, però comporta molts riscos. Per tant, cal buscar altres alternatives per aconseguir energia sense destruir la vida del planeta.

S'han de fer servir les fonts alternatives d'energia que no tenen els mateixos inconvenients que les que utilitzem actualment, és a dir, l'energia natural: l'energia del Sol, de les marees i del vent i la calor interna de la Terra (energia geotèrmica). Cal exigir als governs dels diferents països que aprovin lleis que controlin i regulin el risc nuclear, que facin una bona gestió dels residus radioactius i que substitueixin les energies actuals per energies alternatives.

Resum de la unitat

- **Física nuclear**
  - Origen de l'Univers
    - Teoria del big-bang
  - Energia nuclear
    - Avantatges i inconvenients
      - Perills
      - Alternatives
  - Reaccions nuclears
    - Naturals
      - Carboni-14
    - Artificials
      - Cobalt-60
    - Fissió
    - Fusió
  - Forces fonamentals
    - Interacció gravitatòria
    - Interacció electromagnètica
    - Interacció nuclear forta
    - Interacció nuclear dèbil
      - Partícules elementals
  - Partícules atòmiques
    - Composició del nucli
      - Nombre atòmic Z; Nombre màssic A; Nombre neutrònic N; A = Z + N
        - Isòtops
      - Dimensions del nucli: $R = R_0 \sqrt[3]{A}$
      - Defecte de massa i energia d'enllaç: $E = \Delta m c^2$
  - Radiacions ionitzants
    - Interacció amb la matèria
    - Efecte sobre els éssers vius
      - Aplicacions en: indústria, medicina, producció d'energia, datació de fòssils, etc.
  - Estabilitat nuclear. Radioactivitat
    - Desintegració radioactiva
      - Llei exponencial: $N = N_0 e^{-\lambda t}$
        - λ Constant de desintegració radioactiva
        - Semivida: $T_{\frac{1}{2}} = \frac{\ln 2}{\lambda}$
      - Activitat d'una mostra radioactiva: $A = \lambda N = A_0 e^{-\lambda t}$. Unitat SI: Bq
    - Partícules emeses en la radiació
      - Emissió α
      - Emissió β
      - Emissió γ
    - Sèries radioactives naturals

Qüestions

1. Justifiqueu el fet que les interaccions fonamentals diferents de la gravitatòria i l'electromagnètica reben el nom genèric de forces nuclears.

2. Quines forces són les dominants entre dos protons separats una distància de 10^{-8} m?

3. Descriviu breument les interaccions fonamentals de l'Univers.

4. Les forces nuclears fortes, depenen dels nucleons en què actuen?

5. Què són els isòtops? Com podem distingir els isòtops d'un element donat?

6. El nombre atòmic es pot donar en funció del nombre d'electrons? Feu-ne una explicació convincent.

7. Per què els valors de les masses atòmiques dels elements que surten en la taula periòdica no són nombres enters, sinó que són nombres amb decimals?

8. En física nuclear, què s'entén per energia d'enllaç?

9. Per què els nuclis més pesants són inestables?

10. La massa d'una partícula α no és igual a la suma de les masses de dos neutrons i dos protons. És superior o inferior? Per què?

11. Què són les partícules β^-? Trieu l'opció correcta.

a) Electrons emesos pel nucli.

b) Neutrons emesos pel nucli.

c) Electrons emesos per l'escorça electrònica atòmica.

12. Per què la contribució més gran de la radioactivitat natural és el radó?

13. Feu un treball en grup sobre el matrimoni Curie i tot el que van aportar a la química nuclear.

14. La datació de l'*home de gel* que es va trobar en una glacera dels Alps italians va donar una edat de 5 300 anys. En una mostra de l'individu hi havia ^{14}C i ^{11}C, de vides mitjanes 5 730 anys i 20,4 min, respectivament. Per què els científics van optar per la datació amb ^{14}C?

15. Un succés consta de l'emissió d'una partícula α i d'una partícula β per part d'un nucli. Després del succés, quina relació hi ha entre el nucli original i el final?

16. Per què la radiació còsmica augmenta amb l'altura?

17. A la natura hi ha tres isòtops de l'hidrogen. Podem crear un altre isòtop diferent artificialment. Com?

18. Un estudiant afirma que un isòtop d'hidrogen es desintegra per emissió d'una partícula α. Què li contesta el professor?

19. Un protó i un antiprotó s'anihilen i donen lloc a dos fotons. Com són les seves quantitats de moviment? I les seves energies?

Trieu la resposta correcta i raoneu-la:

A. Les seves quantitats de moviment:

a) Tenen el mateix mòdul, la mateixa direcció i el mateix sentit.

b) Tenen el mateix mòdul i la mateixa direcció, però sentit contrari.

c) Tenen el mateix mòdul, però diferent direcció.

B. Les seves energies:

a) Són iguals.

b) Són diferents.

c) No ho podem saber.

20. Comenteu d'on prové l'energia produïda en una reacció nuclear i busqueu informació sobre instal·lacions de centrals nuclears per produir energia nuclear a Europa.

21. A les reaccions de conversió protó-neutró hi ha emissió de neutrins i antineutrins. Busqueu informació sobre aquestes partícules. Quina relació tenen amb les teories actuals sobre l'origen i l'evolució de l'Univers?

22. El Ne-23 és un isòtop radioactiu que es desintegra en Na-23 d'acord amb tres reaccions en què s'emeten tres partícules beta. Busqueu informació sobre aquestes reaccions i efectueu el diagrama de nivells d'energia de les reaccions.

23. La fissió d'un nucli pesant s'ha de fer amb neutrons lents o ràpids?

24. La radioactivitat del nostre entorn és sempre perniciosa?

25. Per mesurar el dany biològic, utilitzem el rem o el rad? I per mesurar la quantitat de radiació que incideix sobre un cos?

Problemes

Partícules atòmiques

1. Consultant la taula periòdica, identifiqueu els elements següents i determineu-ne el nombre de protons, de neutrons i d'electrons: Ac, Cr, Mn.

2. Calculeu la massa atòmica de l'element oxigen sabent que a la natura hi ha un 99,759 % de ^{16}O de massa 15,994915; un 0,037 % de ^{17}O de massa 16,999133, i un 0,204 % de ^{18}O de massa 17,999160.

R: 15,999375 u

3. El plom natural conté els isòtops ^{204}Pb, ^{206}Pb, ^{207}Pb i ^{208}Pb en les proporcions de 1,4 %, 24,1 %, 22,1 % i 52,4 %, respectivament. Quina és la massa atòmica del plom? Aproximeu a dos decimals.

R: 207,24 u

4. Quin és el radi aproximat d'un nucli de ^{125}Te?

R: $6 \cdot 10^{-15}$ m

5. Determineu la velocitat d'una partícula α d'energia cinètica 20 MeV. No tenim en compte els efectes relativistes.

R: $3,09 \cdot 10^{7}$ m/s

6. Determineu l'energia de la reacció $^{235}U + n \rightarrow {}^{236}U$, sabent que les masses isotòpiques són:

$$^{235}U = 235,11392 \text{ u}$$

$$n = 1,00893 \text{ u}$$

$$^{236}U = 236,11559 \text{ u}$$

R: 6,76 MeV/nucli ^{235}U desintegrat

Estabilitat nuclear i radioactivitat

7. El període de semidesintegració d'una mostra és de 3 anys. Quina fracció de la mostra hi haurà al cap de 18 anys?

R: 2^{-6}

8. Quina massa de ^{238}U té una activitat d'1 mCi? La constant de desintegració del ^{238}U és $\lambda = 4,9 \cdot 10^{-18}$ s^{-1}.

R: $2,98 \cdot 10^{3}$ g

9. Una mostra radioactiva de 15 g es redueix a 3 g en 40 dies. Quina és la seva semivida?

R: 17,23 dies

10. Immediatament després de ser extret del reactor, una mostra d'un isòtop radioactiu té una activitat de 120 Bq i al cap de 3 h passa a ser de 90 Bq.

a) Calculeu la constant radioactiva i el període de semidesintegració de la mostra.

b) Quants nuclis hi havia inicialment?

R: *a)* 0,0958 h^{-1}, 7,23 h; *b)* $4,5 \cdot 10^{6}$ nuclis.

11. Una mostra de nuclis de ^{214}Pb té una vida mitjana de 3,05 min i emet inicialment 352 partícules β per segon. Quant de temps ha de transcórrer perquè només emeti 10 partícules β per segon?

R: 15,66 min

12. Una font de cobalt ^{60}Co té un semiperíode de 5,2 anys i una activitat inicial de 1 100 Ci.

a) Expresseu l'activitat inicial en Bq.

b) Calculeu l'activitat que tindrà al cap de 40 anys.

R: *a)* $4,07 \cdot 10^{13}$ Bq; *b)* $1,97 \cdot 10^{11}$ Bq

13. Calculeu l'activitat d'un mil·ligram de radó ^{222}Rn que té una constant de desintegració de $2,1 \cdot 10^{-6}$ s^{-1}. Trieu la resposta correcta.

a) $5,69 \cdot 10^{12}$ Bq *b)* $7,69 \cdot 10^{3}$ Bq *c)* $7,99 \cdot 10^{18}$ Bq

Reaccions nuclears

14. Un nucli d'urani ^{234}U pateix cinc desintegracions α successives fins a assolir una forma nuclear estable.

a) Quin és aquest nucli final?

b) A quina sèrie radioactiva pertanyen?

15. Identifiqueu el producte resultant de la reacció:

$$^{24}_{12}Mg\ (p, \alpha)\ ^{A}_{Z}X$$

16. Identifiqueu el nucli *X* de cadascuna de les reaccions:

$$X \rightarrow {}^{65}Ni + \gamma$$

$$^{215}Po \rightarrow X + \alpha$$

$$X \rightarrow {}^{55}Fe + \beta$$

$$^{109}Cd + X \rightarrow {}^{109}Ag$$

17. Completeu les reaccions següents consultant la taula 8.3.

a) $^{23}Na + {}^{4}He \rightarrow {}^{26}Mg + ...$

b) $^{10}B + {}^{4}He \rightarrow {}^{13}N + ...$

c) $^{238}U \rightarrow {}^{234}Th + ...$

18. Quina és la partícula que falta en les reaccions següents? Trieu en cada cas l'opció correcta:

A. $^{2}_{1}H + {}^{199}_{80}Hg \rightarrow {}^{197}_{79}Au + ...$

a) γ *c)* neutró *e)* electró

b) α *d)* protó

B. $^{1}_{0}n + {}^{198}_{80}Hg \rightarrow {}^{197}_{79}Au + ...$

a) electró *c)* neutró *e)* deuteró

b) α *d)* protó

19. Calculeu en MeV l'energia despresa en la fissió d'un nucli de ^{235}U d'acord amb la reacció:

$$^{235}U + {}^{1}n \rightarrow {}^{90}Sr + {}^{136}Xe + 10\,{}^{1}n$$

Dades: $^{235}U = 235,0439$, $n = 1,0087$, $^{90}Sr = 89,9073$ i $^{136}Xe = 135,9072$

R: 140,75 MeV

20. Completeu les reaccions següents i identifiqueu els elements desconeguts:

a) $\gamma + {}^{198}_{80}Hg \rightarrow {}^{197}_{79}Au + ...$

b) $^{2}_{1}H + {}^{3}_{1}T \rightarrow {}^{4}_{2}He + ...$

c) $^{1}_{0}n + {}^{235}_{92}U \rightarrow {}^{236}_{92}U^{*} \rightarrow {}^{141}_{56}Pt + {}^{92}_{...}Kr + ...\ {}^{1}_{0}n$

21. Completeu les reaccions de desintegració dels nuclis següents:

a) El ^{183}W es desintegra donant una partícula α.

b) El ^{8}Li es desintegra donant una partícula $^{0}_{-1}\beta$.

c) El $^{27}Al^*$ es desintegra donant una radiació γ.

22. Quan un nucli es desintegra i dona una partícula α, quin és el nucli resultant? Trieu la resposta correcta.

a) El mateix Z i $N - 4$

b) $Z - 4$ i $A - 2$

c) $Z - 2$ i $A - 4$

Efecte de les partícules radioactives sobre els éssers vius

23. Una part orgànica de 200 g rep una dosi de 4 rad de radiació β amb un RBE d'1,5.

a) Quina quantitat d'energia rep?

b) Quina és la dosi en rem?

R: *a)* $8 \cdot 10^{-3}$ J; *b)* 6 rem

Prepara't per a la universitat

1. La tècnica de diagnòstic a partir de la imatge que s'obté mitjançant tomografia per emissió de positrons (PET, *positron emission tomography*) es fonamenta en l'anihilació entre la matèria i l'antimatèria. Els positrons, emesos pels nuclis de fluor, ^{18}F, injectats al pacient com a radiofàrmac, s'anihilen en entrar en contacte amb els electrons dels teixits del cos i de cadascuna d'aquestes anihilacions es creen fotons, a partir dels quals s'obté la imatge.

La desintegració d'un nucli de fluor, 18F, es pot escriure mitjançant la reacció nuclear següent: ${}^{18}_{9}F \rightarrow {}^{x}_{8}O + {}^{y}_{z}e^{+} + {}^{0}_{0}\nu$

a) Digueu quants neutrons i quants protons té aquest isòtop artificial de fluor, ^{18}F. Completeu la reacció nuclear, és a dir, determineu *x, y* i *z*.

b) El període de semidesintegració del ^{18}F és 109,77 s. Calculeu el temps que ha de passar perquè quedi una vuitena part de la quantitat inicial de ^{18}F. Quin percentatge de partícules quedaran al cap d'una hora? Tenint en compte aquest resultat, digueu si podríem emmagatzemar gaire temps aquest radiofàrmac i justifiqueu-ho.

R: *b)* 329,31 s; $1{,}3 \cdot 10^{-8}$ %

2. La gràfica següent mostra la variació de la massa d'una mostra de iode 131, que és un isòtop radioactiu, al llarg del temps.

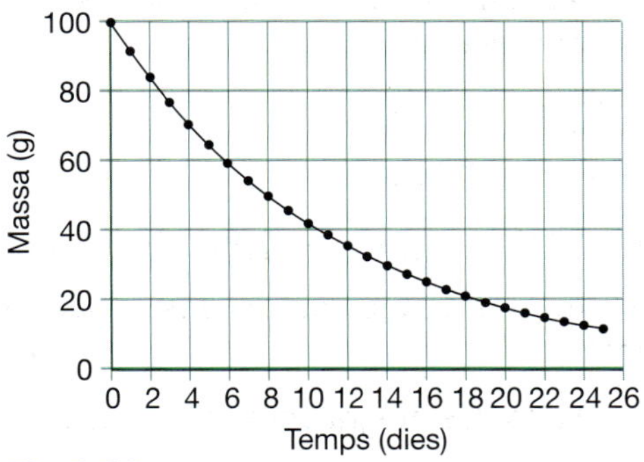

Fig. 8.33.

a) Trobeu el període de semidesintegració de l'isòtop i digueu quina quantitat de la mostra tindrem al cap de quaranta dies.

b) El iode-131, en desintegrar-se, emet una partícula beta i es transforma en un ió positiu de xenó-131. Calculeu l'energia que s'allibera quan es desintegra un àtom de iode-131.

Dades: m (I-131) = 130,906125 u;
m (Xe^+-131) = 130,904533 u;
$m_{electró} = 5{,}486 \cdot 10^{-4}$ u; $1\ u = 1{,}66 \cdot 10^{-27}$ kg;
$c = 3{,}00 \cdot 10^{8}$ m/s

R: *a)* 8 dies; 3,1 g; *b)* $-1{,}559 \cdot 10^{-13}$ J

3. La massa d'un electró en repòs és $9{,}11 \cdot 10^{-31}$ kg. Un accelerador lineal n'incrementa la velocitat fins que la massa de l'electró és deu vegades més gran.

a) Calculeu l'energia cinètica que ha guanyat l'electró, expressada en J i en MeV.

Fem xocar l'electró amb un positró que circula en sentit contrari i que té la mateixa energia. L'electró i el positró s'anihilen mútuament i produeixen dos fotons que tenen, cadascun, la mateixa energia.

b) Escriviu l'equació d'aquest procés i determineu l'energia i la freqüència dels fotons.

Dades: $1\ eV = 1{,}60 \cdot 10^{-19}$ J;
$h = 6{,}62 \cdot 10^{-34}$ J·s; $c = 3 \cdot 10^{8}$ m/s

R: *a)* $7{,}38 \cdot 10^{-13}$ J; 4,61 MeV;
b) $8{,}20 \cdot 10^{-13}$ J; $1{,}24 \cdot 10^{21}$ Hz

4. L'any 2011 va ser declarat Any Internacional de la Química, per commemorar, entre altres fets, que va fer cent anys que Marie Curie va ser guardonada amb el Premi Nobel de Química pel descobriment del radi, entre altres mèrits. El període de semidesintegració del radi és de $1{,}59 \cdot 10^{3}$ anys. Si el 1911 es va guardar una mostra d'1,00 g de radi, calculeu:

a) La quantitat de radi de la mostra que queda actualment.

b) L'activitat radioactiva inicial de la mostra d'1,00 g de radi, i l'activitat radioactiva del radi que queda de la mostra avui.

Dades: $N_A = 6{,}02 \cdot 10^{23}$ mol^{-1}; m(Ra) = 226 u.

R: *a)* 0,957 g; *b)* $3{,}7 \cdot 10^{10}$ Bq; $3{,}5 \cdot 10^{10}$ Bq

5. L'urani-235 té uns quaranta modes possibles de desintegració per absorció d'un neutró.

a) Completeu la reacció nuclear següent, que s'esdevé quan un nucli d'urani-235 absorbeix un neutró:

$$ {}^{b}_{a}n + {}^{235}_{92}\text{U} \rightarrow {}^{95}_{38}\text{Sr} + {}^{c}_{d}\text{Xe} + 2\,{}^{b}_{a}n $$

Indiqueu també quants neutrons i protons té aquest nucli d'urani.

b) Calculeu l'energia produïda en la fissió d'un nucli d'urani-235, d'acord amb la reacció anterior.

Dades: $m_{\text{neutró}} = 1{,}00866$ u; $m(^{235}\text{U}) = 235{,}124$ u;
$m(^{95}\text{Sr}) = 94{,}9194$ u; $m(^{139}\text{Xe}) = 138{,}919$ u;
$c = 2{,}99792 \cdot 10^{8}$ m/s; 1 u = $1{,}66054 \cdot 10^{-27}$ kg

R: *a)* $a = 0$, $b = 1$, $c = 139$, $d = 54$, U 92 protons i 143 neutrons; *b)* $4{,}13309 \cdot 10^{-11}$ J

6. La radioactivitat és un mitjà fiable per calcular l'edat de les roques i els minerals que contenen isòtops radioactius concrets. Aquest sistema de datació radiomètrica ens permet mesurar el temps geològic.

Un d'aquests mètodes es basa en la desintegració de l'isòtop de potassi ${}^{40}_{19}$K en argó ${}^{40}_{18}$Ar. El rellotge potassi-argó comença a funcionar quan els minerals que contenen potassi cristal·litzen a partir d'un magma o dins una roca. En aquest moment, els nous minerals contenen ${}^{40}_{19}$K i no contenen ${}^{40}_{18}$Ar. A mesura que passa el temps, el ${}^{40}_{19}$K es desintegra i tots els àtoms de ${}^{40}_{18}$Ar que trobem en el mineral en un temps posterior a la formació provenen de la descomposició ${}^{40}_{19}$K.

a) Escriviu la reacció nuclear de l'emissió de partícules β de l'isòtop ${}^{40}_{19}$K.

b) En una roca s'han trobat 10,0 g de ${}^{40}_{19}$K i 10,0 g de ${}^{40}_{18}$Ar. Quina quantitat de ${}^{40}_{19}$K hi haurà quan hauran transcorregut $5{,}00 \cdot 10^{9}$ anys? Fent servir la datació radiomètrica basada en el potassi-argó, digueu quina edat té la roca. Considereu que el ${}^{40}_{19}$K es desintegra només en ${}^{40}_{18}$Ar.

Dada: $T_{1/2}\,({}^{40}_{19}\text{K}) = 1{,}25 \cdot 10^{9}$ anys

R: *b)* 0,625 g, $1{,}25 \cdot 10^{9}$ anys

7. L'isòtop radioactiu fluor-18 es fa servir com a radiofàrmac en tomografies per emissió de positrons (TEP). Quan es desintegra radioactivament, aquest isòtop desprèn un positró que s'anihila ràpidament amb un electró de l'entorn i produeix dos fotons gamma amb la mateixa energia. Aquests fotons, detectats per l'aparell mèdic, permeten obtenir imatges útils per a la diagnosi. El període de semidesintegració del fluor-18 és de 109,77 minuts, i podem escriure l'equació de la desintegració de la manera següent:

$$ {}^{18}_{9}\text{F} \rightarrow {}^{A}_{B}\text{Y} + {}^{C}_{D}\text{Positró} + {}^{0}_{0}\gamma_e $$

en què Y és el nucli fill i γ_e és un neutrí electrònic.

a) Indiqueu quants protons i quants neutrons té el nucli de fluor-18. Calculeu els coeficients *A, B, C* i *D* de l'equació i la freqüència dels fotons gamma detectats per l'aparell de la tomografia.

b) Calculeu el temps que ha de transcórrer perquè el nombre de nuclis de fluor-18 que queden sense desintegrar al cos del pacient sigui l'1% dels que hi havia en iniciar la prova.

Dades: $c = 3{,}00 \cdot 10^{8}$ m/s; $m_{\text{electró}} = 9{,}11 \cdot 10^{-31}$ kg;
$h = 6{,}63 \cdot 10^{-34}$ J · s

R: *a)* 9 protons i 9 neutrons; $A = 18$, $B = 8$, $C = 0$, $D = 1$; $f = 1{,}24 \cdot 10^{20}$ Hz; *b)* 729,30 min

8. El gas radó és una de les fonts de radioactivitat natural més abundants de la Terra. El radó prové de la descomposició d'elements radioactius naturals, com l'urani i el tori. El gas es difon a través del sòl fins arribar al superfície. La cadena de desintegració ${}^{222}_{86}Rn$ inclou vuit desintegracions radioactives, fins que es forma l'isòtop estable del ${}^{206}_{82}Pb$. En la figura següent es representen els nuclis que formen part d'aquesta cadena de desintegració nuclear. Al costat de cada nucli, se n'indica el període de semidesintegració.

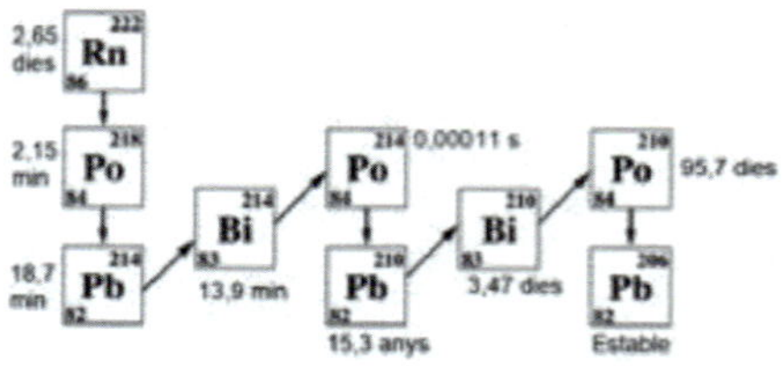

a) Escriviu les reaccions nuclears que permeten arribar al ${}^{206}_{82}Pb$ a partir del ${}^{222}_{86}Rn$.

b) El gràfic següent correspon a l'evolució dels nuclis d'una de les desintegracions radioactives de la cadena del radó. La mostra estudiada inicialment tenia $8{,}00 \cdot 10^{23}$ nuclis. A partir del gràfic, determineu quin és el període de semidesintegració de la mostra, i raoneu a quin nucli de la cadena correspon. Amb aquesta dada calculeu quants dies han de passar fins que s'hagin desintegrat 7,95 · 1023 àtoms.

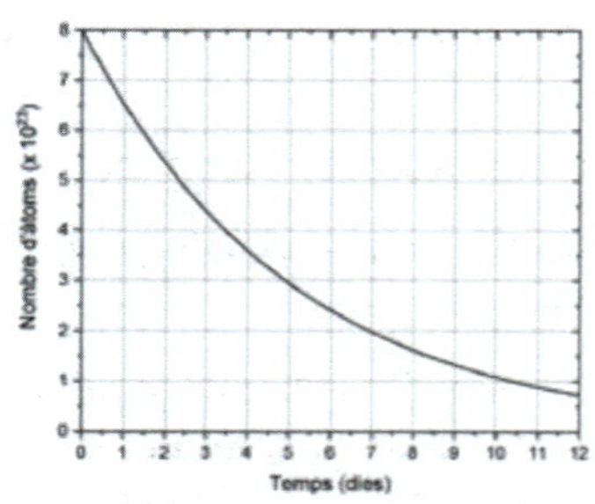

R: *a)* $T_{1/2}$ = 3,5 *dies*; t = 25,4 dies

1. El cas Litvinenko i el poloni-210

El 23 de novembre de 2006 moria en un hospital de Londres l'exespia rus Alexandr Litvinenko, víctima d'un enverinament amb poloni-210, presumiblement per part dels serveis secrets de Rússia. El verí, segons es va dir, va ser posat en un te que va prendre en un cèntric hotel de Londres, i al cap de 22 dies era mort.

El cas va tenir un gran ressò mundial, ja que es tractava d'un assassinat i, a més, «l'arma homicida» era un radioisòtop que s'havia transportat en avió sense haver estat detectat.

El poloni-210 és un isòtop inestable del poloni, emissor de partícules α, que es troba a la natura i que també es pot obtenir en laboratoris nuclears a partir del bombardeig del bismut-209 amb neutrons.

La seva semivida és de 138 dies. Dins el cos humà és excretat, de manera que es redueix a la meitat en uns 50 dies. Per tant, diem que el ^{210}Po té una semivida efectiva de 37 dies dins l'organisme. En la taula següent se'n mostren les característiques radiològiques més rellevants, algunes de les quals hem comentat en aquesta unitat.

Radiació emesa	radiació γ de 803 keV (< 1 %)
	partícules α de 5,4075 MeV ($\approx$ 100 %)
Període de semidesintegració	físic: 138 dies
	biològic: $\approx$ 50 dies (s'excreta en un 90 % en les femtes i en un 10 % en l'orina)
	efectiu: $\approx$ 37 dies
Radiotoxicitat	ingerit: $5{,}14 \cdot 10^{-7}$ Sv/Bq; 1 Sv = 10^2 rem
	inhalat: $2{,}54 \cdot 10^{-6}$ Sv/Bq
Càrrega màxima corporal admesa de ^{210}Po ingerit	1 100 Bq
Concentració màxima admesa de ^{210}Po a l'aire en llocs de treball	10 Bq/m^3

Dades radiològiques del poloni-210.

a) Busqueu l'explicació de per què el poloni-210 és innocu si es troba fora de l'organisme, però molt perillós si s'ingereix o s'inhala.

b) Consulteu bibliografia sobre l'element químic Po i els seus isòtops.

c) Busqueu més aplicacions del poloni-210.

d) Comenteu les dades radiològiques del poloni-210 que es mostren a la taula.

e) El ^{210}Po també s'utilitza per generar electricitat en sondes i naus espacials (generadors termoelèctrics), ja que emet una gran quantitat de calor. Com s'explica aquest fet?

f) Escriviu completes les reaccions nuclears que s'anomenen en el text.

g) Tenint en compte l'activitat específica del ^{210}Po i consultant l'energia de la radiació α emesa en la taula, calculeu l'increment de temperatura que assolirà, al cap de 2 hores, 50 L d'aigua que es troben en un recipient tèrmicament aïllat i contenen una mostra de 1 g de ^{210}Po, si suposem que tota aquesta energia s'inverteix en escalfar l'aigua. Calor específica de l'aigua 4,186 J/g °C.

R: *g)* 5 K.

2. L'isòtop ferro-60

La presència de l'isòtop radioactiu ^{60}Fe en roques lunars i en sediments oceànics indica, segons alguns astrofísics, que una supernova va esclatar a les proximitats del sistema solar en una època relativament recent, a escala còsmica, i va fer arribar aquest isòtop fins a la Terra. El ^{60}Fe té un període de semidesintegració de 2,6 milions d'anys.

a) Si hi hagués hagut ^{60}Fe quan la Terra es va formar, fa 4 400 milions d'anys, quin percentatge d'aquest ^{60}Fe primordial quedaria ara?

b) Si el ^{60}Fe es va originar en l'explosió d'una supernova fa 13 milions d'anys, quin percentatge d'aquest ^{60}Fe hauria de quedar encara?

c) El ^{60}Fe es transforma, mitjançant una desintegració β^-, en un isòtop de cobalt, Co, de vida breu, el qual torna a patir una nova desintegració β^- i produeix un isòtop estable de níquel, Ni. Escriviu les equacions nuclears de les dues desintegracions, incloent-hi els antineutrins.

d) Busqueu informació sobre l'isòtop ^{60}Fe i les supernoves.

Dada: Z(Fe) = 26

R: *a)* 0; *b)* 3,1%

- Quins apartats de la unitat t'han resultat més fàcils? I els més difícils, com has aconseguit superar-los? Com resoldràs els dubtes que et queden encara?
- Com pots relacionar el que has après sobre la **física nuclear** amb situacions de la vida quotidiana?
- Per a què et serveix conèixer què són la **fissió nuclear** i la **fusió nuclear**?

Detecció de la radiació còsmica

Objectiu

Determinar amb el comptador de Geiger-Mueller el nombre de radiacions còsmiques que incideixen sobre el comptador.

Material

- Cronòmetre
- Comptador Geiger-Mueller
- Altímetre

Fonament

Entenem per radiació còsmica el conjunt de radiacions γ i partícules d'alta energia que procedeixen de l'espai exterior de la Terra.

Sembla que la radiació còsmica conté una gran proporció de protons d'alta velocitat amb energies del voltant de 10^9 eV. Un xoc entre un protó d'aquesta classe i un nucli d'un àtom o molècula de l'atmosfera (nitrogen, oxigen, diòxid de carboni i d'altres) a la part superior de l'atmosfera origina tants fenòmens secundaris interessants que l'estudi dels raigs còsmics s'ha convertit en una de les fructíferes fonts d'observació del comportament i de les propietats de les partícules fonamentals.

Per tant, la radiació còsmica està composta de moltes partícules, entre les quals podem citar protons, electrons, muons, pions, radiació X i d'altres.

Un **comptador Geiger** és un aparell que serveix per mesurar el nombre de partícules emeses per una mostra radioactiva, i consisteix en un tub cilíndric de coure obert a tots dos extrems, muntat dintre d'un tub de vidre de parets primes i amb un fil molt prim de wolframi que va d'extrem a extrem del tub, tal com podem observar en la figura 8.34.

El tub conté un gas a baixa pressió i temperatura. El fil conductor de wolframi es manté a un potencial positiu d'uns 1 000 V respecte del tub de coure.

Quan un fotó o bé una partícula d'alta energia travessa el tub, es creen ions per alliberament d'electrons a les molècules del gas que conté. Alguns electrons emesos són atrets pel fil de wolframi carregat positivament, es mouen i adquireixen en una distància molt curta una gran velocitat. A causa d'aquesta gran velocitat poden ionitzar també altres àtoms alliberant més electrons. Aquesta multiplicació de càrregues es repeteix en una successió ràpida i produeix en un interval de temps molt curt una allau d'ions cap al conductor de wolframi.

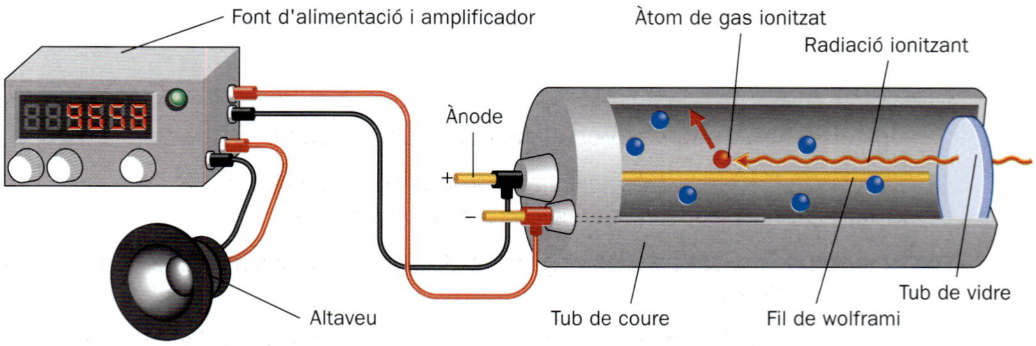

Fig. 8.34. Diagrama d'un comptador Geiger.

Fonament (cont.)

Aquesta sobtada aparició de la càrrega és equivalent al flux d'un petit pols de corrent a través d'un circuit elèctric. Amb aquest corrent, mitjançant un amplificador, podem activar un altaveu o qualsevol aparell elèctric.

Hi ha tubs Geiger que disposen d'un comptador de partícules, on cada partícula dels raigs còsmics que hi incideix és comptabilitzada.

El nombre de partícules carregades que arriben al comptador dependrà de les dimensions del cilindre. Així, un cilindre de radi 2 cm i longitud d'uns 20 cm proporciona, a nivell del mar, de 50 a 100 senyals per minut.

Fig. 8.35. Comptador Geiger.

Procediment

Amb el comptador Geiger (fig. 8.35), farem un estudi de camp. Ens situarem a tres llocs ben diferenciats: al laboratori, al pati i al soterrani del centre.

Si el laboratori de geologia disposa de materials radioactius, pot ser interessant considerar-lo com un altre lloc d'estudi de camp.

- Calculeu el nombre de «tics» produïts en cada lloc durant un temps de 10 minuts.
- Anoteu l'altitud en què ús trobeu als diferents llocs on estigueu mesurant.
- Mesureu les dimensions del cilindre del comptador Geiger-Mueller utilitzat.

Anàlisi de resultats

Anoteu en la taula els tics produïts als diferents llocs on us heu situat durant els 10 minuts i l'altitud a què els heu mesurat.

Lloc	Tics	Altitud
Laboratori		
Pati		
Soterrani del centre		
Laboratori de geologia		
Altres		

Taula 8.7.

- Compareu els resultats als llocs on heu fet les mesures i traieu-ne conclusions.
- Si heu pogut acostar-vos amb el comptador a una mostra radioactiva, heu observat cap variació important respecte de les altres observacions de camp?
- Compareu els vostres resultats segons l'altitud on heu fet les mesures i les dimensions del cilindre utilitzat.
- Cerqueu informació sobre si es poden detectar altres tipus de radiacions amb el comptador Geiger-Mueller.

Prepara't

AVANTATGES I DESAVANTATGES DE L'ENERGIA NUCLEAR
Pensament crític

1 **Comprendre els avantatges i inconvenients de l'energia nuclear ens permet treure conclusions pròpies. Llegeix els documents següents i a continuació respon les qüestions.**

Els principals avantatges de l'energia nuclear són els següents:

1. **No genera emissió de gasos**
   Les plantes nuclears permeten generar electricitat sense emetre gasos d'efecte hivernacle. En aquest sentit, no contribueix a l'escalfament global, ja que és una alternativa als combustibles fòssils.
   El fum que surt de les xemeneies és vapor d'aigua.
2. **S'obté molta energia amb poc combustible**
   Amb poca quantitat de combustible s'obtenen grans quantitats d'energia. Això suposa dos avantatges, com són l'estalvi en la matèria primera i l'estalvi en el transport, l'extracció i la manipulació d'urani.
   El cost de l'urani suposa el 20% del cost de l'energia generada.
3. **És planificable**
   La producció d'energia elèctrica és contínua. Una central nuclear genera energia elèctrica durant pràcticament un 90% de les hores de l'any. No depèn d'aspectes naturals.
   Aquesta continuïtat afavoreix la planificació elèctrica. També a nivell de cost és planificable, ja que l'urani no pateix la volatilitat en els preus que pateixen altres combustibles.
4. **El cost de funcionament**
   Les plantes d'energia nuclear són més barates d'operar que els seus rivals de carbó o gas natural. S'ha estimat que, fins i tot tenint en compte els costos, com la gestió de combustible radioactiu i l'eliminació de plantes nuclears, costa entre el 33% i el 50% d'una planta de carbó, i entre el 20% i el 25% d'una planta de cicle combinat de gas. La quantitat d'energia produïda també és superior a la majoria de les altres formes.
5. **Medicina nuclear**
   L'energia nuclear també s'utilitza per diagnosticar i tractar malalties.
   Algunes de les tècniques més destacades en medicina nuclear són per al diagnòstic: la radiologia, els escàners, les tomografies i l'ús de radiotraçadors; i per al tractament de malalties: la braquiteràpia i la radioteràpia.
6. **Avenços tecnològics**
   La tecnologia nuclear segueix evolucionant. El 100% dels reactors nuclears operatius produeixen energia mitjançant la fissió nuclear. Però actualment s'està desenvolupant el reactor nuclear de fusió nuclear, el qual tampoc emetrà gasos d'efecte hivernacle, però, a més, no generarà residus radioactius. S'espera, doncs, que la fusió nuclear esdevingui la principal solució a la producció energètica i solucioni els principals inconvenients de la fissió nuclear.

Les principals desavantatges de l'energia nuclear són els següents:

1. **Els accidents tenen greus conseqüències**
   Els sistemes de seguretat de les centrals nuclears són altíssims i molt robustos. No obstant això, el component humà sempre té certa repercussió. Davant d'un imprevist no sempre les decisions preses són les millors. Tenim dos bons exemples en els casos dels accidents nuclears de Txernòbil (1986) i Fukushima (2011).
2. **La gestió dels residus nuclears**
   Aquesta gestió és un desavantatge molt important. Els residus nuclears triguen moltíssims anys a perdre la seva radioactivitat i perillositat. La solució és el seu confinament, però no es poden fer desaparèixer.
3. **Instal·lacions amb data de caducitat**
   Els reactors nuclears tenen data de caducitat i passat aquest temps s'han de desmantellar. Aproximadament cada 10 anys s'haurien de construir 80 reactors nuclears nous.
4. **Inversió inicial molt elevada**
   La inversió inicial d'una planta nuclear és molt elevada. El cost de la inversió s'ha de recuperar durant la curta durada de la central, i al cost del kilowatt generat se li ha de sumar la part proporcional de la inversió.

5. Recursos limitats
A diferència d'altres opcions energètiques, l'energia nuclear no és renovable, ja que l'urani s'ha d'extreure de les mines i no es regenera.

6. Dependència externa
Pocs països disposen de mines d'urani, i tampoc no tots disposen de tecnologia nuclear. Com a conseqüència d'això, molts països amb centrals nuclears han de contractar les dues coses a l'estranger.

7. Armes nuclears
La tecnologia nuclear també pot ser usada per crear armes nuclears.
Les bombes atòmiques llançades al Japó van fer desaparèixer les ciutats d'Hiroshima i Nagasaki en pocs segons. Després de la Segona Guerra Mundial, diversos països van signar el Tractat de No Proliferació Nuclear. No obstant això, les armes nuclears continuen existint. Per tant, el risc d'un futur atac nuclear és real.

Com hauràs pogut deduir dels textos, cal que recordis el que has estudiat de física nuclear.

1 **Identifica quina és la problemàtica que es planteja en els principals avantatges de l'energia nuclear, respecte als principals desavantatges.**

SOLUCIÓ: Penseu en els avenços tecnològics en el camp de la fusió nuclear, tot i el cost que suposa, tant econòmic com en investigació i temps.

2 **Exposeu quin és el vostre posicionament personal sobre l'energia nuclear.**

SOLUCIÓ: Resposta oberta.

3 **Argumenteu el vostre posicionament personal basant-vos en la informació facilitada i en els vostres coneixements científics. Procureu relacionar de manera coherent els arguments aportats amb el posicionament personal que heu exposat, seguint criteris científics. Intenteu relacionar-ho amb els avantatges i desavantatges de l'energia nuclear exposats.**

SOLUCIÓ: Penseu en la no generació de gasos contaminants com a avantatges, tot i que la generació dels residus suposa un gran problema. Els avenços tecnològics per produir energies renovables en contraposició amb la utilització d'aquests avenços en la producció d'armes nuclears.

Ara tu...

4 **Tenint en compte el que sabeu sobre física nuclear, anomeneu i expliqueu els processos que es donen per generar energia nuclear.**

5 **Indiqueu quina és la causa i de quina magnitud es tracta quan es parla sobre la gestió de residus nuclears.**

Prepara't

LA CONSTRUCCIÓ D'UN ORDINADOR QUÀNTIC
Gestió i comunicació de la informació

2 **El text següent parla sobre l'estat en què es troba actualment la investigació sobre ordinadors quàntics i la possibilitat que superin amb escreix, en un futur pròxim, les prestacions dels actuals; i alhora també es fa esment a les propietats quàntiques en què es basen aquests aparells. Llegiu-lo i responeu les qüestions següents.**

Després d'haver implementat l'Eagle el 2021, el passat 9 de novembre de 2022 IBM presentava el seu xip de 433 qbits, l'Osprey, a l'espera de llançar aquest 2023 el Condor, amb 1121 qbits, i així mantenir el seu objectiu d'arribar als 4000 qbits el 2025, dins la carrera que manté amb altres companyies com Google i Honeywell per dissenyar ordinadors quàntics que no només puguin competir en pocs anys amb els supercomputadors convencionals més potents, sinó que fins i tot siguin capaços de realitzar tasques que aquests últims no poden realitzar. De fet, aquests xips ja executen alguns càlculs que no són fàcils d'implementar en els ordinadors clàssics, si bé la fita de perfeccionar-los i fer-los operatius és d'una dificultat tecnològica francament considerable. De moment, segons tècnics d'IBM, superen en capacitat el nombre d'àtoms de l'Univers, i això faria evidents els avantatges de la computació quàntica, que es basa en propietats quàntiques de la matèria com la superposició i l'entrellaçament d'estats quàntics.

Es considera que el primer d'aquests fenòmens és la conclusió lògica de l'experiment de la doble escletxa efectuat amb fotons (o amb electrons) individuals; la mecànica quàntica indica que la llum, i també els electrons, es comporten com ones i partícules a la vegada, així que hem d'admetre que llançar els fotons o els electrons d'un a un significa que cada un d'ells travessa les dues escletxes alhora, interfereix amb si mateix i arriba a una posició de la pantalla donada per les franges d'interferència. La conseqüència evident i estranya és que el fotó, o l'electró, *passa* pels dos llocs a la vegada o, expressat en la nomenclatura de la física quàntica, es troba en una superposició d'estats: en aquest cas, la suma de l'estat «passar per la primera escletxa» i l'estat «passar per la segona escletxa». El resultat d'aquesta suma s'expressa amb una funció d'ona que és una barreja d'aquests dos estats.

Per evitar conjecturar que, potser, una longitud d'ona comparable a la distància entre escletxes pogués contradir qualsevol explicació fora de la donada per la mecànica quàntica, en l'experiment de la doble escletxa, realitzat amb electrons el 1960 per Claus Jönsson a la universitat de Tubinga, aquestes partícules eren accelerades per una diferència de potencial de 50 kV, de manera que la longitud d'ona de De Broglie que adquirien era molt més petita que les dimensions de l'àtom i, per descomptat, d'una distància entre escletxes que estava en l'escala del micròmetre. En qualsevol cas, el patró d'interferència obtingut confirmava la hipòtesi de la superposició d'estats, i també feia evident com a efecte col·lateral que, si s'intenta esbrinar per quina escletxa passa un electró, és a dir, quan l'observem, veurem com la partícula passa únicament per una de les dues, i diem que, llavors, la funció d'ona *col·lapsa*, s'obté un valor concret de la seva posició i ja no s'observa un patró d'interferència, sinó només dues franges d'acord amb el que prediu la física clàssica.

És aquesta propietat de la matèria d'estar en una composició d'estats la que s'utilitza en computació quàntica per implementar la unitat d'informació, el qbit, que és la superposició quàntica de dos estats representats per $|0\rangle$ i $|1\rangle$, a diferència de la computació clàssica, en què un bit representa alguna entitat que pot estar bé en un estat 0, bé en un estat 1, com, per exemple, en les portes lògiques, que treballen amb tensions contínues en les quals 0 V representa un 0, i 5 V, un 1. És la superposició d'estats, representada per $\alpha\,|0\rangle + \beta\,|1\rangle$, la que permet que el qbit pugui manipular un volum d'informació molt més gran que el bit, ja que α i β poden assolir qualsevol valor amb l'única restricció que $\alpha^2 + \beta^2 = 1$.

Però de la mateixa manera que els avantatges d'un ordinador quàntic són evidents, no menors són les dificultats per arribar a la seva materialització. La primera, i potser més important, és la implementació física de qbits que mantinguin l'estabilitat sobretot quan es connecten entre ells. En principi, un qbit pot ser qualsevol objecte físic que pugui ser descrit d'acord amb els postulats de la mecànica quàntica, és a dir, que estigui en una superposició de dos estats, de manera que ha de consistir en alguna entitat de dimensions properes a les escales en què opera la mecànica quàntica, de l'ordre dels nanòmetres o algun altre fenomen macroscòpic que sigui descrit per aquesta disciplina científica.

En són exemples de qbits els ions atrapats per un camp elèctric en què l'estat fonamental de l'ió és l'estat $|0\rangle$ i l'estat excitat, l'estat $|1\rangle$; els circuits en bucle de superconductors en què l'estat $|0\rangle$ es dona quan el superconductor té un excés de càrrega, i l'estat $|1\rangle$, quan no en té; les molècules o xarxes cristal·lines en què els nuclis d'alguns àtoms tenen un espín no nul en una direcció (estat $|0\rangle$) o en la direcció contrària (estat $|1\rangle$). Altres candidats prometedors són àtoms neutres capturats per pinces òptiques; impureses en una xarxa cristal·lina de diamant; electrons en què l'espín 1/2, representa l'estat |0› i l'espín −1/2, l'estat |1›, i qbits òptics en què s'utilitzen certs modes del fotó per implementar els estats |0› i |1›.

En qualsevol cas, aquests estats quàntics solen ser inestables i tenir una afectació important del soroll ambiental, originat per fluctuacions aleatòries molt presents a l'escala quàntica, el que comporta errors no menors en els càlculs que executen, així que és un repte tecnològicament important poder mantenir l'estabilitat dels objectes físics esmentats en un lapse de temps acceptable i aconseguir una dràstica disminució en les errades produïdes en la seva manipulació.

1 **Redacteu un text sobre aquest tema en què s'analitzin de manera argumentada tant els avantatges que poden tenir els ordinadors quàntics sobre dels ordinadors convencionals com els reptes que planteja la seva construcció i com es podrien superar, sense fer còpies literals ni paràfrasis dels textos.**

SOLUCIÓ: Us pot ser d'ajut tenir en compte el següent:

a) Diferències fonamentals entre la quantitat bàsica d'informació en computació clàssica i en computació quàntica, i, per extensió, entre un ordinador convencional i un ordinador quàntic, i perquè això obre una immensitat de possibilitats en el cas de l'ordinador quàntic.

b) Dificultats d'implementar la unitat d'informació d'un ordinador quàntic. Els estats tendeixen a ser inestables, i per això a l'escala quàntica qualsevol fluctuació pot representar un valor del soroll suficientment gran per afectar el valor de l'estat quàntic i alterar-lo. Per tant, cal desenvolupar algun mecanisme per controlar les causes que poden provocar aquestes alteracions abans de poder desenvolupar sistemes d'informació quàntica que puguin ser fiables.

c) Propietats de la mecànica quàntica permeten que un ordinador d'aquest tipus pugui fer moltes més operacions en un temps molt més curt que un ordinador convencional.

2 **Justifiqueu les afirmacions del text, en concret: «que les dimensions de la longitud d'ona de De Broglie dels electrons en l'experiment del 1960 són molt més petites que les dimensions atòmiques».**

SOLUCIÓ: Amb la dada proporcionada al text per a la diferència de potencial, cal aplicar el principi de conservació de l'energia i deduir la velocitat que assoleixen els electrons. A continuació, cal aplicar l'expressió de De Broglie de la longitud d'ona i adonar-se que el valor obtingut, de l'ordre del picòmetre (10^{-12} m), és molt més petit que el de les dimensions atòmiques, que són de l'ordre de l'Angstrom (10^{-10} m).

Ara tu...

3 **Indiqueu si en els càlculs que heu fet a l'apartat anterior cal tenir en compte els efectes relativistes i, en cas afirmatiu, refeu-los.**

Prepara't

LA FÍSICA DEL PARALLAMPS
(Aplicació integrada de coneixements en la) Resolució de problemes

3

En la física, com en la majoria de les ciències experimentals, s'estudien els fenòmens naturals i es busca descriure de manera precisa el funcionament dels sistemes i els objectes del nostre entorn. L'anàlisi científica sovint es basa a estudiar una aproximació de la realitat, ja que aquesta sol ser força complexa. El fet d'aplicar simplificacions a un sistema permet estudiar-lo de forma més senzilla i ens ajuda a millorar el coneixement de la realitat. Això sí, cal comprendre bé en què consisteixen les simplificacions i en quin grau són més o menys properes al fenomen real estudiat.

Seguidament plantejarem un exercici comparatiu en un parallamps, que sabem que disposa d'un pal metàl·lic amb un capçal en la part superior acabat amb una punta esfèrica i té l'altre extrem del pal connectat amb el terra per tal de reconduir l'energia d'un llamp.

Dues esferes conductores carregades elèctricament, de radis *r* i *R*, estan suficient allunyades com perquè la influència del camp elèctric entre elles sigui negligible, però estan connectades mitjançant un fil molt prim conductor. Suposem que la càrrega elèctrica total entre les dues esferes és Q_t.

1 Quina de les dues esferes tindrà més potencial elèctric?

SOLUCIÓ: Si les dues esferes tenen potencials diferents, l'esfera que es troba a un potencial més alt, part de la seva càrrega elèctrica es desplaça cap a l'altra esfera fins que els potencials s'igualin, ja que el trànsit de la càrrega es produeix quan hi ha una diferència de potencial i, per tant, ambdues esferes assoleixen el mateix potencial, és a dir, l'equilibri electrostàtic. Altrament, com hem demostrat amb la llei de Gauss, el camp elèctric en l'interior dels conductors és nul i, per tant, les dues esferes, juntament amb el fil conductor, es poden considerar com un sol conductor amb un camp elèctric nul en l'interior del conjunt. De la relació $\vec{E} = -\dfrac{dV}{d\vec{r}} = 0 \Rightarrow V = \text{constant}$ deduïm que les dues esferes i el fil conductor tenen el mateix potencial, és a dir, és un sistema equipotencial. Quan una de les esferes rep una certa càrrega de l'exterior, aquesta augmenta el seu potencial i, per tant, s'ha de descarregar fins que el conjunt sigui equipotencial.

2 Estableix una relació de les càrregues elèctriques contingudes en les esferes en funció dels radis.

SOLUCIÓ: Sigui q i Q la càrrega de cada esfera. Com que suposem que el fil conductor és molt prim, podem negligir-ne la càrrega i, per tant, podem considerar que $q + Q = Q_t$. Tenint en compte que ambdues esferes són equipotencials, podem deduir la relació entre les càrregues i els radis:

$$V = K\frac{q}{r} = K\frac{Q}{R} \Rightarrow \frac{q}{Q} = \frac{r}{R}$$

Per tant, la càrrega elèctrica continguda en cada esfera és directament proporcional al radi.

3 Estableix una relació de les càrregues de cada esfera amb la càrrega total i troba una relació de les densitats superficials de càrregues amb els radis.

SOLUCIÓ: Utilitzant els resultats anteriors, podem resoldre el sistema d'equacions següent per tal d'establir la relació de les càrregues amb Q_t:

$$\left.\begin{array}{l}\dfrac{q}{Q} = \dfrac{r}{R}\\ q + Q = Q_t\end{array}\right\} \Rightarrow q = Q\frac{r}{R} = (Q_t - q)\frac{r}{R} \Rightarrow q\left(1 + \frac{r}{R}\right) = \frac{r}{R}Q_t \Rightarrow q = Q_t\frac{r}{r+R}$$

i fent el mateix, deduïm que $Q = Q_t\dfrac{R}{r+R}$

Per tant, si $r<<R$ implica que pràcticament tota la càrrega està continguda en l'esfera gran, ja que:

$$Q = Q_t\frac{R}{r+R} = Q_t\frac{R/R}{r/R + R/R} \approx Q_t\frac{1}{0+1} = Q_t$$

Com que la càrrega elèctrica en els conductors es distribueix en la superfície, la densitat de càrrega és de tipus superficial. De la definició de la densitat superficial podem escriure:

$$\sigma_r = \frac{q}{4\pi r^2} = \text{i } \sigma_R = \frac{Q}{4\pi R^2}$$

Substituïm els resultats anteriors en les expressions de les densitats i obtenim que:

$$\sigma_r = \frac{q}{4\pi r^2} = Q_t \frac{r}{4\pi r^2 (r + R)} = \frac{Q_t}{4\pi r (r + R)}$$

i, fent el mateix, deduïm que $\sigma_R = \dfrac{Q_t}{4\pi R (r + R)}$

Ara establim la relació de les densitats de càrregues superficials amb els radis respectius:

$$\frac{\sigma_r}{\sigma_R} = \frac{\dfrac{Q_t}{4\pi r (r + R)}}{\dfrac{Q_t}{4\pi R (r + R)}} = \frac{R}{r}$$

Observem que les densitats superficials són inversament proporcionals als radis. Per tant, quan $r \ll R \Rightarrow \sigma_r \gg \sigma_R$. Així que en qualsevol conductor, sigui de la forma que sigui, les càrregues es concentraran amb més densitat en les parts que tinguin una major curvatura.

4 **Estableix una relació de la intensitat de camp en la superfície de cada esfera conductora amb els radis.**

SOLUCIÓ: Establim ara la relació de les intensitats de camp elèctric en la superfície de cada conductor tenint en compte els resultats anteriors:

$$\left.\begin{aligned} E_r &= K \frac{q}{r^2} = K = \frac{Q_t \dfrac{r}{r + R}}{r^2} = K \frac{Q_t}{r (r + R)} \\ E_R &= K \frac{Q}{R^2} = K = \frac{Q_t \dfrac{R}{r + R}}{R^2} = K \frac{Q_t}{R (r + R)} \end{aligned}\right\} \Rightarrow \frac{E_r}{E_R} = \frac{R}{r}$$

Observem que les intensitats de camp elèctric també són inversament proporcionals al radi. Aquest resultat era d'esperar, ja que les densitats superficials també tenen el mateix comportament amb el radi. Per tant, en el capçal de la part superior de l'antena acabat en una punta esfèrica hi haurà una intensitat de camp molt intensa capaç de captar l'energia d'un llamp quan incideixi en les seves proximitats.

Ara tu...

5 **Considerem la Terra una esfera conductora de radi 6371 km on el camp elèctric resultant a la vora de la superfície es pot mesurar amb instruments electrònics sensibles que donen un valor mitjà entorn de 150 N/C dirigit cap al centre. Feu una estimació de les següents característiques a la superfície de la Terra:**

a) El signe de la càrrega total distribuïda.

b) La quantitat de càrrega elèctrica total.

c) La densitat superficial de càrrega elèctrica.

d) Si la intensitat del camp elèctric a l'atmosfera a 200 m d'altura val 100 N/C, i a 300 m d'altura, 50 N/C, estimeu la densitat de càrrega volumètrica entre els 200 i 300 m d'altura.